藍學堂

學習・奇趣・輕鬆讀

戰略
大歷史

勞倫斯・佛里德曼——著
LAWRENCE FREEDMAN
王堅、馬娟娟——譯

STRATEGY
A HISTORY

獻給裘蒂絲

各界讚譽

本書在寫給專家的同時，仍然能為普通讀者所理解，這對於駕馭此類體裁來說是種難得的本事。正因為如此，他寫出了可以說是迄今為止最棒的一本有關戰略的書籍。

——《華盛頓郵報》（*Washington Post*）

權威……淵博的學識和眾多的論點。

——《經濟學人》（*The Economist*）

這是一部蘊含著驚人視野、學識以及重於一切智慧的著作。

——《金融時報》（*Financial Times*）

全面而有力的戰略概論……提出問題並解答問題的清爽文字——無論是對於廣告宣傳企畫人還是軍事計畫制定者都助益無窮。

——《柯克斯書評雜誌》（*Kirkus Reviews*）

勞倫斯．佛里德曼爵士長達七百多頁的代表作《戰略大歷史》堪稱一部不按字母順序編纂的百科全書，字裡行間耐人尋味……雖然佛里德曼此前的一些著作對大戰略已多有闡述，但是《戰略大歷史》卻把讀者放到了戰略層面，使之成為大戰略的一個子集。

——《新準則雜誌》（*New Criterion*）

《戰略大歷史》無疑是我多年以來讀過的最雄心勃勃的書了……任何人都會對其中的某些內容提出異議，但無人能否認，它帶給自己的充實感和智力挑戰。它將會作為經典留存於世。

——馬克．斯托特（Mark Stout），約翰霍普金斯大學全球研究碩士學程主任

《戰略大歷史》是由一位英國軍事史學家打造的一部雄心勃勃且卷帙浩繁的鉅著，他曾就核武與冷戰戰略、福克蘭戰爭、當代軍事以及其他戰略主題撰寫過大量內容優秀的著作……佛里德曼以令人欽佩的坦率態度告訴我們，他在一九九四年就拿到了本書的出版契約，而且「開始時寫作思路總是不順」。看看令人生畏的主題涵蓋範圍，這完全可以理解。再看看他在詮釋這一主題時所表現出的睿智和解析才華，等待也是很值得的。

——《野獸日報》（*The Daily Beast*）

這是一部傑作……具有非凡的洞察力，語言極其透徹，佛里德曼的鉅著是政治理論領域一項嚴肅的學術研究，它跨越多個領域，對軍事規畫、戰略系統和權力本質感興趣的人都會被它吸引。

——《出版人週刊》（*Publishers Weekly*）

這是一場非凡的戰略探索……充滿驚喜，凸顯無與倫比的博學。這部睿智的作品讓我們明白，世界上最懂戰略的人，也許是那個對戰略最不在意的人。

——《國家評論》（*National Review*）

這是一項博學的、百科全書式的研究，必然會成為學科標竿。

——《戰略與經營雜誌》（*Strategy+Business*）

這是一部迷人的作品，回顧了我們創建明智決策時所能用到的各種工具。

——謝里丹．喬賓斯（Sheridan Jobbins），世界經濟論壇部落格

勞倫斯·佛里德曼展現了他是個不折不扣的世界戰略思想先驅，他認為，相較於權力平衡，戰略更是源自形勢的核心藝術。

——約瑟夫·奈伊（Joseph S. Nye），哈佛大學教授，《哈佛最受歡迎的國際關係課》作者

這是一次歷經古往今來、世事變遷，有關戰略思想含義和結果的非凡浩大之旅。佛里德曼在該領域堪稱大師，憑藉卓越的能力解開了有關戰略複雜性和各種悖論的諸多曲折。

——羅伯特·傑維斯（Robert Jervis）、
阿德萊·史蒂文生（Adlai E. Stevenson），
哥倫比亞大學國際政治學教授

這是一部絕妙之作——戰略領域的頂尖社會科學家，全面、深刻地綜述了戰略的本質。從戰略來看：歷史是清晰而冷靜的，時而可悲，時而諷刺，給人啟示。

——菲利浦·波比茨（Philip Bobbitt），
《阿基里斯之盾：戰爭、和平與歷史進程》作者

這部內容充實、全方位的作品闡釋了「戰略」歷史的各個維度……如此雄心勃勃的探索，為讀者提供了戰略研究領域的實用入門之道。

——《優選（圖書）雜誌》（*CHOICE*）

推薦序　一本台灣人需要閱讀的戰略研究著作

張國城

勞倫斯・佛里德曼的《戰略大歷史》（*Strategy: A History*）在英美是該領域的重磅著作，筆者因求學、研究和工作之便，較多數台灣讀者更早讀到；手上的版本是二〇一三年版。雖價值連城，但卷帙浩繁（原書七百四十一頁，厚達八公分），是一本非常值得閱讀的戰略研究著作。

首先，它結合理論和實例，並且實例夠新，從希臘羅馬時代一直到現在的反恐戰爭，作者探討了聖經和馬克思主義對於戰略的意義以及影響，這可能是本書最具價值的地方——中文探討「戰略」的著作幾乎全都缺乏這一部分；想要了解「戰略」，沒有戰史作為基礎是很困難的，所以敘事作為一種思考和傳播戰略的手段就非常重要。因此，作者的努力集中在向讀者說明**歷史上最重要的戰略構想從何而來**，其背後的構建意圖（傳統歷史教育中最缺乏的，對「歷史動力」的介紹），以及它們的意義是如何隨著時間變化的。為了和這種敘事主題保持協調一致，作者還引用了聖經以及荷馬、彌爾頓和托爾斯泰等人的文學作品中的一些例子，來闡釋戰略行為的核心問題及相應對策。事實上，就曾經在美國學術環境中研習國際關係的筆者來說，深感如果不去理解聖經，對西方文明的諸多思維和演變，實在不易了解。所以聖經雖然不是一本戰略理論著作，卻是理解西方戰略理論思維的核心基礎。作者以非凡的功力將此一浩大工程做了完美的闡述，令筆者肅然起敬。

另外，作者特別在第三部分「底層的戰略」中分析馬克思為工人階級服務的戰略，**這是本書最具可讀性**

的部分。作者首先指出：「探討弱者或至少是那些自稱代表弱者行事的人的戰略，他們想要達到的目標和可利用的手段之間存在著巨大差距。對這些人來說，制定戰略是最具有挑戰性的事。他們必須以不會招致鎮壓的方式爭取支持。如果有可能遭到鎮壓，他們就要考慮苟且偷生甚至憑一己之力從事暴力反抗。他們不知道能否說服所有人為共同的目標團結起來，也不知道是否有必要做出讓步和必要時應該做出多大讓步。」事實上，這些「弱者」或「自稱代表弱者的人」的戰略和運用戰略的行為，對今日的世界局勢——尤其是我們所居住的台灣——有著最巨大的影響。從巴黎公社的吶喊，到毛澤東的成功讓中華民國遷台，以至於二〇二〇年中國和美國針對貿易戰和COVID-19肺炎疫情的博弈，都源於此。今天中國雖然已經是世界第二大經濟體，但中共的鬥爭策略依然和百年前共產主義的老祖宗有相似之處——「在一個敵方勢力優勢、會鎮壓或反對我們的地方爭取支持」，所謂「統戰」和「大外宣」，都是在這樣的思維下組織進行的。

共產主義者的思維與戰略，並不是我們所熟知的「槍桿子裡出政權」這麼簡單，首先，階級意識是鬥爭的動力；之後，革命雖然會在壓迫下產生，「但需要專業的指導和健全的組織。這已經成為對政治生活特別是左派政治生活的一大檢驗標準」（作者語）。因此，「職業革命家」的出現，堪稱共產主義革命運動的最大轉折，進而讓共產主義凝聚成共產黨再建立起共產國家，而「職業革命家」的訓練、思維和作為，更廣泛影響了一切政治方式、手段乃至於符碼和宣傳。有了本書給我們作為知識基礎和理論分析，讀者若要理解百年來的一連串重要歷史事件，包括「民族解放運動」、重大的內戰、國家分裂的動力以至於各項抗爭，都提供了其他書籍所缺乏的卓越認識。

其次，作為一部歷史，作者自我揭露它的目的是在探討戰略理論中一些影響戰爭、政治和貿易活動的、「最突出主題」的發展演變，「為戰略創造條件的理論」，才是重點。這些理論設定出戰略家們必須解決的問題、他們所依託的環境，並決定了他們的政治和社會行為方式。因此，本書論述的並不是「如何制定計畫因應衝突，或是如何借助實用知識來因應各種不確定因素，而是**理論與實踐之間的關係**」，這點讓讀者可以對整個基於「戰爭」所產生的理論有個提綱挈領的了解，便於之後進階的探討。並且可以告訴我們，任何事情要成功，必須先有「創造使該事務成功條件的環境」。

同樣的，戰略理論也不僅僅是一些行事的指南。不可諱言地，曾經有一段時間流行「古事今解」或是「今事古釋」，前者包括把歷史上的事件拿來用現代的方式進行分析，譬如將楚漢相爭類比為今日的企業競爭；後者則是將現代的戰爭或博弈，尋找古典論述予以證明，藉以作為古典論述有其價值的佐證。譬如將杜黑的空權戰略論或美國在波灣戰爭的空權打擊用《孫子兵法》中「善守者藏於九地之下，善攻者動於九天之上，故能自保而全勝也」來證明《孫子兵法》的價值，這種說法並沒有什麼錯；但是對於中文「微言大義」較無感的讀者來說，還是勞倫斯．佛里德曼的論述更能深入人心。

第三，作者認為戰略就是「選擇」的基礎。他認為「戰略之所以讓我著迷，就在於它是一門關於選擇的學問，正是因為這些選擇至關重要，其背後的論證才值得認真研究」。在筆者於臺北醫學大學的教學過程中，一定會告訴同學們：教育的目的就是讓各位了解「如何做選擇」、「何時下決定」，在這本傑出的著作透過傑出譯筆和細心出版之後，相信能對台灣讀者在生活中如何進行反思、做出選擇、進而決斷，發揮重要的啟蒙作用——這也是國際關係研究的迷人之處。

（本文作者為臺北醫學大學通識教育中心教授／副主任）

推薦序　戰略就是生活的體現

翁明賢

自古以來「戰略」（strategy）一詞意謂「智慧」與高超的「決策」過程。現實生活中，也會跟「謀略」、「策略」與「計謀」相提並論。從歷史縱向角度言，東西方各界出現許多戰略家，各擅其長，其中西方戰略學界的克勞塞維茲在其《戰爭論》一書中提出：「戰爭是政治另外一種形式的延續」；在東方方面，以《孫子兵法》中提到：「百戰百勝，非善之善者也；不戰而屈人之兵，善之善者也」，顯示東、西方「戰略」理論都提出「戰略」是討論戰爭與暴力使用學理，更是一種「經國大計」思維理則。

事實上，「戰略」是一種具有「目標」導向的「計畫」與「實踐」的過程，既然是一個「計畫」，就必須要考量透過何種「途徑」，以及可以運用的「工具」或是具備那些可恃「資源」。「決策者」也必須思考「利益」的優先順序，或是「威脅」程度，才能進而律定追求何種適切性的「目標」。因此，「戰略」不僅可以運用於「承平時期」的「運籌帷幄」，亦可適用於「戰爭時期」的「危機管理」。研究「戰略」更要理解「戰略」的「主體」與「客體」所面對的「外部環境」與「內部環境」為何，還要密切注意不同層次的環境相互影響因素。例如此次全球面臨「新冠肺炎」（COVID-19）肆虐，呈現出各國不同的因應之道，台灣之所以成為「防疫典範」原因在於：戰略上，台灣基於「統一事權、超前部署、穩定人心」指導下；戰術上，將病毒「阻絕境外」，並「落實疫調」，推動「自我管理」，建構一套從中央到地方相互協調的「防疫戰略」。

一九八二年基於民間自由活潑學風激勵，能夠開創多元思考的高階戰略教育，在淡江大學創辦人張建邦博士、前國防大學校長蔣緯國將軍、許智偉教授、簡立教授等人倡議下，鼓吹成立台灣成立第一個民間性質的「國際事務與戰略研究所」。一九九九年成立「在職專班」、二〇〇六年獲准成立「博士班」，奠定台灣戰略研究的完整體系，成為國內培養戰略專業的最高學府。值得一談的是開創台灣戰略研究先河的鈕先鍾老師被譽為兩岸戰略研究第一人，著書百萬言，並鼓勵民間學者參與戰略學研究工作。

其實，從二〇〇四年以來，台灣的戰略研究社群（strategic community）開始進入一個「集會結社」的時期，除了「中華戰略學會」、「中華軍史學會」之外，陸續成立「台灣戰略研究學會」、「台灣戰略模擬學會」、「台灣國際研究學會」、「中華戰略與兵棋協會」、「台灣戰略前瞻研究學會」、「台灣國際戰略學會」與「中華戰略前瞻學會」等，透過不同形式的研討會、座談會，或報章雜誌投稿，展現出民間智庫戰略研究、監督政府政策與施政建議的能量。不過，縱然「體制性」戰略研究社群持續增長，如何能夠普及化戰略教育，除了學院教育擴大之外，還需要更多學術研究出版，讓一般普羅大眾獲得與理解「戰略就是生活」的意涵。

傾接商業周刊邀請針對《戰略大歷史》（*Strategy: A History*）一書為推薦序，該書作者為英國學者勞倫斯・佛里德曼（Lawrence Freedman），長期擔任英國倫敦國王學院戰爭研究系教授，著述豐富，尤其是「核子戰略」和「冷戰」領域研究。本書分成五大部分：起源、武力的戰略、底層的戰略、上層戰略與戰略理論，聚焦於「戰略」此一「名詞」的「本體論」：從歷史縱向發展角度言，「戰略」即人類生活的「運用」與「體現」；「認識論」：「戰略」涉及「武力」與「非武力」、「傳統」與「非傳統」的大規模毀滅性武器等工具的運用；與「方法論」：從國際關係理論涉及「決策」的研究途徑與方法角度言。作者從「歷史上」的戰略家著手，讓讀者理解一部人類文明史就是不同形式「戰略」的互動過程，而且「戰略」適用於各種社會學科理論與實踐。

透過此本佛里德曼教授的「生花妙筆」與「鞭辟入裡」的戰略巨著，使得本書可以成為台灣戰略教育的重要「教科書」之一，更是社會大眾隨時參考運用的戰略典範書籍。是以，特別為序並推薦本書。

（本文作者為淡江大學國際事務與戰略研究所教授兼所長、台灣戰略研究學會理事長）

前言

在遭到迎頭痛擊前，每個人都是有計畫的。

——拳王邁克．泰森（Mike Tyson）

人人都需要戰略。長期以來，人們一直認為，胸懷大略是軍隊將領、大公司高層領導和政黨領袖的事，但其實在今天，任何一個像樣的組織都不敢想像若沒有策略該如何生存。人類事務充斥著無常與困惑，探索出路困難重重，但相較於戰術層面的計策，宏觀的戰略方法依然是解決問題的首選，遑論那些靈機一動得來的所謂妙招。胸懷戰略意味著擁有高瞻遠矚、掌握重點、治本而非治標、放眼全局而非只見細節的能力。離開了戰略，什麼直接面對問題、追求目標，就只是空談而已。無論軍事行動、企業投資還是政府計畫，要想獲得支持，就必須先有一套可供評估的戰略。一個具有「重要戰略意義」的決策顯然比相對循規蹈矩的常規決定更具價值。由此可知，比起那些只會出主意的建言者和負責實際操作的執行者，戰略決策制定者的地位更高。

戰略並不是專為面臨生死抉擇、成敗決斷的強國和大公司打造，更多的世俗雜事同樣離不開戰略。當在實現既定目標的過程中遭遇障礙，或者需要對資源的有效利用和有序分配做出判斷時，戰略就有了用武之地。在商業領域，企業執行長負責公司的整體戰略（通稱策略），其下的採購、市場、人力資源等部門則各有各的子策略。醫生需要臨床的策略，律師講究起訴的策略，社會工作者則必備提供諮詢服務的策略。至於個人，不管是追求職業發展、承受生離死別，還是填寫納稅申報單，甚至訓練寶寶大小便或買輛汽車，也都需要具體的策略來協助。事實上，在當今世界，只要是人類活動，哪怕再低微、再平庸、再私密，也不可能少了戰略而行事。

對於渴望得知更多有效戰略的人來說，目前已經有大量書籍可供參考。這些出版品風格各異，適合擁有不同需求的讀者群。有的作品靠幽默調侃取勝，有的用大字印刷取悅讀者，還有是把成功者的勵志故事當作賣點。其中一些大部頭的學術鉅著，運用了圖表來詳細闡述與戰略相關的眾多複雜因素，中間不時夾雜著行動指南，提醒讀者如果認真照做，起碼會增加成功的機率。書裡還會使用大段激勵向上的文字，鼓勵人們大膽思考、果斷行動，承諾讀者如此必勝。但這些書只不過是陳腔濫調的大雜燴，教人如何與對手競爭，教人如何拉攏潛在盟友，其意見不盡相同。另一些書則更具哲學反思意味，熱衷於探討衝突悖論以及一味追求遠大目標所導致的僵化陷阱。甚至還有一些書專門教人如何成為空想戰略家，其方法居然是看戲劇、重新打一場古代戰爭，或是在想像的宇宙中用複雜規則和特殊武器統治外星人。

那麼，有沒有這樣一個詞：絕不空洞，卻能同時適用於好幾種事物，比如戰爭計畫、政治競選、商業交易，當然還有應對日常生活壓力的種種方法？專欄作家馬修．帕里斯（Matthew Parris）曾經嘆道，「戰略」或「策略」這個詞已經被濫用到無所不在的程度，只要提及理想目標，人們就會心安理得地稱其為「戰略」。他質疑，為什麼在經濟停滯、負債累累時，人們會呼喚「成長策略」，而在因應乾旱的時候，卻沒有人提出「下雨策略」呢？「負罪的人需要美德策略，吃不飽的人需要食物策略。」他注意到，「如今人們常常喜歡繞著圈子來證明某個論點，其實即便將任何一段話裡的『策略』二字抹去，也不損於說清道理」。[1]然而，當我們試圖根據自己的目標和能力預先制定行動計畫時，「戰略」一詞仍是對這種行為最恰當的解釋。雖然這個詞經常遭到濫用和誤用，其本義已被沖淡，但它形象地抓住了整個決策過程，顯然無可替代。從這方面來看，「戰略」、「權力」、「政治」這些詞頗有相似之處。人們在學術作品中探究它們的確切意義，卻難下定論；而在日常話語中，這些詞表達的意思往往是不清晰、不明確、不嚴謹的。

目前，還沒有一個公認的定義能夠描述「戰略」的範疇並劃定其界限。在當代常用的定義裡，「戰略」一詞指的是：明確目標，為實現目標獲取資源和方法，在結果、方式、手段三者之間保持平衡。[2]保持這種平衡，不僅需要找到實現目標的方法，還需要不斷調整目標，以便運用可行手段，發現最務實的成功路徑。

不過，這一過程只能用來描述最簡單的任務，如果實現目標輕而易舉，或者無須和其他人鬥智鬥勇，再或者行動的風險微不足道，那麼就很難稱其為戰略。總的來說，只有在出現真正或潛在的矛盾、發生利益衝突或者需要做出決斷時，戰略才會發揮作用。正因如此，戰略遠遠不只是計畫。所謂計畫，是事先假定一連串事件，使人能夠胸有成竹隨其發展進程來採取行動。而當有人因持不同意見，或出於對立的利益和關切考慮而要挫敗他人的計畫時，就需要運用戰略了。有時衝突比較溫和，比如在同一個組織內部，人們雖然各司其職，但追求的仍是同一目標。拳擊手邁克·泰森曾說，精確的打擊能夠挫敗最聰明的套路。由於偶發事件、對手干擾、盟友失誤等種種因素的存在，人類事務的天生不可預知，這些都為戰略增添了挑戰和戲劇性。人們往往期待戰略從最開始就能夠提供一幅理想的最終圖像，然而在落實時，事先設定的種種目標很難按部就班地逐一實現。相反地，事物的發展進程會隨著狀態的變化而改變，完全不像事先所預估或期待的那樣，這就需要對先前的戰略以及最終目標進行重新評估和修正。本書即將展現的戰略是流動的、靈活的，戰略受制於起點，而不囿於終點。

戰略還常常被描述為一場決鬥，一場爆發於兩股對立意志之間的衝突。這反映了「戰略」二字的軍事血統，因此也常被拿來和摔角比賽對比。同時，戰略也可以被看作使用標準二階矩陣演算法對賽局理論所引發的衝突模型的結果。但涉及戰略的情境，極少如此簡單。在拳擊場上，泰森的對手幾乎沒什麼選擇餘地，但如果可以打破比賽規則，允許他從場外找個幫手，那麼他的獲勝機率必會大大提高。可見，與人結盟不失為一種最精明的戰略行為；同理，防止對手採取同樣的對策也很重要。用決鬥來比喻戰略並不恰當，前者進行到最後只能有一名勝者。而衝突是可以透過共享利益，或者另尋搭檔並打造一個獲勝聯盟來解決。不過，鑑於這兩種做法都需要複雜的協商，要讓一般支持者們相信，做出必要讓步其實很划算、很明智，恐怕並非易事。由此可見，戰略中既包含談判勸說，也存在威脅施壓；既講究心理戰術，也注重物質效果；既要靠言語，也要看行動。這就是戰略被視為核心政治藝術的原因所在。講究戰略即意味著打破最初的力量平衡，從所處的既有態勢中獲取更多利益。戰略是一門打造力量的藝術。

對於那些天生的強者來說，運用戰略並不困難。合理利用優勢資源有助於獲得成功。聖經中有句名言：「快跑的未必能贏，強壯的未必能勝。」[3]美國作家達蒙．魯尼恩（Damon Runyon）對此做了補充，「但下注的時候還得押在快馬身上」。和強者較勁，能讓人在道德品質和英雄氣概方面博得高分，但通常也會降低人的判斷能力和行事效率。因此，在單憑力量對比註定要失敗的情況下，真正考驗創造力的是弱者戰略。善用弱者戰略的人會運用超凡智慧，隨時留意成功的機會。力量較強的一方往往對自身的優勢資源習以為常，其策略不免單調、呆板、力量有餘而機智不足。弱者戰略利用的就是對手這方面的缺陷。善於運用這種手法的典型人物有奧德修斯（Odysseus）、孫子、李德．哈特（Liddell Hart）；而阿基里斯（Achilles）、克勞塞維茨（Carl von Clausewitz）和約米尼（Antoine-Henri de Jomini）則不在此列。前者善於使用欺騙、詭詐、偽裝、迂迴、速度、機智等手段，以合理的代價謀取勝利。無疑，靠智慧而非暴力取勝更能給人帶來滿足感。只是，當對手既掌握著優勢資源又足夠警覺、勇敢、聰明時，問題就比較棘手了。

「Strategy」（戰略，或策略）的詞源可以追溯到古希臘語。但從中世紀直至現代，有關戰略的參考資料往往將其指向「戰爭的藝術」。像同盟的價值、戰鬥的作用、軍力和計謀的各自長處這些後來被牢牢納入戰略範疇的問題，很早就進入了人們的視野。直到十八世紀晚期，「Strategy」一詞才開始在英國、法國和德國使用，從中可以看出，在啟蒙運動的樂觀氣氛下，人們認為戰爭和其他領域的人類事務一樣，能夠靠運用理性而獲益。這同時反映了戰爭的需求。當時的戰爭因涉及規模龐大的軍隊和漫長的後勤補給鏈，用兵更需要認真準備和理論指導。從前，戰爭的目標和手段也許合二為一地藏在戰鬥指揮官的腦中，由其負責構想並實施戰略。漸漸地，這些功能被分解開。政府設定目標，讓各路將領去完成。後者招攬專業人士設計行動計畫，然後再交給其他人去落實。

鑑於各種軍事隱喻已經被廣泛而熟練地應用在包括電腦指令語言在內的其他活動領域中，政界和商界領袖們採納戰略思想也就不足為奇了。一九六〇年之前，有關商業策略的參考資料尚且寥寥無幾，直到一九七〇年代才漸成氣候，而到二〇〇〇年，它已經在數量上超過了軍事戰略參考讀物。[4]這些管理和商業類著述擴大了戰略一詞的應用範圍。各種組織的計畫和政策，至少是那些最重要的、意義最深遠的，紛紛被稱作具有「戰略性」。很快，人們在思考最佳職業選擇時，也用起了戰略這個詞。一九六〇年代的社會和哲學運動鼓勵讓「自我」變得更加「政治」，此舉潛移默化地將戰略引入了更基本的社會關係。

企業需要策劃團隊來設定目標，供其他部門貫徹執行。政治家要聘用顧問出謀劃策來贏得選舉。於是，那些在這方面頗有經驗的優秀人才紛紛就戰略原則著書立說、各處演講，傳授放之四海而皆準的成功訣竅。由此，戰略的興起已經和組織官僚化、職能專業化，以及社會科學的發展結合在一起。這反映出，人們希望透過經濟學、社會學、政治學、心理學方面的專業化研究使世界變得更易於理解，進而更具可預測性。這樣，人們便能夠對當前的環境形成更充分的認知，做出更準確的判斷，採取更有效的行動。

戰略家的不斷演化進步，引發人們對他們的種種控制設想和集權架構的質疑。戰略一直被看作是一種自負和一種幻想，炫耀萬事可由菁英人物自上而下地操縱。批評者指出，促成意外結局的往往不是少數人的深思決斷，而是無數的凡人俗事，芸芸眾生雖然無法綜觀全局，但也在各種條件下盡其所能地應對著周圍的一切。這樣的觀點促使人們提出了對分散決策和個體權力的要求。反之，這樣的需求又促使戰略成為人們應付日常生活變化的一種越來越個性化的手段。

本書描繪了上述不同途徑的演變過程，從一種極端的嚴格集中規劃到另一種極端的無數個體決策。從中可見，軍事、政治和商業等不同領域在某種程度上一直存在著日益相似的觀點，即最出色的戰略實踐在於令人信服地說明如何將一種不斷發展的形勢轉變為一個理想的結果。一九六〇年代末至一九七〇年代初，人們開始流行將戰略思考當作一種特殊敘事；當發現一個中央計畫可以掌控大公司，甚至戰爭時，他們的幻想破滅了。認知心理學和當代哲學的發展更是共同強調了建構的重要性，人們可以透過它來解讀各種事件。

本書作為一部歷史，旨在探討戰略理論中一些影響戰爭、政治和貿易活動的最突出主題的發展演變，同時也不會忽略其間出現的各種批評和異議。讀者也許會感到奇怪，為何某些人物會出現在書中？為何某些章節好像根本沒有提到戰略？原因就在於，為戰略創造條件的理論，才是重點。這些理論設置出戰略家們必須解決的問題、他們所依託的環境，並決定了他們的政治和社會行為方式。因此，本書論述的並不是如何制定計畫因應衝突，或是如何借助於實用知識來因應各種不確定因素，而是理論與實踐之間的關係，甚至是作為一種實踐的理論本身。戰略為人們提供了入門途徑，了解到各類話語：對理性行為意義的抽象構想以及對控制與反抗的後現代反思；對因果關係的論證以及對人腦工作的洞察；有關如何最有效地在戰鬥中打擊敵人、暗中陷害競選對手、把新產品推向市場的實用性建議。戰略家們討論過各種方法的實際效用，不僅有形形色色的威逼強制手段，還包括各種引誘、壓力之下的人性、行動中的群眾組織、談判技巧、美好的社會願景，以及道德行為標準。

我在本書中採用的研究方法沒有遵循任何特定的社會科學流派。實際上，我一直設法說明如何用各種學術策略，來解釋特定流派的大行其道。最終，我想出了寫一部戰略劇本的想法，即把戰略當作一個故事來思考回顧。我知道，這樣的劇本離不開寫作過程中形成的分析脈絡，但我希望即便讀者不認同書中的分析內容，也能對其中的歷史部分感興趣。戰略之所以讓我著迷，就在於它是一門關於選擇的學問，正是因為這些選擇至關重要，其背後的論證才值得認真研究。戰略是決策者的重大決定，關係個人發展和組織生存，同時也是一種深入人心的見解和價值觀，既有影響大眾生活的使命，又為塑造國家未來方向提供機會。用這種方法研究戰略可能有些離經叛道，在各式各樣的社會科學中，隨機與無序、失調與矛盾、例外與反常的東西，都是必須受到控制的尷尬異類。但有了戰略，就必須嚴肅地對這些異類給予特別關注，因為當事者的無能為力或意外成功，都會改變事情的預期走向。這種研究方法或許無助於演繹出什麼偉大的理論，但能夠讓讀者體會到一些最具挑戰性的決策過程中的刺激和起伏變化，而不用擔心沒有數學證據。

為了將這個主題駕馭得更好，我將重點落在了西方關於戰略的種種思考上，最近還特別關注了美國的研究方法。我希望將本書的主題和更廣泛的政治、社會理論發展聯繫起來，因此不可能進行更大範圍的地域性綜合研究。我深知，不同的文化孕育了不一樣的深刻見解，但美國不只是世界上最強大的國家，也是近些年在知識領域最具創新能力的國家。在古代，雅典人首開先河；十九世紀末，德國人獨領風騷。將研究限定在西方文化範疇內的好處在於，這樣就有可能提煉出一段時間內不同領域活動的影響和共同的主題。可選擇性同樣很關鍵。我在書中提到了一些經典文本（其作者常常被人提及）以及一些曾經轟動一時但現在已被遺忘的人物（他們通常也不值得為人銘記）。我還尋求將戰略思想領域的潮流和趨勢納入書中。為了讓書中的討論有充分依據，我一直牢記著雷蒙·阿洪（Raymond Aron）有關戰略思想起源的一句話：「它從每個世紀汲取靈感，甚至不放過每個歷史瞬間，各種事件本身暴露的問題也提供了諸多啟示。」[5]為了弄懂這些大理論家的思想，呈現其理論精髓，深入思考他們曾經回應過的諸多事件就十分重要。但是，我們大可不必像喬治·歐威爾（George Orwell）那樣去評論一本有關戰略的書籍。歐威爾稱：「將歷史變遷追溯至某個理論家，這並不令人信服，因為離開了有利的物質條件，任何理論都無法立足並發展。」[6]思想的歷史之所以令人著迷，部分原因就在於一種環境孕育出的思想可以在另一種環境中繼續生存，並獲得新的意義。

敘事作為一種思考和傳播戰略的手段變得越來越重要，這也是本書想要突出的主旨之一。因此，我力求向讀者說明那些最重要的戰略構想從何而來，其背後的建構意圖，以及其意義是如何隨著時間變化。為了和這種敘事主題保持協調一致，我還引用了聖經以及荷馬、彌爾頓（John Milton）和托爾斯泰等人的文學作品中的一些例子，來闡釋戰略行為的核心問題及相應對策。

本書由探討「史前」戰略開始，講述了西方文化傳統的兩大源頭——希伯來聖經和古希臘的偉大文獻，以及幾位影響力最持久的戰略著作家——修昔底德（Thucydides）、孫子和馬基維利（Niccolo Machiavelli）。書中的第一部分著眼於軍事戰略。第二部分關注的是政治戰略，尤其是失敗者的政治戰略。第三部分則從大型組織，特別是商業組織負責人的角度出發，思考了戰略（策略）的發展。這部分內容篇幅最短，因為它只涉及半個世紀的研究資料，而不像前兩部分那樣動輒橫跨兩個世紀。最後一部分則思考了社會科學對當代的貢獻，並尋求對重要的主題加以歸納。

為了寫作本書，我涉獵了一些自己不太熟悉的領域。這正好為我提供了一個機會，以鑽研那些曾在大學時代接觸過，如今卻已經模糊或早已忘卻的知識和問題。在政治理論課堂上，老師曾要求我們閱讀原著，而不只是讀一些相關評論。我是這樣做的，但並不意味著我沒有廣泛參考他人對名著的解讀。我吸取了眾多專家的見解和觀點（希望我沒有斷章取義）。寫作本書的部分樂趣在於，我可以藉此接觸一些美妙的學問，既有社會科學面向，也有一些與我的專業相去甚遠的領域。我的同事做出了最大的努力，但毫無疑問，我在某些方面卻做得有些過猶不及。不過，這些研究工作加深了我的一個感想，那就是學者們過於在意自己能否在學術圈內留下好印象，而沒有充分注意到圈外的發展動態。鑑於這種態度顯得挑剔，我希望沒有冒犯人。當然，還有許多問題值得探討，我衷心希望讀者能發現書中錯漏並不吝賜教。

鑑於我的專業領域和戰略這個話題的淵源，本書的大部分內容都和戰爭有關，不過我已經盡量在書中兼顧了革命、選舉、商業策略等方面，並研究了它們之間的相互影響。雖然我接觸過許多打過仗的人，但我自己並沒有經歷戰爭。我在學生時代曾非常熱衷政治，積極參與過許多有關改革、革命、暴力等問題的討論。後來在倫敦國王學院，我在各種管理職位上工作了大約三十年（甚至我的職銜中都有了「戰略」這個詞）。出於這些原因，這段時間我一直嘗試著像思考戰略問題一樣，從戰略角度去思考所有的問題。

目次

第3部分　底層的戰略

第4部分 上層戰略

第5部分 戰略理論

第1部分

起源

第1章
起源一：演化

人類的祖先是一身毛髮、長尾巴的四腳動物，可能還有在樹上棲息的習性。

——達爾文

在本章中，我認為人類戰略的基本特徵中存在著若干跨越時空的共性，包括欺騙和結盟的方式，以及暴力的推動作用。這些特徵是那麼原始質樸，以至於可以從黑猩猩身上尋到蛛絲馬跡。黑猩猩具有自我意識，對同類的了解甚至達到了足以矇騙牠們的程度，牠們在有所得或遭拒絕的時候，還會分別做出感激或報復的舉動。黑猩猩有自己的交流方式，會仔細思考面臨的難題，甚至還懂得未雨綢繆。

人們原先認為，黑猩猩的社會關係很有限。但是，在對野生和動物園裡的黑猩猩進行多年觀察後，這種看法受到了質疑。顯然，住在同一個地方的黑猩猩個體之間經常聚在一起，並形成了各種複雜的關係。牠們不但一起勞動，還相互打架。戰略研究者特別感興趣的是，黑猩猩的行為和權位、利益有關。牠們用梳理毛髮、交配、提供食物等手段拉攏潛在支持者，拉幫結夥建立同盟。牠們也懂得控制衝突的重要性，只有這樣才能合作共處。激烈爭吵之後，牠們會相互親吻，修補關係。牠們還會刻意展示自己的弱點，目的是獲得對方的信任。[1]

一九七〇年代，荷蘭靈長類學家弗朗斯．德瓦爾（Frans de Waal）觀察一群生活在荷蘭阿納姆（Arnhem）動物園的黑猩猩，並做了大量內容豐富的筆記，由此揭開了一系列舉世矚目的「好戲」。他在一九八二年出版的《黑猩猩的政治》（*Chimpanzee Politics*）一書中，就黑猩猩社會的複雜性得出了一些令人吃驚的結論。他認為，黑猩猩的結盟方式和權力鬥爭表明，牠們的行為舉止稱得上是「政治性的」。[2]

對黑猩猩來說，天生的蠻力作用有限。掌權的雄性黑猩猩顯示權力時，全身毛髮倒豎，看起來比實際模樣更大、更猙獰。牠撲向成群的屬下，牠們立刻四散奔逃。接著，其他黑猩猩便會謙卑順從地問候牠，或者極為精心地為牠梳理毛髮，讓牠享受應得的尊崇。然而德瓦爾發現，每當黑猩猩的等級體系發生變化時，攫取權力者並不一定是最強壯的。當其他黑猩猩「選邊站」或「另投他主」時，社交策略就會更重要。這種等級結構的變化並非突如其來，而是有條不紊地展開。

德瓦爾跟蹤記錄的第一起「政變」，發生在一隻名叫耶羅恩（Yeroen）的雄性掌權黑猩猩身上。起初，耶羅恩受到絕大多數雌猩猩的擁戴。但是，另一隻雄性黑猩猩魯伊特（Luit）向牠的權威發起了明目張膽的挑戰。耶羅恩面對挑釁不知如何應對。魯伊特還當著耶羅恩的面和一隻雌猩猩交配，公然侮辱其權威。接著，魯伊特找來雄猩猩尼基（Nikkie）結成同盟，讓局勢朝著對自己有利的方向演變。在爭權的過程中，兩隻黑猩猩動用了各種戰術，牠們不僅展現力量和決心，還想方設法透過梳理毛髮、陪小猩猩玩耍等手段，鼓動雌猩猩叛變。過去，別的黑猩猩生怕耶羅恩發脾氣而不敢有背叛的舉動，但隨著耶羅恩發火的次數越來越多，牠的怒氣就漸漸失去了威力。最終，耶羅恩認輸，但鬥爭還在繼續。現在魯伊特成了掌權者，耶羅恩準備和尼基一道發起反攻，即便不能重掌大權，也要奪回往日的一部分特權。

整個「政變」過程中，實實在在的戰鬥只發揮了很小的作用。黑猩猩們很少撕咬，那是所有攻擊行為中最危險的舉動。德瓦爾認為，與其說戰鬥改變了黑猩猩們的社會關係，倒不如說它反映了社會關係的變化。猩猩們似乎知道要控制暴力，因為牠們今後可能還要團結一致對付外敵。牠們好像也懂得調停與和解。一旦達到目的，牠們的行為方式就會跟著改變，比如勝敗雙方都不會再咄咄逼人地挑釁。

德瓦爾認為，黑猩猩們這項戰略性行為的核心要素在於，牠們能否在個體之間相互交流，能否意識到各種社會關係，比如別的黑猩猩如何結成同盟關係，以及如何瓦解這些聯盟等。在做出決定之前，黑猩猩們要完全了解自己行為的潛在後果，並在某種程度上，規畫一條通向目標的路徑。果然，黑猩猩們展現出了上述所有特性，德瓦爾因此得出結論：「政治的起源比人類更古老。」他在後來的作品中以這些獨到的見解為基礎，用各種證據表明，靈長類動物具有表達容忍、自我犧牲、約束克制的能力，這意味著牠們有心靈溝通、理解他人感受的能力。要做到心靈溝通，至少要對他人有一定的情緒敏感度，最高的境界是具備理解他人觀點的能力。德瓦爾認為，這是「社會交往、協調活動以及合作實現共同目標等行為規則的核心」。[3]

戰略的另一個至關重要的特性是欺騙，即為了改變他人的行為而故意發出不真實的信號。有些黑猩猩會趁強勢的雄性不注意的時候騙取同類的食物，或者開小差、偷偷追求雌性。同樣，做出這些行為也需要和其他黑猩猩進行一定程度的溝通。要想誤導別人，就得先明確理解他們的正常行為。

不管是黑猩猩還是人類，所謂的「戰略智慧」是從嚴酷物質條件下的生存需求出發，透過複雜社會環境中的相互作用發展而成的。試想，人類大腦的重量只占成人體重的二%，卻消耗人體二〇%的能量，遠遠超過其他任何器官。既然它的運行成本如此之高，就必然有極其重要的用處。英國動物學家理查德·伯恩（Richard Byrne）和納迪亞·科普（Nadia Corp）研究了靈長類動物主要分支中的十八個物種，將牠們的新大腦皮質尺寸和實施欺騙行為的數量進行比對。他們認為，大腦尺寸和社交智慧之間存在某種連結，後者包括合作共事、應對衝突以及施展詭計的能力。[4]按照進化論原則，當遇到更強壯但智力更差的其他物種發起挑釁時，這些技能無疑極具價值。如果新大腦皮質的尺寸限制了某個動物的精神世界，那麼與其相關的其他動物也會受到牽連，這也決定了當牠遭遇衝突時能夠找到多少同夥。因此，腦部尺寸越大，該物種運作大規模社會網絡的能力就越強。伯恩提倡「馬基維利智慧」這個概念，使戰略和進化之間建立了聯繫。尼可羅·馬基維利為十六世紀時的義大利人找尋到的這項基本生存技巧，竟然與大多數原始社會群體的生存需求如此相似。[5]

這個概念的發展，部分結合了對大腦生理發育的研究，對靈長類動物和人類的密切觀察，並考慮到生態和社會因素的影響。我們的祖先遭遇了種種智識上的挑戰：他們要仔細琢磨如何才能高居樹上而不掉下來；

如何造個安全的住所並在那裡睡上一覺；按照什麼樣的順序操作才能得到並吃到那些外表長刺或外殼堅硬卻營養豐富的稀有食物。體力勞動涉及一連串動作，需要事先計畫。無論促進人類大腦進化發育的是何種生態需求和物理需要，在某個時間，這個關鍵性驅動因素已演變成維護具有一定規模和凝聚力的社會群體的需求。要想在群體中發揮有效作用，就需要了解其他成員的個性，他們在群體中的等級地位，他們喜歡誰、忠於誰，以及所有這些情況在特殊條件下可能意味著什麼後果。

暴力戰略

有一種重要的複雜情況是，動物們需要對付與自己沒有社會聯繫（social bond）的其他群體，並與牠們展開較量，達爾文稱之為「生存競爭」。潛在的合作與限制衝突意識或許塑造了群體內部的社會關係，不過一旦和外來群體發生對峙，這些意識就會被其他指令替代。個體攻擊行為是動物們的家常便飯，但群體間的鬥毆就少多了。螞蟻是最好戰的動物之一。有人說，牠們奉行的外交政策是「永無休止地侵犯，武力爭奪地盤，盡其所能地消滅鄰近群體。如果螞蟻掌控了核武，牠們很可能不出一個星期就毀滅整個世界」。[6]螞蟻群體中有專門負責打仗的兵蟻，牠們沒有生育能力，因此即便在戰鬥中陣亡也不會威脅部落的數量規模。螞蟻的作戰目標很明確：搶奪食物，占領地盤。一群螞蟻戰勝其他群體後，勝利者會把敗軍的糧食儲備轉運到自己的巢穴中，敗者不是被殺死，就是遭到驅逐。螞蟻打仗毫無戰略可言。牠們憑藉的是殘忍無情的蠻力消耗。螞蟻們緊緊貼在一起，形成一大團，肆無忌憚地猛攻敵人的防禦工事，完全沒有談判和協商的餘地。

相較之下，研究發現黑猩猩身上表現出了戰略智慧。其他物種的雄性之間可能會為了爭取和雌性交配的機會而展開一對一廝殺。值得注意的是，有時候兩個鄰近的黑猩猩群體之間會發生衝突，並導致一些黑猩猩死亡。這種情況不符合黑猩猩生活的常規特性，而更可能發生在某種特定的條件下。這也再次表明，黑猩猩之間的戰鬥是策略性行為，而不僅僅是出於攻擊本能。

在有關黑猩猩交戰的觀察記錄中，最值得關注的是珍．古德（Jane Goodall）的研究成果，她是研究黑猩猩社會生活的先驅。從一九六〇年起，她在坦尚尼亞岡貝國家公園（Gombe Stream NP）觀察研究黑猩猩。她多次發現，單獨活動的猩猩會被附近其他部落的雄性黑猩猩殺死。一次，兩隻掌權的雄性黑猩猩鬧翻了，導致部落分裂成卡塞卡拉（Kasekala）和卡哈馬（Kahama）兩部分，敵對雙方因此在岡貝國家公園裡展開了一場驚心動魄的鬥爭。這場曠日持久的衝突從一九七三年延續至一九七四年，最終以卡哈馬部落不復存在而告終。卡塞卡拉部落搶占了卡哈馬部落的地盤，並掠走了雌猩猩。[7] 珍古德發現，採取防守行動的時候，黑猩猩們會呼朋引伴去打仗，很快趕到最需要牠們的地方。為了實地察看存有潛在爭議的地區，黑猩猩們還要在部落邊界附近巡邏。由於存在被強勢部落擄獲的風險，巡邏的黑猩猩表現得異常謹慎，盡量避免發出一切不必要的聲響，還要不時察看有無敵對部落留下的任何蛛絲馬跡。牠們收起了平日的喧鬧，直到返回自己熟悉的領地，才恢復常態。這些巡邏行動中最令人意想不到的是，當黑猩猩們跨過邊界深入敵人領地時，會一下子變得比平時更具掠奪性。牠們不惜花費大量時間，一聲不響地等待機會攻擊弱小的受害對象。一旦出其不意地抓到獵物，就不會輕易放手，對手即便不死也是奄奄一息。

有人認為，從上述研究中得出結論過於草率，因為黑猩猩的棲息地已經被人為縮小，而且珍．古德對牠們的食物供應施加了一定的外力影響。她用設置投食站的方式把黑猩猩從密林深處引誘出來，這種做法加劇了黑猩猩部落之間的競爭。與她相反，德瓦爾觀察黑猩猩的手段則是操控、干預黑猩猩的食物分配，降低衝突水準。珍．古德曾帶著遺憾地承認，她的干預確實慫恿了黑猩猩採取更多的攻擊行為，但也指出這並不妨礙她得出的結論，即在某些特定條件下，黑猩猩的行為舉止會變得很獨特。況且，珍．古德的發現並非一家之言。研究人員對其他地方的黑猩猩群落進行密切觀察後也發現，雖然打仗的事情只是偶爾發生，但這顯示出牠們的確有戰爭能力。

黑猩猩為什麼打仗呢？進化生物學家理查德．蘭厄姆（Richard Wrangham）認為，衝突的根源是牠們「希望改善獲取食物、雌猩猩或者安全感的途徑」。黑猩猩以成熟果實為食，而果實的數量和分布反過來也是牠們自身消化系統的產物，因此在尋找食物的過程中，相鄰部落之間的權力關係就很重要。當果實數量不足的時候，黑猩猩會獨自上路，或者三五成群組成小隊去尋找食物。食物分布地點很不均衡，某個部落的領地上可能食物非常充足，而有些部落則沒果子吃。這就是造成衝突的原因，同時也解釋了為什麼強大的部落總想尋找機會欺負弱者。蘭厄姆認為，成年雄黑猩猩會「評估暴力行為的成本和收益」，當「可能淨收益足夠高時」就會出手進攻。殺戮行動的後果之一是，某個部落的相對地位會大大提高（這些部落一般規模都不大，任何一名部落成員死亡都會產生很大影響）。蘭厄姆把這種現象稱作「權力不平衡假說」，它說明造成黑猩猩之間相互攻擊和殺戮的因素有兩個：一是部落之間的敵意，二是競爭對手之間巨大的權力不對稱」。[8]這就是產生殺戮的原因，但並非潛在衝突的根源，真正的衝突根源是爭搶某種稀缺的和攸關生死的資源。

比極端暴力行為更突出的是黑猩猩對待衝突的審慎態度。珍·古德在觀察中發現，「當一小支巡邏隊遇到規模稍大或者雄性成員較多的隊伍時，即便在自己的領地範圍內，牠們也會轉向逃跑；反之，一大群黑猩猩即使走出自己的領地，只要來者在數量上不占優勢，牠們十有八九要追打對方」。有時候兩群黑猩猩不期而遇，雙方無論在成員數量還是成年雄性的力量方面都旗鼓相當，那麼典型的結局是雙方「互相打量，發出各種聲音進行展示交流，不會發生衝突」。[9]因此，重點在於，黑猩猩在實現權力平衡的過程中表現得精明、狡猾。當遭遇強大對手而自己處於劣勢的時候，牠們會設法避免爭鬥，隨時準備撤退；而當自己的實力強於對手時則長驅直入。因此，研究者從來都沒有記錄過進攻方的黑猩猩遭到對手殺死的案例，這也就不足為奇了。可見，輸贏雙方的差別不在於絕對戰鬥力量的強弱，而在於「雙方隊伍的相對規模及其組成結構」。[10]這種對待暴力的務實態度凸顯了黑猩猩的手段。

因此，進化論者認為，戰略是關鍵資源稀缺和生存競爭兩者造成的自然結果。但牠涉及的不只是就天生力量、進攻本能而言的適者生存問題。在競爭中倖存下來的動物比對手更善於思考，能夠更好地把握社會關係並懂得如何去操控牠們。成功既來自智慧，也離不開強壯的體魄，從競爭一開始兩者的重要性就不相上下，而透過外力協助來戰勝對手的做法，尤其聰明。

雖然現在只能從「行為和戰爭效果」兩方面進行推斷，但人們認識到，在通常所說的人類原始戰爭中也存在相似的行為方式，只不過這些「戰略」一直被當成「習慣性的默契」。[11]它們看上去大都屬於消耗型戰略，靠經常性的戰鬥和突襲來拖垮敵人，造成的傷亡不大，但也不排除偶爾發動一場出其不意的大屠殺。這樣的勝利往往是絕對而徹底的：掠奪財產和食物，破壞房舍和田地，殺死或擄走女人和孩子。由於缺乏後勤支援，食物和彈藥很快會消耗殆盡，因此這樣的戰鬥不可能持續太長時間，也不可能拉開戰線。突襲具備諸多優勢。由於原始人部落一般安全防衛措施薄弱，而且在夜色下難以覺察小部隊活動，因此突襲往往令人防不勝防。況且，一旦發現時機不利，襲擊者還可以選擇撤退。以色列籍軍史學者阿札爾．蓋特（Azar Gat）指出，人們有充分的動機來避免公開戰鬥。在謀畫殺戮之前，人們巴不得受害者「毫無防備地束手就擒，最重要的是，他們最好無法對攻擊者形成有效傷害」。這些因素促成了一種「高度統一」的戰爭方式，這在「任何採獵和原始農業社會中」[12]均有體現。透過對早期人類社會和黑猩猩群體的研究，我們發現了戰略性行為所具備的一些基本特徵。[13]這些特徵源於引發衝突的社會結構。它要求實施戰略性行為的人能夠辨別個體之間的差異性特徵，判斷對方是潛在的對手還是盟友；能設身處地地從對方的角度考慮問題，以便透過傳遞印象或誤導等手段來影響他們的行為。暴力行為雖然透過展現優勢、表達敵意，在戰爭中發揮了一定作用，但最有效的戰略不能僅靠暴力，還需憑藉結盟的能力。本書其他章節所論及的各種戰略行為，其基本特徵也沒有超出這個範圍。戰略性行為的基本特徵從未改變，改變的只是其所應對的局勢的複雜性。

第2章

起源二：聖經

因為這一次我要使一切的災禍降臨到你自己、你臣僕和你百姓的身上，為要你知道在全地沒有像我的。現在，我若伸手用瘟疫攻擊你和你的百姓，你就會從地上除滅了。然而，我讓你存活，是為了要使你看見我的大能，並要使我的名傳遍全地。

——《出埃及記》第九章十四至十六節

有關戰略起源（其實是萬物之源）的另一種解釋來自希伯來聖經。聖經從未在任何意義上提及戰略是邪惡的。其中有許多故事圍繞衝突展開（有時是同室操戈，更常見的是對付以色列的敵人），詭計和欺詐是慣用的手法。有些故事（大衛和歌利亞是最明顯的例子）至今仍影響著人們思考和談論戰略的方式。然而，聖經中的最佳戰略性建議是：永遠相信上帝，遵守祂的法律。上帝可能會允許別人左右事物的發展，但最大的操控者永遠是祂自己。如果上帝拒絕提供支持，那麼十有八九要大禍臨頭。當上帝站在祂的子民一邊時，勝利就毫無懸念。

長期以來，神學界爭論的中心話題是聖經的文字問題，以及由聖經引出的有關自由意志與因果論的議題。如果萬事萬物都可歸因於上帝的意圖，那麼各自鮮明的人類欲望又算什麼呢？人類的意圖是不是上帝意志的產物？人類的意圖能否獨立形成？對戰略研究者而言，聖經讀起來令人沮喪。聖經故事明顯傾向於將欺詐作為一種至關重要的戰略實踐，展現了赤裸裸的人性弱點。當某個人物身陷困境時，只要有可能，他就會使用詭計脫身。例如，雅各在母親的縱容下欺瞞年老盲眼的父親，騙取了保留給長子以掃的祝福。後來，他又被未來的岳父矇騙，娶了兩個妻子。最終，雅各最寵愛的兒子約瑟被賣作奴隸，他被另外幾個兒子欺騙而以為約瑟已死。聖經承認騙局中存在道德模糊感，認同受騙者的滿腔憤怒，但面對強勢而卑劣的勢力時，也認可詭計的價值。在充滿缺陷的人類世界中，欺騙與生俱來，經常出現。

上帝允許人類在一定界限範圍內有所作為，對此存在兩種可能的解釋。第一種解釋是，所有一切最終無可探討，因為人類所有活動都受制於一種更高層級的操控。第二種解釋是，人類有能力自行盤算，但最終攸關的戰略判斷只有一個：要不要服從神的旨意。美國政治學者史蒂文·布拉姆斯（Steven Brams）運用賽局理論分析聖經故事得出的結論是：上帝是個「最高級的戰略家」。[1]上帝有先發優勢，任何事物只要不是最好的，就會令他不滿。然而，布拉姆斯注意到，上帝雖然對自己的無所不知樂在其中，卻並不享受自己無所不能的本事。與其說祂是個純粹的傀儡操縱大師，還不如說祂深受其他玩家的影響。為了解釋上帝的意志及其戰略，布拉姆斯參考了波蘭哲學家萊謝克·柯拉柯夫斯基（Leszek Kolakowski）的觀點。上帝「為了自己的榮耀」創造世界，但如果沒人感恩，這一切就毫無意義。「祂需要一個能讓自己超凡卓越的大背景」，而這一切只有在創造世界之後才有可能實現，「因為這樣祂就有了崇拜自己的信眾，也有了參照物來顯示自己是多麼受人愛戴」。[2]從中可見，上帝的策略是允許人們做選擇，祂想讓人們透過有意識的行為來選擇服從，而不是事先定下指令，讓人們除了服從之外別無選擇。即便個人意志行為是創世時刻神聖計畫的一部分，人們依然被賦予了對選擇的感知力以及算計的能力。聖經中經常提到，上帝操控人類的選擇，進而創造條件來彰顯自己的偉大神蹟。

自從男人和女人來到世上接管上帝創造的新世界後，問題就出現了。上帝讓亞當和夏娃住在伊甸園中，隨即就開始考驗他們。上帝先說：「園中各樣樹上的果子你們可以隨意吃。」但關鍵是，分別善惡樹上的果子是個例外。「如果你們吃了它的果實，」上帝警告亞當，「那就必死無疑。」我們必須假設，上帝當初造伊甸園時早已萌生此意。如果上帝真的不想讓亞當和夏娃犯錯誤，那又何必種下這棵禁果之樹。試驗很快就失敗了。夏娃不但自己嘗了禁果，還鼓動亞當吃下禁果。面對怒火中燒的上帝，亞當一方面自責無知，同時也責怪「您賜給我的那個女人」的愚昧。就這樣，他把罪責推回到上帝身上。

導致亞當墮落的罪魁禍首是蛇，引誘夏娃違抗了上帝之命。在聖經的各個譯本中，對蛇的策略描述各不相同，有的稱其為「詭祕的」（subtle），有的是「詭計多端的」（crafty），或者是「狡猾的」（cunning）。牠讓夏娃相信，吃下禁果非但毫無風險，還能有所收穫。禁果之所以不能吃，不是因為它致命，而是因為其力量。「上帝這樣說，是因為祂知道你們一吃了那果子，眼就開了；你們會像上帝一樣能夠辨別善惡。」蛇譴責上帝欺騙了亞當和夏娃。也許牠有一定的道理。上帝確實認為，亞當和夏娃一旦吃下禁果就能夠區分善惡，「成為像我們一樣的存在」。萬一他們摘下生命之樹上結的果實，甚至還可免於一死。正因如此，上帝將亞當和夏娃逐出了伊甸園；生怕他們吃了生命之果後長生不死，從而使上帝的威力大打折扣。[3]因而，亞當和夏娃成了凡人，最終難逃一死（雖然亞當想方設法活到了九百三十歲）。被逐出伊甸園後，男人從此要在土地裡討生活，女人則要承受生產兒女的苦楚。蛇受到的詛咒是用肚子行走，終生吃土。[4]

十災彰顯戰略壓制

上帝在自己揀選的子民面前彰顯偉大的時刻，是祂引領猶太人擺脫奴役、逃離埃及的那一刻。有一種看法是，與其說《出埃及記》記述解放以色列奴隸，倒不如說它是一部有關上帝讓子民感謝祂、敬畏祂、宣示其偉大力量的故事。根據這種解釋，《出埃及記》中的故事簡直就是一種巨大的操控行為。以色列人被慫恿離開一個他們並不急於逃脫的國家。因此，果不其然，以色列人後來被困沙漠時便開始怨聲載道，此時上帝降臨各種災難，目的是讓埃及諸神領教祂的權能和優勢。

聖經學者戴安娜．李普頓（Diana Lipton）提出，《出埃及記》中很少關切以色列人所受到的壓迫，主要反映的是以色列人受到埃及生活引誘，逐步被同化的過程。[5]以色列人進入埃及是因為雅各的兒子約瑟，他在埃及社會位高權重。他們離開埃及則是由摩西引領。摩西是個在埃及長大的以色列人，受上帝之命維護以色列人的獨特身分。在摩西和法老打交道的所有過程中，大多數時候他的身分是上帝的使者。

《出埃及記》中比較偏愛的戰略是脅迫，即利用威脅手段迫使目標（此處指埃及法老）投降。其難點在於如何影響目標人物心裡的打算，讓違背的潛在損失超越失去當下所造成的損失。以色列奴隸對埃及很有價值，因此對埃及人的威脅必須很有分量，且脅迫手段必須保證有效。這些威脅雖是摩西發出的，然而他背後卻是上帝在掌控。埃及人根本不信上帝這個神，也缺少充分理由來嚴肅地看待上帝。因此，第一個挑戰便是如何改變埃及人的這種想法。這做起來並不難。但更艱難的挑戰是，如何觸動法老。神使用的是一種標準的脅迫方式，用漸進式的「鎖螺絲」手段施加壓力，藉以尋找到目標的痛閾。正因如此，法老才會屢次承諾服從，同時又一再背信食言。

摩西最初謙恭地向法老提出「放我的百姓走」。他要求允許希伯來奴隸行走三天的路程到曠野裡祈禱和祭拜。他告訴法老，如果拒絕，「耶和華我們的神，（可能）就會用瘟疫、刀兵攻擊我們」。可見，這個故事中最先受到脅迫的人其實是猶太人自己。摩西讓他們夾在法老的權力和更為強大的上帝之間。而法老的回應是拒絕了解、尊重這個神，並變本加厲地讓希伯來奴隸去撿草做磚，讓他們活得更加悲慘。這種額外的痛苦很快就打擊了摩西的自信和可信度。

一開始，法老並沒有受到懲罰。神讓他目睹威力，目的是勸告他鄭重看待上帝。摩西的哥哥亞倫當著法老的面，把木杖丟在地上，木杖變成了一條蛇。出人意料的是，法老的術士也會施展同樣的法術，於是亞倫的木杖把其他蛇全吃了。然而，法老不為所動，因為受過訓練的蛇在埃及相當普遍。可見，摩西做了嘗試，卻無法用非懲罰性方式來達到目的。法老仍然不相信上帝的力量。

隨後，十災降臨了。一開始，河水變成了血，但這對法老起不了什麼作用。他的術士們聲稱，他們也能把水變成血。接著，從河裡蹦出大批青蛙。法老有點猶豫，容許以色列人去曠野祭祀。但青蛙一消失，法老就改變了主意。後來，蝨子災難住了法老的術士，他們終於遇上了自己不會的把戲，承認「這是神的指頭」，即神的手段。但是，法老仍然無動於衷。之後是蒼蠅災，在成群的蒼蠅面前，法老畏縮了。但蒼蠅災一結束，他就背棄了先前說過的話。接下來是畜疫災，瘟疫殺死了埃及人的牲畜；再往後是疱瘡災，讓每個人身上都長滿了癤子。這時，上帝讓摩西去見法老，並轉告他：

容我的百姓去，好事奉我。因為這一次我要使一切的災禍降臨到你自己、你臣僕和你百姓的身上，為要你知道在全地沒有像我的。現在，我若伸手用瘟疫攻擊你和你的百姓，你就會從地上除滅了。然而，我讓你存活，是為了要使你看見我的大能，並要使我的名傳遍全地。你還向我的百姓自高，不容他們去嗎？[6]

然後，冰雹災襲來，摩西讓法老通知每一個人趕在下冰雹之前帶著牲口回家，否則就會遭殃。這一回埃及人緊張起來。有些人聽從建議找到庇護所，逃過一劫，那些無視警告的人則命喪此災。

法老現在亂了方寸，承認有罪，並同意一旦雷電和冰雹止住，就讓希伯來人離開。但他仍不守應許。法老違背諾言，一意孤行成了罪人，加大了風險賭注。下一場禍害是蝗災。災難降臨的前一天，臣僕們對法老說：「這個耶和華為我們編織的羅網，要到幾時呢？容這些以色列人去吧，埃及已經被他們搞得糟透了，你是知道的。」法老的態度軟了下來，他召來摩西和亞倫，開始討價還價。他問，誰要離開？摩西回答，每個人都離開，並且要把羊群、牛群一同帶走。法老本來只打算讓男人和孩子走。他認為，崇拜神靈這種事情和女人無關，而且把牲口帶走的做法只能說明他們是不想回來了。但是，此時摩西的要求變得越來越複雜。他當初是為希伯來人爭取一個外出祈禱的機會，這個最初並不過分的要求，變得更加徹底了。

第八場災難過後，蝗蟲吃盡了雹災後僥倖留下來的蔬菜和果子，談判繼續進行。法老深感懊悔，可是等蝗蟲散去，他的心依舊剛硬如鐵。於是，三天三夜的黑暗之災降臨了。這場災難令這個敬拜太陽神、害怕日食的王國驚恐萬分。和第三次、第六次災難一樣，黑暗之災來得很突然。這是神在警告，談判的時間已經結束。黑暗過去後，法老同意每個以色列人都可以離開，但不准他們帶走牛群和羊群。然而摩西回答說，必須帶走每一個人、每一件東西。現在已經很明顯，以色列人不是想要外出祈禱和祭祀，而是打算永久性地離開埃及。法老見勢中斷了談判：「不要再讓我見到你。倘若我再見到你，你就休想再活了。」摩西答應，不會再回埃及。

上帝說，為了成功達到目的，祂要再掀起一次更大的災殃。即便是躲過前面九次災禍的希伯來人，這次也須嚴陣以待。以色列人在房子上塗抹羊血，這樣當上帝擊殺埃及各家的長子／女時，只要看見血記號就會越過去。到了那個月第十四天的半夜時，整個埃及「無一家不死一個人的」。埃及人陷入了巨大的痛苦和驚恐。法老召來摩西和亞倫，讓他們帶著以色列人離開埃及。埃及人急於擺脫他們，因此打發所有以色列人帶著所有的牲口快快離開，包括金銀器和衣裳，他們要什麼就帶走什麼。

失去這麼多奴隸，對法老而言是個巨大的打擊。於是他最後一次改變主意，決定派戰車、騎兵和軍隊去追趕以色列人。這一次，他又忘了教訓。雖然已經屢次領教了上帝的威力，但他似乎只在大禍臨頭的時候才相信上帝的力量。最初，希伯來人看上去難逃一劫。他們畏縮在紅海邊，擔心埃及追兵一到，自己就會葬身曠野。這一回，上帝已經沒有時間用脅迫手段來對付法老了，乾脆直接干涉。只見紅海一分為二，海水退到兩邊，希伯來人從紅海中間逃走了。埃及人緊追其後，但分開的水牆合攏起來，吞噬了「法老的全軍」。

這個例子中所採取的方法很獨特，但其戰略邏輯反映的還是「鎖螺絲」式的逐步壓制。評論家們甚至注意到了其中的逐步升級方式：前四個災難只是令人討厭而已，後四個災難引發了真正的痛苦，而最後兩個災難則使埃及人陷入了絕對恐懼之中。還有人發現，這種不斷升級的壓力是兩兩出現的：前兩個災難都和尼羅河有關，第二對災難扯進了昆蟲，第三對災難奪取性命，第四對災禍分兩個階段破壞莊稼，最後的兩個災難則充分傳達了上帝的力量。還有些人強調，每隔兩個災難，便會突降一次災禍。我們不妨留意一下，上帝在向法老施壓的過程中，每一次都會在方法上出現微妙變化。這一點很重要，這對法老及其臣僕的心理產生了影響。

這個故事最顯著的特點在於，勸說埃及法老在如此明顯可信的超凡力量面前做出積極回應的難度竟然那麼大。他為什麼耗費了那麼長時間才同意以色列人離開？如果埃及人根本不信或者疑心那只是虛張聲勢，那麼所有的威脅就可能功虧一簣。一開始，法老可能覺得看到了一個不同尋常的巫術，只不過比自己身邊術士們的把戲更高級些而已。當法老的術士們承認這些神蹟超越了他們的法術時，轉捩點出現了。但是，在整個壓力不斷升級的過程中，這個轉折點出現得比較早。摩西隨時可以證明，自己不是在嚇唬人。

另一個問題是，隨著壓力增加，摩西的要求也在逐步升級。最初，他只是要求一個祈禱的機會，但後來這個需求演變成一次逃跑的機會。一旦埃及人表示巴不得以色列人馬上離開，摩西又在要求中增加了帶上足夠的牲口和其他物品的條件，以便緩解未來一路上的物資匱乏。隨著風險賭注不斷加碼，本來足以滿足一般要求的威脅手段就變得不夠分量了。

只要稍微讀一下逾越節（紀念上帝在殺死埃及一切頭胎生物，並殺死埃及人的長子女而避過以色列人的長子）的故事就會發現，法老之所以這麼頑固，原因很簡單：他是個非常不快樂的人。他一次次的欺騙和口是心非，與摩西自始至終表現出來的謙恭和高尚形成了鮮明對比。他對自己的權力很有把握，隨時準備投入這場災難性的力量角逐。然而，還有另一種更有趣的解釋：法老過於自命不凡。上帝在發動十災前，曾經對摩西說：

> 我要使法老的心剛硬，也要在埃及多行神蹟奇事。法老必不聽從你們，因此我要伸手嚴厲地懲罰埃及，把我的軍隊，就是我的百姓以色列人，從埃及領出來。[7]

毫無疑問，每當災難發威時，法老就會游移不定。聖經中提到，神讓法老的心變得更加剛硬。冰雹災過去之後，法老首次承認了上帝的力量，但馬上又出爾反爾，於是上帝對摩西做了如下解釋：

> 我使他和他臣僕的心剛硬，為要在他們中間顯我這些神蹟：你好將我向埃及人所做的事和在他們中間所施的神蹟，述說給你兒子和孫子聽，使你們知道我乃是永恆主。[8]

上帝需要一個頑固的法老，只有這樣祂才有機會展現不可思議的神蹟，顯示自己的威力，以及在地球上至高無二的優勢地位。假如上帝剛一發威，法老就崩潰了，那麼這些奇妙的故事就無法一代代傳給後人了，旁人也就無從了解上帝的威力究竟有多強大。

猶太教法典學者以及後來的基督教神學家都對此存有疑問，因為它提出了一個有關自由意志的基本問題。如果災難降臨是因為我們做出了錯誤的道德選擇，那麼對於一個無法知道自己的愚蠢並一再犯錯的法老，我們該拿他怎麼辦呢？上帝並不想找個藉口來消滅埃及人。當埃及軍隊遭到毀滅時，歡天喜地的猶太人遭到了上帝的斥責。正如前面所述，普通埃及百姓與希伯來人之間的關係本來並不糟糕，但是如果埃及人受苦是因為法老的頑固，那麼似乎只有從道德意義上才能解釋為什麼最後一場災難會吞噬那些無辜的生命（甚至女僕們的兒子也沒能幸免）。戰略和道德一樣全憑選擇，如果這齣戲中的演員只是在按照一個不容更改的腳本演出，那麼只有上帝才是真正發揮作用的戰略家。

脅迫的名聲

脅迫成功能促成在未來採取的行動。現在，上帝的威脅已經具備了可信度。由於非凡的威力使祂名聲在外，所以控制以色列土地上的居民也就變得容易多了，那裡早已是猶太人的應許之地。但就在快到以色列的時候，摩西死了，約書亞成為以色列人的首領。以色列人要征服這片土地，遇到的第一個障礙是耶利哥城，城牆又高又大，位於這片肥沃之地的中心，掌控著水源。[9]約書亞打發兩名探子前去了解地形。兩人借宿在喇哈家中，後者通常被說成是個妓女，但其實更可能是個客棧老闆娘（客棧永遠是搜羅小道消息的好地方）。耶利哥王要求交出兩名探子，喇哈卻把他們藏了起來。她聽說過埃及人的遭遇，說：「這片土地上所有的居民都在你們面前顫抖不已。」他們膽戰心驚，「因你們的緣故勇氣全失。」她和兩名探子做了筆交易，只要她的家人能夠逃脫耶利哥城眼下的災難，她願意替他們保守行動祕密。這樁交易並不符合希伯來上帝的道德價值——只能算是神的特權而已。當真正奪取耶利哥城的時候，根本沒必要採取長期包圍的手段。

以色列人每日繞城一次，連續走了六天，直到守城的士兵開始掉以輕心。接著，上帝令耶利哥城搖搖欲墜（城牆在先前的地震中已經遭到破壞），以色列人趁機攻進城裡。

隨著進攻的推進，一路上隊伍經過的地方，人人都如驚弓之鳥。雖然上帝可憐那些住在遙遠之地的人們，但他對生活在以色列人應許之地上的居民，沒有表現出一絲憐憫。基遍人聽見以色列人的事，找到約書亞並假稱自己是從遙遠的地方而來。他們精心編織了一場騙局，故意穿得衣冠不整，聲稱是受到上帝名聲的感召從極遠之地趕來。眼見約書亞對此存疑，他們便亮出「乾得發脆」的餅、殘破的酒袋子、破舊的衣裳和鞋。約書亞上當了，他許諾不會傷害基遍人，條件是他們要服勞役。很快，以色列人就發覺自己被騙了。約書亞怒火中燒，可他明知上當也不能打破以上帝之名許下的誓言。他只能怒斥基遍人，讓他們永世為奴。「你們為什麼騙我？」他問。基遍人老老實實回答說，因為聽說上帝「把這全地賜給你們，並要為了你們，滅絕這地的一切居民」，所以都驚恐萬分。若論約書亞被騙，他只能責怪自己。他輕信了基遍人的表象，「沒有去求問上帝」。如果不去查證故事是否存疑，那麼即便能接觸到全能的上帝，又有什麼用呢？[10]

《士師記》講述的是一個以色列人棄離上帝的常見模式，於是上帝動用敵對部落米甸人來懲罰他們。米甸人長驅直入，把以色列人折磨得貧困無比，直到解救者基甸登場。以色列人因為崇拜偶像而遭受懲罰，請求上帝解救他們。上帝挑選基甸來完成這個使命。基甸集合了一支大約三萬人的隊伍，但上帝說人太多。祂認為，如果以色列人覺得可以靠人數優勢取得勝利，那麼他們就會「向我自誇說：『是我自己的手救了我。』」因此，出征的人數必須減少。首先，那些「懼怕和膽怯」的人離開了，隊伍人數一下子減少了三分之二。接著，上帝給基甸出主意，讓士兵們到河邊去喝水，進行一次特殊測試。凡是跪下喝水的人都被打發回家，用手捧著舔水的人留了下來，後者也許被認為是一直保持著警惕。出征人數只剩下三百人，成了原先的一%。他們的敵人嚴陣以待，「散布在山谷中，如同蝗蟲那樣多。他們的駱駝無數，多如海邊的沙」。基甸將手下精銳分成三組，讓每人手中拿一支號角。基甸吩咐他們在靠近敵營時，看著他並照著他的樣子做。「當我和跟隨我的人吹響號角時，你們在營地周圍也都要吹號角，並且吶喊：『為上主殺敵！為基甸殺敵！』」他們這麼做了。敵人「四處亂跑，一面喊，一面逃竄」。[11]這段故事強化了所有這些故事中的基本教訓──最明智的（其實也是唯一的）戰略，就是服從上帝，按照祂的旨意行事。

大衛和歌利亞

聖經中最具標誌性的故事之一是大衛和歌利亞。故事一成不變地借用了失敗者的角色，只不過其中的弱者只是個錯覺，因為大衛的背後有上帝支持。故事的基本情節廣為流傳。非利士人與以色列人兩軍在山谷地帶展開對峙。從非利士人軍營中走出一個來自伽特的巨人，名叫歌利亞。他身披鎧甲，手持盾牌，肩扛銅矛，向以色列人發起挑戰，要求最強的戰士出來對陣。如果歌利亞戰死，非利士人就做以色列人的僕人；如果他戰勝，以色列人就要給非利士人當奴隸。歌利亞的挑戰持續四十天得不到任何回應，似乎嚇癱了以色列人，包括他們的首領掃羅。唯一沒感到害怕的是年輕的牧羊人大衛，他受父親之命到軍營中給將士們送麵包和奶酪。他聽到歌利亞的挑戰，看見周圍的人嚇成一團，並且意識到一旦有人有辦法殺死歌利亞，將得到一大筆財富。大衛毛遂自薦，掃羅王將信將疑。大衛畢竟太年輕，而歌利亞「從小就是一名戰士」。於是，大衛講了一番自己殺死偷羊的獅子和熊的故事，取得了掃羅的信任。

掃羅動了心，把自己的鎧甲和刀劍給大衛披掛整齊，讓他去迎戰歌利亞。但大衛脫下了這些裝備，因為他「不習慣」。大衛到溪水中撿了五塊鵝卵石，帶上他的甩石鞭。毫無疑問，歌利亞覺得以色列人派出的這個挑戰者非但其貌不揚，甚至還是對自己的一種侮辱。「你拿杖到我這裡來，我豈是狗呢？」兩人對陣的時間很短。歌利亞發誓要把大衛的「肉給空中的飛鳥和田野的走獸吃」。大衛回應，自己以上帝的名義前來作戰，便朝著非利士人衝了過去。他跑到陣前，從口袋裡摸出一塊石頭，「用石鞭甩去，打中非利士人的額頭，石子遂進入額內。然後，他向前撲倒、面伏於地」。大衛取下巨人身上佩帶的刀，割下了他的頭。非利士人眼看自己的勇士死了，頓時潰散奔逃。[12]

大衛的成功靠的是出其不意和精確的打擊。他自知無法和歌利亞進行對等比拚，因此拒絕了掃羅提供的常規作戰盔甲。他不受約束，速度飛快，趕在歌利亞反應過來之前，投出了祕密武器。他只有一次投擲石塊的機會。一旦失手，或者石塊只擊中了歌利亞的武器而非要害，他就不會再有第二次機會。和第一次投擲石塊同樣關鍵的是，要迅速行動，防止敵人發起反攻。大衛不但打倒而且殺死了歌利亞，讓敵人再也站不起來。大衛很了解非利士人，料定他們會吞下苦果，不會為了替這場卑鄙的偷襲找回榮譽而把個人爭鬥升級為全面戰爭。假如非利士人發起反攻，那麼大衛投擲石塊的超凡技術將變得一文不值。事實上，這樣的把戲他只能用一次，再也不能重複使用。大衛沒有B計畫。假如他的A計畫失敗，便只能束手就擒。

這個故事幾乎沒有什麼上下文，只是以色列人和非利士人一系列複雜遭遇中的一個片段而已。非利士人控制了約旦河西岸的土地。在最初的衝突中，以色列人表現得很差，損失了大約四千人。之後，他們顯然吸取了教訓，重拾上帝的律法，再次獲得了上帝的保護，因此他們一度只需造出大聲點的噪音，就足夠把非利士人嚇得四散奔逃。非利士人被驅趕並被征服後，以色列人奪回了失地。所有這一切發生在先知撒母耳作為士師引導以色列人的那段時期。

掃羅是撒母耳膏立（以膏油倒在頭上的傳位儀式）的第一個以色列王。這次憲法創新是為了滿足以色列人的要求，他們渴望自己的國家採用與別國相同的領導方式。他們挑選王的標準是：高大英俊、不失謙遜，展現出軍事威力。然而，他不一定永遠對上帝俯首帖耳。掃羅的兒子約拿單向非利士人發起挑釁性進攻，殺死對方一名軍官，雙方敵對依舊。非利士人再次發動進攻，以色列人被打敗。掃羅軍事才能有限（比如，大戰前夜要求手下禁食），而且做事謹小慎微（不願意出去面對歌利亞）。如果說上帝是最好的防守，那麼像掃羅這樣缺乏信心（也就是對上帝缺乏信仰）的行為本身，就是違抗了上帝的意志。雖說投石一擊讓大衛聲名大噪，但其實是大衛的信仰決定了歌利亞的命運。

從聖經我們可看到，諸多因素發揮作用決定了以色列歷史，但說到這些故事的主題，人們一直很難理解所有一切到底是怎麼回事。上帝的目標很明確，但其手段總是充滿欺騙。祂設下圈套，讓對手誤以為自己掌握了命運。因此，「欺騙」成了聖經的一個強大主題。當處於劣勢者必須動用智慧才能取得勝利時，巧施詐術便成了一種自然而然的方式。騙子表現出一副目中無人的樣子，使用「智慧、陰謀和欺騙等手段，認為勝局既非絕對，也不『乾淨』」。然而，要是他們在使詐的時候沒有上帝相助，那麼詭計十有八九會遭到報應，任何成功都是「不可靠的」。[13]大衛之所以成功，是因為他將不可靠的計謀和相較之下可靠得多的信仰結合了起來。

《出埃及記》和大衛的故事給了劣勢者希望。實際上，每當論及劣勢戰略的時候，人們總會搬出大衛戰勝歌利亞的例子。然而人們常常忽略的是，成功並非只靠初次打擊，還需要第二次打擊配合才能實現。正因如此，大衛確信歌利亞沒有復原的機會，而且非利士人也準備接受現實。在這兩個故事中，成功的關鍵在於對手的反應。法老和歌利亞都分辨不出自己落入了陷阱。其間，只有法老有機會考慮自己面臨的困難，並做了相應的戰略調整。但上帝讓他的心腸變得越來越硬，即便他曾經想到自己正帶領國家走向深淵，那個念頭也只是一閃而過，很快便消失了。不只是摩西，法老也在聽從上帝的指令。最終看來，這兩齣戲都是人為策畫的，而這就是真正的戰略。

數世紀以來，對於希望透過苦讀聖經而從中尋求引導和啟發的人來說，聖經傳遞的核心信息是顯而易見的。上帝的臣民們主張將信仰和服從作為戰爭的「標準配備」，即便是內鬥也要遵循這一標準。他們或許一直堅信，這是獲取勝利的一個必要條件。但同時幾乎所有人都發現，光靠這些是遠遠不夠的。

第3章

起源三：希臘人

特洛伊的人們，你們不要相信這匹馬。不管牠是什麼，我警惕希臘人，儘管他們是帶著禮物來的。

——拉奧孔（Laocoön）（維吉爾〔Virgil〕，《埃涅阿斯紀》〔*Aeneid*〕）

戰略起源的第三個源頭是古希臘。若論後續影響，古希臘無疑是最重要的。首先，和聖經一樣，古希臘有關權力和戰爭的故事也都複雜地充斥著神的干預，暗示最出色的戰略性建議就是順應神的旨意。但是，到西元前五世紀，一場希臘啟蒙運動開始了，結合了知識領域的思想開放和政治領域的激烈討論。這場運動產生了一批內容極為豐富的哲學和歷史著作，具有經久不衰的影響力。雖然荷馬筆下的阿基里斯和奧德修斯（譯註：拉丁文稱作「尤利西斯」〔Ulysses〕）之間有所分歧，表明兩者之間存在潛在衝突，但這些英雄個個都是言語和行動的大師。驍勇善戰的人既可能因勇氣而備受仰慕，也可能因為只會使用蠻力而被當作蠢人、遭到冷落；巧言善辯的人可能因聰明智慧而一舉成名，也可能因言語具有欺騙性而處處遭人提防。

有關這部文學作品的一個不可思議之處是，其中一些類似戰略性思考和行動（不只是軍事意義上的）的最有趣片段，後來紛紛因遭到詬病而失去了影響力。我們可以將此歸因於柏拉圖的介入。他堅定地認為，哲學應該與種種被他稱為詭辯的傾向明確劃清界限。他認為，詭辯將無私追求真理變成了一種唯利是圖的遊說手段。具有諷刺意味的是，柏拉圖在對待詭辯時所採用的誇張、諷刺等手段，也很具戰略性。鑑於柏拉圖在後世受到的關注和研究，他在這個領域的重要成就也不應該被低估。

荷馬史詩中出現了兩種對立的特質，力量（biē）和智慧（Mētis），它們分別以阿基里斯和奧德修斯為代表。隨著時間的流逝（比如到馬基維利時代），它們逐漸成為武力和詭計的象徵。這樣的對立性因素在戰略著作中一直存在。雖然靠狡猾與詭計獲勝常被斥為既不榮譽也不高貴，但比起公開衝突，用計取勝的痛苦風險更小。還有一個更現實的問題是，依賴騙術很容易導致收益遞減現象，因為對手會逐漸識破詭計，認清自己的處境。正如前兩章所述，突襲或用計是戰勝強敵再自然不過的手段。在對手力量較強的時候，還可以採用結盟抗敵或破敵聯盟的方法來應對。

偏好武力或計謀可能反映出人的氣質性格，但其本身並不是一種戰略。所謂戰略取決於如何將一系列複雜並不斷變化的事務轉化為有利條件，而這反過來依靠的是一種遊說能力，即能否說服計謀執行者，並得到他們的認可。雅典執政官伯里克利（Pericles）是一名強勢執行戰略的高手，至少修昔底德這麼認為。他不僅讓自己人信服，還能說服盟友和敵人，這是一個成功戰略家的關鍵特質。正因如此，戰略既是語言和行動的結合，也是操縱語言和行為的能力。

奧德修斯

在希臘語中，Mētis描述的是一種特殊的戰略智慧概念，在英語中沒有明顯與之匹配的詞語。希臘語中與之相關的另外兩個詞語是mētiaō（考慮、冥想、計畫）和metiōomai（圖謀）。這兩個詞傳遞的是一種未雨綢繆、講究細節、掌握他人思考和行為方式的能力，以及足智多謀的才能。但同時，它們也包含了欺騙和詭計，抓住了戰略藝術中至關重要的道德矛盾。根據希臘神話，女神墨提斯（Mētis）被宙斯選為他的第一個妻子。宙斯擔心兒子繼承了父親的力量和母親的智慧而變得過於強大，為避免日後的風險，宙斯用花言巧語哄騙妻子，將她一口吞入腹中。宙斯認為將墨提斯吃進肚裡，就可以永遠掌控所有的智慧之源。但他不知道的是，女兒雅典娜當時已經孕育在墨提斯腹中。雅典娜是完整地從宙斯的頭顱中出生的。雅典娜女神是智慧與戰爭之神，比其他諸神更具智慧。她與最智慧的凡人——荷馬史詩中的英雄奧德修斯——結成親密聯盟。雅典娜稱奧德修斯「在凡人中最善謀略、最善辭令，我在所有的天神中間也以睿智善謀著稱」。[1]

奧德修斯展現出一種機敏而圓滑的智慧。他能迅速評估形勢，做出預測，即便身陷模糊不定的局面也能堅守最終目標。他關心成功甚於榮譽，善於攻心，迂迴行事，始終尋求迷惑敵人、以智取勝。但是，身為知名騙徒的奧德修斯，自己也飽受磨難。過沒多久，他就成了說謊者悖論的受害者：人們不再輕易相信他，即便他說實話也沒人信。奧德修斯最輝煌的成就是留在特洛伊城外的那匹木馬。它終結了對特洛伊城的十年圍攻，打開城池，帶來了徹底的破壞和大規模殺戮。羅馬人維吉爾看待奧德修斯不如荷馬那麼寬宏大量，他在作品中描述了希臘人假裝放棄進攻特洛伊城的情形。希臘人造了一個像馬一樣的巨大裝置，裡面藏著五十名士兵。他們將木馬拖到特洛伊城下。木馬上銘刻著一段文字：「為了返回家鄉，希臘人把這件貢品獻給雅典娜。」[2]

特洛伊人早就盼望著結束長達十年的圍城，紛紛來到城外端詳這匹奇怪的馬。國王普里阿摩斯（Priams）和長老們爭論著該怎麼辦。做選擇並不難。他們可以把木馬當作威脅，一把火燒了它，或者打碎它，看看裡面到底藏著什麼；他們還可以把木馬拖進特洛伊城，把它視為一個膜拜雅典娜的機會。可是雅典娜向來偏愛希臘人，而且善使詭計。事已至此，到底應該相信雅典娜還是希臘人呢？奧德修斯知道，此時需要有人到特洛伊人耳邊進行煽動。這個任務落到了撒謊老手西農（Sinon）身上。西農告訴特洛伊人，自己是個逃兵，因為與奧德修斯不和，才逃離了撤退的希臘人。他謊稱希臘人為保證回程一路順風，要把他當作祭品獻給神。特洛伊人聽了半信半疑。普里阿摩斯問，「那個像馬一樣的大怪物」是祭祀用的，還是「打仗用的」？西農說，這匹木馬確實是獻給雅典娜女神的，用來平息祂對希臘人的怒火。它不是用來對付特洛伊人。希臘人把木馬造得那麼大，是擔心特洛伊人把它拖進城裡。如果那樣的話，雅典娜就會從此保護特洛伊人，使其永遠不受侵略之擾。

西農現身時，特洛伊的祭司拉奧孔發出警告，這個貌似禮物的東西是個騙局，是個「戰爭詭計」。拉奧孔操起一根長矛刺向木馬，躲在裡面的士兵們嚇得驚叫起來，詭計差點曝光。多虧雅典娜出手相助，祂派出兩條海蛇勒死了拉奧孔和他的兩個兒子。這好像暗示，拉奧孔因為褻瀆聖物而遭到了懲罰，因此人們完全有理由無視拉奧孔的建議。除此之外，特洛伊國王普里阿摩斯的女兒卡珊德拉（Cassandra）也發出過警告。她告訴特洛伊人，他們做了蠢事，正面臨「可怕的命運」。但可悲的是，阿波羅神雖然賦予卡珊德拉未卜先知的能力，卻又因為得不到愛的回報而對她下了詛咒。卡珊德拉和西農的不同之處在於，後者撒謊有人信，而前者的預言雖然準確無誤，但誰也不會當真。因此，特洛伊人決定把木馬拖進城。夜裡，藏在木馬裡的希臘人出動了。城外的希臘軍隊根據西農發出的信號趕來，特洛伊城正城門大開地等著他們。這座城市遭到了洗劫和屠殺。

荷馬只在《奧德賽》（*The Odyssey*）的字裡行間提到木馬屠城的故事，而且是將它作為一種特殊的詭計，用來區別奧德修斯和他那些缺乏想像力的夥伴們。在荷馬筆下，奧德修斯是個逃脫困境的天才，如果換作別人，就只能屈服於宿命論或者絕望地冒險送死。荷馬對於奧德修斯的種種詭計採取了寬容的態度，維吉爾卻不這麼看。他認為奧德修斯的行為很可悲，而且這正是典型的靠不住的希臘人才會做出來的事情。在之後幾世紀裡，西農和奧德修斯一起被投入了但丁（Dante）的第八層地獄。那是專門讓滿嘴謊言、顛倒黑白的人受苦的地方。而正派的英雄在美德和真理的感召下，絕不會受到機會主義和矇騙欺詐的操縱。

在史詩中，荷馬將智慧和力量做了一番對比。阿基里斯是力量的化身，他力氣過人、勇敢機敏、善使長矛，他的火爆脾氣也同樣聞名於世。如果說《奧德賽》講述的是智慧，那麼《伊里亞德》（*The Iliad*）主要探討的則是力量。阿基里斯不僅展現了力量所能達到的極限，而且顯示了一旦力量和某種程度的野性、殺戮欲相結合，就會引發可怕的屠殺和死亡。然而，世間萬事幾乎都離不開力量。阿基里斯遭到阿伽門農（Agamemnon）王的怠慢後，放棄了與特洛伊人的戰鬥。奧德修斯只好率眾前往，懇請他出山。阿基里斯聽了對方的話後，公開譴責奧德修斯和他的辦事方式：「我討厭口是心非的人，這種人如同地獄之門一般令人厭惡。」阿基里斯毫不客氣地指出，特洛伊的超級英雄——狂暴「殺人」的赫克托耳（Hector）——要把希臘人趕回大海上，智慧顯然無力應對。

在荷馬筆下，赫克托耳也是有智慧的。他是特洛伊人中唯一具有宙斯般素質的人，被寄予極大的希望。可是到了關鍵時刻，那些和智慧有關的戰略判斷力卻棄他而去。這是因為雅典娜女神暗中施加負面影響，只是特洛伊人一直被蒙在鼓裡，以為自己受到女神的護佑。在特洛伊議會裡，赫克托耳在仇恨和狂熱的引導下，錯過了一次經由談判獲取和平的機會。他滿懷對希臘人的怨恨，一心想要發動戰事，完全不考慮未來的情形。他主張發起進攻。戰鬥開始後，赫克托耳橫衝直撞地打退了希臘人，殺死了阿基里斯的密友帕特洛克勒斯（Patroclus）。好友之死促使阿基里斯將自己對阿伽門農的極度怨恨轉移到了赫克托耳身上。他重新投入戰鬥，一邊追殺赫克托耳，一邊對特洛伊人大開殺戒。最後，雅典娜使出詭計，讓東躲西藏的赫克托耳不得不面對阿基里斯。[3]赫克托耳很快就被一槍刺中脖子而喪命。阿基里斯把他的屍體拴在戰車上，在戰場上拖著到處疾馳。

故事講到這裡已經接近《伊里亞德》的尾聲，我們很自然地會以為阿基里斯的這次勝利從此決定了特洛伊的命運。然而，希臘人無法將優勢保持到最後。阿基里斯很快就死於帕里斯（Paris）之手。帕里斯曾經搶走斯巴達國王墨涅拉奧斯（Menelaus）的妻子海倫（Helen），引發了特洛伊戰爭。他從遠處放箭射中了阿基里斯。根據某一種傳說版本（非荷馬版本），這支箭射中了阿基里斯的腳後跟。傳說阿基里斯的母親在他出生不久後，就把他浸泡在冥河裡。由於母親倒提著他的腳踵，因此阿基里斯除了腳踵之外，全身其他地方刀槍不入。阿基里斯的腳踵提醒人們，即便最強大的人也有弱點。這個弱點一旦被人發現，就可能受到致命一擊。不管是赫克托耳殺死帕特洛克勒斯，還是阿基里斯刺死赫克托耳，這兩個故事都在善意警告過猶不及的危害，即武力若離開了智慧的掌控，就會很危險。做事光靠蠻勁是不夠的。珍妮・斯特勞斯・克雷（Jenny Strauss Clay）指出：「歸根結蒂，奧德修斯的高尚英雄主義建立在智慧和堅忍的基礎上，比阿基里斯那種不穩定且易變的榮耀更勝一籌。」[4]

木馬之計決定戰局之後，希臘人踏上了返鄉之路。這條歸程和之前的十年攻城一樣充滿挑戰。海上的風暴大得可怕，巨浪推著他們撞向礁石，船隻撞沉。奧德修斯被風暴吹離航線，在海上漂泊了十年。一路上的冒險經歷為他提供了足夠的機會來運用智慧。其中一次著名的考驗是，奧德修斯遇到了庫克羅普斯人（Cyclops）波呂斐摩斯（Polyphemus）。波呂斐摩斯是個獨眼巨人，吞食了奧德修斯好幾個同伴。奧德修斯和僥倖活下來的人被一塊巨石困在山洞裡。這塊石頭只有波呂斐摩斯才能移動。奧德修斯的第一步計畫是把巨人灌醉。然後，他告訴醉醺醺的波呂斐摩斯，自己的希臘語名字叫「沒人」（Outis）。[5] 奧德修斯用這個辦法隱藏了自己的身分，而且還為波呂斐摩斯挖了個日後上當受騙的陷阱。下一步是，奧德修斯把一根木樁鑽進巨人的眼睛，弄瞎了他。波呂斐摩斯暴怒地大叫，其他庫克羅普斯人問他：「是不是有人想強行趕走你的羊群？還是有人想用陰謀或暴力傷害你？」巨人回答：「『沒人』企圖用陰謀殺害我。」庫克羅普斯人一聽「沒人」，便把這件事拋在一邊忙別的去了。[6] 波呂斐摩斯搬走石頭放走羊群，他想摸一摸奧德修斯是否會和同伴們騎在羊身上逃走。但他沒想到，奧德修斯一夥竟然躲在羊肚子底下逃跑了。這時奧德修斯不再是「沒人」，他很不明智地自吹自擂起來，自稱「因善使詭計而聞名」的攻陷特洛伊城的英雄。於是，波呂斐摩斯的父親——海神波塞冬（Poseidon）——決定讓奧德修斯在漫長的歸家途中受盡痛苦和折磨。

智慧之道

在奧德修斯身上，結局證明了手段的正當性。一個人究竟是不是騙子，還是由結果來評判。從索福克勒斯（Sophocles）的劇作《菲洛克忒忒斯》（*Philoctets*）來看，人們顯然對這種判斷方式產生了道德上的不安。菲洛克忒忒斯是一名前往特洛伊參戰的希臘士兵，是赫拉克勒斯（Heracles）神箭的傳人。但他不幸被毒蛇咬了一口，傷口不但劇痛，還發出陣陣惡臭。奧德修斯無法忍受菲洛克忒忒斯因疼痛而發出的叫喊聲和傷口散發的氣味，於是把可憐的弓箭手連同他的武器遺棄在一個海島上。十年後，奧德修斯意識到，要對付特洛伊人，菲洛克忒忒斯的弓箭至關重要。於是，他和阿基里斯的兒子涅俄普托勒摩斯（Neoptolemus）一起去找菲洛克忒忒斯。奧德修斯知道自己過去的行為不可原諒，無論是靠武力還是靠巧言，都無法得到那把弓。於是，他鼓動涅俄普托勒摩斯去騙菲洛克忒忒斯。可是這個年輕人和他父親一樣「對陰謀詭計有天生的反感」。他寧可「榮譽地戰敗」，也不願靠詭計取勝。奧德修斯難道不覺得撒謊「邪惡」嗎？不，奧德修斯的回答是，將顧慮置於共同利益之上，會將戰爭置於危險的境地。

在這齣戲中，劇作家使出妙招加設了一個前來解圍的人物，才解決了這個問題。這個意外介入的人是赫拉克勒斯，他勸說菲洛克忒忒斯前去參戰。後者立刻回應道：「這是我渴望已久的聲音，這是我幻想已久的身影，這次我終於看清楚了！我不會違背你的意志。」[7]就這樣，出於對神的敬畏和服從，一場麻煩的爭端解決了，而狡猾的計謀卻辦不到。故事的結局皆大歡喜。奧德修斯勝利完成任務，涅俄普托勒摩斯守住了自己的節操，菲洛克忒忒斯獲得了榮耀並且治癒了傷口。劇中強調，要了騙術還想獲取別人的信任，是極其困難的。凡是對奧德修斯的名聲有所耳聞的人，幾乎都不相信他，即便他秉忠直言，也無濟於事。[8]如果講述者缺乏誠信，那麼再好的故事也很難打動別人。

奧德修斯一直被當作某種現實智慧的例證。巴爾諾（Barnouw）認為，奧德修斯能夠「根據預期結果來考慮下一步行動」。他腦子裡始終裝著主要目的，但又能超越那個目標回到現實，透過一系列複雜的手段（克服各種障礙）達到最終目的。因此，與奧德修斯的品行形成對立的並非強大的武力，而是無法洞察危險信號、無力預見行動後果的魯莽表現。每當奧德修斯按捺住一時衝動、放棄報復時，他想到的是，比起眼前的勝利，他更需要實現長遠目標，比如安全地回到妻子潘尼洛普（Penelope）身邊，回到家鄉伊薩卡（Ithaca）王國。現實智慧中的理性和激情並不矛盾，要在兩者的此消彼長中找到相互依存的恰當關係。奧德修斯深知他人如何看世界，由此，他透過發出自認能被他人以某種方式理解的信號，來操控別人的思想過程。奧德修斯不是因為喜歡看別人落難，才搞出各種惡作劇。實際上，他的詭計多端和善於瞞騙都是經過磨合，來遂行他的最終目標。因此，智慧（Mētis）是一種包含預期和計畫的前瞻，其中不乏狡詐和詭計。巴爾諾形容這種智慧「出於本能而非源於理智」，與其說是「冷漠的權衡選擇」，不如稱其為一種目標優選或者最渴望的內心衝動。在理性的作用下，它更反映出「激情的強度和深度」。[9]

比利時史學家馬塞爾・德蒂恩內（Marcel Detienne）和法國史學家讓—皮埃爾・韋爾南（Jean-Pierre Vernant）也認為，奧德修斯所代表的智慧是現實智慧的一種特殊形式。它不僅精明世故、狡猾詭詐，而且頗有遠見，能把眼下的行動納入長遠計畫，把握局勢發展並將人引入歧途。它是一種氣質，也是一種以弱勝強的方式。雖然這種智慧和「不忠的騙局、背信棄義的謊言、背叛」有千絲萬縷的聯繫，但它是一種「致命武器，無論在什麼環境下，無論衝突條件如何，它是確保勝利、控制他人的唯一手段」。力量會敗於更強的力量，而智慧能擊敗一切力量。

當面臨的事物呈現出易變、不為人知、飄忽不定，「各種對立的特性和力量」相互交織的時候，智慧是最有價值的手段。基於對現實的「充分把握」，對未來的「明確認識」，對「往事的經驗積累」，對不斷變化的事物的靈活適應能力，以及對意外事件的充分適應性，智慧適合運用於無法採取既定行動、無法預料行動後果的情況。現實智慧在衝突環境下發揮作用，反映在對事物的先見能力、洞察力、敏銳的理解力、運用詭計的能力等方面。具有這種智慧的人往往難以捉摸，能夠憑藉模稜兩可、本末倒置、驚天逆轉等本事，「像流水一般從對手的指縫間」逃脫。[10] 在所有這些描述中，戰略智慧能夠從複雜曖昧的形勢中識別出制勝之道，直至最後取得成功。但這種智慧在很大程度上也是種直覺，或者至少被含蓄地隱藏起來，直到危急突現的時候才可能成為救命稻草。至於為何在有條件進行深謀遠慮的情況下，這些智慧的特性無法發揮作用，這個問題沒有答案。

修昔底德

阿忒（Atē）是不和女神厄里斯（Eris）的女兒，她由於在人、神之中鼓動愚蠢的行為，被宙斯逐下奧林匹斯山。芭芭拉・塔奇曼（barbara Tuchman）將她描述為昏聵女神，集惡作劇、妄想、荒唐於一身。據說阿忒會蒙蔽受害者，令其無視道德與底線，「無法做出理性的選擇」。塔奇曼認為，這樣的神給人們提供了犯錯的藉口。在荷馬筆下，眾神之王宙斯堅持認為，如果人類遭遇「無妄之災」，那絕不是神的過錯，而是「他們內心的無知」。令他們遭難的不是命運，而是蹩腳的戰略。[11] 然而，在雅典的各項事務中，人們還是會經常向眾神求助，尋求種種徵兆，徵詢各種神諭。

到西元前五世紀的雅典啟蒙時代，人們有了一種新選擇。他們不再迷信神對事物的種種解釋，開始重視人的行為和決定。與此同時，戰爭變得複雜起來，光靠幾個人勇猛作戰是無法獲勝的，想打贏戰爭更需要合作與計畫。雅典軍事委員會由十名將軍（strategoi）組成，他們個個獨當一面，能在前線帶兵打仗，抵抗強敵。由此看來，戰略起源於這些將才身上，也就是構成他們有效領導力的各種素質。[12] 修昔底德大約生活在西元前四六〇年至前三九五年，曾是將軍。他在與斯巴達人的戰鬥中兵敗安菲波利斯（Amphipolis），因為城池失守而被流放二十年。其間，他有機會像了解雅典人一樣去研究斯巴達人。他後來回憶說，「我有充分的時間去仔細觀察各種事務」。[13] 他利用這段時間記錄雅典和斯巴達之間的戰爭經過，寫成了自認為頗具權威的《伯羅奔尼撒戰史》（*History of the Peloponnesian War*）。這是一場以雅典為首的提洛同盟（Delian League）與以斯巴達為首的伯羅奔尼撒同盟之間的戰爭，從前四三一年持續到前四〇四年，斯巴達人大獲全勝。雅典是戰前希臘城邦中最強大的，但戰爭結束時已日漸式微。

作為一名歷史學家，修昔底德是啟蒙精神的典範，他用不摻雜任何感情的審慎言語描述衝突，針對權力與目的提出尖銳的問題，並且評論探討了選擇對結果的影響。他不再將人類事務歸因於反覆無常的命運和惡作劇的眾神，而是將責任集中在政治領導者及其戰略上。他秉持經驗主義，只要有必要、有可能，他就要透過勤勉研究，盡力對各種事件做精確描述。他的敘述闡明了戰略的幾大中心主題：時代環境的局限、結盟作為力量源泉的重要性和不穩定性、同時因應內部對手和外部壓力所帶來的挑戰、防禦性的沉穩戰略面臨快速果斷進攻時的困境、意外的打擊，以及（也許是最重要的）語言作為戰略工具的作用。修昔底德強調的這些主題，常常被看作在說明權力的不可抗拒性，以及強者面對叫苦連天的弱者或種種道德考慮時的不為所動。基於此，修昔底德被認為是現實主義學派的創立者之一。人們一直認為戰略理論家致力於研究權力，認為自身利益是對行為的最好解釋，因此他們很容易受到現實主義的影響。在更加教條的現實主義看來，缺乏一個統治國際事務的絕對權威，往往會導致各國本能地沒有安全感。如果它們沒有膽量相信他國的善意，那麼就必定採取預先防衛的措施——而這些先行的措施反過來又會使對方產生不安全感。[14]從這個方面來看，修昔底德的重要性在於，他揭示了這種不安全感是永恆存在的。

從非教條主義的角度來看，修昔底德確實是現實主義者，他如實反映了人類事務，而不是按照自己的想法來塑造它們。但他不認為，人必須按照狹隘的自身利益行事，也不建議人們真的為爭取廣泛利益而採取行動。他描繪的圖像相當複雜多變：片刻的力量展示可能隱瞞了潛在的弱點；政治領袖的聽眾既有內部成員，也有外部行動者；新的聯合既能創造新型優勢，也能導致劣勢。

然而，修昔底德筆下的關鍵人物卻用言語暗示，他們是在遵從不可抗拒的權力命令行事，而且毫無緩和的餘地。比如，雅典人曾一度解釋說，他們的所作所為「沒有什麼違反人情的地方」，維持其帝國地位是迫於「三個強大的動機：榮譽、恐懼和利益」。而且，他們認為這個先例不是自己首創的，「弱者應當屈服於強者，這是一條普遍的法則」。[15]在著名的「米洛斯對話」（Melian dialogue）中，雅典人又提出了類似的論點：「強者能夠做他們有權力做的一切，弱者只能接受他們必須接受的一切。」[16]因此，他們對米洛斯人除了鎮壓別無選擇。雅典人這麼做除了擴大統治範圍之外，還另有理由：如果機會來了而他們不占領米洛斯，就會顯得懦弱無能，進而有損名聲。法律和道德的約束能力非常有限，強者可以根據自己的目的需要來量身制定法律，解釋道德規範。雖然修昔底德引證的論據都支持弱肉強食的權力行為，但這並不意味著他對此認可。他認為，總擔心自己顯得不夠強大是可悲的，它會導致一個國家不顧警告（它們一向謹慎），墮入災難性的賭局。因而除此之外，修昔底德還提出了其他甚至有點理想主義的觀點。

伯羅奔尼撒戰爭的起源，是修昔底德最著名的言論，也是有關現實主義哲學最重要的斷言：「使得戰爭無可避免的原因是雅典日益壯大的力量，還有這種力量對斯巴達造成的恐懼。」修昔底德承認，根據雙方的「控訴理由」，對於戰爭起源還有別的解釋，但他用一個更系統性的分析取代了它們。[17]要理解修昔底德的觀點，難處之一在於翻譯問題。一種較為細緻的譯本認為，雖然毫無疑問，修昔底德發現兩大國之間的權力轉移至關重要，但當時的戰爭起源其實是與權力和爭議交織在一起。[18]即便如此，仍然存在的一個問題是：系統性因素是否真如外界所認為的那樣突出？修昔底德如此重視系統性因素，可能是出於對伯里克利名聲的考慮，伯里克利從西元前四六〇年開始統治雅典約三十年，是修昔底德心目中的英雄。

雅典領導的希臘聯軍在抵抗波斯入侵的戰爭中取得了勝利。戰前，雅典的發展並無特別之處，戰後其勢力和威望壯大起來。它將一些與其合作的鬆散、互助的城邦變成了更加可控的聯盟。然而，隨著之後雅典霸權越來越不得人心，這種聯盟反而成了弱點。西元前四六一年伯里克利鞏固了其雅典執政官地位，他說，即便不再尋求擴張聯盟，管理現有帝國也是個不小的挑戰。斯巴達人認同這樣的看法。前四六〇至前四四五年的戰爭結束後，雅典和斯巴達簽訂了《三十年和約》。簽約後，伯里克利一直避免激怒斯巴達人。斯巴達人注意到並默認這一點。在此期間，雅典既沒有對斯巴達持敵對立場，也沒有進行非同尋常的戰爭準備。

雅典和斯巴達之間的關係為何出現倒退，原因在於聯盟的複雜局面。對於一心圖強的弱國而言，加入聯盟顯然益處頗多；而對已經強大的國家來說，聯盟卻是把雙面刃，它被寄予期望、賦予責任，但得到的回報卻少得可憐。聯盟成員可能在共同禦敵方面達成一致，但除此之外幾乎沒有什麼共同利益。更何況，雅典還採取了一些從提洛同盟搜括好處的手段，比如同盟國須向雅典人繳納金錢和提供船艦等，這些行為招致了怨恨。隨著波斯人的威脅日漸弱化，同盟國對雅典的不滿日益加深，後者的態度也變得更加強硬。雅典人要求同盟國更加雅典化，包括要求它們實行雅典式民主政治。與之相反，斯巴達人對盟國內部事務卻興趣缺缺。因此，當時伯里克利極力維護的地位其實已經風雨飄搖、岌岌可危。帝國統治對雅典極具價值，卻令各城邦躁動不安。

出於不同的原因，伯羅奔尼撒同盟內部也不得安寧。斯巴達在實力最強大的盟友科林斯（Corinth）的逼迫下，對雅典採取強硬路線。科林斯有自己的支持者，其中就包括墨伽拉（Megara）。由於雅典頒布《墨伽拉法令》，墨伽拉人無法將產品運至雅典市場上出售，因而心懷不滿。而墨伽拉之所以如此急於進攻雅典，是因為它當時正與克基拉（Coroyra）鬧得不可開交，後者是墨伽拉向外擴張的一大障礙。克基拉尋求透過與雅典結盟來獲得海上軍事援助，進而鞏固自己的地位。如果雅典拒絕了這一要求，戰爭或許可以避免，但最後兩者最後竟然達成了一種尷尬的妥協。一個同盟即將成形，但只具備防禦功能。希臘史學者唐納德．卡根（Donald Kagan）注意到，修昔底德的描述中，雅典人對防禦同盟表示不解。修昔底德當時可能就在辯論現場，但提到這一段經歷的時候，他放棄了自己向來採用的引用整篇演講內容的敘事方法，也沒有提供其他不同意見。[19] 卡根認為，修昔底德之所以這麼做，是因為如果對這場辯論做進一步的詳細描繪，就會暴露出戰爭並非無法避免，它其實是在伯里克利的勸說下導致的。[20] 凡是在戰爭問題上做過爭議性決定的人，都願意把此舉說成是迫不得已，以淡化其中審慎判斷的成分。

雖然修昔底德認為在關鍵時刻雅典官方不該派人去斯巴達，但雅典方面還是決定派遣使者到斯巴達去解釋自己的政策。因此，修昔底德沒有在書中提到使者是誰，以及此人的使命是什麼。他對斯巴達辯論進行了更為完整的描述，其間提到，被雅典打敗的科林斯要求斯巴達提供援助。這種要求具有一定的威脅性。如果斯巴達人表現得消極被動，盟友們就會落入險境，甚至「在絕望中投入其他陣營」。[21] 這就提高了風險。斯巴達人不想落得個軟弱的名聲，也不願意因失去牢固盟友而削弱自身的實力。這導致斯巴達陷入危機。雖然科林斯人描繪雅典人懷著永無節制的霸權野心，但斯巴達人之所以回應科林斯人，並不是出於對雅典人的共同恐懼，而是擔心關鍵盟友的背叛。實際上，斯巴達國內的「主戰派」對雅典力量不屑一顧。與「主戰派」相比，斯巴達的阿希達慕斯（Archidamus）國王做事更為謹慎，更渴望維護和平，但他的意見被忽略了。西元前四三二年八月，斯巴達長老會議投票決定與雅典開戰。

然而，即便投票通過了戰爭決議，斯巴達還是向雅典派出外交使團，並且雙方差點達成和解。最後，雙方談到了《墨伽拉法令》。值得注意的是，斯巴達使節並不像科林斯人那樣糾纏到底，但提出該法令明確違反了雙方之前簽訂的《三十年和約》。修昔底德寫道，許多人站出來發表看法，有些人認為戰爭是必要的，還有些人則建議為了和平而廢除《墨伽拉法令》。[22] 這一次，修昔底德詳細記錄了伯里克利果斷干預的過程，描述重點在於斯巴達人拒絕接受仲裁。他指責斯巴達人只知道威脅而不願意討論，這表明他們拒絕平等對待雅典人。修昔底德引用了伯里克利的觀點，這種觀點經常被用來警惕表面謙遜、理性，但背後隱藏更大野心的對手。「這絕非小事，」伯里克利強調道，「如果你對他們讓一尺，他們馬上就會要求你退一丈，因為他們會認為你們是因怕他們而讓步的。」[23]即便到了此時，伯里克利的策略仍是克制的。他把先發制人、拒絕仲裁的責任都推到了斯巴達人身上。

在最極端的版本中，修昔底德關於戰爭不可避免的主張則完全站不住腳。戰爭爆發前，出現過好幾個時間節點，不同的想法很可能占據上風，並推動歷史朝著不同方向發展。政治學者理查德．內德．勒博（Richard Ned Lebow）認為，戰爭絕非不可避免，而是由「牽涉其中的幾大權力領導人所做的一系列極為糟糕的判斷」所導致的。[24]一切皆因幾個小國而起，它們之間的敵對行為與複雜關係將雅典和斯巴達推到了交鋒邊緣。不然，雅典人本可以拒絕克基拉的結盟要求，斯巴達本不該受科林斯人的鼓動而採取強硬立場；雅典人完全可以放棄《墨伽拉法令》，而斯巴達人或許會同意接受仲裁。

但問題是，其中還有一些結構性因素在發揮作用。提洛同盟和伯羅奔尼撒同盟之間的關係並不穩定。兩者之間的不信任感，為追求各自利益的小國提供了發揮空間。雅典和斯巴達的一些領導者為了維護和平，準備採取措施遏制打仗的衝動，以免事態升級，他們千方百計維護《三十年和約》。但雙方陣營中都有鷹派，不喜歡緩和局勢，一心為戰爭造勢。科林斯人告訴斯巴達人，雅典人骨子裡喜歡挑釁、好鬥；克基拉人則遊說雅典人與其結盟，理由是兩國海軍聯合起來力量更大。克基拉人說，戰爭一旦爆發，很有必要結盟，因為斯巴達及其聯盟「出於恐懼，很想對你們發動戰爭；而科林斯人是你們的敵人，他們在斯巴達很有勢力」。[25]不過，由於各方彼此間的忠誠度總在不斷變化，雙方都遲遲做不了判斷。擺在雅典人面前的兩條路是，要嘛和克基拉人結成同盟，要嘛眼睜睜地看著伯羅奔尼撒同盟攫取克基拉的海上力量；而斯巴達人的選擇是，要嘛支持科林斯人的野心，要嘛冒風險任其投奔敵營。

兩大陣營的領導人雖致力維護和平，然而現在他們實踐緩和與克制戰略的能力被限制。他們盡可能委婉地解釋強硬路線，極力緩和它的影響。因此，伯里克利同意和克基拉人結盟，但堅稱那只是個防禦性同盟，他製造這個概念的目的，就是想尋找一種最不具刺激性，且未來不會遭人質疑的解決辦法。隨後，伯里克利派艦隊前往克基拉確認同盟關係。這真是一支小小的艦隊，它既不夠為克基拉人壯膽，也不足以嚇退科林斯人。因此，雅典人最後怎麼也想不到，結果竟然會比預期的嚴重得多。同樣，當斯巴達人為避免開戰尋找外交途徑的時候，他們的出發點也並不是科林斯的利益，而是在《墨伽拉法令》這個看似並不重大的問題上。這時，雙方迴旋的餘地越來越小。伯里克利認為對斯巴達的任何直接要求做出讓步是很危險的，但仍然表示會接受仲裁。

從伯里克利接下來執行的戰前策略來看，其中仍不失克制。他這麼做有一定的道理。設想，斯巴達內部仍有主張和平的派別，一旦主戰派的所作所為被證明徒勞無功，那麼主和派的力量必然會得到加強。這也表明兩個同盟之間的另一種差異。伯羅奔尼撒同盟主要位於大陸，而雅典雖身居大陸，其勢力範圍卻是個海上帝國。伯里克利深知斯巴達軍隊的實力，因而極力避免陸戰，希望憑藉雅典的海上力量優勢取勝。然而，伯里克利沒有考慮給予斯巴達致命一擊。與之相反，他尋求的是一個僵局。他的算盤是，雅典的各種儲備充足，即便戰爭拖上幾年，己方也能取勝。在後世的描述中，伯里克利尋求勝利的方式是把敵人拖垮，而不是消滅敵人。

從政治上看，這種克制戰略很大膽，是一場巨大的賭博，也許只有像伯里克利那樣有聲望的人才有可能獲勝。但是，伯里克利輸了這場賭局。斯巴達每年蹂躪阿提卡（Attica）半島——那裡距離雅典不遠，生產許多農產品，雅典對此除了派部隊劫掠伯羅奔尼撒同盟城邦的沿岸城鎮之外，沒有別的手段回應。阿提卡半島的農作物收成不斷受損，削弱了雅典國庫進口必需品的能力，也讓雅典在斯巴達的進攻面前顯得不知所措。就在此時，災難降臨了。西元前四三〇年一場瘟疫爆發，無家可歸的阿提卡人紛紛湧進雅典城，導致城裡人滿為患，加重了疫情。這時，伯里克利又一次沒有實施正確的因應措施。最終，他遭到罷免，雅典只得向斯巴達求和。斯巴達提出了苛刻的要求，本質上要求雅典放棄統治，從根本上破壞了和平協議。於是，伯里克利官復原職，但西元前四二九年他被瘟疫奪去了生命（修昔底德也差點死於瘟疫）。伯里克利想在過度侵略與姑息緩和之間找到一條出路，努力將強硬和克制相結合。但是，這麼做非但沒有弱化威脅，反而加重了雅典人面臨的風險。伯里克利的策略對斯巴達人的威脅有限，卻使自己付出慘重代價，其他城邦見狀便開始反抗。伯里克利死後，雅典採取了更具進攻性的戰略，獲得了一些勝利，甚至連斯巴達也表示願意求和，但就在此時，雅典人開始自我膨脹了。

語言和欺騙

修昔底德很欣賞伯里克利，因為後者能夠運用權威和理性的口才來管理雅典的政治體系。他勸說群眾接受明智的政策，而不是用蠱惑人心的手段來迎合大眾的不理性。儘管後者在民主政治中很常見，並且伯里克利死後這種做法在雅典大行其道。[26]

雅典式民主，要求這個城邦中的所有重大決定都要經過激烈的公開討論。戰略容不得半點隱晦，必須明確清晰地表達出來。對於決策者而言，重要的不僅在於採取正確的行動，而且要有能力預見事情的後續發展，還要具備讓人信服的能力。議會和法庭辯論充斥著各種對立的演講，其內容自相矛盾，但這激勵人們去培養強有力的辯論能力。人們普遍樂於學習和運用說服人的藝術。[27]高爾吉亞（Gorgias）在伯羅奔尼撒戰爭初期（西元前四二七年）到達雅典，在那裡生活到晚年，他就展示出了這種修辭技巧。他向人們展示了如何運用周密細緻的設計，使一個無力的論點變得強而有力，並將這種藝術傳授給了願意受教的學生們。他認為話語（說辭）可媲美物質力量，可以引起痛苦和愉悅：「有些讓人感到恐懼，有些讓人膽氣十足，有些則以其邪惡的說服力讓人心智大亂。」他存於後世的言論之一，驗證了為什麼海倫隨帕里斯私奔會引發特洛伊戰爭。另一位頗有影響力的人物普羅泰戈拉（Protagoras）則以探索合理運用語言而著稱。他頗有幾分個性地形容自己是位智者（源自希臘文Sophistes，意為「聰明的人」），這個詞被柏拉圖用來定義整個思想家群體。當時，有關公共演講的專門教育大有市場。訴訟當事人可以學習如何進行有效辯護，競選公職的候選人可以靠它提高自己的吸引力，活躍的政治家則可以藉此變得更有說服力。[28]

伯里克利喜歡和包括普羅泰戈拉在內的眾多知識分子為伍。當時有觀點認為，對於會做事的人和耍嘴皮子的人應該加以區別，伯里克利對此嗤之以鼻：「我們熱愛智慧，但不會因此喪失男子漢氣概。」勸說別人需要有說服力的語言：那些有學問但沒有「清晰表達能力」的人，還不如一無所知的好。在雅典人面前，他表明自己是「一個至少和別人一樣能夠明白應該做什麼以及能夠解釋這一切的人」。說服的藝術極具價值，因此演講和對話在修昔底德的記述中占據了重要篇幅。伯里克利用這種方式展示其戰略觀點，只不過修昔底德的描述也許比實際話語在邏輯上更為連貫。

伯里克利的成功在於他的權威，以及他說服人們遵從戰略的能力。這些戰略都是經過高瞻遠矚的周密計畫發展而來的。他以運用和表達智慧來設法掌控局勢發展。正如帕里（Parry）所說，伯里克利演講的創造力在於，他能夠描繪出一個只要聽從他的建議就能實現的未來。這種未來構想取材於現實，但又超越現實。它的可信不但來自其可行，還源於它「洞察外部世界最強大和最持久的力量」。之後，伯里克利要做的，便是確保形勢的發展與他所描繪的藍圖相符。所以，他不能只做個有說服力的演說家。他的演講堪稱戰略計畫，提供了一條理想的未來之路。這表明，他依據對世上現有各種力量的判斷，已經完全掌握了未來的種種可能。伯里克利高於常人之處在於，他為雅典人設計了一條可以成功實踐的道路，使現實與他的未來設想保持一致。但是，這也往往取決於敵人的行動以及各種偶然因素。最後，計畫的完整性，也很可能被實際事態發展所破壞。從深層意義上看，修昔底德的記述是悲劇性的，因為它揭示了戰略推論在面對矛盾的世界時，是有局限性的：

> 但最終事實證明，現實是不可控制的。它打破、改變並最終毀掉了人們的構想。如伯里克利所說，哪怕人們的構想明智而合理，哪怕這些構想以其自身的創造力和對現實的洞察力，而與事情的發展相契合，現實情況也會像運氣一樣，以一種不理性的方式顛覆和破壞那些最崇高、最有智慧的構想。

對伯里克利而言，那場突如其來的瘟疫，則象徵著「具有毀滅性且不可預測的現實力量」，它破壞了他的未來設想，否定了他對歷史進程的掌控。一旦他說的話無法讓雅典人信服，那麼他就失敗了。修昔底德將伯里克利奉為英雄，他的悲劇在於無法接受另一種出路。語言和行動一樣，能分析現實並展示如何重塑現實，是掌控演繹現實的唯一希望。當思想和語言千方百計地想與現實保持一致時，它們就會變得毫無價值，淪為口號，失去了真實意義。[29]

另一個人物狄奧多圖斯（Diodotus）對此進行了批判。當米蒂利尼（Mytilene）的政治寡頭反抗雅典失敗後，狄奧多圖斯勸說他的同胞不要聽從煽動家克里昂（Cleon）的蠱惑，去殘酷懲罰失敗者。狄奧多圖斯的做法其實是在反思民主國家中演說的作用。他認為，正直的公民應該以如實表達理性論點為基礎，表明自己的態度，這點至關重要，但議會裡的敵對氣氛卻助長了欺詐行徑。

> 把真誠的忠告當作惡意的慫恿來懷疑，這已經成為慣例，以至於一個心懷善意的人為了獲取信任而不得不撒謊，就像是出壞主意就必須先靠欺騙來籠絡人心一樣。[30]

因此，狄奧多圖斯在闡明寬大政策時，依據的是雅典人的利益而非正義，其目的是讓人們相信殘酷懲罰的威嚇作用很有限。[31]

修昔底德關注於語言訛傳（corruption of language）的問題，在他筆下，克基拉暴動是與此相關的例子。這次事件導致了民主派和政治寡頭之間的血腥內戰。修昔底德在記述社會秩序崩潰的同時，也描寫了訛傳。魯莽成了勇敢，謹慎成了膽怯，克制成了懦弱，考慮周全成了行動不力，而暴力反倒成了充滿男子氣概和精心謀畫的自衛。支持採取極端手段的人得到信任，反對者卻遭到懷疑。[32]語言服從行動。行動失去了約束，也就不可能有什麼理智的言論了。

柏拉圖的戰略妙計

到西元前五世紀末，雅典逐漸衰落，進入一段政治動盪時期，其間斯巴達的支持者對雅典進行了短暫的野蠻統治。曾經活躍、積極的知識分子淪為被懷疑的目標，退出政治舞台。一個著名人物成了哲學的殉道者。蘇格拉底曾談論過斯巴達的積極面，也談論過民主的消極面，平生秉持一貫的批判態度，他從外表到行為都被視為異於常人。西元前三九九年他因腐蝕青年的罪名被判處死刑。蘇格拉底雖然沒有留下任何著作，卻擁有一批忠實的學生，其中就包括柏拉圖。蘇格拉底死的那年，柏拉圖二十五歲。柏拉圖對老師做了理想化的描述，透過記錄很多據信出自蘇格拉底之口的對話錄，發展出自己的哲學思想。柏拉圖留下了一系列豐富的對話錄，涉及話題極其廣泛，但他自己的觀點並沒有留下明確、系統性的記述。不過，某些特定的主題還是非常搶眼。其中與我們的意圖最相關的是哲學的政治作用，包括詆毀那些逝者的戰略性才華。柏拉圖為這些先人的哲學思想打上了詭辯的標籤，並為此撰寫了一份令人生畏的問罪單。

按照柏拉圖的說法，詭辯家對待哲學研究的態度很不嚴肅。他們為玩弄修辭遊戲而放棄了追求真理，為了獲取回報而不惜為任何事情（無論起因多麼卑劣，邏輯多麼荒謬）動用自己的說服力。柏拉圖依靠自己的判斷，給後世留下了一個經久不衰、被貶損的詭辯家形象——他們是那個時代的「政治化妝師」、修辭戰略家、道德相對論者，他們對真相漠不關心，總在暗示真正重要的是權力。他們是受雇者，是一群沒有是非觀念，為了金錢而出賣技巧的遊走文字匠人。他們靠耍小聰明迷惑普羅大眾，炫耀自己有可怕的能力，可以用謬論擊敗正確論點。一旦公開叫賣，藝術就失去了價值。詭辯家服務形形色色的主人，缺少了一種道德核心，一味比拚誰更能譁眾取寵。他們無情地懷疑一切蔑視神靈，推崇利己主義，將良知、集體責任感、共同價值觀和尊重傳統置於險境。花言巧語讓愚昧無知顯得睿智博學。在柏拉圖看來，美德是普遍而永恆的，只能透過哲學來加以描述和定義。

如今這份指控記錄已經失去了權威性：詭辯家不是個協調一致的群體，他們的觀點錯綜複雜且各不相同。「詭辯家」並不是他們為自己挑選的統一稱謂，而是因為柏拉圖才有了貶義內涵。其中有些人可能對說服他人並非那麼感興趣，他們只是想在談話中做些嘗試，進行一種惡作劇式的智力遊戲。[33] 柏拉圖人為地造出這個概念，是刻意要將他的老師蘇格拉底從這個受人鄙視的騙子集團中區隔出來，儘管事實上蘇格拉底本人也具有很多詭辯家的特點，尤其是他對待所有質詢所採取的那種懷疑和質問方式。用本書第二十六章所探討的現代術語來說，柏拉圖安排了一場「典範轉移」，他把自己反對的人集合到一個無力追求真理的舊典範中，並將其與新典範做對比，發展出一門獨特的、專業化的哲學學科。用另一個現代術語來說，他把這個問題「建構」於二元選擇之間，一方是尋求道德上的真理，另一方是作為一種交易，進行權宜性的說服辯論。[34]伯里克利將培養人才當作所有雅典人的追求和嚮往，柏拉圖將哲學視為一種目的純粹的專屬職業。

柏拉圖認為，真正的哲學家與眾不同，應該成為統治者。柏拉圖不相信民主，因此他認為哲學家身懷治國之才，並非因為擅長辯論而贏得人們支持，而是因為他們能夠獲得最高級的知識，明確而具體地領悟善的本質，並以此照顧與呵護全體國民。知識多元主義以及思想和行動的複雜互動是一個充滿生氣的政治體系的典型特徵，但柏拉圖對此毫無熱情。他認為，統治者必須擁有至高無上的權力，來評判何為明智、何為合理。他的這種設想曾一度對可能成為哲學家皇帝（philopher-king）的人產生吸引力，也一直以來被認定為極權主義的根源之一。[35]

柏拉圖堅持真理是最高目標，但明顯與此相矛盾的是，他極力擁護一個基本神話，即一個可以讓人們「滿足於各自角色」的「高貴謊言」（noble lie）。蘇格拉底是這種思想的倡導者：「我們想要一個能讓所有人都相信的高貴而偉大的謊言，如果統治者也相信就更完美了，如果辦不到，那麼其他國民相信也行。」[36] 哲學家和統治者對真理和公民秩序各有承諾，這兩個角色之間存在固有衝突，將其合而為一之困難，莫此為甚。看起來，柏拉圖用一種真理觀將兩者好好調和在一起，這種真理觀不僅僅是經驗上，更是道德上的，是一種對更高美德的深刻理解。並非每個人都有這種理解力，由此在與沒有接受過教育的人以及下層社會打交道時就得有責任感，因為那些人對世界的認識往往很有限和虛幻。所以說，高貴謊言的目的是好的，是蘇格拉底為他的理想城邦制定出的憲章神話。比起荷馬所說過的話，這些謊言必定能創造和諧與幸福，而荷馬作品中則充斥著殺戮與紛爭。高貴的謊言在很大範圍內是善意的謊言。就像孩子要哄著才肯吃藥，士兵必須打足氣才能上戰場一樣，對大眾也必須進行教育，讓他們相信社會和諧，確信現行秩序是天經地義的。因此，階級結構是眾神將不同金屬注入不同人的靈魂的結果——金給了統治者，銀給了統治者的輔佐者，鐵和銅分別給了農民和工匠。

柏拉圖的主要遺產不在於刻畫出一群統治者的特徵，而在於他使哲學成為一種專門職業。隨後我們會發現，在現代的後啟蒙時代，社會科學領域也發生過類似的事情。有些知識及其實踐與大而有爭議的社會政治問題直接相關，它們一開始充滿謎團，到後來卻成為一種專業知識主張，並聲稱要追求更高的「科學」真理。戰略必須與衝突相關，永遠達不到柏拉圖式的理想狀態。衝突不僅存在於城邦內部或各城邦之間，而且還存在於言語主張與實際作為之間，存在於誠實的美德與欺騙的權術之間。柏拉圖的一部分遺產是，他取代傳統，將理論和實踐知識鮮明地區分開來。而傳統做法所重視的是，世界觀與應對複雜世界經驗之間頻繁的互相影響。

第4章
孫子和馬基維利

兵者，詭道也。

——孫子

在所有戰略思想中，荷馬最早提及的力量之神和智慧之神代表了最鮮明的對比。前者渴望肉體上的成功，後者追求精神上的勝利；前者相信強悍，後者看重智謀；前者勇氣過人，後者想像力豐富；前者直接面對敵人，後者迂迴接近對手；前者時刻準備為榮譽而死，後者總是想靠欺騙偷生。在羅馬帝國時期，思想的鐘擺由智慧擺向了力量。荷馬筆下的奧德修斯也因此在維吉爾筆下變身為尤利西斯，成了有關希臘人背信棄義的傳說的一部分。在這類傳說中，甚至是雅典人，當發覺自己在與斯巴達的戰爭中處於下風時，也從特洛伊木馬上找到了某些共鳴，開始對奧德修斯的這個殘酷計策另眼相看。羅馬時代的英雄不再像從前那麼依賴狡詐和聰明，他們更坦誠、更可敬，在戰鬥中也更勇敢。

由此，古羅馬歷史學家李維（Livy）寫道，觀念較為傳統的元老院議員對當時追求「過於狡猾的智慧」的世風深惡痛絕。這種智慧類似於「迦太基人的把戲和希臘人的詭計，讓人覺得用欺騙之術克敵制勝比武力征服更光榮」。羅馬人作戰時不會「採取伏擊和夜間行動，也不會在假裝逃跑之後，給粗心的敵人來個回馬槍」。也許有時候「計謀比勇氣更實惠」，但相對於「耍手段和憑運氣」，只有「在一場公平正義的戰爭中展開光明正大的徒手格鬥」，才能真正挫敗敵人的意志。[1]

儘管有上述觀點，但使用計謀仍有著巨大吸引力。不久之後的尼祿（Tiberius Claudius Nero），羅馬帝國的第二位皇帝統治時期，馬克西姆斯（Valerius Maximus）便在其著作中對謀略做了積極的闡述，並首次正式定義。「與狡猾和詭詐相關的各種行為在希臘語中被統稱為『strategemata』（謀略）。的確，這些概念有著光輝的一面，和它們所遭受的種種非議完全不是一回事，因為它們幾乎無法用一個（單一的拉丁）詞語來恰當表述。」他舉了幾個例子：「健康的心態」（salubre mendacium）有助於提振士氣（有效說服你屬下的一支部隊發起進攻，理由是另一支部隊正在有效推進，雖然這未必是真的）；假冒的叛逃者（比如西農）可以從內部瓦解敵人；被圍困者運用心理戰術，可以讓圍困者喪失鬥志；麻痺你眼前的敵軍，就能夠以雙倍兵力打擊其他敵軍；先用計迷惑敵人，然後發動突襲；當敵人試圖圍困你的城池時，搶先下手，以其人之道還治其人之身。所有這些例子都抓住了詐術的特點，那就是擾亂敵人部署，至少要打消己方的顧慮。比起單靠武力，一條計謀會讓勝利更有保障。[2]

在古羅馬元老院議員、古羅馬政治家和軍事理論家弗龍蒂努斯（Sextus Julius Frohtinus）於西元八四至八八年編寫的《謀略》（*Strategemata*）一書中，承襲羅馬人的作戰傳統。書中思想廣為流傳，長久影響著後世學者，包括馬基維利。在對該書的介紹中，弗龍蒂努斯對一些可能由他自創的概念做了澄清。「如果有人確實對本書感興趣，」他要求，「請他們記住區分『戰略』和『謀略』的含義，這兩個詞天生就很相像。」戰略指的是「一個軍事統帥所具備的全部素質，體現為深謀遠慮、揚長避短、膽大心細和行事果決」。而作為該書主題的謀略，依靠的則是「技巧和聰明」。它們「能用來躲避敵人，效果並不遜於擊垮敵人」。[3]弗龍蒂努斯所說的謀略無疑含有詭詐和欺騙的因素，但同時也包括不少更實際的、用於保持部隊士氣的方法和經驗。這樣說來，謀略算是戰略的一個子集。弗龍蒂努斯曾就軍事問題撰寫過綜合性論著，但不幸已經遺失。

在其他文化體系中，謀略和詭計吸引人，尤其被當作擺脫困境的法寶；人們對其推崇備至，認為它們體現出一個有效戰略的本質特徵。美國漢學家麗莎．拉斐爾斯（Lisa Raphals）對德蒂恩內和韋爾南有關智慧之神的論述多有研究，並將其所代表的謀略與中文裡的「智」進行了比較。「智」有很多意思，從學問、知識、靈性，到技能、手藝、聰慧或狡黠，不一而足。一個智士往往是聖明的統帥，就像智慧之神的化身，能夠憑藉自己精通的詐術擊敗實力強於自己的對手。[4]戰勝弱敵無需超人之才，只有在不容失敗、保證克敵必勝的情況下，真本事才得以顯現。詭計的運用至關重要：變有序為無序，迷惑敵人，隱勇示怯，隱強示弱。作為統兵智士，還要有料敵機先的能力。比如，間諜可以幫助己方掌握敵人的計畫和部署，繼而判定應該何時使用計謀，何時正面交鋒；何時迂迴轉移，何時直接進攻；何時全力出戰，何時保持靈活。

孫子

聖明統帥中的萬世楷模當屬「兵聖」孫子，其代表作便是簡短的戰略寶典《孫子兵法》。人們對此書作者了解甚少，甚至不知是否出自單一作者。據傳，他是西元前五〇〇年前後中國春秋末期輔佐吳國國君的一位將領，但迄今尚未發現那個時代有關他的記載（編按：《史記．孫子吳起列傳》中有關於孫武事略的記載）。《孫子兵法》似乎是在戰國時期撰寫或至少彙編而成的。當時，中國的中央政權（周王室）已經土崩瓦解，一批各擁實力的諸侯國藉機群起爭雄。隨著時間推移，實際戰例不斷被補充進這本兵書之中，使其重要性大增。這個時期還湧現出其他一些中國軍事經典著作，但都無法超越孫子的兵法。

孫子的影響力在於他對基本戰略方法的認識和把握。受道家思想影響，《孫子兵法》同時涵蓋了治國方略和戰爭藝術。如同其他古代文獻一樣，此書看起來言辭古雅、引證晦澀，但基本主題不失清晰。書中提到，戰爭的最高境界不是「百戰百勝」，而是「不戰而屈人之兵」。最偉大的戰略家必須是一個詭詐大師，用兵講求最高效率，「避實而擊虛」。[5]挫敗敵人的戰略意圖（或稱「伐謀」）才是「上兵」。稍遜一籌的是「伐交」，再次是「伐兵」，最下之策是攻打敵人的城池。

在孫子的公式化格言中，詭詐的精髓簡單說來，就是出其不意，即有能力卻裝作沒能力，積極備戰卻裝作消極避戰，欲攻打近處卻裝作攻打遠處，攻打遠處卻裝作攻打近處（「能而示之不能，用而示之不用，近而示之遠，遠而示之近」）。要想做到這些，就需要布陣周密、軍紀井然。例如，對敵示怯的前提，是自己必須驍勇善戰。在知己的同時，還要知彼。敵方將領如果暴躁易怒，就可以輕易折損他的銳氣（「怒而撓之」）；如果偏激衝動，就可以用輕侮之計激怒他，使其失去理智（「忿速可侮」）；如果驕傲自負，就可以利用哄騙使其產生盲目的優越感，從而放鬆警惕。按照孫子的觀點，統兵將領的致命弱點是輕率魯莽、膽小懦弱、急躁易怒、自矜聲名以及優柔姑息。

能真正發揮作用的是對敵情的預先掌握（「先知」）。要預先了解敵情，不可求神問鬼，也不可根據相似現象進行類比推測，不可用日月星辰運行的位置去驗證，一定要從熟悉敵情的人那裡獲得（「不可取於鬼神，不可象於事，不可驗於度，必取於人，知敵之情者也」）。憑藉這種素質，可以掌握敵軍的部署情況、部隊特點和將領個性。敵人內部的政治關係也可以成為算計的目標。有時可以在敵國君臣之間製造分裂，有時也可以挑撥敵國與其盟友的關係，使它們相互猜疑而彼此疏遠，這樣就能讓它們中計（「親而離之」）。

對東亞地區的軍事統帥來說，孫子堪稱典範。他對中國共產黨領袖毛澤東的軍事著作的影響尤為明顯。據說，拿破崙也曾研究過法國耶穌會士翻譯的《孫子兵法》。雖然其英譯本直到二十世紀早期才出現，但一問世便受到人們的重視，被視為軍事智慧的源泉，甚至在一九八〇年代晉升為商業制勝法寶。此書的兵法最擅長應對各種複雜鬥爭，在這些鬥爭中，對壘態勢往往晦暗不明，各方結盟和敵對關係又總是變化不定。

《孫子兵法》沒有提供唯一的制勝之道，它承認雖然避戰是最佳選項，但逼不得已時也須作戰。孫子書中描述的不過是些相對簡單的衝突，在這些衝突中，大膽無畏的行動就會讓敵人不知所措、陷入混亂。而一個潛在的弱點，比如在下達作戰任務時不說明其中意圖（「犯之以事，勿告以言」），同樣可以成為力量之源。任何類似的解釋在今天看來都晦澀難解，而且在軍事理論發生巨變的情況下似乎已顯過時；然而，如果孫子當年給出具體戰術策略上的建議，那麼這本書現在恐怕不會有人看得上眼。相反，孫子教給學生們的「只是一些關於考慮問題的特定提示，至於解決問題的辦法或途徑，則必須自己去尋找」。[6]

孫子的用兵之道被單方運用時效果最好：如果對陣雙方將領都研讀孫子兵法，其中的詐術可能不會有效果，雙方也可能會懵懵懂懂地爆發一場意外衝突。人們對於詭計往往會有多重理解，就像避戰可被理解為示敵以虛。在面對一支力量強大、陣容嚴整的敵軍時，智力遊戲也只能做到這一步。如果對陣雙方都想盡力避免正面衝突，那麼勝利將屬於能夠避免持久戰，並且最終將敵人逼入絕境、負嵎頑抗或棄械投降的一方。總而言之，如果不想把部下搞得暈頭轉向，一個統帥在智謀上能夠運用的詭計和機巧，和他的對手一樣有限。歸根結蒂，孫子的價值並不在於他找到了一個適用於所有場合的取勝祕訣，而在於他提出了一種理想的特定戰略思維模式，其憑藉的是智取對手，而非暴力征服。

法國哲學家于連（François Jullien）則透過論證《孫子兵法》所代表的中國戰爭藝術與中國語言藝術之間的相似之處，推導出了一套耐人尋味的思考方法。他認為，在戰爭中不願捲入高風險、可能有害的直接對抗的心理，在言語交鋒中同樣存在，後者具有相似的間接和含蓄性。委婉、微妙的表達方式都具有隱晦和難以捉摸的特點，基本等同於軍隊所運用的躲避和襲擾戰術。只要不被對方牽著鼻子走，或者一味辯護而給對方以反駁的口實，就能在論戰中保持主動，即使這可能導致一場無休止的「操縱遊戲」（game of manipulation）。[7] 在演講中採用間接表達方式和在戰鬥中採取迂迴戰術，都會產生同樣的問題：當雙方使用相同伎倆時，爭鬥就會遙遙無期，很難收場。

于連提到與此形成鮮明對比的雅典人。在雅典人看來，堅決果斷的行動更具優勢，能夠讓戰爭和辯論盡快結束，以免因持久對抗而損失慘重、一蹶不振。戰爭以實實在在的戰鬥為基礎而直接展開，軍隊排成密集的方陣向前推進，以確保對敵人形成最大的壓力，誰擁有實力和勇氣，誰就能獲勝。軍隊將領雖然通曉詐敵之術並深諳出奇制勝的道理，但他們不願在躲避和襲擾的遊戲中浪費時間。同樣，雅典人在辯論中也是直來直往。無論在劇場、法庭還是議會，演講者都會在限定的時間內直接、清晰地表達自己的觀點，供對手當場辯駁。因此，辯論和打仗一樣，都講究速戰速決。在這些論戰中，雙方就像修昔底德所說的那般，「各持論據激烈交鋒」，最後勝負則由諸如陪審團或選民這樣的第三方評判。

這是一個有趣的對比，也許論戰方式反映出某種廣泛而持久的文化偏好，這種偏好影響了人們對衝突的態度。漢森（Victor Davis Hanson）認為延續至今的西方戰爭模式開啟於古典時期，古希臘人嚴重偏愛「決定性」戰鬥的說法正由此得出。這一觀點頗有爭議。[8] 反對者基於對古希臘戰爭及其後續歷史的分析，質疑上述理論的權威性。[9] 歷史學家碧翠絲・霍伊澤爾（Beatrice Heuser）強調，到拿破崙戰爭之前，西方軍事思想中至少有一個極具說服力的分支是主張避免惡戰的。「沒有幾個人認為仗是非打不可的，也沒人平白無故地盼望打仗。」[10] 如古羅馬政治家、軍事家和傑出統帥昆圖斯・費邊・麥西穆士（Quintus Fabius Maximus），是「費邊戰略」的創造者。最初，由於在漢尼拔麾下勢如破竹的迦太基軍隊面前顯得懦弱怯戰，他一度被嘲諷為「拖延者」。但到西元前二一六年羅馬軍隊於坎尼（Cannae）戰役慘敗之後，他的軍事智慧得到了承認。在那之後的大約十三年裡，羅馬人始終不與敵人正面交鋒，而是不斷襲擾漢尼拔的補給線，直到他最終認輸並撤出義大利。

在整個中世紀，最負盛名的古羅馬軍事論著出自弗拉維烏斯・韋格蒂烏斯・雷納圖斯（Flavius Vegetius Renatus）的《論軍事》（*De Re Militari*）。當時，人們仍然認為所有重要的戰爭教訓都包含在經典著作中。中世紀同樣面臨著資源、交通和地理條件方面的限制，所以戰爭中要解決的關鍵問題就是後勤補給，一支攻擊部隊如果不會四處搜括和掠奪，就會陷入困境。《論軍事》中的相關段落寫道，打仗是「最後的非常手段」，只有在考慮了所有其他計畫並嘗試了應急辦法之後，才能走這一步。如果失敗的可能性過大，就應該避免作戰。最好是運用「計謀和手腕」，盡可能從細微之處打垮敵人，從而令其不敢輕舉妄動。韋格蒂烏斯以類似於孫子的措辭表達了自己的偏好，即斷敵糧草比貼身肉搏更容易迫使敵人投降（「飢餓比刀劍更加可怕」），並談到「要打敗敵人，採用切斷軍需、製造驚擾和攻擊要害的辦法（即透過迂迴戰術）比在戰場上硬碰硬更有效」。[11] 關於中世紀戰爭是否真的如此反對正面作戰，學者們一直都在爭論。任職西點軍校的史學家羅傑斯（Clifford Rogers）認為，將領們更願意主動求戰，至少在己方處於攻勢之際。但他並未認定決戰是戰爭的主導模式。[12]

拜占庭帝國皇帝莫里斯（Maurice）在西元七世紀初所著的《將軍之學》（*Strategikon*）一書也持相似

觀點：「用欺騙、突襲或者飢荒來傷損敵人是上策，千萬不要被誘入一場激戰，打仗展現出來的更多是運氣而不是勇氣。」為了表明還有另一種觀點，霍伊澤爾引用了十七世紀早期領兵對抗法王路易十三的法國胡格諾派領袖羅昂公爵亨利（Henri, Duke of Rohan）在歐洲三十年戰爭期間的相關論述。後者認為，「對敵人發起進攻是最光榮和最重要的戰爭行為」，但遺憾的是，當時的戰爭「更多是在效法狐狸而不是獅子……更依賴圍困而不是戰鬥」。不過霍伊澤爾隨後指出，亨利並沒有見過真正的戰鬥，那些經歷過戰爭的人發表議論時往往會更加謹慎。薩克森伯爵莫里斯（Maurice de Saxe）是十八世紀早期的法國軍隊統帥，認為最好能夠避免激烈戰鬥：

> 沒有什麼比這個辦法更能讓敵人陷入窘境，也沒有什麼能讓事情往更好的方向發展。頻繁的小規模軍事行動可以消耗敵人，直到他不得不躲開你。[13]

在不得不戰的情況下，派軍隊不時突襲敵人、破壞敵人經濟和瓦解敵人士氣，可以成為另一種戰術選擇。最重要的是，在探討成功的原因時，比如就英法百年戰爭而言，「政治因素往往比軍事因素更重要」，即使由天才戰略家指揮作戰並在贏得一場激烈的戰鬥之後。[14]就像法國試圖鼓動蘇格蘭擾亂英格蘭的後方一樣，英格蘭在戰爭中也充分利用了自己在法國各地的盟友。

從「百年戰爭」這個帶著懷舊味道的標籤可以看出，衝突可能會經歷幾個不同的階段，但所有戰役都缺乏決斷性，因為根本性的爭端永遠都不會完全化解。從這個角度來講，戰鬥在當時的作用和後來人們對它的理解往往大相逕庭。在一四一五年的阿金庫爾（Agincourt）戰役中，亨利五世率領英軍大敗法軍，這是百年戰爭中最著名的戰役之一。在談到其背後的戰略考慮時，英國史學家揚・威廉・霍尼格（Jan Willem Honig）極力主張，應從當時複雜的交戰傳統和慣例入手來審視這場戰役。在這些傳統和慣例中，圍困、扣押人質、提出政治要求甚至實施大規模屠殺，都有各自的戰爭價值。爭戰雙方對打仗都很謹慎，似乎既求戰又怯戰，而且在決戰之前都會精心設計作戰方案。霍尼格認為，所有這一切都是戰鬥帶給人們的「形而上的神祕感」在作怪，它反映出一種戰爭觀，即讓上帝裁決，而戰鬥和神判同樣重要。當其他所有爭端解決方式都用盡時，就會出現這樣的心理。

> 戰爭的結果成了一場較為緩和的競爭，因為雙方都對上帝這位最高法官的裁決充滿敬畏。這種敬畏，以及任何優秀的中世紀基督徒對其事業正義性和信仰堅定性的懷疑，促使人們發展出一套用於約束武力對抗規模和限度的傳統規則，並加以遵循。

這意味著戰爭可以沿著相對可預知的道路發展，以顧全顏面的方式避免打仗，是可行的。儘管不能確定對手究竟會恪守規則，還是會為滿足私利而行動，但共同的行為模式仍然對衝突和戰略產生了影響。[15] 打仗雖有風險，但也有特殊作用，偶爾可以充當解決爭端的手段。打仗是一種契約，一種就誰是勝者以及何謂勝利達成共識的方式。它要求各方接受這樣的安排：既然無法和平解決紛爭，那麼這就是最好的解決方式。打仗是一次「軍備冒險」（chance of arms），是一種兩相情願的暴力，從中會產生一個勝者。戰鬥有時間和空間的限制，即一天之內在一個確定的戰場上進行（黎明開戰，黃昏收兵）。在這個範圍內，戰爭難免血腥、殘忍，但至少會打出個結果，不會讓戰火蔓延到國家的其他地方。勝利的最低要求是在這一天結束之前取得對戰場的控制權，打退敵人。只有雙方承認勝負已分，一場戰鬥才具有決定性意義。這並非源於騎士風範或者有限戰略概念的自我克制，而是一種法則。戰爭被視為一場有法律效力的賭博。正是因為風險如此之多、運氣如此重要，才被如此謹慎地對待。[16]

馬基維利

> 我能比海上妖精淹死更多的水手，

我能比蛇怪殺死更多凝視我的人。
我的口才媲美涅斯托耳，
我的詭計賽過尤利西斯，
我能像西農那樣再拿下一個特洛伊。
我比蜥蜴更會變色，
我比普羅透斯更會變形，
連那殺人不眨眼的權謀家也要向我學習。[17]

無論這些可接受的行為規則是否始終得到了嚴格遵守，它們無疑都影響了當時的話語體系。這有助於解釋，為什麼馬基維利對基於統治者私利的政治行為的赤裸裸辯解能產生巨大影響。他讓詭計和花招超越了戰爭範疇，直指國家所有事務管理的核心。他被認為是自奧德修斯以來，又一個不可信任的狡詐圓滑之徒。不久，「馬基維利主義者」就被用於形容那些深諳操縱之術、專靠欺騙謀私利的人；這種人醉心於權力本身，對借助權力行正直高尚之事則不感興趣。馬基維利的非道德學說遭到教會的譴責，以至於作為其理論化身的「權謀」幾乎被當成了魔鬼的工具（馬氏的名字「尼可羅」〔Niccolo〕恰好與早於他而存在的撒旦的綽號「老尼克」〔old Nick〕相合）。莎士比亞筆下的格洛斯特公爵（Duke of Gloucester，後來的理查三世）——以上引述的正是此君的言論——就代表了這類具有最嚴重缺陷的權謀家。

尼可羅．馬基維利本人是一位佛羅倫斯公務員、外交官、政治顧問和實用主義哲學家。他最有名的著作《君王論》（*The Prince*）是一本寫給統治者的手冊。在當時義大利深陷動盪和危機的背景下，這本書奠定了馬基維利作為政治顧問的地位。他以平實的文字表達了強烈的緊迫感，反映出他對自己所處時代的絕望，以及他對佛羅倫斯乃至整個義大利在法國和西班牙強權面前的軟弱無能及其政治惡果的憂慮。出於同樣的原因，馬基維利還就軍事事務提出了明智而有說服力的建議。他主張依靠徵兵制度建立一支更具持久戰鬥力的軍隊，從而為保衛國家和擴張國家勢力提供更可靠的基礎。不幸的是，由他協助建立起來的佛羅倫斯自衛隊於一五一二年在普拉托（Prato）戰役中被西班牙擊敗。和修昔底德一樣，馬基維利在失去實權之後有了寫作的時間，開始為其他人如何行使權力出謀劃策。

這種境況同時賦予了他一個超然的視角，增進了他對理想和現實之間差異的感受。他認為，在理想世界中，真正高尚的人總能因其善行而得到回報，而現實世界卻不那麼令人如意。馬基維利採用經驗主義研究方法，因此也被視為政治學之父。在他看來，自己並沒有提供一套新的道德規範，只是反思了同時代的實際道德規範。政治生存，靠的是不攙雜感情的現實主義，而不是對虛幻理想的追求。這意味著要重視利益衝突及其潛在的解決方式，解決這些衝突不是靠實力，就是靠計謀。但是，光靠狡猾和欺詐不可能創造出堅實的政治權力：立國的基礎仍然在於良好的法律和軍隊。

馬基維利對政治方法學的興趣，體現了包括孫子在內的大多數戰略家所追求的目標：如何對付別人可能更強大的力量。馬基維利並未誇大戰略的效用。風險總是存在的，所以不是總能辨明一個安全的行動方向。就像用二十世紀的賽局理論預測「極小極大」結果那樣，他注意到：「從道理上講，你永遠別指望能躲過一個危險而不遇上另一個危險，但精明的人知道如何識別不同危險的本質，並選擇面對其中害處最小的一個。」[18] 該做什麼則由環境決定。「命運是我們半個行動的主宰，即便如此，它還是會留下幾乎一半歸我們支配。」甚至在這個明顯由人支配的部分，採取行動時也需要審時度勢。自由意志體現了讓事物適應人性的可能性，馬基維利則認為事物可以塑造人性。

馬基維利的《兵法》（*Art of War*），亦可直譯為「戰爭的藝術」，是他唯一於生前出版的著作，書名可能受到了孫子著作的啟發。實際上，從十七世紀的拉依蒙多・蒙特庫科利（Raimondo Montecuccoli，譯註：奧地利陸軍元帥和軍事理論家、神聖羅馬帝國的親王），到十八世紀的薩克森伯爵莫里斯，再到十九世紀的約米尼男爵（譯註：法國拿破崙時期的將軍和軍事理論家），他們關於這個主題的專論，大都也以「兵法」命名。這是個通用的書名，往往偏重於探討技術性問題。作為這類體裁之一，馬基維利的著作獲得了極大成功，翻譯成多種語言。他強調了常備軍的潛在價值，以及一個人如何以合適的方式服務於真正的國家利益。他還為當時的一些實際問題所困擾，從防守要塞到發明火藥。由於這本書是以就關鍵問題展開辯論的形式撰寫的，我們不能認為其中的觀點都代表了馬基維利的思想，確切地說，他在某些問題上的立場一直是模稜兩可的。但他關切的核心很清楚，尤其是他強調建立一支合格、忠誠的軍隊至關重要，可以保衛國家安全並為外交創造運籌帷幄的餘地。他理解戰爭和政治的關係以及徹底擊敗敵人的重要性，認為即使敵人逃離戰場也要消滅乾淨，使其再無機會捲土重來。他深知命運女神對戰爭的操控能力，因此在談及命運問題時態度謹慎。正是出於這個考慮，他主張作戰時傾盡全部軍力，而不僅僅是有限介入。毫無疑問，他還表現出了對詐術、詭計和間諜活動的重視，認為這些手段可以料敵機先，如果可能，偶爾還能不戰而勝。

不過，他的著作最引人注意的特點在於書中鮮有提到如何抵禦外敵，主要是強調國內臣民的忠誠和奉獻。具體說來，他更願倚重本地民兵，而不是只為錢打仗的傭兵。他不敢指望愛國主義，而更相信鐵的紀律，包括採取切實措施，嚴防逃兵帶走任何財物。「勸說或阻止幾個人做一些事情非常簡單，因為如果用嘴說不管用，你可以動用權威或武力。」而要取信於大眾則困難得多：他們必須聚在一起同時被說服。所以，「優秀的統帥應該是演說家」。對軍隊訓話可以「驅除恐懼、提振士氣、增進頑強、揭露欺詐、承諾獎勵、示險避險、灌注希望、賞優責劣，以及實現旨在撲滅或點燃人類激情的所有目的」。[19]這類鼓舞鬥志的演說能夠激起全軍將士對敵人的義憤和藐視，同時令他們對自己的懶惰和怯懦感到羞愧。

在《君王論》中，馬基維利就如何攫取並掌控權力提出了惡名昭著、見利忘義的建議。在他看來，要達到這個目的，必須恣意使用各種陰狠手段，表面還要裝得道貌岸然。潛台詞就是，一個人若追求言行高尚，便會萬劫不復。生存應該成為最高目標，否則將一事無成。君主需要隨形勢變化來調整自己的行為，包括在必要時行不道德之事。在他最著名的一段論述中，馬基維利提出了這樣的問題：

究竟是被人愛戴比被人畏懼好一些，還是被人畏懼比被人愛戴好一些？我回答說：最好是兩者兼備；

但是，兩者合在一起是難乎其難的。如果一個人對兩者必須有所取捨，那麼，被人畏懼比受人愛戴是安全得多的。因為關於人類，一般可以這樣說：他們是忘恩負義、容易變心的，是偽裝者、冒牌貨，是逃避危難、追逐利益的。當你對他們有好處的時候，他們是整個屬於你的。正如我在前面談到的，當危險還很遙遠的時候，他們表示願意為你流血，奉獻自己的財產、性命和子女，可是到了危險即將來臨的時候，他們就背棄你了。[20]

這種「性惡論」是馬基維利學說的核心。在書中某處，他對比了獅子和狐狸分別給人帶來的啟發，前者代表力量，後者則象徵著狡猾。一個人「必須是一隻狐狸，以便認識陷阱；同時又必須是一頭獅子，以便使豺狼驚駭」。由於「人都是卑鄙無恥的，不會對你信守諾言，所以你也不必對他們守信」。但是，被人看出不誠實就不妙了。這就是做狐狸的好處：「一個人必須知道如何掩飾自己的行為，學做一個偉大的說謊者和欺騙者。人們是那樣單純，並且那樣受著當前需要的支配，因此騙子總可以找到一些容易上當受騙的人。」君主最好盡量裝得「慈悲為懷、篤守信義、清廉正直、虔敬信神」，甚至還要這樣去做，只要這樣做有利可圖。讓人覺得苛酷無情是有好處的，有助於維護統治秩序，但千萬不要給人留下喪盡天良的印象。「每一個人都看到你的外表是怎樣的，但很少有人摸透你是怎樣一個人……群氓總是被外表和事物的結果所吸引。」[21]誤導，而且是大規模誤導的能力也是一種必要素質。在某種程度上，人們不會完全拋開對君主實際行為的審視，而僅從表面上判斷君主是否具有美德。馬基維利深知，要想守住權力，就必須減少對殘酷手段的依賴，以更適度、更得體的方式行事。

他提醒君主，應該避免讓自己受到憎恨和輕視。他不反對君主使用殘酷的手段，但認為只能在必要的時候使用這些手段，並要「一勞永逸」地達成目標，這就有可能讓暴行轉變成「對臣民有益的善舉」。他強烈建議，不要使用那種「雖然剛開始不易察覺，但時間一長不僅沒消失，反而越來越明顯」的殘酷手段。這個結論基於他對人類心理的研究。如果君主在一開始就使用了殘酷手段，而且之後不再次使用，「他就能夠讓人們安心，並在施予恩惠時贏得他們的支持」。否則，君主「將不得不一直把刀握在手裡，永遠無法依靠自己的臣民，因為他們深受暴政之苦，不可能從君主那裡得到安全感」。雖然暴行應該一次用盡，以使「人們隨後忘記所受之苦而減輕怨恨」，但相較之下，恩惠卻應該一點一點地賜予，因為「它們的滋味更好」。[22]馬基維利明白，即使權力靠武力和詭計取得、靠殘酷手段鞏固，它的安全也有賴於民眾的擁護。最有效的權力應該是用得最少的權力。

雖然「馬基維利主義」已經成為詭詐和操縱之術的同義詞，但馬基維利的學說實際上要合理、有效得多。他認識到，君主越是被人認為愛做陰險勾當，就越不可能取得成功。明智的戰略家會為權力運行建立起一個良好的基礎，使之超越虛假和殘酷，取得確實成就並廣泛贏得尊重。

第5章

撒旦的戰略

人之意志有如馱獸，由上帝駕馭便走上帝的路，由魔鬼駕馭便走魔鬼的路。意志之不由自主，亦如馱獸之不能選擇其駕馭者……駕馭者們則爭著擁有它。

——馬丁．路德（Martin Luther）

馬基維利對後世政治思想的影響是深遠的。無論是如他所願地為那些順勢之人提供行動指南，還是流於極端，被邪惡無德的反派主角所利用，他對權力現實的坦率評價，為人們談論政治提供了一種新途徑。馬基維利學說影響政治行為的一個鮮明例證可以從約翰．彌爾頓的著作中找到。在彌爾頓發表於一六六七年的史詩《失樂園》（*Paradise Lost*）中，撒旦成了馬基維利主義的化身。通過評估撒旦的戰略，我們會看到馬基維利學說的各種局限性和可能性，以及上帝對戰略自由的持久約束。

彌爾頓作品的核心是探討最令人困惑的有關自由意志的神學問題，自由意志在亞當和夏娃的故事中被首次提出。如果一切都是預先注定的，那麼亞當和夏娃在這個問題上別無選擇。他們的原罪並非他們自身的過錯，即便是，上帝也依然需要找理由讓他們犯錯。如果有善和惡兩種選擇，惡也一定是上帝創造出來的。如果人類會受到惡的誘惑，那麼人類就必然生來不完美。然而問題在於，如果這都是早已注定的結果，他們還應該受到懲罰嗎？如果生來完美，他們怎麼會犯罪，又怎麼會有罪的概念？既然在夏娃勸亞當吃禁果之前，只有她自己真正受了蛇的誘惑而先行吃了禁果，為什麼還要兩個人一起受罰？蛇的動機又是什麼？

在《失樂園》中，彌爾頓試圖對所有這些問題做出合情合理的解釋。從某個層面看，他講述的是一個王國內部發生叛亂、叛亂者被打敗並企圖扭轉敗局的故事。換個層面看，就像彌爾頓在其著作前言中所寫的，這部史詩旨在說明「上帝對待人類的方式正當合理」，特別是探討如何調和上帝之無所不能與人類自由意志之間的衝突。然而再從另一個層面看，它涉及的其實是國王與臣民之間的世俗關係。《失樂園》創作於英國內戰後的王政復辟時期，而彌爾頓在內戰期間一直是個忠實的共和派。當時，異議人士遭到鎮壓，彌爾頓本人也一度險些因叛國罪而被處決。

自由意志這個概念，引出了關於上帝在人類事務中的角色問題。如果上帝不插手俗務，人們為什麼還要祈禱和懺悔？如果上帝插手俗務，壞事又怎麼會發生在好人身上？也許當代神學家對此自有一套系統的闡釋，但在彌爾頓創作這部史詩的十七世紀的歐洲，這些問題無論在政治上還是宗教上都引起了熱烈討論。

十七世紀是在喀爾文主義（Calvinism）的影響下拉開帷幕的。喀爾文教派教義嚴格，宣揚上帝擁有至高權威，沒有什麼能夠阻撓上帝行使其意志。神的恩典是預先分配好的，萬事都由最初的偉大規畫所安排。希波的奧古斯丁（Augustine of Hippo，譯註：早期西方基督教神學家、哲學家，曾任北非城市希波的主教）提出，「上帝主宰一切」，祂「在人們的心裡按自己的想法操縱他們的意志」。喀爾文主義者也認為，上帝「隨心所欲並且不容改變地主宰著所發生的一切」，沒有什麼能脫離祂的意志而存在。人類只是在按照上帝創造他們時擬定的劇本共演一場戲，演戲過程中不需要他們即興發揮。這種觀點超出了一般人的理解力，甚至超出了上帝全能的概念，上帝全能說僅僅是假定上帝如果願意，可以干預人類生活，同時認為歷史進程不可改變。如果所有事物都被預先注定，自主選擇只是一個幻想，那麼唯一的解釋就只有宿命論了。這樣的話，任何想要改變歷史進程的努力都是沒有意義的。

與喀爾文主義者的觀點不同，荷蘭新教神學家雅各布斯·阿米念（Jacobus Arminius）的信徒認為，人類可以通過行使自由意志來創造自己的歷史；上帝以仁愛之舉回應人類的順從和對自身罪過的懺悔，而這正是上帝權威的體現。喀爾文主義者眼中的上帝行事專斷，無需理由。而阿米念主義者眼中的上帝不會主觀地將任何人排除在祂的恩典之外，並且堅信人類能夠區分善惡，以顯示對上帝的順從。

《失樂園》問世於早期喀爾文主義出現之際，彌爾頓是支持阿米念派的。他的看法是「鑑於人類有行動的自由，上帝對於祂留給人類自行解決的任何事都不會做出絕對的裁決」，否則就是荒謬的和不公平的。如果上帝「只是隨心所欲地讓人向善或是向惡，然後又獎善罰惡，那麼就會招致各方對天理的強烈抗議」。[1]對於這個令人費解的難題，《創世記》中給出了最佳答案，即如果沒有罪惡的存在，就無法檢驗人類對上帝的忠誠，也無法使他們認識到自己潛在的善。彌爾頓藉上帝之口做了說明：「我憑正直公平創造了他，既可以站得穩，當然也有墜落的自由。」[2]

對於罪惡的探討，一種態度以人類的弱點為依據，認為人類總是不斷受到誘惑並且故意違抗上帝的旨意。另一種在彌爾頓時代十分普遍的態度則將罪惡看作一股有生命、活躍的力量，處心積慮地企圖推翻上帝和誘惑人類。罪惡的化身就是撒旦，《創世記》中的蛇，事實上正是由撒旦假扮，儘管書中並沒有明確地提到這一點。在很多古代文明中，蛇都象徵著罪惡，同時也代表著生育能力。撒旦最早出現在聖經中，當時並不是上帝的死對頭，而是一位忠誠的天使。在天堂當著上帝之面參與爭論時，撒旦成了一個對立角色，表現出強硬的態度，但他歸根結蒂是忠於上帝的。這方面最著名的例子見於《約伯記》，其中稱撒旦「走遍了世界，周遊了各地回來」。[3]撒旦的一大責任就是挑戰人類的罪惡。是撒旦力勸上帝考驗約伯，並經上帝同意後被派去讓約伯歷盡慘事。不過，撒旦並非作為反叛者，而是作為天庭的一員來執行此事。

撒旦不僅是一個殘酷天使，還是一個墮落天使，並最終被指責為製造所有分歧和不幸的罪魁禍首。早期的基督教會曾試圖挑戰摩尼教（源於波斯的東方宗教，以善惡兩種力量的對立來解釋一切事物）的影響力，但是它堅持認為惡並不是一種有生命的存在，這種觀點無法讓人信服。不過，有關邪惡力量不斷想要引誘人類背叛上帝的思想確立了下來。摩尼教的不同之處在於，善惡之爭到最後總會分出勝負。撒旦稱王的地獄不可能成為聖殿，上帝將永遠是至高之主。於是惡魔只能危害塵世，但又受到了強有力的約束，很容易被打敗。[4]在聖經終篇《啟示錄》中，撒旦成了邪惡力量的化身。其中描寫到非同尋常的一幕：天使長米迦勒與

「龍」各率支持他們的天使們在天堂裡展開爭戰。「那大龍被摔了下來。他就是那古蛇，名叫魔鬼，又叫撒旦，是迷惑普天下人的。他被摔在地上，他的天使也跟他一同被摔了下來。」[5]聖經學者將此視為世界末日時的劇變景象。但彌爾頓認為這代表著世界的開始，而且持此觀點的不止他一人。撒旦因背叛了上帝而被放逐到地上，在那裡變成一個作亂者，扮成蛇勸說夏娃偷吃智慧樹上的果子，藉此贏得了第一次勝利。

天堂戰爭

彌爾頓的講述之所以深入人心，不僅得益於他的語言才華和戲劇表達，還源於他對自由意志的強烈追求。為了回答關於信仰的難題，他試圖證明，真實表達自由意志會讓人下決心毫無保留地服從上帝。所以，當上帝允許表達自由意志時，祂知道人們會做出什麼樣的決定。彌爾頓還對挑戰世俗君主權威（好事）和挑戰天上君主權威（壞事）兩者進行了區分。的確，世俗君主的權威理應受到挑戰，因為這種權威本身就相當於對上帝權威的挑戰。在某種背景下可能被用來使不服從正當化的理由，換到另外的背景中則完全不管用。但仔細思考，這又不是很說得通，因為反對兩類君主的理由聽起來差不多。就像很多評論者注意到的，當撒旦反對盲目服從上帝時，彌爾頓給了他最積極的評價。用英國十八世紀末、十九世紀初的浪漫主義詩人威廉·布萊克（William Blake）的話說，彌爾頓「不知不覺地和魔鬼成了一夥」。[6]彌爾頓將撒旦描述為一個堪比狡詐君主的領袖。撒旦具備特定的性格（勇敢和狡猾的混合體），能夠適應環境的變化，有著承擔風險的自信，並且清楚力量和計謀各自的優點（「實力不及處，以智謀詐術為本，定出錦囊妙計方是上策」）。[7]

這部史詩在敘事結構上賦予了每一個主要角色以人性，其結果是弱化了上帝的權威，抬高了撒旦的形象。彌爾頓脫去了上帝的光環，使其顯得被動而迂腐。我們在《出埃及記》中看到的上帝詭計多端，善於操縱，行事難以捉摸，但《失樂園》中的上帝卻沒有那麼神祕。撒旦的形象則豐滿得多，總的來說更有看頭。[8]雖然當時他對自己的沉淪頗為懊悔，但仍按照選定的道路一往無前。他的矛盾性格和要求意味著他不總是那麼容易對付。在彌爾頓看來，撒旦是個權謀家，用欺騙性的言辭和力量控制著墮落天使，同時又設法把這些腐化傾向全都加到上帝頭上。[9] 撒旦用共和主義者對自由選擇、價值及和諧的諸般主張來描繪自己的統治，卻斷言上帝依靠的是脅迫和欺騙。

《失樂園》中包含了許多主題和思想，其中最重要的是，創世時發生的事情與最終耶穌受難和復活之間的關聯。我只關注上帝和撒旦之間的爭鬥及其可能反映出的他們各自的戰略用心。這個故事包括兩大關鍵部分。它們在《失樂園》中並不是按照時間順序展開的，但在這裡我會依照它們發生的時間先後闡釋。第一部分內容講述了天堂大戰的故事，上帝座前天使之一拉斐爾（Rafael）將此事告知亞當，並提醒他警惕撒旦的本性和邪惡潛質。不幸的是，在亞當得知此事之時，夏娃已經受到了引誘。第二部分內容即為《失樂園》開篇場景，描述了撒旦一夥在初戰失利之後商討對策的情形。

根據彌爾頓的說法，最初被稱為路西法的撒旦，曾是天軍中的大天使之一。危機出現於上帝宣告其子擁有和撒旦同等的地位之時，而此舉令路西法感到極大冒犯。此前從未得到這方面消息的撒旦，感到自己在天堂等級體系中的地位受到了侵害，於是集結其他天使隨他造反：「你們怎麼願意伸出頭頸去受縛，願意在他面前屈下軟弱的雙膝？」隨後，撒旦為爭取政治權利提出了強有力的理由：

> 誰能冒稱平等的同輩為帝王而君臨？論權利和光榮，雖有所不同，但論自由，卻都是平等的。我們本沒有法律，也不犯罪，難道能拿法律和敕令壓在我們頭上？用它們來主宰我們，硬要我們尊敬，簡直是對我們赫赫名號的冒犯，我們的名號理應制人而不是受制於人！[10]

有三分之一的天使站到撒旦一邊，對天堂發起攻擊，但天堂早有準備。說來也奇怪，本應和平、美麗、寧靜的天堂，此時卻是嚴陣以待。彌爾頓曾對奧利弗·克倫威爾（Oliver Cromwell）麾下組織嚴密、紀律嚴明的「新模範軍」大加讚賞。這似乎給了他創造一個「新模範天堂」的想法。[11] 這場爭鬥不僅僅是肉搏戰。反叛者在第一天被擊退，但他們第二天用大砲發起反攻，只是因為對方拔起群山投向他們，才轉勝為敗。反叛者求助於火藥的情節絕不是毫無所指的，這與一六〇五年天主教陰謀中的叛國行為密切相關。在當時，火藥常常被形容為魔鬼的發明，目的就是要抹殺戰爭的神聖與光榮。

上帝目睹了這場動亂，最終在第三天出手干預。為什麼祂會任由動亂持續呢？從對希伯來聖經要義的解釋中可以找到答案。上帝是在為自己的榮耀和非凡被人尊重創造條件。如果是這樣，就必須留意聖子的決定性作用了。上帝對聖子解釋自己的行為稱，「就是打算讓你蒙受終止這場大戰的光榮盛譽，因為除了你，誰也不能制止它」。他命令聖子率領全體天軍將叛亂天使趕入地獄。聖子欣然領命，再次體現出他的服從和撒旦的反叛之間的鮮明對比。對於聖子來說，「對您服從是完全的幸福」。撒旦一夥也重整旗鼓，「想在失望中生出希望」。雙方都做好了最後一搏的準備。聖子讓部眾閃到一旁，因為這是他一個人的戰鬥：「他們的嫉妒和惱怒都是對著我。」[12]

拋開天堂內鬥、大砲（某種程度上把群山當作砲彈更恰當）的使用甚至俗世慣有的夜間停戰等奇思妙想不談，故事裡還有一個因雙方天使長生不死而引發的意外轉折。雖然會感覺到痛苦，但他們中沒有誰會因為受傷而喪命。無論彌爾頓如何推崇戰爭美德，他都想表明，有些問題永遠不可能靠打仗來得到真正的解決。也許他還反思了英國內戰期間自己作為議會派一員的獲勝經歷，那次勝利並沒有擋住隨之而來的王政復辟。即便是在這場不尋常的天堂戰爭中，扭轉局面的也是聖子的特殊力量，而不是人多勢眾。

萬魔殿

當敵人從最初的打擊中恢復元氣，就很難再被一舉擊敗。長生不死的鬥士給這經典的困局添加了一個意想不到的轉捩點。就像《失樂園》開篇所寫，墮落天使們在新的安身之地重新組織起來，開會討論下一步計畫。雖然被逐出天堂，但撒旦並沒有氣餒，仍堅決反對「天上的虐政」。他在地獄宣告：「在這兒，我們至少是自由的……與其在天堂裡做奴隸，倒不如在地獄裡稱王。」

於是，墮落天使們的領袖摩洛、彼列、瑪門、別西卜以及撒旦本人在地獄展開了一場戰略性討論。會議在一個名為「萬魔殿」（字面意思為魔窟）的特殊地方舉行，反叛者聚在此處商量下一步行動。上帝想必已經有了防止他們再生事端的把握，任憑他們制定自己的行動計畫。撒旦決心把夥伴們從軟弱無助的悲哀情緒中解放出來，反抗上帝所做的一切。「行善絕不是我們的任務，作惡才是我們唯一的樂事。」他用一場有銅管樂隊伴奏的閱兵來提振部下的精神，以此顯示他們仍然是一支強大的隊伍，「比特洛伊戰爭雙方的力量以及亞瑟王（King Arthur）或查理曼（Charlemagne）大帝指揮的任何軍隊都更強大」。然而，這種做法雖然可以鼓舞士氣，讓他的追隨者們去對抗上帝，卻不能成為制定可靠戰略的基礎。[13]

一系列選項被描述成可能有助於任何組織應對重大挫折。管理學作家安東尼·傑伊（Anthony Jay）指出，「一家公司在遭到主要競爭對手的可怕打擊並被其一度依賴的市場淘汰後，總是試圖制定出一項新政策，這種情況表現在各個重要方面」。[14] 儘管撒旦知道自己想要什麼，但他還是從善如流，向部下問計來決定採取何種行動。

摩洛第一個站出來，建議「公開宣戰」。他不屑於搞陰謀、耍花招，發出這種籲求完全是出於激情、魄力、好鬥的性格以及聽天由命的心態。「我們不如用地獄的烈火和狂怒作為武器，以措手不及的進攻，直向天上的高塔襲擊。」他承認，他不能保證這麼做能夠取勝，但至少算是一種復仇。

比起摩洛的直接進攻，彼列的想法更現實，但本質上卻是失敗主義論調，「並非為了和平，而是為了貪圖安逸」。他甚至懷疑他們連復仇都做不到：「全副武裝的士兵在天上的塔樓裡把守瞭望，所有的關口都被堵截了。」他表明了一個其他同夥似乎都會忽略的基本觀點，那就是「無論用武力或陰謀」都不可能成功。上帝「明察秋毫」，早就把魔鬼們的計畫看在眼裡並大加嘲笑，哪怕這些計畫正實施。因此，彼列認為應該換個法子，等著上帝大發善心。「我們現在正在受罪，如能支持、忍受，那無上的大敵，或許會減低憤怒。」

瑪門對前面兩種選擇都嗤之以鼻。他既不想發動戰爭，也不指望上帝的原諒：「我們又將以何顏面卑躬屈節於祂的面前？以何顏面去接受祂那嚴厲的法律？歌頌祂的寶座，讚揚祂的神性，被迫歌唱『哈利路亞』，眼睜睜看著祂以君王的身分，高高坐在寶座上。」他的意見是挖掘地獄自身的潛力：「這片荒地並不缺乏金玉隱約的燦爛，也不缺少建起莊嚴境地的技能藝術，天上豈能還有比這更優越的東西？」為此，他力勸墮落天使們「在冥土另建王國，或用策略，或用長時間的進展，希望能巍然崛起，有能力與天國分庭抗禮」。由於瑪門曾經幫助建起了萬魔殿，他的意見聽起來頗有些道理。大家頭一次明白了他們喜歡什麼，瑪門「話音未落，人們即竊竊私語，好像徹夜狂歡擾亂大海的暴風停止時，岩洞裡殘留的催眠調子」。

不過，就像所有聰明的領導者一樣，撒旦在討論開始之前就已經想好了自己中意的方案。萬事俱備，只等一錘定音。他的副統帥別西卜「提出了魔鬼的建議，這原來是撒旦的計畫，已經提過部分內容」。首先，他推翻了瑪門的主張，警告說上帝不會允許地獄和天堂平起平坐。接著，別西卜提議採取一種主動但有別於摩洛直接開戰的策略。撒旦談到「有一個地方（如果天上從古流傳的預言屬實）這時候正創造出一個新世界，裡面住有叫作『人』的新族類」。這個新族類據說和天使一樣，可能是被創造出來填補被逐天使留下的空缺的。既然直接進攻徒勞無益，那麼從這個新族類下手，倒可以成為算計上帝的辦法，也許能哄騙人類加入反叛隊伍。作為一名戰略家，撒旦為他在天堂的失敗找到了一個可能的解釋。很簡單，失敗是因為力量懸殊，忠於上帝的天使數量是反叛天使的兩倍。要想扭轉戰局，與其白費力氣地發動直接進攻，何不哄騙人類加入反叛隊伍？於是，在撒旦稱讚了別西卜的計畫後，這個計畫馬上獲得了通過。戰略一經制定，撒旦便開始著手落實。首先，他需要有用的情報。「讓我們的心思都放在那方面，去探明住在那裡的生靈是什麼樣的形狀、資質和稟性，有多大力量，有什麼弱點，憑暴力或詭計，哪一樣容易試探他們。」[15]

他繞著大地往返七次，以躲避守衛天堂的天使的警戒。後來，他裝成下級天使騙過守衛，溜進了伊甸園。他的目的是率領手下的墮落天使攻占並移居伊甸園。然而，當他在伊甸園遇到夏娃時，被她的美貌迷住了，霎時間「似有向善之心，放棄了仇恨、欺詐、憎恨、妒忌和復仇」，過了一陣子他才恢復常態，並提醒自己，到這裡來「不是為愛，而是為恨」。此刻，他想起了自己的邪惡目的，對亞當和夏娃的態度也變得怨毒起來。「我想和你們聯盟，相互親善，相互愛護，彼此相親，毫無隔膜。我要來和你們同住，或者你們去和我同居。」

撒旦化身為被彌爾頓比作特洛伊木馬的蛇，引誘夏娃偷吃了智慧樹上的果子。撒旦謊稱，他這樣一個畜生在吃了智慧果後就被賜予了說話的本領，而且上帝沒有殺了他。後來夏娃對亞當辯解說，如果當初受引誘的是亞當，她認為亞當也無法「看破那奸詐狡猾的蛇的狡計」。而且，就算夏娃當時意識到事情可能有詐，也不見得會起疑心：「我和他之間沒有什麼仇恨的根源，他為什麼對我懷有惡意，以禍害相加呢？」[16]

夏娃吃過禁果後，勸亞當也吃了一些。人類的忠誠由此受到挑戰。如果他們入了撒旦的圈套，力量天平就會向撒旦傾斜。對亞當和夏娃來說，這是一個抉擇時刻。他們不再無知，必須做出選擇。亞當和夏娃的選擇讓撒旦的陰謀落空，他們懺悔並站到了上帝一邊。按照米迦勒的預言，「好人受罪，惡人享福，一切顛倒，在自己的重負之下，世界呻吟著前進」，直到基督再次降臨。亞當漸漸明白了一個道理，那就是即使勢單力薄，也必須反抗不公與邪惡，因為「最高勝利中的堅毅鬥士是為真理而受難」。上帝的成就不會總是那麼明顯，往往表現為「弱者戰勝世界的強者」。[17]

此時的撒旦信心大減，他遠離老巢和部眾，腦子裡充滿「混雜的思想」，理解到上帝的全能和他反叛的錯失，以及自己心中的罪惡，但他的自尊不許他屈服。問題不在於彌爾頓賦予撒旦的謀略。鑑於衝突各方都可以長生不死，用蠻力永遠不會取得決定性的勝利。撒旦最希望的是改變人類，使他們加入墮落天使的行列。為此，欺騙是必要手段，而且最初撒旦成功地把亞當和夏娃騙出了天使的同盟陣營。但他沒能把他們拉到自己這邊，因為上帝的聖子掌握著終極武器。

彌爾頓雖然在撒旦的言談中加了自由色彩（他可能曾用這樣的言辭反對過他自己的國王），卻不見得是魔鬼的同黨。彌爾頓筆下的天堂因其明顯的好戰作風而不同尋常，但從來沒有被描繪成一個暴虐無道之地。天使們服從上帝，是因為崇拜上帝的固有權威，而不是因為害怕受罰，而且每位天使代表上帝行事時都有一定的自由度。他們自然而快樂地團結在一起保衛天堂，抵抗叛軍。此外，使用這種共和主義語言來譴責一個自稱君權神授的世俗國王，與譴責上帝本身完全不同。一六〇九年，英國國王詹姆士一世對議會宣稱：「國王理應被稱作上帝，因為他們以神權或類似神權統治著世俗世界……國王們不僅是上帝在俗世的代理人，高坐神位，而且就連上帝自己也稱他們為上帝。」從一開始，彌爾頓的政治願望就是挑戰這種無恥之說，及其所衍生出的所謂不服從國王就等於不服從上帝的謬論。這種君權神授論的用意是製造偶像崇拜。彌爾頓所說的地獄是一個發展中的君主國，「充斥著保皇主義、邪惡語言、乖張表達、政治操縱和蠱惑宣傳」。[18]不管身為造反頭目的撒旦怎樣說話，一旦到了地獄，他儼然表現得像個至高無上的國王。他「帶著王者赫赫的氣概，高高地坐在寶座上」，如同一位偉大的蘇丹，在萬魔殿發號施令。他認為自己理所當然地擁有這樣的權威。他沒有讓手下叛眾進行共和主義式的自治，而是讓他們供自己這個篡權者來奴役驅使。就此而言，他對於政治權利的虛假承諾，就像他誘惑夏娃時對蛇的生活的生動描述（或者他富於想像力的欺騙）一樣不可信。

真正的謎題是為什麼撒旦一度相信自己能成功。他不是敗給命運，而是敗給了上帝的全能和全知。上帝不僅擁有更強大的力量，而且不會上當受騙。無論撒旦謀畫什麼，上帝都會知道。撒旦以前做天使長時，應該也有這種本事。這就是為什麼彌爾頓筆下的撒旦，雖然像是馬基維利眼中的理想君主，但在關鍵層次還是力有未逮。他在對抗上帝時犯了種種不該犯的錯，而且缺乏馬基維利主張的那種在應對強敵時所需的小心謹慎。馬基維利所謂的理想君主「首先得是個實用主義者」，馬基維利看不上「那些一味想克服無法逾越的障礙或頑固堅持注定要失敗的事業的人」。在《失樂園》中，撒旦承認自己在天堂時低估了上帝的力量，到了地獄後又沒有認真反省自己最初反叛的合理性。他固守著那套已經導致自己失敗的戰略，部分是因為他靠著這些戰略差點就獲得了成功。他沒有學到任何能真正打擊上帝的東西。用文學研究者芭芭拉・瑞伯恩（Barbara Riebling）的話說，他自吹能挑戰上帝不過是「對戰略智慧的嘲弄」。他準備使用暴力或詭計，但不是為了取得真正的優勢，只是為了挑起「持久的戰爭」。要對抗一個全能的大敵，這就算最實用的辦法了。「撒旦看起來像是個大膽開創未來的自由人」，但結果「他反而成了自己本性的奴隸」。[19]

在彌爾頓的虛構故事中，撒旦的使命就是突出上帝的地位。按照英國文學批評家約翰．凱利（John Carey）認為，撒旦「在這首詩裡被安排和全知全能的上帝一同出現」，意味著「他採取的每一次敵對行動都會弄巧成拙，然而他被虛構的職責正是採取敵對行動：他是魔鬼，是敵人」。[20]如果撒旦知道自己有被救贖的可能，並且努力爭取被救贖，那麼故事就講不下去了。但是，作品仍留下了缺憾。彌爾頓為上帝安排了一個真正邪惡的對手，這個對手有充分的智慧向上帝發起足夠有力的挑戰，以展示上帝的榮光；但他又不夠聰明，認識不到自己應該向上帝的仁慈投降。《失樂園》透過探究動武、使詐、安撫和認命這些手段的優缺點，闡明了一些戰略思考，但只要涉及上帝，所有思考到頭來都是白費工夫。這些戲裡的角色可以為自己的利益行事，但這些利益只能限定在上帝的總體規畫範圍之內。

詭計的局限

雖然聖經中經常提到的欺騙行為並非總是那麼令人不齒，但是蛇用詭計把人類置於一個如此糟糕的起點上，絕對是開了一個讓人高興不起來的先例。彌爾頓透過撒旦假扮成蛇這件事，進一步證實了狡猾和邪惡之間的關聯。當彌爾頓提到「詭計」（guile）這個詞時，他是在暗指欺詐（fraud）、狡猾（cunning）和圈套（trickery）。從戰略角度來看，這些手段似乎還是要比暴力更可取（當然更好過失敗），但如此做法不夠光明正大，無疑缺少高尚和勇氣。那些靠詭計取勝的人永遠都會背著道德污點。即便現在，形容一個人「毫無心計」（without guile）仍是讚美之詞。這樣的人說什麼就是什麼，不會在話裡暗藏機鋒。又或者，當一個人在某種人格或思想的誘惑下失掉了正常的鎮定和理性時，我們會說這個倒楣鬼「失了魂」（beguiled）。類似的詞還有「wiles」，哲學家霍布斯（Thomas Hobbes）用這個詞來形容「控制一切他所能控制的人」。[21]《牛津詞典》對「wiles」的定義傳遞出令人討厭的意味：「陰險的、狡猾的、騙人的詭計；神神祕祕的、偷偷摸摸的、鬼鬼祟祟的伎倆；謀略，計策。之前偶爾也有更廣泛的意義：一場騙局、一則謊言、一個妄想。」

弗龍蒂努斯所說的謀略，包含了欺騙、突襲、謀畫、迷惑以及一般的詭計。謀略一直被定義為「為智取或奇襲敵人而設計的花招或把戲」。莎士比亞戲劇裡不乏這類例子。其中，求助於謀略是一種透過突襲敵人獲取不公平優勢的不太光彩的手段。發瘋的李爾王就曾提出「一個妙計」，「將氈呢釘在一隊馬兒的蹄上」，悄悄接近敵人，但沒人把這當回事。對磊落無欺的崇尚在《亨利五世》中表現得最為清晰，國王誇耀自己的軍隊大捷並非「出奇制勝」，靠的是「明槍交戰、實力相拚」。[22]

同樣，「plot」這個詞也在十七世紀被賦予了負面含義。有一起著名事件將它與危險的鬧劇或是惡毒的陰謀連結了起來。一六〇五年十一月五日，一夥天主教反叛者包括蓋伊．福克斯（Guy Fawkes，譯註：爆破專家，議會爆炸的具體實施者），企圖在詹姆士一世國王駕臨下議院時製造火藥爆炸，但最終失敗，這起事件被稱為「火藥陰謀」。從此之後，「plot」便被用來指背叛和陰謀，也就是那種由少數人祕密醞釀、旨在顛覆既有秩序的邪惡計畫。殊不知，「plot」和「plan」有著相近的詞源。兩者最初都是指一片平地，之後是指一塊地或一幢建築的平面圖，再之後是指一幢建築的施工藍圖，最後才用來指完成某件事需要採取的一整套措施。這樣，一個計畫就成了為實現一個目標而制定的詳細方案。軍隊有自己的「攻擊計畫」或「戰役計畫」，這些說法已經脫離其字面意思，通常象徵著準備隨時隨地發起進攻或執行一項艱巨任務。當事情進展順利時，就是在「按計畫」進行。總之，在充分考慮該如何完成某項艱巨或複雜任務後，一個計畫比一個合理方法的含義要豐富得多。「plot」所指的意思差不多，但不那麼光彩。在塞繆爾．約翰生（Samuel Johnson）所編纂的一七五五年版第一本英語詞典中，可以發現這兩個詞的細微差別。「plan」的意思是「scheme」（計畫），「plot」也表示「scheme」，但同時有「陰謀、花招、詭計」的意思。[23]

說到狡詐、詭計、欺騙和花招的時候，人們總會有雙重評判標準。如果用來對付自己的人民，一般會受到嚴厲譴責，因為你了解人民，人民也很可能信任你，所以騙他們更容易；但如果用這些手段來對付敵人，則是被接受的，甚至會因為用計巧妙而得到讚揚。人們之間的社會關係越緊密，靠欺騙手段從這種關係中獲利就越容易；人際關係越弱，行騙就越困難。無論哪種情況，其對詭計的依賴都受到收益遞減法則的制約。

你一旦有了好名聲，別人就會特別提防你耍心眼。所以，當你的對手消息足夠靈通時，你的一舉一動都會受到監視，耍心眼很容易被發覺。這些原因使欺詐手段只有在小範圍內和對個人使用時，效果才最明顯。欺騙政府和軍隊是可能的，但這往往是一場賭博，也許只能獲得暫時和有限的優勢。一旦和擁有複雜組織的龐大軍隊發生戰爭，詭計所能發揮的作用將非常有限。那時，還得靠實力說話。

第2部分

武力的戰略

第6章 新戰略科學

當我知道現代砲兵技術到了何種程度，
當我比修道院裡的新手懂得更多戰術，
簡而言之，當我對基本軍略有了最粗淺的了解時，
你就可以說馬鞍上從來沒有坐過更好的少將了。
畢竟我的軍事知識，哪怕我勇敢又好冒險，
只不過達到了本世紀（指十九世紀）初期的水平。

——威廉．吉爾伯特（William Schwenck Gilbert）和
亞瑟．蘇利文（Arthur Sullivan），《班戰斯的海盜》（*Pirates of Penzance*）

上面這段著名的快節奏詼諧曲選自由英國維多利亞時代的幽默劇作家威廉．吉爾伯特和作曲家亞瑟．蘇利文合創、於一八七九年首演的輕歌劇《班戰斯的海盜》。兩人讓他們創作的「現代少將」（modern major general）這個人物拚命炫耀自己在歷史、古典文化、藝術和科學方面的全部學問。直到最後，少將才承認，他欠缺的恰恰是那些跟他職業相關的知識。當他承認自己的軍事知識只達到十九世紀初的水準時，指的是拿破崙時代以前的軍事知識，而那是個完全不同的時期，那時的軍事知識已經無法滿足其現在所處時代的需要了。

以色列軍事歷史學家和理論家馬丁・馮・克利韋爾德（Martin van Creveld）曾質疑，一八〇〇年以前是否有戰略存在。[1]當然，根據本書的觀點，從靈長類動物形成社會組織的那一刻起，戰略就已經出現了。馮・克利韋爾德也承認，古往今來一直都有關於戰爭技巧和制勝之道的明智見解流傳於世。軍事統帥們必須仔細制定出作戰方案，並做好相應的軍隊部署。馮・克利韋爾德思考的是，十八世紀末、十九世紀初所發生的重大轉變。在一八〇〇年以前，情報搜集和通信體系效率既低又不可靠。因此，將領們不得不親臨前線，至少不能離前線太遠，以便迅速適應攻守變化。他們不敢制定任何複雜的計畫。諸如分散部隊從不同方向進攻敵人，或是組織後備部隊去鞏固戰果之類的做法，都可能為指揮和補給供輸帶來大問題。道路條件惡劣，行動必定緩慢。雖然後勤保障不再要求靠山吃山，但彈藥補給必須時刻跟上。這不可避免地暴露出一個嚴重弱點，補給線一旦被敵人切斷，後果不堪設想。適度迂迴或夜間行軍成了突襲敵人的最好辦法。當時的軍隊沒有戰鬥熱情和獻身精神，無法在持久戰中鼓足信心，士兵在食物短缺或條件艱苦時也容易受到利誘而開小差。所謂深謀遠慮，不過意味著集中精力令敵人陷入弱勢或無援的境地。所有這一切，都限制了戰爭對歐洲權力平衡穩定的影響。之後，隨著交通體系的改善和陸地地圖精準度的日益提高，自稱法國皇帝的拿破崙・波拿巴（Napoleon Bonaparte）出現了。拿破崙象徵著一種新的作戰方式：整合優秀人才和群眾團體的力量，制定遠遠高出前人的宏偉目標。

一七八九年的法國大革命迸發出巨大活力，引領革新，摧枯拉朽。它將各種政治和社會力量從那個時代的束縛中解放出來，其影響在此後幾個世紀仍然歷久不衰。在軍事方面，這場革命催生了大規模平民化軍隊，其作用因為遠距離運兵手段的完善而日益增強。戰爭不再是過去那種由各國統治者之間的爭吵引發、受制於補給缺陷和不可靠軍隊的有限戰爭，而是朝著涉及所有國家的全面戰爭轉化。[2]因為有了拿破崙，戰爭成為一個國家挑戰另一個國家的手段。戰爭再也不是煞費苦心的討價還價，變得利害攸關，誘敵妥協的做法被統統拋棄，勝負只能靠一場血戰來判定。軍事演習的重要性因為不時有仗要打而不斷提高，所以也不再是例行公事，而變成大規模衝突的前兆，這種衝突往往帶來全軍覆沒和亡國喪邦的結果。

本部分內容以介紹現代戰略概念開篇，然後將闡釋亨利．約米尼男爵和卡爾．馮．克勞塞維茨這兩位重要戰略大師的觀點。他們的思想產生於一個政治大動盪的年代。當時，頻繁的戰事不斷改變著歐洲版圖，大規模軍隊的組織、調集、行動和指揮面臨新的挑戰。人們關注的仍是一場場戰鬥，指望著憑藉一次勝利讓敵人在政治上陷入絕境。在當時的軍事思想中，殲滅戰的觀念根深柢固。此前，各交戰國一直將打仗視為「軍備冒險」，認為這是一種解決爭端的恰當方式。但隨著時代發展，這種看法逐漸退潮。

這樣的思想一直延續到了十九世紀，大概直到十九世紀下半葉才告消亡。但在消亡之前，這種思想一直模糊不清，作用也十分有限。它是君主制度的產物。在君主制度下，戰爭的起因和結果主要和統治者的私利密切相關，比如王朝更替或對特定地域的主權。隨著民族主義和共和主義的興起，舊的作戰思想日漸式微。它是傳統戰爭標準架構的一部分，始終受到這個架構制約。最有節制的勝利是一種雙方均認可的結果，即一天戰鬥結束後，戰場上只剩下一方軍隊搜揀戰利品，而另一方屍橫遍野、任人擄奪。這種勝利仍有賴於敵人對失敗的接受。某些勝利比其他勝利更顯正統，比如那些沒有使用下流詭計而取得的勝利。不過，對於名義上被打敗的君主來說，只要認識到自己的撤退使敵人蒙受了更大傷亡，或者己方退而不亂、保有實力，還是會扭轉困局、捲土重來。勝利者必須核算是否已經對敵人造成足夠打擊，以便說服敵人理智地坐到談判桌前。這種做法在某種程度上取決於雙方的利害所在，以及敵人是否仍有反擊能力，或者是否可以透過從鄉間包圍城市、發動暴亂等手段來脅迫敵人，讓他們防不勝防。

哪怕是一個遭到重創的對手，也會找到繼續抵抗、重新部署或是獲得外援的辦法。若是思及跟戰爭有關的各種不確定性和爆炸性危險，我們還能說這只是一種暴力外交嗎？如果最終能以達成妥協收場，為什麼不在流血之前透過外交方式解決問題，或者尋求其他方式（通常是經濟方式）壓制對手呢？建立自己的同盟和破壞敵人的同盟（這明顯屬於治國之道的範疇），與展示傑出將才一樣，能對戰爭的結果產生影響，甚至比後者更重要。

然而，十九世紀戰略討論的出發點是期待一場決定性戰役，而不是追求治國之道。對於前者，可能會有例外的看法；而對於後者，打仗本身就是個例外。當時的軍界鼓吹將國際體系看成戰場的延伸，一種為了生存和統治而進行的持續爭鬥。

戰略成為職業和產品

如果我們把戰略看作一種解決問題的特別方法，那麼它在人類出現之時就已經存在了。即便這個詞並沒有被一直使用，我們現在回望歷史，仍會看到以往的風雲人物是如何從事那些後來被稱為戰略的活動。難道一個詞語的出現就讓人類的實踐活動變得完全不同了嗎？要知道，就算在「strategy」這個詞問世後，它也沒有成為一個普遍的描述性符號，甚至現在那些所謂的成功戰略家也沒有把它作為一個定義來使用。當時戰略的概念與其日後含義的不同之處就在於，前者指的是領導者可以獲得並利用的全部知識。戰略家逐漸成了一種特殊職業，主要為菁英人物提供專業意見；戰略成了一種特殊產品，供各個國家和組織在複雜的局勢中妥善自處。

更早的時候，我們會注意到「Stratēgos」（譯註：意為將軍、領袖）一詞在五世紀的雅典所代表的含義。而根據美國戰略與國際問題研究中心研究員，軍略、政治、歷史學家愛德華．魯瓦克（Edward Luttwak）的觀點，古希臘和拜占庭時期曾出現過和現在的「strategy」一詞等同的「stratēgike episteme」（將軍的知識）或「stratēgōn sophia」（將軍的智慧）。[3]在弗龍蒂努斯編寫的以希臘文「Strategematon」為書名的拉丁文著作《謀略》中，這些知識和智慧以各種計謀策略彙編的形式得到了體現。古希臘人在形容作戰技巧時會用到「taktike techne」，這個詞既包括我們所說的「tactics」（戰術），也有雄辯和外交之意。

「strategy」一詞直到十九世紀初才被廣泛使用。其問世早於拿破崙的崛起，反映出啟蒙運動中人們對經驗科學和理性運用的日益增長的信心。甚至戰爭這種最難駕馭的人類活動，其研究和運用也遵循著同樣的精神。最初的研究領域被稱為「tactics」，這個詞曾一度指部隊的有秩序組織和機動。據霍伊澤爾論述，

「tactics」被定義為「軍事行動科學」的歷史可回溯到西元前四世紀。直到六世紀，「strategy」才有了相應的定義，當時一部佚名著作首次明確地把這個詞與統兵藝術連結起來。「戰略是軍事統帥用以保衛自己土地和打敗敵人的手段。」西元九〇〇年，拜占庭帝國皇帝利奧六世寫下《將道》（*Strategia*）一書，總結了與「Strategos」相關的全部術語。利奧的著作在幾個世紀後才開始為人所知，並於一五五四年由一位劍橋大學教授翻譯為拉丁文，但其中並無「戰略」的說法，譯者用的是「統兵藝術」或「指揮藝術」。[4]

一七七〇年，法國將軍和軍事理論家吉貝爾伯爵（Jacques Antoine Hippolyte，Comte de Guibert）出版了他的《戰術通論》（*Essai général de tactique*）一書。當時，年僅二十七歲的吉貝爾是一個早熟且生活放縱的法國知識菁英，有過豐富的軍事經歷。他撰寫的一整套有關軍事科學的論文把握了啟蒙時代精神，產生巨大影響。當時面臨的問題是如何克服戰爭非決定性的頑疾。吉貝爾認為，一支大規模軍隊若要想取得決定性戰果，就需要具備機動能力。他對後來發展成為「戰術」的「基本戰術」和後來發展成為「戰略」的「大戰術」做了嚴格區分。吉貝爾想建立一套統一的理論，將戰術提升為「一種對任何時代、任何地方、任何武器都適用的科學」。他的獨到之處就在於其對徵募、訓練和在戰爭中使用軍隊等問題的觀點。[5] 到了一七七九年，他開始撰寫有關「la stratégique」（戰略）的著作。[6]

霍伊澤爾將「戰略」一詞的突然出現歸功於法國人梅齊樂（Paul Gédéon Joly de Maizeroy）於一七七一年對利奧著作的法文譯介。梅齊樂認為，利奧所說的「將軍之學」獨立於層級較低的戰術範疇。他在該譯作的一個註釋中說：「準確而言，la stratégique就是指揮官的藝術，指揮官憑藉恰當而熟練地掌握和運用所有統兵手段，調動手下所有部隊，使他們成功地發揮作用。」到了一七七七年，此書的德文譯本使用了「Strategie」這個術語。梅齊樂將戰略形容為「制高點」（sublime，吉貝爾也用過這個詞），認為其包含的理性成分要多於固定規律。戰略需要考慮的東西很多：「為了制定出計畫，戰略要研究時間、地點、手段和不同利益之間的關係，權衡每一個因素……這些涉及辯證法領域，也就是說涉及推理的範疇，而推理是思想的最高能力。」[7] 這個術語如今已經廣為傳播，為人們在一個曾不知戰略為何物的競技場上做深遠審慎的思考，開闢了一條道路。

從十九世紀初開始，strategematic、strategematical、strategematist、strategemical等一大堆詞在英國冒了出來。這些詞都想給人留下使用者精通戰略和計謀的印象。於是，strategemitor成了制定計謀的人，而stratarchy則是指軍隊內部自最高指揮官逐級向下的治理體系。這詞曾被當時的英國首相威廉・格萊斯頓（William Gladstone）使用，來解釋軍隊應如何超越層級界限，絕對服從所有上級軍官。之後，又有了stratarithmetry，這個詞表示一種計數方法，即透過讓一支軍隊或一群人排成特定的幾何圖形，來估算出他們的數量。strategist（戰略家）的近義詞是strategian，它伴隨tactician（戰術家）而自然產生，但沒有流行起來。

作為區分不同級別的軍事指揮和與敵接觸的一種手段，釐清戰略和戰術之別的重要性得到了普遍認可。戰略是最高統帥「規畫和指導一場戰役中大規模軍事機動和作戰」的藝術，而戰術是「在戰鬥中或直接面對敵人時指揮部隊的藝術」。[8] 不久，戰略一詞就脫去了軍事色彩，進入貿易、政治和神學等五花八門的領域中。

strategy這個詞的迅速傳播意味著，在尚無公認定義的情況下已為人所用。當時，大多數人認為戰略是一種和最高統帥有關、將軍事手段和戰爭目標連結起來的事物。它超越了低層次、小範圍、小規模的機動戰和遭遇戰，將軍事領域中的所有事務聯繫在一起。但同時，歸於戰略名下的種種行為又非常實用，人們認為這些是新時代龐大軍隊的產物，是適應部隊行動和補給的特殊需要，也是影響對敵之術的決定性因素。戰略之所以如此務實，多半是受了各種形式的實用知識和原則的影響，這些資訊能以一種系統性和啟發性的方式展現出來，被較有遠見的指揮官納入考慮清單。所以，戰略與計畫的關係自然也越來越緊密。補給和運輸方面的問題限制了目標的實現，而對火力和防禦條件的估計結果則會影響軍隊部署。可以這樣說，戰略涵蓋了一場軍事行動從開始之前就已經決定好的各個層面。

改進後的地圖，為軍事計畫帶來了巨大變化。製圖學的發展，意味著大本營、補給線、敵軍陣地乃至調動部隊的時機，都可以用幾頁紙表現出來；在地圖上標明一場戰役的大致進程，就有可能判斷出戰局將如何發展。亨利・勞埃德（Henry Lloyd）是第一個在空間上重新定義戰爭的人。他因為參與了一七四五年復辟斯圖亞特王朝的叛亂而逃離英國，此後曾為形形色色的歐洲國家軍隊打過仗。他認為那些在軍界謀職的人「很少或根本沒有認真研究過軍事」，自稱已經發現了確定不移的戰爭原則，這些原則只有在應用的時候才會發生變化。[9]勞埃德以發明「作戰線」（line of operations）一詞著稱。這用法被沿用到今天，其意思為一支軍隊從出發點到目的地之間的路線。勞埃德影響了不少後世軍事理論家，其中就包括普魯士人海因里希・迪特里希・馮・比洛（Heinrich Dietrich von Bülow），後者於一七九〇年赴法國，親身經歷了大革命的洗禮。他對拿破崙的戰法進行了研究，撰寫了一系列軍事著作，包括一八〇五年的《實用戰略指南》（*Practical Guide to Strategy*）。比洛對使用幾何表示法來解釋軍隊備戰情況頗為癡迷。他試圖借用數學原理證明，軍隊可以根據其後勤基地與攻擊目標之間的距離來編排和推進。這種方法可以從他對戰略的定義中窺得一斑。在他看來，戰略是關於「在大砲射程和視野以外進行軍事行動」的科學，而戰術是關於在上述範圍內進行軍事行動的科學。[10]比洛對戰術的研究被認為是有價值的，但讓他非常懊惱的是，自己關於「新戰爭體系」的闡釋在普魯士將軍們的眼裡一文不值。

無論在戰場上使用什麼樣的科學方法，到了關鍵時刻，作戰形式和作戰指揮都更取決於統兵將領的個人判斷。比起仔細的算計和籌畫，將領自身的性格、眼界和直覺或許會起到更大作用。戰端一開，變數無窮，理論也就幫不上什麼忙了。這時，戰爭便成為一種藝術。戰略可以被看作一門系統、基於經驗、按邏輯發展的科學，涵蓋所有可以事先計畫且需要深思熟慮的事務。戰略是藝術，那些能在無望形勢下取得非凡戰果、有膽識的將領所做的一切都配得上「戰略」二字。

拿破崙的戰略

拿破崙更喜歡將其難以解釋的作戰方式置於戰爭的關鍵性要素之上。他堅稱，戰爭藝術既簡單又符合常理，「一切都不過是執行的問題……與理論無關」。這種藝術的本質很簡單：「如果軍隊總體數量處於劣勢」，就應該「在準備攻擊或防守的地點，讓自己的兵力超過敵人」。如何以最佳方式達到目標，是一門「從書本和實踐中都學不來」的藝術。這是軍事天才的事，所以得靠直覺。拿破崙對戰略的貢獻不在理論，而在實踐。沒有人比他更善於用偉大的軍隊贏得偉大的戰爭。

拿破崙對新戰爭模式的締造並非完全從零開始，他借鑑了同時代最為德高望重的統帥腓特烈大帝（Frederick the Great）的成果。腓特烈是一七四〇年至一七八六年的普魯士國王，也是一位善於思考且多產的戰爭研究作者。他的成功得益於他將軍隊變成了一個訓練有素、紀律嚴明、反應靈敏的工具。最初，腓特烈更傾向於進行「短促有力」的戰爭，這種戰爭要求一戰定勝負，因為漫長的戰爭勞民傷財，而他的王國又相對貧窮。他在統治早期藉奧地利王位繼承戰爭（War of Austrian Succession）之機奪取了西利西亞（Silesia），此役為他贏得了戰術天才的殊榮。耶魯大學法學院教授詹姆斯・惠特曼（James Q. Whitman）視這場戰役為一個最好的例子，用來告訴人們，只要敵對雙方都同意以打仗為賭注，「勝利法則」是可以讓人保持克制的。腓特烈說，戰爭「決定國家的命運」，能夠「結束那些不靠戰爭就可能永遠無法解決的爭端」。「沒有什麼高級法庭」能管住國王們，戰鬥可以「決定他們的權利」並「判斷他們動機的合法性」。[11]

然而一段時間後，腓特烈對戰爭變得更為謹慎了，因為他發現，打仗憑的是運氣。取得成功，可能要靠一次次小型戰果的累積，而不是靠一場決定性的遭遇戰。與拿破崙不同，腓特烈反對在遠離本國邊界的地方作戰，也不指望在戰鬥中全殲敵軍，而且極力避免正面進攻。他的標誌性戰術就是「斜行序列」（oblique order），這種迂迴戰術實踐起來往往很複雜，對部隊的紀律有較高要求。所謂「斜行序列」是指：集中兵力攻擊敵人最強的側翼，同時避免讓自己較弱的側翼與敵人接觸；如果敵人未被擊垮，則己方仍有可能安然撤退；如果敵人側翼被攻破，己方的攻擊部隊便可轉身與大部隊會合。腓特烈和拿破崙的共同點，也是後來得到理論家們讚美的，就是兩人都能夠在軍隊總兵力不占優勢的條件下，在戰場上創造出強大戰鬥力，並直接攻擊敵人的薄弱環節。

作為一名年輕的軍官，拿破崙還閱讀了吉貝爾的著述，並將後者的某些思想納入自己的觀點，特別是他認識到在己方兵力占優勢的關鍵地點發起攻擊，以及向這些地點快速調兵的必要性。雖然吉貝爾已經斷言「歐洲霸權將落入具有陽剛之氣並握有一支國民軍的國家之手」，但他沒能想到將徵兵作為實現目標的手段。他認為，公民和士兵的義務是相悖的，頂多也就是把民兵發展成國防軍。龐大軍隊的真正出現，應該歸功於法國大革命的關鍵人物之一拉札爾・卡爾諾（Lazar Carnot）。此人與拿破崙素來不和，但一直為其效力到一八一五年。當時擔任戰爭部部長的卡爾諾，以徵兵方式開創了「全民皆兵」（Levée en masse）的制度，並把軍隊變成了一個力量強大、訓練有素、紀律嚴明的組織。卡爾諾還讓人們明白了一支龐大軍隊是如何充當攻擊手段，具體做法是將其分成若干行動快於敵軍的獨立作戰單位，使其能夠攻擊敵軍側翼，並尋機切斷敵軍的聯絡。拿破崙手下的大多數將軍，都從卡爾諾的軍事才華中受益匪淺。

拿破崙的貢獻，在於他領悟到了發揮大軍團潛力的真諦。他透過吸收啟蒙時代的軍事智慧，並利用卡爾諾創建的軍事體系，不僅顛覆了傳統戰爭觀念，而且打破了整個歐洲的權力平衡。拿破崙的天才之處，並不在於其戰略思想的獨創性或新奇性，而在於它們的順應時勢以及他的大膽實踐。他一向重視決定性會戰的作用，時刻準備面對戰爭的殘酷無情，設法集中足夠兵力全殲敵軍。這是實現政治目標的途徑，因為潰不成軍的敵人是不會拒絕任何政治要求的。由於這需要徹底擊敗敵人，拿破崙因而不太喜歡使用間接戰略。每當發現敵人的薄弱環節，他便會向該處調集更多的部隊並一舉攻破。然後，他們就可以從後方或側翼進一步威脅敵人。這需要冒些風險，比如在集中兵力時，不得不讓自己的後方和側翼陷入空虛。但拿破崙並非魯莽之輩，會等待正確的時機採取行動。他將確保戰場上兵力優勢，作為至高考量，所以經常選在不引人注目的偏僻之地發起大會戰，以便抓住機會，以絕對優勢毫不留情地痛擊敵人。而透過總攬軍政大權，拿破崙還可以殺伐決斷，無須廣泛徵求他人意見。他的樂觀、自信以及對勝利的非凡駕馭能力，為他贏得了部下的忠誠，也讓敵人時刻處在憂懼不安之中。這賦予了他不可抗拒的個人魅力，他本人也總是熱衷於利用這一點。

拿破崙從未對他的戰法做過完整解釋。他沒有寫下任何有關戰略的論著，雖然他曾明確將其指作「戰爭的更高境界」。他的觀點存錄於一大堆格言中。這些格言往往是對他那個時代常見軍事問題的反思，雖然不像《孫子兵法》那樣具普遍性適用，但它們抓住了拿破崙戰法的精髓：關鍵時刻用優勢兵力渡過難關（「上帝站在有兵力優勢的軍隊一邊」）；透過殲滅其軍隊來打垮敵人；將戰略視為「運用時間和空間的藝術」；在實力較弱時花費時間積聚力量；以更大的決心、勇氣和毅力彌補物質條件的欠缺（「精神之於物質是三比一」）。他的很多格言都以強調了解敵人為中心：如果與同一個敵人作戰次數太多，「你就會教會他戰爭的藝術」；絕不按敵人的意願行事，「理由很簡單，因為敵人希望你做」；永遠不要阻止敵人犯錯；始終展現出自信，因為你能看到自己的麻煩，卻看不到敵人的。[12]

博羅季諾戰役

我們現在把目光轉向歷史上的博羅季諾（Borodino）戰役。這場戰役的結果既非典型的勝利，也非明顯的失敗，它之所以重要，在於其使拿破崙的戰法面臨質疑。博羅季諾戰役的發生地，距莫斯科約八十英里，其結果具有決定性意義。戰事於一八一二年九月七日開啟，法俄雙方共投入大約二十五萬大軍，其中約有七萬五千人陣亡、受傷和被俘。儘管法國最終獲勝，俄國並不承認失敗。莫斯科在博羅季諾戰役之後遭法軍占領，但俄國拒絕接受和平條款，而且拿破崙也發現，他已無力讓自己的軍隊繼續支撐下去了。於是在五個星期後，他從莫斯科開始了那場史上著名的艱難撤退。

當拿破崙在一八一二年夏天發起這場戰役時，並非沒有戰略考慮。他期盼著能複製自己以前的戰法，讓敵人不停猜疑，同時在關鍵地點集中己方的優勢兵力，然後發起進攻。一旦俄軍落敗，他就能將議和條件強加於沙皇亞歷山大。為縮短戰爭時間、避免深入俄羅斯腹地，他希望在邊疆地區展開決戰。有了一八〇五年奧斯特利茨（Austerlitz）戰役等一系列驚人勝績撐腰，拿破崙自負不已，堅信能擊敗俄軍。由於沙俄的統治已經一團糟，拿破崙想當然耳地認為，只要法軍取得了明顯優勢，膽小懦弱的俄國貴族階層就會逼迫沙皇承認失敗。

殊不知，沙皇亞歷山大已經有了一套絕妙戰略，儘管在政治上存在爭議。利用沙俄在法國的完整情報網，亞歷山大早在一八一〇年就很清楚，一場戰爭不可避免，從而為思考對策和備戰爭取了時間。他客觀審視了俄國的薄弱之處，包括缺少可靠的盟友。在此基礎上，他曾想到一個對敵方案，那就是趕在法軍深入神聖的俄國領土之前，依靠俄軍的高昂士氣和可能成功的突襲，抓住機會搶先動手。但亞歷山大深知法軍兵力占優勢，擔心俄軍主力受損後，缺乏後備部隊來對抗給養充足、全編滿員的法國大軍。一旦戰敗，俄國將危在旦夕。有了這些顧慮，他轉而採取了一種防守戰略，這意味著他放棄了結盟打算。考慮到俄軍已計畫撤退，奧地利和普魯士當然不願與這樣一個國家組成反法聯盟。不過亞歷山大懷疑，就算他採取進攻戰略，也未必能指望這兩國伸出援手。最重要的是，他知道拿破崙渴望打仗，而敵人渴望的東西恰恰不能讓敵人得到。

於是，不管大批天性好戰的高級軍官有多麼懊惱，俄軍最終決定撤退。利用以空間換取時間的方式，他們就能增強實力。當法軍離自己的補給線越來越遠時，俄軍卻離自己的補給線越來越近。由於拿破崙的戰法，靠的是大會戰和速勝，而俄軍可以在撤退過程中利用己方更占優勢的輕騎兵切斷敵人的聯繫，利用疲勞戰術，拖垮拿破崙的大軍。「在我們完全撤回自己的補給線之前，必須避免打大仗。」[13]

俄國人知道自己應該做什麼，但還沒有一個實際的撤退計畫。這還要看拿破崙會在什麼時候、以何種方式實施他的第一步行動。從一定程度上說，撤退，是在拿破崙動手後匆忙開始，但比拿破崙的進軍行動更有條不紊。這位法國皇帝本想速戰速決，因為對險惡的地勢和嚴酷的天氣準備不足，並沒打算長驅直入。在為求一戰而追擊俄軍的過程中，拿破崙把他的士兵，特別是戰馬折騰得筋疲力盡。直到逼近莫斯科，他才相信最終會迎來戰機。儘管大軍已疲憊不堪、損耗嚴重，拿破崙仍固守他的原定計畫，堅持認為俄軍不會不戰而走地放棄莫斯科。

率領俄軍迎戰的米哈伊爾·庫圖佐夫（Mikhail Kutuzov）將軍是個精明的指揮官，他深諳普通士兵和俄國民眾的心思，作戰經驗也極為豐富。但庫圖佐夫當時已經六十五歲，體力和腦力都大不如前，而且身邊充斥著阿諛奉承的小人。戰役開打後，他對部隊的調度和指揮盡顯隨意：他把指揮權交給下級將領，由他們視情況處理。他的消極態度讓人覺得他對戰事進展和下一步行動一無所知。

然而，博羅季諾戰役的實戰結果卻顯示出拿破崙的表現是多麼失常和離經叛道。深入俄國作戰，使法國遭遇意想不到的挑戰，人員和物資損失慘重。到發起戰役的時候，拿破崙大軍團（Grande Armée）原有的四十五萬人已經損失了三分之一。雖然從莫斯科撤退途中，俄國的嚴冬讓法國人嘗到了無盡的苦頭，但最初對法軍造成重大損失的卻是俄國的酷夏。戰役中，俄軍名義上占有數量優勢，但若不算三萬一千名沒有武器或未經訓練的民兵的話，這種優勢便蕩然無存，結果就是大約十三萬法軍對陣十二萬五千俄軍。[14] 此時的拿破崙皇帝本人，因為生活優越已明顯發福，喪失了早年的活力。戰役開打當天，他還發了燒，同時因為小便不暢苦不堪言，簡直已無法臨陣指揮。

在這種情況下，拿破崙的部將們幾乎是各自為戰，完全沒有了他曾費心打造的凝聚力。他的軍隊並不是集結成一線發起進攻，而是毫無章法地以若干小股兵力衝擊俄軍陣地。雖然他的優勢火力打開了俄軍防線的缺口，但敵人始終頑強抵抗，拒不投降，這令拿破崙大為驚愕。在有可能突破敵人防線的情況下，他猶豫了，對部下採取大膽行動的提議感到心煩意亂，拿不準是否可行。在兵力所剩無幾、急需補給的關鍵時刻，他仍拒絕出動自己的近衛軍，而想著要為下一場戰鬥保存實力。

在以往戰役中，拿破崙一直是陣前的主宰。他會騎馬巡視前線部署，評估形勢，並激發出官兵們的殺敵熱情。但在這一天，他是那麼茫然無助。看到與自己的判斷相悖的俄軍實力報告後，這位皇帝變得遲疑不定。一位曾目睹此情此景的法國軍官形容說，拿破崙的「表情痛苦而沮喪，面如枯槁，目光呆滯；在可怕的槍砲聲中，他發出的命令越來越蒼白無力，和以前完全判若兩人」。拿破崙戰史專家亞歷山大・米卡別里澤（Alexander Mikaberidze）補充指出，拿破崙「就像換了個人，當他拒絕了可能一舉制勝的建議時，他的低落或許已經成了對這場戰役最具決定性的因素」。[15]

讓這位皇帝感到欣慰的是，當天的戰役進行到最後，他終於攻破了敵陣，並對俄軍造成了大於己方的傷亡。但俄軍並沒有被徹底打垮，沒有傷亡的部隊大部分逃離了戰場。拿破崙原以為會抓到大批戰俘，但實際俘虜的人數很少。此時，他已經無力再發起戰役來殲滅俄軍了。而一個擁有眾多人口的大國（俄國）可以從已有損失中恢復元氣。

庫圖佐夫設法以一種從容有序的方式撤回軍隊。他做出一個關鍵決定，就是誘使拿破崙大軍進入莫斯科，而不是追趕他的部隊伺機決戰。這並非庫圖佐夫的初衷。在博羅季諾戰役之前，他曾一度反對放棄莫斯科，不認為犧牲城市是為了拯救俄羅斯帝國的更高利益而必須付出的代價。但後來庫圖佐夫了解，他救不了莫斯科，也救不了俄國軍隊，而軍隊一旦拚光，莫斯科也就保不住了。如他所言：「拿破崙就像一股我們無力阻擋的激流。而莫斯科則是一塊可以將他吸入的海綿。」拿破崙的確把自己送進了莫斯科。在占領這座城市後，法軍開始到處放火，最終將它的三分之二化為灰燼（編按：也有研究認為是俄國人自己放的火，參見安德魯．羅伯茨《拿破崙大帝》，社會科學文獻出版社，二〇一六）。拿破崙希望沙皇能主動乞和，但他很快意識到，俄國人既不想再打一仗，也不想坐下來談判。這讓他束手無策，因為他無法讓自己的軍隊忍受飢餓和嚴寒的煎熬。除了返回法國，他別無選擇。回家的路無比艱辛。俄軍最終轉守為攻，沙皇總算實現了自己的戰略目標，並進而重新在歐洲組織起了反法同盟。

在經歷慘敗和第一次流放後，拿破崙曾東山再起，但最終在一八一五年飲恨滑鐵盧。隨著這位戰爭大師的徹底失敗，那些教科書的編寫者不再只是思考他最初的成功之源，也開始思考他最終的失敗之因。其中有兩位十九世紀最偉大的軍事理論家，二人都參加過俄法戰爭，儘管當時只是次要角色。他們就是克勞塞維茨和約米尼男爵。

第7章

克勞塞維茨

戰爭這種意志活動既不像技術那樣，只處理死的對象，也不像藝術那樣，處理的是人的精神和感情這一類活的卻是被動和任人擺布的對象。它處理既是活的又是有反應的對象。

——克勞塞維茨，《戰爭論》（*On War*）

卡爾·馮·克勞塞維茨生於一七八〇年，在普魯士軍隊中學到了軍事技能，但當時普魯士軍隊敗給了拿破崙的大軍。因對普魯士懦弱地附庸於勝利的法國感到失望，克勞塞維茨轉而加入了俄國軍隊（這也是他出現在博羅季諾戰役中的原因）。後來，他又回到普魯士軍隊參加反法戰爭，戰爭以滑鐵盧一役徹底戰勝拿破崙而告終。和歐洲軍官階層中的大部分人一樣，克勞塞維茨曾為拿破崙的魅力所折服。但在一八一二年，他親眼看到了這位偉人的失誤：拿破崙在關鍵時刻喪失了屠夫的本能，暴露出其天才的局限性。克勞塞維茨對這場戰役做了詳細記錄，但因不通俄語，他的見解和記述未能產生較大的影響。此外，他還促成了《陶羅根停戰協定》（Convention of Tauroggen）的簽訂，據此，一度被迫依附於拿破崙的普魯士軍隊站到了俄國陣營。

克勞塞維茨認為博羅季諾戰役算不上經典的戰略實踐。在整個戰役中，他「沒有發現一丁點兒跟藝術或超常智慧沾邊的痕跡」，戰役的結果「更多源於優柔寡斷和時運機緣，而不是深思熟慮」。他一開始就對這場戰役下了定論，聽來不無道理：俄國太過「巨大」，因此不可能「在戰略上席捲並占領它」。一個「歐洲文明大國」無法「在不發生內亂的情況下被征服」。[1]後來，他對拿破崙沒有堅持追擊俄軍的做法提出了更嚴厲的批評，並把博羅季諾戰役說成是一場「從未徹底分出勝負」的戰役。[2]這兩個評價可謂意味深長：其一，在因應外部威脅時，民眾對國家的擁護程度很重要；其二，沒有給敵人造成致命打擊的勝利，其價值很有限。

克勞塞維茨在普魯士的軍事聲望平平，在受命管理軍事學院後，更是忙於行政事務。他不用授課，這反而讓他有時間認真回顧這段非同尋常、瞬息萬變的戰爭時期，梳理歸納自己的思想，並將它們集結為一部巨著——《戰爭論》。

年輕時的克勞塞維茨曾對絕對戰爭感到震驚和膽寒。成熟後的他漸漸明白，現實中的戰爭還沒走到絕對戰爭這一步，而且後拿破崙時代的戰爭和以前一樣，更是要追求一個適度的結果，而不是為了國家的生存而拚個你死我活。正是這個新的認識，促使他下決心對全部書稿進行重大修改，但這項工作到他去世時只完成了一小部分。有一種解釋認為，克勞塞維茨的這種新認識是逐漸形成的；另有觀點認為，一八二七年是個關鍵的年份，當時他意識到他的戰爭理論無法充分解釋複雜多變的現實戰爭形式。[3]在一八三二年染上霍亂病倒時，他仍堅持修改《戰爭論》。雖然遺孀盡一切努力出版了這部著作，但其最終版本仍不免讓評論家們疑竇叢生。他們想知道，這本書如果能在克勞塞維茨生前圓滿完成，會是什麼樣子。

約米尼

當克勞塞維茨在一八一二年尋求擔任俄國人的顧問時，約米尼恰好在幫法國打仗。在法軍殘部撤退途中的一個河流渡口，由於受到俄國游擊隊的襲擾，他的論文手稿不幸遺失。雖然克勞塞維茨現在被認為是這兩人中較偉大的一位，但在十九世紀的大部分時間裡，最先也是最全面闡釋拿破崙戰法的卻是約米尼。據說拿破崙曾評價稱，約米尼將其戰略思想中最深處的奧祕都出賣給了敵人。而約米尼無疑會說，基於對這位大師的觀察了解，他已經認清了戰爭的基本原則。這為他贏得了「現代戰略創始人」這個富有爭議的稱號。[4]

約米尼一七七九年生於瑞士。雖然他在巴黎的職業生涯是從銀行職員開始的，但一七九七年他加入了法國軍隊，並得到了當時擔任將軍、後來成為元帥的米歇爾．奈伊（Michel Ney）的提攜。一八〇三年，約米尼撰寫了一部探討腓特烈大帝所經歷戰役的論著。這部著作中包含了他在一八六九年以九十歲高齡去世之前一直恪守的核心理念。他為拿破崙和奈伊兩人都做過參謀，但他恃才傲物，難以相處，曾多次辭職。一八一三年他升任奈伊的參謀長，但因未能晉升少將（general de division），而轉為向俄國效力，並在那裡得到了上將軍銜。他的核心思想體現在他的《戰爭藝術》（*Art of War*，一個很常用的書名）一書中，此書最初出版於一八三〇年，後於一八三八年出了修訂版。[5] 這部著作曾被譽為「十九世紀最偉大的軍事教科書」。[6] 透過闡釋戰略的持久性原則，約米尼力圖「讓教學更簡單易懂，讓實戰中的判斷更準確合理，同時也讓犯錯的機率更小一點」。《戰爭藝術》多次再版，流傳甚廣。這意味著彼此為敵的軍隊都能善用書中金律，從而使這些建議和指導趨於中和，除非其中一方敢於打破約米尼的教條，否則兩軍都難以取得優勢。

在約米尼看來，戰略的活動領域介於政治和戰術之間，政治決定和誰打仗，戰術則涉及實際戰鬥。他認為，戰略是在地圖上進行戰爭的藝術。他所關心的是軍事指揮官怎樣才能將作戰區域視為一個整體，利用現代製圖技術賦予的空間意識，系統地規畫出對敵行動。「戰略決定在哪裡採取行動；後勤確保部隊順利抵達行動地點；大戰術則決定行動的方式和軍隊的部署。」[7]

政治和戰術由不同原則決定，但出人意料的是，約米尼對這兩方面所論甚少。用美國戰史學者約翰．夏伊（John Shy）的話說，戰爭唯一「真正吸引他的是腓特烈和拿破崙這樣的最高統帥，他們能自如地操控大規模流血戰爭，能以超凡的智慧和意志駕馭麾下將士打敗敵人」。約米尼眼中的軍隊更像是「透過神祕方式武裝和供養的沒有個性的大眾」。他們的指揮官運用在某一決定點上集中兵力擊敗弱勢敵人，來展示他們的威力。[8] 腓特烈大帝和拿破崙的實踐，都證明了遵循這條核心原則的重要性，儘管絕不是簡單地應用這法則。將兵力集中到一個點上而不惜削弱自己的側翼，需要相當的勇氣和風險評估能力。總之，必須想方設法集結攻擊部隊，並確定主要進攻點。

約米尼所考察的，只是那些符合他觀點的歷史案例，同時他認為，同等規模的軍隊，在武器、訓練、紀律、補給和動員方面的水準也基本相當。這樣一來，戰略就顯得至關重要，因為只有指揮官的素質和決策能對雙方的力量對比產生影響。因此，他將戰略設想為一種永恆的原則，以至於他在漫長的一生中始終認為，重大物質手段的變化（像使用鐵路等）只是細節問題，不能改變戰略原則。如果原則真能一成不變，那麼拿破崙的失敗又該如何解釋？約米尼的回答是，只有軍事思想走向成熟，原則才能得到正確領會。[9] 持這種觀點的並不止他一人。

約米尼的思想到二十世紀開始漸漸過時，但在此之前，他一直是眾多有抱負的戰略家所推崇的最高權威，著作也被奉為要言不煩、通俗易懂的典範。約米尼的思想或許並不總是那麼輝煌閃亮，但是比克勞塞維茨的理論更容易為人理解和信服。

兩人之間的關係可謂複雜微妙。克勞塞維茨年輕時明顯借鑑了約米尼的思想，而約米尼的《戰爭藝術》第二版也納入了克勞塞維茨的批評意見。[10] 兩人從未見過面，彼此也沒有什麼好評。但在很多實際操作問題上，他們的分歧並不大。約米尼自稱已意識到墨守迂腐理論很危險，而克勞塞維茨也深諳作戰技巧的重要性。約米尼的主要目的是教學，他認為克勞塞維茨的理論依據過於誇張。克勞塞維茨在發展自己學說的過程中，有意與普魯士軍人比洛的數學分析法劃清界限，不過他對比洛的批評可能也為約米尼提供助力。他注意到，因為未能「充分考慮所涉及的無窮無盡的複雜因素」，那些「為作戰規定種種原則、規則甚至體系」的努力毫無用處。克勞塞維茨在書中寫道：「這些規則對天才來說是毫無用處的，天才可以高傲地不理睬它們，甚至嘲笑它們，那些必須在這些貧乏的規則中爬來爬去的軍人是多麼可憐！事實上，天才所做的正是最好的規則，理論所能做的最好的事情，正是闡明天才是怎樣做的和為什麼這樣做。」[11] 後來，克勞塞維茨被奉為偉大的戰爭理論家，但受到規畫制定作戰計畫者推崇的，始終是約米尼。由於約米尼的理論形成於拿破崙軍事政治生涯的鼎盛時期，他的著作中散發出克勞塞維茨所沒有的樂觀精神。正如牛津大學軍事史教授休·史壯恩（Hew Strachan）所說，約米尼對他的理論充滿自信，他那「富於理性和實用價值」、「高瞻遠矚且目標明確」的戰爭理論以及自成一體的作戰思想，影響了幾代美國陸軍及海軍上將。[12]

克勞塞維茨的戰略

克勞塞維茨在《戰爭論》中做了一些雄心勃勃的嘗試。這部著作不僅是可供有野心的將軍參考的教科書，更是一套關於戰爭的完整理論。他的成就在於發展出了一個充分抓住戰爭本質的概念架構，從而使以後的幾代人都要藉其來弄懂他們所處時代的各種衝突。模稜兩可的表達和字裡行間的緊張氣氛，使馬克思主義者、納粹分子和自由派人士都紛紛宣稱將這本書作為各自理論和戰略體系的權威支柱。[13]甚至那些認為《戰爭論》滿是謬論且不合時宜的人也在相互攻擊，似乎不詆毀克勞塞維茨，就無法證明他們自己的正確性。[14]「當時，要想更深入研究克勞塞維茨的著作，就得仔細論證各種譯本中的內容是否充分和恰當，以及作者的個人經歷和智力發展如何相互影響。任何一個偶爾出現的詞句，都有可能暗藏著宏大思想，而那些關鍵的概念和它們在特定案例中的應用也都可能具有雙重含義。」[15]

了解這些之後，我們就能從克勞塞維茨的戰爭理論中探究其戰略內涵了。克勞塞維茨最著名的格言——「戰爭無非是政治透過另一種手段的延續」——是戰略家們的共同綱領。英國著名軍事歷史學家麥可・霍華德（Michael Howard）爵士和美國軍事、文化和藝術史學家彼得・帕雷特（Peter Paret）合譯的版本中，選用了「policy」（政策）一詞，因為他們覺得這個詞的指向應該高於日常的「politics」（政治），在他們看來，後者在英國和美國有負面含義。但美國國防大學學者克里斯托弗・巴斯福德（Christopher Bassford）認為，「政策」聽起來過於死板、單邊和理性，而「政治」的優點是傳達了互動的意思，體現出敵對雙方被衝突綁在一起的狀態。[16]兩種解釋都有道理，要點在於戰爭若能堅持政治目標，就能避免成為愚蠢的暴行。這句名言並非想說戰爭始終是政策的合理表現，也不是指從政治到戰爭只是從一個定義變成另一個定義。兩者的區別在於暴力以及兩種敵對意志之間的尖銳衝突。這反過來又強化了感情因素和運氣成分的作用，它們在政治領域表現明顯，但對軍事領域的影響卻重要得多，常常使戰爭行為趨於複雜化。所以，克勞塞維茨毫不否認戰略的有效性，因為這才能體現出《戰爭論》的價值，他想強調的是戰略所受的限制，這種限制會讓聰明反被聰明誤。

政治乃至戰略以執著追求國家利益為目的，很難為其披上合理的外衣。雖然他的格言後來常常被引述為權威論斷，用來說明民事手段優於軍事手段，但美國陸軍軍事學院研究員、克勞塞維茨軍事思想研究家安圖利奧·埃切瓦里亞（Antulio Echevarria）提醒人們注意，克勞塞維茨的很多關於政治和國際衝突的思想，特別是沒有經他修改的章節所表現出的思想，都是循環和宿命的。作為一位軍事理論家，克勞塞維茨真正的偉大之處在於他從自己成熟思想的深處對戰爭本質的觀察。在他看來，戰爭呈現出：

顯著的「三位一體」特點，包括：原始暴力、仇恨和敵意。這些都可被看作一種盲目的自然衝動；機會和機率的作用，創造精神在其中自由活動；以及作為一種政策工具的從屬性質，它使戰爭僅受理性的支配。[17]

這三大因素之間複雜多樣的相互作用為他的理論提供了支撐。「三位一體」學說超越了他的著名格言，暗示了政治並不能統領一切，而只是三者之一。任何國家要想在一個充滿挑戰的國際體系中生存（克勞塞維茨對「三位一體」概念的理解正是基於此種認識），政治就必須始終為戰爭創造條件，但政治又不能挑戰「戰爭的基本原理」，以免減少成功的機會，進而影響最終目標的實現。反過來，這又可能讓軍事行動造成巨大的政治後果。雖然軍事明顯從屬於政治，三大因素的動態特徵仍有助於人們理解為什麼它們的相互關係如此複雜。[18]

理想意義上的戰爭作為一場對立意志的衝撞、一場大規模的決鬥，很容易發展成絕對的暴力活動。克勞塞維茨承認存在這種可能性，但他同時針對三大因素中的其他兩項，解釋了為何絕對暴力活動不可能成為現實。政治是制約戰爭的一種力量，而摩擦則是另一種。這也是克勞塞維茨對於軍事思想發展所做的最重要貢獻之一。「摩擦」概念的提出，幫助人們認清了理想中絕對、不受限制的戰爭與現實戰爭的差別。他在書中對這一現象做出了解釋：

戰爭中一切事情都很簡單，但最簡單的事情也就是困難的事情。這些困難積累到最後就會產生摩擦，沒有經歷過戰爭的人對這種摩擦是很難想像的……無數意想不到的微小事件加在一起，就會降低整體作戰水準，以致原定的目標總是不能達到。

其結果就是「作戰效果無法估測，因為很大程度上要靠運氣」。所以，摩擦會導致延誤和混亂。在戰爭中採取行動就像在水中行走，眼前的景象常常晦暗不明。「所有行動都是在類似黃昏那種半明半暗的條件下進行的，而且就像在雲霧裡或月光下一樣，看什麼都覺得尺寸很誇張，樣子也變得稀奇古怪。」[19]這注定會讓統兵的將領們感到沮喪。做每件事情都會比在正常情況下花費更多時間，很難根據戰場形勢隨機應變。

在看似相互矛盾的三大因素中，暴力和機會仍可能從屬於政治和理性的運用。如果戰略家失去理性，戰爭就會逐漸變得混亂失序、無法預測。聰明的戰略家所面對的挑戰，是如何先發制敵，如何預見所有導致摩擦的因素和偶發風險。正確的做法是針對混亂狀況和不可預知因素提早做準備，而不是打退堂鼓，認為這些因素會讓全部計畫失效、功虧一簣。檢驗一位將軍是否偉大，要看他能否制定出一個自己可以一以貫之的計畫。克勞塞維茨提到，指揮官應該是軍事天才，但不一定是指像拿破崙那樣出類拔萃、百年不遇的人物。天才要明白戰爭的需求，了解敵人的特點，並時刻保持冷靜的頭腦。當然，一個自作聰明的將軍絕非克勞塞維茨心目中的天才，他更欣賞那些能克制自己的想像力和創造力、牢記戰爭殘酷現實的人。

因此，他在描述戰爭時，一方面認為明智的做法應該是保持最大的靈活性，並隨時抓住機會；另一方面又提出相反的結論，主張以一系列密切相關的連續性步驟為基礎，制定出一個明確的作戰計畫。他特別強調，制定計畫時應謹慎認真、集中精力。戰略家必須「擬制戰爭計畫，其目標將決定為達到這一目標所應採取的一系列行動」。[20]發動戰爭不能沒有一個深思熟慮的計畫。一旦計畫開始實施，只有在不可避免的必要時刻才可以修改它。[21]克勞塞維茨將戰略定義為「利用戰鬥來達到戰爭目的」，這定義把政治目標轉化成為軍事目標。戰略家應「設計出每一場戰役，並決定其中的每一場戰鬥」。[22]為了獲取勝利，選擇更有計畫地投入戰爭是可以理解的，但他如何確信每個計畫都會落實呢？

克勞塞維茨給出了三大理由。第一，雖然人們大談事物的不可預知性，但並非所有事物都那麼神祕。採取有把握的行動，效果也能預先知曉。被人從背後攻破或輕易中了埋伏的敵軍往往士氣低落、勇氣不足。最重要的是，對於敵我力量的強弱，可以透過考量雙方的作戰經驗以及「精神和情緒」來進行相對客觀的評估。在無法準確了解敵人的計畫和對形勢的反應時，可以運用「可能性法則」來判斷。跟一名容易激動的空想家打交道，與對付一個冷酷且工於心計的敵人完全是兩回事。勇敢、主動和機敏會比謹慎、消極和愚蠢得到更多尊重。

第二，情報的不可靠性。如果沒有一個堅定有力的計畫，偶爾得到的報告很可能會導致過度的偏離：「戰爭中很多情報互相矛盾，更多的是虛假的，絕大部分是不確定的。」而且，情報往往具有悲觀傾向。被誇大的壞消息令指揮官們沮喪而絕望，他們腦子裡會浮現出種種充滿危險的臆想場景：「戰爭用它自己的方式為舞台裝置出塗滿大堆可怕幻象的粗糙布景。」這些生動的觀感蓋過了有條理的思想，「即使是親手規畫作戰行動並親自推進落實的人，也有可能對自己先前的判斷失去信心」。所以，他必須驅逐假象，轉而求助於「可能性法則」，從「對人和事的理解及常識中」獲得自己的判斷力。[23]隨著資訊收集情況的改善，克勞塞維茨關於應忽略及時情報的建議就顯得很明智了。現在看來，這個辦法在因應災禍時比在避免不必要的恐慌時更管用。

第三，敵我雙方都會受到摩擦的制約，這也是一個糟糕的失敗藉口。問題在於誰能更好地應對摩擦。傑出將才的精髓，就在於能透過精心制定計畫和在遭遇不測時保持鎮定，來盡量克服摩擦。[24]「優秀的將領必須了解這種摩擦，以便在可能時克服；而在行動受到這種摩擦的阻礙時，也不可按既定的標準強求行動完美無缺。」[25]這一重要的限制條件告誡人們，過度的戰略野心是不可取的。

所以，軍隊的規模很重要。各國軍隊「非常相似」，「其中最好的和最壞的幾乎沒什麼區別」。因此，無論在戰術上還是戰略上，最可靠的成功之道就是在數量上占優勢：「戰鬥力上二比一的優勢可以抵消最偉大指揮官的才幹。」克勞塞維茨應該也注意到了詭詐、迂迴戰略的妙用，承認它能迷惑敵人和瓦解敵人的士氣。他提到，人們可能認為「戰略」得名自「詭計」，但他發現歷史上鮮有證據表明詭計（謀略）能取得實效。相反，他認為，透過大規模調動軍隊來製造假象是危險做法，因為這些軍隊在真正需要擔當重任時，很可能已經被部署在錯誤的位置。在戰術層面，奇襲是重要且容易實現的手段；但在戰略層面，軍隊的集結和調動卻可能洩漏作戰意圖。摩擦也是一個重要因素，會使這類意在攻敵不備的行動無法順利實施。所以，在應該力取還是智取敵人的問題上，克勞塞維茨選擇前者。「戰略家的棋子沒有這種計謀和詭詐所必需的靈活性……相較於騙人的天賦，準確和深刻的理解力是一名指揮官應該具備的、更有用也更不可缺少的條件。」他的建議是保證計畫簡單明瞭，特別是在面對一個有實力的對手時。一個簡明的計畫要求執行者出色地完成每一次作戰任務，為此，戰術的成功至關重要。在這方面，只要能連續取得作戰勝利，戰略計畫就會始終有效。

知道應該何時收手同樣很重要。一個有意願也有能力加倍反擊的敵人會讓最後的勝利很難實現。克勞塞維茨的另一個重要概念就是「勝利的頂點」，一旦達到這個頂點，繼續進攻往往會導致命運的逆轉。所以，「在制定戰役計畫時準確地計算出這個頂點很重要」。[26]也就是說，在戰役進行過程中，雙方優勢對比是不斷發展變化的。受損傷後的敵人是一蹶不振還是怒而奮起？應該避免哪些事物分散你的注意力，是不是那些看似有利可圖卻偏離了主要前進方向的目標？奪取「一些地點」或「未設防的地區」看上去很誘人，好像因為它們是「意外的收穫」就有了價值似的，但這樣做卻會給實現主要目標帶來風險。應以一貫和專心的態度摒除那些擾亂大局的因素。拿破崙在一八一二年的失敗，正是這些因素造成的。

從對俄國戰役的考察，克勞塞維茨發現，法軍對於建立在奇襲和複雜軍事機動基礎上的戰略缺乏信心，這使他認識到，優勢取決於防禦。占領敵人國土所必需的進攻行動會耗費進攻者的精力和資源，而防守的一方則可以利用這段時間，做好迎擊進攻者的準備。「時間積累起來就會變成防禦者的本錢。」出其不意對防禦和進攻一樣有效。這裡所說的出其不意是指利用「軍事計畫和部署，特別是軍隊的分布和配置」給予敵人打擊。進攻者可以「用全部力量隨意攻擊敵人整條防線上的任何一點」，但防守者如果比預想的更強，也可能會在選定的地點對進攻者發動奇襲。防守者是在自己熟悉的地方作戰，因此能夠精心挑選陣地，同時占有後勤補給之便，並得到當地民眾的支持；民眾不僅可以提供情報，甚至可能成為後備軍。即使進攻奏效，占領軍也可能會像拿破崙曾在西班牙所遭遇的那樣，陷入抵抗鬥爭或游擊戰的困擾。而且，只要防守國不投降，其他國家就可能站到它這一邊。按照「權力平衡」的主流觀念，不管侵略者的意志多麼堅定，其他國家都可能出手干預，以防止其變得過於強大。就算是最強大的國家，也可能被一個反對它並決心恢復國際體系權力平衡的聯盟打敗。這同樣可從拿破崙付出的代價中找到答案。不過，克勞塞維茨在把防禦形容為較強作戰形式的同時，也指出防禦在目的上的消極性。它是一種有限而被動的選擇，關心的無非是保存力量、維持現狀。只有進攻才能保證戰爭目標的實現。弱者不可避免地會採取守勢，但一出現有利的力量對比，他們就會受到鼓舞，轉而採取攻勢。「迅速而猛烈地轉入進攻（這是閃閃發光的復仇之劍）是防禦最偉大的一刻。」[27]

說到進攻，克勞塞維茨又提出了重要的「重心」（schwerpunkt, the center of gravity）概念。與包括摩擦在內的其他概念一樣，這個概念也取自當時的物理學。重心表示一個物體的重力聚集點，物體的重量通過這個點均勻地作用於各個方向。打擊或顛覆這個重心會導致物體失去平衡，進而掉落或倒塌。對於一個簡單對稱的形狀，找到它的重心並不難。可是一旦物體的構造含有活動的部件或變化，那麼它的重心就會不斷改變。克勞塞維茨從來沒有完全認真地運用這個比喻。按照他的解釋：「物體的重心總是位於質量聚集最多的地方，指向物體重心的打擊是最有效的；而且，最強烈的打擊又總是由力量的重心發出。」「重心」是「敵人力量的中心要素」，因此是「我們應該竭盡全力去打擊的點」。這就需要找到敵人力量「終極實體」的源頭，然後對準這個源頭發動攻擊。真正的目標或許並不是一股集中起來的人體力量，而可能是一個使敵軍相互聯繫並接受指令的點。針對這個點的任何破壞行動，都會使效果達到最大化，從最接近的一點波及更大的整體。

雖然克勞塞維茨沒有充分探究這項原理，但他認識到，這個關鍵點可能是一國首都或是一個聯盟的凝聚力。國家間結盟曾一直左右著拿破崙戰爭的起落，克勞塞維茨認為，聯盟中的每個國家都有各自的眼前利益，而加入聯盟就要承擔風險（比如，設法調用盟友的軍隊或被迫援助一個較為弱小的盟友）。一個聯盟想要蓬勃發展，就得有一個統一的政治目標，至少「大多數盟國的利益和力量」必須「依附於主導國的利益和力量」。這就給對手提供了一個作為目標的重心，對手可以透過製造分裂來瓦解這個聯盟。[28] 即便是和平時期的同盟，也未必都能發展成一個對付共同敵人的「聯營企業」，就像「做生意」一樣，行動總是「被外交上的保留條款所阻滯」。[29]

由此可見，重心沒有明顯的特徵。這個概念只是想說明，如果敵人看起來是一個整體，那麼攻擊它的主力集合點就可能使其失去平衡，甚至崩潰。但如果敵人沒有表現出這種形態，則可能無法找到一個明顯焦點。基於此，一個鬆散的聯盟可能比一個緊密的聯盟更難攻破，儘管它的鬆散可能使其戰鬥力更弱。[30] 如果敵人作戰時沒有全力以赴（例如在一場有限戰爭中），恐怕就難以指望以重擊其軍隊的方式而產生超出其作戰區域的影響了。然而，儘管「重心」常令讀者困惑而非為解惑，但如同克勞塞維茨的其他學說一樣，這個概念漸漸嵌入了西方軍事思想。

勝利之源

就在克勞塞維茨講述戰爭本質的同時，戰略已經成為一種經久不衰的意志行為，其目的是掌控戰爭中令人畏懼的不確定性。戰略既由人性弱點造就，也是世事無常使然。鑑於敵人面臨同樣的問題，勝利仍有可能透過集中優勢兵力攻擊敵人的重心來實現。克勞塞維茨認為，只要在一場戰役中擊敗敵人，勝利便指日可待。在他那個時代，這種觀點幾乎被看成理所當然的真理。沒有了軍隊，一個國家也就沒有了依靠，不是被消滅，就是被整個吞併，不然則是被迫接受勝利者可能強加的任何條件。因此，每個國家都會盡一切可能避免失敗，並以某種方式進行戰鬥。進入一七八九年之後的新時期，這種態度在公眾和政府層面表現得十分明顯。

克勞塞維茨深知，政策是連結政治家和軍事將領的紐帶：政策為將領提供了目標，以及為實現目標可以動用的資源。關於這些目標，史壯恩提到一八一五年的一則信條：「對我來說，政治（或政策）的主要規則是：永遠不要讓自己孤立無援；不要指望從別人的慷慨中得到什麼；在實現目標無望以前，不要放棄它；尊重國家的榮譽。」[31] 因此，政策為戰略指明了方向，本質上是國際關係中國家利益的表現。克勞塞維茨承認，國內政治作為一種特殊的摩擦因素，會對國家戰略產生影響，但他並未真正探究這種影響。讓軍隊總司令成為政府成員很重要，這樣他就能對戰略做出解釋，並協助評估戰略與政策的關係。克勞塞維茨不得不承認，強烈而普遍的民族感情確實能讓一個國家面對戰爭壓力並決心戰鬥到底。但他也越來越感覺到，能夠靠戰爭得到的東西似乎極為有限。這在很大程度上促使他開始考慮進行十八世紀那種有限戰爭的可能性。

雖然一個喪失了軍隊的國家元氣大傷，但是「勝利不只表現為占領戰場，還表現為從肉體和精神上徹底消滅敵人，而這通常要等到一場勝仗後追擊殘敵時才能實現」。[32] 如果能全殲敵軍，那麼無論想從敵人那裡得到什麼都沒問題，而且可以透過嚇阻，扭轉敵方民意。然而，就像在博羅季諾戰役中那樣，全殲敵軍是不太可能的。即使取得成功，也可能只是暫時。被擊敗的敵人可能東山再起，他們會懷著復仇之心扭轉頹勢。既然勝利成果只是暫時、難以持久，明智的做法就應該是在最合適的時機與敵談判，以達成對己方最有利的方案。

拿破崙的經歷告誡人們，想單純依靠軍事勝利來實現政治目標是不會有結果的。他想成為歐洲的絕對霸主。對於一個強權人物來說，這完全是自然而然的追求。直到現在，某些國際關係理論家仍然秉持著這種觀念。而在實踐中，由於勝利永遠不可能完全實現，持續不斷的戰爭就成了實現這個目標的法寶，但最終總是以孤單的失敗收場。拿破崙在一八〇五年對奧地利和俄國，以及次年對普魯士所取得的驚人勝利，並沒能把它們從地圖上抹掉。在屈辱地接受了敗局之後，它們最終捲土重來，而新的回合裡，它們已對法國的戰法有了更深的理解。正如拿破崙親眼看到的那樣，無論是游擊戰，還是由多國軍隊組成的占據兵力優勢的強大聯盟，都對一支尋求決戰的正規軍構成了顯著挑戰。他總是想用打仗來達到自己的目標，但是對於這些目標將如何推動形成一個具有某種穩定性的新歐洲政治秩序，並沒有清晰的認識。靠著別人都能模仿的戰法是難以主宰歐洲大陸的。拿破崙無疑是個軍事天才，但缺乏政治敏感度。他總是傾向於讓敵人接受懲罰性的和平條款，而且在結盟手腕工作的表現很糟。

如果戰爭的目標是對己有利的和平，那麼軍事行動就是實現這個目標的手段。作為「暴力的一種完全自由、絕對的表現（就像純粹的戰爭概念所描述的那樣）」，戰爭會「在政策將它擺上檯面的那一刻，就強行取代政策的位置」。它會排擠政策，而只服從自身的法則，這「很像一捆炸藥，只能以預先設定的方式或方向引爆」。[33] 按理說，戰爭可以為有限目標服務，手段或目的不一定完全不受限制，但仍有些問題令人困惑。一個國家的目標越雄心勃勃，就越容易訴諸戰爭，戰爭也就會變得越暴力，但其結果得不到保證。一場為實現有限目標的戰爭未必會以相應的有限手段進行。打仗時，心裡想的可能是戰爭的目標，但仗會打成什麼樣卻要視敵人的軍隊而定。這又形成了一個反作用，即不管外部採取什麼樣的控制措施，內部都可能產生爆炸性力量。我們現在習慣把這個過程稱為「升級」。民眾的參與將會增強這種作用。克勞塞維茨注意到，「兩個民族和國家之間可能存在很緊張的關係，很大規模的敵對情緒，以至於最輕微的爭吵都能產生完全不相匹配的巨大效力，這是一種真正的爆炸」。[34]

從這種對緊張關係的分析中，我們看到了克勞塞維茨思想的持久影響力所在。按照他的理解，理性的政策或許會對戰爭起到支配作用，但它往往要和「暴力、仇恨和敵對」等盲目的自然力量以及機率和機會爭奪主導地位。他把政策、機會和仇恨與政府、軍隊和人民分別連結在一起，儘管這樣的連結可能有局限性和單一性。每個國家內部的緊張關係以及它與敵對國家間的緊張關係，都受到其自身「三位一體」因素的影響。

「當激情戰勝政策，當敵意趕走理性，戰爭本身的特性就會控制和取代『三位一體』特性。」[35]這個更廣闊的政治範疇突出了上述基本論點。克勞塞維茨承認，軍事任務應該由政治家來設定。一旦任務完成，軍方就會要求政治家利用軍事勝利去獲取最大利益。這時，按照正常推斷，政治勝利將緊隨軍事勝利而出現。如果此推斷有誤，就說明戰略對軍事事務的關注還不夠。就是說，兩支敵對軍隊之間的衝突其實是兩個敵對國家之間的衝突。

「勝利」（victory）一詞的古羅馬詞源，只限定在軍事範疇。約米尼和克勞塞維茨都深知，戰爭的目標來自軍事範疇之外。但是，他們本能地認為，只要「將敵人趕出戰場」，便可以向其提出政治條件。目的和手段之間雖然保持著某種均衡，但問題是，軍事勝利可以預見，而政治勝利卻未必如此。戰敗國人民可能掀起抵抗和反叛運動，這會很快讓戰場上的表面勝利化為烏有。如果無法肯定戰爭會帶來更豐碩的政治成果，軍隊就可能僅僅著眼於有限目標，而置大局於不顧。此外，就像拿破崙的經歷所證明的那樣，簡單地將一種軍事戰略思想重複用在一場場戰役中，不可能維持高品質戰果。對手們會熟悉你的套路，想出對抗方法。據此，英國軍事史學家布萊恩·邦德（Brian Bond）提出了一個根本性問題：「如果戰略是一種人人都能學到其原理的科學，該怎樣防止所有交戰國都來學呢？要真是這樣，各方必然會陷入拉鋸戰或消耗戰。」[36]

第8章

偽科學

告訴我德國人怎樣教會你們憑藉所謂「戰略」的新科學去和波拿巴（拿破崙）戰鬥。

——托爾斯泰，《戰爭與和平》（*War and Peace*）

拿破崙戰爭造成的苦難與艱困促進了國際和平運動的發展。在整個十九世紀，這場運動鼓舞了「和平社會」的形成以及一系列人道主義會議的召開。戰爭受到普遍譴責，人們認為它不僅有悖文明、耗費財富、帶來毀滅，而且從根本上說是非理性的，尤其是對經濟造成了破壞。對此，英國世紀功利主義和自由派哲學家、經濟學家約翰．斯圖爾特．彌爾（John Stuart Mill）在一八四八年做了簡明扼要的論述：「正是商業的發展使戰爭迅速被人唾棄，商業強化和增加了個人利益，而後者天生就是戰爭的對立面。」自由貿易的熱心擁護者發現，自由貿易催生了新的國際交往形式，將道德與功利主義不可思議地結合在一起，使藉由戰爭解決問題成了一種顯而易見、愚蠢而可怕的選擇。[1]

英國人或許早就認識到，在處理國際事務方面，開展自由貿易比以民族主義和戰爭為基礎，依靠脆弱的權力平衡來維持和平的政策要有效得多。而在那些尚未跟上時代的人看來，這是一種利己的主張。普魯士經濟學家李斯特（Friedrich List）注意到，一個令很多人始終信服的觀點是，自由貿易將導致「後進國家被擁有優勢製造業、商業和海軍力量的霸權國家全部征服」。[2]但更大的問題在於，這種觀點忽視了克勞塞維茨在其軍事生涯早期就已十分警惕的一個要素，那就是一支「令人無法想像」的軍隊。法國大革命使得廣大民眾滿懷激情，躍躍欲試。拿破崙把這股激昂民意變成了他的力量之源，利用大眾的熱情發展起對他自己的個人崇拜，並創建了一支士氣高昂、忠誠善戰的軍隊。拿破崙讓他們相信，他們的個人幸福與國家功業之間有著一種密不可分、充滿愛國精神的關係。對於這個新要素的重要性，克勞塞維茨領悟至深，並將其納入「三位一體」學說，這也是他的理論能夠經久流傳的原因所在。他深知民眾熱情難以控制，將極大影響戰爭的形式和進程。而且他認識到，民族主義是戰爭的根源。當法國漸漸成為一個威脅時，其他國家的民眾就會紛紛組織起來。他們的認同感來自國家，而不是彼此。正如克勞塞維茨所說，「兩個民族之間可能存在很緊張的關係，很多的易燃物質」。[3]

這與國際事務中的進步文明概念背道而馳，向更高程度的民主訴求發出了危險的信號。自由主義改革家所抱持的「戰爭是菁英密謀產物」的論調也因此失去了根基。好戰的民族主義情緒可能會被迅速、方便地加以利用，繼而對極端反戰的自由市場貿易商形成猛烈打擊。十九世紀中葉爆發的克里米亞戰爭，再次展示了民眾熱情（甚至在英國也是如此）在製造戰爭方面的力量。自由主義改革家也再次發現自己被夾在冷漠的實用主義和激昂的民主之間，而這絕非最後一次。本章將討論兩位個性極其鮮明又彼此迥異的人物是如何看待戰爭和政治這個問題，他們都不是自由主義者：一位是俄國作家列夫．托爾斯泰伯爵，他認為大規模軍隊不是總能受到其將領的真正控制；另一位是德國陸軍元帥赫爾穆特．馮．毛奇（Helmuth von Moltke），他將軍事指揮的可能性和局限性研究到了極致。

托爾斯泰和歷史

克里米亞戰爭中，托爾斯泰被調派到塞瓦斯托波爾，那段經歷對這位年輕的俄國貴族軍官產生了極大影響。托爾斯泰嚮往優裕的生活，卻又受到宗教信仰的牽絆。他從前線不斷發回記事性文字，並因此成為知名作家。這些文字中充滿了他對戰爭恣意妄為和個人身不由己的敏銳觀察。托爾斯泰親眼看到了俄國士兵倒在敵人槍砲之下、屍體在部隊撤退時慘遭遺棄的景象。他對俄國菁英階層的麻木和無能感到越來越厭惡，開始探索透過文學來表達農民和貴族各自的經歷和感受。他從一八六三年開始，歷經六年，完成了名作《戰爭與和平》。托爾斯泰為此進行了刻苦的調查研究，包括遍查史料、採訪倖存者以及親自察看一八一二年的戰場故地，他的創作手法與專業歷史學家格格不入，而且在情節設置上也完全打破了小說的傳統手法。按照他自己的解釋，此書是「作者以一種方式來表達自己想要並能夠表達的東西」。作為這部混合體裁作品的一部分，後期修訂本中加入了一些短評文章，對有關克勞塞維茨戰略思想的傳統史觀提出了質疑。

托爾斯泰對克勞塞維茨的大部分觀點持反對態度。克勞塞維茨甚至還在《戰爭與和平》中露了臉。書中，安德烈・博爾孔斯基公爵（Andrei Bolkonsky，被認為代表了托爾斯泰的觀點）無意中聽到了陸軍副官長沃爾佐根（Wolzogen）和克勞塞維茨這兩個德國人之間的談話。其中一個說，「戰爭應當移到廣闊的地帶」，另一個表示贊同，「唯一的目的就是要削弱敵人，所以當然不應計較個人的得失」。這番話令安德烈十分生氣，因為「廣闊地帶」將包括他的父親、兒子和妹妹生活的地方。他對此給予輕蔑的評價，普魯士「把整個歐洲都奉送給他（拿破崙）了，現在卻來教訓我們。真是好老師啊！」[4]他們的理論「連一個空蛋殼都不值」。

托爾斯泰對於那些狂妄自大的政治領導者和所謂的歷史學家素來心存敵意，前者錯誤地以為自己能掌控一切，後者則自信能洞察一切。托爾斯泰對政治、軍事、知識菁英從來都不可能有什麼好感，所以哪怕是與他產生共鳴的讀者也難以認同其觀點，因此，他的思想對當時的戰略實踐幾乎毫無影響。但是，托爾斯泰在十九世紀的後續時間裡產生了廣泛的政治影響，並且推動了非暴力戰略的發展。他對社會現實的批判，在後世仍能找到共鳴。

要弄懂托爾斯泰的歷史哲學並非易事。即便是二十世紀最傑出的自由主義思想家之一，英國哲學家、觀念史學家和政治理論家以撒・柏林（Isaiah Berlin）研究此問題時所運用的學識也被視為雕蟲小技。[5]托爾斯泰強烈反對「偉人史觀」。這種觀點認為，歷史進程主要取決於某些傑出人物的意願和決定，這些人能夠藉由自己的地位和特殊才能推動歷史朝一個特定方向發展。托爾斯泰的反對並不限於簡單指責這種理論貶低了更廣泛的經濟、社會和政治潮流的重要性。對於任何想透過強設抽象範疇並假定其內在合理性，將對人類事務的研究置於一個準科學基礎之上的理論，托爾斯泰似乎都不相信。書中的普弗爾（Pfühl）將軍把成功歸因於「他從腓特烈大帝戰爭史中學到的間接行動」理論，而把失敗歸咎於沒有完全運用這個理論。

托爾斯泰更看重「個人意志的總和」，而不是那些自以為一言九鼎、地位顯赫卻昏聵十足的大人物的意志。他看到了人的二元性：既過著隨心所欲的個人生活，又過著「必須遵守為他們設立的各種法規」的「群體生活」；一邊為了自己而有意識地活著，另一邊卻又充當著「實現人類歷史性和普遍性目標的無意識工具」。對於這個問題，托爾斯泰和其他一些人的看法相同。這些人尋求將個人獨立選擇和行動的能力整合在一起，使之協調地發揮作用。他們確信，人類作為一個整體，會沿著一條特定的道路前進，不管設定這條道路的是一隻神聖之手、歷史性力量、集體的情感，還是市場的邏輯。托爾斯泰認為，在這個整合過程中的某一時刻，個人價值將被群體價值所淹沒。對這項哲學見解構成挑戰的不是社會底層民眾，而是那些自認為能創造歷史的上層菁英。

但即便是托爾斯泰本人，在著書過程中也遇到了一個和上述論點相衝突的問題，那就是政治舞台上的主要角色確實發揮了個人影響力，而且他們的決策產生了效果。有人斷言，如果沒有拿破崙，歐洲歷史肯定不會改變。這種想法很奇怪。承認歷史並非偽科學，並不需要否定系統性思想和概念化理論的潛在價值。從這個意義上說，用拿破崙在博羅季諾戰役中的表現來證明偉人史觀的謬誤，同樣很奇怪。正如，英國哲學家、邏輯學家和政治學家沃爾特・博伊斯・加利（Walter Boyce Gallie）所說，這是「史上最奇怪、最不典型的著名戰役之一」，而托爾斯泰卻把它套用在遠沒有那麼奇怪和非典型的事物上，來強調其普遍正確性。[6]按照托爾斯泰的描述，這位皇帝總是裝出一副主宰萬事的模樣，但實際上卻什麼也控制不了。他陶醉於一種「人造的生活幻想」之中，終日忙碌操勞，下達著各種極為具體的命令，但這些命令卻因為過於脫離戰場實際面，而無法真正發揮作用：「他的命令沒有一項得到執行，而且他在整個戰役中對戰況發展一無所知。」自始至終，他只是充當了一個「權威的代表」。用托爾斯泰的話說，他這件事倒是做得相當不錯。「他沒有做任何不利於戰役進程的事，他總是採納最合理的意見，從不擾亂軍心，從不自相矛盾，也沒有產生畏懼心理或從戰場上逃跑，而是以他的機智老練和軍事經驗履行了自己的使命，冷靜而有尊嚴地指揮作戰。」他發出的命令很少能讓部下完全領會，而他得到的戰場反饋又常常遲於各種突發事件。但是，這並非拿破崙個人的問題：戰役當天，他身體不適，而且一反常態地在重大決策上優柔寡斷。之後，在有機會分割敵軍時，他又缺少後備力量去完成這個任務。總之，托爾斯泰很難認同這位處於權力巔峰的特殊偉人的歷史作用。在論述奧斯特利茨戰役時，托爾斯泰雖不情願，但也認可與他同時代的人對這位皇帝所懷有的敬畏和讚美之心。

相反地，托爾斯泰對庫圖佐夫的態度則相當友善。雖然庫圖佐夫的愚蠢是顯而易見的，卻被描寫成極具內在智慧，理由是他把握住了局勢的發展。說到對所謂軍事科學的理解，拿破崙要勝過庫圖佐夫，但是這個俄國人懂得一些更為深刻複雜的東西，能夠看到形勢發展的必然趨勢。庫圖佐夫告訴安德烈公爵，「時間和耐心是最強大的戰士」。這個青年公爵斷定這位老人能夠把握「事情發展的必然方向」，並具有避免盲目指揮的智慧。靠著這些，庫圖佐夫在戰役中的不抵抗態度，更表現出明智而不是惰性，更依賴軍隊士氣而不是指揮官的命令。他唯一一次下達命令，是在快要失敗的時候，他想要在不利形勢下準備反攻。命令的目的是振奮軍心，而不是傳達什麼真正的作戰意圖。按照托爾斯泰的解釋，法國人的進攻之所以手忙腳亂，是因為他們缺乏向前推進的道德力量，而俄國人則具備頑強抵抗的道德力量。

托爾斯泰對戰略「新科學」的蔑視，是為提醒人們警惕那種「將事件的發生歸因於在事件發生之前所下命令的錯誤觀念」。雖然發出的命令成千上萬，但歷史學家只關注少數幾條得到執行、與事件有關聯的命令，而忘記了「由於不能執行而未被執行的其他命令」。[7] 這對於一個制定計畫並下達行動命令的戰略方案來說是個挑戰，這樣的方案忽視了真實情況，只能影響到諸多起作用因素中的極少數。托爾斯泰在書中描寫了一八一二年七月的混亂辯論場景，當時俄國的指揮官們正不知如何對付拿破崙大軍的進攻。分歧的焦點在於是否應當放棄德里薩（Drissa）營地。其中一位將軍認為，營地後面有條河，對俄軍不利；另一位將軍則認為，這條河正是營地的價值所在。聽著這些刺耳的聲音、意見，以及所有「設想、計畫、辯駁和叫喊」，安德烈公爵做出一個推斷，那就是「沒有也不可能有什麼軍事科學，因而也就沒有任何所謂的軍事天才」。對於這些問題，所有條件和環境都不清楚也不可能弄清楚，更沒有人對俄軍或法軍的實力有充分的了解。一切都「取決於數不清的條件，而這些條件會在一個誰也不知道何時到來的特殊時刻發揮重要作用」。軍人的天才品質所反映出的不過是浮華的舉止和賦予他們的權力，還有那些討好奉承他們的馬屁精。非但不存在造就一位傑出指揮官的特殊品質，而且如果沒有了「人類最崇高和最優秀的品質——仁愛、詩意、溫情，以及哲學探索的懷疑精神」，一位指揮官反而可能會更有效地履行職責。軍事行動的成功依靠的並不是這種所謂的天才，而是「在隊伍中高喊『我們完了！』或者高喊『烏拉！』（譯註：俄語表示加油、萬歲的感嘆詞，類似中文『嗬嘿』）的人」。[8]

戰爭天生讓人迷惑，作為原因的命令和作為結果的行動之間，不可能存在一個清晰的聯繫。但是，戰略至少有一部分作用是讓人了解戰爭能得到什麼、不能得到什麼。就這一點而言，戰略和超出人類理解範疇的自然力量一樣，決定著俄國的命運。正如倫敦政治經濟學院教授、俄羅斯問題專家多米尼克·利芬（Dominic Lieven）所說，托爾斯泰沒能清楚地看到沙皇的戰略，沒看到所有事情都是像沙皇所期望的那樣，按計畫發展。不過，比「已有的所有史書」高明的是，《戰爭與和平》讓人們普遍認識到了拿破崙的失敗。「透過否定人類參與者一八一二年事件發展的任何理性推動，並暗示軍事專業主義是一種德國疾病，托爾斯泰很容易地為解讀西方理論界對一八一二年戰役提供了依據，那就是將法國的失敗歸咎於風雪或運氣。」[9]一方面，應該承認，軍事機構不是總能對中央機構的要求做出積極回應。命令可能引起誤讀，情報可能出現錯誤，原定的作戰計畫可能需要修改，甚至有時需要推倒重來。另一方面，也不能否認軍事指揮的有效性及其對改變戰役進程的作用，或者否定領導力的作用；情報、建議和命令之間是有關聯的；專業經驗、訓練素養和任職能力，是會有影響的。也許對於托爾斯泰的無政府主義哲學理論來說，弄清某些人是否比其他人更能影響形勢發展，比弄清他們是否應該具備這種能力重要得多。他反對弄權思想和那些自稱掌握生殺大權者的狂妄，力圖將其影響力降到最小。

托爾斯泰面臨的問題，不是歷史事件的發生缺少誘因，而恰恰是誘因太多。歷史學家只看到了其中最明顯的，卻錯失掉了絕大部分。正如柏林所說的，「那些號稱被歷史所記錄的人與自然的相互作用，是由各式各樣可能的人類行為以及種類繁多的細微、難以發覺的原因和結果共同形成，沒有什麼理論能夠適用於所有這些複雜因素」。[10] 有位和托爾斯泰惺惺相惜的人士曾指出，托爾斯泰有力地揭穿了某些聖賢自命不凡的假面具，這其中不僅包括與他同時代的哲學家，而且包括後來的社會學家，這些「事後諸葛」只用唯一的證據或單一要素來佐證自己的理論，而對所有與之相矛盾的東西視而不見。而且，歷史學家多半只關注決定性的歷史時刻，但這樣的時刻並不多見，因為任何事情的結果都是很多獨立歷史時刻的產物，而後者又都有各自的偶發機率。他們解釋問題時，往往漏掉隱藏在觀點背後的重要內容，而過分看重其他次要內容。這就是歷史記述經常遭到質疑和修改的原因。對此，美國西北大學教授蓋瑞．莫森（Gary Saul Morson）贊同托爾斯泰的觀點，認為真正的理解只存在於當下和被「立即」決定的事件中。這就是為什麼庫圖佐夫在開戰之前的最佳建議是睡個好覺：緊盯眼前的種種可能性，會比制定長期計畫更有價值。[11]

針對集中控制或宏大理論的局限性而發出警告，是一回事，認為所有事情都可以歸結為各種細碎、即時的決定（就好像沒有哪個決定比其他決定更重要，而且已有的決定對後來的決定也沒有任何影響），則是另一回事。歷史學家或許難以把握他們想要解釋的全部歷史進程，但重新解讀歷史的可能性始終存在。史學家回顧過去，而戰略家著眼未來。挑戰在於如何面對難以預測的形勢，並做出反應。在這種形勢下，只有某些因素會受影響，但該做的事情仍必須去做，所以無所作為，也是個不祥的決定。事後來看，歷史學家可能會認識到所有事情會有怎樣不同的結果。但是，選擇必須在一切都還未知時就得做出。最嚴重的是，這類辯論中存在一個根本性矛盾。如果總是盯著無關緊要的枝節問題，軍事將領和他們的理論便可免責，這看起來也許很愚蠢，卻不必再冒風險。如果他們關心國家大事，就應該為自己的愚蠢負責。

老毛奇

在《戰爭與和平》出版後的翌年，戰略家的手法與能力有了決定性的展現機會，過程中，其重要性和局限性也顯而易見。起因為一八七〇年的普法戰爭，指揮這場戰爭的關鍵人物是普魯士陸軍元帥赫爾穆特·卡爾·貝恩哈特·馮·毛奇伯爵（Helmuth Karl Bernhard Graf von Moltke，老毛奇）。毛奇自稱是克勞塞維茨的信徒，也是將其思想發揚光大的最有力踐行者之一。他在這位大師主管普魯士軍事學院時，是該校的學生。雖然兩人從未謀面，但克勞塞維茨曾對毛奇的學業成績大為褒獎，將其報告評為「典範」。毛奇在一八三二年《戰爭論》限量出版後即閱讀了此書。[12] 他出生於十九世紀元年，一直活到了九十一歲。他擔任普魯士軍隊總參謀長達三十年，堪稱十九世紀最偉大和最成功的軍事戰略家之一。

毛奇雖然生於貴族家庭，但家裡很窮。他十一歲時被送進丹麥皇家軍校學習，從此開始了軍事生涯。他博覽群書，知識淵博，本來應該躋身於自由人文主義者之列，但一八四八年的革命，促使他突然思想右傾，變成了一名堅定的愛國者和強硬的反社會主義者。一八五七年就任總參謀長後，他創建了一整套軍事管理體系，為此後百年確立了軍事專業化標準。他對於軍事組織、裝備、訓練和後勤等所有方面均有論述。在一八六四年對丹麥的戰爭中，他首次展露軍事才能，但真正使他成名的，是促成德國以普魯士為主體，實現統一並取代法國成為歐洲最強大國家的系列戰役。

毛奇的戰略著述甚少。軍史學家岡瑟·羅森貝格（Gunther Rothenberg）將他形容為一個「極少進行抽象思辨」的「語法學家」。[13] 他最重要的論文均寫於一八七〇年普法戰爭取得輝煌成就的前後，從中可看出受克勞塞維茨思想的影響。但在兩個關鍵方面，他超越了克勞塞維茨和拿破崙所確定的模式。一八六〇年代，隨著鐵路的發明和公路體系的完善，軍隊比十九世紀初更能有所作為。毛奇敏銳地意識到，這些技術成果對於後勤保障工作大有價值，以較為簡單的手段大規模投送軍隊也將成為可能。他同時認識到，如果雙方都能動員大批人力，且每一方都沒有十足把握左右戰局的發展，戰爭就可能陷入僵局。

第二個影響毛奇作戰思想的因素是，他篤信的克勞塞維茨有關戰爭是政治的延續的格言。他樂於為他的王國效力，卻不太樂意與首相俾斯麥（Otto von Bismarck）同朝為臣。因為他深感政治目的和軍事手段有時很難協調一致，而且他對有限戰爭的可能性和盟友的價值也頗為懷疑。他贊同克勞塞維茨的理論，認為戰爭的目標就是「用武力執行政府的政策」。他抱怨政治家（應該是指俾斯麥）總是要求戰爭超出其實際能力，給予他們更多的利益。目標一旦確定，就應該交由軍隊來實現，「政治想法只有從軍事角度審視是恰當或可行，才能予以考慮」。但如果某些目的無法達到，一場軍事和政治之間的對話便不可避免：兩者一個確定目標，一個提供手段，無法在彼此獨立的情況下發揮作用。這種思想明顯反映在毛奇對勝利的定義中：勝利就是「以有效的手段達到的最高目標」。他對於戰爭的態度與克勞塞維茨相近，但他比後者更堅定地相信，勝利是決定一場戰爭的最佳手段。

以武力取得決定性勝利是戰爭中最重要的時刻。只有勝利才能擊垮敵人的意志，並迫使他們服從於我們的意志。一般來說，起決定作用的既不是占領敵人的國土，也不是攻取敵人的前沿陣地，只有消滅敵人的作戰力量才是。這也正是軍事行動的主要目標。不過，在沒有足夠條件消滅敵人有生力量的情況下，這種理論對於為了有限目標而進行的戰爭，不會有什麼實質幫助。

毛奇戰略思想中更具創新意義的部分是，他絕不受任何理論體系或計畫的束縛。對此，他有個著名論斷：「沒有任何計畫在與敵人遭遇後還能繼續有效。」他告訴下屬的指揮官，戰爭不可能「在會議桌上進行」，並授予戰場自主權，以便他們在察覺形勢發展超出最高統帥部的預料時，能及時採取應對措施。他不相信泛泛之論和固定教條，而認為在牢記目標的同時，能「就事論事地分析」才更重要。對於那些抽象的概念和所謂的「通用法則」，他不會隨便奉為信條。在毛奇看來，戰略應該是一種「自由、實用、富有藝術性的活動」和「一套權宜之計」。[14] 戰略選擇應該基於常識：人的品格只有在極度緊張的形勢中才能看清。由於普魯士的戰略地位非常重要，一旦爆發戰爭，往往面臨他國捲入的危險，因此必須迅速取得決定性勝利。這意味著除了盡快發起攻擊，別無選擇。在主張速戰速決的同時，毛奇也意識到戰場條件的發展，特別是不斷增強的致命火力所帶來的威脅，因此他又強調要避免正面進攻。雖然他看到了戰略在因應衝突的不可預知因素及其可能產生的意外機會時的作用，但認為此時應將任務交給戰術去完成，戰略則應「沉默」。對此，他的看法與克勞塞維茨不同，後者認為把仗打完是戰略的任務；而在毛奇看來，戰術任務說起來簡單，無非盡可能多地消滅敵人的兵力，但做起來充滿挑戰，這也是他對於作戰準備一絲不苟的原因所在。而一旦戰鬥啟動，戰略又要發揮作用了。[15]

老毛奇所謂「戰略包圍」戰法以搶先於敵人集中起優勢兵力為基礎，後來逐漸成為德軍戰略的一個特色。同之前的拿破崙和克勞塞維茨一樣，毛奇篤信部隊數量的重要性。在戰爭開始之前，兵力規模可以利用與他國結盟得到擴充。一八六六年普奧戰爭的結果之一，就是普魯士將若干德意志小邦國發展成了自己的盟友。戰爭中，優勢兵力可以被置於一個特定的決勝點上，而無須顧及更大範圍內的力量平衡。要做到這一點，就必須快速機動，這可以透過認真制定作戰計畫來實現。在老毛奇的主導下，長期在普魯士軍事準備工作中發揮作用的總參謀部進一步擴大了編制和權限。不僅成為軍事計畫的創造者，還是監管者，同時負責計畫的制定和執行。

作為指揮官，老毛奇進行了顛覆當時教科書的最大膽創新，即把軍隊分為兩路，使其能夠分別得到補給，直到重新會合發動戰役，也就是分散行軍、集中作戰（「分進合擊」）。這樣做的風險在於，有可能各自遭遇兵力占優勢的敵軍，或者會師太早，令補給產生壓力。在一八六六年的普奧戰爭中，雖然奧地利率先進行了部隊動員，但毛奇運用鐵路搶先將部隊部署到位。令觀察家們吃驚的是，他竟然讓自己的兩路大軍彼此相隔約一百英里之遙。如果奧地利軍隊指揮官能更加機警的話，這種分兵之術就可能給毛奇帶來災難性後果。而最終，奧軍被從不同方向趕到的兩路普軍擊潰了。

這場勝利為毛奇精心準備的對法戰爭創造了條件。這一次，他將軍隊分成三路，從而獲得了最大限度的靈活性，只待法軍意圖明朗後，便可迅速反應。直到開戰之前，他的選擇一直留有迴旋餘地。

> 部隊若能在會戰之日從各點上分別直接進入戰場，就更好了。換句話說，如果能以這樣的方式作戰，即讓部隊從不同方向最終在前線會合、插入敵人側翼，就說明戰略發揮了所能發揮的最佳作用，必定能取得輝煌的戰果。

但這種構想並不能保證一定實現。空間和時間的因素固然應予考慮，但由於存在各種變數，決策還將取決於「之前各場小規模戰鬥的結果、天氣、假消息；一句話，取決於人類事務中一切所謂的機會和運氣」。[16] 部隊過早或過晚的集中，都可能帶來難以挽回的損失。

在一八七〇年與法國的關鍵一戰中，老毛奇取得了徹底勝利，至少就戰爭的傳統階段而言是如此。他首先於八月十八日將法軍困在了梅斯（Metz，譯註：法國洛林地區的城鎮），兩個星期後又在色當（Sedan，譯註：法國阿登省市鎮）完成了對法軍的合圍。他手下的指揮官並非個個都能照計畫行事，但他們的失誤被法國方面所犯的無數錯誤和過時戰法大大抵消了。雖然法軍僅經過七星期時間便告失敗，但戰爭並未結束。法國的各路正規和非正規力量紛紛動員起來，聯合組建了一個國防政府。這生動證明了，戰場上的勝利並不總是能夠自動帶來政治上的勝利。隨著普軍向巴黎推進，毛奇意識到，普軍漫長的交通與補給線可能面臨被切斷的危險，而實力猶存的法國海軍仍可維持該國的物資供給。對於是否應砲轟巴黎，他和俾斯麥發生了爭執。毛奇擔心這只會讓法國的抵抗更加頑強，因此他傾向於採取包圍策略。而俾斯麥則擔心，戰爭久拖不決可能會促使英國和奧地利為法國助戰。普魯士國王最終採納了首相的意見，從一八七一年一月開始砲轟巴黎。法國政府無心抗戰，同意談判。但戰爭至此仍未畫上句號，因為之後很快就爆發了巴黎公社人民起義。這樣一支在群眾熱情的鼓舞下臨時組建起來、缺乏紀律約束的非正規軍隊令毛奇大為震驚。[17] 而在對戰略問題的爭論中，他也未能占得上風。俾斯麥承認，讓他感到「羞愧」的是，他從未讀過克勞塞維茨的著作，但他很清楚，戰爭一旦爆發，政治將會怎樣持續地發揮作用。「確定和限制戰爭所要實現的目標並就此為君主提供建議，是政治的一項職能，在戰時仍將發揮和戰前相同的作用；這種職能的發揮，不可能不對作戰產生影響。」[18]

老毛奇承認，政策決定戰爭的目標。但戰爭一旦打響，軍隊必須有自主權，「戰略」必須「完全獨立於政策」。這種理念可以追溯到一八〇六年耶拿（Jena）戰役失敗後普魯士總參謀部的建立，此舉的目的就是防止王侯們的無能貽誤軍機。毛奇認為，總參謀部的作用永遠不可或缺。如果軍事統帥總是被「一群不受約束且盡幫倒忙的顧問」圍繞著，那就什麼事也幹不成。「他們會擺出各種困難，就像預見到了所有不測；他們永遠正確；他們總是反對每一個積極想法，因為自己毫無主意。這些顧問簡直就是拆台者，他們否定了軍隊領導人的作用。」[19]在一些核心職能上，毛奇領導的總參謀部不可避免地面臨著壓力。一段據說他與威廉（Frederick William）王儲的對話便可證明。在攻取巴黎後，毛奇主張普魯士軍隊「繼續向法國南部挺進，以徹底打垮敵人」。當王儲擔心這樣做可能會耗損普軍實力而無法贏得戰爭時，他斷然排除了這種可能性。「我們必定會永遠打勝仗。我們一定會徹底將法國打倒在地」，然後「我們就能決定想要哪種和平」。王儲接著質疑道：「如果我們在這個過程中先垮了怎麼辦？」毛奇回答：「我們不會垮，就算這樣，我們的犧牲也能換來和平。」之後，王儲又問他是否了解最新的政治形勢，因為當下時局「可能使這樣的做法顯得不太明智」。「不了解，」這位陸軍元帥回答，「我只關心軍事問題。」[20]

這番言辭激烈的辯論，顯露出一個對後世軍事思想至關重要的觀念。老毛奇強調，君主給了他發布作戰命令的權力，所以他認為在戰爭操作層面，指揮官必須不受任何政治牽絆。發生在巴黎的這段插曲可能只是證明了「不要政治」是個空想，但對於戰場上的指揮官來說，這卻成了一個恰當、有效地實現戰略意圖所必不可少的信條。

第9章

殲滅戰或消耗戰

要以壓倒性的力量率先趕到戰場上。

——內森．貝德福德．福里斯特將軍（Nathan B. Forrest，或許有誤）的戰略名言

二十世紀初，軍事史學家漢斯．德爾布呂克（Hans Delbrück）曾提出，所有軍事戰略可以分為兩大基本形態。第一種就是符合那個時代大多數人觀點的「殲滅戰略」，主張以一場決定性戰役全殲敵軍。第二種則借鑑了克勞塞維茨一八二七年在一張便箋中傳遞出的思想，他當時了解到，在軍事手段不足以進行決定性會戰的情況下，還可能存在另一類戰爭。[1]德爾布呂克稱之為「消耗戰略」（exhaustion，有時也譯作attrition）。殲滅戰略僅有一極，那就是會戰；而消耗戰略除會戰外還有另一極，涉及實現戰爭的政治目標的各種方式，包括占領國土、毀壞莊稼和實施封鎖。在過去，由於缺乏更好的選擇，這些替代方法常被使用且頗為有效。重要的是在確定一項戰略時保持靈活性，兼顧當時的政治現實，切勿依賴超出實際執行能力的軍事戰略。

德爾布呂克並不是在強調，最強大的軍隊一定會對殲滅戰感興趣，而弱者注定要借助消耗戰來達到目的。消耗戰指的不是一次單一的決定性會戰，而是一場能把敵人拖垮的持久戰。他對那種「能讓戰爭不流血的純粹迂迴戰略」思想嗤之以鼻。仗總是要打的。他的消耗戰略理念比後來出現的消耗戰概念更具可操作性，因為他更重視潛在的經濟、工業和人口因素對戰爭的支持作用。

德爾布呂克的分析結果，特別是他關於腓特烈大帝打的是有限戰而非決定性戰役的論點，引起了德國總參謀部戰史學家的激烈爭論。歷史證明，德爾布呂克的看法是對的，腓特烈當時對戰役的態度已經變得十分謹慎，他的雄心有所收斂，但仍然在處理彼此矛盾的複雜選擇時遇到了問題。[2]這意味著，軍隊必須就如何應對一場即將到來的戰爭提前做出根本性選擇，這種趨勢在下一個世紀的戰略辯論中仍十分搶眼。然而德爾布呂克當時面臨的挑戰是，要促使德國將軍們認真考慮所有戰略因素，而不是執著於透過快速進攻來挑起一場全殲敵軍的決定性戰役。

美國內戰

一八六一年至一八六五年的美國內戰，揭示了戰略理論和戰略實踐之間的複雜關係。從某種程度上說，這場戰爭的結果是由北方兩倍於南方的人口數量和占有絕對優勢的工業實力決定的。在戰爭的大部分時間裡，南方邦聯擁有更具創意的軍事將領。作為弱勢一方，南方邦聯本應更依賴防禦戰術，相反地，它經常主動發起軍事行動，其目的也許是希望和北軍打一場真刀真槍的決定性戰役。林肯總統很清楚，北軍應該採取進攻戰略，但令他惱怒的是，北軍將領們似乎無力發起哪怕一次成功的攻勢，直到戰爭後期這種狀況才有所改觀。

從這些事件中看不出任何克勞塞維茨式戰略的影子，但能看到約米尼思想的影響。美國軍事理論家，阿爾弗雷德·賽耶·馬漢（Alfred Thayer Mahan）的父親，西點軍校教授丹尼斯·哈特·馬漢（Dennis Hart Mahan）曾在法國研習拿破崙戰爭，並公開宣稱自己是約米尼的信徒，而他的得意門生、林肯總統的總司令、人稱「老智囊」的亨利·哈勒克（Henry Halleck）更是將約米尼的《拿破崙傳》（*Life of Napoleon*）譯成了英文。馬漢對拿破崙的軍事藝術大加讚美：

> 靠著它，敵人被一拳擊碎，徹底瓦解。戰前準備毫無多餘之舉，確保關鍵位置具備絕對把握，決定性

> 時刻沒有半點猶豫，一眼掃去便通覽戰場全局，不可直觀之事憑藉準確的軍事本能去領悟；輕裝部隊被投入前方以迷惑敵人，接著密集的砲火猛烈轟擊，勇往直前的縱隊在砲火撕開的缺口中衝鋒陷陣，銳不可當的鎧甲騎兵也全力猛攻，隨後長矛騎兵和輕騎兵清掃被擊潰了的零散殘部：這些就是這個偉大的軍事時期裡差不多每場戰役所留下的戰術經驗。[3]

哈勒克在戰爭之初已是高級將領，不久後又成為總司令。但作為一名工程專家，他更擅長構築防禦工事，因而格外重視軍事防禦。這與馬漢有關「應有戰場上的勃勃生機和追擊敗軍的迅猛快速」的教導完全不符。他對挖戰壕等防禦手段很在行，忌憚線膛步槍的致命殺傷力，這必然會抑制其發動正面進攻的勇氣。這種謹慎態度在北軍首任總司令喬治·麥克萊倫（George McLellan）的身上表現得同樣明顯。

約米尼的思想在這些將領中很有影響力，他們重視交通線的安全，反對林肯的建議，拒絕向南軍同時發起系列攻擊，包括在沿海地區採取行動。他們認為這種做法分散了部隊的力量，違背了戰爭原理。這不過是鄉野匹夫才會想出來的主意。[4]林肯從不懷疑這將是一場持久的消耗戰，他不想強迫軍方接受自己的觀點，於是考慮換將，找到願意和敵人作戰的人選。將領們深知敵人防禦工事的威力，總想透過一場決定性戰役置敵於死地，除此之外，他們不想讓自己的部隊冒任何風險。正如麥克萊倫將軍所言：「我不希望在一堆沒用的小仗中浪費生命，更願意直接打擊敵人心臟。」林肯對這種寧可演習、不想進攻的態度感到越來越失望。他輕蔑地將其稱為「戰略」。「這就是——戰略！」他在一八六二年大聲表達了自己的不滿，「麥克萊倫將軍認為他能靠戰略打敗叛軍。」[5]這裡的「戰略」指的是一種讓軍隊做這做那，唯獨不打仗的作戰方式。聲東擊西、機動迂迴和其他妙招或許能偶爾得手，但要真正贏得戰爭，還須靠殘酷無情的勇武之力。當南軍最終被打開缺口、暴露出防禦弱點後，林肯準備收下這份禮物：「現在，先生們，真正運用戰略的時候到了，因為敵人已經改變了他們的目標。」[6]

南軍羅伯特·李（Robert E. Lee）將軍對拿破崙很有研究心得，他篤信戰爭之道就是發動進攻、殲滅敵人。他深知自己無法實施積極有效的防禦，因此必須採取主動，利用迂迴戰術占據最佳位置，然後與敵人會戰。但此舉付出了極大的傷亡代價，而且北軍至少懂得如何防禦。李將軍確立了一個無法實現的勝利目標，因而招致了失敗。對手的軍隊「過於龐大，過於頑強，過於受到民主政府意志的鼓舞」，不可能被「一場拿破崙式會戰」所擊垮。格蘭特（Ulysses Grant）將軍非常清楚，而且明白這個道理。他注意到，雙方軍隊的慘重傷亡所獲甚微，但也知道北軍比南軍更能承受這樣的損失，所以他決定進行「世上從未有過的殊死戰鬥」，以持續不停地交火，牢牢困住李的軍隊，直到他拚光所有人馬為止。[7] 同時，格蘭特派威廉・謝曼（William Tecumseh Sherman）將軍到南方進行大掃蕩，使當地民不聊生，從而難以為前線部隊提供支持。

林肯的貢獻是在一八六三年一月正式實施了《解放黑人奴隸宣言》（Emancipation Proclamation），這讓反叛地區的黑奴獲得了自由。此舉被形容為「必要的戰時反叛亂措施」，不僅進一步動搖了南軍的鬥志，而且加強了北軍的力量。到一八六五年之前，參加北軍的黑人已占到北軍數量的一〇%。戰爭最終成了一場消耗戰。對於南部邦聯領導人傑佛遜・戴維斯（Jefferson Davis）來說，戰爭的「量級」已經遠遠超出了他的預期。「敵人展示出了比我預料的更多的力量、幹勁和資源。他們的財政能力也遠比我想像的要強……這樣大範圍、大規模的戰爭不可能持續太長時間，戰士們一定很快會被拖垮。」[8]

攻勢崇拜

工業化擴大了軍隊的人員數量，而蒸汽機和電力的發明使軍隊的調動和運輸更為便利。火器的射程和殺傷力也在穩定提升。這些都為軍事指揮官帶來挑戰。作戰的地域範圍不斷拓展，投入的兵力不斷增加，而天氣對作戰的影響日益減弱。後勤的作用和實際作戰表現變得難以確定，戰爭中的政治因素也在發生變化。由於戰爭涉及整個社會和民族情感，軍事事務越來越難以和民事事務割裂開來。

美國內戰中的每一場戰鬥都不是決定性的；一八七〇年的色當戰役雖然明顯是場決定性會戰，但法國在戰後仍繼續抵抗。這些事實說明，對於如何贏得戰爭勝利的問題，當時已有的觀點暴露出了局限性。然而，由於人們迷信決定性戰役，當時仍然存在一種普遍的衝動，想方設法以暴力取得一個令人滿意的結果。甚至那些在敵人優勢兵力面前自認弱小的軍隊，也同樣看重高昂的鬥志，而不願靠計謀打仗。在經歷了一八七〇年至一八七一年的失敗後，法國理論家開始大肆讚揚「進攻」戰略，認為精神力量對於鼓舞官兵勇敢對抗敵人的槍砲至關重要。[9] 如果物質力量的對比不能保證勝利，那麼就必須從精神層面找到制勝的關鍵要素，這就是英國陸軍元帥道格拉斯・黑格（Douglas Haig）所說的「戰勝敵人的士氣和決心」（譯註：他是十九世紀末、二十世紀初的英軍重要將領，也是第一次世界大戰中最受爭議的將領，以意志堅定和作戰方法簡單粗暴著稱）。在普法戰爭中陣亡、生前軍事著作以強調精神力量為核心，但其理論直到二十世紀初才受到重視的法國軍官阿爾當・杜皮克（Ardant du Picq）對此也有經典論述。他認為，戰場上的任何事情都取決於每一名士兵的心理和精神狀態。杜皮克死於一八七〇年戰爭，但其遺作《戰鬥研究》（*Etudes sur le combat*，英文譯名為 *Battle Studies*）直到一八八〇年才得以出版，其影響力直達法軍最高統帥。在第一次世界大戰後期出任聯軍最高統帥的費迪南・福煦（Ferdinand Foch）相信，失敗與心理狀態有關。杜皮克強調，生理衝動毫無價值，「道德衝動」才是一切。這是因為「敵人能感知到激勵你的決心」。當進攻襲來，防衛者會「驚惶失措、搖擺不定、焦慮不安、猶豫不決、優柔寡斷」。[10] 進攻原則遂成為法國的官方策略，後來更被形容為一種「崇拜」。

德國人的策略發端於一個完全不同的基礎之上。老毛奇堅信，如果德國在未來的戰爭中不能迅速取勝，其國家地位很快就會岌岌可危。所有德國戰略家都認同的一個關鍵假設就是，如果德國受到東西夾攻，就會很快陷入窘迫境地，除非能將某個交戰國盡早趕出戰場。一八七一年之後，毛奇對德國應對這種夾攻的能力日漸悲觀。在制定對法俄兩國同時開戰的計畫過程中，雖然軍方的求戰呼聲高漲，他仍然認識到了降低政治預期的必要性。他希望為德國爭取一個在談判中達成政治解決方案的最有利地位。這就需要繼續發動進攻（以便占取敵人的領土，作為最後討價還價的籌碼），而不是坐等別國進攻。

毛奇的繼任者們下定決心避免打消耗戰，並為此展開了激烈辯論。他們無法面對一個不可避免的僵持局面。他們堅信，到了關鍵時刻，新政治秩序能夠也應該由軍事力量來建立。作為十九世紀末、二十世紀初的德軍總參謀長，阿爾弗雷德・馮・施里芬（Alfred von Schlieffen）是這種思想的最佳代表。他認為，制勝祕訣在於結合強有力的宏大概念與一絲不苟的注意力。他在一八九一年寫道，「戰略藝術的根本要素」在於「將優勢兵力投入戰鬥。這在一方一開始就較強的情況下相對容易做到，在它較弱時難一些，在兵力對比嚴重失衡時大概不可能」。[11] 對於德國來說，最有可能出現的意外情形就是西線和東線同時面臨法國和俄國的威脅，這就要求德軍必須在一方參戰之前先擊垮另一方。正面進攻會導致過多傷亡，從而在未來作戰中力量不足。因此，必須採取主動，搶先攻敵側翼並殲滅之。施里芬尋求以精心制定計畫來因應摩擦挑戰，預測敵人的反攻策略。從戰前動員到最後勝利，整個戰役行動都是精心策畫而來的。這樣，敵人除了被德國牽著鼻子走，別無其他選擇。這些做法與毛奇的思想完全相悖，這使得個人幾乎無法在作戰中發揮主動性，也就沒什麼犯錯的餘地了。因此，為了降低軍事風險，施里芬準備在政治上冒一次風險，尤其是打破比利時和盧森堡的中立態勢。

關於在毛奇的姪子（小毛奇）一九〇六年接任總參謀長之前是否真的有過所謂的「施里芬計畫」，軍事史學界一直存在激烈爭論。德國的相關歷史記載很不完整，流傳下來的內容無疑也隨時勢變遷而被修改過。[12] 這位堅持從西線尋求突破的總參謀長也曾偶爾關注過東線戰場，並為此調整了兵力配置。不過到了一九一四年，根深柢固的傳統戰略觀念再度占了上風，那就是利用戰略包圍，以最快速度和最小代價先解決掉一個敵人。這項戰略方案由小毛奇於一九一一年十二月初步擬定，當時他建議，德國在任何情況下，都應動用全部資源對法國開戰。

對法開戰主導著戰爭決策。「這個共和國是我們最危險的敵人，但我們可以寄望於在這裡速戰速決。如果法國在首場大會戰中遭到重創，這個沒有多少人員儲備的國家將很難應付一場持久戰。而另一方面，俄國卻能夠把軍隊撤入其幅員遼闊的內陸，無限期地拖長戰爭。」因此，德國應盡一切努力在最短時間內以一記重擊結束戰爭，至少要在西線實現這個目標。[13]

德軍於一九一四年八月發起攻勢，以最新的通訊和後勤技術成果，刷新了拿破崙時代公認的作戰準則，軍事思想和實踐也在一個世紀以來的發展過程中達到高潮。它毫無根據地假定，進攻是更有效的作戰模式，打破了克勞塞維茨的理論體系。正如史壯恩所指出，一九一四年時，歐洲所有軍隊的戰爭計畫都是約米尼式的：「每一場戰役的作戰計畫都應按照特定原則，為了實施軍事機動以取得決定性勝利而設計。」[14]敵人的防禦陣地會被團團包圍，然後便會被一股難以抵擋的力量和氣勢打得暈頭轉向。這樣的攻勢往往體現出高度的忠誠、技巧、銳氣和毅力，令敵人無法招架。

這是一種預先考慮周詳的戰略，所有計畫都被有條不紊地納入其中。為確保計畫得到有效執行，軍隊必須嚴格、準確地聽從指揮。這可不是那種強調每個人都能做出選擇並決定戰爭結果的托爾斯泰式軍隊，而是由紀律和訓練調教出來、絕對服從統帥意志的作戰機器。即使不可預知的形勢發展需要某支部隊自主做出決定，他們仍將反映統帥的意圖，這種意圖的傳遞不僅依靠直接的通信聯絡，更依靠一種共同的制度文化和公認的信條。階級管理和專業職能分工合作體系是現代官僚制度發展的最高階段。總參謀部掌握著最聰明的軍事頭腦中的精華。為全面計畫和個人準備設定了標準，確保其即便在困難的條件下也能夠遵從直接命令。

但這些並不能保證成功。要想獲得勝利，要暫時拋開所有外交上的考慮，優先在軍事上下工夫。最為嚴重的是，此舉不得不打破比利時的中立狀態，從而很可能促使英國參戰，並激起當地民眾實際或潛在的反抗。儘管如此，勝利仍可借助於兵力上的優勢而實現，強大軍隊所具有的堅強意志，足以碾碎那些計畫不周、戰術貧乏、軍紀渙散的弱國。除此之外，沒有明顯的變通辦法：沒人有興趣和資源來打一場久拖不決的消耗戰，也沒有其他辦法來打一場殲滅戰。如果排除軍方最擔心的非軍事化趨勢和國家立場軟化的可能，唯一的替代選擇就是以戰爭相威脅，求得一個較好的外交解決方案。鑑於如此之多的因素都有賴於一記有效的第一次打擊，一旦軍事動員開始，政治形勢很快就會失去控制。

拿破崙失敗後，有關所有重大國際爭端都可以用武力解決的謬論被遵奉為最高指導原則，實際上，這類的成功嘗試屈指可數。雖然這些嘗試增強了上述謬論的可信度，但仍有理由對其提出質疑：交通運輸手段特別是鐵路的大發展，有利於軍隊實施複雜機動以包圍敵人並攻其不備，但同時也使敵人能夠向前線補充後備兵員；工業化成果強化了槍砲的口徑、射程和精確度，便於突破敵人防線，但反過來也會讓防禦火力對進攻部隊更具殺傷力。拿破崙戰爭的基本教訓就是，即便一個國家的軍隊表現再出色，也無力和一個更強大的聯盟進行對抗。一八七一年的情況同樣表明，戰爭的重壓會讓一國人民同仇敵愾，掀起革命浪潮。戰爭是一種極端手段，能顛覆國際秩序，釋放國內的狂熱政治野心，它是一件需要運用戰略以迅猛軍事行動打擊敵人的事。但是如果敵人未被擊垮，接下來就沒有什麼令人信服的後續戰略可供使用了。

馬漢和科貝特

當大陸列強癡迷於這些關於地面進攻和決定性勝利的辯論時，英國正依靠其海軍武力過著舒服的日子。當時只有少數人關注海軍戰略，而且涉及的主要都是英國的活動，英國一直在用海軍武力維持自己的洲際貿易和龐大帝國。在英國，主流觀念就是控制海洋，這可以從修昔底德的思想中找到源頭。控制海洋，在本質上意味著你可以把人員和物資暢通無阻地運往任何地方，同時還能防止敵人做同樣的事情。十九世紀的英國獨享著制海權。它憑藉海軍武力成功地攫取最大利益，創造了一個不敗的神話。它派出戰艦向弱國炫耀武力，實施嚇阻，提供保障，或為自己贏得討價還價的優勢地位，或懲戒新興勢力，始終保護和鞏固著大英帝國的交通線。

當時在海上，還不需要像在地面戰爭中那樣，一心考慮如何打敗某個勢均力敵的強國，因為在十九世紀的大部分時間裡，英國從未碰到過這樣的對手。法國曾想發起挑戰，但英國海軍在一八〇五年的特拉法爾加（Trafalgar）海戰中再次證明了自己的超強實力。從那以後，海上軍事衝突頻繁不斷，但英國海軍的優勢從未遭遇挑戰。為了維繫這種圓滿的狀態，英國人認定，他們的海軍規模必須永遠保持在兩倍於其他國家的水準。直到十九、二十世紀之交，伴隨著方興未艾的蒸汽革命和異軍突起的德國工業實力，英國訂下的這個標準才開始受到威脅。第一次世界大戰之前，英國雖仍是海上霸主，但已經顯得相當吃力。

十九世紀晚期，海上強權出現了一位具有真知灼見的理論家。一八八六年，阿爾弗雷德・賽耶・馬漢在度過了一段悶悶不樂、平淡無奇的海軍生涯後，陰錯陽差地當上了新成立的美國海軍學院的負責人。在那裡，他編寫了一系列有關海權在歷史上的影響的教學講義，並將其集結成自己最重要的兩部著作，第一部涵蓋了法國大革命的內容，第二部則涉及了一八一二年戰爭。自一八九六年從海軍退役到一九一四年去世的這段時間，他撰寫了大量著作，論述既繁且豐。[15]他對於戰略原則著墨不多，而更注重探討海權和經濟權力的關係，特別是英國如何能夠「不靠在陸地上進行大戰，而靠控制海洋並且透過海洋控制歐洲以外的世界」發展成一個強國。[16]作為一個美國人，他總是勸說自己的國家以英國為榜樣，這不是為了挑戰英國，而是要為英國提供額外支持，使這兩國能夠共同維護海上的貿易自由。

他的著作在英國引起了強烈回響。他那有關在爭取海權方面法國失敗而英國成功的中心論點，可謂說到了英國人的心坎裡。那些胸懷大志的強國普遍認為，英國經驗說明了一個道理，那就是以海洋為生的國家，必須擁有一支由大型戰船組成的龐大海軍。雖然人們認為馬漢有關歷史和地緣政治的看法值得認真考慮，但他對海軍力量的實際運用，仍未形成明確的觀點。[17]他堅稱，陸上戰爭和海上戰爭的原則本質上是相同的。為了證明這些原則，他轉向研究約米尼的著作，儘管他自稱從後者身上「只學到很少、非常之少的幾條陸戰原理，可類比應用於海戰」。約米尼能在美國產生如此積極的影響，馬漢的父親丹尼斯起了很大作用。[18]在丹尼斯的推動下，約米尼的決定性會戰理論受到廣泛重視。必須將敵人的有組織力量作為「主要目標」，這是「約米尼的格言」，它「像一把雙刃劍直插很多虛偽命題的關節和骨髓」，要求我們將兵力集中起來（任何戰略都會提到的基本要素）為會戰做準備。只要遵循這些原則，海軍軍官們在戰略上就能像他們的陸軍同袍一樣成熟。[19]不幸的是，「海上戰爭藝術的發展一直緩慢不前，如今已經落後於陸上，」馬漢評論說：「在物質和機械的發展競賽中，作為一個專業階層的海軍軍官竟允許他們的注意力過度偏離對戰爭指導原則的系統性研究，而這本該是他們特別和主要關心的事情。」[20]但是，畢竟他身分偏向歷史學家。當他試著要將自己有關海軍戰略的所有思想集結成冊時，他承認這是他寫過的最糟糕的一本書。[21]

雖然馬漢是海權論的熱心鼓吹者，並因此在美國和英國的海軍圈子裡擁有無數信徒，但他的理論貢獻在持久性方面卻很有限。他和其他相信歷史提供了永恆原則的人一樣，無法將蒸汽動力所代表的新技術給海軍力量帶來的巨大變化融入自己的基本理論架構之中。和其他竭力宣揚某種軍事力量優點的人一樣，他擔心海軍會被當作另一種軍事力量的附屬品，因此反對用海軍保衛岸上的據點，以防止其淪為陸軍的一個分支。他強調，海軍的作用就是對抗其他海軍，以取得制海權。和其他癡迷於決定性戰役的人一樣，馬漢對有限衝突毫無興趣，並且對攻擊敵人商船以破壞其貿易的做法不屑一顧，堅信只有打一場決定性海戰並取得勝利，才能將敵人的商業命脈掌握在手裡。

德國海軍總司令阿爾弗雷德．馮．鐵必制（Alfred von Tirpitz）有著和馬漢非常相近的想法。當時正處於德國統一不久的十九世紀晚期，他的職責便是將二流水準的德國海軍改造成為一支足以對英國海軍優勢構成嚴峻挑戰的力量。他規畫的藍圖野心勃勃，但缺乏想像力。這份藍圖和馬漢的構想類似，不同的是，馬漢的靈感來自約米尼，鐵必制的靈感則來自克勞塞維茨。他準備發動的未來海上戰爭看起來很像地面戰爭，即靠「艦隊和艦隊硬碰硬」取得制海權。這種模式顯然脫胎於陸地戰，他甚至寫過「陸軍在水上的會戰」這樣的詞句。他認為，海軍的「天然使命」就是發起「戰略進攻」，從一場「安排好的大會戰」中追求勝利。只要「敵人的艦隊還在並準備戰鬥」，就不可能採取諸如對岸砲擊和封鎖等其他行動。他的這些觀點都想強迫一個不想打仗的敵人參加一場海軍會戰，這顯然很難辦到。[22]

正當馬漢和鐵必制著眼於可能的海戰目標和手段，尋求利用極其相似的觀點推動各自國家成為新興海軍強國時，英國卻沒有一位出名的海軍戰略家。正如邱吉爾在第一次世界大戰後所說，皇家海軍「從沒有為海軍理論建設做出什麼重要貢獻」，它的「思考和研究」全都用在了日常事務上。「我們擁有各個領域的傑出專家，也具備勇敢和忘我的精神，不過一旦爆發衝突，我們能夠駕馭戰艦的人卻多過能夠駕馭戰爭的人。」

有關海權論的標準著作是由一位美國海軍軍官所寫的，而英國在這方面的最佳著作則出自一個平民百姓之手。[23]這個存有疑問的平民百姓就是朱利安．科貝特爵士（Sir Julian Corbett）。他以從容的分析與平和的文字，針對當時的社會主流思潮撰寫了一系列有分量的批判文章，肯定有限戰爭的可能性，質疑人們對集中兵力進行陸上決戰的片面強調，並認為以同樣的方法來思考海上戰爭，是遠遠不夠的。作為一個有著法律專業背景的業餘小說家，科貝特缺乏海軍實踐經驗。正因如此，外界常常對他抱有成見，連帶遭到非議的還有他對決定性會戰和海軍攻勢論的懷疑態度，以及他意欲挑戰英國海軍歷史上種種偉大神話（例如和一八〇五年特拉法爾加戰役有關的歷史記載）的想法。

儘管如此，他還是應邀擔任了參謀學院的講師，成為英國海軍教學領域的核心角色。他還是英國海軍部的高級顧問，參與政策制定，甚至在第一次世界大戰期間也未間斷。之後，他又受命對官方的所有海戰歷史記錄進行審查指導。作為改革派的一員，他始終致力於實現皇家海軍觀念和文化的現代化，這使他自然而然地成為海事界保守勢力的攻擊目標。儘管他在戰爭中建言獻策，其眾多理論的影響力仍飽受質疑。[24]在一戰期間，有位高層人物曾稱讚科貝特寫了「關於政治和軍事戰略的最好英語著作之一」，從中可以吸取各種經驗教訓，「發現一些難以估量的價值」。但沒人有空讀他的書。「歷史顯然是為教員和坐在扶手椅裡的戰略家們寫的。政治家和戰士往往在黑暗中摸索前行。」[25]科貝特總是盡量把那些他懷疑的觀點寫進書中，這種毫無必要的做法有時會讓他的著作費解難懂。馬漢在某些方面像個善辯者，他的書更合讀者口味；相反地，科貝特身為平民，處境艱難，他的書也因此無法讓人信服。在馬漢從約米尼身上取經時，科貝特則從克勞塞維茨入手，只是理解程度要比鐵必制高明得多。[26]和德爾布呂克一樣，科貝特也注意到《戰爭論》中涉及的某些方面：除了絕對戰爭中的決定性戰役，還有其他可能的選擇。英國海軍戰略的明智之處，就在於透過一系列有限戰爭來實現一系列有限目標，這讓它依靠有限的資源取得了巨大利益。這種戰略成功地結合了「海軍和陸軍的行動」，從而賦予「登陸分遣隊超出其固有力量的重要性和機動性」。[27]不妨拿海上有限戰爭和歐洲大陸上的絕對戰爭兩者的潛在作用來對比。歐陸之上，各民族國家緊湊地擠在一起，彼此接壤，枕戈待旦，如果爆發戰爭，民眾情緒極易高漲，而且在戰局不利時，很可能會動員額外資源支援前線，離邊界越遠，政治風險就越小，但後勤保障任務也更艱巨，這種情況下，交戰方更有可能限制自己的行動，克制自己的訴求。消滅敵人的武裝力量是實現目標的手段，本身並不是目標。如果能以其他手段實現目標，當然更好。

戰略的關鍵問題不是如何贏得戰爭，而是如何向敵國的社會和政府施加壓力。這說明封鎖海岸和襲擊商船（「劫掠戰」）與搜尋敵人艦隊同樣重要。主戰略或大戰略事關戰爭的目標，需要同時考慮國際關係和經濟因素，相對而言，指導實際作戰的戰略應居於從屬地位。除非海上封鎖最終能奏效，否則由海軍單獨決定一場戰爭成敗的可能性微乎其微，因此不應把陸軍和海軍分開考慮。「由於人類生活在陸地而不是海洋上，除了最罕見的例子之外，交戰國之間重大問題的處理往往取決於兩種可能，一個是你的陸軍能對敵國的領土和國民生活造成什麼影響，另一個是你的艦隊能為你的陸軍採取此種行動做些什麼。」陸軍和海軍的關係屬於海洋戰略的研究範疇，而海軍艦隊的特殊使命在其中日益凸顯。這就成了純粹海軍戰略的領域。

陸上勝利的關鍵是控制領土，在海上則是控制交通線。這是因為海洋無法被占有，攻擊和防禦行動常常你中有我、我中有你。因此，失去制海權，即航道受阻，並不一定意味著另一方擁有了制海權。「制海權問題總是處於爭論之中，幾乎是海軍戰略最為關注的事情。」科貝特知道，一支海軍為什麼渴望出海尋殲敵艦以奪取制海權，就像拿破崙式的決定性會戰那樣，但他同時也知道這為什麼不可能實現。他指出，特拉法爾加海戰「被譽為世界經典決戰之一，然而從表面上看，所有偉大勝利只帶來了一個直接後果……雖然英國最終獲得了海洋霸權，但拿破崙仍舊控制著歐洲大陸」。

那時候，進攻戰略受到大肆吹捧，以致「成為一種迷信」，而防禦戰略則被貶得一無是處。但是在海上，防禦的作用其實更強，因為可以輕而易舉地避免戰爭。一支自知勢弱的艦隊會想方設法躲避強大的對手。科貝特與馬漢不同，了解到了分散用兵的巨大好處，比如，這種方法可以避開一支較強的艦隊，同時誘使一支對占有局部優勢抱有幻想的較弱艦隊進入險地，己方艦船的最佳組合從而實現。就此而言，「理想的集中」是「一種隱藏真實力量的示弱」。同理，最糟糕的集中會讓其他兵力脆弱無用，從而限制可控海區範圍。「你越是集中兵力想要獲得理想的結果，你的貿易就越容易受到襲擾。」[28]第一次世界大戰對科貝特觀點的支持遠大於對馬漢觀點的支持。一九一五年的日德蘭（Jutland）海戰沒有取得決定性結果，而且在科貝特看來毫無必要，因為英國皇家海軍當時仍可繼續實施封鎖，堅持到最後就能削弱德國。同時，針對英國商船的潛艇戰打得英國措手不及，在採取護航措施後，英國才得以勉強應付。

地緣政治

即使馬漢從沒寫過一個字，其他強國也完全可能仿效英國建立龐大的海軍，但馬漢無疑賦予這些努力合法性和可信性。這和當時流行的重商主義密切相關，後者的本質就是希望經濟實力能得到軍事力量的保護和加強。馬漢認為，海上的商業航路和通道可由一個海洋霸主來保護，這種觀點受到了海洋狂熱者的衷心贊同，並得到老羅斯福總統的大力擁護。羅斯福早年也算個海軍史學家，出於對馬漢思想的推崇，他在一九〇七年後對美國海軍艦隊進行了大規模擴充。

也許因為英國人認識到他們的海軍優勢已經維持不了多久，不只科貝特一人注意到了馬漢的理論。其中，地理學家、探險家和政治家麥金德爵士（Sir Halford Mackinder）就此提供了一個非常不同的視角。馬漢一直希望美國做出「真正的選擇」：是成為陸上強國？還是海上強國？出於這個原因，他對這個國家一味熱衷於開發內陸而損害沿海地區利益的做法深感惋惜。麥金德不接受這種非此即彼的分類。在一九〇四年提交給英國皇家地理學會的一篇論文中，他提出了陸上強國從內陸獲取實力，並利用這種實力打造一支海軍的可能性。[29]但一個海上強國，也就是像英國這樣的小島，是難以做到這點的。新的運輸方式，特別是鐵路，使得內陸資源能夠以一種在馬匹時代無法實現的方式開發利用。他著眼於遼闊的歐亞大陸，認為德國或者俄國（或者兩國聯盟）遲早會將其完全控制，並藉此增強經濟實力，之後再輕而易舉地將這種實力投射到海上。麥金德在一九〇五年解釋說：「大陸上的一半國家可能最終都會在建設上和人口上超過一個島國。」[30]

在此基礎上，他意識到英國正變得越來越脆弱，而這只有透過對其龐大帝國的更緊密融合才能因應。

麥金德的理論在第一次世界大戰結束後不久出版的一部著作中有更成熟的闡述。其中，他將歐亞大陸深處命名為「心臟地區」。這是一個「在現代條件下海洋勢力無法介入的地區」。[31]又將世界分割為兩部分：第一部分是由歐亞非大陸組成的，處於核心位置、有能力自給自足的「世界島」；第二部分則是環繞在它「邊緣」的其他島嶼，包括美洲、澳洲、日本、英倫諸島和大洋洲。這些較小的島嶼要靠海上運輸維持正常運轉。雖然德國在一九一八年戰敗，但麥金德明白，基本的危險仍然存在，「與海上強國相比，陸上強國的戰略機會不斷增長」。為此，他建議將「日耳曼人和斯拉夫人」彼此隔離。他的分析可歸納為三句名言：「統治東歐者支配心臟地區；統治心臟地區者支配世界島；統治世界島者支配世界。」[32]麥金德看到了鐵路和機械化運輸改變地理距離的重要性，而飛機飛越陸地和海洋的能力最終會更深遠地影響這種重要性。出人意料的是，僅僅在他一九〇四年提交論文的幾星期前，萊特兄弟完成了首次歷史性飛行，但他的論文中竟沒有留意空權時代降臨的可能性。

麥金德和馬漢有很多思想上的交集。兩人都從自然擴張的強國之間殘酷競爭的角度理解國際關係。麥金德運用的思考方法是從地理空間的角度出發，認為陸地和海洋應被視為同一個世界體系中的一部分，即使政治和技術的變化影響到它們的關聯性，它們也還是一個整體。他不是地理決定論者，承認權力平衡還取決於「相對的人口數量、繁衍能力、技能素質，以及對有競爭力民眾的組織水準」。[33]正是以國家間的互動和它們所處環境的持久特性為基礎，麥金德才發展出了更高水準的戰略理論。

麥金德從未使用過「地緣政治」這個詞。該詞由二十世紀早期的瑞典政治學家魯道夫．謝倫（Rudolf Kjellén）所創。他的老師正是第一個關注政治地理的德國地理學家佛瑞德里希．拉策爾（Friedrich Ratzel），也是地理環境決定論的倡導者。謝倫的著作被譯成德文後，受到德國地緣政治學家、希特勒副手赫斯（Rudolf Hess）的老師、地緣政治學派創始人卡爾．豪斯霍費爾（Karl Haushofer）的重視。[34]儘管豪斯霍費爾不是納粹分子，但他的世界觀卻認為，優秀的種族應該占據足夠的空間以實現經濟獨立

（autarky）。他的「lebensraum」（拓展生存空間）理論成了納粹思想體系的重要元素，而這種關聯使得地緣政治受到了質疑。[35] 麥金德的思想則更為微妙，不僅照顧到了各個國家狹隘的關切，而且也讓人們越來越擔心懷有敵意的強國（英國除外）最終會統治世界。這一思想影響了二十世紀的大規模戰爭。也促使各國相信，國際政治架構中自然產生了一些不受時間限制、必須去做的事情，但各國卻忽視了它們的危險性。由此，各國在民族和領土問題上更趨保守，不再顧忌意識形態和價值觀，儘管在決定為什麼而戰以及與誰締結並維繫同盟更有利時，意識形態和價值觀本該是最重要的權衡因素。所以，當地緣政治學將戰略從單純關注作戰藝術推向更高層級時，自身也因未能關注更廣泛政治背景的缺陷而深受其害。

第10章

頭腦與肌肉

大清早，人們默默地出門，只見空中艦隊紛紛從頭頂上掠過——撒下毀滅——撒下毀滅！

——威爾斯（H. G. Wells），《大空戰》（*The Ward in the Air*, 1908）

一九〇八年的軍事計畫有不少局限性，這在一九一四年八月德國的進攻行動中表現得最為突出。德軍總參謀部掌控著自己的一舉一動，卻忽視了法國人對計畫的破壞作用——特別是當後勤補給和通訊線路延伸以後。事實很快證明，德軍的計畫時間表是不可能完成的，尤其是比利時加入抵抗之後。這導致德軍開始殘酷對待平民（這種方式貫穿於第一次世界大戰），其手段包括強迫勞動、取消食品供給，以及種種野蠻破壞等。[1] 幾星期後，進攻停止了。雖然德國沒能將法國踢出戰局，而且被迫與俄國、英國交手（因為進攻比利時），但這些都無法促使它從根本上對戰爭目標或者戰略原則進行重新評估。德國人仍在尋求決定性勝利，他們憑藉氣質上的優越感，不會容忍一絲膽怯，相信一定會有什麼新技術使他們在戰局中力挽狂瀾。在這些新技術中，首要的是毒氣戰，接下來是大手筆的潛艇無限制政策。可見，德國人曾一度樂觀地認為，民用船隻根本無法應付潛艇的威脅。由此，德國毫無懸念地把美國拉入了戰爭。德國人最後的賭注是一九一八年三月的那場進攻，這讓德軍的戰線拉得更長，完全暴露在打擊之下。

德爾布呂克曾一度支持德軍最初發起的進攻，並認為勝券在握，但攻勢一停止，他馬上修正了自己的想法。如果德軍不能一舉殲滅敵人，就只能被迫拖垮敵人，為此他曾想盡辦法估算交戰國受到的經濟打擊。他認為，德國應該和英法做一筆交易，以便集中資源打擊俄國。但是，德國人那種絕不妥協的政治和軍事立場導致他的盤算落空。「從某種意義上說，全世界結成聯盟在反對我們，」他在一九一七年寫道：「人們害怕德國人的專制獨裁，這是一個我們必須重視的最嚴酷的事實，這也是敵方力量中最強大的因素之一。」[2]

德國人陷入了巨大的困境，除了繼續燒錢發動砲火襲擊和步兵突擊之外，幾乎看不到什麼可以打破僵局的辦法，於是只能擬定更加大膽的戰略。他們意圖在每一次戰事中發揮新興技術的潛能——地面坦克或飛機——來打垮敵人的意志。他們設想，不管是坦克還是飛機，新武器會在物質上和心理上同時打擊敵人。德國人的目標是造成敵方集體性精神崩潰。這個設想直接否定了人們的既定想法，即只有殲滅敵人才算取得決定性勝利。其實，德國人的這些計畫都不現實：一方面，當時的新技術仍處在初級階段，生產能力有限；另一方面，與之相關的戰術還不發達。但無論如何，從以上兩方面看，這些早期的戰爭計畫為戰後有關未來戰略的激烈辯論設定了架構。

空中力量

德國人很早就意識到遠程攻擊的價值，認為其成功不在於製造了多少傷亡，而更多地在於打擊了敵人繼續參戰的意願。一九一五年齊柏林（Zeppelin）飛船首次突襲倫敦，雖然英國人認為任由德國人從自己頭上飛過是件丟人的事情，士氣受到打擊，但這次襲擊的實際戰果很有限。後來，英國人學會了怎樣對付齊柏林飛船，德國飛機也提升了進攻效果。一九一七年夏天，德國飛機空襲倫敦炸死一百六十二人，炸傷四百三十二人，英國人士氣極度低落。在此之前，英國人一直集中空中力量支持法國部隊。這次倫敦空襲之後，雖然支援法軍仍是其優先考慮，但英國政府誓言要展開報復行動，並在一定程度上保護民眾。當時，英國皇家飛行隊的主要目標除了保護法國軍隊的戰壕之外，就是攻擊德國人的前線運輸補給線。空軍將領休·特倫查德（Hugh Trenchard）當時正試圖發展一種新策略，即如何盡量把稀缺資源當作一種獨立力量加以利用，使它能夠以足夠的數量和持續性對既定目標進行集中打擊，發揮決定性影響。雖然他判斷遠程轟炸機最終有能力攻擊柏林，但是英國人被轟後只有一個念頭，就是不分青紅皂白地轟炸德國。

特倫查德的想法對美國空軍產生了重要影響。德國空襲倫敦後，美國空軍派部隊抵達英國參戰。奈普．戈瑞爾（Nap Gorrell）上尉是其中一員，任務是向美國飛機製造商提出各種要求。此時，戈瑞爾開始醞釀一個空戰計畫。他的想法和特倫查德一致，認為需要制定「一個打擊敵人的新策略」。他稱之為「戰略轟炸」，專門用來阻礙德國人從本國向前線源源不斷地運送補給。他設想，德軍倚賴的是相互關聯的工業生產基地，其中還包括少數重要目標。一旦對這些工業基地發起進攻，當地民眾的士氣就會受到嚴重打擊，不願意返回崗位繼續生產。這些老百姓甚至會對空襲忍無可忍，並由此向政府施壓要求想辦法和解。要想實現戈瑞爾的計畫，就得讓一支由上千架飛機組成的飛行大隊日夜不停地執行任務，針對一個又一個目標進行系統性攻擊。這個計畫沒能成功，因為太不現實。對空中力量而言，壓倒一切的任務是保護和支援前線的部隊，而且規模如此之大的飛行大隊，已經遠遠超出了當時的飛機製造能力。[3]

戈瑞爾計畫的重要價值在於涉及了當時一些核心人物的觀點，這些人到戰後成為發展戰略空中力量的積極倡導者。除了特倫查德，其中還有為了組建獨立空軍不惜走上軍事法庭的美國將軍比利．米切爾（Billy Mitchell），以及千方百計讓義大利軍隊接受先進制空權理論的朱利奧．杜黑（Giulio Douhet）。戈瑞爾透過其朋友、義大利飛機設計師喬瓦尼．卡普羅尼（Gianni Caproni），結識了杜黑。而米切爾之所以會和上司鬧翻，更大程度上是因為他強硬謀求制度上的獨立，而不是他的創新思想。在當時美國的工業實力背景下，他並不怎麼擔心「戰術」任務會脫離「戰略」。杜黑撰文記述了一九一一年義大利軍隊在利比亞展開世界戰爭史上首次空戰的情況，之後於一九二一年出版了他的劃時代著作《制空論》（*Command in the Air*）。[4]杜黑表達的觀點並不為他所獨有，但他對空軍戰略邏輯的陳述是最有系統，也是最尖銳的，尤其是一九二七年該書第二版問世之際。[5]杜黑的邏輯，事實上延續了馬漢的思想，而馬漢則繼承了約米尼的理論架構。馬漢認為，打贏一場決定性海戰有助於奪得制海權；杜黑將它運用到空戰中，認為可以利用果斷的空中攻勢取得制空權。

正如軍史學者阿札爾·蓋特所說，不管人們熱衷的新型戰爭武器是陸上還是空中的，其背後顯示的是一種現代主義魅力，它可能代表了一個建立在機器基礎上理性的、崇尚技術統治論的超高效社會，它和政治理論中的菁英主義、藝術中的未來主義密切相關，自然也為法西斯主義埋下了隱憂。[6] 然而這並不意味著，所有圍繞新式武器建立新戰略的人都接受這一整套思想，其中許多人對此並不認同。他們當時只是在想像一個雖不遙遠卻無力企及的未來，他們的理論是圍繞對科技的樂觀主義和對人性的悲觀主義發展而來的。

一戰以後，有關空中力量的各種觀點發生了一些變化，主要圍繞以下五個核心主張。第一，這也是最重要的主張，只要部署合理，僅憑空中力量就能取得勝利。這一主張的必然結果就是，空中力量必須擁有自己獨立的指揮體系，不應該聽命於陸軍和海軍的需求。這一點在不少「戰略」航空參考文獻中都有所體現，其中提到，遠程轟炸任務比單純的「戰術」輔助應用手段高明得多，可以單槍匹馬地達到戰爭目的。

第二，由於打垮敵人（這是條經典的獲勝途徑）需要付出高昂的生命和財富成本，因此地面戰仍將以防守為主。但有了空軍之後，打仗就不一定非要擊潰敵軍了，因為戰機可以飛到前線，直抵敵方的核心部位。特倫查德說：「對於空軍部隊來說，打敗敵國不一定非要先擊潰其武裝力量。有了空中力量就可以省去這個中間步驟了。」[7]

第三，和水面作戰相比，空中作戰時進攻比防守更具威力。正如杜黑所說，飛機是「最卓越的進攻性武器」。後來，英國首相斯坦利·鮑德溫（Stanley Baldwin）極為生動地表達了類似觀點，他在一九三二年警告「大街上的老百姓」，「如果遭遇空襲，什麼也救不了你。不管人們怎麼說，投彈手根本就不在乎」。一九三七年，英國戰鬥機司令部指揮官、空軍上將休·道丁（Hugh Dowding）還說，空襲在倫敦引發了極度恐慌，這樣下去「頂多再兩星期」英國就會戰敗。[8]

第四，上述這些空戰的潛在決定性影響，與其說是靠人員傷亡和財產損失得來的，倒不如說它們更主要是透過破壞政府的戰爭能力而取得。敵方會在廣泛的壓力逼迫下求和。一九二七年特倫查德寫道，空中行動的目的是「癱瘓敵人的各個軍需品生產中心，阻斷其通信和交通聯絡」。直接攻擊敵人「生命中樞」比打擊保護這些設施的武裝力量的戰果更為顯著。[9]因此，從較為人性化的角度來看，關鍵基礎設施受損，使得國家戰爭機器漸漸難以為繼；而較不人性化的解釋則是，空襲導致民眾士氣低落、消極怠工、驚惶失措，當這些情緒達到一定的程度和規模時，政府便不得不放棄戰爭了。

第五，先發制人的一方占有優勢。杜黑認為，當部隊「在保持自身飛行能力的同時，還能阻止敵人升空飛行」時，那就具備了「制空權」。這個目的可以透過密集轟炸敵方空軍基地和工廠（「把雞蛋搗毀在雞窩裡」）來實現。這是一種傾向於趁敵人尚未做好戰爭準備就發起快攻（甚至先發制人）的戰術。在這種情況下，雙方根本來不及正式宣戰。從地面戰中我們也可以看出，促使一方採取先發制人戰術的主要出發點是，預期自己一出手就能夠取得決定性勝利。

所有這些主張都涉及實際操作問題。進攻型遠程轟炸機除了攜帶燃料之外，還必須裝載足夠的火力，因此容易遭到飛行速度更快、動作更靈活的戰鬥機的攻擊。如果白天執行任務，這些轟炸機很可能還未到達襲擊目標上空就已經被敵人發現。它們也可以在入夜後採取行動，但會降低投彈命中率。除此之外，還有報復的風險。杜黑認為，戰爭一開始，雙方就展開了一場競爭，力圖對敵方社會造成盡可能大的損失，這樣勝者就可以搶先逼迫對方投降。這是一種可怕的景象，尤其是當任何一方都無法成功實施決定性打擊的時候。相互破壞行動背後的邏輯是相互嚇阻，因為戰爭的任何一方都在想方設法讓自己的民眾免受報復性打擊。一九一七年盟軍討論使用遠程轟炸機進攻的時候，法國人一想到自己在德國人的報復行動面前十分脆弱，滿腔熱情頓時涼了一半。除非第一波打擊就能夠擊潰敵人的戰時經濟，但這顯然不可能，因此人們寄希望於透過打擊敵國民眾的鬥志，盡早獲取勝利。

杜黑認為，與訓練有素、驍勇善戰的軍人相比，平民百姓沒有絲毫反抗能力。

> 無情的空中打擊迫使國家社會結構完全瓦解。其國民出於自我生存的本能，為了終止恐怖和痛苦，會發起反抗要求結束戰爭。[10]

杜黑對任何貶低早期大規模進攻的看法都嗤之以鼻，他認為空中防守沒有意義，也沒有必要將空中力量留作備用，更不用提什麼讓空軍去支援陸海軍執行輔助任務了。這些做法只會徒增命中目標的額外成本，然而他在優先選擇打擊目標方面卻表現得異常模糊。尋找打擊目標沒有「一成不變的法則」，在很大程度上取決於「物資、士氣、心理狀態」等因素。[11]

無論是杜黑還是其他持類似主張的人，除了從英法對德轟炸的第一反應中獲取一點推測外，都無法為他們的觀點提供太多證據。這引發了一些古怪的社會理論，比如下層社會普遍軟弱、英國工人和德國工人各有各的抗打擊恢復能力、驚惶失措的外國人帶來的影響等。戰前，受法國社會心理學家古斯塔夫．勒龐（Gustave Le Bon）的鼓舞，人們對大眾心理學產生了濃厚興趣。對於那些擔心民眾介入政治生活，以及樂於駕馭大眾情緒的人來說，勒龐提供了一個準科學基礎，他的觀點在當時相當受重視。本書第二十二章會著重剖析這個問題。值得注意的是，勒龐認為群眾是個極易受影響的集體，個人在其中會喪失獨特個性。然而，為何本質上不理性的大眾會要求投降呢，這個問題並沒有確切答案。況且，大眾情緒還有可能轉往另一個方向。一九〇八年，熟知勒龐作品的英國作家赫伯特．喬治．威爾斯寫下《大空戰》一書。他設想的是民眾（在該書中指的是紐約人）非但不恐慌，而且還變得極度好戰。小說中，政府當局想投降，但民眾卻滿懷激憤不答應。作為頭腦的政府「被征服了，驚慌得不知所措」，身體卻從頭腦的管制下「解放了出來」。

> 紐約變成了一個無頭怪物，根本不會集體投降。每個地方都在躁動反叛；各地當局和官員也都自主地加入到那天下午的武裝和升旗狂歡之中。

結果，德國只能兌現威脅，讓紐約毀滅，「因為它突然強悍到難以征服，它是如此無序且桀驁不馴，不會為了逃避打擊而選擇投降」。[12]

杜黑和他的同行沒有解釋，透過什麼樣的確切機制一國政府會被迫放棄一場戰爭。他們深受心理學和民主謬論的影響，認為菁英應該站出來回應歇斯底里的大眾民意。而其實在許多情況下，人們不會因為恐慌而選擇投降。第二次世界大戰中，人們可能會因為飽受驚嚇而變得相信宿命，他們別無選擇，只能放棄恬淡寡欲的生活，適應新環境，轉而把一腔怒火發洩在敵人頭上。如果他們真想結束戰爭，那就需要成立一個有效的政治反對派。否則，他們就很可能在專制政權的淫威下默默受苦。社會凝聚力和政治結構的基本因素，以及理解和支持戰爭政策及其實施情況的程度等，都是非常關鍵的要素。無論是取代一個政府，還是讓現有政府改變想法，需要的不僅是政治手段，還得依靠其他策略。

上述例子所闡明的衝突特徵，指的是不想用物理上占領敵方社會來實現戰爭目標的行為。採用這種方式需要先建構一個敵方的社會經濟和政治體系，獲取關於其弱點和潛在壓力點的可靠指標。如果這麼做可以促成一次決定性行動，而不是致命的討價還價，那麼可以設想：一旦找到合適的點——不管是工業生產、政治控制，還是大眾士氣——敵人的整個系統就會被打垮。這種假設至今仍有影響力，但充其量也只是個推測而已。

裝甲戰爭

一名英國軍官為裝甲戰爭假設提供了一個可能的理論基礎，他是約翰・佛雷德里克・查爾斯・富勒（John Frederick Charles Fuller），綽號「排骨」（Boney）。他於一九一六年加入英國坦克軍團（Tank Corps）。當時裝甲車剛剛出現，富勒很快就意識到它將經歷一場革命性發展。裝甲車在當時具有一定的戰鬥力，但過於笨重，也不十分牢靠，無法作為進攻基礎。一九一八年，富勒研究出一個能夠贏得戰爭的進攻計畫，即「一九一九年計畫」。要實現這個計畫，就得在第二年大規模生產一種新型坦克。正如戈瑞爾的空中作戰計畫，富勒對當時的武器供應能力過於樂觀。和戈瑞爾一樣，富勒戰爭計畫的真正價值在於它與未來戰爭行為的相關性。

雖然富勒在坦克的發展過程中沒有起什麼作用，也不是第一個想到讓坦克扮演進攻角色的人，但他是締造新型坦克兵團學說的傑出人物。一旦了解坦克除了支援步兵以外還能發揮更多作用，富勒便開始勾畫，如果能讓坦克以更快速度、在更長的距離內實現大量部署，會取得什麼樣的戰果。他認為機械化戰爭即將代替肌肉戰，依靠馬拉肩扛運輸戰鬥火力的時代即將結束。汽油發動機將使地面戰爭產生革命性變化，正如蒸汽機改變了海戰一樣。富勒深知，坦克部隊最初只能展開一些試探性行動，充其量也就是發動幾次襲擊德軍前線的戰鬥。但他預想，如果有一支裝備了千輛坦克的部隊，那麼就可以兵分兩路，一路針對敵人的防線發起進攻，其餘力量則直搗敵軍的指揮系統。一九一八年春，德軍發起進攻，盟軍應聲撤退，之後富勒進一步提煉、改善了自己的想法。他將盟軍撤退歸因於最高指揮的無能。他斷定，「身體的潛在力量存在於人體組織中，如果我們能摧毀這個組織，就達到目的了」。由此，富勒成了一個「大腦戰爭」的倡導者，主張發起瓦解敵人心理的攻擊，讓他們軍心渙散、無力抵抗。他認為與其把目標指向敵人的軍隊，不如打擊其指揮部門。在富勒的計畫中，德軍指揮部是主要打擊目標。他想讓敵人頭部中彈、一槍斃命，而非渾身是傷、煎熬致死。這樣，愚蠢的敵人就會恍神，繼而整個部隊亂作一團。富勒晚年回憶「一九一九年計畫」時曾說，它可以藉由「驚人的戲劇性場面」確保勝利，「是贏得戰爭的唯一圓滿方式」。

富勒把軍隊比作人的身體，指揮部是大腦，聯絡線路是神經系統，通向作為肌肉的前線作戰部隊。整個系統需要源源不斷的補給。然而，這終究是個類比。布萊恩・霍爾登・雷德（Brian Holden Reid）指出，軍隊畢竟不同於人體組織，因為它的組成部分能夠各自獨立地存在。然而「腦力、勇氣和戰鬥力三者密不可分，一場危機，就足以讓一個有能力代替上級指揮戰鬥的下級軍官一鳴驚人」。事實的確如此，坦克擊潰德軍各戰區指揮部，加速了一九一八年德國的戰敗。但同時也該看到，這場戰爭漫長無比，使人筋疲力盡，此時戰事已近尾聲，雙方士氣都很低落。這個事實助長了一種觀點，即衝擊總會導致某種形式的恐慌；而同時，也出現了一種貶低其他制敵因素的傾向。至此，我們看到了富勒與早期空中力量理論家之間的相似之處，實際上，他們過從甚密。一九二三年他曾寫道，一場空中打擊就能把倫敦變成一個「巨大而狂躁的瘋人院」，「恐懼會像雪崩一樣掃平」英國政府。[13]富勒也曾仔細閱讀勒龐的作品。他的創新之處在於，利用大眾心理的概念解釋了為何不僅是平民，就連軍隊也有可能在重壓之下投降屈服。

富勒軍事理論的與眾不同之處在於其來自更廣泛的思想領域，並進一步發展了這些思想。這些思想已經在富勒心裡構思醞釀了很長時間，反映其廣泛而獨特的閱讀風格。富勒涉獵神祕主義與神祕學，熱衷現代思想，輕視民主政治，最終竟投身法西斯主義。他判斷，由於自己樂於懷疑傳統宗教，因此也就自然而然地願意挑戰傳統軍事思想。他的思想除了勒龐，還受到了社會達爾文主義和哲學實用主義的影響。人們廣為熟知的是，他曾經宣稱自己採用的是科學的戰爭研究方法。實際上他的方法雖未必那麼科學，但反映出他自信已經掌握了放諸四海而皆準的模式。富勒從不懷疑自己的分析比其他英國高級軍官要高明得多，在他看來，那些人學藝不精，蠢笨得讓人惱怒。他們的無知無能已經在一戰中公諸於世，如今又因為無法欣賞富勒的真知灼見而暴露無遺。然而，富勒的方法是建立在浮誇基礎上的，是出於一種不切實際的強烈欲望，希望找到一種可以避免大規模殺戮的戰鬥形式。他曾經在法國親眼見證這樣的慘烈場面。儘管富勒在性格上存在缺陷，他自高自大、不討人喜歡、崇尚權力主義，而且他的理論超越了軍事範疇，不僅古怪，還時常令人費解，但他確實改造了傳統的裝甲戰爭概念，將人們公認的一種雖然有趣但用途有限的特殊戰鬥工具變成了新型戰爭的基礎。富勒由此成了聚焦腦力戰爭的開創先河之人，他重視迷惑敵人的「大腦」而不是從身體上消滅敵人。[14]

戰後，富勒回顧了一戰中那些「大腹便便，滿腦子漿糊」的戰鬥部隊的命運。這些軍隊專注於火力摧毀，而富勒尋求的是在更大程度上盡可能使用坦克和飛機來造成敵人心理錯亂，以取得決定性的戰鬥結果，而不是身體上的毀滅。和當時許多技術樂觀主義者一樣，富勒的觀點沒有充分估計到戰爭中的後勤困難，並且低估了大部隊和工業社會的大量資源在一次大戰中的作用。[15]其理論依賴於一種黯淡的人性觀。他在第一部主要作品《戰爭改革》（*The Reformation of War*）中對菁英做出主僕式的區分，認為前者屬於超人（super-men），而後者只能算超級猴子（super-monkey），他們不但心智不濟、天生膽小，而且還有點娘娘腔（當時泛指易激動的歇斯底里人格）。在他下一部重要的理論作品《戰爭科學的基礎》（*The Foundations of the Science of War*）[16]中，他反覆思考了群體的特性。這是他觀點的核心部分，即軍隊和社會是一個龐大的有機體，會隨著強有力的領導力而動搖。富勒認為，掌握群體心理是「領導力的基礎」。所有人群，無論混雜還是同質，都有一個由本能驅使的、單一「靈魂」控制的「意志」。這正如勒龐所說，有的群體在採取行動時更像一個無理性個體，而不是一個由眾多理性個體組成的集體。而富勒筆下的群體「只是一個授意者意志之下的自動裝置。由於缺乏才智，他們的行為往往是錯亂的。根據接收到指令的不同，相較於個人行為，他們的所作所為要嘛極度卑劣，要嘛無比高尚」。

富勒認為，群體在病理上是瘋狂的，他們輕信、衝動、易怒，完全受感情支配。不願意「隨波逐流」的「天才」想要挑戰群體，就必須「迫使它按照自己的意願改變行進方向」。如果像拿破崙所說，精神對物質的比重是三比一，那麼天才的重要性就是普通人的十倍。普通人就該被看作一台機器。富勒呼籲為這些普通人設計一套「看起來形式簡單，無須思考」的「精確系統」。有了這套系統，人們即便「不了解我們的意圖，也能用雙手完成我們用頭腦做出的設計」。[17]對於這一點，富勒可能受到了佛雷德里克．溫斯洛．泰勒（Frederick Winslow Taylor）的影響，本書將在第三十二章中討論泰勒的科學管理體系。

富勒在描述「軍事群體」時參考了勒龐的學說，「群體受到一個意志的支配，而這個意志是群體中每個個體思想的集中產物」。我們當然希望這是一種渴望勝利的意志，但如果它因為意外或災難而瓦解，那麼個體的自我保護本能將會取而代之。軍隊是一種有組織的群體，透過訓練，為了共同的目標而集結，但同時它畢竟是個群體，一旦受到壓力，意志就可能發生轉變。「意志」堅強、「靈魂」強大的軍隊往往吃苦耐勞，而一旦遭遇重大損失，士氣受損，恐懼就會彌漫開來。

當戰鬥走向白熱化，戰局要嘛被超出常規的理智所控制，要嘛失去理智：應變能力掌握著機會的骰子，人人聽從命運安排，或者像捕獵的動物一樣憑直覺行事。自我犧牲精神催人奮進，自我保護思想令人退縮。理智決定一切，或者說，就算無法做出決定，責任感也能載著願望向目標邁進一步。所以，決定戰爭輸贏的不一定是參戰人數，而是未知的死亡。[18]

在戰鬥中，一支受到慘重打擊、失去首領的部隊很可能流於渙散，並且喪失前進的意願。而在平民生活中，並沒有什麼真正的較量可言。感情豐富、容易衝動的群體注定會陷入恐慌。

第11章

間接路線

一個戰略家的思想應該著眼於癱瘓敵人，而不是如何從肉體上消滅他們。

——李德·哈特

李德·哈特的思想也是由其本人的一戰經歷塑造而成的（他曾經在索姆河〔Somme〕會戰中遭到毒氣攻擊而負傷[1]）。他堅定地認為，未來戰爭應避免這種愚蠢的殺戮行為。富勒見解獨到，是個強勢的思想家，但他的理論有點艱澀難懂。相較之下，他的朋友李德·哈特的風格要清晰明快得多。二次大戰前，李德·哈特在職業上乏善可陳，但在戰後聲名鵲起。這在一定程度上要歸功於他為新一代文人戰略家和軍事歷史學家提供了極為慷慨的支持。正是因為李德·哈特的付出，這些人才能夠在比較安全的大學校園裡潛心做學問，而不必像之前那樣四處兼職謀生存。除此之外，二戰中核子武器為全面戰爭的概念帶來了全新的意義，李德·哈特關於有限戰爭的理論因此備受關注。李德·哈特不懈地宣揚自己的理論，甚至認為二戰是英國將領因為忽視了他的裝甲戰爭理論而釀成的悲劇，而德國將領卻把這套理論變成了閃電戰。一九七〇年李德·哈特去世後，他的史學受到質疑，那種自抬身價的做法也遭到非難和指責，[2]但在商界和軍界，「間接路線」的核心思想一直不乏追隨者。

最初，李德·哈特完全是在模仿他人的作品。在宣布自己的觀點與富勒的思想並駕齊驅之前，他曾稱《戰爭改革》是一部「世紀之作」。一九二〇年他在《軍事季刊》（*The Army Quarterly*）上讀到托馬斯·

愛德華．勞倫斯（Thomas Edward Lawrence）的早期作品，且似乎還（雖然很難考證）吸納了朱利安．科貝特的思想。李德．哈特雖然大量借用了他人的成果，卻從來沒有因此而遭受當事人的質疑。勞倫斯自己沒有留下什麼作品記錄，因此他後來只是發現自己竟然和好友李德．哈特有許多相似的觀點。[3]科貝特早在一九二二年就去世了。而富勒根本就不在乎作品被剽竊，儘管其妻子對此耿耿於懷。李德．哈特模仿富勒，將敵人的通信和指揮中心比作人的大腦，並提出要針對這些目標發起攻擊。他呼籲把「間接路線」當作「最有希望和最經濟的戰略形式」，這一點引起了許多人的共鳴，他們贊成寧施巧計而不用暴力的方式。與富勒有所不同的是，李德．哈特聲稱自己的靈感來自間接路線和更為直接的戰爭路線之間的比較。後者被他稱為克勞塞維茨留下的可怕遺產。

李德．哈特批評克勞塞維茨（或者至少他的追隨者們）所固守的決戰至上理念，克勞塞維茨及其信徒認為，戰鬥的唯一宗旨，就是透過正面進攻打垮敵方部隊。李德．哈特厭惡一戰西線戰場上徒勞的大規模攻勢和令人髮指的流血場面，認為那全是克勞塞維茨這個「邪惡的軍事思想天才」惹的禍。他在作品中諷刺克勞塞維茨，將他刻畫成一個充滿殺戮欲望的人，稱他只會用絕對論者的方式看待戰爭，但凡有機會就想打仗，不懂得運用戰略，只會尋求數量優勢打勝仗。他在早期作品〈拿破崙的幽靈〉（The Ghost of Napoleon）中猛烈抨擊克勞塞維茨。[4]他反對呆板乏味、不講究戰略的作戰方式，稱克勞塞維茨的「信條抹殺了戰略的榮耀」。

但最終，李德．哈特承認自己在戰爭觀念上和克勞塞維茨的分歧並不大——兩者都認為戰爭是政治的延續，並且深受心理和強力因素的影響。[5]他可能指的是克勞塞維茨《戰爭論》的傳播密度及其哲學複雜性，這也證明了克勞塞維茨的作品很可能被人利用來煽動早期戰鬥，而非在有利時刻發揮作用。李德．哈特在後來為塞繆爾．格里菲斯（Samuel Griffith）的《孫子兵法》譯本所寫的序言中明確指出，克勞塞維茨的追隨者只是摘錄了一些簡單的口號，並草草付諸實踐。他寫道，孫子的「現實主義和溫和態度」與克勞塞維茨所「強調的邏輯觀念與『絕對』」是完全對立的，而克勞塞維茨的門徒後來又「超越常識範圍，進一步發展了他的理論和全面戰爭實踐」。有意思的是，李德・哈特記錄了一九二七年和中國打交道，繼而首次接觸到孫子的經歷。「我讀了《孫子兵法》之後發現，書中許多內容都和我的思路相吻合，尤其是孫子經常強調出其不意，追求間接路線。這使我認識到，基本的軍事觀念永遠不會過時，戰術的特性亦復如此。」[6] 而根據一名傳記作者講述，一九二〇年代李德・哈特醞釀間接路線理論時，並沒有受到孫子的直接影響，實際上，直到一九四〇年代他才真正閱讀了《孫子兵法》。[7] 這就使李德・哈特在書中刻意提到的一九二七年這段經歷顯得不可思議。在此後的兩年中，他潛心鑽研「間接路線」，其內容和《孫子兵法》在許多方面明顯相似。之後，李德・哈特出版了一本書，名為《歷史中的決定性戰爭》（*The Decisive War of History*），其中第一次提出了間接路線的核心觀點，當然，他沒有提到孫子。這本書此後不斷修正再版，但在最後一版《戰略：間接路線》（*Strategy: The Indirect Approach*）中，李德・哈特在卷首大量引用了孫子語錄。翟林奈（Lionel Giles）翻譯的《孫子兵法》是當時最流行的版本，其中有這樣一句話：「在所有戰鬥中，直接攻擊也許是用來牽制敵人的，但為了確保獲勝，間接方式也很有必要。」而之後從中文翻譯過來的譯本中，則把正面直接與陰險詭詐、正常與特殊、正統與非正統等，分別做了一番比較。

李德・哈特理所當然地追隨孫子設定了一種理想的戰略模式，他沒有顧及的是，孫子實際上很注重戰略的實際應用。李德・哈特認為，克勞塞維茨對戰略的定義過於狹隘，太注重作戰，似乎把它當成了實現戰略目標的唯一途徑。因此，他把戰略定義為「分配和使用軍事力量以達到政策目的的藝術」。政策目的從大戰略傳承而來，並非軍隊的責任。在大戰略中，所有的政策工具都被拿來做比較，大戰略的視線必須超越戰爭，看到戰後的和平。而從另一個方面來說，當「軍事手段的運用與實戰、直接行動的部署以及駕馭指揮結合在一起」時，就需要戰術發揮作用了。

李德・哈特在一個全面戰爭的時代尋求有限戰爭，這種探索，在核武問世後顯得尤為急迫。他主張以有限的目標確保有限的手段，然而這種想在兩者之間妄求平衡的衝動包含了一個重大謬誤：軍事手段可能更多受制於政治風險，而不是敵軍的實力。大規模戰爭可能因一點無足輕重的利益而起。對此，李德・哈特的看法是，如果潛在成本與可能的收益完全不成比例，那麼整個計畫的價值就應受到質疑。戰略的藝術不僅在於找到實現既定目標的手段，還在於確定其目標是現實、有價值的。他的方法是設立一個理想的定義，據此來評判實際表現。因此，戰爭的目標是「憑藉盡可能少的人力和經濟損失制服敵人，抑制其抵抗意志」。雖然這些基本原則也適用於被迫參戰的情況，但避免損失就意味著避免捲入大規模戰役。這些觀點顯然和孫子的思想有千絲萬縷的連結：「最完美的戰略，即是那種不必經過激烈戰鬥而能達到目的的戰略」，所謂「不戰而屈人之兵，善之善者也」。

直接路線指的是與早有防備的敵人展開明明白白的對抗；而間接路線則意在「削弱敵人的抵抗」。後者對敵人的致命打擊著眼於心理層面，而非物質層面。這就需要推算出影響對手意志的諸多因素。因此，軍事行動也許是抓獲敵人的主要手段，而奇謀則是從心理上影響敵人的關鍵。「戰略的目的就是要破壞敵人的穩定性，使敵人自行陷入混亂。結果，敵人不是自動崩潰，就是在戰鬥中被輕易擊敗。為了使敵人自動崩潰，也許還要採取一定的戰鬥行動，但從本質上來說，這與進行會戰已經是兩回事了。」值得注意的是，雖然富勒和李德·哈特經常被外界看作學術界的孿生兄弟，但在這方面，兩人的觀點並不一致。毫無疑問，富勒也尋求從心理上擾亂敵人，但他並不反對為實現預定目標而採取直接路線。間接路線「只是一種不得已的下策」，「武器的威力」會決定應該採用哪種路線。因此在這個問題上，李德·哈特是教條的，而富勒則比較務實。前者一心避免打仗，而後者認為，打仗並不失為一種可用以獲勝的方式。[8]

從物質層面上看，想要避免戰爭，就得透過出其不意地「變換前沿陣地」來打亂敵人的部署。這一點可用分割敵軍兵力、威脅和破壞其後勤補給、威脅斬斷敵人退路等手段來實現，也可綜合若干上述手段同時使用。從心理層面看，要想擾亂敵人的意志，就得令其指揮官察覺到上述物質手段，製造出一種讓其感覺「自己已經落入陷阱」的效果。對敵人發動直接進攻不會導致其心理失衡，充其量也就是給敵人施加壓力而已。即便直接行動取得成功，敵人開始撤退，那也是在靠近「預備隊、補給基地和增援部隊」。因此，間接行動的目的，是找到「抵抗力最弱的路線」，轉換到心理層面來說就是「敵人期待性最小的路線」。同樣重要的是，戰爭計畫得具備多個選項。有了替代方案就能讓敵人始終捉摸不透，將其置於「左右為難的境地」，即便敵人對你選擇的作戰方案有所防備，你也可以隨時做出靈活調整。「計畫就像果樹一樣，要想結出果實，就必須有枝椏。計畫如果只有一個目標，那它就像一根不能結果的光桿木頭。」[9]

李德・哈特自稱，其理論是在仔細研究了整個軍事歷史之後發展起來的。但遺憾的是，他的歷史研究方法，其實是建立在直覺與折中主義的基礎上，並非他所相信的那樣是「科學的」。在他筆下，軍事勝利總是含有微妙、驚喜或者創新的成分，間接路線是「深謀遠慮的、善於機變的、具有心理影響力的，有時候甚至是『不知不覺的』」。正如布萊恩・邦德注意到的，李德・哈特幾乎陷入了一個循環論證：根據他的定義，「決定性勝利」是借助於「間接路線」實現的。[10] 至於孫子，李德・哈特的興趣點在於他推崇智慧而非暴力。不過，和孫子一樣，李德・哈特也提到了幾個問題：在戰爭雙方都採取間接路線的情況下，事情會如何演變，如實際協調問題、機會和摩擦的影響等。雖然李德・哈特後來成為著名的戰略倡導者，但他推崇的戰役，往往是持續的消耗戰，目的是把敵人拖疲拖垮。

理想的間接戰略，是製造出這樣一種情形：敵人還未參戰就被迫認識到，戰敗已經不可避免。這種戰略所依賴的是，透過高明的軍力調動來營造出一種敵我對比形勢，這種形勢一旦明朗，會促使敵人產生更加強烈的和解意願。這種邏輯便是嚇阻。如果預知了可能的戰鬥結果，那麼最明智的忠告是放棄原先的挑釁計畫，或者走另一個極端，乾脆採取出其不意、先發制人的手段。然而，李德・哈特所論述的情況缺乏這樣的清晰界限，無論採用間接路線還是直接路線，都無法預測或掌控戰況。如果不開戰，地面戰爭的角色必然受限，海空力量取而代之成為主力。海上封鎖或者空中轟炸可以削弱敵方士氣，破壞武裝部隊的後勤系統，甚至損傷維繫敵國的經濟和社會基礎。因此，毫無疑問，李德・哈特一生推崇的是兩種類型的戰爭，儘管他對海上封鎖和空襲的態度幾度起起落落。其中的難點是，只要敵人的領土沒有被徹底占領，他們就能夠一直抵抗下去。

雖然李德・哈特曾經警告，普通人遭受空襲後會「產生掠奪的瘋狂衝動」，還半真半假地鑽研過大眾心理學，但他的空中戰略主張並未持續多久。[11]當後來提到在陸地上採用間接路線時，他的分析——遵循了富勒的觀點——主要集中在機械化打擊方面。在此他又提到（在第二次世界大戰開戰前夕）組織嚴密的防守可能比發動進攻更有效。他希望以此降低潛在侵略者的進攻意願，及其打破力量平衡的能力。雖然李德．哈特對間接路線滿懷熱情，但它經常在付諸實踐時遇到各種實實在在的制約，特別是當對手在原始力量和戰術智慧方面具有相當實力的時候（更不用說敵人實力占優勢的情況）。間接路線代表了一種戰略理念，卻只能在非常特殊的條件下才有可能實現——在社會與軍隊都有很強的適應力的情況下。要想堅決對敵方施以持續的壓力，就得依靠高效的陸海空軍事優勢。而要做到這一點，就可能需要與敵軍進行直接、果斷的交鋒。因此李德．哈特最終總結道，戰爭的作用微乎其微。

邱吉爾的戰略

將盟友拖入戰場的戰略，其作用堪比打贏一場大仗。若能用安撫或嚇阻手段使某個危險國家保持中立，其價值高於搶占一個戰略要點。

——溫斯頓．邱吉爾，《世界危機》

在以後的章節中，我們會談到閃電戰背後的事實真相。納粹國防軍精通裝甲戰爭理論，這無疑使德國在二戰初期贏得了一些重大勝利，進而獲取了對歐洲的實際控制。但德國人的優勢並不徹底，最終一敗塗地。導致其失敗的不僅是軍事威力，還有聯盟的邏輯。德國人在戰場上一貫強勢，後來卻無法應付美國、蘇聯和英國的三方合力。而在一九四〇年春天，這種三強合一的局面尚未顯現，當時投入戰爭的，只是「三巨頭」之一，而且其處境還非常不妙。一九四〇年五月十日，德軍發起進攻，在十天之內一路攻破比利時、尼德蘭，打到法國西海岸。法國很快淪陷，英國陷於孤立。然而，即便當時英國的局勢看上去令人絕望，英國人也仍在繼續戰鬥，不願意依靠與希特勒媾和，而成為一個實力大打折扣的所謂的獨立國家。

理查德・貝茲（Richard Betts）曾引用這段歷史來質疑戰略的作用。英國政府把戰鬥進行到底的決心，是二十世紀最具劃時代意義的決定之一，然而在當時的情況下，這種做法談不上有什麼戰略意義。[12]除非邱吉爾已經非常有把握地預知，德國人無法越過英吉利海峽，會在英國打敗仗，並最終輸掉大西洋上的戰鬥。最重要的是，邱吉爾必須在當時就能夠預料到，英國將會在一九四一年年底與蘇聯和美國並肩作戰。

然而，如此從戰略的角度來看待當時英國政府的決定是錯誤的。相較之下，伊恩・科修（Ian Kershaw）對二戰中各個強國的決策分析更為恰當。他不是從實現目標的角度，而是從如何確認各種可操作的選項和哪些深層考慮會影響決策的角度，來提出戰略問題。他考慮問題的出發點，是政治領導人們當時的處境，而非他們想要達到的目的。[13]

就在德國人一路開進法國，英國的親密盟友搖擺不定的時候，邱吉爾當上了英國首相。他上任第一天，時間便被法國事務占滿了：法國會不會繼續戰鬥下去？如果法國無力繼續戰鬥該怎麼辦？當時，邱吉爾作為戰爭領導者的威望尚未建立起來：人們因為他之前在職業生涯中的種種判斷失誤而對他充滿懷疑。此時，邱吉爾首先要解決的是與外交大臣哈利法克斯伯爵（Lord Halifax）之間的分歧。後者認為，如果能夠和希特勒達成妥協，繼而保全英國的獨立和完整，那麼遭受戰爭痛苦便是不必要、毫無意義的。當時還有一個選擇是，讓尚未參戰的義大利充當調停者。但邱吉爾說服了當時的同僚，讓他們明白這招並不可取。

當時擺在英國人面前的，並不是選擇一條獲勝的途徑，而是如何盡可能地避免戰敗，避免和德國人簽訂羞辱性協定。問題的重點並不在於英國人堅決拒絕談判，而是在當時糟糕的情況下，英國究竟能從談判中得到什麼好處。邱吉爾拒絕談判不是出於好鬥的本性，而是因為主和派的觀點根本沒有說服力。在當時的情況下，和希特勒談判得依靠墨索里尼（Benito Mussolini），而後者的立場是親德國的，並且對希特勒缺乏影響力，因此此人作為調停者的可能性日漸減少。而且英國人發現，醞釀中的和平條約看來令人無法接受。為了表現理智，邱吉爾在一次關於徵稅的內閣討論中公開承認，自己也曾考慮過讓步，以英國的影響力或者幾塊閒置的殖民地來「擺脫混亂不堪的狀態」。但是，這些和談條件直搗國家憲政獨立的要害，事關建立另一種形式的政府，以及被迫裁軍，因此不可能接受。[14]現成的媾和條款可能看上去比將來的軍事慘敗稍好些，但事情顯然並非如此簡單。形勢很有可能每下愈況，英國可能面臨亡國。可是，事情也可能不會如此。如果德國人認為他們的對手戰鬥力尚存，對英國來說也許做筆交易會更好。可是尋求和解的做法，不但會被別的國家看作示弱的表現，還會打擊國內士氣。而在當時，英國並沒有被打垮，其武裝力量仍然自信能夠組織起來奮力抵禦德國侵略。上述討論發生在敦克爾克（Dunkirk）「奇蹟」之前。人們最初的樂觀期望是，成千上萬的人能夠從淪陷的法國撤退到英國。當百萬大軍冒著無休止的空襲從敦克爾克海灘上撤退，而且有三分之一的人獲救時，事實早已證明抵抗的決定是正確而合理的。

當時，邱吉爾並不知道戰事會如何發展下去。據埃利奧特．科恩（Eliot Cohen）所述，邱吉爾並不認為戰略是勝利的藍圖。他深知戰爭進程無法預測，也許要等到最後一刻，人們才會摸索到通向勝利之門。他不相信那些教人打勝仗的「老生常談的算計」。對他而言，戰略在很大程度上是一門近乎繪畫的藝術，而不是科學。「他肯定具備一種無所不包的宏觀見解，這種見解能夠為他展現出事物的開始和終結、整體和局部，就像瞬間的印象能被一下子記在腦海裡並久久揮之不去。」靠著之前始終在思考的一些關鍵主題和對形勢發展的有效把握，他早就有了一個隨機應變的計畫框架。科恩指出，這不是一台意在「精心設計減少誤差」的機器，更不是「一堆雜亂無章、投機取巧的決定」。[15]

雖然邱吉爾對待純軍事事務的方法有點魯莽，但他天生精通聯合作戰。聯盟一向是英國人的戰略核心。無論在人力還是物資方面，英國都為戰爭做出了巨大貢獻，因此它的特殊需要也理應得到滿足。一旦歐洲戰事發展到一個微妙的階段，美國完全有能力毫不含糊地扭轉局勢。因此，邱吉爾剛一上任便意識到，要想得到令人滿意的結局，唯一的出路是「把美國拉進來」，此後這一直是他的戰略中心。他的前任張伯倫（Neville Chamberlain）從來沒有想過要去和羅斯福總統建立任何密切聯繫。雖然從當時的情況來看，英國的處境看上去相當危險，而美國民意則堅持反戰，華盛頓方面幾乎幫不上什麼忙，但邱吉爾還是從一開始就和羅斯福建立了頻繁的信件往來。他在第一封信中就英國陷入絕境或遭遇戰敗對美國安全的不利影響發出了警告。如果英國人堅持下去，美國民意或許會發生轉變。邱吉爾甚至相信，如果美國遭遇侵略，美國人的態度就會改變。[16]

與此同時，擺在希特勒面前的選項則顯得順心、容易得多。德軍節節勝利幫他確立了軍事天才的美名，贏得了至高無上的權力。然而他也意識到，擊敗法國之後再去侵略英國，並不是一件輕而易舉的事情。一場跨越海峽的侵襲既複雜又危險。要避免和英國打仗，還有其他辦法可以選擇。第一個辦法是將英國排擠出地中海，進而蠶食它的地位和影響力，干擾其獲取石油資源。不管這招能否達到目的，可以肯定的是，希特勒十分警惕他的幾個地區夥伴——墨索里尼的義大利、佛朗哥（Francisco Franco）的西班牙和維琪法國。它們各執己見，沒有一個靠得住。比如，墨索里尼利用德國的勝利，把一個不情願的國家拖入了戰爭。接著，他為了顯示自己在希特勒面前的獨立性，魯莽地入侵了希臘。墨索里尼的這招不僅削弱了自己的力量，也惹惱了希特勒。德國被迫開進希臘、北非去拯救義大利，此舉分散了希特勒的一大部分精力和物資，影響了其主要目標——進攻蘇聯。

希特勒認為德蘇必有一戰，並且將之視為自己雄心抱負的頂點。他認為此舉能夠讓德國實現對歐洲大陸的掌控，一勞永逸地對付猶太人和共產主義這對雙胞胎（在希特勒眼裡，兩者緊密相連）。如果他無論如何都打算和俄國人交手，那麼最佳時機莫過於一九三〇年代史達林剛剛在軍隊和黨內搞過「大清洗」、蘇聯尚未恢復元氣的時候。[17] 迅速拿下蘇聯不但能夠實現希特勒的重要目標，還能讓英國陷於完全孤立。希特勒對戰爭走向也有一套自己的看法。他推斷，英國之所以頑抗到底，是因為期望俄國人參戰。當然，如果對蘇戰爭不能速戰速決，希特勒就會面臨兩線作戰的可怕前景——這是優秀戰略家千方百計避免的情形——以及國內資源越來越緊張的局面。他必須征服蘇聯，獲得食物和石油補給以維持戰爭。他推斷，只要打敗蘇聯，英國人就會認識到一切都完了，只能尋求講和條件。如果希特勒當時承認蘇聯不可能被打垮，那麼他唯一的出路就是努力和英國達成有限和平，但這麼做，顯然與他之前的軍事成就不符，也與他尚未實現的政治野心不相稱。

希特勒想要速戰速決的另一個原因是，美國最終很可能參戰，但他認為美國人動作再迅速也不會早於一九四二年介入。迅速趕走俄國人，可以限制敵人結成一個大聯盟來對付自己。在這方面，史達林確實幫了希特勒大忙。許多人提醒史達林要提防希特勒的計畫，但這位蘇聯領導人根本聽不進去。史達林認為，希特勒會始終按照蘇聯人寫好的腳本行事，為迫在眉睫的戰事提供線索。他根本沒把邱吉爾的警告放在眼裡，認為那只是出於私利的宣傳而已，其目的是挑起歐洲兩大巨頭之間的戰爭以緩解英國的壓力。和一八一二年沙皇亞歷山大一世的做法不同，史達林將軍隊部署在邊境上，這麼做加劇了問題的嚴重性，為德軍勾畫作戰路線和在交戰前切斷蘇軍防守提供了便利。蘇聯軍隊遭到了毀滅性打擊，最後勉強死裡逃生。然而俄羅斯著名的嚴冬，再加上德國人對發起進攻的時機與地點的判斷錯誤，讓史達林在遭到首輪打擊之後得以恢復元氣。一旦逃過了最初的失敗，蘇聯的工業力量便扎實穩步地慢慢恢復起來，況且俄羅斯廣袤的領土對侵略者來說也確實有點難以應付。德國指揮官們有著藝術家一般的表現能力，他們千方百計地避免戰敗，卻無法克服先天不足的大戰略所帶來的強大局限。

德國打向蘇聯的第一拳靠的是出其不意（就像日本對美國一樣），但它沒有將蘇聯打垮。最初的戰場優勢並不是長期勝利的保證。一九四〇年春天德國的意外獲勝及其從秋天開始對英國各個城市的狂轟濫炸，這些都與富勒、李德．哈特和眾多空軍理論家的推斷相差無幾，但這些行動並未發揮決定性作用，而是將戰爭從一個階段推向了另一個階段，接下來的戰事將會更加殘酷且曠日持久。之後，雙方展開了大規模、高消耗的坦克戰，其程度在一九四三年的庫斯克（Kursk）會戰中達到了高峰。民眾沒有在空襲中崩潰，而是持續忍耐著巨大的災難，直到日本的廣島和長崎遭到原子彈轟炸——戰爭以一種令人震驚的方式結束了。一九七〇至一九八〇年代我們在討論美國軍事思想的時候發現，美國人對德國人的戰爭藝術評價很高，但結合當時的情況，這些做法雖然高明，卻不足以贏得戰爭。

提到勝利，其中最關鍵的是同盟，同盟如何形成，如何團結在一起，如何瓦解。同盟使戰鬥有了意義。軸心國是個弱勢聯盟，因為義大利軍隊的表現乏善可陳，西班牙秉持騎牆的態度，日本則一心忙於打自己的仗，千方百計避免和蘇聯起衝突。法國淪陷導致英國失去了一個盟友，落入最危急的境地，直到德國對蘇聯發起進攻時，英國局勢才有所緩解。邱吉爾將希望寄託在美國身上，可當時美國雖然同情並支持英國的事業，卻沒有打仗的意願。直到十八個月後，美國才加入戰爭。美國一介入衝突，邱吉爾便興奮不已。「我們肯定贏了！……沒人知道戰爭會拖多久，會以什麼方式結束，現在我也不關心這些……我們不該被幹掉。我們的歷史不會終結。」[18]

第12章

核子競爭

我們就像一個瓶子裡的兩隻蠍子，彼此可將對方置於死地，但自身也性命難保。

——歐本海默（J. Robert Oppenheimer）

戰爭通常以一個和平又正義的新紀元的到來作為結束，第二次世界大戰也不例外。但遺憾的是，隨著美蘇關係日益緊張，以及雙方陣營在意識形態上的對立，戰後局勢幾乎沒有樂觀的餘地。在解放後德國占領區的命運問題上，暗潮洶湧的敵對情緒彌漫在英美占領區和蘇聯占領區之間，第三次世界大戰似乎一觸即發。一九四七年沃爾特．李普曼（Walter Lippmann）以「冷戰」為名寫了一本書，「冷戰」一詞從此廣為流傳。[1] 李普曼的這種說法可以追溯到一九三〇年代末期，人們曾經用法語「la guerre froide」（意為「冷戰」）來描繪希特勒針對法國的心理戰。[2] 因此，冷戰即兩個國家相互權衡估量，就像拳擊台上的兩個選手在出拳之前繞著圈子。人們在使用這個詞的時候不懷絲毫的樂觀，他們都怕幾十年的對峙格局一朝崩盤，成為熱戰。[3]

其實，一九四五年十月英國作家喬治．歐威爾在李普曼之前就用過「冷戰」這個詞。他試圖以此評估原子彈對國際事務的影響。他所描繪的前景是「兩三個超級大國正在瓜分世界，它們各自擁有一種足以在數秒內毀滅上百萬人的武器」。然而歐威爾發現，雖然存在發生一場毀滅性戰爭的可能性，但由於這些國家之間「有一個心照不宣的互不攻擊約定」，戰爭還是可以避免。它們只會對那些沒能力進行報復的國家威脅使用這種武器。因此，這種新形式的最高級武力不僅會在幾個超級大國之間形成不穩定平衡，還會催生控制弱勢國家的新的有效手段。它也許能夠阻止大規模戰爭，但會在「可怕的穩定……奴隸帝國」之間製造「一種不是和平的和平」。[4]考慮到近來一些國家準備用大規模殺傷性武器來對付被降服的民族，因此當時那種認為原子彈會使被壓迫者失去「反抗的力量」的想法，或許還不是太牽強附會。

曾經專門研究海洋戰略的歷史學家伯納德・布羅迪（Bernard Brodie）首次正式提出了這些新武器的戰略目的問題。布羅迪剛一聽說核子彈，便對妻子說：「我寫的所有東西現在都過時了。」[5]當時的戰略理論形式已經無法充分解釋這種現象。他評論道：「原子彈確實存在、殺傷力無比強大，這兩個事實讓關於原子彈的一切都蒙上了陰影。之前，我們的主要軍事目的是贏得戰爭，以後必然是防止戰爭。除此之外，軍隊幾乎別無用處。」[6]由此可見，布羅迪從一開始就已經認識到這種「終極武器」所具有的「勸戒」屬性。對於這樣一種既可毀滅對方、也可能令自己性命難保的武器，任何政治團體在使用它之前都會非常謹慎。

新戰略學家

布羅迪在自己的職業生涯確立了一個問題：非軍事專家也有可能在戰略領域中獨占鰲頭。他對軍事思想一直評價不高——他對此毫不掩飾——並且十分惋惜戰爭研究竟然大大落後於對人類其他活動領域的探究。「士兵們的目標顯然不是為了出書，」一九四九年他在一篇文章中寫道：「但是一定有人認為，沒有任何真正的思想火花能夠完全躲過文獻記錄。」他認為軍事訓練妨礙了思考，是反知識的，它對實踐事務和發號施令予以過多關注。從當時對戰略的討論程度來看，它們仍沿著約米尼開創的路線前進，依據的是想像中一成不變的戰爭原則。它們頂多是「用常識發出的命令」。

由於軍事問題不僅日益複雜，而且還有可能釀成巨大災難，布羅迪提出必須以嚴肅的態度來看待戰略。他以經濟為例來說明如何進行這方面的實踐。經濟學家尋求利用整個國家的資源實現財富最大化，而戰略家考慮的是用同樣的資源實現國家在戰爭中的效率最大化。鑑於所有軍事問題都與經濟手段脫不了干係，那麼

「古典經濟學理論中的大部分內容都可直接用於軍事戰略中的問題」。尤其是「像經濟學這樣的學科」，開闢出一種「真正的科學方法」。[7]解決戰略問題依靠的是智慧與分析，而非性格與直覺。這種理念與當時的趨勢是一致的，即主張把所有人類決斷交付給理性判斷與科學應用。在核子時代，任何誤判都可能帶來災難性結果，這促使人們更加重視戰略問題。

科學方法可以用來解讀大量互相之間毫不相關的數據，這點已經在二戰時的英國得到了證明。英國人以此來確定如何運用防空雷達，科學方法首次為人所知。雖然沒有經濟學家介入其中，但作為英國著名作戰計畫中的關鍵性內容之一，科學方法論更接近古典經濟學而非物理學。[8]戰爭期間，作業研究（Operations Research，又被稱作運籌學）這個剛剛為人所知的新領域，在實際運用中取得進步，其作用包括計算面臨潛艇攻擊時最安全的護航陣容，或者遴選空襲目標。[9]數學家和物理學家的影響力在美國則更大一些，尤其是那些參與曼哈頓計畫、製造第一顆原子彈的人。

二戰後，蘭德公司（RAND Corporation）將這些方法集中運用於實踐，尤其是軍事領域，該機構因此成為典型的「智庫」。為發展作業研究，美國空軍撥款建立了蘭德公司，很快就發展成一個用先進的分析技術方法解決國防和其他公共政策領域問題的獨立非營利機構。一開始，蘭德公司招募了一批自然科學家和工程師來處理硬體設施的問題。沙倫·加馬里—塔布里茲（Sharon Ghamari-Tabrizi）稱當時的蘭德公司是時髦的冷戰先鋒派，自認做著探索和實驗，「全然不把傳統形式的軍事經驗放在眼裡」。[10]不久，蘭德公司開始招募經濟學家和其他社會科學領域的學者。隨著電腦科學技術的穩定發展，運用數學方法來解決複雜問題變得更具可行性。此時，經濟學的發展已經超越了數學。量化分析在實力和可信度方面不斷增強。蘭德公司轉換了軍事領域以及所有社會科學領域的既有思維方式，其重要性不言而喻。這一點在該機構成立初期尤為明顯。它憑藉手裡的資源和工具，其中包括當時最先進的電腦，懷著滿腔的使命感和信心練就了一身的革新能力。

蘭德公司探索的新世界既是模擬的，也是現實的。菲利普·米羅斯基（Philip Mirowski，譯註：美國聖母大學研究經濟思想史的歷史學家和哲學家）稱其為「賽柏格科學」（Cyborg sciences，人－機科學），它反映了一種新型的人與機器之間的互動。在這種模式下，兩者越來越相似，它們打破了自然界與社會、「現實」與虛擬之間的界線。例如，曼哈頓計畫採用蒙地卡羅模擬法（Monte Carlo simulations，統計類比法）處理不確定數據，從迷霧中識別道路，從混沌中找到秩序，開啟了一系列可能的實驗來探索複雜系統的邏輯。[11] 蘭德公司的專家用這些新方法替代了傳統思維方式，而不是作為補充。人們開始探索動態系統的特點，其各組成部分之間不斷互動變化，簡單的因果關係形式顯然已經落伍了。這些系統模型或多或少具有一定的秩序和穩定性，早在戰爭的意義發生變化之前就已經開始流行起來。它們不僅建立在對一小部分可感知現實的直接觀察結果上，也建立在對接近於更大的不可感知現實的相關事物的探索上。有了這些正式而抽象的模型後，即便在那些無須密集型計算的領域——包括自然科學和社會科學，人們也感覺越來越得心應手。這些方法能對各種單憑人類大腦無法應付的系統和關係進行分析。

早期的作業研究教科書中曾提到，從事此類工作需要對新事物有一種「客觀的好奇心」，拒絕「一切沒有根據的說法」，渴望在「某些定量的基礎上做出決斷，哪怕所謂的基礎只是個粗略估計而已」。雖然這種方法一開始聚焦的是國防問題，但其深遠影響卻遍及各個層面。因為在軍事領域，尤其是核武領域，人們所做出的決定實用且重要，即便只是概念上的創新，其相關研究和分析也必須始終以證據為基礎。

人類面臨的核子戰爭既沒有先例也無法試驗，其惡性程度挑戰了人類想像，唯一可能的應對方法就是模擬核子戰爭。在一些非常獨特的領域（「將軍，您打過多少場核子戰爭？」），經驗的價值遠不如一個敏銳而老成的智者。一九六一年眼光挑剔而敏銳的澳洲年輕人赫德利．布爾（Hedley Bull）提出，戰略思想的狀態究竟在多大程度上是所謂「戰略人」（Strategic man）的「理性行為」。布爾認為，「跟這樣的人相處久了就會發現，原來他是個具有非凡知識敏感度的大學教授」。[12] 他分析認為，導致戰略人地位上升的原因是核武。此後，戰略不再僅僅作為政策工具只關注如何打仗，還涉及如何動用戰爭威脅。人們在研究真正暴力的同時，還得探討如何運用嚇阻以及如何操控風險。正因如此，戰略思維不再是軍隊的獨有領地。布爾注意到，非軍事專家憑藉著各種出版品征服了軍方，成為探討嚇阻問題和軍備控制的台前人物。由此，甘迺迪當上了總統，文人戰略家「進入了權力要津，在重大政策問題上勝過了軍事顧問」。然而無論是軍方還是民間，任何人都沒有指揮過核子戰爭，因此這些戰略思維不可避免地具有「既抽象又理論」的特點，更加符合民間。文人戰略家們在其中展現了「成熟老練和高超的學術素養」。[13]

運用這些新研究方法的主要人物大部分出自蘭德公司。他們在五角大廈聽命於國防部長麥納馬拉（Robert McNamara）。麥納馬拉早在福特公司任職的時候，就已經倡導使用量化分析方法。面對大量質疑，他要求三軍提預算時須一併證明其合理性。替他操辦這些事務的分析師都很年輕，聚集在一個名叫系統分析辦公室的地方。他們聰明、狂放、自信，對那些企圖阻擋他們飛黃騰達的軍官們充滿不屑。麥納馬拉在五角大廈的得力助手查爾斯．希契（Charles Hitch）曾於蘭德公司任職，他和同事在一九六〇年提出：「我們認為，在某個方面，所有的軍事問題都可以被看作在有效分配和使用資源的過程中產生的經濟問題。」[14] 麥納馬拉很看重數據，認為量化分析是評估備選方案成本與收益的最佳途徑。他不顧三軍的偏好，取消了受人青睞的項目，挑戰了人們珍視的信仰。

眾所周知，麥納馬拉的方法並不適用於打仗，尤其是用來對付像越戰那樣具有政治複雜性的問題。麥納馬拉在越南遭遇慘敗，從此名聲一蹶不振。然而，在其執掌五角大廈的前半段時期，麥納馬拉一直被認為是甘迺迪和詹森兩任總統內閣中最天才、最腳踏實地的成員。軍隊在他面前會表現得不知所措，即便在討論操作性問題時都會顯出一副很外行的樣子。人們叫他「長著腿的ＩＢＭ」，因為他辦事果斷，說話擲地有聲，精通證據和分析技術，是理性戰略人的縮影。[15] 關於他的種種神話以及他所面臨的種種敵視，誇大了他的方法所產生的作用。軍方並沒有主導艾森豪將軍的預算過程，非軍方勢力也不像外界所說的那樣控制著甘迺迪政府的預算。然而，軍隊高級將領對那些缺乏戰鬥經驗的文職人員插手軍務是相當憂慮的。這些文職人員在蘭德公司養成了傲慢的脾氣，自信在他們的軍方老闆面前具有智力優勢，因而埋下了遭人怨恨的種子。一旦軍方的各項計畫和預算落入險境，他們就會招致更大的怨氣。麥納馬拉身邊的兩名工作人員曾在一本書中不無得意地引用過一名前空軍將領的言辭激烈的演說。那位懷特（Thomas D. White）將軍抱怨這些「叼著煙捲，一臉聰明」，「自信過頭，有時候甚至是傲慢的年輕教授、數學家和其他各種理論家」，懷疑他們「在面對我們所面臨的那類敵人時，是否還有足夠的世故和勇氣站出來」。[16]

當布爾為新戰略學家所遭受的指責，譬如缺乏批判力、是非不分、偽科學等進行辯護的時候，也注意到了這些人身上的自負。其中很多人堅持的觀點是，先前的「各種軍事事務根本沒有經過科學研究，只是被二流人士漫不經心地關注了一下而已」。他還發現，這些文人專家的志向是透過「以新方法取代老方法」，把戰略變成一門科學。有些人設想，只要這些新的研究方法能夠進一步和經濟學接軌，就有助於「使我們的選擇更加合理化，加強對環境的控制能力」。布羅迪對這種誇張的野心持懷疑態度。雖然懷特的評價只是心胸狹隘者的陳腔濫調，且軍方對外界抱有偏見，但布羅迪也發現新分析家及其各種方法的確讓人喜憂參半。他們雖然改進了五角大廈在採購新武器等事務上的決策，但是將經濟學運用到戰略領域的成果畢竟有限。經濟學家一般對妨礙他們各種理論的政治決策較為不敏感，且容忍度較低。相較於他們在外交、軍事歷史和當代政治方面的弱勢，更讓人憂心的是，他們意識不到「這個缺陷對戰略洞察力有多麼致命」。經濟學家採用的理論架構精緻周嚴，導致其他社會科學顯得「方法簡單粗糙，毫無學術價值」，因而飽受蔑視。[17]

賽局理論

賽局理論被認為是新戰略的標誌性方法論。從本書第十三章所述內容可看出，它對核武戰略的影響並不顯著。然而，賽局理論代表了一種思考抽象、形式化的戰略問題的方法，對社會科學產生了深遠影響。它是戰爭期間兩位在普林斯頓大學工作的歐洲移民合作的結晶。其中的馮．紐曼（John von Neumann）來自匈牙利，自小擁有驚人的記憶力和計算能力，被認為是數學天才。一九二〇年代，他透過對撲克牌的研究形成了賽局理論的基本原理。此時，他在普林斯頓結識了來自維也納的經濟學家奧斯卡．摩根斯坦（Oskar Morgenstern）。後者意識到賽局理論的深遠影響力，於是幫助馮．紐曼建立了一個架構。兩人於一九四四年出版了《賽局理論與經濟行為》（*The Theory of Games and Economic Behavior*）一書。

為什麼賽局理論的靈感來自撲克牌而不是西洋棋呢？西洋棋一直被認為是戰略家的遊戲。對此，博學家雅各布．布朗勞斯基（Jacob Bronowski）記錄了馮．紐曼的回答：

「不，不，」他說，「西洋棋不是賽局，而是一種定義明確的計算。你也許無法得出所有答案，但是理論中必須有解決方案，處在任何位置都有一個正確的程序。而真正的賽局與此大相逕庭。真實的生活並非如此，其中有虛張聲勢、欺騙的小手段，還得經常思考對手如何忖度自己。這才是我理論中的賽局。」[18]

在西洋棋中，除了對手頭腦中的想法之外，對弈雙方面對的是同樣的戰局和充分的資訊。而在撲克中，機會是因素之一，但撲克牌也不是一種純靠運氣的遊戲。玩家還是可以運用各種可能性，來估算對手接下來大概會出什麼牌。其間總是存在某種不確定性，同樣的出牌會根據對手出招的強弱而以不同方式表現出來。撲克牌的兩方玩家完全有可能在思想上超越競爭對手。因此，賽局理論是本質上不確定形勢中的智力戰略。

馮．紐曼仔細觀察了撲克遊戲中玩家是如何利用不確定性來提高出牌品質的。虛張聲勢是出牌時一種重要且無法判定的有效招數。他將理性撲克玩家戰勝對手、取得最優結果的方法稱為「極小極大」（minimax）策略，即最差結果中的最上策。他在一九二八年對這種策略進行了論證，使賽局理論具備了數學可信度，將它從「教人如何玩」變成了「應該怎麼玩」。賽局理論展示了如何在不合理狀況下理性行事，為什麼欺騙手段可以合乎邏輯地攻守兼顧，為什麼偶爾的隨心一招會加劇不確定性，讓對手找不到門路。[19]

馮．紐曼和摩根斯坦的作品被譽為「二十世紀最有影響力但讀者最少的一本書」。這部六百四十一頁文字密密麻麻的數學鉅著，在出版發行的最初五年中只勉強賣出了四千本。[20]在得到廣泛且褒貶不一的評論後，熱心賽局理論的人開始傳播這個新概念，但經濟學專業人士卻沒有表現出任何興趣。賽局理論最初立足於作業研究學界，在戰後早期的一次調查中被描述為數學的一個特別分支。當時馮．紐曼在這個領域已經頗具影響力。一九五九年馮・紐曼罹癌逝世之前，他一直是政府的首席科學顧問。他鼓勵運用線性規畫等研究方法，擴大了電腦的使用領域，提升了科學投入的品質。他認為蘭德公司是一個展示新技術的機構。[21]

馮・紐曼和摩根斯坦還發現了一名賽局理論的推廣者。不可思議的是，一般賽局理論歷史中居然漏掉了約翰・麥克唐納（John McDonald）的《撲克牌、商業與戰爭的策略》（*Strategy in Poker, Business and War*）這本書。一九四九年，麥克唐納在為《財星》雜誌撰寫一篇有關撲克牌的文章時，結識了馮・紐曼和摩根斯坦。接著，麥克唐納又為雜誌寫了一篇有關賽局理論的文章，之後把這兩篇文章收進了書中。麥克唐納的書之所以被人忽略，原因可能是他沒有進一步推動賽局理論的發展，而是向大眾推廣。但是麥克唐納曾和學術界進行過廣泛交流，明確記述了學者們對未來可能取得的研究成果的看法。麥克唐納承認，數學證明對任何一個外行的領導者來說都是個挑戰，但他同時也保證，賽局理論的基本概念很容易掌握。賽局理論不僅為軍事戰略，而且為通常意義上的戰略提供了深刻見解。只要當事方關係中涉及衝突、資訊不完整，以及有欺騙動機，就和賽局理論有關。由於這個理論「既正式又中立，而且非意識形態化」，因此「對所有人都有益處」。它可能在價值倫理評定方面發揮不了什麼作用，卻「可以告訴人們能得到些什麼，以及怎麼得到它」。

賽局理論促進了戰略思維轉換，就此而言，其關鍵性見解在於，採取何種戰略性行動，依據的是對他人未來行為的預期，而他人又是無法掌控的。戰略遊戲中的玩家不會相互配合，但他們之間又是一種相互依存的關係。在這樣的約束條件下，理性戰略不會試圖獲得最大化收益，而是會轉而尋求一個「最適結果」。麥克唐納發現，極小極大是「當今學術圈裡人們爭議最多的新鮮事物」。當他進一步思考賽局理論的應用，關注聯合的重要性時，發現其中蘊藏著多種可能性。「戰爭是個機會，」他總結道，「其現代哲學必然是極小極大戰略。」但與此同時，麥克唐納也將賽局理論描述成一種「不具有魔法的想像力」。它涉及「一種含有不尋常轉折的邏輯行為，追究下去就是數學計算」。[22]

賽局理論問世之初，蘭德公司曾滿懷熱情地予以支持和鼓勵，並推測且確信它很有可能成為戰略的科學基礎。過去人們努力為戰略相關事物尋找一個適當的科學基礎，但由於沒有分析工具，所以這項工作一直舉步維艱。軍事戰略家缺乏數學知識，而數學又缺乏概念和強大的計算能力。現在既然上述條件都具備了，實現突破當然也就指日可待。賽局理論令人無比興奮，因為它直接解決了決策者過多所造成的問題，並且為此提供了數學解答。賽局理論很快就有了自身的理論文獻和研討會。

一九五四年，社會學家潔西．柏納德（Jessie Bernard）率先開始思考賽局理論對社會科學領域的廣泛意義。她對賽局理論固有的非道德性感到憂慮，認為它是「一種現代化的、改進版的馬基維利主義」。她認為賽局理論暗示了一種「人性的低級概念」，並預期「不慷慨、不高尚、不理想化。它慫恿人們虛張聲勢、偽裝欺詐、隱瞞消息、發揮最大優勢，充分利用敵人的弱點」。雖然柏納德承認賽局理論研究的是理性決策，但她還是誤解了賽局理論，把它當作了一種數學測試手段，而不是一種形成戰略的方式。她的誤解並非完全不合理，她認為，提出戰略需要具備若干各不相同的品質——「想像力、洞察力、直覺力、換位思考能力、通曉人類動機包括邪惡的源頭，這些都是構想政策或戰略的必要素質。」[23]因此，「社會科學家眼中最艱難的工作，可能已經完全被賽局理論接管了」。依據柏納德對賽局理論的理解，雖然她對理論局限性的認識具有時代超前性，但沒有抓住問題的關鍵。賽局理論崇尚的理性是建立在參與者的喜好和價值觀基礎之上的。

囚徒困境

對局會產生各種結果，人們從中得到的收益即其各自價值所在。人的目標是實現價值的最大化。參與者明白，從這方面來說，所有玩家的目標都一樣。在撲克遊戲中，既定的遊戲規則決定了玩家可選擇的出牌方式。但在更廣泛的應用領域中，左右人們抉擇的，可能不僅僅是雙方認可並接受的規則，還包括人們各自的處境。賽局理論設定出與真實生活非常相似的情況，讓玩家做極具難度的選擇，這個理論本身因而得到了進一步發展。賽局理論要發展，就必須超越馮．紐曼和摩根斯坦的兩方博弈與「零和」分析局限，在這種架構下，一方的收益必然意味著另一方的損失。一般數學方法已經解決了相對簡單的問題，接下來要面對的是更

表12-1

		B	
		1保持沉默	2認罪
A	1保持沉默	-1 a1b1 -1	-0.25 a1b2 -10
	2認罪	-10 a2b1 -0.25	-5 a2b2 -5

註：單元格中角上的數字代表預計刑期。

複雜的事例，比如形成聯盟問題。但對賽局理論而言，這個進程顯然頗具難度，尤其是每到一個新階段，都需要進行數學證明。

人們終於在研究非零和賽局的過程中找到了突破，在這種情況下玩家既可能共贏也可能皆輸，一切取決於對局是如何展開的。事實上，囚徒困境的問世，要歸功於蘭德公司的兩名分析師梅里爾·弗勒德（Merrill Flood）和梅爾文·德雷希爾（Melvin Dresher）。而賽局理論最著名的闡述方式則是由艾伯特·塔克（Albert Tucker）於一九五〇年在史丹佛大學的心理學講座上提出的。在囚徒困境中，兩名相互之間無法溝通的囚徒分別面臨審問，他們的命運一方面取決於自己是否認罪，另一方面則取決於兩個人的回答是否一致。如果兩人都保持沉默，會因罪行較輕分別服刑一年。如果兩人都認罪，會得到一個輕於最重判罰的結果（均服刑五年）。如果其中一人認罪，另一人保持沉默，那麼認罪者會從輕處罰（服刑三個月），而沉默者會得到最高刑期（十年）的判罰。這兩名囚徒被分別關押在兩個單獨的牢房裡，考慮如何應對審問。

值得注意的是，這個矩陣本身就是一種展示戰略性結果的革命性方式，並成為之後正規分析的固定框架。矩陣體現了對囚徒困境的預期（參見表12-1）。AB兩人都得認罪。A無法和B共謀，他知道如果自己保持沉默，就可能面臨坐牢十年的風險；如果自己認罪，風險是坐牢五年。此外，假設B決定採取一種讓雙方利益最大化的策略而保持沉默，那麼A還有可能在這種情況下透過認罪，即背叛B，進一步改善自己的境遇。而賽局理論假設的情況是，B的推理過程和A是完全一致的。這就是極小極大策略，在所有最壞結果中確保一個最好的。這種賽局最主要的特徵是，兩個玩家被迫陷入衝突。如果他們相互之間能夠溝通合作，那麼兩人就能取得互信並採取一致策略，不至於落入更糟的境地。囚徒困境成為一種檢驗參與者相互合作或者相互攪局（即通常所說的「合作」與「背叛」）的強大工具。

一九六〇年代初期，賽局理論快速發展，人們認為它塑造了核子戰略，儘管其實際影響力持續的時間很短。賽局理論的價值在於，當兩個力量相當的聯盟形成兩極時，可將它們的核心衝突置於一個矩陣中來考慮。在任何一場核子戰爭中，衝突顯然是個零和結果，任何一方都有可能落得災難性的慘敗結局。因此，雙方在維持和平上擁有共同利益。由於兩大聯盟持有完全對立的世界觀，所以顯然沒有什麼方法可以結束衝突。但是考慮到潛在衝突，以及雙方都不願走向決定性對抗，兩者關係還是能夠保持一定程度的穩定性。

囚徒困境理論有助於釐清各國政府面臨的困境。其難點在於如何用來制定戰略，以解決政府面臨的政策兩難困境。一些分析家在面對核武戰爭時，傾向於用正式的方法論來研究系統思想。如果討論始終停留在抽象、客觀的層面上，那麼要應對任何行動所帶來的可怕結果，就會相對容易得多。然而涉及政策時，分析家必須超越理論。當問題涉及如何在核子戰爭中保護切身重大利益，或者如何不透過軍事升級來打贏常規戰爭等問題時，正式的方法論就無法施展手腳了。

第13章
非理性的理性

這是一本大屠殺精神手冊：如何策畫、如何實施、如何甩脫干係、如何為自己開釋。

——詹姆斯．紐曼（James Newman）評赫爾曼．康恩（Herman Kahn）的《論熱核戰爭》（*On Thermonuclear War*）

儘管布羅迪對核子武器進行了聳人聽聞的描述，但世界上第一批核武卻並不像他所說的那麼「終極」。它們仍處在其他武器的火力能量範圍之內（摧毀廣島的原子彈能量相當於兩百架B-29轟炸機滿載炸彈的能量）。而且，至少最初看來，核子武器很稀有。核彈帶來的關鍵性突破更多是在於提高了打擊效率，而非造成的破壞規模。一九五〇年代初，兩起相關事件改變了這種狀況。其一，一九四九年八月蘇聯打破美國的壟斷，進行了第一次核試。一旦核子遊戲中出現了兩個玩家，就得修改規則。從此以後，發動核子戰爭的想法會因可能遭到報復而受到約束。

然後，第二個事件接踵而至。美國為了擴大自己的核優勢，在核融合（而不是核分裂）的技術基礎上研製出熱核彈（氫彈）。此舉導致人類武器獲得了幾乎無限的破壞潛力。一九五〇年，美國政府認為，運用核武將為美國及其同盟爭取足夠的時間去建立一支足以抗衡蘇聯及其追隨者的常規部隊。一九五三年，艾森豪登上美國總統寶座，他對此持不同看法。他想盡可能長久地利用美國的核武優勢，同時減少在改良常規軍備方面的投入。此時，美國的核武庫已經十分充盈並且力量強大。出於這般考慮，一九五四年一月美國國務卿杜勒斯（John Foster Dulles）宣稱，未來美國對侵略的反應將是「在自己選擇的地點，以我們選擇的方式」進行，由此產生了所謂的「大規模報復」戰略。[1]

外界對這一主張的解讀是，對在世界任何地方遭受傳統意義上的侵略，美國將回應以對蘇聯和中國境內的目標實施核武打擊威脅。大規模報復戰略因為過於依賴核武嚇阻而遭到廣泛批評，而且隨著蘇聯核武力量的不斷增強，這個想法也變得不那麼可信。假設美國忽略了自身的常規軍事力量，而限制性挑戰卻不斷升級，那麼擺在它面前的選擇將是「不是自殺，就是投降」。在善於製造威脅的對手面前如何依賴核武威脅，這個問題在當時帶來了創造力的大爆發——人們後來稱之為戰略研究的「黃金時代」。[2]它的核心概念是嚇阻，人們為此設計了一系列新的方法論來應對核武時代的特殊需求。

嚇阻

一方明顯的力量優勢可能令對手棄而不戰，這並不是什麼新鮮觀點。英文中的嚇阻（deterrence）一詞來自拉丁文deterre，意為將對手嚇得不敢做某事，或者乾脆將其嚇退。在當代用法中，嚇阻指的是威脅使他人痛苦並由此向對手發出警告，反映了其作用層面的意義。處於嚇阻之下，並不意味著一定要受到威脅，例如，一個人在發動挑釁前，很可能會因為考慮到對手的反應而謹慎從事。然而，嚇阻作為一種戰略，卻帶有蓄意和目的的威脅之義。嚇阻概念早在二戰之前就已存在，主要用於對戰略空襲的預期。空襲給平民帶來的恐慌令早期的空軍理論家們備受鼓舞，這種觀念一直在官方想像中據有牢固地位。持續的空中打擊會引發人群恐慌，進而可能導致國家陷入無政府狀態。二戰之前，英國雖然欠缺大規模遠程攻擊能力，但英國人卻一直懷疑防守的作用，並且相信只有施以懲罰性的攻擊才能打退德國人。然而最終，英國人還是不得不依賴防守，在雷達的幫助下取得了意想不到的成功。無論是德國對英國的空襲，還是英國對德國發起的更猛烈的報復性空中打擊，除了導致可怕的平民傷亡之外，政治作用都非常有限。這些空襲的主要作用是透過破壞生產和燃料供給來作戰。戰後幾次調查都顯示，相較於戰前各種豪言壯語，戰略轟炸所產生的影響也不過如此。但原子彈的出現，把人類的恐懼推向了一個新高度，事情因此變得不一樣了。正如理查德·奧弗里（Richard Overy）所說，若論空中武力，「（嚇阻）理論走到了技術前面。但一九四五年以後，兩者位置顛倒了」。[3]

核子武器問世帶來了一個尖銳問題：作為一種在阻斷敵人海陸軍上不具備戰術作用，但足以毀滅所有城市的武器裝備，核子武器應該扮演怎樣的角色？答案是嚇阻。艾森豪政府用戰鬥語言來回答這個問題，其效果令人不齒；而如果用嚇阻理論來回答，那麼，核武就是用來阻止未來爆發戰爭的。這個回答聽起來既強勁有力，又不魯莽草率。它依靠進攻先發制人，時刻防範突然襲擊，但仍然在本質上扮演著被動角色。這其中的難點在於，如果嚇阻方自知其行為純屬虛張聲勢，那麼這樣的嚇阻還能否持續下去？對此，杜勒斯提到，危急時刻要隨時準備「邁入臨界邊緣」，嚇阻的可信度來自一種隨時傳達給對手的不顧一切的姿態。由此，動用核武會給人恐怖的印象，準確地說，那是因為它毀滅性的破壞力量。

這種看法支持了一個觀點，即軍隊的主要優勢在於其力量儲備。西方國家絕不可以將軍事能力用到極致，儘管出於嚇阻的需要並非沒有這種可能性。如今幾十年過去了，冷戰終究沒有演化成熱戰，可見，嚇阻一直在起作用。每當危機降臨，各方都願意謹慎行事。戰爭之所以得以避免，是因為政治家心裡非常清楚失敗的後果，深知以壓倒性兵力摧毀敵人會帶來什麼樣的危險。對於全面戰爭的恐懼影響了各方的用兵考慮，而這些顧慮並不局限於直接涉及核武的領域。人們永遠無法確認，不管有沒有把握，軍事上邁出的第一步會將事態引向何方。

一戰定勝負的結局幾乎不可能實現，這影響到了美蘇關係的各個層面，並由此形成了「隱性對顯性的優勢、間接對直接的優勢、有限對綜合的優勢」。[4] 如果人類真的無法走出核武時代，那麼嚇阻便是一種盡量把損失減到最小的手段。雖然很難說清楚嚇阻是如何施展魔法（歷史學家或許能列舉出若干災難一觸即發的可怕瞬間），但第三次世界大戰終究沒有發生。事實上，兩個超級大國都對核子戰爭前景深感憂慮，當然這或多或少都與無法將核戰付諸實踐有點關係。

嚇阻相當重要，人們為此投入了大量精力來探索概念，研究其政策含義。如果一切相安無事就意味著嚇阻成功，但理解了其中的因果關係就會發現一個問題。不採取行動也許意味著缺乏行動意願或者放棄了曾經有過的意願。目的明確的嚇阻由多種因素構成，有些和嚇阻方發出的威脅有關，有些並不一定與嚇阻初衷相關。根據最直截了當的定義，嚇阻依靠的是讓對手認識到預期損失會超出預期收益，其手段是通過限制對方收益，或讓對方遭受損失。揚言動用可靠的能力不讓對方獲得收益，從而阻止對方行動，這種方式被稱作抵制性嚇阻（deterrence by denial）；[5] 而揚言透過懲罰來阻止對手行動，就是懲罰性嚇阻（deterrence by punishment）。從本質上看，抵制就是一種有效防衛，如果能事先認識到這一點，那麼抵制不失為一種對付侵犯的有力論據。因此，嚇阻的主要概念性挑戰在於懲罰，尤其是其中最殘酷的核子報復。

當嚇阻與圍堵性外交政策聯手，用來阻止蘇聯在任何方面有所推進時，美國需要以嚇阻應對的行動既包括大規模戰爭，也包括小規模挑釁，而且它們不一定直接針對美國本土，也包括那些指向美國盟友的，哪怕是敵人的敵人。根據嚇阻理論早期推廣者赫爾曼·康恩的分析，有三種情況：第一，兩個超級大國之間進行核武大戰；第二，雙方及其同盟展開有限常規戰爭或戰術核武攻擊；第三，大多數其他類型的挑戰。[6] 應對每一種情況都需要堅定的政治意志，尤其是在雙方都擁有核武庫的情況下。用核武報復來嚇阻核武進攻是一回事，對非核事件進行核武嚇阻則是另一回事。除了核武，美國基本上不可能遭到其他大國的任何正面攻擊，因此最有可能發生的非核事件是美國的盟友遭到攻擊。在這種情況下所採取的嚇阻，被稱為延伸嚇阻（extended deterrence）。隨著蘇聯核武力量的不斷提高，美國對自己的嚇阻能力信心日減：由不對等報復轉變為對等報復；由設置明確障礙防止侵略演變成向侵略方發出警告——你若犯我，後果不可想像；由斷言用壓倒性兵力恣意威脅，轉向為相互毀滅共擔風險。

謝林

在嚇阻戰略和核武戰略方面，花費最多精力研究難題的理論家非托馬斯·謝林（Thomas Schelling）莫屬。他是一九五〇年代活躍於蘭德公司內外的幾大人物之一，這批人還包括布羅迪、艾伯特・沃爾斯泰特（Albert Wohlstetter）以及赫爾曼・康恩。這些人儘管學術背景各不相同，卻都針對新興武器提出了不斷發展完善的思維架構，他們看到了前所未有的可怕之處，試圖描述它們各自的戰略可能性。康恩是當時最出名的人物，他為人熱情、爭強好勝，甚至很可能是史丹利・庫柏力克（Stanley Kubrik）的電影《奇愛博士》（*Dr. Strangelove*）中的人物原型。雖然康恩的傳記作者稱「他對任何戰略理論家都沒有一丁點兒興趣」，[7] 但他的《論熱核戰爭》一書，卻和克勞塞維茨建立了某種傳承關係（至少從標題上看的確如此）。然而，沃爾斯泰特卻評價說，康恩的觀點乏味單調，「就像是公共廣播一樣」。[8]

康恩是核武戰略領域的「第一位名人」，以他的「大塊頭和有點讓人討厭的氣質」證實了，人類終極戰爭是「瘋子天才」的想像傑作。他在讓人難受的談笑風生（例如，「除非倒了大楣或管理不善」）中，引用大量統計數據來說明核武戰爭的大致特點，甚至用數以百萬計的人口損失來評估政策選擇。[9] 與康恩共事的核武戰略家不欣賞他的表演能力，反感他給這項事業帶來的壞名聲，更反對他所宣稱的從大毀滅中贏得勝利的觀點。康恩大力倡導民防，認為所有類型的衝突都是可控的，即便核戰也不例外。

相較之下，謝林在理論方面的作用更重要，他開發出關於衝突的思考方法，既闡明了核武問題，也關注到更廣泛的戰略問題。一九六〇年代中後期，他感覺自己在核武問題方面差不多已經把想說的都說了，於是將注意力轉向了犯罪、吸菸等其他問題上。但無論他涉足哪個領域，運用的始終是同一個研究途徑。二〇〇五年謝林獲得諾貝爾經濟學獎，其成就得到了充分肯定。他的獲獎理由是：「透過賽局理論分析，改進了我們對衝突與合作的理解。」[10] 然而，謝林與賽局理論之間是一種模稜兩可的關係。他不願意自稱為賽局理論家，而寧可當一名時而利用賽局理論的社會科學家。早在接觸賽局理論之前，他就想到賽局理論為他提供了一種表達思想的方法。他喜歡進行類比推理，在純粹主義者看來這種方法簡直讓人瘋狂。謝林的聲望，主要出於他是一位傑出的闡述者，筆下文字優雅流暢，這些特點，在這個特定領域可謂鳳毛麟角。[11]

謝林並沒有聲稱自己取得了人們在戰略領域長期尋求的「科學」成就，也不認為形式邏輯或多或少會導向用數學方法解決問題。他和作業研究領域的學者一樣，持有一種越來越強烈的想法，即高等數學和抽象模型正在日益排斥其研究成果的潛在使用者。[12]他堅持反對將戰略列為「數學的一個分支」。[13]他坦承自己「閱讀古希臘歷史和親眼看推銷術比研究賽局理論」收穫更多。他認為賽局理論最大的成就是收益矩陣（payoff matrix），將「涉及兩個人和兩種選項的簡單情況」置於這個矩陣中，這種方法非常有用。[14]

謝林對賽局理論的模糊態度並非獨樹一幟。一九五〇年代，在蘭德公司從事研究的其他核戰略家更傾向於談論如何追隨賽局理論的「靈魂」，而非遵守賽局理論的法則。布羅迪在一九四九年發表的一篇文章中指出，在註腳中提到賽局理論是「數學系統化」的源頭之一，並稱自己「出於各種各樣的原因」不會認同這些作者的觀點，「即他們的理論能夠被直接並有效地應用在軍事戰略問題上」。[15]後來，當他發現即使賽局理論進行了「改良」還是沒什麼用時，便認識到了「人們經常掛在嘴邊的警句」的重要價值——「戰爭中，對手會針對我們的行動進行反擊，而我們則必須再次反擊。」[16]在關於核武戰略的著作中，提到賽局理論的寥寥無幾。賽局理論的這種缺席在其創立者奧斯卡・摩根斯坦的一本書中尤為明顯。[17]布魯斯－布里格斯（Bruce-Briggs）認為，核武戰略與賽局理論之間的緊密相連是康恩的《論熱核戰爭》所造就的。雖然康恩在書中既沒有提到賽局理論，也沒有運用數學方法，但他被認為是個被賽局理論控制的極端好戰分子。這個綽號的言外之意是，此人具有強大的技術能力，卻沒有道德觀念。謝林也被劃到這一類人當中。[18]當時，謝林的觀點是，「我不認為賽局理論有多麼複雜，其複雜程度比拉丁語法或地球物理強不了多少；但是那稀奇古怪的名字，讓它聽上去神祕而傲慢十足，好像真的是一種有效的手段」。[19]

謝林基本上沒有軍事背景。他是個經濟學家，一直致力於推動美國重建歐洲戰後經濟的馬歇爾計畫。因此，他對各種類型的談判有著普遍的興趣，尤其是那些可能需要通過暗示或直白的討價還價來尋找突破口以達成共同方案的過程。他曾對於不用直接交流而達成共同解決方案的可能性問題，發表過一篇論文。[20]之後他讀了盧斯（Duncan Luce）和拉伊法（Howard Raiffa）的《賽局與決策》（*Games and Decisions*）一書，並從中看到了賽局理論的潛力。[21]謝林感興趣的課題是「在談判中，國家、民眾或組織如何應對各種威脅和承諾」，於是他在一九五六年與蘭德公司建立了聯繫。一九五八年至一九五九年，謝林在蘭德公司度過了富有成就的一段時間。[22]在涉及多種學科、渴望理解核子時代的多位重要思想家的協助下，他檢驗了自己的理論。雖然甘迺迪政府給他安排了一個職位，但謝林更願意保持獨立身分，不過還是以顧問的方式為政府工作。

謝林與他在蘭德公司的同事們共同開發了許多理念和概念，漸漸為人熟知並進入戰略語境，但值得注意的是，這些理念在當時是非常新奇、激進的。批評家們不無道理地抱怨稱，這種方法論使人們得以心平氣和地談論可怕的前景，以及那些文明人永遠不可能支持的老謀深算的行動。他們所研究的各種戰略模式無法超越冷戰衝突，也不可能兼顧意識形態和地緣政治領域的各種問題和矛盾。這些理念和概念雖然有上述重大局限，但其成就是無法掩蓋的，它們開啟了一種既能思考衝突、又能容納合作的思維方法。

謝林從賽局戰略的特點著手，將它與機遇、手段的特性做比較：「任何一方的最佳選擇，取決於他預期對方所能採取的行動，反之，對方的行動則取決於其對他的行動的預期。」戰略就是相互依賴，「以他人的行為作為條件，來決定自己的行為」。這道理適用於任何涉及衝突與合作的社會關係。所有的夥伴關係都存在一定程度的危險性，正如所有的對抗在一定程度上都是不完整的。賽局理論的核心是衝突與合作相互交融，缺少任何一方，都不能稱為賽局。謝林指出，賽局理論的「一個極端是，如果各方不能相互體諒和包容，沒有共同利益，甚至不打算躲避共同的災難，那麼賽局就無從談起；另一個極端是，如果根本不存在衝突，在認同和達成共同目標方面沒有任何障礙，那麼賽局也就不存在了」。[23]

我們不妨在此基礎上重新思考軍隊的作用。傳統上，國家調動軍隊來奪取或保護自己想要的東西。「國家能強有力地擊退、驅逐外來勢力，滲透、占領他國地盤，捕獲、消滅敵人，解除、癱瘓別國武裝，防衛、阻擋外來勢力，甚至直接挫敗入侵和進攻。所謂『能』指的是有足夠的力量。至於是否『足夠』還要看對手的力量有多強。」[24]謝林最驚人的斷言是，他認為除了蠻力攻擊之外，還有一種選擇：「除了在軍事上削弱敵人，還可以讓敵人遭受苦難。」有別於當時以國際法作為解決衝突的盛行觀點，謝林則是強調避免讓人們遭受不必要的痛苦。謝林認為，「軍事力量最顯著的特點之一」是給人造成傷害的能力。它的價值不在於將傷害行為付諸實施（那樣做會對戰略帶來總體性損傷），而在於迫使對手採取行動避免受到傷害。只要暴力威脅存在並有可能以和解來避免，那麼它就具備強制性的價值。「傷害性力量是討價還價的交易力量。利用這一力量便產生了外交——手段惡劣的外交，但它確實是外交。」在這樣的主張下，戰略就從思考征服與抵抗的問題，演變成了嚇阻、恐嚇、敲詐和威脅。

因此，謝林這個理論的核心是高壓脅迫。傷害不一定靠核武打擊。這個理論架構也適用於不那麼強勢的懲罰形式，比如經濟制裁。這套理論也考慮到侵犯和防禦的傳統區分，只不過這裡指的並不是一般意義上的征服土地，或者阻止邊境被入侵。脅迫的重點是，透過威脅來影響對手而不是控制對手的行為。與防守具有對等效果的是嚇阻，即勸告敵人不要採取攻擊性行為；與侵犯具有對等效果的是脅迫，可誘使敵人退出或者默許。在嚇阻之下，對手無可作為；而受脅迫的對手則必須採取行動，或者停止敵對行動。與嚇阻相關的是保持現狀，而且沒有明顯的時間限制；但脅迫則要求將事情發展推向一個新的階段，而且有可能很緊急。相較之下，嚇阻會更容易一些，因為實施者只需要保留採取某一種行動即可，其嚇阻目標也可以否認自己曾經考慮過採取任何行動。而在脅迫之下，服從的特點更為明顯，「被迫投降」的意味更加強烈。總之，無論如何也沒有能力再使「原本打算要做的事情顯得合理化」。嚇阻與脅迫這兩種手段也可以結合起來使用。一旦最初的嚇阻失敗，對手採取了敵對行為，那麼下一步就得採用脅迫手段了。如果在一場衝突中，雙方都可能受到傷害，且任何一方都無法強勢地達成目標，優勢平衡來回傾斜，那麼就得交替使用嚇阻與脅迫兩種手段，而這取決於在某一個時段哪一方占了上風。[25]

核武威脅有一個特殊之處。實施核武攻擊是一種異乎尋常的可怕行為，但是在實現核武壟斷的情況下，以對他國施以核武威脅而取得戰略優勢，並不是一件多麼困難的事情。要想改變這種情況，除非採取核武威脅的國家有可能遭受到同樣可怕的報復。如此缺乏可信度的威脅手段，是如何讓人獲益的呢？這樣的威脅一旦受到第一波挑戰，就會被證明不過是虛張聲勢而已。於是，謝林又一次運用顛覆傳統概念的手法解決這個複雜難解的問題。人們一直認為，戰略的目標是對正在展開的衝突施以最大的控制。謝林提出了一個完全不同的問題：如果承認並接受失控，會不會取得戰略優勢？脅迫是透過影響對手的選擇而發生作用。也許，限制自己的選擇，會使得對手在選擇時感到更加困難，進而迫使對方讓步。這就是將理性注入明顯的非理性姿態。那麼，何不創建一種本質上就不理性的情況呢？

這種理念，就是將決定權推到對方身上，迫使對方在繼續較量和撤回放棄之間選擇。只有「敵人退讓了，形勢才可能平息下來；否則雙方的對抗將演變成一場考驗神經的競賽」。[26] 這種情況早已有過先例：希臘人燒毀橋梁來顯示自己要和波斯人決一死戰；西班牙「征服者」埃爾南・科爾特斯（Hernán Cortés）下令燒毀全部船隻，以向中南美洲的阿茲特克人表示破釜沉舟的戰鬥決心。既然選擇了斷絕退路，那麼除了戰鬥別無他途，在這種大無畏的信心面前，敵人難免灰心喪志。

在核武領域中有種極端的情況，是使威脅行動成為不受意志控制的行為，將選擇權完全推給敵方，而且這種威脅一旦實施就無法撤回，除非對方完全服從。這就是所謂的「末日機器」概念：一旦越過了臨界點，就什麼也無法阻擋，必然會爆發一場共同的災難。因為若是剔除所有選項，會讓人無法接受，於是謝林以漸進風險提出這個問題。對手會發現，即便施威者想改變主意，威脅還是有可能被付諸實行。這就有可能引發一場「冒險競爭」，將戰爭變成一種「耐力、神經、固執和痛苦」的競賽。這實際上不是什麼末日機器，受到威脅的一方會發現其實施威者也並不完全是虛張聲勢，因為他們無法完全控制局勢。謝林稱其為「威脅中的機遇」（The Threat That Leaves Something To Chance）。這類威脅的特徵是「雖然它們不一定被付諸實踐，但最後的決定權並非完全掌握在施威者手中」。[27] 他在講述克勞塞維茨的衝突摩擦理論時，強調這種不確定性是普遍存在的，因此這類威脅也就有了可信度。

> 暴力，尤其是戰爭中的暴力活動，是一種混亂而不確定的行為，存在高度的不可預測性，它是由難免犯錯的人組成的不完美政府做出的決定，依賴於並不完全可靠的通訊和預警系統，以及未經檢驗的人員和

設備。而且，它還是一時衝動之舉，承諾和聲譽能夠積聚自身的動力。[28]

克勞塞維茨認為，除了最牢固的戰略，衝突可以削弱一切，而謝林思考的卻是如何突破羈絆，創造性地利用衝突的不確定性。當危機演變成局部衝突時，不確定性會隨之增強，進而發展成為全面戰爭，「逐步失控」。[29]但人們不一定非要躲避這樣的現實，可以憑藉高超的技巧來利用它。可以設想，讓「局勢多少有點失控」是完全值得的，因為這樣的情形會令對手感到無法忍受。嚇阻之所以能夠發揮作用，是因為可怕的事情即將發生（人們根據理性判斷，它是可信的），並非因為有人威脅要去做那件可怕的事情（出於人類的理智考慮，那是不可能的）。

非理性中潛在的理性可以用「小雞遊戲」（the game of chicken）來詮釋。兩個少年比爾和班分別駕駛著汽車相向而行，兩人都想以此證明自己的強大。駕駛過程中，誰先轉彎避讓，誰就是小雞（膽小鬼）。如果兩人同時轉向，那麼不分輸贏；如果兩人誰也不讓，結果就是同歸於盡。如果比爾避讓了，班沒有轉向躲開，那麼比爾會受到羞辱，而班就樹立了威望。由此可以列出表13-1這個矩陣。

根據極小極大戰略，兩人同時轉彎躲避，是所有壞結果中最好的一個。這代表了冷戰時美蘇雙方所表現出的自然謹慎態度。然而，在這個遊戲中，轉彎的時機大有講究，它會令局勢發生巨大變化。設想比爾打算轉彎，但這時，班先轉向躲開了。由此，比爾因為延遲轉彎而成了贏家。這說明，比爾的神經能繃得更長久一些。也許，他心裡很有把握，知道班意志薄弱，必然會轉彎躲開。但是再設想一下，班心裡很清楚比爾的想法，這一次他想扭轉形象。他想讓比爾看看，自己孤注一擲而且還有點失控。班如果強烈地想要讓比爾覺得自己有點瘋狂，或許得用些策略，比如威嚇、吹噓，甚至假裝喝醉酒。這時候，非理性反而成了理性。如果班能夠讓比爾相信自己已經失去了理智，那麼他就有可能成為贏家。

這正好解釋了一個基本問題。即使人們為了向對手施加壓力，在其面前公開做出不理性行為，但暗地裡還是會把腳踩在煞車板上，雙手牢牢握住方向盤。但是，對個人可行的做法並不一定適用於政府，因為政府

表13-1

		比爾	
班		1轉向	2不轉向
	1轉向	0 a1b1 0	+20 a1b2 -20
	2不轉向	-20 a2b1 +20	-100 a2b2 -100

註：單元格角上的數字代表不同結果的價值。

還得讓國民相信一切仍在掌控當中。即便國民完全理解並接受這種佯裝失控的伎倆，這也不可能成為危機管理的常態。無論賽局雙方涉及的是個人還是國家，反覆不斷地假裝不理性都是一件很有難度的事情。和欺騙戰略一樣，假裝不理性的做法很難複製，因為會影響到對下一輪行為的感知。實際上，如果另一方對這種假裝不理性的做法反應過度，那麼該策略就無法達到預期目標。類似的遊戲玩得越多，危險性就越大。戰略的總體重要性不僅在於對當下事物的影響，還在於它對敵對雙方長遠關係的影響。戰略在某一次賽局中所產生的結果會影響接下來的使用效果。賽局理論展示了較量雙方如何同時做出決定。而謝林推斷，賽局雙方的行動有先後順序，每一個動作都會使賽局架構發生變化。[30]

在謝林提出的模式中，相互認知的過程很重要。賽局理論需要進行重新調整，並納入這樣的事實：「如果知道對方也正試圖做出和自己一樣的行為，雙方常常能協調他們的意圖或期望。」有些理論家認為可以用數學方法來找到彼此之間的均衡點，而謝林認為均衡點本身就存在，而且是顯而易見的，但這需要「某些能讓雙方展開對話的共同語言」。出於各種微妙或複雜的原因，敵對雙方不可能進行這樣的溝通交流，而且即便在正式談判和聲明中也不可能出現這樣的共同語言。它既心照不宣，也是清晰明確的，取決於雙方共有文化中那些最顯著的象徵和價值，它依據傳統和先例，增進相互理解並透過言行來鞏固。它「並非靠邏輯推理，而是想像得來的；它取決於類比、先例、偶然、對稱、美學或幾何結構、詭辯推理、敵對雙方的派別，以及他們彼此了解的程度」。[31]有些均衡點會因此變得非常顯著。它們必須簡單明瞭、顯而易見。謝林在《軍備及其影響》（*Arms and Influence*）一書中，舉例說明有可能被無法直接溝通的敵對雙方用來暗示對方的一些特徵：

國家邊界、河流、海岸線、戰線，甚至緯線、空戰與陸戰的區分、核裂變與化學燃燒的區分、戰鬥保障和經濟保障的區分、戰鬥人員與平民的區分，以及對國籍等因素的區分。[32]

一旦有可能進行適當溝通，雙方就可以透過直接對話進行公開的討價還價。但謝林提出，這種「純粹的協調賽局」，「不僅缺少趣味，而且幾乎已經不再是『賽局』了」。[33]

然而，提到間接溝通的可能性，任何語言行為的影響或者生來就存在的均衡點都不如直接溝通更可靠。在幾乎無法進行直接溝通的環境下，比如對冷戰中兩大意識形態集團而言，謝林提出的透過間接手段尋找可能的共同均衡點就很有價值。但是，這種手段不可能發揮更大的作用。它並非意味著，只要存在真正的需求，雙方就一定能夠找到這個均衡點。而且，當雙方的信仰和價值觀南轅北轍時，對一方來說顯而易見的事物，在另一方眼裡可能並不那麼醒目。沒有直接溝通就無法確認雙方是否已經找到了共同點，進而很可能會出現誤判，要嘛一廂情願地認為對方和自己一樣看到了明顯的均衡點，要嘛想當然地認為在某些事物上達成一致是不可能的。正如赫德利・布爾在評論《軍備及其影響》時所說的，超級大國「在傳送訊息時完全抹殺了理解，幾乎連點個頭、使個眼色的動作都不會有」。[34]

第一擊和第二擊

謝林認為，按照討價還價和脅迫的原則來考慮核武戰略是完全可行的，而且除此以外的其他方法都行不通。這種觀點直接挑戰了決定性勝利的理念，認為該理念至少在核子時代是毫無意義的。但是，這並不意味著人們不明白什麼是決定性核武勝利。為確保成功，決定性核武勝利必須是大獲全勝，使對手完全沒有反攻報復的機會。冷戰中的任何一方都不可能放過這樣的機會。它在一定程度上為軍備競賽提供了動力，控制了風險計算。「第一擊能力」（first-strike capability）指的是用突然襲擊的方式解除敵人武裝的潛在能力，這是有史以來最具毀滅性的軍事行動，是第一次也是唯一的行動，它悄悄策畫，祕密執行，使用未經試驗的武器打擊一個特定場景中的各種不同目標，同時還要利用全新的防衛手段阻斷對方的任何報復性武器。人類是否具備這樣的打擊能力，取決於對攻擊武器和防守武器發展能力的評估。

一九五〇年代中期，蘭德公司曾經做過一項著名的研究，由艾伯特．沃爾斯泰特領銜的研究團隊認為，美國戰略空軍司令部的各個基地很容易遭到突襲。由於美國不可能針對這樣的襲擊展開報復行動，因而就會與盟國落入蘇聯的敲詐之中。[35] 這一想法挑戰了當時流行的「打擊社會財富」（counter-value）的觀點，即可以單獨用核武來打擊政治和經濟中心。將核武瞄準軍事設施的做法，稱作「打擊軍事力量」（counter-force），它能夠打得對手毫無還手之力，因此是一種潛在的決定性戰略。然而，如果一個遭受核武攻擊的國家能夠承受住第一擊，並且保存足夠的力量來組織反擊，那麼它就具備了「第二擊能力」（second-strike capability）。沃爾斯泰特相信，他的研究吸收了「作業研究和實證系統分析的傳統」，遠遠超越了謝林的思想，發現了「戰略力量的弱點」。[36]

假設敵對雙方都有執行第一擊的能力，布羅迪在一九五四年的一篇文章中提出了另一種可能，他注意到如果「雙方都有能力向對方發動突然襲擊」，「好戰」就會變得很有意義。正如「美國西部神槍手決鬥時那樣」，「先動手的一方會乾淨俐落地獲勝」。然而，萬一雙方都沒有一招制勝的能力，那麼先扣扳機就等於自殺，克制才是謹慎的做法。[37]隨著技術的發展，有可能出現兩種情況，不是在高度緊張的政治局勢下，雙方都承受著搶占先機的巨大壓力，從而形成一股危險的動力；就是考慮到發動核武襲擊占不到什麼額外便宜，雙方反而進入一種相當穩定的狀態。因此，維持穩定的信心來自對對手的態度和行為的預期。在他的分析模式中，有個引人注目的例子是謝林所描述的「衝突雙方對突襲的擔心」：在一個明顯穩定的嚇阻系統中，即便敵對雙方均沒有遭遇任何能夠「根本性」地促使其先發制人的事由，局勢也可能突然失衡。「儘管如此，似乎還是存在某種特殊誘惑可以令某一方先發制人，向對方發動突襲——儘管突襲的誘因和動機如此之小。這種誘惑可能演化為一個複雜的混合過程，其中包括雙方的互動預期和連續的邏輯循環所產生的襲擊動機：『他認為我們認為……他認為我們認為他會進攻；因此，他認為我們會進攻；因此，他會進攻；因此，我們必須進攻。』」

為了減少產生這種想法的機率，核武系統應該適應第二擊：既要相對無懈可擊，又要相對不準確。這在實踐中意味著，受到攻擊威脅的應是城市，而不是武器。由此，第二擊背後的邏輯越發令人不安，而且自相矛盾。我們不應該想方設法去消弭核子戰爭帶來的凶殘後果，因為我們不該讓人們認為發動核子戰爭是值得的。「只能傷及民眾而無法打擊侵略力量的武器屬於防守性武器，」謝林解釋說，「面對擁有類似武器系統的對手，一方顯然不會首先發動進攻。」真正危險的武器是那些意在「搜尋敵人的飛彈和炸彈的東西——它們能夠利用第一次打擊的優勢，為發動攻擊提供誘惑力」。[38]美國的目標是穩定美蘇之間的核子關係。謝林注意到，在此基礎上，能夠攜帶飛彈的潛艇成為實現第二擊的絕佳武器。潛艇在海中不易被發現，但也很難（在謝林的時代）被用來精確打擊敵方部隊。正因如此，謝林認為美國人不應尋求在潛艇上獨霸一方，因為如果「敵人確信潛艇既不能被用來實施第一次打擊，又不具備發動第一次打擊的政治能力，那往往是有利的」。

如果說上述推理得出的結論令軍方驚詫不已，那麼另一場有關採取激進措施裁軍的討論也收到了同樣效果。一方擁有的武器數量越多，另一方透過突襲消滅對手的難度就越大。為了穩定核子關係，將飛彈數量限制在高水準而不是低水準上，維護平衡穩定，往往更容易實現。因為如果約定的飛彈基數很大，那麼雙方以欺騙、掩藏或破壞協約等手段實現己方的數量優勢就會更困難。[39] 無論是軍方，還是主張裁軍的人士都沒想到，他們應該彼此配合，彼此激勵。實際上，「軍備管制」（arms control）這個術語最早出現在一九五〇年代，用來確定一種能夠與新的軍事戰略動機相匹配的相互諒解形式。[40] 它意味著，軍隊必須適應一種理念，即在與敵方力量對峙的同時——

> 還需合作，避免雙方陷入沒有退路的危機中，避免出現假警報和誤解意圖的現象，還要在對抵抗施以嚇阻、對無法接受的挑戰進行報復的同時，透過這種心照不宣的合作，讓人確信這些行動既圍堵了潛在的敵人，也限制了自己的行動。[41]

謝林感興趣的是，雙方如何在無法直接交流的情況下，達成富有成效的協議。與其相似的是，這也涉及「引誘性的或者相互報答性的『自我控制』，不管其誘因是談判達成的協議、非正式理解，還是互惠式的自我控制」。[42]

無論如何，技術發展為第二擊提供了支持。事實證明，開發因應核武攻擊的防禦措施，是徒勞無功的。因此到一九六〇年代中期，對技術軍備競賽可能觸發突然襲擊的擔憂緩和了許多。在可預見的未來，任何一方都可將另一方當作一個現代化工業國家予以消除。麥納馬拉認為，只要兩個超級大國自信能夠保證相互毀滅——一種足以毀滅二五%的人口和五〇%的工業，並造成「不可接受的破壞」——那麼兩個大國之間的關係就能保持穩定。值得注意的是，這種情況反映的不是對現代社會容忍度的判斷，更重要的是力量大規模激增到某個點後，會因新破壞和新傷亡的增加，使邊際收益減少。邱吉爾對此有過生動的形容，到達了這個點「你所需要做的就是讓小石子彈起來而已」。

如果真的開戰，也可能是出於其他誘因。假設雙方沒有經歷核武大戰，也可以利用未知的可能性來塑造衝突的發展。即使在戰爭過程中，只要城市尚且存在，就有希望進行新一輪的討價還價。一旦城市被毀壞殆盡，就沒什麼指望了。進攻城市簡直就是「一個古代機制——人質交換——的大規模現代版」。讓有價值的東西始終處於脆弱的狀態，是一種強制維持良好行為的方式。[43]和克勞塞維茨一樣，謝林也發現，原始的憤怒情緒也能破壞雙方的克制力。

人們把衝突愈演愈烈變得更加危險的過程稱為「升級」（escalation）。這個詞（謝林不贊成用這個詞）後來日漸流行起來，用來描述一場有限戰爭變成全面戰爭的悲劇性過程。原意指不管一開始的決定是多麼讓人後悔莫及，就像運動中的升降梯一樣，戰爭一旦啟動就無法停止下來。這個詞——最早可以和「爆發」（explosion與eruption）、「引發」（trigger）這些詞互換——是第一個被用來挑戰有限核戰爭觀點的詞。例如，一九六〇年季辛吉（Henry Kissinger）將升級定義為「力量不斷增大，直到有限戰爭不知不覺成為一場全面戰爭」。[44]謝林意識到，可以把升級過程視為討價還價的機會。而且他還發現，如果漸漸對局勢失去掌控，那麼討價還價的機會也會越來越渺茫。要讓侵略者罷手，並退回原點，放棄占領土地，那麼對其發出的威脅就必須可靠且足夠嚴重，然而現實往往是，對方並沒有對先前受到的嚇阻給予足夠的重視。因此，要理解有限戰爭的作用不應僅僅看到其有限的一面，還應更認識到它形成了有預謀的「全面戰爭的風險」，使戰爭升級的風險提高到「零度以上的中等程度」。[45]第一次核武交鋒的作用「不僅僅在於或並不主要在於改變戰場上的力量平衡」，其主要作用應是「使戰爭變得太痛苦或者太危險，從而無法繼續下去」。[46]

超級大國之間的對抗主要是相互摧毀的意念，而謝林早在這個現象顯露之前就已經形成了自己的觀點。謝林探討的可能性並沒有實現，因為使用核武的後果非常可怕，即使煞費苦心操控也無濟於事。人們對危機性的行為變得謹慎小心起來。因此，回顧謝林的理論架構，可以將它當作一種清醒頭腦的練習，雖然它只是在推理假設的範圍內探索各種可能性，但至少展示了傳統戰略思想所欠缺的一個面向。一九五〇年代，人們對戰爭中的挫敗記憶猶新，大多數人相信第三次世界大戰並不是遙不可及的事。探索嚇阻的邏輯，以及為什麼接受它比避而不談更有意義，這些問題都極為重要，為此付出的種種努力也都是值得的。

存在性嚇阻

幾乎沒有哪個國家會願意持續保持克制，我們或許可以想像，兩個超級大國之間爆發了一場不涉及核武的大規模戰爭。埋藏在美國戰略家心裡真正的核心問題是，對非核同盟國家提供核武手段幫助的承諾。一旦出現僵局，為了同盟國的利益而發動核戰顯然過於草率。但是，歐洲人似乎又沒有足夠的傳統手段去阻止蘇聯領導的華沙公約組織發動的攻擊。如果歐洲不想遭到蹂躪，至少美國得表現出為此發動核戰的可能性。如果沒有這種反映重大利益的基本政治承諾，那就沒有必要去考慮謝林所提出的「威脅中的機遇」。所謂的戰術核武正是對這種理念的最好闡釋，對其軍事價值的最恰當解釋就在於它可能帶來的風險，即一旦捲入歐洲地面戰爭，它就能發起一場超乎理性想像的核戰。

一九六〇年代初，美國漸漸出現了一種觀點，認為解決這些問題的最佳途徑是增加常規部隊——用反向的拒絕方式來製造嚇阻，減少對核武威脅的依賴。但這種做法的困難之處在於，積蓄常規武裝力量的成本高昂，而且在歐洲人看來，減輕自身的核武責任，就意味著美國人認為歐洲安全並非什麼重大的切身利益。從中可看出，之前美國智庫所做的戰略分析與歐洲的政治狀況脫節，兩者在兩個敵對意識形態集團之間處於某種穩定的分離狀態。歐洲人並不認為自己身處大戰邊緣。他們認為，即便核武威脅並不可信，嚇阻也仍能發揮作用，因為還存在其他可能性：如果歐洲發生了非理性戰爭，造成局勢緊張，核武可能會派上用場。對於政治領袖而言，只要有一絲可能，就會堅決維護可控制的現狀。在此基礎上，嚇阻的關鍵就在於結盟，即美國的威力（包括其核武庫）和歐洲安全之間的緊密聯繫。任何破壞這條聯繫紐帶的行為都會對嚇阻能力構成威脅。

在此一種戰略架構間衝突出現了。一種是自上而下、從經典大戰略的角度出發，專注於強大的理性，設想戰爭會為各方帶來災難，因此力主避免冒戰爭之險。另一種則是自下而上的操作分析、認為優勢就蘊含在衝突中，只要政治家決定冒險，打仗完全是值得的。這顯示出，西方在常規力量方面處於弱勢，無法與蘇聯匹敵。一旦蘇聯人抓住並利用了這個弱點，西方所能做的，就只能是發出越來越多令人難以置信的核武威脅，增大核戰的可能性。

一九六一年，這個問題進入白熱化階段，美國新任總統甘迺迪面對柏林問題的重大挑戰。德國舊都柏林位於蘇聯掌控的東德境內，然而作為戰後協定的一部分，這座城市被一分為二。西柏林雖然與西德之間交通不便，卻為尋求逃離共產黨統治的東柏林人提供了一條通向西方的便利途徑。對莫斯科而言，這是個巨大的刺激。當年夏天流傳的各種威脅指稱，蘇聯要發起行動以切斷西柏林的對外通道，將其納入蘇聯的控制範圍。由於憑藉常規武器無法保護柏林，於是為了阻止蘇聯採取行動，核戰的陰影也隨之而來。最終，核戰威脅壓制住了蘇聯的挑釁，他們造起了一堵圍牆，把柏林一分為二，把自己的人民圈了起來。

在那年夏天的柏林危機期間，甘迺迪收到了一篇謝林所寫的關於有限核武衝突的論文。這篇論文強調，提高敵人面臨的風險至關重要，而不應徒勞無功地下決心贏取什麼決定性勝利。「我們應該計畫一場神經戰、表演戰、議價戰，而不是針對戰術目標進行攻擊。」這篇文章顯然令甘迺迪留下了「深刻印象」。在此之前，謝林曾經和甘迺迪的國家安全顧問麥喬治·邦迪（McGeorge Bundy）探討過這個問題。兩人共同關心的一個問題是，軍隊似乎無法徹底弄明白「常規戰爭和『一場大規模的全面爆炸』之間有一個可怕的跨越」。[47] 謝林對當時美國政策的主要貢獻是設計了一個「危機賽局」，盡可能模擬了決策者可能面臨的混亂、緊張環境，以及他們所要解決的諸如柏林危機升級之類的問題。謝林的賽局探索了柏林危機會如何演變，模擬了眾多場景，其優勢在於從中可以了解到各方領導人的實力及其核心觀點。一九六一年九月，華盛頓舉行了幾輪模擬活動，目的是加深參與者對「軍事危機中的議價」的理解。遊戲活動要求高層決策者——既有武官也有文官，對各種各樣的情境做出回應。賽局結論凸顯了各種事件的壓力作用，對官方思想和謝林後來的理論均產生了影響。人們從中發現，有效溝通比設想的難度要大得多，因為敵人只能看見你的行動，而看不到行動背後的真正意圖，而且可用於交流的時間也往往比期望的要少得多。

然而，在這些遊戲的過程中，即便想要發動一場大規模常規戰爭也有相當大的難度，更不用說引發一場核武衝突了。謝林的合作者阿蘭・弗格森（Alan Ferguson）說，這些實驗「最驚人的結論」是，「我們居然沒有能力發動一場戰爭」。[48]這個賽局同時也突出了柏林問題：「不管是誰發動雙方都不想看到的致命攻擊，都會遭到嚇阻和阻攔。在這種危機一觸即發的脆弱狀況下，聰明的戰略是把採取進一步行動的主動權推給對方。」[49]因此，即便柏林危機惡化，這個賽局也不贊成將任何使用核武的想法當作現實選擇，甚至是作為暗示對方的手段。這進一步證明了常規戰爭與核子戰爭之間的巨大差距。一名助理在向甘迺迪彙報時強調，「在和蘇聯日復一日進行政治鬥爭的過程中，出於戰爭目的而靈活、有效地使用軍事力量」是相當困難的。[50]

第二年，甘迺迪遭遇了更大的危機，美國發現蘇聯居然要在古巴建造飛彈基地。美方高層人員為採取反制措施和潛在手段展開了多次討論。這些對話大部分都被記錄下來。從中可見，甘迺迪在危機中花費了大量時間來揣摩莫斯科方面採取某項行動的效果。他甚至還為此設身處地在赫魯雪夫（Nikita Khrushchev）的位置上考慮問題。甘迺迪設想，蘇聯領導人和他的處境大致相同，要對危機做出及時回應，面對陣營內部強硬派的壓力，甚至和他一樣難以撤回對大眾的承諾。甘迺迪擔心，若對古巴實施飛彈攻擊，會導致蘇聯進攻土耳其，美國在那裡部署了中程飛彈；而封鎖古巴也會讓蘇聯封鎖西柏林那樣的局面重演。

甘迺迪建立了一個由重要官員組成的執行委員會（ExComm）來討論幾種可行方案。其中的一個選擇是，對蘇聯設在古巴的飛彈基地發動空中攻擊，在它們有能力發揮作用之前先將其消滅。在這種選擇之下需要考慮的是，有沒有可能利用一次小小的「外科手術」式攻擊來達到目的？還是只有持續不斷的高強度空襲、輔之以入侵古巴，才能消除隱患？解決問題的另一個選擇是採取漸進方法，透過封鎖行動來展示決心，阻止軍事設備流入古巴境內。執行委員會的決定在一定程度上取決於方案的可行性：空軍方面是否有足夠的能力找到並破壞蘇聯的飛彈基地？他們將遭遇多強的地面防空力量？蘇聯部署的武器中是不是有一部分已經具備了攻擊能力？發動空襲，尤其是突襲式的空中攻擊，讓執行委員會中許多人感到一絲不安。畢竟，美國曾經是一九四一年十二月七日空中偷襲的受害者。總統的撰稿人泰德・索倫森（Ted Sorenson）發現，自己可以在講稿中輕而易舉地宣布封鎖的消息，但若要提及空中攻擊就會困難重重。封鎖的另一大好處是，如果達不到立竿見影的效果，也不排除採取更加強硬的行動。這會使選項始終處於開放的狀態，讓對手猜不透。

然而，人們仍然焦慮對古巴實行封鎖是否可行。羅伯特·甘迺迪（Robert Kennedy）曾經對他哥哥有過這樣的描述，當時甘迺迪正靜待蘇聯船隻的反應：

我想，那幾分鐘對總統來說非常重要。世界是不是真的到了毀滅的邊緣？這是我們的錯嗎？是不是搞錯了？我們是不是錯過了一些應該做的事情？或者有些事情我們本不應該做？他抬起手捂住了嘴。他張開又握緊了拳頭。他看上去很憔悴，眼睛很疼，臉色灰暗。

在蘇聯方面，兩天後赫魯雪夫給甘迺迪送來了一封充滿激情的長信：

如果人們不拿出智慧，那麼最終就會像瞎眼的鼴鼠一樣撞在一起，然後開始相互殘殺……這就像你在一根繩子上打了個結，你我雙方都不應該使勁拉扯著這根繩子，否則這個結會越拉越緊。最後，很有可能連打結的人也解不開這個結，只能用刀把它割斷。我並不是要把事情的後果解釋給你聽，因為你自己完全明白我們兩個國家正在做著多麼可怕的事情。[51]

一九六二年十月二十七日星期六，蘇聯發出了各種各樣的訊息（除了一條略顯溫和，其他的都很強硬），再加上美國一架偵察機在古巴上空被擊落，美蘇之間的緊張氣氛達到了頂點。人們推測美國會向古巴的蘇聯地對空飛彈基地發起報復行動。即便不發動襲擊，美國也會擇機對古巴進行空中偵察，這就將空軍置於危險的境地，並不可避免地導致還擊。麥納馬拉設想了一個可能的腳本。如果執行任務的美國偵察機遭到地面火力攻擊，美國將被迫做出回應。美國飛機一旦遭受損失，「我們就會向古巴發動猛攻」。這種狀況不會持續很久。「因此我們必須準備好對古巴發起進攻——速戰速決。」這是一種包括空襲在內的全面進攻，「每天出動軍機執行任務，我個人認為這樣幾乎肯定會導致一場入侵古巴的軍事行動。我雖然不能完全肯定，但幾乎可以斷定一場入侵在所難免」。

接下來要設想的是，赫魯雪夫會採取以牙還牙的報復行動：「如果我們這麼做了，那麼蘇聯很有可能，我認為很可能攻擊土耳其的飛彈。」「如果蘇聯襲擊了土耳其的飛彈基地，我們必須做出回應。北約不會坐視蘇聯破壞部署在土耳其的木星飛彈。」他又寫道：

> 蘇聯攻擊土耳其的木星飛彈後，北約至少也會動用其部署在土耳其的部隊發起常規武器反擊，也就是說，土耳其和美國空軍會聯手對黑海地區的蘇聯戰艦和（或）海軍基地發動攻擊。我認為對方起碼也會這麼做，而這麼做確實非常危險——蘇聯襲擊土耳其，北約對蘇聯進行報復。[52]

麥納馬拉非常重視這個問題，雖然他在自己的腳本中預設政府會做出不明智的選擇，但他懷疑美國很快就會發動一場核戰。然而在現實中，不管是甘迺迪還是赫魯雪夫，誰都不想面對一場災難，他們發現了一條懸崖勒馬的退路：美國承諾不入侵古巴，以此換取蘇聯從古巴撤出飛彈。從這個實例中可以看出，不論雙方多麼不了解彼此，但在根本問題上它們還是存在共同點，即都下定決心要避免一場核武悲劇。

飛彈危機最終如此收場，雖說是出於美蘇雙方對核子戰爭的共同恐懼，但從中可以得出的一個結論是，只要有清醒的頭腦和堅定的意志，類似的危機是可控的。特別是，這次危機的成功化解對事態升級論提出了質疑。事態升級論向來稱不上什麼戰略，而是人們避之唯恐不及之事。古巴飛彈危機之後，事態升級論遭到質疑，因為這無法認識到漸進式行動的潛力，尤其是在衝突發生的早期，真正大戰還沒打響之前。艾伯特和羅伯塔．沃爾斯泰特（Roberta Wohlstetter）認為：「這就像我們面前既有上樓扶梯也有下樓扶梯，兩段扶梯之間還有落腳的平台供人站在上面思考，要不要搭扶梯，選擇上樓還是下樓，或者乾脆原地不動，或選擇走樓梯。事情到底發展到什麼地步，就會具有自動性或不可逆性，這個問題雖不確定但至關重要，正因如此，決策者才需要找個平台，停下來喘口氣，考慮下一步動作。」[53]

康恩力圖展示，即便核戰已經開打，也能夠找到辦法採取行動，向對方施加壓力，同時避免一場終極大決戰。他認為，戰爭升級是必須消滅的惡魔，它並不是什麼獨立於人類行為之外的現象，而是缺乏智慧、物資準備匱乏的惡果。他想讓人們了解，戰爭升級很可能是一種蓄意行為。當「人們想讓戰爭升級那麼一點點，卻感覺對方不願意再往前走一步」[54]時，這個想法就獲得了行動上的支持。由此，逐步升級就從一個無可救藥、無法駕馭的過程，變成了有可能加以操控的行為。康恩在一九六五年出版的《論逐步升級》（*On Escalation*）一書中，介紹了「升級階梯」（escalation ladder）的概念，「階梯」共有六個門檻，四十四級台階。對大多數人而言，這本書最大的特點是指出，當人們在第十五級「台階」處初次使用核武之後，任何人都有可能提出近三十種不同的方法來運用核武。[55]當事態失去了控制的偽裝後，全面戰爭便會爆發，「升級階梯」也就走到了盡頭。康恩聲稱，自己並沒有套用佛洛依德的階梯論。義大利左翼作曲家路易吉·諾諾（Luigi Nono）則以康恩的階梯理論作為一支樂曲的主題。他把這支曲子獻給越南南方民族解放陣線（俗稱越共），樂曲的第一章是「危機」，直至第四十四終章「愚蠢的戰爭」。[56]

美國前總統甘迺迪和詹森的國家安全顧問麥喬治·邦迪對這種分析反應強烈。邦迪認為，軍備競賽已經發展到與真正的國際政治行為幾乎毫不相干的地步。一旦雙方都握有核武，形勢便會陷入僵局。所謂「一定的報復可能」意味著「不管是美國還是蘇聯，任何一個理智的政府都不可能有意識地去發動一場核子戰爭」。他寫道：「政治領導人對核子武器的真實想法與在模擬戰爭中計算出來的相對『優勢』之間存在巨大差距。」在智庫看來，數以百萬計的人死亡也是「可以接受」的損失，因此「對一個理智的人來說，損失十幾座大城市也未嘗不可」。邦迪認為，「在真正的政治領袖的真實世界裡」，「如果某個決定會導致本國的一座城市遭到氫彈襲擊，那麼人們會提前認識到，這是一個災難性錯誤；如果十座城市遭十枚氫彈襲擊，那就是一場史無前例的災難；如果有一百座城市遭到一百枚氫彈襲擊，那簡直就是不可想像的事」。[57]

邦迪認為，圈內的戰略討論已經和現實脫節。他的這種看法在一九八三年引起了爭論，因為在「最猛烈的先發制人攻擊」之後，雙方還是有能力用核武進行報復，那麼基於「對未來的不確定性」，某種形式的嚇阻仍然「存在」。[58]這個觀點消除了特定武器項目、雇用計畫，抑或各種規則聲明的戰略效果。只要超級大國之間的戰爭有可能引發大災難，那麼最好不要去冒險。事實證明，邦迪的想法很有吸引力，不僅具有直觀的合理性，而且透過清除它們的相關性的方式，解決了所有關於核子政策的複雜問題，只要這些問題不是過於離譜或太過愚蠢。雖然在決策圈裡，人們除了參考華府討論新武器系統時所假設的實際交戰需求之外，依舊很難想出評估核武庫的大小和構成的辦法，但這些討論最終還是落在常規架構內。各種各樣的方案變得不再具有可信度。對美國來說，核武嚇阻是有用的，因為對破壞現狀的嚴重後果提出了警告。這種對危險的警覺依靠的不是理性的核武反擊，而是一種依稀猶存的疑慮，即一旦戰爭狂熱不再受到約束，非理性的核武反擊是靠不住的。

第14章

游擊戰

軍隊的力量是一種看得見的東西，
它中規中矩，被時間和空間所限；
可是，誰來追蹤力量的極限，
勇敢的人能隨心所欲地帶來光明和黑暗——
燃起復仇之火為自由而戰？
誰的腳步也追不上，
誰的眼睛也跟不上，
這種力量來到了一處決定命運的所在，
這種精神
或像強勁的風展翅飛翔，
或像沉睡的風深藏在可怕的洞穴中。

——威廉．華茲華斯（William Wordsworth），一八一一年

如果說，核子武器將軍事戰略導向偏離常規戰爭的方向，那麼游擊戰也一樣。核子武器問題涉及用極端武力威脅社會。游擊戰則是一個憤怒的社會對不合理的武力所做出的回應。雖然游擊戰後來和激進的政治運

動扯上了關係，但最根本的吸引力仍在於：它是一條有助於弱者生存的途徑。儘管游擊戰算不上什麼全新的戰爭形式，而且美國獨立戰爭期間也採用過這種作戰方式，但游擊戰真正得名自十九世紀初西班牙人反抗法國占領軍的「小規模戰爭」中所採用的埋伏、騷擾戰術。本章導語所引用華茲華斯的詩歌，描寫的正是這場戰爭。

游擊戰是憑藉地利與人和而採取的一種防守型戰術。它後來發展成一種消耗戰略，採用故意拖延時間的手段來拖垮敵人，或者等待事態發生突然轉變。這樣的戰爭如果單憑一己之力很難獲勝。在比較常規的戰爭中，當敵人與正規軍交戰時，非正規軍在分散敵人火力方面是最有效的。拿破崙之所以在西班牙吃虧，是因為他同時還要對付英國軍隊。一八一二年，俄國農民同樣也讓法國軍隊的境遇雪上加霜。克勞塞維茨經歷過法國占領普魯士的戰爭，見證了西班牙的暴亂和法國人在俄國的慘敗，他將游擊戰作為自己早期演講和作品的主題。在《戰爭論》中，游擊戰被定義為一種防禦方式。到一八二〇年代，克勞塞維茨完成了《戰爭論》的大部分內容，此時游擊戰已成為一種不常使用的戰略。大眾戰鬥力日漸衰微，保守國家開始占據上風。

游擊戰能夠對一支占領軍帶來麻煩，但同時也是瀕臨戰敗的人們「最後的絕望手段」。一位奮起抵抗占領者的將領必須是「神祕且難以捉摸的」，因為一旦所有訊息變得具體、明朗，抵抗就會被攻破。游擊戰術雖然是一種戰略上的防守概念，但它必須具有攻擊性，旨在出其不意地打擊敵人。在一個國家內部，最適合打游擊的地方往往是地理條件惡劣的偏遠地區。在克勞塞維茨看來，如果沒有正規軍幫忙，非正規軍就沒有什麼價值可言。[1] 約米尼的觀點與此類似。他知道民兵組織足以對占領軍構成威脅，也很清楚如果民意被煽動起來，占領軍就很難打贏擴張戰爭。這些都是約米尼避之唯恐不及的事情。他認為，人們因宗教、民族、意識形態差異而發動的戰爭應受譴責，「有組織的謀殺」引發了「狂熱的激情，讓人變得心懷惡意、殘忍、可怕」。他承認，自己的「偏見來自對舊日時光的懷念，那時候法國兵和英國兵甚至會禮貌地請對方先開火」，而不是像「在這個可怕的現實裡，包括牧師、女人和孩子在內，整個西班牙都在密謀殺死脫隊的士兵」。[2]

一八三〇年代，馬志尼（Giuseppe Mazzini）領導的「青年義大利」運動失敗，加里波底（Giuseppe Garibaldi）帶領紅衫軍崛起，成為一個天才的游擊隊領袖。這表明游擊戰可能成為一種暴動手段。雖然有了義大利這個例子，但革命性暴力的主要模式仍是大眾突然起義，然後出其不意地抓獲當權者。有人認為，起義民眾可能會在長時間的運動中被漸漸拖垮，但這種觀點並不流行。恩格斯（Frederick Engels）在為馬克思起草的一篇文章中指出，游擊戰在西班牙興起反映出西班牙軍人的無能。在恩格斯筆下，這些人與其說是軍人，還不如稱之為暴民。他們的動力來自「仇恨、報復和掠奪」。[3]他傾向於按常規軍事組織來思考，即使在思考革命問題的時候，他的設想也是革命成功以後，一個社會主義共和國需要一支像樣的軍隊來保衛國家。革命需要一支具有階級意識、紀律嚴明的無產階級戰鬥部隊。這種想法一直影響著社會主義者的思想。於是，游擊隊就被視為無政府主義者和罪犯的勢力範圍，以及烏合之眾放縱自己的暴力傾向的領地。雖然在俄國，列寧也或多或少認同這樣的觀點，但並不完全排斥游擊戰。他認為，游擊戰只是一種次要的鬥爭方式，並不是主流方法，而且黨的紀律可以控制它，並使之受益。一旦人民革命發展到一定階段，在革命內戰的「大決戰」的「間隙」發動游擊戰也並非不可能。[4]

一九一七年十月革命後，布爾什維克黨人發現自己捲入了內戰旋渦。軍方政委托洛斯基（Leon Trotsky）也將游擊戰視為一種有用但只是輔助的作戰方式。實行的要求很高，需要恰當的組織和方向，必須擺脫不夠成熟的業餘色彩和冒險主義者的影響。它雖然不可能「推翻」敵人，卻能給敵人製造麻煩。強勢部隊可以用統一指揮的大規模軍事力量來消滅敵人；托洛斯基認為，弱勢部隊可以用小規模、相互獨立的機動力量來瓦解強勁的對手。這種觀點繼承了德爾布呂克有關殲滅戰略與消耗戰略兩者區別的看法。顯然，托洛斯基贊成消滅敵人。「蘇聯的力量一直並且仍然是強勢的一方。」「蘇聯的任務是消滅敵人，「這樣才能自由地進行社會主義建設」。因此，想打游擊戰的一方是敵人。由此可見，局面發生了變化，無產階級成為統治階級，沙皇的支持者成了反叛者。托洛斯基否認自己的戰略過於沉悶呆板，缺乏機動靈活性。[5]紅軍是靠「志願者、反叛者、純樸的老百姓、經驗不足的游擊隊員」起家，並把這些人鍛鍊成了「真正的訓練有素、紀律嚴明的軍團」。但無論如何，隨著內戰日趨嚴酷，托洛斯基開始組建機動的游擊小分隊來支援「紅軍大部隊」，在敵人後方製造麻煩。[6] 因此，即便在激進分子看來，游擊戰也是一種次要戰略，一種防守的權宜之計，不能靠它來取勝。

阿拉伯的勞倫斯

十九世紀歐洲帝國的擴張引發了頻繁的起義和反抗，由此也對正規軍有了更高的要求。英軍把這項任務交給皇家警察。卡爾韋爾（C. E. Calwell）在一八九六年出版的《小規模戰爭》（*Small War*）一書中探討了這種現象，並指出一條普遍性規律，「去遙遠的殖民地鎮壓叛軍，必然意味著一場拖泥帶水、吃力不討好、意志薄弱的戰爭」。[7] 一戰期間，英國考古學家托馬斯·愛德華·勞倫斯因煽動阿拉伯人反抗鄂圖曼土耳其帝國統治而名揚天下，他不是費盡心機去控制游擊戰，而是把大部分精力花在研究如何打游擊戰上，並制定出相應的法則。勞倫斯非但經歷不凡，還極具文學天賦。他善用生動的比喻和各種格言警句，因此其作品流傳甚廣。他的回憶錄《智慧七柱》（*The Seven Pillars of Wisdom*）是一部經典之作。這部游擊戰基本哲學，以及阿拉伯國家反抗歷史於一九二〇年首度出版。[8] 戰後，他努力打破自己之前創造的神話，為協約國的無能而備受煎熬，因為他曾經向阿拉伯人許諾要幫助他們實現獨立。

反抗鄂圖曼土耳其帝國的鬥爭始於一九一六年，手段是在麥地那至大馬士革的鐵路運輸要道沿線發起行動。令土耳其人非常惱怒的是，火車屢屢受損，但將整條鐵路線保護起來不受阿拉伯人攻擊又是不可能辦到的。最終，這場行動演變成一場阿拉伯人的全面反抗——從很大程度上分散了土耳其人的精力。勞倫斯曾經描述過一九一七年年初的一段經歷。他當時正在努力克服非正規軍的種種局限性。他們做不到正規武裝部隊該做的事情，比如「尋找敵軍部隊，摸清敵人的力量中心，在戰鬥中消滅敵人」。他還發現，這些非正規軍力量無法有效地攻打一個目標，也無法守住目標。他的結論是，非正規軍的優勢位於「深層，而不是表面」，可以利用他們的戰鬥威脅，讓土耳其人陷入被動的防守地位而不能自拔。

後來，勞倫斯大病一場，身體痊癒之後，他開始思考這場運動的未來。他曾經「讀過相當多」的軍事理論書籍，克勞塞維茨在他腦海中留下了深刻印象。然而他又排斥只靠「一場戰鬥」來消滅敵人的「絕對戰爭」觀點。他認為這像用鮮血換取勝利，阿拉伯人是不會那麼做的。他們為自由而戰（「人只有活著才能享受到自由的快樂」）。軍隊就像植物，「整體上無法動搖，牢牢地扎根在土裡，通過長長的莖自下而上輸送營養」，而阿拉伯非正規軍則是「一個難以捉摸的東西，它既傷不著，也沒有所謂的前方和後方，就像飄飄蕩蕩的氣體」。鄂圖曼土耳其缺少足夠的人手來對付「阿拉伯人的邪惡」，尤其是他們更傾向於對叛軍採取毫不含糊的絕對行動。他們不會承認「對叛軍的作戰就像用小刀喝湯一樣，進展緩慢且一團糟」。供給線遭襲，使得土耳其人始終處於資源緊張的狀態。這場戰爭中雙方互不接觸，更像是一場隔空戰鬥。游擊隊只有在出現進攻機會時才會被敵人發現，避免了因為「完美」的情報而被迫進行防禦。這其中涉及一個心理學問題。按照當時的普遍說法，勞倫斯提到了「大眾」，並且認為有必要「把他們的精神調整到一個適合採取行動的狀態，為了達到某種結果而事先改變他們的想法」。阿拉伯人不但要對自己的軍隊下命令，也要對敵人下指令（「盡我們所能」），還要為支持與反對的國家以及「持觀望態度的中立國家」釐清思路。

為此，勞倫斯練就了一支規模小、機動靈活性高且裝備精良的部隊，正好用來對付那些分散駐紮、防衛薄弱的土耳其軍隊。阿拉伯人沒什麼需要防禦的，而且非常熟悉沙漠環境。他們的戰術是「打了就跑，不往前推進，但會時常發起行動」。他們在一處打了勝仗後，不會固守戰果，而是繼續前進，到別的地方實施打擊。在這種情形下，勝利取決於「速度、隱蔽性和打擊的精準程度」。勞倫斯認為，「非正規戰鬥比拚刺刀更講究智慧」。這些戰術把土耳其人逼到了「無可奈何」的境地。但他也承認，鄂圖曼帝國最終垮台，主要依靠的並不是非正規戰鬥，而是艾倫比（Edmund Allenby）將軍領導下的英國常規武裝力量不斷向前推進的戰果。從這個角度來看，勞倫斯的行動雖然發揮了重要的支援作用，但也只是「錦上添花的餘興表演」而已。勞倫斯在認可艾倫比的同時，心裡也有一絲遺憾，因為正是正規軍的參與讓他失去了一個驗證不靠大戰役也能打贏戰爭的機會。「非正規軍作戰和起義是一門精密科學，要證明這點則是一場令人興奮的嘗試。」

勞倫斯注意到，非正規軍占有諸多優勢：一座無懈可擊的基地（於他而言是英國皇家海軍保護下的紅海港口）、無力控制占領區的外國入侵者，以及友善的大眾（「反抗力量中二%是活躍的武裝人員，另外九八%是持同情立場的人」）。對此，勞倫斯提供了一份情況概要：

> 掌握了機動性、安全性（拒絕成為敵人的目標）、時間和信念（把萬物轉化為友善），勝利將屬於起義者，因為最終起決定作用的是未知因素，無論多麼完美的手段和精神與之鬥爭都只能是徒勞。

毫無疑問，李德・哈特對勞倫斯一見傾心，因為後者正是他所崇尚的間接戰略的實踐者。戰後，兩人有過短暫的書信往來，李德・哈特借用了勞倫斯的觀點。兩人後來成了朋友，擔任軍事編輯的李德・哈特，將勞倫斯的思想編成條目收錄在一九二九年版《大英百科全書》中。勞倫斯的功績成為李德・哈特闡述間接戰略的教材。他尤其注意到，勞倫斯既是思想家，也是實踐家，沒有經過軍隊系統的歷練，便獲得了如此大的指揮權。之後，李德・哈特寫了一部滿懷仰慕的傳記，他在其中將勞倫斯置於極高的地位。[9] 令他頗感興趣的是，勞倫斯發現，阿拉伯人熱切期盼的是一場不流血的勝利。否則，李德・哈特對一場出於激進目的的游擊戰是不會有什麼興趣的。如果說李德・哈特有什麼不認同勞倫斯的地方，那也是因為游擊戰通常會導致殘殺和恐怖行為。李德・哈特之所以熱衷於研究游擊戰，是因為他認為一般戰爭很可能沿著勞倫斯在非常規戰爭中探索出來的道路發展。[10]

毛澤東和武元甲

一九四九年毛澤東帶領中國共產黨打贏了內戰，從他的戰略中可以看出，他顯然認為游擊戰並不是一種另闢蹊徑、獲取勝利的方式。他認為，游擊戰是可以在防守時採用的一種戰略，但單靠打游擊是不可能贏得勝利的。他會在生死存亡的關鍵時刻依靠游擊戰。由於毛澤東經常處於守勢，因此他的游擊戰略具有一定的權威性，但相形之下，他更喜歡的戰爭形式還是靠機動靈活的常規部隊來打仗。毛澤東之所以依賴游擊戰，原因不僅在於他在二十年左右的時間裡遇到的對手不是強大的國民黨武裝，就是日本占領軍（一九三七年至一九四五年）；更重要的原因是，他把根據地建立在農村地區，並認為革命力量的源泉是農民，而不是城市工人。

雖然毛澤東出身於農民家庭，但一九二〇年代他作為黨內活動分子的第一項任務卻是工人鬥爭。這是共產黨的城市領導層提出的要求，不過毛澤東認為，在一個像中國這樣的農業大國裡，工人階級並不是促進變革的因素。一九二七年，他在目睹了湖南農民運動之後寫道（編按：毛澤東所著《湖南農民運動考察報告》），農民一旦以適當的方式行動起來，「其勢如暴風驟雨，迅猛異常，無論什麼大的力量都將壓抑不住」，「一切帝國主義、軍閥、貪官污吏、土豪劣紳都將被他們葬入墳墓」。就在這一年，脆弱的國共合作破裂了。在接下來的衝突對抗中，毛的部隊打了敗仗，被迫撤退。毛澤東很快得出一個結論，只有在中國廣大的農村地區打游擊戰，革命力量才有可能生存下來。[11] 一九三〇年，共產黨領導的城市暴動相繼失敗，毛澤東在下一階段的思想中提出，與其說農村是攻打城市的根據地，倒不如說農村就是革命的地方。他建立了新的根據地——江西蘇維埃——然而由於一九三四年對國民黨據點的常規進攻失敗，導致對手反撲，根據地面臨巨大壓力。「長征」大撤退行動（國民黨稱為剿共戰爭）讓毛澤東逃脫了險境，但也付出了巨大代價。共軍歷時一年、跋涉了六千多英里，直到一九三五年十月找到陝西這個新的安全地帶。此時，毛澤東的隊伍數量銳減，只留下不到一萬人。根據中國國內資料，此時毛澤東隊伍數量僅剩不到三萬人（根據張戎和哈里迪〔Chang and Halliday〕的記述，實際上國民黨是故意把共軍放走的，因為史達林手裡正扣押著國民黨領導人蔣介石的兒子當人質，於是毛澤東進行了一次不必要的長途跋涉）。[12] 由於原有的領導層聲威受損，不再受到信任，於是毛澤東以一位軍事指揮官和中國農村問題專家之姿，成為中國共產黨的領導人。

一九三七年七月，日本入侵中國。毛澤東倡議組織「抗日民族統一戰線」。雖然各方在一九三六年十二月已經談妥各項事宜，但統一戰線在實踐中卻很脆弱，尤其是因為相對於國民黨而言，它對毛澤東更有利，後者可以利用這個機會贏得時間。國民黨處於防守地位，其領導層和軍官被逐出了眾多戰略要地。與此同時，日本人也無法建立起有效統治。於是，共產黨趁機填補了空白。共產黨成為抗日統一戰線的代表，獲得了宣揚其所追求的經濟和社會改革的機會。農民則得到了改變地方權力結構的機會。但與此同時，在和日本人交手的問題上，毛澤東表現得格外謹慎。尤其是當一九四一年十二月美國參戰之後。抗日戰爭結束後，內戰隨即席捲中國，毛澤東依然很謹慎，希望透過談判與國民黨達成和解。[13]到了一九四七年，他開始覺察到，國民黨雖然表面上控制著中國的大部分地區，但根基不牢，很難抵擋共產黨的進攻。一九四九年，毛澤東終於奪取了政權。

毛澤東的理念早在十年前就已經成形。最初，這些理念和人們公認的智慧有所背離。因為那時候毛澤東還不是共產黨的領導人，這些想法是在更加務實、受限的條件下形成的，而不像其之後的表述中看上去那麼教條。一九三七年，毛澤東在長征結束、日本入侵後，發表了一系列演講，對「人民戰爭」做了最權威的陳述。這些思想構成了他論述游擊戰的基礎。[14]它們反映了毛的堅定信仰，即農民可以成為革命性變革的代理人。由於毛澤東主要不是和城市無產階級戰鬥在一起，所以他認為，後者理所當然需要獲取政治意識。他認為，人民戰爭的核心是政治教育和動員。這就要求廣大人民群眾理解鬥爭的政治意義、鬥爭的目的，以及鬥爭勝利之後準備實施的計畫。因此，透過游擊戰術贏得的時間，應該被頗有成效地用來「在群眾中做宣傳」，幫助他們獲取革命力量。政治永遠是指導一切的。

毛澤東輕視經濟和武器力量等他自己明顯欠缺的物質因素，他重視人的力量和士氣：「決定的因素是人不是物。」[15]鑑於他從事了十多年的武裝鬥爭，對於他堅持奉行另一句格言「槍桿子裡出政權」也就不足為奇了。從中可見，迂迴曲折的武裝鬥爭塑造了毛澤東的人生。毛澤東讀過克勞塞維茨和約米尼的著作。[16]約翰·夏伊認為，毛澤東在某些方面更像約米尼，他們有「相似的格言、信條和勸戒」，採用「同樣的分析與指令相結合的方法」，還有同樣的「說教的動機」。[17]孫子顯然也對毛澤東影響頗深，毛曾經提出在面對強敵時如何避免戰鬥拖垮敵人（「敵進我退，敵退我進，敵駐我擾，敵疲我打」），他還提出了情報與更好地把握局勢的重要性（「知己知彼，百戰不殆」）。[18]

儘管游擊戰迫不得已地在毛澤東的作戰計畫中處於相當突出的地位，但毛深知其局限性。他將作戰的基本原則稱作「保存自己，消滅敵人」。游擊戰只是消滅敵人的第一步，儘管在毛澤東的軍事鬥爭生涯中，除了最後的幾年，游擊戰幾乎占據了全部。他依靠游擊戰的防禦特性——人和與地利——對抗敵軍占領。在一個廣為流傳的比喻中，他形容說，動員了全國人民，「我們就能創造吞沒敵人的汪洋大海」，在這水中我們的軍隊是魚。[19] 他強調游擊隊和老百姓要團結，為此他立下了三大紀律（「一切行動聽指揮；不拿群眾一針一線；一切繳獲要歸公」）和八項注意（「上門板；捆鋪草；說話和氣；買賣公平；借東西要還；損壞東西要賠；洗澡避女人；不搜俘虜腰包」）。[20]

勞倫斯的部隊善於出擊，往往在險要之地向敵人發起進攻。毛澤東與之不同，對於遠離根據地的冒險進攻非常警惕。他的戰略是誘敵深入到自己的勢力範圍內再打。他可以在自己的地盤上繼續發起戰術進攻，但要進行戰略進攻就會受到種種局限。他打算和日本人打一場持久戰。毛澤東在思考戰爭進程的時候，發現了一個最佳的三階段戰略。第一個是防禦階段。等到敵人趨於保守，局勢陷入僵局（第二階段），共軍也就有了足夠的信心和能力發起反攻（第三階段）。雖然中國人當時獨立作戰，但毛澤東意識到，到了某個階段很可能會有外部力量介入以削弱日本軍隊的實力。他看到了游擊戰和陣地戰（防禦或進攻特定的點）的作用，但最好的結果是發起運動戰。只有這樣，才能殲滅敵人使其失去抵抗能力，而不是在肉體上完全消滅敵人。毛澤東和日本人的這場戰爭可能會陷入僵局，但絕不會出現妥協。因此，戰爭的第三階段需要的是常規部隊。在此之前，游擊部隊一直非常關鍵。而到了第三階段，游擊隊就只能當配角了。

中國革命勝利後，越南的武元甲大將成了毛澤東最忠實的追隨者。他原是一名反抗法國殖民統治的教師，後來又對抗美國支持的南越反共政權。一九三九至一九四〇年，他到中國深入體會毛澤東的理論和實踐，後來回到越南領導反日、反法鬥爭。有報導稱，他將勞倫斯的《智慧七柱》當作自己「離不開」的「戰鬥真理」。他認真研究了毛澤東的三個階段理論，並在此基礎上做了重大創新，認為鬥爭可以根據環境條件的不同，而在各個階段之間來回轉換，而毛澤東認為這三個階段是按順序排列的連續步驟。和中國相比，越南領土面積小，因此具有更大的靈活性。尤其是，武元甲準備在第三階段還沒到來之前，就啟用正規部隊來保衛領地。

武元甲描述游擊戰的時候，抓住了二十世紀中期亞洲共產主義鬥爭的最佳實踐。游擊戰使得經濟落後國家的廣大人民群眾勇敢地反抗「訓練有素的侵略軍」。他們在抗擊敵人的過程中表現出「無限的英雄主義」。鬥爭前沿不是固定的，哪裡有敵人哪裡就是前線，敵人在哪裡暴露出弱點，哪裡就是當地部隊的前線，「在進攻和撤退中」，採用了「主動、靈活、快速、出其不意、突襲等手法」。「這些小小的軍事勝利會一點一點地」將敵人拖垮。一定要避免損失，「即便以撤退為代價」。[21]

因此可見，從恩格斯到武元甲，主流共產主義者從來都沒把游擊戰當作一種充分的作戰方式。它只是真正的軍事力量尚未形成之前所採用的一種生存手段。只要能夠繼續周旋下去，做什麼事都可以。但如果目標是奪取政權，那就必須擊敗國家的正規軍。

鎮壓叛亂

一九五〇年代出版的兩本書記錄了美國千方百計地與共產主義反抗實現妥協的過程。一部是格雷安・格林（Graham Greene）的小說《沉靜的美國人》（*The Quiet American*）。該書以作者一九五〇年代初在越南的經歷為基礎，將筆觸聚焦在一個熱情而天真的美國人奧爾登・派爾（Alden Pyle）身上。派爾有一套自己的理論概念，卻並不真正理解越南到底需要什麼。他「懷著自己特有的真誠」，卻「無法想像自身會遭受怎樣的痛苦和危險，就好像他不知道自己可能會給他人造成怎樣的痛苦一樣」。學者尤金・波迪克（Eugene Burdick）和海軍退休軍官威廉・萊德勒（William Lederer）分別是學者和軍官，兩人本要撰寫一部非文學類書籍，來探討美國在東南亞對抗共產主義的過程中所犯下的種種錯誤。後來他們明智地決定寫一部小說，認為那樣能更為有效地表達自己的觀點——《醜陋的美國人》（*The Ugly American*）更像是美國英雄。書中主角陸軍上校埃德溫．希倫戴爾（Edwin Hillendale）在南越和菲律賓幫助當地人成功地發起了運動。該書傳遞的訊息是，美國人如果想在東南亞社會做點有影響力的事，就得深入當地人的生活，學會他們的語言和文化。希倫戴爾認為，「每個人、每個國家都有一把鑰匙，掌握了這把鑰匙就能打開他們的心門」。「如果你用對了鑰匙，就可以用任何方式操控任何國家或者個人。」[22]

這兩本書中的主要人物，大都被描寫成受到愛德華．蘭斯代爾（Edward Lansdale）將軍的啟發。雖然格林時常否認這一點，但希倫戴爾明顯是以蘭斯代爾為原型創作的人物。蘭斯代爾被說成美國為數不多的真正理解反叛亂需求的幾個人之一，因此一九六一年他成了甘迺迪總統的顧問。蘭斯代爾知道，沒有民眾支持就「沒有支持戰鬥的政治基礎」。必須讓人們明白，社會運動、政治改革和敏銳的軍事行動一樣，能夠改善他們的生活。要實現這一點，就需要一個有求必應、作風清明的政府，行為端正的軍隊，一個能讓人信服的事業目標。

甘迺迪在擔任參議員的時候就對《醜陋的美國人》大加讚賞，令他著迷的是書裡的中心思想，即美國的自由主義理想和蘇聯的共產主義一樣，都能鼓舞那些身處絕境的人。甘迺迪出任總統後採取的第一項行動，就是要求美國軍隊更加嚴肅認真地對待反叛亂行動。[23] 甘迺迪鼓勵身邊所有人閱讀毛澤東和古巴革命理論家切．格瓦拉（Che Guevara）的著作，他自己則對特種部隊及其訓練手冊、裝備深感興趣。他建立起各種工作組來協調所謂的「祕密戰爭」，很快地，南越就成了重點工作區域。實際情況是，這些地區的發展問題很迫切，政府機構非常薄弱，在普通人看來，軍隊不是安全保障而是壓迫工具。然而，制定行動計畫比判斷形勢要艱難得多。美國人花費大量精力研究毛澤東的理論學說，也就是說，美國的政策開始有所反應，試圖弄清楚北越的共產主義運動是不是正從第二階段轉至第三階段，美國人開始專注於如何對抗共產主義宣傳和戰術。

羅伯特．湯普森（Robert Thompson）曾經寫道，英國人在馬來半島的成功經驗對美國人產生了一定影響。[24] 在傑拉爾德．坦普勒爵士（Sir Gerald Templer）的領導下，共產黨叛亂受到控制。坦普勒認為，其中「打仗的因素占二五%」，「另外的七五%在於讓這個國家的民眾站在我們這一邊」。坦普勒的辦法不是「派遣大量部隊深入叢林」，而是如他的那句名言所說「要進入人們的心靈深處」。他深知公民行動的重要性，也知道要拿出必勝的決心。這就要做好準備，面對各種冷酷無情的局面。[25]坦普勒成功了，然而他所處的環境條件畢竟是有利的。在馬來亞，共產黨絕大多數是少數族裔中的華人，他們的補給線很弱，經濟條件只能算還過得去。

大衛・格魯拉（David Galula）的作品中反映了法國人在越南和阿爾及利亞的失敗經歷。他就如何對付共產黨的戰術提供了一個更為簡明清晰的答案，並且推廣了「叛亂」（insurgency）這個概念。他還強調了民眾忠誠度的重要性，成功的反叛亂必須確保民眾有一種被保護的感覺，只有這樣他們才能擺脫遭報復的後顧之憂，進而採取合作的態度。勝利是靠一點一點地攻城略地得來的，每塊被征服的區域都可以作為安全基地，為下一次行動做準備。[26]格魯拉在阿爾及利亞的經歷相當複雜。他努力以積極的態度善待當地民眾，但他的同僚軍官卻不這麼看。至於宣傳，他認為法國人「絕對比我們的對手要愚蠢得多」。和其他反叛亂問題專家一樣，格魯拉發現自己的理論既不適用於地方政治結構，也無法適應軍隊文化。[27]法國軍官階層試圖發展出一種能夠應對共產主義者政治上的強度和冷酷的反叛亂學說，結果卻是他們因未得到政府足夠的支持而將怒火轉移到巴黎當局頭上——甚至試圖發動一場政變。[28]

美國人意識到，要為反共的南越政府提供更大的合法性，將其轉變為民主和發展的代理人，從中可見理論目標與實際情況大相逕庭。人們都知道，作戰時必須由當地人來打仗，這又帶來一個問題，如果這些本土軍事力量不合作又該怎麼辦？有一種叛亂是打著國際共產主義的旗幟，以發洩對當地狀況的種種不滿；而如果叛亂是由外來的共產主義者所推動，那就另當別論了。美國軍方不能肯定，後者是不是一種新的叛亂類型，只是把它當作舊的叛亂活動來對待。反叛亂理論中提到，軍事行動的作用是製造一個足夠安全的環境來推動各種民政計畫，由此改善人們的社會環境，進而贏得「人心」，阻止叛亂者建立基地、招募人員、獲取支持。但軍方不同意這種觀點，他們認為贏得戰爭靠的是消滅敵人的軍事力量，破壞敵人的軍事行動。他們主張用子彈和砲彈準確攻擊敵人的藏身區域，即所謂「搜索與摧毀」策略。然而敵人通常會轉移，這些攻擊行動帶來的是平民傷亡和民眾的對立情緒。

一名當年參與過此類內部討論的人士，後來就越南「解放戰爭」後對巨大威脅所做的「過分簡單化」推斷表達了遺憾。在這種心態下，美國人根本看不到「內部動亂的國內根源和根本原因」，他們把這些叛亂力量當作「組織嚴密的軍事部隊，而實際上他們是根植於社會的金字塔頂端力量」。[29]另一名美國官員則對「叛亂者」這個稱謂提出了質疑，認為其對手應是革命者或反對派，將其描述為「叛亂者」是否定了對手起始很可能是民眾運動的首領。讓美國難以接受的是，對手通常是當地頗受歡迎的人物，而這些叛軍領袖反對的人是實施壓迫的人。[30]一個根本的問題是，要想消除「導致民眾不滿的根本原因」，解決「最醜惡的不公正現象」，當地政府就必須採取積極正面的行動——有時候還需進行激進改革，然而這些措施都因涉及改變國家的社會結構和國內經濟狀況而威脅到政府的地位。[31]值得注意的是，反叛亂學說的最初構想是把主要任務交給當地力量去完成，美國只是充當資源提供者與顧問的角色，應避免大規模投入美國的軍事力量。[32]一九六〇年代有過許多這方面的例子。從這個意義看，南越是個例外，而且這個例外也給後來所有的反叛亂理論及實踐蒙上了一層陰影。

一九六五年年初，局面已經十分明朗，對付越南南部的國內叛亂力量勢必困難重重。於是美國調整方向，將矛頭對準了通向北部的供給線。美國人將這場衝突嚴格地設定為一場與北越共產黨領導階層及其部下的戰鬥，而不是南越內部的一場權力鬥爭。其間，謝林的討價還價概念和嚇阻外交發揮了相當大的作用。這在有關越南問題的種種探討中就可見一斑。而實際上，越南的情況與之前謝林自己設想的情形相去甚遠，他設想的是超級大國之間爭奪歐洲中心區域的一塊價值寶地，並且直接關係到一場潛在的核武戰爭。[33]一九六〇年代，美國政府中受謝林影響最深的要數約翰·麥克諾頓（John McNaughton）。他是哈佛大學畢業的學術型法律人，一九六七年七月死於一場空難。一九四〇年代末，他和謝林共同參與了馬歇爾計畫，並由此結下了深厚友誼。麥克諾頓只要談起軍備管制，就會表現出對「雙方共有的突襲恐懼」（reciprocal fear of surprise attack）和「非零和賽局」[34]這兩個概念的強烈興趣。據稱，他曾經說過，古巴飛彈危機所體現的就是謝林的賽局理論的現實性。[35]麥克諾頓是美國越南政策形成過程中的關鍵人物，曾與國防部長麥納馬拉和國家安全顧問麥喬治．邦迪密切共事。一名同事曾經將他的備忘錄描述為規畫師藝術中的歸謬法，將現實政治與美國最尖端智庫的超理性主義結合在一起。[36]一九六四年二月，麥克諾頓在其領銜撰寫的一份工作小組報告[37]中提出的建議，就完全是謝林風格：用「具有傷害性但不具破壞性」的行動來影響河內方面的決策。[38]另外，還有一條從謝林那裡借鑑來的建議，是「以堅定的決心和廣泛的軍事部署為基礎，如果真有必要就決定動用軍隊，並盡可能用一切方式把這個決定傳遞給對手，營造一個最佳的現實機會避免真正使用武力」。其中，最根本的原則是「一磅的威脅在價值上等同於一盎司的行動——只要我們不是虛張聲勢」。[39]

麥克諾頓的團隊認為，主要問題是如何運用美國的空軍力量。當時，政府仍在想方設法避免動用地面部隊。但空襲並沒有太多的直接軍事價值，因為憑藉空中打擊很難切斷地面的供給線，而且針對平民的大規模空襲也讓人無法接受。麥克諾頓的主意是為了政治目的發動強制性空襲，他稱之為「漸進的擠壓與對話」，即在逐步加大軍事壓力的同時精心安排外交接觸。即便美國最終選擇了放棄，也很有必要向外界展示，美國一直都在「履行諾言、堅忍應對、甘冒風險、流血流汗，而且重重創了敵人」。[40]麥克諾頓努力尋找各種方法讓人明白，美國人雖有承諾但並不堅決，遵循了一條路徑，卻並沒有關閉其他管道。

一九六五年年初，麥克諾頓向謝林請教，在當時那種毫無希望的環境下，應採取什麼手段來脅迫北越。有一種說法是，兩人對一個問題反覆斟酌，怎麼也得不到令人滿意的答案。這問題就是：「美國應該要求北越停止什麼行動，這個要求既要讓對方服從，美國又能馬上知道北越方面已經服從，並在轟炸停火後，北越無法重新開始行動。」卡普蘭（Robert Kaplan）曾不無得意地評論說：「在談到用武力傳遞信號，用痛苦逼迫對手就範，借助於戰爭嚇阻手段編排各種交流方式的時候，謝林在理論層面上很自信，筆下時常洋洋灑灑，但是當面對活生生的『有限戰爭』時，他被難住了，根本無從著手。」[41]事實上，謝林對於轟炸北越的價值一直深表懷疑。他注意到，美國在實施轟炸的同時，外交工作特別薄弱，他希望能和北越方面展開更為直接的私下溝通。[42]謝林的推理雖具啟發性，也很振奮人心，但其自身卻無法形成戰略，因為戰略所需引進的各種複雜性是其理論架構無法駕馭的。

新一代的文人戰略家對美國的早期越南政策產生了一定影響，但發揮最大作用的還是美國軍方的喜好。在某些方面，雙方的出發點是相同的，即聚焦與政治背景脫離的技術與戰術。與核戰略一樣，反叛亂理論作為一種特殊的專業領域發展起來，主要探討特殊類型的軍事關係，或者說特殊的戰爭類別。正如本章所探討的，毛澤東和武元甲在實力尚弱時，只是把游擊戰略當作權宜之計。他們認為自己不可能靠「游擊戰爭」取勝——游擊戰爭層面的勝利往往使他們能夠將鬥爭推至下一階段，即依靠常規部隊粉碎敵軍。在他們看來，他們構想的戰爭進程真正與眾不同的地方，是對政治教育與宣傳的重視。

越戰讓文職戰略家們猝不及防，他們幾乎沒提出過什麼有價值的見解。這也標誌著戰略研究的「黃金時代」走到了盡頭。「相互保證毀滅」理論的出爐，給冷戰帶來了一段相對平靜期，而越戰卻「害死了學術圈」。[43]英國雷丁大學國際政治與戰略研究教授科林．格雷（Colin Gray）指責文人「智囊們」過於自信，他們自認理論可以輕易轉化為「行動的世界」。預言家成了獻媚者，靠他們的知識資本生活。他們既要滿足以問題為導向的官員們的需求，又要符合「政策中立」的學術標準。這種「雙重忠誠」導致他們的政策建議是不切題的，並造成了學識上的淺薄。[44]作為對這種批評之聲的回應，布羅迪讚揚了學者在政策制定中的參與，並為接受重擔、研究新興核世界的一小部分文人戰略家做了辯護，因為軍方畢竟無力從事類似的研究。一九六六年，布羅迪離開蘭德公司。他為工程師和經濟學家極度缺乏政治意識，以及他們對外交和軍事歷史的無知感到惋惜。他認為正是這一切釀成了越戰苦果。[45]

第15章

觀察與調整

夫未戰而廟算勝者，得算多也；未戰而廟算不勝者，得算少也。

——孫子

核武戰略顯然已經無可再談，越戰讓人不堪回首，在這種形勢下，美國的文人戰略家紛紛退出了這個領域。智庫開始更專注於緊迫的政策問題以及更具技術性的話題。文人戰略家在常規戰爭的一些經典問題上向來提不出太多見解，儘管這些都是軍方會自然而然關注的話題。由於核戰爭、游擊戰等非常規戰爭搶先吸引了人們的注意力，因此常規戰反倒成了一九五〇、一九六〇年代各種文獻中相對無人問津的領域。

法國退休陸軍上將安德烈．薄富爾（André Beaufre）是個例外。鑑於當時美國人準備將戰略轉換成一系列技術和實用性問題，薄富爾的方法相較之下就顯得更充分、更冷靜。這反映在他對戰略的定義中，他認為，戰略是「兩個對立意志使用力量解決爭議的辯證藝術」。[1]這種定義，把戰略放到了政策的最高層，其中包含的不只是軍事衝突，還包括所有與權力相關的可能因素。戰略表現為國家的最高職能，需要在不同的力量形式之間進行選擇，協調運用，確保將效力發揮到最大。獲得勝利不一定要依靠武力，還有其他手段。目標是敵人的意志，讓他們無力發動或繼續戰鬥。因此，心理效應至關重要。

這種辯證法由三個相互關聯的部分組成——核戰、常規戰和冷戰。薄富爾採納了朋友李德．哈特的間接路線，並賦予一個更大的架構，注重依靠各種行動，而不是依靠軍隊來施加影響。因此，他對常規戰爭持有一種傳統觀點，認為打仗就是要取得勝利，但同時他也認為，在核武嚇阻時代，常規戰爭已經變得不那麼有意思了。相較之下，冷戰更讓他感興趣，因為它雖然是個新概念，卻顯然是一種持久現象。冷戰將衝突擴展到了所有領域，包括經濟和文化，矛盾雙方很可能在這些層面發生對峙。從這個方面來說，在殖民地挑起不滿情緒和發布人道主義呼籲都能成為同一種戰略的不同組成部分。這種構想的風險在於，目標完全不同的事件會被解讀為「對立意志的辯證法」。

美國人發現，薄富爾的哲學方法受到了笛卡兒和黑格爾的影響，很難付諸實踐。布羅迪的觀點很務實，他認為戰略就是「以一種特定類型的競爭努力追求成功」，並自認為無法理解薄富爾的觀點。他難以接受薄富爾摒棄軍事歷史、對搜集技術數據毫無興趣的做法。它違背了「一個共識，即對技術及其他各種變化的認識是戰略家的一種高層次需求」。[2]

布羅迪對薄富爾的反應或許可以用來解釋為何詹姆斯・懷利（James Wylie）會遭到冷落。懷利是一名美國海軍上將，於一九六〇年代寫了一部簡明扼要的當代戰略指南。當時，人們曾經將懷特的戰略方法拿來與薄富爾做比較。[3] 詹姆斯・懷利的《軍事戰略》（*Military Strategy*）長期以來擁有一批追隨者，但其影響力一直很有限。[4] 一九五〇年代初，懷利開始記錄自己的想法，主要是回憶他在第二次世界大戰中的經歷。與他合作的海軍上將亨利・艾克斯（Henry Eccles）也持相同觀點。作為繼承了馬漢傳統思想的海軍軍官，他們兩人相信，戰略的目的就是取得控制。

艾克斯認為，控制問題超越單純的軍事領域，既向內擴展，也向外延伸。其力量來源各不相同，就內部而言，不但包括政治家和公眾，也包括後勤以及各種工業基地；從外部來看，這些力量更難以掌控，除了對手之外，還包括同盟和中立者。[5] 在這種情況下，控制顯然不可能是絕對的，而只能是一定程度的。懷利深知，戰略關乎目的和手段，是一個「目標與若干手段的結合體」，是一種表現為各種競爭模式的戰爭，一方可以將某種模式強加於敵人而獲取優勢。這樣的戰爭並不需要動用真刀真槍，可以透過展示嚇阻力量來逐步遏制敵人。

懷利的重點主張來源於兩種戰略之間的差異。它最早受到了美籍德裔歷史學家赫伯特·羅辛斯基（Herbert Rosinski）的啟發。羅辛斯基曾於一九五一年就「直接」（directive）戰略和「累積」（cumulative）戰略的差異發表過一番評論。羅辛斯基當然了解德爾布呂克，很可能一直在思考如何修正殲滅戰與消耗戰之間的區別。一九五二年，懷利在一篇文章中首次發展了羅辛斯基的觀點。「它波瀾不驚地靠岸，從此停泊在碼頭上。」[6]他後來在書中再次談到了具有攻擊性的線性戰略和累積戰略之間的區別。線性戰略需要謹慎地展開各項步驟，每一步都取決於上一步，它們組合在一起決定戰爭結果。這種戰略提供一種逼迫敵人就範的可能性，但要求實施者具備未雨綢繆的規畫能力以及對衝突結果的預判能力。懷利同時也充分意識到了其風險在於，一旦某個環節與預先設想的不一致，那麼餘下的步驟就必須遵循另一種方式，並最終導致一個比最初尋求的目標稍微遜色的結果。相較之下，累積戰略更具防禦性。它意味著「各種細小因素以不易覺察的方式疊加累積到某個未知的節點，當這些行為累積到足夠大的規模時，就會發揮至關重要的作用」。這些細小因素並不是相互依賴的，因此即便某一個因素產生了負面作用，也不會使整個過程發生逆轉。累積戰略可以用來因應線性戰略，擺脫敵人的控制，但其弱點是無法迅速產生決定性的結果。在實踐中，懷利認為兩者並不是相互排斥的，累積戰略能夠對魯莽錯誤的計畫發揮有益的阻攔作用。[7]

雖然線性戰略和累積戰略之間的差異內涵豐富，但在美國關於各種戰略的討論中並不突出，因此懷利的影響力也相當有限。這些概念都很抽象，無法化解一九六〇年代的種種偏見。直至一九七〇年代，有關常規戰爭的嚴肅探討才重新興起。此時，經典問題已經發展到了足以進行重新評估的程度。常規戰爭仍是軍事開支中最大、軍方下工夫最多的領域，而且新技術正在不斷挑戰各種既有信條。

人們對常規戰爭重新燃起了興趣，起點是當前戰爭最基本、最傳統的遭遇之一，即先進技術介入之後，如何在空中混戰中展開捕獲與追逐。在韓戰中擔任戰鬥機飛行員的空軍上校約翰·博伊德（John Boyd）曾對這個問題寫了一本權威手冊。寫作過程中，他將自己的深刻見解發展成一種頗具影響力的公式。博伊德早就認為，美國空軍過於注重速度，在越戰的早期空戰中，這一點就已凸顯出來。而與之形成鮮明對比的是，過時的蘇製米格戰鬥機卻在戰場上如魚得水，原因是後者更容易操作。在對競爭型戰鬥機進行了一番詳細分析之後，博伊德得出的結論是，飛機在空戰中最關鍵的性能並非絕對速度，而是敏捷度。在混戰過程中，反應能力最強的戰鬥機能夠繞到敵人身後，隨時準備置敵於死地。

ＯＯＤＡ循環

博伊德將所有想法總結起來形成了「ＯＯＤＡ理論」。ＯＯＤＡ是Observe（觀察）、Orient（調整）、Decide（決策）和Act（行動）的縮寫。這個循環由觀察開始，即獲取相關的外部資訊。進入調整階段後，對這些數據進行分析，以便做下一步決策，進而實施行動。隨著循環理論的發展，其內容變得越來越複雜，尤其是當博伊德認識到調整的重要性之後。該理論中的各個要素之所以能形成循環，是因為行動會改變環境，而一旦環境發生了變化，那麼整個過程就得從頭再來。理想的情形是，調整階段不斷完善改進，再結合其後採取的行動，使結果越來越接近現實。它使戰鬥機飛行員深刻認識到，最重要的是趕在敵人之前進入循環中的行動環節。博伊德發現，循環理論適用於任何需要保持主動權或者獲取主動權的情況，其目標永遠是迷惑對手，使其無法掌握局勢，因為情況往往會以一種意想不到的方式發展得比預期更快。最終，敵人便無力做出任何決策了。

有人專門寫書來解釋博伊德的理論，還有人運用了該理論，但博伊德從未對自己這套理論做出文本界定與規範。他的基本思想都收錄在一套名為「輸贏講稿」（Discourse on Winning & Losing）[8]的數百張幻燈片中。二十年間，博伊德以此為基礎，為包括大多數美國軍方高級官員在內的無數聽眾介紹過ＯＯＤＡ理論。博伊德有一批狂熱的追隨者，循環理論經他們傳播後產生了巨大影響。這些追隨者與博伊德一樣，信奉將艱澀的成本—收益分析和廣闊的戰略視野相結合，鄙視那些既沒有成本—收益觀念又缺乏戰略眼光的官僚和野心分子。除此之外，至少乍一看，ＯＯＤＡ理論十分簡單，只是集合了博伊德眾多理論的複雜性。從空軍退役後，博伊德靠著自學，博覽群書，在精通工程學的基礎上鑽研了數學理論，繼而又涉獵了歷史學和社會科學。

透過廣泛閱讀，博伊德鞏固並強化了自己的觀點，即保持主動性具有一定的難度。敵人的行動可能比預期更快；調整所帶來的可能不是更清晰的目標而是更加猶豫不決。他在一篇著名的文章中引用了數學家庫爾特·哥德爾（Kurt Gödel）和維爾納·海森堡（Werner Heisenberg）的研究成果，說明當調整努力適應預期的時候反而更可能迷失方向。[9] 隨後，他運用熱力學第二定律探討了封閉系統會導致「熵」的不斷增加——所謂熵即體系內部的混亂無序狀態。博伊德認為，現在要做的不是搜尋各種適應牛頓物理學的「定律」，而是要理解各種新興、挑戰傾向於均衡的概念的理論形式，這種新的理論形式往往指向混沌，而非明晰。他的基本結論是「不能讓敵人有任何發現或辨別出我們的行動方式或其他現實的可能性」。[10]

人類必須因應不斷變化的現實，因此就有必要向各種僵化的思想發起挑戰。接著，這些新思想也會在它們的時代漸漸僵化，繼而慢慢消失。博伊德的研究成果之所以具有深遠的重要性，是因為其聚焦於如何擾亂敵人的決策，激起不確定性和混亂狀態。在他的影響下，美國軍方修改了既有的指揮和控制理念，納入了如何收集資訊、判讀資訊、傳播資訊等內容。一九九七年博伊德去世時，資訊通信革命已經起步，而博伊德早已為其在軍事方面的應用做好了鋪陳。

博伊德廣泛閱讀當時的各種科學文獻，無師自通地學會了用簡單命題來解釋複雜現象的發展理論。他從中汲取語言和觀點，來描述自己感興趣的種種類型的衝突。他從諾伯特·維納（Norbert Wiener）的控制論到莫瑞·蓋爾曼（Murray Gell-Mann）的複雜性理論中，提取了若干核心主題，如系統內部各部分的互動、適應變化的環境、貌似不確定但其實可以解釋的種種結果等。實踐戰略家從這些理論中得出的結論，大都失去了其原有的精緻，反而讓人懷疑他們的主要目的是用艱澀的語言來包裝那些人們早已掌握的事物。例如，很多的新興主題都曾出現在謝林的作品中。複雜性理論的最大貢獻在於強調了個體的重要性，認為個體是複雜系統的一部分，因此評估個體的時候必須與環境結合起來，環境在不斷適應個體，就像個體在不斷適應環境一樣。如果雙方都不具備適應能力，那就會出現問題。

「混沌理論」解釋了因果關係明確、戰略評估可靠的系統如何變成了以隨機結果為標誌的無序系統。它強調，雖然動態交互作用令事物無法預測，但微觀原因可能導致意想不到的宏觀效果，初始條件可以決定結果。過程雖不明確，但結果總是有因可循。一個基本的結論是，短期內犯下的錯誤經歷長時間之後就會變得很難逆轉。[11]

這一切對支撐官僚組織和日常規畫的潛在合理性假設提出了質疑。那些一心尋求穩定和規則的人會發現，自己不得不面對混亂與無常。如果結果是不確定的，尤其是在更複雜的環境和更持久的衝突中，一個負責任的戰略家如何才能透徹地思考各種行為的結果。隨著社會學中「非預期結果」和「自我實現預期」兩個「法則」的出現，控制論中也出現了兩個概念：「反饋—迴路」和「非線性」。如果投入與產出是成比例的，那麼就可以利用線性方程式直接測定變數，但如果是非線性方程式，那就無法測算這個變數了。因為其中的關係非常複雜，結果與效果是不成比例的。[12]

人們從以上論述中產生的第一個念頭也許是，所有的戰略都注定要失敗。接下來人們可能會想，只有在早期階段才能實現對過程的控制，因此最明智的做法，是集中力量掌握最初優勢。如果衝突能夠在短時間內結束，這種做法當然可取，可是一旦過了初始階段，情況就有可能漸漸失控。大量史實證明，這種情況確實存在，施里芬計畫的失敗就是一例。

消耗與機動

博伊德的理論引導人們開始用新方法來評估各種戰略，即它是否能夠擾亂敵人的心志，讓敵人猶疑不決、無所適從。這可以借助以下幾種方式來實現：瓦解敵人的戰鬥意志（「道德戰」）；透過欺騙手段或破壞通訊，歪曲敵人對現實的理解（精神戰）；運用已經取得的優勢削弱敵人的開戰能力，讓敵人無法生存（物理戰）。[13]其中，從分析第一項戰略而產生的種種策略，大部分來自後拿破崙時代的經典著作以及富勒和李德．哈特的作品。

博伊德舉出的關鍵案例，是一九四〇年的法蘭西戰役（Battle of France），這場戰鬥催生了他的「閃電戰對抗馬其諾防線心態」理論。當德國人制定出OODA循環作戰方式後，法國人的決策立刻陷入了癱瘓狀態。[14]德國人取得成功的一個關鍵因素是，他們很樂意將任務授權給部下。戰術指揮官會用自己的方式來實現任務。這種做法依賴的是，德軍對於使命的一致共識。博伊德對消耗戰和機動戰做了一番比較：前者將火力當作一種破壞性力量，注重物理意義上的領土權；後者的重點是精神占領，其目標是運用模糊、機動和欺騙等手段，使敵人感到「驚訝和震撼」。博伊德認為，閃電戰涉及威脅和不確定性，也能夠產生道德層面的效果。

這個案例並不是隨意擇取的。它在當時有關美國未來軍事政策的討論中發揮了作用。一九七〇年代，美國武裝力量仍在為越戰之敗療傷，軍方妥協的結果是放棄了徵兵制，改為募兵制。美國將軍們認為，透過集中力量，優先保衛北約的核心地帶，就能最大限度地重建軍隊。這樣做的另一大好處是，軍隊可以回到舒適圈，做好打大仗的準備，不必再糾結於各種暴動和叛亂。除此之外，從一九六〇年代開始，美國決策層就已經表示，希望減少對核武嚇阻的依賴，以免招致越來越多令人難以置信的威脅。從這個方面來說，越戰後期以及一九七三年的中東戰爭顯示，也許能用以新技術為代表的各種新方式精準地投送常規彈藥，這促使人們有機會重新思考陣地戰法則。同時，人們擔心歐洲正面臨著更加嚴峻的挑戰：華沙公約組織仍然在數量上占據著優勢，而且趁著美國深陷越南修改了自身的政策主張，壯大了力量。

此時，五角大廈內部對麥納馬拉的管理主義仍然怨聲載道，這從當時的許多批評性文獻中可見一斑。人們認為他是個墨守成規的乏味說教者。他就好比掌管著一家正要開創新事業的大公司，本該弘揚勇敢奮鬥的美德，培養銳意創新的人才，現在卻成了公司裡避險文化的代表。這簡直成了對官僚化和科學理性的浪漫輓歌，儘管科學思考複雜性的發展趨勢讓人們覺得現在被取代的正是理性主義者。這也讓已經融入社團文化的軍方菁英遭遇挑戰。他們整日伏案工作，遠離真正的衝突場面，他們引以為豪的是自己的工商管理學位和經濟學學位，早已忘記了軍事戰略方法。

越戰後，軍方重新評估了作戰理念，首批成果呈現在一九七六年版的《美軍戰場手冊：作戰篇》（*Field Manual 100-5:Operations*）中，這是美軍的主要指導手冊。[15]這部手冊利用現代武器的致命殺傷力，將所有火力形式——陸地的和空中的——組合成一種旨在形成「積極防禦」的作戰方式。這是一種傳統方法，依靠最先進的裝備和專業化訓練打造一支能夠抵禦強敵進犯、重創敵人的武裝力量，使其毫無還手之力。

然而，這部手冊很快就遭到了強烈批評，其中既涉及整個軍隊編制改革，也涉及如何看待北約核心地帶等難題。批評之聲起初不是出自軍隊內部，而是來自一群國防專家，他們中大部分人雖有軍方背景且深受博伊德的影響，但並非軍方人士。這其中最具代表性的是威廉·林德（William Lind），他雖然身為民主黨參議員的立法助理，卻是個強硬的保守派。林德對德國的作戰經驗十分感興趣，博伊德以馬其諾防線與閃電戰為類比，來區分消耗戰與機動戰的觀點，在林德筆下具有了更大的生命力。與旨在消滅敵人、摧毀設施的消耗戰相比，以閃電戰為基礎的機動戰則將「利用製造意外、不利的行動和戰略環境」擊垮「對方高級指揮官的精神和意志」當作「首要目標」。[16]

五年後，改革者顯然在這場辯論中占據了優勢，美軍一九八二年採納了「陸空聯合作戰」理論，修改了戰地手冊。從一開始，「陸空聯合作戰」就旨在為所有戰爭制定廣泛的原則，而不僅僅是歐洲的戰爭。它要求人們以全面的眼光看戰場，強調行動成功的關鍵在於「主動、深入、敏捷和同步」。[17]在《美軍戰場手冊》中，機動是戰鬥的動態要素，可以集中力量利用奇襲、心理衝擊、位置、時機，以少勝多。它被視為「在火力掩護下調動軍力部署，獲取優勢地位」，以此摧毀或威脅摧毀敵人。機動的目的是快速行動、探測防禦、利用成功優勢，將戰鬥推進到敵人的後方。[18]其核心是進攻，與博伊德侵入敵人OODA循環的主張是一致的：

> 每次遭遇戰的潛在目的是抓住或守住行動的獨立性。要做到這一點，就要比敵人更為迅速地做出決策並採取行動，以此瓦解敵人的軍力，使其措手不及。[19]

一九八六年，美軍推出了直接應對反政府武裝力量的《反游擊作戰手冊》（*Field Manual 90-8 Counterguerrilla Operations*），其中提到「可以將陸空聯合作戰的基本概念運用到反游擊行動中」。[20]一九八九年美國海軍陸戰隊發行FMFM-1手冊，強調其戰略理念的基礎是「機動戰」，它能提供一種方法，「瓦解對手的士氣和凝聚力，使其無力抵抗」，從而戰勝一支「在物理條件上占據優勢的敵軍」。[21]

作戰藝術

「機動」二字很快就取代了「殲滅」。這一切都是在冷戰的大背景下發生的，當時美國的敵人名聲在外，而且實實在在，需要解決的問題是阻止並在必要時抵抗來自東德的入侵。因此，鬥爭的焦點是強權軍隊之間在歐洲核心地帶的對抗。這使人們有機會升級傳統軍事戰略，以適應資訊時代的需要。

羅馬尼亞裔的博學家愛德華．魯瓦克犀利分析了這個爭議話題。他寫了一系列論文和著作，其中綜合了各種圍繞美國軍事策略展開的批判性思考。他質疑美國國防部過於龐大的指揮結構，認為軍方沉迷於武器採購而忽略了戰略思想。[22]他認為，軍事戰略需要有別於普通平民生活的思維方式。對立因素之間的相互作用意味著戰爭領域「瀰漫著一種其自身特有的詭辯邏輯（Paradoxical Logic），它與我們生活中其他方面所涉及的一般線性邏輯是對立的」。它「誘導未來，甚至顛倒黑白」，突破了「正常的」邏輯。結果是，矛盾的行為往往能有所收穫，而直截了當的、有邏輯的操作卻會遭遇困惑，「就算沒有發生致命的自我傷害，也會產生令人啼笑皆非的後果」。[23]因此，那些懂得如何管理龐大的文人政府機構的官員在主持軍隊工作時根本無法掌握戰略，因為戰略涉及一種截然不同的思維方式。他們只知道尋找標準答案，根本想不到這會給敵人打開方便之門。魯瓦克承認，即便國家領導層以某種方式掌握了這種矛盾的思維方式，他們也不敢將其輕易示人，唯恐嚇到選民和同僚，因為任何對「經過時間和空間檢驗、符合常理的傳統慣例」的偏離都會冒「喪失權威」的風險。[24]麥納馬拉帶進五角大廈的線性規畫模式明顯存在瑕疵，它無法預測事物的方方面面，因此很可能導致不利的結果。這使魯瓦克事實上贊成的是一種混亂的狀態，或者至少反對那種不可能達到的協調狀態，因為「只有那些看上去自相矛盾的政策才能巧妙地避開詭辯邏輯的自我挫敗效應」。魯瓦克將此觀點發揮到極致並認為：戰爭並不需要一種完全不同的邏輯，人們只需認識到自己身處一種完全不同的環境，遵循一條不同於和平時期的道路就可以了。[25]

魯瓦克集中精力關注的是他所謂的「操作層面」的重要性。它是歐洲戰爭的古典傳統，卻一直被忽視。約米尼、李德．哈特以及約翰．博伊德都把它當作諸多大戰術的一部分。約米尼將其描述為「在戰場上調動部隊，以及出於進攻目的而安排各種不同的部隊陣勢」。魯瓦克認為，操作層面才是考驗軍事指揮能力的關鍵領域，因此，他對美國當代軍事思想在這方面的缺失深感痛惜。「類似閃電戰、深度防禦之類的戰爭計畫正是在這一層面上開發並發展起來的。」美國人之所以忽視這一點，是因為他們過於依賴一種「消耗型戰爭風格」。[26]

德國軍事戰略家老毛奇留下一筆思想遺產，他認為，戰爭的操作層面無關乎政治，指揮官們可以在與敵人展開一系列複雜的遭遇戰時，展示其掌握調動大部隊的能力。這一觀點因在蘇聯軍事思想中占據突出地位而更加煥發光彩。蘇聯從建國階段開始，其軍事領導層便一直就戰爭的操作層面進行理論上的辯論。人們認為它是介於戰術和戰略之間的中間階段，並就面臨抉擇時，到底應該選擇決定性的殲滅戰還是防禦性的消耗戰爭論不休。第二次世界大戰前夕，蘇聯元帥圖哈切夫斯基（Mikhail Tukhachevsky）對機動化和空中力量進行了一番思慮後，堅定地認為應該在殲滅戰中使用能夠執行縱深行動的大規模機械化部隊。圖哈切夫斯基的對手們最終因為錯誤的戰略和那些站不住腳的理論而受到了嚴懲。兩者相較，後者更具有危險性。在史達林的大清洗中，這一條決定了許多人的命運，儘管圖哈切夫斯基最終也沒能逃脫類似的命運。戰後，蘇聯最初的關注焦點是熱核武器的威力。為此，蘇聯一度削弱了常規部隊的數量。直到一九六〇年代末，常規部隊的數量才有所回升。蘇聯人的觀點是，獲勝的機會存在於一場戰爭的初始階段。蘇軍總參謀部強調，一定要趕在美國的軍事儲備力量越過大西洋到達歐洲之前，調兵遣將深入北約內部，採取聯軍作戰形式，用最輕微的前期調動製造最驚人的效果。華沙公約組織的軍事理念反映的正是這樣的想法，以美國為首的北約國家也因而採取了同樣的思路。[27]

有人認為，以火力為基礎的消耗戰和以軍事調動為基礎的機動戰是對立的兩個極端。對於這種觀點，魯瓦克持鼓勵、認同的態度。消耗戰不是一種絕望困境中的痛苦掙扎，而是反映特定意志的周密抉擇。魯瓦克認為，消耗戰「過於依賴火力，以至於損害了部隊的機動性和靈活性」。但他承認，這種作戰風格的巨大吸引力在於，它具有「可預測性，而且功能簡單」，所有的軍事行動都可以做到向目標發動系統性攻擊。在這種誤導性的光環下，「操縱戰爭的是一種類似於個體經濟學中的邏輯」。「所有層面的戰爭行動」都會「類似於管理追求利潤最大化的工業企業」。最終，占據優勢資源的一方即便戰術程序老套、重複，也能奪取勝利。總之，投入越大，產出越多。這種消耗戰的風險在於敵人也會發動相應的消耗戰。如果敵人找到同盟，便會在力量平衡中占據優勢，顛覆原先的勝算。為此，魯瓦克提出了與沉悶乏味、中規中矩、官僚味濃的線性消耗戰完全對立的一種充滿想像力的作戰訣竅和操作悖論。他尋求的是與消耗科學正相反的機動藝術。[28]理智的機動戰尋求避開敵人的鋒芒，打擊敵人的薄弱之處。魯瓦克建議，對於資源貧乏的一方而言，這幾乎是一種不得不採用的作戰方式。

博伊德、魯瓦克及其同時代人在拋出這些話題的同時，敦促軍方回歸現代軍事經典，但出於對認知過程的高度敏感，他們又對這些經典做了後現代式的改動。在至關重要的軍事戰略問題上，經典並不如人們想像的那般清晰明白，因而結果往往是，為了新讀者而更新這些經典理論。當然避不開的是克勞塞維茨。眾所周知，《戰爭論》是一部未竟之作，克勞塞維茨直至臨終時仍在不斷修改自己的觀念，因此而造成的種種模稜兩可，影響了一批將此書當作戰略入門的人。一些如德爾布呂克、李德·哈特等戰略領域的關鍵人物也對克勞塞維茨的言論存在諸多曲解。而語言和翻譯的複雜性無疑加深了這方面的困惑。也就是說，回歸經典的結果，是引發了一場激烈的辯論，焦點是這些經典到底要傳達什麼意思——人們在試圖用這些理念應對當代的諸多問題時，遇到了種種概念上的困惑，這樣的討論似乎有助於解答這些問題。正當辯論進行得如火如荼時，彼得．帕雷特和麥可．霍華德出版了一部重要的克勞塞維茨《戰爭論》英譯本，與此同時，德爾布呂克的作品也首次有了英譯本。[29]

在所有這些討論的背後還有一個大問題是，除了發動大規模戰鬥，是否還有其他獲取勝利的途徑。而且，一個難度更大的問題在於勝利本身的意義（以及可能性）。有限戰爭盛行於十八世紀，十九世紀也出現過不少戰例。如果戰爭結束時，一個國家沒有征服另一個國家，那麼接下來雙方就要展開談判。可以預想，談判必然與旨在消除雙方敵意的權力平衡有關。其實，克勞塞維茨也看到了這種結束戰爭的可能性，但並沒有在書中充分論述這一點。他關注的焦點，是透過戰鬥消滅敵人的戰鬥部隊讓敵國陷入無助的境地。

這就是毛奇所謂的殲滅戰略，之後被德爾布呂克拿來與消耗戰略做比較。德爾布呂克認為，消耗戰就是在敵人尚未被消滅殆盡之前，勸說其放棄戰鬥。所謂消耗是指，敵人已經疲憊不堪，無法應對接下來的戰事。當敵人認為自己的性命可以保住，所冒的風險很有限，並且容易達成妥協時，消耗戰略才最有可能起作用。但人們在戰鬥方式上仍存有困惑，因為一系列非決定性的戰鬥同樣可以達到消耗敵人戰鬥力的目的。於是德爾布呂克提出了「兩極戰略」（bipolar strategy）這種說法，用來表述指揮官們為達到目的隨時要在戰鬥和機動之間選擇的理念。

選擇殲滅戰略或消耗戰略並不只是一個戰略喜好的問題，還反映了一定的物質條件。如果戰爭無法避免，那就必須具備獲勝的足夠力量，此外，還要在一場決定性的戰鬥之後存有乘勝追擊的能力，奪取敵人的領地。而機動作戰或許能帶來最初的戰場優勢，但僅此還不夠，因為敵人很可能在損失了一支部隊之後，再派遣另一支隊伍上戰場。急於謀求殲滅戰並非明智之舉，除非自信已經占有絕對軍事優勢。如果必須保存力量打一場拉鋸戰，那麼最好避免去打那些事先精心設計的戰鬥，除非環境對自己非常有利。因此，消耗戰和機動戰之間存在一種聯繫，都是避免直接戰鬥的方式。[30]

李德．哈特採用機動戰的理念，在將其與大會戰進行對比之後，發展出一種新的戰略。更讓人不解的是，自第一次世界大戰以來正面襲擊也和消耗戰扯上了關係，儘管後者同德爾布呂克設想和理解的並不一樣。克勞塞維茨當年或許已經認識到了這些潛在的戰略原則，但這樣的戰鬥規模和強度已經超出了他的設想。李德．哈特始終認為，並非只有重大傷亡才能打敗對手，迷惑、誤導、奇襲同樣可以達到目的。但當時的人尚不清楚，這種攻其不備地戰勝一支部隊的方法，是否同樣能適用於戰勝一個國家。有些國家即使在戰場上嚴重受挫，也仍然有能力拖延時間，儲備力量等待時機，或者轉而投入全民抵抗。因此問題在於，除了正面進攻之外，是否還有其他在戰場上打敗敵人的方式，以及如何才能將軍事勝利轉化為實質性的政治成就。

要理解這兩個問題，還得回頭看克勞塞維茨，他提出了許多不朽卻未必十全十美的概念，「重心」（the center of gravity）也稱「重點突破戰術」（Schwerpunkt）便是其中之一。除了殲滅戰略之外，克勞塞維茨在重心概念中也談到了這兩個問題，然而他並沒有提出解決之道。西方軍事機構後來紛紛採納了這個概念，儘管他們的做法加劇了這個概念本身的固有問題。這個概念後來越來越為人們熟知，以至於都用縮略語「COG」（the center of gravity）指代重心。克勞塞維茨原先的關注點在於敵人的部隊，但由於人們將重心視為敵人的權力和力量資源，因此這個概念也可指代一個聯盟或者一個國家的意志。

到一九八〇年代末，各種思潮已經匯成一種明確的軍事理念形式扎根於西方軍事機構中。人們認為，應在戰爭的操作層面設置軍事重點。部隊應該直搗對手的重心，其意義在於動用軍隊才最有可能迫使敵人投降。這種新思維鼓勵人們相信，最重要的重心是直接連接敵人的大腦中樞，用休克和紊亂讓敵人出現精神上的混亂，繼而麻痺和癱瘓敵軍力量，而不是用炸彈消滅敵人的肉體。

消耗戰和機動戰之間的差別變得十分尖銳，簡直到了諷刺的地步。崇尚機動戰的人直白地說明了消耗戰支持者的想法，他們將「敵人當作系統性交戰和毀滅的對象。因此作戰的重點是效率，發展出了一種系統性、幾乎很科學的戰爭方法」。消耗戰的各方面都要依賴火力的效率，崇尚集中控制的方式，而不是各部分自主行動。人們用數量語言做戰爭損失評估、「死亡人數統計」、測量地形，並以此定義戰爭的進度。依靠懲罰性的消耗戰來打仗意味著要隨時做好準備，敵人也會採取同樣的手段進行報復。獲取勝利「與其說依靠的是軍事能力，倒不如說依賴的完全是人員和裝備上的數量優勢」。這意味著，戰場上的人員傷亡其實是缺乏想像力和技術能力造成的。由此，仰仗情報的機動戰擁護者要更勝一籌。這些崇尚機動戰的人會——

繞過問題，從一個自己占據優勢的位置發起攻擊，而不是與之直接對抗。目標是運用兵力有選擇地攻擊敵人的要害。從定義看，機動戰依靠速度和出其不意，失去任何一樣都無法做到集中兵力打擊敵人的弱點。

機動戰的目標「不是從身體上、物質上消滅敵人，而是粉碎和破壞敵人的凝聚力、組織、指揮控制以及心理平衡」。[31]要做到這一點，需要極為優秀的技能和判斷力。誰不想擁有一套這樣的戰略呢？

然而，這套方法中還有一些懸而未決的關鍵因素。在既有的等級架構中，戰略由不同層面構成的理念根深柢固。它的潛在規則是，每個層次的戰略目標都是從上一級傳承下來的。大戰略層面關注的是策畫衝突、締結聯盟、調整經濟、振奮人心、分配資源，以及定義軍事角色。而到了戰略層面，政治目標轉而成了軍事目標，人們就重點戰略和具體目標達成一致意見，並據此部署人力和裝備。在大的戰術或操作層面，人們需要判斷，根據當時的條件應採取哪種最恰當的戰爭形式來達到目的。及至戰術層面，各軍事單位的任務就是在自身的特定環境下努力推進任務目標。

這些不同的戰略層次，反映了適用於強國之間正規戰爭的階級指揮架構，以及當代各種戰爭實踐之間的明顯差異。當代人著迷於系統理論和資訊流，但沒想到的是，正是它們對階級指揮結構本身形成了威脅。在類似想法的影響下，商業活動也呈現出階級結構日益退化的跡象。指揮結構中鏈狀關係過多，很可能就會導致各個組織反應遲鈍。自下而上的資訊傳送速度會變得緩慢，且發生扭曲變形。如果新的指令總是受制於這樣的鏈狀結構，那麼最初的戰略意願就會大打折扣。

後來，人們又開始討論各種戰術問題，認為它們是短期、直接的，不一定具有長久的重要意義；而戰略問題涉及的都是大問題，它們具有持久性、決定性的意義，可能影響深遠。在這些討論過程中，上述有關系統理論和資訊流的假設也被持續關注。然而在有限戰爭中，每一次單獨行動都有可能產生決定性影響，因此局部戰術因素事關大戰略，並由此受到最高級別的政治掌控。一九九〇年代，局部的地方性因素變得越來越重要，美國人開始談論：在承受巨大壓力——決策受到媒體和公眾輿論嚴密監視的情況下，一個「處於戰略鏈上的下士」完全有能力「做出合情合理且獨立自主的決策」。這位下士會意識到，他的行動所造成的潛在影響不但涉及直接戰術形勢，而且會波及操作層面和戰略層面，由此「引出更大規模的行動」。[32]

在戰略與戰術層面，還有一個操作方面也在發揮作用。英國歷史學家霍華德在戰略的操作層面之外，還識別出了其他三個向度，分別是後勤組織、社會和技術。他提醒，不能把軍事行動與後勤保障、社會環境、技術應用割裂開，持這種成見是很危險的。[33] 軍方偏愛將注意力集中於調兵遣將的操作層面，因為其可避免受軍民關係的影響；理論上，這是一個更重要的戰略層次。而在實踐中，將重點限定於一個明顯的操作層面，能夠讓戰鬥處於專業的軍事掌控範圍內，遠離民間非專業意見的干涉。從這方面來看，這正好反映了美國軍方對越戰慘敗的解釋——「民間力量的微觀操控」。

「重心」概念提出之後，又出現了第二方面的問題。雖然人們接受了這個概念，但是在指揮官應有的目標和尋找目標的方法上卻難以取得一致意見。如果人們採用約米尼的決勝點概念，問題或許會變得更簡單一些，僅須針對關鍵點投入盡可能多的兵力即可。至少可以省去麻煩，讓人不必費心去做一些不恰當的比喻。[34]

例如，自身實力強大的軍隊認為，強大並不意味著應該和對手「硬碰硬」，它更應該被當作一種間接手段，「運用戰鬥力量去應對一系列避開敵方優勢的決勝點」。[35] 規模較小的海軍陸戰隊，首先考慮的也是避開敵人的優勢兵力，攻其要害。海軍陸戰隊甚至在談及「重心」理論時發現了其中的隱患，因為克勞塞維茨主張在實力較量的白熱化階段要「敢字當頭，贏得一切」。[36] 和識別「重心」一樣，發現敵人的關鍵性弱點也不是件容易的事情。因此，在發現決定性機會之前，不妨先將敵人的「任何以及所有弱點」都加以利用。這個有些隨意的過程，讓美國海軍陸戰隊學院的喬·斯特蘭奇（Joe Strange）重點研究了開發利用敵人的關鍵弱點需要具備哪些判斷能力和要求，這將有助於形成瓦解敵人重心的累積效應。[37]

美國空軍上校約翰・沃登（John Warden）提出了關於「重心」概念最有影響力的版本。他認同克勞塞維茨的主張，但尋求將其與空軍力量結合。敵人的重心「是其最為薄弱的地方，只要朝著這個點攻擊，就極有可能獲得決定性的最佳時機」。這種決定性表現在，到那時，敵軍領導階層必然會「按照你的意圖行事」。沃登將敵人（任何敵人）看作一個系統，由相互關聯的幾個部分透過若干節點和鏈接串成。「重心」可能就存在於五個部分——領導層、生產設施、基礎設施、國民和地面部隊——的任何一個之中。任何戰略實體都可用這五個部分來概括和描述。它的意義在於，空中力量是唯一一支具備能力平行地（而不是連續的、成系列的）同時打擊這五個部分，進而癱瘓對手的力量。他認為，這種戰法的效果具有決定性意義。[38]沃登的推測是重心存在於物質結構中，打擊並摧毀敵方的物質結構，可以使敵人接受現實、承認失敗。進而，沃登試著證明如何在仔細分析目標之後，利用消耗戰的火力方式達到機動戰所追求的迷惑敵人的效果。

由此可見，對於這些概念的確切含義並不存在什麼一致意見。經過二十年的系統闡述之後，人們發現「在發展和應用重心概念的過程中缺乏理念指導，使得決策者們浪費了時間，幾乎沒有從中得到什麼切實的益處」。據稱，一些決策團隊會耗費「數個小時——甚至好幾天時間——爭論敵人的『重心』到底是什麼」，而最終結果卻不是透過分析得來，而是由個性最強勢的那個人決定。[39]人們一直相信，好方法有助於管理任務，獲得有價值的結果。而實際問題是，「重心」這個概念已經被擴展到了一種毫無意義的程度。它既可以指一個目標，也可以指代數個目標。所謂的「核心」既可以是敵人的力量之源，也可以是敵人的關鍵薄弱點。它既可能存在於物質、心理方面，也可能存在於政治領域。如果攻擊敵人的「重心」之後一切順利，其結果將是決定性的，或者帶來具有潛在決定性影響的後果，即便在過程中還得依靠其他手段幫忙。「重心」概念已經與其最初意義大相逕庭，但是作為一個專業術語，人們還是希望它能提供一整套十分具體的操作目標，據此發動進攻，便能達到期望中的政治效應。這體現了克勞塞維茨的初衷，即勝利的關鍵在於擊潰敵人的軍事系統，但若敵人的政治應變能力並非源於軍事，那麼即便攻擊了所謂的「重心」也是枉然。如果「重心」並非一座實實在在的設施或一系列武器裝備，而是一種政治理念或同盟關係，那麼設想攻擊目標，就會變得難上加難。

另外，綜觀軍事史，消耗戰和機動戰並不是完全割裂的，而且機動戰也只是偶有建樹，並不是放之四海而皆準的原則。卡特・馬爾卡西安（Cater Malkasian）抱怨道：「一些指揮官和理論家曾經在運用和發展消耗戰這個概念上做出了有益的努力，但機動戰鼓吹者對此從來隻字不提。」[40] 雖然消耗戰被說成一種血腥的苦戰，讓軍人們在無心的交火中徒然丟了性命，但馬爾卡西安指出，消耗戰也包括「全面撤退、有限地面進攻、前方突襲、偵察巡邏、謹慎防衛、焦土戰術、游擊戰、空中打擊、砲兵火力、掃蕩等戰術」。歷史上有過許多成功的消耗戰戰例，其中「最輝煌的也許是」一八一二年俄軍抵抗拿破崙的戰役。[41] 消耗戰最顯著的特點在於拖垮敵人，這就意味著作戰過程很可能是曠日持久、循序漸進或者零敲碎打地往前推進。最終結束戰爭的既有可能是一場決定性的戰鬥，也有可能是飽經折騰的交戰雙方一致同意透過談判來解決問題。可見，消耗戰適用於目標有限的強制戰略。其風險在於，消耗戰可能會發展為一場耐力競賽，而且很難預測敵人會在何時被擊垮。

史壯恩一針見血地指出，「人們提到『機動』二字時顯得自以為是，並越來越『機動主義』」，作戰層面被說成了「一個無關政治的領域」，這是相當危險的，「機動主義是很難理解的，其本質只有首次使用它的人心裡最清楚」。[42] 他將這種只關注作戰層面的觀點追溯到了埃里希・魯登道夫（Erich Ludendorff）將軍身上。一戰前，德國部隊只關注軍事領域的問題，刻意排斥平民百姓，對其行動的政治後果漠不關心。軍方認為，只要打一場漂亮的殲滅戰，就能在政治上達到任何目的。魯登道夫認為，德國之所以在一九一八年慘敗，是因為被老百姓「在背後捅了一刀」，而非他自己在戰場上吃了敗仗。他一心支持全面戰爭，認為想獲勝就應該投入所有的社會資源。不是戰爭服務於政治，而是政治應當為戰爭服務。因此，他的戰略觀點延續了毛奇的思想，也讓他在一戰中密切關注著作戰層面。讓他無法接受的是，正是這種觀點導致了德國的失敗。同樣，在一戰和二戰間的幾十年裡，德國沒有產生什麼創新性的戰略思想也根源於此。一九四〇年，閃電戰在西歐戰場上牛刀小試，但它並非德軍的戰前新理念，而只是為指導施里芬計畫的舊理念換了個新包裝而已。閃電戰之所以成功，靠的是德軍在戰場上的靈光乍現和法國最高指揮部的失誤，後者在敵人集結力量之前，對於眼前的威脅既沒有動用戰略性儲備兵力，也沒有調度戰術性空中兵力。

然而，一九四〇年的那幾場勝仗確實讓希特勒相信，閃電戰就是戰爭的制勝之道，於是他以此為基礎對蘇聯發動了進攻。蘇軍一開始的失誤使閃電戰取得了初步成果，但德軍的經濟需求無法得到充分滿足，攻勢很快就弱了下來。閃電戰的支持者在將其作為作戰理念的同時，並沒有充分考慮到它在東歐會有怎樣的遭遇——除了失敗之外，征服目標、掠奪、種族統治等因素都會對其戰略路線產生影響。[43]最終，德國人在二戰中又走上了一戰的老路，他們試圖用成功的機動戰打贏戰爭，結果卻發現自己陷入了一場消耗戰。閃電戰模式因此暴露了缺陷，只在第二次世界大戰史中留下幾句評語罷了。

一九八〇年代初，在北約核心地帶，人們又誇大了機動戰的作用。快速進攻、出其不意這些字眼聽上去很吸引人，但要用在規模龐大的現代軍隊身上就有點含糊不清，而且很難落實。這反映了當時人們的一種浪漫而懷舊的戰略觀，不受政治和經濟條件的束縛。人們對蘇聯的戰略理念耿耿於懷，高估了機動戰對蘇聯的打擊作用，同時又過分樂觀地估計了西方國家成功實施機動戰的能力。[44]各種受到鼓吹的機動戰略往往不切實際。當時歐洲城市的擴張進程以及複雜的公路和鐵路網，都讓機動戰略成了高風險選項。它要求情報充足、準確，指揮控制高效，同時也為各個部門施加了巨大的壓力。機動戰本身的缺陷絕對是個災難，會將自己的大後方暴露給敵人。另外，一種全新的攻擊學說則有著可能瓦解美國的歐洲同盟的風險，特別是西德。不管是進攻戰略，還是防守戰略，這個國家已經不想再聽到任何可能把自己的國土變成戰場的東西了。這一切的癥結就在於忽視了地緣政治因素，割裂了作戰藝術與大戰略。就大戰略而言，比起為了預想的戰爭而設計聰明的戰法，維護同盟內部團結可能更加重要。

魯瓦克雖是機動戰的支持者，但他從理論層面提出了慎用此法的幾大理由。他從李德·哈特的間接戰略中吸取了攻其不備的方法。敵人顯然對常見的、依靠有利地形的最直接攻擊路線做了充分準備。因此，最複雜、最艱難的作戰路線才是對付敵人的最佳方法。可是，一旦敵人察覺到這種間接作戰方式，那就意味著要嘛找一條更加意想不到、難上加難的作戰路線，要嘛乾脆採取雙重詭計，採用最平常的、敵人眼中最不可能的作戰路線。在這種情況下，到底走哪條路線成了一場驚奇的考驗。如果無法形成出其不意的效果，那麼走複雜路線所付出的額外努力都將變得毫無意義，可能還會帶來危險。突襲能夠讓人「即便在鬥爭持續的狀況下，也有可能短時間地、在部分程度上擺脫戰略窘境」。[45] 其好處在於，敵人會一時間措手不及，從而暴露出薄弱環節。敵人的決策循環就此受到了干擾。

這種邏輯之所以不會帶來令人困惑的弔詭之處，是有實際原因的。軍事行動很可能因為各種條件而受到限制，比如只能攜帶必要的燃料和補給，沒有存放武器彈藥的空間等。除非最初取得了特別巨大的勝利，否則軍隊根本沒有能力持續作戰。此外，實現出其不意的效果還得依靠保密和欺騙。如果在作戰過程中被敵人識破計謀或者中了埋伏，那麼機動戰即便再精心設計，也是徒勞無功。因此，間接戰略是一種「自我削弱型的方法」，既有代價，也有風險。克勞塞維茨還敏銳地發現，它還有可能帶來更多的麻煩。這是在實施基本計畫的過程中全部障礙因素所形成的聚積效應，比如，車輛拋錨、誤解指令、供給失誤、氣候異常、無法逾越的天險等。戰略的目標之一，是透過逼迫敵人採用間接戰略，讓敵人遭遇更多麻煩，做好一切準備對敵實施直接攻擊，阻斷敵人的供給線。

魯瓦克還從克勞塞維茨那裡得到啟發，注意到另一個弔詭之處：初始戰略實施得越成功，部隊離開大本營越來越遠，其遭遇麻煩的風險也會越來越大。隨著進攻部隊推進到不熟悉的區域，供給線變得薄弱；敵人被逼得步步後退，越來越靠近大本營，卻能夠獲得充足的補給，調用新鮮儲備。先占優勢的一方很容易走過頭，因為野心過大而失敗。他們一旦越過「頂點」，即相對於敵人占據最大優勢的位置，優勢的天平就會開始向另一方傾斜。亂作一團的敵人無法重新集結起來，因此進攻方就可以謹慎地將優勢推向極限，由此產生了非決定性戰鬥的問題。如果沒有充分的投降條件，敵人就會尋求重新集結並繼續戰鬥，即便國家被占領，也仍可以作為叛亂勢力而存在。因此，對戰略的最終考驗並不是突襲能否成功，而是戰術問題，是否能夠達到期望的政治目的。這其中的基本要點是，緊盯一種作戰模式不放，只會提供敵人創造機會進行調整和反擊。

最後，所有這一切的背後還存在一個對因果關係的預設，即「模糊、欺詐、新奇、機動、暴力威脅或者真正的暴力」等因素相結合，就能對敵人產生足夠的震懾效果，使其陷入混亂的無序狀態。博伊德認為，心理戰的本質在於：

> 製造、利用並放大各種威脅（危及人的幸福和生存）、不確定性（各種古怪的、自相矛盾的、陌生的、無序的事件所造成的印象或氣氛）和不信任感（懷疑的氣氛以及瓦解一個有機整體或兩個有機整體成員之間的關係紐帶的種種懷疑和猜測）。

這種方法之所以能夠發揮作用，是因為「表面的恐慌、焦慮和疏遠會產生眾多互不合作的『重心』」。[46]敵我雙方的士氣和凝聚力當然有所不同，頭腦發熱的指揮官一旦看到自己的軍隊四散奔逃，便會陷入絕望，他們甚至會極度誇張地稱其指揮中樞是在集體精神崩潰的情況下瓦解的。這時，原本組織嚴密的部隊成了烏合之眾，遵守紀律的聰明人突然成了在黑暗裡橫衝直撞的絕望傻瓜。博伊德認為，「勇氣、信心和精神」構成了一種「精神力量」，能抵禦這種負面效應。如果敵人確實擁有這種「精神力量」，那麼企圖讓敵人陷入精神崩潰的種種物理手段就會失去效用。或者，個人和集體之間會有各種不同反應，有些人能夠很快地體會到事件背後的深意並迅速適應。他們的反應也許不是最理想的，但足以使他們重新組織起來應對新的情況。

指揮官因為突然遇襲而陷入精神錯亂的情況，在歷史上有過著名的案例。一九四一年，史達林就遭遇過這種情況（雖然他事先接到過類似警告）。當時，德軍開始進攻蘇聯，並很快擴大了戰果。史達林一連幾天都在設法弄明白到底發生了什麼事，百姓卻得不到絲毫消息。就在史達林苦思的同時，前線將士們也在各自找出路，有人選擇撤退，也有人選擇以極大的勇氣去和敵人對抗。最終，史達林回過神來，向民眾發出了一條激動人心的消息，並指揮戰鬥。蘇聯國土廣袤，人口眾多；對德軍來說最重要的是速戰速決，但希特勒小看了斯拉夫人的智商，認為只要自己的部隊不斷向前推進，敵人就會陷入崩潰。而當心理戰沒有達到預期效果時，遭遇攻擊的便反過來是希特勒的部隊，他們只能撤退。隨著蘇聯領導層恢復理智和鎮定，德國人的這種攻擊手段也漸漸失去了威力。

若說由於意識控制身體，因此與其消滅敵人的肉體，倒不如擾亂他們的心智，這是一回事；但說因為物理攻擊能夠粉碎敵人的肉體，所以心理攻擊能瓦解敵人的意志，就是另外一回事了。雖然人的精神認知是十分重要的，但並不意味著對它的直接打擊就一定能使敵人崩潰。人的大腦即便在處於極端的壓力下，也能夠做出拒絕、抵抗、恢復、適應等驚人的壯舉。

第16章

新軍事革命

新軍事革命可能會為戰場帶來某種戰術上的清晰，卻要以戰略上的模糊為代價。

——埃利奧特．科恩

戰爭的「操作」方法從來沒有在設計它時所設定的環境中得到檢驗。一九八〇年代末，蘇聯共產主義從內部崩潰，華沙公約組織瞬間化為泡影，中歐地區爆發另一場大戰的可能性也隨之煙消雲散。由此，美國軍隊很快把注意力放到了一系列全新問題上。環境發生了巨大變化，這本應給重新思考作戰方法提供很好的理由。但事實並非如此，舊的作戰思想反而更加根深柢固，這在今天被說成是一場新軍事革命。

美國無須再擔心出現一個極度龐大而強悍的敵人。得益於新技術的發展，美軍拉開了與所有潛在對手之間的素質差距；同時對作戰理論的看重，又使得美軍能夠利用情報和通訊優勢在對手附近活動。這種全新的作戰能力很快就得到了證明。一九九〇年八月，伊拉克侵占了鄰國科威特；次年年初，美國領導的多國部隊就解放了科威特。在此之前，感測器、智能武器和系統整合等技術發展對戰爭的影響還只是未經檢驗的假設。身為懷疑論者的美國戰略與國際研究中心資深研究員愛德華．盧瓦克曾警告，在和伊拉克的戰爭中，那些理論上最先進的武器系統可能會因為它們本身的複雜性和傳統作戰能力的欠缺而威力大減。[1]然而在「沙漠風暴」行動中，這些裝備卻表現出色：從上千公里以外發射的巡弋飛彈，運用自動導航飛越巴格達的一個個街區，直接鑽進目標建築物內爆炸。

這場一面倒的戰爭，展示了現代軍事系統在最完美狀態下的潛力。伊拉克人曾經吹噓自己擁有規模龐大的陸軍，但其中大部分都是裝備低劣、缺少訓練的新兵，他們面對的卻是訓練有素、裝備精良、擁有壓倒性優勢火力的多國部隊。這就像是在「好心」地用自己的軍隊來炫耀敵方軍隊的實力。美軍的作戰計畫遵循西方軍事實踐的基本原則，專門針對一個實力和火力完全處於下風且沒有制空權的敵人。伊拉克僅僅在一次試探性的正面攻擊後，便潰不成軍。但諾曼・史瓦茲科夫（Norman Schwarzkopf）上將仍乘勝前進，以一種攻敵側翼的複雜機動戰術包圍了敗退的伊軍，只是沒有足夠迅速地全部消滅他們。美國人甚至宣布停火，有意避免了一場殲滅戰。這體現出美國在這問題上的決斷，那就是把戰爭控制在有限程度之內，達到解放科威特的目標後，立即收手，而不是貪得無厭地謀求占領整個伊拉克。這樣做對外交和軍事都有好處，但是戰爭後果卻佐證了決定性勝利的論調。薩達姆・海珊（Saddam Hussein）的政權得以倖存，只能說戰爭的結果不算完整。[2]

有觀點認為，這次戰役可能為未來樹立一種模式，甚至象徵著一場新軍事革命，這種看法來源於安德魯・馬歇爾（Andrew W. Marshall）領導的美國國防部「淨評估辦公室」（Office of Net Assessment，簡稱ONA）。馬歇爾曾效力於蘭德公司，在軍事戰略分析方面是個厲害的老手。他注意到，蘇聯在最後的幾年裡曾有過關於「軍事技術革命」的討論，當時的觀點是軍事技術革命可能使常規軍隊的作戰效率進階。馬歇爾堅信，新型武器系統不僅僅意味著裝備質量的提高，更會改變戰爭的性質。一九九一年波灣戰爭結束後，他要求手下一名分析師、陸軍中校安德魯・克雷皮內維奇（Andrew F. Krepinevich）研究精確導航武器與新型資通訊技術結合使用時所能產生的影響。此前，克雷皮內維奇一直在研究北約和華約之間的軍力平衡問題，隨著蘇聯陣營的瓦解，這個問題已不復存在。[3]

一九九三年夏，馬歇爾就未來戰爭提出了兩種看似可信的變化趨勢。其中一種可能性是遠程精確打擊將成為「首要的作戰方式」，另一個就是「所謂的資訊戰」的出現。[4]就此，他開始鼓勵使用「新軍事革命」（revolution in military affairs，簡稱RMA）這一術語，取代「軍事技術革命」（military-technical revolution），用來強調戰術上、組織上以及技術上的變革對於戰爭的重要性。[5] 克雷皮內維奇在一九九四年將RMA描述為：

將新技術應用於海量的軍事系統之中，同時與創新的作戰理念和部隊適應力相結合，由此引起武裝力量的作戰潛力和軍事效能成級數地劇增，進而根本性地改變衝突的性質和表現。[6]

雖然RMA源於理論，但背後的驅動力是技術。也就是說，新軍事革命是資訊收集、處理和交換諸系統與運用軍事力量的諸系統之間相互作用的結果。一個所謂的系統體系可以確保這種相互作用的順暢和持續。[7] 這個概念尤其適用於海洋環境。在海上就像在空中，面對的是一個除了交戰者外空無一物的戰場。即使回到第二次世界大戰，當時的空戰和海戰模式也對系統分析頗為敏感，從中可以清楚看到技術創新對戰事的影響。

相形之下，地面戰爭總是顯得更為複雜多變，受制於更廣泛的外界因素。而未來，新軍事革命有望一舉改變陸戰的面貌。遠程精確打擊能力的提高，意味著時間和空間將不再是重要的制約因素。對敵方作戰單位的攻擊可以在遠距離的位置上發起。陸軍可隨時保持靈活機動，因為官兵不必再攜帶除自衛武器之外的笨重裝備行動，能夠從外部請求所需的火力支援。有效運用非自備火力，將會減少對規模龐大、行動不便的整裝陸軍師的依賴，同時降低與之相伴的高傷亡率。[8] 當敵方指揮官還在忙著調用資源和制定計畫時，一支已經不再受時間和空間限制的軍隊很可能突然發起致命打擊，令敵人的種種努力瞬間灰飛煙滅。避免赤裸裸地消滅敵人有生力量的軍事行動或許能遵照博伊德法則來完成，那就是更迅速和更敏捷地採取行動，進而讓敵方指揮官處於無力抵抗的境地。這一法則的狂熱鼓吹者甚至宣稱，「戰爭迷霧」將因此消散，戰場上的各種阻力也將被一一化解。[9] 不管怎麼說，至少戰爭將從此遠離高強度拚殺，變得更加可控、更加細緻，以最小的兵力投入癱瘓敵人的軍事體系。不消耗更多資源，不浪費更多財產，不流更多的血，同樣可以實現特定的政治目標。

這一切可能會讓將來的戰爭變得相對文明，既沒有核戰的毀滅性，也沒有越戰般的陰鬱和煎熬。它應該是由專業化軍隊進行的專業化戰爭，就像波士頓大學國際關係學和歷史學教授、政治學家、前職業軍官安德魯・巴切維奇（Andrew J. Bacevich）直截了當描述的，是「一遍遍重播的波灣戰爭」的景象。[10] 這個理論的精髓體現在美國國防大學一九九六年的一份刊物上，其中提出了「震懾與敬畏」（shock and awe）概念，主要意思是應該集中全力，在敵人有機會反抗之前盡快從生理上和心理上壓垮他們。「震懾與敬畏」意味著讓敵人對形勢的認識和掌控能力陷入超負荷狀態，進而全面癱瘓。這種結果的極端例子就是對廣島和長崎的兩次原子彈攻擊。雖然它們的得手，可能更多是靠虛假情報、錯誤情報和欺騙手段，但「震懾與敬畏」概念的發明者並不排除原子彈攻擊在理論上的有效性。[11]

在一九九七年發表的〈共同願景二〇一〇〉（Joint Vision 2010）報告中，這種思想的影響顯而易見。該報告將作戰方面的資訊優勢定義為「源源不斷地收集、處理和傳播資訊，同時對敵人收集、處理和傳播的信息加以利用或抵制的能力」。[12] 資訊優勢可以憑藉「性能卓越的感測器、迅速強大的網路、顯示技術，以及複雜的建模和仿真功能」獲得。部隊應用它們，將會「大大增強對戰場的感知和了解，而不是簡單地獲取更多的原始數據」。這可以彌補部隊數量、技術條件或陣地位置等方面的不足，同時加快作戰指揮流程。部隊可以「透過自下而上或同步的組織形式來貫徹指揮官的意圖」，使「敵人的行動計畫迅速落空，化解併發事件的突然衝擊」。敵人根本沒有時間遵循著名的博伊德OODA循環。阿瑟・塞布羅夫斯基（Arthur Cebrowski）和約翰・加斯特卡（John Garstka）認為，「網路中心戰」可以讓作戰更有效率，就像商業機構運用資訊技術實現經濟活動的更有效運行一樣。[13] 在討論從「平台中心戰」過渡到「網路中心戰」的問題時，五角大廈很大程度上採納了這個構想（加斯特卡為共同作者），同時認識到，在物理領域和資訊領域之外還有一個認知領域。認知領域包括：

作戰人員的頭腦和民眾對作戰人員的支持。很多戰役和戰爭都贏在或輸在認知領域。該領域的要素既有領導力、士氣、團隊凝聚力、訓練水準和經驗所體現出的無形價值，也有對形勢的感知能力和民意。指揮官的意圖、教理、戰術、技巧和作風都屬於這個領域。[14]

這種戰爭模式適用於美國，因為能夠發揮美國的長處：它比人海戰術更有價值；反映出了對智取敵人的偏好；避免了敵我雙方的過度傷亡；讓人覺得幾乎不用費什麼勁就可以取得優勢。這些觀點無疑讓人深受鼓舞，而且有可取之處。雖然新軍事革命計畫認識到美國的優勢對尖端技術和強大火力（特別是空中火力）的依賴程度，但資通信技術必定會深刻地改變軍事實踐。而且，美國在特殊類型戰爭中明顯的軍事優勢可能會促使其他國家改變作戰方式，它的網路中心戰能力還能遏制對手的野心。由於和美國打一場傳統常規戰爭的做法顯得越來越愚蠢，特別是在一九九一年波灣戰爭證明了這種愚蠢之後，對美國優勢的潛在挑戰又少了一種，就像之前的「相互保證毀滅」戰略將核戰踢出政策選項之外一樣。

不過，新軍事革命的表現形式是由政治偏好決定的，即美國人想要打什麼樣的戰爭。它恰好既滿足了降低高傷亡率或避免陷入越戰式泥淖的意願，又符合西方道德傳統強調的戰爭區別和適度原則。建設專業化常規部隊成為新軍事革命的表現形式，因為高品質武器已經讓數量不再重要，同時對部隊的精悍也提出了更高要求。無法忍受人員傷亡和附帶損害，意味著打擊行動應針對軍事目標而不是無辜平民。大規模殺傷性武器的使用也變得不可能。軍事會和民事分開，戰鬥人員會和非戰鬥人員分開，砲火會和人群分開，有組織暴力會和日常生活分開。要打垮敵人，無須大開殺戒，混亂和迷惑就可以讓他們一敗塗地，因為他們永遠都不可能擺脫OODA循環。如果這一趨勢得以充分發展，那麼到了某個時候，我們就有可能看到一場沒有眼淚的戰爭：用精確導航武器發起遠距離攻擊，讓盡可能少的人（最好沒有一個人）受到戰火波及。目標就是降低任何被認為與「戰鬥」有關的因素的作用。理想的狀態是以壓倒性優勢發起讓敵人認知錯亂的高強度集中攻擊。新軍事革命遠非一場真正的革命，它讓人回想起早先決定性軍事勝利的理想化原型，這些勝利決定了各國甚至整個文明世界的命運。只是在今天，對於有史以來最強大的軍事霸主來說，獲得這樣的成功實際上不用受什麼痛苦。

這種對未來戰爭的看法有些不太真實。它要求進行戰爭的政治實體摒棄畏懼、絕望、復仇和憤怒的心理，能夠在利益和敵人面前保持理性、分清主次。這種看法背離了對於衝突和暴力之源的超然態度，表現得更像一個憂國憂民的旁觀者，而不是立場堅定的參與者。它忽略了戰爭的物質性及其暴力和破壞傾向。如果那些未來戰爭的信奉者只打注定會取得簡單勝利的小仗，那麼軍事就很難有什麼革命。一九九一年的波灣戰爭似乎證明了這種未來戰爭觀的正確性，但它的勝利是因為薩達姆．海珊幫了忙，他並不了解真實的力量對比。就此而言，這個證明本身就靠不住。考慮到二流常規部隊在一流勁敵面前的不堪一擊，未來的敵人在挑戰美國時必然會加倍小心。一九九一年後，不知道誰會再打這樣一場戰爭。美國軍事文學中提到了軍事稟賦可媲美美國的「同時代競爭者」，但它們是誰卻不得而知。此外，對於一場要按照上述原則進行的戰爭來說，交戰國不僅應擁有旗鼓相當的軍事實力，而且要有相同的道德和政治底線。這種對陣模式是依照美國的實力設定的，而正是因為美國太強，敵人望塵莫及，它們才不會依照這樣的對抗模式，反而會千方百計地利用美國人缺乏耐心和擔心傷亡等想像出來的弱點。敵人更傾向於透過製造傷害來達到擾亂人心和瓦解同盟的目的。

精確戰爭既可能減少損害，也可能最大限度地造成損害。就像精準打擊既可能避開核電廠、醫院和居民區，也可能直接命中目標一樣。即使在美國的戰爭模式中，也總是會有一些軍民兩用的設施，比如能源和交通設施。出於軍事目的打擊這些設施，勢必破壞民眾的正常生活。從其他方面來看，新技術使民事和軍事領域逐漸重疊，高品質的監視、情報、通訊和導航設備越來越容易獲得，成為普通人手中的小玩意，而這給了那些缺少資金的小型非法組織以可乘之機。最後，核武和遠程飛彈（它們的問世在當時也被形容為一場「新軍事革命」）豐富了殺傷手段並擴展了潛在打擊範圍。而旨在減輕其破壞性的努力，比如對飛彈防禦系統的改進，卻一直不盡如人意。這意味著，能夠奪走成千上萬人生命的核爆威脅並沒有消失。

不對稱戰爭

當一個國家在常規戰爭中陷入絕境、敗局已定時，攻擊敵人的後方恐怕就成了唯一的選擇。這就是二十世紀戰爭史讓那些相信軍事行動後果可控的人倍感沮喪的原因。軍事弱國可以採用一系列手段對付軍事強國：集中力量，造成敵人痛苦而不是指望打勝仗，盡量爭取時間而不是急著結束戰爭，像破壞敵人先進的軍事能力一樣，攻擊敵國的政治中心，以及利用敵人不願忍受極端的損失和痛苦與己方在解決衝突上利益關係不大的心理優勢。簡單而言，軍事強國天生偏愛在戰場上贏得決定性勝利，而軍事弱國則更願意把平民推入衝突，同時避免正面交鋒。

對於那些與美國常規軍事能力難以匹敵的國家（差不多是所有國家）來說，最理想的戰略就是盡量把衝突變成一場所謂的「不對稱戰爭」。這個概念作為越戰的一個反映，大約出現在一九七〇年代。[15]到一九九〇年代中期重新流行起來，開始被用來指涉不同軍隊之間的所有交戰行為。所有衝突都發生在某些方面有所不同的軍隊之間，它們或是來自不同地域，或是屬於不同聯盟，在軍隊結構和信條上也不盡一致。戰略的作用之一，往往是對這些存在差異的方面進行識別，為己方發現特別的機會並找到敵方的弱點。即使雙方乍看下是對稱的，各自設定目標時，也會把一種關鍵性的不對稱因素當作取勝的重要優勢。在核武領域中，對稱性之所以能夠發展成為「相互保證毀滅」戰略並發揮作用，唯一的原因在於，它帶來了一定程度上的穩定。而在常規領域，兩支軍隊的勢均力敵或許是保證雙方能夠對等消耗的不二法門。

這些概念是如此繁雜，以至於人們對不對稱的定義往往前後矛盾、無所不包，因而開始失去了實際意旨。在一九九九年的〈聯合戰略評估〉（Joint Strategy Review）報告中，不對稱手段被定義為企圖「使用明顯不同於美國預料的作戰方法對美國的弱點加以利用，進而規避或破壞美國優勢」的手段。這些手段可以用在「戰略層面、作戰層面、地面戰術層面等各種級別的戰爭中，以及軍事行動的整個範圍內」。可以這樣說，不對稱手段已經成了所有對抗美國的有效戰略的代名詞，不再具有任何特殊性。[16]不對稱戰爭真正讓人感興趣的地方在於，對陣雙方都會尋求打一場完全不同的戰爭，特別是在美國人堅持正規作戰，但敵人升級到動用大規模殺傷性武器或是採用非正規作戰的方式時。

最大的危險是敵人擁有大規模殺傷性武器，但最可能發生的卻是非正規戰爭。自越戰後，美國軍隊已經了解，最好的做法不是為打贏非正規戰爭進行更充分的準備，而是避開可能陷入的戰爭泥淖。美國軍隊中對越戰最著名的記述進一步強化了這種傾向。美國陸軍軍事學院教官哈里·薩默斯（Harry Summers）引用克勞塞維茨的理論，解釋了美國人是如何只顧反叛亂而忘了戰爭最傳統的屬性。薩默斯透過從一九七五年北越軍隊最終戰勝南越軍隊進行倒推分析，來佐證自己的觀點。北越獲勝的可能性一直存在，但這並不意味著之前發生在南越的叛亂與此毫無關係。在一位熟悉一九六〇年代南越反叛亂內情的批評者看來，問題不在於美國軍隊忽視了敵人的「主力」，而在於他們沒有充分認識到游擊戰想要達到的目的。[17]

美軍對越戰式衝突的堅決抵制反映在「大規模作戰行動」（large-scale combat operations）和「非戰爭行動」（operations other than war）的差別上。前者是美軍所歡迎的作戰方式；後者則包括武力展示、為實現和維持和平所採取的行動，以及反恐和反叛亂，這些事情比打仗次要得多。[18] 對非正規戰爭的提防，意味著美軍不願為適應這種作戰形式而去發展專門的理論並對部隊進行相應訓練。人們認為在絕對必要時，能夠勝任大規模常規戰爭的軍隊也應該能夠完成要求更低階的任務。實際上，一九九〇年代頻仍的小規模緊急事態都沒有受到重視，因為在處理不涉及國家切身利益的次要政治事務時不當地使用武力，很容易讓自己深陷惡性流血衝突，難以脫身。[19]

二〇〇一年九月十一日，美國遭到了史無前例的意外襲擊，這次襲擊將不對稱戰爭的概念推向了極致。盤踞在世界最貧困地區的一小群伊斯蘭激進分子策畫了一個低成本的計畫，把矛頭直接對準了象徵美國經濟、軍事和政治優勢的標誌性建築。兩架飛機撞擊了紐約的世界貿易中心，一架飛機撞擊了華盛頓的五角大廈，另外一架飛機本來打算撞擊白宮或國會山莊，但在機上乘客的奮力阻止下中途墜毀。美國很快就確定了幕後黑手——「基地」組織（又稱蓋達組織），這個伊斯蘭激進組織以阿富汗為大本營，並受到塔利班內部精神夥伴的保護。

美國政府隨即宣布發起「反恐戰爭」，並展開旨在推翻塔利班和粉碎「基地」組織的軍事行動。雖然挑釁來自「基地」組織，但如何反應卻由美國人說了算。塔利班在一場準正規戰爭中被打垮了，因為美國人能夠得到阿富汗反對派（北方聯盟）的幫助，後者為美國人提供步兵，美國人則為後者提供通訊設備、空中支援，偶爾還透過利誘策反敵人陣營中的某些派系力量。在此基礎上，小布希總統得出結論，稱這場戰爭表明「創新的作戰理論和高技術武器完全能夠塑造並主宰一場非常規衝突」。它是一次資訊時代戰爭的勝利。戰爭中，指揮官「掌握著整個戰場的同步畫面」，能夠「瞬間獲得從感測器到射手的目標資訊」。美軍特種部隊騎在馬背上請求空中打擊的浪漫景象隨處可見。小布希宣稱，這場衝突「在軍隊未來發展方面教給我們的東西，比藍綬帶專家小組和智庫研討會在十年裡教給我們的還要多」，[20]言外之意是類似戰法不僅可用於二〇〇一年年底阿富汗的特殊環境，還可以用到更廣泛的作戰領域中。在下一階段的行動中，這種觀點得到了體現。美國打垮塔利班之後並沒有制定應對激進伊斯蘭運動的計畫，而是發動了一場旨在推翻伊拉克海珊政權的戰爭，理由是美國懷疑海珊擁有大規模殺傷性武器，而它們可能會落入任何企圖對美國造成更可怕傷害的恐怖組織手中。隨著伊拉克政權的頃刻覆滅，美國再次展示了在常規軍事能力方面的公認優勢。

阿富汗戰爭和伊拉克戰爭都具有明顯的決定性意義，敵對政權在它們的軍隊失敗後被迅速推翻。但是，這兩場戰爭都沒能解決根本問題。美國國防部長倫斯斐（Donald Rumsfeld）一直想要證明，軍隊大膽地使用更少的兵力也能打贏一場戰爭。儘管所面對的敵人基本沒有抵抗能力，但他的觀點還是得到了認可。[21]在不久之後美軍的反叛亂作為中，兵力投入的不足暴露出了美國的輕率。美國當初入侵伊拉克的政治理由，即「伊拉克非法發展大規模殺傷性武器」，最終被證明是個錯誤，這使得舊政權向新政權的過渡進程更趨複雜。這就要求建立起一套以幫助伊拉克實現民主轉型為目的的新秩序，但這項任務又因為美國領導的聯軍缺少因應日益惡化局勢的能力，而變得更加艱難。曾在舊有政治菁英階層中占據重要地位、占人口少數的遜尼派，發起了最激烈的抵抗運動。遜尼派得到了那些自感喪權辱國、害怕失去既得利益的人的支持。被遺散的前軍人和大批失業青年紛紛加入了他們的隊伍。這支隊伍中包括了「前政權骨幹分子」和以約旦人阿布・穆薩布・札卡維（Abu Musab al-Zarqawi）為首的一夥強悍的「基地」組織成員。札卡維不但想趕走美國人，而且熱衷煽動伊拉克遜尼派和居多數人口的什葉派打內戰。雖然什葉派是海珊政權倒台的自然受益者，但是由穆克塔達・薩德爾（Muqtada al-Sadr）領導的什葉派激進勢力同樣對美國人懷有敵意。美國在打了這場毫不費力的勝仗之後所面臨的挑戰表明，戰爭的勝利不一定帶來順利的政治過渡。同時還表明，不管美國人在正規戰爭中有多麼英勇，他們在應付非正規戰爭時都表現得手足無措。

在美國的權威不斷遭遇挑戰、軍隊頻頻受到伏擊和土製炸彈困擾的同時，美國陷入兩難境地：一方面形象受損，另一方面又不得不強硬地使用武力。很快，聯軍的戰線開始拉長，政治信譽也隨之喪失。糟糕的安全形勢阻礙了經濟和社會重建，而重建進程的擱淺又進一步惡化了安全形勢。由於過去三十多年裡一直缺乏對反叛亂重要性的了解，美軍在伊拉克舉步維艱。為了展示實力，他們穿鎮過村地清剿每一處的叛亂分子，但由於沒有足夠的美軍部隊留駐當地，敵人可能很快又會捲土重來。這意味著當地民眾不會願意和美國人合作。美軍也曾努力在各地建立起地方安全部隊，但經常被武裝分子滲透。之前，美軍部隊從未接受過作戰以外的訓練，不知道該如何克制使用火力、如何避免使自己的行為激起民憤，以及如何設法接近充滿疑慮的當地民眾。他們發現很難從無辜的百姓中辨別叛亂分子，於是很快就開始懷疑每一個人，這進一步加重了彼此間的疏離感。美國把更多的精力放在震懾對手上，卻沒有想爭取那些猶豫不決的中間力量。一份針對二〇〇三至二〇〇五年美軍在伊拉克行動的分析報告顯示，大部分行動都被「用在了對付叛亂活動，即搜剿叛亂分子方面」，很少有行動「專門被用來為當地民眾營造一個安全環境」。[22]「隔離加清剿」戰略使保住占領區和消滅敵人成了唯一選擇。無論這種方法在軍事上能否奏效，其政治後果必定是致命的。

美軍認識到了自身所處的複雜局勢，開始重新考慮採取行動鎮壓叛亂，對原有軍事體制已經心灰意冷的軍官開始指揮行動。正是因為這些體制性障礙的存在，美軍此前一直對非正規形式的戰爭抱著輕視和排斥態度。二〇〇四年之前，位於萊文沃斯堡（Fort Leavenworth）的美國陸軍聯合兵種中心（Combined Arms

Center，譯註：成立於一九七三年，為美國陸軍智庫）的內部刊物《軍事評論》（*Military Review*）很少涉及伊拉克戰事，而在二〇〇四年之後，該刊平均每期都要登載五篇左右這方面的文章。[23]從勞倫斯到格魯拉的有關游擊戰的經典著作被重新翻出來加以研究。像約翰．納格爾（John Nagl）那樣熟悉以往戡亂作戰歷史的軍官開始就美軍在伊拉克的行動提出建議。[24]作為後殖民時代首批反叛亂作戰理論家之一，被借調到美軍服役的澳洲軍官大衛．基爾卡倫（David Kilcullen）提出了一套更有價值的反叛亂理論，其中融入了一個重要認識，即「基地」組織和其他具有相同意識形態的恐怖集團的目標是發起一場無國界的全球性叛亂。基爾卡倫想要弄清，普通人「意外變成游擊隊員」究竟在多大程度上是因為反對外來干涉，而不是贊成激進主義思想。要想防止「基地」組織成為一支全球性叛亂力量，就必須將其化整為零、各個擊破。要想防止它在資訊化環境中發展壯大，反叛亂部隊就必須像在物理環境中一樣認識到特殊戰場的重要性。[25]

反叛亂作戰行動的領導人是大衛．裴卓斯（David Petraeus）上將。他認識到，問題的出現是因為美國被動地捲入了一場準備不足的戰爭。為此他強調，這不僅僅是個軍事技術問題，更應該從政治維度加以考量。「反叛亂戰略還應該包括其他內容，首先就是努力營造一個政治環境，以減少叛亂分子可能獲得的支持，並降低他們所信奉的思想的吸引力。」[26]二〇〇七年年初，當伊拉克瀕臨內戰邊緣而美國已經開始考慮抽身之際，小布希總統決定做最後一搏。這就是眾所周知的「增兵」行動，由裴卓斯負責實行。但這行動過分強調了軍隊數量的重要性，與新戰略的原則背道而馳。[27]經過一年的努力，形勢出現了些許明顯的改善跡象，這被看作戰爭的一個轉捩點，就算不能實現美國人早先承諾的把伊拉克變成自由民主國家的目標，起碼也降低了伊拉克發生內戰的危險。

形勢好轉和增派部隊及其部署技巧並沒有太大關係，雖然這些因素也很重要，但更主要的原因在於伊拉克人厭倦了內戰，特別是「基地」組織的暴行激起了遜尼派內部不少人的強烈反應。隨著針對什葉派目標的襲擊行動不斷減少，什葉派對遜尼派的報復性襲擊也越來越缺乏理由。要想動用美國的軍事力量來強化這形勢，就必須拿出一個更加細緻巧妙的伊拉克政治解決方案，而不是簡單地把安全責任移交給伊拉克政府，不管有沒有能力應付。這意味著美國人開始順應伊拉克的政治現實行事，不再逆勢而為。

第四代戰爭

二十一世紀的戰爭經驗究竟是代表了一種趨勢，還是一些不可能被複製的特殊情況呢？在那些持前一種觀點的人看來，有一套比較可信的理論架構能夠證明這一點，因為它可以輕易解釋國際恐怖主義的出現。這套理論架構伴隨著有關「第四代戰爭」的廣泛討論而產生。它和新軍事革命一樣，也與OODA循環和機動戰密切相關，但涉及的對象與正規戰爭迥然不同。[28]它最初出現在威廉．林德領導的研究小組發表的一篇文章中。作為博伊德的信徒，林德是一位積極的軍事改革者。[29]根據他們的思路，前三代戰爭是一種互為因果、逐代發展的關係（先是排成橫隊和縱隊的方陣戰，然後是集中了大規模火力的攻防戰，再後來是閃電戰）。而第四代戰爭開始於道德和認知領域，在這一領域中，即便是物質力量強大的實體，也可能因為突遭打擊、驚惶失措、信心崩塌和秩序大亂而一敗塗地。該原則隨之被應用到了整個社會領域中。在第四代戰爭，攻擊目標變成了社會凝聚力的源頭，包括共同準則和價值觀、經濟管理體系和制度架構。這是將人工操作層面的戰略轉型為一種倒置的大戰略，帶來了關於敵對意識形態和生活方式的問題，以及無須捲入過多戰鬥的衝突形式。

災難性的大國衝突顯然已成過去，現今的觀點堅持認為，新戰爭都發生在弱國內部或弱國之間。越來越多的國際熱點事件都有著遭受內戰之苦的國家的影子。[30]然而，西方強國對這些衝突的介入卻被看作任意之舉（它們往往被形容為「可打可不打的戰爭」）和基於人道主義考慮的救助行為。雖然這些干預行為引發了經濟重建和國家建設等諸多軍事行動以外的問題，但它們和第四代戰爭理論只沾了一點邊。甚至還不如說，這些案例只會讓那些立場更堅定的第四代戰爭理論家分心。

雖然新軍事革命有著相同的起因，但只針對一種極為特殊的正規戰爭，而這種為美國量身定做的戰爭不太可能發生。第四代戰爭則涉及幾乎所有其他方面，這也是關於它的理論會有眾多版本的原因。林德所代表的一派，著重於從國家正統性危機來研究第四代戰爭。他們認為，不受約束的移民政策和文化多元主義侵蝕了美國的國家正統性，並不是什麼社會潮流，更多是「文化馬克思主義者」精心策畫的結果。文化受損是敵人蓄意的敵對行動造成的，而不是更廣泛、更分散的社會趨勢或經濟發展的結果，美國國內那些有著天真和錯誤想法的人助長了敵人的氣焰。美國海軍陸戰隊上校托馬斯．哈姆斯（Thomas X. Hammes）所代表的另一派則更有影響力，他們強調第四代戰爭是一種非正規戰爭，尤其是那些在二十一世紀為美國造成巨大不幸的恐怖主義和叛亂。[31]

第四代戰爭學說有五大核心主題。第一，它遵循博伊德的理論，關注的是戰爭在道德和認知領域內的勝負。第二，它確信五角大廈熱衷於高科技和短時戰爭是個錯誤。第三，全球化和網路化趨勢模糊了戰爭與和平、平民與軍人、有序與無序之間的界限。戰爭是不受時間和空間限制的。它跨越「人類活動的整個範圍」，並且「在其持續期間會產生廣泛而深遠的政治和社會（而非技術）影響」。第四，敵人不易被發現或控制。博伊德的前同事查克．斯賓尼（Chuck Spinney）形容，第四代戰爭的勇士：

> 幾乎沒有什麼害怕遭到常規攻擊的重要目標，而且他們的追隨者通常都更渴望為了事業去戰鬥和犧牲。他們很少穿制服，所以很難和廣大民眾區別開來。他們還很少受傳統和習俗的束縛，更有可能使用創新手段來實現目標。[32]

第五，由於這些衝突在道德和認知領域體現，任何軍事行動都應被視為一種交流形式。林德在他最初的論述中曾提出：「心理戰可能會以媒體或資訊干預的形式作為主要的作戰和戰略武器。」[33]

作為一種合乎邏輯的理論，第四代戰爭學說很快就失去了影響力，這不僅因為其流派眾多，還因為它所依託的是一個無效的歷史模式。歷史上從未有過純粹的正規戰爭，但人們都認為前三代戰爭是以正規戰為中心。而且，就連勞倫斯和毛澤東這樣的非正規戰爭愛好者，也承認奪取政權只能靠正規軍。可能有一些恐怖組織和叛亂集團依靠非正規作戰形式，但這主要和他們的力量薄弱有關，而不是因為他們對新技術的影響和當代世界中的社會經濟結構有什麼獨到認識。還有一派觀點認為，這些人們不願看到的新發展和新情況都有一個個指導性的目標。

美國陸軍上校、國家安全分析專家拉爾夫．彼得斯（Ralph Peters）也持類似看法。他認為，西方軍隊必須做好面對「勇士」的準備。他文采飛揚地將所謂的「勇士」刻畫為「習慣使用暴力、不遵從社會秩序、忠誠度低的偏執原始人」。在彼得斯看來，這些人的作戰方法完全是游擊戰信徒所熟悉的形式。他們只有在占據壓倒性優勢時才會站出來戰鬥。「只不過，他們會採取放冷槍、設埋伏和誤導欺騙等手段，千方百計地愚弄受到紀律約束的反恐部隊士兵，離間其與當地民眾和盟軍的關係；要不然就保持低調，設法在搜剿他們的軍隊眼前苟且偷生。」[34]這麼說不免有些誇張。有些「勇士」喜歡戰鬥或許有他們自己的目的，但那些最讓人膽寒的「勇士」可能是為一項事業或者一種他們珍愛的生活方式而戰。至少可以這樣說，游擊隊、民兵和大眾武裝的行為表現是很複雜的。

資訊戰

在有關不對稱戰爭的討論中，一個關鍵要素就是對所謂「資訊戰」的關注。「資訊戰」這個術語並不準確，因為指向的是一系列彼此關聯卻又相互有別的活動，其中有些涉及資訊的流動，另一些則涉及資訊的內容。一份美國官方出版物對這個術語的潛在定義做了說明，稱「資訊戰」的目標就是獲得並保持「美國及其盟友的資訊優勢」。這需要一種「影響、擾亂、破壞或侵入敵方人工和自動決策體系，同時保護己方決策體系安全」的能力。在有關電子戰和電腦網路乃至心理戰和欺騙術的參考資料中，不難看到自動和人工決策體系混合使用的例子。[35]這一切反映出兩個不同的重點，一個是傳統上改變他人觀念的重要性，另一個是數位化資訊的作用。

當資訊成為稀缺商品時，我們可以認為它和燃料、食品等其他重要商品差不多。只要能獲得並保護優質資訊，就有可能保持對敵手和競爭者的領先優勢。此類資訊可能包括智財權、敏感的金融資料，以及政府機構和私營企業的相關計畫和能力。這給了情報機關存在的理由。克勞塞維茨可能認為情報並不重要，但隨著收集敵方機密資訊的手段不斷翻新，情報工作的價值正日益凸顯。這首先得靠間諜，其次要有破解密碼的能力。電報通訊技術誕生後，用它偵聽到的資訊為確定敵人的位置和任務提供了可能的依據。第二次世界大戰期間，盟軍正是因為破解了德軍的通信密碼，才在多次遭遇戰中明顯占得上風。接著，又陸續出現了從空中和太空拍攝照片的技術。阻止敵人獲取軍事設施和軍隊部署方面的重要資訊變得越來越困難。

隨著資訊的日益數位化（這樣可以更簡單地生成、傳輸、收集和儲存資訊），即時通訊技術應運而生，資訊爆炸也取代了以往的資訊匱乏，成為新的挑戰。大量數據資料可以透過公開或非法手段輕易獲得。外人會試圖破解系統密碼並闖過防火牆，以獲取敏感資料、盜取身分或挪用資金。另一個挑戰是在蓄意擾亂或竄改行為的威脅下維護資訊的完整性。這些破壞行為往往透過發自遠端伺服器的病毒、蠕蟲、木馬和邏輯炸彈等各種陰險狡詐的惡意程式碼，通常沒有清楚動機，但有時也懷有明顯惡意。大多數此類活動都和犯罪與詐騙有關，但也會有一些例外，比如：由國家資助的駭客大規模盜取政府和企業機密，發動網路攻擊使政府運作系統癱瘓，用神祕病毒感染武器研發計畫，以及損壞軍事設備賴以正常工作的軟體。那麼，會不會有一支軟體天才大軍暗中使用數位手段干擾破壞諸如交通、金融和公共衛生這樣的現代社會支持系統呢？

類似的攻擊行為無疑會造成不便和煩惱，偶爾還會惹出大麻煩。其間，軍方可能會發現防空系統失靈了，飛彈射偏了，地方指揮官慌亂了，高級指揮官面前的螢幕變成一片雜訊了。如果他們認為快速的資訊流能夠消除「戰爭迷霧」，一定會遭受天大的打擊。就算沒有敵人的干擾，迷霧也會因為資訊過剩而產生。比起過去的資訊匱乏，過濾、評估和消化海量資訊更讓人頭疼。不可否認，新的資訊環境為各國政府帶來了新的問題，它們需要清楚如何管控形勢發展以及如何影響新聞議題。普通人會用手機轉發一些經常內容失準或斷章取義的圖片和新聞，當它們在社交網站上瘋傳的時候，政府可能仍在設法弄清到底發生了什麼，忙著尋找對策。[36]

這會發展成國際關係學者和蘭德公司研究員約翰・阿奎拉（John Arquilla）和戴維・倫菲爾德（David Ronfeldt）於一九九三年所指出的那種危險嗎？當時他們警告：「網路戰來了！」[37]他們斷言，未來的戰爭將以知識為中心。他們對「網路戰」（cyberwar）和「社會網路戰」（netwar）的概念進行了區分，認為前者限於軍事體系之內（雖然後來擴展了這個概念的使用範圍），而後者更多發生在社會層面。網路戰面臨著和其他新型戰爭同樣的問題：就其本身而言，它會是決定性的嗎？或者像史蒂夫・梅茨（Steve Metz）所說的，能不能找到一種「政治上可用的辦法」去充分破壞「敵人的國家或商業基礎設施」，以「達到不戰而勝的目的」？[38]

那些猜想會有一場決定性網路戰的人認為，發起網路攻擊的一方優勢在握，而且其影響將深遠、持久和無法控制。隨著公司企業甚至五角大廈等更知名機構的網路系統頻繁遭到駭客攻擊，這種威脅變得越來越真實可信。面對著處心積慮探測網路最薄弱環節的老練敵人，保護和管理好特權資訊已成當務之急。但若想對敵人發起有效攻擊，需要掌握大量情報，以了解敵方數位系統的精確配置及網路入口。發動匿名或突然襲擊可能是個有吸引力的選擇，但任何此類行動都會引出一系列顯而易見的問題：攻擊一個有所警惕的敵人，有多大勝算？能否對敵人造成真正的傷害？敵人的系統恢復需要多長時間？會不會招致敵人的報復（未必以相同的方法）？一個真正受傷的對手很可能會以物理方式而非數位方式進行反擊。但倫敦國王學院戰爭系教授托馬斯・里德（Thomas Rid）提醒，這個問題的嚴重性被誇大了。大多數「網路」攻擊從他們的意圖和效果看都是非暴力的，而且總體來說，網路攻擊比其他可能的攻擊方式更為溫和。它們只是傳統的破壞活動、間諜活動和顛覆活動的最新版本。所以他的結論就是，「網路戰」是一個「被濫用的比喻」，這樣的比喻無助於解決新技術帶來的實際問題。[39]

阿奎拉和倫菲爾德將「社會網路戰」形容為「一種在傳統戰爭之外、表現在社會層面上的新興衝突（和犯罪）模式，其參與者採用的是與資訊時代相適應的網路化組織以及相關的理論、策略和技術」。與那些規模龐大、等級分明、獨立運作且常常被極端分子仿效的軍警組織不同，社會網路戰的參與者「可能是一些分散的組織、小團體和個人，他們往往沒有中央指揮系統，主要以在線方式進行聯絡、協調和開展活動」。[40]恐怖分子、叛亂分子，甚至非暴力激進團體一般不會發動正面進攻，也不需要層級式的指揮鏈，而是會採取「螞蟻雄兵戰術」，在一個由手機和網際網路連成一體的網路中，用不同方法、從許多不同方向、以小集團的形式發起攻擊。在實踐中，這種攻擊更明顯地表現為「駭客活動」，其追求的主要是對政治或文化的衝擊，而非威脅經濟或社會的穩定。就算是心腸更硬的敵人想要發起實體的攻擊，其結果也可能是「大規模破壞」，而非「大規模毀滅」，對社會心理造成的不便和迷惑要比恐怖和崩潰更明顯。[41]

在二〇一一年「阿拉伯之春」運動初期，人們對臉書和推特這些社交媒體的使用，表明了螞蟻雄兵戰術是如何讓政府對迅速發展的民意束手無策。這種戰術和在資訊時代到來之前就已被廣泛接受的原則一脈相承。激進組織，特別是在其早期階段，組織上往往都比較鬆散。它們也發現，要想避免引起當局的注意，比較安全的做法是以半獨立的基層組織為單位活動，各基層組織彼此間或和共同的上級之間應盡可能少聯繫。網路和其他數位化通訊方式固然方便了人際溝通，但一些導致電話或數位資訊被跟蹤的安全漏洞，仍讓他們不敢在網上交談時把話說得太直接、太具體。另外，激進網絡的形成，條件是有一個基本的社會凝聚度或是對某個社會運動宗旨的普遍忠誠度，才能把形形色色的人拉攏在一起。為了壯大自身，他們的行動必須超過小股模式。這就要求他們擁有一個能夠動員充足力量進而給對手造成重大打擊的領導階層。如果沒有權威性的決斷力，除了不斷惹人厭地騷擾對手，很難占得上風。正如二〇一一年至二〇一三年的阿拉伯起義所展現的，統治階層面對洶洶民意，沒有使用自己的社交網路工具應對，而是採取了武力鎮壓手段，結果就可能引發武裝叛亂，而執政當局也樂得用軍隊捍衛岌岌可危的政權。

最初人們關注的是資訊流對普通軍事行動的支持作用，包括加快決策速度和確保達到更精準的打擊效果。但發生在二十一世紀的非正規戰爭很快就讓更傳統的資訊戰成了新的焦點，在這些較量中，美國人看起來敗給了明顯落後的對手，他們不知該如何認識這類衝突，也不知其中蘊含著什麼風險以及應對辦法是什麼。他們的對手缺少物質力量，但似乎懂得如何影響人們的思想。在物理環境中具備的優勢沒有多少價值，除非能轉換成資訊環境中的優勢。因為這是敵人「選中的戰場」，美國現在需要學著從影響大眾認知而不是以決定性戰役來消滅敵人的角度，思考如何取得勝利。[42]這個問題和資訊流的關係不大，主要由人們的思維方式決定。

在伊拉克和阿富汗進行的戡亂戰鬥，幾乎讓後現代主義者也開始吹捧起前理性、根深柢固的思維模式，具有此種思維模式的個人乃至廣泛的社會群體，對世界抱著一種特別的看法。前美國陸軍軍事學院院長、哈佛大學軍事歷史學家羅伯特·斯凱爾斯（Robert Scales）少將提出「文化中心戰」的概念，試圖用以解釋伊斯蘭軍隊為什麼會在西方式常規戰爭中失敗，而在非常規戰爭中獲得巨大成功。[43]他認為，在面對著一個「要陰謀使詭計、大搞恐怖活動、沉得住氣又不怕死」的敵人時，美國人把主要精力都花在了讓「打擊精確度再少幾公尺、速度再快幾海里、頻寬再多幾個比特（bits）」上，卻很少能讓它們「平行轉換為基於認知能力和文化意識的價值」。打贏戰爭靠的是「締結同盟、利用非軍事優勢、解讀敵人意圖、建立信任、引導民意以及樹立形象——做到這些都需要具備一種了解民眾及其文化和動機的特殊才能」。對手將會是「分散的敵人」，他們「靠口頭傳話和地下通訊」相互聯絡，以「不需要網路或複雜整合技術就能用」的簡單武器戰鬥。

五角大廈表現得越來越重視文化因素，聘用了美國文化人類學家、高級社會學家、防務和國家安全事務分析師蒙哥瑪麗·麥克菲特（Montgomery McFate），請她分析軍事行動和伊拉克社會之間的相互影響。經過分析，她發現美軍犯下了一系列錯誤，包括忽視了民眾在政權垮台後仍會忠於各自部族的既有傳統；忽視了價值堪比官方宣傳的「小道消息」的重要性；忽視了諸如手勢交流這種小事的意義。[44]在這之後，美國軍方明顯越來越重視影響他人的世界觀，不斷提及「感情和理智」，用以警告任意而無情的軍事行動將會造成怎樣的政治損失。美軍的長遠目標是切斷武裝分子的潛在支持來源，包括招募成員、消息情報、糧食補給、武器彈藥和庇護場所。作為這一更廣泛戰略的組成部分，美軍會隨時隨地把「感情和理智」這個短語掛在嘴上，透過行善、培養感情，說服當地民眾相信安全部隊是他們真正的朋友。而馬基維利的觀點與此恰恰相反：被人畏懼總比被人愛戴更安全；對敵人可以靠武力加以威嚇，使其喪失鬥志，任何妥協讓步都只會激起他們的反抗。

問題更多在於對「感情和理智」這個概念過於膚淺的詮釋。在其他語境下，「感情」和「理智」是截然對立：前者表現為強烈的激情，後者表現為冷靜的算計；前者看重的是象徵意義，後者看重的是思維能力。更早使用這一概念的是美國獨立戰爭時期的北美英軍總司令亨利·克林頓爵士（Sir Henry Clinton），他在北美獨立運動風起雲湧的一七七六年遇到了相似問題。當時他認為，英國必須「贏得美洲人的感情並壓制美洲人的理智」。[45] 但事實上，在討論該如何打擊叛亂活動和恐怖主義時，那些反對使用武力的人往往更注重贏得感情，而不是壓制理智，好像光靠提供物資和服務就能得到絕望民眾的支持。

爭取人心存在三大難處。第一，如前所述，當地的政治忠誠度取決於當地的權力結構，所以採取任何措施之前，都必須評估會給這種結構帶來的影響。第二，修道路、建學校或保護電力和衛生設施的安全固然能造福當地社會，但如果安全環境差到外國軍隊和當地百姓無法密切溝通和發展互信時，這些努力終將難以為繼。類似的政策或許能防止形勢進一步惡化，但不太可能讓形勢恢復如初。要建立信任，更理智的做法，恐怕是弄清誰有可能在持續不斷的政治和軍事衝突以及利益各方的長期賽局中成為贏家。叛亂分子會在民眾中間製造各種猜疑，比如誰可靠誰不可靠、什麼是真相什麼是假象、誰是真幫忙誰是假裝。在叛亂和反叛亂雙方為爭取當地民眾支持而大玩智鬥遊戲時，他們可能會像渴望樹立友好形象一樣急於展現自己強悍的一面，以求在慷慨施惠的同時彰顯自己的勝利。從戰略的認知層面來看，展示力量和行善積德同樣重要，兩者都得依靠當地老百姓和當地領導人的親身體驗，以及他們用來解讀這些體驗的心理建構。

第三，實施這種戰略需要更加細緻用心，不能僅僅滿足於知道不同的民族有不同的文化。不可否認，尊重其他民族的世界觀、避免表現出種族優越感，正變得越來越重要。文化本身是個難以捉摸的詞語，經常被用作掩蓋個性並不切實際地塑造個體行為的某種東西。這個詞幾乎可以涵蓋所有無法用常理解釋的事物。對其他民族戰略文化所下的定義往往是非常一致的，沒有矛盾和對立，幾乎無法改變。至少在學者圈子裡，對異族文化的認識很大程度上會受到源於某些成見的習慣做法的影響，這些成見左右著人們的思維模式和事件的發展方向，但只適用於正常的變化和發展趨勢。我們會在本書最後部分研究「劇本」理論時，回顧這些思想的某些內容。[46] 對文化的誇張理解，會讓人想當然地認為，對立態度和不合作行為是堅持古老生活方式的表現，這種生活方式不受現代因素影響，在任何情況下都唯我獨尊。

一般認為，不同個體的社會化藉由共同的想法、準則、行為模式和相互了解的方式等硬文化（hard culture）來實現，這些東西往往含蓄、不言而喻又是想當然的，外人幾乎難以理解。但也有人持相反的看法，認為在整個社會受到新的影響和挑戰的動態環境中，文化可能會不斷發展和調整，對人們的凝聚作用也變得越來越弱。由此，國際政治與文化研究者派崔克．波特（Patrick Porter）在關於文化差異造就出新伊斯蘭主義者、聖戰民兵和叛亂分子的作品中提到，他所碰到的人似乎「並非在自主行動，而是在不受個人感情影響的歷史力量的作用下行事，聽命於文化的引導；或者說他們的作戰模式獨一無二，是由祖先的習慣所固定下來」。這些人完全能夠在他們的文化範疇內學習並適應新型武器的使用和新的作戰方法。至於根深柢固的仇恨心理和迴盪於腦海的文化信條，則會加深原有的和來自外部的成見，這與那種認為所有人都在努力按照西方式形象改造自己的成見同樣有害。把問題行為解釋成人們積習成性的結果，不僅有居高臨下、胡批亂評之嫌，而且刻意迴避了外部干預力量的影響。外來勢力的所作所為或許已經激起了敵對反應，同時他們也低估了敵人在長時間衝突中可能出現的互動，以及在思想、武器、戰術方面的彼此交流。[47]

軍官們要想在對付邪惡敵人的同時，要與他們應該幫助的民眾打好關係，就得學會講令人信服的故事。基爾卡倫注意到，叛亂分子的「毒化影響」靠的正是一個簡單、統一、容易表達的「單一故事」，這樣的敘述可以讓人感同身受，提供聽者一個理解事物的架構。他認為最好能夠「挖掘一個不包括叛亂分子的現有故事」，讓人們自然而然地欣賞和接受。否則，就得另想一套講述內容。[48] 讓一支結構複雜的多國部隊編造一個能取悅不同受眾的故事並不容易。一位英國軍官見證了這樣一個故事的價值，不僅有助於人們理解部隊的行動，而且能團結起「隊伍，成員來自不同機構，承擔不同職能，如外交使團負責人、陸軍連隊指揮官、救援專家、在本國首都辦公的政治家」。他承認這可能導致故事出現種種變化，但只要有個貫穿始終的基調，就無須擔心。不過，自由民主制政府很難編出前後一致的故事，或者說，身處遙遠首都的政客們很難了解前線的需求。[49]

一套由美國海軍陸戰隊編輯整理、帶有後悔色彩的論文集指出，美國已經證明自己沒有能力「將它喜歡的規模龐大且占優勢的商用資訊基礎設施迅速用於國家安全目的」。[50] 被「基地」組織折磨得如此不堪著實令人困惑，這個組織傳遞的資訊和他們發動的襲擊一樣無恥可惡。然而，在這場論戰中，美國卻處於被動防守的境地，一味去挑對方故事裡的毛病，而不是想辦法講好自己的故事。美國總是熱衷於炮製自以為能吸引人的宣傳，不管這些宣傳收效如何。為了迎合新的目標受眾，西方宣傳者不得不應付各種流言和謠傳，化解當地民眾對官方新聞報導的不信任和對外國說教的冷漠情緒，同時還要和其他形形色色的消息來源展開競爭。人們會忽略掉那些他們不相信或者認為無關緊要的宣傳，也可能聽信各種內容新奇的隻言片語或失準的核心資訊，並按照自己的判斷和原則對這些資訊進行解讀和拼接。

最嚴重的是，無論是粗心部隊的軍事行動還是粗心政客的政策主張，都不可能徹底挽回其影響。可能會有一群專家在資訊戰的標籤下開展工作，但受眾只會從引起他們注意的資訊中得到啟示。美國也許發明了大眾媒體和現代公關產業，但這些挑戰超出了一般行銷技巧的應對能力。那些具有政治競選或政治行銷經歷的人，在受邀就伊拉克和阿富汗的宣傳戰提建議時，往往選擇執行些沒有長期效果的短命專案。而且這些人明白，他們的工作業績要根據國內受眾的好惡來評判，所以國內受眾才是他們想去迎合的群體。這種做法非但不得要領，而且會讓那些總是迷信本國宣傳的決策者們受到蒙蔽。傑夫・邁克斯（Jeff Michaels）創造了「論述陷阱」（discourse trap）的概念，用來指政治上悅耳得體的描述語言會讓決策者對形勢發展產生重大誤判。例如，他們堅稱最初對伊拉克的錯誤攻擊罪在前海珊政權分子，拒絕承認其他人負有責任，卻沒有估計到溫和遜尼派的不合作和什葉派激進勢力的發展壯大。[51]

說服人們用不同的眼光認識世界並改變他們的想法很難，這需要洞悉他們的不同身分背景、性格特徵和關注重點。如果對象是來自某種陌生文化的類型，而這種文化又有著極其顯著但外人難以覺察的內部傾向和特徵，要說服他們更是難上加難。軍事作戰時，理解這些行動如何左右陷入衝突中的人判斷形勢是十分重要的，其效果遠遠超越其他活動。它會影響人們的忠誠與同情會以何種方式瓦解，以及怎樣被組合在一起。理解這一點，有助於避免犯下大錯，這種錯誤有可能把民眾中的重要力量推向對立面。但由於很難衡量和確定改變人們信仰的手段的成效，軍事指揮官往往更相信槍砲的作用。[52]如果真正的挑戰在於重塑政治意識，使意見和有權勢的外國人達成一致，那麼軍隊的作用必定是有限的。良好的形象不會像某種精準武器一樣被直接發射到目標受眾的腦子裡，更不用說整個信仰體系了。如果說有什麼還值得安慰的話，那就是「基地」組織的成功也被誇大了。現代傳播媒體無疑為人們創造了幾乎可以同步傳輸生動圖像的機會，對所有當代的巴枯寧（Mikhail Aleksandrovich Bakunin，譯註：十九世紀俄國著名的無政府主義者）來說，這是發起「行動宣傳」（Propaganda of the deed，譯註：指對政敵採取暴力行為，以此啟發群眾、催化革命的非凡時機）。[53]但是，就像能夠阻礙官方的「資訊戰」取得成功一樣，同樣的因素也可以用來對付武裝分子，讓他們的隨機暴力行動、文不對題以及不斷重複的乏味說教成為對他們不利的東西。[54]正如班．威爾金森（Ben Wilkinson）在一項針對伊斯蘭激進團體的研究中所指出的那樣，真正的問題不是缺少簡單的資訊，而是他們為說服自己和支持者相信最終定能成功而預想的因果關係並不可信。這把他們引入歧途，被「糟糕的推斷、虛假的臆測、錯誤的解讀和荒謬的想法」所害，他們會誇大人的能動性，而忽視偶然和不可預知因素的影響。所有這些導致了嚴重的「敘事錯覺」（narrative delusion）。[55]由於願望和手段之間存在巨大差距，激進的戰略家們尤其會有敘事錯覺的危險，但這其實是所有戰略家都容易犯的錯誤。

第17章

戰略大師的神話

……一七九三年出現了一種人們意想不到的情況。戰爭突然又變成了人民的事，而且成為全都以國民自居的三千萬人的事……所能夠利用的方法和所能夠做出的努力使原有的界限已經不存在了，用來進行戰爭的力量再也碰不到什麼阻力了。

——克勞塞維茨，《戰爭論》

由拿破崙開創並被克勞塞維茨以最具啟發性的方式發展的戰爭及戰略問題思考架構，不會被輕易取代。克勞塞維茨見解之精明、闡述之雄辯，讓人們很難找出有效研究戰爭的其他方法。那些憑藉自己夠了解以往戰爭和克勞塞維茨可能想像不到的各種新情況而譁眾取寵的人，其實沒有抓住要點。克勞塞維茨的分析架構之所以能夠產生持久影響力，在於他發現了政治、暴力和機會之間的有力互動。正因如此，軍事戰略作者一直保持著對這位大師的膜拜。科林．格雷就是其中一位，他不明白為什麼現代戰略思想遠遠比不上《戰爭論》，而且沒有哪個戰爭領袖像拿破崙那樣能夠激發出偉大的闡釋性理論。他還指出，無論是熟悉戰略理論的軍人還是有實踐經驗的民間理論家，目前都很缺乏。現代戰爭的複雜性對那些理論空想家構成了挑戰，而關心國家戰略的人們又變得越來越注重眼前的政策問題。

格雷對戰略家有著一種崇高的看法，認為他們能夠綜覽全局，充分顧及各種事物間的多重相互依存關係以及諸多起作用的因素，進而找出最有利的努力方向。在其《現代戰略》（*Modern Strategy*）一書中，他確定了十七個需要考慮的因素：人民、社會、文化、政治、種族、經濟和後勤、組織機構、行政管理、資訊和情報、戰略理論和學說、技術、操作、指揮、地理、阻力／機會／不確定性、對手以及時間。制定恰當的戰略，需要對這些因素進行全盤考慮，也就是說，既要分別審視每個因素，又要將它與其他因素綜合審視。[1]

美國陸軍軍事學院教官哈利．亞格爾（Harry Yarger）接受了格雷的主張並將其發揚光大：「戰略思考就是徹底和全盤的思考。它力求透過審視每個部分及其相互關係，即彼此間在過去、現在和可預見未來的影響，來理解各部分如何互動成為一個整體。」這種全盤視角需要「充分了解戰略環境中的其他動向，以及它的各種選擇對上層參與者、下層參與者和戰略家自身努力的潛在的一級、二級和三級影響」。全盤視角不是為那些滿足於得到初步見解和早期收益的人準備的：「追求實現長期利益的戰略家應摒棄急功近利的權宜之計。」人們對一個真正的戰略家賦予了太多期望：作為一個當前問題的研究者，他必須了解過去、洞見未來，能夠意識到偏見的危險性，對模稜兩可和混亂無序保持警惕，時刻想清楚備選行動方案的後果，以便足夠精確地闡明所有這些供人們遵循的原則。[2] 這是一個無法實現的理想。畢竟，一個人能夠累積、吸收和運用的知識只有那麼多；在一個充滿不確定、複雜和亂象的體系中，能夠解決的事情也只有那麼多。

格雷也認為上述條件過於苛刻，承認自己要求太高。他評論亞格爾「似乎是在鼓勵甚至強求人們去做不可能做到的事情」。[3] 哪怕只是開始努力具備這些素質，也需要掌握相當多的技術和概念。不過，格雷仍然把戰略家形容為某類較為特殊、工作要求「非常苛刻」、能夠看到「廣闊藍圖」並且熟悉戰爭各個領域的人。他讚賞地引用佛雷德．伊克爾（Fred Iklé，譯註：前美國軍備控制和裁軍署署長、雷根政府的國防部副部長）的觀點指出，制定出色的國家戰略需要「淵博的知識和全面發展的人格」。[4] 同樣，亞格爾也曾認為戰略代表著「非凡智慧的領域、終身鑽研的學者、一心一意的專家和無懈可擊的信心」。[5]

真有這樣能看透萬事、出類拔萃的戰略大師嗎？如果有，這個人將會成為各方尋求的寶貴資源，一邊要努力預測未來，一邊又不得不花時間把研究成果深入淺出地傳達給那些需要理論指導的人。由於這種系統和前瞻的思維能夠揭示很多風險和機遇，在一位實踐者看來，其全部價值就是明確提出行動要點。一國政府在實施某項重大計畫之前，往往希望能有一個對形勢的全面分析，以便在採取行動時占得先機。但是一旦遭遇事先未考慮的突發情況時，應對之策便成了一種奢侈品，這時可能需要一種臨時應變的特別戰略。在此情況下，即便是戰略大師也多少會有些措手不及。

戰略家所謂的全盤視角也是不確定的。需要特別注意的是「系統效應」，即明顯不同的活動領域發生連結後所產生的意外結果。由於可能出現意想不到的後果，所以在急於採取大膽行動時應小心謹慎，一旦付諸實行，就該密切關注其影響。對一個廣闊環境中各種關係的範圍和多樣性認真探究，就能夠施加間接影響，或發現對手最薄弱的環節，抑或促成一個令人驚訝的聯盟，進而確定自己可以在哪些方面做文章。[6]但是，這並不需要對整個系統有一個總體看法。系統內部一定存在某些界限。理論上，任何事物都和其他事物相關聯；但實際上，局部活動的影響可能很快就會消失。而且，全盤視角需要具備從外部觀察整個系統的能力，但實用戰略家注定是「近視眼」，更關注眼前的要務，而不是那些永遠不需要操心的遠憂。隨著時間推移，事物的重點會發生變化。但這並不是說要預料到每一件事；相反，人們應該知道，抱著不容置疑和志在必得的信心堅持制定出一套能實現長期目標的計畫，是不現實的。

有人認為，社會和與之相關的軍事體系可能被理解成了複雜的系統。這種想法讓那些苦苦搜尋敵人「重心」的人相信，在準確的位置上攻擊敵方系統可導致其迅速崩潰，因為攻擊效果會波及和影響到系統內所有相互連結的部分。攻擊效果不會從某個關鍵的中心點簡單地擴散開去，造成搜尋的挫折。社會能夠適應各種衝擊。作為一個系統，它會分解成更容易獨立發展的子系統，建起屏障、減少依賴、找到另外的生存方式。這個過程是持久而複雜的。

克勞塞維茨曾把戰爭描繪成一個動態系統，但同時也是一個引人注目的自給自足系統。他是一個戰爭理論家，不是國際政治理論家。[7]他從歷史中看到了戰爭的政治源頭，卻沒有將此作為著眼點。在最終成為所謂大戰略的國家政策層面，「怎樣才能最有效地實現目標」是一個必須回答的問題。答案中可能排除了使用武力或只賦予它們次要角色。只有站在這個更加偏重政治的高度上，才能評判軍事行動的成敗和評估勝利的價值。克勞塞維茨分析戰爭現象的權威和不朽性，使人們忘了戰爭的產生背景，也就是由法國大革命引發的劇變。他專注於決定性勝利的分析法，需要根據政治形勢的變化重新審視。即使有人指出克勞塞維茨當時已開始重新評價有限戰爭，決戰的思想還是在軍事專業界大受歡迎。其吸引力顯而易見：它賦予了武力特殊的角色和使命。每當軍隊想要獲得更多資源或政治支持時，他們就會把「軍隊掌握著國家命運」掛在嘴邊。如果問題可以不靠決戰來解決，總參謀部就會喪失其重要性和影響力。但是隨著武器殺傷力和打擊面越來越大，參戰人員越來越多，打仗本身也越來越引起爭議。要形成決戰，就必須找到某種新的關鍵性因素。在第一次世界大戰之前，人們發現高昂的士氣和勇敢的民族精神能產生重要的激勵作用。之後，人們又開始重視以出其不意和機動迂迴的戰術迷惑敵人、反制敵人強大火力的可能性。二十世紀後幾十年裡，美國重拾這項興趣，儘管對於預測常規軍事行動的結果而言，軍力對比和高超的作戰技巧同樣重要。

即使在那個時候，表面勝利也可能隨著正規戰轉向非正規戰而大打折扣。這不是什麼新鮮事。克勞塞維茨曾提到西班牙首支游擊隊對拿破崙大軍的有效抵抗。當時，占領軍經常會遭受憤怒不屈民眾的襲擾。這種現象常見於反抗殖民主義的行動中。一旦正規戰有陷入泥淖的危險，政府就會尋求透過海上封鎖或空中攻擊來壓制平民反抗之勢，進而打破戰爭僵局。民眾的鬥志漸漸變得和軍隊的鬥志同樣重要。所以，小到反叛亂，大到核武嚇阻，發揮關鍵作用的因素是源於對敵人政治和社會結構的攻擊，而非來自一支軍隊與另一支軍隊的角力。

一旦承認民間領域如此重要，那麼民眾的認知以及如何影響其認知便成為新的問題。要採取嚇阻政策，就需要影響那些可能正打算動武的人的期望值，提醒他們這麼做或許是個壞主意；要打非正規戰爭，則需要分化武裝分子及其潛在支持者，讓他們明白這麼做注定失敗，即使成功也得不到什麼好處。這其中沒有多少科學成分。核子戰爭的危險人人都能感覺到，無須絞盡腦汁地昭告天下；而要想改變那些捲入戰火又不願選邊站的人的思想，無論做出多大努力，都會因為戲劇化事件或忽視當地民意而前功盡棄。如果想傳達的訊息沒有核戰爆發那麼驚人，那麼透過回顧往事來解釋別人的行為要比「資訊戰」來影響人們的行為更容易。

二十一世紀早期的反叛亂行動反映出人們很喜歡「聽故事」，但與其說這些故事是解決問題的源頭，還不如說它們闡明了問題所在。從以往的經驗看，人們可能看清楚一個社會主流觀念的轉變過程，但觀念轉變並不能為一個有遠見的戰略提供依據。

在更高階的指揮體系中對非軍事領域和軍事領域進行政治區分，加大了兩者間複雜互動的現實難度。老毛奇所代表的傳統軍事思想認為，一旦政治領導人確定了戰爭的目標，接下來的作戰行動就是軍隊的事，人民應該退到次要位置。就算不必為驚惶失措的老百姓操心，對付頑強而狡猾的敵人也已經夠受的了，特別是現代通訊技術還會時不時添麻煩，總被人用來幫倒忙。試想，如果國家領袖可以和最下級的前線指揮官直接聯繫，那麼整個指揮鏈上的審慎判斷都可能被一小部分外行人和少數幾項愚蠢意見毀掉。在任何情況下，突然轉變政治方向再加上業餘者嘗試假扮偉大指揮官，都必然讓專業人士欲哭無淚。

這是唯打仗論所造成的盲點，按照這種論調，和作戰有關的事情最好留給軍事指揮官去做。[8] 這種將武力部署和使用主要交由軍人負責的軍民關係完全不恰當。兩方需要不斷對話交流。不考慮軍事可行性，政治目標便無從談起。軍事選擇及其風險會影響外交行動。無論是做出外交讓步，還是獲取第三方的資源或基地，抑或是締結同盟，都少不了軍事上的評估。接著，這些評估結果又可以幫助推測出敵方陣營的組織形式，以及他們打持久戰或透過基地擴張地盤的能力。分開軍事戰略和政治戰略的想法不僅是錯誤的，而且是危險的。

百姓不能不顧那些和軍事戰略有關的所謂作戰問題，他們需要評估戰爭的手段與戰爭的目標是否一致，超越即將開打的戰役，看到隨後而來的和平前景。他們需要讓大眾和潛在或實際的盟友站在自己這邊。這需要考慮社會所能承受的負擔以及對其他社會所能造成的合理傷害，還要考慮如何讓國家政策服從或突破這些限制。提到作戰，大多數軍事組織都不得不在某個時刻現場發揮，不管它們認為自己從以往戰爭中學過什麼「教訓」。這時，陸軍上將和海軍上將往往會就如何最有效地擊敗敵人出現分歧。單一的軍事觀點代表的不是規則，只是例外，而且分歧常常在本質上是政治評估。由於形勢在不斷變化，原有的計畫又千篇一律，所以軍人需要定期受到政治指揮。

就這樣，發展一門戰略科學的努力，會因為軍事事務固有的不可預知性而受阻，且因為政治事務更大的不可預知性而變得異常艱巨。戰爭不是套用一些只有老練的軍事專家才能掌握的規則方法就能打贏，一味地追求避實擊虛、出奇制勝，並不可靠。軍事行動必須根據具體情況來設計，優秀的指揮官會靈活地進行作戰決策。在解釋戰爭的勝敗時，貶低指揮藝術當然是錯誤的，但成功戰略的關鍵往往在於政治技巧，政治技巧是阻止敵人成功結盟、打造己方聯盟所必須具備的。

一個獨特的軍事戰略概念源於控制欲，而且在接下來的兩個章節中會看到，相似的欲望對政治（甚至革命）和商業兩種戰略的起源也都產生了影響。這種欲望塑造了透過徹底消滅敵軍控制戰場的戰略。在堅持將作戰事項列為軍事領域首要之務方面，它表現得也很明顯。純粹的控制往往是幻想，頂多算一種暫時的成就感，隨著新形勢帶來新挑戰，很快就會消弭於無形。想讓國家從一場消耗戰中解脫出來，需要進行尷尬棘手的談判；即便獲得輝煌的勝利，其中也包含著持久和平的內涵以及如何對待失敗者的問題。戰略家的想法由此成了一個神話。一方面，它要求具備一種完全掌控複雜多變形勢、不可企及的全知視角，或是為實現遠大目標開闢一條可靠而持久道路的能力。另一方面，它又考慮不到那些對於戰略制定來說往往現實而迫切的需求。制定戰略是要讓形形色色、互不相干的參與者聚在一起，就如何應對當前事態下最緊迫的問題達成一致意見，並規畫出走向更好局面的途徑。

在後勤保障任務日趨複雜、軍隊規模不斷擴大和政治形勢動盪不定的年代，產生了控制作戰進程的欲望。正如我們所看到的，這種狀況催生出兩項核心原則，雖然它們有著明顯的局限性，適用環境也變得更具挑戰性，但結果證明它們的適應性極強。第一項原則是，只有消滅敵軍才能穩妥地實現完全控制，這個道理不容置疑。第二項原則是，要達到上述目的，須始終將作戰事項列為軍事領域的首要之務。這條原則使得有關軍事戰略的討論集中到了一個既突出又狹隘的焦點上。政治因素被看成某種獨立存在的東西、目標的源頭和最終的和平條款，與作戰指揮不全然相容。

儘管不是總能做到，軍事殲滅的目標和政治鎮壓的目標，會自然而然地協調起來。更廣泛地觀察一起衝突的構成就會發現，對形勢施加一定程度的政治控制的能力，恐怕將不僅取決於敵方軍隊的實力，還取決於敵方民眾抵抗鎮壓的決心、針對不友善的民眾可以採取的措施、己方的資本和生活必需品來源，以及雙方陣營的力量和士氣對比。克勞塞維茨承認這些因素有其潛在重要性。在他提出的「重心」概念中，暗示可以藉由一次定向軍事攻擊來解決問題。但實際上，根據各個因素的具體情況分別因應常常是最有效的做法，這就引出了妥協和討價還價、進入市場和政治宣傳等問題。所以，偉大的戰略家往往能夠認清一起衝突在政治上和軍事上最顯著的特徵，並知道如何才能改變這些特徵。他們的天賦源於他們以行動說服他人接受其見解的能力（如林肯和邱吉爾）。他們常常被當成偉人，是因為運氣夠好以及他們的對手出現了失誤。但有時，他們的好運也會用光，暴露出自己容易犯錯的一面（如伯里克利）。

由此可見，就像格雷和亞格爾描述，戰略大師是個神話。若只在軍事領域下工夫，他們的視角只能是片面的；而要想在政治領域有所作為，又需要具備一種完全掌控複雜多變形勢、不可企及的全知視角，以及為實現遠大目標開闢一條可靠而持久道路的能力，在這方面，好運氣和蠢敵人都幫不上忙。能成為戰略大師的只有政治領袖，因為他們必須設法滿足各路人馬提出的緊迫且經常相互矛盾的種種需求，這些人裡既有外交官又有軍隊將領，既有政府部長又有技術專家，此外還有親密盟友和可能的支持者。哪怕是他們當中的佼佼者置身於最簡單的政治環境下，也無從釐清所有相關因素及相互關係。因此，他們必須依靠自己卓越的判斷力看清眼下最緊迫的問題，規畫出走向更好局面的途徑，此外還要準備在發生意外時隨機應變。

第3部分

底層的戰略

第18章

馬克思及其為工人階級服務的戰略

哲學家們只是用不同的方式解釋世界，而問題在於改變世界。

——卡爾．馬克思，《關於費爾巴哈的提綱》（*Theses on Feuerbach*）

上一章講述了美國費神地想出了化解非正規戰的辦法，不再堅持決勝的念頭，集中精力對付占領地區日趨激烈的反抗活動。在設法因應恐怖分子的暴行和埋伏時，美國了解，這場戰爭是假借保護普通百姓之名發動，即便不能得到他們的積極支持，也要盡力得到他們的默許。為此，美國鼓勵前線部隊主動接觸當地民眾，找到交流的途徑，並讓他們相信美軍是真正站在他們那邊。然而，美軍的努力始終遇到理解上的障礙，造成這種障礙的不僅有語言和文化差異，還有美國以往的各項行動、政策以及認定說服工作比打勝仗更難的態度。如何才能改變人們，特別是大批具有共同信念的人們的想法？這是本章著重討論的一個突出問題，因為改造人的思想一直都是激進分子和革命者的當務之急，他們全心想要代表廣大民眾顛覆現有權力結構，只是民眾並不願意參與其中，當然也不至於主動唱反調。

本章將探討弱者或至少是那些自稱代表弱者行事的人的戰略，他們想要達到的目標和可利用的手段之間存在著巨大差距。對這些人來說，制定戰略是最具有挑戰性的事。他們必須以不會招致鎮壓的方式爭取支持。如果有可能遭到鎮壓，他們就要考慮苟且偷生甚至憑一己之力從事暴力反抗。他們不知道能否說服所有人為共同的目標團結起來，也不知道是否有必要做出讓步和必要時應該做出多大讓步。懷有不實際目標的激進組織可能會自命清高，而那些嘗到成功滋味的人則看到了附和他人觀點的價值。每當他們制定行動計畫時，只要討論到軍事，比如該嚴防死守還是出奇制勝、該打殲滅戰還是消耗戰、該正面抗敵還是間接施壓等，各種問題就會冒出來，這常常會讓他們低下的軍事素質暴露無遺。

本章會大量出現各種理論，特別是那些涉及工業化社會權力變化的重大問題的理論。激進派理論描繪了一個更美好的世界以及可能推動其實現的歷史性力量；保守派理論則以種種理由證明這個新世界永難實現，就算實現也不會變得更美好，警告人們改朝換代只是妄想，可能出現的新菁英階層與舊的統治勢力不會有什麼不同。暴力鼓吹者的理論認為暴力能夠掃除所有看來強大的腐朽政權，成為個人和社會解放的源頭；而非暴力倡導者不僅主張採取審慎態度，而且認為占領道德制高點的一方有利。由於一部分人對群眾運動感到恐懼，另一部分人則認為群眾還遠未發動起來並為此感到失望，所以又出現了意識理論（信奉者眾多），這種理論對信仰之易變、大眾之盲從、宣傳之蠱惑以及長期占據統治地位的舊規矩深感悲哀。

理論記錄並例證了官僚化和合理化過程，提供了有效制定和實施計畫的戰略，解釋了為什麼就連革命都需要專業的指導和健全的組織。這已經成為對政治生活特別是左派政治生活的一大檢驗標準，因為它直指這個問題：強大又一直掌握實權的人能否避免惡習。在紀律性組織中有領導作用的官僚常常會受到譴責，譴責者認為他們的領導會抹殺人文精神。總的來說，強有力的組織行動的整體效果超過自發行為。儘管如此，我們最終還是要舉辦總統大選，待在主流而非邊緣的政治生活中，但仍然離不開社會變革理論和政治信仰。不僅政治變得越來越專業化，理論也是如此。在這個過程中，社會科學的興起發揮了重要作用。社會科學家發現了不受黨派利益污染的普遍有效的理論，渴望這門學科能像自然科學一樣被認真看待。在本章和下一章，我們會看到社會科學（雖然多多少少受到價值觀的約束）有時候代表了公共政策的一個來源，一旦被開明的國家所接受，可能會讓政治乃至戰略變成多餘之物。

職業革命家

我們首先要談的是那些處心積慮想要推翻現行社會秩序的潛在造反分子。為此，我們得回到上一章的開頭，因為職業革命家的成長和拿破崙戰爭一樣，也是一七八九年法國大革命的產物。這場革命雖然成為此後全部革命的鼻祖和標竿，但它的發生並非源於一項陰謀或是什麼頂尖的深遠戰略。作為對僵化無能的「舊體制」（ancien regime）的反應，法國大革命深受啟蒙運動的影響，是一場思想和思維模式的革命。真實的事件進程出乎所有人的意料，包括那些主導進程的人。大革命爆發後不久，就出現了宣傳公民和人權核心思想的「雅各賓派」（Jacobin Club）及隨之而來的政治恐怖。起初他們的政策還算溫和，但後來在計畫和方法上變得越來越激進。由此，革命陷入僵局，拿破崙異軍突起。在國際和國內事務中，這個時期催生出的強權、暴力和變革理論長久地控制著革命和軍事戰略的發展。

掌權的保守派菁英在一八一五年召開維也納會議，決心阻止革命熱情和戰場殺戮的進一步蔓延。其中一些人準備實行更大的民主，但多數人認為只有家長式君主制才能維護既有秩序。殊不知，當時正是社會和經濟劇烈動盪的年代，歐洲上下民怨沸騰。農民為他們傳統生活模式的瓦解而陷入絕望；工人們開始時弱時強地組織起來；開明的中產階級抱怨現行體制遏制了他們的自由、發言權和賺錢能力；出身土地貴族的統治菁英則對自己執掌政權的前景感到不安。在整個一八四〇年代，經濟衰退和農業歉收相互作用，讓人們普遍相信歐洲已到了革命前夕，即將打破某些東西。對於那些渴望革命的人而言，是制定計畫的時候了。

正如蘇格蘭斯特林大學歷史系高級講師邁克．拉波特（Mike Rapport）所言，這是一個新時代，它孕育出了「為暴力推翻保守制度而孜孜不倦暗中謀畫的職業革命家」。[1]職業革命家認為，革命可以有意識地發動，不必非等到哪一天突然爆發洶湧民意來摧枯拉朽。由於有了一七八九年的先例，革命不再是空想，那種所謂現有秩序神聖不可侵犯的鬼話很難再嚇到任何人。曾經發生過的事情可以再次發生。於是革命家制定計畫，討論要如何把群眾的示威和不滿變成一場真正的起義。在這種巨大可能性的激勵下，他們商討革命戰略並且不時地嘗試將自己的理論付諸實行。

這些思想多為陳腔濫調、一文不值，最終淪為笑柄，成了個別往往帶著狹隘派系味道的群眾政治組織的標語口號。但是在十九世紀的最初十年，聽起來新鮮、有用、令人興奮，反映了當時的知識和政治躁動。這是一個激進主義的創新時代。在大革命後的「法國立法會議」議事廳中，「左派」和「右派」所代表的政治立場和座席安排相對。旨在因應「社會問題」的「社會主義」一詞一八三二年首次使用，而主張完全平等和共同占有土地和財產的「共產主義」則在一八三九年成為常用詞。

革命理論家相當於戰爭理論家。他們有著相同的標誌：熱衷於抗爭、攻擊和戰鬥。他們尋求發起像決戰一樣的暴動，相信只有到那時才能看清誰會脫穎而出。按已故德國政治學家和社會學家西格蒙德·諾伊曼（Sigmund Neumann）和美國亞利桑那州立大學歐亞歷史學家馬克·馮·哈根（Mark von Hagen）的說法，「克勞塞維茨所強調的果斷行動，甚至在戰略防禦狀態下發起的戰術進攻，已經成了革命戰略的慣用手段」。[2]政權必須奮力從統治菁英手中搶奪，這就需要打敗有組織的國家武力機器。最好的結果是軍隊在人民的正當訴求面前主動屈服、拒絕向自己的人民開槍，但必要時仍須透過正面作戰打敗他們。因此，暴動也是一種戰鬥，也受類似規則制約。但面對敵人的優勢火力，人員數量是革命最重要的資本。必須以某種方式將廣大普通群眾，包括貧民和流離失所者、農民和工人，動員並管理起來。他們投身戰鬥不僅是為了改變自己當前的悲慘命運，更是為了一個更好的新社會，總而言之，是為了一個更值得讚美、更高尚、更公正、更和諧、更繁榮的新社會。

所以，新型職業革命家在最初以鬥士、組織者和指揮者的面目出現時，還必須把自己變成思想家，清晰有力地表達出人民大眾早先的願望，分析哪些地方出了問題，並考慮往後如何糾正這些錯誤。革命家靠著思想之力，利用報紙、小冊子和書籍著作，四處宣傳自己的思想而聲名遠播。這並不奇怪，要想讓薄弱的手段與輝煌但又多少有些遙遠的目標能一致，往往需要大量的腦力勞動和口若懸河的信仰說教。這引發了關於一系列不可行戰略孰優孰劣的惡意爭論。定義一個美好社會是一回事；說清它怎樣才能變成偉大群眾運動的自然結果，是另一回事。編出一個順理成章的故事，告訴人們終將革命有成是一回事；革命時刻到來時能否順勢而為，是另一回事。從這些讓人印象深刻的戲劇性場景中，革命家或許能一窺他們始終想要得到的一切，但問題是除了這一窺還會有什麼。他們不可能有太多機會去發現別的東西。

這些職業革命家大都生於一七八九年大革命之後的十九世紀頭一個十年。如今已經過去了差不多兩個世紀，其中的很多人仍被奉為左派中的決定性人物。其中最極端的一個當屬路易—奧古斯特．布朗基（Louis Auguste Blanqui）。這位桀驁不馴的法國激進活動家在監獄裡度過半生光陰，偏愛高度組織化的密謀活動。他雖然承認革命應以群眾的名義發起，但不希望、也不歡迎群眾真的參加到革命中來。以他姓氏命名的「布朗基主義」成了左派圈子裡的一種代表性思想，主張最好藉著暴動或政變來實現革命目標。皮耶—約瑟夫．普魯東（Pierre-Joseph Proudhon）是第一個提倡無政府主義的人，在一八四〇年將無政府狀態定義為「沒有主人、沒有統治者」。他提出「什麼是財產？」的問題，並提出了「盜竊」這個著名答案。當時還在醞釀革命信念和思想的俄國人巴枯寧到後來更是為無政府主義塗上了一層完全不同的色彩。義大利人馬志尼則賦予了革命更多民族主義的基調，他始終致力於統一自己四分五裂的祖國，希望它能成為一個共和制的社會主義國家。他堅持認為愛國主義和國際主義並不矛盾。在匈牙利領導反抗奧地利統治的科蘇特．拉約什（Kossuth Lajos）也持有類似的觀點。

另一位便是馬克思。他既因自己非凡的才智而受到革命同志尊敬，也因對他們的嘲笑而遭到強烈憎惡。馬克思一八一八年生於普魯士特里爾（Trier）的一個改信基督教的猶太家庭，他本該成為一名律師，但在大學期間迷上了哲學，尤其深受被稱為「青年黑格爾派」（Young Hegelians）的激進組織的思想影響。青年黑格爾分子贊同偉大哲學家格奧爾格．威廉．弗里德里希．黑格爾（Georg Wilhelm Friedrich Hegel）思想中的核心主題，特別是對理性和自由的頌揚，但反對他關於當時的普魯士已經發展到理想的歷史巔峰的觀點。由於馬克思強調關注歷史變革中物質因素的重要性，與青年黑格爾派決裂。一八四三年，馬克思移居到審查制度較為寬鬆的法國，擔任新聞工作者。在那裡，他遇見了終生合作者弗里德里希．恩格斯。恩格斯是德國實業家的兒子，長期工作和生活於工業革命的中心曼徹斯特。當時，他剛剛發表了個人專著《一八四四年英國工人階級狀況》（*The Condition of the Working Class in England in 1844*）。兩人很快成為合作夥伴。恩格斯不僅為馬克思提供經濟支持，還為他的學術論述貢獻各種素材，特別是自己在軍事歷史和理論方面豐富的專業知識。在《德意志意識形態》（*The German Ideology*）（合著於一八四五至一八四六年，但直到一九三二年才首次發表）一書中，馬克思和恩格斯創立了他們的基本哲學理念，這種理念否認「道德、宗教、形而上學和其他意識形態，以及與它們相適應的意識形態」的獨立性。他們明確主張唯物主義，堅持認為「不是意識決定生活，而是生活決定意識」。[3] 實際上，他們會發現，革命戰略中最令人困惑的問題往往就產生於這兩者的相互作用。

馬克思在革命領域的地位可比克勞塞維茨在軍事領域的地位。就像克勞塞維茨提供了一套戰爭理論，馬克思也提供了一套革命理論，儘管沒那麼抽象。克勞塞維茨對馬克思的實際影響很小，恩格斯倒是更仔細地讀過克勞塞維茨的著作，不過是在一八五〇年代以後。如果說有什麼影響的話，那也是因為他們的行動都遵循著同一個歷史主義傳統。在這方面，他們之間有條「歷史和知識的家庭紐帶」，儘管這條紐帶並不緊密。[4] 馬克思的理論證明了革命是伴隨生產方式改變而出現的階級鬥爭的產物，在充滿活力的歷史變革中所起的作用。這個理論雖然給革命者帶來了希望，但沒有告訴他們該做什麼。與克勞塞維茨從戰爭實踐中發展出自己的理論不同，馬克思是在投身革命之前先形成了理論，之後突然發現在應用中存在問題。

儘管如此，馬克思的超強理論在他一生當中仍給世人、甚至是反對者留下了深刻印象，並長久主導著社會主義者對未來的想像。二十世紀的革命家幾乎總是能從馬克思那裡為他們的戰略和政治計畫找到理論根源。他的作品中既有嚴肅的新聞報導，又有深奧的哲學鉅著，其中一些重要著作未能在他生前出版。學者和社會運動家不斷探討這些著作中關鍵段落的含義和隱喻，從他對一些模糊事件和沒沒無聞思想家的評論中尋求教導。適當引用大師語錄讓另外一些受到質疑的理論具有了正當性，而針對馬克思論述的「真實意思到底是什麼」的爭論，則在那些自稱馬克思衣缽的繼承者之間引起了數不清的分歧。解讀克勞塞維茨的問題在於，他去世前一直在修改自己唯一的重要著作。而解讀馬克思的問題在於，他完成了很多著作，但沒見過他修改任何內容。

一八四八年

馬克思摒棄了當時彼此競爭的所有激進思想。在他看來，宗教律令、愛國訴求、文明價值觀和人權主張、反動政治綱領以及改革漸進主義，統統是不切實際的幻想，體現的不是統治階級赤裸裸的私利，就是那些早已逝去的思想殘渣；它們毒害著群眾的腦，讓他們覺得自己理所應當受到壓迫。對於馬克思來說，他的理論本身就是有力的武器，是無產階級的信心來源，更是幫助勞動者了解自身潛力和命運的手段。

戰略必須以階級鬥爭為基礎，試圖透過善意、正義、平等或人類意志的無限可能性來調和矛盾，是行不通的。革命進程要根據當時的總體經濟和社會條件來奪取政權。馬克思的理論傾向於經濟決定論，極力主張等待歷史進程自然走向必然結果。但馬克思是個政治運動家，根本不相信宿命論。他的目標始終是建立工人階級政權。他把自己打造成無產階級戰略家，對於其他階級的態度則是，根據它們在無產階級的前進道路上是有幫助還是阻礙，來評判是盟友或敵人。

一八四八年革命前夕，未滿三十歲的馬克思已斷言自己是個掌握獨特手段的政治運動領袖，比同時代其他寫宣傳小冊子的人明顯要高出一等。他有力的著作兼具嚴謹的說理和無情的諷刺，在借鑑當時公認的社會主義、特別是空想社會主義理論大家思想的基礎上，形成了自己更科學的方法論。但他不是天生的領袖，相反，他缺乏感召力和同情心，追隨者也很有限。他更像個講者而不是雄辯家，更喜歡爭論而不是安撫，更傾向於分析問題而不是感情用事。正如在左派陣營中常會出現的，馬克思所傳達的無產階級團結思想藐視一切，除了他自己的主張之外。他不怕分裂。保持革命思想的清晰有力，比虛偽地遷就錯誤和糊塗的主張來得好。馬克思和恩格斯都不具備靠個人能力打造一個聯盟的天賦。

馬克思最初的對外政治連結，是加入一個名為「正義者同盟」（League of the Just）的傳統左派組織，該組織有祕密社團所有偷偷摸摸和故弄玄虛的風格。一八四七年，馬克思和恩格斯在其他人的幫助下，將該社團改組為更加開放的「共產主義者同盟」（Communist League），在德國、法國和瑞士設立了分支機構，並用「全世界無產者聯合起來」的新口號代替了「人人皆兄弟」的舊口號。兩人受託為同盟起草一份明確而權威的共產主義者宣言。經過六星期的緊湊寫作，由馬克思執筆的《共產黨宣言》於一八四八年二月完成。它的著名開篇語——「一個幽靈，一個共產主義的幽靈在歐洲徘徊」頗具諷刺意味。共產主義不是幽靈，不是可怕的鬼怪，而是一股真正的力量，並且已經公開號召「用暴力推翻全部現存的社會制度」。與政治宣言相關的一系列特殊要求，有點像是因為急趕著發表而匆忙拼湊而成。最重要的是理論表述的清晰連貫。該宣言解釋說，「至今一切社會的歷史都是階級鬥爭的歷史」。在當時，階級對立簡單化了，整個社會日益「分裂為兩大敵對陣營，分裂為兩大相互直接對立的階級——資產階級和無產階級」。共產主義者的獨特優勢在於，他們「最先進、最堅決」，能夠最清楚地了解「無產階級運動的條件、進程和一般結果」。這個戰略並非服務於任一個國家、民族、政黨或是機構，當然更不是一個人。它所服務的是一個根據與生產資料的關係來定義的階級。

一八四八年，革命像流行病一樣蔓延到整個歐洲，其中在法國、德國、波蘭、義大利和奧地利帝國聲勢最大。雖然這場流行病起於西西里島，但法國的起義在強度和嚴重性上卻更勝一籌。拿破崙倒台後，法國恢復了所謂立憲君主制度。一八三〇年，查理十世（Charles X）企圖攫取實權，激起了人民起義，而且獲得勝利。這進一步驗證了人們對法國的看法：在這個歐洲國家，民眾走上街頭總是有用的。但是，接任查理十世的路易．菲利普（Louis Philippe）也好不到哪去，依舊維持著特權菁英的統治。一八三四年再次爆發街頭起義，這也為雨果（Victor Hugo）的《悲慘世界》（*Les Misérables*）提供了背景。這次起義遭到鎮壓，但到了一八四八年二月，當士兵向人群開槍、民眾衝進波旁宮之後，路易．菲利普被迫放棄王位並逃往英國。臨時政府很快宣布建立法蘭西第二共和，賦予男性公民普選權，並救濟了窮人。

但由於富人外逃、商家停業以及新政府內部各派勢力之間爭吵不休，這場革命不久便陷入經濟和政治亂局。作為一七八九年大革命的產物，法國社會主義者在語言和抱負上的理想主義色彩要多過實利主義色彩，他們更關心權利和正義，而不是擁有財富。在法國農民眼裡，自私的巴黎透過橫征暴斂維持著奢侈的城市生活。很快，民間便發出建立新秩序的呼聲。保守派取得了政府控制權，軍隊開始清除街上的防禦工事。中產階級對現狀感到滿意，但工人階級群情激憤。六月，覺得被拋棄的巴黎工人再次築起防禦工事。政府軍對其實行了殘酷而有效的鎮壓。工人們堅持戰鬥了四天，但最終在一場血腥屠殺中失敗。

在這風雲變色的幾個月裡，德國一直是馬克思和恩格斯的主戰場，當地的民族問題使形勢變得尤為複雜。由於維也納會議強調的是權力有序平衡，不鼓勵帶有破壞性的民族自決，所以當地只組成了一個以奧地利為首、包括普魯士和其他三十八個小邦在內的鬆散的德意志邦聯。更麻煩的是，匈牙利作為奧地利帝國的一部分，並不屬於德意志邦聯。這種不穩定的安排和各邦的獨裁特性交織在一起，導致形勢不斷激化。伴隨建立在國家主權基礎上的德國統一大業的是對民主的更高訴求。

革命按照一個普遍的模式發展。民怨高漲引發大規模示威；人們投擲石塊；軍隊做出反應；一些示威者被打死；人們怒氣高漲，築起防禦工事。雖然防禦工事在開闊的大路和廣場上毫無用處，但在街道狹窄擁擠的地區卻能成為阻止政府軍前進的真正路障。統治當局無法控制市中心人口稠密地區之後，開始猶豫是該繼續血腥鎮壓還是該考慮政治妥協。在一片爭論聲中，他們做出足夠的讓步以安撫民眾，為隨後重整旗鼓爭取時間。因此，革命在最初有著「超越社會和政治分野的共同目標」並取得了勝利。[5]但暴動並非故事的結局。暴動分子本來有機會創建新的國家機構，包括建立武裝力量來保衛革命果實並將革命向前推進，但新形勢的不確定性反而製造了激進派和溫和派之間的緊張關係。中產階級渴望改革但害怕革命，擔心混亂局面持續下去。而左派的過頭做法加劇了中產階級的恐懼。各方在爭論，他們是要求得太多還是要求得不夠。在此同時，君主及其政府重拾殘暴並組織起了軍隊。激進派在血腥的戰鬥中被打敗，領導人不是鋃鐺入獄就是流亡海外，遭到恐嚇的起義民眾開始退縮。法國的情況因為路易．菲利普的退位而有所不同。但這只是常規中的例外——革命如同戰爭，一個內部充滿矛盾的聯盟的素質和凝聚力會對其行動產生巨大影響。

按照當時剛剛出版的《共產黨宣言》的邏輯，馬克思和恩格斯對於歐洲乃至德國本地形勢的最初態度是工人階級應該首先發起一場民主革命，為社會主義革命做準備。挑戰舊秩序的聯盟規模越大，就越可能取得成功。有了普選權和言論自由，工人階級更能組織革命。通向下一個歷史階段的路途雖然漫長，但至少能加強工人階級的人數、意識、組織和戰鬥性等方面。[6]這其中的風險在於，勝利後的資產階級會馬上轉過頭來鎮壓共產主義運動。為此，共產主義者必須時刻提醒工人階級，即使在進行民主革命的過程中，他們和資產階級的關係也注定要走向敵對和對抗。由此，馬克思和恩格斯提出「不斷革命」的思想，認為在第一階段的民主革命成功後不能有絲毫鬆懈，應該立即發起第二階段的無產階級革命。

事態的迅速發展令他們大受鼓舞。法國是一個革命傳統深厚、階級鬥爭尖銳而果決的國家。當革命消息在二月首先從巴黎傳出時，恩格斯不禁歡呼：「由於這次革命獲得勝利，法國的無產階級又成了歐洲運動的領袖。榮譽和光榮屬於巴黎的工人們！」[7]隨後的失望只是暫時的，接著又傳來更令人興奮的六月起義的消息。馬克思斷言，偉大的時刻已經到來。「這場暴動正在發展成為有史以來最偉大的革命，」他寫道：「發展成為一場無產階級對資產階級的革命。」[8]起義雖被鎮壓，但仍被認為是一種進步。透過揭示階級鬥爭的殘酷現實，將激發出更徹底的共產主義意識。二月革命是「一場漂亮的革命，一場得到普遍同情的革命」，而六月革命則是「一場醜惡討厭的革命，因為這時現實已經取代了言詞」。馬克思和其他革命者一樣，認為失敗不會讓工人階級感到絕望、相信宿命，而會讓他們變得更勇猛、更堅定。

馬克思和恩格斯當時正在科隆。這是馬克思熟悉的地方，工人階級的隊伍相對壯大，政治形勢緊張。他用一筆頗為及時的遺產創辦了一份充滿鬥志的報紙《新萊茵報》（*Neue Rheinische Zeitung*），以推動其激進的事業。該報於六月一日創刊出版，並很快就有了大約六千個訂戶。它反映了馬克思的信條：無產階級太過弱小，無力單獨行動，所以必須與農民和下層資產階級（小資產階級）聯合起來，共同反對資產階級。急著把社會主義強加給小資產擁有者，這種團結是不可能實現的。所以在《共產黨宣言》發表幾星期後，馬克思和恩格斯提出了略微溫和些的要求——一個統一的共和國所採用的標準民主程序、男性公民的普選權，以及一些因應社會問題的額外措施。馬克思把工人和農民召集在一起，在一處農村地區首次組織了群眾大會。[9]

當時主要的工人組織是科隆工人聯合會，有大約八千名會員。其創始人安德烈亞斯·戈特沙爾克（Andreas Gottschalk）關心的是改善社會和工作條件，而不是開展更廣泛的政治運動。[10] 他認為，馬克思設定的最終目標過於極端，但在實現方法上又過於溫和。他不太贊同有序地分階段推進革命，對民主革命也沒什麼興趣。馬克思主張在選舉中支持民主派候選人，否則就「只好在某一偏僻地方的小報上宣傳共產主義，只好創立一個小小的派系，而不是創立一個大型的行動黨了」。[11] 戈特沙爾克則抵制選舉，希望立刻實現社會主義。

戈特沙爾克於一八四八年七月被逮捕後，馬克思和恩格斯接管了科隆工人聯合會，帶領其轉而支持民主運動。這種新姿態不是很受歡迎，特別是繳納會費的新章程導致會員人數急遽下降。革命成了苦差事。工人不一定都是先進分子。他們也許關心社會狀況，生大資本家的氣，但他們同樣渴望像前工業化時代那樣工作，不想加深階級衝突。這種革命熱情的缺乏讓馬克思感到沮喪。他後來有點辛辣地評論說，如果德國的革命者想要攻占一個火車站，會買一張月台票。[12] 他原本希望巴黎六月事件的消息能夠刺激德國革命，但反而幫反革命分子壯了膽。

隨著德國政府的鎮壓，馬克思變得益加激進。從一八四九年早期起，他開始單純強調建立社會主義共和國的無產階級要求。進入一八五〇年後，他從惡化的經濟狀況中獲得了啟發。他寫於當年春天的文章〈法蘭西階級鬥爭〉（Class Struggles in France）喚起了無產階級的希望，他們這時已經充滿新的革命意識，在失敗中成熟茁壯，準備加速歷史進程。去年發生的事件意味著「法國社會的各個階級必須以星期為單位來計算發展進程，而從前，它是以半世紀為單位來計算的」。[13] 革命進程可以自己產生推動力，來勢洶洶地打碎了理想主義的幻覺，製造出一種無產階級在統治階級的非常手段面前捍衛階級利益、改變階級命運的觀念。

他樂觀得太早了。人們已經厭倦了起義和流血，謹慎心理占了上風。隨著歐洲經濟的恢復，革命時機不知不覺地溜走。馬克思和恩格斯在政治上陷入孤立，有了時間來反思他們的挫折。接下來的情況甚至變得更糟。一八四八年十二月，拿破崙皇帝的姪子路易－拿破崙．波拿巴（Louis-Napoleon Bonaparte）打著貌似進步的政治旗號，設法讓自己當選為新共和國的首任總統。作為總統，波拿巴與保守派合作，矢志推行社會改革，但改革漸漸陷入僵局。一八五一年十一月他發動政變，並於一年後廢止了第二共和，自己做了皇帝。

恩格斯在寫給馬克思的信中，將路易－拿破崙的政變評價為「霧月十八日」（法國共和曆中記載的拿破崙一世政變奪權的日子）的拙劣翻版。這是歷史的重演，「一次是偉大悲劇的誕生，另一次是卑劣的笑劇」。[14]馬克思照搬了這個主題，將其寫進了他所有歷史著述中最精彩、最辛辣的篇章之一《路易．波拿巴的霧月十八日》（*The Eighteenth Brumaire of Louis Napoleon*）。無產階級任由自己受到革命活動的誘導，「盲目冒進，想出一些在它的現有條件、教育程度和社會關係下無法馬上實現的方案」。它迷失了方向，被膽怯的小資產階級所拋棄，而農民仍受著拿破崙傳奇的麻痺。只有保守派在為他們的真正利益行事。起義爆發前，馬克思和恩格斯曾認為，對混亂的恐懼可能會造成革命的工人階級與其他階級的分裂。但是在和舊式社會民主主義劃清界限後，馬克思又轉而把失敗歸咎於這場激進運動的領導階層。

「人們自己創造自己的歷史，」他在《路易．波拿巴的霧月十八日》中的一段著名文字指出，「但是他們並不是隨心所欲地創造，並不是在他們自己選定的條件下創造，而是在直接碰到的、既定的、從過去承繼下來的條件下創造。」這是一個簡單卻深刻的戰略遠見。每個人都在努力塑造自身的命運，但他們的選擇是由其所處的形勢以及分析形勢的方式決定的。「一切已死的先輩們的傳統，像夢魘一樣糾纏著活人的頭腦。」當人們開始投身革命並「創造前所未聞的事物」時，他們苦於缺乏想像力，只能回顧過去而不是展望未來。他們「戰戰兢兢地請出亡靈來為他們效勞，借用它們的名字、戰鬥口號和衣服，以便穿著這種久受崇敬的服裝，用這種借來的語言，演出世界歷史的新一幕」。最初的法國大革命首先以羅馬共和國的形象示人，然後又變成了羅馬帝國的樣子，而一八四八年革命就只能模仿一七八九年革命了。某種程度上，馬克思極力主張「十九世紀的社會革命」不能從過去，而只能從未來汲取自己的「詩情畫意」。

對於這個問題，馬克思自己也犯了錯。正如馬奎爾（John MacGuire）所說，「馬克思的思想難以擺脫一七八九年法國大革命的無處不在的影響」。[15] 這場革命成了衡量其他一切的標竿：驚心動魄的攻占巴士底獄、繼之而來的革命審判，以及樂此不疲地重新考慮包括曆法和問候方式在內的每件事，也就是從下到上而非從上到下地重新認識世界。馬克思在一八四八年試著領導科隆工人時，曾把雅各賓派主導的法國「國民公會」稱為「各個革命時代的燈塔」。在這個時期，他不斷提到自己對一七八九年革命的看法和這場革命的教訓，從農民的作用到革命的領導模式，以及爆發一場歐洲大戰的可能性。他用於指導一八四八年德國革命的戰略可以被概括成「激進的法國革命」這樣一句話。[16]《路易・波拿巴的霧月十八日》本身就取決於這種比較。

馬克思還被自己的理論所連累，他在革命前提出的理論構想經過首次試用後，被證明難以有效地指導政治實務。他的理論提供了一套令人信服的說辭，目的是透過宣傳，讓無產階級清楚自己的真正利益和歷史角色，相信自己正呈上升之勢，注定會比其他所有階級更有生命力。但這套理論在一八四八年失敗了，因為他此時忽然發現，無產階級不僅弱小，而且在政治上很不成熟，它只是廣闊社會布局中的一個階級，如果想成事是需要盟友幫忙的。具體而言，馬克思的理論構想存在四大根本性問題。

首先，階級不應該只是一個社會或經濟類屬，而應該是一個被其成員心甘情願接受的身分認同。無產階級應該不僅是一個階級本身，而且是一支自覺的政治力量、為自身謀利益的階級。這是意識的問題。《共產黨宣言》中提到，到了最終「熱情迸發的一刻……這個階級將會同整個社會親近和相容」。但是，這種階級認同的形成是單純源於共同的經歷和苦難，還是要靠共產主義者的不斷激勵，抑或是馬克思在一八四八年偶爾想到的那樣，透過實實在在的革命經歷鑄造出來呢？

其次，作為一個階級，提高意識需要弱化民族和宗教訴求，然而對於很多工人來說，成為社會主義者和成為愛國者、基督徒並不矛盾。當時一些最重要的革命人物，比如馬志尼和科蘇特，都是把自己的政治主張首先建立在民族主義的基礎上。波蘭擺脫沙俄統治的民族解放大業被廣泛接受，這其中也包括馬克思。《共產黨宣言》強調「無產階級共同的不分民族的利益」，不過馬克思也很清楚，各國在經濟和政治結構方面是存在民族差異的。當然，他可以用一種在人們看來非常離譜的方式對民族性進行籠統的概括。相較於馬克思，恩格斯甚至更傾向於抱持種族成見。

再次，雖然《共產黨宣言》聲稱兩極分化日益嚴重，但一八四八年的階級結構其實極為複雜。其中包括一些可能注定難逃歷史厄運，但在當時卻非常活躍的群體。它們有可能形成廣泛的政治布局，發揮廣泛的政治影響。馬克思斷言：「小工業家、小商人和靠投資收息者，手工業者和農民——所有這些階級都降到無產階級的隊伍裡來了。」[17]但這幾類人未必等同於城市無產階級，而是各有各的利益。恩格斯對小資產階級憤怒不已：「總是吹牛，愛講漂亮話，有時甚至在口頭上堅持最極端的立場」，可是一旦面臨危險，它便「膽小如鼠、謹小慎微、躲躲閃閃」，當問題變得嚴重時，它又「驚恐萬狀、顧慮重重、搖擺不定」。[18]農民尤其難以動員。他們是像貴族那樣依戀已經一去不返的封建舊秩序，還是被新的農村所有權形式惹得過激了？這種焦慮在《共產黨宣言》裡表現得很明顯，它一方面把農民說成保守和陳腐的階層，另一方面又號召德國的工人和農民結成同盟。手工業者、小資產階級、小店主和地主也都數量可觀，而且有著他們自己的政治見解。即便是工人階級，在一八四八年時同樣成分複雜，他們更多地存在於小作坊中而不是大工廠裡。在這些人眼裡，機械化是一種糟糕的東西，而不是一個進步的標誌；是為他們帶來更多困苦的罪魁禍首，而不是經濟發展過程的一個必要階段。革命失敗後，馬克思指責腐化墮落的流氓無產階級充當了鎮壓六月起義的打手（雖然突擊隊的社會構成實際上代表著更廣泛的工人階級）。

最後，最大的困惑在於，《共產黨宣言》斷言資產階級革命必定發生在無產階級革命之前。這為無產階級的成長壯大，以及他們對自己主宰工業社會的能力意識創造了條件。但這是後話，其直接戰略意圖就是鼓動工人階級支持中產階級發起革命。對於資產階級而言，他們的方針很明確。他們可以憑藉企業家的創造力巧妙地顛覆現有秩序。最終，這個充滿活力的階級將會贏得自己的政治地位，而無產階級也可能會有收穫，絕不就是享受到更多的民主。但是，如果馬克思的理論是正確的，這種前景對於一個革命的工人階級來說，絕不是發展的契機，只會給他們帶來更多的剝削和水深火熱。正如戈特沙爾克在指責馬克思看到工人的痛苦和窮人的飢餓，只是出於「科學和教條主義的興趣」時所說的，「無產者」為什麼要革命和流血，「主動把我們自己扔進腐朽資本主義統治的煉獄以掙脫中世紀的黑暗，只為了到達你那理想中的共產主義天堂」？[19]

起義戰略

由於馬克思和恩格斯在一八四九年熱切期待的經濟衰退沒能成真，他們判斷，只要軍隊仍效忠政府，起義就不可能取得成功。如果起義在一地成功，可能是在法國，若想保住勝利果實就只有激起其他地方的連鎖反應，最重要的是組成一個革命國家聯盟，打敗反動軍隊。當馬克思專心研究政治經濟學時，恩格斯把精力放在了軍事問題上，試圖分析出革命國家和反革命國家之間潛在的力量對比。他的研究方法機械呆板，不攙雜任何感情。「我越是深入地研究戰爭，就越是鄙視那種英雄氣概；英雄氣概只是一句無聊的空話，一個普通士兵是根本不放在嘴上的。」[20] 恩格斯懷疑單個國家無法複製拿破崙早期的成功，因為以機動性和群眾性為基礎的現代戰爭藝術已經「人盡皆知」。的確，法國人已不再是這一傳統的「優秀傳承者」。他的結論令人灰心。恩格斯斷定，戰略戰術上的優勢未必對革命有幫助。無產階級革命有自己的軍事表現方式，並催生出新的作戰方法，反映了消滅階級差別的目的。但恩格斯認為，這可能會加強而非削弱軍隊的群眾性和機動性，而且無論如何都需要很多年時間。起初，為了防止國內敵人搶奪革命果實，無產階級軍隊仍需要從「暴徒和農民」中徵募兵員。在這種情況下，革命就會採用現代戰爭的手段和方法，因此「強者必勝」。馬克思尊重恩格斯的軍事知識，卻並不怎麼重視軍事因素在革命中的作用。這一點在美國內戰期間表現得很明顯。雖然他們兩人都對北方聯邦軍的被動表現感到沮喪，但馬克思始終相信它將憑藉占優勢的經濟實力取得最後勝利，恩格斯則擔心南部邦聯軍會靠在軍事指揮上的優勢占據上風。到了一八六二年夏天，恩格斯確信北方「徹底完了」，但馬克思並不這麼看，對恩格斯表示「你有點太容易受軍事因素的左右了」。[21]

一八五一年六月，恩格斯給他的密友、當年晚些時候移居美國的前軍官約瑟夫．魏德邁（Joseph Weydemeyer）寫信，表示他需要一些「基本知識……了解和正確評價軍事歷史事實所必需的細節知識」，包括地圖和手冊。他還徵求魏德邁對克勞塞維茨以及「被法國人捧上了天的約米尼」[22]的看法。他閱讀了克勞塞維茨的著作，但發現還是約米尼的理論更可信。一八五三年，恩格斯再次致信魏德邁。在信中，他認為普魯士的軍事著作「無疑是所有軍事著作中最糟糕的」，還特別強調「天生的天才克勞塞維茨，雖然寫了一些優秀的東西，但是並不完全適合我的口味」。[23]到了一八五七年，他又開始喜歡上有著「奇怪的哲學思維方式」的克勞塞維茨，尤其贊同克勞塞維茨將打仗和戰爭的關係比作付錢和生意的關係。[24]

對軍事問題的不同態度還導致了共產主義者同盟的分裂乃至夭折。此事發生在一八五〇年，起因是馬克思對革命迫切性的質疑。反對一方以奧古斯特．馮．維利希（August von Willich）為首，恩格斯形容這位前軍官是個「勇敢、冷酷、老練的戰士」，但同時又是個「無聊的思想家」。[25]在政治移民群集的倫敦，維利希堪稱流亡者中的紅人，他們一同流連酒館，大聊回國解放德意志的樂觀話題。相較於馬克思和恩格斯這樣的「文人」，維利希更像是個急躁的實踐者。馬克思和恩格斯對讀書似乎比對革命更有興趣，其著作僅用於教育和宣傳目的，而且支持資產階級民主運動；維利希的支持者則對支持資產階級分子上台不感興趣，一心想著馬上將最高權力奪到自己手中。為此，他們操演戰術，練習射擊，並建立起等級分明的軍事化組織，積極著手準備發動革命戰爭。

馬克思始終反對這種布朗基式的觀點，即對於革命來說，意志和軍事技能與物質條件同樣重要。鼓動人民去以卵擊石毫無意義。[26]「我們對工人說：為了改變現存條件和使自己有進行統治的能力，你們或許不得不再經歷十五年、二十年、五十年的內戰，」馬克思對維利希解釋道：「你們卻相反地對工人們說：我們必須馬上奪取政權，要不然我們就躺下睡大覺。」[27]一八五一年九月，馬克思寫信給恩格斯，引述了維利希的同僚古斯塔夫．阿道夫．特科（Gustav Adolph Techow）就一八四九年事件的教訓發表的評論。[28]按照特科的說法，革命如果只是某一個派別的鬥爭，或者哪怕是一個民族的鬥爭，都不可能取勝。它必須成為普遍的革命。街頭戰只是居民反抗的信號，使政府的力量受到考驗而已。組織作戰，建立有紀律的軍隊，永遠是革命最重要的手段，因為「只有依靠這些才有可能發動進攻，而只有發動進攻才能獲得勝利」。國民制憲議會無法組織作戰，因為它們把全部時間都花費在只有等勝利以後才可能真正解決的內部政治問題上，並愚蠢地指望將民主原則運用到軍隊之中。空懷熱情的志願者在紀律嚴明、給養充足的士兵面前不堪一擊。革命軍隊需要強制力，需要「嚴格的鐵的紀律」。在恩格斯輕蔑的評價中，特科總是把不同階級、不同理念之間的鬥爭延遲到戰爭勝利之後，認為屆時將會有一個軍事獨裁者來壓制注定要發生的「內部政治」，即真正的革命。然而，特科並不知道如何才能組建起這樣一支龐大的軍隊。[29]由此看來，如果一八五二年爆發革命，那麼這場革命必然會處於守勢，充其量也就是發表一些「空洞的聲明」或進行幾次注定失敗的軍事遠征。

一八五二年九月，恩格斯回顧了德國國民制憲議會自一八四九年五月在法蘭克福成立後的表現。這個主要由左派和資產階級民主派掌控的議會曾經有效地挑戰了奧地利、普魯士和巴伐利亞三大邦的君主統治。當時，包括德勒斯登（Dresden）和巴登（Baden）的起義（恩格斯和維利希均參與其中）在內，德國的群眾革命運動風起雲湧。國民制憲議會本該號召人民拿起武器支持它，卻反而任由起義遭到鎮壓。這些事件促使恩格斯知道：

起義也正如戰爭或其他各種藝術一樣，是一種藝術，要遵守一定的規則，這些規則如果被忽視，那麼忽視它們的政黨就會遭到滅亡……第一，不要玩弄起義，除非你有充分的準備來應付因此而招致的後果。起義是一種帶有若干極不確定的變數的方程式，這些不確定的數值每天都可能變化。敵人的戰鬥力量在組織、訓練和傳統的威望方面都占優勢；如果起義者不能集中強大的優勢力量對付敵人，他們就要被擊潰和被消滅。第二，起義一旦開始，就必須以最大的決心行動起來並採取進攻。防禦是任何武裝起義的死路，它將使起義在和敵人較量以前就遭到毀滅。必須在敵軍還分散的時候，出其不意地襲擊他們；每天都必須力求獲得新的勝利，即使是不大的勝利；必須保持起義者的第一次勝利所帶來的精神上的優勢；必須把那些總是尾隨強者而且總是站在較安全一邊的動搖分子爭取過來；必須在敵人還沒能集中軍隊來攻擊你以前就迫使他們退卻；總之，要按照至今人們所知道的一位最偉大的革命策略家丹東的「DEL'AUDACE, DE

L'AUDACE, ENCORE DE L'AUDACE!」（勇敢，勇敢，再勇敢！）去行動。[30]

這段話的意思是，革命進程一旦開始，就必須堅持下去。它需要動力並保持攻勢，不應有任何猶豫。最初的起義是遠遠不夠的，必須戰鬥到徹底打敗反革命勢力為止，當然，這可能需要對各個反動國家展開一場全面戰爭。如果選擇軍事方針，恩格斯會選擇殲滅戰。

但是這又引出了一個問題：倘若這種軍事方針導致完全失敗該怎麼辦？如果革命採取的是冷靜現實的戰略，其軍事方針也會謹慎和有耐心。但若革命戰略充滿個性化色彩，反映出對某種迫切變革的堅定承諾，那麼在軍事上必然不受束縛。我們將會在下一章看到，無論選擇哪條道路，激進的政治策略都會讓人產生極度的挫敗感，要嘛在不公正的現實中苦等可能迎來轉機的那一刻，要嘛是明知前途渺茫卻仍奮起反抗不公正的現實。

第19章 赫爾岑和巴枯寧

人們之所以攻占巴士底獄，不是因為歷史是曲折發展的。歷史之所以曲折發展，是因為人們受夠了的時候，就去攻占巴士底獄。

——亞歷山大．赫爾岑（Alexander Herzen）

亞歷山大．赫爾岑是個罕見的矛盾體，他既嚮往激進的變革，又對魯莽行動的後果心存恐懼。他是劇作家湯姆．斯托帕（Tom Stoppard）著名的三部曲《烏托邦彼岸》（*The Coast of Utopia*）中的男主角。在這部戲劇中，斯托帕生動地描繪了一幅十九世紀中期簇擁在赫爾岑周圍的俄國激進流亡者的人物群像。赫爾岑一八一二年生於莫斯科，之後不久便爆發了博羅季諾戰役。他從一個貴族家庭的私生子成長為才華橫溢的作家和社交家、敏銳的民生觀察家，在流亡期間更是成為一名矢志改變俄國現狀的有影響力的鼓動家。[1] 斯托帕的這部劇作由赫爾岑的個人和社會生活經歷串接而成，其中包括他的妻子和一名德國革命者的狂熱戀情。知識分子追求的目標背後有個始終存在的問題，那就是如何激勵和引導根本性的政治變革。在斯托帕的作品中，當時那些偉大的革命人物都在滿懷熱情、無所顧忌地期盼著一場即將到來的革命，而赫爾岑卻對此充滿不祥的預感。

斯托帕借用了同樣欣賞赫爾岑的哲學家以撒．柏林的觀點，刻畫了一個「主張個體高於集體、現實高於理論」，不能接受「用未來的幸福為現在的犧牲和流血辯護」的人。斯托帕認為，對於赫爾岑來說，「歷史沒有劇本，沒有目的，未來往往像過去一樣無法確定」。[2]當一個激進分子提到「歷史精神，永不停止的前進步伐」時，赫爾岑怒吼道：「去你的強調語氣！我們在要求人們灑下熱血——至少別用你那種自以為是的看法來教訓他們，說他們在表現一個抽象名詞的變遷。」[3]

由於對自由主義的懷疑和對知識分子的普遍不信任，斯托帕未能在其作品中公正地反映赫爾岑的自由社會主義思想。[4]赫爾岑長年為推動俄國改革發揮著重要作用，直到一八六一年農奴獲得解放。他和摯友詩人尼古拉·奧加遼夫（Nicholas Ogarev）合作創辦的《鐘聲》（*The Bell*）雜誌，在俄國知識分子和菁英圈中被爭相閱讀，許多讀者甚至上層人士都認同他的看法，對俄國仍然深陷封建泥淖，無法融入歐洲當時充滿活力的經濟、社會和政治發展潮流感到恥辱。赫爾岑透過抨擊醜惡現象、嘲弄審查制度和揭露社會弊端，大力鼓吹改革，但他關注的只是改革的必要性，而不是如何改革。他甚至冀望著沙皇亞歷山大，直接向後者請願。此舉在當時政治上頗顯機敏：既不用公開呼籲人們起來革命，又能對政府進行有力的批判。

但這種態度招來了非議，那些根本不相信沙皇的革命者，指責赫爾岑缺乏明確的計畫。他和虛無主義者之間的爭吵尤其激烈。對於虛無主義者這個群體，赫爾岑圈子中的另一位成員、作家伊凡·屠格涅夫（Ivan Turgenev），在他發表於一八六二年的小說《父與子》（*Fathers and Children*）中做了這樣的描述：虛無主義者「不屈從任何權威，不把任何準則當作信仰，不管這準則是多麼受人尊重」。虛無主義者是徹底的唯物主義者，拒絕相信任何無法證明是真實的事物。他們貶低一切抽象的思想和美學，唯一的興趣就是創造一個新社會。這些人的思想領袖之一就是尼古拉·車爾尼雪夫斯基（Nicholas Chernyshevsky）。他於一八六二年在監獄中寫下並僥倖逃過審查的長篇小說《怎麼辦？》（*What Is to Be Done?*），它的文學評價不高，卻成為狂熱青年的人生指南，讓他們明白了革命者應該如何以鋼鐵般的意志迎接未來的鬥爭。不管赫爾岑個人怎麼想，當時主要的虛無主義文章和著作中有很多都是透過他在倫敦建立的印刷所祕密出版的。

斯托帕以他的方式呈現了赫爾岑與車爾尼雪夫斯基在一八五九年的一場真實邂逅。車爾尼雪夫斯基曾經是赫爾岑的崇拜者，但後來發現赫爾岑竟是個惱人的「革命思想上的半吊子」。他的經濟和社會地位可以讓他脫離現實鬥爭，相信所謂讓統治者自己摧毀自己的改革幻想。在車爾尼雪夫斯基看來，「只有斧頭才管用」。赫爾岑認為這種論調會製造分裂。他無法接受一種將改革者推向保守派懷抱，從而幫了政府大忙的立場。「難道使人民擺脫了束縛，他們就能生活在知識分子的專政之下嗎？」與其讓血在臭水溝裡流淌，不如以和平方式進步。[5]

一八六一年三月沙皇廢除農奴制是一轉捩點。為此，赫爾岑特地在倫敦的家中舉辦了一個盛大的慶祝會，但歡聲笑語很快歸於沉寂。不僅解放農奴宣言的具體內容讓人大失所望，暴露出了它的騙人本質，而且法令剛剛頒布，俄軍就在華沙大開殺戒。赫爾岑同情農民和波蘭人，對如此暴行感到無比憤怒。他曾努力維繫一個改革派聯盟，但現在已經沒有了這種想法。統治者的背信棄義令人髮指。他和那些既擔心國內不穩又害怕波蘭起義的自由主義者劃清了界線。一八六一年十一月，他在《鐘聲》寫道：「牢騷在積聚，怨言在增加──它是裹挾著風暴的洶湧海浪在可怕而乏味的平靜之後發出的第一聲咆哮。對人民！對人民！」[6]這段話可能更多是在發洩憤怒，而不代表什麼政治綱領，但被解讀成了一個革命號召。赫爾岑每時每刻都在猶豫是否應該支持革命，但他無法讓自己去支持那些口口聲聲為民請命、骨子裡卻明顯輕視人民的政治領袖。他拒絕接受農民愚昧落後的說法，因此漸漸走向民粹主義，越來越相信普通大眾比知識階層更有智慧。他強調：「嗎哪（古以色列人在經過荒野時所得的天賜食糧）不是天上掉下來的，而是從地上長出來的。」作為一個既有激進信仰又不願迎合那些自封的革命菁英、被溫和派和極端分子都瞧不起的人，他異常清醒而深刻地看到了目的和手段之間的鴻溝：

> 我們就像故事裡那些迷了路的俠客一樣，走到岔路口不知該向何方去。向右走，你會失去你的馬，但能保得自身安全；向左走，你的馬會很安全，但你會丟掉性命；向前直走，所有人都會拋棄你；而走回頭路又是不可能的。[7]

巴枯寧

在斯托帕的三部曲中，馬克思是作為一個粗魯無禮的配角出場的。在赫爾岑的夢裡，馬克思為其他一八五三年時叱咤風雲的革命家都取了挑剔的綽號（「好大喜功、招人厭煩的廢物」，比「我屁股上的癤子」還沒用，「虛情假意的笨蛋」，「冒冒失失的話簍子」）。[8]可以肯定，當時的馬克思和恩格斯已經對他們很多革命夥伴感到失望。恩格斯在他晚年時曾這樣描述革命失敗後的情形：「形形色色的黨派集團紛紛成立，每個集團都責難其餘的集團把事情搞糟了，罵它們有背叛行為和犯了各種各樣不可饒恕的罪過……不言而喻，結果總是不斷使人失望……所以互相之間的責難越積越多，最後總是鬧成普遍的內訌。」[9]

在斯托帕的敘述中，也就是在赫爾岑的一生中，巴枯寧的分量越來越重。他給人的印象是一個討人喜歡的搗蛋鬼、一個充滿矛盾的裝腔作勢者，總是在要錢，沉浸在自己的幻想世界裡卻又有著毋庸置疑的個人魅力。巴枯寧因在一八四八年四處參與歐洲革命而被引渡回俄國入獄服刑，後被流放，但在流放期間成功逃脫。自那以後，他不停奔走於一個又一個充滿希望的革命場合，並發展出一套與眾不同的無政府主義學說。他和馬克思有很多共同點：都背叛了生活優越的家庭，都在性格形成期迷上了黑格爾哲學，都參與了一八四八年革命，都對工人階級報以極大熱情但又都不太了解這個階級。一八四〇年，二人同在柏林開始學習哲學，但直到一八四四年才彼此相識。在此後若干年裡，他們的經歷曾有過多次交集，包括一八四八年那些令人激動不已的日子。[10]巴枯寧不信任德國知識分子和他們的迂腐調調，但遠比不上馬克思對俄國人的不信任，這也是他不想和赫爾岑打交道的一個原因。

巴枯寧算是一個原創型、有深刻洞察力的理論家，但是他缺乏耐心，常常半途而廢，而且總是發表自相矛盾的言論。在政治經濟學方面，他是馬克思的信徒。他甚至仔細研讀過（並頗有心得）俄文版的《資本論》（*Capital*）。馬克思有時也對巴枯寧的熱情和堅定表示讚賞。雖然巴枯寧認為馬克思在一八五三年曾罵自己是沙俄的代理人，但他們還是彌合了分歧。然而最終，他們因為在革命運動的方向問題上發生激烈爭吵而分道揚鑣。巴枯寧承認道：「他說我是個感情用事的理想家，他說對了，我說他是個空虛的人，背信棄義而又狡猾，我也說對了。」[11]

赫爾岑對巴枯寧最著名的描述為人們呈現了一個令人畏懼的大塊頭形象：「他的活動能力、他的散漫作風、他的胃口，以及其他一切，如他的高大身材、一刻不停的汗水，都超過了一般人，正如他本人像個巨人，腦袋像獅子的頭，披著一頭直立的鬃毛一樣。」[12]在對當時這位職業革命家的生動描述中，赫爾岑提到巴枯寧「除了熱情洋溢地宣傳、鼓動，以至搧風點火以外，除了夜以繼日、不遺餘力地發動和組織祕密活動，密謀策畫，互相聯繫，賦予這些活動以巨大的意義以外」，還「準備為此犧牲，勇敢地承擔一切後果」。[13]無論過去還是現在，巴枯寧的支持者都反對把他看成變態的瘋子，認為他狂野的破壞本能是源於貴族式田園生活滋養的好奇心。[14]赫爾岑喜歡並欣賞巴枯寧，他眼中的巴枯寧有一種另類的焦慮，相對於所有目標宏偉、手段貧乏的革命者，這個人顯得過於激情四射。巴枯寧可以施展身手的舞台太小，很容易就被他占滿了。「這是英雄的性格，」赫爾岑說：「只是由於歷史的限制，使其不能有所作為。」巴枯寧「孕育了重大行動的萌芽，卻無人問津」。他承認自己「熱愛異想天開、非同尋常、前所未有的冒險，熱愛前景廣闊無際而又無法預知結果的事業」。[15]他反對一切國家，相信人民大眾在完全自由的條件下能夠自發地建立起一個理想社會，但他仍然一心想著打造等級森嚴的祕密社團。他在實行上是個可憐的陰謀家，但他仍然把自己想像成一個「祕密的指導者」，作為「無形的力量」影響人民大眾和後革命時代的社會。

第一國際和巴黎公社

馬克思和巴枯寧都沒有參與國際工人協會（International Workingmen's Association，簡稱ＩＷＡ），即後來所謂的第一國際（First International）的創建。國際工人協會成立於一八六四年，旨在鼓勵各國工人協會之間展開合作，以推動實現「工人階級的保護、發展和徹底解放」。它不分派系、基礎廣泛，吸收了眾多棲身倫敦的流亡者和當時各領風騷的哲學理論家，其中包括民主主義者和無政府主義者、國際主義者和民族主義者、唯心主義者和唯物主義者、溫和派和極端分子。

對於馬克思來說，這是一個重返現實政治生活的好機會。他主張走國際聯合的道路，讓無產階級成為協會的主體。這有利於工人階級形成更強烈的階級意識，為此，可以先不顧及協會的有限群眾基礎和那些意識形態可疑的成員。馬克思很快就成了第一國際的文宣作者，時時警惕著不同思想動向的出現。他曾向恩格斯提到，他不得不「仔細措辭」，以便把他的觀點用「目前工人運動所能接受的形式」表達出來。「重新覺醒的運動要做到使人們像過去那樣勇敢地講話」還需要一段時間。在起草協會的〈告工人階級書〉（Address to the Working Classes）時，他甚至使用了「義務」和「權利」以及「真理、道德和正義」等詞，但是這些字眼「已經妥為安排，使它們不可能為害」。[16] 由此，最終的協會章程字斟句酌、謹小慎微，與《共產黨宣言》所表現出的那種自信大不相同。馬克思收斂對集體主義和中央集權的自然偏好，暫時退到幕後推動協會工作，而不是站在台前充當旗手。

一八四八年革命後，流亡者中彌漫著消沉情緒，但這並沒有影響到當時正被監禁和流放的巴枯寧，而且他在國際工人協會成立後的四年中並沒有真正參與協會的活動。在這段時間裡，他成為一名更貨真價實的無政府主義者。他藉著國際工人協會召開巴塞爾代表大會、馬克思缺席之機加入了協會。他給人們留下的強烈印象，讓馬克思認識到，此人並非一個不可靠的同志那麼簡單，而是一個危險的對手。自一八四〇年代對付普魯東派開始，馬克思一直在和無政府主義者進行論戰，從而導致同一場工人運動中的兩股力量之間出現不可彌合的分歧。普魯東的影響力來自他的著作，儘管他的戰略眼光總是受到懷疑。他曾以一名作家和演說家身分投入一八四八年巴黎起義，但又短暫地當過國民制憲議會議員。這段不愉快的經歷使他對其他議員脫離和懼怕群眾的本質心生抱怨，此後，他對經濟發展投入了比對政治發展更多的研究熱情。他曾在一八五二年斷言路易–拿破崙會引領法國走上革命道路，但後來又放棄了這種看法。雖然普魯東在法國擁有一批追隨者，但思想漸漸右傾，變得越來越仇外，反對罷工、選舉和其他所有面對面的政治行動。他並不是想著如何發動群眾推翻政府，而是呼籲放棄一切有組織的政治鬥爭，著重促進自由公民之間的互助合作，以此達到教育大眾的目的。[17]「工人不靠資本家的幫助自發地組織起來，用勞動征服世界，他們絕不需要莽撞的起義，而是會憑藉道義的力量橫掃一切，得到一切。」[18]就這樣，他既思考戰略問題，又不提倡採取任何需要戰略的行動。

巴枯寧代表著一種大不相同的無政府主義。他反對所有形式的集體主義，但熱衷革命，堅稱破壞即創造。「只有讓生活本身掙脫一切統治和教條的束縛，讓人們的自發行動獲得完全的自由，創造才能實現。」他是個令人信服的雄辯家，比普魯東更具領袖式的個人魅力。他還有一個自己的激進分子全球網絡。馬克思指責巴枯寧擅自豢養獨立於國際工人協會之外的祕密組織。這多少符合事實：巴枯寧一直維繫著他的網絡，目的是暗中推動整個工人運動朝著他所希望的方向發展。不過，馬克思的活動多少帶點偏見和惡意。雙方爭鬥的結果就是葬送了國際工人協會。一八七二年，馬克思最終把巴枯寧開除了，並將協會總委員會遷往美國，協會也由此在實質上走向終結。

他們兩人的分歧到一八七一年巴黎公社成立時走向白熱化。對於革命者來說，巴黎公社的成立是一個具有決定性意義的事件，堪比一八四八年革命，但也同樣未能取得成功。它發生在普法戰爭之後。隨著路易—拿破崙的戰敗，激進分子接管了法國，宣布成立第三共和，並繼續進行抵抗。五個月後的一八七一年一月，巴黎陷落。但戲還沒完。整個巴黎處於政治狂熱之中。人民被充分武裝起來，激進分子控制了全城。中右政府的首領阿道夫・梯也爾（Adolphe Thiers）逃往凡爾賽，並在那裡重新集結起所有還未倒向激進分子一邊的正規軍、警察和各級行政人員。在巴黎，國民自衛軍中央委員會安排舉行了公社選舉。各式各樣的激進分子和社會主義者都站了出來，其中有些人緬懷著一七八九年大革命時的光輝歲月，另一些人則嚮往著嶄新的共產主義理想國。路易—奧古斯特・布朗基當選為公社主席，在很大程度上僅具有象徵意義，因為他已經被政府逮捕。一時間，巴黎城內紅旗飄揚，舊的共和曆被重新啟用，政教實現分離，適度的社會改革得以實行，女性主義和社會主義思想深入人心。在公社領導層，無政府主義者、社會主義革命派以及形形色色的共和派人士在一起融洽共事。但是，這種狀態並沒有持續多久。梯也爾新組建的軍隊最終設法進入巴黎，城中的防禦由於缺乏統一協調和指導，雖然英勇卻毫無希望，很快便被攻破。政府軍重新奪回了巴黎並開始了報復行動。據估計，一開始就有多達兩萬人遭到處決。

馬克思和巴枯寧都沒有在巴黎公社中扮演重要角色。「他們欠公社的比公社欠他們任何一人的都多。」[19]馬克思在《法蘭西內戰》（*The Civil War in France*）中指稱巴黎公社是革命政府的樣板，是「無產階級專政」（這個詞後來被賦予了更多邪惡的色彩）。公社的實踐表明，工人階級是可以掌握政權的，但很難利用現有國家機器為自己的目標服務。巴黎公社社員「浪費了寶貴時間」去組織民主選舉，而不是迅速且徹底地消滅凡爾賽政府。馬克思認為這原本可以靠頑強戰鬥和統一指揮來實現。巴枯寧的觀點則大相逕庭。他認為，巴黎公社的全部意義就在於它的自發性和工人委員會的非集權性。馬克思關於應在強有力的統一指導下建立穩固政權的想法讓他感到害怕。他呼籲人們警惕「少數自詡有超凡智慧的人統治多數人」的事情發生。現在回想起來，巴枯寧當初警告會出現一個新的菁英階層以及社會主義制度會產生強權國家是有先見之明的。[20]這些警告是他思想的自然流露，他確信國家是罪惡之源，反對任何人將自己凌駕於其他人之上。

馬克思否認自己持有這樣的觀點，即強大的國家強制力對於無法預知的未來是必不可少的。就像恩格斯所說的，它終將「消亡」。根據馬克思的理論，無產階級只有解放了全人類才能最終解放自己。國家作為一個階級統治的手段，將會成為多餘之物。這個理論讓人們稍感安慰，但是馬克思從來不會在政治權力的運用上心軟，也不會去想像階級鬥爭會變得如何殘酷。資產階級不會自願交出權力，如果權力被奪走，他們會再奮力奪回來。這可能會引發和各個反動國家的戰爭。所以在短期內，馬克思一刻都不會懷疑無產階級必須藉著鬥爭奪取政權。這也正是巴黎公社的教訓。認為沒有統一的指導和強有力的政權，革命也能成功，是天真幼稚的。在恩格斯看來，革命「無疑是天下最權威的東西；革命就是一部分人用槍桿、刺刀、大砲，即專制的手段，強迫另一部分人接受自己的意志」。[21]

巴枯寧則認為，馬克思相信國家將會按照他的設想最終消亡，是很幼稚的。國家可以是任何個人利益的表達，而不是只有階級。即使心懷善意的革命菁英也會走向威權主義，動用國家權力來維護和加強他們自身的地位。「我不是一個共產主義者，」他解釋說：「因為共產主義把所有社會權力集中和吸收到國家，它一定會最終把財產集中到國家手中。」相反，巴枯寧主張「廢除國家，徹底消滅權威的原則和國家的監護」。他尋求實現社會力量「自下而上的自由聯合，而不是靠強權自上而下地組織在一起」。[22]他挑戰的不是那些行使政治權力的人，而是政治權力這個觀念本身。他承認，革命必須向「裝備有最可怕的殺傷性武器、什麼都不放在眼裡的軍事力量」進行鬥爭。對付這樣一頭「野獸」，需要另外一頭同樣狂暴但更加正義的野獸，那就是「一次有組織的人民起義，一場像軍事行動一樣不擇手段、毫無顧忌的社會革命」。[23]

雖然馬克思設想的步驟「有助於對權力本身加以研究」，[24]巴枯寧還是認為革命可以透過廢除政治權力而不是交接政治權力的方式進行。在巴枯寧眼裡，權力是一個人造概念，是一種對人性不必要也不道德的壓迫。沒有權力，人性會回歸到更加真實的狀態，法律也會體現出它原有的和諧本質。只有這樣的樂觀主義才能使無政府主義擺脫混亂無序的內涵，讓人覺得更有望實現解放，減弱持久的不安全感。可是如果革命拒絕一切權力，又怎麼能成功呢？對此，巴枯寧透過解釋職業革命家的有限作用來自圓其說，但還是被人指責言辭虛偽。雖然原則上反對權力，他自己卻似乎很喜歡權力，因為他總是處在各種陰謀的中心位置。如一八七〇年，他曾打算「創建一個多至七十人的祕密組織」，助俄國革命一臂之力，並實現「祕密組織的專政」。這個組織將「指導人民革命」，憑藉「一個看不見的力量——無人知曉，無人施加——透過它，我們組織的專政將會無比強大，它越是不可見、不可知，就越是可以在沒有官方合法性和重要性的情況下發揮作用」。

當然，巴枯寧是在一個遍布政府密探的環境中開展活動，要想生存就得掩飾自己的意圖和活動圈子。在很大程度上，要陰謀也是巴枯寧豐富想像力的產物。他的計畫可說沒幾項得以正式落實，不過他花了些工夫闡釋了職業革命家的特殊作用。他們必須出類拔萃，相當於某種「革命的總參謀部，由忠誠、堅毅、聰明的，主要是真誠，而不是沽名釣譽的人，由有能力充當革命思想和人民本能之間的中介的人民之友組成」。[25]這個比喻本身就暴露了總參謀部的實質：它終究還是傳統軍隊中制定戰略的實體。此外，巴枯寧在批評傳統政治活動時一直在警告人們，哪怕「最高尚、最純潔、最聰明、最無私、最寬厚的人，也總是並且肯定會因為從事政府工作而腐化墮落」。這就是他反對參與任何政治選舉的原因。世上的好人並不多。

巴枯寧擺脫這個邏輯困境的辦法，是強調職業革命家能夠發揮的作用極其有限，無論他們懷著什麼樣的初衷。對於馬克思來說，革命是積極、富有建設性的事件，自然地起因於潛在經濟條件的變化。而巴枯寧則把革命說成是很難預測的事件，認為它有著無法被人操縱、未必能被那些鼓動或反對它的人所認識的深層原因。革命「是由事物的力量、由群眾運動產生，然後才爆發出來的，表面上它們常常由無關緊要的原因引起」。它們來自歷史的潮流，「歷史潮流持續並往往緩慢地在地下流淌著，為主流階層所不見，逐漸環繞、滲透直至淹過他們，直到它們流出地面，激流沖垮一切阻擋其前進道路的障礙」。從這個角度來說，革命既不能由個人也不能由組織來發動。相反地，它們「獨立於所有意志和密謀之外發生，並且總是由時勢所創造」。[26]

有趣的是，巴枯寧的這種歷史觀與托爾斯泰很接近。兩人的思想傳達出同一種感覺，即歷史進程取決於很多人對他們所處環境的反應，這些反應既無法預知也無法操縱。相互間的影響倒是很有可能。托爾斯泰的《戰爭與和平》創作於一八六〇年代，先是以連載形式發表，直到一八六九年才最終定稿。兩人又同時受到普魯東的影響。普魯東於一八六一年在布魯塞爾與托爾斯泰會面時，後者給他看了自己寫的新書《戰爭與和平》。[27]為表示敬意，托爾斯泰借用了這個書名。他獨特的基督教無政府主義思想受到了農民的單純信仰的啟發，近似於普魯東對一個自下而上建立起來的新社會的想像。

巴枯寧與托爾斯泰或普魯東都不一樣，對於人在主導革命方面的主觀能動性，他的看法更為適切。人民本能地具有革命思想，只是沒有意識到自己是社會主義者，需要某個人把他們團結起來。否則，他們就可能被那些一心想要獨裁、把人民當成「實現他們個人榮耀的墊腳石」的人所欺騙。正如一位傳記作家所說，「知識分子應該在歷史進程中扮演低階角色，充其量在人民自己編寫劇本的時候做個有幫助的編輯」。[28]這是個令人欣慰的假設，但和馬克思所謂無產階級專政僅僅是一個過渡階段的說辭一樣不可信。有人認為世上存在著某種有別於虛偽暴政的純潔而自然的權力形式和影響力，這種想法完全是出於對權力極端簡單化的認識。政治家總愛宣稱自己只是人民公僕，既領導人民也傾聽人民的呼聲，但據巴枯寧觀察，現實中事情往往是另外一種樣子。

從他們對一八七〇年九月普魯士占領法國事件的反應中，不難看出兩種態度的反差。馬克思為國際工人協會所寫的文章雖措辭輕蔑，但他的分析嚴謹、透徹和精闢，對誘發法蘭西第二帝國滅亡和德國人發動征服戰爭的種種狡猾伎倆做了詳細評述。他希望曾經支持戰爭的德國工人階級堅決督促當局與法國實現光榮的和平，而法國工人階級必須擺脫對過去的迷戀。他預言般地指出，如果工人階級仍然採取消極態度，「那麼現在這場可怕的戰爭就會成為將來發生新的更可怕國際戰爭的預兆」。這是一個十分投入的旁觀者才具有的全局視角。

巴枯寧所寫的小冊子《就當前的危機給一個法國人的信》（*Letters to a Frenchman on the Present Crisis*）並非針對特定對象，文字冗長且雜亂無章，卻十分引人注目。其中的一個核心主題是德國軍隊可以被擊敗，另一個主題則是打敗德軍需要工人階級和農民結成聯盟。這樣，法國人民就不會屈服於「世界上任何一支軍隊，哪怕它力量強大、組織嚴整並且配備了最具威力的武器」。如果資產階級表現得不是那麼差勁，法國或許早就爆發了反抗德國人的「令人生畏的游擊戰，甚至是盜匪暴動」。而現在主要得依靠農民。雖然他們可能愚昧、自私和保守，但他們有著「與生俱來的激情和樸實無華的民風」，並且會非常排斥「被城市工人熱情接受的思想和宣傳」。但實際上，工農之間的隔閡只是出於一種「誤解」。只要工人做出努力，就可以教育農民摒棄他們的宗教信仰、忠君思想和私產意識。

當革命真正到來的時候，再進行組織建設或是「矯揉造作地搬弄教條社會主義的學術詞彙」就來不及了。相反，這時候應該「衝進革命的驚濤駭浪，我們必須從即刻起傳播我們的原則，不是用語言，而是用行動，因為這是最受歡迎、最有說服力、最不可抗拒的宣傳方式」。一旦把農民動員起來，便可以鼓動他們「透過直接行動摧毀每一個政治、司法、民事和軍事機構，並在普天下建立和組織起理想的無政府社會」。此時此刻，「彷彿有一股電流流遍全社會，把稟性各異的人們的情感匯聚成一種普遍的情感，把完全不同的思想和意願打造成一種共同的思想和意願」。否則，人類可能陷入又一個「暮氣沉沉、令人沮喪的不幸時代，一切都散發出腐朽、枯竭和死亡的氣息，預示著社會和個人道德的泯滅。這是歷史性災難發生之後的衰落期」。

行動宣傳

「行動宣傳」這個概念反映出巴枯寧對理論日益缺乏耐心，認定只有採取非常行動才能刺透芸芸眾生的模糊認識。他的目的是向人們展示，如何卸除農民身上的枷鎖。只要他們能夠看到現有制度的脆弱性，就會激發出強大的本能，然後揭竿而起。因為無政府主義者煽動群眾的具體做法常常涉及暗殺，所以巴枯寧被視為激進恐怖主義之父。馬克思譴責巴枯寧的一個重要原因，就是他和謝爾蓋·涅恰耶夫（Sergei Nechayev）為伍。作為一個刻薄、禁欲、好鬥的人，涅恰耶夫打著事業的旗號宣稱自己有權也有義務做任何事（他的這個結論並不單單服務於革命事業），把虛無主義帶向了有害的極端。一八六八年年底，他在瑞士與巴枯寧會面時，自稱是「俄國革命委員會」的代表，剛剛逃出監獄。由此，巴枯寧正式宣布他為「世界革命聯盟俄國支部」成員（第二七七一號）。[29]

接下來的幾個月，對巴枯寧來說簡直是場災難。直至後來他終於摒棄了涅恰耶夫的殘酷學說。涅恰耶夫炮製的各類恐怖小冊子公然讚美「毒藥、刀子和絞索」的好處，大談特談「火與劍」的淨化作用。雖然外界認定巴枯寧也參與編寫這些出版品，但其中有些或許跟他無關。涅恰耶夫宣稱，「大批地殺死達官顯貴」將會讓統治階級陷入恐慌。有權勢的人越是表現得不堪一擊，其他人就越是會勇氣倍增，最終爆發普遍革命。涅恰耶夫在其最惡名昭著的出版品《革命者教義問答》（*Catechism of a Revolutionary*）的開篇中寫道：「革命者是自我獻身的人。他沒有自己的利益、自己的事務、自己的感情、自己的愛好、自己的財產，甚至沒有自己的名字。他的一切都融會在唯一僅有的利益、唯一的思想、唯一的激情——革命之中。」[30]只有革命能夠區分善惡。巴枯寧當初被這個充滿活力和戰鬥性、為革命前途帶來希望的年輕人迷住了，兩人最終分道揚鑣並不是因為涅恰耶夫的政治觀點，而是因為他濫用了巴枯寧的熱情慷慨。涅恰耶夫不僅帶走了巴枯寧的錢、以巴枯寧的名義恐嚇出版商，還曾試圖勾引赫爾岑的女兒，而且為保全自己的名聲，殺害了一名大學同學。

一八七五年，革命鬥志盡消、夢想破滅的巴枯寧走完了他的一生。雖然他在義大利、西班牙和俄國撒下了很多群眾運動的種子，但他留下的直接遺產還是對「行動宣傳」的追求。這種強調以實際行動鼓勵群眾造反的宣傳方式貶低語言的作用，甚至對說服藝術也不屑一顧。以義大利人艾力格．馬拉泰斯塔（Errico Malatesta）為例，他在一八七一年讀到了巴枯寧的著作，五年後便大談「革命在於少說多做……當爆發群眾自發運動時……每一個革命的社會主義者都有義務正式表明自己與發展中的運動休戚與共」。但是後來，馬拉泰斯塔也反對無政府主義者採取恐怖行動，因為當時語言宣傳仍是有說服力的。在他們尋求摧毀一切現有制度的時候，一條「血河」已經讓群眾運動失去了成功的機會。[31] 馬拉泰斯塔曾多次催促無政府主義國際（Anarchist International）找到一種暴動的方法，之後他便開始藉由實際行動做起了自己的宣傳。他現身於坎帕尼亞（Campania）的各個村莊，讓一夥武裝分子燒毀了稅收登記簿，並宣布君主統治已經終結。很快，馬拉泰斯塔和他的追隨者就遭到逮捕。不過，馬拉泰斯塔素以他的分析和辯論技巧著稱，這在政治審判中明顯對陪審團產生了影響。據一名警方線人描述，他力求「心平氣和地說服別人，從來不用激烈的言辭」。他總是謹慎地避開「很多無政府主義者和社會主義者慣用的偽科學表述、激烈而自相矛盾的措辭或污言穢語」。[32]

在那之後，他走遍歐洲以及阿根廷、埃及和美國，到處煽動叛亂，並與人們探討美好的社會該是什麼樣子、怎樣才能在不動用權力或創建一個新政權的條件下推翻舊制度。到了晚年，他又對濫殺無辜的恐怖行為大加譴責，堅持認為只有正當的暴力才有助於實現解放。他在一八九四年時寫道：「可以肯定的一點是，靠槍林彈雨無法推翻一個資產階級社會，因為這樣的社會建立在一大堆私利和偏見之上，維持它運轉的，主要還是人們的惰性和他們逆來順受的本性，而非武力。」[33]

但說到動用武力，激昂的革命語言是不會讓人保持克制的。一八八一年在倫敦召開的國際無政府主義者代表大會，號召利用一切手段「消滅所有統治者、國務大臣、貴族、教士、最有名的資本家和其他剝削者」，要特別學習化學，準備好爆炸材料。德國無政府主義者約翰·莫斯特（Johann Most）本著雅各賓黨人的精神，主張徹底剷除有產階級。他在一本名為《革命戰爭科學：硝酸甘油、炸藥、火棉、雷汞、炸彈、引信、毒藥等的使用和製備指導手冊》的小冊子中寫道：「科學所做的最好工作，就是為世界上千百萬受壓迫民眾提供了炸藥。一磅這玩意兒遠遠勝過一蒲式耳的選票。」暗殺成了家常便飯。從沙皇亞歷山大二世一八八一年被炸身亡開始，暗殺活動先後奪走了一位法國總統、一位西班牙首相、一位義大利國王和一位美國總統（麥金利〔McKinley〕）的性命，但對德國皇帝的暗殺未能成功。一九一四年六月奧地利斐迪南大公（Archduke Ferdinand）的遇刺，更引發了第一次世界大戰。雖然無政府主義的信徒用盡渾身解數想要凸顯這種政治思想更為溫和、更為人道的一面，但直到今天，人們還是會把無政府主義和恐怖活動連結在一起。

小說家約瑟夫·康拉德（Joseph Conrad）敏銳地刻畫了無政府主義者和他們活動的圈子。他在小說《在西方的注視下》（*Under Western Eyes*）的按語中說，「殘暴和愚蠢」的專制統治會激起「純烏托邦革命論者同樣愚蠢和殘暴的反擊，他們極具破壞性，做事不擇手段，並且有種奇怪的信念，即消滅了任何既有人類制度之後，應立即從根本上改造人的心靈」。[34] 在一九〇七年出版的小說《間諜》（*The Secret Agent*）中，他對他那個時代成事不足、敗事有餘的革命者做了最膾炙人口的性格描繪。其中最臭名昭著的人物，就是一心渴望造出完美炸彈、被稱為「教授」（實際上只是個學過化學的三流技師）的炸彈製造者。教授隨身攜帶炸彈，讓警察不敢碰他。然而在「邪惡的孤獨」背後，他總是擔心人們太過軟弱，無力顛覆現有秩序。「頑固不化、麻木不仁的芸芸眾生」令他倍感沮喪。他不禁哀嘆：「這些人的社會精神全部被包裹在了一絲不苟的偏見中，這對我們的工作是致命的。」為了打破「對守法主義的崇拜」，他試圖誘使當局來場大鎮壓。

書中最邪惡的人物也這麼想。此人不是無政府主義者，而是來自某國大使館的弗拉基米爾（Vladimir），這個無名使館明顯指的是俄國使館。在弗拉基米爾看來，英國是反恐鏈上的薄弱一環。他抱怨說：「這個國家對個人自由的尊重充滿感情色彩，簡直荒唐可笑。」按照他的推斷，人們需要的是一場「大恐慌」，而現在正是「最適當的時機」。什麼樣的恐慌最有效呢？暗殺皇帝或總統已不再是什麼新鮮事，而襲擊教堂、餐館和戲院，能輕易找到理由並得到人們的理解。他渴望「一場毀滅性的暴行，它應該要夠荒唐，荒唐到不可思議、莫名其妙甚至難以想像，實際上就是瘋狂。瘋狂才是真正可怕的」。按照這樣的邏輯，他把「本初子午線」（編按：地球經度零度起點，藉此引發關注）訂為他的目標，指使倒楣的阿道夫・維爾洛克（Adolf Verloc）去炸掉格林威治天文台。書中的故事基於一八九四年發生的一起真實事件，事件中，天文台完好無損，引起爆炸的人卻被炸成了碎片。康拉德把這段插曲形容為「一次愚蠢至極、毫無意義的喋血行動，任何合理甚至不合理的思考過程都不可能弄清楚起因」。在他的小說裡，無論教授還是弗拉基米爾都沒能誘使當局實施鎮壓，整個故事變成了一場個人悲劇。[35]

無政府主義並不只限於個人恐怖主義。值得注意的是，二十世紀的頭十年，一場真正受到擁護的群眾運動在西班牙蓬勃興起。無政府主義在西班牙左翼人士中大有市場，比共產主義更有吸引力。它的表現形式多種多樣，包括工人隊伍中的強大工團主義傾向。西班牙全國勞工聯盟（CNT）成立於一九一一年，十年後就擁有了上百萬會員。它避談政治，致力於在經濟領域展開直接行動，譴責一切形式的權力。但它從未遠離政治，它有很多分會，每個分會的所有會員在經過適當討論後都承認，他們的想法受到了多數人意見的束縛。很快，聯盟中就出現了一個極端派別和一個溫和派別，前者準備發動暴力起義，後者則準備同雇主和政府做交易。對於如此大規模的群眾運動而言，這並不奇怪。一九三〇年代早期，極端分子在勞工聯盟內部成功排擠了溫和主義者，組成一個巴枯寧式的陰謀集團。當時正值一段社會持續動盪的時期，群眾運動開始面臨真正的抉擇。他們的行動後果顯而易見，並非只是理論上的。

由於一九三三年放棄參加選舉讓右翼政府上了台，於是很多勞工聯盟會員在一九三六年投票支持左翼的人民陣線（Popular Front）。之後便發生了佛朗哥推翻共和國的軍事政變。勞工聯盟領導人們展開抵抗，它的第一線會員按照集體主義原則接管了所到之處的共和國控制地區。這時，權力歸屬開始成為困擾他們的殘酷現實。首先要選擇的是，究竟該解散加泰隆尼亞地方政府，建立起一個實質性的無政府主義專制政權，還是和他們一直譴責的傳統機構合作。他們的領導階層選擇了合作。隨著佛朗哥軍隊逐漸壯大，勞工聯盟領導層認為有必要與社會主義者合作，並立刻要求其會員轉而遵從黨派路線。在加入政府後，勞工聯盟的報紙評論道，由於無政府主義者成了部長，國家也就不再具有壓迫性。徵兵和嚴肅軍紀成了頭等大事，而社會實驗（其中有些已經取得成功）暫時告一段落。事實上，軍隊裡多是民兵，各有各的政治靠山，動不動就會引起派系內鬥。隨著軍隊紀律越來越嚴明以及共和國越來越依賴蘇聯的支持，共產主義者很快在軍官集團中取得了支配地位。[36]最終，共產主義者在蘇聯的支持下將矛頭指向無政府主義者，一場內戰中的內戰開始了。西班牙的經歷，使無政府主義在原有的恐怖標籤之外又加上了徒勞無功的註腳。

無政府主義者或許非常清楚地認識到了權力的誘惑和邪惡，權力和他們心中的理想社會水火不容，但他們無法證明一個社會沒有權力該如何有效運作。當出現一個能夠對人間眾多事物發揮影響的機會時，他們不是必須忘掉自己以往對權力和官位的非難，就是把機會讓給其他不那麼討厭權力的人。無政府主義者知道採取什麼樣的手段就能取得什麼樣的結果，但既然放棄所有可能卑鄙齷齪的有效手段，他們就只能等著人民主動像他們所希望的那樣行事了。正如卡爾．利維（Carl Levy）所指出的，這種不願掌權的姿態多少有些自相矛盾，因為絕大多數無政府主義者「得仰仗他們的領袖（地方、國家和世界的）幫助維護制度的連續性」。[37]然而，那些必須假裝自己不是領袖的領袖們卻無法為人們指明戰略方向。的確，拒談權力就不可能制定出嚴肅的戰略，所以他們的角色只能是憤怒的批評家。領導問題持續分化著左派陣營，使其走向兩個極端。一邊是純粹主義者，他們基本上只會不停對群眾進行說教；另一邊則是激進主義者，這些人堅定地充當變革的先鋒，並且認定除了他們設定的道路之外，別無他途。

第20章
修正主義者和先鋒隊

實行突然襲擊的時代，由自覺的少數人帶領著不自覺的群眾實現革命的時代，已經過去了。

——恩格斯，一八九五年

有人將恩格斯於一八九五年去世前幾個月發表的最後著述視為「臨終遺言」。儘管這並非恩格斯的初衷，但畢竟是一篇反思文章，文中借用馬克思寫於一八五〇年的《法蘭西階級鬥爭》，對十九世紀下半葉工人階級運動的命運變遷進行了評價。這篇文章的政治重要性在於，德國社會民主黨（SPD）領導階層可以用來證明自己一直遵循並取得了一些成功的議會策略是正確的，同時提醒人們要警惕暴力革命的危險性。由於恩格斯所具有的非凡權威，那些還在渴望以更激進的方式發動革命的人感覺事情變得麻煩起來。他們認為恩格斯是在德國社民黨掌權集團的壓力下才使革命變得低調的，因為政府正在考慮實行反社會主義法。這麼想也不無道理。儘管恩格斯堅稱自己並不反對暴力革命，而且他的分析中更樂觀的部分只真正適用於德國的情況，但他也承認，他對社會主義革命策略的看法在一八四八年後發生了顯著變化。那時候，革命被看作一場「大決戰」，一旦開始就注定進行到底，歷經滄桑，直到取得「無階級的最後勝利」。然而，在差不多五十年的時間裡，街頭起義者打敗正規軍的例子少之又少。

在他苦苦思索如何把起義者變成一支成功軍隊的時候，過去幾十年來針對軍事問題的討論對他產生了明顯的影響。要想使力量對比能夠朝著有利於革命的方向傾斜，唯一可行的辦法就是利用政府軍對作戰理由的疑慮，以及勸說他們不要向自己的人民動武。除此之外，在任何情況下，裝備精良、紀律嚴明的正規軍都占上風。武器落後的示威者往往寡不敵眾，何況政府還能利用鐵路，把後備部隊迅速送到任何動亂地點。他們的武器裝備也要好用得多。甚至連城市規畫者也在和革命作對，各個城市的「街道都是又長、又直、又寬，好像是故意要讓新式槍砲充分發揮效力似的」。

守住區區一個自治村鎮，對於革命者來說尚且困難，更不用說守住整個城市了。

集中戰鬥力於決定勝負的一點，在這裡自然根本談不到。所以，這裡主要的鬥爭方式是消極的防禦；如果某些地方也採取進攻，那只是例外，只是為了進行偶然的出擊和翼側攻擊；通常進攻只限於占領退卻軍隊所放棄的陣地。[1]

街頭防禦工事的唯一價值是作為一種動搖「軍心」的手段，是在道義上而不是物質上起作用。這也是革命無法「由自覺的少數人帶領著不自覺的群眾」實現的另一個原因。而如果不能讓群眾直接參與其中，革命就沒有成功的機會。

相較之下，男性普選權創造了真正的機會，工人階級透過德國社民黨充分利用了這種機會。如果支持該黨的選民人數繼續穩步增加，「我們（在二十世紀末）就能（奪得社會中等階層的大部分、小資產階級和小農）發展成國內的一個決定力量，其他一切勢力不管願意與否，都得向它低頭」。所以，德國社會主義力量在增長過程中面臨的風險，就是「跟軍隊發生大規模衝突，像一八七一年在巴黎那樣流血」。要避免這種事情的發生，就必須保存實力。在恩格斯看來，歷史的發展頗具諷刺意味，「革命者」和「顛覆者」透過合法手段得到了更全面的壯大，反倒是那些「秩序黨」「正在他們一手製造的合法條件下漸漸沉淪」。只要我們「沒有糊塗到任憑敵人把我們騙入巷戰」，那麼被迫考慮採取非法行動的就是我們的對手。

恩格斯私下是個信念堅定的人，不可能主張完全禁用武力。有人說他是「一個不惜代價崇尚和平守法的溫和派」，[2]這令他感到煩惱。他認為，當社會主義者具備了能夠合法取得政權的選舉實力後，政府就會對其進行鎮壓。之後，他們可能就有必要走上街頭了。他的臨終遺言裡有幾段被德國社民黨高層視為太具有煽動性的文字，其中提到，要避免在「前哨戰」中無謂地消耗自己的實力，而是「要好好地保存到決戰那一天」。按照他的觀點，只有在群眾充分擁護革命、也就是政府軍士氣最低落的時候，才能啟動革命進程，不能把上街發動革命當成爭取群眾支持的手段。若干年前，他就曾對德國社民黨作為議會多數黨上台執政的可能性表示懷疑。他指出，十之八九早在這一刻來臨之前，「我們的統治者」就會「使用暴力來對付我們；把我們從議會多數派變成革命派」。[3]

修正主義

馬克思的理論內涵是經濟決定論，但作為一個行動主義者，他從不否認政治領域也可能會引發後續行為。對於《霧月十八日》這樣的著述而言，如果看不到階級利益和政治行動之間的連結會有時模糊扭曲，如果不了解選擇失敗會葬送革命時機，就毫無意義了。馬克思不會忽略任何機會的存在，包括可能促進工人階級事業發展的議會選舉。儘管他一直頑固堅持自己的基本理論，但他的政治判斷卻非常務實。

社會主義建立在科學的基礎之上，不是一種單純的想像，而是一種因果理論，一切都必須取決於工人階級是如何逐漸了解自身處境並奮起抗爭。當無產階級從一個階級本身發展成一個為自身謀利益的階級，掌握了其全部實力和潛能時，關鍵的時刻也就到來了。對馬克思理論的一種解讀是，當人們看清了自己的痛苦根源，弄清楚如何才能改變一切時，這個過程也就自然而然、幾乎不由自主地發生了。但這時候政黨該做些什麼呢？民眾的憤怒和對更好生活的渴盼，最後等來的往往是希望的破滅以及更多的迫害和苦難。激進運動不是漸漸平息，就是突然變得體面起來，成為整個體系的一部分，而不是顛覆這個體系的一種手段。

這簡直是馬克思的詛咒，就連他本人也深受其害：一個必然的、進步的變革理論，卻注定會讓改革者遭受挫折。如果沒有適當的物質基礎，政治上就不可能正確，那麼革命政治家們該怎麼辦？一個答案是等待條件成熟，先積聚起足夠力量，直到革命時機最終到來、工人階級做好準備。另一個答案則是為更快地提高階級意識的創造條件，設法加速變革進程。作為一個最有分量、最具自信的馬克思主義政黨，德國社民黨看似找到了一條中庸之道。階級意識的提高程度可以用黨員人數的不斷增加和選舉的連勝來衡量。至於過渡到社會主義的時刻何時到來，並不神祕：該黨將會得到多數選民的支持。但風險在於，工人階級的革命熱情會隨著其境遇的逐漸改善而消失，政黨本身也將演變為現有體系中利益相關者。

馬克思和恩格斯一直強調正確的社會主義綱領而非特定戰略的重要性。當德國社會民主黨於一八七五年創立時（編按：一八七五年「全德工人聯合會」與「德國社會民主工黨」合併成為「德國社會主義工黨」，到一八九〇年才改名為「德國社會民主黨」）。馬、恩二人對於他們的追隨者奧古斯特・倍倍爾（August Bebel）和威廉・李卜克內西（Wilhelm Liebknecht）將其政黨與斐迪南・拉薩爾（Ferdinand Lassalle）的全德工人聯合會（General German Workers' Association）合併表示憤怒，因為他們不贊同全德工人聯合會的改良主義和不符合科學原理的路線。馬克思接受兩黨合作，但不接受兩黨的共同綱領，認為這樣的綱領是在試圖找到與資產階級的共同點，好像階級衝突是源於一個令人遺憾的誤會似的。至關重要的是，不能「把階級鬥爭從運動中抹去」，甚至不能暗示什麼「工人太缺少教育，不能自己解放自己，只能由資產階級來解放」之類的意思。[4]三年後，恩格斯發表了一部批判盲人哲學家歐根・杜林（Eugen Dühring）漸進主義思想的著作，後者反對馬克思和恩格斯的決定論，主張成立自治合作社。這部被稱為《反杜林論》（*Anti-Duhring*）的政治宣傳小冊子通俗易懂，對於向新一代社會主義者普及馬克思主義發揮了重要作用。它呼籲工人階級不要滿足於次優結果，在應該得到權力的時候不要指望慈善家的施捨。

隨著反社會主義法的廢除，德國社民黨於一八九一年通過了由卡爾・考茨基（Karl Kautsky）和愛德華・伯恩斯坦（Eduard Bernstein）所擬寫的〈愛爾福特綱領〉（Erfurt Program）。這份黨綱仍然預言資本主義即將滅亡，但準備以和平手段追求社會主義。恩格斯去世後，伯恩斯坦作為他的遺稿保管人，開始著手修正革命理論，以使其適應改良主義實踐。與馬克思的預測相反，他指出，工人階級的境遇不是惡化了，而是改善了。一八九八年，他出版了《進化社會主義》（*Evolutionary Socialism*）一書。如書名所指，他的結論是不必進行革命，利用合作社、工會和議會席位這幾件事，就可以漸進而溫和地實現社會轉型。他將兩種運動方式進行了對比：後者是一個依靠合法活動推動的明智、有序但緩慢的歷史發展進程，而革命活動則是要憑藉感情和自發行為推動歷史加速發展。對於伯恩斯坦來說，「最終目的是微不足道的，運動才是一切」。

他昔日的合作夥伴卡爾·考茨基則以一個虔誠信仰守護者的姿態，反對以上觀點。作為信奉馬克思主義的主要政黨內的權威理論家，考茨基對科學社會主義的闡釋極具影響力。他的研究方法按部就班且不加反思，對馬克思主義的絕對正確性和普遍適用性毫不懷疑。甚至在經歷了第一次世界大戰和布爾什維克革命之後，他也從未背離早期形成的一系列觀點。考茨基透過科學了解，社會主義將隨著資本主義的成熟和各階級的分化得到發展。他反對伯恩斯坦把問題歸咎於階級對立的激化，而非工人的日益貧困。資本主義滅亡的時機終將成熟，無產階級終將取得政權，而草率的行動不會讓資本主義滅亡。但他並沒有完全解釋清楚如何看準時機，以及如何奪取權力。那將是一場革命，但其形式很難預先判斷。他相信，工人階級在革命前的鬥爭時期準備得越充分，就越有可能和平地取得政權。這使得他一直宣稱德國社民黨是一個無須真正發動革命的革命政黨。

原則上這沒什麼意義。一個準備花很長時間逐步取得政權的政黨要做教育和組織工作，這和那種想用「一勞永逸的暴力行動」[5]奪權的政黨大不相同。然而在政治策略方面，這種思想卻很有道理。作為政黨的首席理論家，考茨基偶然發現了一條遵循恩格斯思想的準則：將馬克思主義教條與謹慎的政治實踐相結合。它讓革命者們能夠保持自己的信仰和追求，但又不會給當局實施鎮壓的理由。很難說這不是一種成功。社會民主黨在一八八七年德意志帝國議會選舉中獲得了一〇%的選票，到一八九〇年得票數就翻了將近一倍，一九〇三年時又達到三〇%以上。想了解無產階級的階級意識成熟度，只要看看德國社民黨不斷提升的支持率就夠了。[6]

盧森堡

羅莎・盧森堡（Rosa Luxemburg）是修正主義的強烈批判者，但同時對於將工人運動與政黨完全連結起來的做法持謹慎態度。她雖然出生於俄國統治下的波蘭，但在因為從事激進政治活動而陷入麻煩之後移居到了瑞士蘇黎世。她在那裡獲得了博士學位，之後遷居德國，並很快以其鮮明而極端的政治觀點贏得了聲譽。她為俄國社民黨和德國社民黨建立起獨特的連結並活躍於兩黨之間，但這同時也意味著兩黨都不會把她當成自己人。她形容自己「作為一個女性、一個猶太人和一個跛子，遭受著三重污名」。身為知識分子，她對資本主義在經濟上注定失敗的原因進行了複雜的論證，但是她的主要影響力還是源於其社會主義戰略戰術理論家的身分。她的文章生動活潑，因為她相信只有這樣才能喚起讀者的熱情並給予啟迪，而黨報黨刊上的語言讓她失望：「文風老套、呆板、一成不變……就像一台發動機運轉時發出的蒼白無趣的噪音。」[7]

盧森堡的出發點是，工人將藉由鬥爭和實踐逐漸成長為社會主義者。政黨的任務是幫助他們制定計畫，但不需要自上而下地向他們灌輸思想意識。她反對實行集中制的官僚主義政黨。真正的策略創新不是政黨領導人的組織發明，而是「已經爆發起來的運動本身的自發產物」。當革命運動風起雲湧時，「社會民主黨組織的主動性和自覺領導已經不重要了」。她注意到，恩格斯的《法蘭西階級鬥爭》導言中，有些可能令人不安的暗指其支持開展合法鬥爭，反對街頭起義。但她堅持認為恩格斯論述的，不是無產階級在掌握國家政權時對待資本主義國家的態度問題，而是在資本主義國家結構內它的態度問題，他「對被統治的無產階級而不是對勝利的無產階級做了指示」。一旦時機成熟，無產階級將會採取一切必要手段捍衛社會主義的未來。只有聽信「布朗基主義」或政變蠱惑，才會發生提前奪權的危險。只要依靠「有階級意識的廣大人民群眾」，就能準確把握奪取政權的時機，因為這明顯只能是「資產階級社會崩潰」的結果。很難相信無產階級能夠「透過一次勝利的打擊，來完成把社會從資本主義制度變成社會主義制度的巨大變革」。鬥爭將是長期的，而且無疑會遭遇挫折。讓她百思不得其解的是，如果不對國家權力發起攻擊，鬥爭該如何進行，或者說如何確定勝利的標準。[8]

她想到了群眾罷工，覺得這是避免過早暴動的風險和議會改良主義陷阱的最佳方式。她的靈感並非來自德國，而是來自俄國。一九〇五年一月，一場自一八七一年巴黎公社革命以來發生在歐洲國家的最嚴重暴動在俄國拉開了序幕。以俄國在戰爭中敗給日本為背景，以槍殺前往冬宮向沙皇請願的手無寸鐵工人為導火線，歷時數年的經濟和政治動亂蔓延至各條大街小巷。從工人委員會到工會，形形色色的組織大量湧現，襯托著局勢的動盪，表達著各自的訴求。陸海軍士兵紛紛譁變，農民爭相奪取土地，工人則忙著築起街頭防禦工事。盧森堡回到華沙投身群眾運動，並開始相信有效的革命手段是罷工。這是客觀革命條件發生深刻的內在急速變化的自然表現，將孕育出政治正確的革命組織。階級感情將會「像受到電擊一樣」被喚起。真正的、嚴肅的群眾罷工時期一旦開始，所有的費用計算就都變成了「想用一只玻璃杯舀光大海這樣的打算了」。[9]

群眾罷工的想法並不新鮮，但也不是馬克思主義者的專利。它的潛能已經在一八四二年的英國大罷工中得到見證，當時大約有五十萬名工人參與其中。這次罷工本來是為了回應經濟困難時期削減工人工資的做法，但隨後又納入了憲章派的政治訴求。但在當時，甚至憲章派的領袖們也說不清兩者之間的關聯；而且在英國，罷工像在歐洲其他地方一樣，已經逐漸成了工會的事情，主要和經濟要求相關。只有無政府主義者支持政治性的罷工，它被巴枯寧捧為某種群眾自發性的體現。僅僅因此一點，這種策略就遭到了馬克思主義者的質疑。恩格斯曾在一八七三年嘲笑巴枯寧主義者的想法：

有朝一日，某個國家的或者甚至全世界的一切工業部門的全體工人都停止工作，這樣最多經過一個月，就可以迫使有產階級或者低頭認罪，或者向工人進攻，那時工人就獲得自衛的權利，乘機推翻整個舊社會。

在恩格斯看來，舉行群眾罷工必須要有「一個工人階級的完善組織和充裕的基金」。在具備這些條件之前，工人們應該已經透過其他手段得到了權力。而且，如果他們有了這樣的組織和資金，「也就無須走大罷工的彎路去達到它的目的了」。[10]

所以，面對恩格斯的不同意見，盧森堡需要解釋她的想法為何合理。她辯解說，一九〇五年的事件展現出了革命策略上的一些新東西，與無政府主義沒有關係。但是，她所熱愛的變革思想更多源於工人階級對自身處境所做出的自然單純的反應，而非出自政黨的戰略規畫，這點和巴枯寧差不多。也正因為這樣，她在自己的論著中不遺餘力地表達了對無政府主義的蔑視。儘管如此，她仍然不信任黨內的官僚，這一點，在她同那些猶如「執行委員」為罷工規定確切日期一樣對待鬥爭策略的人，以及那些喜歡按「計畫和框框」搞「秩序井然、紀律嚴整」的鬥爭的人進行論戰時，表現得十分明顯。一九〇五年的俄國革命「既談不到事先的計畫，也談不到有組織的行動」。社會民主黨的那些號召很難同「群眾的自發奮起」契合。說到這裡，她還煞費苦心地辯稱，這次革命並不完全是自發行動，而是受到了社會民主黨多年宣傳鼓動的影響。

她還反對德國工會之類的組織把罷工看成經濟活動的一個單獨類別。經濟和政治密不可分，相互依賴。群眾罷工的優點就在於結合經濟鬥爭和政治鬥爭。罷工可以從經濟訴求開始，然後在社會主義者的鼓動和政府的應對下變成某種更政治化的運動。更重要的是，它們有助於提高階級覺悟：「在革命大起大落的波浪式發展中，最可貴的是它的精神成果，因為這是永存的：無產階級在知識和文化上的快速發展，為今後在經濟和政治鬥爭中不可遏止的前進提供了堅實的保障。」她的目的在於肯定德國群眾罷工的作用，即它是無產階級「採取每一項重大革命行動時第一個天然的、具有推動作用的形式」。資本與勞動的矛盾越是發展，群眾罷工就越是有效。它們不會取代「殘酷的街頭起義」，因為在運動發展到最高潮時，群眾武裝必須迎戰國家武力的進攻。只是街頭起義將會僅僅成為「漫長的政治鬥爭時期的一個瞬間」。[11]

托洛斯基在回憶錄中描述了自己一九〇七年親歷的盧森堡和考茨基的一次邂逅。提到兩人曾是密友，但自一九〇五年就出現了思想的分歧。托洛斯基形容盧森堡矮小、虛弱，卻富於智慧和勇氣，帶有「緊張、準確、無情」的風格。相較之下，托洛斯基發現考茨基很「迷人」，但頭腦「呆板、枯燥」，缺乏「隨機應變的靈活性和心理感染力」。對他來說，只有改良才是現實的，而革命只是「模糊的歷史遠景」。他們一起去參加遊行，並發生了尖銳衝突：「考茨基只想當旁觀者，盧森堡卻想當參與者。」[12]到了一九一〇年，由於盧森堡一如既往地倡導群眾罷工，兩人之間的矛盾公開爆發。

我們曾強調軍事史學家德爾布呂克對殲滅戰略和消耗戰略所做的頗具影響力的區分，前一種戰略要求以一場決定性戰役全殲敵軍，而後一種戰略則利用一系列替代手段拖垮敵人。在政治上，為了方便理解，這兩種戰略也可以被分別稱作顛覆戰略和疲勞戰略。一九一〇年，為了對付盧森堡，考茨基毫不含糊地搬用了德爾布呂克的著作。顛覆戰略靠的是「迅速集中力量正面迎敵，以決定性的打擊瓦解敵人，使其喪失反抗能力」，而疲勞戰略是指：

> 最高統帥開始時會避免決戰；他的目的是採用所有機動迂迴的戰術令敵人疲於奔命，沒有機會透過打勝仗來提升部隊士氣；他會努力透過接連不斷的消耗和威脅拖垮敵人，持續減弱他們的抵抗能力並挫其鬥志。[13]

考茨基極力主張採用疲勞戰略。盧森堡熱衷的群眾罷工則志在顛覆政權。後者是輕率魯莽的，因為會招致政府的鎮壓和反社會主義法律的提出，而這些正是考茨基最希望避免的。如果群眾罷工的號召發出之後回應稀落怎麼辦？果真如此，在議會鬥爭中取得的所有成果都將付諸東流。

列寧

考茨基對顛覆戰略和疲勞戰略的區分，也得到了俄國社會民主工黨布爾什維克派領導人弗拉基米爾・伊里奇・列寧（Vladimir Ilyich Lenin）的認可。列寧那時候正與信奉考茨基理論的孟什維克派就一九〇五年革命的意義展開辯論。[14] 考茨基與列寧後來出現了路線爭執，但當時，考茨基還是歐洲社會主義的領袖，列寧對盧森堡的做法也有些個人的不同意見。

列寧對派系鬥爭的偏好，反映了他的優先目標，那就是建立起聽從他領導的黨組織。為此，一九〇五年革命一爆發，他就在倫敦召開的黨代會上奮力爭奪對黨報的控制權。從他對所有革命問題的分析方法可以看出，他早年養成了執著專一的做事習慣。在列寧的政治經歷中，有兩件事對他影響較大，一件是哥哥亞歷山大因試圖行刺沙皇而被處死刑，另一件是他自己因在大學期間參加示威活動而被開除學籍。一八九一年，俄國發生可怕飢荒，而政府的不作為使形勢不斷惡化。此時，已經研究了兩年馬克思主義的列寧更加積極地參與到了政治活動中（和同時代的其他人一樣），開始以一個忠於馬克思理論的社會主義革命者自詡。接著，他也走上了一條俄國革命者常走的老路：坐牢、流放、遍訪歐洲、參加革命者集會，嘗試建立能夠逃避警方審查的祕密組織，以及編輯一份革命報紙——《火花報》（*Iskra*）。

如果說列寧有個榜樣的話，那他就是車爾尼雪夫斯基的小說《怎麼辦？》中的「新人」拉赫美托夫（Rakhmetov）。兩人都過著苦行僧般的生活，不菸不酒，完全獻身於革命事業，隨時準備犧牲自己的一切。列寧還借用車爾尼雪夫斯基的小說標題來命名自己的第一部主要戰略論著，此書於一九〇二年三月出版，當時列寧三十三歲。他有意培養自己強硬、堅韌、有條理和不妥協的性格，為了理論和策略問題不惜與昔日同志反目，在進行論戰時言辭激烈有如疾風暴雨。他對待不同意見毫不留情，而且從不承認錯誤。列寧在他自己的《怎麼辦？》一書中，充分表達了他透過理論研究和親身實踐得來的思想理解，希望這本書能夠成為一份具有里程碑意義的政治聲明。它把社會主義圈子裡普遍接受的論點主張變成了冷酷無情的邏輯結論。即使那些譴責修正主義的人，也對列寧觀點之犀利而恐懼。

如果迅速革命意味著加快歷史發展進程，那麼俄國有大段歷史需要快速帶過。俄國物質發展水平落後，尚未告別封建時代。與此同時，它永遠表現得民怨四起而又好戰。列寧精力旺盛，很適合從事革命。他的小冊子解釋了為什麼用其他方法革命沒有出路，而只有透過一個組織緊密、紀律嚴明的政黨堅持不懈地按照他的方法去做，革命才能成功。

從《怎麼辦？》的很多內容來看，列寧的主要攻擊目標是「經濟主義」。經濟主義者們嘲笑空談理論的馬克思主義者在工人腦袋裡塞滿不切實際的訴求，認為還不如集中精力提些實際的建議，得到實實在在的眼前利益。因為在俄國的高壓環境下，經濟訴求的風險遠低於政治訴求，而政治訴求可以留給一直盼望民主革命的資產階級提出。列寧諷刺這種觀點是「尾巴主義」，是跟在無產階級運動的屁股後面走，而不是領導它。他以德國社民黨為例來證明有效的組織可以鼓舞工人，讓他們相信自己每天的鬥爭都是為了實現社會主義。因為社會主義是最佳解答，所以不能讓它的意義有絲毫弱化。「馬克思主義哲學」是「由一整塊鋼鐵鑄成」的，絕不可以「去掉任何一個基本前提，任何一個重要部分，不然就會離開客觀真理，落入資產階級反動謬論的懷抱」。[15]

就像他的批評者所指出的，上述說法想當然地認為工人沒有自己進行鬥爭的能力，必須由那些掌握社會主義理論的人來指導。「社會民主主義的意識，」列寧寫道：「只能從外面灌輸給工人，各國的歷史都證明：工人階級單靠自己本身的力量，只能形成工聯主義的意識。」鑑於只有資本主義和社會主義兩種政治意識，拒絕接受其中任何一個都意味著接受了另一個。但是，列寧似乎並不擔心這個問題。他相信工人的天性，所以並不認為職業革命家先鋒隊的努力可以代替工人階級的努力。他擔心的主要是俄國社會主義的先天不足。在政治上不夠成熟，組織鬆散，無法賦予鬥爭必要的凝聚力和目標，無法引導鬥爭遠離「資產階級意識」。這些事需要職業革命家來做。原則上，他並不排斥民主主義政黨，但在實踐中，革命者們難免有祕密行動，否則將難以生存。列寧的一個親密夥伴後來就被發現原來是個警察。

所有這些在歐洲主流馬克思主義者中並沒有引起什麼特別爭議，只是他對資本主義意識和社會主義意識的尖銳劃分引出了奇怪的結論，即純粹的工人階級運動幾乎注定會變成資產階級運動，除非由出身資產階級、精通理論的職業革命家來領導運動。列寧也不希望由知識分子來領導運動，認為這個群體太喜歡空想、太利己，而且對他所看重的黨的紀律無動於衷。真正重要的是政黨本身，它應扎根於無產階級，得到他們的支持，但也必須為整個運動制定目標和相應的策略。無政府主義者曾警告，政黨本身將變成一種目的。但馬克思主義者堅持認為，任何一個至高無上的角色都只會在革命進程迫切需要時發揮短暫的作用，而非反映領導人的私利。

列寧堅稱，政黨僅僅是實現目標的工具，然而他卻以一種非常獨特的方式對組織和領導權問題給予太多關注。無論是不是真心獻身事業，黨內民主賦予了每個人說話的權利，但是革命若想成功，政黨就不能允許其成員圍繞著黨內民主的形式和理論上的細枝末節爭論不休，這是一種奢望，革命政黨無法承受。基本的政治工作需要組織，而面對警察的監視和領導人四處流亡的現實，這種工作不免會表現出偷偷摸摸的一面。此外，在同樣的政治環境下還有許多其他積極有效的替代辦法可選擇。當時的俄國社會民主工黨處於一種脆弱的狀態，因此列寧的想法雄心勃勃，他期盼著能有一個理論正確、行動堅決的政黨來發揮果斷的領導力。

列寧的組織能力和旺盛幹勁首先被用在了對付黨內批評者上，而不是他想要推翻的制度上。一九〇三年七月，俄國社會民主工黨在布魯塞爾召開了第二次代表大會，列寧領導的黨報《火花報》編輯部及相關人員參加了會議。該黨在這次會上儼然分成了兩派力量，儘管兩派直到一九〇五年的另一次黨代會上才正式決裂。以列寧為首的布爾什維克派（多數派）和孟什維克派（少數派）之間的論戰占滿了報紙版面。論戰源起於有人指稱列寧堅持要在黨內設立一個大權獨攬的中央委員會，接著又涉及黨員資格問題，即政黨是應該只接納那些全心致力於政黨大業、隨時準備為政黨工作的人，還是應該同時向那些只願意提供一點幫助的人敞開大門。一種途徑是把政黨變成一個菁英集團；另一種途徑則是把黨發展成為一個群眾性政黨，對黨內領導權實行民主管理。除此之外，兩派在政黨的策略問題上也存在很大分歧。孟什維克派傾向於和自由派聯合，採用議會手段展開鬥爭。而列寧不太願意依靠議會鬥爭，認為農民才是天然的同盟軍。

在所有這些激進的團體之間，不同意見常常會自然而然地升級為對原則和理論核心問題的爭執。而列寧的態度使論戰氣氛更趨緊張。孟什維克派不僅令人奇怪地接受了一個自貶身分的名字（少數派），而且也不特別善於妥協，這在很大程度上源於其內部分歧。他們的領導階層不團結，紀律也很渙散。列寧則是個極具影響力的人，從不做好好先生，對政治騎牆派和妥協派缺乏耐心。他寧可控制一個小集團，也不願在一個大集團裡和人分享權力。他曾回憶起自己在黨代表會上同某位黨員的爭論，當時那人哀嘆：「這是多麼殘酷的鬥爭，這是怎樣在鼓動互相反對，這是多麼激烈的論戰，這是怎樣的非同志態度啊！」列寧卻反駁說，這是件好事：

公開地、自由地進行鬥爭。各種意見都發表出來。各種色彩都暴露出來。各種集團都顯現出來。手舉過了。決議通過了。階段度過了。前進吧！這是多麼好啊。這才是生活呢。這才不是無休無止的討厭的知識分子的無謂口角，人們結束這種無謂口角並不是因為他們已經解決了問題，而只是因為他們說得疲倦了。[16]

他非但沒有感覺到分裂為黨內帶來的壓抑氣氛，反而樂見此事，哪怕這會造成老同事之間的失和。列寧的批評者指責他是布朗基主義者，想透過政變奪權。列寧對此予以否認。群眾當然不容忽視，但他們需要引導。革命注定是件專制的事情，需要一種帶有「雅各賓心態」的強制性獨裁。

盧森堡對於列寧的這些組織設想感到震驚，這無疑和德國社民黨內的官僚作風給她留下的印象有關。她認為這些設想會強化保守主義的力量，破壞創造力，剝奪政黨（以及更廣泛的運動）的各級組織發揮革命主動性的能力。列寧所主張的「極端集中主義」「充滿了毫無生氣的看守精神」。其整體實質是控制，「是束縛而不是聯合整個運動」。然而，俄國社民黨正處於「推翻專制制度的偉大革命鬥爭的前夕」。在這樣的時代，把政黨「用鐵絲網圈起來，會使它不能勝利完成當前的偉大任務」。她認為，眼下的問題是「如何建立巨大的無產階級黨組織的問題，不能預先要求這個方案完美無缺，無論如何都必須經過實際生活的烈火考驗」。

進一步，退兩步

一九〇五年發生的諸多事件或許可以證明盧森堡的正確性。儘管一敗塗地，她仍滿懷著對未來的憧憬，醞釀著宏偉的戰略計畫。不過，這對於列寧來說只是艱難歲月的開始。就在一九〇五年革命開始時，俄國社民黨的內鬥延燒到了當年二月召開的另一次代表大會上。這一次，孟什維克派因為黨內元老級政治家普列漢諾夫（Plekhanov）背棄了列寧，而占得上風。列寧評價這次代表大會的論著題為《進一步，退兩步》（*One Step Forward, Two Steps Back*，編按：是俄語文法表達方式，實際則是先退一步，再進兩步的意思），表達了他面對挫折時的沮喪心情。黨內反對派被他罵成是機會主義者。現在，這些已經接管了《火花報》的人開始發起反擊，痛斥列寧的偏執作風和菁英集權主義思想。兩派都自稱代表無產階級的利益。對於孟什維克派來說則意味著支持工人運動發展；對於布爾什維克派來說，這意味著確保真正的無產階級思想享有至高無上的地位，不管現實中工人究竟信仰為何。

當流亡中的政黨領袖們發生分裂並爭論不休時，無法左右的真正的革命形勢似乎正在國內醞釀發展。他們對國內事態的影響微乎其微，當時國內形形色色的政治勢力，包括自由派團體和對現狀不滿的下級軍官組織等，都想結束沙皇統治。最引人注目的是，聖彼得堡和莫斯科出現的地方工人委員會，即蘇維埃。布爾什維克對它們充滿猜疑，但又不得不有所遷就。它們的明顯局限性驗證了列寧對組織不力的後果的擔憂。在執政當局取締蘇維埃後，莫斯科發生了孤注一擲的起義，缺少武裝的革命者遭到政府軍屠殺。

當時是十一月，列寧很快就能趁著大赦從日內瓦安全返回俄國。此時，革命已經發展到最高潮。隨著十月一場全俄大罷工開始，沙皇許諾進行憲法改革以緩解眼前的危機，接著當局便對革命者進行迫害。社會主義者似乎已走投無路，他們內部出現了爭論，不知這狹窄的政治空間裡何處是自己的容身之地，又該如何容身。

這次經歷顯然讓列寧感到不安。只要人民大眾仍然同情廣泛的政治運動，就沒有必要改變策略，使用恐怖和暴力手段。一旦運動失敗，他也變得好戰起來，要求採取更直接的行動。就像一八四九年後的恩格斯，列寧在一九〇五年後認定，他必須研究軍事戰略。「歷史上的偉大鬥爭只有依靠武力才能取得成功，而在現代鬥爭中，武裝組織就是軍事組織。」[17]他很想看到身上帶著「左輪手槍、刀子、用來放火的浸滿煤油的布條」的武裝民兵構築街頭防禦工事。他抱怨同志們做事拖泥帶水，說了半年之內要造炸彈，最後一枚也沒造出來。這似乎更體現出他的失意沮喪，而不是成竹在胸。他玩弄恐怖分子的伎倆，包括沒收銀行儲金。這種為了行動而行動的做法，鞏固了列寧的強硬派形象，但也顯得他魯莽輕率。

戰爭與革命

第一次世界大戰前夕，歐洲的各路社會黨普遍對未來充滿信心。特別是在法國和德國，這些政黨已經成為令人生畏的選舉力量。它們的共同家園是第二國際（Second International）。第二國際是一八八九年為紀念法國大革命一百週年而成立的，為了避免重蹈第一國際的覆轍，還杜絕了無政府主義者的加入。其間，意識形態的爭論依舊激烈，但各派之間總體上是友好的（這就是為什麼列寧的行為在大家眼中如此古怪）。修正主義和群眾罷工問題雖然引發了意見分歧，但很少會讓同志之間徹底鬧翻。但有一個問題可能比意識形態更容易造成不和，那就是戰爭。戰爭涉及民族主義，原則上會破壞階級團結。

雖然馬克思主義者稱不上是和平主義者，但向來被認為是反對軍國主義和反對戰爭的，因為戰爭對工人階級沒有任何幫助。他們清醒地意識到了當時大國關係的緊張及其可能轉變為一場重大衝突的危險。關於社會主義者應如何阻止這樣一場災難發生，包括是否應該為此舉行罷工和示威，他們曾展開嚴肅而熱烈的討論，但沒有討論出什麼結果。部分是因為無論某些國家表現得多麼好戰，他們都不相信如此可怕的事情會成為現實；同時也因為和平行動會被簡單地視為不愛國的表現，從而為當局鎮壓提供口實並失去民眾支持。唯一的共識是，工人應該阻止戰爭的爆發；但一旦開戰，就應速戰速決。在這個問題上，盧森堡和列寧雙雙表達了類似的不同意見。他們認為，如果戰爭來臨，就應該用來加速革命進程。

當危機在一九一四年七月間越演越烈時，主流社會主義政黨仍缺乏應有的緊迫感。他們沒有意識到這次危機比以往更嚴重。第二國際也不一定能起什麼作用。社會主義者的戰爭觀向來源於帝國主義理論和「經濟競爭催生領土占有欲的固有觀念」。他們沒有想到，戰爭會打著自衛的旗號而得到民眾擁護。為了維護團結，第二國際以正式立場文件強調了和平時期出現黷武主義的危險性，但同時認為戰爭威脅離歐洲還很遙遠，不必急著揭開「它自己身上潛在的民族主義裂痕」。就這樣，他們對突如其來的戰爭毫無準備。[18]第二國際就此瓦解。各政黨也因其黨員高漲的愛國熱情，紛紛倒向了本國政府。

列寧看到戰爭對沙皇政府帶來的危機，他從一開始就認為俄國戰敗將是最好的結果。事實證明了他的預判。一九一七年二月，君主統治在缺糧騷動、罷工和街頭示威的浪潮中轟然崩塌，沙皇尼古拉二世（Nicholas II）遜位。此時，布爾什維克派因其領導人流亡在外，無法從危機中獲得好處。那些身在俄國的布爾什維克成員最初支持自由立憲派組建政府。列寧四月從流亡地瑞士回國後，立即號召發起世界範圍內的社會主義革命，同時明確表示不支持新政府。此舉風險很大：他的政黨受到了孤立，但這也意味著他們不必對國內惡劣形勢負任何責任。與此同時，臨時政府也在垂死掙扎，內部出現分化，不得不把各項棘手問題推遲到舉行立憲會議選舉時解決。隨著戰爭的繼續，經濟狀況更加惡化。列寧由於被指稱為德國間諜，逃到了芬蘭。

儘管列寧反覆強調，政黨應該是一支由菁英組成的先鋒隊，但在當時的狂熱氣氛中，布爾什維克已經漸漸變成了一個群眾性政黨，並不是所有黨員都懂得科學社會主義理論。列寧雖是政黨領袖，但只代表了黨內最極端的一部分人，其他人總想著對政府做出讓步。列寧的成功並不是精心組織或重視思想純潔性的結果，而是在於他對形勢發展無與倫比的把握能力。他了解人民的悲慘處境，深知他們對於現有制度比所有政治黨派都更失望。現在這個時候需要的不是向少數人灌輸一大堆思想的宣傳家，而是向廣大人民傳播有限思想的煽動家。他提出「和平、土地和麵包」的口號，領導布爾什維克發動群眾運動，以堅決反對戰爭的態度樹立起自己的鮮明形象。隨著新的軍事攻勢不斷帶來新的災難，布爾什維克的聲譽也在不斷提升。然而，一場誤判了形勢的夏季暴動幾乎斷送了一切。當局的鎮壓行動差點瓦解布爾什維克的領導層，好在他們幸免於難。到了八月，臨時政府終於失去了民眾的支持。

在此形勢下，布爾什維克該擁護成立一個基礎廣泛的聯合政府，還是該冒著內戰風險奮起革命呢？九月，列寧得出結論認為，國家已經嚴重兩極分化，將來不是左派專政就是右派專政，別無其他出路。十月，列寧從芬蘭回國，提出了「一切權力歸蘇維埃！」的新口號。這意味著政府的權力將被剝奪。他獲得了布爾什維克中央委員會對武裝起義的支持。原來的對手托洛斯基此時也成了他的親密盟友，兩人同心協力，準備利用彼得格勒蘇維埃軍事革命委員會奪取政權。忠於蘇維埃的部隊開始攻占各主要建築物。無論是自由派還是軍方，抑或右派，誰都不願為了臨時政府進行抵抗。[19]

列寧之所以能在一九一七年贏得勝利，是因為他堅持到了最後。本來有好幾次他都險些被處死或下獄，也可以考慮像其他人一樣投靠臨時政府，遭人唾罵。以前他所受的孤立曾害得他為潮流所不容，而現在這反倒成了最大優勢。當他麾下的隊伍自下而上發展壯大之後，就不需要自上而下的同盟了。

布爾什維克革命永遠地改變了左派陣營的戰略語言。左派的語言一向生動有力，而且往往帶著辱罵腔調，但在一九一四年以前，還有包羅萬象、不停變化和敏於時勢的一面。在戰前的第二國際歷次會議上，各派社會主義者之間充滿著交流和爭論。但隨著列寧的成功，言論氣氛漸趨刻板僵化。運動的中心從柏林轉移到了莫斯科。善於從政治效果角度評判各種思想和觀點的列寧，現在可以主宰對馬克思主義的解釋了。在撰寫於一九一七年、發表於一九一八年的小冊子《國家與革命》（*State and Revolution*）中，列寧堅持馬克思的極端和不妥協觀點，藉其解釋了俄國為什麼能夠繞過資產階級革命，快速通向共產主義。這本小冊子的很多內容都是在全力抨擊考茨基。之前，列寧甚至一直承認考茨基是馬克思和恩格斯思想的最權威解釋者，但現在卻永遠給他貼上了「叛徒」的標籤。

如果列寧的革命努力失敗，這本小冊子就會被遺忘。但列寧是一個即將取得革命勝利的人，是他所在陣營裡第一個取得成功的職業革命家，作為他的思想體現，這本冊子獲得了權威地位。列寧和他的接班人史達林注定會成為一場嚴格遵循正統理論的運動的導師，持不同意見的人將被逐出團體或遭到更嚴重的懲罰。官方立場不僅僅是更高明的觀點，還是「正確的」和科學的觀點。不正確的人也不只是做錯事，還是階級叛徒。

列寧一九一九年創立的新的第三國際堅持，共產黨應該集中權力，準備發動暴力革命，然後實行專政。他們同現有的社會黨劃清界限，不斷強調著兩者在共同價值觀和目標之外的差異。此時的列寧和托洛斯基堅信自己是革命洪流中的先驅，期待著其他國家的革命者能以他們為榜樣。在戰後的躁動氣氛下，這種期待不算過分，而且一九一九年發生的一系列未遂革命也取得了些許進展。但最終，除了蘇聯的誕生，這簡直就是一段堪比一八四八年革命的挫折期。德國的情況尤其如此。隨著一九一八年十一月的突然戰敗，德意志帝國垮台，社會民主黨主導籌組了新政府。此前已經因為社民黨支持戰爭而與其決裂的激進派別「斯巴達克同盟」（Spartacist League）想當然地認為，革命時刻已經來臨。於是在卡爾・李卜克內西和行事謹慎的盧森堡的領導下，該組織號召在一九一九年元旦發動起義。但這次起義成了一場災難，不久兩人便遭右翼分子殺害。巴伐利亞的進展稍強些，曾短暫地出現過一個蘇維埃共和國，但很快就被鎮壓了。在匈牙利，共產黨也曾一度奪權，但這個政權治理無方，很快就因為經濟惡化和國際孤立而倒台。義大利的形勢頗為鼓舞人心，杜林（Turin）的工人尤其活躍，不過政府完全有能力對付他們。

正當所有革命運動方興未艾之時，布爾什維克卻打起了內戰，無法向歐洲同志伸出援手。他們最接近輸出革命的機會，就是與波蘭的衝突，但以失敗告終，因為波蘭的工人和農民將民族利益看得比階級團結更重。後來，莫斯科又試圖在一九二一年和一九二三年重燃德國革命之火，最後卻以可笑的失敗收場。

遭到孤立和包圍的布爾什維克竭盡全力地應付著內戰、外部干涉和飢荒。所有這些困境使他們確信，必須牢牢抓住權力槓桿。史達林在設法成為列寧的接班人後，對權柄抓得更緊了。為了鞏固自己的地位，他對黨組織嚴加控制，利用徒具形式的審判和大規模清洗，除掉了所有潛在的異己。列寧的親密副手托洛斯基被迫流亡國外。作為一位可以和最強對手進行舌戰的極富口才的知識分子，托洛斯基的資歷難以小覷，他堅持不懈地挑戰莫斯科的路線，特別是在史達林主義的種種伎倆越來越為人們所認清和鄙視的時候，直到一九四〇年他在墨西哥被史達林的一名特工暗殺。

雖然托洛斯基譴責史達林的惡劣行徑，但無權質疑強大的無產階級專政，況且他也沒想這麼做。他也曾參與革命早期的種種暴行，所以不會承認最初的蘇維埃理念存在錯誤。他堅持認為，蘇聯雖然毀於其領導者之手，但仍舊是一個工人階級的國家，完全可以從暫時折磨它的官僚主義逆流中重獲新生。史達林把一切罪過都推給托洛斯基的偏執做法，也造就了托洛斯基的極端自我主義。他總是把自己幻想成一個現實存在的蘇聯「左翼反對派」和一場注定要完成歷史使命的國際運動的領袖。比起史達林的浮誇，托洛斯基無疑更具現代風格。但他過於教條，很容易因為思想上的偏差和支持者們爭吵。左派理論之所以變得枯燥無味、禁不起推敲，完全淪為一九一七年革命的遺產，他本人是有責任的。

同時期，蘇聯以外的左翼政治運動充斥著你死我活的派系鬥爭，它們在能力和資源之間、政治形態和民主理想之間的差距日益突出。莫斯科要求各主流共產黨以支持其反對國內外敵人為當務之急。於是，與蘇聯的最新對外政策保持一致、拒絕給予反對勢力任何援助成了各政黨工作的重點，地方上的形勢和問題統統被棄置一旁，哪怕這在實行中會讓資產階級更好過。這種單調的政治氣氛把理想主義者變成政黨的工具，迫使知識分子陷入了痛苦的選擇，不知是該忠於工人階級運動還是忠於自己的良心。從此，作為戰略創新之源的歐洲馬克思主義再也沒能恢復生機。

第21章

官僚、民主人士和菁英

我這樣回答後，轉過身，對那些嘲笑我的城市
的人，我回敬以嘲笑，我說：
來呀，給我看別的城市，也這樣昂起頭，驕傲地
歌唱，也這樣活潑、粗獷、強壯、機靈。
他把工作堆起來時，拋出帶磁性的咒罵，在那些
矮小軟弱的城市中，他是個高大拳擊手。

——卡爾·桑德堡（Carl Sandburg），《芝加哥》（*Chicago*）

十九世紀的最後幾十年中，至少在歐洲，任何社會學學者都不可避免地研究過馬克思這個社會學領域最有分量、最具煽動性的人物。然而無論人們對他的結論持什麼樣的懷疑態度，更不用提那些打著他名義的革命鼓動，馬克思還是憑藉擲地有聲、包羅萬象的分析吸引了人們的注意。因為馬克思，社會學作為一門獨立學科發展起來。它的奠基者之一愛彌兒·涂爾幹（Emile Durkheim）曾計畫研究馬克思，但此事從未兌現。他的研究動機既有學術上，也有政治上的。據他的同事法國人類學家、社會學家、民族學家，也是涂爾幹的學術繼承人馬塞爾·莫斯（Marcel Mauss）說，涂爾幹曾著手對馬克思之前的社會主義「從純科學的視角，作為學者應該不帶成見、不加偏袒、冷靜看待的事實」進行研究。[1]

在反駁馬克思觀點的同時，社會學還充當「資產階級知識分子的一般社會意識」和「重塑自由主義意識形態」的一個來源。[2]自由主義包含著很多不同的分支，缺少一種有主導作用的理論來源。儘管如此，仍有個清晰的政治規畫，那就是設法避免導致分裂的階級鬥爭，為開明國家的改革計畫提供可靠的理論依據。特別是對已經不相信放縱的資本家和腐敗墮落、玩弄權術的政黨領袖能拿出高明政策的那些美國人來說，科學研究使真正的進步成真。

在馬克思的理論綱要中，權力和利益問題是核心。而有種更注重實證主義的科學則讓人聯想到了某種非政治、無偏見和不帶感情的事物，似乎研究的是自然現象。可是那麼多的事物都與政治利害攸關，研究它們真的能只重證據而不在乎有權有勢者和那些質疑它們的人的影響嗎？實際上，主流社會科學並非不諳政治。一些持保守觀點的人用現有社會結構的適應力，以及即使在民主樂觀情緒下仍然根深柢固的階級制度，來證明政治因素的無處不在。但總的來說，從事實際研究的人把自己視為進步力量，認為自己在人類事務中代表了理性主張，反對任何編造出來的觀點和盲目信仰。一個馬克思主義者可以毫不費力地從這番話中聽出統治集團的思想意識，斷言這都是為了滿足資產階級的利益。檢驗這種思想意識的優劣，要視其能否對經濟和社會變革做一個有說服力的解釋，以及能否在這變革進程中為有目的的行動提供指南。

韋伯

馬克斯・韋伯（Max Weber）對社會科學的問題和潛力均進行了舉例說明。他生於一八六四年，父親是個二線的自由派政治人物，父子倆關係疏遠。韋伯於一九二〇年死於肺炎，之後聲望和影響力大漲，一個重要原因就是（像克勞塞維茨一樣）忠誠的遺孀對他的文稿進行了精心整理，在丈夫死後得以出版發行。在她發表於第二次世界大戰結束後的傳記中，韋伯是個溫和的自由主義者，代表了納粹統治下的德國最美好的東西。他的觀點（連同他的個人生活）在今天的人們看來相當複雜，這其中當然有自由主義的一面（他一直都樂於為爭取個人表達意見的權利大聲疾呼），但同時也有帝國主義和致力於建設強大德國的一面。[3]

他也許算不上一位戰略理論家，但影響力卻是非常巨大。首先，他尋求證明一種價值中立的社會科學的存在。其次，在他最知名的著作《基督新教的倫理與資本主義的精神》（*The Protestant Ethic and the Spirit of Capitalism*）中，提出了不同於馬克思的觀點，論證了文化因素在資本主義發展中的作用。再次，他把自己變成了一個官僚體制悲觀論者，指出科學的理性主義已經滲入生活各層面。又次，他提出一種政治觀，認為政治是一齣永恆戲劇的一部分。最後，由此觀點引出一種描述戰略選擇的方式，要求像渴望理想那樣關注結果。

《基督新教的倫理與資本主義的精神》之所以聲望卓著，是因為韋伯在其中對漸進的「西方文化理性主義」表達了結論性的失望，後者頌揚慣例常規，以及那些可靠、可測和有用的事物，並由此認為自然應服從科學，社會應服從官僚政治。組織機構的日益複雜化、知識的專業化以及對專業人員的需求，都促成了官僚制度的崛起。他在結論中警告，一個承載著只具有技術性價值的理性化文官政府的「鐵籠」即將出現，它將會被視為「終極和單一價值，一個應該決定所有事務的組織」。那些待在籠子裡的人都是「沒有靈魂的專家和沒有心靈的感覺主義者」。官僚機構冷漠無情、麻木不仁，雇用的都是些眼界狹隘的順從者，他們雖稱職卻缺乏創造力，沒有任何更深層次的追求。

官僚主義在韋伯的世界觀中和資本主義在馬克思的世界觀中一樣，兩者扮演著相同角色。韋伯認識到官僚主義不斷增強的力量及其不可抗拒性，因為他也在自己的作品中尋求成為一個專業且稱職的技術人員，但他無法為此而高興。馬克思相信歷史終會葬送資本主義，而韋伯對於官僚主義則不抱類似希望。科學讓人們在失去盲目的宗教信仰之後幡然醒悟，卻無法生出新的吸引力。韋伯珍視自由和開放，但在原則上又無法反對法律的準則、健全的政府和盡責的官員。生活可能會失去深層意義、流於俗事，但至少整個系統運轉正常。官僚主義「從形式上看，是對人類實行必要控制的已知最為理性的手段。它在精確性、穩定性、紀律的嚴密性以及可靠性上優於其他任何治理形式」。[4]同樣，政治是個永恆的現象，不可避免又令人煩惱，因為除此之外沒有什麼恆久不變的東西，無論是和平、正義還是救贖。政治是一種權力和不斷的鬥爭。權力是面對阻力時仍能貫徹自己意志的能力，表明了某種由暴力控制之物或使用暴力的可能性。因此，政治是和國家相連的。政客們必須說服別人追隨他們，但這在習俗和宗教面前就不管用了，官僚制度本身不可能是價值觀的來源。這就產生了合法性的問題，也是韋伯從接受度而非固有價值的角度提出的一個檢驗標準。[5] 對於韋伯來說，政治信仰的本質是一個核心謎題，儘管他更傾向於從信仰的類型上而不是實質內容上解答它。

在一次大戰期間和戰爭剛結束之後，韋伯應「自由青年學生」（Free Student Youth）組織之邀在慕尼黑發表過兩次演講。第一次在一九一七年十一月，探討的主題是「以學術為志業」（Science as a Vocation）；第二次在一九一九年一月，主題是「以政治為志業」（Politics as a Vocation）。兩次演講如今已被公認為社會科學發展史上具有里程碑意義的事件。韋伯親身從事了這兩種職業（或者說是行業），但最成功的還是學術。他所面臨的挑戰之一，在於弄清楚一個人能為其他人做些什麼。必須將科學的客觀性和政治中的黨派偏見區分開。他堅持認為，教授不應要求「擁有政治家或改革家的權杖」。這就得出了一個重要結論：一旦價值被排除在外，社會科學本身是無法製造出一個政治理論的。雖然韋伯堅定地秉持著自己的觀點，但並沒有說這些觀點是建立在科學基礎之上。[6] 到了戰爭末期，這種一邊死抱自己觀點、一邊又拒絕承認它們有科學依據的個性特點明顯地表現出來。據他一九一九年演講的一位聽眾形容，「這個面容憔悴、留鬍鬚的男人看起來既像一位被幻想中的災難折磨著的預言家，又像一位即將奔赴戰場的中世紀武士」。[7]

出於不同的原因，他沒能讓學術和政治這兩種職業具有什麼特別的吸引力。社會科學結合了高度自律的職業道德和禁欲主義的自我否定，尤其令人生畏。[8] 韋伯也強調社會科學在實踐中存在困難、需要專家的意見，所以他採用了往往不易理解的概念性表述。雖然韋伯對事實（或價值）區分的強調證明了以學術為志業的重要性，但他探討的並不僅限於科學知識作為一種政治價值來源的局限性，還延伸到了如何「運用它闡明事實和價值在世界上的存在，從而幫助選擇應該採用的價值追求手段」。[9] 這樣，學術就可以透過確定達到目的所必需的手段來達成戰略。之後，當遇到合適手段的時候，你可能會發現它們正是「你相信你必須予以拒絕的。面對這種情況，你必須在目的和不可避免的手段之間做出選擇。目的能否『證明』手段合理？」科學並非戰略的來源，因為目的必須由其所屬範疇之外的價值來確定，但科學可以透過解釋某些手段為何有效或某些目的為何無法實現，從而形成巨大的戰略價值。選擇可以按照「利多弊少」的原則來進行。科學和價值之間的相互作用實際上是手段和目的之間的相互作用，這種相互作用，指的不是必要的和諧，而是持續的衝突。韋伯提出，「在無數的情況下，獲得『善的』結果是和一個人付出代價的決心相連的——他為此不得不採用道德上令人懷疑或至少是有風險的手段，還要面對可能出現，甚至是極可能出現的罪惡的後果」。[10]這些難題今天看起來或許很普通，但之前從沒有人能夠如此清晰地表述出來，而且堅信沒有任何政治制度能夠最終對它們給予解答。

這個主題在韋伯的第二次演講中提了出來。當時的背景更為黯淡。戰爭已經結束，但德國仍沒能擺脫前一年十一月向協約國軍隊投降帶來的厄運，國內革命和反革命活動此起彼伏。韋伯的個人職業無疑是科學家，這也是他一生中最有建樹的領域，但他在政治方面的才能卻乏善可陳。戰爭期間，他曾擔心德國的戰爭目標過於野心勃勃和咄咄逼人，而且為他的祖國與美國開戰而發愁。當戰史學家德爾布呂克發起請願活動，對抗由更極端的學術界民族主義者發起的另一個請願活動時，他也在請願書上簽了名。一九一八年，他從擔任客座教授的維也納返回德國，似乎準備擔任重要的政治角色，但此事沒能實現。他加入了一個新憲法的起草委員會，並參與了新的中間派政黨德國民主黨的籌組，但在領導階層中未獲高等職位。一位傳記作家發現，韋伯的政治領悟力並不總是那麼出色，而且「他還有一種令人討厭的傾向，就是常常陷入多餘而無謂的爭論之中，這絕不是一個天生政治家應有的表現」。[11]作為一個積極致力於新黨事務的活動家，他卻總是在演講中對左派和右派各打五十大板，而當時正需要黨派間結成聯盟，這種傾向表明他生來就不是個聯盟締造者。到了一九二〇年，他認識到自己已經不可能有什麼作為，於是退出了政黨領導階層，並表示：「政治家應該且必須學會妥協。而我的職業是個學者……學者不需要做出妥協或是掩飾自己的愚蠢。」[12]政治這一行不適合他。

但在感情上，他仍然執迷於建設一個強大德國的想法，敵視和平主義，對於突如其來的革命行動大動肝火，儘管他的不少朋友也參與其中。[13] 他害怕國家會因為解除武裝而力量盡失，同時也為革命者煽動的騷亂深感不安。他在慕尼黑發表演講時，「斯巴達克同盟」領導人盧森堡和李卜克內西剛剛遇害不久。他雖譴責了這起暴行，但同時也表現出對兩位革命理論家的惱怒（「李卜克內西適合待在瘋人院，而盧森堡適合待在動物園」）。他同意發表這次演講，僅僅是因為擔心如果自己不來，講台會被庫爾特・艾斯納（Kurt Eisner）占據，而艾斯納是巴伐利亞共和政府的激進領導人，韋伯認為這個臨時政府難成氣候。

這是一個政治生活明顯陷於困境的時期。戰爭的失敗和時斷時續的革命，說明了目的和手段會有多麼不相符。這使得韋伯提出了一種分析，它直指戰略思考中緊張關係的核心，那就是無論目標多麼崇高，如果無法實現就是毫無意義的。他繼續強調，分析手段時要參照它們帶來的後果。

韋伯以習慣性婉拒「就一些當前的現實問題表明立場」開始了他的演講。接著，他對政治和國家下了有說服力的定義。政治大概指的是「一個政治團體也就是今天的國家的領導權，或該領導權的影響力」。國家不能根據它的目的來定義，因為存在多種可能性，為國家下定義，必須根據它的手段，「即暴力的使用」。他並沒有說暴力是國家的常規手段或唯一手段，然而暴力是國家特有的手段。所以，國家是這樣「一個人類團體，在一定疆域之內（成功地）宣布了對正當使用暴力的壟斷權」。只有國家可以使暴力合法化。一旦這種壟斷權受到威脅（當時威脅既來自外部也來自內部），國家就會陷入困境。

國家權威大體有三種來源：傳統、法治和超凡魅力（charisma）。由於傳統型權威已不復存在，法治型權威又作用有限，韋伯把目光投向了魅力型權威。他所謂的超凡魅力指的是某種特定的政治領袖素質，是憑藉神聖不可侵犯的氣質、英雄主義精神以及典範性人格獲取權威的能力。超凡魅力是一種將領導者區別於普通文官的政治素質。政治家應該時刻準備「採取立場，充滿激情」，而普通文官則應「忠實地執行上司的命令，就像完全符合他本人的信念那樣」。問題在於權力應該如何正確行使：「一個人，如果他獲得允許，把手放在歷史的舵上，他必須成為什麼樣的人呢？」

人們必須在基於信念（終極目標）的倫理和基於責任的倫理之間、在根據基本原則（即使對事業有害）

行事和根據可能的結果行事之間做出選擇。韋伯在演講中對那些拒絕在原則上讓步、「沉浸在我們用『革命』這高傲的名稱來修飾的這場狂歡節中的知識分子」發出質疑，抨擊他們「缺乏任何客觀責任意識」的空洞無物的浪漫主義。不計後果的做法會讓惡人有機可乘。韋伯嘲笑了那些在行動上幫助反動和壓迫勢力卻指責別人的革命者。如果純潔的動機造成了糟糕的後果，那麼光有這樣的動機就是不夠的。

德國當時有人打算「用武力在地球上建立絕對正義」，其中有些可能就是聆聽韋伯演講的學生，他們應該想一想這將意味著什麼？他們能保證追隨者和自己想的一樣嗎？他們的做法真的可能跟仇恨心理、報復欲、怨憤之情和「對一種貌似道德的自命正確的要求」，或是對「冒險、勝利、戰利品、權力和俸祿」的渴望無關嗎？這樣的追隨者能獲得足夠的回報和動力嗎？這樣做會不會和領導者最初的動機和目的發生牴觸呢？「情緒高昂的革命精神」不會因此而最終（也許很快）變成「因襲成規的日常瑣事」嗎？如果革命者真的認為問題源於這個愚蠢和粗俗的世界，那麼他們認為自己該如何剷除它呢？韋伯質疑「登山寶訓」（Sermon on the Mount，譯註：指《聖經．馬太福音》第五章到第七章裡，耶穌基督在山上所說的話。其中最著名的是「八種福氣」，被認為是基督教徒言行的準則）的和平主義思想。他堅持認為，政治家應持相反的觀點，因為不反抗就要「為惡勢力獲勝負責」。

於是韋伯為責任倫理大加辯護，指出責任倫理從一開始就看清了人性的弱點，並且根據可能的後果來評判行動。然而，他又擔心政治單純重視即時效應，因為這會使政治變得毫無意義。他的理想是將信念倫理和責任倫理結合在一起，構成「一個真正的人——一個能夠擔當『政治使命』的人」。他要尋找的是一個具有超凡魅力的人、一個英雄，同時也是一個領袖，「即使這個世界在他看來愚陋不堪，根本不值得為之獻身，他仍能無悔無怨」。但韋伯並不樂觀：「不管是哪一夥人先在表面上獲勝，我們的前面都不是夏日將臨，而是冰冷難熬的極地寒夜。」他強調，政治需要「激情和眼光」，因為「可能之事皆不可得，除非你執著地尋覓這個世界上不可能之事」。[14]

比起基於純潔動機的行動，韋伯更相信考慮後果的行動，這反映出他對於人的後果評估能力以及有助於此類評估的科學研究的作用抱有信心。社會行為可能一直是種賭博，但是只要對可選行為的預期做出合理設想，就有可能減少不利因素。沒有這個信心，怎麼來評判一個擬議的行動方案相對於其他方案的優劣呢？

托爾斯泰

如果韋伯腦子裡有一個終極目標倫理的代表人物的話，那就是列夫．托爾斯泰伯爵。這位作家解答了困擾他的關於科學、官僚制度和現代主義的所有問題，但視角與他人截然不同。韋伯甚至一度考慮寫一本關於托爾斯泰這個與他同時代的最偉大思想家的專著。韋伯承認，「不說別的」，托爾斯泰至少在既反對戰爭又反對革命這點上是始終如一的，但也正因如此，他不僅與戰爭難以相容，而且對這個世界和文化帶來的好處也大加排斥。[15]韋伯在「以學術為志業」的演講中專門論述了托爾斯泰的反理性和反科學觀點，這證明他對托爾斯泰潛心研究。在「以政治為志業」的演講中，當韋伯嘲諷仁愛倫理關於「莫要以武力抗惡」的說法時，也選用了托爾斯泰最喜歡的「登山寶訓」的文句。

這是托爾斯泰的信條。他在經歷了一系列精神危機後，漸漸開始抵制東正教的浮華和特權，發明出了他自己獨特的基督教信仰，其核心就是「登山寶訓」以及「把另一邊臉也讓人打」的寬恕隱忍精神。這種信仰催生了一套規則，包括和平相處、不仇恨、不抗惡、在任何情況下都擯棄暴力、避免貪欲和咒罵。只要這些規則普遍得到接受，就不會再有戰爭和軍隊，甚至不再有警察和法庭。他質疑現有的教會和世俗權力，但同時也反對暴力革命，認為它邪惡且無益。他熱愛鄉村，倡導人與自然的和諧交融，抵制城市生活和財富積累。

我們已經見識過托爾斯泰作為非傳統戰略家的一面。這有著相同的源頭。他非常懷疑特定結果是否能輕易地歸因於精心設計的動機，因而蔑視那些自稱精於此道的人。柏林提到，他鄙視大多數「專家、教授、聲稱對別人有特殊權威的人」。在《戰爭與和平》中，他曾嘲笑那些自以為是的人，他們聲稱一個偉大的將軍透過層層下達命令表現出來的意志行為，能夠影響一大批人的行動並因此改變歷史。軍事將領和革命知識分子都可以自稱遵循了科學的戰略，但他們是自欺欺人，因為脫離了群眾，不了解這些他們賴以成事的普通人。任何改變，無論是好是壞，都是捲入歷史事件的個人所做出的無數決定的結果。遺憾的是，普羅大眾愚昧無知，或許可以靠共同情感和價值觀維繫彼此關係，但不能充分認識自己的困難，也不能團結起來創造一個新世界。

說到托爾斯泰對真理的追尋，以及他那用足夠堅定的探索才能獲得的強烈而深刻的信仰，他或許算個啟蒙者；但在很多關鍵方面又是反啟蒙的，他害怕現代化，害怕過度相信科學，害怕他心目中美好生活的本質會在政治改革中蕩然無存。他「與他同時代或任何時代的任何公眾運動格格不入。他屬於那些顛覆性的發問者，他們提出的問題自古以來就沒有答案，未來似乎也可能不會有答案」。[16] 根據加利的保守觀察，有組織的行動不是托爾斯泰的「專長」，他「在實踐方面表現很弱，簡直讓人頭疼」。[17] 甚至他的家人也不信服他的新生活方式。[18] 他帶給人們的，而且對他來說並非微不足道的，是榜樣的力量以及眾多著作和文章。

托爾斯泰堅定不移的和平主張，挑戰了沙皇專制統治，揭示了窮人的苦難，響亮而清晰地傳達出他的核心理念；他對自己思想的宣傳越來越有效，不僅因為他的生活方式，更得益於文學天賦。他在論述中生動地描繪了城市貧民窟中的生存鬥爭、軍旅生活固有的殘酷性，以及權貴階層自欺欺人的本事。他在剖析軍國主義的罪惡和愛國主義的目光短淺時，加進了諷刺手法，偶爾還會表現出先見之明。他將未來的戰爭狂熱形容為神父「為殺人犯祈禱」，報紙編輯「開始煽動仇恨和謀殺」；描述成千上萬「單純、友善的百姓」將會如何「離開寧靜的辛勤勞作」奔赴戰場，直到這些可憐的人們「在不知道為什麼的情況下，殺掉成千上萬以前從未見過、沒有也不可能傷害他們的其他人」。[19] 從這個意義上講，托爾斯泰眼中的戰爭反映並加重了社會的總體失調和人類的反常分化，並將其推向了一種極端形式。為了要解釋人們這樣做的原因，他提出了自己對虛假意識的看法，那就是人們不僅被他們的政府「催眠」，而且最不幸的是，還互相「催眠」。只有戳穿愛國主義的謊言，才能打破魔咒。他的非傳統戰略構想的核心，就是相信人類社會的分化是反常的，所以如果治癒了這個痼疾，也就不需要抗爭和衝突了。

一八八二年，托爾斯泰參與了莫斯科人口普查。那一年，他寫了篇文章，問了當時俄國人常常會問的「怎麼辦？」問題。[20] 莫斯科剛剛經歷了一個快速發展期，到處都是農村來的移民，給這座城市帶來了擁擠、貧困、犯罪、疾病和剝削等各種問題。他解釋說，這次人口普查是一次「社會學調查」。而且，作為一種獨特的科學，社會學的目標是「實現人民幸福」。[21] 不幸的是，儘管有這樣的目標，但無論收集資訊能夠闡明什麼「法則」，無論遵循這些法則能夠獲得什麼樣的長遠利益，窮人的生活都很難馬上有所改觀。對窮人悲慘境況的有力描述或許是採取行動前必不可少的一步：「社會的所有傷口，貧窮的傷口，罪惡的傷口，愚昧的傷口——全都會暴露無遺。」但這還不夠。托爾斯泰堅持認為，當碰到一個飢腸轆轆、衣衫襤褸的人時，「給他幫助比進行所有可能的調查更重要」。他極力主張接近窮人、幫助窮人，而不是堅持科學上的超脫態度，忙著研究一個又一個令人傷心的案例。

他的真正目的應該是拆掉「人類在他們自己之間建起的藩籬」。[22] 這意味著拒絕慈善，慈善無非是為減輕那些加劇社會分化的上層菁英的內疚感。所有人應該聯合起來治療社會的傷痛。他呼喚一個共享和博愛的社會，要求志同道合的人們向窮人以及被壓迫者伸出援手。這在物質上和精神上都有好處。反之，他警告會發生階級鬥爭：「事情不必也不該如此，因為這有違我們的理性和的感情，如果我們活著，就不能讓它發生。」

不幸的是，他很快意識到了自己的曲高和寡。而且當他調查都市人的私生活時，他越來越認為，窮人和富人一樣受到了都市生活的腐蝕。癥結並不在於問題的大小和嚴重程度，而在於莫斯科變成了什麼樣的社會。在窮人中，他畢竟還能發現一些高尚的東西，但要說到酒鬼和娼妓，他對他們的了解和他們對他的了解同樣有限。這是一種他無力改變的外來文化，以一種令他厭惡的方式存在著。對都市生活了解得越多，他之前的願望就越顯得天真。終於在一天夜裡，他停止了研究工作。他覺得自己既愚蠢又不切實際，就像一位醫生發現病人的病灶，卻不得不承認「為他治病沒有任何意義」。他不再做筆記。「我不想問任何問題，因為我知道這不會有什麼結果。」[23] 看起來，「怎麼辦？」的答案就是「沒辦法」。

儘管他仍舊把社會的分化歸罪於他所屬階級的不知節制，但認為根本問題源於都市生活本身。都市是貪贓枉法、腐化墮落之地，改革也無濟於事。其原因甚至比想像的還要深遠——錯誤在於人類追求經濟發展的整個過程。金錢已經成了影響正當人際交往的障礙。只有在大家不那麼看重金錢、不用彼此疏遠防範、更願親近自然之美的地方，才有可能重新找回這種人與人之間的健康關係。他回到了亞斯納亞波利亞納（Yasnaya Polyana）莊園，身體力行地創造出了自己的農村烏托邦：只有一件衣服，沒有錢，靠體力勞動獲得滿足感。在這種完全脫離現代社會的環境中，托爾斯泰堅持認為他正過著唯一真正忠於自己信仰的生活。他對現實的態度消極冷淡、拒人千里，但沒有採取什麼直接行動，因為這會涉及某種程度的組織管理和對於人類能動性（human agency）的推測。

他在一八九〇年寫下：「無政府主義者在許多方面都是對的，如否定現存秩序，證明在現存的習俗中不可能有比政權暴力更惡劣的東西。」但他又指出，他們犯了一個錯誤，認為無政府主義可以透過革命來確立。無政府主義只能透過這樣的方式來確立，即「讓越來越多的人不再需要政權的保護……只有一種永久的革命——道德革命：精神的新生」。[24]

珍．亞當斯

一八九六年五月，托爾斯泰在亞斯納亞波利亞納接待了一位訪客：來自芝加哥的珍．亞當斯（Jane Addams）。亞當斯是伊利諾州一個富有的農場主的女兒，當時三十多歲，不久將成為美國最讓人敬佩、最有影響力的女性之一。她的名望源於一八八九年在芝加哥建立的赫爾安居會（Hull House Settlement），係仿照亞當斯幾年前在倫敦東區參觀過的湯恩比安居會（Toynbee Settlement）而建。其基本理念就是，受過教育、地位優越的人應該和貧窮、沒受過教育的人同住，這樣對雙方都有好處。赫爾安居會最興盛時共有十三幢建築，住所、沐浴設施和運動場一應俱全。在這裡，不但有機會學習和享受高雅的美學、文學和音樂藝術，還能聆聽特邀嘉賓的演講，參與討論、研究和宣傳活動。

亞當斯讀過很多托爾斯泰的著作。她把一八八七年在美國出版的《怎麼辦？》形容為她思想的源泉，「只有真正和窮人分享自己住房和食物的人，才能無愧地說自己曾經為他們服務過」。[25]托爾斯泰對亞當斯的影響十分明顯，甚至赫爾安居會餐廳的牆壁上都掛著托爾斯泰的畫像。作為一名對有組織的宗教持懷疑態度的堅定的和平主義者和基督徒，亞當斯還明確地支持托爾斯泰的不抗惡思想。她稱自己「從哲學角度堅信反抗毫無意義，認為只能以善制惡，不能蠻幹」。貧困、疾病和剝削是整個社會面臨的挑戰，必須以調解的方式加以應對，否則就有可能引發衝突，使社會四分五裂。她形容福音書是「友愛社區的外在象徵、某種和平的紐帶、某種可以靠團結精神克服所有分歧的神聖之物」。[26]

不過，她與托爾斯泰的邂逅讓人掃興。他沒怎麼注意聽她對赫爾安居會的介紹，而是「疑惑地瞟著我的旅行服的袖子」。他斷言，光是袖子上的布料就足夠給很多年輕女孩做衣服了。難道這不會造成「人和人之間的隔閡」嗎？而且，她在伊利諾州有個農場，難道不是個「外居地主」嗎？他暗示說，她要想多做點事，可以「種種自己的地」，而不是到擁擠的都市裡湊熱鬧。這麼說她不太公平，但已讓她感到不安，她決定回到芝加哥後每天在麵包店裡工作兩個小時。她盡了力但沒能堅持下去。這不是對自己時間的最有效利用。[27]從這段小插曲可以看出，她不可能成為托爾斯泰真正的追隨者。

托爾斯泰認為勞動分工有違天理，亞當斯則認為不可避免。她的整個方案就是要讓人們懂得互賴互助的道理。托爾斯泰對都市感到絕望，因為它造成了人類社會的分化，而亞當斯認為都市可以並且應該為它的所有居民服務。亞當斯和其他進步人士與托爾斯泰所共同信奉的基本原理是，社會分化是反常現象，可以也必須找到更好的治理辦法。但托爾斯泰憧憬的是一個能讓人、土地和精神合而為一的世界，亞當斯則尋求在世界上最不可能的城市之一的芝加哥，創造一個沒有爭鬥的社會。

當時，芝加哥是僅次於倫敦、紐約、巴黎和柏林的世界第五大城市。它形成的時間比其他幾座城市要晚得多。在鐵路網和作為中西部商業貿易中心的都市地位的共同作用下，芝加哥連續迎來大規模移民潮，城市人口從一八八〇年的五十萬增長到一八九〇年的超過百萬，到一九一〇年又翻了一倍，達到兩百萬人以上。大約六〇%的人口出生在外國，其中又有八〇%是新移民。德國人、波蘭人、俄國人、義大利人和愛爾蘭人各自形成了獨具特色、自我認同的社群，彼此之間常常關係緊張。一八七一年的一場大火，燒毀了城裡老舊的木製建築，此後這座城市主要用石頭和鋼鐵重建起來。[28]芝加哥發明了摩天大樓，洛克菲勒（John D. Rockefeller）把大量金錢用在了發展藝術、建造公園和全新的大學上。都市的生活艱辛，條件可怕。激進的新聞記者林肯·斯蒂芬斯（Lincoln Steffens）曾在一九〇四年這樣描述芝加哥：「最早是暴力，最近的是骯髒；喧鬧、無法無天、不討人喜歡、氣味難聞、新興發展；鄉下一個生長過快的呆子，諸城中間的『粗人』。它對犯罪敞開大門，做起生意來厚顏無恥，在社會生活方面既無思想也不成熟。」[29]為了創作小說《屠場》（*The Jungle*），厄普頓·辛克萊（Upton Sinclair）特意到牲畜飼養場臥底，曝光了肉類加工行業中新移民工人的惡劣工作環境。

一九〇四年秋天，韋伯在前往聖路易參加一個重要的科學大會途中，訪問了芝加哥。他在描述芝加哥時用了一個驚人的比喻，稱其「像一個被剝光了皮的人，你可以看見他的腸子在蠕動」。[30]他參觀了牲畜飼養場，親眼看到「毫無戒心的牲口」被送進屠宰區、被錘子砸倒、被鐵夾夾住、被吊起來，然後被工人「取出內臟和剝皮」這一整套自動化生產過程。用他的話說，「看著一頭豬圈裡的豬變成香腸和罐頭」是完全可能的。在他到訪的時候，北美切肉工人與屠宰工人混合工會正沉浸在罷工失敗的痛苦中，他們的抗爭目標是將牲畜飼養場納入工會，但沒能成功。關於這起事件的後果，韋伯不無誇張地描述道：「大批義大利和非裔充當了罷工的破壞者；雙方每天都有很多人死於槍戰；一輛有軌電車被掀翻，因為有個非工會成員坐在裡面，不少婦女被壓在車下；高架鐵路受到炸彈威脅，一節車廂脫軌並掉進河裡。」[31]他還參觀了赫爾安居會，他的妻子瑪麗安用稱讚的筆調寫道：「它包括一個日間托兒所、一套供三十名女工居住的宿舍、一處為年輕人服務的運動設施、一個有舞台的大型音樂廳、一個教學廚房、一個幼兒園，還有用於縫紉和手工等各種教學的房間。整個冬天，有一萬五千名男男女女在這裡接受指導、啟發、建議，以及享受休閒時光。」[32]

根深柢固的種族和歧視非裔問題、農村的衰退和城市的興起、族群之間的緊張關係，以及勞資雙方的不斷衝突，各種因素共同造成了都市的分化，亞當斯自己和赫爾安居會都捲進這個大漩渦中。她加入了進步主義運動。這是美國當時主要的自由主義改革運動，把社會問題視為政府面臨的核心挑戰，擔心如果不採取緊急行動，這些問題會給社會造成無法治癒的傷害。政府應該是一支團結的力量，超越局部利益，代表社會整體。說到這一點，亞當斯對民主政治是持樂觀態度的。她相信，普通人對於該如何讓自己的生活有序而體面有自己的想法，有能力在城市事務中發揮建設性作用。相對於進步主義者，她認為英國的費邊主義者（Fabians）思想很幼稚，其實，「教會或政府裡的那些權威人物一旦真的知道什麼是錯的，就會糾正錯誤」。[33]她認為，他們可以幫助普通人接觸偉大的藝術和絕妙的想法，從而更能實現自我發展，做出他們一生中合理的選擇。

作為一個令人敬畏的社會和政治批評家，她嚴厲指責市政當局沒能清潔街道、教育兒童和規範管理工作場所。她是女性主義者，主張種族平等，支持工會組織。然而她也深信，沒有什麼衝突非要發展到使用暴力的地步，要調和顯然很困難矛盾，但仍找得出辦法。儘管她和社會主義者頗有來往，但她反對經濟決定論、階級意識和所有為暴力對抗所做的準備。她雖支持工會，但希望他們能更多地接觸那些他們視為敵人的人。她強調，赫爾安居會是「基於各階級相互依存的原理，本著嚴肅冷靜的態度開辦的」。[34]她理解人們為什麼會走向極端，但不贊同如此行事。同時，她對芝加哥這座已經明顯失控、無法讓市民享有體面生活的都市感到害怕，非常渴望找到一條代替階級鬥爭的變革途徑。在某種程度上，她想讓社會各階層，包括資本家和工人、保守派和鼓動家，聚在同一個屋簷下。這樣他們就能設法化解彼此間的分歧，讓那些每天都要應付無恥剝削者的迷茫的新移民看到一個「更好的美國人」。[35]

發生在芝加哥的一場涉及普爾曼公司（Pullman Company）的激烈爭執，促使她寫了篇文章，提出了自己的哲學思想。這起糾紛並非僅僅源於簡單粗暴的商業行為，還源於普爾曼公司在用自己的專屬小鎮供養工人生活方面所表現出的家父長式作風。經濟蕭條導致工人的工資縮減，但他們在公司小鎮的房租卻絲毫未降。工人們反應強烈，繼而引發了雙方數月的爭吵，最終升級為嚴重的暴力衝突（十三人死亡），當局實施了軍事管制。亞當斯在文章中把這場衝突比作李爾王和她女兒考狄利婭（Cordelia）之間的衝突，因為父女倆都沒能理解對方的態度，終致雙雙殞命。[36]「我們幾乎都承認，當時的社會情感是傾向於勞動者解放的，」她寫道：

> 但就像考狄利婭無法（用真心實意的言語）拯救父親、兀自採取了行動（指從法國起兵攻打英國）一樣，看到了曙光的工人也想為自己爭取解放；可以肯定的是，考狄利婭的誠心在新生活中得到昇華，驅使她回到父親身邊，然而她在那裡遭到了滅頂之災，陷入了實實在在的悲劇性殘忍和憤怒之中，可見，工人們的解放事業必須首先將雇主納入其中，不然的話就必將遭遇諸多挫敗、殘酷鎮壓和反攻。[37]

亞當斯認識到衝突的存在，承認它們不完全是人為的產物，並且理解不同陣營會互相掣肘和挑釁。但她同時相信，防止這些衝突陷入暴力泥淖是完全可能的。正如美國現代倫理學家、政治哲學家珍．貝斯克．艾絲坦（Jean Bethke Elshtain）所說，問題在於她想努力「為世界的未來找到最佳方案」，讓不同族群之間少些爭鬥。她在駕馭芝加哥複雜的族群政治和尋找各族群共同利益方面的能力，使這種想法成為她的核心使命。她看到很多人因為每天為生存抗爭而拋棄了他們的偏見和傳統的對抗心理，樂觀地認為包括國際戰爭在內的任何衝突都不會帶來任何好處。如果有機會表達自己，人們固有的善良完全可以彌合分歧，甚至能讓戰爭走遠。她把自己看作「全世界所有愛好和平的婦女的代言人」，不計個人得失地在一九一七年反對美國介入戰爭。戰後，她又不遺餘力地推動和平，並最終獲得一九三一年諾貝爾和平獎。她認為「源於都市生活需求的社會和諧可以在國際層面複製」，並相信「任何對國防和安全的關心都等於接受軍國主義和專制主義」。[38]

杜威

亞當斯和托爾斯泰有著同樣顧慮，擔心孤立的學術研究解決不了什麼問題。不過，赫爾安居會作為一系列社區研究項目的中心，對世紀之交的城市生活做出了令人信服的描述。這主要是受到了美國社會工作者、兒權運動家弗洛倫斯・凱利（Florence Kelley）的鼓吹。凱利在蘇黎世獲得博士學位，並曾與恩格斯往來。此類研究工作反映出一種積極向上的樂觀精神，即只要了解了社會實際狀況，就有辦法因應。[39]

在芝加哥大學，認為社會研究和行動應相互結合的思想幾乎被當作一種已決定的理念。阿爾比恩・斯莫爾（Albion Small）創建了該校社會學系，這是美國第一個社會學系，而且直到第二次世界大戰爆發前，一直是該學科領域的美國「資產」。[40] 作為一名牧師，斯莫爾認為他所信奉的基督教教義和社會調查工作並不矛盾，一直推動運用社會學在反動力量和革命力量之間描繪出一條前進之路。社會學是實現民主變革的工具：「習慣是正題，社會主義是反題，而社會學是合題。」[41] 在一篇引人注目地以〈學術和社會風潮〉（Scholarship and Social Agitation）為題的文章中，他為這種漸進主義信條進行有力的辯護。他寫道，美國的學者們應該「從了解事實走向了解力量，從了解力量走向控制力量，以實現更完美的社會和個人生活」。他對任何社會學概念既不贊同也不相信，稱它們「滿足於玩弄抽象名詞，或是沒有牢記一切研究工作與正常人的生活情趣之間的關係」。芝加哥提供了一個實現這些目標的獨特基礎，簡直就是個「巨大的社會學實驗室」。[42]

這種實驗性特點引起了杜威（John Dewey）的極大興趣，他在一八九四年進入芝加哥大學任教前就已經在心理學和哲學領域擁有顯赫聲名。受他妻子愛麗絲的鼓勵，他當時的政治和學術立場正趨於激進。芝加哥大學本身並不是一個適合激進主義者活動的地方。校內已經有些人因為公開聲援工人而被開除。但杜威同時注意到，芝加哥是一個「充滿種種亟待解決的問題」的地方。他在赫爾安居會找到了自己的用武之地，成了亞當斯的朋友，並經常在那裡開辦講座。他到芝加哥大學時，正逢普爾曼公司發生大罷工。雖然他最初完全支持工會一方，但亞當斯告誡他應多做推動雙方和解的事，而不是火上澆油。工會因失敗所付出的代價驗證了這種想法的明智。他身上獨特鮮明的自由主義氣質，反映出他關心的是隨時可能被不必要分歧所傷害的社會有機體的健全，而不是更傳統的自由主義者關心的個人權利問題。但同時他又堅信，這只能透過民主制度來實現，據他後來自述，民主是他在自己漫長一生中的永恆追求。[43] 他和亞當斯對民主都抱有這種特殊的樂觀態度。體現在教育理念上，就是努力創造條件，讓所有人都能學會把自己看作社會的成員，學會妥協和包容，從而發揮自身的潛力。他的觀點是，所有受到從學校到工廠等各種機構影響的人，都應該參與這些機構的決策。他提倡參與式民主，認為它既是善政之源，又能夠豐富改善社會狀況、推進文明進程的經驗。和亞當斯不同，他並非和平主義者，支持美國介入第一次世界大戰，儘管後來轉而採取了強烈的反戰立場。[44]

他想要從哲學中尋求的不是「解決哲學家自身問題的手段」，而是「由哲學家發展出來的解決人類問題的方法」。[45] 它將對保守主義發起挑戰，並提出一種革命以外的替代選擇。激進派和保守派需要聯合，激進派有自己的「遠景規畫和行動動力」，但如果「沒有前人的經驗和智慧」，他們就會「恣意妄為」，僅僅憑著「一時的隨意和盲目的熱情」行事。

這賦予了社會改革者一個特殊的角色。作為「心理學家、社會工作者和教育家」，這個人必須「幫助對立雙方彌合分歧，在調解社會矛盾的同時，修補被涉及個體的不完整人格」。[46] 將社會視為有機整體的觀點，對基於個體自主假說的自由放任經濟主義提出了挑戰。懶散的達爾文主義者所談論、被過於死板地視為暴力之源的適者生存理論，必須被必要的社會團結原則所取代。如果說人類正經歷著一段進化過程的話，那就是他們漸漸明白了一個道理：合理的解決辦法將建立在合作和互惠，而非個人受益的基礎之上。[47] 這是非戰略家的哲學，非戰略家的目的是解決衝突，而不是有效地駕馭衝突。但他也接受實用主義，作為一種哲學，實用主義漸漸和戰略連結起來。

實用主義（Pragmatism）一詞源自拉丁詞語pragmaticus，在古羅馬時期的含義與「積極務實」有關。這個詞一度帶有貶義，表示「過度的干預或干擾」。但到了十九世紀，實用主義一詞有了更積極的含義。它是指從現實出發，在事實的基礎上系統、務實地對待事實或事件，考慮的是能做什麼，而不是想做什麼。哲學建構源頭可以追溯到十八世紀德國哲學家康德（Immanuel Kant）。康德以醫生基於觀察到的症狀為病人做診斷為例，來形容一種需要在面對不確定因素時採取行動的情形。由於不敢肯定這是正確的治療方法，他的信念也依情況變化而定。其他醫生可能會得出不一樣但更合理的結論。「這種信念視情況而定，但仍可作為採取特定行動時實際採用之手段的基礎，我稱之為實用的信念。」這恰恰是一種戰略所需要的信念，雖然它在不確定的環境中僅僅算是最合理的猜測，但足以為行動提供依據。

首創實用主義的查爾斯・皮爾士（Charles Pierce）認為，康德描述的並非一種特殊的信念，而是一切信念，因為一切都是變化不定的。一切行動都是賭博，因為一切都取決於猜測的水平。信念起了作用就相當於壓對了寶。一九一〇年六十八歲時去世的心理學家、哲學家威廉・詹姆斯（William James）被普遍視作真正的實用主義之父。他吸收了皮爾士的見解，並發揚光大。他把實用主義方法定義為「一種確定方向的態度，這個態度不是去看最先的東西：原則、『範疇』和必需的假定，而是去看最後的東西：收穫、效果和事實」。[48]在詹姆斯看來，思想並非從一開始就正確，而是作為事件的結果變得正確。一種思想的「正確性其實就是一起事件發生的過程，亦即證實自身的過程」。所謂的信念與真理無關，只與行動準備有關。「簡而言之，信念才是行動的準則，全部思維功能僅僅是行為習慣產生過程中的一個步驟。」[49]在此基礎下，檢驗一種信念的標準不是看它多麼能描述事實，而是要看它是否能成為有效的慣例。就像鈔票，只要被當作貨幣使用，就有價值，思想也一樣。只要得到別人認可，就是正確的思想。這可以作為對公共領域思想命運的敏銳觀察，儘管它尷尬地暗示了所謂真理的可靠性。

實用主義可以是一種思考的訣竅、一種鼓勵恰當評估行動後果的論證方法，與麻木生硬的思維模式完全相反，深受戰略家的推崇。它也可以被用來描述每個人如何思考，弄清哪些思想家比其他思想家更有影響力。隨著人們對知識制約性的認識日益增強，工作假說和過程實驗的觀念應運而生。就像物理學家只能用實驗來證明他們的假說一樣，所有社會行為也是要透過實驗證明關於因果關係的假說。

正是在此基礎，杜威始終致力於發展出一種先進的實驗科學理念。這從他在術語使用上更偏愛「工具主義」而不是「實用主義」可見一斑，儘管「工具主義」一詞並沒有流行開來。[50]他將實用主義當作一種手段，旨在弄清信念的本源以及如何透過經驗得以發展。他與韋伯不同，不認為事實脫離於價值觀獨立存在。

觀察者的視角決定了他如何看待世界。世界觀的改變並不是因為不斷變化的價值觀念，而是因為不同形式的接觸交流。杜威對他提出的有關思考和行動屬於同一過程的工作假說有著充分自信，不僅以此為基礎而發展出一套教育理論，且在非常知名的芝加哥實驗學校（Laboratory School in Chicago）進行了實際應用。

所以，思想只是適應現實的手段，並沒有揭露多少現實。真理必須具有實際的效果。真理觀往往是片面和不完整的，是我們自己的解釋，而不是客觀表現。批評者認為，這論點如果推得太遠，就會發展成相對主義；一套信念只要能夠指導行動，就和任何其他信念同樣有效。但它是否「管用」，取決於如何評估效果。[51]這就是社會研究之所以重要的原因，隨著社會研究的積累，人們會更容易地預想到行動的後果。所以，在考慮是否應該為達目的不擇手段這個標準道德問題時，杜威毫不懷疑地指出，只有結果能證明手段的正當性。他認為，達到了預想目標的具體手段是否可信，要由取得了其他次好結果的相同行動來驗證。因此在採取行動之前，有必要全盤考慮意料之中和意料之外的各種可能結果，並在此基礎上做出選擇。[52]這需要非凡的遠見，否則實用主義的價值就會大打折扣。

杜威將思維發展過程和社會生活過程連結在一起。他和托爾斯泰都認為，美好生活是以社會大家庭的組成部分來落實。和托爾斯泰的不同之處在於，杜威認為，由於存在發生衝突的可能，民主可以作為一種手段，用來協調人與人以及人與更廣泛群體的需求，克服明顯的對立，將個人利益融入公眾利益。這意味著承認個人目標在實現社會目標的過程中可能不會全部實現，但可以借助於一個活躍的政治集團來實現。衝突不是解決問題的手段，它本身就是需要解決的問題。

由於杜威決定不參加一九〇四年聖路易科學大會，因此沒能和受邀與會的韋伯見面（但是他在哈佛大學見到了詹姆斯）。韋伯或許已經對杜威的工作有所了解，因為後者的思想中至少有些核心主題與他不謀而合。兩人在某些問題上有著相似的思路，比如都贊成採用科學方法展開研究，都重視思想和行動之間的關係，都強調結果和目的同樣是行動的評判標準。但同時，兩人的思想也存在著重要差異。杜威不太注重區分事實與價值，而韋伯堅持認為兩者不能混為一談；杜威認為民主具有包容性和參與性，而在韋伯看來，民主的價值在於從一大群人裡選出一個合適的領導人並確保對其進行一定程度的問責。

實用主義是以一種戰略家的哲學而發展起來的。它逐漸被用來指涉一種特殊的政治素養，一種隨環境改變不斷調整目的和手段，展現靈活性，坦然面對一個充滿意外、麻煩、錯誤、政策轉向和形勢變化的世界的天賦。與實用主義者相比，教條主義者拒絕妥協，對外界變化無動於衷，並且對任何明顯的徵兆視而不見。但杜威將實用主義這種戰略家的哲學，與一種試圖否認深層矛盾、用研究主導型改革取代政治的非戰略性世界觀結合在一起。曾以《形而上學俱樂部》（*The Metaphysical Club*）一書獲得普立茲歷史著作獎的哈佛大學英美語言文學教授、美國現代文化史專家路易斯・梅南德（Louis Menand）評論說：「當另一場可能的內戰顯得並不遙遠時，反對盲目思想崇拜的哲學可能是唯一被成功植入了進步政治理念的哲學。」[53]在這方面，它提供了一種看起來既讓人躁動又讓人安心的思維方式。但並無既有的原因說明為什麼會這樣。考慮後果時必須有把握辨識不同後果，至少大致上應該如此。這有助於做出最佳選擇，但仍舊只能兩害相權取其輕。

一九三六年，深受韋伯影響的美國社會學家羅伯特・默頓（Robert Merton）撰寫了題為〈有意圖的社會行動之非預料結局〉（The Unanticipated Consequences of Purposive Social Action）一文，[54]他提到，對於為什麼一切後果都不可預料這個問題，通常主要解釋是「無知」，這就形成了一種觀點，即更多更好的知識將會穩定提升行動的品質和效率。但是能夠獲得的知識是有限的，而且默頓預見到了一種多年後將會由行為經濟學家提出的觀點，懷疑是否值得花費時間和精力去獲取額外知識。另一個導致無法預測後果的因素是「失誤」，比如僅僅因為一種做法之前實現了預期結果，就想當然地認為能再次取得同樣的結果，而毫不關注環境的變化。這反映了粗心大意或某種更受心理影響的層面，「不是斷然拒絕就是沒有能力思考問題的某些要素」。

接著，文章提到默頓所稱的注重短期利益、不計後果的「利益面前直接強迫性」（imperious immediacy of interest）。某個行動在追求特定結果時也許是合理的，但「正是因為某個特定行動在心理或社會真空中無法進行，它的效果將會分散到其他價值和利益領域」。在文章最後，他點出了一切戰略的核心：「公眾對未來社會發展的預測常常無法持續，這恰恰是因為預測本身已經變成了具體情況中的新要素，故而易於改變最初的發展過程。」他把馬克思的預言作為例子。「十九世紀的社會主義說教」導致工人組織更常利用勞資談判來表達訴求，「這樣一來，馬克思所預言的工人運動新發展即便沒有被完全擯棄，也放慢了速度」。

任何戰略討論的核心都是因果問題。戰略行動意味著預期效果將遵從於行動者對合適行動方針的選擇。大體上，社會科學本該有助於戰略選擇，因為因果關係更容易理解。這催生了它自身的道德問題。在韋伯看來，人們或許能夠認識到作為或不作為行為可能產生的後果，這就意味著不用社會科學提供的深刻見解思考問題是不負責任的。在杜威看來，用社會科學的見解思考問題同樣愚蠢，因為這等於拒絕了一個從每次行動中得到最大收穫的機會。而在托爾斯泰看來，真正的愚蠢是幻想自己永遠能夠正確把握複雜的社會進程。在這些問題上，或許沒有真正的專家。人類不可能完全把握影響重大社會和政治進程的各種因素。如果不相信任何特定行動能起作用，也就不會有什麼戰略。

在二十世紀的頭幾十年裡，人們普遍否認戰略的存在，這等於是放棄了應對各種重大而緊迫的社會和政治問題的希望。然而，保持謹慎無疑是有道理的。情況越是複雜和怪異，就越是難以把行動和後果連結起來。意料之外的結局可能和意料之中的結局同樣意義重大。即使短期目標得以實現，所獲收益也可能被長期不良後果所侵蝕。最具挑戰性的情形是，有反對者千方百計地想要駁倒工作假說。就算正確理解了因果關係，仍可能缺少足夠的措施來產生所需要的效果。改變教育政策是一回事，而改變資本主義發展進程或者消除束縛人民思想的有害謊言則是另外一回事。認為依據先進社會科學制定的開明社會政策能夠平復工業化創傷的樂觀態度，在經歷了二十世紀中葉的思想、經濟和軍事災難後幾乎消失殆盡。開始於二十世紀後半的社會和政治轉型幾乎未受主流社會科學理論的影響，而是個人和組織努力透過集體行動改善自身生活的結果。

第22章 規則、神話和宣傳

須知思維工場就像紡織廠，
出好產品得有能幹的工匠。

——歌德（J. W. von Goethe），《浮士德》（*Faust*）

韋伯和杜威代表了自由主義對馬克思主義的幾股獨特評價，而一群被稱為新馬基維利主義者的義大利學派成員，則對馬克思主義做出了更為保守的評論。如西西里人加埃塔諾·莫斯卡（Gaetano Mosca）是其中的佼佼者，他在義大利學術和政界具有重量級地位；一直在義大利講學的德國社會學家羅伯特·米歇爾斯（Robert Michels）；赴日內瓦發展的義大利人維弗雷多·帕雷多（Vilfredo Pareto）等。他們明確的修正了對逐步邁向更平等、更民主社會的種種期望，其特點不在於戰略思考，而在於一種對戰略效果局限性的敏銳感覺。他們屬於當年從政治經濟學轉向社會學潮流中的一部分，目的是為了探究社會行為中的非理性行為，被稱為馬基維利的繼承人，[1]不僅因為他們和義大利的淵源，還在於他們將馬基維利奉為用實事求是的方法研究政治學的典範，採納的是嚴酷的現實實踐本身，不會依據實踐者花言巧語的表象來做判斷。

他們的核心主張是少數人將永遠統治多數人，因此，其關鍵問題始終圍繞菁英階層應採用什麼手段維護自身地位，以及會以何種方式下台。身為韋伯學生的米歇爾斯，對其中最具重要性的內容——有組織的需求對民主權利的影響——展開了實證研究。米歇爾斯是一名活躍的德國社會民主黨成員，他逐漸認識到，政黨組織在確立目標和戰略中占有舉足輕重的地位。無論資本主義政黨如何談論「人民意志」，[2]都不會有人懷疑他們是非民主，而社會主義政黨則因為宣揚平等主義而給民主原則帶來了更尖銳的考驗。米歇爾斯的分析和韋伯的官僚制理論完全一致，但韋伯沒有這位高足這般激進，他認為研究進行到革命的熱情開始遞減時為止。他對米歇爾斯解釋說：「對我來說，人民的真正意志早就不存在了，只是些虛構的概念而已。」[3]

米歇爾斯透過對戰前德國社會民主黨的研究發現，政黨的壯大以及在選舉中獲得成功，會使其失去戰鬥性：「組織成為政黨生死攸關的要務。」只要這個黨還在繼續發展，其領導階層就會知足，不願意冒險採取任何可能威脅現狀的大膽舉措。米歇爾斯指出，他們感興趣的是如何使自身利益永久化，「在某種意義上，組織本身就成了目的」。[4]組織工作要求高且複雜，需要專門的才能。那些知道如何管理財務、照看黨員、撰擬文件、指揮運動的人，具備高超知識，掌控了各種溝通的形式和內容。只要這些人保持團結，那麼相對弱勢的群眾就難以對其施加自身意志。「所謂組織，就是寡頭統治。」這是米歇爾斯所提的「鐵律」。

除了這條規律及其後來對社會主義的失望之外，米歇爾斯再沒有提出過什麼重要理論。在這方面，莫斯卡的地位更重要一些。他的初始論點很簡單：在所有政治體系中，古往今來任何地方總有一個統治階級，他們是「有影響力的少數人，不管願意與否，多數人都得服從他們的管理」。[5]莫斯卡認為，這種統治既不可能由單獨一個人，也不可能由大多數人來執行。這是由組織的必要性決定的。大多數人天生缺乏組織性，而個人光從定義上看就是無組織的。所以只有少部分人可以被組織起來，這也就意味著重大政治鬥爭只能在菁英階層內部展開。要成為超凡的人，就必須雄心勃勃地努力工作，而不僅僅是擁有正義感和無私精神。最重要的是「一種對個人和大眾心理的洞察力、意志力和強大的自信心」。[6]環境的變遷影響著菁英們的命運起伏——神職人員在宗教社會中如魚得水，武士們在戰爭中享有主導地位。如果某種特定的社會力量式微，那麼從中獲取權力的那部分人，地位也會隨之下降。

帕雷多緊隨莫斯卡的腳步（莫斯卡認為並非始終如此）。帕雷多學習過工程學，並在製造業工作過一段時間，之後在經濟學領域聲名鵲起，而後又成為社會學界的著名學者。在洛桑大學任教期間，帕雷多堅守新古典主義傳統。他在那裡追隨一般均衡理論之父、法國數理經濟學家里昂．瓦爾拉斯（Léon Walras），開創了一般均衡理論。瓦爾拉斯主張，如果整個經濟體系處於均衡狀態，那麼其中任何單一市場也必然處於均衡狀態。瓦爾拉斯在一八八五年出版的著作《純粹經濟學要義》（*Elements of Pure Economics*）中用數學方式證明了一般均衡理論，成為二十世紀中葉頗受歡迎、尤其盛行於美國的經濟學理論的先河。

帕雷多有兩項以他的名字命名的重大貢獻。帕雷多法則是指在任何大系統中，約八〇%的結果是由該系統中約二〇%的變數產生。這條粗略的經驗法則表明，少數的投入可能會對產出造成不成比例的影響，從本質上質疑了均衡概念。他的第二個貢獻，也是更為重要的，是帕雷多最適境界（Pareto optimality或Pareto efficiency），同樣對後世的經濟學思維產生了影響。一九〇二年，帕雷多發表了一篇對馬克思主義的批判性文章，這標誌著他從經濟學領域轉向了社會學領域。帕雷多認同馬克思有關階級衝突的觀點，以及分析人類行為時所採用的犀利方式，但不認同階級衝突會隨著無產階級勝利而終結。人們或許篤信他們在為一個偉大的事業而鬥爭，或許領導者們也這麼想。然而在現實中，菁英們只關心自己的利益。即便在一個集體主義社會中也仍存在衝突——比如知識分子和非知識分子之間的衝突。帕雷多最重要、最具影響力的主張之一，是源於其工程學和經濟學背景的社會均衡理論。他認為社會天生拒絕變革。當其內部或外部出現干擾力量時，一些對抗性運動就會應運而生，使社會回到原本狀態。帕雷多認為，少了菁英，大眾就像人的身體只剩下軀幹（「沒有能力，缺乏才能、個性和才智」），[7] 好比一旦抽走了邏輯，大多數行為就會成為不合邏輯的剩餘範疇，這都充分反映了他的菁英主義觀。

帕雷多的作品中，一個耐人尋味的方面是有關政治體系中的戰略角色分析。這指的並不是他如何表達這一議題，而是對他富有個性的特殊語言所做的理性解碼，尤其是他最重要的作品，用英文出版的四卷研究報告《心靈與社會》（*The Mind and Society*）。[8] 帕雷多自稱其談論的不是戰略，而是「邏輯行為」。它本質上是一種程序理性（procedural rationality）：行為應該面向一個可實現的目標，並採用適合那個目標的手段。在他的概念體系中，客觀目的（要獲取的）和主觀目的（想獲取的）是完全一致的。這為邏輯性設立了一個相當高的標準。反而觀之，「非邏輯行為」中客觀目的和主觀目的是相互背離的。在這種情況下，要嘛是行動缺乏目標，要嘛宣布的目標根本無法完成，難以透過既有手段達成。帕雷多發現，這是一種普遍現象。這種非邏輯行為的例證包括魔術、迷信、依賴常規、嚮往烏托邦，以及誇大個人和組織的能力與信心，或者某些戰術的效用等。

帕雷多認為非邏輯行為的根源是「剩遺物」（residues，一種理性被拿走後的剩餘物）。它們是影響人類行為的穩定、本能的因素，而「派生物」（derivations）則是那些隨著時間和空間的變化而變動的因素。有關剩遺物的分析最早出現在四卷本《心靈與社會》的第二卷中，但很快其論述就變得異常散漫和複雜起來。到了第四卷，先前提出的六個剩遺物被減到兩個，它們被拿來與馬基維利提出的獅子和狐狸的特性做比較，後者分別代表了力量和狡詐。他把與狐狸的特性相關聯的稱作一類剩遺物，反映了「組合的本能」——這是一種將不同元素和事件連結在一起的衝動，以發揮思考想像去嘗試戰勝別人、採取行動擺脫困難、產生思想意識形態以及建立權宜性質的聯盟。

與之形成對比的是二類剩遺物，也就是和獅子的特性有關的剩遺物，它反映了「集合體的持續性」，意指人類傾向鞏固已有地位，本能地喜歡永久、穩定和秩序。獅子們表現出對家庭、階層、民族、宗教的依戀，會提出團結、秩序、紀律、財產或家庭等訴求。帕雷多將獅子與使用武力的意圖連結在一起。雖然看起來獅子更趨保守而狐狸稍顯狡猾，但事實未必如此。在帕雷多的概念體系中，意識形態是根源，而理性化指向更深層次的事物。武力可以用來維持現狀，也可以推翻現狀。因此，帕雷多將「剩遺物」描繪成經典戰略的兩大支柱，力量和狡詐，兩者分別使用武力和腦力解決問題。帕雷多並不認為這兩種特徵只是在程度上有所差別，他認為根本就是兩種獨特的且具有排他性的特徵類型。

菁英更像是一群聰明的狐狸，憑藉狡猾和欺騙來維持地位，而更冷漠、更缺乏想像力的獅子則存在於大眾之中，被集體忠誠束縛。狐狸們設計出種種能夠讓大眾得到滿足感的意識形態，尋求透過意見達成一致來實現統治，他們不想使用武力，而是想在短期內解決危機。但這也正是狐狸們的弱點所在。他們易於妥協，對使用武力過於敏感，這會削弱他們的政權。當有朝一日他們的伎倆失效時，面對的將是無法以智取勝的強硬對手。當更加剛強的獅子進行統治時，他們傾向於依靠暴力，對於妥協毫無興趣，聲稱要維護更高的價值觀。既然任何一方都無法單憑一己之力維持長久統治，那麼最穩定的政權就是這兩種類型的混合體。在實踐中，雙方都會將自己的同類拉進這個陣營。狐狸政權會隨著時間的推移而退化，難以承受驟然出現的武力；獅子政權則會因遭到狐狸們的滲透而日漸式微。由此，帕雷多假設出了「菁英循環」（circulation of elites）理論。菁英永遠存在，只不過其成分會有所變化。有利的統治方法是依靠精明和狡詐，但永遠不排除使用暴力。

政治史就是武力實踐者與詭詐者兩種力量之間的辯證存在，這種觀點有一定的吸引力。但帕雷多對自己政治語境的概括反映了他對民主需求的懷疑，對腐敗及當時犬儒政治的種種厭惡。他試圖從歷史上尋找借鑑來支持他的理論，淡化物質變化和日益舉足輕重的官僚組織的影響力。[9]然而，就像我們後來所看到的，即便如此，他的思想還是對保守勢力產生了影響，後者正尋求用一種強健的知識替代品取代社會主義和馬克思。

群眾與大眾

保守派也許認為菁英永遠存在，激進派則相信菁英們遲早要被推翻。雙方都感興趣的是，如何在幾乎不使用武力的情況下抓緊權力。雙方都想從意識形態中尋求解釋。菁英統治是否牢靠，得看其用於控制大眾的意識形態是否強大。馬克思認為階級鬥爭可以產生一股這樣的挑戰力量。日漸增強的自我意識會引導工人階級行動起來去獲得政治身分，而不僅僅滿足於紙上談兵。但令人遺憾的是，階級結構的發展方式遠比馬克思想像的複雜得多，而且工人們還固守著一些不正確的想法。社會主義者遇到的困難是，既要論證一種真正的階級意識在科學上的正確性，又要展現其政治潛力。他們必須和從教士到改良者等種種傳播錯誤意識的人鬥爭，前者向工人們的頭腦中灌輸荒謬的宗教言論，後者——也許更有害——聲稱無須透過革命就能讓工人們的需求得到系統回應。對於保守派菁英而言，政治穩定並非取決於信仰的對錯，而在於是否能讓大眾滿意，是否會點燃造反情緒。

莫斯卡提出為統治階級服務的「政治公式」，它們可以令人信服地提供一些能被人普遍理解並承認的廣泛概念，比如種族優越感、君權神授、「人民的意志」等。政治公式絕不只是見利忘義的統治者所使用的「詭計和騙術」。相反地，它需要反映大眾需求。莫斯卡設想，大眾更偏好「服從以道德原則為基礎的統治，而非僅僅依靠物質力量和才智」。一個公式可能不完全與「真相」一致，但需要明白：但凡人們對它的有效性產生普遍懷疑，那麼其結果就是社會秩序受損。

社會心理學領域的發展激發了人們對意識的興趣。勒龐的《烏合之眾：大眾心理研究》（*The Crowd: A Study of the Popular Mind*）是一本極具影響力的作品。本書在前面的章節中提到，它曾經影響過暱稱「Boney」的軍事思想家富勒。該書於一八九五年在法國出版，很快被譯成多種語言。從許多方面來看，它是保守菁英對等級制解體和「天賦人權」取代「君權神授」的哀嘆。勒龐敵視社會主義和工會，認為它們是惡意煽動家蠱惑大眾的例證。最引人關注的是他對大眾心理中不理性根源的探討。勒龐在這個著名的社會思想命題中提出，相對於深思熟慮，有意識的行為在更大程度上受到「頭腦中遺傳所造就的無意識基礎」的影響。當個人加入群體後這種影響會變得更為強大，不理性得以充分釋放。

> 進一步說，單單是他變成一個有機群體的成員這個事實，就能使他在文明的台階上退好幾步。孤立的他，可能是一個有教養的個人；但在群體中，他卻會變成野蠻人，一個行為受本能控制的動物。他表現得身不由己，殘暴而狂熱，也表現出原始人的熱情和英雄主義，和原始人更為相似的是，他甘心讓自己被各種言辭和形象所打動，而組成群體的個人在孤立存在時，這些言辭和形象根本不會產生任何影響，他會情不自禁地做出與他最顯而易見的利益和最熟悉的習慣截然相反的舉動。一個群體中的個人，不過是眾多沙粒中的一粒，可以被風吹到無論什麼地方。[10]

勒龐的語氣很悲觀，但提出了一種控制大眾的可能性。由於大眾意見所反映的並非其利益，實際上甚至算不上什麼嚴肅想法，因此，同樣一群敏感的大眾既可能受到別有用心的社會主義者的荒謬想法影響，也可能聽從鑽研過大眾心理學的幹練菁英們所提出的對立想法。在錯覺當道時，訴諸理性是毫無意義的。人們需要的是戲劇性效果、一幅吸引人注目的驚人景象——「是絕對、毫不妥協、簡單的」，能夠「填充並戰勝人的意志」。掌握了「影響群眾想像力的藝術，也就掌握了統治他們的藝術」。勒龐的書也成了統治階層菁英們的必備讀物。

法國人喬治・索列爾（Georges Sorel）提出了一個顛覆性的類似觀點。他是個地方級的工程師，中年後才開始從事研究和寫作。雖然他一貫藐視理性主義和中庸之道，但在他的一生中，其政治主張曾經發生過巨大轉變。休斯（H. Stuart Hughes）稱他的頭腦是「一個大風呼嘯的十字路口，二十世紀初，幾乎每一種社會學說都在這裡經過了一遍」。[11] 他的批判立場使他成為當時非常受人關注、有很強感知力的社會理論家。[12] 他以一種非常獨特的方式信奉馬克思，認為後者與其說是個資本主義經濟崩潰論的預言者，倒不如說是個資產階級道德崩潰論的預言家。[13] 他深信勒龐的觀點，認為人的理性會消失在群體之中，這意味著他對群眾性的政治運動不抱信心。

索列爾厭惡腐朽的菁英階層、懦夫和騙子，認為這些人缺少爭取自身權益的魄力，一心想與反對者媾和，他認為這些人會在一場決定性暴動中被清理掉。他腦海中的鬥爭模式是一種拿破崙式的戰鬥，最終讓敵人一敗塗地。索列爾最負盛名的是，他在參加工團主義運動期間寫下的作品《反思暴力》（*Reflections on Violence*）。工團主義運動之所以能夠吸引他，部分原因是不涉及黨派政治。索列爾在書中提出了最有力的觀點，即神話理論。神話既不用分析，也無須計畫。它是一個無可辯駁、不具邏輯、非理性的圖片和文字的組合，「僅憑直覺，不經任何考慮分析，能夠喚起一種不可分割的群體意識，與之對應的是社會主義在反對現代社會中展現出的不同戰爭形式」。

索列爾強調直覺的重要性，從中可見，法國哲學家亨利・柏格森（Henri Bergson）對他產生的影響。

索列爾曾經在巴黎聽過柏格森的講座。對於神話唯一的檢驗就是，能否推動政治運動向前發展。它不是系統性思想概述，更關注的是信心和動力。一個成功的神話能迫使人們參與一項激進的事業，讓他們樹立必勝的信念。神話鼓舞的副作用，就是破壞性大於創造性。索列爾特別厭惡諸如原始基督教和馬志尼民族主義所主張的烏托邦主義，以及認為人會善良行事的種種主張。在撰寫《反思暴力》期間，索列爾腦子裡的神話就是工團主義者大罷工。他已經對馬克思主義革命喪失了信心。後來，他又打算接受列寧的布爾什維克主義和貝尼托．墨索里尼的法西斯主義。致力於尋找一種能夠發揮作用的神話，用意識形態方面的影響來評估思想，可以說，這些做法都是務實的，儘管這並不十分符合實用主義者的想法。

葛蘭西

索列爾影響了一批人，包括安東尼奧．葛蘭西（Antonio Gramsci）。因為童年時遭遇的一場意外，葛蘭西長得特別瘦小，不但駝背而且體弱多病，但憑藉過人的才智和廣泛的愛好，獲得了大學獎學金，最終成為一名激進派記者。他得到了索列爾的支持，在杜林的工廠委員會運動中表現活躍，接著在一九二一年參與社會黨的分裂運動，並協助創立了義大利共產黨（PCI）。葛蘭西擔任共產國際的義大利代表，在莫斯科工作了十八個月，回到義大利後，他驚訝地發現，由於左派內部不團結，法西斯主義已經在義大利成了氣候。雖然葛蘭西最初作為義大利下議院成員可以免於牢獄之災，而且在不到場的情況下當上了義大利共產黨總書記，但他還是在一九二六年十一月被捕。三十五歲時，他被法西斯分子判處二十年監禁。被釋放時，葛蘭西的身體已經徹底垮掉，於一九三七年逝世。

葛蘭西博覽群書，在獄中就廣泛的話題寫下了大量筆記。他原本打算一旦獲得自由，就對筆記中的思想進行系統化闡述。儘管這些筆記看上去字跡潦草、殘缺不全，而且為了迷惑獄卒，還故意寫得語焉不詳，但筆記還是被保存了下來。現在這些作品被認為是代表了葛蘭西對馬克思主義和非馬克思主義理論的一大重要貢獻。直到第二次世界大戰之後，他才被真正「發現」，被稱為人道的、非教條的馬克思主義者。他質疑第二國際遺留下來的僵化構想，反對依賴歷史進步的法則得出一個樂觀的社會主義結論，並認為應該將文化和經濟置於同樣重要的地位。他的獄中札記裡有一些很特別的筆記，試圖闡述工人階級在面對赤裸裸的剝削時為何表現得那麼順從。

他了解新馬基維利學派，並認同他們的一些結論。例如，他一度認可只要存在階級，就會存在「統治者和被統治者，領導者和被領導者」。任何忽視這一「根本的、不可或缺的事實」的政治綱領都注定失敗。[14] 統治者更願意借助於普遍支持進行統治，而不願使用高壓政治。要達到這個目的，就得讓被統治者信服，現有的政治秩序是為他們的利益服務。不透過暴力，而是憑藉思想的力量實現統治，葛蘭西將這種能力稱為「領導權」。這個詞並非葛蘭西首創，而是出自希臘語hegeisthai（意為「領導」），其基本主張也並不新穎。《共產黨宣言》說：「任何一個時代的統治思想始終不過是統治階級的思想。」列寧警告稱，工聯主義不是無產階級思想，它是為資產階級服務的，他使用「領導權」這個詞的本義來指涉領導。[15] 葛蘭西探究霸權統治的根源，充實了這個概念，使之成為主流政治詞彙的一部分。

馬克思主義所面臨的問題是經濟與政治之間的緊密關係，物質條件的變化會不可阻擋地改變政治意識。然而，葛蘭西指出，「在某些時刻，經濟因素的自主推動力會因為傳統意識形態元素而放緩、受阻甚至隨時消失」。[16] 有個明顯的例子，資產階級聲稱可以透過勸導性的議會手段獲取民主與平等。只要這種方式持續下去，統治階級就可以避免使用武力。只有當統治階級失去霸權地位的時候，才有必要動用更專制的措施。這種方式會在危機時刻經受考驗，政府為了轉移大眾的怒火，會尋找各種操控思想的辦法，製造一批逆來順受的群眾。

葛蘭西將社會分成政治社會和市民社會。政治社會即權力領域，包括各種國家機器：政府、司法機關、軍隊、警察。市民社會指的是思想領域，包括除前者之外的各種行為體，如宗教機構、媒體、教育機構，以及各種與政治發展和社會意識相關的俱樂部和政治黨派。統治階級要想獲得支持、維持統治，就得推銷其思想理念。成功的霸權顯然擁有與社會其他成員共同的思考方式、現實概念，以及有關常識的各種見解。這些都會反映在語言、習俗和道德中。他們會讓被統治者相信，這個社會能夠且應該被整合成一個整體，而不是被階級衝突割裂開。

實現統治，不是隨隨便便地把一個偉大的想法植入大眾意識中。統治階級要自然而然地動用傳統、各種愛國象徵、儀式慣例、語言形式，以及教會和學校的權威。菁英的弱點，在於和實際經驗之間的連結。因此，他們在獲取霸權的過程中難免會做出種種讓步。即便如此也仍有問題，工人階級期待的是一種能夠反映他們自身狀況的世界觀。葛蘭西相信工人階級確實有這種想法，但認為它還只是處於萌芽期。它會在行動中顯現，但也只是當「群體作為一個有機的整體時」會「偶然地，間歇性地」表現出來。「出於服從以及知識從屬等原因」，工人階級的意識形態可以與從統治階級中提煉的意識形態共同存在。[17]由此，兩種理論意識幾乎形成了競爭局面，一種反映在實踐活動中，是把工人們緊緊地團結在一起，另一種來源於歷史，被人們全盤接受，透過語言、教育、政治和大眾媒體鞏固和加強。因此，真正的意識被掩蓋了，偏離了原軌。但只要有機會，就會顯示實力。

霸權思想無須令人信服，只要一現身就足以引發混亂，引起麻痺。共產主義者所面臨的挑戰就是投身於反對霸權的事業，為工人們提供理念上的工具，讓他們充分理解導致自己不滿的種種原因。這需要在市民社會的相關領域展開活動。事實上，只要這一步工作沒有完成，共產黨就不可能真正為掌握權力做好準備。共產黨必須首先推翻統治階級，然後建立自己的霸權。葛蘭西將代表某個群體的政黨比作馬基維利著作中的君王：「現代社會的君王……不可能是一個真實、具體的個人。它只能是一個組織、一個社會中的複雜部分，集體意志在這裡得到加強，並在已開始的行動中得到識別和部分加強。歷史的發展已提供了這個組織形式，它就是政黨。」[18]政黨只有一直與渴望掌握權力的人保持緊密連結，才能發揮作用。葛蘭西並不欣賞民主集中制，認為它指向的是獲取獨裁權力。他滿懷疑慮地寫道，這就要求大眾「對看得見或看不見的政治中心懷有一種類似軍人那樣的忠誠」。當採取直接行動時，這種做法或許能夠在一段時期內發生作用，其手段是以「道德說教、感情激勵以及盼望黃金時代的彌賽亞神話，在這個黃金時代，一切現有的矛盾和苦難都會自動化解並轉好」。[19]

為了要解釋自己的想法，葛蘭西以軍隊為類比。統治階級對市民社會的知識統治好像一大片戰壕和堡壘，只能靠耐心和頑強的陣地戰來摧毀和顛覆。還有一種辦法是機動戰——實際上就是向國家發起正面攻擊，它一直以來就是革命者的夢想，而且已經在俄國取得了成功。列寧發動了一場運動，利用一個有組織的政黨、一個一盤散沙的國家、一個虛弱的市民社會掌握了權力。然而，葛蘭西認為這只是個「東方」特例，其條件與西方國家複雜的市民社會和結構有巨大差異。在西方國家，唯一的途徑就是先在思想領域展開鬥爭。「政治領域的陣地戰，」他強調：「就是霸權的概念。」一位權威人士稱，這是「對葛蘭西整個戰略觀點的濃縮概括」。[20]

葛蘭西沒有機會完成他的分析，更是無從談起將它們付諸實踐，但是他的觀點中有一種從馬克思主義核心內容中流露出的張力。他堅持認為，經濟最終會駕馭政治，階級鬥爭是真實的，能塑造並形成意識，終有一天，占大多數的工人階級會獲得權力，依靠真正的霸權共識進行統治。然而，他的分析中也流露出一系列極不穩定的關係、可能性，以及相互脫節、毫無連貫性的思維方式。馬克思主義者無法接受這樣的理念：政治是獨立於經濟之外的領域，而且還擁有獨立發展趨勢，但是允許這麼多因素涉入政治和經濟之間會使兩者的連結變得模糊不清。如果思想只對自己造成的後果負責，反映的不只是生產方式的變遷和社會階級的組成，那該如何設想思想鬥爭和潛在的階級鬥爭之間的關聯？如果我們承認，人的頭腦能同時容下理論上相互矛盾的思想，那又何必阻止統治階級的霸權主義思想和被統治階級的反霸權主義思想之間的較量？還有那些混亂、困惑、隔絕階級鬥爭的理念、謹慎顧慮所導致的無所作為、恐懼失業、追悔失敗，或者不信任黨的領導人，它們又該如何解釋？[21]

葛蘭西使用的軍事類比方法，本質上是德爾布呂克在比較殲滅戰略和消耗戰略時首先採用的。一九一〇年考茨基用過這種方法，隨後列寧在積蓄力量進行革命準備的論爭過程中也使用過。葛蘭西也許因為一戰之故，更新此比喻，將戰爭早期失敗的機動戰和後期的戰壕、防禦工事和猛攻做對比，但其背後的觀點其實是一樣的。殲滅戰略或顛覆戰略——葛蘭西所稱——可以確保獲得迅速的決定性結果，但條件是發動突襲，而且是在對手毫無準備的情況下。但考慮到國家的優勢，只能做謹慎和長遠的考慮。葛蘭西因此認為爭奪霸權的戰爭是一場持久戰。一旦獲得國家權力，社會主義就已經快取得勝利了。

作為一種解決方式，葛蘭西的想法和考茨基的幾乎沒什麼不同，只不過前者在思想領域設想得更加廣泛深入，對議會路線持更加懷疑的態度。葛蘭西的出發點很弱。值得注意的是，他那些有關如何打陣地戰的想法似乎意在避開早期的暴力運動，將焦點放在遊行示威、抵制、宣傳和政治教育等方面。至於如何將民間反霸權運動的成果最終轉化為政治領域的權力轉移，這個問題仍然是模糊的，設想，如果統治階級仍占主導地位卻不再實行霸權，那也是一個問題。在這種情況下，一場機動戰在所難免。葛蘭西沒有提及的另一個更大的問題是，新的霸權該如何在經濟和社會結構更加複雜多樣的環境下發展？

如果不是在監獄裡，那麼葛蘭西的戰略看來溫和而有耐心，避免了列寧主義者所招致的獨裁主義指控，有效避免了革命，不可避免地與其他黨派達成了協議和妥協。現實中，葛蘭西在身體被法西斯的囚禁，知識上則被政黨路線所框限。他和自己進行著一場霸權較量。他承認人的思想方式影響了行為方式，思想絕不會聽命於階級的需要，然而每當此時，他的想法也等於顛覆了自己心中長期樹立起來的知識和政治傳統。他正在有意無意地挑戰這些傳統。

葛蘭西身處困境。他非但沒有機會將自己的思想付諸實踐，而且一旦嘗試就必然遭到阻撓。如果他公開提出這些思想理念，就會被當作激進主義分子逐出黨外。當他的作品在其去世後最終出版時，最初也只是收錄了被義大利共產黨認為可以安全發表的章節而已。一旦人們不再相信馬克思主義是反映歷史規律的科學理論，葛蘭西的設想就不會實現，或者至少向一個與他最初設想毫無關係的方向發展（戰後的事實的確如此，這激發了眾多學術文化研究）。

共產黨轉向了維持霸權的階段。它要求黨員忠於現行路線，無論看來多麼自相矛盾、難以自圓其說，即便證據確鑿，黨員們也得毫不猶豫、深信不疑地向追隨者做出解釋。陷入這種知識扭曲的官方理論家必須擁護領導，他們自知只要表現出一絲懷疑或者獨立思考的跡象就會身陷麻煩。當意識形態從街頭走向政府的時候，思想紀律便擴大到了作為一個整體的所有人身上。政黨的路線每天都要遭到各種日常事務的考驗，還有各種分歧需要解釋，因此其正式立場不得不做出一些必要的改動，困擾由此產生。一種自稱能夠詮釋一切的意識形態，必須對任何事物持有立場，有時候這些論調聽上去可能有點可笑。即便在群眾中擁有一批鐵桿支持者，還是會產生各種各樣的疑問。到後來，與其說信譽維護了霸權，倒不如說是向懷疑論者、變節者、批評者和離經叛道者所發出的懲罰性威脅在發生作用。由此看來，有關階級意識、政治規則、神話和霸權的極端主義原命題與極權主義國家的極端主義做法是相互匹配的。

也許是基於勒龐和索列爾的思想，身為德國統治菁英的納粹，憑藉冷酷和理智上的毫無羞愧感控制了群眾的思想，則是令人極其不安的個例。他們組織集會，控制電台廣播，動用了眾多現代宣傳形式。雖然希特勒和他的宣傳幹將約瑟夫·戈培爾（Joseph Goebbels）從不承認自己會卑鄙到編造他們所說的「大謊言」（big lie），但從嫁禍於敵人的種種描述來看，他們的立場觀點暴露無遺。希特勒指稱，是猶太人而非德國人該為一戰的失敗負責，他在解釋這個問題的時候注意到「一個定律（就該定律本身而言是相當正確的）——大謊言總是具有一定的可信度；因為相較於自覺意識和自由意志，一個國家的廣大民眾更容易在深層的情感本性上受到感染」。出於「思想上的古樸本性」，人們更容易成為大謊言的犧牲品，「因為他們的頭腦中根本編造不出如此的漫天大謊，他們無法相信竟然有人會如此厚顏無恥，如此惡劣地歪曲事實」。[22]

伯納姆

史達林主義對開放社會的左派思想產生了一定影響，在美國，人們提出的問題是：西方資本主義社會難道真的會按照馬克思設定的道路發展下去嗎？或者它會更加持久，而並非那麼具有自我毀滅性？一九三〇年代，追隨蘇聯路線的共產黨控制著極左派政治。被流放到墨西哥的托洛斯基在仍然篤信馬克思主義的群眾中頗具號召力，尤其是在可怕的經濟大蕭條期間，以及在人們被史達林的邪惡和狡猾驚嚇到了之後。托洛斯基主義者團體是目前美國規模最大的共產黨組織（儘管只有大約一千名成員），其中許多重要人物信奉的是一種不同於莫斯科的馬克思主義，他們紛紛來到紐約。如果不考慮政治影響而單就活力而言，這是一個令人敬畏的知識分子團體。實際上，這些人最後在反史達林主義的催動下，統統拋棄了馬克思主義，許多人從此成為保守派。這些人中不乏一些美國戰後最有實力的知識分子和作家。這些老牌左翼分子發起了當代新保守主義運動，在一九三〇年代的諸多派系鬥爭中練就了好辯的才能。

這樣的環境造就了一名關鍵人物——紐約大學教授詹姆斯・伯納姆（James Burnham）。他曾是托洛斯基身邊最犀利的謀士，直到托洛斯基支持史達林與希特勒簽訂友好條約才分道揚鑣。他認為，托洛斯基此舉完全是種背叛。與此同時，兩人在辯證唯物主義的哲學有效性方面也存在旁人難以理解的深奧糾紛。從此，反共產主義在伯納姆的思想中占據了主導地位，他堅決地站到了右翼立場。一九四一年，正值伯納姆走上右翼道路的初期，他秉持一貫的嚴謹、準科學、預言式風格，以生產資料為重點，探索權力究竟何在，出版了一本極具影響力的作品《管理革命》（*The Managerial Revolution*）。他發現一個新階級——並非無產階級——正漸漸占據主導地位。正如這部書的名字所寫，該書的核心主題是經理人能夠提供技術指導並協調生產，他們已經取代資本家或共產主義者，取得了掌管權。他在納粹德國（當時認為德國會在歐洲取得勝利）和羅斯福總統的新政中都發現了這個趨勢。[23] 戰後，古怪的左派人物、流動鞋商布魯諾・瑞茲（Bruno Rizzi）指責伯納姆剽竊。他的批評不無道理，即便伯納姆沒有讀過瑞茲發表於一九三九年的那本《世界的官僚化》（*The Bureaucratization of the World*），[24] 也該對此書有所耳聞。托洛斯基意識到，伯恩斯坦識別出一個統治著不同類型社會的國家機器的官僚階層。他自覺有必要解決這個問題，因為伯納姆利用了他對蘇聯的批判，並將其發展到了一個忠實的馬克思主義者無法容忍的地步。

伯納姆在他的下一部作品《權謀政治家》（*The Machiavellians*）中，試圖為他在《管理革命》中的經濟分析提供政治視角。他借鑑了莫斯卡、索列爾、米歇爾斯和帕雷多的思想。該書意圖重申馬基維利關於基本利益和本能在政治中的角色的坦率觀點，即權力在其本身的實施過程中，如果有必要，是需要靠暴力和欺詐來維持。他斷定完全有可能建立一門客觀的政治科學，對任何政治目標持中立態度，不受個人喜好的支配，以「多樣化、各種公開或隱蔽的形式」思考為社會權力而鬥爭。這依靠的不是所謂的表面價值；人們所做所說的每一件事都要放在更寬泛的社會架構中去理解其意義。該書用大量篇幅介紹了與新馬基維利主義相關的各種理論，重點強調了統治者和被統治者之間的核心分歧。他的總結是帕雷多和索列爾兩者思想的混合產物。他從帕雷多的思想中吸取的觀點是，政治和社會變革中符合邏輯、理性的行為只能發揮次要作用。「所謂人們透過有意識地採取措施來實現明確的既定目標，這在很大程度上不過是錯覺而已。」而更常見的是那些「環境變化、本能、衝動、利益所激發」的非邏輯行為。索列爾的主張則是菁英們依賴一種政治模式來維護自己的勢力和特權，「它通常與人們普遍接受的宗教、意識形態或神話」相關聯。

伯納姆發現，這些新興的菁英「有能力掌控當代的大規模產業、大規模勞動力以及超國家的政治組織形式」。他設想，這種控制會透過一種強制性的政治模式來實現。因此，對於菁英而言，明智的做法是讓大眾接受各種非科學的神話。如果他們無法用這些神話來維繫信仰，社會結構就會坍塌，被推翻。簡而言之，領導者——如果他們自己還算講點科學——必須撒謊。[25]

這就是伯納姆分析的問題核心。在納粹德國和史達林統治下的蘇聯，人們炮製出一個個神話，將其作為一種社會控制手段。這兩個案例中，潛在的意識形態根植於領導階層的頭腦中，但同時也能透過強制性手段來維持。持異議者必然遭到懲罰。某些思想在西方社會發揮著重要作用，若要分析其作用，伯納姆的方法還遠不夠精細和微妙，因為思想的作用範圍遠不止於此。批評家們反對伯納姆對待美國民主的那種冷嘲熱諷的態度，認為其思想堪比極權主義，對他有關權力以及權力所在的諸多混亂分析也同樣持反對意見。[26]伯納姆認為，菁英們建立了一種政治模式，然後傳承給大眾，這種主張未免過於簡單。比起控制自然條件，掌控思想要困難得多。即便接受者有意願，也並非所有的原始資訊都能原封不動地被人理解。

專家與宣傳

當納粹將宣傳的藝術推到了一個全新的、令人困擾的層級時，美國也在宣傳理論和實踐上突飛猛進。因為有了極權主義經驗，人們在閱讀先前有關宣傳效用的種種言論時，很難擺脫一種無所適從的痛苦感覺。既然影響人們思考自身狀況的方式很重要，而且直至二十一世紀情況依然如此，就有必要深思一下西方有關公眾輿論的諸多理論的早期發展狀況。

羅伯特・帕克（Robert Park）在此問題上提供了一個切入點。他曾經師從杜威，並接替斯莫爾成為芝加哥大學社會學系主任。一九〇四年，他用德語完成了博士論文〈烏合之眾與公眾〉（The Crowd and the Public），[27]對比勒龐和加布里埃爾・塔爾德（Gabriel Tarde）這兩個法國人的觀點，前者生動地描繪了個體在加入群體之後會喪失個性，獲取一種集體意識，而後者則認為勒龐的思想是過時的。塔爾德關注的是，當人們被其他人模仿時，其權力是如何流入他人手中的。除了強制性力量之外，這種模仿行為也能帶來社會一致性。不斷發展的印刷媒體則使人們得以拋開地理上的限制，進行近乎同步、內容相似的交流，因而具有特殊的重要意義。由此，觀點可以像商品一樣被打包輸送到成千上萬人的手裡，塔爾德認為這種能力是一種強大的武器。

塔爾德在回顧一八九〇年代的德雷福斯事件（Dreyfus affair，一八九四年法國陸軍參謀部的猶太籍上尉軍官德雷福斯被誣陷犯下叛國罪，被革職並處終身流放，法國右翼勢力乘機掀起反猶浪潮）時發現，有一種集體觀點可以在沒有個人聚集的情況下形成。他由此形成了自己的輿論觀點，即「精神集體意識，它指物理上相互隔離的人們完全在精神上形成了凝聚力」。[28]因此，他不同意「頑固的勒龐博士所寫的，這是個『烏合之眾的時代』」。他認為，這是個「群眾或者公眾的時代——他們與烏合之眾完全是兩碼事」。[29]一個人只能加入一幫烏合之眾，卻可能同時是多個公眾群的一分子。烏合之眾易受刺激，公眾卻要冷靜得多，其觀點也更平和一些。

帕克進一步發展了烏合之眾與可敬的公眾之間的二分法概念，前者同質、簡單、衝動，一有風吹草動便會做出情緒性反應，後者的成分各不相同，他們善於發表評論、陳述事實，能夠沉著應對複雜情況。要想建立一個有秩序的進步社會，依靠的正是公眾，「因為它由持不同意見的個體構成——並且在謹慎和理性反應的引導下行事」。[30] 一旦公眾不再發表評論意見，那麼也就和一幫烏合之眾沒什麼差別了，所有的情緒都會朝著同一個方向發展。

烏合之眾和公眾，兩者到底誰會成為主導力量，這一切取決於媒體的作用。那些人們所謂的「扒糞記者」把報紙當作啟蒙和民主的代言人。一八八〇年代曾經有人寫道：「宣傳就是最偉大的道德消毒。」[31] 但如果媒體喪失了自身的重要作用，只是一味地迎合大眾，那麼大眾的品味就會被拉低。人群很容易受到某種暗示，這種特性可能會被媒體放大而不是受阻，這點在第一次世界大戰中表現得尤為顯著。一九一七年美國參戰並成立了公共資訊委員會（CPI），舉重若輕地運用各種方式，讓每個人了解德國軍國主義的危險性，以及奮起反抗的必要性，令當時人們留下深刻印象。該委員會由自由派記者喬治．克里爾（George Creely）掌管，他的名言是「人們並非只靠麵包為生：大多數時候他們靠精妙口號活著」，因此CPI動用了從市政廳會議到電影等媒體形式，傳達核心資訊。

沃爾特．李普曼是促成建立CPI的眾多參與者之一，他介入該委員會的諸多活動，並對其表現留下了深刻印象。[32] 身為一個擁有非凡才華、高尚、善於表達、有影響力的記者，李普曼對當時的社會思潮非常敏感。戰前，他和前輩威廉．詹姆斯結下友誼，並且迷上了精神分析運動在探討意識的發展以及非理性的根源問題上的洞察力。李普曼發現，通俗報刊總是在揭發陰謀，挖掘各種譁眾取寵的內幕，他對此深感不安。他認為這是在煽動騷亂，使人們無法展開理性的討論。一九二二年，他發表了具有里程碑意義的著作《公眾輿論》（*Public Opinion*）。李普曼認為，人們對世界的認識，來自嵌入於他們與真實世界之間的「擬態環境」（pseudo-environment）在「他們頭腦中的圖像」。了解這些圖像的形成、保持和破壞方式非常重要，因為它能影響人的行為。他認為：「恰恰因為那是一種表現，那麼產生的後果——如果是行動，就不是激發了那種表現的擬態環境，而是行動得以發生的真實環境。」或者，正如芝加哥社會學家威廉．托馬斯（William Thomas）幾年之後在以其名字命名的「托馬斯公理」中所說的，「如果人們把情境界定為真實的，那麼它們在結果上也就是真實的」。[33]

李普曼還指出，個人在一定程度上執著於他們的「系統刻板印象」，因為它：

> 提供了一個「有序的、或多或少有連續性的世界，面對這一景象，我們的習慣、偏愛、能力、安逸和希望都會進行自我調節」。因此任何對成見的襲擾看來都像是對世界基本原理的攻擊。那是對我們的世界基本原理的攻擊，如果那裡大事不妙，我們不會迅速承認我們的世界與整個世界的區別。一個世界如果成為我們崇敬的人一錢不值、我們鄙視的人卻高高在上的世界，那就是一個令人心煩的世界。如果我們先入為主的秩序並不是唯一可能的秩序，那就會出現混亂。[34]

除了常見的對有害成見的認知問題之外，大多數人既沒時間，也沒意願去以更嚴謹的態度探索真理。如果他們依賴報紙，那麼得到的只會是選擇性、被簡化了的資訊。某些形式的畫面是無法避免的，但李普曼是個標準的進步主義者，他擔心媒體出於本能的自私，在一些曖昧廣告的資助下，這些圖像難免被局部利益所拉攏。所有這些都意味著「公眾輿論」並不可信。「共同意志」（common will）是人們自發形成的概念，相反地，實踐中的公共輿論是一種人為製造出來的建設性的民主共識。一個政府的好壞不在於公眾的參與程度，而在於其輸出品質。杜威相信，民眾是其自身利益的最佳評判者，參與性民主是創造共享社區意識的最佳途徑，然而李普曼卻是代表性民主的堅定支持者。他和杜威一樣，對包含社會科學在內的科學持樂觀態度，認為這是進步的動力。

讓李普曼遺憾的是，工程師們一直在推動社會進步，而社會科學家並沒有發揮出這種作用。他將這歸咎於缺乏信心。社會科學家無法「在展示給大眾之前先證明其理論」，況且「一旦他的建議被採納而他又是錯的，後果便無法估量了。他所負的責任更大，所面對的結果更加變幻莫測」。因此，社會科學家總是在解釋已經做出的決定，而不是去影響那些尚未付諸實施的決策。「正確的順序，」李普曼認為：「應該是由不偏不倚的專家首先為實做家發現和闡述事實，然後盡其所能，在他所了解的決策和他所組織的事實之間進行比較。」他們能為政府帶來另一個層面的意見，代表那些「並不明顯的選民的功能」，他描述的是些「看不見的事件、沉默的人、未來的人、人與事之間的關係」。雖然，後來李普曼提出了讓專家掌權的建議，但他的辦法也只是鼓勵他們輔助政府做出些英明的決策而已。而且李普曼也並不認為專家比普通民眾要高一等。他們並非要充當大眾的對立面，而是要抵消一般的進步阻力——城市政黨機器、大托拉斯，以及拋棄使命受廣告收入驅動的新聞媒體。[35]

李普曼發現，有一種專門技術正在嶄露頭角，那就是「說服」，「已經變成一種自覺的藝術和世俗政府的一個常規功能」。他接著又有所保留地說道：「我們當中還沒有人開始理解這變化的後果，但如果熟知如何製造同意，那就可以改變每一項政治算計，修正每一個政治前提，這並不是輕率的預言。」和當時有關這一話題的其他許多文章一樣，他打算將其稱作「宣傳」（propaganda），其中並非含有惡意。這個詞最早指的是天主教用來說服那些尚未改變信仰者的方法。在當時的一般定義中，宣傳只是「傳播某種教義或實踐」的方法而已。

第一次世界大戰中，人們製造謊言來鼓舞士氣、迷惑或誹謗敵人，這種行為遭人詬病，宣傳這個詞也因此披上了一層邪惡的外衣。哈羅德．拉斯威爾（Harold Lasswell）是美國政治學領域的傑出人物，因其宣傳理論而一舉成名。在他的定義中，宣傳是「透過操縱有效符號來控制集體的態度」，既然普通民眾和菁英之間存在無法避免的差距，那麼從社交層面來看，宣傳就是「不可或缺的」。他不贊成賦予宣傳這個詞任何負面內涵，認為它就像一個「水泵手柄」，談不上什麼道德或不道德。宣傳有其存在的必要性，因為個體的人在判斷自身利益方面能力欠缺，因此就必須在官方認可的溝通方式的幫助下再做判斷。有了專業人士來動員公眾輿論，以往「依靠暴力和恐嚇辦到的事情，現在就必須轉而依靠辯論和說服了」。[36]宣傳所面臨的策略挑戰是「強化對達到目的有利的態度，轉變敵對態度，拉攏中立的人群，或者至少要防止後者倒向敵對方」。

這種理性與感性相爭在個體身上顯露無遺，但現在卻上升成為整個社會的一大特點，並且越來越受到佛洛依德理論的影響。佛洛依德對個人和集體之間的心理差別提出質疑。一戰後，他的研究從意識和無意識的辯證法轉向了一個更為複雜的構造。[37]他發現了「本我」（Id），反映的是人性中那些無意識、本能、肉欲、非道德性、混亂的各種層面，它追求快樂，宛如「一口充滿著刺激的大鍋」，而這一切都是有條理、有意識、有見識的「自我」尋求與現實接軌並予以掌控的。自我代表了理性和常識，它對於本我就像「一個騎馬的人，在控制約束馬匹的強大力量」。而這個任務又因「超我」而複雜化，它運用良心和道德上的考量——父親般的長者留下的傳統，或者外部、諸如老師的影響——採取適當的社會行為去阻止本我及時行樂。

佛洛依德的影響力可從英國外科醫生威廉・特羅特（William Trotter）身上窺見一斑，他是佛洛依德的一個早期追隨者。一九一六年，特羅特在分別於一九〇八年和一九〇九年撰寫的兩篇文章的基礎上，再加上自己在戰爭中的經歷，寫成並出版了一本關於「群體心理」的著作。特羅特認為，人類生來喜歡群居，獨處時會有不安全和恐懼感。這就產生了第四種本能——除了保存本能、營養本能和性本能——與其他本能的區別在於，其運用的是「一種來自外部的對個人的控制力」，因此它能迫使人們去做自己本不想做的事情。特羅特認為，它是個人與社會之間、常識與普遍規範之間緊張關係的源頭，也是人產生罪惡感的根源。「群體心理」以及迷戀大眾心理並不是什麼新鮮事，但之前就此著書立說的人往往將其視為一種負面力量、暴民行為的源頭，而特羅特則提出了一種更為正面的觀點。儘管佛洛依德認為特羅特的群體心理幾乎沒有考慮領袖人物的作用，以及群體成員對領袖「關愛」的需求，但他很尊重特羅特的看法。[38]

愛德華・伯內斯（Edward Bernays）是當時最出色的宣傳者，他展示了各種思想的實踐可能性。他是佛洛依德的外甥，每當他要解釋自己對於情感和非理性的理解時，都會動用這層親戚關係。他先為CPI工作了一段時間，之後於一九一九年開始成為一名公共關係諮商師（他是首個使用這種職業描述的人）。他做事的手段方法雖係自創，但其思想在很大程度上受到了李普曼和佛洛依德的影響。政治上，伯內斯是一個進步主義者和樂觀的人，相信技術可以使社會變得更好，雖然當他發現戈培爾藏書中有他的書時，這種樂觀主義情緒備受打擊。一九二三年，李普曼的《公眾輿論》問世一年之後，伯內斯出版了第一本著作《公眾輿論的形成》（*Crystallizing Public Opinion*），書中大量引用了李普曼作品中的內容。他意在證明，自己從事的是扎根於社會科學和精神病學的一種受人尊敬的職業，具有嚴謹的職業素質。在紛繁複雜的社會中，政府、企業、政黨、慈善組織以及其他眾多團體時時想要千方百計地獲取好感和優勢。即便對公眾輿論不屑一顧，公眾也對他們到底在幹什麼很感興趣。他發現，大型企業和工會被當成了「半公共服務」，受益於教育和民主制度，民眾希望這些機構能為自己的行動發聲。這就需要專家建議如何才能有效地達到這個目的。[39]

這些只是伯內斯作品主題思想中的一般平常內容。真正引人矚目的是他描述公共關係專業人士能提供什麼，以及在預想成功時所表現出來的直言不諱。他在《公眾輿論的形成》一書中，解釋了為什麼「個人人性中生來就有的靈活性」使政府得以「對思想實行管制，就像軍隊管制人的身體一樣」。一九二八年，他出版《宣傳》（*Propaganda*）一書並在其中斷言：「對民眾有組織的習慣和觀點進行有意識地思想操控是民主社會的重要因素。」那些操控這種隱祕社會機制的人構成了「一種影子政府，他們才是我們國家真正的統治力量」。因此，「我們受到了控制，我們的意志、品味和思想在很大程度上是由一些素昧平生的人塑造的」。他贊成為公共關係行業樹立嚴格的道德標準，社會作為一個整體，其需求是第一位。他堅信大眾不可能被迫去做那些傷害自己核心利益的事情，政治領導人仍是推動創造「確立觀點」的最重要因素。然而，他的構想卻加深了對民主的冒犯。李普曼似乎也說過，如果民意是自上而下形成的，那就侵蝕了民主的觀念，即權力應該是自下而上產生的。伯內斯從中得出的結論是，理解了「群體意識的機制和目的」，就有可能「根據我們的意志，在大眾並不知曉的情況下對他們實行控制並嚴密管制」。他認為這至少在「一定程度上和一定範圍內」是可以做到的。[40]

伯內斯擔任政府、慈善組織和公司企業的顧問，堪稱天生的戰略家。他把自己和廣告人區分開來，把後者描述為一心想讓人們接受某種商品的特殊辯論者。相較之下，他的做事方式要更具整體性（針對客戶與其環境的整體關係提出建議）且更加間接（尋求讓人們用完全不同的方式來觀察世界）。伯內斯後來寫了一篇標題頗具刺激性的文章——〈操控共識〉（The Engineering of Consent），[41]明確討論了公共關係戰略。他還在其中用了軍事隱喻。除了他一直強調的要在可用的預算、明確的目標、了解當前的思潮等方面進行細緻準備外，還必須注意各種重大主題。他認為，和小說情節相比，這些主題「永遠存在卻不可捉摸」，無論在意識和潛意識中都對大眾有吸引力。然後是運動：「要應對這種情況可能需要一場閃電戰或持久戰，或者兩者合而為一，抑或什麼別的戰略。」選舉可能難以解決問題，需要採取一些快速行動。要想讓人們在健康議題上轉變想法則需要更長時間。至於策略，伯內斯強調其目的並不是簡單地在報紙上發表一篇文章或上一個廣播節目，而是要「製造新聞」，意思是「突破常規模式」的內容。這樣，新聞事件就可以傳達給「除實際參與者之外更多的人，而對那些沒有親眼看到事件的人來說，這樣的事件讓觀點變得更加生動而戲劇化」。伯內斯的豐功偉業還包括：讓知名醫生出面說明吃一頓「豐盛」早餐的必要性，鼓勵人們將「燻肉和雞蛋」作為早餐；讓柯立芝（Calvin Coolidge）總統與當紅藝人見面來提升形象；其中最耀眼的當屬他為美國菸草公司（American Tobacco Company）策畫的極富想像力的噱頭。一九二九年，他說服十名剛剛踏入社交界的女性，在復活節遊行期間點燃手中的香菸，以女性主義的名義出擊，挑戰女性不能在公共場所吸菸的禁忌。香菸由此成了「自由的火炬」。[42]

伯內斯的做法招致嚴厲批評，人們指責他越俎代庖，擅自塑造人的思想，篡奪了民主的角色，引發的是大規模效應而非個體責任，他依靠的是陳腔濫調和煽情，而並非在才智層面提出了什麼新的挑戰。而伯內斯則認為，在一個大眾媒體時代，宣傳無所不在，人們不可避免地會運用各種技巧。個人和群體有權推廣他們的觀點，為此展開的競爭對民主和資本主義是有好處的。另外，伯內斯對於公關行業的誇張表述，以及他急於樹立公關業者權威的做法也激起了一片過激反應。[43]第二次世界大戰後，這個行業幾乎還不為人們所接受，而關於如何建立並影響政治意識的問題則早已有了定論。伯內斯的貢獻在於他向人們展示了，衝動需求不僅影響到有關潛在政治意識形態的思考，而且還將為更加具體的問題建立架構。在一九五〇至一九六〇年代針對種族和戰爭展開的種種政治鬥爭中，戰略越來越聚焦在如何建立正確印象的問題上。

共產主義和納粹主義等極權主義意識形態希望用行動來展現的是，廣大群眾很容易受到特權菁英炮製出來的政治規則所影響。他們迴避產生於生活體驗的顯而易見的異常、矛盾和落差，刻意尋求在所有人的意識中植入一致的世界觀來執行自己的命令。況且，他們的成功在很大程度上是源於人們心中的恐懼，因為只要對政黨路線表現出一絲異見、懷疑或背離，就會遭到可怕的後果。而這種強制性的法術一旦被打破，被壓制的潛在思想就會設法生存下來。其實，信仰系統要比菁英理論家所設想的更為複雜和多變，民意也不如他們想像的那麼溫順。伯內斯所探討的是一些更加難以捉摸的東西，它們處在大的意識形態衝突層面之下，涉及的態度和看法更為具體，行為後果也沒那麼苛刻。思想家期盼用言語控制行為，但實際上兩者之間是一種緊密的關係，功成名就的政治家和競選家都認識到，即便取得的只是短暫的勝利也必須理解這一點，更不用說持久的變革了。

第23章
非暴力的力量

當壞人在處心積慮地謀畫時，好人必須制定計畫去抵抗他們。

——馬丁．路德．金恩（Martin Luther King, Jr.）

當人們對如何影響民意有了更進一步的認識之後，政治戰略便有了新的機遇。那些出於道德顧慮或因為謹慎而不願意訴諸武力的人，就可以考慮採取一些別的戰略，在創建令人信服的印象基礎上，不採用強制手段就能推動民意朝著自己的方向發展。這種戰略的力量有多大，要看他們鼓動菁英和民眾的程度有多深。即便民眾會發生改變，那麼這些戰略影響政府決策的機制又是什麼？這難道只是為了吸引關注而重新包裝好主意？為了獲得預期的回應，是否還需要進一步施以壓力？

女性參政運動為其中許多問題提出了解答。西方資本主義國家在民主方面取得了進步，提供憲法手段供人們申告不滿，這一方面削弱了勞工運動的革命熱情，同時也加劇了得不到民主權利的人所感受到的不公平感。大英帝國將自由意識形態當作命脈，然而周圍卻環繞著制度化的鎮壓。面對人們在政治平等方面的要求，英國受到了極大的震動。包括反殖民主義運動和愛爾蘭自治運動在內，最堅決並最終取得成功的是女性要求選舉權的運動。這場運動的獨特之處在於，不僅對政治體系構成了威脅，而且還對傳統的性別觀念和最基本的人際關係提出了質疑。女性參政運動採用的策略產生了深遠影響，即便面對自認為高人一等的男性，她們也能靠手段獲得關注，而且還直接挑戰了人們對柔弱女子的刻板印象，比如人們原本料想女性根本沒有能力發動或維持一場政治辯論。但事實是，女性不僅應該享有平等權利，而且還將為公眾生活帶來特殊的品質。

英國的這場運動，開始是提議將女性參政權納入一八六七年改革法案，後來竟促成了一九二八年的《平權法案》。其間，隨著女性進入慈善和民政事務領域，女性政治權利逐漸得到擴張。雖然拒絕賦予女性同等權利的力量十分頑固，但在第一次世界大戰的重壓之下，這股勢力最終還是瓦解了。女性參政運動有眾多意見分支。有些人打算和現有的政黨展開合作，然而另一些人卻認為這是徒勞；有些人主張把參政問題限制在政治權利的架構內，而另一些人則尋求解決經濟問題，並挑戰傳統上男性對女性角色的各種預期。從戰略角度來說，則分成了憲法派（採用請願、遊說和遊行等方式）和激進派（令人敬畏的艾米琳．潘克赫斯特〔Emmeline Pankhurst〕和克麗斯特貝爾．潘克赫斯特〔Christabel Pankhurst〕母女領導的婦女社會和政治聯盟〔WSPU〕）。至於哪個派別最有成效，以及它們相互之間到底是彼此拆台還是相互支援，人們至今眾說紛紜。激進派因其破壞畫像、縱火、砸窗戶、將自己捆綁在鐵軌上，以及監獄絕食抗議等硬碰硬的舉動而至今被人銘記。然而，這場運動在形式和關注度上千變萬化，激進派的表現只是其中之一。

這場運動的戰鬥性來自於一次又一次的幻滅，首先是自由黨並不贊同女性參政的理念，其次是勞工運動也沒有賦予女性任何優先權；再者，人們逐漸深信在立法道路上已經無路可走。這場運動的核心主題源自經典的自由理念：反對各種形式的強權，是它們導致個人只有義務沒有權利。這樣的口號可以追溯到法國大革命以及後來的憲章派身上，只不過，這次由性別取代了階級。克麗斯特貝爾．潘克赫斯特曾說，激進派之所以採取這樣的策略，是因為「那些被排斥在憲法之外的人，無法擁有正常而可靠的申告途徑，因此他們必須嘗試採用特殊的方式」。這些技巧使WSPU獲得了關注，而對他們最為有利的關鍵因素可能是被捕後法庭審判案件，一場刑事指控辯護演變成了一場政治辯論，這就帶來了機會。例如，一九一二年陪審團審判期間，艾米琳．潘克赫斯特以及她所代表的組織留給人的印象是聰明機靈、口才流利、精明能幹、組織有序，完全不是情緒化、歇斯底里的。特別值得一提的是，她和其他女性參政運動參與者給自己的行為找到了一個引人矚目的政治理由，最終使得陪審團要求對艾米琳的案子進行寬大處理。

此後，人們更是在語言上下足了工夫。克麗斯特貝爾・潘克赫斯特甚至引發了恐怖主義。她強調：「無論男性還是女性，那些被剝奪了政治權利的人被迫對暴君用於禁錮他們的武力發起反抗。」消極抵抗被當作一種屈從行為而遭到摒棄，人們認為積極反抗「更全面、更純粹」。雖然沒有出現攻擊人的行為，但針對財產的破壞行動卻日漸增多。人們對這場運動的關注點因而轉向了別處，戰鬥性取代了參政權而成為焦點問題。由於支持者們漸漸疏離，WSPU的行動變得更加隱祕。最後，戰爭為體面地結束這場戰鬥提供了一個有用的藉口。實際上，當參政運動中的非暴力派投入反戰時，潘克赫斯特母女積極地參與了戰爭事務，她們發表了刺耳的反德國、反非戰主義者，以及後來的反布爾什維克言論，名噪一時。[1]

一九二〇年美國的女性參政運動取得成功，相形之下，其戰鬥性要弱得多。它與進步運動建立起緊密聯繫，後者將工業化壓力推到了前台，比如因為工資微薄，貧困婦女被迫一邊照顧孩子一邊工作等。雖然在一戰爆發前的那幾年，美國婦運組織在應對主要團體的僵化實踐，以及和英國婦運的交流中，確實變得日益激進，但美國人首選的方式還是透過工會糾察隊、集會和遊行來展示其可觀的力量。貴格會教義對這場運動產生了特殊的影響，它一直允許女性參與各項事務——甚至可以成為牧師。貴格會為早期美國婦運培養了一大批領導者，並且堅持非暴力的抗爭理念。美國婦運最終取得了成功，從中可以看出，他們掌握了一定的政治組織動員基礎技能，各種集會、巡迴演講和全職活動家始終讓運動備受關注。[2] 其結果之一是，和平主義有機會成為一種成功的政治策略基礎，而不僅僅是針對某一種特定道德的主張。

十九世紀出現了「和平主義者」一詞，專門指那些自願放棄所有形式暴力抗爭的人。他們普遍面臨一些挑戰：當遭遇對手咄咄逼人的進攻時如何進行防禦，以及如何在不使用暴力的情況下採取行動實現變革。和平主義者的最大困難在於，他們將主要精力放在強調和平方面，而非控訴不公正，因此就會受到現狀的束縛。和平主義者出於被壓迫者的利益考慮，排除了暴力手段，於是就得被迫接受現有的權利架構，要嘛收斂起不滿情緒，要嘛提出一些諸如呼喚和平、號召理性等不太現實的情感訴求。和平主義者的籌碼是，當爭端演變為暴力活動時，劣勢者必然損失慘重，一旦使用了暴力，即便出發點是好的，也不太可能從抗爭中獲得什麼真正的好處，因此還不如施加一些有效的非暴力壓力。

甘地的影響

第一次世界大戰後，和平主義盛極一時。很大程度上是因為一戰中西線的血腥屠殺使人們普遍理解到，戰爭就是徒勞和浪費。而另一大原因是，和平主義者莫罕達斯．甘地（Mohandas Gandhi）頗有成效地在印度領導了一場反對英國統治的激進變革運動。

甘地的思想源自他在南非和印度的種種經歷。對其產生影響的人物之一是美國人亨利．大衛．梭羅（Henry David Thoreau）。梭羅是麻薩諸塞州康科特人，他反對奴隸制度，拒絕「向一個買賣男人、婦女和兒童的國家納稅，拒絕承認這樣的國家權威」。僵持六年之後，梭羅因「逃稅」被捕並在監獄蹲了一夜，這激發他在一八四九年做了一場名為「個人與政府之關係」的演講。雖然梭羅提出的戰略不過是讓每個人都照著他的樣子做，奴隸制就會走向窮途末路，而且他當時在人們眼裡還是個孤僻、古怪的人，但他的演講稿〔出版後更名為「論公民不服從」（Civil Disobedience）〕卻成了拒絕接受不公正法律的道德案例的經典言論。[3]甘地早年參加激進運動時就讀過梭羅的作品，後來有報導指稱，梭羅在一定程度上影響了甘地的思想，並成為他和志趣相投的美國人之間的一個交流點。[4]

甘地和托爾斯泰之間的連結更為緊密。甘地在自傳中寫道，自己完全被托爾斯泰的《天國在你裡》（*The Kingdom of God is Within You*）一書「征服」了。一九〇八年甘地翻譯並四處分發了〈給一個印度人的信〉（A Letter to a Hindu），這是托爾斯泰給印度一名雜誌編輯的一封回信。信中包含了一個被甘地認為不容置疑的觀點。托爾斯泰寫道，令人震驚的是「身體強壯、頭腦聰明的兩億人，竟然被一小撮和自己的想法南轅北轍、在宗教道德上遠遠不如自己的人玩弄於股掌之間」。由此，托爾斯泰得出的結論是「顯然不是英國人奴役了印度人，而是印度人自己奴役了自己」。托爾斯泰反對暴力抵抗，他號召人們不要參與「當局的暴力行為，無論是當律師、收稅還是從軍」，愛是「將人們從疾病中拯救出來的唯一辦法，也是讓人擺脫奴役的唯一辦法」。[5]

甘地和托爾斯泰之間顯然有許多共同點。他們都尋求過上一種建立在自然淨化基礎上、充滿愛心、摒除暴力的生活。兩人雖然出身特權階層，卻一心貼近貧窮的勞苦大眾。他們引人矚目地過著一種苦行僧似的生活，並由此成了道德權威，獲得了一批國際信徒。甘地篤信自我完善思想，和托爾斯泰不同的是，甘地認為自我完善並非政治活動的一個選項，而是其核心。他有一個精明的想法，認為個人的精神生活不僅能使自己免受大眾生活的誘惑，還能為政治主張增色。他的天才之處就在於，把指導自己個人生活的教義，轉化成一場群眾運動的基礎。

他自創的非暴力不合作（satyagraha）哲學，熔真理、愛心和堅定於一爐。信奉這種思想的人內心無比強大，有足夠的勇氣和意志去忍耐並推翻那些仰仗暴力手段的人。他認為目的和手段不可分割：暴力手段不可能帶來一個和平的社會。[6]人們可以虔誠面對牢獄，微笑面對攻擊，平靜面對死亡。甘地不是個煽動型政治家，他平心靜氣地說了這番話，並以一種近乎專業的態度將其落實於行動。所有這一切都包含著一種精明的政治敏感。甘地很有才能，不僅占領了道德制高點，而且還找到了讓英國人感到特別尷尬的問題，難以招架。

一九三〇年三月，甘地發起了一場全程二百四十英里（約合三百八十八公里）的長途跋涉，抗議英國殖民統治者在食鹽生產和稅收領域制定不公正的食鹽專賣法。這場抗議活動一開始並未受到重視，但後來活動漸漸升級，甘地被捕入獄直到第二年才獲得釋放。雖然這場運動並沒有立竿見影地達到目的，但甘地的抗議方式引起了關注，政府當局記錄下了參與抗議的人數，結果發現，抗議活動的範圍之廣，公眾不滿情緒之深，令英國殖民當局大吃一驚。面對甘地戲劇化的抗議風格和道德優勢，英國人不知如何回應。一九三一年，英國的印度事務大臣威廉・威基伍德・貝恩（William Wedgewood Benn）在比較愛爾蘭、南非反對英國統治的抗爭和女性參政運動的相同點時評論說：「他們的目標是一樣的，集合公眾的同情並拉攏其成為盟友。他們設法讓政府當局明白，對方面臨著兩種選擇，要嘛讓步，要嘛充當壓迫者的角色……他們先會故意製造事情的嚴重性，然後再去向全世界訴苦。」起初，貝恩認為對付這種狀況的最好辦法，是拒絕在讓步和壓迫之間做任何選擇，但拒絕顯然是不可行的。「他們絕不會放過我們。」為此，他寧可「和持左輪手槍的人直接開戰，那樣的話事情做起來就會簡單得多，這活兒也要好幹得多」。[7]

甘地發起的運動並沒有將英國人趕出印度。但所作所為連同第二次世界大戰的成果一起證實了，一個遙遠的式微小國根本無法有效掌控如此大的印度次大陸。印度輿論中的民族主義在膨脹，這種狀況不可能無限期地持續下去。雖然甘地的種種努力都沒能終結英國的殖民統治，但他領導的國大黨由此成了領導政府的一個可信賴選項。

當全世界都充斥著暴力和動亂的時候，甘地憑藉簡樸的穿著飲食和精神教義，成了尊嚴和善良的化身。在此同時，他還想方設法打造了一場真正的、成功的群眾運動。甘地採用的是受壓迫者的常用戰術——遊行、罷工和抵制——並且將它們當作一種更高尚敘述的一部分。他主張深入了解對手的美德，相信一定能夠達成和解，這就為讓步留出了餘地。這到底是一種可以廣泛應用的戰略公式，還是一種只適合於印度特殊環境的策略？它仰仗的是一種基於永恆而普遍的價值觀的道德權威，但是其成功與特殊的環境條件有關係嗎？

如果說非暴力方式終究見效，那是在逃避道德問題，因為它忽視了其中的艱難選擇。這種方式確切地說依靠的是權威和尊嚴，因為它還有一種可能的結局，就是受盡折磨卻在政治上一無所獲。如果拿不出理性的成功許諾，那麼堅持非暴力就等於容忍更大的惡，將追隨者置於危險的境地，使他們毫無防備地墜入險境。即便採用暴力真的毫無益處，非暴力也不見得就等於無害，甚至還有可能招來更大的傷害。隨著希特勒崛起和二戰爆發，這個問題變得尖銳起來。非暴力方式或許在對付英國人的時候很管用，因為英國人不願意面對暴力抗爭，並對群眾抵抗運動感到束手無策，然而甘地卻深信他的這種方式可以用來反抗納粹，這就有些不可信了。而且印度獨立後，他也沒有處理好自己陣營裡的內訌。雖然甘地盡了最大的努力，但沒能在印度教徒和穆斯林的教派意識分歧之間架起溝通的橋梁，最終在一九四八年死於一場暗殺。

非暴力的潛在能量

甘地的影響力觸及了美國南部為非裔爭取公民權的運動，那裡的種族隔離和歧視現象非常嚴重。雖然一九二〇、一九三〇年代曾經有人提及採用非暴力戰術，但直到第二次世界大戰後這種方式才被真正採納，並使這場運動獲得了巨大成功。

美國的群眾運動顯然和印度有著截然不同的背景。甘地喚醒所有印度人奮起反抗遙遠的帝國主義勢力，美國非裔則是以少數人應對無情的大多數本地人，後者所處的困境使非暴力策略成了一種潛在的兩難抉擇。美國內戰後，南方各州的立法機關通過了所謂的《吉姆·克勞法》（Jim Crow laws，因一部音樂劇中的一個非裔角色而得名），並且往往以殘酷的暴力作為支持。這些立法使得非裔難以參與選舉；他們在使用飲食、交通、喪葬、醫療和教育設施時都會遭到隔離；法律還禁止非裔和白人同居生活或者結婚。從種族隔離主義分子身上尋找美德，無疑是徒勞，然而，若發起反抗就等於自殺。

非裔在經濟上和政治上受到重重限制，使他們無法施展能力。一八九五年布克·華盛頓（Booker T. Washington）發表了名為「亞特蘭大種族和解聲明」（Atlanta Compromise）的演說，動搖了橫亙在非裔面前的阻礙。他認為，「非裔中的有識之士明白，挑起社會平等方面的爭端是極其愚蠢的」。相反，非裔應當勤勤懇懇工作，做個模範雇工，漸漸地以平等身分進入美國社會（因為「能為世界市場提供必需商品的民族是不可能被長期排斥在外的」）。隨後，非裔必將得到公民權。果不其然，布克·華盛頓的妥協演講受到了非裔和白人溫和派的熱烈歡迎。獲得政治力量的前提是具備一定的經濟實力，這句話有一定的道理。實際上，布克·華盛頓的演講沒有帶來任何經濟或政治上的進步，人們漸漸把它看成一種實行長期奴役的說辭。杜波依斯（W. E. B. Du Bois）提出了更為激進也更具分析優勢的論點，他是第一位在哈佛大學獲得博士學位的非裔美國人。他曾經在德國師從韋伯，兩人一直保持聯繫。韋伯認為他是美國最具才能的社會學家之一，是挑戰種族偏見的一個反例。他對「非裔問題」展開了大量研究，其中論證的不是原始的種族差別，而是政治選擇的影響。他發起了爭取公民權的運動，並在珍．亞當斯和約翰．杜威等白人改革者的支持下，成立了美國全國有色人種協進會（NAACP）。

一九二四年，杜波依斯在全國有色人種協進會的官方雜誌《危機》（*The Crisis*）上，發表了一篇由非裔社會學家（芝加哥人）富蘭克林．佛瑞澤（Franklin Frazier）撰寫的有關非暴力的批判文章。佛瑞澤諷刺了那些一味容忍暴力的思想。當時，一項取締私刑的法律剛剛在參議院遭阻撓未過，顯示出南方的白人勢力將寬恕種族殺人犯當成了一種恐嚇非裔的手段。作為對佛瑞澤的回應，貴格會白人會員艾倫．溫莎（Ellen Winsor）提出，美國是不是也能出現一個甘地似的人物，「帶領人們擺脫苦難和無知，他不應該走悲傷和錯誤的暴力革命的老路，而是應該採用建立在能夠直接通向自由的、經濟公平基礎上的教育新方法」。對此，佛瑞澤反駁道：

> 不妨設想一下，在甘地的領導下，非裔們如果胸無仇恨，怎能在南方的勞役償債制度下舉行罷工；怎能做到拒絕向一個愚弄他們的國家納稅；他們怎能忽視不公正的權利和《吉姆．克勞法》。我擔心，非裔們會遭遇一場突如其來、打著法律和秩序旗號的大屠殺，而且美國的基督徒們幾乎不太可能站出來阻止這場血腥屠殺。

幾年後，杜波依斯收到甘地應邀發來的一篇文章，他在旁邊加註了自己的觀點：「鼓動民眾、非暴力、拒絕和壓迫者合作已經成為甘地的口號，甘地靠著它們帶領印度奔向了自由。此時此刻，他向西方的深膚色夥伴們伸出了援手。」[8] 然而，杜波依斯最關注的是甘地的行動意願和不妥協的態度，而不是這些行動背後的深層思想。他一直對此持懷疑態度。當其他美國非裔活動家開始談論甘地的非暴力不合作運動時，杜波依斯指出，絕食、公眾祈禱和自我犧牲對美國人來說是不可思議的，但「在印度，這些觀念卻已經深入骨髓地存在了三千多年」。[9]

甘地從未踏上美國，但深知這個國家對於他的事業的重要意義——美國從英國人手裡爭取到了獨立——以及美國的社會分歧與其思想之間的潛在連結。[10] 美國人與甘地接觸並非特別因為非裔的解放事業。其實，它反映的是傳統的和平主義者對戰爭的關注，以及對勞資糾紛的興趣。一九二〇年代初，處理勞資爭議、對工會較同情的律師理查·格雷格（Richard Gregg），對雇主壓迫工人的種種暴力手段感到非常震驚。他擔心，工人們如果以暴制暴，就會陷入險境，於是開始鑽研消極抵抗的方式。此後，他到印度定居，並和甘地往來頻繁。回到美國後，格雷格寫下一系列著作，鼓勵人們在處理國內衝突時，從充當道德選擇的傳統和平主義——在被戰爭問題困擾時，人類對生活尊嚴的一種內心確認表達——轉向更具戰略考量的非暴力力量。他尋求將和平主義從「充斥著情感形容詞和模糊神祕主義的無益氣氛中解救出來，從徒勞的抗議和夾雜著混亂思維的情調中分離出來」。他沒有強調非暴力與傳統軍事戰略的不同，而是敦促讀者將非暴力當作另一種武器，一種可以避免殺戮的抗爭新方式。[11]

格雷格特別感興趣的是，人們是否可以利用自己所遭受的苦難來獲得社會對問題的關注度。這不是個人信仰問題，而是用行動讓對手蒙羞，並獲得旁觀者的同情。他提到，面對暴力攻擊的時候，非暴力抵抗就好比「一種道德柔術」，能讓進攻者「失去道德平衡」。這依靠的是心靈的轉變，而心靈轉變反過來又取決於神經系統所引發的對他人遭遇的無意識同情反應。當代社會，由於大眾媒體的參與，這種同情反應的範圍程度和影響力都比過去廣泛得多。手無寸鐵的男男女女遭遇惡毒攻擊的獨特經歷，既可以成為引人入勝的「故事」，也可以當作「絕佳新聞」。它們可能產生的負面宣傳作用會對攻擊者形成一種威脅。格雷格意識到，這種方式可能與非裔人權抗爭存在某種連結，因此一直和他的哈佛校友杜波依斯保持聯繫。格雷格將非裔描繪成一個「溫和的種族，對痛苦有非凡的忍耐力」，因此非常適合展開非暴力運動。而杜波依斯對此到底有何感想，外界並不清楚。

正當格雷格苦心鑽研能否將非暴力當作一種戰略時，新教牧師萊茵霍爾德·尼布爾（Reinhold Niebuhr）卻斷言：這不可能。他和格雷格有相似的經歷，曾經在底特律當牧師，處理過福特汽車廠工人的勞資關係問題。他漸漸發現，非暴力的結果還是維持現狀。他不反對非暴力原則，但同時對它在一個不完美世界裡將引起的負面效應發出了警告。他並不對人的善良本質持樂觀態度。對於那些從不平等和不公正行為中漁利的人來說，根本不可能期待他們對平等和公正的理性要求做出什麼正面反應。他認為，不應對權勢者持有一種完美且莫名其妙的愛，而是應該起來反抗。他在頗具影響力的著作《道德的人與不道德的社會》（*Moral Man And Immoral Society*）中，表達了這一觀點。[12]

尼布爾因對權力的專注而成為一位著名的現實主義思想家，他開創性地將這些問題置於神學的語境框架內。本書研究的是戰略，因此不過於深入神學問題。尼布爾認為，面對大千世界，權力的衝動能夠讓人賦予自身重要性。這種內在的自我認可會因為人類意識的本質而得到加強。因為人類很清楚，如何在排除直接可能性的情況下實現自己的願望，這種自我擴張的衝動一旦不受拘束，任何妥協讓步都會落空，取而代之的就是戰鬥的意願。雖然理性能夠指導合作和非暴力，但不幸的是，「不可能產生一種奇蹟，使人達到一種高度發展的理性——這種理性能夠使人像清楚地了解自己的利益一樣了解普遍的利益」。群體會讓事情變得更糟，因為他們幾乎沒什麼理性可言。因此，愛的道德或許會在個體身上發揮作用，但用來跟群體打交道就會完全失敗。

尼布爾知道，他這種對人性、對人類事務中權力和利益作用的悲觀看法，會導致遭受不公正和不平等的人們產生失敗主義觀點。但是他判斷，從現實主義出發，要勝過那種高估他人的善良和誠信、天真而多愁善感的理想主義。拒絕面對現實衝突、解決權力問題的人，他們的方式在實踐中往往是膽怯的、無效的。對於包括武力在內的各種強迫形式的種種不適應，使他們根本不具備獲取正義的能力。他用一種韋伯式的話語提到：「希望透過這樣的直接毀滅來實現終極的善，這種犧牲是否值得，是需要經過多方面考量才能回答的問題。」尼布爾並不認為有哪些手段絕對不合理，相反地，他認為目的和結果，就是行動的理由。這裡，因為有那麼多的利益需要考量，社會道德又一次和個人道德出現了分歧。個人追求終極權力或許徒勞無功。而當社會為達到專制而孤注一擲時，「它卻是在拿千百萬人的福祉冒險」。因此，最好還是勸說人們放棄追求社會完美，接受妥協。

尼布爾的另一個觀點是，暴力和非暴力強制之間並不存在什麼嚴格的區別。「只要這種消極抵抗形式進入社會和物質關係的領域，併用物質手段來限制他人的欲望和行動，那麼它就是一種物質性的強迫形式。」即便徹頭徹尾的非暴力行動也會導致對他人的傷害。例如，甘地發起抵制英國紡織品，這一行動傷害了英國的紡織工人。相較於非暴力實踐本身，更讓尼布爾惱怒的是非暴力行動實踐者的偽善。他認可非暴力的優點在於防止「行動者產生憤怒情緒，而暴力衝突總會產生這種情緒，以致引起雙方的衝突」。另外，它還能展現人們對於和平解決問題的興趣。有意思的是，尼布爾注意到，當「被壓迫群體絕望地處於少數地位，並且不可能去發展足夠的力量反對壓迫者時」，非暴力是有潛在戰略價值的。他補充道，因此這種戰略適用於「美國非裔的解放」。

美國的甘地？

一九四二年五月，芝加哥的傑克斯普賴特咖啡館（Jack Spratt Coffee House）裡走進二十八個人。他們三三兩兩地坐下，每個小群體裡都至少有一名非裔。「美國歷史上第一次有組織的民權靜坐抗議」就這樣拉開了帷幕。咖啡館的服務生不知如何是好，他們盡量不去理會這些非裔，或者即便招待了他們，也是偷偷摸摸地，但這種做法並沒有得到其他顧客的贊同，甚至聞風趕來的警察也不認可這種做法。[13] 這次行動是成功的。那時候，芝加哥的種族關係尚未惡化，和此後南方各州面臨的問題相比，這次咖啡館行動還算不上什麼嚴峻考驗。但這卻展示出，立場堅決且彬彬有禮的行動，有可能迷惑住種族主義者，並且暴露出種族歧視現象。

這次行動的中心人物是來自德克薩斯州的非裔青年詹姆斯．法默（James Farmer）。法默學習神學出身，當時擔任唯愛社（the Fellowship of Reconciliation，簡稱FOR）的種族關係部長。該組織總部設在紐約，是個堅定的和平主義者團體，由珍．亞當斯、A．J．馬斯特（A. J. Muste）等一批著名反戰人物於一九一五年發起成立。馬斯特是個牧師，在一九四〇年至一九五三年擔任唯愛社執行理事，後來成了一名活躍的工團主義者和社會主義者。[14]其間，和平主義者又一次在群眾運動中失手。這次，對手的險惡不僅在於誇大其詞的宣傳，而且讓整個國家遭到了一次突然襲擊。

法默一直呼籲建立一個單獨的、旨在促進種族平等的組織。在他的想法得到進一步採納之前，他獲准在芝加哥考察此舉是否具有可行性。芝加哥當時已經有唯愛社，其領導人喬治．豪澤（George Houser）也一直在思考類似問題。兩人合作成立了爭取種族平等大會（CORE）。後來，這個組織的重要性遠遠超過了唯愛社。由於戰爭原因，唯愛社的一些年輕激進分子主張採用煽動性的戰術來挑起緊張氣氛，拋開愛和理性，直接訴諸強制手段。法默第一次在唯愛社公布他的「兄弟會動員計畫」（Brotherhood Mobilization Plan）時就遭到了反對。反對者的理由是，這麼做不但會分散反戰的力量和焦點，而且抗議和打仗相差無幾，即便沒有公開使用暴力，也足以打破和平與寧靜，無法讓種族主義者的心靈走上正義的道路。法默認為，這種托爾斯泰式的論調分明是在支持不抵抗。如果不採取行動，日復一日的種族歧視暴力將永遠存在下去。他信奉非暴力的信條，但判斷標準是效益，而非動機純潔與否。因此，法默並不希望爭取種族平等大會是一個只對真正的和平主義者開放的團體。[15]馬斯特對於建立一個全國性、不純粹的和平主義者新團體感到非常矛盾。法默告訴失望的馬斯特：「眾多的非裔不會成為和平主義者。對他們來說，不用當什麼和平主義者，做個非裔就已經夠難的了。而白人大眾也不可能成為和平主義者。」[16]

指引法默在傑克斯普賴特咖啡館採取行動的人，是一名始終追隨甘地的印度記者克里希納拉爾．奚里哈蘭尼（Krishnalal Shridharani）。他寫的《沒有暴力的戰爭》（*War Without Violence*）是一本務實的操作手冊，提醒實踐者要專注於罪惡而非做惡事的人，確保採取的行動與特定的罪惡是直接相關的。他所講述的非暴力抗爭勝利故事大都來自格雷格，他強調，出其不意的戰術會引起心理上的困擾。一九四三年六月，奚里哈蘭尼擔任演講嘉賓，出席了爭取種族平等大會的成立儀式。據法默記述，當他見到奚里哈蘭尼的時候簡直嚇了一跳：此人根本不是一個像甘地那樣骨瘦如柴的禁欲主義者，而是個穿著講究、滿面紅光的婆羅門，他手上戴著好幾枚戒指而且菸不離手。也許正因如此，奚里哈蘭尼並不十分看重甘地主義的道德方面，而是強調現代化媒體所帶來的戰略性機遇，後者能利用極端行為來傳播政治資訊。他懷疑美國的和平主義者誇大了這場印度運動的精神層面，而實際上它多半是世俗行為。所謂非暴力不合作的宗教層面，其實是「出於宣傳和公開的需要，當然也是為了滿足像甘地和他的信眾那樣謹小慎微者的自身需求」。當初人們採用非暴力手段是為了「世俗的、切實的集體目標」，因此「一旦它不起作用了，就可以拋棄」。[17] 他認識到，拒絕向希特勒開戰，對和平主義的可靠性產生了一定影響，他自己也對唯愛社及其領導層產生了懷疑。

在非裔如何運用非暴力手段的問題上，認識最清楚的人是貝亞．魯斯汀（Bayard Rustin）。魯斯汀一九一二年出生於賓州的一個貴格會教派家庭。他生來頭腦聰明，在運動和音樂方面頗有天賦。他優雅而有教養，操一口英國上流社會口音，同時他又是個意志堅定的運動家，為反戰和爭取種族平等四處奔走，且做好了為此坐牢的準備。一九三〇年代末，魯斯汀受當時紐約激進熱情的知識氛圍感染，加入了美國青年共產主義同盟（Young Communist League），直到後來才發現，這個組織其實與種族平等並無特別關係。一九四一年，他和菲利普．倫道夫（Philip Randolph）建立了密切關係，後者是參與勞工運動的美國著名非裔運動領袖。倫道夫注意到，戰爭初期的動員令提升了非裔勞工在經濟中的重要地位。他計畫組織一場萬人遊行，要求美國政府取消軍隊中的種族隔離制度，停止戰爭工業領域裡的種族歧視政策。[18]

此時，羅斯福總統簽署了《公平雇傭法案》（Fair Employment Act），法案禁止在戰爭相關的工業領域實行任何種族歧視規定。雖然法案並沒有涉及軍隊中的種族歧視問題，但倫道夫取消了計畫好的遊行。魯斯汀認為，倫道夫應該堅持到底，爭取讓政府做出更大讓步，於是他轉而投奔馬斯特。實際上，倫道夫是個明智的政治老手，他才是魯斯汀矢志不渝的支持者。二十年後，當魯斯汀最終成立了自己的組織時，它的名稱就叫菲利普倫道夫基金會。倫道夫十分欽佩魯斯汀的政治和管理技能，他的支持至關重要。由於魯斯汀是個同性戀者，因而在道德上和政治上都遭到了馬斯特的非難。當時，同性戀被認為是一種墮落的性取向，屬於犯罪行為。一九五三年魯斯汀因同性戀行為在加州被捕，再加上過去曾經參與共產黨組織，他被迫處處低調行事。也正因如此，魯斯汀始終沒有成為民權運動領袖之一。人們將他描繪成「一個活躍在幕後的智慧工程師——也許是幾乎所有活躍在前台的非裔領袖和組織的最嫻熟的戰術助手」。[19]

回顧歷史，我們很難理解《吉姆．克勞法》為何能存在那麼久。到了媒體時代，全球反殖民主義情緒高漲，各國紛紛效仿美國展開爭取獨立的抗爭，而《吉姆．克勞法》與美國宣稱的價值觀格格不入，顯得很不和諧。然而，要推翻舊聯盟中根深柢固的權力架構並非易事，雖然北方的政治家連連譴責種族隔離政策，但為此付出的種種努力卻得不到任何政治上的回報。一九五四年，美國最高法院做出了具有里程碑意義的裁決（布朗訴教育委員會案），宣布公立學校實行種族隔離、拒絕非裔入學是違反憲法的。這項裁決一方面振奮了非裔的士氣，另一方面也使南方白人在反對種族和解方面變得益發強硬，破壞了之前的溫和氣氛。由此產生了新的挑戰，種族隔離分子態度很堅決。

美國全國有色人種協進會（NAACP）是當時主要的非裔組織，在北方落腳，缺少群眾組織，因其顛覆性立場而在南方各州遭到禁止。一九五五年十一月在阿拉巴馬州的蒙哥馬利市（Montgomery），NAACP當地機構的一名女祕書羅莎．帕克斯（Rosa Parks）因為在公車上拒絕讓座給白人而被捕。這起事件成為地方積極分子期盼已久的導火線：很快，蒙哥馬利市的所有公車都遭到了抵制。這不是什麼「青天霹靂」，而是一次醞釀已久的爆發。[20] 這場危機直搗公車公司，其四分之三的客運量依賴非裔。這樣的事情早有先例。路易斯安那州的巴頓魯治市（Baton Rouge）也曾發生過類似事情，結果非裔雖然沒有得到完全的平等待遇，仍然只能坐在公共汽車的後排，但也獲取了一定的讓步。但是在蒙哥馬利，白人勢力拒絕改變態度。當非裔們想出辦法讓工人不再依靠公車上班時，他們的要求也升級了，開始挑戰種族隔離原則。一九五六年年底，美國最高法院裁定公共汽車上的黑白隔離法則違反憲法，這場抵制運動才宣告結束。

對那些希望從直接交鋒中獲取經驗的人而言，這次運動有三個明顯的要點。第一，經濟效應和政治效應能夠發揮同樣舉足輕重的作用。因此，任何行動都具有強制性。第二，隨著抵制活動的持續，政治效應會不斷升級，國內和國際媒體會越來越關注這場抗爭。第三，總的來說，運動激起的反應越強烈，能從中得到的好處就越多。隨後，佛羅里達州的塔拉哈赫市（Tallahassee）也發生了抵制公車事件，但當地警察局長非常老練，不想因此成就殉道者，當地政府也表現出了一定的靈活性。雖然最高法院確認在阿拉巴馬州違法的公車種族隔離在佛羅里達州同樣有效，但當地的局面使抗議之勢不再繼續高漲，運動內部出現了分歧。

蒙哥馬利運動的領導者後來成為初露鋒芒的民權運動領袖，他們把這些經驗運用到了此後十年的抗爭中。年輕的浸信會牧師馬丁．路德．金恩，半推半就地成為蒙哥馬利進步會（MIA）負責人，並成為該組織最為人熟知、最具有說服力的面孔。雖然婦女組織為抵制運動提供了動力，但真正領導並組織這場運動的是教會。教會是唯一完全獨立於白人社會的地方機構，完全由非裔出資運作。他們的集會規模漸漸壯大，開始從農村向城市蔓延。教會為抵制運動提供了體面的尊嚴和宗教色彩。

事實證明，金恩是個天生的領導者、天才的演說家，他的聽眾已經遠遠不止於參與當地集會的人。他深諳組織和戰術，孜孜不倦地學習。他聽說過甘地和梭羅，但還沒有弄清楚當作一種戰略的非暴力。[21]作為一個接受神學教育的人，他一直在糾結於道德和政治問題，在了解尼布爾的基督教現實主義後，一直不相信可以用愛的力量去改變人的心靈。他在大學期間的一篇隨筆中寫道，「和平主義者沒有認識到人類的罪過」，要採取一定程度的「強制手段讓他不去傷害別人」。後來他說，那次他開始相信「解決種族隔離問題的唯一途徑就是武裝反抗」。[22]

蒙哥馬利抵制運動開始後，金恩和其他MIA成員在策略方面都沒什麼想法。他們採取了非暴力方式，但並不是有意為之。暴力是種族分離分子的武器。如果雙方真的打起仗來，非裔一方肯定會落敗。抵制開始一週後，運動組織者的壓力越來越大。尤其是一九五六年一月金恩的房子被炸以後，他們感到必須考慮採取一些自衛方式，其中包括使用武器。後來，金恩的身邊有了幾位深受甘地主義影響的顧問，使得這場運動在戰術和理念上發生了轉變。第一個走到金恩身邊的是魯斯汀。魯斯汀不僅具備卓越的實踐經驗（他的可信度來源於他在印度和監獄裡的經歷），而且對自己的觀點十分自信，他聰明且具有很強的說服力。由於魯斯汀以往的經歷頗具爭議，因此幾乎剛到蒙哥馬利就被迫離開了。但此後，他一直在為金恩謀畫，兩人從此緊密地站在了一起。許多論述都認為，魯斯汀在這場運動中發揮了重要作用。[23] 魯斯汀離開後，另一名唯愛社成員、爭取種族平等大會的活動家格倫・斯邁利（Glenn Smiley）取而代之。在他的引導下，金恩開始關注理查・格雷格的作品。一九五六年末金恩提到，格雷格的《非暴力的力量》（*The Power of Non-Violence*）和梭羅、甘地對他產生了特殊影響。[24] 除了魯斯汀和斯邁利，以及後來的格雷格，另一個對金恩產生影響的人物是哈里斯・沃福德（Harris Wofford）。沃福德也曾赴印度研究非暴力運動，後來為甘迺迪總統工作。而史丹利・萊維森（Stanley Levison）則是一名富有的律師，曾加入共產黨組織，經由魯斯汀介紹認識了金恩，最終成為金恩身邊最親密的知己之一。

這些顧問的到來發揮了立竿見影的作用，非暴力從此不再是一種謹慎戰術，而是成了非裔民權運動的指導原則。魯斯汀認為，非暴力必須是無條件的，即使在自衛的情況下也不能使用槍枝，更不用說武裝保鏢了。他提出的這種做法能轉化為戰術優勢，為了證明這點，他勸說被大陪審團宣判違反了阿拉巴馬州禁止抵制法規的ＭＩＡ領導人，要穿得漂亮些、笑容燦爛些，向警察局自首，這樣反倒讓逮捕行為喪失了威脅和恐嚇的作用。到蒙哥馬利運動接近尾聲的時候，金恩已經投入甘地哲學中。之後的兩年裡，他趕赴印度，接觸了眾多甘地的追隨者。「遊行隊伍中群眾所蘊藏的力量，」他認為：「超過了握著槍的幾個絕望的人。我們的敵人寧願去對付一小撮有武器的人，也不願意面對大量手無寸鐵但意志堅定的群眾。」他從歷史中獲取了信心，學到了「就像滔天的海浪能把懸崖上的岩石擊得粉碎一樣，意志堅定的群眾運動反覆要求獲得自己的權利，往往就能瓦解舊的秩序」。[25] 繞不開的是，金恩的非暴力主張除了來自甘地之外，還有一大部分取材於〈登山寶訓〉。作為一個牧師，他必須講究精神和尊嚴。而至於非裔民意怎麼看待這些就另當別論。他們明白暴力手段所獲有限，但同時也認為，以種族平等的名義採取高尚行為可能觸動種族隔離分子心靈的說法十分牽強。而且對於個人而言，尤其是對那些需要養家餬口的人來說，在牢裡虛度光陰的風險太大。

金恩認為，非暴力戰略意義非凡。而許多支持者認為非暴力是有條件的，不過接下來甘地也遭遇了同樣問題。金恩的理論大都是他人觀點的衍生物。事實上，金恩的傳記作者在回顧他的博士論文時失望地發現，金恩有剽竊的愛好。一開始，他只是欣然接受別人遞過來的草稿，在上面署上自己的名字。金恩第一篇發表在《自由》（*Liberation*）雜誌上的政論便是由魯斯汀捉刀。[26] 這篇文章描述「新黑人」（new Negro）「以自尊取代了自暴自棄，以尊嚴趕走了自我否定」。抵制公車運動動搖了許多人對非裔缺乏勇氣和耐力的刻板印象，其中也包括非裔對自身的看法。這場抵制運動「打破了魔咒」。文中列舉了這場抗爭的經驗：社群能夠緊密團結在一起，領導者不必強人所難；他們完全沒有必要被威脅和暴力所嚇倒；教會也具有戰鬥性；任何商業損失都會讓白人商人焦慮，經濟的重要性不言而喻；人們發現了非暴力是「一種新的有力武器」，面對暴力但不報復反而會加強運動的威力。一九五六年最高法院做出有利於非裔的裁決後，金恩在十二月的演講中或多或少使用了這些內容。[27]

金恩從未真正地下工夫去發展一套邏輯清晰的理論。如果沒有魯斯汀和萊維森的參與，他的第一本著作《邁向自由》（*Stride Toward Freedom*）就不可能面世。加羅（David Garrow）形容書中有關非暴力的那一章讓人難堪。同樣，金在其中隨意借用了他人的觀點。在關鍵篇章〈朝聖非暴力〉中，「部分內容條理不清，堪稱金恩的編輯顧問們的蹩腳文章大雜燴」。[28] 儘管這本書缺點不少，但無論如何，金恩正在成為一個標誌性人物。有關金恩對於民權運動的價值，魯斯汀比絕大多數人都要明白得多。

將馬丁．路德．金恩和甘地進行對比是頗有意思的事情，但有可能產生誤導。那時候，金恩才二十五、六歲，既沒有意願也沒有尋求發揮任何政治作用。他會時而出現思路混亂，據後來透露，他的私生活也比較魯莽。然而，他雖然有這些缺點而且經驗不足，但不容置疑的是他的勇氣、投入以及他對南方非裔文化的把握。他具備幾乎堪稱詩意的特殊口才，他的演講中不僅有人們熟悉的非裔傳教士特有的節奏和韻律，還夾雜著有關美國民主和西方哲學的經典比喻。很顯然，他是在冒險，面臨死亡威脅、真正的暴力，還經常被關進監獄，他為自己的事業受盡折磨。他很快就成了媒體上的明星，並成為非裔運動中最頻繁出現的面孔和最吸引人的聲音。韋伯認為，他有「超凡的魅力」。

魯斯汀在回憶蒙哥馬利運動時提到，抵制公車政策運動帶來了諸多戰略上的好處。它有明確的目標，產生了經濟影響力，很容易受到直接行為的影響。與爭取教育平等的運動不同，抵制公車運動的過程中不涉及「行政機構和法律操縱」的阻礙，需要的是「日復一日地重啟」抗爭，提升群眾的凝聚力和自豪感，讓「謙卑的人挺起腰桿」，化「恐懼為勇氣」。值得注意的地方在於，這一切依靠的是「非裔文化中最穩定的社會機構——教堂」。[29] 一九五七年年初，魯斯汀策畫成立了南方基督教領袖會議（Southern Christian Leadership Conference，簡稱SCLC）。其中每一個詞都有特別的意義。「南方」的意思是，這個組織「不是全國性」的。「基督教」反映出教堂在南方（非裔和白人）的特殊作用，並且附帶反駁了所謂共產黨發起這個運動的說法。「領袖會議」則控制了該組織的成員數量。這種提法的好處是，避免和全國有色人種協進會這個全國性組織起衝突，後者認為自己是非裔群體的最佳代言人。NAACP主席羅伊·威爾金斯（Roy Wilkins）非常警惕金恩這個年輕新貴。金恩毫不掩飾地認為，威爾金斯扎根於美國北方，但他卻日益沉浸在《吉姆·克勞法》帶來的法律挑戰中，幾乎沒有發起什麼直接行動。但無論如何，金恩不想引發民權運動的分裂。南方基督教領袖會議的最大好處是，它為金恩提供了機構支持，讓他成為一個能夠賦予抗爭意義的領袖人物，他會用追隨者們能夠理解的語言來描述抗爭策略。沃福德後來回憶說：「魯斯汀看上去總是有一肚子主意，有時候金恩就像一個珍貴的玩偶，他的象徵性行為都是由一個信奉甘地主義的最高指揮官事先策畫好的。」[30]

魯斯汀很清楚，金恩絕不是個玩偶，而是個具有特殊領導才能的人物。但他承認，真正的問題在於，教堂天生是個專制機構，沒有嚴格的官方規制。各部部長在政治組織上和他們組織群眾的方式是一樣的。[31] 這種情況讓金恩很適應，卻引發了他人的抱怨。其中對金恩批評最猛烈的是埃拉·貝克（Ella Baker），她負責運作南方基督教領袖會議，是一名精明能幹的組織者。讓她倍感失望的是，組織內部個人崇拜越演越烈，這反映出人們急於找到一個救世主，卻阻礙了群眾運動的民主進程。[32] 缺乏群眾基礎也就沒有可靠的資金流，金恩不得不耗時耗力四處籌募資金。費爾克拉夫（Alan Fairclough）認為：「放棄在全國範圍內建立一個群眾性組織……最終這個決定成為一個造成嚴重後果的障礙。」[33]

即便有了更大的組織，要舉行非暴力運動也面臨諸多問題。首先是，志願者人數非常有限，也許還不到一般人數的五%。對於需要養家餬口的人來說，把自己奉獻給這場運動顯然不現實。一九六〇年代初之所以會爆發武力抗爭，是因為那時有大量的非裔和白人學生開始傾向於採取直接行動。在南方基督教領袖會議的幫助下，學生非暴力協調委員會（Student Nonviolent Coordinating Committee，簡稱SNCC）於一九六〇年成立。一九六一年該組織仿效一九四二年詹姆斯．法默等人的做法，四名學生在格林斯伯勒（Greensboro）的伍爾沃斯（Woolworth's）午餐櫃檯前發起靜坐，從此一舉成名。這場運動在當時看來是憤怒情緒的自然爆發，但是後來人們發現，靜坐的學生其實是NAACP中的激進學生，他們吸取了兩年來靜坐示威的經驗，精心策畫了這次行動。當真相大白之後，靜坐活動就像「陽光下的葡萄乾一樣」很快偃旗息鼓了。這場運動席捲了由教堂和學校組成的網絡。[34]當年五月，第一批「自由乘車者」為廢除公車站點的種族隔離，從首都華盛頓出發搭公車前往南方各地。這種戰術非常契合金恩和魯斯汀提出的直接行動理念，參與者順利地將它變成了一個新的運動舞台。但這一次，白人勢力的手段卻更狡猾了。魯斯汀的判斷也許是正確的，即交通自然會成為鬥爭目標，但是最高法院做出裁決後，許多城市卻沒有掀起針對公車種族隔離措施的反抗。對非裔來說，爭取平等的另一個重大推動力就是選舉權，它是長期以來獲得真正政治權利的最佳途徑，只不過這場抗爭曠日持久，尤其一些地方官員還能用法律解釋將非裔拒之門外。

一九六一年十二月，喬治亞州奧爾巴尼市爆發了第一場「包含全社區的抗議活動」。以往的抗議活動都是針對某個特定目標，比如簡餐館或公共汽車站等，這次的抗爭目標是聯合打擊地方上一切形式的種族隔離，目的是掀起一場足以挑戰種族隔離分子底線的危機。這次抗爭並沒有獲得很大成功，但參與者從中吸取了經驗教訓，「從嘗試和犯錯中不斷改善，進入了整場運動最富有戲劇性的階段」。[35]這場新運動更具有刺激性，幾乎就是為了煽動暴力而設計的，可見，非暴力戰略已經遠離了原先尋求喚醒種族隔離分子良知的階段。現在，製造影響力的是一種鮮明對比，一方是殘酷的官方，另一方則是要求基本權利的尊嚴。魯斯汀認為，「如果抗議活動引發統治集團採取殘酷手段進行鎮壓，那麼抗議就成了一種有效的戰術」。[36]如果真是這樣，那麼鬥爭的邏輯應該是找一個最粗野的警察局長。但是精明的警方正在訓練部下，要在不使用暴力手段的前提下執行逮捕，因此這一招也變得越來越困難。一九六三年春天，在阿拉巴馬州的伯明罕市終於出現了這樣一位警察局長——綽號「公牛」的尤金．康納（Eugene「Bull」Connor）。他的做法甚至比運動組織者原先期望的還要過分，不僅逮捕了孩子，還用警犬和高壓消防水柱對付示威群眾。這一回，示威者毋庸置疑地成了受害者。[37]

與其說伯明罕運動的戰略挑起了暴力，倒不如說它以暴力為象徵引發了一場危機。當金恩身陷伯明罕監獄，當地教士們批評他「既不明智，又不合時宜」時，他明確表達了自己的理念。他堅持，和引發這場運動的惡劣環境相比，運動本身不該受到更嚴厲的譴責。非暴力直接行動的目的是談判，但要達到這個目的，就必須「製造一場危機，形成一種緊張氣氛，這樣才能使三番兩次拒絕談判的群體被迫面對這個問題。這場運動尋求的是將問題變得引人矚目，使之不再遭到忽視」。[38]這是非暴力版的行動宣傳。在伯明罕事件中，達到這種效果一半靠的是城市所受到的持續經濟壓力，另一半則是當地警察的過激行為。兩者合而為一製造出一種誇張的效果。魯斯汀此時又評論道：「南方所有的商人和商會對照相機怕得要命。」[39]運動製造了曠日持久的混亂，人們希望勸說伯明罕的商界領導人取消種族隔離，雇用更多非裔勞工作為保持經濟運行的條件；更進一步的目標則是改變甘迺迪政府的政治設計，朝著有利於制定民權法案的方向發展。

上演這場衝突的舞台是城市中心地帶，這是一個相對緊湊的空間，如果當局不採取措施，示威者可以源源不斷地湧入。和阿拉巴馬州運動不一樣的是，伯明罕的抗議活動事先經過周密策畫，並且發動了當地有影響力的組織。抗議活動始於一九六三年四月，距離復活節還有兩星期，也是各家商店一年裡最忙碌的時節。非裔團體率先出來抵制購物，並且在一些簡餐館發起了示威和靜坐。所有的非裔（在全市六十萬人口中占二十五萬）都可以到城市商業區參加抵制活動。這些行動立刻產生效果並造成了損失。為了控制局面，警察局長康納借鑑了阿拉巴馬州的經驗。他公布了一條法院禁令，禁止靜坐和示威活動，違反禁令者一旦被捕，須支付高額保釋金才能獲釋。但和阿拉巴馬州不同的是，集會領導者這一次決定不再遵守禁令。金恩和他的高級副手拉爾夫・阿伯內西（Ralph Abernathy）牧師在耶穌受難日那天（復活節前的星期五）被捕。金恩認為這個日子具有象徵意義，對自己很有利。

接下來，禁令遭到了大規模反抗。五月二日，數千名高中生加入示威人群，參與運動的人數猛增。很快就有一千人被捕。當局面臨一個問題：到底是繼續抓人直到監獄裡人滿為患，還是嘗試滿足示威者的要求結束這場衝突？此時，當局已經採用了暴力手段，他們用消防水柱、棍棒和警犬來阻止示威者湧向市中心，但這些手段並沒有多少效用。伯明罕警長在一份報告中寫道：「監獄裡擠滿了叛亂分子，今年的預算早已超支；大街上執勤的警察面臨無休止的壓力，他們無法逮捕更多的人，到處都是示威者的嘲弄，新聞記者的照相機無所不在，除此之外還有『公牛』康納這樣情緒不穩、不斷發出矛盾命令的指揮官，所有這一切讓警方幾近崩潰。」[40] 事件在五月七日達到高潮，伯明罕市中心擠滿了示威者。他們用假裝遊行的方式挫敗了警方的警戒線，提早發起了最大的遊行活動（趁著警察吃午飯之際），等警方控制住局勢後，又在別的地方掀起了新的遊行示威活動。最後約有三千名示威者牢牢控制了市中心，警方不得不承認局勢已經失控。金恩回憶起有個沒吃午飯的商人「清了清嗓子說：『大家知道，我一直在思考這件事，我們必須想個辦法。』」[41] 第二天，雖然政治菁英們還想將鬥爭持續下去，但商界認輸了。

一九六三年六月十九日，甘迺迪總統向國會遞交了一份民權法案。接著，一九六三年八月底，魯斯汀組織二十五萬人在華盛頓舉行了一場遊行，並以金恩所發表的著名的「我有一個夢想」演講收場。至此，民權議題已經穩穩當當地占據了美國政治議程的首要位置。

到了此時，民權運動不可避免地面臨一個事實：政治權利無法確保改善經濟和社會環境。雖說經過很長一段時間之後，選舉權有助於人們組織一些其他形式的政治活動來爭取改善生活，但看眼下，選舉權既不能養家活口，也不能用來繳房租。金恩組織的這場運動不但沒讓非裔滿意，反而帶來諸多困擾，美國內陸地區有些城市開始出現騷亂。當金恩把注意力轉向貧困時，他面臨的一個難題是：當初在南方爭取政治權利並且使他一舉成名的那些方法，能否用來解決美國全國範圍內更加棘手的問題。

金恩的這場集中運動有一套清晰的目標，他和自己熟悉的社群聯手，戰術是（其間不斷完善）一方面透過製造經濟損失，迫使地方白人勢力讓步，另一方面透過激怒警方採用暴力，將媒體的關注焦點引向不公正的種族隔離政策。白人發現，他們在當地的商業因抵制公車事件備受損失，城市中心陷入了極度混亂狀態。如果他們仍沿用過去有效的方式來壓制這場運動，那就意味著疏遠了北方的政治家和媒體。如果他們猶豫不決想要退縮，那就只能和非裔達成某種臨時協定。而對這場運動背後的戰略家而言，只要能占到白人的便宜，他們就滿足了，哪怕他們的人正在遭受不公待遇。只要群眾不向壓力屈服，就能在抗議者的尊嚴和警方的殘酷對比下，製造出聳人聽聞的媒體新聞。

問題並不在於這項爭取民權的事業是否有明確的目標。種族隔離分子的論點難以置信且根本站不住腳，完全和自由的價值觀背道而馳。真正的挑戰是，讓非裔們懂得，如果想要獲得和其他美國人一樣的權利，就必須團結起來建立足夠規模的地方組織。為了滿足這些需求，教堂發揮中心作用。除此之外，還必須採取非暴力戰略。人們並不是期待種族隔離分子回心轉意，而是需要靠它來使這場運動占據道德制高點。許多人透過民權運動學會了政治，並認識到直接行動的價值所在，他們認為其他事業也可以透過這些手段來贏得關注度，但無論什麼事業，都不如民權事業輪廓鮮明。一九六〇年代的激進政治運動從尊嚴和保守起家，但很快就點燃了怒火，城市的街巷充斥暴亂，一場非法的戰爭引發了強烈反應。

第24章

存在主義戰略

總有一天，這部機器的運轉會變得如此可憎，讓你們心裡如此難受，以至於不能再參與下去，即便是心照不宣地默許也不行。你們只能把自己的身體壘在齒輪上、車輪上、槓桿上，壘在所有的器械上，迫使它停止運行。你們還要讓運行機器和擁有機器的人明白，除非你們自由了，否則就不會讓機器運行。

——馬里奧．薩維奧（Mario Savio），一九六四年十二月「自由演說運動」

後來一直堅持民權運動的都是年輕人。他們在南方經受了歷練並變得激進，他們批評美國社會，要求建立新的政治秩序。一九六〇年代初，他們被編入以非裔激進主義分子為主的學生非暴力協調委員會（儘管最初並不完全如此），以及學生爭取民主社會組織（SDS）等團體。後者正如名稱所表明的那樣，是一個設立在大學中的社團，成員以白人為主。最初讓這些年輕人憤憤不平的是立國理念和現實之間的巨大落差，美國當時不僅存在種族分化，而且正在為一場核戰準備。這兩個組織都在創立之初堅決承諾採用非暴力方式抗爭，但到一九六〇年代末卻雙雙陷入了暴力和黨派之爭。

兩者之中，學生爭取民主社會組織招來的議論最多：相較於出身弱勢群體的活躍激進政治力量，一支出自富裕的主流人群的隊伍當然更加出人意料。而且漸漸地，人們開始把SDS當作一種超越政治範疇、廣泛的文化轉變。上一代人的成長經歷來自大蕭條和對德國、日本的戰爭；而下一代人則成長於相對舒適的環境，傳承下來的社會約束令他們沮喪。兩世代人之間由此產生了代溝，這反映在人們對音樂的喜好、對性的態度、對吸食軟性毒品的看法。取自反殖民抗爭的「自由」成了這十年中的關鍵詞。任何組織都用這個詞來標榜自己，包括女性和同性戀者在內，他們感覺自己受到了社會傳統和過時法律的束縛。因此，他們在日常生活中向國家權威發起了挑戰，這是一種個人主義行為，並非出於什麼集體靈感。

這有助於解釋正統左派為什麼對此頗為不適，這些人都是集體主義者，對國家的前途和工會的角色充滿熱情。他們一直被富裕生活邊緣化，他們的豪言壯語聽起來像是舊日成敗的回響，其內部政治的特點仍是共產主義者、托洛斯基主義者和社會民主主義者之間的混戰。而年紀輕輕的激進主義者剛剛結束南方的「自由之行」，他們在那裡不是坐牢，就是挨打，根本沒有時間去理會那些在四處推銷社會主義理論藍圖的人。雖然SDS最初旨在成為工業民主聯盟（League for Industrial Democracy）的一個分支，但最終還是分道揚鑣，沿著自身的軌道發展。而工業民主聯盟作為杜威的另一樁事業，後來則成為美國社會主義團體中親工會、反共的一派。因此，人們反抗的不僅是美國自鳴得意的自由主義及其主流社會的保守主義，而且還針對社會民主傳統。這是一種群眾性政黨按照各方認可的體制組織起來對抗議會選舉的傳統，反映的是一個或多或少具有內在連續性但此前從未真正在美國扎根的意識形態。這些新派激進分子是更加徹底的自由論者、無政府主義者、反菁英傳統者，他們不惜一切代價地追求本色，為此甚至不惜喪失理智，懷疑所有權威和組織紀律。他們不再聽任那些超然於外、遙不可及、只顧自己利益的人來做決策，而是設法讓普通人參與決策來決定自己的命運。

一九六二年，SDS在密西根州休倫港（Port Huron）的全美汽車工人聯合會（United Auto-Workers）活動地點召開成立大會。其間，SDS與工業民主聯盟中的社會民主派發生了一場衝突。湯姆·海登（Tom Hayden）是一名密西根州的學生記者，他領銜撰寫了SDS用來鼓舞士氣的《休倫港宣言》（the Port Huron Statement）。他在描述自己的疑惑時曾寫道：「那些看上去不苟言笑的人居然會如此無休止地陷入相互離間、吹毛求疵的論戰。」「作為一種成長經歷，」他寫道，「我們學到了一種不信任和敵意，針對的是過去與我們關係最親密的人、自由派的代表，以及那些也曾年輕過、激進過的勞工組織。」[1]反過來，老的左派分子則對年輕積極分子感到不可思議，因為他們對工人階級和工會態度冷漠，也不熱衷於譴責共產主義。這些新派激進主義者非但不會一絲不苟地分析經典著作，還對其理論持懷疑態度。政治行為必定是價值觀和情感的最真實表達。信念總是高過一切算計的結果，這反映的是一種謹慎的權宜之計和拒絕為政治效果而妥協的態度。有時，深思熟慮的系統思想看上去是不可信的，只有自發意識（不管它有多麼不可言喻、難以理解）才值得信任。托德・吉特林（Todd Gitlin）早期曾是一名激進分子，後來成為一名新左派分析家，他認為行動可以被用來「誇大」信念。其「判斷標準是參與者的感受」，就好像藥物讓人的精神狀態起起落落一樣。如果這是一種極具價值的直接經驗，那就沒有什麼長遠考慮的餘地了。[2]

這一點讓新派激進分子陷入了韋伯的悖論。雖然韋伯為社會和政治的穩步官僚化而沮喪，但他認為忽視其功能的邏輯性也是一種不負責任的態度，新派激進分子的新興政治形式秉持的是一種不負責任的倫理，其手段和目的之間是不分離的。他們的每一次讓步、對核心價值的每一次拒絕都意味著失去了某些珍貴之物，不管他們的最終目標是什麼，它都在一次次地消逝。他們那些以靜坐為首的戰術，本能地挑戰了所有規則。他們明顯既缺乏理論也沒有組織性，陶醉於激進主義卻沒有明確的方向。其中蘊含的理念不是社會主義，而是存在主義。

這次存在主義戰略實驗最後以失敗告終，原因在於各種特點使其在文化上表現得如此自由，實際效果如此持久，以致在政治上觸怒了各方。當明確表達出來的立場見解是以核心價值觀為依據，而非隨著各種可能出現的結局而搖擺時，讓步妥協就很難實現，各種臨時結成的聯盟就會變得很脆弱。如果沒有階級制度，每一次決策都會充滿挑戰和審視，組織會變得效率低下、行動遲緩，在實現決策的時候會表現得猶豫不決。懷疑理性、相信感覺的激進分子變得益發憤怒。他們厭惡權宜和妥協的政治，使自己被隔絕和孤立起來，當有堅實理論支撐的組織或者先前曾反叛的紀律嚴密的組織發起干擾時，他們就很容易遭到破壞。

叛逆者

馬克思原來設想，資本主義社會會出現兩極化的階級鬥爭，但實際情況並非如此，戰後資本主義社會生活水平顯著提高，顯然已經發展成一個自滿知足、未出現分化的大眾社會。拿薪水的中產階級正處於上升之勢，他們大都屬於一些大型不帶個人色彩的組織。日常生活的點點滴滴雖然並不使人疲勞，但似乎還是缺了點什麼。人們議論的並非日益加劇的痛苦和貧困，而是一種因心理空虛而不是物質剝奪所導致的枯燥乏味。威廉·懷特（William Whyte）在著作《有組織的人》（*The Organization Man*）中提到，美國中產階級存在一定程度的同質化，反映在標準化的職業發展路徑、消費者品味和文化敏感性中，並伴隨著一定程度的順從。他認為，其中的責任不在於組織本身，而在於信仰，「溫和地否認了個人與社會之間存在的衝突」。[3]事實上，包括大衛·里斯曼（David Riesman）的《孤獨的人群》（*The Lonely Crowd*）和賴特·米爾斯（C. Wright Mills）的《白領工人》（*White Collar Workers*）在內，有關這個群體的大多數作品都表明，中產階級的崛起並不是一件充滿愉悅的事情。

里斯曼認為，有主見的人會追隨早年立下的人生目標，具有很強的價值觀，一旦偏離了那些價值觀，就很容易因為罪惡感而遭受內心折磨。他們逐步讓位於那些缺乏自主性的人，後者從周遭環境中尋找答案，從自己的同齡人甚至大眾媒體中獲取人生的方向。這兩類人的區別在於，人們遵循的是自己內心的陀螺還是一個外部雷達。《孤獨的人群》是眾多社會學家的著作中最受歡迎的作品之一。早期的進步派人士將缺乏自主性當作捆綁社會、激發民主敏感性的方式，然而，相較之下，《孤獨的人群》一書則指出（也許超出里斯曼自己原先的預期），透過大眾媒體不加鑑別地傳播社會規範和政治態度是有害的。[4]埃里希·佛洛姆（Erich Fromm）的《逃避自由》（*The Fear of Freedom*）一書的主題也是適應社會環境的風險在於否定核心價值觀。佛洛姆是德國猶太難民，他提醒人們，從因循守舊和獨裁主義中尋求安全感的無根個體是很危險的。自由不僅僅意味著缺乏限制約束。自由須更加積極、有創造性、真實可信、富有表現力，是自主自發的，無須格外敬畏專家們的公認智慧或規定的常識。社會結構的作用是壓制人性自然、積極的一面，而非抑制消極、強制的那一面。[5]

二十世紀熱衷於文化發展的人士將這種現象看作肯定了人性中積極的一面，用以對抗因循守舊的公司國（corporate state）。一九七〇年，當西奧多．羅札克（Theodore Roszak）讚許地回顧前十年時，將眾多發展成就描述為對「技術統治論」的回應。作為對韋伯的呼應，它被說成是：

> 融合了精神狀態的企業權力。在這種精神狀態下，人類的各種需求完全屈服於某種形式化分析。進行這些分析的則是掌握了某種令人費解的技能的專家。他們可以把這些分析直接轉化為一種經濟和社會事業、人事管理程序、商品化和機械配件的聚合體。

這些專家往往身處企業的核心部門，他們認為人類的大多數需求已經得到了滿足，如果說哪裡出現問題，那也是誤解造成的。[6] 羅札克主張，貧困、文學、社會學、政治傳單以及當時的各種示威遊行，都是在以不同的方式挑戰這個技術統治論假設。從這方面來看，這十年的政治中，不管是挑戰官僚主義還是科學專業知識，無論是享樂主義的生活方式還是貶損傳統行業，一切只不過是大規模反抗理性的冰山一角而已。人們不相信客觀知識。他們並不認為世界觀是由知識積累形成的，所謂「知識」是用來引用和參考的，它反映的不是實際的現實，而是一種基本的世界觀。

這對於戰略而言有何意義？一般來說，它挑戰了一種基於假設可選擇和選擇可用良方的戰略理念，這些良方中包括密切關注運行環境以及對事務的深謀遠慮。在某些方面，自由主義經過在二十世紀的發展，已經傲人地為戰略決策創造了最理想的環境：政治言論自由、組織能力，以及尊重科學，並將其作為明智選擇、深思熟慮的手段。然而現在，新左派似乎認為它是有問題的，這種思考方式限制了選擇範圍，使得那些受到決策影響的人無法參與解決問題，而且它對於組織來說是種壓力，意味著組織的階級化。

還有一種可能是，過分操心目的和手段完全沒有意義，因為戰略任務在自滿的主流文化面前完全不起作用。年輕激進分子的渴望和報復已經超過了理性規畫的範疇。因此，果不其然，出現了一種絕對目的戰略。它既英勇又浪漫，注定要失敗卻志向宏偉，具有一種高貴的誠實。它的目的是確認存在，而非實現目標。從這方面來說，這要歸功於大西洋彼岸的法國存在主義者，他們深入思考了人類狀況，其中雖然充滿荒謬、放縱與絕望，但也強調了選擇的必然性。讓－保羅・沙特（Jean-Paul Sartre）也許看來強調的是行動無用，但他的觀點其實是，絕望本身並不是消極忍受的原因。事實上，選擇是必然的，因為人們「注定要獲得自由」。他們無法選擇生存環境，但被迫對此做出回應。這種回應無論勇敢還是膽怯，都是他們的責任，最終會界定他們的人生。[7] 比沙特更有影響力的人物（至少在美國）是阿爾貝・卡繆（Albert Gamus）。從政治上說，卡繆更接近無政府主義者，而非共產主義者。他持有強烈的反蘇觀點，並因此與沙特絕交。一九四〇年，他還是個和平主義者，但在淪陷區的那段生活經歷促使他投身反抗運動，並加入了地下雜誌《戰鬥》（*Combat*），從事編輯工作。他於一九四七年寫成的寓言小說《鼠疫》（*The Plague*），靈感便來自這段經歷。小說描寫阿爾及利亞城市奧蘭（Oran）發生大規模瘟疫，人們一開始拒絕接受現實，但接著並沒有放棄希望，有一群人找到了打敗疾病的方法。人們在抵禦瘟疫的過程中重新團結在一起。小說中的醫生伯納德・李爾（Bernard Rieux）將其中的道理歸結為：「我只是說，在這地球上存在著禍害和受害者，應該盡可能地拒絕站在禍害一邊。」[8] 從卡繆開始，人們爭論的話題就變成即使面對嚴峻的困境，反抗也會使生活有意義。因此，一個人只要行得正，就不必擔心成為失敗者，因為正直誠信比結果更重要。

米爾斯與權力

一九六二年，四十五歲的賴特・米爾斯死於心臟病突發。從他生活的那個年代至今，米爾斯一直飽受爭議，特別是因為他那非同一般的個性，以及他隨時準備把自己當作一個持異見者。[9] 他是個典型的有自己看法的人，忠實於自己的價值觀，自稱是一個從不與任何政治組織合作的孤獨者。他早期受到三種勢力的影響，其中兩種成為他形成自身思想的關鍵。其一是實用主義者，也是他的博士論文主題。在知識分子的公共角色方面，他和實用主義者的觀點是一致的。他的觀點與詹姆斯的反軍國主義，以及杜威倡導的參與式民主存在緊密連結。與此同時，米爾斯又質疑杜威的準科學架構及其過於機械化的政治觀點，杜威不願意接受權力帶來的問題，不願意承認其中存在的控制、情感和強制元素。[10]然而，米爾斯很欣賞的是，杜威始終認為智慧也是一種權力。雖然和杜威生硬的、講求功能的平鋪直敘相比，米爾斯屬於猛烈抨擊且具有價值取向的一類，但其實這兩個人都固執己見、剛愎自用。

法蘭克福學派的流亡學者漢斯・葛斯（Hans Gerth），幫助米爾斯從哲學轉向了社會學，並向他介紹了韋伯的著作。米爾斯的基本解釋架構，關於階級、地位、權力和文化的相互關係，以及對大型官僚機構在生活各領域影響的警示，都是從韋伯的觀點引伸而來。米爾斯直到事業走上正軌，才開始閱讀並認真對待馬克思的作品，之後他漸漸成為馬克思主義者。在他生命的最後幾年，米爾斯更是一個激進的知識分子，他捍衛古巴革命，並且與英國的新左派（由脫離了共產黨且頗具學識的馬克思主義者組成）建立了連結。米爾斯對於學生的部分吸引力在於認為學生是潛在的變革動力，準備挑戰慣性和保守主義力量。[11]

米爾斯的著作中既有精妙的分析，也有帶著灼熱社會批判的研究調查。一九五〇年代，隨著他作為異議知識分子在國際上的名望逐漸升高，米爾斯的批判也變得越來越尖銳。他完全沉浸在權力的架構中：為什麼在現代美國企業裡，菁英們無須暴力和強制，只依賴操控就能維持地位。他的目標是形成一個所謂的「多元」學派，主張即便公民的參與程度相對較低，民主也能發揮作用。由於每個人都能從這樣政治進程中獲益，沒有理由過喜或過憂，因此它就能有效而公平地運轉起來。

有關權力的辯論是一個很重要的問題，米爾斯的著作《權力菁英》（*The Power Elite*）經常被用來作為一方的論據，通常與之針鋒相對的是勞伯・道爾（Robert Dahl）的著作《誰統治：一個美國城市的民主和權力》（*Who Governs: Democracy and Power in an American City*）。[12]米爾斯和道爾的作品反映了在權力以及如何衡量權力這兩個問題上的兩種不同觀點，而雙方的觀點都與正在逐步發展的有關激進政治的辯論相關。權力曾經、且現在仍然指的是一個政治實體的屬性，以軍事和經濟力量這些公開明顯的指標作為衡量手段。但顯而易見，即便軍事和經濟力量十分扎實，也無法確保在任何情況下都能獲得對自己有利的結果。強大的一方並不總能達到目的。必須在亟待解決的問題背景下考慮各種資源。一個德州撲克玩家可能有高超的技巧，而且握著一手對橋牌手來說絕妙的好牌，但這牌並不適合來打德州撲克。因此推定的（putative）權力和實際的（actual）權力是不一樣的，功能和效果是兩碼事，潛力和實際作用不可同日而語。[13]道爾對權力定義強調的是發揮影響力的能力：「A對B享有權力，在這個意義上，A可以迫使B去做一些他本不願去做的事情。」[14]A單具備能力還不夠：只有B被迫服從了A的意願，兩者透過這種可衡量的效果形成十分特殊的關係，這才表現為真正的權力。

這種觀點遭到了眾多質疑，其中最具重要性且持續時間最長的挑戰並非來自米爾斯，而是兩位政治學者：彼得·巴赫拉赫（Peter Bachrach）和摩頓·巴拉茲（Morton Baratz），他們在一九六二年的一篇文章中寫道：

> 當A參與那些影響B的決策時，理所當然地是在運用權力。而當A致力於創制或加強各種社會和政治價值，以及使政治過程的範圍僅僅限制在那些不損害A利益的議題上時，同樣也是在運用權力。如果A成功地做到這一點，無論出於何種原因，B都無法將A喜好範圍之外的事物搬上檯面進行討論。[15]

這便是權力的第二張面孔，它有不為人知的狡猾一面：A透過將問題排除在議程之外，並製造一種背景共識，使B喪失向A發起挑戰的機會，更無法在直接衝突中擊敗A，這樣A便能維護其在權力架構中的位置，實現對他人的權力。到一九五〇年代末，這種批判路線已經完全被激進分子所接受，儘管和作者的初衷相比，其手法要粗糙得多，而且充滿了「虛假意識」。簡單的馬克思主義分析認為，政府是統治階級或者受資產階級意識形態影響的大眾意識的集體委員會，但米爾斯不這麼認為。他將權力菁英更多地描述為包括企業高層和軍界領袖在內的一種官僚利益的融合，而不是一種有組織的陰謀，但他也一直認為制衡系統已經不起作用，這便催生了一種由特權集團壟斷關鍵資源的觀點，這樣他們便可以在需要的時候得到自己想要的。[16]

作為學者的同時，米爾斯也漸漸成為一名檄文作者，「隨時準備站出來肆無忌憚地提出控訴，就好像擊中敵人胸膛上的目標一樣」。[17] 然而，他那琅琅上口的言辭也是社會學的延伸。從米爾斯的著作《社會學的想像力》（*The Sociological Imagination*）[18] 中可以看出，他對主流社會學感到難以忍受，並嘲笑了他所認為的主流社會學的兩條錯誤途徑：一種是妄自尊大的大理論，另一種是游離在當代重要問題的邊緣，埋頭於微觀研究的抽象經驗主義。他堅定認為，社會學的真正目的應該是將個人的麻煩和社會、政治架構結合起來。如果一個人失業了，那是一樁個人麻煩；如果二〇％的人口失業，那就是個結構性問題，因而也就成了社會學的任務。他認為，就這一點而言，社會學應該是政治學的最重要準則。社會學的想像力能夠滿足政治想像力。他認為：「在完成一項研究之前，無論在情境上是多麼不相關，你都要把它當作理解你自身所處時代——二十世紀後半葉可怕而有重大意義的人類社會的結構與動向、形貌與意義的持久而核心的任務。」

《休倫港宣言》

擅長運用語言文字的海登，是首位用鮮活的語言來傳遞新思想的人物，是《休倫港宣言》的主要作者。這份宣言由六十人於一九六二年六月討論而成，據海登後來說，當時大家感覺「正在表達新一代叛逆者的由衷之言」。[19] 在此過程中，他們受到了許多人的影響。密西根大學哲學教授阿諾德．考夫曼（Arnold Kaufman）向海登介紹了杜威，因為他闡釋了社會機構的民主化。海登從卡繆那裡學到了一種思考方式，即反抗也是一種生活方式；從米爾斯那裡學到了一種對主流權力分配的批判，還有一些更個人取向的事物，其中之一是他們都不再信仰天主教。但也正是這一點，使他對自己的家庭感到非常不安。海登在米爾斯的作品中看到了在克萊斯勒汽車公司當會計師的父親的影子：「他驕傲地穿著硬挺的白領襯衫，他的會計師位置處於真正的決策者之下，凌駕於工會力量之上，他白天用鉛筆寫數字，晚上看電視喝酒，嘟嘟囔囔沒有目的地發表著各種看法。」[20]

米爾斯為海登解釋了「在面對卡繆所說的鼠疫時，人們之所以無心反抗、表現冷漠的諸多因素」。官僚菁英們喜歡這種消極的不抵抗狀態，根本不想去鼓勵什麼真正的民主。米爾斯還在書中提到了「快樂機器人」（cheerful robot），它是大眾社會的一員，對自由抱有幻想卻無力影響更龐大的權力結構。「在小老百姓的意識和我們這個時代的諸多問題之間，隔著一層冷漠的面紗。他的意志似乎是麻木的，他的精神是貧乏的。」本著這樣的精神，《休倫港宣言》一開篇便認識到了學生的尷尬地位：「我們是這樣一個世代，在比較舒適的環境中出生，居住在大學裡，不安地看著這個我們繼承而來的世界。」他們並沒有宣稱要當大眾的代言人，卻自稱是少數派，並注意到「我國人民的絕大多數把社會和世界的暫時性均衡當作了永恆的功能要素」，而學生們則「甚至根本不在乎冷漠」。[21]

為什麼人們感到如此無力，屈服於冷漠，按照米爾斯的分析，其原因在於：「人們害怕事情會隨時失控。他們害怕變革，因為一旦發生變革，就會打破那個目前使人們免受紛亂之苦的無形架構。」然而，其中也有對人性的樂觀看法。「我們認為人是無比寶貴的，在追求理性、自由和愛的方面尚有餘力。」如果能在「道德重組」的過程中重新發現核心價值，那麼就有可能進行一場「政治重組」。[22]政治不是達到目的的手段。它本身就是目的，參與和介入能夠彌合人與社會之間的鴻溝。宣言認為：

新左派必須將現代的複雜性轉化成每個人都能理解的問題，並對它產生一種接近感。必須給無助感和冷漠感賦予一種形式，這樣人們就可能找到個人麻煩背後的政治、社會和經濟源頭，進而組織起來改變社會。在一個經濟繁榮、道德自滿、政治操控的時代，新左派不能僅僅靠一些小問題作為社會改革的動力。[23]

學生們迫在眉睫的事業是南方各州的民權問題。這正好符合他們的激進主義願望，提供了比學習任何政治經典都更具指導意義的經歷。但民權運動只能到此為止。運動的目標是將權力訴求延伸到所有領域，而不僅限於選舉體制。因此對學生而言，呼聲的出發點應在他們自己的領域——大學。他們在學校裡被要求遵從並接受課堂上教授的內容，按照所有的規章制度辦事，否則就有被開除的危險。然而，一種新的情緒在逐漸顯現。在舊金山柏克萊大學的校園裡，因爭取種族平等大會爭取組織權而發生了一場衝突，進而演變成首次大規模學生示威遊行。

當時，深度投入《休倫港宣言》起草工作的年輕學者迪克．弗萊克斯（Dick Flacks）發現，有人將不斷發展的運動當作一種生活方式，還有人視為一種變革手段，兩者之間關係相當緊張。他將生活方式派稱作「存在主義的人道主義」，需要的只是按照核心信仰行動，努力「去接近一種道德的存在」，但他發現這有可能是種不負責任的行為，其追求的是「一種讓個人得到滿足的生活方式，拋棄了幫助其他人改變生活方式的可能性；在這種方式下，人們對直接社團運動寄予極大希望，渴望由此獲得個人的救贖和滿足——然後他們會漸漸認識到，這些可能性畢竟很有限，其結果就是幻滅」。和韋伯一樣，弗萊克斯也尋求調和信念與責任。這意味著行動「要講政治，因為沒有政治和社會系統的重建，我們的價值觀就不可能實現並具有持久的意義」。然而，拋開存在主義倫理，政治終將「越來越具有操控性，以權勢為導向，犧牲人的生命和靈魂」，簡而言之就是「變得腐敗」。雖然弗萊克斯承認，人們普遍懷疑「明確而系統地專注於戰略」是一種人為約束，限制了自發性，降低了對人們真正所需的回應能力，但他仍然建議，解決問題的答案就在於「戰略分析」。由於只有少數人具備這種能力，因此「依照戰略行事的人就是菁英」。遺憾的是，沒有戰略就談不上超前意識，事物就會含糊其辭，「學生們想採取有效的社會行動，結果卻只能隨機行事」。[24]

這段話與其說指出了解決問題的方式，倒不如說道出了問題所在。對於前幾代激進分子而言，走出這種困境的唯一方法，是到群眾中去，和他們合作、處理問題，而不是宣稱自己能夠解決所有的問題。因此，海登在紐華克市（Newark）加入了社團計畫——經濟研究與行動計畫（Economic Research and Action Project）。然而，隔絕菁英主義是有局限性的。當地還有其他各種「解放力量」，與他們聯合或許是明智之舉，海登卻發現他們「極度自私」，「擁有廣泛的社會關係，卻沒有積極和激進的成員基礎」，他們的計畫

「對於真正改變窮人的生活幾乎毫無用處」。接受「政治交換」會破壞「我們和附近社團成員之間的基本信任感。我們的地位是最低的」。[25]自由派戰略則認為，「大眾是冷漠的，只有簡單的物質需求或者短時間內的極大熱情才能將他們喚醒」，因此，「他們需要有經驗的、負責任的領導人」。於是事情又回到了老路：領導者們自認為只有他們才能維繫組織。由於人們會對這樣的菁英主義報以「不感興趣或者懷疑」的態度，因此領導者即便認識到了一種令人憂心的「順從思考」趨勢，但還是會將其稱作大眾的冷漠。

海登考慮的不是馬克思主義神話中的廣大群眾，而是少數的下層階級。[26]最直接的解決辦法是建立聯盟，或者至少與有權力的一方達成暫時性協議，但海登不願意這麼做。他之所以拒絕接受這種方式，在於它只能提供「福利國家改革」，這些改革「是為窮苦大眾打造的，卻不是窮苦大眾自己構想出來的」，而且它們會讓中產階級「墮入舒適的感覺中，以為一切運行良好」，因此這樣的改革必然會失敗。他對權力的關注是如此嚴酷，避免表現出對權力的欲望，他的設想是，如果底層群眾擁有權力，那麼他們就能管好自己。然而，底層群眾所嚮往的，真的就是激進主義分子認為他們應該爭取的嗎？如果積年累月的無力感和消費文化已經改變了他們的頭腦，他們的各種要求和半途而廢的努力會不會令人大失所望呢？

海登四處尋找「可行的戰略」，結果卻仍是一個「謎」。他的目標是進行「一場徹底的民主革命」，不再迫使上層放棄權力，而是建立「自上而下的權力組織單位」，這樣就有可能湧現出「新一類人」，他們不可能被操控，因為「他們對叛逆的定義就是確切地反對操控」。窮人們按照意願行事，反對「富足而強權的社會」，並由此來改變決策。正如海登後來所接受的，這種分析的缺失在於，認為窮人的意願無論如何都不會等同於被他百般嘲弄的中產階級價值觀。他已經意識到，要找到為了組織而放棄個人利益的領導者和理解並把自己奉獻給抗爭運動的普通民眾，有多麼難。[27]

正當海登努力鑽研參與式民主時，學生非暴力協調委員會（SNCC）卻在考慮拋棄它。委員會執行祕書詹姆斯．福曼（James Forman）在一九六四年提出，贊成建立一個合適的群眾組織，而不是讓一盤散沙似的激進主義分子去和民權組織競爭。對於展開這項集權工作的人而言，他們只需要求自己服膺於組織的需要。

但這對於許多激進主義分子來說是很難的。他們擔心組織的中心會因距離遙遠而對地方的想法無動於衷，一心營造自己的王國。而且，這麼做也有悖於SNCC的創建精神。然而人們發現，參與式民主在實踐中令人灰心且筋疲力盡。最常見的問題是，各地的人們雖然能夠將時間和精力投入事業，但卻在頻繁的討論中誰也不敢下結論，因為任何積極主動的行為都會被質疑為篡奪民主權利，而原則上傾向使決策陷於癱瘓。弗蘭切斯卡・博萊塔（Francesca Polletta）在她《自由是一場沒完沒了的會議》（*Freedom Is an Endless Meeting: Democracy in American Social Movements*）一書中寫道，「讓群眾做決定」的要求有一種令人氣憤的傾向，人們願意溫和處事而不願意冒風險，追求的是社會服務，而不是革命。這讓人確信，的確有必要向群眾解釋清楚他們的真正利益所在。受過教育的北方人有個問題，在南方本地人看來，他們都很自私，對窮人的樸實智慧表現出一種屈尊低就的態度，而且他們對南方文化一無所知。雖然有人對白人擔當非裔社團的組織者表示擔心，但按照博萊塔的說法，這不只是種族問題，更源於階級和教育問題。然而到一九六六年，非裔勢力接管了SNCC的領導權，並且以某些更嚴酷、更激進的元素將自己與北方自由主義者區隔開。[28]

英勇的組織者

說起社區組織在參與式民主中的實踐經歷，索爾・阿林斯基（Saul Alinsky）是值得一提的人物。他付出超乎常人的努力，創造了將地方社團組織起來成為地方權力架構的理念。索爾・阿林斯基一九〇九年生於芝加哥，一九二六年進入芝加哥大學社會學系。當時主持社會學系的是羅伯特・帕克。帕克是記者出身，後來涉足社會學領域，他習慣於各種形式的城市生活，並懷著一種近乎偷窺的好奇心來研究社會學。一九二一年他與同事艾德溫・柏吉斯（Edwin Burgess）共同出版了《社會學概論》（*Introduction to the Science Sociology*）一書，這部作品成為影響之後二十年社會學領域的重量級著作。帕克認為，「社會研究是解決各種社會痼疾的方法」，但他主要是從民主而不是從菁英的角度來看待這個問題，並且他還認為社會研究是一種「治理社會變革」的手段。[29]

帕克和柏吉斯帶著學生到芝加哥做實地考察旅行，足跡遍布舞廳、學校、教堂、居民家庭等各個地方。芝加哥城市規模龐大，呈現多樣化且各具特色的移民社區。禁酒令時期，有組織的犯罪集團在當地橫行一時，其中最出名的是艾爾·卡彭（Al Capone）。芝加哥地理位置靠近加拿大，因此自然成為走私入境違禁私酒的大本營。各個幫派圍繞這種貿易的控制權，展開了殘酷的競爭。帕克認為，芝加哥應該成為研究焦點，因為它「過度地展現了人性的善與惡。這個事實也許比其他任何事物都更能證明，城市是座實驗室或者醫院，人性和社會發展也許是最便利、最有益的研究內容」。[30]對這個學派持批評態度者則運用研究認為，社會問題的原因在於社會，而不是人。柏吉斯將帕克的觀點往前推進了一步，認為研究人員的作用是「將社區組織起來進行自我調查」。各個社區應該檢視自身存在的問題，研究各種社會問題，繼而產生一個願意組織起來獲取「社會進步」的領導集團。

柏吉斯對阿林斯基產生了重要影響，尤其是在這個學生身上看到了一種被學業成績所掩蓋的能力。[31]阿林斯基對犯罪學很有興趣，在柏吉斯的支持下，畢業時獲得一筆獎學金，並決定對卡彭幫派展開研究，可能的話，還要深入內部（近距觀察）。他經常出沒於幫派活動的地帶，聽他們的故事，最終和他們建立了連結。[32]他曾在州立監獄擔任過一段時間的犯罪防治專家。之後，他在一九三六年加入芝加哥區域計畫（the Chicago Area Project），向人們展現了可以透過社會來解決青少年犯罪問題。犯罪的原因不在於個人的低能，而在於個人所在的整個社區出現了各種嚴重的貧困和失業問題。阿林斯基為社區組織者設置了一些原則。對社區而言，這個計畫項目應該是一個整體，由社區民眾自主策畫並實施。這就需要重視培訓和地方領導，加強已有的社區機構，透過各種活動來促使民眾參與。[33]他認為地方組織者，尤其是曾犯罪的人，能夠為自己身邊的人指引一條明路，告訴他們如何讓自己的行為更為人接受。這做法引起了爭議。他直接挑戰了家父長式的社會工作，被指責為默許犯罪，縱容民粹主義者煽動地方民眾去反對那些一心為他們的利益著想、試圖幫助他們的人。

一九三八年阿林斯基被指派到芝加哥後院區（Back of the Yards）工作，該地區因厄普頓．辛克萊一九〇六年出版的小說《魔鬼的叢林》（*The Jungle*）而臭名昭著。阿林斯基生來就是個組織者。他生性聰敏，熟悉民間疾苦，而且愛出鋒頭，他有一套獲取他人信任的訣竅，否則這些人就可能感覺自己被忽略或邊緣化。然而，他的做法比計畫更具政治色彩。他不僅把犯罪問題作為解決社區所有問題的突破口，還籌組了一個社區組織，其代表來自當地的各個主要團體，這些人都很有勢力，原因不在於他們本人，而在於所代表的群體。阿林斯基還將隸屬於工會的工人吸引到他的運動中，介入了一場反對肉類加工業的抗爭，這些都已遠遠超出了他原先的工作要點。到了一九四〇年，阿林斯基已經離開這個專案計畫，開始單打獨鬥了。

隨著時間的推移，阿林斯基對社會科學的批判越來越嚴厲，認為它們偏離了日常生活。他借用別人的話，將芝加哥大學社會學系形容成「這樣一個機構，投入十萬美元做研究，目的只是弄清楚各個妓院的位置，而實際上不用花一分錢，計程車司機就會告訴你答案」。阿林斯基還根據自己的觀察補充說：「要求一個社會學家來解決問題，就好比為腹瀉患者開灌腸劑。」[34]在芝加哥大學，從帕克－柏吉斯時代開始，社會學的某些趨勢已經出現了變化。然而，阿林斯基最初的軌跡，反映了他在兩次戰爭期間對這門學科的成見。

一九四一年，阿林斯基在《美國社會學期刊》（*American Journal of Sociology*）上發表文章，明確闡述了自己的工作方式。文中他描述了後院區屠宰場和肉類加工業工人的悲慘生活。這些地方是「疾病、犯罪、墮落、骯髒、依賴的代名詞」。傳統的社區組織在這樣的地區幾乎毫無價值，因為它們認為個人問題是相互獨立的，社區與一般的社會活動領域也是隔離的。而如果將每個社區置於其身處的大環境中，就會發現它們的能力非常有限，「根本無法依靠自身的努力來獲得提升」。他發現「有兩種基本社會力量也許可以作為任何高效社區組織的基石」。那就是天主教會和工會：「構成一個教區的成員，同時也是同一個地方工會的成員。」他聯合各個地方組織共同建立了後院區社區委員會。其成員不僅參與教會和工會事務，還要參與地方商會、美國退伍軍人協會，以及「主流的商界、社會、國家、互助會和運動組織」。

透過這個委員會，失業、疾病等問題都被當作擺在所有人面前的威脅，人們看清，工會和商界都得仰仗地方購買力才能生存。不同社團組織的領導人「都學會了把別人當成同類人來相互了解，而不是一個沒有人情味的團體象徵。在許多情況下，這種象徵往往顯得帶有敵意」。這一切的背後有一種「人民的哲學」，強調的是權利，而不是好感，重點在於依賴「由人民自己建立、擁有並運行」的組織來獲取權利。[35]

這顯然與海登的理念不同，阿林斯基吸收了地方性組織；海登則擔心這種做法會將普通人排除在外，強化了地方權力架構。當時，許多左派人士曾經對與天主教會共事提出質疑，因為後者對無神論的共產黨懷有很深的敵意。阿林斯基將自己定義為一個激進分子，但正如他在自傳中所說，這主要反映在他的「傾向、信念、雄辯和願望中」，而「他的行動則是一種務實的方式」。[36]他願意和任何看來合適的人結成聯盟。他的角色不是共產主義煽動者，而是工會組織者。

這是美國勞工運動的英雄時代，領導人是來自煤礦工人聯合會（United Mineworkers）的約翰・劉易斯（John Lewis）。該組織與死氣沉沉的美國勞工聯合會（American Federation of Labor）決裂後，以菁英行業為主導、成立了產業工會聯合會（Confederation of Industrial Organizations，簡稱ＣＩＯ）。他一方面秉持尖銳的反共主義，另一方面信奉穩定與計畫經濟的中央集權。他為資產階級勞工運動帶來了強有力的領導，一九三七年，他在通用汽車公司密西根州弗林特（Flint）組裝廠的靜坐罷工中，展現了堅韌而富有想像力的談判風格。弗林特事件之後，其他行業開始小心翼翼地防範各種正面衝突。由此，劉易斯在沒發出什麼直接威脅的情況下，就和美國鋼鐵行業達成了協議。接著，他又向南方礦業中的種族歧視現象發起了挑戰（人們認為，非裔只需要更低的工資就足以維持一種比較體面的生活）。在兩年之內，ＣＩＯ已發展到三百四十萬名成員之眾。一九三九年七月，阿林斯基在以芝加哥肉類加工業工人的名義發表演講時，結識了劉易斯。劉易斯的女兒凱瑟琳（Kathryn）是阿林斯基的工業區基金會（Industrial Areas Foundation）領導成員。

阿林斯基以劉易斯為榜樣。他做事以自我為中心，很喜歡介入衝突，作為領導很有魄力和派頭。後來，阿林斯基還打算為他寫一部充滿仰慕的傳記。他從劉易斯那裡學會了如何激怒並刺激對手，使衝突升級，然後再利用談判來解決問題，在每個階段最有效地發揮權力優勢。阿林斯基很注重行動的理論依據和修辭表達。尤其令他印象深刻的是，當劉易斯設法執行一個足以威脅到權勢集團的方案時，他會將CIO和美國的公平正義理念結合起來。「同樣地，阿林斯基在自己的辯論中也尋求將工業區基金會的目標和人們耳熟能詳的美國政治傳統牢牢地結合在一起。」[37]

一九四六年，阿林斯基出版了第一本著作《激進主義的起床號》（*Reveille for Radicals*），該書出人意料地成了一本暢銷書。其基本思想是，那些工會曾經在工廠裡使用過的有效技巧，同樣也能在城市社區發揮作用——正如他所說，那是「超越眼前工廠大門限制的集體勞資談判」。他在書中，將激進分子描繪成激進的理想主義者，他們相信「自己所說的一切」，具有「最偉大的個人價值」「真正而全面地相信人類」，把每一次鬥爭當作自己的目標，不會做出合理化和膚淺的解釋，他們所從事的是「根本性的目標而不是眼前的示威遊行」。他以烏托邦式語言描繪自己的目標——每個人的價值都能夠得到認可，潛力得以實現；所有的人都將在政治、經濟、社會上獲得真正的自由；戰爭、恐懼、苦難和墮落將不復存在。與此形成對比的是，阿林斯基對自由主義者進行了一番諷刺，認為他們並非在理念上，而是在性格和態度上存在缺陷。他們逐漸變得軟弱、遲疑、自滿、缺乏戰鬥欲，他們有「激進的頭腦卻懷著一顆保守的心」，他們由於一心要搞清楚一個問題的兩個方面，害怕行動和黨派之爭，因此一直處於癱瘓的狀態。

兩者的根本分歧在於「權力問題」。阿林斯基認為，激進主義者明白，「人們只有獲取並更善加使用權力，才能改善自己的狀況」。自由主義者抗議的時候，激進主義者就會造反。[38] 社區組織的觀念趨向於大膽冒險（「只有人性本身才能限制其行動計畫」），因此作為組織者的阿林斯基行動大膽也就不足為奇了。「想像一下，阿林斯基身披超人的披風在天上飛，」他的傳記作者寫道，「然後飛撲進一個被人遺棄的工業社區，隨時準備為爭取真理、公正和美國式道路而戰鬥！」組織者領導的是「對抗人類面臨的社會威脅的戰爭」。[39]

此後幾十年間，直至一九七二年阿林斯基突然離世之前，他的信徒們在美國各地參與了眾多有組織的鬥爭活動。阿林斯基自己深入參與了其中兩樁：一樁發生在芝加哥的伍德朗區（Woodlawn），另一樁在紐約的羅徹斯特（Rochester）。與這兩樁鬥爭活動相關的主要是非裔社區，按照其主要訴求，他們的失業狀況有了改善，人們也不再歧視那些只有非裔從事的最卑微職業。在羅徹斯特，阿林斯基的鬥爭對象是在當地頗具影響力的企業伊士曼柯達公司。雖然阿林斯基並沒有要求芝加哥和紐約的雇主做出投降讓步，但他透過談判取得了一定的成功。

阿林斯基離世前不久，出版了另一部作品《反叛手冊》（*Rules for Radicals*），並在其中陳述了自己的基本理念。他在書中確立了自己與一九六〇年代其他激進社會運動之間的關係，從這個角度而言，這本書具有重要意義。我將在下文中探討這部作品，目前不妨先看看他在書中提到的諸多「規則」。

阿林斯基一共立下了十一條規則，相當一部分是被壓迫者必備的基本戰略。第一條是《孫子兵法》式規則：讓對手相信，你比實際情況更強大（虛則實之，「假設你的組織人數少，那就把你的人藏在暗處，大聲喧嘩，讓對方誤以為你們有很多人」）。第二和第三條規則是關於讓自己的人處於遊刃有餘的經驗之內，而讓對手處於無經驗狀態，目的是「引起混亂、恐懼和退縮」。第四條是按照敵人的規則採取行動打擊他們。第五條則是嘲笑（「那是人最有力的武器」），因為它不可能遭到反攻，而且還會激怒對方。接下來是第六條，一條策略之所以好，是因為群眾欣賞；對於一條壞的策略而言，不但群眾覺得不好玩，而且（規則第七條）還會造成拖延，難以為繼。那是因為（第八條規則）好戰略的實質在於，保持在對手身上所施加的壓力。「策略的首要前提是，行動的發展過程必須對地方形成持續不斷的壓力。運動若要成功，這種持續的壓力就要使敵人產生對我們有利的反應。」第九條規則是一種認識，即恐嚇往往比真實情況更可怕。第十條規則提出，要有建設性的替代方案，面對類似「好吧，你說怎麼辦？」這樣的問題，要有應對的回答。第十一條規則要求：「找出目標，鎖定它。將其人格化，然後再把它推向極端。不要試圖去攻擊那些抽象的公司或官僚政治，要找到一個負責任的個體。不要理會那些偏離或擴大指責範圍的舉動。」

這些規則都是為參與運動的社運分子們量身打造，從這個方面來說，它們與戰略思考形式有所不同，後者主要考慮的是如何與地方政治架構以及指導行動的準則相連結。阿林斯基關注的是運動本身以及實現設定的具體目標。從這些規則中可以看出，阿林斯基很看重耐力、聯合、應對突變的能力、關注大眾想法的必要性等戰略基本需求。必須讓人們的社群意識和對組織的信心隨著運動的發展而不斷壯大，直到它足以承受各種挫折，能夠從一個問題轉戰到另一個問題。阿林斯基的追隨者之一查爾斯．西爾博曼（Charles Silberman）將阿林斯基的戰略方式與游擊戰做了一番比較。他的解讀是「要避免參與那些雙方都有所安排的固定戰鬥，那樣的話，新生力量的弱點會暴露無遺。與之相反，應該專注於打一槍、換一個地方的戰術，目的是贏得規模雖小卻意義重大的勝利。因此應該把重點放在遊行和集體抗租等有效行動上，營造一種團結意識和社群意識」。[40] 採取這些行動的目的不僅在於向目標施加壓力，而且還要建設自己的社團和組織。毫無疑問，阿林斯基很清楚採取暴力活動不是個明智的主意，但這並不牽涉道德問題。他反對的是那些幾乎注定失敗於是訴諸武力的行動。

從阿林斯基最為人熟知的一些戰術行動中可以看出，其中不乏惡作劇和挑釁的意味。芝加哥一家百貨公司在用人制度上有種族歧視，阿林斯基「修理」它的策略，是組織上千個非裔在商場最忙碌的週六進行一場集體購物狂歡，大批非裔顧客非但不買東西，還阻礙正常的消費者購物。阿林斯基曾經計畫向芝加哥市長施加壓力，手段是派人占據歐海爾（O'Hare）機場所有的廁所，讓旅客一個個憤然離開。也許是為了取悅聽眾，阿林斯基提到過的策略中最臭名昭著的，是針對羅徹斯特愛樂樂團的「放屁」戰略。這個樂團由伊士曼柯達公司資助。阿林斯基的計畫是，讓年輕人在聽音樂會之前吃大量的烘豆子來製造「縱氣」效果。值得注意的是，這些策略在某種程度上都依賴白人對非裔的刻板印象，且實際上這些從來都沒有真正實施過，儘管阿林斯基聲稱只要把話轉告給目標就能產生強制性效果。他的一項策略創新，是利用股票權代理來獲得在股東大會上發言的權利，以此將公司置於難堪的境地，一九六七年四月這種方式首次被用在柯達公司上，並取得了預期效果。從股東大會的相關報導來看，雖然其他股東不會因此產生什麼同情心，但這確實讓公司董事會感到尷尬，並陷入窘境，這種情況很容易吸引媒體的目光。

阿林斯基和一九六〇年代中期加入社區組織的年輕激進主義者一樣，他們不相信自由主義者，而傾向於把窮人浪漫化、傳奇化。但他和這些年輕人之間還是存在一些巨大差異。他很看重結果。他想要的是勝利，哪怕只是小有作為，只要取得了勝利，就意味著他可以結盟，可以做交易。他很清楚，自己的陣營天生是由少數派構成的，而且隨著大多數美國人躋身中產階級，這種情況會益發突出。因此，他很明白需要獲得這些人支持，否則就可能變成旁觀者。他準備從富裕的自由主義者那裡籌集資金，時刻留意著對手的外部支持者陣營（比如客戶、股東或者更高一級的政府機關）是否出現了漏洞。從戰術角度而言，阿林斯基的基本需求是找到一種能夠持續開展運動的方法，始終處於大眾的視野中（從這方面來說，他自己的名聲倒是個有利因素）。而且他還知道，組織化程度必定會成為一個問題，尤其是在外來者或有經驗的專業人士掌管組織的情況下。就像年輕的激進分子提防強勢領導者奪取權力成為當權派，讓民眾重回當初的弱勢狀態一樣，當權派為了剝奪運動的合法性，會不失時機地指出有「挑撥者」（阿林斯基自己欣然接受這樣一個標籤）惡意介入其中。按照年輕激進主義者的希望，阿林斯基開始設想讓組織者擬定隱而不顯的政治意識，不但要打造人們對不公正現象的認知，還要建立人們的平反意識。社區要自力更生、自我維持，靠的不僅是組織，還要依靠人們的意識，而且地方領導者要能夠傳達這種意識，確保它的長期可靠性。阿林斯基制定了一條規則，即對一個社區組織的支持扶助不能超過三年，之後這個組織就必須自力更生，他直到生命快終了時，才對這條規則有了不同看法。[41]

然而，他畢竟是和一些貧困、沒自信的人在一起戰鬥，這些人幾乎整天忙於應付各種日常生存問題。尼古拉斯·馮·霍夫曼（Nicholas von Hoffman）曾經和阿林斯基共事長達十年，直到一九六二年轉行擔任記者為止。他形容這些「流氓無產者」面對的是一系列緊急狀況和一連串的壞消息：「煤氣斷了，供電斷了，房東要將他們掃地出門，一個親戚進了監獄，剛出生的孩子病了等著送醫急救，另一個孩子和社區工作者吵了起來，整個家庭快要斷炊了，作為一家之主的男人回到家裡就開始打老婆，威爾遜偷了買食物的錢，珍妮絲懷孕了，當母親的因為喝醉酒錯過了和職業指導顧問的會面。」因此，窮人是「不可靠的，他們不是那種能夠遵守承諾、緊密團結的組織成員」。在實踐中，這意味著（同時，人們在民權運動過程中也發現）可靠且有能力擔任地方領導者的人選很少，激進分子基地的範圍很窄。因此，阿林斯基的方法轉而依賴審慎的組織安排和強有力的領導力。當這種方式與後來流行的自發性和參與式民主無法適應時，阿林斯基認為他的方式取得的效果更好。他的實用主義同樣也反映在對運動的選擇上。霍夫曼回憶道，阿林斯基「無法容忍本該避免的失敗，受不了雖敗猶榮的精神勝利」，他只挑選並參與那些有把握獲勝的戰鬥，理由是並非所有的不公都能得到糾正。[42]

查維斯

雖然阿林斯基年輕時一直準備當個英勇的組織者，但隨著年齡增長，他對這個概念變得警惕起來。大權在握的人動機難得純潔，除非他們真的很享受政治的艱險與跌宕。政治會讓人變得狡猾、憤世嫉俗，他自己當然也是這麼過來的。自知有缺陷總比口口聲聲自稱完美要強得多。在這方面，阿林斯基最擔心的是他一直在扶助的凱薩・查維斯（Cesar Chávez）。一九五〇年代初查維斯受雇於弗雷德・羅斯（Fred Ross），後者當時正掌管著阿林斯基資助的加利福尼亞社區服務組織，目的是提高墨西哥裔農場工人的投票登記率和工人權益。十年後，查維斯離開這個組織，成立了後來的農場工人聯合會（United Farm Workers Union，簡稱UFW）。他是甘地的追隨者，堅持採用絕食、和平遊行等非暴力鬥爭方式。一九六六年春，他帶領農場工人從德拉諾（Delano）一路走到了加州首府沙加緬度。同時，他們還發起了一項全美國抵制加州葡萄的運動。雖然阿林斯基對這次行動心存疑惑，但抵制運動獲得了廣泛支持，持續了五年時間，最終取得了勝利：工人們漲了薪資，而且將成立工會的權利寫進了法律條文。

傳統的工會組織都對移民工人心存戒備，認為他們對白人就業構成威脅。美國勞工聯合會－產業工會聯合會（AFL-CIO）[43]早年曾想把農場工人組織起來，但失敗了，雖然他們與不停輪替的短期勞工們一起工作，但其領導層既不了解地方情況，也不會說西班牙語，他們所倚仗的是以往勞工運動的熟悉模式。查維斯發現，重要的是要將工會扎根於地方社區，因為後者能提供教育機會，讓人們參與教會活動，並增添一些戰術選項——比如，抗租行動。除此之外，他還吸納了一些民權運動的經驗：

> 非裔們是怎樣贏得戰鬥的？當每個人都以為他們會逃跑的時候……他們跪下來祈禱。當他們挨打的時候，他們將失利轉化為勝利。他們動用的是他們自身所有的，他們的身體和勇氣……我們農場工人也有同樣的武器——我們的身體和勇氣……一旦我們農場工人吸取以往的教訓，展示出像非裔在阿拉巴馬和密西西比一樣的勇氣——那麼有朝一日，農場工人的苦難就熬到頭了。[44]

查維斯憑藉其戰略成為運動的中心人物。一九六八年，當大家厭倦了前途渺茫的長期罷工，開始質疑非暴力抗爭的價值時，一個標誌性時刻來臨了。為了更在精神上而非靠強制手段來重塑自己的權威，他開始絕食，以此展示受難的力量。他用懺悔來回應工會中那些流露出暴力傾向的人。墨西哥裔天主教徒很欣賞這種象徵性行為，認為查維斯是代表他們在受難。牧師們趕來照顧查維斯，這場絕食成為一起宗教事件，在工人中產生了激勵性效應，許多人紛紛自發前往絕食地點一探究竟。

眼看工會得到的支持越來越強，一直深信絕食是場騙局的葡萄農決定針對工會發布一條禁令。但這麼做反而加強了工會方面的優勢，為身體虛弱的查維斯提供了一個在法庭上露面的絕佳機會，數千名支持者到現場為他祈禱。在二十五天（比甘地最長的絕食還多一天）的絕食之後，查維斯參加了一場全基督教禱告儀式，其間參議員羅伯特．甘迺迪（當時正準備宣布參加總統大選）對他表示支持。隨後，查維斯出庭，一名牧師替他宣讀了講話稿：

> 我深信，最真誠的勇氣和最強大的英雄氣概就是犧牲自己，以一種完全非暴力的鬥爭方式去爭取公正。做人就是要為別人受苦。上帝會幫助我們長大成人。[45]

阿林斯基對這種虔誠之舉相當警惕。他曾對查維斯提到，自己覺得絕食行動「令人尷尬」。他也不贊成查維斯明明有一大家子需要養活，卻堅持拿低工資、過苦日子的做法。查維斯堅持要求農場UFW工作人員領取只能維持生活的最低工資，此舉最終引發了不滿。[46]

馬歇爾．甘茲（Marshall Ganz）是曾經與查維斯共事的眾多工作人員之一，他認為最初的動機很重要，它是戰略創造力的源泉。戰略不是生來就有的，而是緊跟著鼓勵「專注、熱情、冒險、堅持和學習」的行動承諾而來。對眼前問題的強烈興趣會引發一種批判性思維，讓人對事件的預期和來龍去脈提出質疑。[47]查維斯為人們提供了抗爭的動力，但他認為組織要依靠強有力的領導，應該由掌握領導權的人來做決定。實際上，這種思想已經遠離了參與式民主，或是任何一種民主。成立一項運動和運作一個組織是兩種完全不同的事情。查維斯在運作組織的過程中成了一個獨斷專行、古怪的人，最終不太體面地離開了UFW。不過，查維斯仍是個鼓舞人心的大人物，他的許多UFW舊同事在其他社會運動中繼續發揮著重要作用。然而無論如何，查維斯因為清除排擠那些不會阿諛奉承的人，最終破壞了自己創建的一切。[48]

不完美的社區

人類的自然缺陷不僅會反映在老百姓身上，領導者亦是如此。也許對阿林斯基而言，最慘痛的教訓是，他沒有意識到政治意義上的外部組織者和急於獲取權力的社區之間，並沒有什麼天生的觀點巧合。一九四五年以後，重整旗鼓的後院社區開始齊心協力排斥非裔。馮．霍夫曼發現，這片地區一旦有機會重建並煥發生機，就會成為「種族排斥的基石」，因為他們現在擁有了值得維護的東西。即便那些算不上熱衷種族主義的人也相信，非裔流入他們的社區，會導致「社區向貧民窟的方向發展，犯罪現象隨之而來，教育品質下降，房價下滑」。[49]

阿林斯基在生前最後一次接受採訪時（他被描繪成「看上去像個會計師，說起話來像個搬運工」），略帶傷感地認識到了其中的諷刺，以及不甚浪漫的「人民群眾」理念。一九三〇年代末，他來到後院社區的時候，那裡是「一片仇恨的沼澤，斯洛伐克人、德國人、非裔、墨西哥人和立陶宛人相互憎恨，所有這些人又很厭惡愛爾蘭人，而愛爾蘭人也露骨地仇恨他們」。他發現問題在於，是「恐懼的噩夢——懼怕變革，懼怕失去物質財富，懼怕非裔」取代了「對美好世界的夢想」。他當時正在考慮搬回該地區，即使人們普遍存在偏見，也要組織一場新的運動來幫助他們擺脫「骯髒、貧窮和絕望」。因為「生活在絕望、歧視和困苦中的窮人」「不會自動地賦予自己善心、公正、明智、憐憫等品質或道德純潔性」。他們只是具備所有平常弱點的普通人。

歷史就像一場革命的接力賽：一批革命者手持理想主義的火炬建立起權力機構，隨後下一代革命者奪過火炬，帶著它開啟一段新的奮鬥歷程。如此循環往復，反叛者擁護的人文主義價值觀和社會公正不斷成形、變化，逐漸根植於所有人的頭腦中，即便他們在社會現狀之下遲疑退縮，屈服於頹廢的物欲。

在一九六〇年代這種氣氛下，阿林斯基成了大學校園裡最受歡迎的演講者。雖然不提倡革命，但他號召人們採取激進的改革措施，對權力再分配。他毫不掩飾鬥爭的艱難和曲折：「變革意味著運動；變革會造成摩擦；摩擦產生熱；熱就意味著衝突。」然而，他並沒有和新左派領導人建立起親密的關係。一九六四年夏天，阿林斯基與包括海登和吉特林在內的幾個學生爭取民主社會組織（SDS）的主要人物舉行了一次會議。這次會面進行得並不順利。阿林斯基對SDS成員不屑一顧。他認為缺少領導和統治，就什麼也幹不成，如果認為窮人只想要這些年輕中產階級所摒棄的生活方式，那未免太天真了。[50]對阿林斯基來說，身為窮人根本不是一種榮譽，而是一種要克服的缺陷。

雖然阿林斯基很敬佩馬丁．路德．金恩的成就，並且借用了一些他的戰術，但仍對金恩心存疑慮。一九六六年金恩到訪芝加哥時曾經試圖與阿林斯基聯手，但兩人最終沒有見面。阿林斯基存有排斥心理。他對這樣一位大人物闖進自己的大本營心存戒備，特別是他早已下定決心不參與南方的運動，因為自知在那裡既不受歡迎，也不能發揮什麼作用。阿林斯基絕不甘屈居第二、即使面對諾貝爾和平獎獲得者也是如此，而且他很懷疑一個南方傳教士能在芝加哥這樣的地方有所作為。阿林斯基感到欣慰的是，在採取直接行動表達關鍵問題方面，民權運動的基本方式與他自創的方式很類似。他認為民權運動之所以成功，關鍵在於南方當權派的愚蠢和國際壓力。「在伯明罕，『公牛』康納的警犬和消防水柱在推進民權方面的作用比民權鬥士們要大得多。」[51]阿林斯基一直強調要有一定的組織性，但他們發現金恩的隨行人員在這一點上和自己截然不同。其中有些人「相當有才幹，有些人則像亂叫的貓頭鷹一樣瘋狂」，太多人都把時間花在相互鬥嘴上，設法去和金恩套交情。領導階層從來也不解雇或開除什麼人，而且在開銷上完全沒有任何約束。[52]

貝亞．魯斯汀曾經和金恩就芝加哥的問題進行過激烈的辯論，他提醒金恩，北方貧民區民風驃悍、憤世嫉俗，城市政治非常複雜，尤其是芝加哥市長邁克爾．戴利（Michael Daley）更是掌握著強大的政黨組織。雖然生活不容易，但這裡的非裔並沒有被排除在政治體制之外，當地情況遠沒有南方上演的道德劇那麼簡單。他還說，金恩不了解芝加哥，「你會被掃地出門的」。金恩不想再辯論下去，於是說自己打算去禱告，聽聽上帝的建議。魯斯汀一聽這話就火冒三丈。他抱怨「什麼金恩和上帝談話，上帝和金恩談話之類的把戲」，根本就不能解決嚴肅的戰略性問題。[53]魯斯汀的擔憂並非毫無根據。金恩在當地受到敵視，無法為他的運動爭取到支持。他無法確定一個問題並就此將人們動員起來，因為沒有什麼事情是不行的，任何話題都可以是問題。換句話說，這場運動缺乏焦點。其目的就是從貧民窟居民、失業學生中吸引一批潛在成員，讓他們投入行動，使之升級為一場有足夠能力採取有效行動的群眾運動。然而資金困難、地方領導力缺失、南方事務的羈絆，以及魯斯汀所警告的複雜性都意味著，金恩所發起的運動從未形成過什麼氣候。

阿林斯基展現了社區組織的運作潛力，但同時也反映出自下而上運動方式的局限性。人們可以打贏抗爭，改善生活，但與發動群眾集體實現目標的浪漫想法比起來，這樣的結果必然是令人失望的。群眾，尤其是那些生活困苦的人，有自己優先考慮的事情和應對之道。他們的想法只是偶爾會和激進分子的想法重合。

而且，幾乎沒有哪場運動具有民權運動黑白分明的道德性，這個問題從一開始就困擾著運動本身。一個自由社會不可能反對廢除種族隔離原則，於是唯一可討論的就是速度和方法的問題。相較之下，其他問題在分析性和道德性兩方面都要複雜得多。此外，魯斯汀還強烈主張，尋求變革——不管是民權運動還是解決貧困之源——需要得到中央政府的支持。從民眾的角度來看，雖然激進分子為他們的遭遇憤怒吶喊，但一味表達對制度的不滿，在大多數情況下都會是徒勞的。

第25章

非裔民權運動

我們有太多的夢想，
心也變得野蠻僵硬；
宿怨日多，愛漸其少。
——葉慈（William Butler Yeats），〈窗邊的燕巢〉（The Stare's Nest by My Window）

在感受不到任何進展的情況下，人們不願意接受妥協或結成聯盟，結果不是幻滅和冷漠，就是憤怒，並催生了更極端的政策取向。這一點，從一九六〇年代學生非暴力協調委員會（SNCC）的迅速發展可見一斑。SNCC在成立聲明中主張「非暴力的哲學理念是我們的信念設想，是我們的行動方式」。然而這樣的主張卻遭遇了壓力，因為在非暴力哲學的限制下，SNCC中的激進分子日益急躁，對自己付出的痛苦到底能獲得怎樣的回報不再有自信，為開放包容的政治風格受到約束而感到失望。他們被告知，即便民主黨不願意放棄種族主義政治領袖，也要穩紮穩打繼續支持白人自由主義者。於是他們漸漸萌生質疑，不但針對種族隔離分子和警察，也開始懷疑金恩的菁英主義。

美國北方的非裔政治早已形成了更為激進的一面。例如，麥爾坎・艾克斯（Malcolm X）在監獄裡轉而信奉「伊斯蘭國度」（Nation of Islam），並成為這個教派中魅力超凡的最著名人物，他的主張與金恩所信奉的愛與和平的基督教理念形成了鮮明對比。麥爾坎・艾克斯主張非裔分離主義，譴責白人是惡魔，拒絕放棄暴力手段。他堅持認為，自我防護不是真正的暴力而是「智慧」。他採用完全不同於金恩的方式，向內城貧民區裡不滿和沮喪的非裔們喊話。民權運動領導人指責他煽動種族仇恨，迎合了白人對非裔的刻板印象。最終，他真的改變了心意。他仍繼續奮力爭取獨特的非裔意識，卻於一九六四年脫離了伊斯蘭國度，言辭也緩和了許多。不久，他在一九六五年二月遇刺身亡。[1]

弗朗茨・法農（Frantz Fanon）雖然身居遙遠之地，卻傳遞出一個更加清晰的理念。他的觀點是在與法國殖民主義打交道的過程中形成，並且在他作為精神病醫生遠赴阿爾及利亞行醫期間更完善。法農後來在阿爾及利亞加入了民族解放陣線（National Liberation Front，簡稱ＦＬＮ）。一九六一年罹患白血病，他在彌留之際完成了重要著作《全世界受苦的人》（*The Wretched of the Earth*）。後來有人認為，該書的英文譯本和沙特撰寫的前言在語氣上比原文要尖銳得多。他對於殖民地狀況的深刻見解被貶低為強調暴力，因為暴力是殖民者唯一認同的戰略語言。[2] 法農作為一名精神病學醫生，對暴力持有些許存在主義的態度，這也是該書的重點所在。

沙特認為，不是猶太人的品行引發了反猶太運動，而是「反猶太運動造就了猶太人」。法農吸收了沙特這項主張，並認為是「殖民者」「造就了原住民，並延續了其存在」。[3] 暴力是擺脫這種精神和身體控制的一種方式。「在個人層面上，暴力是一種淨化力量……被殖民者透過暴力找尋自由。」沙特補充道：「原住民透過向殖民者使用武力治癒了自己的殖民神經衰弱症。他在怒火沸騰時，找回了曾經失去的清白，並開始認識到是他自己創造了自己。」[4] 哲學家漢娜・鄂蘭（Hannah Arendt）懷疑，法農的大多數追隨者可能只讀過該書的第一章〈論暴力〉，因為法農後來認識到「純粹徹底的殘暴」會「在短短幾週之內導致運動失敗」。最讓漢娜・鄂蘭感到震驚的是，沙特雖聲稱自己是馬克思主義者，卻傾向於支持涅恰耶夫和巴枯寧的觀點，而且還為「狂暴的怒火」和「火山爆發式的運動」可能的效果感到非常興奮。[5]

法農的怒火在年輕的非裔激進分子中產生了共鳴，後者認為試圖與白人權力架構進行合作是毫無意義的。一九六五年雅各布斯（Paul Jacobs）和蘭道（Saul Landau）對新左派進行調查後發現，「生活在南方的人們已經受夠了各種騷擾、逮捕、毒打和精神折磨，面對美國經濟和政治系統強大且不時微妙的力量，他們開始重新審視自己的目標」。[6] SNCC的理想主義日漸式微。「將軍們」受到麥爾坎・艾克斯的感召，開始盤算自己的游擊戰形式，取代了「詩人幫」。城市貧民區的非裔經濟狀況十分惡劣，再加上不斷升級的越南戰爭不成比例地將非裔拉入軍隊，這一切都加劇了非裔的痛苦。拳擊手凱西斯・克萊（Cassius Clay，即後來的穆罕默德・阿里〔Mohammed Ali〕）拒絕服兵役，因為「越共不會叫我黑鬼」。市中心貧民區的非裔暴力和動亂呈現燎原之勢，令白人社會感到恐慌，這本身就給人帶來了滿足感。

斯托克利・卡邁克爾（Stokely Carmichael）是SNCC的開創性活動家，一九六五年擔任該組織主席，是非裔權力的鼓吹者。他自幼在哈林區（Harlem）長大，相較於基督教教會的語言，他自然更加熟悉街頭俚語。一九六六年他產生了為SNCC制定一個新口號的想法。在密西西比州的綠林塢（Greenwood）被捕（第二十七次）並釋放後，他對民眾宣稱：

> 我們要求的是非裔權力（black power）！對，這就是我們的要求，非裔權力。我們不必妄自菲薄。我們一直在等待。我們懇求過總統。我們懇求過聯邦政府——這就是我們一直以來在做的事情，不斷地懇求、懇求。這一次我們站起來了，我們要接管權力。[7]

他宣稱，任何白人，即便是參與運動的白人，「都在自己的意識中（哪怕潛意識中）對非裔有看法。這一點無法逃避，因為整個社會都在把人的潛意識往這個方向引導」。種族主義思想根深柢固，在這種情況下非裔談什麼聯盟都毫無意義——「沒有人能和我們結盟」。只有當非裔能夠為自己說話、做事的時候，或許才有可能在平等的前提下與白人再次合作。從今以後，SNCC將是一個「非裔組成、非裔掌控、非裔資助」的組織。[8]

學者查爾斯・漢密爾頓（Charles Hamilton）在共同執筆的一本書中贊同表示：「非裔不應妄自菲薄，

應該滿懷自豪，非裔相互之間應是一種兄弟般的情誼和共同責任。」美國白人之所以能夠「輕聲細語、輕舉慎行，採用勸誘和推託等手段」，那是因為「這個社會歸他們所有」。非裔若想「採用他們的方式來減輕自己的壓迫」，將是何等荒唐可笑。如果他們走上這條道路，那麼，忍氣吞聲換來的回報就是「一點點地被收編」。

問題並不在於基本前提出了差錯。美國政治中不乏以種族區分為基礎建立的政治團體，其成員使用一個共同的身分，目的是創造一個有利的談判地位。「一個團體在踏入開放社會之前，必須先緊密團結起來。」只有當非裔坦率直言、追求權力而非四處尋求幫助的時候，這個體系才會有所回應。但是，卡邁克爾尋求的是一種以極端激進姿態為基礎的共同「民族意識」。非裔絕對不能採納曾經支持並延續對其壓迫的中產階級價值觀，然而如果運動的目的是改善經濟狀況，那麼自然而然便會造就出一批非裔中產階級。

非暴力立場一直以來維繫了政治進步，但要不要繼續堅持這種理念卻成了大問題。卡邁克爾和史蒂文森（Stevenson）認為，非暴力營造了一種不抵抗形象，妨礙了非裔運動。「從我們的觀點來看，」他們認為，「必須讓橫衝直撞的白人暴民和蒙面夜騎士知道，他們為非作歹的日子已經結束了。非裔即將而且必定會反擊。」關於自衛，他們的看法是：「我們當中那些主張非裔權力的人心裡很清楚，民權運動的『非暴力』方式是一種非裔承受不起、放縱的白人不配承受的方式。」[9]

金恩對事件的轉折感到震驚。他不僅反對訴諸暴力，而且讓他憤怒的是，暴力不是他所從事的民權運動中最顯著的亮點，而成了一個問題。他堅持認為，權力應該是達到目的的手段——「創造一個真正的兄弟般的社會」——權力本身並不是目的。[10] 在其去世後出版的一本書中，金恩對非裔權力提出了批評，指責它違背了非裔自己的利益，因為非裔畢竟在美國占少數。他還在書中為結盟的白人辯護，最終兩個種族還是彼此需要。他們「拴在命運織成的衣襟之中」。[11]

一九六七年SNCC驅逐白人，放棄了非暴力的承諾。新任主席拉普・布朗（H. Rap Brown）形容暴力「像櫻桃醬餡餅一樣，是美國的特產」。雖然卡邁克爾後來承認，是非裔權力毀掉了SNCC，但當時他帶領著自己的黑豹黨成員（Black Panthers）與SNCC會合。黑豹黨一九六六年成立於加州奧克蘭市（Oakland），自成立伊始就使用強硬、暴力的言論。博比．西爾（Bobby Seale）在自傳中講述了黑豹黨的起源，稱其靠廉價販賣毛澤東的「小紅書」賺到了購買槍枝彈藥的錢，相形之下，黑豹黨拼湊宣言聲明則要容易得多。[12]黑豹黨種種引人注目的形象和言論，再加上好戰傾向，使得這個成員從來不到五千的組織獲得了遠遠超出其真實規模的影響力。

卡邁克爾繼續鼓吹非裔分離主義。一九六七年他在一次演講中說：「最大的敵人……不是你的骨肉兄弟。最大的敵人是白鬼子和種族主義制度，那才是最大的敵人。無論何時你們準備投入革命戰爭，要集中火力攻擊這些最大的敵人。我們還不夠強大，無法在相互打架的同時兼顧攻擊這些敵人。」[13]他甚至還和黑豹黨成員鬧翻了，因為後者並不像他那樣排斥與白人合作。他認為，接近非洲人民的唯一辦法是移居非洲，他還為自己取了非洲名字——誇梅．圖爾（Kwame Ture）。

非裔政治中的這種傾向讓貝亞．魯斯汀感到不安。當他在SNCC中的舊友們紛紛轉向暴力和非裔分離主義時，他的幻想破滅了。「從非裔產生憤怒、仇恨的那一刻起，」他後來評論道，「你就自然不得不讓白人恐慌，因為我們永遠是分子，而他們永遠是分母……兩者必然產生互動關係。」專注於直接行動加劇了兩極分化，疏遠了白人，在非裔中間「產生了失望和乏力感」。[14]他同意金恩的看法，貧窮和失業是引發種族暴亂的重要因素，但這也引導他去探索，非裔和白人如何才能在工會的支持下團結起來抗爭。他確信最大的問題是經濟，需要聯邦政府的各項計畫來解決，這意味著如果政府準備投入金錢打一場「反貧困大戰」，那麼支持政府就非常關鍵。這種想法引發了另一種歧見，即非裔要不要把反對越戰當作重點，魯斯汀的昔日同事大都對此持不同意見。他在一九六五年二月的一篇文章中，以一種特殊的力量和刺激促成了聯盟。魯斯汀提到：「民權運動中強烈的道德壓力，提醒我們權力會造成腐敗，但忽略了沒有權力腐敗照樣存在。」自救還遠遠不夠。他堅持認為「我們需要盟友」，這就意味著要讓步，特別是他提出要與工會和民主黨共同合作。「領導人在這項任務面前退縮，那麼暴露出的不是他的純潔，而是缺乏政治敏感。」[15]

這次合作中涉及的讓步的確太多，尤其是在越戰升級的情況下。現在只有少數人還在追隨魯斯汀，他和昔日的戰友漸行漸遠，那些人已經不再是和平主義者，他們根本不認為魯斯汀堅守的非暴力直接行動戰術與自己有什麼關聯。正如一名傳記作者所說，魯斯汀成了「一個脫離了運動的戰略家」。他被指一方面誇大了詹森政府的自由主義及其解決基本問題的能力，另一方面慫恿非裔放棄了本可以讓他們獨立發聲的直接行動。[16] 卡邁克爾和漢密爾頓指責魯斯汀推進了三個神話：非裔的利益與自由主義者和勞工的利益是一致的；「政治、經濟上的安全可以和政治、經濟上的不安全實現一種可行的聯盟」；「政治聯盟（可以）在道德、友誼、感情的基礎上，靠訴諸良心得以維持」。計畫中的聯盟對象是一些在「社會總體改造」中不涉及任何利益，只與外圍改革相關的團體。[17] 這些團體與它們的基調一致，認為自己並不反對聯盟，而是反對那些家長式的聯盟。在非裔獨立自主之前，它們的力量還太弱，不足以完成一個可行的聯盟。[18] 唯一可接受的聯盟是貧窮非裔和貧窮白人之間的聯盟。

革命中的革命

一九六五年越戰讓人不得安寧，兩年後它成了優先於一切的要務。對激進分子而言，他們不可能和一個陷入戰爭泥淖的政府打交道。被送到前線打仗的人大都是應徵入伍的年輕人，其中非裔數量超過了白人。一九六八年反戰的怒火越來越旺，改變了整個運動的方向。學生爭取民主社會組織（SDS）的積極分子不再耐心培養窮人社區，開始煽動反戰。他們從微觀的貧民窟苦難生活轉向宏觀的帝國主義和戰爭。就在幾年前還具體有效的非暴力抗爭方式，開始顯得軟弱和天真起來。針對特定問題開展抗爭已經不夠有效了。現在需要直搗問題的根源。

一九六五年擔任SDS主席的保羅．波特（Paul Potter）是一位有思想的知識分子，曾經鑽研社會學和人類學，一直致力於發展「系統」理念而不是系統中的個體，並將其作為社會的主要問題。這是一種激進的想法，如果「系統」出了問題，那麼改革成果便有限。他認為越戰只是眾多問題中的一個。一九六五年四月，美國介入越戰的程度逐步加深，華盛頓的一場有組織遊行示威——活動規模遠遠超出了預期——使局勢更加尖銳。波特利用這次遊行，尖銳地批評了美國社會秩序中的壓迫痼疾。「我們必須識別出這樣的系統，」波特提出了要求，「我們必須為它命名、描述、分析、理解、改變它。因為我們只有改變了這個系統，置於我們的控制之下，才有希望阻擋住今天在越南製造戰爭、明天在南部殺人的各種勢力。」[19]

從此以後，「系統」就成了敵人。但指涉不明確，構造組成模糊不清，運作方式也不甚明晰。波特的學術背景促使他採用一種系統的方法，認為社會理所當然是由相互關聯的各個部分組成。在主流社會學中，這支持了一種觀點，即政治和社會變革最終總是能找到自身的均衡。對波特這樣的激進分子而言，這個系統非但不能中立地表明如何讓一個複雜的社會為了綜合利益而運轉起來，還會扭曲一些已經根深柢固並不斷強化的東西。美國已經發生了系統性的功能失調，人們殘害自己以及自己的善良本性。結果就是「文化滅絕」，就像進行了一場大規模的腦葉切除術，使人無法鑑別當下發生的一切，也無法想像還有什麼其他備選的可能性。如果能做到這一點，便有可能重新掌控這個系統，「使其屈從於自己的意志，而不是讓自己屈從於這個系統」。提到「系統」，人們很容易想到一些大而隱祕的陰謀集團，權力菁英們在幕後操縱著經濟、社會和政治。波特想避免資本主義、帝國主義這些老舊的稱號，但最終它們仍是最便於使用的標籤。波特在本質上是一名遵循詹姆斯和杜威傳統、徹底的實用主義者，他認為這場運動會變得益發暴力、更加具有對抗性，而且他在華盛頓的演講也鼓勵了這種趨勢。波特之後，繼任SDS主席的卡爾·奧格爾斯比（Carl Oglesby）對只要命名和分析這個系統就足夠了的想法提出質疑，這好比「權利聲明只要寫在紙上，這些話語就能帶來變化」。人們可以為了支持行動而放棄語言。雄辯的語言會被人忽視，有說服力的行動卻很難被人忽略。[20]

一九六五年十二月，海登來到北越，這是他第一次出國，目的是親眼看看美國轟炸當地行動的後果。一開始他反對這場美國參與的戰爭，後來他開始支持和美國人作戰的南越民族解放陣線。面對駭人的南越政府和美式戰術，許多問題被人忽略或者顯得不那麼重要了，比如這是一場真正的叛亂，還是北越正在創建共產主義政權，或者北越正在倡導的意識形態和自由的本質。還有一種看法是反對美國人對共產黨人過於挑剔苛求，認為應該和他們保持開放的溝通管道。海登意識到了危險。他在和斯托頓・林德（Staughton Lynd）合著的《另一面》（*The Other Side*）中表示，他們並沒有假裝越南人在所有方面都是值得讚嘆的（「我們並不認為自己是沙特，需要卡繆來提醒我們世上還有奴隸勞工營」）。然而，他們給予外界的整體印象卻是，這些年輕的中產階級激進分子對吃苦耐勞的革命幹部心懷敬畏，後者為自己的信仰歷盡磨難，無私地把自己奉獻給一場曠日持久的鬥爭。與此類似的後果是，大量的朝聖者受到感召奔赴古巴。在這一切的背後，美國地方政治露出粗糙殘忍的蛛絲馬跡，然而在革命精神狂熱中，這已經變得無足輕重了。

如果說目的是建立一個反對越戰的廣泛聯盟，那麼上述奔赴越南的舉動就沒什麼意義了。一九六八年，由於戰爭耗資巨大且徒勞無功，美國民意轉向了反戰並且越演越烈。但反戰並不等同於和國家的敵人交好，許多人排斥這種明顯缺乏愛國心的行為及行為者的天真。然而對激進分子來說，這根本不算什麼。他們對美國及溫馴國民不抱任何希望，深信它必將被第三世界人民的反帝國主義歷史潮流拋在後面。他們充其量不過是第三世界人民的支持者和代言人，因為身處帝國主義內部鬥爭而獲取了革命資歷。[21] 一旦古巴和越南被公認為激進思想的源頭，那就必須重視馬克思列寧主義了。左派的舊意識形態很可能捲土重來。一名激進分子後來懊悔地回憶，SDS中的毛派成了「游離在我們這些極端民主化的無政府主義者大群體之外的訓練有素的一支」。[22]

新興的各種分析將美國窮人和第三世界連結在一起，認為在由公司權力和漠視自由所構成的體系下，他們都是受害者。美國的激進分子雖然只能是少數派，但他們把自己視作全球性運動的一部分。「第三世界」這個詞在一九五〇年代初期產生於法國，用來描述經濟落後、政治孤立，與自由資本主義的第一世界和國家社會主義的第二世界保持距離的國家。靈感來自被人遺忘已久的法國大革命「第三階級」平民，他們最終在一七八九年發動起義，推翻了由牧師教士和貴族構成的第一階級和第二階級。因此，第三世界這個詞抓住了一個緊密結合的群體、一種弱勢者聯盟的概念，他們很可能有朝一日推翻現有秩序。第三世界中包括了許多在第二次世界大戰後經由去殖民化而獲得獨立的國家。帝國主義超越了頹廢的舊歐洲列強的負面影響，成了美國新殖民主義的有害統治，它憑藉殘酷的反共運動得以合理化，而公司的貪婪又發揮了推波助瀾的作用。古巴是這場鬥爭的一個例子，越南也不例外。接下來還會發生更多衝突，在某種情況下，帝國主義根本無法應對這些情況。這也是美國國內運動必須盡快開展的原因所在。

這種思路得到了赫伯特．馬庫色（Herbert Marcuse）的確認，他成為繼米爾斯之後，一九六〇年代末堅定的新左派時髦知識分子。他曾經加入法蘭克福社會研究所，這是一個與共產黨保持一定距離的馬克思主義者大本營，於一九三〇年代遷至美國紐約。在一九六四年出版著作《單向度的人》（*One Dimensional Man*）之前，他在很大程度上是一個對佛洛依德深感興趣的黑格爾派哲學家。這正好解釋了雖然西方國家具備所有的外在品質——政治多元化、富足、福利國家、藝術，但人們還是很自然地感到嚴重不滿足。所有美好的事物都成了社會統治工具，讓人無法實現自己的真實本性，獲得真正的幸福。更糟糕的是，它們採納了各種名義上的反對形式，透過馬庫色後來所稱的「強制性寬容」（repressive tolerance）製造出一種新的自由極權主義，它們似乎「調和著反對這一制度的各種勢力，並擊敗和拒斥以擺脫勞役和統治、獲得自由的歷史前景為名義的所有抗議」。由於人們本身不自由，因此也就沒有資格來評判自己是否缺乏自由。

馬庫色在學生激進分子中建立起聲望，為此他寫了《論解放》（*An Essay on Liberation*）作為答謝，讚美他們不但是西方，而且是半個世界的變革代理人。古巴和越南革命也許無法在西方的壓迫下繼續生存。但「第三世界獲得自由和發展的前提，必須是從發達的工業國家中產生」。要打破制度，必須從最堅固的紐帶著手。這就需要反抗政治和精神上的雙重壓迫。這一點，透過自主行動的小團體就能做到，不必靠什麼官僚機構和組織。其目標是明確的烏托邦，另一種選擇是透過反覆試驗來取得進展。「到那時，理解、相互關愛、判斷惡與假的直覺意識、壓迫的傳統將會證明叛亂的真實性」。[23]

向「洋基帝國主義」（Yankee Imperialism）發起直接挑戰、鼓舞人心的標誌性人物，是暱稱「切」的切．格瓦拉（Ernesto Che Guevara）。切．格瓦拉生於一個阿根廷中產階級家庭，學醫出身，後來成為菲德爾．卡斯楚（Fidel Castro）的副將，參與推翻古巴獨裁者富爾亨西奧．巴蒂斯塔（Fulgencio Batista）。

雖然切．格瓦拉年僅三十歲就成了卡斯楚政府中的一名部長，但他決定重返戰場，開闢反抗帝國主義的新陣地，並先後在剛果和玻利維亞將他的游擊戰理論付諸實踐。但是，這兩場運動進行得並不成功。一九六七年他在玻利維亞被捕並草草處決。他的海報形象——英俊、大鬍子、堅毅、歪戴著那頂革命的貝雷帽——從此成了一個標誌。

一九六六年一月，切．格瓦拉為在古巴召開的三大洲會議（Tricontinental），即亞非拉人民團結組織（Organization for Solidarity with the People of Asia, Africa and Latin America）成立大會寫了一封信。他警告，不能眼看著越南孤軍奮戰。應該在「正發生衝突的所有戰線上發起持久的猛烈攻擊」。帝國主義是「一種世界性制度，是資本主義的最後階段——必須用一種世界性的對抗來打敗它」。因此，很有必要創造「世界上第二、第三個越南」。美國會因不得不在各個地區作戰而筋疲力盡。切．格瓦拉指稱，前方的道路是艱難的，但必須透過「武裝宣傳」激勵士氣，應該將國家民族差異放在一邊，隨時準備在武裝鬥爭的任何相關領域投入戰鬥。[24]

之後幾年，切．格瓦拉撰寫的有關游擊戰的小冊子和他在玻利維亞那場注定失敗的運動日記陸續出版（證明了他確實無法將農民爭取到自己身邊）。其中的關鍵性概念是「游擊中心論」（foco，又稱「切．格瓦拉主義」）。這一小群潛心革命事業的人一方面逼迫國家暴露內在的殘忍，另一方面又展示出建立一個更富有同情心的政府是完全可能的，他們靠著這些手段激勵人們進行武裝反抗。實際上，切．格瓦拉的思想在歐美的「一九六八年」這一代中很有影響力，甚至超過了在第三世界的影響力。然而，在拉丁美洲以外，革命者更願意接受與其迥然不同的、總體上更成功的毛澤東模式。

切．格瓦拉的浪漫革命模式源自他對古巴革命的誤讀。卡斯楚標榜自己是一個自由主義者，是廣泛的反巴蒂斯塔聯盟的領導人，而不是一個馬克思列寧主義者——那是他奪取政權之後才宣布的一種傳承關係。卡斯楚宣稱，歐內斯特．海明威（Ernest Hemingway）有關西班牙內戰的小說《喪鐘為誰而鳴》（*For Whom the Bell Tolls*）對他的非常規戰爭概念產生了重要影響。他謹慎行事，目的是為了獲得美國人民的同情。

一九三〇年代，毛澤東曾經透過艾德加·斯諾（Edgar Snow）為自己打造一個溫和的、「林肯式」、「略微帶些幽默感的」形象，卡斯楚則利用《紐約時報》記者赫伯特·馬修斯（Herbert Matthews）報導了自己的理想主義、模稜兩可的反共一面，及其軍事力量。當時，卡斯楚身邊可能只有四十人左右，但他號稱有「十至四十個團體」，並讓助手對外散布存在第二縱隊的消息，他利用這些做法製造了一種數字假象。[25]這有助於卡斯楚從外部，尤其是從心懷同情的美國人那裡獲得資金。卡斯楚憑藉農村根據地生存了下來，而城市地區的關鍵領導人物則紛紛丟了性命，因此卡斯楚的重要地位不斷提升。一開始，卡斯楚承認需要進行城市鬥爭和獲取中產階級中堅力量的支持，但是革命後的政治形勢以及卡斯楚自身的左傾，導致革命「經驗」發生了系統性畸變。[26]卡斯楚和切·格瓦拉重寫了革命的歷史，目的是突出自己的作用，貶低城市工人階級及其領導人的重要性。

一九六一年，切·格瓦拉提出了他的理論三要素：

> 人民力量可以戰勝反動軍隊。
> 並不一定要等待一切革命條件都成熟，起義可以創造這些條件。
> 在不發達的美洲，武裝鬥爭的根據地是農村。[27]

先決條件成了革命理論的核心。在非革命時代當一個革命者是一件非常困難的事情，種種風險潛伏在暗處，一旦採取行動就可能浮出水面，這些風險確實已經導致眾多運動最後徒勞地收場。如果人們的不滿情緒已經顯露但尚未發展成熟，那麼就有可能經由星星之火而轉變成公眾的憤怒，然而職業革命家們顯然不是這些星星之火的源頭。相反，他們往往是事後諸葛。比如，毛澤東深知政治教育和獲得群眾支持的重要性，然而他從未表示過游擊隊能夠自力更生擔當起軍隊的任務。切·格瓦拉則認為，對一場實質為馬克思主義革命的行動而言，參與者完全有可能並不了解運動的本質。這意味著淡化政治語境，就無法恰如其分地思考運動。切．格瓦拉為武元甲的《人民的戰爭，人民的軍隊》（*People's War People's Army*）寫了一篇序文，在其中用自己的理論重新解讀了越南經驗，似乎武元甲完全拋開了政治鬥爭，是憑藉著「游擊中心論」在越南發動了革命。[28]

「游擊中心論」取代了政黨的先鋒隊作用，戰鬥者憑藉他們在戰場上的英勇來獲得支持，他們刺激政府施暴，挑起民眾對政府的敵意。切．格瓦拉最初承認，在賦予政權合法性方面，民主制度具有重要意義，因此實施了一定的保護。到一九六三年，民主因代表了統治階級的獨裁而遭到摒棄。這些原則在其國際化的過程中發生了進一步變化，比如〈透過三大洲會議致世界人民的信〉。切．格瓦拉在信中指稱，革命鬥爭是能夠且應該不分地理界限的。切．格瓦拉也許是一個無畏而勇敢的指揮官，但是缺乏政治理性，為自己的簡單化理論付出了高昂的代價。他從來沒有結成什麼有效的政治聯盟，從沒有想過需要一個強有力的地方領導者來面對大眾。相反，他相信的是自己的傳奇，好像只要像他這樣的著名戰鬥英雄一現身，就能鼓舞士氣、激勵信心一樣。[29]

然而，切．格瓦拉在西方的激進分子中很有影響力。第一，不可否認的是，他很有革命氣質。第二，他提出了一種無需美國人出力，就能打敗美帝國主義的理論。第三，對年輕浮躁的激進分子而言，在沒有希望獲得任何物資的情況下，他們根本無法面對發動群眾運動所需經歷的種種艱難折磨，而透過切．格瓦拉的理論，他們發現，只要激發出群眾的革命潛力，一小群堅定的革命者便能夠顛覆政權。當年，年輕的法國知識分子、記者雷吉斯．德布雷（Regis Debray）是切．格瓦拉思想最積極的傳播者，他在《革命中的革命》（*Revolution in the Revolution*）一書中提出了一種錯誤觀點，認為古巴碰巧找到了一條實現革命思想現代化的道路。[30]顯然贊助德布雷出書的人是卡斯楚，而不是切．格瓦拉。直至德布雷到訪玻利維亞，切．格瓦拉才見到了這本書。德布雷此行加速了切．格瓦拉的潰敗，尤其是在他被玻利維亞當局抓獲，並確認了切．格瓦拉就在該國境內之後。切．格瓦拉對德布雷感到不滿，因為後者簡化了他的理論，聚焦的是「游擊中心論」的「微觀層面」，最重要的是，德布雷沒有充分關注他的「宏觀戰略」在三大洲的影響。[31]

切·格瓦拉退出舞台後，另一個拉美人卡洛斯·馬里格拉（Carlos Marighela）又曇花一現。他是巴西一名資深的共產主義政治家，五十多歲時遇害。一九六六年他參加了在哈瓦那召開的三大洲會議。一九六八年，他認為共產黨已經陷入僵化，於是與其決裂，並宣布支持開展城市游擊戰。城市因素是他與切·格瓦拉的主要分歧所在。馬里格拉認為，應該在自己熟悉的地區開展游擊戰，他的這種想法在很大程度上源自玻利維亞鬥爭的失敗。馬里格拉對城市極為熟悉。他麾下的團體曾發動多次包括綁架和占領火車站等在內的行動，直至一九六九年他遭到警察槍殺。值得注意的是馬里格拉最負盛名的著作《城市游擊戰迷你手冊》（*Mini-manual of the Urban Guerrilla*），自他遇害後，開始在古巴發行。[32]雖然馬里格拉希望透過一場旨在「削弱、打垮、瓦解軍國主義者」的運動，建立起一支受人歡迎的軍隊，但他進行革命實質上利用的卻是恐怖手段。他們「宣傳暴行」引起大眾媒體的注意。他認為，恐怖主義「最引人矚目的影響」是引發「極具進攻性的暴力反擊，將群眾驅趕到反叛分子的懷抱中」。然而在多數情況下，效果往往適得其反。

暴力的幻影

一九六七年十二月，人們在紐約的一個論壇上討論了暴力的合法性問題。參與討論的小組人員包括漢娜·鄂蘭和諾姆·杭士基（Noam Chomsky）。鄂蘭對「暴力的幻影」持反對態度並警告，這是一種無能的武器，它並不強大，是一種過猶不及的手段。參與討論的小組成員當然能夠毫不費力地舉出例子來證明使用暴力是合理和有效的，但是最有力的是來自底層的聲音。海登（根據《紐約時報》記載，他是「一個瘦削、蒼白的男人，脖子上的領帶沒繫緊，鬆垮垮地隨著他說話來回擺動」），認為古巴的暴力「出奇地成功」，一個小團隊依靠它建立了「政治基礎」。他認為，給貧民區的人「幾張床墊、幾件衣服和一點酒過冬是一種顯性的暴力」，並對民主體制的失敗進行了譴責：

對我而言，除非你能向人展示——不是用語言，也不是靠理論，而是用行動——你能夠讓越戰立刻停

> 止，在美國消滅種族主義，否則你就不能去譴責那些等不及和平到來而採用暴力的人。

鄂蘭表達了反對意見：「在美國，使用暴力反抗政府是絕對錯誤的。」[33] 第二年，她進一步發展了自己的論點，堅持認為暴力只能破壞政權，而無法創立政權。[34]

美國的激進分子曾經仿效拉丁美洲游擊隊做過一些努力，結果損失慘重。黑豹黨甚至在古巴建立了一個訓練營，計畫在美國的山區建立游擊活動中心。當時的黑豹黨領導人物埃爾德里奇·克利弗（Eldridge Cleaver）回憶道，這個計畫「是要建立一些能夠輕而易舉在農村地區來回調動的小型機動部隊，他們遠離塵囂，可以拖住成千上萬的部隊，讓敵人整天疲於追擊」。他後來說，回顧往事，這些計畫看起來「極為荒唐可笑」。[35] 而最認真的一次模仿游擊行動是由SDS的分支「氣象播報員」（Weathermen）組織的。

「氣象播報員派」的歷史可以追溯到一九六八年四月，當時學生們占領了紐約的哥倫比亞大學，起因是抗議校方侵犯了鄰近的非裔社區，以及教授們從事武器研究。這不是一起單獨事件。從全世界範圍來看，校園裡反對越戰的運動和遊行示威此起彼伏。五月，法蘭西第五共和在巴黎的街頭暴亂之下瀕臨垮台。令自由主義者最痛心的是，當年四月馬丁·路德·金恩遇刺，六月甘迺迪在總統競選時被暗殺。這兩起謀殺轉而排擠了主張非暴力直接行動的領導人，以及那些意圖透過選舉政治尋求變革的人。與甘迺迪有交情的海登[36] 發現，民主政治毫無希望。他以哥倫比亞大學牆上的口號「兩個、三個，許多哥大人」（Two, Three, Many Columbias）為題寫了一篇文章，回應了切·格瓦拉在三大洲會議上的號召。海登仍然固守自己原先的觀點：

> 學生抗議不只是非裔抗議的衍生物——它的出發點是真正地反對中產階級那個操弄權術、追名逐利的世界，學生們反對的是社會的基本制度。

但如今海登的分析比之前更尖銳，他將大學和帝國主義連結起來。海登提到了街頭防禦工事、威脅以破壞建築物的方式應對警方襲擊，甚至還提到要襲擊從事核武研究的教授的辦公室。「一場危機迫在眉睫，它的規模會大到讓警察無法應對。」[37]

更為極端的是哥大事件的領導人之一馬克·魯德（Mark Rudd）。他與海登不同，海登的激進主義是在一九五〇年代後期經過深思熟慮後逐步發展的，而魯德的激進主義是突如其來的。他對政治的分析更加直白，政治主張也更憤懣。他後來曾坦誠描述自己為「一名切·格瓦拉的狂熱信徒」，切·格瓦拉「為了結束戰爭，發動革命，已經在暴力的必要性方面發展了一種信條」。他回顧切·格瓦拉在演講中經常說的一句話「統治階級絕不會和平地放棄權力」，以及毛澤東的著名格言「槍桿子裡出政權」。隨著黑豹黨在美國國內掀起一場革命戰爭，一種「英雄的幻想」逐漸發展起來，幻想「最終軍隊會從內部瓦解，而革命的軍隊——當然是由我們領導的——將以這些反叛者為基礎建立起來」。[38]

面對毛派將一種已經發展成熟的革命理論帶進校園，魯德的團隊認為應該用一種自己的理論與之抗衡，以古巴革命和哥大的理論經驗相融合為基礎。他們是城市游擊隊員，「不願採用其他左派的怠工方式，就像切·格瓦拉和卡斯楚在古巴開始游擊戰之前，拒絕接受古巴共產黨的保守主義一樣。我們的權威聖經是德布雷的《革命中的革命》」。地下氣象播報員組織（Weather Underground，也叫氣象播報員派地下組織）就是從這一分支發展而來的，目標是走出大學校門，將年輕人組織起來進行武裝鬥爭。這個組織的名字取自巴布·狄倫（Bob Dylan）的歌詞（「你無須從氣象播報員那裡知曉，風從哪裡吹來」）。現在，老式的馬克思主義派系鬥爭替代了早期SDS的實驗和開放感。搶當城市游擊隊員的種種努力，最後成了鬧劇和悲劇，這個組織的規模從未超過三百人，而且關鍵人物很快就遭遇了各種厄運，要嘛被自己製造的爆炸裝置炸死，要嘛逃亡，要嘛被關進了監獄。黑豹黨的命運與之類似，甚至更加慘烈。魯德後來回憶了他是如何與戰友們一起「為了一個革命的城市游擊戰幻想，毀滅了美國最大的激進組織——它在上百個美國校園裡設有分會，有很高的全國性地位，而且具備很大的發展潛力」。[39]哥倫比亞大學教授、社會學家丹尼爾·貝爾（Daniel

Bell）目睹了一切。他評價說：「暴徒戰術從來都不是合乎邏輯的社會運動的標誌，而是由怨恨和無能滋生的浪漫主義的垂死掙扎。」他預言SDS將「毀在其做事風格上。它因動盪而生，卻沒有能力將無序的衝動轉化為影響廣泛社會變革所必需、系統的、負責任的行為」。[40]

重返芝加哥

一九六〇年代初，新的抗議形式出現，生動展現了美國夢和嚴酷的南方種族隔離現實之間的落差。參與者體現了美國式的理想主義——講究尊嚴、行事克制、組織縝密。一九六〇年代的抗議環境發生了巨大變化。人們在南方取得政治進步的同時，遭遇了城市貧民區的經濟衰退，而且大家都擔心會被送上前線打一場毫無意義且非法的邪惡戰爭（越戰）。隨著運動的政治核心轉向一種近似列寧主義先鋒隊、切·格瓦拉的游擊中心論的理念，一種更具個人主義的、自由的、寬容的文化開始生根，對美國式生活方式構成了尖銳而持久的挑戰。雖然反主流文化和激進政治同處一個時代，但拋開越戰，沒有任何合乎邏輯的原因可以解釋兩者為何會聯手行動。正是越戰將它們綁在了一起。

一九六七年，溫和而崇尚享樂主義、往往熱衷於毒品的「嬉皮」（hippies）出現了，提出了「愛與和平」作為「花的力量」的一種形式。他們沒有正式的領導人，只有「垮掉的一代」詩人艾倫·金斯伯格（Allen Ginsberg）作為發言人。雖然金斯伯格的父母都是共產主義者，但如果說這有什麼影響的話，這使他對政治激進主義持反對態度。一九五〇年代，他聲名鵲起，最初關注的焦點並非「叛亂或社會抗議」，而是「探索意識的各種模式」。[41]一九六三年他前往越南西貢，此行導致他更加關注政治，並開始強烈反越戰。[42]金斯伯格有幽默的一面，有時候他的話聽來很荒謬，然而他真心誠意地相信誦念詩歌和佛經能夠影響意識。在概念上和實踐上，他的思想有時讓人難以理解，它們依靠的是語言的力量。

一九六六年，美國全國學生聯合會大會上，金斯伯格在朗誦完一首詩之後，大聲狂喊「我宣布戰爭結束了」。他後來解釋說，當時這麼做是為了「讓我的語言和歷史事件保持同步」，因此宣布「戰爭結束」等於

「建立了一個語言的力場，它是源自我意志、有意識的意志力的一份聲明或一種對斷言的領悟，它是如此有力而堅決，可以對抗並最終推翻國務院和詹森嘴裡的語言力場」。他以一種幾乎後現代的方式，用自己的語言和戰爭製造者的「黑色禱文」展開了一場較量。這是一種政治批判，雙方交換的是「有關咒語的爭論」。[43]這個主題被鄉村歌手菲爾・奧克斯（Phil Ochs）寫進歌曲中，引發了一九六七年十一月的紐約大遊行，三千多名年輕人在大街上奔走，大聲喊著「我宣布戰爭結束了」。「雅痞」（Yippies）的概念由此產生，成為嬉皮的一個政治派別。

艾比・霍夫曼（Abbie Hoffman）和傑瑞・魯賓（Jerry Rubin）是雅痞的發起人。兩人從一九六〇年代初開始參與激進抗議。魯賓參加了加州大學柏克萊分校的「自由演講運動」，並由此成為一個全職運動家，組織了反對戰爭的「宣講會」。在人們眼裡，他是一個極富想像力的戰術家，但思想較為左傾。霍夫曼和魯賓都認為，標準的抗議形式日漸式微，新形式的抗議場面需要媒體的關注，把訊息傳到各地。一九六六年，魯賓極力主張激進分子要做「宣傳和交流的專家」，認為反主流文化是一種挑戰他所反對的系統之道，從漫畫書到街頭劇場，每個領域都有可能成為抗爭前線。正因如此，金斯伯格的詩句對他們產生了吸引力。在一九六八年八月針對民主黨代表大會的抗議計畫實施之前，他們打算採用一些超越常規的方式。他們想到了反主流文化事件，組織一場「人生的節日」把大會現場變成馬戲表演，將超現實主義的幽默和無政府主義混合在一起。雅痞們在一月的一份宣言中期待這個節日：「我們在公園裡做愛。我們讀書、唱歌、歡笑、印報紙，開一場虛擬的大會，慶祝在我們的時代自由美國誕生了。」[44]

由於越戰戰事不利，詹森決定不再競選連任。他的副總統、欽點接班人修伯特・韓福瑞（Hubert Humphrey）在甘迺迪遇刺以及反戰議員尤金・麥卡錫（Eugene McCarthy）退選後而獲得提名。然而，人們並不因詹森退選而停止抗議。運動的各個派別「飛蛾撲火」般集結到芝加哥。這裡面有SDS的新生代核心人物、仍然抱守非暴力直接行動的激進和平主義者，以及雅痞。雅痞們聲稱要把LSD迷幻藥投入飲用水中、往代表大廳裡投擲煙幕彈、上演各種刺激的性愛秀，以此來嘲弄政府當局。在聚集起來的人群中，人們更多談論的是暴力而不是和平。任職多年的市長邁可爾・戴利，主導著芝加哥這台美國最強大的政治機器的運行，在用警察對付示威者這件事上早有經驗。他下定決心，誰要是反對這場精心籌備的民主黨代表大會，他就要盡其所能地讓反對者過不了好日子。警察們受命，採取行動時無須任何克制。還有些行動則是祕密進行。雙方都在派人四處煽動，摩拳擦掌準備投入衝突。

海登是籌備芝加哥行動的中心人物，四處尋求進行示威活動的許可。在和其他激進分子交流的過程中，他的言辭變得越來越狂放。對他而言，這是生死存亡的時刻。他要展現自己不是那種否認大屠殺的「善良的德國人」（good Germans）。他在反對這場可怕戰爭的過程中，作為一個存在主義者，已經準備好為此付出代價。而且，他還固執地認為，被壓迫者在殘暴的警察面前是受害者，這種形象很有利。這種對抗一旦升級就會加劇戰爭的內耗。他認為，當局在計算了成本效益之後只能選擇放棄南越，即便這會吵醒「右派中沉睡的狗」。[45]魯賓引用的理論也認為，這場運動需要讓壓迫進一步升級。他狂熱地相信，壓迫會「把示威遊行變成一場戰爭。將參與行動者變成英雄。將大量個體變成一個團體」。它會把「旁觀者、中立的觀察者和理論家排除在外。迫使每一個人選擇立場」。[46]

金斯伯格對這些言論非常警覺。他後來提到，自己從來都不是個「造反」詩人。這句話的意思是，試圖「透過少說話變得更加明智，想要顯得平和就得自己受氣」。他的目的是改變意識。[47]在芝加哥，他沒有看到自己贊成並喜愛的「自我意識的學院」和「靈性課程」，他看見的是「世界毀滅的血腥場面」。[48]他飛到芝加哥，寫了一首詩（「記住那無助的命令，警察武裝起來去保護，那無助的自由和革命，密謀獲取榮耀」）。他後來解釋說，自己以一名「宗教實驗者」的身分去芝加哥，不但是雅痞的代表，而且「也是為了我們的整個政治生活」。面對警方關閉音樂節的堅決態度，金斯伯格提出要力求謹慎。他要用自己的鎮定來影響別人，他鼓勵其他示威者在面對暴力和歇斯底里的時候要口頌「Om」。「十個人禱告『Om』可以讓一百個人平靜下來。一百個人禱告『Om』可以調節一千個人的新陳代謝。一千個人同時發出『Om』的禱告聲，可以讓所有芝加哥街頭穿制服或不穿制服、驚惶失措的人們停止躁動。」示威期間，他一度帶領人群連續七個小時禱告「Om」。他的這項舉動連同其他反戰行為的目的，不在於向人們灌輸一種思想或強加一種規則，而是要倡導「一種生活狀態」。

由此，我們再次發現了一種觀點，讓國家暴露真正的弊端，就能使民眾站到對立面，在這個過程中，無須考慮一般人會不會對國家採取支持態度。鑑於自己勢單力薄，激進分子謀求利用警察的殘暴來擴大自己的支持者數量。世界各大媒體目睹了這一切，展現在他們眼前的是飛舞的警棍和血跡斑斑的示威者。[49]從戰術上看，強硬分子贏了，運動本身卻輸了。從十年漸進式激進化歷程可以看出，透過自我犧牲、呼喚良心、維護共同的價值觀等手段來獲取關注，並以此為基礎建立起來的政治事業具有諸多局限性。早期那些「講究挺胸忍受、沉默應變、穿衣體面」的高貴非暴力思想日漸式微，取而代之的是「咆哮和威脅、蔑視、惡作劇、粗話、詰難、潑髒水，人們發洩怒火，漸漸走向了暴力」。[50]

對於發生在芝加哥的這些衝突，有一種馬克思主義分析認為，它們主要是工人階級警察和中產階級示威者之間的矛盾。工人階級的怒火針對的是那些享受特權的人，如今這些人卻在攻擊那些曾經縱容他們的制度，他們嘲笑堅持傳統價值觀的人，厭惡責任，挑釁他們應該引以為豪的愛國主義象徵（特別是旗幟）。人們害怕無序和墮落，這種心態開始影響工人階級的政治態度。阿林斯基擔心，左派的暴力和極端主義會不可避免地導致右派崛起。為此，他寫下《反叛手冊》提醒新的革命者，「在人類的政治中行動，不論是什麼樣的結果和時機，的確有某些中心觀念可以拿來操作」。他認為，需要對「體制發動確實的攻擊」。他非常明智地對侮辱和忽視普通勞動人民的做法提出了危險警告。「如果我們跟他們交流不成，如果我們不鼓勵他們與我們結盟，他們自己自然就會行動。」阿林斯基和魯斯汀意識到，為了激發新一代激進分子的道德責任，他們必須表現得像那些妒忌年輕人活力的老年人，而且看起來明顯在長久的貧困、不平等和暴力中一敗塗地。同時他們也發現，自己為之鬥爭的無疑是劣勢群體，這些人缺乏成為多數派的能力，把他們組織起來著實任務艱巨，需要妥協當然也需要聯合。他們明白，根本不可能指望那些每天忙於生存的人投身於一項更龐大、更危險，而且只能用含糊不清的口號來解釋的抗爭目標。

美國直到一九七三年才從越南撤軍。隨著徵兵結束，美國在政治上的角色也不再像之前那麼有害了。年輕的新左派活動分子繼續著自己的事業，有些人變得比以前更加溫和，有些人則放棄了自己的承諾。保持不變的是對日常生活的批判，這不但反映在音樂和時尚之中，還在一定程度上表現在使用毒品的行為中，除此之外，人們也不再相信菁英主義、等級制度，非常警惕官僚主義。[51]人們關注個人價值，進而那些關於民族自決和解放的反殖民語言被用到同性戀者、婦女等群體身上，這些人覺得自己受到了侮辱和壓迫。

女權解放

女性主義並不是一項新興目標，早在學生運動壯大之前就已有一些重要著作問世。在一場旨在追求掌控自己的命運、表現自我價值的運動中，「婦女解放」應運而生。爭取女性參政權時代裡那些最早的社會團體早已銷聲匿跡。如果說還有什麼途徑的話，那就是人們開始尋求透過工人運動來要求各種平等權利。一九六一年甘迺迪總統就婦女地位問題成立了一個委員會，由埃莉諾．羅斯福（Eleanor Roosevelt）擔任主席，女性的地位因此得到了提高。一九六三年該委員會推出一份報告，詳細論述了婦女在權利和機遇方面所受到的種種限制。接著，「性」被寫進了《一九六四年民權法案》，最初這只是一名種族隔離分子議員的玩笑提議，後來因為女性主義者不可思議的聯合起來而得以通過。美國平等就業機會委員會（Equal Employment Opportunity Commission）將此事當作了一個玩笑，沒有採取任何行動。因應對該委員會的拒絕態度，一九六六年，美國全國婦女組織（National Organization of Women）成立了，這個組織的主席是貝蒂．傅瑞丹（Betty Friedan），其著作《女性迷思》（*The Feminine Mystique*）道出了一世代女性的心聲，她們無論在工作場所還是家庭成長過程中，都感到處於遭邊緣化的地位。[52]當時，女性已經逐步成為美國工人力量的重要組成（一九七〇年代初占四〇%），她們漸漸開始拒絕二流的工資和工作條件。傅瑞丹是個高效的宣傳員，雖然組織規模相對較小，但她利用自己的地位，讓媒體關注自己的觀點和語言。這場運動從一開始就擁有清晰的領導。

除美國全國婦女組織之外，這場運動還有一個分支，成員來自數量龐大的年輕女性，她們曾經是新左派積極分子，有過一段挫折經歷。她們難免會覺察到一種強烈的對比，一方面以男性為主的領導階層在譴責壓迫現象，另一方面這些人又期望讓女性充當部下，藉機滿足他們的性歡娛。斯托克利·卡邁克爾曾在一九六四年指出：「女性在SNCC中唯一的位置就是卑躬屈節。」瑪麗·金恩（Mary King）和凱西·海登（Casey Hayden，湯姆·海登的第一任妻子）則在一篇具有里程碑意義的文章中提到，身處如此地位，參與運動的女性並不「開心滿意」，而且她們的天分和經驗也毫無用武之地。在一篇如今看來頗具嘗試性的文章中，她們認為，「客觀地看，我們完全不可能發動一場反對性別等級制度的運動，因為美國人的一般思維中尚不存在這個話題」。因此，她們希望繼續在戰爭、貧困和種族話題做文章。儘管如此，她們還是堅持認為，「國家無力面對，更無法處理」她們提出的問題，這意味著「與女性平等地在社會中發揮作用相關的諸多問題，是人們所面臨的最基本問題」。[53]

然而，很快地，男性運動家對女性的不屑一顧，讓人忍無可忍。女性越是受到男性同事的傲慢對待，她們就越憤怒。一九六七年，有些社團開始推動一項更加獨特的女性主義議程，並在翌年年底召開了全國性大會。和美國全國婦女組織不同的是，參與這些活動的女性都有豐富的抗議示威經驗和草根組織活動經歷。[54]一九六九年，卡洛爾·漢尼斯克（Carol Hanisch）撰寫論文反映了女性在運動中的地位，她稱女性相互支持是一種「治療」方式，可見當時的女性正在為某些問題尋求良方。關鍵要理解，個人私事就是政治大事。這些問題只能靠集體行動才能解決。[55]這種方式之所以能作為存在主義戰略發揮作用，是因為除了尋求法律方面的變革之外，它既不依賴領導也不依靠組織，依靠的是日復一日地伸張平等和價值的原則——通常在運動的前景問題上並沒有達成共識——以及包容各種各樣的生活方式選擇。這些女性主義核心訴求一旦公諸於眾，便很容易被理解，也很難被忽略。有些人可能對激進譴責男權主義以及婚姻和孕育後代的強制性心懷畏懼，但她們完全可以拋開這些問題，集中關注與她們自身有關的諸多問題，無論是墮胎、漠視性侵犯，還是爭取同工同酬。[56]

隨著越來越多的女性湧進民權運動為她們打開的這片天地，同性戀者也行動起來了。他們提出自己是繼非裔之後，美國第二大少數群體。許多人所渴望的只是獲得體面，不會因為自己的性取向而遭受侮辱。當時，同性戀仍被認為是異常行為，是一種可以透過治療得到改善的精神障礙。一九六〇年代，曾經有人推動終結同性戀者被唾棄的狀況，他們堅持認為成年男人私下裡的事情，與政府和雇主沒有任何關係。在反主流文化的影響下，人們要求「同性戀解放」和徹底的性自由，是否獲得主流社會的尊重已經被擱到了一邊。一九六九年七月，警察突襲紐約格林威治村（Greenwich Village）的同性戀聚集地石牆酒吧（Stonewall Inn）並遭遇憤怒抵抗，進而導致了一場騷亂。這次事件使保守的同性戀團體陷入了更大的焦慮，但也促使激進主義分子將爭取同性戀權利當作一項至關重要的目的。[57]

從某些方面來看，反對越戰的激進主義與此頗為相似。引人注目的抗議行動——燒毀徵兵通知、燒毀美國國旗——可能並未符合每個人的想法，但日益壯大的反戰遊行需要吸引人們的注意力。SDS成員雖然曾是反對派的先鋒元老，但這並不意味著他們有權繼續開出條件。由於反對派具有廣泛的基礎，而且得到了民意和主流評論家的支持，因此其在政治上舉足輕重，不可能被政府忽視。這些運動有一種托爾斯泰風格，從許多個人決策中產生了新的生活方式、文化形式和政治表達方式。

用來為問題造勢的各種方法，關係到許多人，有助於將個人問題變成政治問題，卻無法靠它形成一種廣泛的政治共識。最初，人們關注的是權力作為一種珍稀資源是否存在分配不均等，後來人們開始警惕在分享權力的時候是否存在不公平現象。人們設計了一種自己偏愛的組織形式，能夠限制那些公認的領導者，避免令人窒息的官僚作風。當組織成員都是受過教育、善於表達、勇於承擔義務、充滿活力、為了共同目標相互交流的年輕人時，這種組織尚能發揮作用，而一旦人們的熱情褪去，便蹣跚不前了。共同目標成了例行公事；人們不得不面臨各種困難抉擇；新戰略需要相當一段時間才能執行下去；這時候人們感到的是厭倦、疲勞和迷惘。

如果情況不是這樣，當人們的憤怒不斷加劇，陷入深深的焦慮時，他們的行為就會變得衝動，猛烈抨擊並做出誇張的舉動。SDS和SNCC的命運提醒人們，缺乏深思熟慮、不信任領導層會帶來怎樣的後果。然而，即便這樣也有一種傳承：人們傾向於認為，為了讓組織及其決策更加透明，權力應是自下而上的，而不單單是自上而下。這種看法對政府和官僚機構產生了持久影響，因此它們需要更扁平的層級和更開放的架構。一九七〇、一九八〇年代，極左團體發動了一系列毫無結果的恐怖主義行動，相較於非暴力直接行動，前者登上媒體頭條的機率更大。然而觀察一九八九年東歐事件——至少在其初期——和二〇一一年初的「阿拉伯之春」，它們仍運用了一九六〇年代早期民權運動的諸多技巧。吉恩．夏普（Gene Sharp）是一名持久的和平主義者，曾經與馬斯特共事，參與過一些早期的靜坐活動，他道出了兩者之間的連結。作為當代著名的非暴力理論家，吉恩．夏普甚至得到了托馬斯．謝林的支持，後者為他的三卷本著作《非暴力行動的政治學》（*The Politics of Nonviolent Action*）作序。[58]書中著重探討了甘地的創新作用並借用了格雷格的柔術（Jiu-Jitsu，譯註：柔道、合氣道的早期形式）概念，然而其中最著名的是一種關於權力的觀點，即政府應該依靠「人們的善念、決定和支持」。倘若真是如此，人們就會自願服從，不會產生抗拒。他列舉了許多可以達到這項目的的方法，從遊行示威、請願，直至抵制、罷工，甚至叛亂兵變。[59]伊朗、委內瑞拉這些二十一世紀的專制政體國家認為，夏普是個危險的煽動者，他的思想是阿拉伯國家街頭騷亂的推手。[60]這些都著重反映了非暴力運動的能量和局限性。一個政權如不能容忍不順從的行為，準備使用不妥協的暴力手段，那麼同樣也很有可能迫使對手使用暴力。

一九六〇年代運動中的靈感和想像力，為運動本身提供了原始動力。對熱衷於短期效果的人來說，他們也許不會寄希望於運動早期的抵制、靜坐和遊行示威等手段。這些行為的分量與目的不符。促使人們全力以赴甚至不畏堅難的是激發運動和價值觀的目標。這些運動與其說是社會變革，不如說是政治運動，一旦動員起來，就會在壓力之下變得更具組織性、更深謀遠慮、更顧及後果。海登在SDS的早期戰友吉特林後來成為一位理論社會學家、一九六〇年代民權運動回憶錄的作者。他意識到了不符預期的暴力討論所帶來的影響，以及在米爾斯的議題中發揮了怎樣的作用，最後使新左派被描繪成了具有盲目破壞性，而非充滿理想主義的群體。這是可悲的SDS回憶錄中最為普遍的題材。在近乎索爾．阿林斯基寫作《反叛手冊》的年紀時，吉特林寫下了《給青年行動者的信》（*Letters to a Young Activist*），他在書中提出建議，教人如何避免重蹈他那一代人的覆轍。他從韋伯開始說起，後來又回到自己身上，承認自己年輕時曾認為《以政治為志業》（韋伯的著作之一）令人煩躁、毫無啟發。針對韋伯的責任倫理主張，吉特林寫道，當年他可能會反駁說「激進行為也許只能改變環境，讓毫無可能的事情稍微有點希望」。但如今，他承認：「後果，並不遙遠。當理想和激情與重大失誤能夠和諧共存時，那是多麼令人不安啊！」對於那些正在考慮發起民眾反抗運動以解決當代弊病的運動家，他力勸他們「要放遠眼光，講究策略」。不要期待能透過這樣的運動「隨心所欲地徹底改造世界」或者「表達自己」。「它必須在歷史的範疇內討論並實施，而非在門外敲打」，要抓住機會調動「大眾（即便是潛在的）的信念和情緒」。[19]

第26章 框架、典範、話語和敘事

我不是先知。我的工作是破牆開窗。

——米歇爾．傅柯（Michel Foucault）

反主流文化思想透過接受良好教育的中產階級而被發揚光大，不但對社會選擇，而且對政治、商業行為以及知識界產生了深遠影響。這些理念雖然沒有激起美國政治的左傾——而且恰恰相反，我們將在下一章中了解到——但它們確實對人們探討大思路的方法產生了重要影響。人們領悟出一種毫無新意的重要見解，即鑑於人需要透過精神建構來了解世界，因此我們對現實的特殊感知只能有一種。人們還爭論起另一個老話題，即能夠塑造他人觀念的人，也能影響他人的心態和行為。這是李普曼有關公眾輿論的全部要點，也是愛德華．伯內斯研究「操控共識」的方法。李普曼和伯內斯認為，如果由開明人士藉由良好的公共政策來執行，那麼這應該是溫和而有利的事情。然而，納粹和極權主義操控媒體的種種後果顯示，宣傳竟可以如此陰險狡猾，破壞了人們在此問題上的任何樂觀之見。

針對極權主義，自由主義者的回應是，無論人類認知的自然極限如何，最好的辦法是放開思想的各種可能性，分享各種經驗和實驗案例。人類的最大希望在於多樣性和多元化，存在於思想的自由市場之中，而不是將單一觀念強加於人，無論出發點有多好、觀點有多麼透徹。自由民主制度可以透過一個自由、多樣、熱愛辯論的媒體，以及追求真理的最高標準來獲得保證。這就為媒體——乃至學界——施加了一種責任，即在報告和分析中盡可能的客觀。卡爾．波普（Karl Popper）是寬容開放社會中的典型哲學家，他生於奧地利，為躲避納粹而輾轉到了英國。他主張在所有的科學研究中遵循嚴格的經驗主義，用可否證性（falsifiability）來判斷每一個命題，從人類知識的大量積累和測試中獲得安慰，從中找到存在缺陷的個人建構。[1]

新左派提出的質疑是，西方自由民主制度的多樣性和多元化是一種假象。應該質疑的命題被視作理所當然，而其他觀點和主張卻被邊緣化了。這是馬克思主義的標準方法，也是葛蘭西霸權概念的核心所在，於一九五〇年代日益受到關注。有關左派的諸多辯論還受到了馬庫色等法蘭克福學派門徒的影響。流亡理論家們聚集在紐約社會研究新學院（NSSR），講解知識是如何透過社會的相互作用發展和維護的，他們引入了「現實的社會建構」這個概念。[2] 法國理論家的地位日漸重要起來，這次不是存在主義哲學家，而是後結構主義者和後現代主義者。

主流社會科學的實地研究和實驗觀察方式也許可以避免觸及歐洲理論的更高層級，但會不時受限於認知水準，由此凸顯詮釋建構的重要性。詮釋建構是否有可能受到外界的蓄意操控，這是個政治問題。研究顯示，這種現象經常發生，這不一定是一些有組織的菁英密謀的，但方式如同各種問題在政治議程中上上下下一樣，而且從研究中還可以看出，這些問題是如何被擺到了第一位，為隨後的辯論設置了條件。

威廉．詹姆斯早在一八六九年就提過這個問題。詹姆斯並沒有懷疑我們所知道的是否真實，他提出的問題是：「我們會在什麼情況下認為事物是真實的？」社會學家厄文．高夫曼（Erving Goffman）在詹姆斯的基礎上解釋道：「我們將現實納入框架（frame），是為了經營、管理、理解它，然後選擇合適的認知儲備並採取行動。」高夫曼思考的是，個人如何努力理解他們周圍的世界以及各自的經歷，他們需要用各種詮釋模式或主體框架對這些知識進行分類。[3] 納入框架的意思是，當人擁有許多可能的方式來看問題時，其中有一種特定方式看上去最符合自然規律。可以用突出某情況的一些特性，強調可能的原因和影響，表明其中的價值觀和規範來達到這個目的。

全世界都在看

媒體注定要在製造和維護背景共識上發揮重大作用，尤其是如今電視已經取代報紙和廣播成為政治事務資訊的主要來源。一九四〇年代，羅伯特．默頓曾提及媒體有可能扮演一種不良角色，這與一九三〇年代出現的知識的社會影響問題是一脈相承的。雖然默頓對拉斯威爾有關宣傳效果的主張心存疑慮，為「宣傳受眾」（propagandee）的不為人知而焦慮，但當納粹發展壯大之後，身為猶太人的他也感到恐慌。一九四一年他來到哥倫比亞大學與保羅．拉札斯菲爾德（Paul Lazarsfeld）展開深度合作。後者學過一些心理學，掌管著哥倫比亞大學應用社會學研究中心。默頓強烈主張，經驗主義研究必須和理論相結合，並把這種想法帶進了他們的合作關係中。[4]

他們在最初的研究中發現，與朋友關係和家庭關係相比，大眾傳播的影響有限。它們更易於強化人的想法，而不是改變人的想法。默頓和拉札斯菲爾德在一九四八年聯合發表的一篇論文中，提出了媒體如何影響「社會行為」，這裡的社會行為指的是改善種族關係、同情工會等進步大業。他們注意到，有高尚的評論家擔心，當改革者竭盡全力將人們從工資的奴隸和繁重的工作中解放出來後，大眾會把閒暇時間花在輕浮和淺薄的媒體產品上。

他們從執行社會規範的角度，總結了媒體的政治影響力。比如，媒體可以揭露私人生活中有悖於這些規範的行為；充當麻醉劑的角色，強化公眾的冷漠；只讓公眾接觸二手的政治現實；鼓勵公眾因循守舊。由於它們「無法為批評性評價提供基本準則，因而商業運作的大眾媒體間接而有效地抑制了真正的批評性產品的發展」。任何一點點有進步意味的表徵，只要有悖於媒體所有者的經濟利益，就會從廣播電視節目中撤下。「一般情況就是誰出錢，誰作主。」那麼是否存在某些環境條件，使媒體可以朝著更加進步的方向塑造大眾態度？這種情況當然存在，但要求媒體本身沒有出現分化，而且能夠把先前存在的觀點引向偏愛的方向（並非試圖改變基本的價值觀）。然而即便這樣，任何運動都需要輔之以面對面接觸。[5]

到了一九七〇年代初期，人們已經證實，受眾賦予議題的重要性與議題設定過程存在一種關係。這裡的議題設定過程指的是，為什麼有些問題能夠獲得關注，而有些卻幾乎不被人注意。原因是這些議題的報導篇幅，以及它們在媒體上的位置——是單獨一頁，還是放在新聞簡訊中。[6] 其中的道理眾所周知，如果媒體絲毫沒有提及一個「話題或事件，那麼在大多數情況下，它不會存在於我們的個人議題或生活空間之中」。[7] 有些話題反映了媒體產品的議題設定；在許多情況下，政府是設定議題的最佳人選。

因此，媒體能夠鼓勵人們思考某些問題、忽略其他問題，那麼它能否告訴人們應該思考些什麼呢？吉特林在由激進主義轉向專業社會學的過程中，仔細思考了他心目中ＳＤＳ的特徵和道路，以及它被描述的方式。正如我們所了解的，人們一般認為，為目標爭取同情的方式之一是，一邊被警察毒打，一邊為繼續這項目標示威。在芝加哥，當激進分子被警察窮追猛打時，嘴裡重複喊著「全世界都在看」，似乎這樣的口號能警告攻擊者，他們會遭到全世界的譴責。然而，與一九七〇年代初的民權運動不同，這些做法在政治上充其量也只能達到模稜兩可的效果。在眾多媒體報導中，受到譴責的並不是警察，而是遊行示威者。

吉特林試圖證明，媒體在塑造人們所認為的現實時，並沒有如實反映真實情況。他後來回憶道，「我仍然是一個傲慢的理性主義者，沉浸在後一九六〇年代的偏見中」，「一開始我厭惡各種壞主意，後來發展成一種懷舊的樂觀，認為如果理念和形象與眾不同，有思想的民眾就會被發動起來參加運動而非不理不睬。由此，這場運動就能為今後幾年、甚至幾十年製造出一種更加健康的政治氛圍」。[8] 他在《全世界都在看》（*The Whole World Is Watching*）一書中，認可了報導示威遊行時媒體的重要作用，如果沒有媒體報導，那麼這場運動就如同沒有發生過一樣。不過，這又引發了媒體如何詮釋運動的問題。

吉特林想到了葛蘭西派對霸權的分析，霸權經由把上層的說服和下層的認可結合在一起，讓大眾接受既定的秩序。他回顧了運動的歷史以及媒體報導的方式，結合現代大眾媒體更新了葛蘭西的理論。他引用高夫曼的框架概念來解釋媒體選擇報導什麼內容以及如何報導。「媒體框架是一個持續不變的認知、解釋和陳述框架，也是選擇、強調和排外的穩定不變規範。」它們是一種組織話語的方式，方式總是存在的。要報導現實存在的世界是完全不可能的。

許多事物都是客觀存在的。世界每時每刻都充斥著各種各樣的事物。即便在某一特定事物中，也存在著無限可察的具體細節。（設定）框架就是選擇、強調和表達的原則，由很多對存在、發生和發展的事物加以解釋的細微理論構成。[9]

吉特林關注的是，媒體如何用一次次的忽視、輕視、邊緣化以及貶低毀謗搞垮了SDS，除此之外，媒體的手段還包括突出SDS成員之間的分歧，關注SDS的破壞性行為，卻從不提及其中所反映的問題。由此，吉特林開始反覆思考激進分子到底在什麼樣的環境下才有可能挑戰霸權。當菁英們對形勢感到不確定時，就無法給它一個符合自己利益的定義。其中的關鍵因素也許不是激進分子是否能集中合作，而在於權勢集團是否團結一致。與之相關的還有普通民眾的反應，他們覺得抗議者挑戰了自己的價值觀和準則。因此，這個問題已經超出了現有的觀點和媒體方法論。

托馬斯・孔恩

有一種想法認為，寬鬆的思想體系雖然缺乏經驗基礎，卻具有政治影響力。這種思想被約翰・肯尼斯・高伯瑞（John Kenneth Galbraith）納入了其「傳統智慧」概念。傳統智慧這個說法早已存在，用來指普通的想法，但一九五八年高伯瑞用來指涉「具有可接受性，而且在任何時候都受到尊重的觀念」。他提出，人們所認為的真理通常反映的是便利性、自尊心和密切的相關性。簡單說來，在美國商會，商人在多數情況下會被算作一種經濟力量，這便是傳統智慧。然而，即便在「社會科學學識的最高水準上」也存在這樣的傳統智慧。他注意到，小的異端可能得到珍視，但相關的對於次要問題的辯論，「便有可能把對於結構本身的任何挑戰斥為無關緊要，並且看起來不至於是不科學的或褊狹的」。高伯瑞贊成傳統智慧的價值在於充當一種檢驗工具，以免新奇的知識潮流有可能破壞穩定性和持續性。危險在於逃避「適應環境，直到變化突然降臨而措手不及」。在高伯瑞看來，傳統智慧的敵人是過時，不是「觀念而是事件的進展」。[10]

高伯瑞賦予傳統智慧一種消極的內涵。另一個更加中性、內涵更豐富的術語是「典範」（paradigm）。托馬斯·孔恩（Thomas Kuhn）描述了可能由菁英的不確定性和事態發展共同造就的動力，同時在一九六〇年代最具影響力的一本著作中強調權力結構依賴於根植其中的思想結構。人們通常認為，《科學革命的結構》（*The Structure of Scientific Revolutions*）一書所涉及的領域獨立於政治之外，是在實驗方法和積累證據的推動下向前發展的。孔恩認為，科學發現並不代表客觀現實的進步啟示，實際上是一系列的典範轉變。「典範」是一套想法，深刻地根植於科學共同體內部，想要將它驅逐，無異於一場政治兼實證的挑戰。當科學共同體在主流典範內運作時，這就是「常態科學」（normal science）。人們會將其核心規則傳授給學生，鼓勵、讚美遵從這個架構並驗證了其結論的研究。最後，當觀測數據中反覆出現無法解釋的異常時，挑戰就產生了。這些異常最終會形成壓倒性的累積效應。孔恩稱之為「科學革命」，當科學家們自認為了解的一切需要再評估，之前所有的假設和資訊要重新評價，保守派就會發起激烈反抗。最終，新的典範將取代舊的典範。這方面的經典案例是哥白尼革命，推翻了先前行星圍繞地球運轉的假設，說明了行星實際上是在圍繞太陽的軌道上運轉的。

孔恩的啟示在於，即便在一個完全致力於理性和實驗的領域，信念也會受到根本性的非理性因素的影響。這是一樁激烈的政治事件，它是激進派與舊秩序維護者之間的一場衝突，因為舊秩序無法繼續容身於現有治理機制內。就像革命時代不再滿足於獲得曾受認可的政治戰略一樣，之前公認的科學方法和推理不再適用於新時代。在關鍵時刻製造這種變化的，並非什麼與科學方法相關的因素，而是人格力量以及科學界的革命暴徒和強制壓力。一個新典範將獲得一種形式的集體認可，產生一輪相應的菁英循環，常態科學將延續下去直到運行過程中，「偏誤」又重新積累起來。[11] 隨著革命不斷向前發展，比起馬克思原理，這個過程更符合帕雷多法則。

孔恩強調，其觀點背後潛藏著保守主義，因為在一九六〇年代的學生叛亂中，他驚恐地發現，自己居然因為發現了作為知識壓迫工具的典範而被標榜成一名革命者。「謝謝你告訴我們典範，」學生說：「現在我們知道了它們是什麼，沒有它們我們照樣可以過。」此時，孔恩覺得自己遭到了「嚴重誤解」，他對「大多數人從這本書裡所得到的收穫」感到厭惡。[12] 他並沒有說典範總是有害，具有誤導性。它們讓一些原本看上去不成熟且混亂的材料變得有意義。如果沒有「一套相互關聯的理論與方法論的信念，以進行選擇、評價與批評」，[13] 那麼就不可能進行科學探索。他也不認為，只有科學政策才能使一種典範變得根深柢固或者被取代。常態科學的危機之所以會產生，是因為人們在不斷探索新的發現，同時對重申已有結論的研究又感到不耐煩。然而，孔恩還是堅持認為，「拒絕一種典範，總是伴隨著接受另一種典範，這種決策，來自典範與自然界的比較以及典範之間的比較」。[14]

孔恩遭到許多批評，尤其是在歷史方面表現得過於簡化。雖然他所描述的過程顯然一直存在，但在「常態科學」階段理論發生了顯著變化，甚至舊典範的追隨者也會為新突破感到歡欣鼓舞。也有人認為，孔恩過於關注科學界內部，對科學家展開研究活動的更廣闊的社會背景，以及專業化和官僚化的不斷影響不夠重視。該書出版以後，尤其是在一九七〇年的修訂版中，孔恩對自己的思想做了進一步改進和發展。此後，他將知識能量更多放在科學哲學中較深奧的面向，激進主義在其主要思想中漸漸淡化。

至此，不管孔恩希望賦予他的思想什麼意義，他的術語已經開始被從事其他學科的人員借鑑。一九八七年，有報導稱，孔恩的作品成為一九七六年至一九八三年藝術和人文領域被引用頻率最高的二十世紀著作。[15]「典範轉移」已經遠離成熟的科學革命，成了一種陳腔濫調。他的模型，至少某個簡化的版本，成了對相對論者的一種贈與。它表明，包括社會哲學在內，對於任何條理清晰的觀點而言，重要的不是它們與可辨現實之間的關係，而是其背後的政治力量。一個頗具影響力的例子就是謝爾登．沃林（Sheldon Wolin）使用孔恩的觀點向政治科學中「行為主義」傾向的客觀性提出了挑戰，後者聲稱其遵循的是與物理科學同樣的方法路徑。「在某種程度上，」沃林認為：「重要的不是哪個典範更加真實，而是哪個會得到執行。」[16]

典範以一種方式說明，明確、正式的科學理論，可能會被反證所瓦解。由此，典範開始納入隱晦、非正式、令人困惑、自相矛盾且不斷變化的偏見和成見，似乎它們就根植於其內部，受到嚴格控制，並在關鍵方面偏離事實。人們傾向於把信仰系統歸為強大的典範，並讓個人和團體來適應它們。然而這些做法通常沒有充分考慮到，一些個人和團體有可能在某些方面偏離典範，從特定的文化角度來解釋典範、按照他們所處的政治環境修改典範，或者就如何採取行動從這些典範中得出完全不同的推論。如果真理既可能是科學發現的結果，也可以是政治操縱的結果，那麼很多話題就可能被政治化。

例如，不妨思考一下智慧設計（intelligent design）這個古怪的案例。一九九六年，設在美國加州的科學與文化復興中心（Center for the Renewal of Science and Culture）確立了一個目標，即「用一種積極的科學選擇」替代「唯物主義及其在文化方面的破壞性影響」。一九九九年，一種戰略應運而生，其便是所謂的「楔入策略」（Wedge Project）[17]。它把科學唯物主義看作一棵「巨樹」，一旦在其最虛弱的地方插入一個小小的楔子，就能將整個樹幹劈開。而所謂「薄薄的楔入口」，便是從一九九一年開始，以菲利普・強生（Phillip Johnson）的《審判達爾文主義》（*Darwinism On Trial*）為代表的一系列質疑進化論的書籍。用來替代進化論的，便是智慧設計。它對達爾文主義提出了挑戰，雖然沒有說明聖經中的上帝就是智慧的設計者，但它認為不能用進化的隨機性來解釋這個世界，而是必須有一種明確的設計。智慧設計論的支持者運用孔恩的理論，他們認為生物進化論不過是一種被科學菁英掌控的主導性典範，後者對相反的觀點不屑一顧，並拒絕將它們發表在供同行評閱的刊物上。愛鑽研的年輕科學家們迫於社會壓力，無法探索顛覆性的觀點。[18]

楔入策略將智慧設計提升為「一種與基督教和有神論信念相一致的科學」，並由此得到了拓展。下一個階段便是「宣傳和意見塑造」。這項工作要廣泛地傳達到學校和媒體，尤其要強調動員基督教觀念。第三階段「文化衝突與復興」是個巨大的挑戰，學術會議上的直接質疑，以及包括進軍校園——如果得到法律的支持。接下來還會挑戰社會科學和人文科學。其長遠目標不僅是讓智慧設計成為「在科學上占主導地位的觀點」，還要延伸到「人文科學的倫理學、政治學、神學和哲學領域，見證其在美術方面的影響力」。

智慧設計論的支持者意識到了框架的重要性。強生敦促說：「要把聖經和《創世記》從這場爭論中脫離出來，我們不想製造聖經—科學二分法。」智慧設計論需要的是，讓世俗學界和統一的宗教反對者聽到它的聲音。之所以避免牽涉創世論的一個實際原因是，法庭裁決禁止將它當作科學。於是，學校的教科書便成了戰鬥的競技場，強生及其支持者的關鍵需求是，讓智慧設計成為一門學科。智慧設計運動的一大困難是，無法使其觀點適合教科書，並為人接受。因此，他們不得不降低原先的要求，將智慧設計作為一種存在爭議的理論，納入學校的進化論學科中。它並不具備理所應當的正確性，尤其是還有其他諸多引人矚目的理論可供選擇。最終，二〇〇五年十二月，奇茲米勒等人狀告多佛地區教育委員會案（Kitzmiller v. Dover Area School District）的裁決結果是，多佛學區代表違反憲法，並禁止多佛學區在公立學校的科學課程中教授智慧設計，理由是創世論還沒有獨特到足以在科學課程中占據一席之地。[19]

這個案例展示了「典範」的困難所在。無論是進化論還是智慧設計，都無法與世界觀完全達成共識。進化論生物學家之間存在著大量分歧，但缺乏危機感：大家都承認進化論是一種強大的理論，不斷指引研究者向有成效的方向發展。從孔恩的角度看，即便在優勢矩陣中，也會有一些典範遭到質疑。更何況智慧設計是將其案例建立在異常的實驗性證據的基礎之上。其自身的典範禁不起科學的檢視。作為一種設計，這個世界並不總是有智慧，還存在許多明顯的瑕疵和未解之謎。甚至連一個神創論的理論都沒有。在很大程度上，它所依靠的是如何從字面遵循經典著作的內容。例如，聖經中提到了「地的四角」，於是極端的教條主義者便會認為地球真的是平的，其他人則一直就太陽是太陽系的中心這個問題和伽利略爭論不休。更常見的是「地球年輕創造論」（Young Earth Creationism），它完全遵循聖經，認定地球只有六千至一萬年的歷史，是神在六天之內創造出來的，而後來的死亡和腐朽則是亞當和夏娃的原罪惡果，諾亞的大洪水則是世界上諸多地質學問題的關鍵所在。與之相反，「地球年老創造論」（Old Earth Creation）認為上帝創造了地球，也承認地球真是非常古老。其他版本的創世論則認為，只要人們能夠接受每個聖經「日」指代相當長的一段時期，那麼聖經中的創造秩序就真的存在。還有其他人表示，他們認可有關化石的記載，但同時他們又認為新生物體的出現不是進化的偶然結果，而是上帝蓄意所致。[20]這些創世論者有基督徒，也有穆斯林，其中許多人對進化論並不存在質疑。物質世界既可以是上帝創造的，也可以用DNA來解釋，形成了一個自然的進化過程，由此便可以用宗教來解決與精神世界和人類靈魂相關的問題。

因此，即便在一個自成一派、有自覺的典範內部，也會存在一些明顯矛盾的觀點。雖然進化生物學家可以用科學的方式來管理甚至解決各種爭議，但他們之間也存在分歧。正如孔恩所說，雖然科學界存在守門員和教條主義者，但這個領域也是多元的，進化論一直在進化（因為沒有更恰當的說法了）。由於智慧設計刻意避開了「自然」科學的方法論，因此也就不存在什麼典範轉換的基礎。它唯一的希望是，發展出一群足夠強大的支持者，將其典範推廣到課堂上，如果有可能的話就取代進化論。然而，這根本不是孔恩設想的那種鬥爭，這是兩種完全不同的群體之間的分歧，而不是一個群體的內部分歧。

米歇爾・傅柯

一九六〇年代，法國社會哲學家米歇爾・傅柯是另一個發展出自身觀點的思想家，他由此形成了解決意識形態和權力問題的方式。作為一個思想家，傅柯的個性與哲學之間產生了強烈的相互影響，從他長期的精神病治療史和性經歷來看，他的確很難處理好自己的同性戀和憂鬱問題。他早年一度加入法國共產黨，後來又遠離馬克思主義，成了「六八年精神」（spirit of '68）的熱心支持者。接下來，他又短暫地熱衷於毛澤東的「文化大革命」和阿亞圖拉・何梅尼（Ayatollah Khomeini）發動的伊朗革命，但很快就對此兩者不再抱有任何幻想。一九八四年傅柯死於愛滋病相關疾病，年僅五十七歲，他原計畫撰寫的六卷本《性史》完成一半後戛然而止。正如許多重要的思想家一樣，傅柯在其一生中也出現過幾次重大轉換，雖然他通常被認為是個頂尖的後現代主義者，但他拒絕接受任何標籤。按照他的說法，自己從來就沒有「真正有過什麼想法」，因而解讀他的真正意圖會把人帶入一種特殊的悖論中。除了那些相關的歷史記錄，他抽象的著作深奧難懂，讓人難以讀下去，因此但凡想把他的思想用一種簡單的形式（或者任何形式）表達出來都是一種挑戰。然而，傳柯的方法的確決定了眾多當代社會思想的方向，其中就包括戰略思想，從某些方面來看也包括戰略實踐。

當然，傳柯和孔恩之間存在明顯的對比。兩者都宣稱真理要視條件而定，而且依賴於權力結構，並且由此引人矚目。孔恩提出了「典範」，傳柯發明了「認識論」（episteme，或「知識論」）。傳柯將此稱作「機器」（apparatus），使得人們得以「區分哪些可以被稱作科學，哪些不可以，而不是分辨真偽」。[21]至少在他的早期思想中，認識論在任何時候都是獨特的，具有主導性和排他性，不可能和其他同類共存。「總是存在著一種對所有知識的可能性條件加以限定的認識論。」[22]孔恩一直設想在社會科學和更廣泛的文化中存在更大的多元化，各具特色的學派在其中相互挑戰各自的理論基礎。和自然科學不同的是，這些領域中各個學派解決問題的方法各不相同。除此之外，對科學研究來說，他提出的典範，是一種有意識且深思熟慮的結構。而傳柯的認識論，則通常是無意識的，以一種當事人毫無覺察的方式為思想和行動設定條件。孔恩承認經驗觀測的重要性，承認或多或少存在著可以對相互矛盾的典範進行評判的客觀測驗，傳柯則認為沒有這種可能。人們會為真理展開持續的奮鬥，但不是為了發現什麼絕對真理，而是樹立行動的界限。

這是因為所有形式的思想都與諸多權力問題密不可分。他梳理出一套權力系統的歷史脈絡。在封建社會中，權力幾乎就是君權，有一套統治的一般機制卻幾乎不關注細節。接下來，隨著資本主義社會的到來，一個大發明出現了，即一套透過監獄、學校、精神病院或工廠控制個人行為的各種監視和監禁手段，來實現「規訓控制」（disciplinary domination）的機制。法國大革命孕育出大規模的群眾力量，傳柯感興趣的是人們到底採取了什麼做法，從而將許許多多的個體打造成了稱職的部隊。由此，傳柯表示，將群體概念化即反映了新的權力形式。

> 到十八世紀後期，士兵變成了可以創造出來的事物。用一堆不成形的泥、一個不合格的人體，就可以造出這種需要的機器。體態可以逐漸矯正。一種精心計算的強制力慢慢經由人體的各個部位，控制著人

體，使之變得柔韌敏捷。這種強制不知不覺地變成習慣性動作。總之，人們「改造了農民」，使之具有「軍人氣派」。

這就是規訓力量的基礎所在，它已經融入了公民社會。而在公民社會中，存在著各種類似形式的控制力。

這種控制無須動用暴力，因為它教給人各種行為方式，這些行為方式構成了一種自律。[23]從這個方面來說，權力和知識成了一回事，傅柯將它們合而為一，稱為「知識／權力」（knowledge/power）。這種力量並不為人所有或掌握，理論上卻包括最個人和最私密的領域在內，是生活各個方面的一項本質特徵。它四散分布而非集中一處，既散漫又具有強制性，動盪不定而不是固定不變。因為不存在什麼真正的「真理」，所以它既不可能受到壓制，也不會受到排擠。所謂對真理的思考，實際上是關於權力的思考，即誰憑藉什麼得到服務，以及各種形式的控制支配，和由此引發的抵抗。

因此，關於權力手段，傅柯在物理約束方面沒有過多論述，但對表象同意的持久性提出了質疑。要經由話語（discourse）來塑造別人的思想，這樣各種行動才能遵循一種特定的世界觀。「真理體制」（regime of truth）確立了對與錯的標準，以及人們識別對錯的規則。它漸漸植入日常話語，確保某些事物成為理所當然，同時凸顯其他事物的重要性。由此，人們對現實的看法得以固定下來，在不知不覺中強化了權力架構，無須動用強制力，便接納並適應其所接受的各種行為方式。傅柯認為，戰略與權力之間的關係糾纏不清，難分難解。當他在主流意義上討論戰略，意指公開競爭中「成功的選擇」時，他的概念則要寬廣得多。戰略就是「為有效行使權力或者維護權力而付諸實施的各種方法的總和」。

傅柯對人文學科影響深遠，其價值至今仍是一個極具爭議的話題。他對戰略思維的影響也很深刻。首先，他的權力無處不在的觀點，潛在地將所有的社會關係轉化成了鬥爭，既涉及宏觀層面的國家，也觸及微觀層面的社會存在。其次，他傳達了一種鬥爭永無止境的持續感。衝突、明顯的勝利、穩定期都是存在的，但接下來所有的一切又都會重演。因此，永遠存在反抗和逆轉的可能性。一場勝利也許能讓「穩定的機制」去「替代肆虐的對抗性反應」，但要等後者淪為無效時，機制才算真正確立下來。接著便是「統治」，這是一種「或多或少理所當然，並且經過敵對雙方長期對抗得以鞏固下來的戰略形勢」。然而，即便是明顯的穩定時期——靠特殊話語的控制——也會隨著話語的不斷開放而轉向鬥爭。

事實上，在權力關係和鬥爭策略之間，還存在著相互吸引。說不清的束縛和永久的倒轉。在每一刻裡，權力關係能成為、且在某些點上已成為對手之間的對抗。在每一刻裡，社會中的敵對關係也使權力的各種機制得以實行。[24]

傅柯翻轉了克勞塞維茨的話，將後者的「戰爭是政治的延續」說成「政治是戰爭的延續」。[25] 戰爭是一種「永恆的社會關係，是所有關係和權力制度根深柢固的基礎」。因此，社會關係即戰鬥指令，戰鬥中「不存在中立的主體」，在其中「我們都不可避免地成為某人的對手」。從屬於某一陣營意味著「有可能辨讀真理，揭露幻覺和錯誤，正是透過幻覺和錯誤，人們（你的對手）使你相信我們的世界已經恢復了和平和秩序」。因此，權力的話語在社會中傳播得有多廣，包括逃避、破壞、爭論在內的各種形式的反抗程度就會有多深。從這個方面來看，在有關真理的鬥爭中，對知識的主張即是武器。他提到了「知識」（複數）之間的戰鬥，因為它們「為相互敵對之人所有，因為它們擁有內在的權力效應」。[26]

透過探討什麼是顯然確定的、沒有爭議的來分析話語，能夠揭示出話語自身的偶然性及其與權力結構之間的關係。這種做法能夠產生釋放效應，為被征服者提供一條出路。這並不是一種特別的新思想，而是新左派流行的知識潮流主題之一。社會中彌漫著一種同樣的、未說破的衝突，它們雖然尚未顯露，然而一旦受害者明白了自己的處境，也許就會立刻爆發。傅柯的與眾不同之處，在於他關注的不是被他認為已經過時的階級鬥爭和革命政治，而是「婦女、囚犯、應徵士兵、住院的病人和同性戀者」針對「特殊權力的具體鬥爭」。[27]一九七六年「六八年精神」方興未艾，傅柯在演講過程中，對西方社會在之前十年「分散而斷斷續續的攻勢」印象深刻。「當代政治鬥爭形式越來越獨立、分散，並具有無政府主義特性」，正好與他的方式相契合。傅柯這裡所指的是「反精神病學運動」（antipsychiatry movements），它曾經「為社會和政治批判打開庇護空間發揮過作用」。當時，傅柯正投身一項為囚犯代言的運動中。他的計畫與「被剝奪了權利的人及其知識的去屈從化和解放」有關。傅柯的持久影響之一在於他認識到，處於社會邊緣的個體往往出於自身的安全和社會安全而被安置在一定的體系中，他們的困境在於身為權力關係的一部分，這種權力關係難以禁得住任何挑戰。

傅柯的理論使人們無須發動實體挑戰，便可以破壞已經建立起來的權力架構，他的方法是分析「權力機制的特徵……定位各種連接和延伸……一點一點地建立起一種戰略知識」。[28]可能有人認為，至少就傅柯學派的論據而言，用來分析話語的語言既可以讓人糊塗也可以給人啟發，對於被迫屈從的人來說幾乎沒有什麼實際的幫助。[29]而且，作為理解權力關係的一種方法，它繞開了機構和結構、個體意圖、武力的作用等問題，反而為自身帶來了困難。傅柯的權力概念，確切地說是戰略概念，承載如此豐富，以至於很有可能失去其精確含義。如果任何事物（不管是書面交流還是一種行為方式）都可以被當作戰略，那麼這個術語就失去了意義，也就不值得思量了。對於被迫屈從的人來說，貶低強權也許是種明智的做法。尋找一種解放性的話語應該更保險。但最終，武力仍是鬥爭的仲裁者。

敘事

用來描述思想鬥爭基本工具的詞語不是話語，而是敘事。一九九〇年代，這成了針對任何政治課題的一項要求：解釋政治運動或政黨為何應該受到重視並傳達其核心資訊。這一切的基礎是另一套思想體系，可以追溯到一九六〇年代末的法國激進思想運動，其間，敘事由精心設計的書面語言轉化成基本概念，成為所有社會互動的中心。它因明顯反映了人類行為的諸多層面，更深刻地理解了大腦的運行而獲得關注。

直至一九六〇年代末，敘事在很大程度上仍只是出現在文學理論中，專指由一個角色講述一個事件的作品（而不是意識流或者幾個人物之間的互動）。[30] 在法國後結構主義的影響下，它進入了更廣泛的理論領域。後結構主義者反對將文字含義當成作者意圖的反映，他們堅持認為文字可以表達多種意思，其表達的意思取決於閱讀環境。每一次閱讀都可能生成一種新的含義。這個群體的核心人物是文學理論家羅蘭・巴特（Roland Barthes），他和傅柯保持一定關係。他把敘事理念推向極致，使其遠離純粹的文學文本，進入所有的交流形式領域。他在一九六八年寫道，「敘事有數不清的各種形式」，包括「口頭或書面的有聲語言、固定或活動的圖像、手勢以及所有這一切井然有序的混合體來表現；它存在於神話、傳說、寓言、故事、小說、史詩、歷史、悲劇、正劇、喜劇、啞劇、圖畫、玻璃窗彩繪、電影、連環漫畫、社會新聞、交談之中」。它存在於「一切時代、一切地方、一切社會」、「沒有敘事的民族在任何地方都不存在，也從來不曾存在過；所有階級、所有人類集團，都有自己的敘事作品，而且這些敘事作品經常為具有不同乃至對立的文化素養的人共享。所以，敘事作品不分高尚和低劣，超越國度、超越歷史、超越文化，猶如生命那樣永存著」。

不僅「敘事的數量難以計數」，而且人們思考敘事作品的優勢出發點也是眾多的，包括歷史、心理學、社會學、人種學以及美學等。巴特認為，可以透過演繹理論來確認其共同結構。[31] 翌年，這一群體中的另一位人物茨維坦・托多羅夫（Tzvetan Todorov）提出了「敘事學」（narratology），即辨別一篇敘事中的各種組成部分，並確定其間的相互關係。敘事的對象是故事，一系列人物及事件，由一條情節線索交織在一起，有了架構、解釋了其中的因果關係——事件為何會在該發生的時候發生。話語描述了故事的表達，是什麼決定了它給觀眾的最後呈現。

一九七〇年代末，社會理論界出現了有關「敘事轉向」（narrative turn）的討論。一份有關一九七九年芝加哥大學討論會的回憶錄提到，會上彌漫著一種「學術興趣和發現氛圍，人們普遍感覺到，和其他有關人類重大發明的研究一樣，敘事研究出現了現代的一次重大躍升」。它「已經不再是那些從心理學和語言學中借鑑術語的文學專家或民俗研究者的領域，而是成了一切人文和自然科學分支的深刻見解的真正來源」。[32]此後有報導指稱，一九八〇年代有種看法認為，分析人們敘述的故事可以獲得有關他們如何生活的重要見解，受這個信念的鼓舞，社會科學被捲入一場「為敘事建立理論的潮流」中。[33]

敘事通常被描述為可以和故事互換，而故事則有可能極為簡單。有論點認為，一切事物都可以被當作一個故事，這反映出敘事在人類基本交往中的重要性。馬克·特納（Mark Turner）認為，簡單的故事可以把資訊碎片轉化為一個連貫的模式，如果沒有故事，生活將成為一片混沌。即便是嬰兒也能在一個故事中將容器、液體流動、嘴巴和味道連結起來，最終這個故事的名字就叫「喝」。只需掌握部分資訊，這些簡單的故事就能幫助人們想像出事物的下一步發展或者之前曾經發生過什麼。特納認為，敘事想像是我們的解釋能力和預測能力的基礎。[34]威廉·卡爾文（William Calvin）提出，我們的規畫能力和自身的敘事結構之間存在緊密聯繫。「從某種程度上說，我們會透過默默地自言自語來進行這項工作，敘述接下來會發生什麼事情，然後運用類似語法的融合規則來判斷一種事態是不可能、可能或者很可能。」[35]

這種概念可以解釋人們如何讓生活和關係富有意義，以及是怎樣理解世界的。它符合認知理論和文化解釋。因此，敘事轉向並抓住了人們對什麼是確切已知的不確定性，對同一事件的多種解釋的興趣，以及在建構認同時的選擇意識。它突出了人們在質疑有關外部現實的完備知識時，人類想像力和共鳴的重要性。人們對敘事的學術興趣很快就進入了公共領域。心理學家把敘事當作一種治療方法，律師們努力運用敘事來感動陪審團，原告在尋求賠償時也需要敘事幫忙。隨著時間推移，所有類型的政治活動參與者都自覺地採用了敘事手段。最初對此表現出興趣的是尋求彌補物質資源短缺的激進團體等。這是另一種讓弱者變強的方式：少露肌肉，多講故事。與真正的戰鬥相比，人們更願意進行敘事性的唇槍舌劍。最終，無論從哪一方面看，一切政治規畫都需要自身的敘事。

敘事具備許多功能：動員和指揮支持力量、維護團結、管束異議分子、制定和傳播戰略。敘事的作用並不一定是刻意為之，卻可以從那些為婦女、同性戀者及其他邊緣化群體爭取權利的運動中體現。敘事者利用受害者的遭遇、恥辱的經歷和抵抗故事，讓處於類似環境中的人成為更廣泛運動的一部分，並從中獲得力量，將他們個人遭遇和某項公共事業結合在一起。由此，敘事的作用價值得到了傅柯式分析的認可。

他們會向牢牢植根於文化的各種故事發起挑戰，對其準確性和公正性提出質疑。例如，早在一九五〇年代，印第安人就開始反對經典西部片，這些影片的定位都是勇敢的牛仔對抗野蠻的印第安人。義大利裔美國人則抱怨他們的形象完全被黑幫暴力電影所壟斷。民權運動依靠的是向人們展示舒適的美國夢和非裔的遭遇，並將兩者進行對比。非裔演唱家保羅・羅伯遜（Paul Robeson）特意將〈老人河〉（Ol' Man River）的歌詞由原來的「我們這樣的痛苦、疲倦，既害怕死亡，又厭倦生活」改成了「我們要樂觀地繼續戰鬥下去，至死方休」。[36] 原先的歌詞中有一種明確的壓抑感，而擺在人們面前的問題是，我們是不是可以做點什麼。相較之下，一九六〇年代末的許多運動在剛開始的時候，對於是否可以將人的沮喪情緒轉化為政治行動，就更不明確了。在這種情況下，自傳故事能發揮一定作用，不同個體可以用共同經歷找到共同目標。一九七二年女權運動刊物《Ms.》雜誌在第一期上刊登了珍・奧蕾利（Jane O'Reilly）撰寫的文章，講述了一群女性對其他人的故事感同身受的經歷。這便是「頓悟」（click），即豁然認可，「其本質就是，只需輕輕點撥就能解決存在於女性頭腦中的現實難題——它讓我們眼前霎時一亮，意味著革命開始了」。「頓悟」這個詞很快就成了「女性主義術語」，指對顯然平凡的見解達成了共同、更加深刻的理解。[37]

有些敘事是從那些曾經被鄙視或者被邊緣化的人物的角度來刻畫社會狀況，進入了更成熟的文學形式領域，比如小說、電影，甚至情境喜劇。非裔和同性戀者角色有了積極意義，女性角色更加堅定和自信，而男性身上的魄力和麻木則常常成為被嘲笑的對象。然而在電視上，講故事是一種受到控制的行為，進步主題的作品會遭到清除和淨化，以便讓新角色顯得比較安全且不具威脅性。從來沒有哪個「獲得解放」的女性或者在「直男」中遊走的同性戀男人角色會通過檢驗、得到認可。當角色受害人成為美德的縮影時，他們才更容易去對抗白人的偏見，比如一九六七年的影片《誰來晚餐》（*Guess Who's Coming to Dinner*）中西德尼・波蒂埃（Sidney Poitier）飾演的便是一位理想主義醫生。經過很長一段時間之後，影視作品才得以刻畫非裔遭遇的全部複雜性及其與白人社會的衝突。雖然政治領導人常常不得不就這些作品的影響發表見解，但事實上這些變化幾乎不存在什麼政治導向和控制。因此，這個過程其實很簡單，就好像從一種典範轉換到另一種典範，從一種敘事變成了另一種敘事。作品的多樣性及其累積效應改變了辯論的表達方式，但這並不是任何深思熟慮的戰略所造成的結果。

戴維．倫菲爾德和約翰．阿奎拉一直站在研究資訊時代新型政治形式的先端，他們認為故事能夠表達「一種認同感和歸屬感」，並傳達「事業感、目的感和使命感」。它有助於將一個離散的群體凝聚在一起，指引他們制定戰略。他們了解人們對行動的預期和所要傳達的訊息。[38]在運動中，講述鼓舞人心的故事能夠讓參與者充滿熱情，典範故事可以強化既定的規範，警示性故事可以警告人們不要採取危險魯莽的行動或偏離一致的路線。在培養支持力量的過程中，可以透過講故事來闡明自己的核心訊息，破壞對手的主張。這也意味著，有關戰略的內部討論可以不透過敘事，而是採取辯論的形式。那些擔心戰略出現背離的人，還能以各種回憶錄發出警示，講述人們過去如何推行運動，以及自己的運動推動得多麼出色。

最大的難點在於，如何去影響那些本來並不支持你的人。隨著敘事的概念逐漸進入政治主流之中，人們開始談論設置基本條件的「大敘事」(grand narrative)，政治團體希望自己的目標、價值觀，以及它們與當前重要問題的關係能夠在這種宏大敘事中獲得認同。這種敘事一旦確立下來，像「公關專家」這樣精通媒體的專業傳播者，就會讓個體片段「運轉」起來，他們的任務就是影響日常的新聞議程和事件框架。[39]當最新數據表明經濟情況不妙時，他們會讓大眾相信經濟形勢一片大好，或者還能讓即將身居要職的候選人與以往的不堪經歷一刀兩斷，這一切都需要他們熟知媒體的運作方式和時間安排，包括如何安排發布新聞公告的時間，如何向重要記者透露消息，等等。這樣的敘事不一定採用什麼分析法，當沒有證據或經驗作為基礎時，還可以依靠情感、懷疑隱喻和半真半假的歷史類比等手段。一次成功的敘事，既要連結某些事例又要撇開其他干擾，要從壞消息中辨別好消息，還要解釋誰是贏家誰是輸家。

無論是框架、典範還是話語（或者是宣傳、意識、霸權、信仰系統、形象、構圖以及對待事物的心態），所有這些概念都證明，從根本上說，權力鬥爭是一場關於塑造廣泛的世界觀的鬥爭。過去，人們對世界的認識大體相似，因而社會學家可以借助於小冊子和演講，做一些長時間的政治教育。現在是媒體時代，塑造、傳播意見和展現事實的機會紛繁蕪雜。伯內斯憑直覺掌握了框架的重要性，他所倡導的技術預示著這些概念和思想還將產生更大的影響。形象和理念之爭並沒有在激進派和抵抗派之間形成氣候，而是成為主流政治活動家之間的鬥爭，最終，首要的受益者並不是左派，而是右派。

第27章

種族、宗教和選舉制

難道你不明白打官腔純粹是為了縮小思想的範圍嗎？

——喬治．歐威爾，《一九八四》

二〇〇四年十一月，美國總統小布希戰勝民主黨參議員約翰．凱利（John Kerry）獲得連任。對於這場選舉，民主黨人之前一直自信能夠獲勝並且應該獲勝，事後該黨在初期總結中強調，敗選原因之一是凱利的敘事缺乏吸引力。凱利的民意測驗專家史丹利．格林伯格（Stanley Greenberg）注意到，共和黨人有「一種可以激發選民積極性的敘事方法」。凱利團隊的另一名成員羅伯特．施勒姆（Robert Shrum）遺憾地說：「我們有敘事，但最終，我認為它沒能成功。」民主黨高級顧問詹姆斯．卡維爾（James Carville）說得更加不客氣：「他們說的是，『我要保護你們，免得遭受德黑蘭恐怖分子的襲擊，讓你們離好萊塢的同性戀者遠遠的』。而我們說的是，『我的目標是潔淨空氣、更好的學校、更多的醫療保險』。共和黨人用的是一個敘事、一個故事；而民主黨的，那叫冗長而枯燥的陳述。」對政治語言轉換具有敏銳的觀察力的專欄作家威廉．薩菲爾（William Safire），在報導中提到了某敘事研究期刊編輯吉姆．費倫（Jim Phelan）的觀點，後者認為，所有這些聽起來好像是民主黨的敘事出現了新的發展跡象。「也就是說，他們從競選活動中挑選出事件，做了摘要概括，為的是對凱利的失敗提供一種清晰的敘事。他們的敘事結論是，凱利沒有清晰的敘事。」他暗示，如果這次贏的是凱利，那麼他現在應該正在慶祝自己敘事的成功。[1]

共和黨人就是這麼做的，他們一直專注於如何使用語言，讓政治訊息傳達得更為清晰敏銳。這其中的關鍵性事件要數一九九四年共和黨眾議員紐特・金瑞契（Newt Gingrich）和顧問弗蘭克・倫茨（Frank Lutz）聯手，在中期選舉中獲得大勝。奪回了被民主黨控制了四十年之久的眾議院。這次競選的核心理念是「美利堅契約」（Contract with America）。據倫茨講述，之所以選擇「契約」這個詞，是因為共和黨的計畫聽起來約束力還不夠，許下的承諾會無法兌現，所做的保證亦無法實現，黨綱宣言過於政治化，宣誓太具法律色彩，而條款二字又過於嚴謹。他們不再使用「共和黨的」這個形容詞，以便鼓勵獨立人士保持一種開放的心態。[2]實際文件中，有大量篇幅探討個人責任、家庭的穩固和減免賦稅（「鞏固美國夢」）。一九九五年，兩人聯名發布了一份為新共和黨國會議員準備的備忘錄，題目就是「語言：一種重要的控管機制」。他們在備忘錄中提醒這些議員，在談論自己的時候要使用「機遇、真相、道德、鼓勵、改革、繁榮」這類詞語，而在描述對手的時候要用「危機、破壞性、厭惡、可憐、謊言、自由主義、背叛」等字眼。[3]

美國二〇〇四年總統選舉之前，民主黨內焦慮的語言專家，特別是語言學家喬治・萊考夫（George Lakoff），也一直在敦促黨內要特別關注共和黨人設定議題的聰明方式，以免民主黨陷入被動（比如，把「遺產繼承稅」（inheritance tax）說成「遺產稅」（death tax））。一旦敵人的語言致使衝突爆發，那麼被迫要做出讓步的地方就太多了。對萊考夫而言，一個重大的挑戰是扭轉這些框架，讓美國人從新的視角來看待這些議題。「重新架構等於讓社會發生變化」。[4]選舉結束後，他依然堅持自己的觀點，堅定地認為宏大的哲學討論就是關於隱喻的種種爭論，事實的影響力取決於人們用於理解它們的框架。[5]德魯・維斯頓（Drew Westen）是一名臨床心理學家、活躍的民主黨人士，他寫了一本書來表達自己的困惑，並在書中敦促他所在政黨要學習如何吸引投票人的情感。比爾・柯林頓對此大加讚賞，看得出來，民主黨人在二〇〇八年大選之前曾經仔細讀過維斯頓的書並且諮詢過他的意見。

維斯頓提出，民主黨的問題在於，他們認為大選就是討論各種問題，認為自己能夠喚起選民的理性和人性中善良的一面。遺憾的是，人類算不上什麼理性的生物。相反，他們回應的是那些與他們情感相關的訊息，他們更容易感知世界、看世界。「大多數時候，這場爭奪思想控制權的戰鬥發生於意識之外，我們只能充當心理劇中盲目的觀眾，人們頭腦中的在逃犯人。」共和黨人明白這點，他們營造了一套能夠讓自己站在愛國主義和上帝那一邊的敘事手法。而民主黨人卻軟弱而糊塗，他們不重視犯罪，面對國家的敵人時表現軟弱，無法擺脫各種浮誇的豪言壯語，好像這個國家仍然面臨著一九三〇年代的挑戰似的。共和黨在說服爭取選民時，不會因為消極問題而內疚不安；而民主黨則一直表現得好像他們可以不受任何攻擊行為的影響，無視各種消極因素，令選民興趣大減。

為了補救這一情況，民主黨人必須學會設定議題，獲取優勢，繼續戰鬥，讓選民相信其候選人的利益和價值觀與他們一致，以一種能夠在情感上吸引選民的方式來闡釋政黨及其原則。這就需要建立一個宏大清晰、明確運用政治定位來闡明原則的敘事。這樣的敘事簡單、連貫並易於理解，不必依賴太多跳躍的推理或想像。它能夠被人理解、講述和複述。「它應該是有寓意、生動、令人難忘、讓人感動的。它的核心要素應該很容易想像，能夠使其回味指數和情感影響力達到最大化。」而在觀點完全形成之前，一旦有機會以承認較小的劣勢，向對手「灌輸」消極因素，那麼最好先採取行動。維斯頓的基本主張是，選舉「勝負主要不在於議題，而在於選民的價值觀和情感，包括選民對候選人和政黨的直覺」。[6]

從維斯頓和萊考夫的建議可以看出，他們對詞語和形象的力量非常有信心，這就激勵人們相信，只要將足夠的情商和專業的媒體技巧結合起來，即便是最自由的講台，也會得到大多數選民的擁護。它以自己的方式反映出一種對民意的悲觀，民意是可塑的、可以操縱的，它會隨著競爭對手的敘事優劣而搖擺。但心理學家史蒂芬・平克（Stephen Pinker）提醒道，這種方式誇大了隱喻的重要性，人們在使用隱喻的時候往往不會考慮其出處或隱含的意思，也不會過多考慮框架的作用。有些觀點認為，巧妙的隱喻和框架能夠深入選民的大腦，但這麼做的風險在於可能會使理性發生倒退，諷刺對立的信仰，低估對手的能量。[7] 雖然倫茨在自己的語言使用指南中承認了設定議題的重要性，但他更強調交流的基本規則。他致力於樸素和簡潔，短語和短句，關注相容性、形象、聲音和質地，雄心壯志且不乏新奇的語言。直到最後，他才提出需要「提供語境並解釋其中的相關性」。他認為，可信度像人生觀一樣重要。他明確地針對萊考夫提出，「光憑語言不可能出現奇蹟。實際的策略至少和設定方式一樣重要」。[8]

對大眾傳媒影響力的研究表明，改變民意，讓其違背本意而朝著另一方向發展，並不是一件容易的事情。黨內成員也許會很投入，但大多數目標受眾都是漫不經心、三心二意的，因此關鍵資訊無法有效傳達到許多人。人們可能對自己不感興趣的事情持冷漠態度，排斥那些與自己立場相悖的觀點。或者，他們會故意迴避這些觀點，即便真的遭遇這些觀點，也會將其看作不堪一擊、漏洞百出的東西。一項相關研究的核心成果顯示，個人的影響力要比大眾傳媒重要得多：「政治說服取決於環境。當競選的反對聲越小、阻力越來越弱、可靠的消息源提供簡潔確鑿的線索，以及將歷史強加於專注的公民之時，說服的力量就會增強。」[9]

新政治

語言被政治性使用的問題，產生於一九六〇年代的「新政治」。相對於左派而言，一九六八年的事件對美國的右翼更加有利。這其中有一部分原因是，這些發生在校園和市中心的造反活動產生了一股強烈的副作用力。事後，這股力量被共和黨人所利用，而且四十年後仍然打算這樣做。那年諾曼·梅勒（Norman Mailer）正在等待一名遲到了四十分鐘的公民權利領袖來出席新聞發布會，他發現那位嘉賓「心情非常不愉快：『他已經厭倦了非裔和他們的權利』」。[10]這使得他開始反思，如果他感覺到了「一丁點兒暗示，那麼整個美國將會釋放出何種不可估量的憤怒浪潮？」「強烈的反對」已經暗暗湧動，不僅針對非裔，還針對那些不愛國的激進分子、嗑藥的嬉皮，以及正在抗議的學生。這次的受益者是理查德·尼克森（Richard Nixon），他為共和黨人奪回了白宮。如果一種新的政治主張準備現身，那麼它會更依賴專業的政治形式的培養，以此達到選民數量最大化，相較之下，他們會更少依靠反對那些職業政治家，因為那會阻礙公眾表達真實想法。新左翼對於選舉政治的絕望，為新右翼留下了一片開放的領域。

成功的政客往往仰賴於競選經紀人。總的來說，這些人與候選人的關係密切，他們能夠感知大眾情緒，通常冷酷無情，當他們抹黑對手的名譽時，心裡不會有一絲內疚。一九六〇年代末，這樣的角色變得更為專業。投票技術、廣告手段和戰術分析方面的一系列進步同時出現。除了報紙和廣播之外，電視的出現使得大眾傳媒發展到了新的水準，提供了塑造民意的可能性。人們不僅具備了將資訊傳遞給特定的潛在投票人的能力，而且還能根據特定選民的利益和觀點來加工訊息。在一九三〇年代喬治・蓋洛普（George Gallup）首創的人口取樣方法的基礎上，投票具備了各種複雜形式，使得監控民意發展趨勢和識別突出問題，成為可能。

一九三三年，正在參加競選的社會主義記者厄普頓・辛克萊（《魔鬼的叢林》的作者）寫了一本薄薄的書《我，加州州長和如何終結貧困》（*I, Governor of California and How I Ended Poverty*）。這是一本暢銷書，一部關於未來的歷史。辛克萊稱其是一次獨特的嘗試，透過一名歷史學家「使他的歷史成為現實」。當時的加州是共和黨州，但也有著二九%的失業率。辛克萊決定掛民主黨人旗幟參選，並承諾透過合作社性質的工廠與農場，以及收取高額賦稅來消除貧困。他的確獲得了競選州長的提名，並掀起了全國性狂熱。不幸的是，他在書中的行動計畫儆醒了加州共和黨人。「加利福尼亞反辛克萊主義聯盟」的兩名宣傳幹將克萊姆・惠特克（Clem Whitaker）和利昂・巴克斯特（Leone Baxter）決定採用一種簡單的方法來剷除這個威脅。他們仔細閱讀辛克萊所寫的一切，發現了一連串致命的敘述──例如，辛克萊曾質疑婚姻的神聖不可侵犯性──他們根本斷章取義，也不管這些話是不是出自他小說裡的人物之口。這兩人經常出現在《洛杉磯時報》上。在非小說的真實世界中，辛克萊的結局成了「我是怎樣被打敗的」。

惠特克和巴克斯特開了一家競選公司，這是首家提供高價服務的政治顧問公司。他們利用進步人士發起的改革，破除了地方黨魁對當地政治的把持。這就阻止了各黨派為候選人背書的可能性，候選人必須與選民進行更加直接的接觸。惠特克和巴克斯特聲稱，頭二十年中，他們在參與的七十五場競選活動中勝出了七十場。他們只為共和黨人服務，第一代政治顧問一般走的都是這條道路。他們也從事反對醫療改革的活動，最初在加州，然後擴展到全國，致力於醜化公費醫療制度。他們率先採納的那些影響民意的技巧，直到現在仍在使用：將新聞稿包裝成現成的社論和特稿，發送給鄉村小報，關注人身攻擊而非議題本身，經常性攻擊（「你不可能憑藉一場防禦性宣戰而贏得勝利」），認真看待對手，等待他們出招，保持競選主題的簡潔。微妙不可取，重複才是王道。巴克斯特認為，「話語附著於頭腦不是件好事，它們必須能夠在人的頭腦裡砸出個坑來」。[11] 雖然他們的要價不便宜，但客戶都是大財團、共和黨大老以及商業黨派。俄亥俄州共和黨議員馬克·漢納（Mark Hanna）是一位頗有建樹的競選經理，他早在二十世紀初就已覺察到：「美國政治中最重要的三件事情是錢，錢，另一件我就記不得了。」隨著時間的流逝，募資變得如此重要，已經成了選舉顧問公司的另一項要務。[12]

一九六八年後，在美國大多數州，提名程序中的初選越來越重要，這就必然會削弱黨魁的勢力。美國有一套複雜的政治體系，政府各層級的無數職位都有規定的選舉時間表，這為那些能夠提供可信選舉記錄的顧問公司提供了大筆生意。二〇〇一年的一份評估顯示，在美國，如果將所有透過選舉產生的職位計算在內（包括一些職務層級很低的職位），那麼每四年就要舉行一百萬次選舉，選出超過五十萬名官員。[13] 正因如此，二〇〇〇年詹姆斯·瑟伯（James Thurber）說，競選顧問身處「美國和其他許多國家的選舉進程的核心位置」。[14] 早在一九七〇年，就有人說，這與其說是競選候選人之間的較量，倒不如說它是「代表候選人利益的那些競選業巨頭之間的比拚」。[15]

因此，當一九六八年記者詹姆斯·佩瑞（James Perry）寫下《新政治》（*The New Politics*）一書時，書中談論的並不是抗議、遊行、非暴力反抗、社區組織如何撼動了舊的菁英階層，而是投票和行銷正如何變得越來越複雜。他甚至還關注到了電腦的潛在應用。[16] 然而，和新左派的諸多努力一樣，這些技術並不能保證獲得成功。佩瑞在書中用大量篇幅描述了性格溫和的喬治·羅姆尼（George Romney）如何在一九六八年共和黨總統提名中運用了這些技巧。但等到這本書出版，羅姆尼已經敗選，因為他無法和選民進行溝通——而且隨著羅姆尼災難性地宣稱他過去支持越戰是因為受了五角大廈「洗腦」，讓這個問題變得越發嚴重。

電視的重要性在此前的兩次選舉中已經以不同的方式被凸顯。一九六〇年約翰·甘迺迪在那次著名的電視辯論中戰勝了尼克森，接著，一九六四年民主黨人戰勝了鷹派人物巴瑞・高華德（Barry Goldwater），至此人們開始重視負面廣告宣傳的作用。在電視競選廣告片中，一個小女孩一邊摘著雛菊的花瓣，一邊數數。這時一個模仿飛彈發射倒數計時的男聲出現在廣告中，隨即出現了核彈爆炸的鏡頭。同時，詹森呼籲和平的聲音響了起來。這支廣告被認為是一個技術轉捩點。它用高華德不顧一切的形象來大做文章。廣告的吸引力在於它是有感情的，即使其中沒有包含任何事實，也沒有提到高華德的名字。[17]

由於一九六〇年的那場經歷，尼克森對電視一直抱有深深的疑慮，但電視製片人羅傑・艾爾斯（Roger Ailes）說服了他，讓他相信電視能夠發揮對他有利的作用。艾爾斯的朋友、記者喬・麥金尼斯（Joe McGinnis）記錄了尼克森在這方面的種種努力。這本書的名字叫《推銷總統》（*Selling of the President*），其中心思想是——即便是一個如此不受歡迎的人，也能變成一個能夠重新上市的政治產品。與後來人們關注負面宣傳不同的是，這本書的出發點是積極的。其目的是建立一個獨立於尼克森語言之外的尼克森形象。正如麥金尼斯所說的：

> 尼克森會反覆說一些陳舊、無趣的事情，但誰也沒有必要去聽。這些話成了助興音樂。它們是一些令人愉快、讓人平靜的背景音樂。那些閃爍的圖片是精心挑選的，用來製造一種印象，即尼克森代表了能力、對傳統的尊重、平靜和相信美國人比任何其他地方的人都要優秀，相信在這個擁有世界最高樓、實力最強的軍隊、最大的工廠、最可愛的孩子和最迷人的黃昏的美國，任何問題都變得不再重要。更妙的是，透過與這些圖片建立連結，尼克森真的就能成為這樣的人。[18]

對於這本書所傳遞的資訊，艾爾斯可能要比尼克森更開心。媒體攻勢的目標在於展現尼克森是一個比人們想像中更可愛的人，是身處政治中心地帶的一個靠得住的人物。從這個方面來說，這種手法和真正實踐中的「舊政治」競選頗為一致。這是共和黨最後一次透過黨組織遴選大多數提名代表，而非透過初選產生，因此尼克森走的是黨內交易這條傳統路線，而不是展現廣泛的吸引力。作為一個核心支持者並未占優勢的候選人，尼克森的基本戰略是對的：他向中間立場傾斜，力圖弱化自己的右翼形象。他小心翼翼地規畫並闡述自己的立場，以求得到最大程度的支持，即使這些內容並不讓人多興奮。尼克森之前的演講稿作者描述他的「中間路線」是基於「將選民一分為二的務實差異分割」，目的是找到「最不容易受攻擊的中間地帶」。他的興趣不在於「宏大的主題」，而在於「小調整，給自己找一條可能的退路」。[19] 然而，儘管尼克森接受了專業的推銷，他對待競選活動的謹慎態度意味著最初的領先形勢已經遭到了削弱，最終他憑藉極其小的優勢當選總統。

新保守多數派

一名一九六八年時曾為尼克森工作的名嘴認為，候選人的失敗是由於沒有意識到一九六〇年代的騷亂所帶來的真正機會。對人種學頗感興趣的年輕律師凱文・菲利普斯（Kevin Philips）在一九六七年寫了一本書——《新興的共和黨多數派》（*The Emerging Republican Majority*）。由於出版商擔心它影響一九六八年的總統選舉，直到一九六九年才出版。雖然書中內容較多，以分析為主，有一百四十三個圖表和四十七張地圖，但基本訊息是明確的。這個國家（美國）一直被自由派權威所主導，現在他們已經過時，悄無聲息了，他們是「一群享有特權的菁英，對這個國家裡大多數人的需求與利益視而不見」，當然這也是新左派採取的立場。菁英階層製造了「一條語言和行為之間的鴻溝，將年輕的少數族裔推向了公開的對抗」。

菲利普斯從種族政治的發展中看到了共和黨人的機會，正如民主黨人吸引新的非裔選票一樣，共和黨人可以發動白人來投票。菲利普斯反對新左翼的理想主義和舊改革論者的希望，認為種族差異是無法超越的，他們的身分感極強，而且具有持久性。也許猶太人和非裔會與民主黨人為伍，但那些更具天主教背景的少數族裔——波蘭人、德國人、義大利人——會一致反對自由主義者。雖然移民社區一度將民主黨人當作防範北方新教共和黨的一道屏障，但現在他們的孩子卻把民主黨視為敵人。在紐約，菲利普斯追蹤記錄了天主教工人階級對抗右翼的運動，在地圖上分區標明並提出，共和黨在反對租金補貼、機會平等和社區行動等城市自由主義議題上是安全的。他認為，這項議題正在將白人從城市推向郊區，是從衰敗的北方蔓延到南部「陽光地帶」和西方的一場更廣泛的運動一部分。菲利普斯並非認為新的布局在所難免。這需要共和黨人抓住機會。他認為尼克森在一九六八年所獲得的多數支持力量太弱，因為共和黨的理念沒有追隨他的想法，他們只是在努力製造一種假象，即這名候選人比實際情況要更加溫和一些。

有人對菲利普斯的論點提出了反對意見，針對的是他提出的「美國選民無可救藥的卑鄙」中的「無情的滿足」，以及他對不同意其觀點的那些「多愁善感者」的「不掩飾的輕蔑」。[20] 事實上，對許多人來說，利用族群差異來操作政治是一種詛咒。但反過來也可以認為，菲利普斯只是確認了長久以來美國政治的一個特徵。羅斯福的新政聯盟確實發揮了作用，原因是他發現了一種讓種族主義者和非裔、反勞工的和親勞工的組織、激進的改革者和墮落的政黨機器在同一黨派內部共處的方法。大蕭條使得種族身分被納入共同的經濟利益，但從事城市政治工作的人幾乎都相信，種族身分不可能消失。[21]

第二種反對意見認為，這是一種蹩腳的政治學，因為它需要讓共和黨的政治活動去遵循一條令許多共和黨人都會抵制的路徑。[22] 一九六八年尼克森能踐行的南方戰略是有限的。阿拉巴馬州州長喬治·華萊士（George Wallace）以第三黨候選人的身分，在種族隔離主義平台上參與競選，最終拿下了南方的五個州。在新的政治分配的方向上，尼克森的主要意見是，在考慮副總統人選時一定不能納入共和黨內的自由派。紐約州州長納爾遜·洛克菲勒（Nelson Rockefeller）在選戰中表現不佳，尼克森覺得他不可能成為自己的競選夥伴，取而代之的是相對不知名的馬里蘭州州長斯皮羅·阿格紐（Spiro Agnew），此人曾經是個溫和派，但正在漸漸右傾。他在擔任副總統期間，憑藉幾段攻擊自由派菁英的繞口令（「懦弱的觀望者」、「否定一切的牢騷大王」）而一舉成名。

一九七〇年，兩名溫和的民主黨民意測驗專家理查德·史坎蒙（Richard Scammon）和班·沃騰貝格（Ben Wattenberg）以一種更為謹慎的形式複述了菲利普斯的意思。當時，共和黨的大多數還沒有找到適合的位置，但他們警告，如果民主黨人不承認他們的固有選民在犯罪與許可問題上存在焦慮，那麼共和黨人就要下手了。[23]但是，民主黨人此時轉向了左傾，年輕的積極分子開始推動那些能夠警示中間派投票者的議題，使該黨之前的機構走向了邊緣化。一九七二年民主黨提名候選人、自由主義反戰者喬治・麥高文（George McGovern）敗在尼克森手下。就在此時，醜聞為共和黨政府帶來重重一擊。一開始，阿格紐因為貪污被迫辭職，接著尼克森因為在一九七二年總統競選中的卑鄙手段以及企圖掩蓋事實的行為而遭到彈劾。由此，傑拉德・福特（Gerald Ford）和其副總統納爾遜・洛克菲勒意外入主白宮，而此前二人都沒有出現在一九七二年的總統選票上，一九七六年他們敗選。由此，隆納德・雷根（Ronald Reagan）重拾保守主義大旗，反攻回來。

隆納德・雷根

隆納德・雷根結束了好萊塢生涯之後，便開始「為右翼發聲」，在政界嶄露頭角。一九五四年，他受聘擔任奇異公司的官方新聞發言人——這也意味著他將在全國奇異集團中發表講話，讚美自由企業的種種好處，提醒人們警惕大政府和共產主義的危險性。雷根很上鏡，能夠展現出一種輕鬆、平易近人的風格，這使他得以與那些可能被他的政治立場嚇跑的人建立連結。他還有一種遊走於虛構世界和他自身所在的真實世界之間的能力，這使得他的說法變得可信——即便是白日夢。雷根的傳記作者曾經寫道，他的頭腦裡充滿了「各種故事，一個想像中的世界，在那裡，英雄事蹟能夠翻天覆地」。虛擬與真實世界同時存在於他的腦海中。他總是發出真誠的吶喊，因為他相信這些，即便它們並不符合事實。在「感覺」和「事實」的無數次較量中，「感覺」贏了。「坦白地說，他相信故事的力量。」[24]

一九六六年雷根競選加州州長時，走的是一條傳統的、盡量貼近中間的路線，以確保選民不會因為他在娛樂界的名聲而產生反感。他避開了那些攻擊他是右翼和缺乏經驗的言論，在演講中緩和了預期，把包括很多知名溫和派在內的各種支持委員會聯合在一起。他的一個競選經紀人後來曾說起，有人指稱雷根沒有經驗，對此，他們的辦法是承認「雷根的確不是一個專業的政治家。但他是個平民政治家。這樣，我們就有了一套自動防禦系統。他不需要有經驗。平民政治家不一定要知道所有問題的答案」。這甚至將他的對手——長期擔任州長的專業政治家帕特・布朗（Pat Brown）推向了守勢。此後，這成為眾多美國選舉中的一個議題。雷根團隊利用提問和回答的環節來強調，他不是一個只知道死記硬背演講稿、發表精彩講話的演員。而他的競選經紀人則根本不想糾纏柏克萊校園騷亂事件，他們發現這樣做反而對自己有利。[25]

雷根當選州長後，人們發現他是一個有潛力的保守派總統候選人。一九六八年他嘗試性地加入了競選，但直到一九七四年完成第二任州長任期之後，才真正開始準備競選美國總統。他利用一個全國性的聯合專欄和廣播節目，讓自己始終處於公眾的視野中，同時也把這兩個平台作為完善訊息的途徑，從中識別出那些得到受眾最佳反饋的話語和主題。當時，自認為是保守派的美國人所占比例（三八％）比自認為是自由派的人所占比例（一五％）超出兩倍多。但大多數（四三％）美國人仍認為自己是中間派。[26] 一九七六年，雷根在爭取共和黨總統候選人提名中，敗給了福特，但這次經歷為他在一九八〇年競選成功鋪好了路。吉米・卡特（Jimmy Carter）上任後，一直在奮力應付經濟問題和一九七〇年代末的國際性危機，從這方面來看，反倒幫了雷根的忙。雷根提出，民主黨的社會保守主義和反對政府赤字開支與大政府的共和黨經濟保守主義之間存在分歧。他堅持：「一度清晰劃分這兩種保守主義的那條線正在逐漸消失。」並設想：「我們不是要把美國保守派的兩個分支簡單地組成一個臨時的不穩定聯盟，而是要建立一個全新、持久的多數派。」[27] 他接下來的第二步便是主張這兩種傳統不僅能夠聯合在一起，而且能創造出一個豐富多彩的未來。於是，他許下了一個傳統政客的承諾，即一切會更好，美國會更強大、更富有，這種樂觀態度和卡特的憂鬱悲觀形成了鮮明對比。當與民主黨總統候選人卡特進行辯論時，雷根力求展現自己是符合主流的。他向卡特提出了一個尖銳的問題，即四年來美國人的經濟狀況是不是改善了？以此來壓住卡特的氣勢。

雷根從兩方面證明了讓人理解資訊的重要性，以此來鞏固各個群體對自己的支持，這些群體對新興的共和黨多數派來說至關重要。一方面是他對南方選民的吸引力，為了支持雷根，他們就不得不放棄卡特（他也是南方人）。雷根小心翼翼地避開了公開的種族主義，從密西西比州的費城開始了競選活動，這是一個惡名昭著的城市，一九六〇年代三名民權運動成員曾經在此遭到謀殺。雷根站在一個惡名昭著的種族隔離分子身邊，強調自己對於「國家的權利」的信念，認為它是掃清非裔進步障礙的一部祕笈。另一個方面，雷根明確呼籲要尊重特定選區的宗教權利。

雷根並不是一個中規中矩的宗教信徒，一九八〇年他在做總統候選人提名演講時中途停了下來，這個插曲看上去像臨場發揮，實際上卻是經過仔細準備。他說，自己一直在想，要不要在現有的演講稿中補充一些內容。然後他說道：「毋庸置疑，這是一塊天佑之地，一片自由之地，這是一個為世界各地渴望自由呼吸的人提供庇護的地方。」他巧妙地將總統競選變成了宗教改革運動。他要求聽眾們默默地禱告一小會兒，最終道出了後來成為他口頭禪的那句話──「天佑美國」。一種新的宗教政治誕生了。其中一部分原因是，雷根的策略引起三分之二美國人的積極響應。更重要的是，他在獲得成功之前就已預料到，如果他傳達了正確的資訊，就能獲得日益強大的福音派聯盟的支持。

雖然卡特篤信宗教並且經常談到信仰，然而他並沒有在總統任期內將宗教作為一項特別議題。一九七三年一月二十二日是個具有里程碑意義的日子，美國聯邦最高法院對「羅訴韋德案」（Roe v. Wade）的裁定促使美國墮胎合法化，此舉極大程度地刺激了福音派和天主教人士。激進分子主張，個人的事就是政治的事。這項宣示受到了保守派的擁護，他們希望政治能夠扭轉眼下毒品、犯罪和性放縱猖獗的道德滑坡現象。南方浸信會教友傑瑞．法威爾（Jerry Falwell）擁有自己的電視節目，他於一九七九年發表了一篇名為〈美國能夠得救〉（America Can Be Saved）的布道。其中的主要意思是，世俗和神聖不可分割。因此，上帝的子民要接受訓練「成為大企業中的領導者，他們可以成為律師、商人，成為未來美國的大人物。如果我們要挽救這個國家，那就必須朝著正確的方向把上帝的子民發動起來，而且必須迅速行動」。法威爾的目的是建立一個反墮胎、支持在校禱告、支持傳統的性和性別觀念的道德多數派。「如果所有信奉正統派基督教的人都知道應該把票投給誰，並且把這些選票集中起來，那麼我們就可以讓任何人當選」。他組建了美國的道德多數派，如果雷根能提供一個他們支持並受鼓舞的平台，那麼他們就可以幫他拿到三百萬至四百萬張選票。道德多數派的另一名領導人保羅．維里希（Paul Weyrich）把該組織描述為「致力於推翻國家現有權力架構的激進派」。[28] 雷根的演講及其旨在「保護未出生的孩子」的憲法修正案建議發揮了作用。最後，他得到了選票。

李．艾華特

人們認為，新保守多數派之所以能維持到一九八〇年代，還要歸功於李．艾華特（Lee Atwater）。一九七〇年代，他最早是以南方共和黨政治活動家成名，一九八四年他成為雷根競選團隊的重要人物，之後又在一九八八年幫助副總統布希（指老布希）成功當選總統。而後，他又被推選為共和黨全國委員會主席，直到一九九一年四十歲時突然死於腦瘤。

艾華特這個人是個謎。他很迷人，具有超凡的魅力，但不管是理論上的自己人還是明顯的對手，都認為他是個狡猾且善於操縱的人。他信奉存在主義，再加上隨性的生活方式，使他看起來和同時代的學生激進分子沒什麼兩樣。從音樂方面來看，他與黑人文化有一種親密的關聯。叛逆和反對正統造就了他的共和主義。「年輕的民主黨人都是些穿著三件套、抽著雪茄、梳著中分頭的人，」他此後觀察道：「於是我說：『見鬼，我是個共和黨人。』」接著他又補充說：這是對「一九七〇年代初所發生的一切的回應。我憎惡左派的做法，他們自稱用這種方式控制了美國年輕人的心靈和思想。他們當然控制不了我。」南方共和黨人的身分使他成了一個反叛者。勝利不可能建立在問題的基礎上，而是取決於人的性格。他說：「你必須讓另一個候選人成為一個壞人。」艾華特如此推銷自己：「一個馬基維利式的政治戰士，擅長從個人的偏好出發運用戰略和手段，擅長人身攻擊、卑鄙的伎倆，強調消極的一面。」[29]

從另一個方面來說，艾華特把握住了時機，跨入政壇時正值美國提供了專業戰略家許多機會。在美國的政治結構下，數不清的選舉和經常性的競選，為那些具備競選天賦、懂得把選舉機制和現代通訊手段結合在一起的人，提供了諸多機會。一九八八年他對民主黨提名候選人邁可．杜凱吉斯（Michael Dukakis）使出了各種狠招，並由此鞏固了自己的地位。作為一個局外人，艾華特心裡很清楚，自己從事的是一個一著不慎、滿盤皆輸的職業，但他很沉醉於萬眾矚目的感覺，喜歡不停地講述自己和委託人的故事。他知道媒體想要什麼，而且善於利用它們。作為一個生活在電視時代的人，他很清楚，一個精心策畫的噱頭、一則頗具分量的廣告，能夠成為一個持續多天的話題，甚至改變選民對候選人的看法。

艾華特熱衷於學習戰略，經常閱讀馬基維利的文章，喜歡在手邊放一本克勞塞維茨的《戰爭論》。他最喜歡《孫子兵法》，聲稱把此書讀了至少二十遍。人們甚至還在他的追悼會上引用了《孫子兵法》裡的話。他在一九八八年提出「成功有一整套的訣竅」，「其中包括專注的精神、靈活的戰術、戰略和戰術的差異，以及專注指揮的理念」。[30]他認為詹森是個政治藝術高手，把羅伯特．卡羅（Robert Caro）為他撰寫的傳記視為一部聖經，其中講述了詹森從一個德州政客起步的成長之路。[31]他研究了美國內戰中的諸多戰役，認為北方聯盟中的謝曼將軍對戰爭的殘酷邏輯理解得最為透徹。

艾華特唯一感興趣的運動是摔角。這是兩個強悍的人之間的角鬥，雖然並不是一場真正的搏鬥，但他們會在打鬥的過程中使用欺騙和戰術技巧來取勝。這有助於解釋為什麼《孫子兵法》對他有如此的吸引力。在他的工作環境中，詭計能夠換來回報，尤其當對手缺乏想像力的時候。艾華特堅持要深入研究對手（知彼），這樣他就可以命中對方的弱點。同樣，出於防禦目的，掌握己方候選人的弱點也很重要。在幫助老布希獲取共和黨競選提名時，他利用參議員羅伯特．杜爾（Robert Dole）眾所周知的壞脾氣，讓他鑽進了自己設下的圈套（怒而撓之）。接著，他又抓住麻州的環境問題來攻擊杜凱吉斯。麻州是杜凱吉斯的家鄉，環境問題又是他最熱衷的問題。這就迫使杜凱吉斯不得不將資源投入原本讓他最有安全感的這一領域（攻其無備，出其不意）。[32]

隨著傳統意識形態要素以及黨紀在美國競選中的逐步弱化，競選成功與否更多取決於候選人本身的素質。競選戰略好比就此一搏的決戰戰略。選舉是一種零和賽局，一方獲勝，另一方就必然失敗。這讓競爭緊張激烈。鑑於選民的規模非常龐大，根本不可能和他們進行個別接觸，因此競選必須要借助於大眾傳媒的力量。候選人比拚的不僅是個體人格魅力，還有他們的政策主張。艾華特被公認為是個精通導向性解釋的大師，他能為任何一種情況找出其自身邏輯，如此一來，每件事情便都能用更寬泛的概念來解釋了。透過這種導向性解釋，無辜的候選人會被貼上屈辱的標籤，有過失的黨派卻能相安無事；假象和真相被混淆了；意外事件可以成為蓄意謀畫，而計畫中的事情則成了偶發事件。儘管艾華特直到臨終前還在念聖經，並向他的一部分受害者致上道歉信，但人們心中仍然存在一個疑問：他這麼做到底是出於真心，還是他最後挽回自己形象的一種方式？根據他的門生瑪麗・馬塔林（Mary Matalin）所述，艾華特想對那些曾經被自己惡意對待的人道歉，但並未「臨終前撤回」他的政治運作方式。[33]

艾華特在媒體身上下足了工夫，能幫記者滿足願望做出獨家報導。早年他自己也參選過，從中積累並發展了一些技巧，例如親手把新聞稿交到記者手裡——從來不用郵寄的方式——以此提高「這篇新聞稿在記者心目中的重要性，讓他們感到自己很受重視，很受信任」。稿件必須在最後截稿時間的前一小時送達，這樣，記者就會把這條「新聞」放進這天的待發新聞稿中，但不見得有時間審稿。一篇稿件最多不超過一頁，標題不超過二十五個單詞，這樣讀者就能一目了然。「一般的記者和我們一樣，都很懶，」他認為，「他們被截稿時間折磨得筋疲力盡，就想找一篇不需要大改的稿件上版面。」[34]「到了那時，他們就只求能順利截稿就好」的媒體節奏了。馬塔林把艾華特的這種天賦稱為「把準了新聞的脈搏」。[35]

這一切的背後，體現出艾華特對美國政治和社會精明透徹的分析。一九八〇年代早期，艾華特無意中發現前白宮法律顧問克拉克・克利福德（Clark Clifford）一九四七年十一月遞交杜魯門的一本備忘錄。這本名為《一九四八年的政治》（*The Politics of 1948*）的小冊子不僅精準預測了第二年的大選提名人，還料定杜魯門會贏。克利福德研究了總統選舉團，他發現，杜魯門只要拿下「穩固的南方」以及從一九四四年開始被民主黨把持的西部各州，那麼即便輸掉那幾個所謂的「關鍵性」東部選票大州，也能勝選。艾華特在一九八三年三月撰寫的一篇名為「一九八四年的南方」的備忘錄中加入了這一點，他在其中提出，雷根也能以同樣的方式獲得連任。他觀察後認為，「南方人的直覺還是把選票投給民主黨」，他們「在感覺只能這麼做的時候，才會投票給共和黨」，他注意到，雷根曾在一九八〇年設法說服南方人投票反對他們的同鄉卡特。艾華特發現，那些搖擺不定的選民是關鍵，並稱其為「民粹主義者」。這些選民既能與共和黨「鄉村俱樂部會員」為伍，也能和非裔民主黨相處。[36]第二年，他在另一份備忘錄中強調，南方各州是取得成功的關鍵，並敦促挑起「自由派（全國性的）民主黨和傳統的南方民主黨之間的不和」。

與保守主義不同，民粹主義吸引他的地方在於，與其說它是一種意識形態，倒不如說主要是一整套消極態度。「他們反對大政府、反對大財團、反對大工會。他們敵視媒體、富人和窮人。」這些消極性意味著，這些人很難被動員起來。「就算他們真的被動員起來，也是既可能支持一個自由派，或者民主黨人，也可能成就一個保守派，或共和黨的事業。」[37]他把自由主義者也算成民粹主義者，認為這一群體跟自由派或保守派一樣重要。他將這種人生觀與出生於一九四六至一九六四年的嬰兒潮世代聯繫在一起，而嬰兒潮世代意味著六〇%的選民。他們出生在電視時代，喜歡「自我實現」和「內在引導」，對價值觀和生活方式抱有興趣。因此，他們反對政府干預個人生活及經濟事務。艾華特當時正在鑽研所有這些現象中的一種流行態度，認為那比個人的觀點、情感和知識更加根深柢固。由此造就了一個相較於以前更靈活的政治環境，競選也因為涉及選民的態度而更具挑戰性。這其中包含的邏輯是「要找到具體的例子、令人髮指的行為，讓聽眾不用思考，只需要感覺（通常是反感）就能輕易理解」。

一九八八年老布希贏得總統大選，本來贏家應該是杜凱吉斯而非老布希。老布希之所以處於劣勢，是因為他的特權背景，而且雷根在任期間的那些艱難日子多少與他脫不了干係。最初的民意調查對老布希很不利。這時，他的「救星」威利・霍頓（Willie Horton）出現了。霍頓是在麻薩諸塞島監獄服役的一名犯人，在州長杜凱吉斯推動的「週末暫時離監計畫」（a weekend furlough program）之下，他和兩名同犯趁機實施了武裝搶劫和強姦。在爭奪民主黨內提名時，艾爾・高爾（Al Gore）曾提到杜凱吉斯發放了「罪犯週末通行證」。這件事情本來並沒有產生多大後果，但是被艾華特的團隊注意到了，並展開了研究，看看到底能對杜凱吉斯產生多大的負面影響。艾華特驚喜地發現：「威利．霍頓很有明星氣質，威利還會在政治領域引發恐慌。這是自由主義和一個高大的非裔強姦犯的完美配合。」[38]其實雷根在加州也實施一個類似計畫，而麻薩諸塞州的計畫是杜凱吉斯的共和黨前任制定的。杜凱吉斯不想放棄這項政策，而且同意在涉及一級殺人犯時緊縮計畫。然而，故事的版本發生了翻轉，杜凱吉斯搖身變為一個軟弱的自由主義者，養成的習慣就是放縱強姦犯和殺人犯去幹壞事。本來，申論霍頓問題並不是布希官方競選活動廣告中的一部分，但共和黨人卻冷酷地將它抓住不放（伊利諾州的共和黨人聲稱：「麻州所有的殺人犯、強姦犯、毒販和猥褻兒童犯都會投票給邁可．杜凱吉斯。」馬里蘭共和黨人將杜凱吉斯和凶神惡煞的霍頓印在同一張宣傳單上，並標上：「這是你為一九八八選舉而組建的家庭團隊嗎？」）。霍頓被拿來在犯罪和種族問題上說事，但其實在這起事件中，種族問題是微不足道、難以覺察的。在總統競選辯論中，當杜凱吉斯被問道，如果妻子遭到強姦或謀殺會做何反應時，他重申自己反對死刑。這樣一來，他「無視犯罪」的形象就更加突出了。雖然這則廣告問世時，老布希的支持率已經領先，但杜凱吉斯認為，沒有回應好那個問題是「我政治生涯中最大的錯誤」。[39]

老布希團隊還充分利用了宗教這張牌。南部福音派不斷向共和黨靠近。他們可能支持卡特，但不會支持孟代爾（Mondale，雷根一九八四年的對手）或者杜凱吉斯。杜凱吉斯並不是僅僅出於這些原因才敗選的。他在競選中表現平平，落敗有其自身的原因。一九九二年柯林頓在競選中注意到了這個問題，無法應對負面人身攻擊後果會很嚴重，保持沉默不見得能挽回尊嚴。

永久的競選

民主黨為政治戰略的發展做出了貢獻。更重要的一點是，早在艾華特之前，他們就認識到選舉只是一系列政治活動中的一個瞬間而已。密集的競選活動會在選舉的過程中產生高潮，但這並不意味著候選人能夠當好管理者，從表面上看競選的目的就是為了獲得職位。卡特的競選活動持續時間尤其長，他的競選經紀人漢密爾頓・喬丹（Hamilton Jordan）建議他盡早出手，擴大知名度，這要提早籌資，他就可以參與早期的州初選。記者阿瑟・哈德利（Arthur Hadley）稱其為「無形的初選」，即從上一輪選舉的競選活動結束到下一次正式州初選開始的這段時間。其間，未來的候選人需要做好準備，特別是在籌集資金方面。正因如此，這段時間也被稱為「金錢預選」。

無形的選舉自然就導致了「永久的競選」，此一概念由卡特的民調專家派特・卡戴爾（Pat Caddell）於一九七六年十二月在一份內部文件中提出。他認為，「有太多的優秀人才敗於」這段過渡時期，「因為他們試圖用風格代替物質；他們忘了，要想讓大眾理解正在發生什麼，就得向他們發出看得見的信號」。卡戴爾認為「要透過持續的政治競選活動，來獲得對公眾支持的管理權」。一個名叫西德尼・布魯孟塔爾（Sidney Blumenthal）的記者進一步發展了這個概念，此人後來成了柯林頓的顧問。[40]永久的競選有其幕後規則，那就是在每天的即時新聞中保持一定的熱度，一旦出現負面新聞，就要透入一定的成本來因應。日常敘事的意義，至少不亞於甚至超過了政策形成和政府行為，這種想法將短期主義推向了極致。

一九九二年，柯林頓在競選中吸取了霍頓系列事件的教訓，並總結了民主黨參選人孟代爾和杜凱吉斯在前兩次選舉中會被對手輕易打入劣勢的原因，他得出的結論是，必須在競選對手拋出任何負面手段時立刻予以直接而咄咄逼人的還擊。初選階段，有關柯林頓沒有信仰的各種劇本一出現，他的競選團隊就立刻行動起來，轉移公眾的注意力。競選經紀人詹姆斯・卡維爾告訴希拉蕊，競選需要一個「焦點……就像部隊打仗一樣。我需要一些地圖、一些信號，以及任何能讓人產生緊迫感的表達。我甚至希望我們能有一些大的彩色電子地圖」。柯林頓對此的反應是，那就是「一個戰情室」。選舉與戰爭有諸多相似之處，都是兩個對立陣營間的鬥爭，只能有一個贏家。卡維爾承認，雖然他努力「透過分析、計算的方法來看問題，不讓自己的個人情感攙雜其中」，但實際上，「這根本沒用，我還是很討厭對手，我恨媒體，我恨每一個不把票投給我的候選人的人。如果你沒有參與競選，沒有天天和它打交道，沒有每天為其工作十八個小時，那你就不是其中的一部分。」在同樣的基礎上，他補充道：「百分之百，我每次都會愛上我的候選人。」如果拿打仗來比喻，那麼最好是讓自己處於進攻的位置。從「精神回報」的角度來看，「痛擊對手比匆忙拼湊另一輪感情氾濫、熱熱鬧鬧的自我推銷廣告」[41]收益更大。二〇一二年，卡維爾就如何理解古羅馬的競選活動做了一番熱情洋溢的評論，並建議盡早採用負面手段（「抓住每一個機會，用這些人犯下的罪、性醜聞和腐敗去誹謗他們」）。[42]

卡維爾和另一名經歷過一九九二年競選的人共同寫了一本書，卡維爾在書中藉由媒體的需求，解釋了自己的觀點。他在開篇採用了羅傑．艾爾斯的觀點。如果一個政治家正站在台上向媒體宣布已經治癒了癌症時，突然不慎跌進了樂隊跟前的樂池，那麼媒體新聞標題就是「政客掉進了樂池」。因為媒體只對醜聞、失態、民意調查、攻擊行為感興趣，控制議題的唯一希望就是繼續攻擊。[44] 攻擊之前可以做長線準備，等到了合適的時機再發動猛攻，但把握時間也很重要，它既關係到即時新聞越來越緊張的節奏（就算播完最後一條也想再播一條），也涉及廣播能為故事鬮出的有限時間段。一九六八年，每個候選人可以不間斷地在新聞節目中連續出現四十二．三秒；到二〇〇〇年，長度已縮短為七．八秒。

這就凸顯了速度的重要性，而速度反過來又要求報導的準確性、敏捷性和靈活性。沒有時間去做「過度分析」，也沒有「第二次機會去塑造第一印象」。媒體最初的看法會一直保持到最後，因此在即時新聞中占據第一位至關重要，不能跟在別人後面。一旦做出決定，就必須馬上付諸行動，沒有第二方案；猶豫不決是致命的。為了掌控辯論，核心資訊必須簡單，並且要不顧一切地不斷重複。報導中要有讓人難忘的故事：「要講述事實，但真正的賣點還是故事情節。」卡維爾的團隊一直在運作媒體，確保辯論之後受眾接收到的是正確的資訊，而且不會錯過任何關於布希的負面報導。他們吸取杜凱吉斯的教訓，籌建起一個快速反應小組，專門因應候選人遇到的各種挑戰。即便在一九九二年老布希發表接受提名演講時，民主黨也在發送逐點的反駁意見。等到候選人辯論的時候，民主黨憑藉對老布希的立場和政績的了解，展開了「預先辯駁」，趕在老布希還沒有真正宣布自己的主張之前，就開始進行批駁。[44]不知道卡維爾是不是認識博伊德，但他確實是在遵照博伊德的OODA循環理論，尋求迷惑對手。在「戰情室」的最後一次會議上，卡維爾T恤上印著一條標語「迅速擊敗……布希」。

在美國各個政治層面中，否定式競選漸漸占據了主流，這反映出候選人和競選戰略家的決心產生了作用，特別是當選戰非常激烈而且錢不是主要制約因素的時候。[45]這一招之所以起作用，是因為人們往往會更留意負面資訊而不是正面資訊，還有部分原因是負面資訊提出了風險問題（這人能保證我的安全並滿足我的生活標準嗎？）。頌揚候選人美德的正面資訊不太可能引起強烈的回應。但如果消息太刺耳，而且是粗魯的「惡意誹謗」，或者出現和當前人們關注的問題不相關的議題時，那麼負面資訊也起不了什麼作用。年少輕狂時做過的事情或者過往的不忠行為，很可能會被視為無關緊要，除非候選人當時出現了不稱職或不正當的行為。[46]因此，反駁的重要性不僅在於否認指責，還可以證明候選人不會帶來任何風險。此外，在如此龐雜的資訊之下，受眾的態度也各有不同。全國性選舉中一個經常出現的問題就是，鼓舞基層的主張能澆熄溫和派的意見。

這是一九九二年競選的重要教訓之一。由於意識到危險，柯林頓的策略是抗衡老布希發出的攻擊。他將關注點集中在嚴峻的經濟形勢和需要改革（經常性地提及雷根和老布希加起來，共和黨已經掌權十二年）這兩方面。作為一個南方人，他還可以扮演艾特華所定義的民粹主義者角色，幾個宗教主題信手拈來，滿嘴「新契約」和「上帝庇佑下的國家」，讓宗教向自由主義的方向扭曲。對於這一點，是老布希讓他相信，他可以在不驚動更多世俗關注點的情況下，繼續運用宗教攻勢。[47]

老布希在一九八八年的選戰中非常有效地利用了宗教這張牌，但這次卻不靈了。部分原因是道德多數派的持續推動導致共和黨在一些原本屬於社會問題而非政治問題的領域，成了少數派。加入了天主教的福音派，把自己和當年的廢奴主義者相提並論，認為墮胎和奴隸制一樣罪惡。他們不僅反對同性婚姻，也譴責同性戀。保羅．維里希稱，「如果你支持同性戀權利，就違反了聖經裡的相關具體教義」。[48]最高法院成了他們的目標，因為最高法院之前禁止學校祈禱，允許合法墮胎，而且還接受了同性戀。他們尋求制定憲法修正案，並在這些問題上質疑司法官員的提名，迫使共和黨遠離了平等權利修正案。在一九九二年的共和黨全國代表大會上，基督教聯盟主辦了一場主題為「上帝和國家」的集會，大廳中為傑瑞・法威爾設置了一個最顯耀的位置，共和黨的講台（和其他眾多大會演講共用）上寫滿了宗教語言。老布希在他的提名演講中批評民主黨已經背離了寫在他講台上的三個字母：「G－O－D」（上帝）。

然而，此舉適得其反。民意測驗顯示，老布希的支持率並沒有在全國代表大會之後「反彈」。民意調查專家提出，反對老布希的人都是沒有宗教信仰的，而他的那些基督教支持者的立場又過於極端。這些意見造成了焦慮和分歧。帕特・羅伯遜（Pat Robertson）指出，「女性主義議程並不代表爭取婦女的平等權利。它是一場社會主義的反家庭政治運動，鼓勵女性離開丈夫、殺死孩子、玩弄巫術、破壞資本主義，變成女同性戀者」。[49] 這些團體毀掉了老布希；他把自己置於主流社會價值觀之外，並迴避了主要問題——經濟。

這個問題偏向社會政策，而非宗教靈性面向。在二〇〇〇年總統大選時，當老布希之子小布希在競選問答中被問及哪個思想家對他的影響最深時宣稱：「是基督，因為他改變了我的心。」福音傳道者葛培理（Billy Graham）形容這是一個「精彩的回答」。而後，小布希繼續說起他和上帝的親密關係，仍然得到選票。

一九九二年，共和黨可能正在錯過美國社會的重大變遷。老布希在兩次競選中的搭檔丹・奎爾（Dan Quayle）曾試圖用傳統的價值觀去定位共和黨。他在一九八八年指出，「我們和對手之間有一道文化的鴻溝」。他想在一九九二年的共和黨全國代表大會上展現家庭的重要性。為此，他挑選了由甘蒂絲・柏根（Candace Bergen）在電視系列喜劇中塑造的一個虛構角色墨菲・布朗（Murphy Brown）。最新的情節主線讓她決定要成為一個單親媽媽。奎爾抱怨道，這種「單獨養育一個孩子」的情節設置忽視了「父親的重要性」。這說明隨著離婚的增加、性開放、犯罪以及普遍的道德滑坡，美國家庭正面臨挑戰。很快，事實就證明，這是條混亂的攻擊線索。如果女主角選擇墮胎，她就能比現在更好嗎？攻擊單親媽媽、勞動婦女和離婚女性的做法很不明智，她們在美國選民中占據了相當比例。到一九九〇年，只有約四分之一的美國家庭勉強稱得上核心家庭。一九五五年，家有未滿十八歲孩子的母親在總勞動人口中所占的比例為二七％；到了一九九二年，這一數字上升到七六．二%。女性也不能接受共和黨的反墮胎立場，因而她們很快就倒向了柯林頓陣營。[50]

鑑於柯林頓在一九九〇年代的成功，人們很難想像，他的妻子希拉蕊竟然會在二〇〇八年激烈的民主黨總統候選人提名戰中輸給巴拉克．歐巴馬——一個因為混血身分和自由主義立場而有著明顯劣勢的圈外人。他們兩個人無論誰當選都會創造美國歷史上的「第一」，要嘛是首位女總統，要嘛是第一位非裔總統。從其他方面來看，競爭的激烈程度反映出兩位候選人實力相當。兩者都是記者出身的參議員。相較之下，希拉蕊資歷更深，經驗更豐富，而且這位前第一夫人還來自黨內機構。歐巴馬則是反對派，從一開始就一直反對伊拉克戰爭，直到接近選戰時才累積出全國性知名度。除此之外，兩人的政策差異並不是很大。歐巴馬是一個天才演說家，人們很容易把他的成功歸功於他的說話方式。他還象徵著美國夢，因為他克服了許多困難，才獲得了這個美國最高職位。

歐巴馬不僅贏在演說上（他在多次辯論中的表現都比希拉蕊突出），而且得到了基層組織的支持。二〇〇七年六月，他尚未在民意調查中取得多大進展的時候，就已經做好了清晰的戰略部署。這將是一場「經典的反對派的競選」，靠的是「競選初期在各州獲得的勝利情勢」。從捐款者的數量和籌款金額來看，他已經在籌款競賽中取得了勝利。他的首席戰略智囊大衛．阿克塞羅（David Axelrod）解釋說，他們沒有去經營一場全國性競選，而是在最早進行選戰的那幾州使出全力，目的是取得「連續性」勝利。有人指出，這種手段並不新鮮。改革派候選人總是想把草根力量與媒體力量結合起來，然而他們通常都會失敗。[51]

歐巴馬的競選經理大衛．普勞夫（David Plouffe）在回顧這場勝利時提出，歐巴馬與希拉蕊的差別處在於，他既傳達了明確的訊息——那是一個「觀點、議題和個人經歷」的混合體，又找到了一條「贏得選票最有效的路徑」。戰略之一就是不改變戰略。不改變戰略，就不會出現緊張和預測。他們堅持一個核心口號，並透過參考眾多黨團會議和預選的情況，來嚴格地分配時間和資源。普勞夫援引歐巴馬的話說，他不會去「想方設法獲取政治認同」，小布希的一名顧問則說，他「寧可選擇一條有缺陷的戰略，也不願意去採納七條各不相同的戰略」。這其中一個關鍵的因素，就是利用科技，特別是利用已經占主導地位的網際網路。早在二〇〇七年，歐巴馬就已為競選準備了一萬個電子郵件地址，到二〇〇八年六月，歐巴馬的競選團隊已經擁有超過五百萬個郵件地址。當然，其中的四〇%或許是自願提供的，也有可能是被動提供。他們想要吸引的選民集中在社交網路和網際網路上，他們更容易參與到競選投票中。這些人也不是完全依賴於數位通訊，他們也會使用傳統媒體、直接郵件和面對面的方式溝通。

背後的原則相當簡單：我們生活在一個忙碌而支離破碎的世界中，人們遭到各種資訊轟炸，被要求獲得關注。在這種情況下，你必須付出額外的努力去接觸他們。你必須無處不在。並且你要確保，那些透過眾多不同的媒介多次傳達的資訊是一致的。[52]

歐巴馬的競選活動也得益於大範圍的人口結構變化。美國社會正在種族、文化等方面變得更加多元化，曾經占主導地位而現在處於守勢的共和黨則被視為白人男性中產階級菁英。美國各黨派的幕後聯盟也在發生變化。從一九六〇年代出現徵兆開始，三十年來共和黨在文化變革中受益頗多；然而現在的這些變化卻開始讓他們感到風水輪流轉了。

不巧的是，一本出版於二〇〇二年的書預測，民主黨正在逐漸成為多數派，根據是最有可能投票給民主黨的人群正在擴大，這些人包括：上流社會專業人士、職業女性、非裔、亞裔美國人和拉美裔美國人。[53]問題不在於這些趨勢，而是能否順應這個大趨勢。從二〇〇一年九月開始，小布希的議題成了國家安全，他努力利用統帥身分打造一個能夠獲勝的聯盟。到二〇〇六年，這個聯盟因為受到伊拉克局勢的牽連而日漸式微。到二〇〇八年，面對不斷發酵的經濟危機，這個聯盟已經無力再為共和黨候選人發揮作用了。到選戰最後階段，危機日漸深重，共和黨為此備受指責。

因此，美國不會自動出現新的政治調整。進行這樣的調整需要具備一種能力，那就是將不斷變化的人口和社會經濟潮流，與一些既吸引人又具備可信度的訊息結合起來。從這方面來說，如果共和黨繼續將目標集中在白人選民，尤其是那些住在郊區、沒有受過太多教育的白人身上，那麼就確實存在問題。新世代選民對那些一九七〇和一九八〇年代叱咤風雲的話題並不感興趣，但與此同時，共和黨激進分子，尤其是那些與茶黨運動有關的人卻仍然對這些議題摩拳擦掌，躍躍欲試，其主要動機是捍衛一種生活方式，以及他們那被認為受到了威脅的價值觀。

從二〇〇八年爭奪民主黨提名的這兩名候選人身上可以看出，自一九六〇年代以來，人們對大選的態度已經發生了變化。兩人都與芝加哥有關。芝加哥是希拉蕊的家鄉，也是歐巴馬曾經居住、學習從政的地方。除此之外，芝加哥還有另一條紐帶：索爾．阿林斯基。[54]希拉蕊曾是個激進學生，一九六九年她在衛斯理學院上學時的四年級論文就是關於阿林斯基的。她在其中提到，阿林斯基是個「稀有物種，一個成功的激進分子」。[55]阿林斯基還給了她一份工作。一九八〇年代中期，歐巴馬曾經在芝加哥參加過阿林斯基組織的社團。大選中歐巴馬還因為和前氣象播報員組織成員比爾．艾耶斯（Bill Ayers）有過交情而受到譴責。二〇〇八年歐巴馬正式得到提名後，還有一些共和黨對手試圖利用他與阿林斯基之間的關係來抹黑他，把他描繪成喜歡對民主政策採取直接行動的翻版馬克思主義叛亂煽動者。歐巴馬的崛起，證實了魯斯汀的信念，即非奮政治是可以經由運作來取得進步。希拉蕊和歐巴馬，都代表超越了最終目的的責任倫理的勝利。

韋伯意在以責任倫理去阻止人們為了追求烏托邦目標而冒險。如果他還在世就會發現，要為攻擊極權主義辯護是件相當有難度的事情。無論左派還是右派，這是烏托邦革命者的勝利，他們建立先鋒黨奪取了政權。少數的成功者（列寧、毛澤東和卡斯楚）被崇拜為英雄主義戰略家。他們的成功得益於其先見之明、對理論的把握、解決問題的能力、發現並抓住凡人錯失的機會後所表現出來的奉獻精神，以及被淡化了的環境因素和因為敵人的失誤而給他們帶來的好處。西方的自由民主國家拒絕了這個模式。他們承諾踐行法律、排斥個人崇拜，由此透過反對極權主義，來認清自我。

可以推想，限制強權會使得政治策略的效用受到限制。憲法必須得到尊重，官員的任期必須有效，媒體必須抵制用虛假理由來消滅對手的行為和言論封鎖。這樣不但能降低一黨統治的可能性——由一群占主導地位的人來統治另一群人，而且也是解決爭端的最終方案。其結果就是，雖然政治鬥爭不斷，但它們是不確定的、克制的。雖然施展範圍有限，但戰略是必須存在的。一次選舉還沒結束，下一次選舉就已經在緊鑼密鼓地準備了。立法程序必然會遭受影響、質疑，甚至還有可能被廢除。社會運動和反動運動都會在其內部出現分歧。無論是業餘還是專業，無數戰略家為這一切奔走，但都無法取得絕對的勝利。只有在一種情況下，即當政治努力與廣泛的社會和經濟變革相結合的時候，才會產生新的思維方式，實施轉型政策，或是頒布新憲法（此時那些曾有爭議的內容會逐漸被遺忘）。民權運動和福利國家就是這麼運作的。正常的政治經驗一般都比較溫和且時常失敗。並不是所有的選戰都能取得勝利，資源會限制成果，最扣人心弦的故事往往只是暫時，聯盟是脆弱的，承諾過多，最終只能聽天由命。最美好的目標有可能遭到誤解，最好的立法可能會受到干涉，最出色的候選人也可能犯下愚蠢的錯誤。當事情在進展的過程中遇到挫折，人們總是先去關注負面的個人品行，而不是關注問題本身。這也許不是倡導進步的實用主義者心裡所想的，因為他們希望找到一種超越社會分裂的手段。相反地，政治生活中經常會出現不負責任，甚至是離譜的行為。然而，從另一種意義上看，這又是一種避開倫理最終目的的邏輯。這種亂糟糟、激怒人、無止境的政治活動反映了責任倫理邏輯的局限性。

第4部分
上層戰略

第28章

經理階層的崛起

想像一下如今已經洶湧而來的全面官僚化和理性化趨勢的後果吧。眼下，在每一家從事大規模生產的民營企業以及其他所有在現代化生產線上運行的經濟組織中……理性的計算方式已經充斥各個生產階段。靠著這個，每一名工人的表現都被精確地衡量，每個人都變成了機器上的一個小齒輪，而且在意識到這一點之後，他們首先想要做的，就是讓自己變成一個更大的齒輪。

——馬克斯．韋伯，一九〇九年

上一部分談的是來自下層的戰略（策略），也就是說，無權無勢的人如何設法為他們自稱所代表的人民獲取權力。本部分要談的是那些已經掌握權力的人，他們身居高位，可以做出權威的決定，但必須想清楚如何善用自己的權力。關注重點主要是商業領域，但很多討論涉及的都是包括公共機構在內的各種大型組織的高層領導。我們稱這個群體為經理階層，他們得到的策略性建議比軍事將領們乃至其他任何群體都要多。向組織高層提出建議後，再由其層層下達，這就是戰略思想無所不在的原因。

策略是必需的，因為各種關係錯綜複雜。例如，一家大公司的高層必須同時和各個層面，尤其是公司老闆、部門負責人、供應商、競爭對手、政府和顧客打交道。每一種關係都可能同時攙雜著合作與衝突。這種矛盾往往不容易從合作雙方的官方辭令中窺破，大家表面上融洽共事，背地裡卻殘酷競爭。在組織內部階級體系中從縱向與橫向處理同競爭對手和監管機構的關係，兩者在要求上有天壤之別，由此也催生了不同類型的策略理論。由於這個理論架構下的建議主要是一般性建議，往往不指定任何特定情形，所以從廣泛的角度講，它所討論的關係更多涉及如何隨時適應內部和外部的操作環境，而不是如何採取具體行動。其更是涉及如何應付行政運作或可用技術發生變化的影響，而不是應付其他人的權力。關係、活動和結構的多樣性，意味著相較軍事和政治戰略，管理策略需要解決更多理論難題。它和社會科學之間的關係既緊張又不盡如人意。管理策略與經濟學之間主要透過賽局理論相互作用，與社會學之間主要藉由組織理論相互作用，這使得社會科學的潛在價值和局限性同時顯現出來。

因此，在本部分內容將延續上一部分對典範和敘事概念的思考，繼續提出當代社會理論問題。就在代表官僚化和理性主義邏輯的經理階層崛起之時，社會科學也異軍突起。它們被用來反思和研究現代工業社會的所有劇變和矛盾，然後針對它們所描述的問題提出解決之策。然而，學科專業化的過程，把它們變成了某種專家分析和表述，和那些原指望發現自己工作最大價值的人漸行漸遠。理論和行動很難產生聯繫。

經理階層

動詞「管理」源自十三世紀晚期出現的義大利語詞maneggiare。這詞又脫胎於拉丁語中代表「手」的manus，意指駕馭馬匹的能力。這個詞義在十六世紀被廣泛使用，最後發展到泛指處理任何事務，從戰爭到婚姻，從小說構思到個人理財。它的內涵大於行政管理，但小於全面控制，既需要強制力，也需要說服力或操控力，要求具備一種能夠從個人、組織或所處形勢中挖掘出比預估更多的潛力的天賦。「小於全面控制」的感覺很重要，所謂管理，就是處理和應付那些永遠不可能被完全控制的事態。

經理人指的是受聘運用自身管理和監督才能處理複雜事務的人員，比如那些地產或商業領域的高層。由於這個原因，人們可能認為經理人發揮不了什麼策略作用。最終控制權，也就是策略，是在老闆手裡的。這仍然是一種標準的商業治理模式。經理對股東任命的董事會負責，後者則負責批准預算案和制定重大決策。

但是管理的機構越複雜，經理的作用就越重要，所以不管組織結構如何，實權都會慢慢落入那些了解實際情況的人手中。全職經理可以很快想清楚應該如何設定一個議題，讓董事會能毫不猶豫地做出讓自己滿意的決定。

隨著商業企業發展成為大型公司，經理們中意的人選進入了名義上監督他們工作的董事會，經理們因此看上去有了更多的實權。不過，管理權仍然比不上控制權。經理作為受雇者，很可能且常常因為做錯事而被炒魷魚。他們的成功取決於能否在階級體系中最有效地善用下屬，但和軍事指揮鏈（兩者之間有著自然的對比）不同的是，公司企業中需要協調的職能更為廣泛，而且下屬對上司不像在軍隊裡那樣總是無條件服從。

管理是一種日益重要的新興職業，對現代企業經營至關重要，這些理念隨著商學院的建立而得到了公認。第一所商學院是一八八一年在賓州建立的華頓商學院（Wharton School）。然而，當時的管理問題很突出，不守規矩的員工和複雜的業務流程同樣讓人頭疼。「勞工問題」成了需要解決的頭等大事。約瑟夫·華頓（Joseph Wharton）希望學院不僅能讓學生了解「罷工的性質和預防」，而且能讓他們明白「發展現代企業的必要性，它應該能夠在單一領導人或雇主的統管之下組織好巨額資金和大批工人，並在工人中維持勞動紀律」。[1] 近三十年後，哈佛商學院（Harvard Business School）於一九〇八年建立。一開始，它準備用捐款創立一門「應用科學」學科，初定為工程學。最終，這所大學選擇了商學，但隨即引發了學生和校方之間的緊張關係，許多學生本想入校接受職業培訓，但校方的真正目的是發展純正的學問。作為首任院長，埃德溫·蓋伊（Edwin Gay）想要找到一條化解紛爭的途徑，這時他接觸到了佛雷德里克·溫斯洛·泰勒的思想。其實說起來，泰勒本人對大學教育的價值是持懷疑態度的。因此他拒絕加入哈佛商學院，但會定期在這所新建大學舉辦講座，更重要的是，他的學說影響了早期的整個課程設置。

泰勒主義

泰勒曾在鋼鐵企業擔任工程師，開始研究如何能夠更有效使用勞動力的問題。他自稱發現了一種管理模式，「一門依賴於明確法則的真正科學」。泰勒受人關注的地方在於，他提供了一種方法，將注重實效、反對賣弄學問的商業文化與鄙視純技術論的學術文化結合在一起。達特茅斯商學院（Dartmouth Business School）創建於一九〇〇年，院長哈洛・珀森（Harlow Person）形容「泰勒主義」是「有條理、有邏輯、因而適合教學的唯一一種管理制度」。一九一一年，珀森組辦了首次國際科學管理大會。[2]對於新的經理人來說，這是一個重要發展：他們的專業技能和專業精神終於可以獲得資質認可、擁有學術上的地位了。

泰勒管理方法的出發點是，認為應該透過認真分析和測量，為完成組織內的每一項基本任務找到「一種最佳方法」。那些進行此類分析和測量並依照其結果行事的人，將會成為一種新型的專業人士。泰勒主張把計畫職能與執行職能截然區分開來。前者需要非常聰明的人來完成；而至於後者，人再笨也無所謂。他指出，執行者將無法「理解這門科學的原則」，因為他們「不是缺乏教育就是心智不足」，所以必須隨時在受過教育的人的指導下工作。[3]這套方法要求人們更有效率地工作，但他們不需要是聰明人。

工人越是被當作不會思考的機器越好，因為沒有複雜的獨立思考，才有可能計算出如何獲得工人最佳的表現。科學的一個要求，就是在完成確定任務的過程中，透過量化和數學運算，建立起最有效地使用給定工具工作的方法。工作任務會被分解成若干組成部分，然後以普通工人能夠理解的方式對各部分加以標準化。「時間與動作」研究，用秒錶測出每項作業所花的時間，由此設定完成各項作業的速率。一旦能夠拿出作業的科學依據，也就不會再有關於作業該如何進行的爭論了。因此，這也代表對解決「勞工問題」取得了進展。在泰勒筆下，工人天生會「怠工」，不願盡全力工作。他們的管理者聽任他們偷懶，是因為不知道有什麼更好的辦法。這些管理者依靠經驗法則評估工人的表現，指望工人表現出「主動精神」，這在泰勒看來，僅僅表示他們死守著傳統、低效的工作方法。而且，沒有更高的效率，管理者就不得不用工資之外的手段來獎勵工人，而泰勒顯然認為工資是最好的激勵。

泰勒關於他在鋼鐵企業中實現了提升工作績效的說法不免誇張。那些給他帶來讚譽的成就往往另有出處。在他死後很久，在他的開創性工作已經為幾代管理學學生熟知以後，人們才認識到他的實際成就的局限性。他的基本故事是伯利恆鋼鐵公司（Bethlehem Steel，約瑟夫・華頓擁有該公司股份的四分之一）的一個名叫施密特（Schmidt）的工人。施密特以一個模範工人的形象示人，他不是很聰明，但願意為了多些收入更努力地工作。結果，在泰勒的實驗中，他實現了預期目標，一天內搬運的生鐵量達到了之前的四倍。查爾斯・雷格（Charles Wrege）和阿馬代奧・佩羅尼（Amadeo Perroni）發現了泰勒實驗的重大缺陷，後悔沒有在這個有著「不為人知缺點」的偶像被「擺上神壇」之前對他做一番詳查。[4] 而吉爾・霍夫（Jill Hough）和瑪格麗特・懷特（Margaret White）則為泰勒辯護，稱他的目的在於論證一種新的方法，他本人的講述和實際情況之間並沒有那麼大的差異，而且其他人也成功複製了他的做法。最初的故事肯定經過了美化潤色，但仍不失為一個闡釋他工業效率理論的令人信服的方式。這樣的故事，部分構成了泰勒的戰略：溝通行為強過研究報告。因此，審視泰勒其人，應該「以一種藝術眼光欣賞他講故事的風格」，同時要認識到，他的理論已經成為後世理論家解決如何挑選和培訓標準化操作工人等問題的一個可供借鑑的基礎。其中的基本教義至今仍然有效：「哪怕最基本的工序也能加以切實改進，從而使雇主和受雇者雙雙受益。」[5]

泰勒無疑以一種系統、全面的方式整合了他的思想。藉此，他使自己成了有史以來第一位管理「大師」，為企業領袖開辦講習會，還出版了一部有影響的暢銷書《科學管理原理》（*The Principles of Scientific Management*）。他於一九一五年去世，在墓碑上，他被尊奉為「科學管理之父」。他的追隨者們，如亨利・甘特（Henry Gantt）、弗蘭克和莉蓮・吉爾布雷斯夫婦（Frank and Lillian Gilbreth）等，繼續發展和傳播他的思想。[6] 他們提倡一種「積極的理性」，主張摒除陳規陋習和迷信思想，用科學為所有人謀利益。[7] 用泰勒的話說，這需要工人和管理者一起來場「精神革命」。他們應該共同努力增加利潤、實現雙贏，而不是爭論如何分配眼下有限的利潤。泰勒的號召力還表現在另一方面，他打造的新興「效率工程師」階層使管理者與勞動者達成重大妥協成為可能。三十年後重拾泰勒未竟事業的彼得・杜拉克（Peter Drucker）認為，所謂的科學管理：

很可能是美國自《聯邦黨人文集》之後對西方思想界所做的最有影響也最持久的貢獻。只要工業社會繼續存在，我們就絕不能再次失去洞察力，要明白人類的工作是可以被系統性研究、可以被分析、可以透過優化它的各個構成要件而加以改進的。[8]

這一哲學思想符合時代精神。泰勒的著作一開篇，即大力主張將提高效率作為一個偉大的國家目標，而不僅僅是企業的追求。他希望科學管理的原則能夠應用於所有社會活動，從家庭到教會、大學和政府各部門的管理。

將此視為「科學」從而提升了泰勒學說地位的觀點，來自進步律師、後來成為美國最高法院大法官的路易斯·布蘭迪斯（Louis Brandeis）。在一九一〇年的一場庭審中，布蘭迪斯對鐵路運費上漲提出質疑，試圖證明鐵路可以透過採用新的技術方法（被描述為「科學管理」）而不是以多收錢來節約開支。布蘭迪斯的主張遠遠超出了法庭審案的範疇。他把科學管理和一個更廣泛的「普遍做好準備」的社會目標連結起來。超前的規畫、清晰的指令和持續的監督會帶來巨大回報：「錯誤在糾正之前就被有效預防。拖延和事故造成的可怕浪費得以避免。計算代替了估計，論證代替了意見。」[9] 布蘭迪斯並不是進步運動中唯一一個把泰勒看作理性主義夢想實現者的人物。調查記者艾達·塔貝爾（Ida Tarbell）稱讚泰勒是那個時代的創造性天才之一，促進了「真正的合作和更公平的人際關係」。[10] 科學提供了一種規避可能撕裂工業化社會的激烈衝突的方法，和一條從局部利益紛爭亂局中尋求共同利益的途徑。

進步人士之所以如此關注泰勒，是因為他們對日益膨脹的公司企業束手無策，這些龐然大物對於促進經濟成長不可或缺，但同時也對自由經濟理論和民主理論構成挑戰。在此之前，他們曾尋求以法律手段縮減大公司的規模。而現在，科學管理理論提供了一種可能的行政解決方案。「效率」符合進步人士的信條，即只有科學、而不是直覺能夠提供一個中立而客觀的依據，用以評估各項政策，以及重組社會，使其服務於大多數人的需求而非少數人的私利。布蘭迪斯極力勸說工會組織接受科學管理理論，利用這個機會積極參與營運他們所在的企業。令進步人士沮喪甚至困惑的是，工會強烈抵制泰勤制，他們不願模糊勞資界線，並認定科學管理在本質上並不想促成什麼夥伴合作，而是要在森嚴的階級制度下，對工人實行集中控制。讓管理者對核心任務有了深刻理解，會削弱工人對其工作場所的控制，使他們受到傲慢和無人性的對待。他們認為，泰勒的管理方法會幫助資本家從工人身上榨取更多血汗，卻不給工人相應的報酬。

工運對泰勒主義的抵制，使得蘇聯採納泰勒主義的意義尤顯重大。革命前，列寧曾經研究過泰勒，並宣稱他的管理方法是以剝削為目的，至少在資本主義社會使用時是這樣。生產率提高三倍，不會帶來相應的工資提高。然而，他一直沒有丟掉對這種方法的興趣，所以奪取政權後，面對令人絕望的經濟形勢，他敦促國內仔細研究泰勒的思想。一九一八年五月，他建議將這個「資本主義最新的進步的東西」與社會主義目標結合起來，認為「應該在俄國組織對泰勒主義的研究和傳授，有系統地試行這種制度並使之適用」。他很清楚，這將意味著允許資產階級專家服務於一個工會強烈反對的制度體系。但列寧堅稱，蘇聯的情況完全不同，因為現在「工人的人民委員」可以監督管理者的「每一步」。[11] 當時，所謂的「左派共產主義者」認為這種做法將成為導致新政權背離真正社會主義的又一個例子。而擔任軍事人民委員的托洛斯基反對這種論調，以極大的熱情響應了列寧的倡議。

列寧和托洛斯基毫不費力地打造了一個由開明的菁英和聽話的追隨者組成的體系。在托洛斯基看來，這相當於「對參與生產的人力資源的明智使用」。泰勒及其信徒的著作被紛紛出版和付諸實施，一批理論家被請到蘇聯當顧問。由於當時蘇聯國內基礎設施滿目瘡痍，內戰如火如荼，恢復生產的要求極為迫切。而紀律和生產力對於生產的恢復必不可少。出於同樣的考慮，布爾什維克也歡迎掌握重要實用知識的前沙俄政府工作人員、工程師和軍官回國效力。作為這一系列計畫的一部分，他們對工人實行計件工資制，並向專家發放獎金。工會被廢止，反正它們在社會主義社會也沒必要繼續存在。

從短期看，這些努力幫助提高了生產力，使基礎設施恢復正常。從更長的時期看，它們幫助建立了蘇維埃工業組織制度的架構，在這種依靠集中規畫和對工人下達詳細指令的制度中，工人除了服從別無選擇，而且他們選擇服從，主要是因為害怕受罰，對報酬不敢有太多奢望。這套制度在一九二〇年代逐步發展演變，其間採取的措施包括廢除工會以及對工業實行軍事化管理，因此一度被形容為「長牙齒的泰勒主義」。[12]這不是要讓泰勒主義為發生在蘇聯的每件事負責。在當時的環境下，促使列寧和托洛斯基以及後來的史達林對蘇聯勞動力嚴加管理的原因有很多。這符合他們的意識形態傾向和獨裁式領導風格。他們也不是因為追隨泰勒而採用泰勒主義，泰勒的言論往往沒有那麼多故作姿態的誇誇其談。但是，出現在蘇聯的荒誕版科學管理，則割裂了計畫職能和執行職能，完全依靠中央對守紀律的勞動大軍下達指令，固執堅持以「一種最佳方式」進行建設，最終，這種方法不可避免地走向它可見的結局，其局限性也暴露無遺。

瑪麗．帕克．傅麗特

從某些方面看，在蘇聯推行泰勒主義比在美國要容易得多，因為蘇聯鎮壓了一切反抗，而美國工人的抗爭始終活躍，工潮高漲。這就促使人們尋求一種商業戰略，不僅能讓勞動力釋放出更高效能，而且能解決更廣泛的「勞工問題」。當時的管理理論界需要一種借助更有效的管理來實現社會和諧的方法。

瑪麗．帕克．傅麗特（Mary Parker Follett）既是一位哲學家，也是社會學家，在社會工作和教育方面有著比在商業方面更深厚的背景。她遵循的是和珍．亞當斯同樣的「社會女性主義」原則。它以傳統女性角色為基礎，但對其有所延伸，包括了「城市管家」的職能。照亞當斯所說，女性在這方面更在行，但因為人們長期以來沒能認真聽取她們的意見，致使這個職能受損。傅麗特追隨亞當斯的腳步，熱心社區工作和進步政治。和亞當斯一樣，她質疑當時普遍存在的非此即彼的觀點，這種觀點認為，無論是菁英／群眾，還是資方／勞方，都會導致社會分化，而不是創建一個融洽的社會。在她看來，認為某些人優於其他人的膚淺的菁英主義觀點是造成不和諧與紛爭的根源。她尤其反對使用群眾（masses）這個詞，並對勒龐「視人民為烏合之眾」、認為他們易受「由聯想和模仿傳播的相似性」影響的腐朽觀點提出質疑。

她的目標是找到將社群聚合成為一個統一整體的方法。[13]傅麗特反對把權力（「讓事情發生的能力」）

視為一種專橫跋扈的「統治權力」的觀念。以這種方式行使權力，會讓處於強勢地位的人對自己強勢地位的改變心生憤恨和不滿，一有機會就會重新確立這種地位。最好有一種「共享的權力」，因為這樣才會調動所有力量——不只是菁英的力量——沿著一個方向去實現共同的目標。這種對人性的信仰引導她用發展的觀點，即從集體中的個體的角度來看待民主。任何集體之中都充滿著變化，各種思想相互交織、適應和補充，然後以新形式重新呈現，並聚焦於共同關注的問題。赤裸裸的利益主張會失去市場，各種成見和偏見會受到挑戰。結果將表現為融合統一，這也是她的主要目標。既不會有個體也不會有社會，「只會有集體和集體單位——社會個體」。由此，意見的統一，應該出於各人本意而非出於勉強，是眾人共同參與決策的結果，體現的是一種分擔權利和義務的責任感。她不追求讓曾經敵對的實體之間的合作，比如管理者和工會通過談判達成的協議，因為從本質而言並不具創造性。她所追求的融合結果，要比這有價值得多。循著這個思路去做（也是沿用杜威的思想），民主實際上是一個依據個體干預行為的相互作用而實現的過程。權威並非來自特定的個體，而是來自「形勢法則」（law of the situation），需要所有人接受並解決所設定的問題。如果說有什麼區別的話，她的方法是反戰略的，重在營造任何個體都難以操控的形勢。

雖然她的思想是在解決更大的民主理論問題過程中發展起來的，但是對團體相互影響過程的重要性的強調，以及將衝突轉化為一個創造性而非破壞性因素的決心，使她自然而然地投入了對組織的研究。一九二六年起，她開始研究商業團體，認為應該在更廣泛的社會背景下審視自己的企業。她主張採用更多自下而上的管理方法，進行更多的創新，呼籲商業團體重新評估自身角色並善加利用團體內部形成的社會連結。[14] 傅麗特支持採用扁平化管理結構和參與式方法，現在看來，她對企業微觀管理方式（「喜歡發號施令」）的批評明顯超前於她的時代。她論證了讓商業組織展現更多非正式面貌的重要性，強調社會互動有利於改善企業的整體表現。與此同時，她並沒有直截了當地質疑泰勒主義，也承認管理發揮著更重要的作用，承認讓那些有技術和知識的人掌握權力有好處。這種權力雖然未脫離等級桎梏，但至少不以社會地位為基礎，也不會被肆意濫用。關於這個問題的意見是一致的，這也反映在她對管理的定義中，即管理是「借助眾人把事情做好的藝術」。[15]

雖然傅麗特在波士頓累積了處理勞資關係和發展人事政策的實際經驗，但在當時，她作為社會哲學家比作為管理理論家更具影響力。她的使命從她一九一八年發表的著作《新國家：作為大眾政府解決方案的集體組織》（*The New State: Group Organization – The Solution of Popular Government*）的標題中可見一斑。她在書中提到，「我們的政治生活死氣沉沉，勞資雙方幾乎陷入戰爭狀態，歐洲各國爭吵不休，因為我們還沒學會如何相處」。[16] 但是，她的解決之策只有在萬事俱備、各方都有合作因應共同問題的意願時才能發揮作用。除此之外，她能做的不過是告誡人們擱置分歧、換個角度思考權力關係而已。這個方法要求人們只為集體利益而非他們自身的利益進行戰略性思考。當然，這並不意味著融合的結果是明智或適當的，很久以後，當人們彼此強化對方的錯誤想法時，她才關注起「集體思維」這個問題。[17] 再有，當不同集體的代表在一個更高層級的集體中相遇時，它們會不會為了追求更高層級的融合而漠視低層級集體的想法呢？如果每個集體都只去適應自己的「形勢法則」，一旦集體間的情勢關係發生變動，人們仍要透過艱難的談判和激烈的鬥爭來化解衝突。傅麗特對集體動態的敏銳觀察說明了明智的利己主義能夠產生組織效益，但她還是沒有提出解決衝突問題的答案，而這一點，恰恰最需要戰略。

人際關係學派

傅麗特與另外一批管理理論家，即所謂的人際關係學派（human relations school）頗有相通之處。她和他們常有往來，深受其影響。這些另類理論家雖然也強調社會網絡對於保證組織正常運轉的重要性，但有著更鮮明的哲學思想，而且顯然都出自菁英院校。其中的關鍵人物就是埃爾頓・梅約（Elton Mayo）。這個澳洲人一九二六年設法進了哈佛商學院，此後，他的名字逐漸和芝加哥附近西方電氣公司（Western Electric）霍桑（Hawthornei）工廠的首次工業實踐社會學研究聯繫在一起。在弄清他如何進入哈佛以及如何參與霍桑研究之前，有必要先留意一下他的基本觀點。

梅約不像是個西方文化、個人主義或民主的狂熱愛好者。在他看來，民主利用選民的情感和非理性態度，剝奪了理性空間，鼓勵了階級鬥爭，並且助長了「集體碌碌無為」，而不是讓「最高技能」統領一切。傳麗特所推崇的「工作場所民主」思想令梅約深惡痛絕，因為這會讓控制權落入那些並不真正通曉業務的人手中。他的心理學知識讓他堅信，經濟學無法把握人的因素，因為它忽略了情感和非理性態度對動機的影響程度。他的學說還提到了在不解決所謂根本性問題的情況下應對衝突的方法。激進運動和工運潮無法消除真正的不滿，更多是一種「精神失控的隱祕之火」的表現。如果鼓動者本來就神經過敏，「容易陷入陰謀論妄想，腦子裡充滿憤怒和野蠻的破壞欲」，那麼民主化進程也幫不上什麼忙。實際上，民主制度這時候反而會讓事情變得更糟，不僅會使社會分裂成兩個敵對陣營，而且會誘導對自身不滿的真正根源一無所知的工人們「用盡他們先天不足的理智和意志，去追求鏡花水月般的幻想」。梅約的應對之策不是改善工人階級的物質條件，而是探討民主政治的精神病理學趨向，這些趨向反映在迷失方向的生活、分裂的人格和無序的價值觀之中。[18]

梅約的觀點在哈佛商學院院長華萊士．多納姆（Wallace Donham）邀請他入校執教時變得廣為人知。多納姆是在哈佛法學院受過教育的銀行家，自一九一九年被任命為哈佛商學院院長後，在這個職位上一直做到了一九四〇年代早期。他認為自己的任務是提高學院的學術水準，同時加強教學與商業實踐的連結。雖然這些事務對於學院的籌款至關重要，但除此之外，多納姆還必須努力扭轉哈佛大學庇護激進分子和社會主義者的名聲。對梅約研究工作的資助最終直接來自企業，而不是大學。梅約的魅力在於他與多納姆相同的基本觀點，以及他在心理學方面的專長。他在一九二七年寫給哈佛大學校長的一封信中闡明了需要填補的教學空白：「除非對包括心理學在內的企業生理學展開科學研究，否則我看不到緩解企業勞工問題真正有希望的前景。」正如奧康納（Ellen S. O'Connor）所說，「梅約的研究直指管理問題的核心：針對如何平復工人們非理性、易受鼓動的情緒，以及如何開發一門教會經理和管理人員做這件事情的課程而展開」。一九三三年，梅約進一步強化了這個觀點。問題不在於缺乏「能幹的管理菁英」，而在於菁英們缺乏對「社會組織和社會控制所涉及的生物和社會事實」的了解。多納姆認為，商學院的基本任務就是培訓這類菁英。[19]

泰勒對普通工人實行的是有效的身體管理，梅約提供了一種能讓精神重新振作起來的方法作為補充。和泰勒一樣，梅約也有個讓他認識到自己的方法行得通的故事。這次，故事是基於一個靈感，當時他正在西方電氣公司的霍桑工廠和一小群工人進行相關實驗，並且認真思考著實驗的意義。這項研究在梅約參與之前就已開始，旨在弄清物質條件的改變，比如照明條件的改善，是否能顯著提高生產力。實驗最重要的階段是選定六名在電器裝配線上工作的女工為實驗對象，實驗目的是確定休息時間和工作時間對生產力的影響。最終，實驗人員決定將她們作為一個集體而非單獨的個體來看待，結果產量有所增加，人人都得到了獎金。研究人員發現，生產力在兩年半的時間裡提高了三〇%，工人的工作滿意度也同時提高了。

如梅約在報告中所說，這一切得以發生的確切原因眾說紛紜，直到他做出了「偉大闡釋」，並了解使生產結果產生差異的，是研究人員對工人有真正的興趣。他的主要結論是，心理因素比物質條件更重要，工人有他們自己的集體行動規律和非正式社交網絡。工作積極性的提高，不僅源於對個人利益的追求，也出於獲得認同感和安全感的需要。根據梅約的建議，管理人員應尋求與他們的員工建立起良好的工作關係，而快樂的員工會幹勁十足。和泰勒一樣，梅約也對自己的原始故事做了先入為主的潤色和解說。簡單的解釋再次讓一組複雜的事實元素有了意義。回想起來，最好的解釋應該是，金錢獎勵（在一個沒有工會的工廠中以及經濟蕭條的背景下）和每名工人的工作態度加在一起，共同提高了生產力。研究人員用兩名抱著榮譽心態參與實驗的女工，換掉兩名沒有這種心態的女工，成為實驗過程中的轉捩點。[20] 梅約的結論本身並不荒謬。在鼓勵管理人員更全面、更寬容、更人性地看待他們的員工這點上，與傅麗特的理論是一致的，被普遍認為促進了管理實踐向更有效方式的轉變。

就這樣，所謂的人際關係學派建立起來，其關注的是組織的非正式方面和工作場所的社會條件。梅約在工業社會學發展史上的地位得以確定，雖然這主要拜霍桑實驗所賜，如果沒有這個實驗，他現在恐怕已經被人遺忘了。他一度誇大自己的專業資歷，包括他在精神病學方面受過的培訓，同事們都認為他勢利、懶惰、無心教學、著述寥寥。正如我們已經看到的，梅約的基本學說極度保守，認為衝突其實是一種「社會病」，需要透過假想中有分歧的各方開展健康合作來醫治。[21]以此類推，工人們為了他們自身目的所進行的內部合作，是不健康的。因為他相信政治會讓問題更嚴重，而且他不太願意思考權力問題，認為解決問題是管理菁英的責任，所以必須培訓他們，使他們具備與自身技術能力相稱的社交能力。

在霍桑研究中，所謂的積極反饋結果其實並沒有真正讓經理人有所領悟，反倒是有意無意地啟發了研究人員。一九三〇年代中期，梅約結識了紐澤西貝爾（New Jersey Bell）電話公司總裁切斯特・巴納德（Chester Barnard）。巴納德勤於思考、行事理智、酷愛閱讀，在企業和實務管理崗位上都有著艱辛的奮鬥經歷。一九三八年之前，他一直在哈佛大學辦講座。這些講座的內容經過部分修改後，變成了在今天被視為影響深遠的管理思想教科書《經理人員的職能》（*The Functions of the Executive*）。巴納德與哈佛大學的一位領導人物、梅約的同事、生理學家勞倫斯・韓德森（Lawrence Henderson）建立起了非同尋常的聯繫。這是因為他們都對義大利社會學家、重量級菁英人物維弗雷多・帕雷多感興趣。

韓德森在一九二〇年代中期就了解到帕雷多其人，到了一九三〇年代，多多少少成了他的狂熱鼓吹者，在哈佛大學建立起了所謂的「帕雷多圈子」（Pareto Circle）。以韓德森的科學頭腦來看，帕雷多的社會均衡理念和他頗有共鳴，而且也和他原本就有的保守主義傾向不謀而合。他透過舉辦研討會維持著這個圈子，雖然他們的研討據說「像打樁機一樣無力」，但該群體還是包括了像塔爾科特・帕森思（Talcott Parsons）和喬治・霍曼斯（George Homans）這樣在他們那一代社會學家中最有影響力的人物。[22]對於那些探索非馬克思主義道路，嚮往一個相互依存、在很大程度上能夠自我校正的社會的保守學者來說，這個圈子還是他們的庇護所。韓德森對巴納德印象深刻，在他眼裡，巴納德不僅讀過帕雷多的法文原著，而且始終尋求將其思想運用到現實世界中。

從巴納德身上能夠明確無誤地看到帕雷多對他的影響。證據就是，他強調人類決策和行動中的非邏輯因素，強調情境邏輯對選擇的影響，強調菁英循環理論。帕雷多堅持認為，組織是類似於人的身體的社會系統，兩者都尋求實現某種均衡。為實現均衡，組織需要同時實現效力和效率，而且他強調，很多組織就是因為既無效力又無效率而走向衰落。他用效率來表示滿足構成組織的個人的能力，效力則涉及實現目標的能力。經理人員必須規畫出組織目標並決定如何實現，但這必須以全體員工共同參與的方式進行，尤其要透過直接和融洽溝通的方式進行。他強調尊重和合作的重要性，像梅約一樣認為前者比物質激勵更重要，而後者會因為意識形態和政治行為方式的分歧而受到威脅。這兩方面都容易誘發工人對自身利益的錯誤認識，也都需要經理人員發揮特殊的領導作用。[23]

除了具備技術和社交技能外，經理人員還應致力於建構一個基於適當價值觀之上的合作型組織，否則組織就會失靈。[24]所以，重要的是對人們進行「教育和宣傳」，「反覆灌輸」他們適當的動機和觀念。經理人員不僅應該遵守道德準則，而且要為其他人創立道德準則，使之轉化為旺盛的幹勁。為了這個目的，必須反覆教育人們「對組織或協作體系、對客觀存在的權威體系，要有正確的看法、基本態度和忠誠之心」，以便「讓個人利益和微不足道的個人行為準則服從於整個協作體系的利益」。[25]

巴納德也有一個故事來證明自己的觀點。在一次膾炙人口的演講中，他提到了一九三五年自己在紐澤西緊急救濟署署長任內所經歷的一場騷亂。他聲稱，他那次正是靠著對示威者人格的尊重才化解了危局。[26]據巴納德描述，當時他正在辦公室與特倫頓市（Trenton，紐澤西州首府）的失業者代表談判，突然，約兩千名失業示威者在紐約激進分子的鼓動下，在他辦公室外的大街上與警察發生衝突。這場騷動最終導致多人被捕，一些人還挨了打，進行中的談判也不得不中止。巴納德認為，類似的公開行動只會增加納稅人對救濟計畫的憎惡，從而傷及失業者的利益。這也是在失業者代表重回談判桌、巴納德第一次認真傾聽了他們冗長的申訴後，他向對方提出的一點重要意見，談判氣氛因此得到了一定程度的緩和。巴納德所講的故事引起了他的哈佛大學朋友的極大興趣。照他所說，使問題得到解決的是人際關係理論，而不是經濟學。對於失業者來說，人格甚至比他們或他們的家人賴以生存的食物還要重要。

巴納德的敏感和機智很可能發揮了作用，但只要將他的說法與當時有關這起事件的報告做一番對照，就會發現這明顯只是整個故事的一部分。[27] 這其實是一個特點鮮明的經濟問題：失業者要求切實增加對他們的食品補貼，巴納德則承諾將提供幫助。不過，巴納德認為繼續採取暴力行動會危及整個救濟計畫的觀點，的確是個嚴肅的政治話題。這體現了早先傅麗特對集體動態所做的觀察。集體內還有不同的集體。在這個案例中，巴納德的策略是與失業者攜手合作，共同對抗那些一遇到經濟吃緊就反對幫助窮人的公司，支持救濟計畫的實施。大談集體而非階級、黨派或國家，並不能消除衝突問題。除非社會可以被改造成一個鬆散無形的超大集體，否則每個人都會歸附於某些集體、排斥其他集體，而這些集體的各自利益會彼此發生衝突。集體之間的調和越是不可或缺，集體內部的和諧就越有可能面臨壓力。

經理人最初的職能是管理工人。至於管理的要求是什麼，他們的理解受到了當時各種相關社會學說的影響，其中很多理論都不加掩飾地把普通大眾看作本質上頭腦簡單、易受他人影響和擺布的人。最好的情況是，他們在更高工資的激勵下成為機器上一個有用的齒輪，為了不被解雇而變得老實聽話。最壞的情況是，他們受到某些善於利用大眾心理的鼓動者挑唆，變得不再安分。在整個二十世紀的發展進程中，隨著工會力量的日益壯大以及諸多工作的要求和專業性日益提高，想讓工人繼續服從管理越來越不可能了。此外，人際關係學派初創時的靈感或許有助於讓工人遠離社會主義和工會，但同時，它也促使經理人認識到他們的組織有著複雜的社會結構，絕不是簡單的階級體系；如果能把他們手下的工人當成健全的人來看待，就可能獲得他們的正面回應。人際關係學派冒險以家長式統治取代專制統治，就是為了弄清這些處在發展之中的組織生活觀對於權力結構究竟意味著什麼。越要弄清這些權力結構，就越要把它們與正在發生的更廣泛的社會和經濟變革連結起來，經理人也就越需要一種策略。

第29章

企業的天職

企業的天職是經營。

——阿爾弗雷德．斯隆（Alfred P. Sloan，通用汽車前總裁）

在我們思考新一代管理理論家如何找到經營策略之前，應該首先探討一下企業在這個時期需要解決的權力問題。第二次世界大戰後，商業戰略理論建設的重要發展，反映了在當時勞資糾紛依然存在、但已有所減少的背景下，美國大型工業企業所採取的經營方式。要知道，這些企業大都初創於美國工業發展的嚴重動盪期，那個時期工運潮不斷，人們對大公司權力的過度膨脹充滿爭議。

與馬克思的預期相反的是，資本主義在歷史從十九世紀走向二十世紀的當口，實現了自我轉變。資本家們發現了應對經濟總在成長和衰退之間發生週期性波動的新方法。最重要的應對機制之一似乎就是擴大企業規模。只有超大型公司才能在經濟環境突變時倖存下來。而在這個過程中，它們越來越倚重各級經理人的支持。差不多就在引起這一系列變革的進程開始的同時，馬克思還在和巴枯寧爭論該如何進行革命準備，以及如何看待巴黎公社。

洛克菲勒

約翰．戴維森．洛克菲勒和標準石油公司（Standard Oil）的故事廣為人知。[1] 一八六五年，在俄亥俄州的克里夫蘭，洛克菲勒這個雄心勃勃的二十六歲青年一舉買下了合夥人在他們開辦的當地最大煉油廠的全部股份。利用美國內戰後經濟大發展的良機，他不斷增開煉油廠，利潤滾滾而來。不幸的是，其他同行也有著同樣想法，致使煤油和其他石油產品很快就陷入供過於求的局面。為了生存，洛克菲勒決心要成為最有實力的生產商。於是，他一邊提高產品品質，一邊降低成本。更有想像力的是，他透過整合各項業務，同時控制了供應和銷售管道。此外，他始終確保手頭握有足夠的現金，以防市場突然波動時出現資金缺口。之後，他又透過操控鐵路運輸這種引起爭議的手段強化自己的地位，經由滿足鐵路公司每天運油車次的條件，他獲得了運費折扣。

洛克菲勒從不認為濫用市場力量有什麼不妥。他深知，開家煉油廠非常容易，但這會造成產能過剩，引發市場的混亂和長期不穩定。洛克菲勒決定控制市場，而不是依靠反覆無常的市場準則委屈求存。「石油業一片混亂，一天比一天糟糕。」每家煉油廠「都在竭盡全力把全部業務拿到手……這樣做只會為自己和同行中的競爭對手帶來災難」。[2] 供應和需求也許永遠都無法實現平衡。洛克菲勒採取的是一種在其他情況下看起來十分合情合理的戰略：他明智地尋求與對手合作，來代替有損無益和兩敗俱傷的競爭。

考慮到石油行業的狀況，洛克菲勒的假設很可能是正確的。[3] 儘管如此，有關自由市場的主流觀念仍面臨挑戰。就洛克菲勒而言，他的做法加劇了挑戰。他通常會向潛在的合作夥伴提供合理的條件，並會不時幫助以前的競爭對手擺脫窘境。但是，那些不願意被兼併的企業往往會被標準石油公司的降價攻勢逼得走投無路，最終俯首稱臣。當標準石油公司一八七〇年成立時，已經掌控了美國一〇%的煉油能力；到一八七〇年代末，這個比例更是暴升到了九〇%。

當那些獨立的公司最終做出建設長途輸油管線這大膽之舉時，甚至連標準石油公司都嚇了一跳，但這並沒有對該公司的地位構成真正的威脅。它有足夠的時間和財政實力來應對。標準石油建造了自己的輸油管線，並且很快控制了連接賓州產油區和美國其他地區的整個輸油網絡。只有原有管線不在這個網絡之內，即便如此，標準石油也收購了它們的少數股份。在剩下的獨立煉油企業要求用法律手段阻止標準石油的兼併做法後，法院在庭審中揭露了該公司為達到壟斷目的所用的伎倆。一八八二年，洛克菲勒運用法律手段，找到了一種能重新為其企業蒙上面紗的辦法。使用這類手段的一般是那些無力打理自己財產的人。透過達成祕密協定，洛克菲勒持有股份的各家公司集合起來。股東們以「託管」方式將所持股份轉讓給九位受託人，其中包括約翰・洛克菲勒和他的弟弟威廉。這意味著從嚴格意義上來說，無論表面看起來如何，標準石油旗下並無其他公司。它只是一個由公司股東們共同擁有、可以任命董事和經理以及在各州設立行政辦事處的托拉斯。

標準石油公司保持著實質性的壟斷地位，美中不足的是實際產油量有限。這是個潛在的巨大危險，特別是在無油可用的時候。不過到了一八八〇年代末，美國各地陸續發現了新油田，石油生產不再依賴賓州的油田。洛克菲勒看到了進一步兼併擴張、減少對供應商的依賴的機會。氣勢如虹的收購行動開始了。不久，標準石油公司就控制了美國原油產量的三分之一，以及全部石油產品銷售量的八四%。既是生產者又是消費者的標準石油有了定價權。它並沒有擠垮所有競爭對手，便有效控制了美國石油工業，同時在海外也獲得巨額收益。市場需求方面的變化也給洛克菲勒帶來福音：雖然電力取代了煤油成為主要照明源，但是汽車和汽油發動機的出現又一次改變了市場。汽油一下子從煉油廠的次要產品變成了主要產品。

到了十九世紀末二十世紀初，標準石油公司的影響力達到巔峰。此時國際石油市場上已經有了一些不可小覷的競爭者，市場規模今非昔比，這意味著標準石油的相對地位勢必會下降。但是，過程中因為這個托拉斯在政治上的大量債務而加快了。洛克菲勒被指責使用可疑手法攫取巨額財富。那些在洛克菲勒強勢崛起過程中被吞併、被搞垮、被排斥的獨立小生產商心懷怨恨。他們被認為代表了美國的價值觀，在大眾面前樹立起同集權、腐敗和榮華富貴抗爭的善良正直的小百姓形象。洛克菲勒絕不是唯一一個「強盜資本家」——安德魯・卡內基（Andrew Carnegie）、科尼利爾斯・范德比爾特（Cornelius Vanderbilt）和約翰・皮爾龐特・摩根（J. P. Morgan）也受到類似指責。標準石油公司也不是唯一一個利用托拉斯形式操控市場、阻礙競爭的實體，卻是最大和最惡名昭著的一個。雖然洛克菲勒認為合併是保證效率和穩定的更好辦法，但實行之下卻趨向壟斷。一八九〇年的《謝爾曼反托拉斯法》（Sherman Antitrust Act）賦予了聯邦政府調查和追究托拉斯責任的權力。洛克菲勒找了最好的律師，他們精心制定出旨在戰勝法律的種種計畫。他用捐款換取政治支持，還在報紙上安排刊登對自己有利的新聞報導。新的公司紛紛成立，公開宣布各自地位獨立，儘管它們實際上都由托拉斯控制。同時，標準石油公司以其對細節的驚人關注，在全球範圍內利用自己出色的情報和通訊網絡同步追蹤市場和競爭對手動態，從而保持了價格優勢並牢牢掌控了市場。它自始至終「把政府當成了一個愛管閒事的下三爛權力機構」。[4]

最終，洛克菲勒的剋星，是一位名叫艾達・塔貝爾的記者兼作家，她曾在本書之前的章節裡作為佛雷德里克・泰勒的擁護者出現過。巧的是，她的父親曾經在早期的石油行業中與標準石油公司抗爭過，結果反受其害。這使她的報導更加尖銳。她能有這樣的機會，是因為任職於《麥克盧爾雜誌》（*McClure's Magazine*），這家標榜進步的「扒糞」刊物早就決定把托拉斯當作主要抨擊目標。[5]塔貝爾透過結識洛克菲勒的一名助理而取得突破，後者成了她的關鍵消息來源。從一九〇二年起的兩年內，塔貝爾以每月一期的連載報導，令人信服地詳細講述了標準石油公司的故事，揭露出的卑劣商業伎倆引起全社會的極大憤慨。塔貝爾堅稱，她反對的不是該公司的龐大和富有，而是它的做事方法。「他們從未和對手公平競爭，而這毀了他們在我心目中的偉大形象。」[6]

對標準石油公司的揭穿很及時。當時，反托拉斯運動已由進步總統西奧多・羅斯福接手，他認為必須對企業的權力加以控制，在權力濫用達到最嚴重的程度時應動用法律手段。在他的主持下，聯邦政府啟動了對標準石油公司的深入調查，並於一九〇六年根據《謝爾曼反托拉斯法》提起訴訟，指控該公司限制正常貿易活動。標準石油進行了強有力的法律辯護，無奈證據確鑿，無力回天。在一九〇九年法庭做出初步判決、下令解散托拉斯後，最高法院於一九一一年確認了這項判決結果。最高法院大法官在最終判決書中說：「商業發展和組織方面的傑作很快就產生排斥他人的意圖和目的。」[7]標準石油公司被拆分成了三十四個新的實體，包括後來的埃克森（Exxon）石油公司。

那個時候，標準石油看似失敗了，但其實羅斯福幫了洛克菲勒一個忙。對於單獨一家公司來說，掌控一個不斷發展的龐大而複雜的市場越來越力有未逮。更小的單位，因應新形勢也更靈活，這種能力最終將有助於讓整個行業變得更強大、更賺錢。此時已退休的洛克菲勒就手握著這些新興、成功的公司股份。他活了將近一百歲。一家以他名字命名、偉大的慈善信託基金會，潛移默化地影響了美國對經濟學和管理學的研究方法。他的後代繼續在商界和政界發揮著重要作用。所以，這個故事很難說是悲劇。

洛克菲勒無疑是一位戰略大師。他能夠全盤審視整個體系，並對各個部分的狀況做出評估。丹尼爾・耶金（Daniel Yergin，譯註：美國世界石油問題和國際政治專家，還是一位擅長紀實小說創作的作家）形容洛克菲勒「既是戰略家又是最高統帥，指揮他的部下身懷專門技藝、祕密而又神速地前進」。洛克菲勒並不反對用軍事行動來比喻他的做法，比如為了證明自己祕密手法的正當性，他會反問：「難道盟軍的將軍會事先派遣一個軍樂隊銜命去通知敵人，在哪一天他將發動進攻？」[8] 傳記作家羅恩・切爾諾（Ron Chernow）形容他遇到問題後總是深思熟慮，「用很長時間靜靜地等待計畫成熟。然而，一旦做出了決定，他就不再為疑慮所困擾，而是以一種始終不渝的信念按自己的想法落實」。[9] 但是因為他用令人厭憎的方法獲得了戰略成功，而且追求的是反常態的目標，所以恐怕很難被視為一個有志商人的楷模。

亨利・福特

相形之下，亨利・福特（Henry Ford）至少在一段時間內被當成了一位可效仿、有遠見的商人。福特發展汽車工業的遠見，早在他小時候在父親位於密西根的農場裡胡亂擺弄機械時就已萌芽。他夢想著製造一種「不用馬的馬車」，看看它們能否替人做些最苦最累的農務。蒸汽機太大、太重，也太危險。也許汽油動力內燃機將會是未來的發展方向。一八八〇年代中期，他得到了一個操作這類發動機的機會，於是藉此了解了它的工作原理，試作出了自己的內燃機。

在當時，汽車還沒有一個大眾消費市場。它們被視為賽車手的昂貴玩具，人們更重視速度而不是可靠性。由於靠著把車高價賣給私人訂購者就可以發大財，商家根本沒有大批生產汽車的動力。福特的天才之處在於，他同時預見到了大眾對汽車的需求和一種當時還不存在的汽車生產手段，搶先開始思考如何開發出一種能作為大眾消費品的廉價汽車。但是，獨立投資者和銀行都不支持他的計畫。因此，他一生都瞧不起那些還沒做事就先想拿錢、害怕競爭、對消費者不聞不問的人。他力圖讓自己擺脫對債權人和股東的依賴。雖然他在建立福特汽車公司之初並無公司控股權，但到了一九〇六年，他已擁有了一半以上的股份。

他還不得不對付卡特爾（cartel，企業聯合壟斷）的壟斷行為。特許汽車製造商協會（ALAM）憑藉一項令人懷疑的專利權，控制著新汽車製造商的入行門檻。一九〇三年，他們拒絕福特加入。在當時反托拉斯運動的背景下，福特認識到，ALAM隨時可能因為它的貪婪和藉不實理由排擠正當競爭而受到嚴懲。他和洛克菲勒的立場截然相反，他站在對抗托拉斯的廣大民眾一邊，代表著弱勢群體，是「一個獨自對抗強大的、壟斷的歌利亞的工業界大衛」。他宣稱自己充滿了「美國人那種讓我們反抗壓迫或不公平競爭的自由天性」，反對被「脅迫、欺騙或威逼」。[10]一九〇九年，經過長時間的較量，福特終於打贏了官司，博得一片喝采。

在公司的第一支廣告中，他表示自己希望「建造和銷售一款特別為耐磨損而設計的汽車」，一種以「緊湊、簡單、安全、全方位便利和極其合理的價格」受到讚譽的機器。為了降低價格，他需要一個有足夠規模的大眾消費市場，而這又需要採用新型生產線。當時的流行生產模式是自行車製造，即為消費者提供一系列車型，並且每年推出一款新車。在福特看來，這種理念是錯誤的，其依據的是「和女性對她們服裝鞋帽所抱的同樣想法」。他想要打造的是持久耐用的汽車，就像當初激發他對機械興趣的手錶一樣。他認為價格是關鍵，這意味著車型宜少不宜多，應在簡單性和可靠性上多下工夫。

由此，用料上乘、操作簡便的「全球通用車」概念應運而生。他選定了後來著名的「T型車」設計，然後集中力量對這款汽車進行了大批量生產。當他的銷售人員擔心單一車型難以吸引口味不同的客戶時，他卻說：「任何顧客都可以把一輛車漆成任何他想要的顏色，只要它是黑色。」這種車不應該是少數人的奢侈品，而應該是「大眾」產品。一九一三年首次推出的汽車流水裝配線，使工具和工人依次就位於每個零件的全套加工流程之中，直到整車裝配完成。這套流程「把工人的無謂思考和……他們的動作減到了最少」。一九一四年，由於工人普遍對單調乏味的流水線勞動心生厭倦，福特開始努力維持隊伍的穩定，宣布向工人支付每天五美元的工資。他將此舉形容為「我們做出的最漂亮的削減成本措施」之一。

如果把普通大眾都視為消費者會怎麼樣？又該如何滿足他們的願望？對於這些問題，福特比同時代的其他汽車製造商認識得都要透徹。他不斷開發更好的材料和技術，全心實現著他的夢想。在此階段，由於其他製造商未能及時領悟福特所代表的產業未來發展趨勢，福特還占了沒有真正競爭對手的便宜。這是一個新興、無限制地快速擴展的市場。一旦福特偶然發現了能讓他成功的生產模式，他便成功了。

福特宣稱他不僅實現了汽車生產領域的突破，還取得了工業社會發展方面的突破，從而提供人們介於社會主義和原始資本主義之間的另一條道路。他決定性地催生出兩大至關重要且相互關聯的新事物：大規模生產技術，及其培育出的大眾消費欲望。五美元的日薪，換來了穩定的員工隊伍，並且把工人變成了消費者。福特試圖表明，正是他本人的平凡無奇和單純品味，他願意彌合貧富差距的內心，再加上他在自己工廠周邊實行的一系列公民行動計畫，讓他貼近了普通大眾。做出如此姿態部分是出於行銷目的，部分是出於真情實感。它很快就被平民主義論調所包裝，把福特說成一種特殊類型的商人。他不僅沒有忘本，而且認識到關心別人是件好買賣，是忠誠、生產力和客戶的源泉。

這解決了一個更廣泛的政治議題。福特的親密合夥人、和他共同為企業確立基本原則的詹姆斯．高任思（James Couzens）說得很清楚：「社會主義的愚蠢和無政府主義的恐怖，都將在保證給予每個富人或窮人平等機會和公正待遇的工業體系中漸漸消失。」[11] 隨著工人為改善收入和生活條件不斷奮鬥，解決這種損害工業化進程的持續動亂的方法已經找到。「五美元日薪」措施嚇壞了其他無力滿足自己工人要求的企業主，但受到很多左翼人士的歡迎。在進步主義者眼中，這個有錢人認識到了自己對工人所承擔的義務。有些社會主義者也認為，研究福特的實踐比研究馬克思的理論更有意義。人們興起了對福特的個人崇拜，認為他言而有信、服務周到，不但是汽車大王，而且是機械天才和民主英雄。

但過沒多久，「福特製造」就表現出較之前勞資雙方對立需求的總和更為複雜的政治內涵。他的做法帶有強硬的家長式作風。工廠實行系統化管理，採取一切可能的手段減少個人主動性的發揮空間，就好像一名通用工人可以成為一台生產通用汽車的通用機器上的一個通用零件一樣。在這樣一個互聯的系統中，紀律約束是必需的，沒有個人自由行動的空間，因為如果某些人動作慢了，整條流水線就會跟著慢下來。福特強調，「我們要求工人只做他們該做的事」。他想當然地認為「人的精神稟賦參差不齊」，這就意味著很多人滿足於從事單調乏味的工作。他在他的主要工廠裡設立了「社會問題研究部」，以確保開始富裕的工人不會喪失他們的本分和勤勉作風。為此，廠方對他們私生活的監控和管理達到了驚人的程度。

在處理企業事務之外，他還積極投入反戰運動。他玩弄政治，一九一六年時還被人吹捧為「當總統的材料」，但最終他選擇了支持伍德羅．威爾遜（Woodrow Wilson）。一九一八年，他參與了密西根州參議員的競選。儘管他拒絕拉票活動，但仍戰績不俗，僅以微弱差距敗於對手。他的失敗很大程度上緣於他過去所持的和平主義和反軍國主義思想，而此時的美國恰恰處於戰爭狀態。歸根結蒂，他的政治態度顯得離經叛道，至於他惡毒的反猶主義立場更是危險透頂。

福特的獨斷專行助長了阿諛奉承之風，致使他在營運公司業務時無法把握社會和政治環境的重大變化。當企業發展順利時，他利用自己的無上權威嚴防任何人干預公司決策，無論意見來自合夥人、股東還是具有獨立見解的經理。他尋求對公司實行個人控制和監管，雖然公司已經變成一個巨無霸，擁有數十萬名雇員和數百萬輛車的銷售量，可在他眼裡「仍舊像是一家夫妻經營的小店」。[12]

公司的業績在一九二三年達到巔峰，當年生產了兩百萬輛小汽車以及大量拖拉機和卡車。但此時，來自通用和克萊斯勒兩家公司的競爭也日趨嚴峻。當福特還在堅守T型車的時候，其他廠商已經搶先推出了大量新車型。到一九二六年，福特車的產量僅勉強達到一百五十萬輛。而競爭對手還提供了新的支付方式，允許客戶利用貸款和分期付款買車。出於對借債的極度厭惡，福特不願給予客戶類似的條件。他堅信價格決定一切，為此，他強迫工人提高生產率，同時向經銷商施壓，要他們自己承擔賣不掉汽車的風險。他的「開明的人民之子」形象開始黯淡起來。他甚至沒有察覺到，他曾經極力迎合的消費者已經變得對產品多麼挑剔，多麼喜新厭舊，多麼追求時尚，又是多麼捨得花錢。他總是認為，低廉的價格會讓顧客遠離競爭對手搞出新玩意的誘惑。在他的兒子埃德索爾（Edsel）極力主張實現產品和生產手段現代化時，父子倆甚至吵翻。亨利覺得埃德索爾生性懦弱，遇事容易手忙腳亂。只有當銷量明顯下滑到不容忽視的地步時，他才同意開發T型車的替代產品。到一九二七年正式停產時，T型車已經賣出了約一千五百萬輛，價格從一九〇八年時的八百二十五美元降到了兩百九十美元。

到了大蕭條最嚴重的一九三三年，福特公司只賣出了三十二萬五千輛汽車，低於克萊斯勒的四十萬輛，只有通用六十五萬輛銷量的一半。這時的福特已經上了年紀，顯得力不從心了。而且，隨著羅斯福政府的上台和「新政」的實施，政府對大公司的寬鬆和仁慈態度一去不返。施政重點轉向了改革和監管，包括支持工會活動。福特強烈反對新政，認為它提倡集體所有制，扼殺了經濟的活力和進取精神，一心想著重新分配財富而不是支持財富的創造。

長期以來，福特一直反對工會及其煽動的階級對立觀念。他認為，工會的目的是為自己從大工業生產中謀取利益，而不是讓利於消費者。他們和金融投資家一樣，都是寄生蟲。福特在一九二〇年代早期，一度為工人開出高薪，但是隨著公司在一九三〇年代經營陷入困境，他對工人的要求也變得苛刻起來。一九二五年時，一百六十名工人生產三千輛汽車；到了一九三一年，同樣數量的工人卻被要求生產出七千六百九十七輛汽車。為了在日益惡劣的條件下保持產量，公司居然動用被人比作黑手黨打手的內部保全力量充當監工。工人只要犯了一點小錯，就可能被開除。

福特準備用自己的力量阻止工會進入公司。這種對立在一九三二年三月走向公開化，當時有大約兩千五百名失業工人在共產主義運動家的號召下，與警方發生衝突。衝突中，示威者向警察投擲了石塊，警察則以催淚瓦斯和高壓水柱——後來還用了槍——予以鎮壓。衝突以四人死亡告終。由於工會內部出現分化，恐嚇措施暫時起了作用。到一九三七年五月，工會主義終於在富蘭克林．羅斯福總統的「新政」下得到了政治上的推進，因為根據新政於一九三五年提出的《瓦格納法》（Wagner Act，即《國家勞工關係法》），做出了有利於工會的規定。在經歷了一波靜坐罷工潮後，通用和克萊斯勒雙雙投降，同意美國汽車工人聯合會為兩家公司工人的唯一代表。當工會領導人想用同樣的方法逼迫福特公司就範時，他們遭到了公司保全人員的攻擊和毆打，此事為公司造成了更可怕的負面影響。雖然福特仍繼續對抗，但他的處境日漸孤立。州政府下令對工人進行一次意向調查，結果七〇%的工人支持組成工會。福特的下屬打算接受這個結果。福特本來準備抗拒到底，但因妻子害怕發生流血事件，他才聽從勸告而接受。

福特是個偉大的革新家，更是可怕的戰略家。他對自己的想法有著十足把握，在經營公司的過程中不在乎任何挑戰。如果別人贊同他的想法當然好上加好，不過他要求所有事情都按他的主張辦理，無論是自己公司的高層、工人還是政府，甚至消費者提出反對意見，他都充耳不聞。他認為沒必要聽從別人的建議。「當你不得不解決一個還沒人思考過的問題時，你怎麼可能從書本裡找到辦法呢？」[13]在他的回憶錄《我的生活與工作》（*My Life and Work*）中，他看不起所謂的「專家」，認為他們都抱著一種同樣的心態，即每個問題都已經有了答案，所以不可能有什麼新的解決方法。「如果我想用卑劣手段毀掉一個對手，我會送給他一些專家。」福特和泰勒有著明顯的相通之處，提到前者，人們往往會想到後者。福特本人的思想中充滿了和泰勒同樣的要旨，希望實現用工制度的合理化，並認為工人有自己的想法是件危險的事情。福特不可能讀過泰勒的著作。他靠自己的經驗得出結論，他提高產量的法寶主要是對技術和材料的革新。不過，福特身邊有很多人非常了解泰勒式管理，認為他們的工作模式和泰勒異曲同工。福特的成功無疑會被看作對這種方法的進一步驗證。無論「泰勒主義」還是「福特製造」，都已經成了先進生產方法的代名詞。

福特早期的家長式作風體現了他化解勞資矛盾的決心，或許會被人際關係學派所接受。但是他對工人的態度越來越苛刻和多疑，結果導致工運潮迭起，直到他不得不向工會讓步，才得以平息。對於那些認為工會代表了過時的階級鬥爭思想的人，羅斯福政府是不會給予支持的。到了一九三〇年代，福特已在同業競爭和工會運動中身心俱疲，對於有抱負的商業策略家來說，他也是個壞榜樣。

阿爾弗雷德．斯隆

能稱得上成功商業策略家的人是阿爾弗雷德．普里查德．斯隆（Alfred P. Sloan）。這位領導奇才為通用汽車公司服務了差不多三十六年，最初負責營運，之後擔任總裁兼首席執行長，最後當上董事會主席，直到他一九五六年退休。這家公司由威廉．杜蘭特（William C. Durant）創建於一九〇八年，總部也在密西根州。當福特一心打造他的全球通用車時，通用汽車卻透過收購一系列小公司的方式不斷成長壯大。然而，這最終使它債務纏身，由一個銀行家信託集團接管，杜蘭特也失去了對公司的掌控權。一九二〇年，畢業於麻省理工學院電子工程專業、之後在一家通用子公司任總裁的斯隆，開始負責通用汽車的營運。一九二三年他成為公司總裁時，汽車行業正面臨衰退。從一開始，他就著手改造公司的組織和產品結構，這種做法在美國企業界被廣泛效法。

斯隆的地位在三個關鍵方面有別於福特。首先也是最明顯的是，福特是業界的領頭羊。其次，斯隆有一系列由通用汽車旗下各加盟公司生產的車型可供銷售，而非只有一款「全球通用車」。最後，斯隆必須重視他的主要股東杜邦家族（DuPonts）。正是杜邦家族對公司粗放冒險的經營方式發出警告，導致杜蘭特的下野。開始時，斯隆事事都要向公司董事會主席兼首席執行長皮埃爾．杜邦（Pierre DuPont）彙報。這意味著斯隆不像福特，不僅要有對付外部競爭的策略，還必須有一套對內策略。他必須和同事一起討論公司政策，並且兼顧形形色色，甚至可能彼此衝突的各方利益。例如，杜邦曾支持實施一項大膽計畫，即透過研發一種新型的銅冷卻發動機來挑戰福特車的市場優勢。如果該計畫像斯隆預測的那樣失敗了，後果將是災難性的。斯隆採取了謹慎態度，沒有直接反對這個計畫：他只是確信一旦計畫失敗（也確實失敗了），公司還有更可靠的水冷發動機作為退路。

在一九二〇年至一九二一年之間，斯隆提出了重塑現代企業和汽車行業的兩套相互關聯的理念。首先就是建議，在繼續保持總部統一領導的同時，讓通用汽車公司複雜的組織結構發揮出最大效能。他的計畫反映在他一九二〇年完成的一份被稱為「組織研究」（Organization Study）的文件中，這份文件後來被形容為具有「典型的高品質」的「管理理論和實踐的試金石」。[14]斯隆表示，這項研究是他作為一個「以務實的方式進行經營判斷」的人，採用科學方法獲得的結果。可供他借鑑的只有他自己的從商經歷。他從沒有在軍隊任事過，也不是一個愛閱讀的人。即便他愛讀書，但他指出，「在當時的條件下，也不可能從書中找到現成的答案」。他的計畫滿足了董事會的要求並得到採納，因為他們「需要一種高度理性而客觀的營運模式」。該計畫以兩條明顯互相矛盾的原則為基礎。第一條原則是，公司應被分成若干事業部，每個事業部都應有各自的首席執行長來負責營運，首席執行長的職責「絕不應受到限制」。第二條原則是，為了保證整個公司的合理發展和適度控制，「絕對需要將一些職能集中起來行使」。斯隆將這兩條相互矛盾的原則視為「當代管理的關鍵問題」。[15]前者涉及各分部在不受總部持續干預的條件下處理業務的能力；後者則涉及在明確的財政和政策指導方針之下開展業務。其知識性突破在於認識到了集權和分權之間存在一種緊張關係，而這對管理構成了核心挑戰。它引入了斯隆傳記作者所形容的「一種新的企業大合唱、一首結合了集中控制和分散經營的交響曲，其中的表演者會得到獎賞，樂隊指揮會受到尊敬」。[16]

策略上的關鍵問題是如何對付福特，福特汽車的銷量到一九二〇年代初已經占全美汽車總銷量的六〇%。針對傳奇般的T型車，通用汽車公司的各個分部生產出了十款汽車，其中一部分是高階款，其他則是更普通的車型。產品範圍基本上迎合了市場上各類消費者的喜好，但在實踐中，通用公司的車型在某些領域也出現了自我競爭的情況。不過事實證明，自負而頑固的福特真是個理想的對手。但即便斯隆覺察到了這一點，他也不敢期待福特會被自己打敗。他為通用汽車設計的策略，不敢臆斷對手福特都是十足的蠢貨。但是，斯隆可以假定有足夠的時間找出對策。到一九二一年時，T型車已為福特帶來了可觀的回報，所以他並不急於放棄這款暢銷車。而且，由於福特有充足的財力來降低T型車價格，趕走任何直接競爭，所以他對通用挑戰的可能反應也不難預測。

在一九二一年的整個夏天，斯隆一直領導著一個特別小組負責解答這道謎題。據斯隆所說：

我們首先指出，公司應該在各個價格區間推出車型，構成產品線，最低價格可以低至市場最低價格，但是最高價格的車型必須要滿足能夠大規模生產的條件，我們不會以較小的產量進入高價位市場。其次，一方面，應該保證足夠大的價差，從而使得產品線中的車型能夠保持合理的數量，這樣才能保證公司可以從大規模生產中獲益；另一方面，價差又不應太大，否則會在產品線中留下價格空白。再次，自身產品的價格區間不應存在重疊現象。[17]

上述構想的本質在於，這些產品類別並不反映現有市場的實際情況，而是代表了一種分析市場動向、判斷顧客會對汽車價格和品質的變化做何反應的新方法。如果斯隆的想法是對的，那麼隨著通用汽車公司在「只有想不到，沒有買不到」（for every purse and purpose）的口號下，合理規畫和銷售其各類車型，市場將會有積極反饋。他沒有特別尋求與外部環境保持協調；他是在徹底改造它。

對新方法的測試，將會從低階市場上的雪佛蘭汽車入手，當時它的市占率只有四%，改進後的雪佛蘭有望對強有力的T型車發起挑戰。斯隆認為這場競爭將在四百五十至六百美元的價格區間內展開。福特向來以T型車壟斷了這個價格區間內的最低端市場為傲。斯隆斷定直接和福特展開競爭無異是「自殺」。他後來解釋說：「我們所推出的戰略只是分解出一個價格區間，以致力於對它細分出的高階市場逐漸蠶食，並透過這種方式，在保證盈利的基礎上，使得雪佛蘭的銷量漸具規模。」[18]這意味著通用將讓自己產品的定價接近每個價格區間的上限，並且保證品質能夠吸引這個價格區間的目標顧客，使得他們願意多付一點錢來享受通用汽車優秀的品質；同樣，它也可以靠近更高價格區間的低端客戶，使得他們願意在品質差不多的情況下，少花一些錢而購買通用汽車的產品。而福特八成會繼續堅持現行策略、藐視任何挑戰，所以注定會守在低階車款市場的狹小空間裡。一旦雪佛蘭賺了錢，就擁有了一個牢靠的基礎，接著可用更有殺傷力的攻勢，逐步瓜分福特的大餅。

福特該怎麼辦？本來他應該努力防止雪佛蘭具備盈利能力。但在短時間內，也只能靠進一步降低T型車的價格來加以應付。也許他相信，在始於一九二〇年的汽車銷量下滑之勢持續一段時間後，他就能以一款直接挑戰雪佛蘭優越設計特點的新車型發起反擊。但由於福特一直依賴單一車型，開發新型汽車需要很長週期（儘管他可能已經收購了另一家製造商來提供一種現成產品）。同時，新車型還有可能擠占T型車的市占率。這時，市場出現反彈，福特車的銷量猛增，於是他又不急於應付雪佛蘭的威脅了。但福特沒有比現有車款更低價位的產品來吸引新顧客，而雪佛蘭卻可以提高自己的價位，以吸引更高階的顧客乃至福特的顧客。隨著銷量的上升，雪佛蘭已經沒有必要在乎福特的降價策略了。正如斯隆所觀察的，「這個汽車行業的老將未能把握住新變化」。福特從來都無法了解「那個他所習慣、曾經令他功成名就的市場發生了怎樣的轉變」。[19]在六年時間裡，通用汽車主導了市場，一九二七年賣出了一百八十萬輛汽車。

有一點，斯隆的想法是和福特一致的。他強烈反對羅斯福政府插手工商業，不遺餘力地和總統打對台，其中包括發起成立惡毒、反對新政的「美國自由聯盟」，以及在一九三六年總統大選中支持羅斯福的競選對手。最終，由於羅斯福面臨的反對壓力及隨後而來的戰爭，雙方達成妥協。短時間內，這為通用汽車公司帶來了額外的挑戰，其中最嚴重的挑戰是公司和工會的關係。與福特不同，斯隆從未說過自己能夠應付工業化社會的所有問題，而且很少關心工人的工作環境。依他的態度，工會是代表工人爭取更有利的薪酬、規則和工作條件的另一種權力來源，沒有他們，公司會經營得更好。工會不是要努力做出更大、更有利可圖的餅，只想切走現有的餅，不管這會為公司盈利能力帶來什麼損害。

為防止工人加入工會，公司雇用密探暗中監視一切可能的破壞活動。任何試圖在車廠鬧事的工人都會被解雇，對此表現出興趣的人則會遭到警告。密探的活動還在工人中間造成恐慌和猜疑，使他們更難以組織起來。儘管法律規定不得騷擾工會活動的組織者，但這種做法一直在繼續。截至一九三六年夏天，該公司四萬二千名工人中只有大約一千五百人加入美國汽車工人聯合會。隨著一九三六年羅斯福再次當選，加上密西根州州長的支持，形勢發生了突然和戲劇性的變化。在礦工領袖約翰·劉易斯的領導下，新成立的「產業工會聯合會」（CIO，簡稱產聯）決定把抗爭矛頭對準汽車行業。當地激進分子也覺得這是對通用汽車公司發起攻擊的合適時機。隨著公司努力擺脫衰退狀況，工人紛紛抱怨老闆要求他們做著更累的工作卻拿著更少的錢。工作職缺被削減了，生產目標卻保持不變。經理們利用工人害怕失業的心理維持著生產秩序，並不斷降低工人的工資。所有這一切終於在一九三六年十一月演變成了一九三〇年代最嚴重的罷工之一，對美國工會運動的發展方向和汽車業產生了決定性影響。

到了當年十二月，靜坐罷工已經蔓延到多家工廠，包括設在弗林特的極其重要的費雪（Fisher）車身工廠。對於斯隆來說，這代表了一個直接挑戰。他告訴他的工人，「真正的問題在於，是由一個勞工組織來管理通用汽車公司的工廠，還是由職業經理人繼續管理它們」。[20]所有這些都證明他對「新政」充滿恐懼，生怕良好的經濟秩序淪為誤入歧途的集體主義觀念的犧牲品。當時，工人們已開始非法占領公司建築，必須予以驅離。但該如何驅離他們？法律雖然允許使用武力，但如果遇到反抗怎麼辦？公司會支持嚴重暴力行為嗎？而且很明顯，州政府和聯邦政府都在向公司施壓，要求透過談判化解僵局。雖然羅斯福不會寬恕工人的行動，但他私底下對工人無疑持同情態度，而斯隆又完全沒打算去討好總統。

對於工會而言，重要的是保住他們的地位。只要他們讓工廠徹底停產，通用汽車就會深受打擊。這不僅需要用武力擊退任何想要趕走他們的人，而且得確保他們能夠取暖和吃飯。事實上，占領工廠的往往只是很少一些人，因為工會最初並沒有多少能夠動員的會員，而且他們還必須保證供給。在一家有大約七千名工人的重要工廠，有時占領者只有九十人，還不都是通用汽車的員工。到了次年一月，當公司第一次試圖關閉暖氣設備並阻止食物進廠時，廠內的「靜坐者」們發起攻勢，力求控制工廠大門，以確保繼續得到外部供給。隨著這些人用石塊和消防水柱回擊警察的催淚彈，危機開始升級。警察隨後開槍打傷多人，但無人死亡。工會以雪佛蘭汽車的生產為籌碼加大了施壓力度。他們還在一家附屬工廠進行一場假靜坐示威，以轉移公司保全人員的視線，來幫助他們去占領一家更重要的發動機工廠。[21]

公司發布禁令，確認了占領行動的違法性，示威者仍拒絕離開。公司試著用談判解決問題，但不願輕易接受美國汽車工人聯合會提出的由其擁有唯一集體談判權的要求。斯隆聲稱，只有在靜坐罷工結束後，他才可能考慮這一要求。劉易斯既不想失去自己的影響力，也不想做出讓步。在罷工發生前，通用汽車每月生產大約五萬輛汽車；但到了一九三七年二月，產量已劇減到區區一百二十五輛。斯隆在政治上日漸孤立，羅斯福政府指責他違背諾言，輿論則把他描述為一個與時代脫節的人。

是否動用武力驅逐示威者，由密西根州州長理查·墨菲（Richard Murphy）定奪。他負責帶頭調解這場糾紛。他很清楚他必須捍衛法律，但又害怕發生暴力事件和造成重大傷亡，果真如此的話，他將會帶著「血腥墨菲」的名聲被載入史冊。如果他需要加大對工會的施壓，他更有可能在雪佛蘭汽車發動機廠被占領時緊縮已經形成的警戒圈，而不是命令國民警衛隊進入被占建築實施清場。這種策略需要耐心，對他來說這不難，但是已經蒙受慘重經濟損失的通用汽車已等不起了。即便是該公司，也不願有任何暴力事件發生。如果本來可以用工會能接受的安撫行動息事寧人，卻仍舊動用武力，那麼他們必將背上草菅人命的罵名。

在對峙快要結束時，墨菲正式警告劉易斯，將對示威者強制執法。劉易斯隨後的表現多少有些譁眾取寵。他告訴州長，他將進入工廠，準備和其他人一同挨子彈。毫無疑問，當時政府方面的執法力量占有絕對優勢，但是否會動手還值得懷疑。劉易斯用一種深得恩格斯思想精髓（這樣的對峙一向為恩格斯所樂見）的語言，對墨菲進行了一番嘲弄。他宣稱，不達成解決方案，絕不會讓示威者撤離。「你想怎麼樣？」

> 你只有一種辦法可以趕走他們，那就是用刺刀。反正你有刺刀。你喜歡用哪種——寬面雙刃刺刀還是法式四稜刺刀？我相信四稜刺刀捅出的窟窿更大，你可以用它在一個人的身體裡攪上一攪。州長先生，你準備用哪種刺刀捅我們這些小夥子呢？

其實到這個時候，雙方已經接近達成妥協。斯隆的一位贊成與劉易斯直接對話的助理參與了談判，他以總統宣示要求雙方解決衝突為台階，放棄了公司之前的強硬立場。一九三七年二月十一日，通用汽車簽署一份協議，結束了靜坐罷工。美國汽車工人聯合會得到了唯一集體談判權，其會員人數到同年十月猛增到四十萬。

但政府和通用的官司還未了結。一九三八年，美國司法部對通用汽車以及福特和克萊斯勒提起反托拉斯刑事訴訟，指控這些車商強迫經銷商只能使用它們的金融關係企業的服務，非法限制正常貿易活動。但這項指控最終被駁回。與克萊斯勒和福特不同的是，斯隆決定抗爭，這不僅因為他將此看作政府對商業事務的無端干涉，還因為他感受到了更大的隱憂——通用汽車的市占率已經逼近五〇%。他在一九三八年晚期提到，「我們的小汽車在每個價位上的市占率都達到了四五%……我們不想讓市占率再高了」。這意味著，與所有企業的本能反應相反的是，他必須讓產品的市占率降下來。

與斯隆矛盾不斷的新政人物之一就是阿道夫．伯利（Adolf Berle），他曾是哥倫比亞大學法學院教授，還是一九三二年大選前羅斯福智囊團的關鍵成員以及後來的總統正式顧問。一九三二年，他和加德納．米恩斯（Gardiner Means）共同發表了一部具有重大影響力的著作《現代公司與私有財產》（*The Modern Corporation and Private Property*），論證了大公司所有權和控制權之間的利益分歧，其結果就是經理人自作主張，股東卻對此不聞不問。他們還指出，美國的全部生產手段已日益集中到約兩百家大公司手中，而通用汽車正是其中的突出例子。經濟權力正在被控制這些巨型公司的極少數人所把持。這是一種極為強大的力量，「可以使許多人受到傷害或得到好處，可以影響到整個地區，可以改變貿易的流向，可以使某個社區衰落而使另一個社區繁榮」。這種經濟力量已經具備了遠遠超出「私人企業」內涵的社會影響，可以完全憑藉自身條件與國家的政治權力相抗衡。於是，一種新的鬥爭形式出現了：「國家尋求在某些方面規範公司行為，而實力越來越強的公司則盡一切努力避免受到監管。」[22]

第二次世界大戰爆發前夕，斯隆在與福特競爭時和在實行公司內部結構改革時的穩健自信，在與政府和工會的角力中失去了作用。在一些關鍵方面，這些是大公司在一九三〇年代都會碰到的戰略性難題，而且沒有理由認為它們會在未來消失。然而，正是那些斯隆曾經取得成功而非遭遇失敗的領域，讓他和他的公司為新一代管理理論家貢獻了重要的第一手材料。

— 第30章 —

管理策略

多數我們稱之為管理的東西，只會讓人難以完成工作。

——彼得．杜拉克

面對著蘇聯極權主義造成的痛苦和工業化社會的新發展，憤憤不平的馬克思主義者修正了他們的階級鬥爭思想，使自己成為管理理論的一個重要來源。我在之前的章節中曾提到伯納姆的《管理革命》，這本書經常因為它的書名而非內容被人引述，用於最簡潔地描述新興權力結構如何既搞亂了共產主義者的思想，又讓自由市場論者無所適從。包括赫伯特．索羅（Herbert Solow）和約翰．麥克唐納（John McDonald）在內的一大批曾經的托洛斯基主義者，都加入了以商業為導向的《財星》雜誌。麥克唐納仍舊著迷於衝突和戰略問題。我們已經知道，他在賽局理論方面有過重要著述。[1]《財星》編輯團隊的另一個成員威廉．懷特，即《有組織的人》的作者，則代表了這本雜誌在那個時候筆鋒犀利的一面。還有一位就是自由派經濟學家高伯瑞，據他觀察，這本雜誌的右翼老闆亨利．魯斯（Henry Luce）已經發現，「除了極少數特例，優秀的商業書作者不是自由主義者就是社會主義者」。[2]

高伯瑞還漸漸接受了這樣一個命題，即社會權力已經由經理階層所掌握。這給新古典經濟學派（認為市場處於高度競爭狀態）帶來的衝擊絲毫不亞於其對社會主義者構成的挑戰。在最重要的領域，一些大公司已經取代那些市占率小、影響力有限的私人企業，占據了統治地位。經理人們不再為公司老闆與客戶之間的利益紛爭所擾，已經有能力重構兩者的關係，以便讓企業主和客戶的利益適合管理利益。同時，他們找到了各種辦法，不僅能防止潛在競爭對手發起有效挑戰，還能讓本企業在基本對等的條件下與政府討價還價。經營的成敗不再主要由市場環境說了算，而是更多取決於大公司的組織能力。艾爾弗雷德・錢德勒（Alfred Chandler）對此描述得更是言簡意賅。在其書中，他將管理的作用視為「看得見的手」，與亞當・斯密（Adam Smith）的「看不見的手」形成對照。[3]也許還有另一種自柏拉圖之後一直存在的想法：讓頭腦靈活、受過教育的人管事，是天經地義的。

直到高伯瑞的著作《新工業國》（*The New Industrial State*）於一九六七年問世，上述觀點才最終得到系統闡釋，在差不多最後一刻具備了說服力。高伯瑞曾深受伯利和米恩斯的影響，在《新工業國》後來的版本中，他還承認自己對伯納姆的思想也有所借鑑。在書中，高伯瑞論述了公司股東們影響力的下降，以及開發、生產和管理領域的專家，也就是他所謂的「技術階層」影響力的上升。權力不再屬於「不具名股東或是很大程度上已經聽命於公司高管的董事會」，而是屬於「由具備各種技術知識、經驗或者現代工業技術和規畫所需其他才能的人組成的集團。它從現代工業企業的最高領導層向下一直延伸到僅高於工人的下級管理層，包含了大批人員和各類專才」。不過，這個新興階層中只有一小部分人能在組織的最高層實際掌權。這樣的人可以代表廣泛的利益和主張，但他們的基本責任仍是維護他們自我求存所依賴的組織利益。關於這一點，書中的主要內容並不總是講得很清楚。高伯瑞所謂的「技術階層」包含了很多人。伯納姆似乎是專指首席執行長，但由於經理人已基本被定義為掌權者，所以他的分析結論有套套邏輯之嫌。

在這樣的系統中，計畫發揮著決定性作用，是克服供需矛盾的手段。雖然「計畫」因為和蘇聯經濟體系扯上關係而飽受詬病，但是預測即將出現的問題和機遇並做好準備的必要性，仍為西方國家的政府和公司所認可。只有透過計畫，才能設定優先目標並確保各項工作協調展開。企業的規模和計畫已經成為確保持續取得技術進步的關鍵要素。「所有計畫的一個共同特徵就是，它和市場不一樣，本身並沒有讓需求適應供給和讓供給適應需求的內部機制。這必須靠人力謹慎地完成。」[4]當時，經歷過一九三〇年代大蕭條痛苦的人們一方面對不受約束的市場力量心有餘悸，另一方面又對理性化管理人類事務的前景感到樂觀。

第一位研究現代企業管理的學者是彼得．杜拉克。其個人背景頗具世界性。他出生於奧地利，一九三七年為逃避納粹統治經由英國到了美國。杜拉克發表於一九四二年的深具管理主義色彩的著作《工業人的未來》（*The Future of Industrial Man*）受到通用汽車公司的關注，他也受邀對該公司展開了一場所謂的「政治審核」。他獲准接觸公司裡的所有人，包括阿爾弗雷德．斯隆。在十八個月的時間裡，他參加會議、採訪員工，分析了公司所有的內部工作原理。他認為這家公司有著一種以前根本想像不到的獨特權力結構，首席執行長儼然像一支龐大軍隊中的將軍那樣發號施令。至少對杜拉克而言，《企業的概念》（*The Concept of the Corporation*）是第一本把企業看作組織、把「管理部門」視為「一個具有特定功能和特定職責的特定機構」的著作。[5] 他自己後來也為此書感到驕傲，因為它「把管理開創為一門學科和一個研究領域」，更重要的是「把組織確立為一個獨立的實體，把對組織的研究確立為一門學科」。[6]

在一九五四年出版的《管理的實踐》（*The Practice of Management*）一書中，他指出了管理人員是如何變成「工業社會中一個獨特的領導群體」，取代資方和工人打交道。儘管如此，管理機構仍是「我們的基本機構中最不為人知曉和了解的一個」。當時，他明確地把管理和工商企業聯繫在一起（後來他擴大了關聯範圍），這意味著管理水準需由企業績效，即經濟產出，而非專業能力來作為評判標準。他對科學管理方法持懷疑態度，認為憑藉直覺和預感可以取得更好的結果。而且，雖然杜拉克承認泰勒的貢獻，但批評他割裂了計畫和執行兩種職能。這反映了「一個獨掌內部機密並藉其蒙哄無知農民的菁英人物的模糊而危險的哲學概念」。這種菁英主義哲學讓杜拉克把泰勒歸入了「索列爾、列寧和帕雷多」一類。在行動前制定計畫是明智之舉，但這並不意味著要讓不同的人參與進來，好像由某些人下命令、其他人照辦就行了。[7] 在策略層面上，他意識到了管理人員的局限性，認為他們不能「掌握」環境，「總是處於可能性的禁錮之中」。管理人員的特定工作是「使得所需要的東西首先成為可能，然後成為現實」。他的哲學思想主旨，就是尋求通過「有意識、有目的的行動」來改變環境。管理一家企業意味著「透過目標進行管理」。在這方面他深知，無論計畫多麼長遠，到了執行的時候，都必須被轉化為直接而可靠的目標。[8]所以說，杜拉克的思想是理性的——設定目標，找到實現手段，但它又充分考慮了組織結構和商業環境的複雜性。他從一開始就看到了企業不能充分重視員工的危險。此後，他越來越喜歡使用「分權」的提法，雖然他一直承認管理工作需要由某個人來做決定和負責任，而這必須是自上而下的。

這兩部著作（此後還有更多著作）將杜拉克樹立為首位當代管理理論家。他成了福特和奇異公司等大公司的顧問，但是通用汽車公司對《企業的概念》乃至杜拉克本人的態度並不那麼友好。在某些方面，這讓人感到意外：他承認大公司的優點和小公司的低效率，並且將通用汽車公司採用的分權結構捧為其他企業應該效仿的楷模。杜拉克總結認為，該公司之所以對他的書做出如此反應，是因為其高級管理人員聽不進哪怕是建設性的批評意見（比如針對他們看重短期效益、忽視長期投資的傾向的批評）。他們固守著一套成功而持久的核心原則，並把這些適合他們口味的原則提升到了已無法對周圍環境做出有利反應的地位。「雖然通用汽車的高層把自己視為實做家，但其實腦子裡滿是空想和教條，而且他們看我，就像理論家蔑視沒有原則的機會主義分子一樣。」這些人表現出的不同態度，還同兩項影響了二十世紀上半葉一般性管理思路的重大且有爭議的議題——反托拉斯和「勞工問題」有關。

正是因為反托拉斯問題，通用汽車公司才對杜拉克提出的大公司「受公眾利益影響」的觀點感到不安。杜拉克還被捲進了一個直接涉及反托拉斯的關鍵性策略難題之中。為免遭更多反壟斷訴訟，斯隆決定將通用汽車的市占率保持在五〇%以下。而杜拉克和某些公司高層一樣，認為此舉剝奪了公司的發展動力和主動精神。有種意見是仿效標準石油的例子，對公司進行拆分。新公司可以針對最大也更容易自我生存的雪佛蘭分部來創建。然而，這個主意遭到高級管理階層的強烈反對。

再談勞工問題。杜拉克注意到，一九三七年靜坐罷工事件留下的可怕後遺症，包括年復一年的「誹謗和中傷」，已經讓管理層和工會雙方無法以一種相互理解和同情的精神來合作，找到共同的解決方案。很多經理人幾乎把工人當成了劣等種族，而工人則視經理人為朋友。[9]杜拉克並非同情工會，但他確實覺得，公司無法團結工人是因為不想給工人更高的地位和更多的機會。占主導地位的流水線生產法並沒有充分激發出工人的創造力。而公司轉向戰時生產之後的情形，卻讓人看到了工人們是如何勇於擔責、勤於學習，又是如何改進生產方法和提高產品品質的。所以，杜拉克極力主張將他們看成「資源而不是成本」，鼓勵由具備「管理才能」的「負責員工」來管理「自治工廠社區」。查爾斯．威爾遜（Charles Wilson）當上通用汽車的首席執行長後，對這個想法頗感興趣，但作為主要工會組織的美國汽車工人聯合會表示反對，理由還是老套：不能模糊勞資之間必要的界線。

據杜拉克說，《企業的概念》讓通用汽車惱怒的一個後果就是，阿爾弗雷德．斯隆決定親自寫本書來「澄清真相」。[10] 斯隆的著作《我在通用汽車的歲月》（*My Years with General Motors*）在《企業的概念》出版後近二十年問世，但其本源實際上與杜拉克所說的大相逕庭。這很自然地觸怒了斯隆的共同作者約翰．麥克唐納，以至於他決定糾正這種誤傳，並讓人們知道這本書能夠出版是多麼不易。[11] 作為一個為《財星》雜誌撰稿的前托洛斯基主義者和早期的賽局理論宣傳家，麥克唐納擅長研究「一般古典經濟和決策理論沒有注意到的，彼此獨立並具有合作性和非合作性思維模式的各類個體、機構和群體所處的策略環境」。在一九五〇年代初他與斯隆就這些與通用汽車有關的問題合作撰寫一篇文章時，兩人意識到材料充足得夠寫一本書了。[12] 在一九五〇年代剩下的幾年裡，他們一起忙著這件事，但成稿後準備出版時，卻遭到通用汽車公司律師的阻止。[13] 他們擔心美國政府會把書中引用的內容當作發起反壟斷調查的依據。整整過了五年，而且多虧麥克唐納打贏了一起民事官司，《我在通用汽車的歲月》才終於在一九六四年一月出版，好評如潮。

他們的研究助手是小阿爾弗雷德．杜邦．錢德勒（Alfred D. Chandler, Jr.）。這位年輕的歷史學家出身名門，與有錢有勢的杜邦家族大有淵源（他的中間名即源於此）。他還是標準普爾公司（Standard & Poor's）創始人亨利．普爾（Henry Poor）的曾外孫，普爾的文章著作不僅幫助他拿到了博士學位，而且激發了他對商業組織的研究興趣。錢德勒的思想深受杜拉克影響。和杜拉克一樣，他覺得應該對企業如何實現自我組織管理給予適當關注。對管理者的描述，應該超越令人反感的「強盜大亨」或「工業政治家」的刻板形象，向人展示其更為豐富、細微的一面。一九六二年，在斯隆的出書計畫仍然受阻時，錢德勒在他的著作《策略與結構》（*Strategy and Structure*）中講述了通用汽車公司的企業發展史。杜拉克沒有用過「策略」這個詞，最多在《管理的實踐》中提到過一次策略決策和戰術決策的區別。《我在通用汽車的歲月》裡也沒有出現過這個詞，儘管麥克唐納是個超級戰略迷。

說到對「戰略」（策略）一詞的使用，錢德勒可以和伊迪絲．潘洛斯（Edith Penrose）相比，後者也在同一個時期沿著非常相似的軌跡思考著企業的組織問題。現在人們通常認為，「基於資源的」商業策略理論是潘洛斯在她一九五九年的著作《企業成長理論》（*The Theory of the Growth of the Firm*）中創立的。[14] 然而，除了在一個更傳統的意義上提到「積極靈活地運用戰略與其他生意人討價還價並成功超越他們」的「成功擴張商業帝國的企業家」以外，她並沒有使用「策略」一詞。所以說，是錢德勒讓策略的概念在商業環境中得到了凸顯。不過，他強調的是一種特別的策略。一九五〇年代早期，他在羅德島上的美國海軍軍事學院講授「國家戰略基礎」時，不經意地用到了這個概念。[15] 他從計畫及其實施的角度，將策略定義為「企業長期目標的決定，以及為實現這些目標所必須採納的一系列行動和資源分配」。[16]

這樣，戰略從一開始就被確立為一種針對長期的、與計畫緊密相連的目標導向型活動。錢德勒特別重視企業內部對市場機遇做出的組織性反應，從中可以很自然地發現以上思路，而且這種思路持續地影響著人們理解早期商業策略的方式。它和那些可能出現各種結果的解決問題或是競爭情形無關。「錢氏模型」表達的重點是策略決定結構，即「用於管理企業的組織設計」。錢德勒的創新在於，他是從企業管理如何解決多樣化和分權化問題的角度來看待戰略。其大主題是採用多分部結構，這也是備受杜拉克讚賞的一種企業組織結構，而且斯隆在這方面做得相當令人稱道。[17] 管理顧問們——包括聘用錢德勒為高級參謀的麥肯錫公司（McKinsey）——都鼓勵其他公司套用這種模式。

在錢德勒看來，多分部結構，也就是所謂M型結構（M-form）的優勢在於分清了策略計畫和戰術計畫。它「把對整個企業命運負有責任的高管們從日常經營活動中解放出來，從而讓他們有了進行長期規畫和評估的時間、資訊甚至心理承諾」。[18] 透過避免次級議題的干擾，公司總部可以制定政策、評估績效和分配投資，同時消除各分部負責人因偏處一隅而曲解公司總體戰略的現象。

但這還不是故事的全部。弗里蘭（Robert F. Freeland）指出，斯隆充分意識到了讓通用汽車各級單位對總部戰略保持一致的重要性。原始的層級體系有其危險性。如果不讓中層管理人員參與制定目標，他們就不會那麼努力地去實現目標。這樣的話，計畫就會脫離於執行。作為公司最大股東，杜邦家族總想深度參與關鍵決策，而且不願向各分部負責人讓渡任何權力。所以，必須在公司分權和杜邦家族的態度之間取得一種平衡。斯隆找到了讓各分部負責人間接參與長期策略制定和資源分配的辦法，從而化解了矛盾。這種組織結構在大蕭條降臨之前一直運轉良好。大蕭條時期，除了廉價的雪佛蘭，其他分部都在盡全力保持不虧損。公司決定將各個分部合為一體，從而取消地方自主權，同時又不致對公司績效造成明顯損害。透過這番經歷可以得出兩個結論。第一，結構和戰略之間的關係要比錢德勒描述的更複雜。第二，一家公司的內部秩序會反映出複雜的「社會和政治進程，包括交涉和談判」。[19]

錢德勒對引起爭議的反托拉斯和勞工問題都不太關注。通用汽車很清楚反托拉斯法的厲害（有充分理由），這就是為什麼它不想激怒當局，以免招來司法部的介入。從一九五〇年提出的《塞勒—凱弗維爾法》（Celler-Kefauver Act）中可以看出，政府反對單一公司透過擴大銷量來壟斷特定產品領域的態度，並鼓勵跨行業兼併，使這些公司轉而將業務擴展到了本公司產品以外的新產品領域。這也是「綜合性企業集團」數量激增的原因。[20] 雖然錢德勒有權查閱通用汽車公司的檔案資料，但他不能「在他自己的學術成果中引用這些證據，因為公司高層對反托拉斯行動的畏懼壓倒一切」。[21] 錢德勒通常將商業行為孤立於更寬泛的政治發展背景加以審視，這也是他同樣不重視勞工問題的原因。他是一個「工業宇宙，勞工地位在其中完全是個應變數」。[22] 約翰霍普金斯大學歷史學教授、商業史學家路易斯．高拉姆博什（Louis Galambos）欽佩錢德勒在企業發展史研究方面做出的開創性貢獻，但也抱怨他縮小了研究範圍，「過於輕巧地繞過了權力問題」，想當然地認為「企業可以在沒有社會摩擦或代理問題的情況下，實現自我轉型」。[23]

當時尚處在商業策略研究全面興起前夕，所以對這個領域的關注不免眼界狹窄，沒能面對企業內部以及企業與其外部環境之間的權力分配問題。相反，策略家的目光都集中到了企業高層所面臨的許多其他問題上：塑造組織結構、決定生產和投資重點、控制成本以及對付外部供應商等。受到關注的都是大公司，它們地位穩固，有著軍隊和政府等所有大型組織中司空見慣的階級體系。斯隆模式同時體現出了強勢領導人的影響力。以成功的奇異公司總裁而聞名的傑克・威爾許（Jack Welch）後來批評這套做法把經理變成了懶鬼，使企業受到官僚而非顧客的驅使。他形容那些奉行斯隆主義的公司「臉朝著ＣＥＯ，卻把屁股對著顧客」。[24]

規畫者

一九六四年，杜拉克將一部聚焦於行政決策的新著書稿交給出版商，當時他給這本書起名為《商業策略》（*Business Strategies*）。出版商發現，這個書名對於他的潛在企業讀者沒什麼吸引力。「策略」這個詞和軍事有關，也可能和政治有關，但和商業無關。於是這本書改名為《成果管理》（*Managing for Results*）。[25]馬修・斯圖爾特（Matthew Stewart）說，「幾乎只過了一天，策略就成了經理人圈子裡最熱的詞」。[26]據他解釋，人們對策略突然興趣高漲，緣於兩件事——伊戈爾・安索夫（Igor Ansoff）的著作《企業策略》（*Corporate Strategy*）的出版，以及提供專業商業策略顧問的波士頓顧問公司（Boston Consulting Group，簡稱ＢＣＧ）的成立。

按照哈佛商業評論出版社前總編、現任《財星》雜誌執行主編沃爾特・基希勒三世（Walter Kiechel III）的說法，「企業策略革命」從更早的一九六〇年就已開始，但在一九六〇年之前從來沒有過商業策略。這個詞幾乎沒人用過，而且那時候也沒有一套系統的思想能夠串起各種決定企業命運的關鍵要素，特別是他所說的「３Ｃ」：成本（Costs）、客戶（Customers）和競爭對手（Competitors）。各公司也有計畫，但往往只是一些根據已發生事情做出的推測，公司高層常有的一種本能想法就是：「他們想要怎麼賺錢。」基希勒的說法和「在一八〇〇年開始出現軍事戰略這個詞之前沒有軍事戰略」的說法差不多。在二十世紀後幾十年裡，商業策略的發展在具體形式上不乏新鮮之處，但如果從更傳統的意義看待策略一詞，像洛克菲勒和斯隆這樣的人物從來就不缺少它。考慮到「企業長官」大都偏愛軍事比喻，如果他們在準備大展拳腳的時候不考慮軍事策略，那麼真的會讓人感到奇怪。而且，基希勒也承認，即使正在發展的是新型策略，也要以發生過的事情為基礎。他使用了「更偉大的泰勒主義」這個提法，只不過新策略關注點不再是每名工人的生產績效，而是企業的整體業務功能和流程。[27]其潛在的主題，就是不斷嘗試在理性的基礎上組織商務活動。

要認識和理解所發生的變化，可以從研究哈佛大學的重要人物、曾在一九五〇、一九六〇年代開設「商務政策」課程的肯尼斯．安德魯斯（Kenneth Andrews）入手。他出身於英語專業，曾撰寫過有關馬克．吐溫的博士論文。他自己的作品可能平凡無奇，但他對戰略卻有著明確的見解。和錢德勒一樣，他關心的是「企業的長期發展」。[28]這是領導者選擇的產物，因此它是由企業在商業環境和更廣泛的社會中必須面對的、包括價值取向和組織結構在內的所有問題共同決定的。鑑於需要考慮的變數太多，不計代價地全力追求一個目標是不可能的，至少是不明智的。所以，企業的首席執行長必須是全能，而且認識到每種情況都是獨特和多面向的。在這方面，沒有什麼現成可靠的模型、規範和架構可資借鑑。最接近此類架構的是，安德魯斯和他哈佛大學的同事開發的簡單（但仍被廣泛使用）的SWOT分析模型（組織的競爭優勢和劣勢要根據外部環境中的機會和威脅來綜合考量）。他的分析方法很契合哈佛所倡導的案例研究教學法，該教學法要求學生考察每起企業成功和失敗的案例。這使人們更加相信，策略必須視具體情況來具體制定，在特定環境下服務於特定企業，並非從普遍性理論中衍生出來。

同時，它還以其內在的一致性、在現有資源條件下的可行性以及與環境的協調性，契合了人們一貫秉持的理性行為思想。它主張三思而後行，以便一旦形成策略即可付諸實施（或者像錢德勒說的「建構」）。因為它所涉及的是單一、獨有產品的生產，加拿大管理學家亨利．明茲伯格（Henry Mintzberg）為它貼上了「設計學派」（Design School）的標籤，將其看作後來很多其他管理學派的思想基礎。他批評這個分析模型為了將既定策略明白無誤地對下傳達，採取了一種命令和控制思維模式。策略的實施完全是個獨立的過程，從而減少了學習和反饋的機會。[29]

由於企業經營環境變得越來越複雜，要想保持決策的理性，就要讓決策過程吸收所有內外資訊，並將其轉化成行動指南。這就是伊戈爾．安索夫在他的《企業策略》一書中想要做的事情。這部正式出版於一九六五年的著作，為他贏得了「策略規畫之父」的美名。[30]安索夫生於俄羅斯，後來移民美國，學習工程學，在蘭德公司任職一段時間後，進入了軍工製造企業洛克希德公司（Lockheed），在那裡獲得了實際管理經驗。他認為，公司應該實行業務的多元化，提出了產品和市場相符的概念。在洛克希德的經歷，使他相信「在一個商業企業內存在制定決策的實用方法」。在一九六〇年代早期任職卡內基美隆大學（Carnegie Mellon University）之前，他主要致力於為洛克希德物色將要收購的公司，以實現這家軍火巨頭的產業多元化。因此，他的管理策略思想產生於大公司的內部，其關注的重點就是開發出適合市場的產品系列。在一個熟悉的主題中，他尋求透過——盡可能以最系統、最全面的方法——整合所有可能相關的因素，將管理戰略由一種直覺藝術變成一門科學。

為達到這個目的，他提出一種非常特別的戰略觀。安索夫注意到戰略的定義中有一個「不幸的巧合」。他試圖區分「策略性決策」和「策略」這兩個概念，認為前者中的「策略性」涉及「企業與它所處環境的配合」，後者中的「策略」表示「部分無知狀態下的決策原則」。[31]沒有什麼決策能夠在全知的情況下做出，儘管安索夫的計畫模型顯示有這個可能，而且認為所有重要決策都會影響到與環境的關係。不過，展開具體活動與分析現實挑戰和未來可能性，必然是不一樣的：前者要求必須針對緊迫問題採取行動，所以會帶有些許戰鬥氣息，帶有緊迫感和危機感；而後者是對環境的一個總體判斷，著眼於那些可能要過很久才會發生的事情。這個模型或許永遠不能用來應付危機；用它是為了避免危機，透過關注總體環境維持有利地位，確保資源得到最有效利用。

這種關注每個細節、重視系統化進程的整體分析法，反映了安索夫的工程學專業背景。在以各種列表、方格、圖解、矩陣、圖表和時間軸為標誌的分析模型中，環境通常由一團「不規則的斑點」表示，而組織單位通常是一些方格，概念是圓圈或者橢圓。[32] 其結果就像基希勒說的，「被精細地雕琢成了一個過分講究的錯誤」，最後的一頁圖表上竟會出現五十七個包含了各種對象和元素的方格，還有一堆箭頭，用來確保看它們的人不會弄錯順序。[33] 整個分析過程是如此高標準、嚴格要求，以至於策略必須交給專業機構來制定，不再是首席執行長能做的事情了。正是計畫的這種高要求，讓高伯瑞看到了權力向技術階層的轉移。

計畫的重要性，以及人們感知到蘇聯比它的資本主義對手更精於此道，加深了各界對管理術的崇拜。將這種管理術服務於國家方面的典型人物，就是羅伯特·麥納馬拉。在職業生涯早期，他就闡明了經商技巧可以用於處理軍事事務，而且可以再被用回到商業領域的觀點。第二次世界大戰爆發時，麥納馬拉正在哈佛商學院教授會計學。他和幾位大學同事一起被召進美國陸軍航空隊（Army Air Corps），加入了由外號為「特克斯」（Tex）的查爾斯·貝茨·桑頓（Charles Bates Thornton）領導的國家統計控制辦公室（Office of Statistical Control）。這個小組投過窮究挖掘出真實數據，同時輔以高度精確的量化分析，一舉理順了航空隊混亂的會計系統。這樣一來，人員數目清楚了，機庫中的配件也都準確地和飛機配對上了。他們還運用作業研究，證明資源可以得到更有效的利用（例如將炸彈投放量與燃油消耗量和飛機容量連結起來）。他們的分析不僅為國家省了錢，而且對軍事部署產生了積極影響。[34]

戰後，桑頓帶領他的團隊為福特汽車公司提供服務。兩者的配合堪稱完美。亨利·福特在其指定接班人兒子埃德索爾一九四三年因胃癌病故後，重新回到了公司的領導職位上，但他此時已經年老體衰，情緒也不穩定。不久，他又把位子讓給了孫子——還不滿三十歲的亨利·福特二世。憑著充沛的精力和十足的幹勁，小亨利開始著手對公司進行現代化改造。當時公司的主要問題之一，就是完全沒有財政紀律，為此，他採納了桑頓的建議。這個小組對公司的集體影響是巨大的。他們探索系統運作和會計方法，提出了數不清的問題，以至於後來被稱為「神通小子」（Quiz Kids，當時一檔由一群絕頂聰明的孩子擔綱的熱門電台節目）。隨著該小組方法的日漸奏效，他們的綽號又變成了「精明小子」（Whiz Kids）。他們代表著理性主義，堅決反對靠直覺和傳統行事，而且對自己缺少企業工作經驗不以為然。對他們來說，和公司有關的是組織結構圖和現金流量，而不是工業生產流程。最終，他們這種方法暴露出了明顯的局限性：它過於依賴數據品質；容易忽略像顧客忠誠度這樣無法簡單測量的因素；而且對不能馬上見效的投資的長期收益缺乏足夠的認識。但在短期內，這種方法的效果是明顯的。福特是戰後第一家推出新車型的公司，而正是「精明小子」幫助公司走上了復甦之路。

麥納馬拉後來成為這個小組的領導人，進而在一九六〇年十一月九日約翰・甘迺迪贏得總統大選的同一天，當上了福特汽車公司總裁。但兩個月後，他便辭職轉任甘迺迪政府的國防部長。我們已經討論過麥納馬拉實行的基於分析法的集權式管理對五角大廈帶來的影響。現在我們看到，這種做法契合了管理理論的發展潮流。麥納馬拉的前任、艾森豪總統的國防部長查爾斯・威爾遜，也來自同一個行業。威爾遜曾接替斯隆擔任通用汽車公司總裁，而且曾採用M型結構的組織方式管理五角大廈，即把各個部門視為各自獨立的事業分部，並將負責各個部門的助理部長當作他在公司時的副總裁。由於艾森豪決心要縮減國防開支，威爾遜整個任期內都在竭力遏制激烈的部門間爭鬥。各個部門互不隸屬，各自為政，在國會和商界都有朋友撐腰，彼此間劍拔弩張，疏於合作。[35] 麥納馬拉的管理方法則大異其趣，更近於安索夫的風格，而非錢德勒和杜拉克的作風。他的目標是掌控整個辦事流程，為此，他強化自己的領導權，讓系統分析辦公室裡那些主要由他從蘭德公司帶來的「精明小子」面對面地質詢各部門的預算和項目情況。這種窮追不捨、注重分析的方法對美國軍事項目和作戰行動的管理，特別是越戰，產生了重大影響。起初，麥納馬拉被譽為運用最先進管理方法的楷模，但到了一九六八年他離開五角大廈時，他的方法卻因過分重視可測數據、忽視真正需要理解的東西而遭到非議——麥納馬拉晚年時也接受了這些批評。

企業就像政府，整個部門都被用來制定計畫，一絲不苟地設計出每一個要採取步驟的細節和它們的適當順序。周而復始的計畫主宰著企業運作，每個人都在等待正式文件來告訴他們該做什麼，文件上列有預算和項目，並警示了偏離計畫的危險。其結果是政治上加強了中央的權力，但代價是疏遠了那些執行計畫的人，使他們很容易用嘲諷的態度對待各種毫無意義的目標。一名管理人員曾沮喪地大叫：「他們用模型選擇戰略，他們也能用模型實現它」。[36]他們所依賴的長期預測根本不可靠，組織資訊往往陳舊過時，被隨意歸入不恰當的類別中，而且很少考慮文化因素。連安索夫也開始擔心，這種由他最先倡導的組織結構會癱瘓決策機制，犧牲掉應有的靈活性。

奧地利裔英國經濟學家、一九七四年諾貝爾經濟學獎得主海耶克（Friedrich Hayek）最著名的一篇文章，認為規畫合理經濟秩序的核心問題是：「我們必須利用有關我們處境的知識，但這樣的知識從來也不會以集中或整體的形式存在，而是人們各自持有的不完整且常常相互矛盾的知識碎片」。由知識引出的問題，並不是單個頭腦能夠解決的資源配置問題，而是「如何確保社會的每個成員所知道的資源得到最佳使用，將其用於相對重要性僅僅為個人所知的目的。簡單來說，社會經濟問題是知識的利用問題，任何個人都不可能從整體上占有」。[37]二十五年後，美國公共行政學、政策科學大師亞倫・威爾達夫斯基（Aaron Wildavsky）同時從國家和公司的層面，對流行一時的計畫風潮做出評論。持強烈懷疑態度的威爾達夫斯基提出，沒有足夠證據顯示計畫過程有什麼價值。在某種程度上，所有決策都是計畫，為的是改善未來的狀況。計畫的成功取決於「控制目前行動的未來後果的能力」。在一個大公司裡，更不要說在整個國家裡，這意味著「為了確保取得預先設定的結果，對很多有著不同利益和目的的人們的決策實行控制」。某些因果理論應該把計畫好的行動與想得到的未來結果，乃至按照該理論行事的能力掛鉤。涉及的人和行動類型越多，就越是需要這些理論能解釋清楚，要如何讓所有人以不同方式採取行動。[38]

到了一九八〇年代，策略計畫漸漸失去它的光彩。計畫部門已經變得越來越臃腫和費錢，計畫一個接著一個層出不窮，計畫出來的結果也變得空前複雜。過去的困難和失敗並沒有被當作系統缺陷的表現，而是被看成計畫執行過程中存在過多獨立想法的結果，而這需要提出更多的指令和規定、制定更明確的預算和目標。當素以擁有精密的計畫體系著稱於世並引以為傲的奇異公司決定徹底廢止這套體系時，舊的格局被打破了。人們抱怨獨斷專行的官僚機器依靠模稜兩可的數據而非市場本能反應行事，因為缺少轉向的靈活性而固守錯誤的預測結果。高級管理人員任由計畫流程擺布，無法拿出替代宏大計畫的其他可行方案。同時，就像奇異新任首席執行長傑克．威爾許所觀察到的：「規畫報告越來越厚，內容越來越多，排版越來越複雜，插圖也越來越精美。」[39] 據說，《財星》雜誌一九八一年寫給威爾許的一封信使他深受觸動，信中批評「經理們無休止地追求能夠自動給他們答案的毫無創意的做法」。他拿克勞塞維茨和老毛奇的作戰思想為例，提出「策略不是一份冗長的行動計畫，而是隨著不斷變化的環境而產生的一種中心思想的持續演變……任何機械刻板的方法在獨立意志或真實世界中不斷發展的形勢面前都無能為力」。威爾許在奇異公司實踐了這種思想，他引用老毛奇的觀點——作戰計畫在第一次遭遇敵人時就無效了——解釋了為什麼公司需要的不是一份嚴格僵硬的計畫，而是一種能夠適應環境變化的中心思想。[40]

一九八四年，《商業週刊》（*Business Week*）以奇異公司為例，宣布了乏善可陳、令人失望的「策略規畫者統治」的終結。對它的致命一擊來自亨利．明茲伯格一九九四年的著作《策略規畫的興衰》（*The Rise and Fall of Strategic Planning*）。[41] 一九九一年，作為對明茲伯格早先發表的一篇文章的回應，安索夫抱怨他似乎要把所有規範正統的學派都扔進「歷史的垃圾堆」。他略帶悲哀地表示，如果自己接受了明茲伯格的評判，那就是「白花了四十年時間苦尋對策略管理實踐毫無用處的對策」。[42]

商場如戰場，一旦人們對建立在集中控制、量化和理性分析基礎上的計畫模式喪失信心，新的策略方法就會應運而生。這些集權模式在理論上沒什麼瑕疵，但在實踐中卻漏洞百出。它們為首席執行長設計了理想的行為典範，但這卻是以大膽猜測如何做出和執行最優決策為依據的。特別是，這種模型只能服務於強有力的實體，比如一個超級大國，至少也得是一個超大企業。隨著外部環境越來越難管控，這種模型所要求的繁瑣程序也變得越來越失靈和遲鈍。

要找到新的方法，就必須更理解如何應付組織內部和組織之間的衝突。總的來說，經濟學可以從橫向上幫助解答有關如何制定競爭策略的問題，而社會學則可以從縱向上幫助解答如何發揮一個組織最大效能的問題。在我們探討這些因計畫模型暴露出缺陷而發展出來的方法前，應該首先思考另外一類方法，尤其要注意它和軍事思維之間更緊密的聯繫。

第31章

商場如戰場

經理們總是幻想自己屬於軍官階層。而把他們和中士區別開來的是戰略。

——約翰·米可斯維特（John Micklethwait）和阿德里安·伍爾德里奇（Adrian Wooldridge）

就像發生在軍事領域中的情形一樣，對一九五〇、一九六〇年代商業計畫模型的抗拒，開始讓人們試著重新發現戰略在實踐中的本質。越戰的經歷和對蘇聯實力上升的認識，促使美國國防務改革者重拾古典軍事思想，堅決要求因應嚴酷的戰爭現實。同樣，日益嚴峻的競爭環境也促使商界開始更多地思考成功與失敗，以及將打仗所需的意志力和激情注入其商業策略的必要性。首席執行長可以把自己想像成將軍，恰當地運用自己的智謀、魅力和心計，率領部隊投入戰鬥。比較激烈的商業競爭和戰爭之間的相似之處成了管理類書籍的固定主題，對戰役、進攻和迂迴這些軍事語言的使用似乎是件很自然的事。

這種趨勢發展到最後，一般會啟發人們習慣性地想到，企業的董事們或許可以從亞歷山大大帝或拿破崙這類人物的戰場功績中獲得某些借鑑。軍事人物，甚至某些充滿爭議的軍事人物，一下子變身成為商業楷模，人人都指望能從他們身上學到相關的領導祕訣。除了明顯的人選（亞歷山大、凱撒、拿破崙）之外，芝加哥大學商學院教授阿爾伯特·馬丹斯基（Albert Madansky）還發現了一些書籍，其中分別汲取了匈奴王阿提拉（Attila the Hun，譯註：曾率匈奴人軍隊橫掃歐洲，使西羅馬帝國名存實亡）、坐牛（Sitting

Bull，譯註：北美印第安人部落首領，曾領導印第安人反抗白人入侵）、羅伯特．李（譯註：美國南北戰爭中南方聯盟國軍總司令）、尤利西斯．格蘭特（Ulyoses S. Grant，譯註：美國軍事家、陸軍上將、第十八任美國總統）以及喬治．巴頓（George Patton）的戰略智慧。[1] 例如，韋斯．羅伯茨（Wess Roberts）撰寫的暢銷書《匈奴王阿提拉的領導祕訣》（*Leadership Secrets of Attila the Hun*），雖然沒有將阿提拉塑造成一個行為榜樣，但稱讚他為模範領導人，因為他「完成了艱巨任務，並以具有挑戰性的壯舉克服了『看似』不可克服的障礙」。這等於賦予了阿提拉和匈奴人「在別處可能看不到的稍稍正面一點的形象」。偉大的首領會努力適應環境，而非輕易妥協，會坦然應對厄運，會從錯誤中學習，不會問他不想知道答案的問題，只打他能贏的戰爭，更喜歡勝利而不願僵持，而且他即使失敗也會拚盡全力，等等。書中只在提到忠誠的重要性以及如何強迫人們盡忠的時候，有過一點對陰險邪惡的模糊暗示。總的來說，阿提拉是位開明和有感召力的領導人，認真負責地為匈奴人創造福祉，並向他們解釋自己正在做什麼以及為何這麼做。[2]

只要精心挑選一些例子，仔細提煉，歷史事件和人物是可以用來論證各種商業理論的。在這類書籍中，戰略成了各類警句和比喻的大集合，內容往往相互矛盾、陳腐老套，最多把以前的最好做法再精鍊地重複一遍——這些恰恰是採用謹慎研究方法的社會學家想要避免的。這些書不可能讓讀者改變什麼行為，也不可能影響到企業的生產和計畫。比如，有一本書的後面就列出了一堆格言和語錄。試問，企業經理應該如何理解「戰爭很殘酷而且你無法改變它」（W．T．謝曼將軍），或「給他們的肚子來上一槍，掏出他們的五臟六腑」（喬治．巴頓將軍），抑或「戰爭在定義上，就是指暫時把規則、法律和文明行為扔到一邊」（羅伯特．李將軍）？這位作者根本不考慮「帶著笑臉的、雙贏的、『愛你的敵人』式的商業思維」。他堅持認為，商業「就像戰爭，基本上是一場帶有最高等級經濟和專業風險的零和對抗遊戲」。[3] 同樣，道格拉斯．拉姆齊（Douglas Ramsey，譯註：漫威漫畫中的一名超級英雄）形容現代商業是「野蠻的戰場」，一樣以「勝利」為目的。他想要說明的是，某些關鍵的戰爭原則，比如明確目標、統一指揮、節省兵力和集中力量，對企業老總就像對軍事將領一樣有意義。他注意到，就戰略決策而言，很少有企業領導人會從戰爭中借鑑經驗。但可以肯定的是，如果他們能這麼做，工作效果會更好。[4]

很多這類書籍影響有限，人們更多是讀個新鮮，而不是把它們當成常備參考手冊。有些時候，商業對抗會變成你死我活的戰鬥，但競爭多半會繼續下去，參與者眾多，力量此消彼長。取得決定性勝利的時刻少之又少，久歷不遇。事實上，軍事經歷的要素更多體現在「摩擦」的概念或嚴重無能的例子中，從而也警示所謂的作戰計畫會有多麼差勁。在一個衰退或不景氣的市場，勝利往往屬於堅持到最後的公司，這就可能促使各個商家競相運用無情手段死拚到底。但是在一個成長中的市場，競爭或許沒有那麼激烈。而在那些充滿複雜變數的市場，各方既有可能展開合作，甚至串通，也有可能發生衝突。如果過於認真地把商場比作戰場，將會引發不恰當和不道德的行為。對爭鬥的熱情以及對失敗出於面子的恐懼，可能促使各方不計代價地追求「價格戰」或「收購戰」，進而遭受重大損失。和所有借鑑對象一樣，戰爭可以給商界帶來啟發，只要後者別太當真。[5]

不過，有些標準的軍事戰略比喻看起來還是貼切的。早在一九六〇年代，波士頓顧問公司[6]的創建者布魯斯・亨德森（Bruce Henderson）就對戰略有過更具概念化的思考。他明確吸收了李德・哈特的思想，強調應集中力量攻擊競爭對手的要害。他意識到，競爭充滿戲劇色彩，當它表現為「某種無感情的、客觀的、無趣的事務」時便會蕩然無存。為此，他論述了用計謀牽制競爭對手的可能性。戰略應該是對不同管理風格的分歧，以及諸如「間接費用分配率、經銷管道、市場形象或者靈活度」這些因素的挖掘利用。他注意到，在市場體系需要穩定的時候，競爭對手是可能成為朋友的。基本的策略規則就是：「說服你的競爭對手不要在你自己想要大力投資的產品、市場和服務領域投資。」[7]

在一九八一年發表的一篇影響後世的論文中，「現代行銷學之父」，美國西北大學凱洛格管理學院終身教授菲利普・科特勒（Philip Kotler）和印度裔美國企業家拉維・辛格（Ravi Singh）認為，企業對「制定以競爭對手為中心的戰略贏取市占率」的需求，將使經理們越來越把注意力轉向軍事科學話題。[8]定位理論創始人、著名行銷策略家艾爾・賴茲（Al Ries）和「定位之父」傑克・屈特（Jack Trout）兩人於一九八六年出版的《行銷戰爭》（*Marketing Warfare*），[9]便是從克勞塞維茨的思想中汲取了靈感。行銷戰略和軍事戰略不同，因為它關注的重點是消費者心理而不是市場大小（儘管軍事戰略也大都不懷疑心理因素的重要性）。就像最強大的軍隊一樣，最強大的公司應該運用實力保持自身優勢。一家主宰市場的公司有更多的資源來壓低價格和開發產品。因此，小公司要想贏得機會，就必須像弱勢軍隊那樣多用計謀，而不是武力。有更好的人員、產品甚至更高的生產率還不夠。根基穩固的防禦陣地只可能被一支更強大的軍隊攻陷。同樣，按照克勞塞維茨的觀點，突襲也不可能彌補兵力上的不足。

賴茲和屈特提供了四種行銷戰略——防禦、進攻、側擊和游擊。採用哪種策略，其實由市占率決定。那些市占率最高的企業都想支配市場，而市占率最少的企業只能全力維持生存。面對嚴峻挑戰，實力最強的企業必須做出因應：如果不這麼做，就會慢慢失去市占率，最終使自己的支配地位受到威脅。市場中的老二可能發起攻勢，奪走老大的一些市占率，但最好從狹窄的陣地上，正面攻擊市場領導者的致命弱點。弱點必須仔細挑選。舉例說，如果只是簡單的價格過高，一個擁有充足資源的公司可以透過降價來因應。如果正面進攻太危險，可以使用明顯不同的產品發起側翼攻擊。這方面的風險涉及不熟悉相關市場，以及無法向競爭對手發出充分的信號。小公司最好在它們所有細分市場採用游擊戰略，避免與大公司展開激烈競爭，保持靈活機敏，隨時準備在環境變化時進軍或撤離某個地區。以李德・哈特的方式，間接逼近敵人，並以克勞塞維茨的方式，全力攻擊敵人最薄弱的環節，這是從軍事理論中借鑑到的關鍵原則。核心建議則是：不要正面攻擊一個地位穩固的對手。

一九八〇年代，商界的目光轉向了中國的孫子。[10]孫子的影響力從流行文化作品中對他的兩次引用，得到了印證。在電影《華爾街》（*Wall Street*）中，邪惡的戈登・蓋科（Gordon Gekko）勸告巴德・福克斯（Bud Fox）：「我可不會朝木板上亂扔飛鏢，我只賭會贏的事。讀讀《孫子兵法》吧。仗在沒打之前就已經分出勝負。」福克斯後來運用《孫子兵法》戰勝了蓋科：「強而避之，怒而撓之，勢均而戰之，勢弱則避而觀之。」《華爾街》是一部道德故事，講的是初級股票經紀人巴德・福克斯夾在他的藍領階級父親和冷酷無情、玩世不恭的戈登・蓋科之間左右為難。他的父親是個工人領班，也是工會會員，代表了勞動者勤勞而誠實的美德；而蓋科是個「企業狙擊手」，專門靠大量購買某公司股票而達到控制該公司目的的人或機構（也譯為「公司掠奪者」、「敵意併購」），他的座右銘就是「貪婪是好東西」。巴德用從蓋科那裡學到的方法，變得富有起來，直到他意識到蓋科計畫收購他父親工作的航空公司，完全是為了低買高賣。影片上映於華爾街股市暴跌的一九八七年，似乎摸透了金融界的心態，這種心態既引發了股災，又導致了道德的淪喪。

另一個惡棍是電視劇《黑道家族》（*The Sopranos*）中的黑道大老托尼・索普拉諾（Tony Soprano），他的心理醫生馬爾菲（Malfi）多少帶點挖苦地告訴他：「你要想成為一個更棒的黑幫老大，就讀讀《孫子兵法》。」[11] 後來，索普拉諾向她彙報說：「我在讀那東西——你告訴我的那本書，你知道的，就是《孫子兵法》。我的意思是，這玩意兒是一位中國將軍在兩千四百年前寫的，大部分內容在今天仍然管用！避開敵人的主力，迫使他暴露自己（的弱點）。」索普拉諾清楚地感覺到，自己因為讀《孫子兵法》而獲得了競爭優勢，「大多數我認識的傢伙讀的都是馬基維利」。索普拉諾稱自己在一本學習指南中讀過馬基維利，發現他最多也就是「還可以」，但是孫子「在戰略方面要強得多」。[12] 因為有托尼・索普拉諾的捧場，《孫子兵法》在紐澤西州成了亞馬遜暢銷書。

商業策略家對孫子的研究，催生了一整套介紹大師深邃思想的書籍。馬克・麥克內利（Mark McNeilly）在《孫子與商業藝術》（*Sun Tzu and the Art of Business*）中就解釋了：「如何在不激起競爭對手報復的條件下搶走市占率，如何攻擊一個對手的弱點，以及如何最大限度地利用市場資訊的力量取得競爭優勢」。[13] 據信，《孫子兵法》的價值還體現在更多領域。有一本書認為，仔細研究《孫子兵法》有助於「堅守結婚誓言，讓婚姻需要幫助的你和伴侶獲得美滿的婚姻」。[14] 對《孫子兵法》的信奉提高了策略家的素養。新的策略思想不再鼓勵企業經理人成為「小拿破崙」，而是勸說他們運用自己的頭腦智勝對手。它還大大減少了對克勞塞維茨式「商業即戰爭」比喻的依賴。

孫子和李德・哈特吸引商業策略家的原因，和吸引軍事戰略家的原因一樣。他們認為理解力、想像力和控制力才是策略家的必需素質。比一個弱小對手花更多的錢不算有本事，除非為了避免受到反競爭監管。真正的本事在於創造新產品和開發新服務——哪怕是在被最有可能的競爭對手忽略掉的新市場。《孫子兵法》中還包括了一定程度的道德複雜性，比如，電影中虛構的無良交易員利用內部消息致富，就被認為是受了它的啟發，靠敲詐勒索和威脅恐嚇大肆斂財的地痞流氓也如此比照。和古希臘羅馬時代的陰謀家一樣，他們的狡詐讓人佩服，但也讓人深深擔憂：這種狡詐會被怎樣用來對付那些過著更高尚生活的人？欺騙和智取一個外部敵人的能力，或許值得稱道，但如果把這些手段用在自己家門口以獲得不公平優勢，就不是什麼好事了。

人們著迷於孫子的另一個原因，在於它可能提供了探知亞洲思想的一個線索。日本，這個在太平洋戰爭中遭受決定性失敗的國家，在戰後採用了美國人可能曾經知道但似乎已經遺忘的商業方法，從而獲得了不可動搖的競爭優勢。《孫子兵法》提出一種獨特的哲學觀，那就是依靠耐心和智慧，憑藉對事態發展的出色把握以及隱藏自身實力和意圖、洞穿敵方實力和意圖的能力，獲得優勢。相較之下，美國的經理人已經變得目光短淺，總是盯著財務收支和短期目標，而他們的對手則從長遠考慮，集中精力關注產品。十七世紀的劍術家宮本武藏是日本的一個重要人物。將死之際，他把自己的哲學思想寫進《五輪書》傳給弟子。雖然他身經百戰，但主要本領是決鬥，自從十三歲初次決鬥戰勝對手後，就對這門技藝勤練不輟。宮本的決鬥方法中包含有一定的詭詐成分（比如，故意遲到以使他的對手失去鎮定，或者故意早到令對手措手不及），但他的力量和技巧是不容置疑的。他可以雙手使劍，同時還能擲出他的短劍。他一生據說進行過至少六十次決鬥，無一失手。雖然宮本宣稱他的理論適用於所有形式的戰鬥，但決鬥卻提供了一個獨特的視角，尤其是在他直奔目標、只想簡單砍倒對手的時候。

從整體方法上看，宮本的理念與《孫子兵法》有很多共同之處，幾乎可以肯定他讀過這本書。[15] 宮本將戰略形容為「武士的技藝」，由首領來展現。他強調「當今世界沒有真正理解『戰略之道』的武士」，以此來說明其見解之重要。他鼓勵透過刻苦研究每一件可能相關的事物（「了解最微不足道的事、最舉足輕重的事、最膚淺的事和最深奧的事」）開發直覺智慧，強調要在任何情況下保持鎮靜，主張靈活應對和變換策略（因為明顯的行為模式會讓敵人發現你的弱點），並警告應避免正面交鋒。在不能看清敵人的情況下發起攻擊，他力主站到制高點，確定敵人在左邊還是右邊，並盡力把他逼入不利的地形中。時機很重要，這意味著調整步法和保持警惕。他更喜歡先發制人，但強調必須注意敵人力量的強弱變化。

但是有些人提出，是否可以從所有這些思想中引證出成功的日本商業策略，還不是很清楚。《五輪書》不是給普通讀者看的，而是給那些按特定武術套路接受訓練並契合其獨特精神基礎的人。有一部權威著作形容它「簡潔到令人費解的地步」，暗示其「晦澀難懂」使「其中的文字像羅夏克墨跡測驗（Rorschach inkblots，譯註：瑞士精神病學家羅夏克於一九二一年創立的心理測驗方法，即把墨水灑在白紙上，對摺形成對稱的墨跡圖，然後把這些無意義的圖形呈現給受測者，讓他們根據圖形自由想像並做出自己的解釋）中的墨跡一樣，現代讀者（也許是商人）可以從中發現很多可能的意義」。[16] 從宮本武藏在日本的受重視程度來看，他不太可能被作為一個策略思想的源泉來對待，更可能被當成了一種行為榜樣，一個以謙遜、內心的平靜、勇氣、力量和冷酷著稱的武士英雄。

一九七〇年代晚期被波士頓顧問公司派到日本工作的喬治·斯托克（George Stalk），對日本策略中強硬、堅韌的一面比對它溫和的一面更感興趣。他在一九八八年發表於《哈佛商業評論》（*Harvard Business Review*）上的一篇文章以及隨後出版的一本書中發展了自己的想法，[17] 其中強調了時間作為競爭優勢之源的重要性。他注意到，他強調要快於對手制定和執行決策的觀點，與約翰·博伊德鼓勵深入理解決策週期的OODA循環理論很相似。[18] 這就指向了美國所有曾熱衷討論軍事改革的人都很熟悉的論證（和表述）方式。他指出，在一個競爭環境中，策略選擇只有三個選項：一是尋求與競爭對手和平共處，但這不可能帶來穩定；二是退避三舍，這意味著退出市場，或透過業務整合和集中，盡量避免接觸對手；三是發起攻擊，這也是確保企業成長的不二選擇。但是，透過降低價格和擴大產能來直接挑戰對手的風險很高，所以最好的選擇是「間接攻擊」，包括使用奇襲戰術，讓對手來不及反應或根本無力反應。據他分析，日本人能做到這點，靠的就是加快「計畫循環」，綳緊從新產品開發到服務於顧客的每一根弦。這不僅省了錢，而且讓競爭對手難以趕上。[19]

隱藏在「商業即戰爭」這類書籍背後的一個嚴肅問題是，這兩種行為是否有足夠相似之處，可以使軍事戰略有效應用於商業活動。在各家公司激烈爭奪市占率、努力躲避貪婪的掠奪者、清理卑鄙的內奸，或是繼續攻擊有弱點的同業的某些領域，商業和戰爭的相似性會表現得很明顯。一般說來，這類書籍中的案例研究涉及的都是面對面競爭的公司（如可口可樂和百事可樂之間的競爭即是經典案例）。一旦公司們成了彼此交戰的軍隊，就要服從同樣的準則。從一九七〇、一九八〇年代起，美國的軍事戰略家開始探討孫子和李德．哈特思想的實用性，並對比機動戰與缺乏創意且代價高昂的消耗戰的優劣。在約翰．博伊德的鼓舞下，他們開始思考如何掌握敵人的決策週期，以使其迷失方向、陷入混亂。一段時間之後，商業策略家也拾起這些話題。其中有些人無疑很了解博伊德的工作。

軍事戰略只是偶爾在一次性遭遇戰中得到檢驗，這種一次性接觸始終不可能像希望的那樣取得決定性戰果，但有助於改變未來與敵遭遇時的戰術。商業策略每天都要接受檢驗，其中卻包含著對一家公司來說可能獨有的機遇，一旦抓住，就可能會產生持久的優勢。軍事戰略並非只涉及固定不變的國家。雖然很少見，但國家有可能因為被占領而不復存在，或者因為分裂而生出新的國家。但對於商界來說，發生這種事情太正常了，而且這可能是它最重要的一個特點。公司可能倒閉、易主，或是簡單地汰舊換新。這使得內部組織與外部環境的互動更趨複雜。然而令人驚訝的是，戰略文獻中很少注意到這種互動。可以說，社會學中的學科劃分無助於解決這個問題。從各方面來看，經濟學可以解答企業和市場的關係問題。它最終涉足了組織結構研究，產生了一定影響，但結果往往是災難性的。要了解企業組織，社會學要管用得多，但它沒有什麼可以用來分析企業與其營運環境關係的工具（也沒有專門的學科）。文獻資料的分類，意味著我們必須先從經濟學所主導的理論部分講起，然後才能回過頭來論述社會學所主導的領域。

—第32章—

經濟學的興起

經濟學家和政治哲學家的思想，無論是對還是錯，實際上都要比一般人想像的更為有力。這個世界確實是由少數菁英統治。那些相信自己在智力上不受影響的實做家往往是那些已經過世的經濟學家的奴隸。

——約翰．梅納德．凱因斯（John Maynard Keynes）

經濟學逐漸在策略管理領域取得了幾乎是支配性的地位。這不是因為只有它適合這個知識性的論題，而是因為像蘭德公司和福特基金會這樣的機構，在經過深思熟慮之後，決定將它作為一門新的決策科學的基礎，並且積極地推廣這門新興科學。兩家機構都鼓勵商學院納入經濟學課程。和柏拉圖的哲學一樣，一個旨在提供永恆真理的新學科，部分程度上是透過貶低和諷刺因不夠嚴謹而已消失的學說，而被創建起來的。

這個話題最好從蘭德公司開始說起，我們在之前章節中曾認定它是賽局理論和發展正式決策科學主張的大本營。蘭德公司的努力之所以得到認可，是因為核武帶來了一系列非常特殊的問題。這些努力不僅改變了戰略思維，也改變了經濟思維，因為它展現了憑藉強大計算能力，為所有形式人類活動建立模型的可能性。菲利普．米羅斯基曾在他的書裡寫到與電腦技術相伴發展、體現人與機器新奇互動的「半機器人技術」。這些技術打破了在模式上開始趨同的自然和社會，以及「現實」和擬像之間的差別。例如，在戰爭期間，蒙地卡羅模擬法就應用於原子彈專案以解決數據的不確定性，從而開啟了一系列可能的實驗，探討複雜系統的邏輯，從不確定中找到方法，從混亂中發現秩序。[1]蘭德公司的分析師認為，它們代替而不是補充了傳統思維模式。隨著系統能夠去探討各組成部分之間持續相互作用的動態系統的特徵，簡單的因果關係模式已經落伍。各種系統模型，無論是更有序穩定還是更無序失衡，都在戰爭具有新的意義之前開始成為時髦的分析工具。甚至在不需要進行大規模計算的領域，自然和社會科學界也對使用正式而抽象的分析模型越來越適應，這些模型並不只是基於對可見現實的一小部分的直接觀察，還基於對更廣闊的可見現實和其他不可見現實的探索。對這些可以用人腦無法駕馭的方法加以分析。正如最早的作業研究教科書中所言，這項工作需要「對新課題的客觀好奇心」、對「無根據觀點」的摒棄，以及「對在量化依據的基礎上進行決策的渴望，哪怕這些依據只是粗略估計」。

盧斯和拉伊法於一九五七年合作出版的劃時代著作給這個領域注入了全新的活力。他們在書中過早地注意到，「天真地認為賽局理論解決了無數社會學和經濟學問題，或至少把解決這些問題當成了多年工作中的一個實際任務的感覺」正在減退。[2]他們呼籲社會學家認清賽局理論不是描述性方法。相反，它「很規範（有條件的）」。從絕對意義上講，它既沒有說明人們會如何表現，也沒有規定人們應該如何表現，而只是闡明了人們如果希望達到特定目的應該怎麼做」。[3]他們的告誡沒有受到重視，賽局理論被更常採用作一種描述性工具而非規範性工具。

造成這種情況的一個原因，就是以數學家約翰．納許（John Nash，他和精神病奮戰的經歷成為一部小說和一部電影的主題）命名的「納許均衡」（Nash equilibrium）理論的發展。[4]這是一種非零和賽局。其想法是要找到一個均衡點，類似於物理現象中力量平衡的狀態。在這種情況下，每個參與者都想用最優方法來達到他們的目的。如果所有參與者的策略構成了一套策略組合，且在該組合中，只要其他人都不改變策略，就沒有任何人會改變自己的策略，則該策略組合就是一個納許均衡。[5]納許的貢獻後來被經濟學界譽為「二十世紀最為卓越的思想進步之一」。[6]但它對於策略的價值是有限的。一方面，缺少均衡點會引發混亂；另一方面，均衡點過多又會導致不確定情況的出現。作為對照，托馬斯．謝林論證了使用抽象式推理闡明國家、組織和個人面臨的實際問題的可能性。他鼓勵人們把戰略想像成討價還價的一項輔助手段，同時以驚人的洞察力探究了核子時代種種可怕的悖論。但是，他明確迴避了數學方法，並借鑑了一系列學科，從而放棄了發展一種純粹、通用理論的所有努力。米羅斯基不僅看到了納許的非合作理性主義的欠缺之處，而且認為謝林缺乏嚴謹性而偏於戲謔的分析風格讓人憤怒。謝林迴避了納許形式嚴格的賽局理論和艱深難懂的數學方法，以便提出「沒有交流的交流」和「沒有理性的理性」這樣的矛盾觀點。[7] 米羅斯基低估了謝林將理論概念化的重要性，也低估了他對正式理論在模擬行為和期望時表現出的局限性的認識。謝林指出，「在一個非零和賽局策略中，如果沒有實驗性證據，一個人無論在可證明的範圍之外能感知到什麼，都無法透過純形式化的演繹方法推導出某個笑話一定很有趣的結論」。[8] 不過，謝林的崇拜者遠遠多於效仿者。在經濟學領域，納許的學說仍是主流。

在蘭德公司預算支出和電腦技術進步的快速推動下，社會科學找到了新的立足點。經濟學受到的影響尤其引人注目。正統經濟學在一九三〇年代的大蕭條中遭遇危機。這促使學界依靠改進過的統計分析工具加強了實證的嚴謹性。很多關鍵人物在戰時作業研究中學會了分析技術。雖然各派，例如芝加哥經濟學派與考利斯委員會（Cowles Commission，成立於一九三二年，旨在提高經濟數據的收集和統計分析水準）之間，在研究重點和方法上存在重大差異，但仍有很多共同點。值得一提的是，它們都植根於可追溯到瓦爾拉斯和帕雷多的新古典主義傳統，而且都認為個人理性是最可靠的事務。正如芝加哥經濟學派中最傑出的經濟學家米爾頓・傅利曼（Milton Friedman）所說：「我們將假定，個人在進行這些決策時，似乎是在追求一個單一的目的或者試圖將其最優化。」[9] 傅利曼認為，爭論人們是否會真的按照複雜的統計規則理性行事是毫無意義的。這是一個對理論有好處的粗略估計，可讓各種命題得到驗證。

傅利曼和同事們在研究方法上注重實效，儘管他們固執地確信，沒有政府干預的市場才是能最有效運作的市場。在這個問題上，他們受到了海耶克的影響。這個奧地利人於一九三八年獲得了英國國籍，曾執教於倫敦政經學院，後於一九五〇年轉往芝加哥大學，但沒能在經濟系取得教職。他出版於戰爭期間的最知名著作《到奴役之路》（*The Road to Serfdom*），對在社會主義和戰爭雙重影響下不斷加強的中央計畫傾向發出警告。與此同時，深受約翰·馮·紐曼影響並得到蘭德公司贊助的考利斯委員會，在新的方法論挑戰面前，更傾向於相信健全的分析模型有助於制定開明的政策。這兩種將想法和做法與賽局理論連結起來的方式，成為發展新型社會科學的一個更廣泛項目的組成部分。

走進商業的經濟學

如何才能讓管理成為大國政府和大型企業提升效率和實現發展的重要手段？福特基金會率先對這個問題展開了探討。一九四〇年代後期，該基金會的工作從解決福特公司自身在底特律周邊的業務需要，轉向推進更廣泛的議題。亨利·福特和埃德索爾·福特父子雙雙去世後，大量資金被投入了福特基金會。當時的蘭德公司董事長、後來成為福特基金會總裁的羅恩·蓋瑟（Rowan Gaither）被小福特選中，受聘領導一個研究委員會，為基金會的未來發展制定目標。他相信，社會科學可以也應該被用來服務國家，而這需要了解這門科學並且能看到其應用前景的管理人才。一九五八年，他在史丹佛大學商學院發表演講，主旨就是「蘇聯的挑戰要求我們挖掘並利用美國最優秀的管理智慧，進而使管理成為一個具有空前重要性的國家責任」。[10]

一九五九年提交給基金會的一份報告中，悲哀地發現，商學院的滿意度標準「低得令人難堪」，很多學校實際上連這樣的標準也沒能達到。這一點從某所南方學校設了很多關於「烘焙原理」的研究選項就可見一斑。與此同時，有些人樂觀地認為，這種局面可以透過向學生教授作為決策方法的「管理學」得到改觀。學生們不必再學著依靠判斷（這曾是哈佛大學全部課程的基礎）做結論，而是可以全身心投入計量方法和決策理論的學習，增強自己的分析能力。在蓋瑟的影響下，福特基金會投入大筆資金，幫助各頂尖商學院創建卓越中心，提高下一代經理人和他們老師的知識水平和專業素養。在二十年裡，美國商學院的數量增加了兩倍，培養出的工商管理碩士（ＭＢＡ）人數也相應不斷上升。到一九八〇年，共有五萬七千名ＭＢＡ從約六百個領域畢業，占獲得碩士學位總人數的二〇％。與此同時，學術商業期刊的數量也有了同等的增加，從一九五〇年代末的大約二十種增長到二十年後的兩百種。[11]

哈佛商學院成了主要受益者，霍桑研究也被奉為認真鑽研必有回報的範例。不過，最先運用社會科學並將其當作頭腦活力之源的，卻是新成立的卡內基技術學院產業組織研究所（Carnegie Institute of Technology's Graduate School of Industrial Organization）。領導卡內基社會科學研究工作的李・巴赫（Lee Bach）堅信，最好的決策必定出自最好的推理過程。他預計將發生一場變革，將澄清並擺明各種變量和邏輯模型，我們的頭腦必須用在決策和持續改良這些模型的邏輯，[12] 他招聘了包括政治科學學家兼經濟學家赫伯特・賽門（Herbert Simon）等人在內的團隊，進行改造，決心把商業教育從「職業教育的荒漠」改造為「基於科學的專業化教育」。到一九六五年時，福特基金會的報告顯示「量化分析和建立模型的方法得到了更多應用」，經濟學、心理學和統計學方面的學科期刊發行量也在上升。

最初的設想是把哈佛商學院教授的案例研究方法融入經濟學，這樣既能強化案例研究的效果，又能使經濟學適應現實需要。其目的是讓教學往重研究輕描述、重理論輕實踐的方向偏移，但實際變化微乎其微。福特基金會日後承認自己犯了一個「策略性錯誤」，它在商學院中積極打造學術高地的工作漸漸被那些既沒興趣借鑑其他學科，也不過分擔心學術成果現實應用的經濟學家所把持。但是在一九六〇年代早期，他們看起來似乎讓人耳目一新。重實踐輕理論的決定，導致各種理論全面缺失，讓人僅靠常識和判斷力行事。要彌補這個缺陷，經濟學明顯比其他軟科學更有優勢。它鼓勵採用簡化模型，透過聚焦核心原則和假定理性行為者（這只表示經理人可能會如何想像自己），將複雜的管理問題簡單化。理論假設的明確性將會由假說的清晰性和可測試性反映出來。管理者的挑戰在於實現組織最有效的運轉。研究一種將此假定為所有個人和組織的共同目標的理論，是很有意義的。

哈佛的教學改變了。原有的商業政策課程不是將企業策略「視為一套公式化理論，而是按照當時上流社會的傳統，把它看作能夠反映管理者價值觀念的企業使命和獨特競爭力」，同時，這門課程也不是特別受歡迎。因此，它被一門所謂「競爭和策略」課程所代替，新課程教材中刪除了有關總經理和社會價值的內容。[13]

讓人們對經濟決策理論產生興趣的，不僅僅是市場供給的增加，還有商業環境帶來的需求變化。強調計畫過程應該符合極少數超大型公司的利益，它們擁有巨大的經濟和政治影響力，在經濟穩定成長的條件下，提供著範圍廣泛的產品線。正是因為它們的規模、實力以及反壟斷法律的約束，這些巨無霸需要處理的主要是內部組織問題，外部競爭對它們來說並不那麼重要。這個詞甚至都沒有出現在錢德勒的《策略與結構》或杜拉克的《管理的實踐》的索引裡。

至於（美國的）新舊市場中，那些結構簡單得多的小公司，面臨的挑戰大不相同，而且一些新挑戰甚至也威脅到大公司的生存。無論公司的大小，都遭受著日益兇猛的外來競爭，特別是來自異軍突起的日本企業的競爭，它們時刻掌握著新的消費者技術，生產成本也更低。商業領域發生著基本的結構性變化：產業重心由製造業向服務業轉移，新技術催生出新型企業和新型產品，常人越來越難以理解的金融工具不斷被開發出來。之後又出現了一些引起嚴重後果的暫時性因素，比如一九七四年的油價暴漲以及隨之而來的停滯性膨脹。

最初迎接挑戰的不是商學院，而是企業顧問，他們不得不應付商業環境變化帶來的種種壓力。布魯斯．亨德森於一九六四年創建的波士頓顧問公司，認為策略就是將自己和競爭對手進行直接比較，尤其是在成本結構方面。當商學院還在鼓勵學生分析具體而獨特的事態時，亨德森已經在尋求有說服力的理論，來指導旗下顧問們應對新客戶帶來的新情況。他的方法演繹多於歸納，目的是發現一家公司與其特定市場之間的「有意義的量化關係」。[14]

亨德森和許多涉足商業策略的人物一樣，出身工程學。因此，他對系統趨向平衡的理念很感興趣，立志找到一種首先打破平衡，然後在一個更有利基礎上重建平衡的策略，並將其運用於一個包括競爭對手在內的系統中。其挑戰在於發展出可以「在複雜組織內以協調方式加以貫徹」的明確、必要的理念。

與安索夫的複雜方法完全相反，亨德森是要運用個體經濟方法發展出他所謂的「強大的高度簡化模型」。波士頓顧問公司後來將其賣給了多家公司。[15] 為亨德森樹立起聲望的高度簡化模型就是「經驗曲線」（Experience Curve）。其核心思想以早期對飛機製造業的研究為基礎，認為生產的產品越多，生產成本越低、利潤越高。將其繪製成曲線，可以顯示競爭關係的狀態。可以假設，對於各家生產相同產品的公司而言，生產成本的變化很大程度上與市占率相關。所以，市占率增加所產生的效果是可計算的。商家有理由相信，在生產經驗上的優勢可以換來生產成本系統的、可預見的下降。但是，這種方法鼓勵各公司只盯著總成本、一味追求規模經濟也可能是一種嚴重的誤導。因為在一個成熟的行業中，經驗曲線會拉平。這種方法還可能鼓勵「向下競爭」，商家會為了追求可能無法實現的更大銷量，而爭相降價，進而失去投資的餘地。福特的T型車實踐已經證明，即便是一種占有統治地位的產品，如果把價格降到不能再低的地步，也會被另一種更好的產品淘汰出局。

波士頓顧問公司的第二種強大的高度簡化模型是「成長率－占有率矩陣」（通稱「波士頓矩陣」，growth- share matrix）。矩陣圖上以縱軸表示企業銷售增長率，橫軸表示企業市場占有率。各企業可以在四個象限定位其各種產品。最好的情況是產品的銷售成長率高、市占率也高的「明星」產品，情況最差的是的銷售成長不變或下滑、市占率也很低的「落水狗」產品。其他兩類分別是銷售成長率低、市占率高的「金牛」產品，和銷售成長率高、市占率低的「問題兒童」產品。這些圖表很生動，邏輯上也普遍被人接受。對「金牛」必須呵護，對「明星」必須支持，而對「落水狗」則可以考慮撤資停產。一旦如此分類，只有「問題兒童」需要認真對待。其實，矩陣與圖形可能會起誤導作用。評論家約翰·西格（John Seeger）就著重提到，「落水狗可能是友好的，金牛現在可能需要一頭公牛幫助維持生產力，而明星可能已經筋疲力盡」。西格警告，用管理模型「代替分析和常識」是危險的。因為優雅而簡潔的理論並非「一定好用」。[16]

直到一九八〇年，商業策略研究才在一所商學院有了重大突破。麥可·波特（Michael Porter，譯註：哈佛商學院歷史上第四位獲得「大學教授」殊榮的教授、商業管理界公認的「競爭策略之父」）有著必不可少的工程學背景，熱衷競技體育。他最初攻讀哈佛商學院MBA，整體性、多向度地學習了有關「商業政策」的哲學原理。不同尋常的是，之後他報名攻讀商業經濟學博士學位，主修課程之一是產業組織。這是最有助於催生商業策略的經濟學領域，因為它研究的是不完全競爭的情形。完全競爭在很大程度上是經濟理論得以發展的必要條件。在完全競爭狀態下，買方和賣方的可用選擇，使價格在一個特定水準上可能實現平衡。顯然，處於完全競爭市場的個別單位不會有特殊和成功的策略。最極端的不完全競爭市場，是由單一供應商操縱價格的完全壟斷市場，同樣沒有什麼運用策略的餘地。市場供應壟斷者的任何選擇都不完全受制於市場，但會受其競爭對手行動的影響。市場供應壟斷者必須深謀遠慮，因為它必須預見到這些行動。沒有管控這種情況的法則，所以賽門斷言，寡頭壟斷是「經濟理論無法根除的永久恥辱」。[17]

擺在經濟學家面前的問題是，某些市場為什麼會偏離標準的完全競爭模型。正常的利潤足以驅動企業發展，但某些行業的獲利過於豐厚。這是因為缺少競爭壓力，因為存在「進入門檻」，即企業試圖建立自己的市場地位時所面臨的障礙。產業組織應用經濟學方法的主要目標，就是找到減少這些門檻的途徑，使市場變得更具競爭性。憑藉自己的商學院背景，波特看到了改寫現有理論的機會。作為一位策略學者，他很自然地把著眼點落在行業內的公司，而不是整個行業身上。他想弄清的，不是如何使系統變得更具競爭性，而是系統內的單位如何能夠利用甚至強化非競爭性元素，以獲得策略優勢。

波特遵循了安索夫的方法，即按照「將一個公司與其環境建立聯繫」的原則定義策略。他設計了一個模型，來幫助企業評估它們的競爭地位。重點仍是為大企業完成這個評估過程提供指導，但他的方法比安德魯斯更雄心勃勃，比安索夫更有目的性，而且沒有亨德森那麼刻板老套。[18] 波特確定了兩個關鍵問題。一個是賣方集中（最大的四家公司所控制的市占率），另一個是進入門檻。從中又引出了用於分析一個產業的「五力架構」。這五種作用力分別是公司間的競爭、供應商的議價能力、買方的議價能力、潛在進入者的威脅、替代品的威脅。許多因素相互關聯。該架構有系統且嚴謹，就企業如何維持和改善自身的競爭地位提供了基本原則和一些具體策略。有評論認為波特的分析缺少變化，對此他回應指稱，恰恰因為五種作用力會發生變化，所以才需要對它們進行全盤觀察。

對於波特而言，策略就是定位問題。可供使用的策略並不多，對它的選擇應取決於競爭環境的性質，目的是找到可以應對現有競爭者和那些試圖進入市場的潛在競爭者威脅的自身定位。波特提供了三種基本戰略：透過不斷降低成本保持市場領先地位；擁有一種完全不同、不會受到其他競爭者挑戰的產品（差異化）；選定一個少有競爭者的細分市場（市場專一化）。他認為重要的是從這些策略中挑出一個並堅持貫徹落實，永遠不要「夾在中間」，因為那樣幾乎「注定導致低利潤」。既然最佳定位能帶來最大利潤，那麼就要有充足的資源來改善自身定位。關鍵是要發現和利用市場的缺陷。根據SWOT模型，競爭優勢和劣勢應該根據外部環境存在的機會和威脅，而不是自身的強弱來考量。沒人會對內部組織和一種策略的實際執行感興趣。

波特的方法可能會因為其演繹性而受到批評。他收集整理了企業在尋求產品差異化或加築市場障礙過程中運用策略的大量實例，但這些實例都是對他理論引伸出的論點的說明。他的某些關於基本策略以及重視市場地位而非經營效率能夠創造更大價值的核心主張，似乎並不符合實際情況。和所有結構理論家一樣，他傾向於認為產業結構「強烈影響著競爭規則的確立以及潛在的可供公司選擇的策略」。[19] 現實中的系統不像理論假設的那樣嚴密和確定，而且更容易被真正有想像力的策略所改變。

波特方法的一個突出特點，在於其政治內涵。他並沒有明確論及此事，但正如明茲伯格提到的，「如果利潤真的來自市場力量，那麼創造它的明顯不只是經濟手段」。[20] 波特注意到，政府「能夠限制甚至封鎖對某產業的進入，例如透過許可證的要求和限制獲取原材料的方法加以控制」。這是他在企業競爭地位和政府輔助作用之間建立的最緊密連結。關鍵的競爭場域是受反托拉斯法影響的領域。波特清楚地意識到了這個問題。他指出，受反壟斷約束的公司可能不敢對想要瓜分少量市占率的競爭者公開反應，換句話說，大公司可能使用祕密提起反托拉斯訴訟的手段，不斷騷擾小公司。[21] 他在自己的第二本書《競爭優勢》（*Competitive Advantage*）中進一步談到這個主題，指出這些訴訟可向對手施加經濟壓力。他還詳細論述了如何透過與經銷商達成排他性協議以逼走競爭者、與供應商合夥，甚至與其他公司結盟等辦法，將進入門檻抬得比自然形成的壁壘更高。[22]他強調，許多行為是反托拉斯法所不允許的，一旦被告上法庭就很容易敗訴。波特堅稱，他支持反托拉斯法，[23]但就其適用效力往往取決於經濟環境這點來看，該法存在著一定的不確定性，也是事實。這種不確定性對於戰略家來說是個大問題，因為看似在這個時刻能夠接受的行為，可能在下個時刻會變得不能接受。

一九八〇年代中期，波特曾為美國全國橄欖球聯盟（NFL）就其和美國橄欖球聯盟（USFL）之間的糾紛出過主意。他把這場糾紛形容為「游擊戰」，建議NFL採取激進策略，比如：勸說電視台終止與USFL的轉播合同；挖走USFL最好的球員，同時鼓勵NFL最差的球員轉投USFL；收編USFL最能幹的球隊老闆，並把最弱的USFL球隊搞破產。在USFL要求NFL為其違反競爭原則的伎倆做出賠償時，上述做法全都成了呈堂證供。最終，法庭裁定NFL的行為違反了法律，儘管判賠的數目少得可憐。波特的助手承認，波特在提供建議時未曾考慮到法律問題，而NFL在辯詞中則稱其忽視了波特建議中的這項缺陷。[24]

同樣的問題也出現在耶魯大學管理學教授貝利．奈勒波夫（Barry Nalebuff）和哈佛大學企業管理學教授亞當．布蘭登伯格（Adam Brandenburger）合著的《競合策略》（*Co-Opetition*）一書中，試圖幫助廣大讀者領略賽局理論的思想精髓。書名的「競合」輕巧簡明地把賽局理論要解決的合作與競爭兩個問題糅合在一起，[25]儘管這個新詞實際上並不算新。[26]兩位作者的想法是，一個企業在和其他同行瓜分商業大餅的同時，其實可以和同行合作，把餅做大。他們著重提到了各種複雜的關係，不僅有企業與客戶、供應商、競爭對手的關係，還有企業之間業務互補的關係，也就是說，一家企業與其他企業存在著天生的合作和相互依存關係（比如電腦行業中的硬體製造商和軟體製造商）。他們討論了透過改變賽局理論規則或運用策略轉變，對某種賽局態勢的理解、可能獲得怎樣的優勢。賽局理論的影響顯而易見，其實它不能算是一種理論。和這個領域的其他實用方法一樣，它先選取一些基本因素，再放到各種不同的情況下加以修改，然後提供讀者一些可能助於解決類似問題的觀點。

在其他策略領域中看似自然的合作模式，常會被認為有破壞正當競爭和觸犯「反托拉斯法」的嫌疑。奈勒波夫和布蘭登伯格就是如此。他們大力鼓吹任天堂公司（Nintendo）在電腦遊戲市場成功獲得了競爭優勢，這種優勢使其能從客戶身上賺到更多的錢（它最終也不得不面對美國聯邦貿易委員會提起的訴訟）。這種分析方式導致兩位作者很自然地幫著企業算計消費者。斯圖爾特尖銳地批評他們「不斷地為公司擠壓市場以及欺騙消費者的行為大唱讚歌」，完全不知道反托拉斯法的厲害，指責他們用錯誤的方法制定策略，按照他們的理解，策略就是「如何籌備一個卡特爾組織，而無須進入一個煙霧環繞的密室；如何構成壟斷，而又不惹賄賂政府官員的麻煩？總的來說，就是如何賺得非同尋常的利潤，而又不必製造非同尋常的產品」。正像斯圖爾特所指出的，就在他們吹捧通用汽車公司為信用卡消費者提供折扣的策略時，從不為信用卡費心的豐田公司卻在打造更好的轎車，並開始蠶食通用汽車的市占率。[27]

波特的《競爭策略》並沒有提到約翰・洛克菲勒的案例。洛克菲勒可能會對本書中的語言和觀念感到陌生，但作為一個想用書中的各種技巧來為標準石油公司定位的人，洛克菲勒應該很能理解該書的主題思想。二十世紀末的管理理論家做學問的環境，明顯受到了十九世紀的大托拉斯以及試圖對付它們的進步運動的影響。任何想要馴服市場的努力，都至少會讓部分參與競爭者陷入困境。然而，第一代管理策略家忽視了這個問題，因為他們一直忙著研究地位穩固或者接近其合法成長極限的企業。但第二代管理策略家完全不是這樣，以波特來說，他並不那麼熱衷競爭，而是想方設法抑制和迴避它。第三代管理策略家則滿懷熱情地接受了競爭邏輯。

第33章

紅皇后與藍海

現在，你看，你已經盡了全力奔跑，卻仍然停在一個地方。如果你想去別的地方，必須跑得比現在快一倍。

——《愛麗絲鏡中奇遇》

在激烈競爭壓力下，管理者角色越來越突出。雖然他們從大公司高層處獲得的酬勞不斷上漲，但與此同時被炒魷魚的風險也在增大。公司評判他們的標準日益苛刻，然而能夠打動投資者的卻是短期效益，這日益成為最重要的目標。與變賣弱勢資產、大手筆改造效率低下的部門相比較，長線投資的吸引力相形見絀。

源自交易成本經濟學的代理理論，對管理者的角色提出了挑戰。它直接解決了各個合作方存在利益差別的問題。其特別之處在於，它所關注的是一方（委託人）將工作委託給另一方（代理人）的情況。委託人會因為無法確切了解其代理人在幹什麼，以及兩者對風險的看法是否真正一致，而陷入左右為難的境地。這個問題的根本還是在於業主（股東）與管理者之間的關係。管理主義的興起反映了一種觀點，即代理人是關鍵性人物。在商業和政治中，和固定的專業菁英相比，名義上的主體——股東、董事會成員和選民、政治家——都是過渡性的、不專業的。一九三〇年代，阿道夫·伯利和加德納·米恩斯就提到了所有權與控制權的漸次分離。現在的問題是，主體們是否並且如何才能重新獲得對代理人的控制權。[1] 如果代理人不願意受控制，就得積極主動地向股東或其他人展示他們的價值，透過讓自己兼具管理者和所有者的雙重角色，而找到擺脫這些束縛的辦法。

代理理論

一九七〇年，《紐約時報》上的一篇文章引起了來自芝加哥的羅徹斯特大學經濟學家邁克爾·詹森（Michael C. Jensen）的注意。文章的作者是米爾頓·傅利曼，他在文中自詡為坦率直言的自由市場經濟倡導者。傅利曼針對的是激進主義分子拉爾夫·內德（Ralph Nader）發起的運動，後者要求在通用汽車公司董事會中增加三名「公眾利益」代表。傅利曼反駁稱，只要企業從事的是「沒有欺騙和欺詐的開放而自由的競爭」，那麼其唯一的責任就是獲取利潤。他的言論直接挑戰了其之前二十年來的管理主義：大公司的高層不該充當國家的代理人，國家也不應該保護他們免受競爭。詹森和他的同事威廉·麥克林（William Meckling）受此啟發，決定嘗試將傅利曼的這番直言轉化為經濟理論。然而，他們發現這些理論很難產生影響。於是，他們決定邁出一大步，將金融領域中富有爭議的假設——就提供更完善的價值指導而言，市場比個人（尤其是基金經理人）更有效——運用到管理中去。由此，賈斯汀·福克斯（Justin Fox）評價稱，「理性的市場理念」已經從「理論經濟學」轉移到了「以實踐經驗為根據的金融細分領域」。這個理念在其中「損失了一些細節，卻在強度上有所增加」。它正尋求運用「股票市場的集體判斷解決長期以來讓學者、高階管理者和股東們煩惱的各種利益衝突」。[2] 詹森和麥克林設想，在完善的勞動力市場中，員工的成本不會超出其對於公司的價值，如果有必要，即便員工換工作，也不會產生成本，他們分析得出的結論是，股東們承受的風險是最重要的。[3]

到一九八三年，在經濟學家越發濃厚的興趣鼓舞下，詹森感覺到可以宣布，未來幾十年人們「在對組織的認識上」，「將會發生一場革命」。雖然組織科學尚處於蹣跚起步階段，但它已經具備一個強有力的理論基礎。它不同於經濟學家的觀點，即在「所有契約都得到了完美執行，並且達到了成本最小化的條件下」，公司只是「追求價值或利益最大化的黑箱」。相反，詹森認為可以從面向績效評估、獎勵和決策權分配的系統角度來理解公司，可以將組織內部的各種關係（包括供應商和客戶間的）理解為各種契約。它們在總體上構成了一個由多元目標的最多代理人組成的複雜系統，這系統能夠達到一種自我平衡。「從這個意義上來說，組織行為與市場的平衡行為很相像。」他認為，所有類型的組織都與此密切相關。因此，合作行為是「利益各不相同的自利個體之間的一個契約問題」。[4]

這種分析方法的言下之意是，業主有充足的理由擔心管理者對自己三心二意。要透過監管和激勵手段，讓業主和管理者的利益回歸一致，這就向管理主義的主張發出了質疑。人們贊同解除對市場的管制，因為這樣一來，那些不能為股東帶來價值的管理者就會岌岌可危。敵意併購中，隱藏著輕蔑的內涵，但詹森和麥克林卻認為它能提高市場效率。這樣，管理者就不敢被自由散漫和時髦的所謂多方「利益相關者」搞得不務正業，而是必須始終將注意力集中在「股東們」的利益最大化需求上。雖然管理者可能會對併購怨聲載道，但它們確實是一種提升價值、重新部署資產、保護公司免受管理不善之苦的方法。「有科學證據表明，公司控制權市場（Market for Corporate Control，譯註：指透過收集股權或投票代理權取得對企業控制，達到接管和更換不良管理階層的目的）基本上既能提高效率，又能增加股東們的財富。」[5]人們認為，公司是根據市場的需要形成並不斷改進的資產。市場無所不知，而管理者卻往往目光短淺、缺乏遠見。由此，一九九三年時《財星》雜誌宣稱：「『CEO王朝』曾經輝煌一時——如今則是股東萬歲。」[6]

採納這一觀點，意味著降低了策略和管理的必要性。一旦採納了自由市場決定論，就可能「把管理當成」與任何其他因素一樣的東西。它只是成了另一種「可替換的」商品，或者更糟糕的是，「一個需要用市場來約束的」投機取巧者。[7]管理者的職責不是向內關注公司內部，而僅僅是向外關注股東，儘管事實上從短期來看，股東這個群體可能是暫時的、不連貫的，而且如果要採取市場需要的行動，就必須建立並培育起高效的組織。管理者的地位和職業中，蘊含著深遠的意義。代理理論認為，組織的歷史和文化並不重要，其內部員工相互之間很可能是形同陌路的關係。用這種理論培訓出來的管理者沒有什麼忠誠度可言，反過來也得不到什麼回報。他們的任務是解讀市場，並做出反應。他們幾乎沒有做出判斷和行使責任的餘地。

管理：危險的職業

一九八〇年代初，有人首先就商業運行中代理邏輯的潛在後果發出了警告。一九八〇年，哈佛商學院教授羅伯特·海耶斯（Robert Hayes）和威廉·阿伯納西（William Abernathy）指出了其中的弊病。他們抱怨稱，美國的管理者「放棄了他們的策略責任」。這些人越來越多地從市場、金融和法律中尋求短期收益，而不是從生產中尋求長效創新。他們在頂尖的商學院期刊上特別指出，其問題在於一種對某些原則日益強烈的管理依賴，他們「崇尚的是超脫的分析和優雅的方法論，而不是建立在經驗基礎上，深入策略決策的微妙性和複雜性的洞察力」。在企業界和學術界，滋生出一種「虛假而膚淺的職業經理人概念」。這些「偽專家」在任何特定行業和技術方面都毫無一技之長，人們卻相信他們有能力「憑藉嚴格運用財務控制、組合概念和市場驅動策略，成功地駕馭一個自己並不熟悉的公司」。這已經成為一種公司精神，其核心原則是「無論行業經驗還是落實技術專長，兩者都沒什麼重要價值」。它使那些缺乏上述專業素質，卻仍在做技術性決策、充當「財務或市場決策助理」的人可以心安理得，而其本身則表現為各種簡單、量化的形式。[8]

一九八〇年代末，對此不以為然的富蘭克林·費雪（Franklin Fisher）注意到，「年輕聰明的理論家愛用賽局理論術語來思考所有問題，而其中有些問題用其他方式思考會更加容易」。[9]費雪認為，即便是看起來最適用賽局理論的寡頭壟斷論，從根本上說也是一樣。用不用賽局理論其實都沒差，「許多結論是可以預料到的。將理論置於何種環境非常重要，結論取決於市場供應壟斷者採用何種變數，以及他們相互之間如何揣測對方」。他認為，衡量市場架構對行為和績效的影響時，必須納入環境因素。賽局理論確實能夠模仿這些環境，但這麼做並不省事。對此，卡爾·夏皮羅（Carl Shapiro）提出了不同意見，他認為賽局理論的成就不止於此。然而他所提供的設想和謝林十分接近，與其說賽局理論是個統一的理論，倒不如說是一個識別各種環境、在特定情況下為尋找答案而出謀畫策的工具，而且為了制定最佳策略，它仍需依賴具體訊息。他猜測，「隨著賽局理論的運用效果日益遞減，一些簡單的企業策略管理模型會應運而生」。[10]現實中的決策者難得會去複製模型中那些微妙而複雜的推理過程，他們所表現出來的「分析和綜合分析能力遠遠不及這些模型的設想」。[11]南非經濟學家加思・薩洛納（Garth Saloner）了解其中的難處，尤其是當人們為尋找解決問題的辦法而套用這些模型來反映現實管理情況時。他認為，「為一般的策略管理建立個體經濟風格模型，以及特殊情況下的賽局理論建立模型，它們的作用都不是刻板的，而是以隱喻的方式存在的」。[12]而一般人往往難以認識到其中的不同之處。它們都是設計精良的解決方案，但對於解決問題而言，如果實踐者不認可它們，並且無法理解其表達形式，更談不上運用它們。那麼，這些方案就毫無價值。

雖然有些學術理論適合特定目的的組織設計，或者至少能夠解釋為什麼一個明顯理性的設計會造成負面結果，但無論商界還是政界，似乎根本沒人注意到這一點。分歧不斷擴大，但研究架構很難發生改變。學術期刊重視的是現有的理論和方法。作為理性行為者，經濟學家提倡的量化工作，明顯難度更大，而它們占有優勢地位。因為現代軟體實現了大規模數據的反覆處理，而且還有了大資料庫。從事研究的學生得到的建議是，避開量化研究。[13]其影響，不但體現在研究領域，還表現在標準模型提供的行為規範中。二〇〇五年舒曼特拉・高沙爾（Sumantra Ghoshal）評論稱：

> 將代理理論和交易成本經濟學相結合，再加上標準版本的賽局理論和談判分析，這就是目前實際上人們非常熟悉的管理者形象：他們冷酷強硬、管理非常嚴密、專注於指揮控制、沉迷於股東價值，是不惜成本、志在必得的企業領導者。[14]

一九九〇年代，針對這種新型管理者，發展出了一批理論，斷言可以用利潤空間、市占率和股票價格來衡量成功。這些理論進一步質疑，管理者是安全而穩定的，但本質上卻沉悶而官僚，他們很清楚自己在公司裡的位置，公司也對他們在更大經濟範圍中的地位一清二楚。這些理論提供了「一個管理概念，它本身就是公正、果斷、有地位的」。[15]正如當時推動新泰勒主義的核心人物詹姆士・錢辟（James Champy）所言，

「管理已經成為危險職業」。[16] 這種危機感導致人們對管理者的要求越來越多，後者擔心的不僅有絕對意義上的失敗，還有相對意義上的失利。在詹森所說的世界裡，股東們要求的是更快、更多的回報，掠奪者則睜大眼睛尋找著併購機會。要生存並獲得成功，不僅要關注客戶和生產，還要時刻準備下狠手，至少要牢牢把握住最有成效的那些業務，同時還要排除並推翻競爭者，遊說政府改變政策——特別是撤銷某些管制規定，以便打開新的市場。

人們對金融的態度發生了變化。一九七〇年代的石油危機和通貨膨脹拉長了股票收益的低谷期，而且傳統上人們往往不願意背負過多的債務。一九七〇年代末，人們終於找到了全新的、極富想像力的方式來累積資本。公司可以透過發行債券來實現野心勃勃的快速成長。願意承擔更大風險的投資人，獲得的預期收益會更高。許多公司掌握了充足的資金，便利用兼併和收購來發展事業，而不是透過開發新產品和新管理流程。人們變得越來越好鬥，全心要從他人忽略或者所有者無暇顧及的公司資產中攫取價值。合乎情理的下一步便是，公司高層發現自己的成績讓別人獲得了最大的好處，於是他們向所有權形式發起了挑戰。管理階層收購把他們從董事會裡解放出來，為他們提供了更大的主動空間，並附帶了大量資金。交易價格上漲了，投資報酬卻令人失望，這一波併購到頭來壽終正寢。債務終究是要償還的，如果欠債過多，那麼緊隨而來的便是破產。

現在，判斷企業的標準是其市場價值。它應該反映企業的內在品質及其商品和服務的更長期前景，但要為包括管理者在內的股票持有者評估市場價值、講明其當前價值，並不是一件容易的事情。與企業的長期發展相比，這樣的評估讓成功看起來是有形、可衡量的，而不像前者那樣可能需要耐心等待並經歷低收益之後，才能獲得明顯回報。但和徹頭徹尾的欺詐行為一樣，情緒和炒作也很容易對評估市場價值產生影響。曾經的能源巨頭安隆（Enron）公司就是詐欺造成危害的有力證據。不管是因為複雜的金融工具，還是新技術的潛在能力，風險在人們難以掌控的領域表現得最為險惡。在公司裡，如果無法從別的地方獲取價值，那麼任何有可能壓低價格的行為，都會成為其要對付的目標。因此，公司鼓勵毫不留情地削減成本。

業務流程重組

我們可以將二戰後日本的崛起看作一種文化的勝利。這是一種專注、耐心、連貫、雙方自願的文化，也是一種專心致志的運作效率，或者說是兩者的結合。無論如何，其代表就是汽車製造商豐田。豐田汽車公司在整個二戰期間製造軍用汽車，戰後，公司想方設法回歸商業市場。由於缺少資金和技術能力，再加上頻繁的罷工和激進工人力量，如果沒有韓戰以及美國由此送來的大額軍用車訂單，豐田恐怕早就破產了。在此基礎上，公司開始建構後來廣為人知的「豐田製造系統」。豐田首先解決的是勞資糾紛，它做了一筆獨特的交易，以終身聘用制來換取員工的忠誠和敬業。由此，公司與員工共同建立了一個減少浪費的系統。豐田還建立了「品管流程」（quality circles）來激發並探索能夠提高生產力的各種想法。當時的日本，各種資源仍舊十分貧乏。一九五〇年赴美參觀密西根的福特汽車製造廠之後，日本人對美國粗枝大葉的生產方式留下了深刻印象。於是豐田公司決定削減存貨，避免閒置設備和勞動力。產品積壓既是浪費之源，又意味著系統中其他方面的浪費，由此，豐田公司又發明了及時生產管理（just in time），將加工好的原材料及時運送到下一步生產流程中。後來，日本企業競相模仿這種豐田模式，並將其發揚光大。機車、造船、鋼鐵、照相機、家電產品，西方企業這才發現自己在各個行業的市占率接二連三地輸給了日本。推動日本工業發展的，除了國家政策，還有戰後一切從頭開始的需求，以及弱勢的日圓。

比起日本的超級管理者，美國企業的管理者相形之下猶如一群弱者。一九七〇年代，在日本（產品）的大舉攻勢之下，美國公司自愧不如，其管理文件中充滿了反思的內容。美國公司不僅在聰明的對手面前失去了市場，而且在日本公司更具創新能力的企業文化面前，相形見絀。雖然在多年的狂妄自大和繁榮發展之後，一九八〇年代末，日本的成長動力戛然而止，但西方公司還是下定決心要模仿日本企業所採用的激進手法，以提高自身運作效能。首先提出的是全面品質管理（Total Quality Management，簡稱ＴＱＭ），接著是業務流程重組（Business Process Reengineering，簡稱ＢＰＲ）。從影響和意義兩方面來看，ＢＰＲ更為重要。BPR背後的基本理念是，總結出一整套既能降低成本，又能提高生產力的技巧，讓企業更具競爭力。最大的挑戰是要從根本上重新思考組織如何開展業務，而不是下決心讓現有的系統更加高效運轉。資訊技術可以透過推動結構扁平化和網路開發，來實現這一目標。仔細推敲企業想要實現什麼目標，人們就會提出反饋檢討：這些目標是否合適，以及憑藉現有的組織架構能否實現這些目標？這種想法非常具有吸引力，以至於高爾擔任美國副總統期間，也曾尋求對政府進行重組。重組，就是從一張白紙重新開始，拒絕傳統觀念和已經為人接受的種種過去的假設。

> 重組就是發明新的方法，發明幾乎或完全不同於以往時代的新方法，來處理結構性問題。[17]

因此，在重組的過程中，可以拋棄組織的歷史，以嶄新的文化來取代舊的企業文化。企業員工對這個過程有可能表現出冷漠、順從，也可能表現出極大的熱忱。[18]

從某種程度上說，BPR更具戰略性，因為需要對企業做出一個根本性的重新評價。但是其主要驅動力並非評估競爭風險、機遇乃至內部發展障礙，而是新技術對效率的潛在影響。從這個方面來看，同時代發生的「新軍事革命」與其頗有相似之處。兩者同樣宣稱，這是一個新的歷史時期的開端；兩者同樣期盼，可以用有效的方法，而不是透過競爭挑戰來塑造各種事物；兩者同樣設想，將技術作為動力，然後其他各項事務都能緊隨而動；兩者都傾向於接受根本性策略，而且認為對手／競爭者也會接受同樣的方式，而不是從頭開始制定流程所需要的策略。

麥可·韓默（Michael Hammer）是與BPR關係最密切的人物之一，他在《哈佛經濟評論》解釋BPR時提到了轉型：「我們不應再做將過時的程式編入晶片和軟體之類的事，應該拋棄它們，開始新的轉捩。我們應該……利用現代資訊技術的力量，徹底重新設計企業流程，在業績上取得重大進步。」[19] 韓默與CSC指數（CSC Index）公司總裁詹姆士·錢辟合作，於一九九三年出版了《企業再造》（*Reengineering the Corporation*）一書，該書暢銷近兩百萬冊。CSC是一家專門致力於實施業務重組的顧問公司。[20]「重組」這個概念以令人震驚之勢迅速興起。一九九二年之前，商業媒體上幾乎沒有提到過「重組」一詞，而之後，它已經無所不在。[21]在一九九四年的一項調查發現，財星五百大公司以及更廣泛的兩千兩百個美國公司樣本中，分別有七八%和六〇%的企業在進行某種形式的重組，平均每個企業都有數個項目牽涉其中。[22]初步報告對重組的成功率也持積極正面的意見。到一九九五年，與重組相關的顧問收入約達二十五億美元。一九八八年CSC指數公司的收入為三千萬美元，一九九三年，這個數目已增至一億五千萬美元，正當錢辟大賺一筆之際，韓默的會議出場費和演講費也水漲船高。《財星》雜誌稱韓默是「重組領域的施洗者約翰、一個慷慨激昂的布道者，雖然他自己並不創造奇蹟，但他透過演講和寫作，為創造奇蹟的諮詢顧問和企業掃清了障礙」。[23]

重組這個概念之所以大獲成功，有實踐和理論兩方面的原因。在產業處於動盪和不確定的時代，錢辟和韓默利用人們害怕落後的心理，在《企業再造》的封面上加上了彼得．杜拉克的一句代言——「再造是全新的事物，而且必須去做。」韓默特地把這句話往前推進了一層意思，無論重組再造有多麼艱難和殘酷，如果不這麼做，情況會更糟——「選擇就是生存：要嘛裁員五〇%，要嘛大家都失業。」高階管理人必須控制自己的情緒：「一些公司大張旗鼓地投入了戰鬥，既不撤銷原有的職位，也不更改薪酬政策，更不向員工灌輸新的態度和價值觀，這樣的公司會迷失在泥淖中。」這就催生了企業的焦慮情緒，韓默還進一步強調：「你們必須利用兩種基本情緒：恐懼和貪婪。你們要展示現有業務流程的種種嚴重缺陷來嚇住他們，要說清楚，這些有瑕疵的流程，會對組織造成極大傷害。」[24]

一開始，BPR是一套方法和技巧，但很快就升級成為轉型的基礎。因此，當韓默宣稱「就像工業革命把農民拉進城市工廠，創造了工人和管理者這些新的社會階級一樣，重組革命（Reengineering Revolution）也會在很大程度上重塑人們對自己的設想，重新安排他們的工作及其在社會中的位置。」[25]錢辟將這個革命性主題又往前推進了一步，他認為：「我們身處第二次管理革命，它和第一次迴然不同。第一次管理革命主旨在於轉移權力，第二次革命則將賦予我們自由。慢慢地，也可能突然之間，全世界的管理者會發現，現在的自由企業是真的自由了。」[26]錢辟在提到「徹底改變」的種種好處的同時，也告訴管理者們，學會去做「本行業內其他管理者認為不可能的事情」能帶來「內心深處的滿足感」。鉅變不但能「繁榮」產業，還能「真正地重新界定這個行業」。[27]

托馬斯．戴文波特（Thomas Davenport）是CSC指數公司的前身、波士頓指數公司（Boston-based Index Group）的研究主管，也是該公司發展過程中的核心人物之一。他曾提到，當「一個小小的想法」創造出「再造工業園區」的概念時，就成了「一個巨獸」。這是一個「強大的利益集團鐵三角：大公司的高層管理者、一流的管理顧問，以及一流的資訊技術開發商」。他們使得BPR不但具備了重大的理論意義，而且還在實行時獲得了成功。其結果，就是某些特定的領域被「重新包裝成了再造工程的成功案例」。管理者們發現，如果使用了BPR這個標籤，他們的專案就能獲得認可通過，而顧問們則拋棄了先前的一整套流行詞彙，把自己包裝成了BPR專家。

> 持續改進、系統分析、產業重組、縮短週期時間——所有這些都成了各種版本的再造工程。一場狂熱就這麼開始了。規模大的顧問公司每個月能從客戶那裡收取一百萬美元費用，其下的策略家、經營專家和系統開發人員則是一年到頭忙個不停。

一些公司甚至把裁員也標榜為「再造」。不論兩者之間真正是什麼關係，裁員「使得再造行動具備了策略重要性和財務上的正當性」。與此同時，電腦產業也和BPR利益攸關，刺激了硬體、軟體和通訊產品的消費。

然而，過沒多久，再造的泡沫就破裂了。人們提了太多要求，花了太多的錢，遭到的抵制也越來越多——多數是因為由此引發的裁員——用戴文波特的話來說，它始終伴隨著太多騙局。「再造革命」是具有潛在價值的創新和實驗，但附帶了誇張承諾和高度預期，這導致其「風行一時之後以失敗告終」。「只有對結果有了十拿九穩的把握，才能吹響改變計畫的行動號角。」更嚴重的是，在這股再造風尚中，人們被當作「成堆的位元和字節（bits and bytes），成為再造過程中可以相互交換的零件」。「撿起受傷的人，打死脫隊的人」之類的格言，不會激發人們的積極性，而拿著過高的薪水，收取高額費用的年輕顧問，卻百般鄙視資深員工。不管這是不是一個歷史性的轉變時刻，受雇者自然會想到保住自己的位置，而不會對一個即將令他們失業的公司的未來廣闊前景抱有什麼激情。

一九九四年，CSC指數公司的「企業再造狀況報告」顯示，參與再造的企業中，有一半陷入了恐慌和焦慮，這其實並不出人意料，因為其中四分之三的企業平均撤掉了兩成的工作崗位。而在完成再造計畫的企業中，「有六七%的企業被認為成績平平，只能勉強獲利，有的甚至績效慘淡」。就像管理類暢銷書籍中所列舉的那樣，曾經被捧為BPR楷模的公司最終要嘛深陷困境，要嘛拋棄了BPR理念。CSC指數公司本身的處境也岌岌可危。美國《商業週刊》刊登的一篇文章，使公司的信譽度大大受損，該文揭露公司制定了周密的計畫，企圖讓旗下兩名顧問邁克爾·特里西（Michael Treacy）和弗雷德·維爾斯馬（Fred Wiersema）的新書《市場領導學》（*The Discipline of Market Leaders*）成為該領域的暢銷書。文章指責CSC指數公司（雖然公司方面予以否認）職員花費至少二十五萬美元購買了超過一萬本書，而且其中的大部分是由公司出資購買的。公司之所以肯花這麼多錢投資這本書，是因為當書本暢銷後，能透過「接下來的大買賣」將錢回饋給公司和顧問。特里西一年發表大約八次演說，他的出場費從兩萬五千美元漲到了三萬美元。美國《商業週刊》的記者還進一步揭露，為了達到效益最大化，這本書其實是別人代筆的。這些指責讓CSC指數公司得不償失。《紐約時報》重新調整了暢銷書排行榜，並且取消了與CSC指數公司的契約。第二年錢辟離開了公司，因為《商業週刊》在文章中提到，他的《再造管理》（*Re-Engineering Management*）一書也和醜聞有牽連。一九九九年，這家曾經擁有六百名顧問的公司清算破產。從中可以看出，一個依靠領先時尚的產業如何興起和衰落。[28]

逃避競爭

模仿成功者的做事方式，是不是就能獲得成功？然而事實是，由於人們已經熟知成功者的技巧，接著反而可能落得收益遞減的結果。就像軍隊關注的作戰藝術一樣，置身於有缺陷的戰略中，它就會變得無所作為。正因如此，波特才會質疑，日本公司究竟有沒有策略——至少從他的理解來看，策略是獲得獨特競爭地位的一種手段。他認為，日本在一九七〇、一九八〇年代獲得發展，其原因並不是優勢策略，而是優勢操作的功勞。日本人成功地將低成本和高品質結合在一起，並相互模仿。但波特指出，這種方法必然會導致邊際收益遞減，因為從現有的工廠中擠壓出更大的生產力，勢必越來越難，而競爭者則會透過提高操作效率，以迎頭趕上。削減成本和改進產品的手段都可以被輕易模仿，因此只剩下相對競爭地位是不變的。事實上，「超級競爭」讓每個人（也許除了消費者之外）的境況越來越糟糕。對波特而言，企業要維持永續地位，就要將其本身與競爭環境結合起來考量。獲得優勢的關鍵在於保持差異。[29]

當所有人都試圖依照同樣的標準獲得進步時，希望保持競爭優勢的企業就會遭遇問題，這種情況被稱作「紅皇后效應」。正如本章開頭所引用的話語，這個名稱來自《愛麗絲鏡中奇遇》。這原本是演化生物學家使用的一種假設名稱，用來描述捕食者和獵物之間的軍備競賽，這是族群之間一種沒有贏家的零和遊戲。[30]在商業環境中，它往往被用來指相似實體之間的競爭。因此，企業可以透過節約執行標準流程的時間來獲得早期的驚人收益，但是很快，在其他企業的追趕之下，該企業的收益會變得越來越少。這就好比是在打一場消耗戰。各方只注重作戰效能，結果可能就是相互摧毀，直至以整合與兼併來結束這場競爭為止。[31]

如果主戰場上身心疲憊、臉色蒼白的戰士越來越多，傷病人員折損之後，遍地都是倒閉的公司，而此時大家還在千方百計地打擊著同樣身處困境的競爭對手，這時企業就應該找一個不那麼擁擠、競爭沒那麼激烈、更加有利可圖的安身之處。畢竟，商業的歷史就是整個行業以及其中各家企業的沉浮史。這是一塊充斥著動盪的競技場。例如，一九五七年的標準普爾五百大公司到三十年後只剩下七十四家仍留在榜單上。許多管理策略作品都是寫給現有公司看的，而實際上，大多數創新都是新興公司在新產品成長過程中產生的。正如金偉燦（W. Chan Kim）和芮妮・莫伯尼（Renée Mauborgne）所說的：「沒有永遠卓越的公司，也沒有永遠繁榮的行業。」因此他們認為，最沒前途的是那些不去「無競爭」的藍海裡「創造新的市場空間」，而身陷「紅海」無休無止競爭中的企業。無法投身藍海的公司最終會重蹈前輩的覆轍，不是消失，就是被其他公司吞併。兩人雖然沒有暗示只有新興企業才能找到藍海，但認為採取「策略行動」的應是分析單位，而不是企業。

金偉燦和莫伯尼將商業策略和軍事戰略進行了對比。軍事戰略關注的必然是戰鬥中「一塊有限且既定的陣地」，而產業中「市場的宇宙」從來都不是恆定的。因此他們認為，接受了紅海就等於「接受了戰爭中的限制」，即「有限的陣地以及必須擊敗敵人才能獲取勝利的概念」，他們忽略了商業世界的獨特力量——「避開競爭，創造新的市場空間」。[32] 如果他們的理論只依靠關乎戰鬥的軍事戰略，那的確是個糟糕的開頭。我們之前已經提到，如果不占據優勢，人們就會千方百計避免打仗，許多軍事戰略都是由此推動而形成的。產業管理策略的形成動機與之類似，人們相信，缺乏想像力的勞動者會始終抱定最簡單的形式，這就為大膽而富有想像力的人提供了獲得優勢的機會。雖然金偉燦和莫伯尼承認，有時難免遭遇紅海，甚至藍海最終也有可能變成紅海，但他們明確表示，紅海戰略從根本上就是不吸引人的。在這一點上，他們的想法與軍事戰略中尋求逃離殘酷戰鬥、運用高級情報來實現政治目標、避免殺戮的傳統是一致的。管理策略和軍事戰略都迷戀二分法，似乎總是面臨非此即彼的選擇——直接／間接、殲滅／消耗、消耗／機動、紅海／藍海。

人們幾乎都不否認，時常遵循正統路線是必要的，但通常這也明確意味著，真正有創意的人並不能從中得到滿足。雖然有這麼多關於軍事戰略的著作，最好的還是那些由改變了自身、改造了產業的企業所詮釋的方式，它們憑藉周密的計畫、自主的員工、橫向思維、大膽重組，或者創新設計而取得了成功。而失敗的企業通常固守正統、驕傲自滿，或者缺乏管控地接連遭遇危機。

金偉燦和莫伯尼在該書附錄中，便道出了對紅海和藍海的一個更具分析性的區分標準，即現在所謂的結構主義和重建主義策略。結構主義方法源自產業組織理論，其最著名的支持者是波特。它是「環境決定論者」的觀點，將市場結構作為已知前提，針對已知的客戶基礎，提出了競爭性的策略挑戰。由此，成功就意味著要解決供應方的問題。也就是說，要憑藉差異化或低成本，去做競爭對手所做的任何一件事情，而且要做得更好。充沛的資源可能帶來一種形式上的勝利，但競爭在本質上是一種重新分配，有人獲得、就有人會失去，結果就是消耗力量。這種理論假定外在資源是受限的。相較之下，重建主義策略源自內生性成長理論，認為個人行為者的思想和行動能改變經濟和產業格局。這種策略適合那些有創新意願，又很擔心錯失未來機遇的組織。這種策略尋求透過使用創新技術來創造新的市場，從而解決需求方的問題。遵循重建主義策略的企業，不會被現有市場束縛。而市場的界限「只存在於主管們的想像當中」，因此只要發揮想像力，就可能找到新的市場。人們可以努力去創造新的市場。這樣創造出來的財富也是全新的，無須從競爭者手裡去搶奪財富。[33]

其後，金偉燦和莫伯尼在一篇文章中進一步論述了紅海和藍海之間的區別，不僅強調了吸引買家的價值主張的重要性，而且突出了用於賺錢的利潤主張，以及人的主張，即動員組織內部人員為企業出力或與企業共同努力。由此，他們將策略定義為「發展與調整這三個主張，開發或重建企業身處的產業和經濟環境」。只如果這些主張走偏了——價值主張很宏大，卻沒有盈利方式，或者無法發動員工——那麼結果就是失敗。只有組織中的高級主管具備了整體視野，這三個主張才能獲得發展。在此基礎上，他們認為「策略可以塑造結構」。從中可以看出，策略構想已經從錢德勒所關注的組織內部策略效用，轉向了運用策略改變外部環境的新需求。[34]

這讓我們回想起了安索夫對兩種策略的區分，其一是策略作為與環境的關係，其二是策略作為在資訊不完全條件下進行的決策。廣義的商業策略可歸入前者。第二種更具活動形式的策略常見於軍事文獻中，處於略顯從屬的地位，實施起來有一定的難度。波特認為，環境塑造並限制了商業中的策略選擇；金偉燦和莫伯尼認為，最好還是在免於競爭的領域開發產品，但這就需要開發出一個業務方案，並且有執行這個方案的員工。

這種面向環境的大方向策略觀，為評估組織內部的其他事業提供了一個架構。這類策略必須是長期的，具備計畫的種種要素，以及符合終極目標的一系列事件預期。相較於那些制定了輕重緩急的數個目標、掌握了資源、選定了方式的策略而言，這種策略保持了相當的靈活性，以便應對環境變化。這兩種方式執行得怎樣，都依賴於環境。穩定的環境中，機動的自由度相對較小，除了內部調整之外，任何策略空間都會變小。即便是重建策略，也會受到心懷豔羨的潛在競爭者或能夠影響新產品需求的其他行為者的影響。

然而，這些理論仍然缺少一種規畫，不像克勞塞維茨所描述的政治、暴力和機會三者之間的互動關係那樣令人嘆服。儘管商界管理階層很可能經歷過特有的「戰爭迷霧」，但這些理論中甚至沒有一個概念能與克勞塞維茨的「摩擦」概念相提並論。在這些日益充斥著策略特效藥，並將其當成作者獨門絕技的作品中，沒有人會想到去思考這些問題。他們承諾，隨機應變地潛心解讀這些特效藥，並且下定決心堅持到底，就能獲得成功。因此，人們往往對那些可能擾亂完美計畫的不可預見性因素一筆帶過，這有可能是產品設計中的一個計算錯誤、一則判斷失誤的廣告、匯率的突然波動，或者是一次可怕的事故。和政界一樣，商界也有可能出現在你死我活的生存鬥爭中，被迫暫時擱置長期目標的情形，比如可靠的市場突然蒸發殆盡、發展進程難以為繼，或者債務纏身等。在這種時刻，就需要確立優先選項，尋找任何可能存在優先選項之處，以及組織的特殊要求。而其他類型的事件可能只需要中期修正，或者對整個策略中的某個要素重新評估。掌握未來事件——比如向投資者做的說明會、產品發布會，或者與消費者見面會——會讓人意識到一直以來被忽略的問題，或者發現此前被遺漏的環境變化因素。

古典經濟學商業策略中的均衡模型影響深遠，非線性、無秩序以及複雜適應系統等其他概念，雖然被軍事戰略家所引用，但在實證方面的影響力卻要弱得多。經濟學家埃里克·貝因哈克（Eric Beinhocker）的一篇文章所針對的就是這種情況。相較於趨向均衡的封閉系統，開放系統是變化不定的，被眾多獨立的作用力不斷塑造和再塑，它和公司的關係比前者更加密切。例如，複雜適應系統的特點之一是「間歇式均衡」

（punctuated equilibrium），意指相對平靜和穩定的狀態遭遇暴風雨般的重建期。此時，那些奉行適合於穩定期的策略和技巧的人，就會面臨突然落伍的風險。而那些從暴風雨中倖存下來的人，則有可能隨時準備做出調整，即便他們自己也不清楚到底需要什麼樣的調整。因此，策略不可能建立在「集中的進攻戰線——確認何時、何地以及如何競爭」的基礎上，而是要隨時準備成功應對各種各樣的未來環境。部門相對較少的小型組織，不太可能像部門較多且配備更大型反應系統的組織一樣，能夠很好地適應新形勢，但是過了某個轉折點之後，隨著留給它們的反應時間縮短，其適應能力也會逐漸降低。這時就需要在完全抗拒變革和對環境變化過於敏感之間，以及在停滯和混亂之間達成一種新的平衡。[35]

在人們眼裡，策略從來都不是什麼固定的東西，也不是一種服務於所有決策的固定參考，而是一種包含了重大決策時刻的持續的活動。這種時刻不可能一勞永逸地解決問題，但它為繼續朝著目標努力，進行下一次決策提供了基礎。從這方面來說，策略是改變事務狀態，有望達到更佳狀態的基礎。我們或許可以用經濟模型來描繪這種動態，但當人們需要了解如何因應事務時，經濟模型就幫不上多大忙了。

第34章

社會學的挑戰

我學了很多有關軍事歷史和儒家隱喻的知識。但我們得到的唯一實用的建議就是，每個公司每年都應該把來自各個學科背景的人成隊地送到鄉下客棧去思考未來。

——約翰·米可斯維特和阿德里安·伍爾德里奇

（引自參加商業策略大師課程學員的話）

我們現在要關注的是管理學的第二條線索，主要源自社會學而非經濟學，從一開始就將人類當作社會行為者，將組織看作社會關係的集合體。雖然它是個獨立的學科，但在挑戰管理主義和追隨時尚的過程中，與經濟鏈有著諸多交集。它從兩方面受到一九六〇年代反主流文化的影響。其一是對官僚僵化和階級制度的厭惡。它質疑流程的合理化和官僚化，認為需要發明一種新的、更豐富的組織形式。其二是受到後現代主義的影響，它不僅對現代主義形式的理性主義官僚機構提出批評，而且提出了一種思考人類事務的全新方式。

一九五〇年代的批判性反經理主義文學代表了一種單一、均勻的反烏托邦願景，距離喬治·歐威爾的《一九八四》僅一步之遙。大公司的菁英們被刻畫成白領員工大軍的首領，勾勒出一種溫和（順從）的形象。然而到了一九六〇、一九七〇年代，人口趨勢和生活方式的選擇妨礙了整體性。建立在資通訊技術基礎之上的新型商業，往往重視輕鬆的工作實踐和自由思考，而不是嚴格的階級制度。此外，人們對組織、個體單元內部或相互之間的複雜社會型態，以及個人為滿足自身以及他們所服務組織的需要而展開實踐的動機，都有了更加深刻的人類學解讀。

人際關係學派為此提供了依據，但到了戰後，這個學派改換了方向，轉向了豐富的組織研究領域。一旦人們將組織當作獨立的社會系統而不是達成管理目標的手段，那麼問題就出現了：如何將這種洞察力轉化為更高的效率——這一直是埃爾頓．梅約和切斯特．巴納德關心的問題，以及如何安排組織才能讓勞動者過上更加充實的生活。這與依據個人所處的社會環境來解釋個體反常現象的傾向是一致的。由此，那些有利於促進和諧、加強團結、鼓勵支持的架構也能提升人們的總體幸福感。著名英國社會心理學家詹姆斯．布朗（James Brown）的著作就是一個例證。布朗從自己在軍界和商界的經歷中得出結論，精神疾病在很大程度上是出於社會問題，而不是生物學問題。他認為，評判一個組織的標準，應是其社會效益和技術經濟效益。[1]

道格拉斯．麥葛瑞格（Douglas McGregor）在其著作《企業的人性面》（*The Human Side of Enterprise*）中開門見山地提問：「你們設想（暗示或明示）管理人的最有效方法是什麼？」[2]他提出了兩種非此即彼的理論。X理論隨工廠車間發展而來，它假設人天生好逸惡勞，更願意聽從指揮，而不願意主動，所以不得不用獎賞、懲罰等手段驅使他們工作。Y理論認為，人都願意完成任務、履行責任，如果有機會，他們會更加投入地把自己奉獻給組織。他在麻省理工學院任教時發展了這些理念，後來在任職安第奧克學院（Antioch College）院長期間，有機會將它們付諸實踐。當他為自己的理論找到根據時，回想以往那些難以對付的學生和教師，他終於認識到，發揮積極的領導作用有多麼必要。他後來回憶，自己曾經認為「一個領導者應該在其組織面前成功地充當一種類似顧問的角色。我認為自己可以避免以『老闆』的身分出現……我希望避開那些令人不快的艱難決策……最後，我漸漸發現，面對組織遭遇的種種，領導者必須行使權威，就像他無法逃避責任一樣」。[3]儘管如此，麥葛瑞格並沒有拋棄自己更為人性化的管理方式，也沒有就此信奉極權主義。評論家們或許擔心X理論和Y理論之間的二分反差過於強烈，實際應用起來，會因環境不同而情況各異，然而麥葛瑞格卻始終是反對強權的先驅，擁護民主反對極權，提倡主動反對被動。

在賽門的有限理性思想刺激下，人們開始對管理者的實際工作展開了現實評估。[4]另一名組織心理學家卡爾・維克（Karl Weick）則在他的作品《組織化中的社會心理學》（*The Social Psychology of Organizing*）中挑戰了標準模型，展示並證明了明顯不協調的混沌系統在遭遇突襲時，也會具有適應性——其能力甚至比適應線性假設時還要強。維克吸收利用了大量不同的學科知識，引進創造了「鬆散耦合」（loose-coupling，組織的個體部分之間的距離和缺乏回應，會產生某種形式的適應）、「設定」（enactment，個人行為如何催生結構和事件）、「獲取意義」（sensemaking，個人給經歷賦予意義的過程）等概念。獲取意義很有必要，因為個人必須在本質上不確定且不可預測的環境（equivocality）下展開活動。個人有許多種途徑來弄明白事情的意義，他可以從組織內部獲取不同的交流形式，特別是在面對外部衝擊時。然而，維克的理論很複雜，不易讀懂。例如，他對組織的定義是：「在一個實行中的環境中，透過有條件的相關流程中的連鎖行為來解決不確定性。」[5]

商業革命

管理可以專注於組織生活中更加軟性的一面，這個理論出自麥肯錫顧問公司的兩名分析師湯姆・畢德士（Tom Peters）和羅伯特・華特曼（Robert Waterman），並得到進一步推廣。事情的起因是，一九七〇年代末，麥肯錫公司提出，要正面回擊亨德森的波士頓顧問集團，因此感到壓力重重。畢德士那時候剛從史丹佛大學拿到組織理論方面的博士學位，被分派到舊金山分公司，去做一個意在解決「組織有效性」和「實施問題」的項目。當時，麥肯錫公司所使用的仍大都是錢德勒的策略結構概念。而畢德士在史丹佛大學深受賽門和維克的作品影響，兩者都對理性策略形式和決策的簡單模型提出了質疑。畢德士的觀點得到了華特曼的支持，後者同樣深受維克的影響（用畢德士的話來說，他是「深深著迷了」），想要重新塑造麥肯錫公司看待組織的方式。兩人和哈佛商學院的托尼・阿索斯（Tony Athos），以及麥肯錫另一名專門研究日本公司成功經驗的顧問理查德・帕斯卡爾（Richard Pascale）聯手，用一個週末的時間，開發出後來人們所說的「7-S架構」（7-S Framework）。阿索斯堅持認為——後來證明他是正確的——任何一種模型都必須念起來琅琅上口，而且這個模型還需要一種讓人不容易忘卻的形式。就「7-S架構」而言，它與策略驅動結構的理念不同的是，對於在特定時刻，七個要素中哪個會發揮作用，是無法進行先驗假設的。這七個「S」分別是結構（structure）、策略（strategy）、制度（systems）、風格（style）、技能（skills）、員工（staff），以及多少有點尷尬的「共同價值觀」（superordinate goals）。

一九八〇年「7-S架構」首先出現在一篇文章裡。作者提出，「這種模型在最強勢、最複雜的情況下，能夠迫使我們去關注互動與配合。當模型中所有變數達到均衡時，重新定位機構的真正能量就形成了」。[6]

阿索斯和帕斯卡爾特地將這個模型應用於日本公司。他們認為，日本公司領先同行的優勢就在於經營管理的軟性方面。他們在公司內部培養了一種共同目標和文化，而美國式管理就算曾經對此有過一知半解，也早已將它拋到腦後。[7]麥肯錫公司東京分部負責人大前研一翻譯了一本一九七五年出版的書，書中解答了為何日本公司的戰略並非出自什麼龐大、理性、循規蹈矩的分析部門，而是一些憑直覺獲得的，是相對前者而言比較模稜兩可的東西。它們仰仗的是一個掌握市場的關鍵人物，掌握了企業組織的文化就能理解他提出的理念。[8]

關於「7-S架構」，最重要的一部著作是畢德士和華特曼合著的《追求卓越》（*In Search of Excellence*）。[9]他們在書中解答了一個問題：到底是什麼造就了一家優秀企業？他們用看上去非常複雜的方法，確認了一些或許可以被認定為優秀企業的公司。從六項績效標準來看，有六十二家公司可以被評估為相當成功。若連續二十年間，企業在六項績效衡量指標中，至少有四項居其產業的前五〇%，那麼有四十三家企業算得上真正成功。接著，他們利用訪談公司領導核心，對上述結果做了更加詳細的研究，從中提煉出了優秀公司的八大卓越特質：採取行動、接近顧客、自主和創業精神、以人為本、奉行價值驅動的執行總裁、堅持本業（做自己精熟的事業）、組織單純且人事精簡，以及寬嚴並濟（兼具中央集權和最大限度的個體自治）。[10]

畢德士在該書出版二十年後承認，雖然他至今仍然認為其結論有說服力，但書中採用的研究方法並不具系統性。[11]他說，這本書「是一個轉捩點——是一個標點符號，標誌了一個時代的結束和另一個時代的開端」。其針對的目標與其說是日本式管理，倒不如說是美國管理模式。畢德士在提到當時寫作該書的動機時指稱，那是因為自己「真正地、深深地、實實在在地氣憤！」他所批評的對象，包括彼得·杜拉克，因為後者鼓勵採取「階級制度和命令控制型方式、自上而下的經營管理方式」，他支持組織中的每一個人都有目標、知道自己的位置。另外，羅伯特·麥納馬拉也是畢德士要批判的人，因為前者受到五角大廈系統的蠱惑，將人的因素逐出了經營管理的綜合體。畢德士的第三個批評目標，是他曾經擔任顧問的施樂公司（Xerox Corporation），他認為這家公司犯了現代企業可能犯下的所有錯誤——「官僚制，從未得到執行的偉大策略，盲目地關注數字而不是關注人，以及對MBA的莫名敬畏」。因此，畢德士將這本書看作對「管理學一〇一」的挑戰，後者建立在泰勒主義的基礎上，杜拉克對其加以強化，麥納馬拉將其付諸實施。畢德士尤其反對心思放在數字和資金上的算計心態。「把看重數字的理性主義方式運用在管理上會釀成危險的錯誤，很可能已經將我們引入歧途。」[12]

華特曼則提供了一種雖然並不完全對立，卻略有不同的解釋。他在一九九九年與人共同發表了一篇文章提到，就組織研究中的關鍵主題而言，《追求卓越》是通俗版的維克理論。[13]它探討了是否在實現簡化理論的同時，避免過分簡單化的問題。即便形勢要求採取複雜理論，管理者也不會對它們產生興趣，因此，即便是好的理論也不會影響實踐。文章毫不謙虛地宣稱，《追求卓越》的成功之處在於「引用專家的說法」，提到「並且正確回答了關於組織行為的各個層面」。書中提到了一些重要理論家的學習型組織、有限理性、敘述、議題設定等理念。而對這些關鍵資訊的描述，在展示學術成果的同時也提出了一套價值觀，例如，「大家有情緒也很正常」，「不要太把自己當回事」，如果世道不太平「那不是你的錯」，以及「支持採用理性決策模式的人想讓你為世上的問題負責，但是片刻都不要讓他們的愚蠢想法僥倖得逞」等。

不管《追求卓越》此書是否真的將學術理論轉化成了實踐指南，從它出爐過程中確實可以看出，出版商在確保該書的吸引力方面下了工夫。該書問世之前，針對各企業管理階層受眾舉行了大約兩百次發表會。

「在此過程中，人們逐漸發現，如果以講故事的形式來舉例，受眾就會不由自主地關注，並加深記憶。」受眾厭惡「數字、表格和圖表」，也不喜歡「中等抽象」的事物。從反饋情況來看，原先提出的二十二條特質似乎在數量上有點多，於是他們把它削減成了八大卓越特質。原先的二十二條「過於讓人困惑，更何況它還有悖於一個基本前提，即如果一切以人為本，那麼事情就沒有你想像的那麼複雜！」

該書傳遞了積極的訊息（美國確實有優秀的企業）以及令人振奮的成功之道（要與員工和顧客密切配合，不要因為各種委員會和報告而陷入困境），結果兩者大獲全勝。《追求卓越》是美國第一本全國性的商業類暢銷書，最終銷量超過六百萬冊。然而，畢德士和華特曼都沒在麥肯錫公司待多長時間。畢德士看不慣紐約總部對無所作為的舊金山分部採取屈尊俯就的態度，書還沒出版，他就離開麥肯錫，很快成了一名炙手可熱、頗有感召力，而且要價頗高的演說家。無論是演講還是寫作，他的風格都是那麼激動人心、放縱怪誕。他所傳遞的資訊，以及那種熱情洋溢的交流方式，顯得比方法更為重要。不管消息來源是什麼，《追求卓越》仰仗的是奇聞逸事和二手材料，而不是潛心研究。[14] 它無法為可持續發展或生存提供可信賴的依據。優秀的公司十有八九也在掙扎：這本書問世沒多久，受到該書報導讚譽的公司，便有三分之一陷入了財務困境。[15]

畢德士和華特曼不贊成數字、官僚制、控制和量化指標，因為它們提倡的是人員、顧客和關係，因為人的因素雖然比量化指標要軟性得多，卻能夠解釋事情到底是怎樣辦成的，以及收穫了什麼。商業應該關乎心靈、美好和藝術——它不是什麼「空洞的、沒有靈魂的實體」，而是「對理想的無私追求」。就大多數革命者而言，創造永遠與破壞緊密相連。畢德士在另一本從標題上看就反主流文化的《解放管理》（*Liberation Management*）中寫道：「要撕裂、扯碎、切斷、破壞那個階級制度。」[16] 二〇〇三年，他斷言：「從定義上看，一個很酷的想法就是對如今擁有神聖權力的老闆發起正面進攻。」[17] 畢德士顯然是Y理論派。在他的作品中，一個永恆的主題便是強調工作的積極方面，他認為，重視並鼓勵這一點的公司在業績方面往往比那些限制員工創造力的公司更出色。後者使員工陷入等級制度的困境中，拿沒有靈魂的標準來評估他們的表現。除此之外，畢德士並沒有太堅持一貫的看法。一九八七年他在寫作《亂中求勝》（*Thriving on Chaos*）時曾表示，「根本就沒有什麼優秀的公司」。

畢德士並不是唯一一個提出採取扁平架構，提倡讓單位擁有更多自主權，專注品質、服務和革新的人——這不僅是出於成本考慮。他也從沒有為自己謀求過什麼影響力。他在二〇〇三年的一本著作中自稱「太瘋狂」。他已經「為破產商業行為吶喊了二十五或三十年……但大都無濟於事」。尤其是該書開篇就提出，軍隊（美軍當時正準備開赴伊拉克，尚未遭遇真正的困難）是一個創新型組織。畢德士早就對約翰．博伊德表現出興趣，如今更欣然接受了軍務革命及其「更大的戰場靈活性和情報密集度」、非集權化和網路化，以及在戰略上追求間接性。他沒有特別提及需要一個特定的作戰操作環境，讓軍隊發揮自己的長處，而不是讓敵人按照自己的規則發揮出令人惱火的「非對稱」優勢。

畢德士說出了受困於小部門範圍內的職務困惑，因為他自己就是二級區域辦事處裡一名被人遺忘的智者，這些人距離管理鏈是那麼遙遠，根本沒有能力發揮什麼影響力，去矯正那些明顯出錯的問題。正如《經濟學人》所言，畢德士的成功多半來自他在無數演講和研討會「像十九世紀止咳糖漿推銷員」「以傳道士一般的熱情」發表評論，闡述建立更加人性化、更「酷」企業的必要性。[18] 還有一些人之所以對畢德士充滿敬畏，是因為他將管理理論變成了一種「個性化、精神層面、不那麼現實的」東西。[19] 正因為有這麼一層宗教色彩，畢德士和其他頂尖的管理學思想家後來被稱作「古魯」（gurus，出自梵文，意指能夠在黑暗中給人帶來光明的導師）。杜拉克後來被人們稱作管理思想界的第一人，但他不喜歡「古魯」這個稱呼，並且輕蔑地認為，人們之所以「沒用『江湖騙子』（Charlatan）這個詞來形容自己，是因為後者單詞太長，不適合放在標題裡罷了」。[20]

蓋瑞．韓默爾（Gary Hamel）和畢德士的目標相似，在出場費昂貴的研討會上有著和後者相似的無敵號召力。他任職於多所商學院，也是一名策略顧問，即便算不上最優秀的，也常常被稱作最頂尖的古魯之一。他所關注的策略更加系統而直白，至少在初期是如此。他的出發點是，由於解除了管理規定、減輕了保護主義壓力，以及資訊技術的影響，商業環境發生了改變。在這種情況下，市場打開了，出現了新的流動性，這就要求公司不僅要十分清楚自己擅長什麼，還要敏捷地洞察出新型市場中的種種機會和各不相同的商業關係。死守舊模式的企業必然會失敗，接受新模式的企業才能得到機會。

韓默爾最早獲得關注是因為他與密西根大學教授普哈拉（C. K. Prahalad）合寫的一系列文章。韓默爾曾在密西根大學攻讀博士。他和普哈拉對已往的策略架構發起挑戰，嘲諷各路顧問和商學院勾勒出來的各種品質，他們認為美國公司正企圖憑藉一些可以看到的表面現象來應對日本公司，而看不到其背後的理念。競爭對手正是用這些理念奪取了美國公司的「決心、活力和創造力」。在此，他們借用了孫子的一句話：「人皆知我所以勝之形，而莫知吾所以制勝之形。」一旦覺察出對方的策略意圖，就能從中推導出方向、發現和命運。[21] 他們提出了「核心競爭力」（core competence）的概念，它被描述成企業組織中的「集合性知識」（collective learning），是一種更加直截了當的因素。它注重的不是將一件事情做好，而是整合不同的技能，集各種技術流之大成。[22] 他們兩人在一九九四年發表的一篇文章中指出，如今商業實務的不連貫性如此嚴重，以至於過去二、三十年間人們（比如波特）探索出的各種策略概念早已不再適用。這些概念設想出穩定的工業架構，關注的是企業單位，憑藉的是經濟分析，將策略分析與實施區分開來，認為後者是一樁組織方面的事情。而韓默爾和普哈拉認為，當時的工業架構正在發生重大轉變，他們認識到，經濟、政治和公共政策會相互影響，認為在原創設計中已使用了策略。[23]

兩年後，韓默爾發生了明確的革命性轉變。雖然其媒介是《哈佛商業評論》，但韓默爾卻讓人想起了馬丁．路德．金恩、納爾遜．曼德拉（Nelson Mandela）、甘地，甚至索爾．阿林斯基。他認為，全世界的公司正在達到漸進主義的極限。所有東西都已經到了極限的邊緣，也許只能擠出一點點額外的市占率，壓縮一點點成本，稍微早一點點回應客戶，把品質提高一點點。[24] 韓默爾認為，他台下的聽眾不會滿足於還算過得去的業績。他們雖然不大可能成為規則制定者，或者創立並保護工業正統的大公司，但也絕不甘於做個尾隨其後、艱難生存的規則接納者。最好是成為打破常規者，「不滿現狀者、激進分子、工業革命家」。他們有能力顛覆工業秩序，因為他們「既沒有受到習俗慣例的束縛，也不憚於開創先例」。在「全球化」架構之下，各種各樣的趨勢放開了國際經濟，這也意味著革命的時機到了。他認為，那些固守現狀的管理者終究會被革命的潮流甩到後面。因此，策略的唯一作用就是發動革命。「策略就是革命。其他任何東西都只是戰術。」

要想做成革命性的事業，就必須對事業進行重新思考。就此而言，韓默爾與明茲伯格產生了共鳴，後者對策略計畫有著一番苛刻評價，認為它理所當然地承認了邊界的存在，而不去嶄新的、尚不存在競爭的領域中尋找機會。當菁英主義阻礙了人們的探索能力，「便只能開發組織中極小一部分的創造潛力」。當變革「成了讓人頭疼的事情，或者自上而下、讓人恐懼的事情」，而高級管理階層又不願意參與到組織的下游中去，就會催生出一股反作用力。因此，制定策略必須民主。韓默爾在此引用了阿林斯基的話，後者曾經譴責菁英計畫是反民主的：「永遠證明了對大眾的能力和智慧缺乏信心，認為他們沒有能力為成功解決問題找到出路。」[25]

韓默爾一貫堅持的核心主題是，舊的策略模式與其扶持的商業模式一樣早已過時。他於二〇〇二年出版的《啟動革命》（*Leading the Revolution*）[26]進一步拓展了一些早已為人熟知的主題，以其積極、鼓舞人心的風格期盼產生一名商界「古魯」，並表示人們取得成就的唯一局限就在於他們的想像力。韓默爾堅持認為，《啟動革命》不是一本教人「表現更出色」或是「幫人修修補補」的書，是在「慷慨激昂地懇請人們對我們所知的管理進行徹底改造——重新思考我們對資本主義、組織生活和工作意義的基本假設」。

然而不幸的是，韓默爾選中了安隆公司。一九九〇年代，安隆公司從一家管道公司變成了能源商，憑藉其專業背景和實力，從事契約買賣。韓默爾盛讚安隆「實現了創新能力的制度化」，是一個「讓上千人自覺有潛力的革命者的組織」。他當上了安隆公司諮詢委員會主席。安隆的管理層中流傳著一種民粹主義的豪言壯語（「把權力交給人民」），聲稱要把權力下放給員工，把員工描述成革命夥伴。[27]公司採納了一些韓默爾式的精神德目，比如把要求自由市場比作一九六〇年代的民權運動，質疑那些有關如何運作企業的傳統假設等。人們稱讚安隆公司憑藉著各種形式的整合，以及別人力所不及的敏捷，找到了一條獲得巨額利潤的道路。但是，二〇〇一年安隆公司轟然倒閉，同時也拖垮了安達信（Arthur Andersen）會計師事務所。安隆公司被揭其主要利潤來源是虛假的，在極其複雜的交易掩蓋下，沒人真正明白公司到底在做什麼。安隆公司在政治上推動了能源市場的解除管制，對其主張表示質疑的外部分析人員，都會遭到安隆公司以意識形態對立為名的譴責。韓默爾在其著作的第二版中刪掉了有關安隆公司的內容。而韓默爾可以認為，安隆公司高級管理階層煞費苦心去掩蓋債務和不斷惡化的交易形式所暴露出來的種種弱點，被蒙在鼓裡的遠不止他一個人。[28]

韓默爾在二〇〇三年的一本書中抱怨，一個世紀前「理論家和實踐者」發明了「現代」管理規則，令許多公司受其驅使。一些當代管理者仍然受到泰勒和韋伯（韓默爾顯然不了解自己對官僚主義的矛盾態度）等人的思想束縛。在這個需要靈活性和創造力的世界，舊的管理模式已經出現了功能性障礙。他認為不該專注於「單調乏味」的「控制、精確、穩定、紀律、可靠性等」官僚主義價值觀，[29]他追求的是革新、適應性、熱情和思想意識。韓默爾認識到，要以浪漫行動反對理性主義，他敦促組織要像社群一樣，「依靠規範標準、價值、同行間的適度壓力刺激」加以管理，提供的是情感，而不是物質獎酬。[30]韓默爾仿照馬丁·路德·金恩的著名演講，提出了自己的夢想，「變革不會帶來痛苦的轉型創傷……創新的電流傳遞到組織的各項活動中……叛逆者終究會勝過極端保守者」。韓默爾的謹慎之處在於，他沒有預測管理學的未來。他堅持認為，自己的目標是「幫人發明管理學」。他在後來一本直接討論規範標準和商業價值觀等問題的書中，涉及了一些潛在的抱怨：「利潤、優勢和效率這些功利主義價值觀沒有什麼不對的地方，但它們缺少高貴的地位。」組織需要一種令人振奮的目標感，個人需要向「宏偉莊嚴」、比自己更崇高的事業效忠。[31]雖然韓默爾開始撰寫策略著作，但當時他已經轉向了廣闊的社會理論領域。他的分析幾乎就是對X理論和Y理論的簡單模仿，將二分法推向了極致，以社群對抗官僚，以叛逆對抗極端保守，以創新和變革對抗未定和秩序，以情感報酬對抗物質獎酬。

基礎命題可以用經典的激進思想來重新措辭，要求顛覆過時的階級制度，卸除枷鎖，釋放生產能力和想像力，使每個人都能充分發揮才幹。但這場革命終究有點奇怪，相較之下當然更具資產階級色彩，而不是無產階級革命。正因為它不是一場真正的革命，因此缺少制度性的表達。它反映的是反主流文化對理性主義和官僚主義的反抗，它渴望激情，渴望展示想像力，鼓勵人們相信感覺和經驗，認為最好的事情會自然而然地發生。但是，正如反主流文化一樣，這是一種誤判。它誇大了一個商業組織的民主可能性。還有一種相同的推測則認為，參與性民主不會造成保守和短視的政策，只會催生最先進的政策，而睿智的策略顧問也許就會這麼建議。

工作能讓人樂在其中，可以充滿挑戰和創新，讓人與情投意合、相互激勵、互相支持的同事和諧相處；它也可能充斥著重要而無聊的任務、緊迫的最後期限和緊繃的預算、憤怒的客戶和馬虎草率的供應商、令人惱怒的同事和目光短淺的老闆。人們一方面認識到了勞動力的價值，懊悔沒有開發得更深入；但要知道，事情還有另一方面，受到激勵的下屬在具備了動力和想像力之後，有能力顛覆權力架構、重新打造文化、重塑制度系統。常識認為，要盡早地將員工納入決策，在徹底變革之前，利用好核心工作人員的專長。然而，只有身居公司上層才可能綜覽公司業務的方方面面，制定權威決策，配置資源，承擔責任。

正因如此，人們總愛嘲笑那些聲稱設定了更高目標的公司。偶爾的轉型變革也許令人興奮，但改革過於頻繁會讓人疲憊不堪。保持些許的平靜和穩定也許是樁好事。創新需要改變架構、紀律和管理責任，然後就得維持它們。許多員工都認為，高級管理層應該制定策略，而不是纏著他們去提一些隨後不會被採納的新主意。人們需要解藥來對付滿嘴豪言壯語的古魯和誇大其詞的顧問，這一點從史考特・亞當斯（Scott Adams）的顛覆性連環漫畫「呆伯特」（Dilbert）中飽受迫害的工程師、滿腦子幻想的推銷員、愚蠢的老闆和貪婪的顧問身上可見一斑。在亞當斯看來，顧問：「最後總會建議你去做現在沒做的事情：把一切分散的事務集中起來、把垂直的弄成扁平的、把集中的變成多元化的，剝離一切非『核心』業務。」在呆伯特的世界裡，企業需要策略：「因為這樣員工就可以知道，他們不需要做什麼。」呆伯特解釋了策略是如何拼湊起來的：「我搜集來各種樂觀的數據，把它們放在糟糕的類比環境中，為它配上一些過度的偏見……再加點羊群心理，添點偏見。」而當他的公司宣布，要為「孤注一擲的合併策略、拆分計畫、徒勞的夥伴合作、隨心所欲的重組策略」或者「付錢趕走優秀員工的計畫」而放棄一項製造好產品的策略時，股價指數反而會上漲三點。[32]

第35章

計畫型策略或應變型策略

如果為了醫治一種疾病而推薦了很多藥方，那就幾乎可以肯定這是一種不治之症。

——契訶夫（Anton Chekhov），《櫻桃園》（*The Cherry Orchard*）

在商業管理中，高級管理能否真正發揮策略指導作用，是該領域內較有影響力的一個二分法問題，即高級管理到底是屬於計畫型策略還是應變型策略。一直以來，亨利．明茲伯格以挑戰所謂的策略設計模型而著稱，針對不斷變化的環境，他建議採取一種連續性的智慧型學習方式。他在與詹姆斯．沃特斯（James Waters）合著的一篇極具開創性的文章中，力促將策略理解為「一連串決策後形成的決策模式」，而非只是交由他人實施的某個單獨的產品。根據此設定，他們對「有意圖的」和「實現了的」策略進行了區分。如果某個實現了的策略是意圖所得，我們稱之為「計畫型策略」；若無論是否對策略抱有某種目的都能得以實現，那麼這種模式則為「應變型策略」。

計畫型策略有賴於組織內部意圖明確，因此對需要實現何種目標以及該目標的可實現性，必須是確切無疑的。同時，此種策略也不能受到類似市場、政治或技術等任何外部因素的干擾。但是要獲得這樣一種絕對良性的環境，或者各種問題在這種環境中至少可以預期及可控，卻是一項「無法完成的任務」。與之相比，在缺乏策略意圖的情況下，純粹的應變型策略則會表現出行為的連貫性。儘管絲毫沒有策略意圖的策略有點難以想像，但是應變型策略的觀點認為，環境會對決策模式產生強制性影響，正如概念意義上的決策者在面臨結構性約束以及必要的需求時，其實也是無能為力的。反而是無數個很小的決定經過綜合作用可能會產生意想不到的結果，可能會使高級管理階層喜出望外，也有可能讓他們驚惶失措。實際上，以上兩種策略的根本不同之處在於，前者會有一個初始計畫且在實施過程受到中央管控，儘管明茲伯格認為這種模式極為不明智；而後者則是一種逐漸學習以及適應的模式。[1]

有觀點認為，組織在策略實施過程中遇到不確定性時，仍然能夠堅持初始計畫，這種看法很值得推敲。其實以某種程度而言，所有的策略一定都是應變型的。在組織管理中，如果達成了某個特定的目標，該組織就必須在某個時間重新審視既往史（塑造了策略的原型），以及已經形成並且似乎正在發揮作用的策略，以調整後續策略。因此明茲伯格認為，一個組織及其領導層有必要一直保持學習狀態。這就好像是古希臘神話中有預言能力並且代表智慧與沉思的女神墨提斯，當外部環境「由於過於動盪複雜而難以理解或是難以抗拒時」，為了因應這種變化，學習能力、變通能力以及反應能力，就顯得尤其重要。為此，就有必要透過某種程度的嘗試來培養以上能力，或是在實際操作過程中向那些最貼近實際情況且掌握制定務實策略資訊的人們讓出部分權力。但這並不是要否定管理階層的重要性，有時他們在策略實施過程中仍然要強行施加自己的意圖，並且提供某種居高臨下式的指導。

因此，明茲伯格在深思熟慮之後總結道，「策略的形成基於兩個要素，即計畫和應變」。但顯然，他的內心更加傾向於後者，原因可能在於應變型策略對於整個組織有更高的要求，而且更能對組織架構的優劣產生檢驗作用。相較於一個整體運轉完全依賴於高級管理的組織，一個受益於全體員工的智慧與實踐的組織狀態會更好。二〇〇八年金融海嘯之後，明茲伯格對「社群化企業的衰退感到惋惜，這種社群為人們提供了某種歸屬感，而且社群中的人們除了關心自己的工作，還會關心同事，關心他們在世界中所處的位置等更宏觀的問題」。他認為，人類是群居動物，「如果沒有一個更廣闊的社會系統，人們就無法施展自己的才能」。社群「就像一種社會黏合劑，把我們凝聚在一起，共同追求更大的利益」。我們看到一些令人欽佩的企業都深深地打上了社群化的烙印，為此明茲伯格還引用了皮克斯動畫工作室（Pixar）總裁艾德文・卡特姆（Edwin Catmull）的文章〈皮克斯的「創作總動員」〉（How Pixar Fosters Collective Creativity），文中，他將工作室的成功歸功於公司「充滿活力的社群，在這裡，大家相互信任、彼此忠誠、精誠合作，每個人都覺得自己在參與一種非凡的工作。他們的工作熱情和巨大成就令這個社群成為一塊吸鐵，深深地吸引著那些即將步出校門的學子和其他公司的優秀人才」。[2]為此，光靠經典的英雄式個人中心主義的領導是不夠的，我們還需開發出另外一種模式，即「人人參與組織建設，發揮每個個體的主動性與積極性」。因而有必要擺脫「個人主義行為及諸多短期計畫與措施，提倡互信、參與和同步合作，以保障策略的可持續性」。[3]

學習型組織

對「學習型組織」的推崇，並非明茲伯格的獨到見解。他對此類組織的推崇理由之一，是組織的效率，即尊重知識、革新機制且對外開放的組織會更加高效；理由之二，是組織型的生活，即學習型組織的組織生活應該是一種令人振奮的社會和集體體驗，在這裡「人們通力合作，集體強化達其所願之能力」。[4]關於個人學習問題，凡是致力於成為學習型組織的企業「都必須培訓其員工的學習能力，並且實施獎勵措施」。[5]這些目標都呼應著人際關係學派的重要觀點。因此，如果工作能夠成為一種積極的體驗以及自我價值實現的源泉，那麼組織及個人便都可從中受益，既體現了人文主義關懷，又實現了官僚性組織所需的效率。此觀點在畢德士和韓默爾兩位管理學大師華麗的辭藻中可見一斑。英國管理顧問查爾斯．韓第（Charles Handy）也是該方法的狂熱粉絲，他將學習型組織描繪成一種關於「好奇、寬容、信任及團結」的存在。[6]

《沒有設計的策略》（*Strategy without Design*）一書將以上觀點發展到了極致。該書認為，那些致力於實現特定目標且經過理性計畫的策略決策都過於幼稚，他們既不清楚如何去反映「無形的歷史和文化力量」，更意識不到自己根本無法掌握全局，或是想要如棋子（大策略家最鍾愛的形象）般去操縱各個實體的行為是多麼愚蠢。在實踐中，「對於這樣一個從未出現過的智慧化全景圖，存在著太多的偶然性因素、限制性因素以及系統性影響，而且追求這樣的目標過於耗費精力，只會導致組織過於衰弱」。[7]相較之下，羅伯特．賈（Robert Chia）和羅賓．霍爾特（Robin Holt）與李德．哈特的觀點一致，他們道出了「間接行為的神奇效果」：「相較於直接的且專注於策略目標的行為，間接的或是跟特定目標關聯不是很密切的行為，往往能夠產生更加神奇且持久的效果。」[8] 這種替代策略不僅令人費解，而且不涉及權力、交易、嚇阻或同盟建構。但是這種策略的結果卻是屬於托爾斯泰式的後現代變體，即以不帶有任何意圖的、幾乎無人覺察到的日常行為來推動組織的運轉，而且最終進展也很順利。組織管理的成功並不是因為之前「存在一個計畫好了的策略」，而是「多數個體採取了諸多因應行動，並且經過綜合作用後，產生的累積性間接結果，儘管起初他們的目的只是為了積極因應當時所處的窘境」。明智的策略家都會對權力控制敬而遠之，順其自然，服從大家的意見。賈和霍爾特稱其為「策略的溫柔」，但是會陷入「持久的空想，這種空想並不尋求支配地位，不過也沒有反對意見；它只存在於無數尚未實現的可能性中」。其目的是「規避一度熾熱的野心和嚴格履行的承諾，是要培養好奇心，無論處於迷戀、和悅或漠然的狀態，都要保持同樣程度的好奇」。[9] 由於策略是「可意會的」，因此給人留下了無限遐想。當然，對大多數人而言，大多數時候他們平凡的組織生活與此是有些差別的。

管理為王

缺乏權力理論的策略理論往往會誤導讀者。強烈支持學習型及互助型社群化企業的人往往不太願意談及權力問題。但凡涉及權力，他們就會譴責政治鬥爭對組織的破壞性影響。個人因自身事業需求或是專案好惡而進行權力鬥爭會讓人很反感，這不僅影響整體效率，同時還打擊員工士氣。權力本身可以成為一種終極目的，使人獲得權勢地位，也可以成為支配他人的工具。但是如果沒有權力，組織目標又難以實現，取得的價值也微乎其微。換言之，權力的使用利弊相生，如果能夠正確理解和把握權力，那麼對於不夠明智的決策就會更加謹慎，反之，則可能錯失或無法堅持貫徹那些潛在的比較明智的決定。組織內部的權力結構受到個性與文化、社會聯繫與人事契約、個別單位的聲譽，以及預算整合與支出監管等因素的影響，與之相較，國家內部的權力結構更是如此。儘管處理權力問題本身並不能算是策略問題，卻是策略不可或缺的一部分，關係到決策形成及實施的最佳方式。

傑佛瑞．菲佛（Jeffrey Pfeffer）是少數幾個重點研究組織權力的學者之一，他主要從權力的來源及使用兩個角度提出相關建議。例如，他強調要著重了解決策階層的主要成員，獲取關鍵委員會的席位，參與預算及人員晉升的相關決策，爭取盟友及支持者，並且學習如何最有效地設定議題等。[10] 最近出版的一本書也提供了如何在組織中利用權力獲得成功的相關指導，其中的一條建議就是警惕那些所謂的關於領導力的作品，這些作品總是提倡領導者要「遵從本心、抱誠守真、流露真情、謙虛謹慎，切忌簡單粗暴」，但這只是表達了人們對世界的美好願望，並不代表世界本身就是如此。[11]

批判者們認為，以上那些樂觀的管理態度在看待權力時，表現得過於簡單天真。海倫．阿姆斯壯（Helen Armstrong）認為「學習型組織」就是一種「馬基維利詭計」，其實就是在鼓勵員工們進行自我剝削。「不穩定的就業市場、契約制、兼職、外包和裁員等問題盛行，這種情況下，很難讓大多數員工認為自己是公司的主角。」[12] 即使確實存在一些共享價值和理念，那也基本上是高層管理者視角的反映。如果從另外一個角度來看，那些可能被視為良性的組織文化其實就是一種霸權。組織管理中，避不開權力和意識形態問題。[13]

以上觀點其實屬於批判理論的一種。由於企業策略本身是一個非常現代主義的問題，因此受到後現代主義影響的批判理論將其視為一種自然的目標，它們認為可以透過理性地操控因果關係，來達到預定的效果。在此基礎上，為了維持現有的權力結構，策略就成為一種思維模式，人們往往選擇韜光養晦而非鋒芒畢露。要理解每個個體及其言行舉止就必須考察其所在的社會環境，反之亦然。受到傅柯的啟發，大衛．奈特（David Knights）和格倫．摩根（Glenn Morgan）合著了一篇反映英國管理學派的後現代主義反叛精神的批判性文章。他們對策略的「理性定義」不以為然，原觀點認為，策略是在變幻莫測的環境中針對複雜的經營管理問題而做出的一系列理性反應；這兩位作者則推崇另一種定義，即「企業策略由一系列的話語和實踐組成，透過策略設計、評估及實施，能夠將相似的管理者及員工改造成擁有目標意識和現實意識的主體」。[14]

從此意義上而言，策略並不是一種一般的管理方法，而是一種特殊的企業意識形態。由此，奈特和摩根質疑：「如果策略真的如此重要，那麼在人們還未『有意識地』運用策略概念之前，企業為何能夠存活如此之久？」有些奇怪的是，鑑於傅柯對策略問題做了大量的文獻綜述，兩位作者據此批判早期的學者如錢德勒等，「竟然認為策略意圖源自商界，好像管理者是在有了策略意圖之後，才學會遵循策略規則的」。顯然，罪魁禍首在於學者們總是居於話語主導者的地位，向人們指出，他們行為的真正含義是什麼，學者們以一種不同於行為體的方式，對其行為做出了「不得要領的」解釋。這就意味著學者們可能會忽略一些有意思的問題，例如人們在討論策略，或是任何用來描述被視作策略行為的符號時，實際表達的是什麼。奈特和摩根認為，只有當企業必須對內和對外來解釋其行為以及原因時，策略才會顯示出重要性。策略既關乎高階管理層的合法性，又決定著後續的行動步驟。因此，「企業的策略話語」就構成了「一個知識領域和一種權力，後者決定了哪些才是組織內部『真正的問題』，以及其『真正的解決方法』的特徵」。這是一種「權術」，它既能授予人們權力，也能使人無能為力，同時也是那些「待解決問題的來源」。就其本身而言，策略話語權可能還受到了其他話語體系的挑戰，例如反映更加本能以及較低層級人員思想的話語體系，抑或體現自上而下倡導的無差別對待以及犬儒主義的話語體系。策略管理話語在企業管理中已經根深柢固，並且取得了巨大的「勝利」，既維持且強化了管理特權，賦予安全感，又使權力的使用合法化，可以找出那些能夠強化話語權的人，並且使成敗的結果合理化。

英國管理理論學派中持批判立場的有史都華．克萊格（Stewart Clegg）、克里斯．卡特（Chris Carter）和馬丁．科恩伯格（Martin Kornberger），他們對這個問題進行了更加深入的研究。這三位學者認為，這種類型的策略尤其是企業策略計畫，就好比笛卡兒術語中所謂聰明的頭腦或是尼采的「權力意志」，前者試圖指揮一具沒有說話能力但順從的身體，後者則試圖控制、預言甚至掌控未來。[15] 然而，這些艱難的掙扎注定是徒勞無功的。策略計畫一般都是幻想，在未來無法預測的情況下設定一些超越自身能力的目標。

由於策略計畫與實施、方式與結果、管理與組織、有序與無序之間存在無法踰越的鴻溝，以上努力必定會遭遇挫敗。況且，策略計畫並不會彌補或消除這些差距，反而會主動創造甚至維持這種差距。策略計畫在實踐過程中創造了「一種分工體系，不斷地破壞甚至顛覆其倡導的秩序」。策略計畫創造了「一種有序且舒適的假象，好似組織內部盡在掌控之中，但是外部環境多少有些混亂，而且會一直威脅組織的存亡。策略計畫由於忽視了『解體』的複雜性和潛力而強化和深化了這種差距」。

以上批判針對的是某種類似稻草人的東西。可能在幾十年前，高階管理人真的相信這種內部有序且可控的假象，而且受到這種舒適且雄心勃勃的意識形態的蠱惑，更加堅持該信念，他們試圖制定詳細計畫對其加以證明，以極端理性主義的假設為基礎，層層布置計畫，並且幾乎完全按照泰勒主義來規定企業行為。其實在實際的經營管理中試著採用經濟理論也不是完全沒有道理的，例如形式溫和的「平衡記分卡」（the balanced scorecard）。但是，真正的管理實踐存在著很大的不安全感和不確定性。在這種情況下，管理策略就變身為一個巨大的保護傘，提供一系列可參考的應對方法。有些管理者可能就會試著去應用這些方法，但是另外一些則會讓普通員工參與到企業決策中，而且對於目標固定的詳細計畫所產生的扭曲效果有著清醒的認識。

狂熱與時尚

明茲伯格等人的經典叢書之一《策略巡禮》（*Strategy Safari*）提出了因應策略挑戰的十種不同的方法。另外，關於策略的定義也存在較大的分歧且難以解決，「學者們甚至找不到一個合乎邏輯的清晰的定義」。[16]還有的學者將策略視為處於「前典範的狀態」。[17]但是也有學者指出，關於策略的這種困惑，其根源在於策略的多樣性，策略並不是一個單一典範。「策略」這個詞每次都會被賦予新的含義：

> 現在策略已經變成了一個包羅萬象的詞，可以表達任何人們想表達的意思。當前的商業雜誌都會有

一個策略板塊，主要用來探討特定企業如何處理各類不同的問題，例如客服、合資、品牌化或電商。相應地，高層管理者會探討他們的「服務策略」「合資策略」「品牌化策略」或是任何一個隨時出現在腦子裡的策略。[18]

經濟學者約翰・凱伊（John Kay）非常懷疑地總結說：「也許在今天，策略這個詞最普遍的意義就是作為昂貴的同義詞。」[19]

策略的擴散，兼具縱向和橫向兩個方面，縱向是指具體的輔助性活動，橫向是指與外部環境相關的體制性和實質性慣例。一九八〇、一九九〇年代，各種偉大的觀點層出不窮，出現了像畢德士和韓默爾這樣的管理大師，業務流程重組（BPR）策略也經歷了跌宕起伏的變化。最後，隨著管理策略這股狂熱的擴散，出現了一個新的研究領域。該領域研究的密集度和多樣性、大肆宣傳及其較短的半衰期，催生了人們某種程度的疑惑，到底為什麼對它如此重視。[20] 但是那些採取管理策略的組織，並沒有遇到某種主導性的典範，而是遭遇了諸多刺耳的雜音和矛盾。它們獲得的提示是，透過購買管理類書籍、參加研討會或雇用管理顧問，也可以取得成功。諸如此類的觀點紛至沓來，乏味之中也伴隨著一些難以置信的反直覺的誠懇見解，儘管這些見解總是讓人半信半疑。

關於以上現象，有多種解釋。管理大師使管理者意識到，管理中存在的不確定性，而前者又為後者提供了某種程度的預測，以及外部授權以使其行為合法化。即使對管理策略的有效性持懷疑態度的管理者也擔心他們會錯失什麼機會，或是漏掉哪些重要內容。對管理策略的持續狂熱可能有些諷刺甚至有些隨機，但確實有實際進展的可能，好像某種更高級的管理到來一樣。若果真如此，那些盡職盡責的管理者至少會關注一下管理策略的發展。[21] 沒有任何事物是一無是處。[22] 自杜拉克首次引入目標管理起，人們使用了相當數量的管理技巧，它們曾被視為只會流行一時，但現在證明，確實對管理很有幫助，例如SWOT分析模型、波士頓矩陣以及品管流程。即使像業務流程重組這樣過於激進，一次性要求太多，而且在效用上誇大其詞的管理思想，也被證明多少是有用處的。一九八〇年代以後，很多企業開始追求卓越，提高品質，並且鼓勵本地創新。如此發展而來的遺產之一，就是高階經理人對策略管理不懈的堅持與追求。

就創新而言，能夠得到持久發展的是，那些有助於高階管理人發揮對組織的影響力的理念。以「平衡記分卡」為例，一九九二年羅伯特・卡普蘭和大衛・諾頓（David Norton）在《哈佛商業評論》上發文，首次提出這種管理思想。他們認為，用經濟回報來衡量一個組織是否運行良好是不夠的，必須採取一種涵蓋範圍更廣且更加現實的衡量指標。他們將策略視為「一系列因果假設」，並且認為透過測量關鍵效果，可以證明某項策略是否得到了合理實施。因此，應該設定策略目標，並且開發一套合適的測量指標，其中要涵蓋財務、客戶觀點、內部組織能力以及創新能力。但是上述要求的前提是，「人們會採取一切有助於達成此策略目標的行為和措施」。平衡記分卡的優勢是易於理解，企業員工可以實現有效參與，而且能夠改善管理資訊。然而，關鍵的績效指標（KPIs）只能反映可測量的面向，而非重要的面向，從而這些指標自身倒成了測量的目的，而不是實現目的的手段。而且，即使對組織沒有明顯的益處，員工們還是會去達成那些測量的目標。如果管理者僅靠觀察這些指標，只能被那些難以解讀的數據所淹沒，無法理解不同測量指標之間的複雜關係，漏掉那些會暗示組織失調的內容。[23] 歷史學者史蒂芬・邦傑（Stephen Bungay）指出，人們在不了解需要做什麼以及為什麼的情況下，「肯定會盲目迷信量化指標」。儘管記分卡是一種交流意圖的方式，但在根本上仍是一種控制系統。[24]

一項對過去五十年內十六種流行的管理思想的研究表明，隨著時間推移，這些管理思想儘管已經成為企業管理中「更加廣泛的思想基礎，但是理論適用期限都變短了，而且對於高階管理人來說，實施起來更為困難」。[25] 某種特殊的管理技巧對於組織績效影響非常有限。然而，它們確實會影響企業聲譽甚至高階主管的薪酬。該研究強調了「此前的一些論點，即企業不一定會選擇那些技術最好或是效果最好的技巧，而是會採取廣為接受和認可的方法以尋求外部合法性」。[26] 其他研究也指出，那些看似流行的新理念一般都被認為恰好契合「時代思潮或『時代精神』」。[27] 一項專注「策略」概念演變的研究收集了一九六二年至二〇〇八年關於策略的九十一種定義。透過觀察定義中名詞的使用，作者發現，「計畫」（planning）一詞的使用頻率出現較大幅度的下降，「環境」（environment）一詞上升後穩步降低，「競爭」（competition）呈穩定上升趨勢。動詞「達成」（achieve）是個常數，但是隨著時間的推移，「規畫」（formulate）一詞的出現頻率被「敘述」（relate）超越了。[28]

如上所述，流行的管理思想在企業中的作用是學者們的研究興趣所在，這表明他們意識到，策略不能被視為一種產品，某種可能用來指導組織管理的投入物或是某種與外部環境建立連結的輸出物，而是應該被視作一種持續性的實踐，組織內許多員工（不僅僅限於高層）的日常工作。策略並非組織的財產，而是人們的所作所為。這就產生了這樣一種觀點，即「策略實踐」。這是如維克這樣的組織社會學家和心理學家的工作的自然延續，他們的研究興趣在於因就業需求而聚集到一起的個人之間那些不同的經歷和抱負，以及提出某種多少具有創造性或破壞性的社會形式。但無論是對於他們自身還是更寬泛的目標，人們都應該為組織效力。透過這種方式，可以在觀察研究中將宏觀機制和微觀個人有效結合起來，並且提出指導建議。[29]

重視「策略即實踐」這一觀點的一個消極結果是，提高了「制定策略」（strategizing）這個動詞的使用頻率。這同時也強化了一種理念，即策略是一種無處不在的行為，「是伴隨策略結果、指導、生存和企業競爭優勢而產生的結果」。因此，制定策略要在多個層面融入多重行為體。[30]包括管理者和顧問在內的策略「實施者」要採取針對組織的策略「實踐措施」，並且在他們與其他企業的互動中產生「策略」時，將其轉化成為某種特殊的策略「實踐」，這種策略反過來又會重塑該組織的實踐活動。[31]如此，策略作為一種由高層計畫好的、自上而下的實施過程，這一觀點就受到了質疑。只要存在「策略實施」這個環節，個體層面就會影響總體績效。這也是策略計畫模型的批判觀點的核心。但如果組織是以自下而上的模式運轉的話，效果就不一樣了。因為無論好壞，高階管理人的決策多少會受到其對組織實踐特點的看法的影響，但是一般來講，由於其權力以及所能調動的資源不同，他們的決策要比較低層級人員的決策重要得多。雖然「策略實踐」對於理解組織決策很重要，但「策略權力」亦是如此。

從理論回歸敘事

除了策略實踐和策略權力，「策略意會」又會發揮什麼作用呢？如果有一個永久的主題，那必然是因為其中有一個精彩的故事在一直吸引人的注意力，幫助傳達重要的訊息。這點，在幾個故事中體現得很明顯，例如泰勒講述的關於施密特努力工作的故事，梅約講述的關於霍桑實驗的故事，以及巴納德在紐澤西州失業的故事。我們之所以倚重案例研究方法，那是因為理解管理挑戰的最好方法，就是圍繞一個特殊的主題講述一個故事。在方法論上與理性行為體理論形成鮮明對比的是，在大多數關於組織的文獻中，故事都被提升到了能夠促進組織溝通和提升效率的重要位置。[32] 心理學研究肯定了敘事在解釋過去並且勸導人們在未來採取行動時的重要作用。由於商業管理不再是軍事化作風，雇員也更加期待被說服而非被命令，因此鼓勵管理者以敘事的方式來促進決策實施。一九九八年，傑·康格爾（Jay Conger）提到，「以往命令式的管制措施一去不復返了」，因為「現在的企業經營者大都是同輩之間組成的跨功能團隊，而且由嬰兒潮時代出生的人以及他們的後代Y世代的人構成，他們不會忍受那些至上權威」。[33] 專欄作家露西·凱勒薇（Lucy Kellaway）指出，「故事，是衝擊企業溝通產業的最新思潮」，「現在各地的專家都意識到了一個小孩子都懂的道理，即相較於枯燥的事實和倡議，故事更容易被傾聽也更容易被記住」。[34]

故事能夠避免抽象，減少複雜性，間接點明重要觀點，而且強調要對偶然出現的機遇、不滿的員工以及可能會破壞整體行動的小地方保持警惕。故事是維克提出的「策略意會」的前提，能夠在「一個較小的區域實現有序化，然後逐漸擴展，甚至強制相鄰的無序區域實現有序」。[35] 畢德士和華特曼在一系列概述之後，欣慰地看到，他們的理念如果以故事而非表格或圖表的形式來講述，會更容易讓聽眾理解。他們將其優秀的公司描述為「無恥的收藏家和講故事的人……以及滿載奇聞逸事、神話以及童話故事的掛毯」。其實，本質上很多策略管理類書籍都不過是故事集，但是每個故事都試圖強調某種一般性觀點。

故事的形態及篇幅不一：有內容無知、毫無章法的，也有精心設計、目的性強的；有技術說明的，也可能是某個高階主管的古怪想法；有詳細說明的，也有的只是奇聞逸事；有的是需要反覆講述的，而有的只是聽完就可以忘記的；有的是針對擁有特權的少數人群，所以就會犀利且點到要害，但是如果知道對象是一大群普通聽眾，那麼內容觀點就有可能模糊不清。敘事隨處可見，例如幾分鐘的會議、對客戶做的展示、商業計畫，甚至是公式化的分析：例如在SWOT分析中，「機會」代表「號召」（call），而「威脅」就是「對手」。「如果利用優勢，轉化劣勢，那麼主角就成了英雄。」

學者們最後發現，由於受到「敘事轉向」的影響，故事及講故事不僅在制定和實施策略時對實現有效的領導力非常管用，而且也是組織內部所有溝通交流的核心，例如從低階員工喋喋不休的抱怨，到中階主管鼓舞士氣的談話，再到高層的高瞻遠矚，敘事都發揮著重要作用。故事內容一般包括，高層的決策是如何合理或是如何脫離現實，或是透過講述過去的大事件，來顯示該組織曾如何輝煌以及有著怎樣源遠流長的文化，或是洞悉可能開發出令人興奮的新產品的機會或可能導致大衰敗的誤判。利用研究這些故事，既能夠開發並強化組織文化，且能挖掘出支撐這種文化的信念及假設。當員工根據自己的經驗講述個人故事時，這些故事有可能符合，也可能違背高層管理的要求，但是高階主管會挑選出那些有助於重新評估關鍵假設的線索。在這種情況下，透過組織內部持續不斷的交流與溝通，組織文化就有可能得到改變，甚至被顛覆。[36]

目前敘事領域已經成為各個企業競爭的重要戰場。在上一部分我們探討了政治實踐的問題，各方都會盡量抬高自身貶低對手，商業領域亦是如此。例如，在一個專門收集並揭露名人醜聞的記者曝光了洛克菲勒基金會令人起疑的索賠權問題之後，洛克菲勒對標準石油公司的控制就出現了裂痕。然而一點兒也不奇怪的是，「正如那些巧妙建構、精心編輯的傳奇角色一般」，近些年來最會講故事的企業之一迪士尼非常擅長用語言塑造自己的歷史。迪士尼因塑造了一系列卡通角色，例如米老鼠，以及動畫技術而受到歡迎。但迪士尼的成功，還涉及它否定了其他競爭者該有的成就。迪士尼的創造力日漸提高，但其獨裁權力正在衰退。它的工作室的組織風格是泰勒主義家長式作風，完全沒有獨特性，但每一位受雇者都被視為這個大家庭的一部分，然而這種強制下被迫形成的團結形象在一九四〇年代爆發了衝突。[37]這個故事揭開了敘事中存在的悖論：這些故事可能有著強大的解釋力，而且是最自然的溝通方式，但是代價在於，要鞏固那些最適合控制溝通方式的解釋，從而使其無可挑剔。即使最好的且最自由的故事也可能文不對題，或因過於模稜兩可而把需要強調傳達的資訊給遺漏掉了。一個優秀的敘事者，可能從平凡之中得到靈感，但是如果最後發現現實太沉悶無聊，這種靈感也會逐漸消失。

學術型的商業管理策略家，則傾向於將故事作為例證，他們選擇的案例能夠清晰地表達自己的觀點，不會出現歧義，例如是否存在結果可能大為不同的可比較案例，或是在稍微不同的環境中，相同行為者採用已核準的策略行為，是否會得到相同的結果。有時不僅選擇案例要非常認真仔細，講述的方式也需要謹慎設計，例如泰勒、梅約和巴納德的故事總是精心修飾的。維克最喜歡的一個故事是關於瑞士軍演期間的一次意外事件，當時寒風凜冽，一個小組走失了，而且很有可能已經犧牲，但最後奇蹟般地歸來。當帶隊的中尉被詢問到，他們是如何找到歸途時，他說，當時所有人都覺得必死無疑，最後卻在一名士兵用來裝軸承的口袋裡找到了一張地圖，靠著那張地圖，找到了回來的路。然而，在查看這個地圖的時候竟然發現它是庇里牛斯山的地圖，而非阿爾卑斯山的！[38]這其中關於策略的重點是，由於有了這張地圖，小分隊平靜下來，並且採取行動，因而「地圖在手，迷路不愁」。[39]當然，這也需要一些運氣，幸虧阿爾卑斯山區的路不多，比較好找。遺憾的是，這故事的真假我們無從得悉。維克是從一位捷克詩人米洛斯拉夫·霍拉勃（Miroslav Holub）那裡聽來的，而後者則是從二戰期間的一則奇聞逸事中得知。[40]

再來看看明茲伯格最愛的另外一個故事，講述者是理查德·帕斯卡爾，我們上次見到這個人還是在麥肯錫研究日本工業奇蹟的時候。從一九五八年至一九七四年，美國摩托車市場規模成長了一倍，其間英國產品在美國的市占從一一%縮水至一%，日本產品卻搶占了八七%的市場，其中光是本田就占到四三%。帕斯卡爾對關於一九五九年本田成功進入美國市場的原有解釋不以為然，該觀點強調價格和數量因素。他指出大家所忽視的更加有趣的一點，即「誤判、意外發現以及組織型學習」。當本田派遣行銷團隊赴美時，他們原先鎖定的目標是中型摩托車市場，但在與經銷商接觸過程中，卻因技術問題而深陷苦惱。這時，有人來向本田行銷團隊諮詢自己使用的五十西西輕型摩托車本田「小狼」。於是，這支團隊索性主打本田小狼，而非中型摩托車。帕斯卡爾認為，這個故事的寓意在於，如果執著於過度理性的解釋，並且假設所有發生的事情都在意料之中，那麼就會漏掉一些實現成功的最重要因素。相較於一種決斷的長期視角，他更加看重企業從經驗中汲取教訓，並在遇到偶然出現的機會時保持靈活性的能力。[41]每當明茲伯格強調應對型策略的重要性時，總會興致盎然地提到這個故事。他用這個例子告訴人們，管理者在這個案例中犯下的每一個錯誤，只有市場對其錯誤做出反應時他們才能學到教訓。[42]他將帕斯卡爾的這篇文章列為管理文獻中最有影響力的一篇。其他學者進一步發展這個「道理」，並且轉化成了地位卑下的員工如何扭轉企業策略的故事。根據這個案例，之後發展出了一系列關於學習型組織的一般命題。

上述內容並不是本田故事的唯一啟示。本田的成功史只是眾多日本成功故事之一。本田於一九四八年成立，到一九六四年，已經成長為世界上最大的摩托車製造商和優秀的汽車製造商。本田的成功，讓很多管理策略家著迷，並且鼓勵美國公司向其學習。但是安德魯・梅爾（Andrew Mair）提醒，一葉何以知秋，只關注一個片段，不足以了解整個故事；若由此得出一般性結論，更是危險。例如，本田本來一直計畫開拓美國的小狼摩托車市場，且在本田行銷團隊派赴美國時，小狼其實已占其銷售任務的四分之一。但是，本田公司認為，他們應該先證明一下自己在較重型的摩托車市場中的價值（這也是本田重視賽車的原因）。但是問題在於，本田當時沒有意識到，其實美國市場正在與日本市場趨向相似。不管怎麼樣，一九六〇年代後期，小狼在美國市場的銷售額出現了較大幅度的下滑，此後本田不得不將重心轉移到較重型的摩托車市場，即本田之前一直期待用來打開美國市場大門的鑰匙。實踐中，本田遵循的是已經在日本取得成功的經驗，因此日本在美國的成功，並不是盲目的躍升，而是有跡可循的。[43]

從本田這個經驗教訓，顯示出了冷靜與穩健管理的重要性。由於戰後公共交通無法滿足交通需求，而且石油供應受限，因此戰後日本的摩托車市場需求很大。與其他工業領域不同的是，摩托車市場幾乎很少受到限制，因此產生了達爾文式優勝劣汰的競爭模式。在一九五〇年代有兩百多家公司競爭摩托車市場，名為「摩托車之戰」。在這個時期，「做生意是一種狂熱但有風險的追求，充滿各種有利可圖的機會，但是也有下流骯髒的驚喜」。[44]摩托車大戰結束之後，只剩下四個優勝者，分別是山葉、鈴木、川崎和本田。四者中，本田是最負盛名的。本田的成功，可歸功於很多因素。首先，本田宗一郎本身是一個工程學天才，他的商業經理藤澤多吉又有強大的金融頭腦。其次，他們擁有戰爭期間進行大規模生產技巧的經驗，而且了解豐田的生產模式和供應鏈的重要性。最後，本田內部組織周密、財政控制仔細，尤其重要的是，他們對於經銷商網絡的建設投入了巨大的精力。

一九五〇年代後期，本田取代之前的國內摩托車巨頭東京發動機（簡稱東發，一九六四年破產重整），坐上了日本該產業的頭把交椅。由於後來本田將產業重心轉移到汽車生產上，山葉以為本田無暇顧及摩托車生產，便開始迅速搶占市場份額，並且決定建立一個新的品牌工廠，立志成為市場領導者。但是，本田對山葉的做法進行了強烈反擊，從而導致了兩者於一九八一年爆發的著名的「H－Y戰爭」。本田的回擊非常直接粗暴。研究日本競爭力的斯托克指稱，這次戰爭是以「Yamaha wo tsubusu!」這個戰爭口號拉開序幕，意思就是：「必須碾碎（潰す）山葉！」本田開始降低產品價格，大幅增加廣告投入，介紹新產品，從而使最新、最現代的摩托車成為當時的時尚必需品。而山葉的摩托車則看起來「又老、又過時，而且沒有吸引力」，這幾招幾乎要把山葉給榨乾了，經銷商的倉庫裡堆滿舊貨。最後，山葉不得不舉手投降。本田的勝利代價巨大，但確實對包括山葉在內的其他競爭者產生了嚇阻作用。斯托克印象最為深刻的是，本田以加速生產週期來擊退競爭者的方式，這也是他認為美國企業應該學習的地方。毫無疑問，本田的策略讓人印象深刻，但若只關注到這一點，就低估了本田策略的慘重代價，其代價不僅僅體現在降價及促銷領域。

韓默爾和普哈拉在一九九四年也將本田作為一個典型案例，探討它如何開發核心競爭力，其成就如何嘲弄了經驗曲線。由於從掌握內燃機技術而獲得了最大利益（由此本田成功打入一系列相關生產線，例如割草機、曳引機以及船用引擎），該案例顯示出本田巨大的野心與創造力，而且借助於新開發的ＮＳＸ（阿庫拉），本田開始在高階跑車市場與法拉利和保時捷形成競爭之勢。他們了解客戶需求，因此無須盲目地迎合客戶。但是安德魯・梅爾也指出，NSX是一個代價高昂的失敗案例。原因不僅僅在於貨幣升值削弱了競爭力，也是市場選擇的結果。本田之所以對跑車市場感興趣，主要還是企業文化使然，而非核心競爭力的原因，這也意味著本田錯失了一九九〇年代美國正在崛起的休旅車及小貨車的良機。在其他領域，本田之所以下定決心在技術上取得突破，那是因為缺乏企業必需的第二代產品。一般來說，發動機技術造就了本田的多樣性，但是這只體現在摩托車和轎車領域。其他產品在其整體策略組合中只占到很小的一部分。事實上，從一九八〇年代中期到一九九〇年代中期，本田的策略都顯示出了「狹隘的自我定位以及技術上的頑固不化」，缺乏對客戶的反饋機制。

梅爾針對以上故事，提出對於方法論的質疑。這些研究，基本都是零碎不完整，而且只關注於某個時期。儘管總體上認為本田取得了巨大的成功，但是如果綜觀本田的發展史，會發現它其實犯過很多重大錯誤，甚至遇過財務危機。當然，失敗案例一般都不是研究者的興趣所在。但是想要從中總結經驗的商業理論家會質疑，為什麼本田始終沒有顛覆豐田在日本汽車領域的主導地位？為何那些遵循與本田相似策略的企業，並沒有取得類似的成功？正如軍事戰略家會忽視後勤問題一樣，研究者很少注意到本田策略中那些不是很閃耀卻極為重要的方面，例如管理操作方式以及經銷商管理。人們總是對星光耀眼的天才感興趣，但對於冗長煩悶的管理無動於衷。梅爾批判那些分析人員，「只看到自己想看的」，以及「總是急性地進行片面的簡化」。[45] 他也注意到了極端化的傾向，例如一個企業採取的是計畫型策略還是應對型策略，是競爭的結果還是能力使然，好像兩者只能選其一。研究人員所拿到的數據跟他們的理論是相符的，但是也忽視了或捏造了那些不合時宜的材料。

返璞歸真

人們曾經認為，如果軍事戰略的一些基本原則使用得當，即使無法保證完全成功，也至少可以提高成功的機率。但是他們後來逐漸發現，軍事戰略的應用，已遠比拿破崙取得勝利時約米尼所設想得還要複雜和令人沮喪，尤其是當人們發現難以逃脫決定性戰鬥的慣例後。二十世紀中期，人們對於商業策略抱有相似的樂觀態度，對於設計一項既有利於國家又有利於包括美國企業集團在內的大企業的長期策略普遍抱有信心。但當計畫模式的有限性逐漸顯現時，商業策略也遭遇了困境。而且與軍事戰略不同的是，商業管理者並沒有一個進行協調的統一架構。因此，商業策略迷失了方向，面對多種選擇眼花撩亂，最後成為一時狂熱的犧牲品。甚至還出現了誇大商業策略的趨勢。在一項預警分析中，菲爾·羅森維格（Phil Rosenzweig）批駁了那些大肆宣揚商業成功故事而誤導讀者的人，認為他們打造這些成功的神話，使人們相信好像存在一些可靠的成功法則，一旦發現並掌握這些法則就能成功。他提供了一些類似的簡單想法的例子，總體上會涉及以下情況，例如：模糊了相關性和因果關係，而傾向於挖掘成功的因素但不考慮相同因素下也可能導致失敗，以及不太注重競爭等。他將這種混亂狀態界定為「光環效應」，即一個運行良好的企業會顯示出諸如文化、領導力、價值以及責任等特質，人們會認為這就是一個企業運行良好所必備的要素。[46]

由於已經見證了太多管理思想的興衰起伏，懷疑論者強烈建議研究要反璞歸真。約翰·凱伊提醒，策略並不具備一般屬性，而是要視各個企業不同的能力而定。因此，企業的目的不應該是提出某種遙不可及的宏偉設計。一般的企業缺乏制定計畫的相關知識，以及實施策略的權力。他認為應該放棄「試圖進行企業控制的錯誤觀念」，以及認為僅靠高層的願景和意願就可以實現成功的信念，他提倡經濟學者伊迪絲·潘洛斯在一九五〇年代提出的以資源為基礎的方法。這種方法的目的就是找出企業內部能力和外部環境之間的最佳契合點，因此首要任務就是要了解企業在市場中的實際和潛在定位，挖掘企業已經具備的非凡能力，而非可能會具備的能力。[47]

企業的策略定位計畫，可能會列出五年之後的理想目標，但出發點必須基於現狀。儘管有時可能會想採取一些打敗對手的策略，但是在策略制定過程中，首先要考慮的必須是企業目前要解決的問題。史蒂芬·邦傑強烈批評那種不斷要求獲取額外訊息，並且壓抑個人倡議的病態的中央控制傾向。他的建議是，制定策略時要專注於關鍵問題，不要「試圖去計畫能力範圍之外的」，要目的明確，傳達的訊息簡單明瞭，並鼓勵人們根據環境的變化，調整自己的行為。[48] 寶鹼（Proctor & Gamble）掌門人艾倫・拉菲（Alan Laffley）在與其首席顧問羅傑・馬丁（Roger Martin）合著的關於成功經歷的一本書中指出，策略就是「為了獲勝而做出的一個特殊的選擇」。他們認為，一個制勝的策略需要包含獲勝的強烈願望、策略實施的方位、獲勝的方法，以及策略實施必需的能力和管理體系。此書不僅解釋了寶鹼是如何制定策略的，而且也提出了防止陷入「策略陷阱」的必要性。策略陷阱產生的基本原因在於沒有設定真正的優先選項，而是「包辦一切」，或是「一切為了大家好」，或是陷入滑鐵盧陷阱（在多條戰線樹立多個敵人）。其他原因還包括唐吉訶德陷阱，即首先攻擊最強的競爭對手；還有「跟風」，即總是追求最新的管理思想；以及「做白日夢」。[49]

管理學者理查德・魯梅特（Richard Rumelt）也認為，制定策略的首要任務，是為企業把好脈，了解企業面臨的挑戰的本質，確定現狀中最關鍵的方面，從而毫不手軟地推動簡化。根據以上原則，企業可以制定一項應對各種挑戰的指導性政策及與政策實施相配套的措施。魯梅特認為，無論是在企業的體制性工作中還是涉及官僚利益時，制定策略都涉及內外兩方面。有時最好的方法不是試圖去摘那些遙不可及的星星，而是設定一個幾乎觸手可及的目標。

> 許多策略學者似乎都建議，現實情況越是動態發展，領導者越要看得長遠，但這是不合邏輯的。其實，情況越動態，就越難預測；因此，情況越不穩定、越動態時，越要設定一個容易達成的目標。[50]

魯梅特也提醒企業，要提防那些壞策略的危害性，尤其是沒有價值的策略，或是關於策略概念和內容的胡言亂語——無法確定需要解決的問題，弄錯策略目標，提出無法實現的願望，以及設定了策略目標但沒有考慮可操作性。[51] 他反對高級管理階層設定一些不可能的目標，而且還信誓旦旦地聲稱只要有足夠的動力和意志，任何事情都可以實現（儘管在實踐中他們往往只能同時應付少數幾個問題），或是試圖在不可兼容的願景之間找到共識，而不是做出明確的選擇，企圖用一些流行口號（charisma in a can）而非自然的、人性化的語言來激勵員工。魯梅特注意到，「現在壞策略隨處都是，它們缺乏分析、邏輯及選項，但人們總是大肆吹捧，以為只要有了這些策略，就可以逃避所有討人厭的瑣事，克服掌握策略的困難」。[52]

但是和軍事、革命戰略一樣，管理策略也可能陷入英雄式迷思之中。制定策略，要具備一種不切實際的高尚地位，並以此為要素來區分策略的成敗。熟悉策略的大師總是被人推崇和模仿：「工業巨頭」能夠保障企業穩定，並且沿著穩定軌道發展；金融魔法師採取進攻性策略對抗所有無效率，攫取股東身上的最後一分錢；強勢的競爭者總是能夠找到市場中最有利的定位；溫和的革命家能夠認識到忠誠的勞動大軍身上的創造性潛力；有創新性的設計者僅憑一個真正特別的產品就可以扭轉整個市場。管理學家和大師總會推崇他們偏愛的英雄。總是會有一些管理者至少符合其中一種，但符合這種的不一定就符合另一種。經常發生的情況是，無論是個人還是企業，他們在某一時刻飛黃騰達，但是下一個時刻可能就會遭受重創。對那些常勝的策略寵兒的大肆吹捧，往往誇大了開明管理者的重要性，而貶低了機遇和環境的作用，但它們對企業的成敗也至關重要。

第5部分

戰略理論

第36章

理性選擇的極限

理論上，理論和實踐沒有區別。實踐上，也是如此。

——約吉・貝拉（Yogi Berra，愛因斯坦也如是說）

這一部分的內容是以當代社會科學的視角為基礎，探討戰略理論的可能性。我們已經看到，超然的知識活動明顯是更廣泛的社會力量的產物，無論是蘭德公司為發展新的決策科學所做的努力，鼓勵商學院採納的基金會補助——許多社會型組織理論家極力抵制這一點——還是一九六〇年代激進思想對話語和權力關係方面的影響。

有個特別有影響力的理論是，把所有的選擇都看成理性的，並且強調這種做法有許多好處。該理論的追隨者相信，他們（幾乎是絕無僅有地）能夠提供一種完全稱得上「社會科學」的理論，其中所有命題既能夠從強勢理論中推理出來，也能得到經驗的確認。儘管理性選擇理論一直以來在實用性上遠遠低於人們的期望，並且在認知心理學的根本性挑戰下，其潛在假設變得不堪一擊，但它以一種高度的戰略姿態得到了持續的有效提升。這個理論的支持者在相當短的一段時間內，進入了政治科學的各個領域。雖然人們普遍憂慮，這個理論所仰仗的是一種站不住腳的人類理性觀點，但並沒有因此止步。他們所堅持的主張，不過是因為理性的前提有助於產生好的理論。

羅徹斯特學派

正如孔恩所說，學術界很少有新的思想學派是單獨依靠理性而發展起來的。成功推廣一種理論還需要依靠分配資金、編輯學術期刊或任命追隨者就任教職崗位等手段來獲取學術權力資源。經濟學之所以在第二次世界大戰後獲得了長足發展，就是因為大量投資使其抓住了電腦帶來的機會，後者為複雜的量化方法打開了新局面。隨著信心和魄力的提升，經濟學占據了社會科學主要學科的位置。經濟學的帝國沒有明確的邊界。經濟學家蓋瑞·貝克（Gary Becker）認為，「經濟學的思維，為各種類型的決策和各行各業的人提供了一個適用於所有人類行為的架構」。[1]

一九五〇年代末期，福特基金會在投資商學院以前，已經在所謂的行為科學領域進行了大量投資。行為科學並不是這些投資創造出來的，這門學科可以追溯到一九二〇年代查爾斯·梅里厄姆（Charles Merriam）和哈羅德·拉斯威爾在芝加哥大學從事的研究工作。當時，人們對例如人口普查、選舉結果、民意調查數據等大數據分析越來越感興趣。福特基金會率先另闢蹊徑，透過提供巨額捐贈支持大學建立行為研究中心——捐款通常是不請自來（因此一些大學並不確定捐款人期待的是什麼）——從一九五一年到一九五七年，這筆投資高達兩千四百萬美元。蘭德公司的影響力也很突出，當時羅恩·蓋瑟掌管基金會，擔任蘭德社會科學部主任的漢斯·史拜爾（Hans Speier）負責提供建議。他們的目的，就是跳脫早期的社會學和政治學理論架構，鼓勵人們去研究那些可供測量的現象。這種新路徑被稱為「行為主義」，強調研究的實證、經驗和價值中立。針對當時的反共時代背景，人們同時也擔心，「社會科學」會和「社會主義的科學」或社會改革扯上關係。[2]這條研究路徑背後的個人主義假設很自然地契合了市場和民主理論，挑戰了馬克思主義的階級鬥爭概念。這就支持了一個觀點，即自由個人主義是理性的，集體主義是不理性的。[3]這個理論的核心魅力，不在於它的思想性，而在於其優雅、簡約和真正的創新。一些被該理論吸引的人，甚至還力求證明其並非和馬克思主義不相容。但遺憾的是，它常被教條地維護起來，並且被當作了野心勃勃的模型建立目標。

這個理論到底是描述性的還是規範性的，這點並不是很明確。它能否解釋行為者如何實施行為，或者行為者應該如何實施行為呢？如果這個理論是規範性的，那麼行為者就應該聽從建議謹慎行事。這是一件理性的事情。「確定一個理性選擇就是，主體在某種意義上，在一定的條件下，努力把事情辦好。如果主體實際上沒有做好，那就是主體而不是理論出現了問題。」[4]因此，如果行為者沒有接受理性建議，那麼他做出的就是不理性行為。如果這種情況普遍存在，那麼理論在描述上就會受到限制，更不用說預測和能力了。另外，如果理論具有可靠的描述性，那麼其規範性顯然就是無關緊要的。當解決方案已經擺在眼前的時候，行為者為什麼還要去費心鑽研策略呢？[5]

這個理論的出發點是個人為追求效益最大化而做出選擇，這是可以主觀定義的，儘管當時人們傾向於認為可以用經濟回報和權力收穫來衡量這些基本選擇。下個階段是由帶有偏好的行為者來做一個結構性賽局，假定行為者對自己和另一名賽局參與者的處境都有一定了解。接下來，最關鍵的一步是確認平衡點。如果假定所有參與者都遵循個人效益最大化的策略，那麼個體行為者就不會在這個平衡點上發生偏離。原則上，它會展現出策略賽局中最合乎邏輯的結果，並為以後的實證研究提供條件。

蘭德公司在理性選擇理論發展方面的關鍵人物是經濟學者肯尼斯·阿羅（Kenneth Arrow），他創立了「不可能定理」，解釋了為什麼民主制度產生的結果不總是符合大多數人的意願。他的學生安東尼·唐斯（Anthony Downs）在其《民主的經濟理論》（*Economic Theory of Democracy*）一書中，用個人實現個體利益最大化的觀點對公共利益的概念提出了挑戰。而將理性選擇理論完全轉變為政治科學模式的人是政治學者威廉·瑞克（William Riker）。瑞克自一九四〇年代末從哈佛畢業後一直遵循相對主流的研究路徑，但一直在尋求以一種新的方式將政治科學提升到一個新的層級。他在賽局理論中找到了這種方式。

一九五〇年代中期，瑞克首次接觸賽局理論的時候，就被其非道德理性的假設所吸引。他反對當時占主流地位的規範性政治理論典範，這些典範被寫成一整套的祈使句，內容都是關於如何運作政治，而不是如何分析政治。然而，對於權力現實，瑞克也想超越馬基維利式的關注。他渴望找到一些真正科學的東西，能為指導實證研究提供可測試的模型。因此，瑞克對賽局理論這種「不打折扣的理性主義」感到非常興奮。明智的人為實現直接目標會做出什麼樣的選擇，這個問題符合傳統的政治科學。瑞克判斷，二十世紀的頭五十年裡，在生物學、心理學和形而上學理論的影響之下，這項傳統已經消失。賽局理論中，「沒有本能，沒有輕率的習慣，沒有無意識的自暴自棄，也沒有形而上學的和外源性的願望」。

賽局理論對瑞克的第二個吸引力是自由選擇。這裡瑞克針對的是與馬克思主義有關的歷史決定論。賽局理論推定，人們會考慮自己的偏好，以及當對手有同樣的考慮時，他們會如何利用替代策略來滿足自己的願望。因此，事情的結果取決於自由人的選擇，而不是「什麼外生計畫」或「人類內在的不理性」。瑞克承認，這其中存在一種明顯的緊張關係。作為一種規範性理論，它是好的，完全是為了幫助人們做出更好的選擇。但作為一種描述性理論，選擇中的變化會導致各種各樣的問題。有關理性選擇的種種確定性假定的價值在於，它有助於識別行為的規律性，以便進行可能的普遍化。然而真正的自由選擇允許離奇和隨意的行為，這就有違普遍化。[6]瑞克認為，賽局理論將普遍化和自由選擇結合在一起，提供了一條走出兩難困境的道路。它假定持有同一目標的人在相同環境下，會理性地選擇相同的替代戰略，這其中存在著一種規律性。然而，即便如此，也仍需要做選擇，特別是在形勢不確定的情況下。最後，最讓瑞克著迷的是各種選擇，這意味著當他去世時，他會進入科學基本上產生不了什麼作用的領域。但當時，瑞克已經催生了一個學派，該學派志在證明政治是一門科學，而且是一門完全不存在什麼利害關係的藝術。

一九五九年，瑞克申請加入帕羅奧圖（Palo Alto）的行為科學高等研究中心，目標是在一個被他稱為「正式的、正面的政治理論」領域從事研究。「正式的」是指「用代數而不是語言符號來表達理論」，「正面的」是指「採用描述性表達而不是規範性命題」。他尋求的是，「這種與經濟中的新古典價值理論頗為相似的理論能夠在政治科學方面取得進展」。他特別提到了「數學賽局理論」對於「建構政治理論」的潛在作用。[7]瑞克在研究中心的成果是其闡述觀點的作品《政治聯盟理論》（*The Theory of Political Coalitions*）。然而，從其思想的傳播來看，真正的轉變是他被任命去主持羅徹斯特大學的政治學系。羅徹斯特大學獲得了很多捐贈，而且已經開始致力於在嚴格的量化分析基礎上進行各種形式的社會科學研究。在這裡，他堅持要求學生和手下的工作人員必須具備統計分析能力。在他領導之下，羅徹斯特大學的排名急遽上升，其畢業生在進入其他領域後，將理性行為者理論進行了廣泛傳播。瑞克的兩名追隨者曾經寫道：「學生們認識到，這是一場改變政治科學的獨特運動，他們即將成為其中的一部分，他們為此進行了反覆、透徹的準備，學生之間保持著緊密的團隊情誼，都具有很強的學術生產力。」這些學生「不屈不撓地努力研究和推進理性選擇的理論模型」，並且決心用它來「替代其他形式的政治科學」。

一九八二年，瑞克成為美國政治學學會主席。此時，「理性選擇模式」已經居於主流地位。它的成功「排斥了其他學科」。[8]瑞克反對將理論進行諸如「正面的」或「形式上的」修改，由於它符合科學的標準，因此是唯一稱得上「政治理論」的理論。[9]到一九九〇年代，數學成為政治科學項目的必要屬性，有關理性選擇的論文占了《美國政治科學評論》（*American Political Science Review*）四〇%的篇幅。有抱怨稱，這個典範的影響力之所以不斷增長，是因為強硬的心態和清晰的思維。這些批評根本談不上應該認真對待，由於批評者缺乏培訓，無法掌握各種方法，他們其實看不懂理論內容，因此這些批評難以成立。由於這些學者會支持自己領域的同行，因此人們提出，從事理性選擇研究的學者，寧可選用一名自己學會中的二流成員，也不會挑選其他任何人。[10]

他們的理論不是將一個經濟學模型簡單地強加於人。作為一門學科，經濟學的發展是基於一種狹義的利己主義假設，因此，每一次，當個人面對同樣的制約、在持同樣偏好的情況下，會做出同樣的選擇。目標和獲取目標所需的資源可以用貨幣形式來表達，在日常經濟生活存在無數的類似交易：樣本數量越大，異常行為就越不重要，觀察方式和相互聯繫就會越突出。對芝加哥學派強勁的市場經濟學主張，瑞克印象深刻，這可從其最初在羅徹斯特的課程中窺見一斑。但他早在主流經濟學家之前就已投身賽局理論之中，且小心翼翼地辨別出，經濟學——它將一種教條的理性歸因於行為者——中的理性是蓄意而為的，經常與其他行為者針鋒相對。這是賽局理論的基礎，在這方面，瑞克所在的學派是跟隨者，而不是領導者。

隨著理論家們雄心越來越大，他們從擁有大量樣本但少有變數、被認為最有價值的領域，進入了擁有少量樣本和許多變數的領域，其中就包括國際關係。當可用選項非自然地受限時，研究方法就會陷入糾結，因為明確的興趣和最優策略都很難被確認識別。即便在一些對公布結果具有高度自信的領域——例如，選舉研究——潛在環境下的一些相當微妙的變化也可能使研究成果變得不可靠。環境越穩定，其中的行為就表現得越有規律；環境越不確定，行為者就越難看清楚前方的理性道路。瑞克在與彼得·奧德舒克（Peter Ordeshook）合著的一本教科書提到，「當替代選擇的範圍無限大時，當選擇每一種替代方案的結果都不確定時，那麼大多數選擇都可能是錯誤的」。[11]

就算能找到某種解決方案，那也只能解決某類問題。最易受到影響的可能是那些包含因素極少、最狹隘的問題。如果任何嘗試都要進行實驗驗證，那就需要諸多以可測量形式出現的、充分的可比較實例組成數據集。當研究成果證實了來自模型的推導，即便拋開數學方面的陷阱，人們也很少會將它作為一種證據。因果關係可能與某些因素有關，這些因素或者無法輕易地與模型契合，或者無法隨時測量。即使目標達成了，也不可能確定這到底是我們選擇的行為所造成的結果，還是機會、巧合或外來因素強行介入帶來的結果。

在自然科學中，法則是既定的。因為粒子沒有自由意志，原因與結果是可以預期的。而對於自主的行為體，這就是不可能的。威脅和誘惑在通常情況下所產生的反應，到了偶然情況下會出現迥然不同的結果。當你的目標是影響無數個細小的可比交易時，這或許不是什麼問題，經濟學中經常出現這種情況。由於堅持政治研究必須符合嚴格的形式標準和數學式的精確，因此無論是問題的品質還是答案的價值，都不可能有優先權。一位評論家說：「嚴格是一條保守的規則，在數學層面上越嚴格，在其他層面（或許是更重要的層面）就會越鬆懈。」[12] 鑑於賽局理論者提出的這些限制，他們不是拋開理論的嚴格限制，就是將其複雜性提高到一個只有同行才能玩味或理解的水準。

在對政治科學中的理性行為者理論的諸多質疑中，最重大的一次是唐納德·格林（Donald Green）和伊恩·夏皮羅（Ian Shapiro）所提出的。他們認為，拋開所有的努力，人們對政治學的了解「非常少」。[13]

對於理性選擇理論，他們提出了該理論的一個標準問題，其顯示任何投票行為都是不理性的，因為人們投入的時間與他們對最終結果的微小影響是不平衡的。然而，還是會有大量的人去投票。如何才能在不對該理論的核心規則發出質疑的情況下，使得兩者的結果達成一致呢？有人解釋說，這是「心理滿足感」，它可能是一種興趣。二人對這種解釋很不以為然。那麼為什麼對這件事情感興趣，而不是對別的產生興趣呢？這種滿足感的根源是什麼？人們到底是出於相信一項事業，還是認為民主要透過投票來實現，或是因為候選人的素質？理論沒有給出滿意的答案。當獲得一個有意思的研究成果時，必須在理論之外找到幾種解釋。史蒂芬．華特（Stephen Walt）在調查了理性行為者模式在國際關係理論中的應用後表示，「日漸增長的技術複雜性」與「對應的洞察力的提高」是不相符的。複雜性葬送了一些關鍵性假設，並且使得理論難以評估。[14]

對此，孔恩的回答是，「一種理論不可能因為與事實不符而遭到拒絕」，它「只能被一個更高級的理論所取代」。[15] 但這種理論的地位被誇大了，它只不過是從猜想模型中得出的推測性假說。這些理論雖能以數學方法來討論，但並不意味著它們和自然科學處於同一水準。

達成聯盟

《政治聯盟理論》一書宣稱，瑞克的研究新方法是關於聯盟的形成。不管是在賽局過程中，還是在賽局的限制範圍之外，賽局參與者之間溝通的本質是賽局理論中最具挑戰性的問題之一。如果理性的個人在沒有社會和文化作為參照的情況下做出了一個最初的自主性假設，那就意味著此假設不含有任何同情，合作只能依靠形勢的邏輯而不是任何自然傾向。無需太多的表述，馮．紐曼和摩根斯坦曾就賽局參與者數量超過一個時如何形成聯盟提出了忠告。當參與者超過三個或更多時（N人的賽局），進行簡單化假設就會變得越來越難。利益的衝突不再那麼直接。如果有三個人參與賽局，那麼行為一致的兩人就會獲勝。要形成這樣的聯盟，計算方式就像兩人賽局中的極小極大方案一樣簡單。其中的難點在於，計算出弱勢賽局方的理性思考過程，他們到底是會弱弱聯手來對抗強者（達到平衡），還是弱者與強者聯盟（搭便車）。由於許多替代聯盟都可能是穩定的，於是就有必要對所有潛在的聯盟進行系統考慮，得出一個最佳的戰略。

就在瑞克出版這本書之前，威廉．蓋姆森（William Gamson）也一直在尋求建立一種正式的聯盟理論。他同意，必須將這個問題簡化為一個兩人賽局。他把聯盟定義為「持有不同目標的個人或集體間的臨時的、手段導向的聯合」。他們很可能為了單純的權力追求而合作，蓋姆森所謂的權力是指掌控未來決策權的能力。這樣，他們將有能力去實現目標，因為聯手之後，其掌握的資源將大於其他單個的團體或聯盟。各個組成部門的目標可能存在不一致，但他們可以專注於自己獨特的目標。但是，當預測誰和誰會聯手時，就需要了解哪些資源和現有決策是最接近的、它們的貢獻，以及替代聯盟所能提供的收益。蓋姆森發現，賽局理論提供了豐富的解決方案。他的一般性假設是，參與者期望根據他們所貢獻的資源，從聯盟中獲得一定比例的回報。他認為，這依靠的是互惠和一步一步的配對過程，直到抵達一個決策點。[16]

瑞克進一步發展了這種想法，提出了一個強有力的命題，它以研究立法聯盟的形成為基礎，認為完成和贏得聯盟是「最低限度的」，因為這種聯盟已經大到足夠獲勝且不可能存在更大的聯盟，參與者的資訊越不完美、越不完整，贏得聯盟的可能性就越大。他發現，儘管其中特意排除了意識形態和傳統，但這種「稀疏模式」非常有效。[17] 然而，他也認為，到一九六〇年代末期，「更多精力被消耗在精心闡述聯盟理論方面，而不是對其進行驗證」。[18] 當潛在投入過多，可能產生的結果也很多時，賽局理論又一次清晰地暴露出它的局限性。

瑞克在關於聯盟的那本書中宣稱，「理性的政治人所想要的，我想，是獲得勝利，這是一個比權力欲望更具體、更可舉例的動機」。這就將問題置於零和的角度，對大多數政治人物而言，它也許只在狹義上是正確的，而且暗示對結盟的態度很勉強。因此，瑞克在定義理性的時候並沒有導向權力，他書中的理性政治人物有明確的個性：「他想獲得勝利，想讓人們去做一些本不會去做的事情。他想利用每一種情況發揮優勢。他想在既定的情況下獲得成功。」[19] 從中可見，瑞克的個人興趣並不是普通選民的偶然政治行為（他對民主的思考意義有限），而是政治菁英中的關鍵賽局參與者。正如研究寡頭壟斷時，賽局理論在經濟學中表現最佳；可以設想，當參與者數量很少，比如在研究寡頭政治的時候，這種政治學也會非常有效。

經濟學家曼瑟・奧爾森（Mancur Olson）為推廣這個理論做出了重要的嘗試。他對合作過程中的利己主義理性邏輯非常感興趣。馬克思借助於階級意識，將共同利益轉化為政治力量。對此，奧爾森指出，將一個龐大而分散的團體作為一股政治力量是非常困難的。這是因為每個人都會估算，自己為公共產品做出貢獻之後的邊際利益（是一種共同分享而不是少數人持有）一般都會低於邊際成本，而且他們的貢獻也未必會產生什麼作用。因此和其他人合作去實現集體目標（即使在大規模的群體中）是不理性的：「除非採取強迫或其他特殊的方式讓個人行為服從共同利益。理性、個人利己主義都不能使他們實現共同利益或集體利益。」當個人從其他人的努力中獲得好處時，他的個人利己主義理性就會消失。[20]

「搭便車」的問題很常見，比如在一些軍事同盟中，有人雖然投入資源很少卻獲得了保護。奧爾森在一九六〇年代擔任蘭德公司顧問時，很有說服力地提到了這一點。他指出，北約的小成員國「很少或根本沒有意願為集體利益提供更多資源」，因此各國的負擔不成比例。[21] 雖然有共同利益，但如果無論你是否行動、是否付出代價都有可能獲得這些利益，那麼按利益行事也毫無意義。相形之下，如果一件個體行動真的能發揮作用，且收益超過了成本，那麼採取行動確保共同利益就是理性的。因此，從某些方面來說，奧爾森提供了一個菁英理論的形式，因為他解釋了一個小而集中、擁有資源的團體是如何保持影響力的。多數人可能擁有和其他人對立的利益，但只要這利益是彌漫、分散的，其影響就會緩和得多。

對此，部分解釋在於對社會成本和效益的考慮。個人不屑於投票或加入某個團體可能不會引起別人的注意，然而在一個從事積極活動的小集體中，情況就不是這樣了。在此基礎上，奧爾森可以舉例解釋，如為什麼汽車生產商能夠遊說政府考慮採取措施提高汽車價格，而大量的消費者卻無法採取同樣的行動迫使汽車降價。集體性產品影響每個人，但它們更是為那些為其遊說的人的利益服務的。

一旦社會壓力得到承認，利益之所在的問題就更加成為問題了。名譽和榮耀必須得到社會的驗證。離開社會環境就毫無意義，但這也意味著它們能隨著環境變化而變化。如果一種理論幾乎無法以金錢或權力的形式被人構想和追求，以金錢和權力的形式，它雖然能保持優雅和簡潔，卻不一定很現實。各種類型的利益就其本身而言並不會破壞理論，理論只需要受人追隨，但它會使得理論少了些許優雅和簡潔。

合作戰略的演變

賽局理論並非除了最自我本位的行為以外，就無法處理其他行為方面的問題。在一篇流傳甚廣的將賽局理論作為策略工具的文章中，作者將第一版（一九九一年）賽局理論和第二版（二〇〇八年）賽局理論進行比較後發現，不同之處在於新版「充分理解合作在戰略環境中所發揮的重要作用」。[22]為社會行為發展提供賽局理論思維的方式之一是「重複賽局」，係由羅伯特・艾瑟羅德（Robert Axelrod）在《合作的競化》（*The Evolution of Cooperation*）一書中提出。此書的起源耐人尋味，它可以追溯到阿納托爾・拉波波特（Anatol Rapoport），他將自己對賽局理論的強烈興趣和反軍國主義熱情結合起來。當時，拉波波特正在和馮・紐曼討論數理生物學的依據，他發現馮・紐曼支持對蘇聯發動先發制人的戰爭，此事成了他人生的轉捩點。一九六四年，他發表了一篇論文挑起論戰，認為賽局理論遭到了一些策略家的誤用，比如謝林。[23]他在密西根大學時（在他為反對越戰而趕赴多倫多之前），積極促進了將賽局實驗作為一種方式來探求理性選擇理論的理論「解決方案」。在密西根大學繼續從事這項工作的團隊中，就有艾瑟羅德，他也有反戰運動家的背景。

艾瑟羅德發現，可以透過一場競賽，用電腦來驗證賽局理論。他邀請專家為賽局理論中的囚徒困境賽局設計程式，這個實驗可以重複兩百次，目的是看看能否從中發現或得到暗示來促成一種合作的結果。毫無疑問，這場競賽的贏家是拉波波特提交的簡單程式。整個過程就是「一報還一報」，一方重複另一方在上一輪中的動作。第一個命令是「合作」，接下來自然就會生成持續的合作結果。這傳遞出來的訊息是，合作行為會「在良好、可測、寬容的規則下呈蓬勃之勢」。[24]因此，即使在冷戰的緊張局勢下，也存在合作的可能性，就合作本身的優勢而言，它並不需要依靠所謂的人類良心來戰勝不道德的理性。與一些關鍵的起始假設不同的是，這個過程是依靠電腦而不是靠人來操作。相較於該理論自我本位的假設，艾瑟羅德證明，合作可以是理性的。

那麼這些實驗對於策略家有什麼價值嗎？我們的假設在於，合作是件好事，除非它明顯有害（比如卡特爾聯合企業）。就利他主義和互惠的好處而言，《合作的競化》這本書就是一首讚美詩。艾瑟羅德提出了建立合作的四條法則。第一，不要羨慕。要滿足於絕對收益而非相對收益，因此如果你做得很好，就不要擔心有人做得更好。第二，不要首先背叛，因為你要建立合作的邏輯。第三，如果其他人背叛了，一定要回應，用報復來為你們之間的關係建立信任。第四，不要表現得太聰明，因為這樣別人就無法確定你想要做什麼。艾瑟羅德也指出眼光長遠的重要性。如果你處於一種長期關係中，即便其間出現偶然搖擺，持續合作也很有意義，但在短期相處中，人們的合作意願就會低得多。在長期、多次的賽局情況下，即使有人背叛，也不會造成多大損失。

艾瑟羅德的分析其實與策略所關切的「衝突」有關，特別是在一些存在敵對或競爭的重大合作領域。但是即便在近似囚徒困境的情況下，「一報還一報」的特殊方式也是難以複製的。因為雙方處於對稱位置的情況極少見，無論合作還是背叛，這些行為對雙方的影響是一樣的。合作可能基於不同類型的利益交換，例如事物的等量價值。正因如此，促成合作有很多方式，例如透過物物交換的方式，而不是囚徒困境中的重複賽局。艾瑟羅德所提的賽局模式，強化了一個要點：策略需要時間來檢驗，要透過多次的互動參與而非一次單獨的邂逅。這就是為什麼人若表現得過於聰明，並不明智。用「複雜方法推測其他行為者」的做法，通常是錯誤的。不對自己的行為影響做出解釋，卻要去解讀其他行為者的做法，這麼做勢必困難重重。另外，隨機出現的資訊，也可能被認為是複雜信號。

丹尼斯．喬（Dennis Chong）運用重複賽局（雖然確認不是囚徒困境）方式仔細研究了民權運動，想要以此解決奧爾森提出的理性參與，即他所謂的「熱心公益的集體行為」的問題。他發現，一開始人們都不情願投身於徒勞無益的活動，到後來當其他人傾心投入抗議時，這些人又會因為個人風險而感到緊張。這種形式的集體行為無法提供有形的獎勵，卻能帶來「社會和心理上的」好處。它成為「在集體努力中合作的一種長遠利益，如果不合作就會對一個人聲譽造成損害，遭到社群的排斥和拒絕」。

喬發現，一次性運用的策略適合賽局理論，但研究起來比較困難。一個人需要「和社群中的其他人進行反覆的思想交流和碰撞」，才能具備長遠思考的能力。集體運動所面臨的困難在於如何啟動。喬的模型無法解釋那些領導者來自哪裡，他們「獨立自主地」採取行動，不知道事業會不會取得成功，會不會有追隨者。一旦事業啟動並有了第一批追隨者，雖然尚且看不到任何有形的結果，但作為某種形式的社會傳染，這項事業就會發展起來。從中可以得出的結論是（更加直接的歷史觀察方法可能早就得出了這個結論），「強勢的組織和有力的領導」一定會讓當局做出「象徵性的和實質性的讓步」。此外，要謹慎看待並善於發現任何「社會客觀因素的結合，這會帶來一連串的事件，並導致一次集體運動」。[25]

問題不在於理性選擇中使用的方法，並無法產生有趣且重要的見解，而在於有這麼多真正有趣的問題，卻被規避掉了。除非把它歸因於偏好（例如利益或權力最大化），因為大多數情況下偏好確實在大多數行為者身上得到了證實，若論行為者自己的選擇和他人的反應，只有行為者自己才能解釋他們想努力獲取什麼，他們的期望是什麼。這意味著，必須在理論發揮作用之前，獲得大量資訊。正如政治學者羅伯特·傑維斯（Robert Jervis）所稱，「行為者的價值、偏好、信念和自我定義對模型來說都是外源性的，必須在開始分析之前先獲得這些資訊」。[26] 找一個現成的應用函數並不重要，重要的是，該理解它是怎麼推導出來的，在不同環境下又會如何改變。「我們不僅要了解人們如何推斷替代選擇，」賽門說，「還要首先了解這些替代品來自何處。一直以來，這些替代品的產生過程也是研究對象，而它們遭到一定程度的忽視。」[27]

威廉·瑞克的思想軌跡正好說明了這一點。其研究方式中常見的一個重要特點就是，他從不認為，個人是受金錢、聲望等簡單的利益鼓動，而會更多地考慮情感或道德等方面。效用可能是主觀的，這支持了賽局中關於偏好是事先確定的觀點。[28] 他也強調賽局的結構會造成巨大差異。如果議題被分別以不同的方式建構，那麼即便賽局參與者保持不變，替代選擇的可能性也仍是開放的。

在一九八三年的美國政治學學會主席的離職演講中，瑞克確定了三個分析步驟。第一步是確定「制度、文化、意識形態和先驗事件」所造成的限制，這是背景。理性選擇模式出現在第二步，那就是確認「限制環境中效益最大化下的局部均衡」。第三步是「闡述參與者為了改善機遇而做出的創造性調整行為」。遺憾的是，他注意到，人們尚未在第三步上投入很多精力。這個領域被他戲稱為「操控遊說（heresthetics），即政治戰略的藝術」。Heresthetics這詞的字根來自希臘語，意思是選擇或選舉。作為人們相對不了解的領域，他列舉了「政治衝突中備選方案的調整方式」和「作為競選活動主要特點的修辭內容」。[29]這些方法都很重要，因為這是政治家為了讓他人回應自己的議題而建構環境的方式。他們會以一種不可阻擋的邏輯來營造局面，從而獲得人氣。透過這些手段，他們能夠說服其他人與自己聯合或結成同盟。這使瑞克偏離了自己原來的觀念。賽門對此的評論是：「我真希望他沒有發明『heresthetics』這個詞，他用這個詞掩蓋了他所傳播的異端。」[30]

遊說操作是建構觀察世界的方式，從而創造政治優勢。瑞克確認了許多操作遊說的策略：設定議題、策略性投票（支持一個不那麼受歡迎的結果以避免更壞的結果）、投票交易、改變表決順序、重新界定環境。他最初認為，這些操控形式與花言巧語的修飾毫無關係，儘管很多戰略如果脫離了說服技巧就會毫無用處。瑞克在其一部未完成的作品（這部作品在他去世後出版）中，將關注重點更多地放在了修辭上。他的學生們說他正在將學科回歸到「遊說和競選背後的科學上」，[31]但他承認進入了令人糾結的科學領域。這一點從該書的標題——《操控的藝術》（*The Art of Manipulation*）——就能看出來。瑞克心裡很清楚，這「不是科學。沒有一套科學法則能夠或多或少機械地用來製造成功的戰略」。[32]他在遺作中表達了這樣的憂慮，「我們在修辭和遊說方面的知識本身是微不足道的」。[33]瑞克當然並未放棄他的信念，他認為統計分析會讓他的命題輪廓更加鮮明，他斷然迴避了能夠直接解決議題設定、建構、說服等他感興趣的問題的大量工作，因為它太「純文學」了（belle-letters），而且不夠嚴謹。然而，他最終還是和眾多戰略學者一樣，被一個問題深深吸引：為什麼在政治賽局中，一些參與者會比他們的對手更聰明、更善於雄辯？

第37章

超越理性選擇

理性是且只應當是激情的奴隸，並且除了服從激情和為激情服務之外，不能扮演其他角色。

——大衛．休謨（David Hume），《論人性》，一七四〇年（*A Treatise of Human Nature*）

理性假設是正式理論形成過程中最具爭議的特性。這個假設就是，如果人們照這個方法去做，哪怕他們的目標看起來遙不可及，也是有可能實現的，那麼他們就是理性的。這是十八世紀哲學家大衛．休謨提出的觀點。他一直深信理性的重要性，認為它不能為自身提供動機。這可能來自廣泛的人類欲望——「野心、貪婪、自憐、自負、友誼、慷慨、公德心」，它們可能會被「不同程度地混合在一起，散布到全社會」。[1]正如唐斯所說，一個理性的人「會盡最大可能利用自己的知識，在每個單位的價值輸出上盡可能少地投入稀缺資源，並以此方式向目標邁進」。這就需要重點關注一個人的某個方面，而非其「全部的個性」。這個理論「沒有考慮到其行為和動機的複雜性，及其人生的每個階段與情感需要密切關聯的方式，這會導致結果的多樣性」。[2]瑞克寫道，他並未斷言所有行為都是理性的，他只說有些行為是理性的，「並且少部分很有可能對建構和運作經濟與政治制度至關重要」。[3]另外，行為者的行為所在環境（無論是議會選舉，還是立法委員會或革命委員會選舉）也被認為是預先設定的前提，除非研究的議題是關於建立新的制度。那麼，其難處就在於要表明，可透過人們「在一系列可能的結果中排出他們的偏好，將風險和不確定因素納入考慮，並實現收益最大化」來解釋共同的政治結果。這種說法很容易陷入冗贅，因為可以辨識出偏好和優先選項的唯一方法就是檢驗人們所做的實際選擇。

有假設認為，趨向自我本位選擇是理解人類行為的最佳根據。對此，人們的主要質疑是，與現實保持一致向來都很難。舉個明顯的例子，研究者會盡量複製罪犯在第一次描述犯罪情況時所處的兩難境地。[4]在關於被告以提供對其他同案被告不利的訊息和證詞換得減刑機會的案子裡，原告會因此獲得更多的籌碼嗎？證據顯示，有沒有共同被告，對於辯護、定案以及下獄的比率，是沒有什麼影響的。對此的推測原因是，被告相互之間存在「法外制裁」。在協商期間，同案被告可能是被分開關押的，但他們還有可能再次會面。[5]對於理性選擇理論的支持者而言，這些看法是不能接受的。這不是說理性選擇是在複製事實，實際上作為一種假設，它對理論的發展與形成是卓有成效的。

到一九九〇年代，隨著正反雙方在所有可能想到的爭論中都耗損得筋疲力盡，這場關於理性的爭論貌似進入了一個僵局。然而，新的研究開始重新改造這場爭論，把心理學和神經科學領域中的見解帶到了經濟學中。對於理性選擇理論的典型批評意見是，人們假設這項理論的方式本身就是不理性的。相反地，他們是一些心理扭曲、愚昧無知、麻木不仁、內心矛盾、辦事不力、判斷失誤、想像過於豐富或帶有偏見的人。對於這樣的批評，有一種回應是，理性根本不需要什麼荒謬嚴苛的所謂標準。如果假設人們普遍都是通情達理、頭腦明智、關注資訊、思想開明、顧及後果的人，那麼這個理論就會順暢地發揮作用了。[6]

然而，作為一項正式理論，評估理性的依據是其定義功效、排列偏好、一致性，以及有關具體行為和預期結果之間的統計機率等。在抽象模型的世界中，這種超越式理性是必要的。提出模型者知道，人類在如此極端的形式中是不可能理性的，但是模型需要簡化各種假設。他們拋開了歸納法，採用了演繹方法，比起實際觀察到的行為方式，他們更熱衷於去發展一些需要受實證檢驗的假說。如果實際結果偏離了先前預測，那麼研究任務就成了不是建構一個更複雜的模型，就是找出具體的解釋：為何特定案例中會出現意料之外的結果。預測的結果可能是違反直覺的，但最後它們會比靠直覺想像所得出的結果更精確。

真正的理性行為到底需要哪些要素？一九八六年，喬恩·埃爾斯特（Jon Elster）的論述是最清晰的觀點之一。他認為，首先，理性的行為應該是最理想的（optimal），也就是說，有了信念，它就是滿足願望的最好方式。有了佐證，信念本身就是人能形成的最好東西；而既然有最初的願望，那麼收集到的大量證據就會是理想的。其次是行為的一貫性，這樣，信念和願望之間就不會發生內部衝突。按照行為者自己的想法，或許應該採取行動，但如果「行動的願望」在重要性上不如「不行動的願望」，那麼行為者就絕不能按照自己的意願行事。最後，就是測試因果關係。行動不僅必須靠願望和信念來實現理性化，而且行動也必然是由願望和信念所催生。而信念和證據的關係，也的確就是這樣。[7]

除非在最簡單的情境下，否則要使理性行為滿足如此嚴格的標準，就需要掌握各種統計方法和只有透過專門研究才能具備的解讀能力。在實踐中，當面臨複雜的資料和數據時，大多數人都容易犯下不該犯的錯誤。[8]即便是那些能夠遵照這種方式的邏輯要求的人，也無法充分應對相關的龐大投入。有些決策根本不值得花費時間和精力去完全糾正。在有些情況下，甚至可能就沒有時間。為了收集所有相關資訊和進行仔細評估所消耗的資源，往往會超過從正確答案中得到的潛在收益。

如果「理性選擇」這件事，需要個人去理解和評估所有可獲得的資訊，並以精確的數學方式來分析各種可能性，那麼它永遠不可能正確描述人類的行為。正如我們所看到的，只有當行為者挑選出他們的偏好與核心信念之後，才會真正地要求以科學般的嚴謹來推動理性選擇論。參與者直截了當地指出，他們的演算可以轉化成方程和矩陣，這就像用內在的價值和信念來塑造個體的人一樣。然後，他們就準備把這齣精心策畫的戲演完。而正式的理論家對此一直無動於衷，他們聲稱對方應該尋求對人類行為更精確的描述，例如吸收和利用在理解人類大腦方面的成果。一位經濟學家曾耐心地解釋說，這和他的研究主題毫無關係，這個方法不可能用來「駁斥經濟模型」，因為這些模型並「沒有對大腦的生理機能做什麼假設和結論」。理性不是一種假設，而是一種方法論的角度，反映了一種將個體的人看作行動單位的決策。[9]

如果理性選擇論本身受到質疑，那麼就得用其他方法論來證明，它不僅能讓人更好地感知現實，還能催生更好的理論學說。這方面的質疑最早是由賽門在一九五〇年代初所提出，他有政治學背景，並且了解制度是如何運作的。他從考利斯委員會而進入經濟學領域，在某種程度上，成為蘭德公司裡挑戰傳統觀念的一分子。他開始迷戀人工智慧，鑽研電腦到底能在多大程度上取代並超越人類的能力，這也引導他開始思考人類意識的本質。他得出的結論是，一種可靠的行為理論，必須承認非理性要素的存在，而且不只是把它們看成棘手的異常現象的根源。在卡內基工業管理研究所時，賽門抱怨說，他的經濟學家同事「在評估經濟學家以紙上談兵式的反省偶然得來的經驗時，想方設法避免對個體人類進行直接、系統的觀察，而且還很理直氣壯」。他在卡內基學院和新古典主義經濟學家展開了一場論戰，但輸了。學院裡經濟學家的數量和權力都日益壯大，他們對賽門的「有限理性」思想根本沒有興趣。[10]於是他放棄了經濟學，轉向心理學和電腦程式。然而，「有限理性」思想漸漸得到認可，因為它令人信服地陳述出人們在沒有充足的資訊、不具備強大計算能力的情況下，到底是怎樣決策的。它接受人類會犯錯的事實，同時也認為人類並沒有喪失那因為一點點的理性所造就的預測能力。賽門表明，人們可能會因為需要為最理想結果付出額外努力，退而求其次，他們不會為了得到一個最佳解決辦法，而殫精竭慮，而會止步於一個還算滿意的結果，賽門把這個過程叫作「滿足（satisficing），追求最低要求的滿意結果」。[11]人們會透過接納社會規範（即便有時候並不適宜），來避免不想面對的矛盾衝突。經驗主義研究展現了行為方式的牢固和一致性，而「有限理性」思想則反映了人們對本位主義目標的理性追求。但絕非非此即彼，這些行為方式都反映了強大的從眾習慣的影響。

阿莫斯．特沃斯基（Amos Tversky）和丹尼爾．康納曼（Daniel Kahneman）在賽門研究成果的基礎上，將更多的心理學見解引入了經濟學。為了提高可信度，他們充分利用數學運算來證明其方法論的嚴謹，由此他們創造了一個全新的領域——行為經濟學。他們展示了人們會依靠「足夠好」的過程，膚淺地用「經驗法則」來解讀資訊，透過走捷徑來應對複雜情況。正如康納曼所說，「人們依靠的是有限的啟發式原則，後者降低了評估機率和預測價值這兩項工作的複雜性，使它們成了簡單的判斷題。一般來說，這樣的試探法很有用，但有時會導致嚴重的系統性錯誤。」[12]《經濟學人》總結了行為研究對實際決策的啟發：

（人們）害怕失敗，很容易形成認知失調，他們通常會堅持一種與證據明顯不一致的信念，只因這個信念已經被持有和珍藏了很久。人們喜歡把信念固定下來，這樣他們就能聲稱獲得了外在的支持，他們可能更願意去冒險維護現狀，而不是去尋找一條更好的出路。他們把問題分成了各自獨立的幾個部分，由此在為一件事情做決策的時候，就幾乎不會考慮它對其他事物的影響。人們以數據來看待各種方式，而其實這些數據根本不存在；他們把事情當作熟悉的類型來呈現，而不是承認其具有與眾不同的特徵；他們放大的是新鮮的事實而不是圖片。他們一再重複地算錯機率，於是……人們……假設原本很可能發生的結果就變得沒那麼可能了，原本很不可能的結果倒更加有可能了，而那些極不可能但客觀上仍存在可能性的結果則根本沒有機會發生。他們還傾向於認為決策之間是孤立的，而不是作為事物主幹的一部分。[13]

「框架效應」也特別重要。人們早先提及它的時候，認為這個概念是厄文·高夫曼確認的，用來解釋媒體如何促成公共輿論。框架有助於解釋人們為什麼會改變某些特徵的相對重要性，以不同的方式看待選擇。個人會透過隨意選擇一個面向，來比較各種選擇性方案，而不是將所有的關鍵面向納入框架內。[14]另一個重要發現則與規避損失有關。當個人把一件商品看成很可能要失去或放棄的東西時，那麼對他而言，商品的價值比它作為潛在收益時看起來更高。理查·塞勒（Richard Thaler）是最早將行為經濟學中的見解吸收到主流經濟學中的人，他將其描述為「稟賦效應」（endowment effect），由此消費品的銷售價格就要比它們的買入價格高很多。[15]

實驗

對理性選擇模型的另一個質疑來自於賽局理論中測試命題的實驗。這些實驗不同於自然科學實驗，後者不需要依賴上下語境。人們需要證明，一些有關人類認知和行為的普遍真理是受到了其他事物的啟發。但其結果可能只在西方（western）、高教育（educated）、工業化（industrialized）、富裕的（rich）和民主的

（democratic）社會（WEIRD）中才會被真正地認為有效，大量的實驗正是在這樣的社會中進行。然而，對於全球人口而言，雖然這樣的社會也是非常重要的一部分，卻被公認為不具有代表性。[16]

最後通牒賽局（ultimatum game）是最著名的實驗之一。一九六〇年代初，它最先被用在實驗中研究議價行為。從實驗開始一直到參與實驗者陷入焦慮，整個賽局過程顯示出人們明顯是在做次優選擇。一個人（提議者）得到了一筆錢，然後由他來選擇另外一個人（回應者）應該拿走多大比例。回應者可以收下，也可以拒絕這筆錢。如果提議被拒絕，那麼兩者什麼也得不到。如果依據建立在理性利己主義基礎上的納許均衡點，提議者就應該給少一點，即便那樣，回應者也會接受。但實際上，這其中還有公平概念在起作用。通常，只要提議者提供的錢低於總數的三分之一，就會遭到回應者的拒絕，而大多數提議者都會傾向於提供將近一半的錢，希望能讓對方感到公平。[17]面對這種出乎意料的結果，研究者首先想到的是，實驗是否出了問題，比如是不是用來做選擇的思考時間不夠等。但無論增加思考時間，還是增加金錢的總量，雖然賽局的形勢變得更嚴峻了，但結果沒什麼差別。在被稱為獨裁賽局（dictator game）的另一種賽局中，回應者必須接受提議者提出的任何條件。正如人們所預料的那樣，提議者分給對方的錢變少了——可能只有最後通牒賽局中平均金額的一半。[18]然而，即便這樣這筆錢也約占總額的二〇%，也不算是小數目。

人們開始明白，關鍵因素不是計算錯誤，而是社會互動的性質。在最後通牒賽局中，如果回應者被告知分配數額是由電腦或轉輪盤決定的，他們會願意接受更少的比例。如果人與人之間的互動不是那麼直接，而是完全匿名的，那麼提議者會給得更少。[19]還能進一步發現到，不同種族，實驗結果也各不相同。分配金額反映了人們在文化上接受的公平概念。在一些文化中，提議者會特別強調要提供一半以上的錢；在其他文化中，回應者不願意接受任何東西；如果交易發生在家庭內部，尤其是獨裁者賽局中，結果或許也會有不同。和孩子們玩這些賽局遊戲也證明了，利他主義是一種需要在兒童時期學習的知識。[20]隨著兒童逐漸長大成人，大多數人會漸漸告別古典經濟理論中預期的利己主義，轉而變得更加關心他人。只有那些患有自閉症之類的神經系統疾病的人是例外。如安吉拉・斯坦頓（Angela Stanton）曾經譏諷地提到，理性決策的標準模型，以這種方式把兒童和有情緒障礙者的決策能力拿來和普通人的決策能力相提並論了。[21]

研究證明了名譽在社會互動中的重要性。[22]當一個人需要得到信任時，會明顯關注如何影響別人對自己的看法，例如當有經常性的交流活動時。儘管看起來似乎是本能、衝動的，但關注公平感和對名譽並非不理性。對個人來說，擁有一個好的社會名聲對鞏固他的社交網絡至關重要，而用於維持群體和諧的社會規範是應該得到支持的。進一步的實驗證據表明，當提議者不夠無私時，回應者為了確保讓貪婪的提議者受到懲罰，寧可放棄自己的報酬。[23]

還有個實驗是關於一群投資人。當一個人進行投資時，團隊裡的其他每個人都能獲利。儘管投資人會有一點點損失，但這些損失無關緊要，因為可以被其他投資人帶來的收益抵銷。這時，一些人在狹隘利己主義的驅動下會想搭便車。他們為避免損失，自己不做個人投資，同時卻從別人的投資中獲利，然後，他們會以整個團隊為代價來獲利。這樣的行為很快就會導致合作關係破裂。要避免這種情況，就需要團隊中的其他成員來執行處罰，儘管這麼做會為他們個人帶來損失。當選擇團隊時，人們常常先避開會懲罰搭便車行為的團體，但最後他們又會去，因為學到了確保合作關係的重要性。

最後通牒賽局中的搭便車者或不公平提議者，最後也會受到指責。在另一個實驗中，被認定為按規則辦事的人，會在賽局開始時就被告知，其他成員中誰是搭便車者。一旦這些搭便車者被描述成不值得信任的人，一般就會被視為不討人喜歡、沒有吸引力。在賽局過程中，這些預先提供的資訊會影響人們的行為。即使搭便車者表現得和其他人沒什麼兩樣，人們也不願意冒險與他們為伍。賽局期間，幾乎不用費什麼工夫就能發現，名聲對他們的實際行為產生了不利影響。當實驗中既有搭便車者又有受損的合作者時，人們給予搭便車者的同情，要遠少於給予合作者的。[24]

對於這些實驗，那些篤信理性行為者模型的人的反應之一是，這很有意思卻無關緊要。參與實驗的人數不多，而且往往是研究生。他們完全有可能已經比較了解這幾種情況類型，其行為會像理論中所理解的那樣變得更加理性。事實上，有證據表明，當賽局的對象是經濟學或商科的教授或學生時，賽局參與者會表現得更為自私，他們更願意搭便車，為公共利益做貢獻的可能性只有一半，他們會在最後通牒賽局中，為自己保留更多的資源，他們更有可能在囚徒困境賽局中背叛。這正好符合其他研究的結果，即經濟學家更容易腐敗墮落，更不太可能向慈善機構捐款。[25]一位研究人員認為，「學習個體經濟學真的改變了學生對自私行為的看法，而且不僅僅在於對自私本身的定義」。[26]在對金融市場交易員的研究中，人們發現，雖然新手可能會受到塞勒的「稟賦效應」的影響，但有經驗的人不受此影響。[27]這並不是奉承經濟學家，但的確表明，自私自利的行為也是可以自發產生的。這方面的爭論可以追溯到一些正式的理論家。可以肯定的是，這顯示出自私自利和深謀遠慮行為的可能性，但仍需要一定程度的社會化。如果不能證明它是自然發生，或者必須透過學習才能掌握，那就凸顯出社交網絡作為一種行為指導資源是具有重要意義的。

當身為消費者的個人在市場上或其他能夠促使他們表現得自私自利的情形中，他們的行為就會接近模型的假設結果。從探索實際理性程度的實驗中可以看出，有些選擇有優先性，這種類型的選擇「有明確界定的機率和結果，比如賭錢」。[28]基本上是出於偶然，當研究者試圖以實驗來證明理性參與者模型時，他們也漸漸認識到社會壓力與合作價值的重要性。在錯綜複雜的日常社交網絡中，從基本觀念的角度出發，真正自私自利的行為才是不理性的。

人們試圖透過重塑正式理論來反映掩蓋在行為經濟學背後的行為心理學的深刻見解。新的研究結果中最重要的觀點是，研究個體時不應該將其假設得比舊模型更複雜、更全面，更重要的是要將其置於社會語境中來研究。

只有一種關於理性的特殊觀點認為合作是不理性的，而且無法理解人為什麼要為了堅守規則、保持合作而犧牲自己的利益，來懲罰不合作者和搭便車者。如果步步進逼地懷疑和推理他人的行為動機，那麼許多社會和經濟事務都將落空。信任的本質是了解並願意接受一定程度的缺陷，意識到被信任者可能打算傷害自己，但又發現，如果假設他們不會這麼做，那會更有益處。有證據表明，大多數人更願意選擇信任他人。一旦做出承諾，便會受到強大的規範壓力的褒獎，而靠不住的名聲則顯然是個障礙。一個人如果信任別人而且也被他人信任，生活就變得更加輕鬆，省去了複雜契約和執行問題。信任他人，並不需要假定善意。這種計算很容易得到平衡。有時候可能除了信任他人別無選擇，即便有事物在暗示你懷疑，你也不願意不相信，因為選擇不信任可能會導致一個壞結果。在其他情況下，由於各種各樣的資訊缺失，接受別人的信任意味著提升了自己的信譽度。這就是為什麼欺騙會遭到譴責。欺騙意味著利用別人的信任，誠信的面具背後隱藏的是惡意。信任意味著接受他人意圖的外在證據，而欺騙涉及的是偽造證據。[29]

因此，信任是如此重要，即便有被人欺騙的確鑿證據，人們也仍然會在相當長的時間內予以忽略。一個自信的騙子可能禁不起嚴密的調查，因此他會依靠這些容易相信他的故事的人：比如嚮往愛情的女性，或者謀求一夜暴富的貪婪者。研究表明，人們往往「很難發現欺騙行為，但是對自己識別欺騙行為的能力顯得過於自信」。[30]「認知上的懶惰」容易導致誤解他人、誤判形勢，無法深入語境，忽略了矛盾，固執地堅持較早之前對他人的信任判斷。[31]

心智化

根據人們的性格區分人的不同特徵，這種能力對所有的社會互動都至關重要。在特定的環境下預測人的反應或許比較難，但在某種程度上，有些特定的人的反應是可以預測的，其行為不但可以被預測而且還可能被操縱。

就他人的思維如何運轉而發展出一套理論，這個過程被稱為「心智化」（mentalization）。人們不再設想別人的思想和自己差不多，透過觀察他人的行為可以發現，別人的精神和情緒狀態顯然大不相同。同理心（empathy）來自德語「Einfühlung」，是指把自己內心的感受投射到一件藝術品或另一個人身上的過程。同理心有可能是同情心的前兆，但它並不等同於同情。一個人有了同理心，可以感覺到別人的痛苦；而有同情心的人還會對他人的痛苦感到惋惜。它只不過是以一種換位的方式分享他人的情感狀態，但其中也有一些更謹慎、可估價的東西，是一種角色扮演。

心智化涉及三組不同的活動，結合在一起共同發揮作用。第一組不是最先激發認知和情感的刺激物，而是個體自身的精神狀態，以及認知和感覺意義上的他人的精神狀態。它們是對世界狀態的信念，而不是真正的世界狀態。人在刺激他人的精神狀態時，自身也會受到過去的行為和與當下有關聯的廣闊世界的影響。第二組活動採用的是觀察到的行為資訊。當它與能夠回憶起來的往事結合在一起時，就可以推斷精神狀態並預測下一階段的行為。第三組活動由語言和敘事激化。烏塔・弗里斯（Uta Frith）和克里斯多福・弗里斯（Christopher Frith）夫婦認為，它吸取過去的經驗，「為當前正在處理的材料建立了一條更廣泛的語義情感脈絡」。[32]

這個更廣泛的語境可以用「劇本」來進行解讀。這個概念來自美國心理學家羅伯特・艾貝爾森（Robert Abelson），他從一九五〇年代開始對形塑態度和行為的各種因素產生了興趣。一九五八年，蘭德公司團隊和賽門進行的電腦模擬人類認知研究進一步推動了他的研究工作。「冷」認知和「熱」認知兩個不同的概念由此出現。在「冷」認知下，新資訊被毫無障礙地吸納進入一般問題的解決過程，而「熱」認知則對既有的信念構成了挑戰。艾貝爾森對理性思考認知帶來的挑戰感到困惑，他在一九七二年寫下了關於「理論性失望」的文章，因為他「嚴重質疑資訊是否真的會影響態度，以及態度是否會影響行為」。正是在這個時候，他突然想到了「劇本」。他的第一個想法是，這些「劇本」可以與心理學理論中的「角色」（role）和電腦程式中的「計畫」（plan）相比較，「只不過，它們在執行過程中比角色或計畫更具偶然性、更加靈活、更加衝動，在情感形成和『意識形態』影響方面更加容易暴露資訊」。[33] 由此，他和電腦學家羅傑・尚克（Roger Schank）展開了合作。他們共同建立了劇本理念，作為人工智慧遇到的一個問題，它指的是涉及強烈刻板行為的、頻繁出現的社會狀況。當這種狀況出現時，人們會求助於這些劇本所支撐的計畫。[34] 因此，個人無論是作為一個參與者還是觀察者，都會在這些情境下做理性的預期，劇本所涉及的就是這些預期事件的連貫性。[35]

在劇本中，特定的目標和活動都是在特定情形和特定時間下發生的。以上餐館為例，劇本設計了可能發生的事件順序，先是仔細看菜單，接著點菜、品酒，等等。當我們必須了解他人的行為意義時，恰當的劇本會預期下一步行動可能是什麼，即提供一個解讀的架構。由於幾乎沒有一個劇本被十分準確地遵循，其他心智化的過程就會改編劇本來適應新情況的不同特點。我們將在下一章中探討劇本在戰略中的潛在角色。

個體的心智化能力各不相同。合作精神比較強的人情商更高，往往能在一個更大的社交網絡成為一個比較優秀的思考者。人們也許認為，這也是馬基維利式狡猾性格的一種屬性，這種人往往會欺騙別人，操控別人。這可能源自一種了解他人思想和弱點的能力。儘管這些人缺乏同理心或熱認知，但他們具有能夠洞察他人所思所想的冷認知。然而透過研究這些「馬基維利式」人物——在心理學中指出，在報酬和懲罰的影響下有點無情和自私的性格——可以發現，他們的冷、熱認知都是有限的。由此引出的命題是，這些個體在心智化方面的局限性意味著，由於很少感到內疚和自責，他們發現操縱和利用他人更加容易。[36]因此，有些人之所以會很自然地去操控別人，是因為他們顯然不會用別的方式和別人相處。

這些發現，可能為一種觀點提供了更多支持，即在經濟學理論中受到好評的理性行為者更容易出現精神錯亂和社交障礙。正如米羅斯基在一段尷尬的獨白中所說的，居然有那麼多堅持自我本位理性、為人類理性的精髓建立學說的理論家——納許就是其中一個例子——生來不會善解人意，他們生活在崩潰的邊緣，經常陷入絕望甚至想自殺。[37]

但是，這個問題與另外兩個原因有關。第一，它強調表面特徵與策略的區別。欺騙或者馬基維利主義這樣的表面特徵會影響人的本能行為，策略中的欺騙是經過審慎的推理過程得出來的。第二，它會令人想起以前應對機巧狡猾之徒的態度，將其用在自己身上固然遺憾，但若用在敵人身上就會得到讚美。這針對的是另一種不同的挑戰，因為心智化在群體內部應是相對直接且合理可靠的，群體內會有經常性的互動，其中的人擁有同一種文化和背景。至於圈外人，人們對他了解不多且心懷疑慮，心智化就會困難得多。人們對疏遠的、沒有吸引力以及品行不端的人，很難產生同理心。因此，掌握群體內部成員的可能想法比較容易，而且有助於促進合作。只要發現困難，他們就會直接溝通解決問題。然而，最需要徹底了解和看透的——尤其是在衝突中——是圈外人的想法。其挑戰不僅在於要克服各種成見和偏見，勾畫出一幅完整的圖像，還在於幾乎沒有機會去和對方溝通，澄清存在分歧的領域。

兩種系統

由此產生了一幅複雜的決策圖像。它始終受到社會層面的影響，強調親密關係的重要性；需要付出努力去理解那些遙遠和險惡的事物；要根據過去的經驗建構當下的問題（往往是相當狹隘的、短期的視角）；透過捷徑去了解（試探）即將發生的事情。所有這些都不太符合選擇的系統價值，後者所描述的是願意透過計算流程得到正確答案，採用最好的證據和分析，在腦中清晰地保留長遠目標。然而與此同時，儘管我們經常嘲笑根據直覺和預感做決策，但直覺性決策往往更可靠，有時甚至比深思熟慮得出的結論還要好。[38] 甚至與人們選擇的理論相關。正如史蒂芬·華特所說，有些理論要求掌握複雜的數學知識，把時間用在學數學上，就沒有時間用來「學習外語，掌握有關外交政策問題的細節，潛心研究一種新的理論文獻，或者準確編製歷史數據」。[39]

神經影像學和賽局相結合確認了被不同形式認知和決策所激化的大腦區域，由此可以發現自下而上的直覺過程與自上而下的思考過程之間的緊張關係的根源。人腦的各個部分與進化的初期階段相關，比如腦幹和腦部的杏仁核（amygdale）就與那些依靠感覺、本能和精神捷徑所做的選擇有關。多巴胺神經元會自動檢測來自環境的模式刺激，然後根據儲存在大腦裡的經驗和學識進行配對。它們透過眶額皮質（ＯＦＣ）與意識性思維聯繫在一起。正是眶額皮質在進化中的擴張，才使人類在智力上獲得了比較優勢。這可以從明確目標（比如保持良好的聲譽或賺錢）的影響力中窺見一斑。當我們試圖理解他人以及他們可能會做什麼時，內側前額葉皮質和前旁扣帶回皮質就會被活化。而在玩電腦遊戲時，它們是不會被活化的，因為我們並不需要揣摩電腦的意圖。然而假設與更原始的大腦相比，前額葉皮質在計算能力上是有限的，通常無法同時處理七件事情。

喬納·雷爾（Jonah Lehrer）對於這方面研究的意義做出總結：

關於決策的傳統觀念已經十分落後。最適合大腦的是最簡單的問題——日常生活中的數學問題。這些簡單的決策不會壓垮前額葉皮質。事實上，這些決策是如此簡單，以至於常常導致情緒出錯，前額葉皮質不知道如何比較價格，也不會計算出牌的機率（在這些情境下，當人們依賴感覺時，他們會犯下一些原本可以避免的錯誤，比如那些因為規避損失和計算失誤而導致的錯誤）。另一方面，複雜的問題需要動用情感大腦的處理能力，它是思維中的超級電腦。這並不意味著你一眨眼就知道該怎麼做——即便是無意識行為，也需要花點時間來處理資訊——而是說，還可以用更好的方法，來做出不一樣的決策。[40]

因此，當考慮真正的決策過程時，就與決策的正式模型沒什麼關係了。情緒不再被看作和理性無關、容易將理性引入歧途的東西，因此只有哲學家皇帝柏拉圖的那些冷靜的知識訓練才能夠確保理性控制。否則，情緒就會和所有思維過程緊密相關。[41]大腦神經影像會在結論到達人的意識之前，確認評估形勢和選擇所需的特別活動。其中的啟示在於：人類在真正意識到自己正在進行嚴肅思考之前，會進行多少計算和分析。在這裡，潛意識中存在著行為經濟學家探測到的各種試探和偏見，或者是佛洛依德和其他精神分析學家為之著迷的被壓抑的情感。決策正是形成於此，人和各種命題在這裡獲得了正面或者負面的暗示。

人們做的是自己感覺對的事情，但這不意味著他們的行為是無知或不理性的。只有在不尋常的環境下，人們才會考慮並猶豫下一步做什麼。然後思維過程就變得更有意識、更加慎重。結論可能會因此而更加理性，或者他們自己會變得更加理性。如果相信本能感覺，自然的過程就是尋找證據來解釋它們為什麼是正確的，而不是對它們進行真正嚴格的審查。這兩種不同的過程就這樣被識別出來，它們都能處理資訊也能制定決策。其結合效應就是一個「推理的雙重過程模型」。他們被標上了「系統一」和「系統二」的標籤。[42]兩者取長補短，相互補充，需要互動，因此它們之間的差別或許被描述得過於明顯了。我們這麼做的價值，在於判斷兩個不同形式的策略推理，這至少在認知心理學中具有一定基礎。

直觀的系統一，其處理模式很大程度上是無意識和隱形的。當有需要時，它們會迅速自動運行，要在達到意識之前管理非常複雜的認知任務，評估形勢和各種選項。這裡指的不是一個而是多個過程，從簡單形式的資訊檢索到複雜的心理表徵，它們或許具有不同的進化根源。[43]它們都涉及大腦的非凡計算和儲存能力，借鑑以往的學習和經驗，從環境中了解線索和訊號並進行解釋，提出恰當有效的行為建議，幫助個體應對環境。從中我們可以掌握社會是如何運作，個人是如何處事的，社會和各種不同的情況吸收同化了什麼，將它們透過更明確、更謹慎的方式，更快、更集中地結合在一起。結果就是感覺——包括強烈的喜歡和不喜歡，訊號和模式——行動劇本可能很難說清楚，但通常無須考慮其出處便會被遵照執行。系統一的產物不會違背理性，其所涉及的計算和評估遠遠超過了系統二中所涉及的繁雜且有限的過程。在某些方面，與賽局理論有關的模型同時吸收了系統二思維中的潛力和限制。如果沒有涉及個人如何思考的系統一，即便沒有系統一的提示，他們也可能會發現真的很難得出什麼結論。

直覺的系統一思維，仍時常需要輔以系統二的過程。系統二是有意識、明確、分析、審慎、更明智、內在相連的——正是策略推理所應具備的。遺憾的是，系統二的進程更緩慢，它糾纏於過度的複雜之中，且要求更加嚴苛，因為發揮自我控制是「一種令人不愉快的消耗」，讓人喪失動力。[44]系統二的特徵涉及的是人類特有的屬性。雖然可能從黑猩猩開始就已經有了這個過程，但人們還是認為其反映的是最近的進化成果，並與語言和解決假設情況的能力有關，無需即時語境，超越了即時經驗。離開系統並不意味著感覺就不再發揮作用了。比如，當需要在最後通牒賽局中決定同意還是否決時，賽局參與者對於選擇的積極或消極情緒，將會影響其決定。當一名參與者認為另一名參與者的行為有失公允時，可能會產生強烈的情緒、引發重大反應。[45]

系統一做出的決定是否有益，取決於內化資訊的品質和相關性。正如在其他領域，直覺往往可以作為可靠的指南，但過於信任直覺有時也會損害最佳利益。本能選擇的一些特徵會潛在地限制其有效性。第一，使用捷徑，把新情況轉化為自己熟悉的情況，以便吸取明顯相關的經驗或知識。雖然這種做法風險很高，但事實就是這樣。[46] 第二，雖然人們會在高風險決策中投入更多精力，但其實那可能是在為從一開始就本能認為是正確的選擇尋找依據。[47] 第三，思維往往是短期的，是由即時挑戰所塑造的。康納曼認為，「專一而長期的關注也許是枯燥無味的，因為它並不是生活」。在衝突的過程中，人們會對「損失造成的痛苦和錯誤導致的悔恨」產生各種反應。[48] 在這方面，第一次接觸到的必然更加重要，因為它們會試探最初架構的精確度，並展現未來該如何建構這些問題。下一章將提到的一個要點是從現狀出發，並以其為起點來考慮策略，而不是將策略視為一個遙遠的目標，這非常重要。

學習與訓練很有作用，這在激烈的比賽、緊張的戰役或其他任何沒有時間審慎思考的壓力環境下，尤其明顯，參與者必須解決「該怎麼辦」的問題。因此，以有限的先驗知識、狹窄的架構，並在很短的時間內，本能決策會反映出強烈的偏見。但進一步的思考不一定能提高決策品質，特別是當額外的考量可能都被用來對本能結論進行理性化處理時。但深思熟慮確實能夠糾正偏見，進行更加抽象的概念化，重建架構，設定時間的區間。有證據表明，當環境比較特殊，資訊缺乏，不一致和異常超出預期，或者意識到了偏見的風險時，越是有意識的推理就越有效。缺乏同理心（通常是一種精神變態）的人是不太願意合作的，更容易在涉及信任的賽局中背叛。當要求他們違反常規時，同理心者背叛了，精神變態者變得合作了，他們的前額葉皮質因為需要施加控制而出現了額外的活動跡象。[49] 謹慎思考的系統二與通常不起作用的潛在控制源——直覺思維的系統一——形成了一種相互作用的關係。

當證據對既有的信念構成強烈質疑時，顯然會導致緊張。在某個特定的命題中傾注了大量資源的專家會投入巨大的腦力勞動來破壞證據，質疑那些支持替代命題的人。一九八〇年代菲利普・特特洛克（Philip Tetlock）的一項研究顯示，專家的預測並不比隨機選擇的結果好多少，而且最知名和最受崇敬者往往是最糟糕的。由於他們自認為是獨一無二的專家，為了維護形象，會傳達更多的確定性而不是常常需要證據來證明的資訊。他寫道，權威的專家應該是那些準備檢測他們預言走勢的人，而不是立刻去破壞那些與其不一致的發現。[50]

這兩個過程，為針對策略形成的核心之爭提供了有說服力的比喻。簡言之，正如人們一般所見，策略是卓越的系統二思維，而能夠掌控由系統一思維衍生出來的不合邏輯的推理形式——常常被描述為情緒化。然而，實際情況其實更複雜、更有趣，因為在許多方面，系統一比系統二更強大，甚至蓋過了系統二，除非竭盡全力地去抵消其影響。當一種策略被轉化為意識，並顯示出這麼做是正確的時候，它就會進入系統一，指導有意識的行為發現這麼做的原因——這就是策略的理性化。因此，當系統二的過程與系統一思維纏鬥在一起時，思考策略的方法之一就是糾正感覺、偏見和刻板印象，意識到哪些是環境的獨特性和非常規性，尋求設計出一種理性而有效的下一步方法。

實驗中的一個重要發現是，人並非天生具有策略性。當他們得知自己正身處於一項競爭性的策略賽局中，並被告知了規則、規範和獲勝的獎勵之後，行為會開始講究策略。例如，他們會發現，一種之前有用的行為模式在將來就未必有用，因為固守既定的行為模式會讓聰明的對手預測出自己的下一步動作。同時他們也意識到，對手未來的表現可能會和之前觀察到的有所不同。這就是策略推理的本質：根據對手可能做出的選擇來選擇，並認識到，反過來對手也會透過預測自己的選擇而做出選擇。[51]

然而，當策略需求尚且存疑或不明確時，人們通常會錯失線索和時機。而且當得知自己正在參與策略性賽局時，人們也並不總是興奮或渴求勝利。策略經常是前後矛盾、不得當或不精確的；這反映了人的喜好是無常、不確定的；回應了錯誤的刺激；專注於錯誤的因素，誤解了同伴和對手。賽局參與者常常被迫去努力影響對手的思維。因此，我們在下一章中要討論的是，很多司空見慣的事情不該被稱作「策略性的」。

大衛．薩利（David Sally）將實驗性賽局中的所得和賽局理論可能預測到的結論進行了比較。他在二〇〇三年寫道，「過去二十年裡實驗工作激增」，這顯示出「儘管人類在推理、理性和思維等領域有優勢，但他們仍可能是最讓人摸不著頭腦和最不能堅持到底的賽局選手」。在不同時期，他們「會像賽局結構或社會環境中的小元素一樣逐漸發生改變，變得有合作精神、無私、有競爭意識、自私、慷慨、公正、心懷惡意、健談、冷漠、相似、有心靈感應或茫然無知」。[52]對於事件的大量反映是出於直覺，沒有經過努力思考和分析其他選項，做出判斷雖快卻似是而非。人不是天生的策略家。策略需要人有意識地做出努力。

第38章

故事和劇本

一切事物都沒有結局。如果你認為有，那麼你就是被它們的本質欺騙了。它們全都是開始。這便是其中之一。

——希拉里．曼特爾（Hilary Mantel，英國小說家）

透過對靈長類動物和原始人類社會的討論，第一章界定了戰略行為的一些基本特徵。這種行為從社會結構中產生，能夠引發衝突，識別潛在對手或盟友的特性，表現出足夠的執著以設法影響他們的行為，而且能夠利用欺騙、結盟乃至武力獲得勝利。當我們在理論和實踐中考慮戰略問題時，這些特點常常會引人注目地顯現出來。我們還看到了一些關於戰略的定義，其中很多相當有用，但沒有一個定義能涵蓋所有這些要素。有些定義非常具體地針對特定領域，特別是涉及交戰行動、地圖和部署的軍事領域。其他定義則更通用，涉及目的、方法和手段的互動，長期目標和行動方針的結合，權宜之計和統治形式的分類，反對意見和相互依存決策的辯證，與環境的關係，解決問題的好辦法和處理不確定事件的手段之間的關係。我在前言中將戰略簡短地定義為「打造力量的藝術」。其優勢在於，透過力量對比占優條件下的預期結果與運用戰略後的實際結果之間的差別，來衡量戰略的影響。它有助於解釋為什麼弱者覺得戰略最具挑戰性，但它不能為實踐者提供指導。為此，本章將從主角的視角，探討將戰略視為一個有關權力的未來故事的價值。

那些想要確保他們的戰略得到完美實施的人，可以從專業手冊、自助書籍、諮詢專家乃至學術期刊中獲得多種建議。有些訣竅是告誡性的，有些則是分析性的；有些竭力擺脫陳腔濫調，有些充斥專業術語，讓缺乏高等數學知識或者無法參透後現代主義祕笈的外行讀者一頭霧水；有些堅持變換典範，有些則建議培養有靈感的個性或主張密切關注細節。面對如此多樣且常常自相矛盾的建議，往往會得出這樣一個結論：雖然擁有戰略是件好事，但正確運用戰略卻是件很難的事。戰略的世界充滿了失望和無奈，以及不奏效的方法和達不到的目標。

本書所考察的每個故事全都始於一種自信，那就是在常規基礎上，只要措施得當，要求再高的目標也是可實現的。拿破崙現象引導約米尼和克勞塞維茨向有抱負的將軍們解釋，他們如何才能贏得決戰從而決定國家的命運。對法國大革命的回憶以及積聚的社會和政治動亂，激勵第一代職業革命家發動同樣的決定性起義，建立起嶄新的社會秩序。一個多世紀以後，美國大公司——堅不可摧且享受著有利的市場條件——在錢德勒、杜拉克和斯隆的鼓勵下，把企業策略當成了維持這種喜人狀態的組織結構和長期計畫的指南。

在所有三大案例中，這種自信的基礎全都被經驗破壞。戰役的勝利不一定能帶來戰爭的勝利。統治階級設法滿足了民眾對政治和經濟權利的要求，轉移了革命的壓力。美國製造商的優越地位受到國際競爭，特別是來自日本的競爭的衝擊。然而，這些挫折並沒有使最初的戰略架構被拋棄，軍事戰略家仍然渴望找到一條通往決定性勝利的道路，即使他們被難以承受的消耗戰或人民反抗和游擊隊偷襲弄得焦頭爛額。革命者繼續想辦法動員廣大群眾推翻政府，即使西方民主制度提供了表達不滿的合法管道和改革路徑，而且這些行為有利於完全不同以及宏觀上更有成效的政治戰略的形成。只有在商業領域，早期策略模型的缺陷才如此明顯，以至於很快被丟到腦後，人們開始瘋狂尋求包含彼此對立、自相矛盾和混亂不清的論點的替代模式。

戰略中存在的這些問題，是啟蒙運動的自然產物。漸進理性主義後來被韋伯認定為官僚政治興起過程中一個不可阻擋的長期趨勢。人們希望它能排除情感和浪漫成分，從而消除誤差和不確定因素的侵入源。它應該是形成於已積累知識的基礎上的人類事務之一。但是相關的知識很難累積，也無法被足夠精確地用來指導實踐者，他們面臨著一系列相互矛盾的需求和不確定性，往往沒有什麼選擇，只能「蒙混過關」。[1] 理性主義假設不僅影響到對理論的闡述，還影響著人們會如何接受並運用它，而最終這種假設被證明是不充分的。

戰略既不是設計出來的，也不是在可控環境中實施的。計畫好的行動排序越長，以特定方式行事的行動者數量就越多，計畫者的胃口就越大，行動就越有可能出問題。如果既定步驟中的第一步不能取得預期效果，那麼事情可能很快就會出錯，情況會變得益加複雜，參與者也會越來越多且相互對立，因果關係鏈會越拉越長，然後整個斷鏈。就算不像托爾斯泰那樣把戰略貶低為自以為是和幼稚天真的東西，也能明白這樣一個顯而易見的道理：取得成功，要靠對一系列往往很難受到影響的機構、流程、個性和觀念努力施加影響。美國歷史學家戈登·伍德（Gordon Wood）反對「歷史充滿教訓」的說法，認為教訓只有一個：「沒有任何問題是按照決策者希望或預期的方式解決的。」而歷史教會我們「懷疑人類蓄意操縱和控制自己命運的能力」。[2] 戰略並非掌控形勢的手段，而是因應無人能完全掌控的形勢的方法。

戰略的局限性

如此說來，戰略是否還有價值呢？艾森豪總統借助於自己的軍事經驗認識到，「計畫毫無價值，但計畫的執行卻是一切」。[3] 同樣的說法也可以用在戰略上。如果沒有事先的深思熟慮，要想應付不可預知的事情、從不斷變化的局勢中捕捉線索、質疑預定的假設或考慮異常行為的影響，恐怕都會難上加難。如果戰略是一個設定了通往最終目標的可靠路徑的固定計畫，那麼它可能不僅會令人失望，而且還會幫倒忙，把優勢拱手讓給更有靈活性和想像力的其他人。反之，有了靈活性和想像力，就更有機會緊跟形勢發展，時常重新評估風險和機遇。

要找到研究戰略的有效方法，就需要認識到它的局限性。這不僅適用於戰略帶來的好處，也適用於它的影響範圍。界限是必需的。由於戰略已經變得無處不在，以至於每個前瞻性的決定都可能配得上這個詞，它現在已經（被濫用得）沒有任何真正的特色，幾乎到了毫無意義的程度。一個明顯的界限就是，它與一些只涉及無生命物體或簡單任務的情形無關。只有當衝突的元素真實可見時，才真正開始發揮作用。僅存在潛伏性衝突的情形，則不在真正的戰略性思維框架之列。與其給自己找麻煩，人們更願意相信那些反過來也可能相信自己的人。在一個熟悉的環境裡與「圈內人」共事，如果不能獲得相符的收益，戰略行為會引起不滿和抵制。因為人們一直以慣有的方式思考自己的生活環境，抑或因為人們習慣上總是不願挑戰既有的階級制度和傳統，所以可能會不知不覺地形成錯誤的權力關係。能夠改變這種狀況、讓戰略發揮作用的，就是對衝突的認識。某些事件的發生，或是社會態度和行為模式的轉變，使先前被人們認為理所當然的東西受到挑戰。以往司空見慣的情形可能會被以新的視角重新審視，那些曾經屬於「圈內」的人也會被懷疑為轉投「圈外」的叛徒。

如果新出現的衝突形勢讓人想起了戰略，那麼淡化衝突的願望也會讓人忘掉戰略。甚至那些以戰略為標題、展示長遠思考能力的官方文件也是如此。在這些文件中，戰略被包裝成一種反映了政府或公司既定想法的權威性展望。牛津大學軍事史教授休・史壯恩曾抱怨，這套做法使戰略被濫用，無法使其發揮連結目的與手段的本來作用。戰略被拓展到所有政府工作中，從而使這個詞「喪失」了本義，只留下了「平庸」。[4] 不可否認，很多「戰略」文件刻意迴避主旨，缺乏重點，涵蓋了太多不同的或僅連結鬆散的問題和主題，無法滿足多元化受眾的需求，反映出微妙的官僚式折中態度。它們涉及的通常是必須解決的問題，而不是處理具體問題的方法。所以，它們的作用期往往不長。就戰略內涵而言，這種文件充其量是一個對大環境的廣泛介紹，眾所周知，這在商業策略中被稱為「定位」。也許在一個目標比較容易實現的大體穩定和理想的環境中，更清晰、更大膽的東西根本派不上什麼用場。只有當環境不再穩定的時候，當潛在衝突變成現實衝突的時候，當必須做出真正選擇的時候，類似真正戰略的東西才會成為必需。

所以說，把不那麼像戰略的東西轉化成戰略的，是一種對實際或即將發生的動亂的感覺，一種誘發衝突的動盪形勢。因此，戰略是從現有狀態開始發揮作用，且只能通過認清這種狀態會變好還是變壞來取得意義。這種觀點和那些認為戰略應該用來實現優先目標的觀點大不一樣。它可能更涉及如何應付某些可怕危機，或在本已緊張的形勢下防止事態進一步惡化。所以，首要的需求恐怕是生存。這就是為什麼對於作為實用工具的戰略，最好適度地把它理解為通向「下一階段」而不是最終和永久結果的路徑。下一階段是從當前階段可以切實到達的地方。那個地方未必更好，但相對於用較差的戰略或根本不用戰略就可以到達者，仍是一種進步。它還將成為一個足夠穩定的基礎，以此可通往下一個階段。這並不意味著上述任務能在不考慮理想的最終狀態下輕鬆完成。如果不知道路該朝哪走，將很難預估意外後果。就像一位優秀棋手，天才的戰略家能看到未來行動中固有的種種可能，並考慮清楚後續階段的行動步驟。可見，未雨綢繆是一個戰略家的寶貴素質，但起點依然是眼下的挑戰而不是未來的希望。每次從一個狀態到另一個狀態的行動過後，目的和手段會一併被重新評估。某些手段會被丟棄，新的手段會被發現；同時，某些目標將變得遙不可及，哪怕有意想不到的機會突然出現。即便所謂的最終目標已經實現，戰略仍不會止步。對於像戰役、叛亂、選舉、體育決賽或者商業併購這樣令人矚目的事件來說，一次勝利意味著向新的、更理想的狀態邁進了一步，但不代表鬥爭的結束。已經發生的衝突，會為下一輪衝突創造條件。贏得勝利所需的努力可能已將資源耗盡——粉碎叛亂可能會加劇被壓迫者的不滿；殊死鬥的選戰可能會阻礙政治聯盟的形成；敵意併購則可能使兩家公司的合併更加困難。

預測多個階段的形勢可能會如何發展之所以這麼難，一個原因就是需要處理諸多關係。策略常被認為只關乎對手和敵人。但首先，同事和下屬必須就戰略及其應當如何實施達成共識。由於部門林立造成的弱點，取得內部共識往往需要高超的戰略技巧，而且必須成為優先考慮事項，但協調不同的利益和觀點的最終結果可能只是妥協，即和能幹的對手打交道時的次佳選擇。需要的合作圈子（包括可能成為盟友的第三方）越大，達成協議就越難。雖然所謂的朋友之間可能存在緊張關係，但他們也可能擁有為談判提供基礎的共同利益。也許各敵對國家更願意避免全面戰爭，各政治黨派更願意保持禮貌，各企業更願意避免將價格降到無利可圖的水準。這種合作與衝突之間的互動是所有戰略的核心所在。這是有一個範圍的，其中一端是完全一致（沒有任何爭議），另一端是完全控制（爭議在一方獨霸的狀態下受到壓制）。這兩個極端狀態都很罕見，而且幾乎必然會隨著環境改變以及新利益的產生而失去穩定。在實踐中，很可能會視協調或脅迫的程度而做出選擇。由於對付優勢力量的辦法往往是締結聯盟或瓦解敵對聯盟，戰略很容易涉及妥協和談判。提摩西．克勞福德（Timothy Crawford）曾說：「在對相對權力的追求上，減少和分化對手權力與增加和提升自身權力同樣重要。」這可能需要進行艱難的協調，以使一方保持中立並遠離敵方陣營。[5] 所有這些都解釋了為什麼戰略是一門藝術，而不是一門科學。當形勢變得不確定、不穩定並且難以預測時，它就會開始發揮作用。

系統一策略與系統二策略

認知心理學的發展意味著，關於人類如何因應不確定事態，我們現在知道的比以前要多得多。它催生出一種觀點，認為戰略思想在闖入有意識的思想之前，能夠而且常常呈現在人的潛意識裡。它可以源於明顯的直覺判斷，反映那些現在被歸入系統一思想的東西。系統一策略是研判形勢，看到非策略性智慧看不到的各種可能性。這種戰略推理自古典時期以來一直備受推崇。它表現為「智慧」，代表人物是奧德修斯，他足智多謀，善於處理模糊不定的東西，用巧妙的語言領導「圈內人」並迷惑「圈外人」。拿破崙曾談到「慧眼」（coup d'œil），稱其為「能從地形上一眼看出各種可能性的天賦」。這是克勞塞維茨的軍事天才思想的核心，他相信，「高度成熟的心理素質」能夠幫助偉大的將軍選定發起進攻的正確時機和地點。日裔美國學者喬恩．蘇米達（Jon Sumida）形容克勞塞維茨的天才概念是「構成直覺的理性智慧以及近乎理性的智慧和感性機能的組合」。它是在「面對諸如資訊不充分、複雜性高、意外事件高發以及失敗造成嚴重負面後果的困難條件」時進行決策的唯一基礎。[6] 拿破崙形容這是一種天生的才華，但克勞塞維茨認為也可以由經驗和教育培養而成。

哲學家以撒．柏林在他最近發表的一篇文章中，支持直覺和天賦之說，對於良好政治判斷力可能涉及科學並基於「確定無疑的知識」這一觀點提出質疑。[7] 柏林的結論是：「在政治行動領域，很少有什麼法則，技能就是一切。」關鍵的技能就是把握能使形勢獨特化的因素的能力。偉大的政治人物能夠「理解特殊行動、特殊個體、獨特狀態、獨特環境，以及經濟、政治、個人因素的某些特殊組合的本質」。這種對於人類與非人力量的相互作用、對獨特性的感知能力高於對一般性以及預測重要行動「震顫」結果的能力的把握，涉及一種特殊的判斷。他斷言這是「半直覺」。他並描述了一種很像智慧（mētis）、抓住了系統一思想精髓的政治智力：

> ……一種將不斷變化、多姿多采、容易消散、不斷重疊交叉的數據整合成一個巨大混合物的能力，這些數據太多、太迅捷、太過混雜，以至於像好多隻蝴蝶一樣，難以捕獲、固定和標記。從這個意義上說，整合就是根據數據（那些被科學知識和直接感知所確認）的含義把它們看作單一模式中的元素，就是把它們看作過去和未來各種可能性的徵兆，就是務實地看待它們——也就是你或其他人能夠或將會對它們做什麼，以及它們能夠或將會對其他人或你做什麼。

如果只看重形式化的方法，決心要擠掉直覺、強調分析，這種能力就可能喪失。戰後美國安全政策的制定者之一，任職賓夕法尼亞大學的歷史學者布魯斯・庫克里克（Bruce Kuklick）說：「我研究過的很多戰略家基本上都不關心政治，關於這點，他們缺乏我所力倡的素質，用更恰當的術語說，就是所謂基本政治意識（elementary political sense）。就好像他們想在研討室裡，或者單憑思考能力學到只有靠直覺、經驗和悟性才能獲得的東西。」[8]

這種常常隨著政治判斷力而產生的素質，是說服別人遵循特定方針行事的能力。的確，對於那些不是拿破崙、不能指望命令被無條件執行的人來說，精明的判斷力是沒有多大價值的，除非在下達命令的同時能向那些必須服從命令的人解釋清楚它的意義。正是在這個時候，戰略從直覺轉向深思熟慮，從明白一個特定方針的正確性到尋找論據來解釋為什麼必須如此。所以，對於那些系統一思想認為過於複雜和獨特的情形而言，系統二思想就成為必需。在這種情況下，需要對可選論點論據進行比照性的估量和權衡，以確定一個可靠的行動方針。因此，在很大程度上，戰略應屬於系統二的範疇，但這可能僅僅是把本來屬於系統一的判斷轉化為有說服力的論證。

本書之所以如此頻繁地回到語言和交流問題，是因為如果缺了它們，戰略就沒有意義。戰略不僅要用語言表達出來以使別人能夠理解，而且要透過影響別人的行為而發揮作用。因此，戰略始終與勸說有關，無論是說服別人與你合作，還是向對手講明不合作的後果。伯里克利因為他在民主環境下理性辯論的能力而獲得權威；馬基維利力勸君主們進行令人信服的說教；邱吉爾的演說給了戰爭中的英國人民目標感。武力或經濟刺激措施可能各有作用，但是如果不明白應該如何躲避懲罰或得到回報，它們就可能失去效果。漢娜・鄂蘭觀察發現，「只有在言行未分裂、言談不空洞、行動不粗暴的地方，在言辭不是用來掩蓋意圖而是用於揭露現實，行動不是用來凌辱和破壞，而是用於建立關係和創造新的現實的地方，權力才能實現」。[9]

最偉大的權力，是在一聲不響中達到效果的權力。這種情況發生於現有結構已經確立，並成為自然且良善秩序的一部分，甚至那些可能會處於不利地位的人也如此認為之時。[10] 菁英人物有能力把局部利益粉飾為整體利益，從而使自己理所當然地獲得稱道並遠離挑戰，這種能力一直為激進分子帶來強烈的失敗感。群眾有限的革命熱情已經被各種史詩巨篇多次闡明，這些以行為規則、神話、意識形態教條、典範乃至敘事面目出現的故事認為，既然人們無法把握客觀現實，就應該依靠解釋性構念（construct），而那些最有條件影響這些構念的人則可以獲得巨大的權勢。激進分子試圖發展能促成其他更健康意識的戰略，反對一切認為人們應當無條件承認現有事物格局是自然、持久而非人造、隨機的觀點。有關如何最有效地影響他人態度的問題，已經漸漸被認為關乎戰略的各個層面，而不只是針對顛覆現有秩序的努力。黨派政客一直竭力設定議題和製造話題，提供詆毀對手的爆料，同時展現本黨候選人最完美的一面。這種「敘事轉向」在軍事和商業領域中同樣明顯，既體現在反叛亂行動對「人心和思想」的關注中，也體現在挑戰監管限制的企業說客，或是試圖讓員工相信他們將從劇烈的組織變革中受益的經理們身上。故事不僅是策略的工具，而且賦予策略形式。借助於認知理論、解釋性構念以及設計態度和行為的劇本，敘事的功能得以強化，已經在當代軍事、政治和商業策略文獻中占據顯著地位。為了跟上思考策略的最新潮流，我們需要學會講故事。

故事的棘手之處

美國政治、社會學家查爾斯・提利（Charles Tilly）在其文章〈故事的麻煩〉（The Trouble with Stories）中指出，人類有一種根深柢固的傾向，那就是尋求用故事來解答問題，故事可以涉及個人以及像教會和國家這樣的集團，甚至階級或宗教等抽象的東西。這些故事會講述為達到明確目的而有意採取且常常成功的行動。它們很容易滿足聽眾，包括社會學家。所需要的一切似乎只是一定程度的能言善道、對時間和環境限制的認識，以及與文化期待的配合。但提利警告，故事的解釋力有限。最重要的因果關係往往是「間接、漸進、互動、無意、總體，或由非人環境而不是由個人行動的直接、有意的後果來調節的」。對故事的需求，使得其中的出場演員都能在明確的備選方案中做出審慎的選擇，而實際決策可能遠沒有那麼深思熟慮，更多是臨場發揮，而且常常搖擺不定。社會學家有責任尋找某種更好的敘事方法。對此，提利並不樂觀。他指出，人類大腦會以標準故事的形式「儲存、檢索和操控有關社會進程的資訊」，由此鼓勵了從「自我激勵對象的相互作用」的角度敘述複雜事件的做法。若果真如此，提利至少希望能有更好的故事，對起作用的客觀集體力量和人類力量一視同仁，並將它們作用範圍之外的時間、地點、人物和活動適當地連結起來。最好能講出故事裡的故事，交代故事背景，讓人弄清它們之所以出現的來龍去脈。[11]

商業史學家已經警告人們，不要相信只有表面價值的敘事，比如斯隆的《我在通用汽車的歲月》，書中暗示具有挑戰性的決定完全是理性的選擇。這樣的敘事總是對不同決策導致不同結果的可能性輕描淡寫，無論它們是否誇大了高階主管的作用，都會給人留下不可或缺的印象。[12] 美國華頓商學院管理學教授丹尼爾・拉夫（Daniel Raff）主張，重建過去的選擇，視歷史事件為「有待因應的一系列挑戰，而不是已經發生的主動活動」。這意味著要弄清過去的各種可選方案以及各參與方對它們的理解。[13] 康納曼也曾指出，雖然好的故事「對人們的行動和意圖進行了簡單而連貫的講述」，但這很容易讓人「把行為解釋成一般傾向和個性特徵的表現，也就是用結果來配合原因」。他引用了各種企業成功祕笈作為例子。這些「一貫誇大領導風格和管理實踐的影響」的故事在浩如煙海的管理學書籍中俯拾皆是。他認為運氣是個重要因素，可遇而不可求。上述這些偏見的結果就是，「當解釋過去和預測未來的時候，我們總是看重技能的作用，而忽略運氣的作用。因此我們很容易產生一種控制錯覺」。他還提到一個悖論，即「當人們所知甚少、無法破解謎題的時候，反而更容易編造出一個連貫的故事」。這強化了人們忽視未知因素的秉性，從而助長了他們的過度自信。[14]

這些關於過去的有缺陷的故事影響了我們對未來的預測。在這方面，康納曼把人們的注意力引向統計和風險分析學家納西姆・塔雷伯（Nassim Taleb）的研究。塔雷伯強調意外和隨機事件（他稱之為「黑天鵝」）的重要性，由於它們和以往經歷過的事件大不相同，所以總是讓人猝不及防。但塔雷伯也承認他的方法存在矛盾，因為儘管指出了敘事的缺陷，但他同樣要用故事來「證明我們容易輕信故事，而且我們更喜歡對故事進行危險的壓縮」。這是因為隱喻和故事「比觀點要有力得多（可嘆）；而且它們更容易讓人記住，讀起來也更有趣」。所以，「你需要用一個故事來取代另一個故事」。[15]

我們在本書中可看到，那些內容強有力的經典故事只要細讀一下，便會原形畢露，要嘛純屬胡編濫造，要嘛就是怎麼說怎麼有理（曲解原意）。大衛和歌利亞的較量，現在被理解成了一個關於弱者也能取勝的故事，但原本它想說的是信仰上帝的重要性。奧德修斯最初因精明和狡猾的智慧為人所知，但到古羅馬時，他卻成了背叛和欺騙的象徵。柏拉圖透過把前輩們說成愛金錢多於愛真理之徒，主張保持哲學的純潔性，從而勝過了與他辯論的其他智者。彌爾頓為了讓人明白《創世記》的意義，而設計了一個馬基維利式的撒旦，卻讓很多人發現，這個角色比可敬的上帝更有魅力。克勞塞維茨將拿破崙命運多舛的俄國戰役看作錯誤運用戰略的結果；托爾斯泰則將其視為戰略這種東西可能並不存在的證據。李德・哈特收集各種戰鬥故事，然後以自己的曲解強加之，以驗證其間接路線的正確性。約翰・博伊德和他的助手們無視閃電戰在德國東線遭遇的失敗，忽略了它的具體運用背景，把它形容成一種未來戰爭模式。馬克思總是抱怨法國大革命的影響根深柢固，但是他自己也不能完全擺脫這一影響。由於他對資本主義發展的預言是有缺陷的，他的追隨者只能修正自己的認識，以證明這仍然是科學史觀，而且終將會被證明是正確的。傳統的商業策略教學依靠的是被稱為歷史記錄的故事。從泰勒到畢德士，管理學大師們都知道他們可以用一個闡明其思想精髓的動聽故事來表達自己的觀點。抓住某些具體事件來表達一個普遍性觀點（對本田公司軼聞趣事的引用已經證明了這一點）的手法充滿人情味，極具誘惑力，這也必然導致得出連故事講者都很難認可的誇大性結論。

「研究表明，講故事的能力與故事好壞關係不大，更在於知道如何講述以及如何講好它們：需要省略什麼、需要補充什麼、何時要修正、哪裡要質疑，以及應該講給誰聽或不該講給誰聽。」[16] 在人類日常交往方面，利用講故事說服別人，是一項重要技能，尤其是在和那些具有相似背景和興趣的人打交道的時候。當試圖以自己的觀點去吸引那些生性多疑的人時，可能就不那麼有價值了。而且，為了取得某種理想效果而故意編造的故事，可能會顯得牽強做作。它們會遇到所有曾和宣傳密切相連的問題，宣傳之所以失去公信力，恰恰是因為它明目張膽地企圖影響他人的思考和行為方式。

事實上，人們目前對「戰略敘事手法」的熱情可能會隨著對其宣傳本質的深入認識而消退。「宣傳」這個詞在和極權主義扯上關係之前，曾大張旗鼓、不加掩飾地存在於人們的話語中。這些敘事手法必須在先前描述的限制條件下發揮作用。只要夠模糊，同樣的戰略故事就可能把一群人團結在一起，或推展一項政治計畫。不過，一旦要求表述清晰，或是必須接受實證檢驗，再或出現了相互矛盾的資訊，故事會即刻瓦解。說到「敘事之戰」，重要的不只是它們的內在品質，還有背後的資源，這體現在一個組織宣揚一己之見以及修正或駁斥相反說法的能力上。敘事的目的「既不是要從根本上顛覆，也不是要支配一切」。它們可以被當權者及其敵人有效地講述和無效地講述。它們不是精準的戰略工具，因為它們傳遞出的大量資訊並非都能被人理解，而且像隱喻和諷刺這樣的敘事手法還會給人造成困惑。故事的含義可能是模稜兩可的，某些解釋可能會讓故事講述者自降身價。受眾可能會把注意力集中在細枝末節上，或者把他們自己的經歷強加進故事中。有著中心思想的老故事，可能會被追求相反目標的組織所惡意曲解。[17] 我們可以回顧一下古典學家法蘭西斯・康恩福德（Francis Cornford）對於宣傳的定義：「作為撒謊藝術的一個分支，它幾乎騙不了敵人，而只能欺騙朋友。」[18]

劇本

敘事手法的這些模糊面貌，解釋了它們作為戰略工具的局限性。有什麼能讓它們更有價值的思考方法呢？我們可以假定，在受眾很少並且在修養和話題方面已經培養起很多共同點的情況下，控制故事的意義和解釋要容易得多。上一章談到了作為新情況定位源頭的內化劇本的概念。這個概念已經影響了心理學和人工智慧領域，但對戰略的影響不大。嚴格說來，這個概念涉及的是對適當行為設定期望值的常規情況。例如，劇本可以很弱，只決定某人符合某種性格類型；也可以很強，能預測整個事件的發生經過。在最初的概念裡，劇本利用的是既有知識，引起的是幾乎自動的、可能完全不恰當的回應。但是，劇本可以被當成故意行為的起點，甚至被各個群體在共同分析一個變化的形勢時加以發展和內化。因此，劇本研究已經考慮到個人如何回應組織慣例（如評估預測），或者他們以前從不可能經歷過的事件（如公共場所的火災）。這項工作證明了，劇本可以有什麼樣的線索和頭緒，以及說服那些已經沉浸於某一特定劇本中的人們放棄它會有什麼樣的困難。劇本可能是應對新形勢的一種自然方式，但它也可能造成嚴重誤導。因此，如果人們要表現得異常，應該知道本身就處在一個異常的狀態中。[19]

對於我們的目的來說，劇本具有雙重優點。首先，其概念提供了一種方法，用於解決有關個人如何進入新情況、賦予它們意義以及決定如何行動的問題。其次，它與表演和敘事有著天然的連結。事實上，艾貝爾森已經就劇本的內容結構做過論述，認為它是由相互關聯的小片段構成的一系列場景組成，而這些小片段可能和經驗一樣，源於包括小說在內的書本知識。[20]

在更廣泛背景下運用這種觀點，來自牛津大學經濟歷史學教授艾夫納・奧弗（Avner Offer）對第一次世界大戰起源的記述。其中，他描述了「榮譽」作為一種誘因的重要性，並思考了為什麼它比生存更重要。

這並不說明德國最高統帥對勝利充滿信心，他們深知自己計畫的進攻有點類似於賭博，儘管他們可能也想不出別的辦法來發動戰爭。在柏林一九一四年的戰爭規畫中，一個共同的看法是德國不能退縮，它曾在上一次危機時這樣做過，如果再這樣做，就會名譽掃地，唯一的前景將是可恥的衰落。後果無法確定，但是一個絕妙想法自會證明它的合理性。奧弗斷言，德國的開戰決定及其挑動對手做出同樣好戰的決定，都是一種「富於表現力而非有幫助的行為」。就此而言，戰爭是一系列冒犯行為，或者說沒人能忽視的「一連串榮譽反應」的產物。奧弗解釋了在決定開戰以及隨後依照戰爭劇本對全社會進行軍事動員時，為什麼要強調榮譽。榮譽劇本不是「公開的」，但鼓勵了一種「魯莽的態度」，並且營造了「一種拋開審慎考量、要求絕對順從的強大社會壓力」，因而是有影響的。他認為，這種劇本是一種更含蓄、有情節的決鬥劇本的衍生物。當榮譽在某些情節片段中受到挑戰或質疑時，可以用武力解決問題，「就民族國家而言，動武前可以先做些禮貌的演習，使用些外交辭令」。如果對方拒絕「令人滿意的方法」，將會「失去名聲、地位和榮譽」，從而蒙受「屈辱和羞恥」。這個劇本的影響力被證明是強大的，它「提供了一個表現決策可以有效傳達的故事，一個能讓所有人理解和接受的正當合法的犧牲理由」。所以，一種始於極少數上層人物的情緒可以透過文化來傳遞。這種劇本是如此有力，以至於那些被它牢牢控制的人對另外一些「關於其他形式的勇氣和冒險，關於適時妥協、安撫、合作和信任」的劇本視而不見。[21]

就此而言，系統一意義上的戰略劇本可被當作一個在很大程度上內化了的基礎，用於嘗試賦予情境意義並給出相應對策。這些劇本可能是含蓄的或僅僅被認為是理所當然的，正如假定戰爭的邏輯是迫使敵人投降的殲滅戰，海權應該是對海洋的控制，鎮壓叛亂的最好方式是控制人心和思想，綏靖政策總是給人懦弱的印象，或者軍備競賽終將升級為戰爭。這些都是陳舊老套的想法，它們常常取代那些創造性思維或者對情況特殊性的考量。雖然它們可能在被參照的時候得到驗證，但最終會被證明是錯誤的。在一個較低層次上，劇本可能涉及軍事行動的正確實施順序、群眾運動中國家暴力的影響、公益組織的建立、總統候選人提名的競逐、對組織變革的管理、對新產品發布的最佳時間和地點的確定，或是在敵意併購中踏出的第一步。

這些劇本的要點在於，如果沒人質疑的話，可能會引發可預測的行為，並且在需要做出最初反應的環境中錯失變化。正如我早前說過的那樣，只有在出現不一樣或者不常見的情況時，戰略才真正開始起作用。系統一劇本可能是一個自然的起點，但它們可能會從系統二的評估中獲益，這種評估考慮的是，為什麼正常的劇本這次不起作用。就此而言，接下來這些已經被確定的劇本都有遭受戰略失敗的危險。

系統二劇本應該更配得上「戰略性的」這個形容詞。對於劇作家來說，令人信服的故事應該是某種值得研究和改進的東西，而不僅僅是一種為普通人不成熟的喃喃自語增光添彩的方式。這些劇本可以被視為有意識的交流活動，而不是一套潛意識下的內化劇本。它們不需要採用電影劇本的形式，讓每一個演員輪流說話，但應該具有一種能夠顯示主要演員之間預期互動的從容特性。它們可以取材於歷史或著名事件，但是必須立足於現實來推動情節發展。這些戰略是關於未來的故事，從充滿想像力的小說起筆，但最終必須寫成非虛構文學。

美國心理學家傑羅姆．布魯納（Jerome Bruner）關於敘事的論述，也揭示了戰略劇本的可能性和局限性。他提出了以下幾點要求。第一，雖然它們可能無法準確地展現現實，但必須達到逼真的標準，也就是說，表面看起來要真實。第二，它們應該讓受眾易於接受對事件的特定解釋以及對即將發生的事件的預測。它們不涉及實證檢驗或邏輯順序中的步驟，但會創建自己的規則。「敘事必要性」和「邏輯必要性」是同一回事。它們可以使用諸如懸念、伏筆和倒敘等手法，也可以表現出更多的模糊性和不確定性，而不是形式化分析。第三，雖然它們不能成為對任何普遍性理論的形式化證明，但可以用來證明一個原理、支持一個準則，或為將來提供指導。但是，這些必須從敘事中自然產生，而且不一定要在結論中明確說明。在到達目的地之前，人們往往不可能知道一個好故事會向何處展開，必須用「敘事規則」把觀眾帶到需要到達的地點。按照布魯納的說法，一個「有創新精神的故事講述者會跳出顯而易見的講故事套路」。為了引起受眾的注意，故事必須打破由「固有的規範劇本」所創建的預期，納入不同尋常和意想不到的元素。[22]

這樣一個戰略故事的目的不僅僅是預測事件，還要說服別人照此方法行事，以便讓故事順著既定的路線發展。如果沒能說服別人，那麼固有的預測肯定是錯誤的。和其他故事一樣，這些故事必須涉及受眾的修養、經歷、信仰和追求。為求連結緊密，它們必須聽起來真實可靠且在內部連貫性和一致性（「敘事可能性」）上禁得起檢驗。它們還必須與目標受眾的歷史和文化理解產生共鳴（「敘事忠實性」）。[23]戰略敘事的主要挑戰，在於它們可能殘酷地遭遇現實，這需要及早做出調整，應對多元觀眾的需求，而這又可能讓故事變得語無倫次。[24]透過修辭技巧，協調各種明顯矛盾的需求，或者把各種樂觀的設想一個個組合在一起，都是有可能的，但這種伎倆很容易自己拆穿。這方面需要的是坦誠，不是虛偽。

堤利和康納曼批評，我們對故事的依賴導致誇大了人力的重要性，讓我們想當然耳地認為結果產生於故事裡中心人物（常常是我們自己）的故意行為，而不是巨大的非人因素、偶然事件、時機問題或者絕不會成為故事開頭的意外巧合。對這些批評該如何理解呢？答案就是，忽略這些因素，對歷史來說肯定是糟糕的，但對戰略來說卻不一定是壞事。當我們試圖理解現狀時，臆斷事情之所以如此，只因強勢的演員希望它們如此，此舉是不明智的；但展望未來時，我們別無選擇，只能朝著一條依賴人力、可能通向美好結果的道路走下去。最好還能避免控制錯覺。但最後我們能做的，不過是表現得好像我們能影響事件一樣，否則就是屈服於宿命論。

另外，如果從一開始就做好準備，偶然和突發事件是可以被控制的。一個透過若干只要認真有序執行就能產生理想結果的步驟，把可用手段和既定目標連結起來的戰略計畫，會讓人聯想到一個因果已經提前揭曉的、可預測的世界。本書的一個主要結論就是，這類計畫一旦遭遇尷尬的現實，就會不知所措。一個劇本可以和一個計畫共用一個事件預期過程，但隨著該過程從系統一轉移到系統二，從一種潛意識的假設發展成一件精心打造的作品，它可能會加進一些偶然事件的發生的可能性，並預測眾多表演者在一段較長時間內的互動。這需要故事保持一種未完成的狀態。劇本必須為即興創作留出很大空間。只有一個行動是比較有把握預測到的，那就是已經掌握戰略設計的主要演員的第一步動作。情節是否會依預想展開，不僅取決於最初假設的敏銳度，而且取決於其他演員是按劇本入戲，還是明顯地偏離劇本。

劇本：戰略性與戲劇性

一旦戰略被認為是敘事，它與戲劇的密切關係就變得很明顯了。大衛·貝瑞（David Barry）和邁克·艾莫斯（Michael Elmes）認為，戰略是「在組織中講述的最突出、最有影響力和最昂貴的故事之一」。它集「舞台劇、歷史小說、未來幻想作品和自傳」的元素於一身，並伴有為不同人物指定的「角色」。「它一直以來對預測的強調，使得它與那些具有未來和前瞻視角的幻想小說不謀而合。」[25] 若是如此，戰略家便應學習一下劇作家設計情節和撰寫劇本的方法。

不妨從美國劇作家、導演羅伯特·麥基（Robert McKee）對電影敘事藝術的指導開始說起。[26] 寫劇本與制定戰略的出發點完全一致。像戰略一樣，故事伴隨著衝突向前發展。他警告說，當故事呈現出「過多無意義且不合理的暴力衝突，或是缺少有意義且誠實表達的衝突」時，劇本就完了。這意味著承認即使在一個明顯和諧的組織裡，也總是存在某些衝突。拋開某些由不和諧人格和自我碰撞造成的衝突（成功的組織政客也需要理解這點），永遠沒有足夠的空間、時間或資源可供很多人分配。衝突並不一定引發暴力和破壞。衝突可能產生於主要人物的內心，這反映在戰略家的選擇上。正如麥基所說，有趣且富有挑戰性的選擇，並不是那些介於善惡之間的選擇，而是那些介於不可調和的兩種善或兩種惡之間的選擇。然而，選擇的難點，在於如何弄清可以做些什麼，來取得更好的結果，以便專心瞄準一個目標。這就是劇情的作用，所以當「面對一堆可能性」時，正確的路徑已經選定。情節包含其自身內在的或然律。主角面臨的選擇應該自然地出現在故事所描述的世界中。情節代表了劇作家「對事件的選擇和他們的時間設計」。戰略家還必須緊扣麥基所說的「首要情節」，其中，「積極行動導致的結果反過來又成為其他結果的動因，從而將各段情節連鎖反應中不同程度的衝突串接起來，將故事推向高潮，展示現實的互聯性」。

在戲劇中，情節提供了把故事連在一起並且使特定事件具有意義的結構。亞里斯多德在他的著作《詩學》（*Poetics*）中，將劇情描述為一種應該具有內在統一性的「事件安排」。故事不應包含任何不相干的內容，而且必須自始至終保持可信性。這需要主要演員真正入戲。亞里斯多德強調，原因和結果在故事範圍之內應該能夠自圓其說，而不應是某種人為或外部干預的產物。「詩人的職責」不在於描述已發生的事，而在於描述可能發生的事，即「按照或然率或必然率」可能發生的事。[27]

因此，好的情節在戲劇和戰略中有著相同的特點：衝突、有說服力的角色和可信的互動，對偶發事件影響的敏感性，以及沒有任何計畫能預測或提前適應的一整套因素。兩者之中都可以把虛構故事和非虛構故事的界線模糊化。一個劇作家可能會嘗試重新建構真實事件，告訴人們可能發生過什麼；而一個戰略家則從眼下的真實事件著手，但必須設想它會如何變化。無論在哪種情況下，一個精彩和令人信服的故事如果講述得平淡乏味、無法吸引目標受眾，那就沒有價值了。故事如果過於巧妙、過於難懂、過於帶有實驗色彩或者過於聳人聽聞，要嘛會讓人想不通，要嘛會讓人產生可怕的反作用，要嘛會向人傳達一系列錯誤消息。在戰略中就像在戲劇中一樣，蹩腳的情節可能源於不可信的人物、過多不相干的活動、過多不和諧的觀點、發展太快或太慢的事件、混亂的連結，或是明顯的脫漏。

但是，劇作家和戰略家之間也存在著重要差異，這些差異可以用例子來說明。一九二一年，美國內政部長阿爾伯特．弗爾（Albert Fall）在收受石油公司高層的賄賂後，把懷俄明州茶壺山（Teapot Dome）岩層下石油的鑽探契約給了他們（史稱茶壺山醜聞）。由於石油業內部那些被剝奪了投標開採這塊石油保留地機會的公司怨聲載道，新聞界報導了這件事情，儘管有家報紙曾利用手中證據欲行敲詐而非揭露真相。弗爾拒絕回答任何問題，而且政府試圖阻止進一步的調查。最終，一個國會小組得出結論認為，契約「是在明顯存在欺詐和貪腐的情況下執行的」。這個結論是依靠對制度流程的深刻理解，透過冗長的調查確定的。[28] 其中一位反腐敗鬥士是蒙大拿州參議員伯頓．惠勒（Burton Wheeler），他原是一名律師，因替工人爭取權利和打擊腐敗而出名，而且曾在司法部擔任另一宗國會反腐敗調查的檢察官。曾有人指控他收取委託人的好處費以確保其獲得政府的石油開採特許權，企圖藉此詆毀他，但是沒能成功。[29]

惠勒被說成是傑斐遜．史密斯（Jefferson Smith）式的模範人物，這是法蘭克．卡普拉（Frank Capra）

執導的電影《華府風雲》（*Mr. Smith Goes to Washington*）裡的男主角。片中，史密斯是他所在州「少年遊騎兵」（Boy Rangers，美國童軍團體）的團長，天真且充滿理想主義。當地政界大老詹姆斯・泰勒（James Taylor）推薦他到華盛頓遞補一位剛生病參議員的缺，錯誤地認為他很容易擺布。該州的另一位參議員約瑟夫・潘恩（Joseph Paine）曾是史密斯父親的好友，而且也是一個理想主義者，但早已被權力所腐蝕。史密斯提出了一項在家鄉創建一個少年營隊的議案，但是所選位址恰巧是泰勒為一個腐敗的大壩建設案所物色好的所在。因此，泰勒逼迫並不情願的潘恩控告史密斯，說史密斯計畫以他口口聲聲要維護的孩子們為代價，從該法案中牟利，而這個陰謀差點就得逞了。情緒低落的史密斯幾乎準備放棄，直到以前對他有所懷疑的助手克拉莉莎・珊德斯（Clarissa Saunders）勸他表明立場。正當潘恩打算要求參議院就驅逐史密斯投票表決的時候，史密斯開始發表旨在阻撓表決的演說，希望能讓全州的人都知道這起貪腐醜聞。雖然史密斯一直站在那裡演說，但泰勒仍可運用強勢手段嚴防消息洩漏。潘恩準備把數百封要求驅逐史密斯的信件和電報帶到參議院，對史密斯做最後一擊。直到耗盡最後一絲力氣昏倒之前，史密斯始終堅稱他將繼續戰鬥，「哪怕房間裡充滿了這樣的謊言，哪怕泰勒和他所有的黨羽攻占了這個地方，總有人會聽我說的」。潘恩被震住了。他開槍自殺未遂，之後終於大聲說出他自己才是那個應該被驅逐的人，並坦白了一切。史密斯成了英雄，並且保住了自己的參議員資格。

影片用對比手法，展現了透過操控政黨機器和消極媒體以讓自己遠離民主責任的幕後商業托拉斯，以及普通民眾正派的願望。它表達了對馬基維利式政治方法、奸詐和詭計、偽裝和欺騙的厭惡，同時讚揚了那些正直、有原則和勇敢的人。電影想證明，一個好人能夠戰勝潛伏在政治體制內的惡魔。雖然卡普拉是共和黨人，但劇本出自左派人士西德尼・布切曼（Sidney Buchman）之手。卡普拉意識到，有必要淡化布切曼的作用，他似乎很高興這部電影能被看作一個懲惡揚善的簡單道德故事。布切曼則認為，他的劇本是對獨裁統治的挑戰，強調「如果一個人相信民主政治，拒絕在哪怕小事上妥協，他就有必要保持警惕」。[30]

作為美國「電影製作法典委員會」（PCA）[31]的負責人，約瑟夫・布林（Joseph Breen）最初對該片把參議院描寫成「就算不是故意不誠實……也是被代表特殊利益的政治說客完全控制了」的形象持敵視態度。在意識到自己有必要避免給人留下政治審查者的印象後，布林同意將該片作為一個「大話類故事」（grand yarn）來對待，只要大多數參議員被塑造成「優秀、正直，為了國家最高利益而長期辛勤工作的公民」。[32] 儘管如此，在影片首映時，參議員們（包括惠勒）和記者們還是被激怒了。國務院官員擔心美國政治機構會讓人覺得荒唐可笑。美國國內外民眾都被卡普拉講故事的才華所折服，並接受了他的宣傳理念，即這部電影理想化地表現了美國民主政治。[33] 隆納德·雷根幾乎努力模仿傑斐遜·史密斯的一言一行，甚至以總統身分引用了他「為注定要失敗的事業而戰」的台詞。[34]

卡普拉的目的，是讓史密斯表現得富有理想主義和缺乏戰略頭腦。史密斯得到的戰略性建議來自起先對他惡意中傷但後來充滿愛意的珊德斯。在一個關鍵場景中，她發現史密斯獨自在林肯紀念堂，為「刻在石頭上的華麗辭藻」和他所面對的謊言之間的差異而悲嘆。她力勸他不要放棄。所有「世上的善」都源自「有信仰的癡人」。在最初的電影劇本中，她是要讓史密斯知道，「一個名叫大衛的小夥子只帶著一個彈弓走了——但是真理在他這一邊」。[35] 在最終版本中，她有了一個策略：「這是需要潛到四十英尺深的水下工作，但是我想你可以做得到。」對於一個必須在強大對手爭取速戰速決的情況下求生存的弱者來說，這個策略起了作用。精通遊戲規則的政壇老手潘恩對史密斯的冗長演說感到驚訝。史密斯很清楚不能讓參議院進入議事程序，所以對潘恩讓他停止演說的要求無動於衷。珊德斯計畫的第二部分失敗了。當史密斯鼓勵他所在州的人民「把泰勒的機器踢到天國去」時，泰勒卻稱：「他不會得手的！我會在五個小時內激起大眾輿論，我做這事已經做了一輩子了！」他甚至能阻止少年遊騎兵勇敢地分發他們自己的報紙。真正起作用的還是聯盟的相對脆弱性，由於潘恩失落已久的理想主義精神被重新喚起，這位參議員和泰勒的聯盟破裂了。而史密斯得到了一位好心的副議長的幫助，是他讓史密斯開始了自己的冗長演說，並且在史密斯疲憊不堪的時候給了他友善的微笑。[36] 策略的特點由此表露無遺，即使不總是明確清晰。它們必須賦予情節某種可信性，並且在一定程度上，展示出史密斯能夠打造自己的成功。戲劇要做的就是濃縮事件、減少枯燥的過程（比如對茶壺山醜聞的費力調查〉，以及設計一個依賴最後時刻某人突然改變態度，從而給事情帶來轉機的令人滿意的結局。

劇作家透過操縱所有角色的行為，以及引入運氣和巧合元素來控制劇情，從而推動故事向預設結果發展。他劃定故事的界限，以減少離題的內容和零碎的資料，所有主要角色都在他的控制之下。他可以決定他們如何見面以及互動；還可以透過關鍵時刻出現的誤會，使它們複雜化，然後再讓它們因為意外事故或人物偶遇，發生質變；他知道什麼時候會有一處出人預料的轉折、一宗呈現人物全新形象的意外、一起干擾了完美計畫的事故，或者一個讓主人公及時擺脫厄運的非凡機會；他可以讓那些確信自己以後再也不會被注意的小人物們發表觀點；他可以暗示什麼事情即將發生，知道細心的讀者會關注各種線索或能明白它們之間的相關性。透過把懸念維持到最後時刻，他可以確保故事有一個驚心動魄的結局。受眾期待一個能收束不同故事線、解答謎題、終止懸念的恰當結局。整個故事可能會是一堂講述善惡有報的道德課，也可能會刻意製造道德模糊，加重人們的失望和不公正感。

戰略家面臨著完全不同的挑戰，最重要的是風險真實存在。劇作家可以讓「壞人」得逞，以此作為對人世的闡釋，但戰略家知道這將會造成真實甚至可怕的後果。劇作家可以保證劇情按照預期的樣子開展，但戰略家必須應對其他人的選擇，同時又未必能猜透這些選擇是什麼。劇作家可以利用這些選擇來揭示關鍵角色的真實性格，戰略家卻必須在頂著巨大壓力預想應該如何選擇時，對人物性格進行一個初步的臆測。策略家必須避免文學作品中影響人們預期的標準情節線，不可能所有事情都在某個突如其來、激動人心的高潮時刻同時發生。在戲劇中，最理想的敵人都是以真正可怕、邪惡和自私自利的形象出現的。人們或許很想用這些詞藻來抨擊一個實際的對手，但是太過當真也是危險的。一場本來能夠化解的衝突，可能會變成一場光明與黑暗勢力之間的對抗。對敵人的諷刺性描述連同對朋友熱情洋溢的刻畫，會增加被實際行為弄得措手不及的風險。要知道，戰略就是賭博，有賴於其他人一反常態、超出自身能力或違背原有興趣和愛好地行事。他們會編寫自己的劇本，而不是把分配給他們的那些會讓他們受到阻撓、受到牽制、中了埋伏或受到打壓的角色演到底。事實上，戰略的本質，也就是戰略家面臨的挑戰，是強迫或說服那些懷有敵意或不肯合作的人，採取違背他們自己現有意圖的行動。風險總是有的，那就是結果會比預想的更棘手、更不理想，甚至連得到一個正常結果的可能性都沒有。劇情會漸漸接近尾聲，最初的故事會沒有結果，並被一個不同的故事代替。

無論劇作家還是戰略家都必須考慮他們的受眾，但對於戰略家來說，受眾的多元化問題更具挑戰性。如果需要隨著情節入戲的人糊塗了，他們就無法演好自己的角色。同時，可能有其他一些人會依照錯誤路線和被刻意模糊的信號走下去，對這些人最好一直讓他們蒙在鼓裡。劇作家可以酌情減少受眾，沒必要透過努力和關注漫長歷史時期內發生的點點滴滴，來勉強擠出一個結果。他還可以設計出一個激動人心的高潮，讓故事發展到此處變得不容置疑且不可逆轉，徹底畫上句號。戰略家可能面臨類似的誘惑：他們同樣渴望讓事情迅速有個結果，同樣沒有耐心考慮有朝一日拖垮敵人或讓潛在盟友參與曠日持久的談判。尋求一個快速和決定性結果的決心是失敗的常見原因。不同於劇作家，戰略家無法隨便設計最後一刻逃離厄運的劇情，其中，單靠運氣、敏銳的觀察力、突然得到的啟示或是異常冷靜的頭腦就能解決所有問題。挑戰在於確定那些需要其他演員按照形勢發展邏輯之外的劇本入戲的步驟。談判中的叫價、戰場上的佯動以及在危機時刻發表的好戰聲明，可能都會引起另一方做出某種反應。如果沒有現成的計畫，最好早點開始應急準備。

戰略家必須認識到，即使已經出現明顯的高潮（一場戰役或一場選舉），故事仍然不會有確定的結果（麥基稱之為「袖珍劇情」），後面還有一系列問題有待解決。即使到達了期望的終點，它仍然不是真正的終點。可能敵人投降了，選舉獲勝了，目標公司被自己接管了，革命機會抓住了，但這僅僅意味著現在有一個被占領國家需要管理，一個新政府需要組成，一套全新的革命秩序需要建立，或者各不相同的企業活動需要融合。對此，劇作家可以將下一階段的事情留給讀者去想像，或者經過一定時間後重新編個故事，甚至可能加進許多新角色。策略家卻不能這麼隨心所欲。故事的過渡是很直接的，而且很可能取決於最初的終點如何到達。這讓我們回到了之前的觀察結果，即大部分戰略涉及的都是如何到達下一個階段而不是最終目的地。與其把戰略想像成一齣三幕劇，還不如把它看作一部演員不斷變換、故事隨一系列主要情節展開的肥皂劇。這些情節中的每一段都能獨立成篇，並引出下一段情節。和有明確結尾的戲劇不同的是，肥皂劇永遠不必有最終的結局，哪怕核心角色和他們所處的環境一直在變。

劇作家可以用巧合來推動劇情發展，以確保主角能在合適的時間面臨艱難的選擇。而戰略家知道，有些事件永遠不會進入預設情節，同時會擾亂既有邏輯，讓人無法確定它們會在何時、何地以及如何出現。故事的界線很難保持不變，而且明顯不相干的問題會不時侵入，讓事情趨於複雜。因此，情節應有一定的轉圜餘地。明確的選擇做出得越早，特定的行動方向就越有保證，而且，當其他人的行動或偶然事件使主人公偏離了這個方向時，重新調整方向也就越難。古典戲劇依靠「解圍之神」（deus ex machina）運用非凡手段，在劇情發展到絕境的最後時刻，一舉解決所有難題。但戰略家無法依靠神助。麥基承認，作家可以用一個巧合改變結局，但這是「作家最大的罪惡」，因為它否定了情節的價值，並任由中心人物逃避應該為自己的行為承擔的責任。亞里斯多德也對經常求助於這種手段的做法表示譴責。

在古希臘，情節上最重要的區別即為喜劇和悲劇之分。這不是快樂與悲傷或可笑與可悲的區別，而是化解衝突的可選方法之間的區別。[37] 衝突可能並不存在於對立人物之間，而是存在於個人與社會之間。喜劇以問題圓滿解決、主角對未來充滿積極期待而結束；悲劇則以負面前景（尤其是對咎由自取的主角而言）結束，即使社會作為一個整體已經恢復到了某種平衡狀態。如果社會和主角之間形成了一種新的積極關係，就是喜劇；如果主角改變現狀的努力失敗，就是悲劇。劇作家從一開始就知道他在寫喜劇還是悲劇：而戰略家想寫的是喜劇，最終卻有寫成悲劇的風險。

誌謝

本書出版契約簽訂於一九九四年。最初的委託人是蒂姆・巴頓（Tim Barton）。由於我忙於其他研究案，而且開始時寫作思路總是不順，所以我很感激他的耐心。等到我開始動筆，他又為我介紹了素來非常熱心助人的優秀編輯大衛・麥克布萊德（David McBride）。多虧了卡米・瑞凱利（Cammy Richelli）和牛津大學出版社的其他成員，這本書才漸漸成形。

但是，如果沒有詹姆斯・高（James Gow）的鼓勵以及幫助我構思的多次研討機會，這個專案恐怕連重新啟動都很困難。在詹姆斯和布拉德・羅賓遜（Brad Robinson）的推動下，我透過他們的「全球不確定性」（Global Uncertainties）專案聯繫上了英國研究理事會總會（RCUK），從而使我對各種意見和建議成功地進行了彙總。該機構下屬的經濟與社會科學研究理事會（ESRC）和藝術與人文科學研究理事會（AHRC）的雙重會員資格，為我的研究和寫作提供了別處不可能有的便利。特別幸運的是，我從我的同事那裡獲得了不少思想借鑑。傑夫・邁克斯本人對戰略思想的研究以及他對我的觀點的尖銳批評，都讓我受益匪淺。另外，雖然我對班・威爾金森的論文進行過所謂的指導，但實際上是他在指導我，尤其是在古典文化研究方面。

在過去三十多年裡，倫敦大學國王學院（KCL）的戰爭研究系一直是個激勵我不斷探索的地方。和校內師生員工的交談為本書很多章節提供了素材。對於布萊恩・霍登・雷德、克里斯托弗・丹德克（Christopher Dandeker）和默文・弗瑞斯特（Mervyn Frost）這幾任系主任提供的支持，我始終心存感激。其他同事也對我的書稿提出了有益建議，特別是西奧・法雷爾（Theo Farrell）、揚・威廉・霍尼格和約翰・史東（John Stone），我經常引用他們文章中的有趣語句。利默爾・西姆霍尼（Limor Simhony）為我查核了書中的參考文獻，莎拉・查克烏德比（Sarah Chukwudebe）則做了很多更正。

系外同事的意見也讓我獲益良多。特別要提及兩位傑出的戰略學者——碧翠絲・霍伊澤爾和羅伯特・傑維斯，他們在職責以外為我提供了嚴謹詳細的註釋。還要感謝羅布・艾森（Rob Ayson）、理查德・貝茲、斯圖爾特・克羅夫特（Stuart Croft）、皮特・菲弗（Pete Feaver）、阿札爾・蓋特、卡爾・利維、阿爾伯特・威爾（Albert Weale）和尼克・惠勒（Nick Wheeler）等人給予我的大量有價值的意見。最後要說的是，我的兒子山姆（Sam）就本書的結構和標題提出了很好的建議，而且我還和兒媳琳達（Linda）針對反主流文化問題進行過討論。還有許多和我討論過本書內容的人，他們之中有不少人在書中出現過，但有兩位特別值得一提。第一位是我的老師兼導師麥可・霍華德爵士，是他說服我走上這條道路並且仍在激勵我繼續走下去。第二位是科林・格雷。我們研究領域相近，有著很多共同的話題。雖然我們的觀點常常發生分歧，但這種思想的碰撞始終是有益的。

在我所有的著作中，我都會感謝妻子裘蒂絲（Judith）的寬容。她不得不一次又一次地應付我的「書癡病」，因為犯「病」的時候，除了手頭的書稿，我對身邊的一切都明顯感到茫然恍惚。隨著我們紅寶石婚（結婚四十週年）紀念日的臨近，我終於意識到，是把其中一本書獻給她的時候了。

註釋

前言

1 Matthew Parris, "What if the Turkeys Don't Vote for Christmas? ", *The Times*, May 12,2012.
2 涉及「採用方法手段來達到目的」的戰略概念相對較新，它雖然沒有抓住這些要素之間的動態關係，卻已經在軍事界被廣泛接受。Arthur F. Lykke, Jr.,"Toward an Understanding of Military Strategy, "*Military Strategy: Theory and Application* (Carlisle, PA: US Army War College, 1989), 3-8.
3 聖經・傳道書 9:11。
4 可用Google的Ngram服務進行追蹤：http://books.google.com/ngrams/。
5 Raymond Aron, "The Evolution of Modern Strategic Thought," in Alastair Buchan, ed, *Problems of Modern Strategy* (London:Chatto & Windus, 1970), 25.
6 George Orwell,"Perfide Albion" (review, Liddell Hart's *British Way of Warfare*), *New Statesman and Nation*, November 21, 1942, 342-343.

第一章 起源一：演化

1 Frans B. M. de Waal, "A Century of Getting to Know the Chimpanzee," *Nature* 437, September 1, 2005, 56-59.
2 De Waal, *Chimpanzee Politics* (Baltimore:Johns Hopkins Press,1998)。第一版於一九八二年問世。
3 De Waal, "Putting the Altruism Back into Altruism: The Evolution of Empathy, " *Annual Review Psychology* 59(2008): 279-300. 也可參見Dario Maestripieri, *Macachiavellian Intelligence: How Rhesus Macaques and Humans Have Conquered the World* (Chicago: University of Chicago Press, 2007).
4 Richard Byrne and Nadia Corp, "Neocortex Size Predicts Deception Rate in Primates, " *Proceedings of the Royal Society of London* 271, no.1549 (August 2004): 1693-1699.
5 Richard Byrne and A. Whiten, eds., *Machiavellian Intelligence: Social Expertise and the Evolution of Intellect in Monkeys, Apes and Humans*(Oxford: Clarendon Press, 1988); *Machiavellian Intelligence II: Extensions and Evaluations*(Cambridge: Cambridge University Press, 1997). 這種觀點通常被追溯至Nicholas Humphrey, "The Social Function of Intellect, " in P. P. G. Bateson and R. A. Hinde, eds. *Growing Points in Ethology*, 303-317 (Cambridge: Cambridge University Press, 1976)。
6 Bert Höllbroder and Edward O. Wilson, *Journey to the Ants: A Story of Scientific Exploration* (Cambridge, MA: Harvard University Press, 1994), 59. 轉引自Bradley Thayer, *Darwin and International Relations: On the Evolutionary Origins of War and Ethnic Conflict* (Lexington: University Press of Kentucky, 2004), 163。
7 Jane Goodall, *The Chimpanzees of Gombe: Patterns of Behavior* (Cambridge, MA: Harvard University Press, 1986).
8 Richard Wrangham, "Evolution of Coalitionary Killing, " *Yearbook of Physical Anthropology* 42, 1999, 12, 14 ,2, 3.
9 Goodall, *The Chimpanzees of Gombe*, p.176, fn 101.
10 Robert Bigelow, *Dawn Warriors* (New York: Little Brown, 1969).
11 Lawerence H. Keeley, *War Before Civilization: The Myth of the Peaceful Savage* (New York: Oxford University Press, 1996), 48.
12 Azar Gat, *War in Human Civilization* (Oxford: Oxford University Press, 2006), 115-117.
13 要考慮到這些社會都相對簡單，與更為複雜的人類社會相比，其社會行為（包括欺詐在內）也沒那麼高明。Kim Sterelny, "Social Intelligence, Human Intelligence and Niche Construction, " *Philosophical Transactions of The Royal Society* 362, no. 1480 (2007): 719-730.

第二章 起源二：聖經

1 Steven Brams, *Biblical Games: Game Theory and the Hebrew Bible* (Cambridge, MA: The MIT Press, 2003).
2 同上，12.
3 聖經・創世記 2:22, 23。本書所用聖經資料版本都是欽定版聖經(King James Version)。

4 聖經·創世記 2:16, 17；3:16, 17。
5 Diana Lipton, *Longing for Egypt and Other Unexpected Biblical Tales*, Hebrew Bible Monographs 15 (Sheffield: Sheffield Phoenix Press, 2008).
6 聖經·出埃及記 9:13-17。
7 聖經·出埃及記 7:3-5。
8 聖經·出埃及記 10:1-2。
9 Chaim Herzog and Mordechai Gichon, *Battles of the Bible*, revised ed. (London: Greenhill Books, 1997), 45.
10 聖經·約書亞記 9:1-26。
11 聖經·約書亞記 6-8。
12 聖經·撒母耳記上 17。
13 Susan Niditch, *War in the Hebrew Bible: A Study in the Ethics of Violence* (New York: Oxford University Press, 1993), 110-111.

第三章 起源三：希臘人

1 Homer, *The Odyssey*, translated by M.Hammond (London:Duckworth, 2000), Book 9. 19-20, Book 13. 297-9.
2 Virgil, *The Aeneid* (London: Penguin Classics, 2003).
3 Homer, *The Iliad*, translated by Stephen Mitchell (London: Weidenfeld & Nicolson, 2011), Chapter IX. 310-311, Chapter IX. 346-352, Chapter XVIII. 243-314, Chapter XXII. 226-240.
4 Jenny Strauss Clay, *The Wrath of Athena: Gods and Men in the Odyssey* (New York: Rowman & Littlefield, 1983), 96.
5 「ou」和「me」可以互換，在語言上相當於mētis。
6 *The Odyssey*, Book 9. 405-14.
7 http://en.wikisource.org/wiki/Philoctetes.txt.
8 W. B. Stanford, *The Ulysses Theme: A Study in the Adaptability of the Traditional Hero* (Oxford: Basil Blackwell, 1954), 24.
9 Jeffrey Barnouw, *Odysseus, Hero of Practical Intelligence: Deliberation and Signs in Homer's Odyssey* (New York: University Press of America, 2004), 2-3, 33.
10 Marcel Detienne and Jean-Pierre Vernant, *Cunning Intelligence in Greek Culture and Society*, translated from French by Janet Lloyd (Sussex: The Harvester Press, 1978), 13-14, 44-45.
11 Barbara Tuchman, *The March of Folly: From Troy to Vietnam* (London: Michael Joseph, 1984), 46-49.
12 「stratēgos」是「stratos」的複合詞，意指部署指揮一支散布在某區域內的部隊。
13 Thucydides, *The History of the Peloponnesian War*, translated by Rex Warner (London: Penguin Classics, 1972), 5.26.
14 有關當代現實主義理論討論是否將修昔底德納入其中，參見Jonathan Monten, "Thucydides and Modern Realism, " *International Studies Quarterly*(2006) 50, 3-25, and David Welch, " Why International Relations Theorists Should Stop Reading Thucydides, " *Review of International Studies* 29 (2003), 301-319。
15 Thucydides, 1.75-76.
16 同上，5.89.
17 同上，1.23.5-6.
18 Arthur M.Eckstein," Thucydides, the Outbreak of the Peloponnesian War, and the Foundation of International Systems Theory," *The International History Review* 25 (December 4, 2003), 757-774.
19 Thucydides, I.139-45: 80-6.
20 Donald Kagan, *Thucydides: The Reinvention of History* (New York: Viking, 2009), 56-57.
21 Thucydides, 1.71.
22 同上，1.39.
23 同上，1.40.
24 Richard Ned Lebow, "Play It Again Pericles: Agents, Structures and the Peloponnesian War," *European Journal of International Relations* 2 (1996), 242.

25 Thucydides, 1.33.
26 Donald Kagan, *Pericles of Athens and the Birth of Democracy* (New York: Free Press, 1991).
27 Sam Leith, *You Talkin' To Me? Rhetoric from Aristotle to Obama* (London: Profile Books, 2011), 18.
28 Michael Gagarin and Paul Woodruff, "The Sophists," in Patricia Curd and Daniel W. Graham, eds., *The Oxford Handbook of Presocratic Philosophy* (Oxford: Oxford University Press, 2008), 365-382; W. K. C. Guthrie, *The Sophists* (Cambridge, UK: Cambridge University Press,1971); G. B. Kerferd, *The Sophistic Movement* (Cambridge, UK: Cambridge University Press, 1981); Thomas J. Johnson, "The Idea of Power Politics: The Sophistic Foundations of Realism," *Security Studies* 5:2, 1995, 194-247.
29 Adam Milman Parry, *Logos and Ergon in Thucydides* (Salem: New Hampshire: The Ayer Company, 1981), 121-122, 182-183.
30 Thucydides, 3.43.
31 Gerald Mara, "Thucydides and Political Thought," *The Cambridge Companion to Ancient Greek Political Thought*, edited by Stephen Salkever (Cambridge, UK: Cambridge University Press, 2009), 116-118；Thucydides, 3.35-50.
32 Thucydides, 3.82.
33 Michael Gagarin, "Did the Sophists Aim to Persuade?" *Rhetorica* 19(2001), 289.
34 Andrea Wilson Nightingale, *Genres in Dialogue: Plato and the Construct of Philosophy* (Cambridge: Cambridge University Press, 1995),14. See also Håkan Tell, *Plato's Counterfeit Sophists* (Harvard University: Center for Hellenic Studies,2011); Nathan Crick, "The Sophistical Attitude and the Invention of Rhetoric," *Quarterly Journal of Speech* 96:1(2010), 25-45; Robert Wallace, "Plato's Sophists, Intellectual History after 450, and Sokrates," in *The Cambridge Companion to the Age of Pericles*, edited bye Loren J. Samons II (Cambridge, UK: Cambridge University Press, 2007), 215-237.
35 Karl Popper, The Open Society and Its Enemies: The Spell of Plato, vol 1 (London, 1945).
36 Book 3 of *The Republic*, 141b-c. Malcolm Schofield," The Noble Lie," in *The Cambridge Companion to Plato's Republic*, edited by G. R. Ferrari (Cambridge, UK: Cambridge University Press, 2007), 138-164.

第四章 孫子和馬基維利

1 轉引自Everett L. Wheeler, *Stratagem and the Vocabulary of Military Trickery. Mnemoseyne supplement 108* (New York: Brill, 1988), 24。
2 同上，14-15.
3 http://penelope.uchicago.edu/Thayer/E/Roman/Texts/Frontinus/Strategemata/home.html.
4 Lisa Raphals, *Knowing Words: Wisdom and Cunning in the Classical Tradition of China and Greece* (Ithaca, NY: Cornell University Press, 1992), 20.
5 《孫子兵法》首部英譯本是一九一〇年Lionel Giles的版本，它一直被奉為一部權威作品。一九六三年的Samuel Griffiths譯本則融入了當代亞洲人對戰爭的態度，提高了該書的知名度（New York: Oxford University Press, 1963）。一九七〇年代，新資料的加入使得《孫子兵法》有了更完整的版本。Giles的版本參見http://www.gutenberg.org/etext/132。《孫子兵法》的更新譯本以及相關討論，參見http://www.sonshi.com。
6 Jan Willem Honig，《孫子兵法》的序言由Frank Giles翻譯和評註（New York: Barnes & Noble, 2012），xxi。
7 François Jullien, *Detour and Access: Strategies of Meaning in China and Greece*, translated by Sophie Hawkes (New York: Zone Books, 2004), 35, 49-50.
8 Victor Davis Hanson, *The Western Way of War: Infantry Battle in Classical Greece* (New York: Alfred Knopf, 1989).
9 Jeremy Black整理了這些批評，引用John Lynn的話表示贊成：「那些認為西方戰爭模式好好延續了兩千五百年的論調，說出的是幻想而非事實。」J. A. Lynn, *Battle* (Boulder, CO: Westview Press, 2003), 25, 轉引自Jeremy Black, " Determinisms and Other Issues," *The Journal of Military History* 68, no. 1 (October 2004): 217-232.
10 Beatrice Heuser, *The Evolution of Strategy* (Cambridge, UK: Cambridge University Press, 2010), 89-90.

11 Michael D. Reeve, ed., *Epitoma rei militaris*, Oxford Medieval Texts (Oxford: Oxford University Press, 2004). 更早的版本參見*Roots of Strategy: The Five Greatest Military Classics of All Time* (Harrisburg, PA: Stackpole Books, 1985).

12 Clifford J. Rogers, "The Vegetian 'Science of Warfare' in the Middle Ages," *Journal of Medieval Military History* 1 (2003): 1-19; Stephen Morillo, "Battle Seeking: The Contexts and Limits of Vegetian Strategy," *Journal of Medieval Military History* 1(2003): 21-41; John Gillingham, "Up with Orthodoxy: In Defense of Vegetian Warfare," *Journal of Medieval Military History* 2 (2004): 149-158.

13 Heuser, *Evolution of Srategy*, 90.

14 Anne Curry, "The Hundred Years War, 1337-1453," in John Andreas Olsen and Colin Gray, eds., *The Practice of Strategy: From Alexander the Great to the Present* (Oxford: Oxford University Press, 2011), 100.

15 Jan Willem Honig, "Reappraising Late Medieval Strategy: The Example of the 1415 Agincourt Campaign," *War in History* 19, no. 2 (2012): 123-151.

16 James Q. Whitman, *The Verdict of Battle: The Law of Victory and the Making of Modern War* (Cambridge, MA: Harvard University Press, 2012).

17 William Shakespeare, *Henry VI*, Part 3.3.2.

18 Victoria Kahn, *Machiavellian Rhetoric: From the Counterreformation to Milton* (Princeton, NJ: Princeton University Press, 1994), 40.

19 Niccolo Machiavelli, *Art of War*, edited by Christopher Lynch (Chicago: University of Chicago Press, 2003), 97-98；也可參見Lynch's interpretative essay in this volume and Felix Gilbert," Machiavelli: The Renaissance of the Art of War," in Peter Paret, ed., *Makers of Modern Strategy* (Princeton, NJ: Princeton University Press, 1986)。

20 Niccolo Machiavelli, *The Prince*, translated with an introduction by George Bull (London: Penguin Books, 1961), 96.

21 同上，99-101.

22 同上，66.

第五章 撒旦的戰略

1 Dennis Danielson, "Milton's Arminianism and Paradise Lost," in J. Martin Evans, ed., *John Milton: Twentieth-Century Perspectives* (London: Routledge, 2002), 127.

2 John Milton, *Paradise Lost*, edited by Gordon Tesket (New York: W. W. Norton & Company, 2005), III, 98-99。

3 聖經・約伯記 1:7。

4 John Carey, "Milton's Satan," in Dennis Danielson, ed., *The Cambridge Companion to Milton* (Cambridge, UK: Cambridge University Press, 1999), 160-174.

5 聖經・啟示錄 12:7-9。

6 William Blake, *The Marriage of Heaven and Hell* (1790-1793).

7 Milton, *Paradise Lost*, I,645-647.

8 Gary D. Hamilton, "Milton's Defensive God: A Reappraisal," *Studies in Philosophy* 69, no.1 (January 1972): 87-100.

9 Victoria Ann Kahn, *Machiavellian Rhetoric: From Counter Reformation to Milton* (Princeton, NJ: Princeton University Press, 1994), 209.

10 Milton, *Paradise Lost*, V, 787-788, 794-802.

11 Amy Boesky, "Milton's Heaven and the Model of the English Utopia," *Studies in English Literature, 1500-1900* 36, no.1 (Winter 1996): 91-110.

12 Milton, *Paradise Lost*, VI, 701-703, 741, 787, 813.

13 同上，I, 124, 258-259, 263, 159-160.

14 Antony Jay, *Management and Machiavelli* (London: Penguin Books, 1967), 27.

15 Milton, *Paradise Lost*, II, 60-62, 129-130, 190-191, 208-211, 239-244, 269-273, 296-298, 284-286, 379-380, 345-348, 354-358.

16 同上，IX, 465-475, 375-378, 1149-1152.
17 同上，XII, 537-551, 569-570.
18 Barbara Kiefer Lewalski, "Paradise Lost and Milton's Politics," in Evans, ed., *John Milton*, 150.
19 Barbara Riebling, "Milton on Machiavelli: Representations of the State in Paradise Lost," *Renaissance Quarterly* 49, no.3 (Autumn, 1996): 573-597.
20 Carey, "Milton's Satan," 165.
21 Hobbes, *Leviathan*, I. xiii.
22 Charles Edelman, *Shakespeare's Military Language: A Dictionary* (London: Athlone Press, 2000), 343.
23 *A Dictionary of the English Language: A Digital Edition of the 1755 Classic by Samuel Johnson*, edited by Brandi Besalke, http://johnsonsdictionaryonline.com/.

第六章 新戰略科學

1 Martin van Creveld, *Command in War* (Harvard, MA: Harvard University Press, 1985), 18.
2 R. R. Palmer, "Frederick the Great, Guibert, Bulow: From Dynastic to National War," in Peter Paret, Gordon A. Craig, and Felix Gilbert, eds., *Makers of Modern Strategy: From Machiavelli to the Nuclear Age* (Princeton, NJ: Princeton University Press, 1986), 91.
3 Edward Luttwak, *Strategy* (Harvard: Harvard University Press, 1987), 239-240.
4 Beatrice Heuser, *The Strategy Makers: Thoughts on War and Society from Machiavelli to Clausewitz* (Santa Barbara, CA: Praeger, 2009), 1-2; Beatrice Heuser, *The Evolution of Strategy* (Cambridge, UK: Cambridge University Press, 2010), 4-5.
5 Azar Gat, *The Origins of Military Thought: From the Enlightenment to Clausewitz* (Oxford: Oxford University Press, 1989), Chapter 2.參見R. R. Palmer, "Frederick the Great, Guibert, Bülow: From Dynastic to National War," in Paret et al., *Makers of Modern Strategy*。
6 Palmer, " Frederick the Great," 107.
7 Heuser, *The Strategy Makers*, 3; Hew Strachan, "The Lost Meaning of Strategy," *Survival* 47, no. 3 (August 2005): 35; J-P. Charnay in André Corvisier, ed., *A Dictionary of Military History and the Art of War*, 英文版由John Childs編輯(Oxford: Blackwell, 1994), 769。
8 依據《牛津英語詞典》的定義。
9 出自"The History of the Late War in Germany" (1766), 引用自Michael Howard, *Studies in War & Peace* (London: Temple Smith, 1970), 21.
10 Peter Paret, *Clausewitz and the State: The Man, His Theories and His Times* (Princeton, NJ: Princeton University Press, 1983), 91.
11 Whitman, *The Verdict of Battle*, 155. "The Instruction of Fredrick the Great for His Generals, 1747," See *Roots of Strategy: The Five Greatest Military Classics of All Time* (Harrisburg, PA: Stackpole Books, 1985)。
12 *Napoleon's Military Maxims*, edited and annotated by William E. Cairnes(New York: Dover Publications, 2004)。
13 Major-General Petr Chuikevich, 轉引自Dominic Lieven, *Russia Against Napoleon:The Battle for Europe 1807-1814* (London: Allen Lane, 2009), 131。
14 Lieven, *Russia Against Napoleon*, 198.
15 Alexander Mikaberidze, *The Battle of Borodino: Napoleon Against Kutuzov* (London: Pen & Sword, 2007), 161, 162.

第七章 克勞塞維茨

1 Carl von Clausewitz, *The Campaign of 1812 in Russia* (London: Greenhill Books, 1992), 184.
2 Carl von Clausewitz,*On War*, edited and translated by Michael Howard and Peter Paret (Princeton, NJ: Princeton University Press, 1976), Book IV, Chapter 12, p. 267.
3 Gat, *The Origins of Military Thought* (See chap. 6, n.5).
4 John Shy, "Jomini," in Paret et al., *Makers of Modern Strategy*, 143-185 (See chap. 6, n. 2).
5 Antoine Henri de Jomini, *The Art of War* (London: Greenhill Books, 1992).

6 "Jomini and the Classical Tradition in Military Thought," in Howard, *Studies in War & Peace* (See chap.6, n. 9), 31.
7 Jomini, *The Art of War*, 69.
8 Shy, "Jomini," 146, 152, 157, 160.
9 Gat, *The Origins of Military Thought*, 114, 122.
10 有關二人間關係的探討，參見Christopher Bassford, "Jomini and Clausewitz: Their Interaction," February 1993, http://www.clausewitz.com/readings/Bassford/Jomini/JOMINIX.htm.
11 Clausewitz, *On War*, 136.
12 Hew Strachan, "Strategy and Contingency," *International Affairs* 87, no. 6 (2011): 1289.
13 Martin Kitchen, "The Political History of Clausewitz," *Journal of Strategic Studies* 11,vol. 1 (March 1988): 27-30.
14 B. H. Liddell Hart, *Strategy: The Indirect Approach* (London: Faber and Faber, 1968); Martin Van Creveld, *The Transformation of War* (New York: The Free Press, 1991); John Keegan, *A History of Warfare* (London: Hutchinson, 1993).
15 Jan Willem Honig, "Clausewitz's *On War*: Problems of Text and Translation," in Hew Strachan and Andrews Herberg-Rothe, eds., *Clausewitz in the Twenty-First Century* (Oxford: Oxford University Press, 2007), 57-73; 有關生平簡介參見Paret, *Clausewitz and the State* (chap. 6, n. 10); Michael Howard, *Clausewitz* (Oxford: Oxford University Press,1983); Hew Strachan, *Clausewitz's On War: A Biography* (New York:Grove/Atlantic Press, 2008)。相關歷史背景參見Azar Gat, *A History of Military Thought* (chap. 6, n. 5); 有關影響參見Beatrice Heuser, *Reading Clausewitz* (London: Pimlico, 2002)。
16 Christopher Bassford, "The Primacy of Policy and the 'Trinity' in Clausewitz's Mature Thought," in Hew Strachan and Andreas Herberg-Rothe, eds, *Clausewitz in the Twenty-First Century* (Oxford: Oxford University Press, 2007), 74-90; Christopher Bassford, "The Strange Persistence of Trinitarian Warfare," in Ralph Rotte and Christoph Schwarz, eds., *War and Strategy* (New York: Nova Science, 2011), 45-54.
17 Clausewitz, *On War*, Book 1, Chapter 1, 89.
18 Antulio Echevarria, *Clausewitz and Contemporary War* (Oxford: Oxford University Press, 2007), 96.
19 *On War*, Book 1, Chapter 7, 119-120.
20 同上，Book 3, Chapter 7, 177。
21 福爾摩斯（Terence Holmes）以此處克勞塞維茨對計畫的強調，向那些認為後者只關注混亂和不可預知事物的觀點提出了質疑。問題在於，混亂和不可預知性為將領們設下了挑戰。因此，克勞塞維茨主張採用審慎的戰略。福爾摩斯關注的是哪些原因會導致計畫出錯，其中最重要的莫過於無法準確預期敵人的行動，而當原先的計畫不起作用時，就需要有新的計畫陸續跟進。這就等於反擊了所謂克勞塞維茨反對所有計畫的說法，因為很顯然，當時大部隊的後勤和指揮問題確實需要透過計畫來執行。最好把戰略挑戰當作是計畫的擬定，既要考慮到可能出現的摩擦和不可預測的敵人，又不一定要解決這些問題。Terence Holmes, "Planning versus Chaos in Clausewitz's *On War*," *The Journal of Strategic Studies* 30, no.1 (2007): 129-151.
22 *On War*, Book 2, Chapter 1, 128, Book 3, Chapter 1, 177.
23 同上，Book 1, Chapter 6, 117-118.
24 Paret, "Clausewitz," in *Makers of Modern Strategy*, 203.
25 *On War*, Book 1, Chapter 7, 120.
26 同上，Book 5, Chapter 3, 282; Book 3, Chapter 8, 195; Chapter 10, 202-203; Book 7, Chapter 22, 566, 572.
27 同上，Book 6, Chapter 1, 357; Chapter 2, 360; Chapter 5, 370.
28 Clausewitz, *On War*, 596, 485. Antulio J. Echevarria II, "Clausewitz's Center of Gravity: It's Not What We Thought," *Naval War College Review* LVI, no. 1 (Winter 2003): 108-123.
29 Clausewitz, *On War*, Book 8, Chapter 6, 603. 參見Hugh Smith, "The Womb of War"。
30 Clausewitz, *On War*, Book 8, Chapter 8, 617-637.
31 Strachan, *Clausewitz's On War*, 163.
32 "Clausewitz, unfinished note, presumably written in 1830," 參見 *On War*, 31。要注意的是，目前日期已經改為一八二七年。也可參見Clifford J. Rogers, "Clausewitz, Genius, and the Rules," *The Journal of Military History* 66(October 2002): 1167-1176。

33 Clausewitz, *On War*, Book 1, Chapter 1, 87.
34 同上，Book 1, Chapter 1, 81.
35 Strachan, *Clausewitz's On War*, 179.
36 Brian Bond, *The Pursuit of Victory: From Napoleon to Saddam Hussein* (Oxford: Oxford University Press, 1996), 47.

第八章 偽科學

1 Michael Howard, *War and the Liberal Conscience* (London: Maurice Temple Smith, 1978), 37-42.
2 同上，48-49.
3 Clausewitz, *On War*, Book 1, Chapter 2, 90. 參見Thomas Waldman, *War, Clausewitz and the Trinity* (London: Ashgate, 2012), Chapter 6。
4 Leo Tolstoy, *War and Peace*, translated by Louise and Aylmer Maude (Oxford: Oxford University Press, 1983), 829.
5 Isaiah Berlin, *The Hedgehog and the Fox* (Chicago: Ivan Dee, 1978). 該書標題源自古希臘詩人阿齊羅庫斯（Archilocus）的名言：「狐狸觀天下之事，刺蝟以一事觀天下。」(The fox knows many things, but the hedgehog knows one big thing.)
6 W. Gallie, *Philosophers of Peace and War: Kant, Clausewitz, Marx, Engels and Tolstoy* (Cambridge, UK: Cambridge University Press, 1978), 114.
7 Tolstoy, *War and Peace*, 1285.
8 同上，688.
9 Lieven, *Russia Against Napoleon*, 527.
10 Berlin, *The Hedgehog and the Fox*, 20.
11 Gary Saul Morson, "War and Peace," in Donna Tussing Orwin, ed., *The Cambridge Companion to Tolstoy* (Cambridge, UK: Cambridge University Press, 2002), 65-79.
12 Michael D. Krause, "Moltke and the Origins of the Operational Level of War," in Michael D. Krause and R. Cody Phillip, eds., *Historical Perspectives of the Operational Art* (Center of Military History, United States Army, Washington, DC, 2005), 118, 130.
13 Gunther E. Rothenberg, "Moltke, Schlieffen, and the Doctrine of Strategic Envelopment," in Paret, ed., *Makers of Modern Strategy*, 298 (See chap. 6,n. 2).
14 參見Helmuth von Moltke, "Doctrines of War," in Lawrence Freedman,ed., *War* (Oxford: Oxford University Press, 1994), 220-221。
15 Echevarria, *Clausewitz and Contemporary War*, 142 (See chap. 7, n.18).
16 Hajo Holborn, "The Prusso-German School: Moltke and the Rise of the General Staff," in Paret, ed., *Makers of Modern Strategy*, 288.
17 Rothenberg, "Moltke, Schlieffen, and the Doctrine of Strategic Envelopment," 305.
18 John Stone, *Military Strategy: The Politics and Technique of War* (London: Continuum, 2011), 43-47.
19 Krause, "Moltke and the Origins of the Operational Level of War," 142.
20 Walter Goerlitz, *The German General Staff* (New York: Praeger, 1953), 92. 引自Justin Kelly and Mike Brennan, *Alien: How Operational Art Devoured Strategy* (Carlisle, PA: US Army War College, 2009), 24。

第九章 殲滅戰或消耗戰

1 Gordon Craig, "Delbrück: The Military Historian," in Paret, ed., *Makers of Modern Strategy*, 326-353 (See chap. 6, n.2).
2 Azar Gat, *The Development of Military Thought: The Nineteenth Century* (Oxford: Clarendon Press, 1992), 106-107.
3 引自Mahan in Russell F. Weigley, "American Strategy from Its Beginnings through the First World War," in Paret, ed., *Makers of Modern Strategy*, 415。
4 Donald Stoker, *The Grand Design: Strategy and the U.S. Civil War* (New York: Oxford University Press, 2010), 78-79.

5 David Herbert Donald, *Lincoln* (New York: Simon and Schuster, 1995), 389, 499; Stoker, *The Grand Design*, 229-230.
6 Stoker, *The Grand Design*, 405.
7 Weigley, "American Strategy," 432-433.
8 Stoker, *The Grand Design*, 232.
9 Azar Gat, *The Development of Military Thought*, 144-145.
10 Ardant du Picq, "Battle Studies," in Curtis Brown, ed., *Roots of Strategy*, Book 2 (Harrisburg, PA: Stackpole Books, 1987), 153; Robert A. Nye, *The Origins of Crowd Psychology: Gustave Le Bon and the Crisis of Mass Democracy in the Third Republic* (London: Sage, 1974).
11 Craig, "Delbrück: The Military Historian," 312.
12 爭論主要在*War in History*雜誌上展開。Terence Zuber孤軍奮戰發起了一場運動，雖然其他歷史學家對他的觀點深表懷疑，但他堅稱從來就沒有什麼「施里芬計畫」。Terence Zuber, "The Schlieffen Plan Reconsidered," *War in History* VI (1999): 262-305.他在*Inventing the Schlieffen Plan* (Oxford: Oxford University Press, 2003)一書中對此問題展開了充分討論。有關回應參見Terence Holmes, "The Reluctant March on Paris: A Reply to Terence Zuber's 'The Schlieffen Plan Reconsidered,'" War in History VIII (2001): 208-232. A. Mombauer, "Of War Plan and War Guilt: The Debate Surrounding the Schlieffen Plan," *Journal of Strategic Studies* XXVIII (2005): 857-858; R. T.Foley, "The Real Schlieffen Plan," *War in History* XIII (2006): 91-115; Gerhard P. Groß, "There Was a Schlieffen Plan: New Sources on the History of German Military Planning," *War in History* XV (2008): 389-431。
13 引自Foley, "The Real Schlieffen Plan," 109。
14 Hew Strachan, "Strategy and Contingency," *International Affairs* 87, no. 6 (2011): 1290.
15 他直到五十歲才開始正式發表作品，之後出版了近二十本書，發表了無數文章。其中最重要的幾部作品分別是：*The Influence of Sea Power Upon History, 1660-1783* (Boston: Little, Brown, and Company,1890) and *The Influence of Sea Power Upon the French Revolution and Empire, 1793-1812* (Boston: Little, Brown, and Company, 1892).
16 Mahan, *The Influence of Sea Power Upon the French Revolution and Empire*, 400-402.
17 Jon Tetsuro Sumida, *Inventing Grand Strategy and Teaching Command: The Classic Works of Alfred Thayer Mahan Reconsidered* (Washington, DC: Woodrow Wilson Center Press, 1999).
18 Robert Seager, *Alfred Thayer Mahan: The Man and His Letters* (Annapolis: U.S. Naval Institute Press, 1977). 亦可參見Dirk Böker, *Militarism in a Global Age: Naval Ambitions in Germany and the United States Before World War I* (Ithaca, NY: Cornell University Press, 2012), 103-104.
19 Alfred Mahan, *Naval Strategy Compared and Contrasted with the Principles and Practice of Military Operations on Land: Lectures Delivered at U.S. Naval War College, Newport, R. I., Between the Years 1887 and 1911* (Boston: Little, Brown, and Company, 1911), 6-8.
20 Mahan, *The Influence of Sea Power Upon the French Revolution*, v-vi.
21 Seager, *Alfred Thayer Mahan*, 546. 這裡所指的是*Naval Strategy Compared and Contrasted*。
22 Böker, *Militarism in a Global Age*,1 04-107.
23 引自Liam Cleaver, "The Pen Behind the Fleet: The Influence of Sir Julian Stafford Corbett on British Naval Development,1898-1918," *Comparative Strategy* 14 (January 1995), 52-53。
24 Barry M. Gough, "Maritime Strategy: The Legacies of Mahan and Corbett as Philosophers of Sea Power," *The RUSI Journal* 133, no. 4 (December 1988): 55-62.
25 Donald M. Schurman, *Julian S. Corbett, 1854-1922* (London: Royal Historical Society, 1981), 54. 亦可參見Eric Grove, "Introduction," in Julian Corbett, *Some Principles of Maritime Strategy* (Annapolis: U.S. Naval Institute Press, 1988)。該書於一九一一年首次出版。一九八八年出版的註釋本中還收錄了一九〇九年的「The Green Pamphlet」。還可參見Azar Gat, *The Development of Military Thought: The Nineteenth Century.*
26 有關科貝特與克勞塞維茨的關係，可參見Michael Handel, *Masters of War:Classical Strategic Thought* (London: Frank Cass, 2001)第十八章。
27 Corbett, *Some Principles*, 62-63.

28 同上，16, 91, 25, 152, 160。
29 H. J. Mackinder, "The Geographical Pivot of History," *The Geographical Journal* 23 (1904): 421-444.
30 H. J. Mackinder, "Manpower as a Measure of National and Imperial Strength," *National and English Review* 45(1905): 136-143, 引自Lucian Ashworth, "Realism and the Spirit of 1919: Halford Mackinder, Geopolitics and the Reality of the League of Nations," *European Journal of International Relations* 17, no. 2(June 2011): 279-301。也出現在Mackinder，參見B. W. Blouet, *Halford Mackinder: A Biography* (College Station: Texas A&M University Press, 1987).
31 H. J. Mackinder, *Democratic Ideals and Reality: A Study in the Politics of Reconstruction* (Suffolk: Penguin Books, 1919), 86; Geoffrey Sloan, "Sir Halford J. Mackinder: The Heartland Theory Then and Now," *Journal of Strategic Studies* 22, 2-3 (1999): 15-38.
32 同上，194.
33 Mackinder, "The Geographical Pivot," 437.
34 Ola Tunander, "Swedish-German Geopolitics for a New Century—Rudolf Kjellén's 'The State as a Living Organism,'" *Review of International Studies* 27, 3(2001): 451-463.
35 一種曾經激勵人們思考物質環境的戰略意義的方法因為染上了污點而受到質疑，許多人對此感到遺憾，其中包括Colin Gray, *The Geopolitics of Super Power* (Lexington: University Press of Kentucky, 1988)。也可參見Colin Gray, "In Defence of the Heartland: Sir Halford Mackinder and His Critics a Hundred Years On," *Comparative Strategy* 23, no. 1 (2004): 9-25.

第十章 頭腦與肌肉

1 Isabel Hull認為這樣的行為是殖民戰爭中發展起來的魯莽、遲鈍的軍隊文化造成的結果。Isabel V. Hull, *Absolute Destruction: Military Culture and the Practices of War in Imperial Germany* (Ithaca, NY: Cornell University Press, 2005).
2 Craig, "Delbrück:The Military Historian," 348 (See chap. 9, n. 1).
3 參見Mark Clodfelter, *Beneficial Bombing: The Progressive Foundations of American Air Power 1917-1945* (Lincoln: University of Nebraska Press, 2010)。
4 奇怪的是，雖然他日後成了大規模轟炸的熱心支持者，但他最初極力譴責那些攻擊毫不設防城市的做法，認為應該建立一項國際公約禁止這種行為。參見Thomas Hippler, "Democracy and War in the Strategic Thought of Guilio Douhet," in Hew Strachan and Sibylle Scheipers, eds., *The Changing Character of War* (Oxford: Oxford University Press, 2011), 170。
5 Giulio Douhet, *The Command of the Air*, translated by Dino Ferrari (Washington, DC: Office of Air Force History, 1983). 此為一九四二年版本的重印版。由義大利戰爭部出版發行。雖然他在戰爭期間是個麻煩製造者，但現在他卻被認為多少是個預言家，曾經短暫地擔任過法西斯統治下的航空專員。有關米切爾的主要論述，可參見William Mitchell, *Winged Defense: The Development and Possibilities of Modern Air Power—Economic and Military* (New York: G. P. Putnam's Sons, 1925)。卡普羅尼觀點可參見記者Nino Salvaneschi寫於一九一七年的一本鼓吹打擊製造能力的小冊子*Let Us Kill the War, Let Us Aim at the Heart of the Enemy*。David MacIsaac, "Voices from the Central Blue: The Airpower Theorists," in Peter Paret, ed., *Makers of Modern Strategy*, 624-647 (See chap. 6, n. 2).
6 Azar Gat, *Fascist and Liberal Visions of War: Fuller, Liddell Hart, Douhet, and Other Modernists* (Oxford: Clarendon Press, 1998).
7 Sir Charles Webster and Noble Frankland, *The Strategic Air Offensive Against Germany*, 4 vols. (London: Her Majesty's Stationery Office, 1961), Vol. 4, pp. 2, 74.
8 Sir Hugh Dowding, "Employment of the Fighter Command in Home Defence," *Naval War College Review* 45 (Spring 1992): 36. Reprint of 1937 lecture to the RAF Staff College.
9 David S. Fadok, "John Boyd and John Warden: Airpower's Quest for Strategic Paralysis," in Col. Phillip S. Meilinger, ed., *Paths of Heaven* (Maxwell Air Force Base, AL: Air University Press, 1997), 382.
10 Douhet, *Command of the Air*.
11 Phillip S. Meilinger, "Giulio Douhet and the Origins of Airpower Theory," in Phillip S. Meilinger, ed., *Paths of Heaven*, 27；Bernard Brodie, "The Heritage of Douhet," *Air University Quarterly Review* 6 (Summer

1963): 120-126.
12 在威爾斯刻畫的情節中，德國人趕在美國人充分利用萊特兄弟的新發明之前，便先發制人地用飛艇向美國發起了進攻。
13 Brian Holden Reid, *J. F. C. Fuller: Military Thinker* (London: Macmillan, 1987), 55, 51, 73.
14 同上；Anthony Trythell, *'Boney' Fuller: The Intellectual General* (London: Cassell, 1977); Gat, *Fascist and Liberal Visions of War*.
15 Gat, *Fascist and Liberal Visions of War*, 40-41.
16 J. F. C. Fuller, *The Foundations of the Science of War* (London: Hutchinson, 1925), 47.
17 同上，35.
18 同上，141.

第十一章 間接路線

1 有關索姆河戰役對李德·哈特的影響，可參見Hew Strachan, "'The Real War': Liddell Hart, Crutwell, and Falls," in Brian Bond, ed., *The First World War and British Military History* (Oxford: Clarendon Press, 1991)。
2 John Mearsheimer, *Liddell Hart and the Weight of History* (London: Brassey's, 1988). Gat雖然並不否認李德·哈特的自負和自我膨脹，但他對Mearsheimer的指責提出了質疑。Azar Gat, "Liddell Hart's Theory of Armoured Warfare: Revising the Revisionists," *Journal of Strategic Studies* 19 (1996): 1-30.
3 Gat, *Fascist and Liberal Visions of War*, 146-160 (See chap. 7, n. 5).
4 Basil Liddell Hart, *The Ghost of Napoleon* (London: Faber and Faber, 1933), 125-126.
5 Christopher Bassford, *Clausewitz in English: The Reception of Clausewitz in Britain and America, 1815-1945* (New York: Oxford University Press, 1994), Chapter 15.
6 Griffiths, *Sun Tzu*, vii (See chap. 4, n. 5).
7 Alex Danchev, *Alchemist of War: The Life of Basil Liddell Hart* (London: Weidenfeld & Nicolson, 1998).
8 Reid, *J. F. C. Fuller*, 159 (See chap. 10, n. 13).
9 Basil Liddell Hart, *Strategy: The Indirect Approach* (London: Faber and Faber, 1954), 335, 339, 341, 344.
10 Brian Bond, *Liddell Hart: A Study of his Military Thought* (London: Cassell, 1977), 56.
11 Basil Liddell Hart, *Paris, or the Future of Ward* (London: Kegan Paul, 1925), 12.和富勒一樣，李德·哈特對一次大戰中德國轟炸英國印象極深：「那些在我們尚未組織起防禦工事之前就見證了早期空襲的人，絕不會低估一支超級空中部隊的集中打擊所帶來的恐慌和混亂。在大工業城市以及像赫爾（Hull）那樣的航運城鎮，對於親眼看到空襲的人說，誰會忘記人們聽到第一聲空襲警報後在夜幕下蜂擁而出的場景？女人、孩子、懷抱中的嬰兒，一夜夜地蜷縮在潮濕的野地裡，在嚴冬的曠野裡發抖。」Basil Liddell Hart, *Paris, or the Future of War* (New York: Dutton, 1925), 39.
12 Richard K. Betts, "Is Strategy an Illusion?" *International Security* 25, 2 (Autumn 2000): 11.
13 Ian Kershaw, *Fateful Choices: Ten Decisions That Changed the World: 1940-1941* (New York: Penguin Press, 2007), 47.
14 邱吉爾在戰後寫成的戰爭回憶錄中，否認了曾經就要不要繼續打仗的事情進行過思考。抵抗「是理所當然的事情」。協商解決「這些虛幻的學術問題」是浪費時間。Winston S. Churchill, *The Second World War, Their Finest Hour, vol. 2* (London: Penguin, 1949), 157. Reynolds解釋了邱吉爾之所以掩蓋真實情況，是為了保護哈利法克斯。這部書寫於一九四八年，當時哈利法克斯仍是保守黨的高級同僚，況且後來在邱吉爾的好戰熱情影響下，他其實已經成了一個名義上的勸和派。根據文獻記錄，邱吉爾意識到在某種情況下同德國進行談判可能是必要的。他知道下一階段形勢可能會變得非常糟糕，英國為了保全獨立，可能不得不做出讓步，但他的任務是盡可能地對德國人的侵略行動製造麻煩。就此而言，他那生動的語言和鋼鐵般的風度（「我們要在海灘上戰鬥……我們永遠不會投降」）也是至關重要的武器。一九四〇年他曾經說過英國必勝，一九四八年當他有機會重寫這段歷史的時候，可能忘了為此進行更正。David Reynolds, *In Command of History: Churchill Fighting and Writing the Second World War* (New York: Random House, 2005), 172-173.
15 Eliot Cohen, "Churchill and Coalition Strategy," in Paul Kennedy, ed., *Grand Strategies in War and Peace* (New Haven, CT: Yale University Press, 1991), 66.

16 Max Hastings, *Finest Years: Churchill as Warlord 1940-45* (London: Harper-Collins, 2010), Chapter 1.
17 遭到清洗的三萬五千人中，軍人占了一半。將軍級別的將領中有九〇%遭清洗，上校中有八〇%。
18 Winston Churchill, *The Second World War, The Grand Alliance,* vol. 3 (London: Penguin, 1949), 607-608.

第十二章 核子競爭

1 Walter Lippmann, *The Cold War* (Boston: Little Brown, 1947).
2 Ronald Steel, *Walter Lippmann and the American Century* (London: Bodley Head, 1980), 445.後來，另一名記者Herbert Swope在為大金融家Bernard Baruch撰寫的一篇演講稿中聲稱自己才是最早提出冷戰概念的人。同時，他還聲稱自己曾經在一九三〇年代末被問起，美國會不會捲入這場「歐洲熱戰」。這個用詞很新鮮，讓他感到心頭一震：「這就像在談論一場死亡謀殺—累贅、冗長和多餘。」他認為「熱戰」的反義詞是「冷戰」，於是開始使用這個詞語。William Safire, *Safire's New Political Dictionary* (New York: Oxford University Press, 2008), 134-135.
3 李普曼的分析是為了回應在莫斯科的美國外交官喬治·肯楠在《外交》雜誌上，以「X」為假名發表的一篇文章，後者在文中警告，野心勃勃的蘇聯正在加緊提出遏制新規則。X, "The Sources of Soviet Conduct," *Foreign Affairs* 7 (1947): 566-582.
4 George Orwell, "You and the Atomic Bomb," *Tribune*, October 19, 1945. Reprinted in Sonia Orwell and Ian Angus, eds., *The Collected Essays; Journalism and Letters of George Orwell*, vol. 4 (New York: Harcourt Brace Jovanovich, 1968), 8-10.
5 Barry Scott Zellen, *State of Doom: Bernard Brodie, the Bomb and the Birth of the Bipolar World* (New York: Continuum, 2012), 27.
6 Bernard Brodie, ed., *The Absolute Weapon* (New York: Harcourt, 1946), 52.
7 Bernard Brodie, "Strategy as a Science," *World Politics* 1, no. 4 (July 1949): 476.
8 Patrick Blackett, *Studies of War, Nuclear and Conventional* (New York: Hill & Wang, 1962), 177.
9 Paul Kennedy, *Engineers of Victory: The Problem Solvers Who Turned the Tide in the Second World War* (London: Allen Lane, 2013).
10 Sharon Ghamari-Tabrizi, "Simulating the Unthinkable: Gaming Future War in the 1950s and 1960s," *Social Studies of Science* 30, no. 2 (April 2000): 169, 170.
11 Philip Mirowski, *Machine Dreams: Economics Becomes Cyborg Science* (Cambridge: Cambridge University Press, 2002), 12-17.
12 Hedley Bull, *The Control of the Arms Race* (London: Weidenfeld & Nicolson, 1961), 48.
13 Hedley Bull, "Strategic Studies and Its Critics," *World Politics* 20, no. 4 (July 1968): 593-605.
14 Charles Hitch and Roland N. McKean, *The Economics of Defense in the Nuclear Age* (Cambridge, MA: Harvard University Press, 1960).
15 Deborah Shapley, *Promise and Power: The Life and Times of Robert McNamara* (Boston: Little, Brown & Co., 1993), 102-103.
16 Thomas D. White, "Strategy and the Defense Intellectuals," *The Saturday Evening Post*, May 4, 1963, 引自Alain Enthoven and Wayne Smith, *How Much Is Enough?* (New York; London: Harper & Row,1971), 78. 有關對分析系統作用的相關評論可參見Stephen Rosen, "Systems Analysis and the Quest for Rational Defense," *The Public Interest* 76 (Summer 1984): 121-159。
17 Bernard Brodie, *War and Politics* (London: Cassell, 1974), 474-475.
18 引自William Poundstone, *Prisoner's Dilemma* (New York: Doubleday, 1992), 6。
19 Oskar Morgenstern, "The Collaboration between Oskar Morgenstern and John von Neumann," *Journal of Economic Literature* 14, no. 3 (September 1976); 805-816. E. Roy Weintraub, *Toward a History of Game Theory* (London: Duke University Press, 1992); R. Duncan Luce and Howard Raiffa, *Games and Decisions; Introduction and Critical Survey* (New York: John Wiley & Sons, 1957).
20 Poundstone, *Prisoner's Dilemma*, 8.
21 Philip Mirowski, "Mid-Century Cyborg Agonistes: Economics Meets Operations Research," *Social Studies of Science* 29 (1999): 694.
22 John McDonald, *Strategy in Poker, Business & War* (New York: W. W. Norton, 1950), 14, 69, 126.

23 Jessie Bernard, "The Theory of Games of Strategy as a Modern Sociology of Conflict," *American Journal of Sociology* 59 (1954): 411-424.

第十三章 非理性的理性

1 相關討論參見Lawrence Freedman, *The Evolution of Nuclear Strategy*, 3rd ed. (London: Palgrave, 2005)。

2 Colin Gray, *Strategic Studies: A Critical Assessment* (New York: The Greenwood Press, 1982).

3 R. J. Overy, "Air Power and the Origins of Deterrence Theory Before 1939," *Journal of Strategic Studies* 15, no. 1 (March 1992): 73-101. 亦可參見George Quester, *Deterrence Before Hiroshima* (New York: Wiley, 1966)。

4 Stanley Hoffmann, "The Acceptability of Military Force," in Francois Duchene, ed., *Force in Modern Societies: Its Place in International Politics* (London: International Institute for Strategic Studies, 1973), 6.

5 Glenn Snyder, *Deterrence and Defense: Toward a Theory of National Security* (Princeton, NJ: Princeton University Press, 1961).

6 Herman Kahn, *On Thermonuclear War* (Princeton, NJ: Princeton University Press, 1961), 126 ff. and 282 ff.其最早為人所知的題目是"Three Lectures on Thermonuclear War"。

7 Barry Bruce-Briggs, *Supergenius: The Megaworlds of Herman Kahn* (North American Policy Press, 2000), 97.

8 同上，98. Bruce-Briggs注意到了這種可怕的風格，他認為「這種率直笨拙的手法傳達出真實性；如果作者是個騙子，他肯定特別善於逢迎施計」。

9 Jonathan Stevenson, *Thinking Beyond the Unthinkable* (New York: Viking, 2008), 76.

10 http://www.nobelprize.org/nobel_prizes/economics/laureates/2005/#.

11 謝林的主要作品是*The Strategy of Conflict* (Cambridge, MA: Harvard University Press, 1960); *Arms and Influence* (New York: Yale University Press, 1966); *Choice and Consequence* (Cambridge, MA: Harvard University Press, 1984); and, with Morton Halperin, *Strategy and Arms Control* (New York: Twentieth Century Fund, 1961)。

12 Robin Rider, "Operations Research and Game Theory," in Roy Weintraub, ed., *Toward a History of Game Theory* (See chap. 12, n.19).

13 Schelling, *The Strategy of Conflict*, 10.

14 Jean-Paul Carvalho, "An Interview with Thomas Schelling," *Oxonomics* 2 (2007): 1-8.

15 Brodie, "Strategy as a Science," 479. (See chap. 12, n.7).原因之一可能是布羅迪的導師、芝加哥大學經濟學教授雅各布・維納（Jacob Viner）的懷疑態度。維納在一九四六年發表了一篇有關核武器影響的文章，該文是嚇阻理論的基礎文獻之一，明顯對布羅迪產生了影響。

16 Bernard Brodie, "The American Scientific Strategists," *The Defense Technical Information Center* (October 1964): 294.

17 Oskar Morgenstern, *The Question of National Defense* (New York: Random House, 1959).

18 Bruce-Briggs, *Supergenius*, 120-122; Irving Louis Horowitz, *The War Game: Studies of the New Civilian Militarists* (New York: Ballantine Books, 1963).

19 引自Bruce-Biggs, *Supergenius*, 120。

20 Schelling, in the *Journal of Conflict Resolution*, then edited by Kenneth Boulding, in 1957.

21 Carvalho, "An Interview with Thomas Schelling."

22 Robert Ayson, *Thomas Schelling and the Nuclear Age: Strategy as a Social Science* (London: Frank Cass, 2004); Phil Williams, "Thomas Schelling," in J. Baylis and J. Garnett,eds., *Makers of Nuclear Strategy* (London: Pinter, 1991), 120-135; A. Dixit, "Thomas Schelling's Contributions to Game Theory," *Scandinavian Journal of Economics* 108, no. 2 (2006): 213-229; Esther-Mirjam Sent, "Some Like It Cold: Thomas Schelling as a Cold Warrior," *Journal of Economic Methodology* 14, no. 4 (2007): 455-471.

23 Schelling, *The Strategy of Conflict*, 15.

24 Schelling, *Arms and Influence*, 1.

25 同上，2-3, 79-80, 82, 80.

26 同上，194.

27 Schelling, *Strategy of Conflict*, 188 (emphasis in the original).

28 Schelling, *Arms and Influence*, 93.

29 Schelling, *Strategy of Conflict*, 193.
30 Dixit在"Thomas Schelling's Contributions to Game Theory"中認為，謝林的許多構想預見到了今後更正規的賽局理論的發展。
31 Schelling, *Strategy of Conflict*, 57, 77.
32 Schelling, *Arms and Influence*, 137.
33 Schelling, *Strategy of Conflict*, 100-101.
34 引自Robert Ayson, *Hedley Bull and the Accommodation of Power* (London: Palgrave, 2012)。
35 沃爾斯泰特是蘭德公司最具影響力的分析家之一。參見Robert Zarate and Henry Sokolski, eds., *Nuclear Heuristics: Selected Writings of Albert and Roberta Wohlstetter* (Carlisle, PA: Strategic Studies Institute, U.S. Army War College, 2009)。
36 沃爾斯泰特一九六八年寫給Michael Howard的信，參見Stevenson, *Thinking Beyond the Unthinkable*, 71。
37 Bernard Brodie, *The Reporter*, November 18, 1954.
38 Schelling, *The Strategy of Conflict*, 233. 這篇題為"Surprise Attack and Disarmament"的文章首次發表於Klaus Knorr, ed., *NATO and American Security* (Princeton, NJ: Princeton University Press, 1959)。
39 Schelling, *Strategy and Conflict*, 236.
40 Donald Brennan, ed., *Arms Control,Disarmament and National Security* (New York: George Braziller,1961); Hedley Bull, *The Control of the Arms Race* (London: Weidenfeld & Nicolson, 1961).
41 Schelling and Halperin, *Strategy and Arms Control*, 1-2.
42 同上，5.
43 Schelling, *Strategy of Conflict*, 239-240.
44 Henry Kissinger, *The Necessity for Choice* (New York: Harper & Row, 1961).這篇文章最早刊登在*Daedalus* 89, no.4(1960)。本書作者能找到的第一份參考資料是積極支持裁軍的英國作家Wayland Young所寫的一篇文章。他認為「在反擊報復中，戰略家所說的升級、武器規模逐步提高會導致危險越演越烈，直至人類文明被毀壞殆盡，同樣可以肯定的是，熱核子武器的初步交鋒也會造成這樣的結果」。在他的術語彙編中，我們發現了以下內容："Escalation-Escalator: The uncontrolled exchange of ever larger weapons in war, leading to the destruction of civilization." Wayland Young, *Strategy for Survival: First Steps in Nuclear Disarmament* (London: Penguin Books, 1959).
45 Schelling, *Strategy of Conflict*.
46 Schelling, *Arms and Influence*, 182.
47 Schelling, "Nuclear Strategy in the Berlin Crisis," *Foreign Relations of the United States* XIV, 170-172; Marc Trachtenberg, *History and Strategy* (Princeton, NJ: Princeton University Press, 1991), 224.
48 詳述於本書作者的另一本書*Kennedy's Wars* (New York: Oxford University Press, 2000)。
49 Fred Kaplan, *Wizards of Armageddon* (Stanford: Stanford University Press, 1991), 302.
50 Kaysen to Kennedy, September 22, 1961, *Foreign Relations in the United States* XIV-VI, supplement, Document 182.
51 Robert Kennedy, *Thirteen Days: The Cuban Missile Crisis of October 1962* (London: Macmillan, 1969), 69-71, 80, 89, 182.
52 Ernest May and Philip Zelikow, *The Kennedy Tapes: Inside the White House During the Cuban Missile Crisis* (New York: W. W. Norton, 2002).
53 Albert and Roberta Wohlstetter, *Controlling the Risks in Cuba*, Adelphi Paper No. 17 (London ISS, February 1965).
54 Kahn, *On Thermonuclear War*, 226, 139.
55 Herman Kahn, *On Escalation* (London: Pall Mall Press, 1965).
56 引自Fred Iklé, "When the Fighting Has to Stop:The Arguments about Escalation," *World Politics* 19, no. 4 (July 1967): 693。
57 McGeorge Bundy, "To Cap the Volcano," *Foreign Affairs* 1 (October 1969): 1-20. 亦可參見McGeorge Bundy, *Danger and Survival: Choices About the Bomb in the First Fifty Years* (New York: Random House, 1988)。
58 McGeorge Bundy, "The Bishops and the Bomb," *The New York Review*, June 16, 1983.有關「存在主義」的

論述，可參見Lawrence Freedman, "I Exist；Therefore I Deter," *International Security* 13, no. 1 (Summer 1988): 177-195.

第十四章 游擊戰

1 Werner Hahlweg, "Clausewitz and Guerrilla Warfare," *Journal of Strategic Studies* 9, nos. 2-3. (1986): 127-133; Sebastian Kaempf, "Lost Through Non-Translation: Bringing Clausewitz's Writings on 'New Wars' Back In," *Small Wars & Insurgencies* 22, no. 4 (October 2011): 548-573.

2 Jomini, *The Art of War*, 34-35(see chap. 7, n.5).

3 Karl Marx, "Revolutionary Spain," 1854, see http://www.marxists.org/archive/marx/works/1854/revolutionary-spain/ch05.htm.

4 Vladimir Lenin, "Guerrilla Warfare,"最早發表在Proletary, No.5, September 30, 1906, *Lenin Collected Works* (Moscow: Progress Publishers, 1965), Vol. II, 213-223, see http://www.marxists.org/archive/lenin/works/1906/gw/index.htm.

5 Leon Trotsky, "Guerrilaism and the Regular Army," *The Military Writings of Leon Trotsky*, Vol. 2, 1919, see http://www.marxists.org/archive/trotsky/1919/military/ch08.htm.

6 Leon Trotsky, "Do We Need Guerrillas?" *The Military Writings of Leon Trotsky*, Vol. 2, 1919, see http://www.marxists.org/archive/trotsky/1919/military/ch95.htm.

7 C. E. Callwell, *Small Wars: Their Theory and Practice*, reprint of the 1906, 3rd edition (Lincoln: University of Nebraska Press, 1996).

8 T. E. Lawrence, "The Evolution of a Revolt," in Malcolm Brown, ed., *T. E. Lawrence in War & Peace: An Anthology of the Military Writings of Lawrence of Arabia* (London: Greenhill Books, 2005), 260-273.它首次發表在*Army Quarterly*, October 1920。在此基礎上形成了*The Seven Pillars of Wisdom* (London: Castle Hill Press, 1997) 的第三十五章。

9 Basil Liddell Hart, *Colonel Lawrence:The Man Behind the Legend* (New York: Dodd, Mead & Co., 1934).

10 "T. E. Lawrence and Liddell Hart,"in Brian Holden Reid, *Studies in British Military Thought: Debates with Fuller & Liddell Hart* (Lincoln: University of Nebraska Press, 1998), 150-167.

11 Brantly Womack, "From Urban Radical to Rural Revolutionary: Mao from the 1920s to 1937,"in Timothy Cheek, ed., *A Critical Introduction to Mao* (Cambridge, UK: Cambridge University Press, 2010), 61-86.

12 Jung Chang and Jon Halliday, *Mao: The Unknown Story* (New York: Alfred A. Knopf, 2005).

13 Andrew Bingham Kennedy, "Can the Weak Defeat the Strong? Mao's Evolving Approach to Asymmetric Warfare in Yan'an," *China Quarterly* 196 (December 2008): 884-899.

14 〈中國革命戰爭的戰略問題〉（一九三六年十二月）、〈抗日游擊戰爭的戰略問題〉（一九三八年五月）以及〈論持久戰〉（一九三八年五月）中的大部分主要內容收錄於《毛澤東選集》第二卷，〈論游擊戰〉的主要內容收錄於《毛澤東選集》第六卷。參見 http://www.marxists.org/reference/archive/mao/selected-works/index.htm.

15 毛澤東，〈論持久戰〉。

16 Beatrice Heuser, *Reading Clausewitz*(London: Pimlico, 2002), 138-139.

17 John Shy and Thomas W. Collier, "Revolutionary War," in Paret, ed., *Makers of Modern Strategy*, p. 844 (see chap. 6, n.2).有關毛澤東的戰略，還可參見Edward L. Katzenback, Jr. ,and Gene Z. Hanrahan, "The Revolutionary Strategy of Mao Tse-Tung," *Political Science Quarterly* 70, no.3 (September 1955): 321-340.毛澤東在〈論持久戰〉中，以德爾布呂克為開端，對消耗戰和殲滅戰進行了經典比較，但是毛澤東的相關知識可能是透過列寧學到的。

18 毛澤東，〈抗日游擊戰爭的戰略問題〉。

19 毛澤東，〈論持久戰〉。

20 毛澤東，〈論游擊戰〉。

21 "People's War, People's Army" (1961), in Russell Stetler, ed., *The Military Art of People's War: Selected Writings of General Vo Nguyen Giap* (New York: Monthly Review Press, 1970), 104-106.

22 Graham Greene, *The Quiet American*(London:Penguin, 1969), 61.格林對美國在越南天真做法的批評的當代意義以及由此引發的辯論參見Frederik Logevall, *Embers of War: The Fall of an Empire and the Making of*

America's Vietnam (New York: Random House, 2012)。William J. Lederer and Eugene Burdick, *The Ugly American* (New York: Fawcett House,1958), 233.希倫戴爾不是標題中所指的「醜陋的美國人」。Cecil B. Currey, *Edward Lansdale: The Unquiet American* (Boston: Houghton Mifflin, 1988). Edward G. Lansdale, "Viet Nam: Do We Understand Revolution?" *Foreign Affairs* (October 1964), 75-86. 對蘭斯代爾的評價參見Max Boot, *Invisible Armies: An Epic History of Guerrilla Warfare from Ancient Times to the Present* (New York: W. W. Norton & Co., 2012), 409-414.

23 關於反叛亂的思想及其在甘迺迪執政期間的發展，參見Douglas Blaufarb, *The Counterinsurgency Era: US Doctrine and Performance* (New York: The Free Press, 1977)；D. Michael Shafer, *Deadly Paradigms: The Failure of US Counterinsurgency Policy* (Princeton, NJ: Princeton University Press, 1988); and Larry Cable, *Conflict of Myths: The Development of American Counterinsurgency Doctrine and the Vietnam War* (New York: New York University Press, 1986)。除某些為因應第三世界新獨立國家的緊張局勢所採取的措施外，西方學術界在很長時間內鮮有關於反叛亂戰略的研究，直到甘迺迪上台執政時，才接受了這一概念。該學說在政府內部的早期形成通常被認為應歸功於Walt Rostow和Roger Hilsman。有關該學說的特點，參見W. W. Rostow一九六一年六月在布拉格堡美國陸軍特種作戰學校畢業班上的演講"Guerrilla Warfare in Underdeveloped Areas"。轉載於Marcus Raskin and Bernard Fall, *The Viet-Nam Reader*(New York: Vintage Books, 1965)。還可參見Roger Hilsman, *To Move a Nation: The Politics of Foreign Policy in the Administration of John F. Kennedy* (New York: Dell, 1967)。

24 Robert Thompson, *Defeating Communist Insurgency: Experiences in Malaya and Vietnam* (London: Chatto & Windus, 1966).

25 Boot, *Invisible Armies*, 386-387.

26 David Galula, *Counterinsurgency Warfare: Theory and Practice* (Wesport, CT: Praeger, 1964).

27 Gregor Mathias, *Galula in Algeria: Counterinsurgency Practice versus Theory* (Santa Barbara, CA: Praeger Security International, 2011).

28 M. L. R. Smith, "Guerrillas in the Mist: Reassessing Strategy and Low Intensity Warfare," *Review of International Studies* 29, no. 1(2003): 19-37; Alistair Horne, *A Savage War of Peace: Algeria,1954-1962* (London: Macmillan, 1977), 480-504.

29 Charles Maechling, Jr., "Insurgency and Counterinsurgency: The Role of Strategic Theory," *Parameters* 14, no. 3 (Autumn 1984): 34. Shafer, *Deadly Paradigms*, 113.

30 Paul Kattenburg, *The Vietnam Trauma in American Foreign Policy, 1945-75* (New Brunswick, NJ: Transaction Books, 1980), 111-112.

31 Blaufarb, *The Counterinsurgency Era*, 62-66.

32 Jeffery H. Michaels, "Managing Global Counterinsuregency: The Special Group(CI) 1962-1966," *Journal of Strategic Studies* 35, no. 1 (2012): 33-61.

33 參見Alexander George et al., *The Limits of Coercive Diplomacy*, 1st edition (Boston: Little Brown, 1971)。John Gaddis, *Strategies of Containment: A Critical Appraisal of PostWar American Security Policy* (New York: Oxford University Press, 1982), 243.

34 重點參見Ann Arbor一九六二年十二月十九日在密西根大學的演講，其詳細論述參見 William Kaufmann, *The McNamara Strategy* (New York: Harper & Row, 1964), 138-147.

35 謝林的回答是"Schelling's games demonstrate how unrealistic this Cuban crisis is." Ghamari-Tabrizi, 213(see chap. 12, n. 10).

36 William Bundy, 引自William Conrad Gibbons, *The U.S. Government and the Vietnam War* (Princeton, NJ: Princeton University Press, 1986), Vol. II, p. 349。

37 *The Pentagon Papers, Senator Gravel Edition: The Defense Department History of the U.S. Decision-Making on Vietnam*, Vol.3 (Boston: Beacon Press, 1971), 212.

38 Gibbons, *The U.S. Government and the Vietnam War: 1961-1964*, 254.

39 同上，256-259.參見*Arms and Influence*第四章。

40 參見Freedman, *Kennedy's Wars* (see chap.13, n. 48).

41 Fred Kaplan, *The Wizards of Armageddon* (New York: Simon and Schuster, 1983), 332-336.

42 *Arms and Influence*, vii, 84, 85, 166. 171-172. 鑑於這種分析，Pape在"Coercive Air Power in the Vietnam War"中認為，謝林本可以提議在「滾雷行動」中只攻擊民事目標的觀點，有失公平。

43 Richard Betts, "Should Strategic Studies Survive?" *World Politics* 50, no. 1 (October 1997): 16.

44 Colin Gray, "What RAND Hath Wrought," *Foreign Policy* 4 (Autumn 1971): 111-129; 亦可參見Stephen Peter Rosen, "Vietnam and the American Theory of Limited War," *International Security* 7, no. 2 (Autumn 1982): 83-113.

45 Zellen, *State of Doom*, 196-197 (see chap. 12, n.5); Bernard Brodie, "Why Were We So (Strategically) Wrong?" *Foreign Policy* 4 (Autumn 1971): 151-162.

第十五章 觀察與調整

1 Beaufre的兩部主要作品*Introduction à la Stratégie*(1963)和*Dissuasion et Stratégie*(1964)均以法文出版。由Major-General R. H. Barry翻譯的英文譯本*Introduction to Strategy*和*Dissuasion and Strategy*於一九六五年由倫敦Faber & Faber出版。此處引用於*Introduction*, p. 22。Beatrice Heuser, *The Evolution of Strategy*, 460-463對Beaufre有所論及。參見Chapter 6, n.4。

2 Bernard Brodie, "General André Beaufre on Strategy," *Survival* 7 (August 1965): 208-210. 法國人不一定認可薄富爾的政策倡導，但至少對他的思想能產生共鳴，參見Edward A. Kolodziej, "French Strategy Emergent: General André Beaufre: A Critique," *World Politics* 19, no. 3(April 1967): 417-442。他沒太在意布羅迪對礙事的「宏偉思想」的抱怨，但他承認薄富爾的思想常常表達得過於模糊，讓人難以信服。

3 雖然他曾受克勞塞維茨（經常引用「重心」概念）和李德・哈特的影響，但並無這方面的證據。

4 J. C. Wylie, *Military Strategy: A General Theory of Power Control* (Annapolis, MD: Naval Institute Press, 1989)，於一九六七年初版。人物生平由John Hattendorf介紹。

5 Henry Eccles, *Military Concepts and Philosophy* (New Brunswick, NJ: Rutgers University Press, 1965).關於Eccles參見Scott A. Boorman, "Fundamentals of Strategy: The Legacy of Henry Eccles," *Naval War College Review* 62, no. 2 (Spring 2009): 91-115.

6 Wylie, *Military Strategy*, 22.

7 有關區別的重要性，參見Lukas Milevski, "Revisiting J. C. Wylie's Dichotomy of Strategy: The Effects of Sequential and Cumulative Patterns of Operations," *Journal of Strategic Studies* 35, no. 2 (April 2012): 223-242。首次出版二十年後，Wylie認為累積的戰略更重要。*Military Strategy*, 1989 edition, p. 101.

8 其著作集可參見http://www.ausairpower.net/APA-Boyd-Papers.html. 有關博伊德的主要書籍：Frans P. B. Osinga, *Science, Strategy and War: The Strategic Theory of John Boyd* (London: Routledge, 2007); Grant Hammond, *The Mind of War, John Boyd and American Security* (Washington, DC: Smithsonian Institution Press, 2001); and Robert Coram, *Boyd, The Fighter Pilot Who Changed the Art of War* (Boston: Little, Brown & Company, 2002).

9 John R. Boyd, "Destruction and Creation," September 3,1976, see http://goalsys.com/books/documents/DESTRUCTION_AND_CREATION.pdf.

10 John Boyd, *Organic Design for Command and Control*, May 1987, p. 16, see http://www.ausairpower.net/JRB/organic_design.pdf.

11 該理論被勤奮鑽研的氣象學者Edward Lorenz加以推廣，他在探尋一種能更準確預測天氣的方法時發現了「蝴蝶效應」。他最初用於天氣預報的數學計算中的微小變化可能給預報結果帶來非同尋常和意想不到的影響。蝴蝶效應的概念來自一九七二年Lorenz提交給美國科學促進會的論文"Predictability:Does the Flap of a Butterfly's Wings in Brazil Set Off a Tornado in Texas?"。關於混沌理論的歷史，參見 James Gleick, *Chaos: Making a New Science* (London: Cardinal,1987)。關於複雜理論，參見Murray Gell-Man, *The Quark and the Jaguar: Adventures in the Simple and the Complex* (London: Little, Brown & Co., 1994); Mitchell Waldrop, *Complexity: The Emerging Science at the Edge of Order and Chaos* (New York: Simon & Schuster, 1993)。關於科學理論與軍事思想之間的關係，參見 Antoine Bousquet, *The Scientific Way of Warfare: Order and Chaos on the Battlefields of Modernity* (New York: Columbia University Press, 2009); Robert Pellegrini, *The Links Between Science, Philosophy, and Military Theory:Understanding the Past, Implications for the Future* (Maxwell Air Force Base, AL: Air University Press, August 1997), http://www.au.af.mil/au/awc/awcgate/saas/pellegrp.pdf.

12 Alan Beyerchen, "Clausewitz, Nonlinearity, and the Unpredictability of War," *International Security* (Winter 1992/93); Barry D. Watts, *Clausewitzian Friction and Future War*, McNair Paper 52 (Washington, DC: National Defense University, Institute for Strategic Studies, October 1996).
13 John Boyd, *Patterns of Conflict:A Discourse on Winning and Losing*, unpublished, August 1987, 44, 128, see http://www.ausairpower.net/JRB/poc.pdf.
14 *Patterns of Conflict*, 79.
15 U.S. Department of Defense, *Field Manual 100-5: Operations* (Washington, DC: HQ Department of Army, 1976).
16 William S. Lind, "Some Doctrinal Questions for the United States Army," *Military Review* 58 (March 1977).
17 U.S. Department of Defense, *Field Manual 100-5: Operations* (Washington, DC: Department of the Army, 1982), vol.2-1; Huba Wass de Czege and L. D. Holder, "The New FM 100-5," *Military Review* (July 1982).
18 Wass de Czege and Holder, "The New FM 100-5."
19 同上。
20 引自Larry Cable, "Reinventing the Round Wheel: Insurgency, Counter-Insurgency, and Peacekeeping Post Cold War," *Small Wars and Insurgencies* 4 (Autumn 1993): 228-262.
21 U. S. Marine Corps, *FMFM-1: Warfighting* (Washington, DC: Department of the Navy, 1989), 37.
22 Edward Luttwak, *Pentagon and the Art of War* (New York: Simon & Schuster, 1985).
23 Edward Luttwak, *Strategy: The Logic of War and Peace* (Cambridge, MA: Harvard University Press, 1987), 5. 關於其特點，參見Harry Kreisler's conversation with Edward Luttwak, *Conversations with History* series, March 1987, and http://globetrotter.berkeley.edu/conversations/Luttwak/luttwak-con0.html.
24 Luttwak, *Strategy*, 50.
25 Gregory Johnson, "Luttwak Takes a Bath," *Reason Papers* 20 (1995): 121-124.
26 Edward Luttwak, "The Operational Level of War," *International Seaurity*, Vol. 5 (Winter 1980-81): 61-79; Bruce W. Menning, "Operational Art's Origins," *Military Review* 77, no.5 (September-October 1997): 32-47.
27 Jacob W. Kipp, "The Origins of Soviet Operational Art, 1917-1936" and David M. Glantz, "Soviet Operational Art Since 1936, The Triumph of Maneuver War," in Michael D. Krause and R. Cody Phillips, eds., *Historical Perspectives of the Operational Art* (Washington, DC: United States Army Center of Military History, 2005); Condoleeza Rice, "The Making of Soviet Strategy," in Peter Paret, ed., *Makers of Modern Strategy,* 648-676; William E. Odom, "Soviet Military Doctrine," *Foreign Affairs* (Winter 1988/ 89): 114-134.
28 亦可參見Eliot Cohen, "Strategic Paralysis: Social Scientists Make Bad Generals," *The American Spectator*, November 1980.
29 出版於一九四三年的著名文集*Makers of Modern Strategy*中由Gordon A. Craig撰寫的一篇文章，也賦予了他顯赫的歷史地位。一九八六年版的該文集中保留了這篇文章。Gordon A. Craig, "Delbrück: The Military Historian," in Paret, ed., *Makers of Modern Strategy*. Delbrück's *Geschichte der Kriegskunst im Rahmen der Politischen Geschichte*, 4 vols., 1900-1920（文集中的其他三卷到一九三六年由其他作者完成），在Walter J. Renfroe, Jr. 翻譯Hans Delbrück的*History of the Art of War Within the Framework of Political History*, 4 vols. (Westport, CT: Greenwood Press, 1975-1985)於一九七五年出版之前，沒有英譯本。
30 J. Boone Bartholomees, Jr., "The Issue of Attrition," *Parameters* (Spring 2010): 6-9.
31 U.S. Marine Corps, *FMFM-1:Warfighting*, 28-29. 參見Craig A. Tucker, *False Prophets: The Myth of Maneuver Warfare and the Inadequacies of FMFM-1 Warfighting* (Fort Leavenworth, KS: School of Advanced Military Studies, U.S. Army Command and General Staff College, 1995), 11-12。
32 Charles C. Krulak, "The Strategic Corporal: Leadership in the Three Block War," *Marines Magazine*, January 1999.
33 Michael Howard,"The Forgotten Dimensions of Strategy," *Foreign Affairs* (Summer 1979), reprinted in Michael Howard, *The Causes of Wars* (London: Temple Smith, 1983). Gregory D. Foster, "A Conceptual Foundation for a Theory of Strategy," *The Washington Quarterly* (Winter 1990): 43-59. David Jablonsky,

Why Is Strategy Difficult? (Carlisle Barracks, PA: Strategic Studies Institute, U.S. Army War College, 1992).

34 Stuart Kinross, *Clausewitz and America: Strategic Thought and Practice from Vietnam to Iraq* (London: Routledge, 2008), 124.

35 U.S. Department of Defense, *Field Manual(FM)100-5: Operations* (Washington, DC: Headquarters Department of the Army, 1986), 179-180.

36 U.S. Marine Corps, *FMFM-1: Warfighting*, 85.

37 Joseph L. Strange, "Centers of Gravity & Critical Vulnerabilities: Building on the Clausewitizan Foundation so that We Can All Speak the Same Language," *Perspectives on Warfighting* 4, no. 2 (1996): 3; J. Strange and R. Iron, "Understanding Centres of Gravity and Critical Vulnerabilities," research paper, 2001, see http://www.au.af.mil/au/awc/awcgate/usmc/cog2.pdf.

38 John A. Warden III, *The Air Campaign: Planning for Combat* (Washington, DC: National Defense University Press,1988), 9; idem, "The Enemy as a System," *Airpower Journal* 9, no. 1 (Spring 1995): 40-55; Howard D. Belote, "Paralyze or Pulverize? Liddell Hart, Clausewitz, and Their Influence on Air Power Theory," *Strategic Review* 27 (Winter 1999): 40-45.

39 Jan L. Rueschhoff and Jonathan P. Dunne, "Centers of Gravity from the 'Inside Out'" *Joint Forces Quarterly* 60 (2011): 120-125. 亦可參見Antulio J. Echevarria II, "'Reining in' the Center of Gravity Concept," *Air & Space Power Journal* (Summer 2003): 87-96。

40 Carter Malkasian, *A History of Modern Wars of Attrition* (Westport, CT: Praeger, 2002), 5-6.

41 同上，17.

42 Hew Strachan, "The Lost Meaning of Strategy," *Survival* 47, no. 3 (Autumn 1990): 47.

43 Rolf Hobson, "Blitzkrieg, the Revolution in Military Affairs and Defense Intellectuals," *The Journal of Strategic Studies* 33, no. 4 (2010): 625-643.

44 John Mearsheimer, "Maneuver, Mobile Defense, and the NATO Central Front," *International Security* 6, no. 3 (Winter 1981-1982): 104-122.

45 Luttwak, *Strategy*, 8.

46 Boyd, *Patterns of Conflict*, 122.

第十六章 新軍事革命

1 參見Lawrence Freedman and Efraim Karsh, *The Gulf Conflict* (London: Faber, 1992).

2 反映在《美國新聞與世界報導》雜誌編輯所撰寫的一本書的書名中，*Triumph Without Victory: The Unreported History of the Persian Gulf War* (New York: Times Books, 1992)。

3 參見Andrew F. Krepinevich, Jr., "The Military-Technical Revolution: A Preliminary Assessment," Center for Strategic and Budgetary Assessments, 2002,1,3. 在其序言中，Krepinevich更詳細論述了馬歇爾的角色。還可參見Stephen Peter Rosen,"The Impact of the Office of Net Assessment on the American Military in the Matter of the Revolution in Military Affairs," *The Journal of Strategic Studies* 33,no. 4 (2010): 469-482. 亦可參見Fred Kaplan, *The Insurgents: David Petraeus and the Plot to Change the American Way of War* (New York: Simon & Schuster, 2013), 47-51.

4 Andrew W. Marshall, "Some Thoughts on Military Revolutions—Second Version," ONA memorandum for record, August 23, 1993, 3-4. 引自Barry D. Watts, *The Maturing Revolution in Military Affairs* (Washington, DC: Center for Strategic and Budgetary Assessments, 2011).

5 A. W. Marshall, "Some Thoughts on Military Revolutions," ONA memorandum for record, July 27, 1993, 1.

6 Andrew F. Krepinevich, Jr., "Cavalry to Computer: The Pattern of Military Revolutions," *The National Interest* 37 (Fall 1994): 30.

7 Admiral William Owens, "The Emerging System of Systems," *US Naval Institute Proceedings*, May 1995, 35-39.

8 有關對各種理論的分析，參見Colin Gray, *Strategy for Chaos: Revolutions in Military Affairs and the Evidence of History* (London: Frank Cass, 2002). Lawrence Freedman, *The Revolution in Strategic Affairs*, Adelphi Paper 318 (London: OUP for IISS, 1998).

9 Barry D. Watts, *Clausewitzian Friction and Future War*, McNair Paper 52 (Washington DC: NDU, 1996).

10 A. C. Bacevich, "Preserving the Well-Bred Horse," *The National Interest* 37 (Fall 1994): 48.
11 Harlan Ullman and James Wade, Jr., *Shock & Awe: Achieving Rapid Dominance* (Washington, DC: National Defense University, 1996).
12 U.S. Joint Chiefs of Staff, Joint Publication 3-13, *Joint Doctrine for Information Operations* (Washington, DC: GPO, October 9, 1998), GL-7.
13 Arthur K. Cebrowski and John J. Garstka, "Network-Centric Warfare: Its Origin and Future," *US Naval Institute Proceedings*, January 1998.
14 U.S. Department of Defense提交國會的報告，*Network Centric Warfare*, July 27, 2001, iv.
15 Andrew Mack, "Why Big Countries Lose Small Wars: The Politics of Asymmetric Conflict," *World Politics* 26, no. 1 (1975): 175-200.
16 Steven Metz and Douglas V. Johnson, *Asymmetry and U.S. Military Strategy: Definition, Background, and Strategic Concepts* (Carlisle, PA: Strategic Studies Institute, 2001).
17 Harry Summers, *On Strategy: A Critical Analysis of the Vietnam War* (Novato, CA: Presidio Press, 1982). 評論來自Robert Komer, *Survival* 27 (March/April 1985): 94-95。還可參見Frank Leith Jones, *Blowtorch: Robert Komer, Vietnam and American Cold War Strategy* (Annapolis, MD: Naval Institute Press, 2013)。
18 這種差別的提出見於U.S. Department of Defense，*Joint Pub 3-0, Doctrine for Joint Operations* (Washington, DC: Joint Chiefs of Staff, 1993). 參見Jonathan Stevenson, *Thinking Beyond the Unthinkable*, 517(see chap. 13, n. 9).
19 Douglas Lovelace, Jr., *The Evolution of Military Affairs: Shaping the Future U.S. Armed Forces* (Carlisle, PA: Strategic Studies Institute, 1997); Jennifer M. Taw and Alan Vick, "From Sideshow to Center Stage: The Role of the Army and Air Force in Military Operations Other Than War," in Zalmay M. Khalilzad and David A. Ochmanek, eds., *Strategy and Defense Planning for the 21st Century* (Santa Monica, CA: RAND & U.S. Air Force, 1997), 208-209.
20 老布希總統於二〇〇一年十二月十一日在南卡羅來納州查爾斯頓堡發表的講話。還可參見Donald Rumsfeld, "Transforming the Military," *Foreign Affairs*, May/June 2002, 20-32.
21 Stephen Biddle, "Speed Kills? Reassessing the Role of Speed, Precision, and Situation Awareness in the Fall of Saddam," *Journal of Strategic Studies*, 30, no. 1 (February 2007): 3-46.
22 Nigel Aylwin-Foster, "Changing the Army for Counterinsurgency Operations," *Military Review*, November/December 2005, 5.
23 例如Kalev Sepp批評美國一味剿殺反叛分子而不是接觸民眾和按照美軍標準訓練當地軍隊的文章，"Best Practices in Counterinsurgency," *Military Review*, May-June 2005, 8-12.參見Kaplan,*The Insurgents*, 104-107。Kaplan完整描述了這個時期美國軍事思想的轉變。
24 John A. Nagl, *Counterinsurgency Lessons from Malaya and Vietnam: Learning to Eat Soup with a Knife* (Westport, CT: Praeger, 2002). 這個標題套用了T. E. Lawrence的格言。
25 David Kilcullen, *The Accidental Guerrilla: Fighting Small Wars in the Midst of a Big One* (London: Hurst & Co., 2009).
26 David H. Petraeus, "Learning Counterinsurgency: Observations from Soldiering in Iraq," *Military Review*, January/February 2006, 2-12.
27 關於「增兵」，參見Bob Woodward, *The War Within: A Secret White House History* (New York: Simon & Schuster, 2008); Bing West, *The Strongest Tribe: War, Politics, and the Endgame in Iraq* (New York: Random House, 2008); Linda Robinson, *Tell Me How This Ends: General David Petraeus and the Search for a Way Out of Iraq* (New York: Public Affairs, 2008).
28 有關和博伊德的關聯性，參見Frans Osinga, "On Boyd, Bin Laden, and Fourth Generation Warfare as String Theory," in John Andreas Olson, ed., *On New Wars* (Oslo: Norwegian Institute for Defence Studies,2007), 168-197. See http://ifs.forsvaret.no/publikasjoner/oslo_files/OF_2007/Documents/OF_4_2007.pdf.
29 William S. Lind, Keith Nightengale, John F. Schmitt, Joseph W. Sutton, and Gary I. Wilson, "The Changing Face of War: Into the Fourth Generation," *Marine Corps Gazette*, October 1989, 22-26; William

Lind, "Understanding Fourth Generation War," *Military Review*, September/October 2004, 12-16. 這篇文章介紹了林德在自己家裡召集的一個研究小組的研究發現。

30 Keegan, *A History of Warfare* and van Creveld, *The Transformation of War*,分別參見這兩本書的第七章和第十四章；Rupert Smith, *The Utility of Force: The Art of War in the Modern World* (London: Allen Lane, 2005); Mary Kaldor, *New & Old Wars, Organized Violence in a Global Era* (Cambridge: Polity Press, 1999).

31 "The Evolution of War: The Fourth Generation of Warfare," *Marine Corps Gazette*, September 1994. 還可參見Thomas X. Hammes, "War Evolves into the Fourth Generation," *Contemporary Security Policy* 26, no. 2 (August 2005): 212-218. 這個問題還涉及若干針對第四代戰爭觀點的評論，其中也包括本書作者的評論。這些評論重新發表於Aaron Karp, Regina Karp,and Terry Terriff, eds., *Global Insurgency and the Future of Armed Conflict: Debating Fourth-Generation Warfare* (London: Routledge, 2007). 有關哈姆斯觀點的全面論述，參見他的*The Sling and the Stone:On War in the 21st Century* (St. Paul, MN: Zenith Press, 2004); Tim Benbow, "Talking 'Bout Our Generation? Assessing the Concept of 'Fourth Generation Warfare,'" *Comparative Strategy*, March 2008, 148-163. 亦可參見Antulio J.Echevarria, *Fourth Generation Warfare and Other Myths* (Carlisle, PA: U.S. Army War College Strategic Studies Institute, 2005).

32 引自Jason Vest, "Fourth-Generation Warfare," *Atlantic Magazine*, December 2001.

33 William Lind et al., "The Changing Face of War," *The Marine Corps Gazette*,October 1989, 22-26. See http://zinelibrary.info/files/TheChangingFaceofWar-onscreen.pdf.

34 Ralph Peters, "The New Warrior Class," *Parameters* 24, no. 2 (Summer 1994): 20.

35 Joint Publication 3-13, *Information Operations*, March 13, 2006.

36 Nik Gowing, *'Skyful of Lies' and Black Swans:The New Tyranny of Shifting Information Power in Crises* (Oxford, UK: Reuters Institute for the Study of Journalism, 2009).

37 John Arquilla and David Ronfeldt, "Cyberwar is Coming!" *Comparative Strategy* 12, no. 2 (Spring 1993): 141-165.

38 Steve Metz, *Armed Conflict in the 21st Century: The Information Revolution and Post-Modern Warfare*(April 2000)提到，「未來戰爭中的攻擊行動，可能是運用電腦病毒、木馬程式和程式炸彈，而不是子彈、炸彈和飛彈。」

39 Thomas Rid, *Cyberwar Will Not Take Place*(London: Hurst & Co., 2013). David Betz認為網路戰會帶來複雜影響，參見"Cyberpower in Strategic Affairs:Neither Unthinkable nor Blessed," *The Journal of Strategic Studies* 35, no. 5 (October 2012): 689-711.

40 John Arquilla and David Ronfeldt, eds., *Networks and Netwars: The Future of Terror, Crime, and Militancy* (Santa Monica, CA: RAND, 2001).全文參見www.rand.org/publications/MR/MR1382/。有關對他們觀點的總結，參見David Ronfeldt and John Arquilla,"Networks, Netwars, and the Fight for the Future," *First Monday* 6, no. 10 (October 2001), See http://firstmonday.org/issues/issue6_10/ronfeldt/index.html.

41 Jerrold M. Post, Keven G. Ruby, and Eric D. Shaw, "From Car Bombs to Logic Bombs: The Growing Threat from Information Terrorism," *Terrorism and Political Violence* 12, no. 2 (Summer 2000): 102-103.

42 Norman Emery, Jason Werchan, and Donald G. Mowles, "Fighting Terrorism and Insurgency: Shaping the Information Environment," *Military Review*, January/Febuary 2005, 32-38.

43 Robert H. Scales, Jr., "Culture-Centric Warfare," *The Naval Institute Proceedings*, October 2004.

44 Montgonery McFate, "The Military Utility of Understanding Adversary Culture," *Joint Forces Quarterly* 38 (July 2005): 42-48.

45 Max Boot, *Invisible Armies*, 386 (see chap. 14, n. 22).

46 欲獲得有關這個問題的學術辯論的相關指南，可參見Alan Bloomfield, "Strategic Culture: Time to Move On," *Contemporary Security Policy* 33, no. 3 (December 2012): 437-461.

47 Patrick Porter, *Military Orientalism: Eastern War Through Western Eyes* (London: Hurst & Co., 2009), 193.

48 David Kilcullen, "Twenty-Eight Articles:Fundamentals of Company-Level Counterinsurgency," *Military Review*, May-June 2006,105-107. 這個建議最初是透過電子郵件在軍隊中傳發的。

49 Emile Simpson, *War from the Ground Up: Twenty-First-Century Combat as Politics* (London: Hurst & Co., 2012), 233.

50 G. J. David and T. R. McKeldin III, *Ideas as Weapons: Influence and Perception in Modern Warfare* (Washington, DC: Potomac Books, 2009), 3. 重點參見Timothy J. Doorey, "Waging an Effective Strategic Communications Campaign in the War on Terror," and Frank Hoffman, "Maneuvering Against the Mind".

51 Jeff Michaels, *The Discourse Trap and the US Military: From the War on Terror to the Surge* (London: Palgrave Macmillan, 2013). 還可參見Frank J. Barrett and Theodore R. Sarbin, "The Rhetoric of Terror: 'War' as Misplaced Metaphor," in John Arquilla and Douglas A. Borer, eds., *Information Strategy and Warfare: A Guide to Theory and Practice* (New York: Routledge, 2007): 16-33.

52 Hy S. Rothstein, "Strategy and Psychological Operations," in Arquilla and Borer, 167.

53 Neville Bolt, *The Violent Image: Insurgent Propaganda and the New Revolutionaries* (New York: Columbia University Press, 2012).

54 「基地」組織領導人阿伊曼・阿爾—札瓦希里在二〇〇五年七月寫道：「我們正深陷戰爭之中，而且泰半戰鬥都發生在資訊戰場上；我們在打一場關乎所有穆斯林的心靈和思想的資訊戰。」信件英文版可參見美國國家情報總監（DNI）辦公室官網http://www.dni.gov/press_releases/20051011_release.htm.

55 Benedict Wilkinson, *The Narrative Delusion: Strategic Scripts and Violent Islamism in Egypt, Saudi Arabia and Yemen*，未發表的博士論文，King's College London, 2013.

第十七章 戰略大師的神話

1 Colin S. Gray, *Modern Strategy* (Oxford: Oxford University Press, 1999), 23-43.

2 Harry Yarger, *Strategic Theory for the 21st Century: The Little Book on Big Strategy* (Carlisle, PA: U.S. Army War College, Strategic Studies Institute, 2006), 36, 66, 73-75.

3 Colin S. Gray, *The Strategy Bridge: Theory for Practice* (Oxford: Oxford University Press, 2010), 23.

4 同上，49,52. 這裡引用的是艾伯特・沃爾斯泰特的話。

5 Yarger, *Strategic Theory for the 21st Century*, 75.

6 Robert Jervis, *Systems Effects: Complexity in Political and Social Life* (Princeton, NJ: Princeton University Press, 1997).

7 Hugh Smith, "The Womb of War: Clausewitz and International Politics," *Review of International Studies* 16 (1990): 39-58.

8 Eliot Cohen, *Supreme Command: Soldiers, Statesmen, and Leadership in Wartime* (New York: The Free Press, 2002).

第十八章 馬克思及其為工人階級服務的戰略

1 Mike Rapport, *1848: Year of Revolution*(London: Little, Brown & Co. 2008), 17-18.

2 Sigmund Neumann and Mark von Hagen, "Engels and Marx on Revolution, War, and the Army in Society," in Paret, ed., *Makers of Modern Strategy*, 262-280 (see chap. 6, n. 2); Bernard Semmell, *Marxism and the Science of War*(New York: Oxford University Press, 1981), 266.

3 這段內容出自Part I, Feuerbach. "Opposition of the Materialist and Idealist Outlook," *The German Ideology*，參見http://www.marxists.org/archive/marx/works/1845/german-ideology/ch01a.htm.

4 Azar Gat, "Clausewitz and the Marxists: Yet Another Look," *Journal of Contemporary History* 27, no. 2 (April 1992): 363-382.

5 Rapport, *1848: Year of Revolution*, 108.

6 Alan Gilbert, *Marx's Politics: Communists and Citizens* (New York: Rutgers University Press, 1981), 134-135.

7 Engels, "Revolution in Paris," February 27, 1848, see http://www.marxists.org/archive/marx/works/1848/02/27.htm.

8 News from Paris, June 23, 1848, emphasis in original. see http://www.marxists.org/archive/marx/works/1848/06/27.htm.

9 Gilbert, *Marx's Politics*, 140-142, 148-149.

10 Rapport, *1848: Year of Revolution*, 212.

11 Engels, "Marx and the Neue Rheinische Zeitung," March 13, 1884, see http://www.marxists.org/archive/

marx/works/1884/03/13.htm.
12 Rapport, *1848: Year of Revolution*, 217.
13 Karl Marx, *Class Struggles in France,1848-1850,Part II*, see http://www.marxists.org/archive/marx/works/1850/class-struggles-france/ch02.htm.
14 Engels to Marx, December 3,1851, see http://www.marxists.org/archive/marx/works/1851/letters/51_12_03.htm#cite.
15 John Maguire, *Marx's Theory of Politics* (Cambridge, UK: Cambridge University Press, 1978), 31.
16 同上，197-198.
17 *Manifesto of the Communist Party*, February 1848, 75, available at http://www.marxists.org/archive/marx/works/1848/communist-manifesto/.
18 Engels, "The Campaign for the German Imperial Constitution," 1850, available at http://www.marxists.org/archive/marx/works/1850/german-imperial/intro.htm.
19 David McLellan, *Karl Marx: His Life and Thought* (New York: Harper & Row, 1973), 217.
20 Frederick Engels,"Conditions and Prospects of a War of the Holy Alliance Against France in 1852," April 1851, available at http://www.marxists.org/archive/marx/works/1851/04/holy-alliance.htm.
21 Gerald Runkle, "Karl Marx and the American Civil War," *Comparative Studies in Society and History* 6, no. 2 (January 1964): 117-141.
22 Engels to Joseph Weydemeyer, June 19, 1851, available at http://www.marxists.org/archive/marx/works/1851/letters/51_06_19.htm.
23 Engels to Joseph Weydemeyer, April 12, 1853, available at http://www.marxists.org/archive/marx/works/1853/letters/53_04_12.htm.
24 Sigmund Neumann and Mark von Hagen, "Engels and Marx on Revolution, War, and the Army in Society," in Paret, ed., *Makers of Modern Strategy*; Semmell, *Marxism and the Science of War*, 266.
25 恩格斯曾在巴登與他併肩戰鬥。有關恩格斯的軍事經歷，參見 Tristram Hunt, *The Frock-Coated Communist: The Revolutionary Life of Friedrich Engels* (London: Allan Lane, 2009), 174-181。
26 Gilbert, *Marx's Politics*, 192.
27 Christine Lattek, *Revolutionary Refugees: German Socialism in Britain, 1840-1860* (London: Routledge, 2006).
28 Marx to Engels, September 23, 1851, available at http://www.marxists.org/archive/marx/works/1851/letters/51_09_23.htm.
29 Engels to Marx, September 26, 1851, available at http://www.marxists.org/archive/marx/works/1851/letters/51_09_26.htm.
30 這些內容最初以馬克思的名義於《紐約論壇報》發表專欄文章，之後才以恩格斯本人名義集結成書 *Revolution and Counter-Revolution in Germany*. The quote is from p. 90. available at http://www.marxists.org/archive/marx/works/1852/germany/index.htm.

第十九章 赫爾岑和巴枯寧

1 以撒・柏林有關赫爾岑被西方忽視的有影響力的斷言，最先以赫爾岑回憶錄*My Past & Thoughts* (Berkeley: University of California Press, 1973)的序言形式發表於一九六八年的《紐約書評》。在很長時間裡，最有分量的赫爾岑傳記一直是E. H. Carr的*Romantic Exiles* (Cambridge, UK: Penguin, 1949)，斯托帕從中引用了大量內容。還可參見Edward Acton, *Alexander Herzen and the Role of the Intellectual Revolutionary* (Cambridge, UK: Cambridge University Press, 1979)。
2 Tom Stoppard, "The Forgotten Revolutionary," *The Observer*, June 2, 2002.
3 Tom Stoppard, *The Coast of Utopia, Part II, Shipwreck* (London: Faber & Faber, 2002), 18.
4 Anna Vanninskaya, "Tom Stoppard, the Coast of Utopia, and the Strange Death of the Liberal Intelligentsia," *Modern Intellectual History* 4, no, 2 (2007): 353-365.
5 Tom Stoppard, *The Coast of Utopia, Part III, Salvage* (London: Faber & Faber, 2002), 74-75.
6 引自Acton, *Alexander Herzen and the Role of the Intellectual Revolutionary*, 159.
7 同上，171, 176; Herzen, *My Past & Thoughts*, 1309-1310.
8 Stoppard, *Salvage*, 7-8.

9 Engels, "The Program of the Blanquist Fugitives from the Paris Commune," June 26, 1874, available in http://www.marxists.org/archive/marx/works/1874/06/26.htm.
10 Henry Eaton, "Marx and the Russians," *Journal of the History of Ideas* 41, no.1 (January/March 1980) :89-112.
11 引自Mark Leier, *Bakunin: A Biography* (New York: St. Martin's Press, 2006), 119。
12 Herzen, *My Past & Thoughts*, 573.
13 同上，571.
14 Aileen Kelly, *Mikhail Bakunin: A Study in the Psychology and Politics of Utopianism* (Oxford: Clarendon Press, 1982). 相關評論參見Robert M. Cutler, "Bakunin and the Psychobiographers: The Anarchist as Mythical and Historical Object," KLIO (St. Petersburg), [Abstract of English original of article]in press [in Russian translation], available in http://www.robertcutler.org/bakunin/ar09klio.htm.
15 摘自他後來的自白書，引自Peter Marshall, *Demanding the Impossible: A History of Anarchism* (London: Harper Perennial, 2008), 269。
16 Paul Thomas, *Karl Marx and the Anarchists* (London: Routledge, 1990), 261-262.
17 Marshall, *Demanding the Impossible*, 244-245, 258-259.
18 Proudhon, 引自K. Steven Vincent, *Pierre-Joseph Proudhon and the Rise of French Republican Socialism* (Oxford: Oxford University Press, 1984), 148。
19 Thomas, *Marx and the Anarchists*, 250.
20 Alvin W. Gouldner, "Marx's Last Battle: Bakunin and the First International," *Theory and Society* 11, no. 6 (November 1982): 861. Special issue in memory of Alvin W. Gouldner.
21 引自Hunt, *The Frock-Coated Communist*, 259(see chap. 18, n.25).
22 Leier, *Bakunin: A Biography*, 191; Paul McClaughlin, *Bakunin: The Philosophical Basis of his Anarchism* (New York: Algora Publishing, 2002).
23 Mikhail A. Bakunin, *Statism and Anarchy* (Cambridge, UK: Cambridge University Press, 1990), 159.
24 Saul Newman, *From Bakunin to Lacan: Anti-authoritarianism and the Dislocation of Power* (Lanham, MD: Lexington Books, 2001), 37.
25 Leier, *Bakunin: A Biography*, 194-195.
26 同上，184, 210, 241-242.
27 普魯東自己寫的《戰爭與和平》思路極為混亂，尤其是對戰爭赤裸裸的讚頌。托爾斯泰的創作靈感更多得自維克多·雨果，後者的《悲慘世界》為他呈現了一種敘寫歷史事件的方法。
28 Leier, *Bakunin: A Biography*, 196.
29 Carr, *The Romantic Exiles*.
30 Available at www.marxists.org/subject/anarchism/nechayev/catechism.htm.
31 引自Marshall, *Demanding the Impossible*, 346。
32 Carl Levy, "Errico Malatesta and Charismatic Leadership," in Jan Willem Stutje, ed., *Charismatic Leadership and Social Movements* (New York: Berghan Books, 2012), 89-90. 利維認為，馬拉泰斯塔自一九一九年十二月至一九二〇年十月在義大利的巡迴宣傳，使他喪失了把工人組織起來的機會。
33 同上，94.
34 Joseph Conrad, *Under Western Eyes* (London: Everyman's Library, 1991).
35 Joseph Conrad, *The Secret Agent* (London: Penguin, 2007).
36 Stanley G. Payne, *The Spanish Civil War, the Soviet Union and Communism* (New Haven, CT: Yale University Press, 2004).
37 Levy, "Errico Malatesta,“ 94.

第二十章 修正主義者和先鋒隊

1 Engels, *Introduction to Karl Marx's* THE CLASS STRUGGLES IN FRANCE 1848 TO 1850, March 6, 1895. Available at http://www.marxists.org/archive/marx/works/1895/03/06.htm.
2 Engels to Kautsky, April 1, 1895, available at http://www.marxists.org/archive/marx/works/1895/letters/95_04_01.htm.

3 Engels, Reply to the Honorable Giovanni Bovio, *Critica Sociale* No. 4, February 16, 1892, available at http://www.marxists.org/archive/marx/works/1892/02/critica-sociale.htm.
4 Marx, *Critique of the Gotha Programme*, May 1875, available at https://www.marxists.org/archive/marx/works/1875/gotha/index.htm. McLellan,*Karl Marx*, 參見Chapter 20, n. 19, 437.
5 Leszek Kolakowski, *Main Currents of Marxism: The Founders, the Golden Age, the Breakdown* (New York: Norton, 2005), 391.
6 Stephen Eric Bronner, "Karl Kautsky and the Twilight of Orthodoxy," *Political Theory* 10, no. 4 (November 1982): 580-605.
7 Elzbieta Ettinger, *Rosa Luxemburg: A Life* (Boston, MA: Beacon Press, 1986), xii, 87.
8 Rosa Luxemburg, *Reform or Revolution* (London: Bookmarks Publications, 1989).
9 Rosa Luxembourg, *The Mass Strike, the Political Party, and the Trade Unions*, 1906, available at http://www.marxists.org/archive/luxemburg/1906/mass-strike/index.htm.
10 Engels, "The Bakuninists at Work: An Account of the Spanish Revolt in the Summer of 1873," September/October 1873, available at http://www.marxists.org/archive/marx/works/1873/bakunin/index.htm.
11 Rosa Luxemburg, *The Mass Strike*.
12 Leon Trotsky, *My Life: The Rise and Fall of a Dictator* (London: T. Butterworth, 1930).
13 Karl Kautsky, "The Mass Strike," 1910, 引自Stephen D'Arcy, "Strategy,Meta-strategy and Anti-capitalist Activism:Rethinking Leninism by Re-reading Lenin," *Socialist Studies: The Journal of the Society for Socialist Studies* 5, no. 2 (2009): 64-89.
14 Lenin, "The Historical Meaning of the Inner-Party Struggle,“ 1910, available at http://www.marxists.org/archive/lenin/works/1910/hmipsir/index.htm.
15 Vladimir Lenin,*What Is to Be Done?*, 35, available at http://www.marxists-org/archive/lenin/works/1901/witbd/index.htm.
16 Nadezhda Krupskaya, *Memories of Lenin* (London: Lawrence, 1930), 1: 102-103, 引自*One Step Forward,Two Steps Back*。
17 Beryl Williams, *Lenin* (Harlow, Essex: Pearson Education, 2000), 46.
18 Hew Strachan, *The First World War, Volume One:To Arms* (Oxford: Oxford University Press, 2003), 113.
19 Robert Service, *Comrades: A World History of Communism* (London: Macmillan, 2007), 1427, 1448.

第二十一章 官僚、民主人士和菁英

1 同時，莫斯還記載：涂爾幹擔心他的學生們對馬克思主義的興趣會讓他們背離自由主義精神；他不相信「膚淺的激進哲學」；以及他「不願受黨的紀律約束」。Marcel Mauss's preface to Emile Durkheim, *Socialism* (New York: Collier Books, 1958).
2 David Beetham, "Mosca, Pareto, and Weber:A Historical Comparison,“ in Wolfgang Mommsen and Jurgen Osterhammel, eds., *Max Weber and His Contemporaries* (London: Allen & Unwin, 1987), 140-141.
3 參見Joachim Radkau, *Max Weber: A Biography* (Cambridge, UK: Polity Press, 2009)。
4 Max Weber, *The Theory of Social and Economic Organization*, translated by Henderson and Parsons (New York: The Free Press, 1947), 337.
5 Peter Lassman, "The Rule of Man over Man: Politics, Power and Legitimacy," in Stephen Turner, ed., *The Cambridge Companion to Weber* (Cambridge, UK: Cambridge University Press, 2000), 84-88.
6 Sheldon Wolin, "Legitimation, Method, and the Politics of Theory," *Political Theory* 9, no. 3 (August 1981): 405.
7 Radkau, *Max Weber*, 487.
8 同上，488.
9 Nicholas Gane, *Max Weber and Postmodern Theory: Rationalisation versus Re-enchantment* (London: Palgrave Macmillan, 2002), 60.
10 Max Weber, "Science as a Vocation," available at http://mail.www.anthropos-lab.net/wp/wp-content/uploads/2011/12/Weber-Science-as-a-Vocation.pdf.
11 Radkau, *Max Weber*, 463.

12 Wolfgang Mommsen, *Max Weber and German Politics, 1890-1920*, translated by Michael Steinberg (Chicago: University of Chicago Press,1984), 310.
13 同上，296.
14 Max Weber, "Politics as Vocation," available at http://anthropos-lab.net/wp/wp-content/uploads/2011/12/Weber-Politics-as-a-Vocation.pdf.
15 Reinhard Bendix and Guenther Roth, *Scholarship and Partisanship: Essays on Max Weber* (Berkeley: University of California Press, 1971), 28-29.
16 Isaiah Berlin, "Tolstoy and Enlightenment," in Harold Bloom, ed., *Leo Tolstoy* (New York: Chelsea Books, 2003), 30-31.
17 *Philosophers of Peace and War*, see Chapter 8, n. 6, 129.
18 Rosamund Bartlett, *Tolstoy: A Russian Life* (London: Profile Books, 2010), 309.
19 Leo Tolstoy, *The Kingdom of God and Peace Essays* (The World's Classics), 347-348. 引自Gallie, *Philosophers of Peace*, 122.
20 這篇文章相當於以下作品的序言。Lyof N. Tolstoi (Tolstoy), *What to Do? Thoughts Evoked by the Census of Moscow*, translated by Isabel F. Hapgood (New York: Thomas Y. Cromwell, 1887).
21 同上，1.
22 同上，4-5,10.
23 同上，77-78.
24 Mikhail A. Bakunin, *Bakunin on Anarchy* (New York: Knopf, 1972).
25 Jane Addams, *Twenty Years at Hull House* (New York: Macmillan, 1910).
26 同上，56.
27 Jan C. Behrends, "Visions of Civility: Lev Tolstoy and Jane Addams on the Urban Condition in Fin de Siècle Moscow and Chicago," *European Review of History: Revue Européenne d'Histoire* 18, no. 3 (June 2011): 335-357.
28 Martin, *The Chicago School of Sociology: Institutionalization, Diversity and the Rise of Sociological Research* (Chicago: University of Chicago Press, 1984), 13-14.
29 Lincoln Steffens, *The Shame of the Cities* (New York: Peter Smith, 1948, first published 1904), 234.
30 Lawrence A. Schaff, *Max Weber in America* (Princeton, NJ: Princeton University Press, 2011), 41-43.
31 同上，45. Schaff認為韋伯對暴力的描述可能對事實有所誇大。
32 同上，43-44.
33 James Weber Linn, *Jane Addams: A Biography* (Chicago: University of Illinois Press, 2000), 196.
34 Addams, *Twenty Years at Hull House*, 171-172. 她的態度反映在Jane Addams, "A Function of the Social Settlement" in Louis Menand, ed., *Pragmatism: A Reader* (New York: Vintage Books, 1997), 273-286.
35 同上，98-99.
36 《李爾王》也是托爾斯泰最喜歡的莎士比亞戲劇。劇終時的國王是「英國文學中最接近於聖愚（yurodivy，意為「高尚的傻子」）的人物——一種托爾斯泰想要成為的、在其他宗教文化中見不到的十分特別的俄國式聖徒」。Bartlett, *Tolstoy*, 332.
37 Jane Addams, "A Modern Lear." 這份一八九六年的演說稿直到一九一二年才發表。available at http://womenshistory.about.com/cs/addamsjane/a/mod_lear_10003b.htm.
38 Jean Bethke Elshtain, *Jane Addams and the Dream of American Democracy* (New York: Basic Books, 2002), 202, 218-219.
39 赫爾安居會出色的研究工作曾讓很多人認為，如果不是因為芝加哥大學裡的男性社會學家歧視女性，亞當斯和她的同事將會被奉為美國社會學發展史上的重要人物。Mary Jo Deegan, *Jane Addams and the Men of the Chicago School* (New Brunswick: Transaction Books, 1988).
40 Don Martindale, "American Sociology Before World War II," *Annual Review of Sociology* 2 (1976): 121; Anthony J. Cortese, "The Rise, Hegemony, and Decline of the Chicago School of Sociology, 1892-1945," *The Social Science Journal*, July 1995, 235; Fred H. Matthews, *Quest for an American Sociology: Robert E. Park and the Chicago School* (Montreal: McGill Queens University Press, 1977), 10; Martin Bulmer, *The*

Chicago School of Sociology.

41 Small, 引自Lawrence J. Engel, "Saul D. Alinsky and the Chicago School," *The Journal of Speculative Philosophy* 16, no. 1(2002):50-66。除了對周邊社區的大量案例研究之外，這所大學還擁有約翰・洛克菲勒的慷慨捐贈和自由的學術氛圍，而且沒有常春藤盟校慣有的那種片面追求社會菁英主義和差別待遇的習氣。

42 Albion Small, "Scholarship and Social Agitation," *American Journal of Sociology* 1 (1895-1896): 581-582, 605.

43 Robert Westbrook, "The Making of a Democratic Philosopher: The Intellectual Development of John Dewey,“ in Molly Cochran, ed., *The Cambridge Companion to Dewey* (Cambridge, UK: Cambridge University Press, 2010), 13-33.

44 這方面最重要的著作包括 *Democracy and Education* (New York: Macmillan, 1916); *Human Nature and Conduct* (New York: Henry Holt, 1922); *Experience and Nature* (New York: Norton, 1929); *The Quest for Certainty* (New York: Minton, 1929); *Logic: The Theory of Inquiry* (New York: Henry Holt, 1938).

45 Small, "Scholarship and Social Agitation," 362, 237.

46 Andrew Feffer, *The Chicago Pragmatists and American Progressivism* (Ithaca, NY: Cornell University Press, 1993), 168.

47 同上，237.

48 William James, "Pragmatism," in Louis Menand, ed., *Pragmatism*, 98.

49 Louis Menand, *The Metaphysical Club* (London: Harper Collins, 2001), 353-354.

50 同上，350.

51 杜威「差一點就調和了欲望與行為」。John Patrick Duggan, *The Promise of Pragmatism: Modernism and the Crisis of Knowledge and Authority* (Chicago: University of Chicago Press, 1994), 48.

52 Dewey, *Human Nature and Conflict*, 230.

53 Menand, *The Metaphysical Club*, 374.

54 Robert K. Merton, "The Unanticipated Consequences of Purposive Social Action," *American Sociological Review* 1,no. 6 (December 1936): 894-904.

第二十二章 規則、神話和宣傳

1 H. Stuart Hughes, *Consciousness and Society: The Reorientation of European Social Thought* (Cambridge, MA: Harvard University Press, 1958).

2 Robert Michels, *Political Parties: A Sociological Study of the Oligarchical Tendencies of Modern Democracy* (New York: The Free Press,1962), 46. 初版於一九〇〇年。

3 Wolfgang Mommsen, "Robert Michels and Max Weber: Moral Conviction versus the Politics of Responsibility," in Wolfgang and Jurgen Osterhammel, 126.

4 Michels, *Political Parties*, 338.

5 Gaetano Mosca, *The Ruling Class* (New York: McGraw Hill, 1939), 50. 初版於一九〇〇年。

6 同上，451.

7 David Beetham, "Mosca, Pareto, and Weber: A Historical Comparison," in Wolfgang Mommsen and Jurgen Osterhammel, eds., *Max Weber and His Contemporaries* (London: Allen & Unwin, 1987), 139-158.

8 Vilfredo Pareto, *The Mind and Society*, edited by Arthur Livingston, 4 volumes (New York: Harcourt Brace, 1935)。

9 Geraint Parry, *Political Elites* (London: George Allen & Unwin, 1969).

10 Gustave Le Bon, *The Crowd: A Study of the Popular Mind* (New York: The Macmillan Co., 1896), 13. Available at http://etext.virginia.edu/toc/modeng/public/BonCrow.html.

11 Hughes, *Consciousness and Society*, 161.

12 Irving Louis Horowitz, *Radicalism and the Revolt Against Reason: The Social Theories of George Sorel* (Abingdon: Routledge & Kegan Paul, 2009). 但他也提到索列爾「沒有正式組織……從事實到假設再到自由推斷，總是隨意改變論據……對所有事情都抱著偏見」(p. 9)。

13 Jeremy Jennings, ed., *Sorel: Reflections on Violence* (Cambridge, UK: Cambridge University Press, 1999), viii. 一九〇六年在Le Mouvement Sociale初版。

14 Antonio Gramsci, *The Modern Prince & Other Writings* (New York: International Publishers, 1957), 143.

15 Thomas R. Bates, "Gramsci and the Theory of Hegemony," *Journal of the History of Ideas* 36, no. 2 (April-June 1975): 352.

16 Joseph Femia, "Hegemony and Consciousness in the Thought of Antonio Gramsci," *Political Studies* 23, no. 1 (1975): 37.

17 同上，33.

18 Gramsci, *The Modern Prince*, 137.

19 Walter L. Adamson, *Hegemony and Revolution: A Study of Antonio Gramsci's Political and Cultural Thought* (Berkeley: University of California Press,1980), 223, 209.

20 同上，223.

21 T. K. Jackson Lears, "The Concept of Cultural Hegemony: Problems and Possibilities," *The American Historical Review* 90, no. 1 (June 1985): 578.

22 Adolf Hitler, *Mein Kampf*（我的奮鬥）,vol. I,ch. X.一九二五年首印。

23 James Burnham, *The Managerial Revolution* (London: Putnam, 1941). 亦可參見Kevin J. Smant, *How Great the Triumph: James Burnham, Anti-Communism, and the Conservative Movement* (New York: University Press of America, 1991).

24 Bruno Rizzi, *The Bureaucratization of the World*, translated by Adam Westoby (New York: The Free Press, 1985).

25 同上，223-225, 269.

26 可參見C. Wright Mills, "A Marx for the Managers," in Irving Horowitz, ed., *Power, Politics and People: The Collected Essays of C. Wright Mills* (New York: Oxford University Press, 1963), 53-71. 喬治・歐威爾表達了很多擔心和疑慮，特別提到了伯納姆稍早時曾推測德國將贏得戰爭。不過他運用伯納姆的地緣政治分析，預言世界將分裂為控制全球的三大戰略中心，各中心彼此相似但又不斷鬥爭。這成為了他創作反烏托邦小說《一九八四》的基礎。和往常一樣，歐威爾的分析引人入勝。可參見他的 "James Burnham and the Managerial Revolution," *New English Weekly*, May 1946, available at http://www.k-1.com/Orwell/site/work/essays/burnham.html.

27 這篇論文的完整英譯本直到一九七二年才發表，但其內容之前已反映在帕克的其他作品中。

28 Stuart Ewen, *PR! A Social History of Spin* (New York: Basic Books, 1996), 69.

29 同上，68.

30 Robert Park, *the Mass and the Public, and Other Essays* (Chicago:University of Chicago Press, 1972), 80. 初版於一九〇四年。

31 引自Ewen, *PR!*, 48。

32 Ronald Steel, *Walter Lippmann and the American Century* (New Brunswick, NJ: Transaction Publishers, 1999).

33 W. I. Thomas and Dorothy Swaine Thomas, *The Child in America: Behavior Problems and Programs* (New York: Knopf,1928). 將托馬斯的格言變成定理的默頓形容它「或許是美國社會學家迄今為止所銘記的最重要的句子」。"Social Knowledge and Public Policy," in *Sociological Ambivalence* (New York: Free Press,1976),174. 亦可參見Robert Merton, "The Thomas Theorem and the Matthew Effect," *Social Forces* 74, no. 2 (December 1995): 379-424.

34 Walter Lippmann, *Public Opinion* (New York: Harcourt Brace & Co, 1922), 59, available at http://xroads.virginia.edu/~Hyper2/CDFinal/Lippman/cover.html.

35 Michael Schudson, "The 'Lippmann-Dewey Debate' and the Invention of Walter Lippmann as an Anti-Democrat 1986-1996," *International Journal of Communication* 2 (2008): 140.

36 Harold D. Lasswell, "The Theory of Political Propaganda," *The American Political Science Review* 21, no. 3 (August 1927): 627-631.

37 Sigmund Freud, *Group Psychology and the Analysis of the Ego* (London: The Hogarth Press, 1949). 初版於一九二二年。available at http://archive.org/stream/grouppsychologya00freu/grouppsychologya00freu_djvu.txt.

38 Wilfred Trotter, *Instincts of the Herd in Peace and War* (New York: Macmillan, 1916); Harvey C. Greisman, "Herd Instinct and the Foundations of Biosociology," *Journal of the History of the Behavioral Sciences* 15 (1979): 357-369.

39 Edward Bernays, *Crystallizing Public Opinion* (New York: Liveright, 1923), 35.

40 Edward Bernays, *Propaganda* (New York: H. Liveright, 1936), 71.

41 一篇寫於一九四七年文章的標題，Edward L. Bernays, "The Engineering of Consent," *The Annals of the American Academy of Political and Social Science* 250 (1947): 113。

42 關於這是否真對女性的吸菸習慣有影響，仍存在爭議。參見Larry Tye, *The Father of Spin: Edward L. Bernays and the Birth of Public Relations* (New York: Holt, 1998), 27-35.

43 "Are We Victims of Propaganda? A Debate. Everett Dean Martin and Edward L. Bernays," *Forum Magazine*, March 1929.

第二十三章 非暴力的力量

1 Laura E. Nym Mayhall, *The Militant Suffrage Movement: Citizenship and Resistance in Britain, 1860-1930*(Oxford: Oxford University Press, 2003), 45, 79, 107, 115.

2 Donna M. Kowal, "One Cause, Two Paths: Militant vs. Adjustive Strategies in the British and American Women's Suffrage Movements," *Communication Quarterly* 48, no. 3 (2000): 240-255.

3 Henry David Thoreau, *Civil Disobedience,* originally published as *Resistance to Civil Government* (1849). Available at http://thoreau.eserver.org/civil.html.

4 他在一九四二年「給美國朋友」的信中寫道，「你們給了我梭羅這位老師，他用他的文章對『公民不服從的義務』進行了科學論證，這篇文章讓我知道了我在南非該做什麼。」關於梭羅影響的證據，參見 George Hendrick, "The Influence of Thoreau's 'Civil Disobedience' on Gandhi's Satyagraha," *The New England Quarterly* 29, no. 4 (December 1956): 462-471.

5 Leo Tolstoy, *A Letter to a Hindu*, introduction by M. K. Gandhi (1909), available at http://www.online-literature.com/tolstoy/2733.

6 這些內容摘自Judith M. Brown, "Gandhi and Civil Resistance in India, 1917-47: Key Issues," in Adam Roberts and Timothy Garton Ash, eds., *Civil Resistance & Power Politics: The Experience of Non-Violent Action from Gandhi to the Present* (Oxford: Oxford University Press, 2009), 43-57.

7 Sean Scalmer, *Gandhi in the West: The Mahatma and the Rise of Radical Protest* (Cambridge, UK: Cambridge University Press, 2011), 54, 57.

8 "To the American Negro: A Message from Mahatma Gandhi," *The Crisis*, July 1929, 225.

9 Vijay Prashad,"Black Gandhi,“ *Social Scientist* 37, no. 1/2 (January/February 2009): 4-7, 45.

10 Leonard A. Gordon, "Mahatma Gandhi's Dialogues with Americans," *Economic and Political Weekly* 37, no. 4 (January-February 2002): 337-352.

11 Joseph Kip Kosek, "Richard Gregg, Mohandas Gandhi, and the Strategy of Nonviolence," *The Journal of American History* 91, no. 4 (March 2005): 1318-1348.格雷格出版了一系列有關非暴力的著作，最具影響力的是*The Power of Non-Violence* (London: James Clarke & Co., 1960)，初版於一九三四年。

12 Reinhold Neibuhr, *Moral Man and Immoral Society* (New York: Scribner, 1934).

13 描述來自James Farmer, *Lay Bare the Arms: An Autobiography of the Civil Rights Movement* (New York: Arbor House, 1985), 106-107.

14 有關馬斯特從信奉馬克思主義轉向信奉基督教和平主義，參見Ira Chernus, *American Nonviolence: The History of an Idea* (New York: Orbis, 2004)第九章。格雷格和尼布爾都是唯愛社的成員，但後者為了求學而離開了該組織。

15 August Meierand and Elliott Rudwick,*CORE: A Study in the Civil Rights Movement, 1942-1968* (New York: Oxford University Press, 1973), 102-103.

16 同上，111.

17 Krishnalal Shridharani, *War Without Violence: A Study of Gandhi's Method and Its Accomplishments* (New York: Harcourt Brace & Co., 1939). 參見James Farmer, *Lay Bare the Heart: An Autobiography of the Civil Rights Movement* (New York: Arbor Books, 1985), 93-95, 112-113。

18 Paula F. Pfeffer, *A. Philip Randolph. Pioneer of the Civil Rights Movement* (Baton Rouge: Louisiana State University Press, 1990).

19 Jervis Anderson, *Bayard Rustin: Troubles I've Seen* (NewYork: HarperCollins, 1997), 17.

20 Adam Fairclough, "The Preachers and the People: The Origins and Early Years of the Southern Christian Leadership Conference, 1955-1959," *The Journal of Southern History* 52, no. 3 (August 1986), 403-440.

21 加羅提到，在金恩的社運生涯中曾有一位有同情心的白人女性在一封寫給報紙的信中將他與甘地相比。David Garrow, *Bearing the Cross: Martin Luther King Jr. and the Southern Christian Leadership Conference, 1955-1968* (New York: W. Morrow, 1986), 28.

22 同上，43. Bo Wirmark, "Nonviolent Methods and the American Civil Rights Movement 1955-1965," *Journal of Peace Research* 11, no. 2 (1974): 115-132; Akinyele Umoja, "1964: The Beginning of the End of Nonviolence in the Mississippi Freedom Movement," *Radical History Review* 85 (Winter 2003): 201-226.

23 Scalmer, *Gandhi in the West*, 180.

24 金恩參考過的書籍包括：M. K. Gandhi, *An Autobiography; or, The Story of My Experiments with Truth*, translated by Mahadev Desai (Ahmedabad: Navajivan Publishing House, 1927); Louis Fischer, *The Life of Mahatma Gandhi* (London: Jonathan Cape, 1951); Henry David Thoreau, "Civil Disobedience," 1849; Walter Rauschenbusch, *Christianity and the Social Crisis* (New York: Macmillan Press, 1908); Richard B. Gregg, *The Power of Non-Violence*; Ira Chernus, *American Nonviolence: The History of an Idea* (Maryknoll, NY: Orbis Books, 2004), 169-171。參見James P. Hanigan, *Martin Luther King, Jr. and the Foundations of Nonviolence* (Lanham, MD: University Press of America, 1984), 1-18。

25 Taylor Branch, *Parting the Waters. America in the King Years, 1954-63* (New York: Touchstone, 1988), 55.

26 Martin Luther King, "Our Struggle," *Liberation*, April 1956, available at http://mlk-kpp01.stanford.edu/primarydocuments/Vol3/Apr-1956_OurStruggle.pdf.

27 Branch, *Parting the Waters*, 195.

28 Garrow, *Bearing the Cross: Martin Luther King Jr. and the Southern Christian Leadership Conference, 1955-1968*, 111.舉一個例子：格雷格曾這樣形容非暴力反抗者：「他對敵手不做人身的攻擊，但他的思想和感情是積極的，總是不斷努力勸說後者認識到自己的錯誤。」而金恩則寫道：「因為非暴力反抗者是消極的，對他的敵手不做人身攻擊，所以他的思想和感情是積極的，不斷尋求勸說他的敵手認識到自己的錯誤。」Martin Luther King, Jr., "Pilgrimage to Nonviolence," in *Stride Toward Freedom: The Montgomery Story* (New York: Harper & Bros., 1958), 102; Gregg, *The Power of Non-Violence*, 93.

29 Daniel Levine, *Bayard Rustin and the Civil Rights Movement* (New Brunswick: Rutgers University Press, 2000), 95.

30 引自Anderson, *Bayard Rustin*, 192。

31 Aldon Morris, "Black Southern Student Sit-in Movement:An Analysis of Internal Organization," *American Sociological Review* 46, no. 6 (December 1981): 744-767.

32 有關對貝克與金恩之間關係的公允評價，參見Barbara Ransby, *Ella Baker and the Black Freedom Movement: A Radical Democratic Vision* (Chapel Hill: University of North Carolina Press, 2003), 189-192。

33 Alan Fairclough, "The Preachers and the People," 424.

34 Morris, "Black Southern Student Sit-In Movement," 755.

35 Doug McAdam, "Tactical Innovation and the Pace of Insurgency," *American Sociological Review* 48, no. 6 (December 1983): 748.

36 Bayard Rustin, *Strategies for Freedom: The Changing Patterns of Black Protest* (New York: Columbia University Press, 1976), 24.

37 Aldon D. Morris, "Birmingham Confrontation Reconsidered: An Analysis of the Dynamics and Tactics of Mobilization," *American Sociological Review* 58, no. 5 (October 1993): 621-636.

38 *Letter from Birmingham Jail*, April 16, 1963, available at http://mlk-kpp01.stanford.edu/index.php/resources/article/annotated_letter_from_birmingham/.

39 Rustin, *Strategies for Freedom*, 45.

40 引自Branch, *Parting the Waters*, 775.

41 Martin Luther King, Jr., *Why We Can't Wait* (New York: New American Library, 1963), 104-105; Douglas McAdam,*Political Process and the Development of Black Insurgency 1930-1970* (Chicago:University of Chicago Press, 1983); David J. Garrow, *Protest at Selma: Martin Luther King, Jr. and the Voting Rights Act*

of 1965 (New Haven, CT: Yale University Press, 1978); Branch, *Parting the Waters:* Thomas Brooks, *Walls Come Tumbling Down: A History of the Civil Rights Movement* (Englewood Cliffs: Prentice-Hall, 1974).

第二十四章 存在主義戰略

1 Tom Hayden, *Reunion: A Memoir* (New York: Collier, 1989), 87. 有關民主社會學生聯盟（SDS）的歷史，參見Kirkpatrick Sale, *The Rise and Development of the Students for a Democratic Society* (New York: Vintage Books, 1973).
2 Todd Gitlin, *The Sixties: Years of Hope, Days of Rage* (New York: Bantam Books, 1993), 286.
3 William H. Whyte, *The Organization Man* (Pennsylvania: University of Pennsylvania Press, 2002). 初版於一九五六年。
4 David Riesman, *The Lonely Crowd* (New York: Anchor Books, 1950).
5 Erich Fromm, *The Fear of Freedom* (London: Routledge, 1942).
6 Theodore Roszak, *The Making of a Counter-Culture* (London: Faber & Faber, 1970), 10-11.
7 參見Jean-Paul Sartre, *Being and Nothingness: An Essay in Phenomenological Ontology* (New York: Citadel Press, 2001), 初版於一九四三年; *Existentialism and Humanism* (London: Methuen, 2007), 初版於一九四六年。
8 Albert Camus, *The Plague* (New York: Vintage Books, 1961). 初版於一九四九年。
9 Irving Horowitz, *C. Wright Mills: An American Utopian* (New York: The Free Press, 1983)，其中對米爾斯的態度明顯模稜兩可。John H. Summers, "The Epigone's Embrace: Irving Louis Horowitz on C. Wright Mills," *Minnesota Review* 68 (Spring 2007): 107-124，其中對此進行了探討。
10 C. Wright Mills, *Sociology and Pragmatism* (New York: Oxford University Press, 1969), 423. 作者去世後出版。
11 在 *Listen Yankee* (New York: Ballantine, 1960) 中，他用一位古巴革命者想像出來的詞句為古巴革命辯護。
12 Robert Dahl, *Who Governs: Democracy and Power in an American City* (New Haven, CT: Yale University Press, 1962).
13 David Baldwin, "Power Analysis and World Politics: New Trends versus Old Tendencies," *World Politics* 31, no. 2 (January 1979): 161-194. 他在這裡引用了Klaus Knorr, *The Power of Nations: The Political Economy of International Relations* (New York: Basic Books, 1975)。
14 Robert Dahl, "The Concept of Power," *Behavioral Science* 2 (1957): 201-215.
15 Peter Bachrach and Morton S. Baratz, "Two Faces of Power," *The American Political Science Review* 56, no. 4 (December 1962): 947-952. 亦可參見Peter Bachrach and Morton S. Baratz, "Decisions and Non-Decisions: An Analytical Framework," *The American Political Science Review* 57, no. 3 (September 1963): 632-642.
16 C. Wright Mills, *The Power Elite* (Oxford: Oxford University Press, 1956).
17 Theodore Roszak, *The Making of Counter-Culture*, 25.
18 C. Wright Mills, *The Sociological Imagination* (New York: Oxford University Press, 1959).
19 Tom Hayden and Dick Flacks, "The Port Huron Statement at 40," *The Nation*, July 18, 2002. 這份宣言以小冊子的形式油印了二萬份，每份售價三十五美分。請留意「叛逆者」（rebels）這個詞的使用。
20 Hayden, *Reunion: A Memoir*, 80. 關於Mills的影響請見John Summers, "The Epigone's Embrace: Part II, C. Wright Mills and the New Left," *Left History* 13, 2 (Fall/Winter 2008)。
21 關於〈休倫港宣言〉（The Port Huron Manifesto），參見http://coursesa.matrix.msu.edu/~hst306/documents/huron.html.
22 Hayden, *Reunion: A Memoir*, 75.
23 〈休倫港宣言〉（Port Huron Manifesto）。
24 Richard Flacks, "Some Problems, Issues, Proposals," July 1965, repreinted in Paul Jacobs and Saul Landau, *The New Radicals* (New York: Vintage Books, 1966), 167-169.
25 Tom Hayden and Carl Wittman, "Summer Report, Newark Community Union, 1964," in Massimio Teodori, *The New Left: A Documentary History* (London: Jonathan Cape, 1970), 133.
26 Tom Hayden, "The Politics of the Movement," *Dissent*, Jan/Feb 1966, 208.

27 Tom Hayden, "Up from Irrelevance," *Studies on the Left*, Spring 1965.

28 Francesca Polletta, *"Freedom Is an Endless Meeting": Democracy in American Social Movements* (Chicago: University of Chicago Press, 2002).

29 Lawrence J. Engel, "Saul D. Alinsky and the Chicago School," *The Journal of Speculative Philosophy* 16, no. 1 (2002).

30 Robert Park, "The City: Suggestions for the Investigation of Human Behavior in the City Environment," *The American Journal of Sociology* 20, no. 5 (March 1915): 577-612.

31 Engel, "Saul D. Alinsky and the Chicago School," 54-57. 阿林斯基選修的柏吉斯的課程之一是「現代社會的病理狀況和發展進程」，其中包括了「酗酒、賣淫、貧窮、流浪、青少年和成年人犯罪」等問題，需要透過「實地參觀考察、完成調查作業和參加學術會議」來進行教學。

32 他認識了卡彭幫的二號人物Frank Nitti，並透過他了解到該幫派從「酒館、妓院和賭窟到他們開始接管的合法生意」的運作情況。考慮到他們與當地政府和警察局裡的很多人關係密切，他認為自己收集的資訊沒有太大用處。正如他後來所說，「真正能挑戰這個幫派的只能是其他像Bugs Moran或Roger Touhy這樣的犯罪集團」。他自稱已經學到了「犯罪集團運用和濫用權力的豐富經驗，這些經驗對於我後來做組織工作有很大幫助」、「要將權力賦予人民，而不是菁英」。來自於索爾・阿林斯基訪談錄，*Playboy Magazine*, March 1972.

33 Engel, "Saul D. Alinsky and the Chicago School," 60.

34 "Empowering People, Not Elites," 索爾・阿林斯基訪談錄。

35 Saul D. Alinsky, "Community Analysis and Organization," *The American Journal of Sociology* 46, no. 6 (May 1941): 797-808.

36 Sanford D. Horwitt, *"Let Them Call Me Rebel": Saul Alinsky, His Life and Legacy* (New York: Alfred A. Knopf, 1989), 39.

37 Saul D. Alinsky, *John Lewis: An Unauthorized Biography* (New York: Vintage Books, 1970), 104, 219.

38 Saul D. Alinsky, *Reveille for Radicals* (Chicago: University of Chicago Press, 1946), 22.

39 Horwitt, *"Let Them Call Me Rebel,"* 174.

40 Charles Silberman, *Crisis in Black and White* (New York: Random House, 1964), 335.

41 他在筆記本上寫道：「這沒有解決。」參見Horwitt, *"Let Them Call Me Rebel,"* 530.

42 Nicholas von Hoffman, *Radical: A Portrait of Saul Alinsky* (New York: Nation Books, 2010), 75, 36.

43 這兩個敵對組織於一九五五年合併。

44 El Malcriado,no. 14, July 9, 1965, 引自Marshall Ganz, *Why David Sometimes Wins: Leadership, Organization and Strategy in the California Farm Worker Movement* (New York: Oxford University Press, 2009), 93.

45 Randy Shaw, *Beyond the Fields: Cesar Chávez, the UFW, and the Struggle for Justice in the 21st Century* (Berkeley and Los Angeles: University of California Press, 2009), 87-91.

46 Von Hoffman, *Radical*, 163.

47 Ganz, *Why David Sometimes Wins.*

48 Miriam Pawel, *The Union of Their Dreams: Power, Hope, and Struggle in Cesar Chávez's Farm Worker Movement* (New York: Bloomsbury Press, 2009).

49 Von Hoffman, *Radical*, 51-52.

50 Horwitt, *"Let Them Call Me Rebel,"* 524-526.

51 "Empowering People, Not Elites," 索爾・阿林斯基訪談錄。

52 Von Hoffman, *Radical*, 69.

53 David J. Garrow, *Bearing the Cross: Martin Luther King Jr. and the Southern Christian Leadership Conference* (New York: Quill, 1999), 455.

第二十五章 非裔民權運動

1 麥爾坎・艾克斯沒有發表過任何策略聲明。其主要思想見於他與Arthur Haley合寫的自傳，*The Autobiography of Malcolm X* (New York: Ballantine Books, 1992).

2 David Macey, *Frantz Fanon: A Biography* (New York: Picador Press, 2000).

3 Frantz Fanon, *The Wretched of the Earth* (London: Macgibbon and Kee, 1965), 28; Jean-Paul Sartre, *Anti-Semite and Jew* (New York: Schocken Books, 1995), 152, 初版於一九四八年。參見Sebastian Kaempf, "Violence and Victory: Guerrilla Warfare, 'Authentic Self-Affirmation' and the Overthrow of the Colonial State," *Third World Quarterly* 30, no. 1 (2009): 129-146。

4 Preface to Fanon, *Wretched of the Earth*, 18.

5 Hannah Arendt, "Reflections on Violence," *The New York Review of Books*, February 27, 1969. 擴充版本見於*Crises of the Republic* (New York: Harcourt, 1972).

6 Paul Jacobs and Saul Landau, *The New Radicals: A Report with Documents* (New York: Random House, 1966), 25.

7 Taylor Branch, *At Canaan's Edge: America in the King Years 1965-68* (New York: Simon & Schuster, 2006), 486.

8 SNCC, "The Basis of Black Power," *New York Times*, August 5, 1966.

9 Stokely Carmichael and Charles V. Hamilton, *Black Power: The Politics of Liberation in America* (New York: Vintage Books, 1967), 12-13, 58, 66-67.

10 Garrow, *Bearing the Cross*, 488 (see chap. 23, n. 21).

11 Martin Luther King, Jr., *Chaos or Community* (London: Hodder & Stoughton, 1968), 56.

12 Bobby Seale, *Seize the Time: The Story of the Black Panther Party and Huey P. Newton* (New York: Random House, 1970), 79-81.

13 Stokely Carmichael, "A Declaration of War, February 1968," in Teodori, ed., *The New Left*, 258.

14 John D'Emilio, *Lost Prophet: The Life and Times of Bayard Rustin* (New York: The Free Press, 2003), 450-451.

15 Bayard Rustin, "From Protest to Politics," *Commentary* (February 1965).

16 Staughton Lynd ,"Coalition Politics or Nonviolent Revolution?" *Liberation*, June/July 1965, 197-198.

17 Carmichael and Hamilton, *Black Power*, 72.

18 同上，92-93.

19 Paul Potter，一九六五年四月十七日的演講，參見http://www.sdsrebels.com/potter.htm。

20 Jeffrey Drury, "Paul Potter, 'The Incredible War,'" *Voices of Democracy* 4 (2009): 23-40. 亦可參見Sean McCann and Michael Szalay, "Introduction: Paul Potter and the Cultural Turn," *The Yale Journal of Criticism* 18, no. 2 (Fall 2005): 209-220.

21 Gitlin, *The Sixties*, 265-267 (see chap. 24, n.2).

22 Mark Rudd, *Underground, My Life with SDS and the Weathermen* (New York: Harper Collins, 2009), 65-66.

23 Herbert Marcuse, *One-Dimensional Man* (London: Sphere Books, 1964); "Repressive Tolerance" in Robert Paul Wolff, Barrington Moore, Jr., and Herbert Marcuse, eds., *A Critique of Pure Tolerance* (Boston: Beacon Press, 1969), 95-137; *An Essay on Liberation* (London: Penguin, 1969).

24 Che Guevara, "Message to the Tricontinental," 一九六七年四月十六日首次出版於哈瓦那。available at http://www.marxists.org/archive/guevara/1967/04/16.htm.

25 Boot, *Invisible Armies*, 438 (see chap. 14, n. 22). On Snow, see 341.

26 Matt D. Childs, "An Historical Critique of the Emergence and Evolution of Ernesto Che Guevara's Foco Theory," *Journal of Latin American Studies* 27, no. 3 (October 1995): 593-624.

27 Che Guevara, *Guerrilla Warfare* (London: Penguin, 1967). 亦可參見Che Guevara, *The Bolivian Diaries* (London: Penguin, 1968)。

28 Childs, "An Historical Critique," 617.

29 Paul Dosal, *Commandante Che: Guerrilla Soldier, Commander, and Strategist, 1956-1967* (University Park: Pennsylvania University Press, 2003), 313.

30 Regis Debray, *Revolution in the Revolution* (London: Pelican, 1967).

31 同上，51. Jon Lee Anderson, *Che Guevara: A Revolutionary Life* (New York: Bantam Books, 1997)，其中表達了對切．格瓦拉而非德布雷的著作更積極的看法。德布雷最終認定，卡斯楚和切．格瓦拉並沒有那麼值得欽佩。

32 最初發表於*Tricontinental Bimonthly* (January-February 1970)。參見http://www.marxists.org/archive/

marighella-carlos/1969/06/minimanual-urban-guerrilla/index.htm. 有關馬里格拉及其影響，參見John W. Williams, "Carlos Marighella: The Father of Urban Guerrilla Warfare," *Terrorism* 12, no. 1 (1989): 1-20.

33 此事見於Branch, *At Canaan's Edge*, 662-664. Henry Raymont, "Violence as a Weapon of Dissent Is Debated at Forum in 'Village,'" *New York Times*, December 17,1967。事件發生過程見於 Alexander Klein, ed., *Dissent, Power, and Confrontation* (New York: McGraw Hill, 1971).

34 Arendt, *Reflections on Violence*.

35 Eldridge Cleaver, *Soul on Fire* (New York: Dell, 1968), 108. 引自Childs, "An Historical Critique," 198。

36 海登雖然譴責自由合作主義，但一直和甘迺迪保持著交往，而且被拍攝到在他的靈柩旁流淚哀悼。

37 Tom Hayden, "Two, Three, Many Columbias," *Ramparts*, June 15, 1968, 346.

38 Rudd, *Underground*, 132.

39 同上，144.

40 Daniel Bell, "Columbia and the New Left," *National Affairs* 13 (1968): 100.

41 Letter of December 3, 1966. Bill Morgan, ed., *The Letters of Allen Ginsberg* (Philadelphia: Da Capo Press, 2008), 324.

42 金斯伯格訪談錄一九九六年八月十一日，參見http://www.english.illinois.edu/maps/poets/g_l/ginsberg/interviews.htm.

43 Amy Hungerford, "Postmodern Supernaturalism: Ginsberg and the Search for a Supernatural Language," *The Yale Journal of Criticism* 18, no. 2(2005): 269-298.

44 關於「雅痞」（Yippies）的起源，參見 David Farber, *Chicago' 68* (Chicago: University of Chicago Press, 1988)。這個名稱的優點是既合於「嬉皮」（hippie，源於代表反傳統和趕時髦一代人的「hip」）的發音，聽起來又像是一聲快樂的叫喊。為了帶有一點幽默的可信性，它被說成了「youth international party」（青年國際黨）的縮寫。

45 Gitlin, *The Sixties*, 289.

46 Farber, *Chicago'68*, 20-21.

47 Harry Oldmeadow, "To a Buddhist Beat: Allen Ginsberg on Politics, Poetics and Spirituality," *Beyond the Divide* 2, no. 1 (Winter 1999): 6.

48 同上，27。到了一九七〇年代中期，他開始以一種相當傳統的視角回顧往事：「我們在一九六〇年代晚期的所作所為可能拖長了越戰。」因為左派拒絕把票投給韓福瑞，所以選擇了尼克森。他實際上曾支持過韓福瑞。Peter Barry Chowka, "Interview with Allen Ginsberg," *New Age Journal*, April 1976, available at http://www.english.illinois.edu/maps/poets/g_l/ginsberg/interviews.htm.

49 此事完全平息後，海登和七位惡名昭著的新左派領導人，包括黑豹黨成員博比・西爾在內，同樣因煽動暴力犯罪而被逮捕。對他們的審判很快就演變成一場鬧劇。

50 Scalmer, *Gandhi in the West*, 218 (see chap. 23, n. 7).

51 Michael Kazin, *American Dreamers: How the Left Changed a Nation* (New York: Vintage Books, 2011), 213.

52 Betty Friedan, *The Feminist Mystique* (New York: Dell, 1963).

53 Casey Hayden and Mary King, "Feminism and the Civil Rights Movement," 1965, 參見http://www.wwnorton.com/college/history/archive/resources/documents/ch34_02.htm. 關於凱西・海登，參見 Davis W. Houck and David E. Dixon, eds., *Women and the Civil Rights Movement, 1954-1965* (Jackson: University Press of Mississippi, 2009), 135-137.

54 Jo Freeman, "The Origins of the Women's Liberation Movement," *American Journal of Sociology* 78, no. 4(1973): 792-811; Ruth Rosen, *The World Split Open: How the Modern Women's Movement Changed America* (New York: Penguin, 2000).

55 Carol Hanish, "The Personal Is Political," in Shulamith Firestone and Anne Koedt, eds., *Notes from the Second Year: Women's Liberation*, 1970. Available at http://web.archive.org/web/20080515014413/http://scholar.alexanderstreet.com/pages/viewpage.action?pageId=2259.

56 Ruth Rosen, *The World Split Open*.

57 Robert O. Self, *All in the Family: The Realignment of American Democracy since the 1960s* (New York: Hill and Wang, 2012), Chapter 3.

58 Gene Sharp, *The Politics of Nonviolent Action*, 3 vols. (Manchester, NH: Extending Horizons Books, Porter Sargent Publishers, 1973).

59 一百九十八種方法列表見於vol. 2 of Sharp, *The Politics of Nonviolent Action*。該表見於http://www.aeinstein.org/organizations103a.html.

60 Sheryl Gay Stolberg, "Shy U.S. Intellectual Created Playbook Used in a Revolution," *New York Times*, February 16, 2011.

61 Todd Gitlin, *Letters to a Young Activist* (New York: Basic Books, 2003), 84, 53.

第二十六章 框架、典範、話語和敘事

1 Karl Popper, *The Open Society and Its Enemies* (London: Routledge, 1947).

2 Peter L. Berger and Thomas Luckmann, *The Social Construction of Reality: A Treatise in the Sociology of Knowledge* (Garden City, NY: Anchor Books, 1966).

3 Erving Goffman, *Frame Analysis* (New York: Harper & Row, 1974), 10-11, 2-3. William James, *Principles of Psychology*, vol. 2 (New York: Cosimo, 2007). 相關章節最初刊登於《思想》雜誌。詹姆斯意識到了選擇性注意、親密參與和已知非矛盾的重要性，也意識到可以存在各附屬的世界，用高夫曼的話說，它們每一個在退出之前「都以各自的方式存在」。

4 Peter Simonson, "The Serendipity of Merton's Communications Research," *International Journal of Public Opinion Research* 17, no. 1 (January 2005): 277-297. 這場合作的一個副作用，就是莫頓介紹C・賴特・米爾斯（「他那個時代的傑出社會學家」）參與了研究，但由於米爾斯在這個項目統計分析部分的工作進行得極為艱難，他最終被拉札斯菲爾德解雇。這也是拉札斯菲爾德為什麼會出現在米爾斯的著作*The Sociological Imagination*中〈Abstracted Empiricism〉章節內，其中詳細描述了他對米爾斯的態度，即「不管你做了多少統計分析，都別想讓我們相信有什麼價值」。這種惡意攻擊使得米爾斯被無形中趕出了主流社會學家圈子。John H. Summers, "Perpetual Revelations: C. Wright Mills and Paul Lazarsfeld," *The Annals of the American Academy of Political and Social Science* 608, no. 25 (November 2006): 25-40.

5 Paul F. Lazarsfeld and Robert K. Merton, "Mass Communication, Popular Taste, and Organized Social Action," in L. Bryson, ed., *The Communication of Ideas* (New York: Harper, 1948), 95-188.

6 M. E. McCombs and D. L. Shaw, "The Agenda-setting Function of Mass Media," *Public Opinion Quarterly* 36 (1972): 176-187; Dietram A. Scheufele and David Tewksbury, "Framing, Agenda Setting, and Priming: The Evolution of the Media Effects Models," *Journal of Communication* 57 (2007): 9-20.

7 McCabe, "Agenda-setting Research: A Bibliographic Essay," *Political Communication Review* 1 (1976): 3; E. M. Rogers and J. W. Dearing, "Agenda-setting Research: Where Has It Been? Where Is It Going?" in J. A. Anderson, ed., *Communication Yearbook* 11 (Newbury Park, CA: Sage, 1988), 555-594.

8 Todd Gitlin, *The Whole World Is Watching: Mass Media in the Making and Unmaking of the New Left* (Berkeley and Los Angeles, CA: University of California Press, 2003), xvi.

9 同上，6.

10 J. K. Galbraith, *The Affluent Society* (London: Pelican, 1962), 16-27.

11 Sal Restivo, "The Myth of the Kuhnian Revolution," in Randall Collins, ed., *Sociological Theory* (San Francisco: Jossey-Bass, 1983), 293-305.

12 Aristides Baltas, Kostas Gavroglu, and Vassiliki Kindi, "A Discussion with Thomas S. Kuhn," in James Conant and John Haugeland, eds., *The Road Since Structure* (Chicago: University of Chicago Press, 2000), 308.

13 Thomas Kuhn, *The Structure of Scientific Revolutions*, 2nd edn. (Chicago: University of Chicago Press,1970), 5, 16-17. 若想找一本容易理解的思想傳記，可參見Alexander Bird, "Thomas S. Kuhn (18 July 1922-17 June 1996)," *Social Studies of Science* 27, no. 3 (1997) : 483-502. 還可參見 Alexander Bird, *Thomas Kuhn* (Chesham, UK: Acumen and Princeton, NJ: Princeton University Press, 2000).

14 Kuhn, *Scientific Revolutions*, 77.

15 E. Garfield, "A Different Sort of Great Books List: The 50 Twentieth-century Works Most引自the Arts & Humanities Citation Index, 1976-1983," *Current Contents* 16 (April 20, 1987): 3-7.

16 Sheldon Wolin, "Paradigms and Political Theory," in Preston King and B. C. Parekh, eds., *Politics and Experience* (Cambridge, UK: Cambridge University Press, 1968), 134-135.

17 The Wedge Project, The Center for the Renewal of Science and Culture, http://www.antievolution.org/features/wedge.pdf.

18 Intelligent Design and Evolution Awareness Center, http://www.ideacenter.org/contentmgr/showdetails.php/id/1160. 令局面更加混亂的是，一些孔恩的批評者同時也對進化論持批評態度，特別是Steven Fuller，他的著作包括*Thomas Kuhn: A Philosophical History for Our Times* (Chicago: University of Chicago Press, 2000)和*Dissent Over Descent: Intelligent Design's Challenge to Darwinism* (London: Icon Books, 2008). 還可參見Jerry Fodor with Massimo Piattelli-Palmarini, *What Darwin Got Wrong* (New York: Farrar, Straus, and Giroux, 2010)。

19 一項對中學生物老師的調查顯示，有八分之一的美國中學生物老師在課堂上積極主動地介紹過創世論（creationism）或智慧設計（intelligent design)），差不多同樣數量的老師會在某些時候要求學生討論這些問題，參見http://www.foxnews.com/story/0,2933,357181,00.html。雖然這麼多老師和當時占主導地位的科學典範格格不入，多少有些讓人驚訝，但重要的一點是，他們仍然符合這個典範，和普通大眾支持創世論和（或）智慧設計的態度還是有很大距離。一份二〇〇八年的蓋洛普民調結果顯示，四四%的美國人相信「上帝創造了和現在一樣的人類」，另有三六%的人相信上帝引導著人類發展。只有一四%的人認為人類發展進程和上帝無關。Gallup, Evolution, Creationism, Intelligent Design, http://www.gallup.com/poll/21814/evolution-creationism-intelligent-design.aspx polling for id (2008).

20 若想得到有關這些不同立場以及圍繞進化論的爭論的有用指南，可參見TalkOrigins Archive (www.talkorigins.org).

21 Michel Foucault, *Power/Knowledge: Selected Interviews and Other Writings, 1972-1977*, edited by C. Gordon (Brighton: Harvester Press, 1980), 197.

22 Michel Foucault, *The Order of Things: An Archeology of the Human Science* (London: Tavistock Publications, 1970).

23 Michel Foucault, *Discipline and Punish: The Birth of the Prison* (London: Penguin, 1991).

24 Michel Foucault, "The Subject and Power," *Critical Inquiry* 8, no. 4 (Summer 1982): 777-795.

25 Julian Reid, "Life Struggles: War, Discipline, and Biopolitics in the Thought of Michel Foucault," *Social Text* 86, 24: 1, Spring 2006.

26 Michel Foucault, *Society Must Be Defended*, tranalated by David Macey (London: Allen Lane, 2003), 49-53, 179.

27 Michel Foucault, *Language, Counter-Memory, Practice: Selected Essays and Interviews* (Oxford: Blackwell, 1977), 27.

28 Foucault, *Power/Knowledge*, 145.

29 在J. G. Merquior's critique, *Foucault* (London: Fontana Press, 1985)中，他被描述為具有法國傳統的哲學魅力，集卓越的文學天賦和「擺脫學術規範的肆意理論闡述風格」於一身。

30 Robert Scholes and Robert Kellogg, *The Nature of Narrative* (London: Oxford University Press, 1968).

31 Roland Barthes and Lionel Duisit, "An Introduction to the Structural Analysis of Narrative," *New Literary History* 6, no. 2 (Winter 1975): 237-272. 最初發表在*Communications* 8, 1966, as "Introduction à l'analyse structurale des récits"。該期刊於一九六六年以特刊形式帶動了結構主義敘事研究。

32 Editor's Note, *Critical Inquiry*, Autumn 1980. The volume was published as W. T. J. Mitchell, *On Narrative* (Chicago: University of Chicago Press, 1981).

33 Francesca Polletta, Pang Ching, Bobby Chen, Beth Gharrity Gardner, and Alice Motes, "The Sociology of Storytelling," *Annual Review of Sociology* 37 (2011): 109-130.

34 Mark Turner, *The Literary Mind* (New York; Oxford: Oxford University Press, 1998), 14-20.

35 William Colvin, "The Emergence of Intelligence," *Scientific American* 9, no. 4 (November 1998): 44-51.

36 Molly Patterson and Kristen Renwick Monroe, "Narrative in Political Science," *Annual Review of Political Science* 1 (June 1998): 320.

37 Jane O'Reilly, "The Housewife's Moment of Truth," *Ms.*, Spring 1972, 54. Francesca Polletta, *It Was Like a Fever: Storytelling in Protest and Politics* (Chicago: University of Chicago Press, 2006), 48-50.

38 John Arquilla and David Ronfeldt, eds, *Networks and Netwars: The Future of Terror, Crime and Militancy* (Santa Monica, CA: RAND, 2001).

39 可參考如Jay Rosen, "Press Think Basics: The Master Narrative in Journalism," September 8, 2003，參見http://journalism.nyu.edu/pubzone/weblogs/pressthink/2003/09/08/basics_master.html.

第二十七章 種族、宗教和選舉制度

1 William Safire, "On Language: Narrative," *New York Times*, December 5, 2004.同樣，高爾在二〇〇〇年總統競選辯論中也因大講「荒誕故事」受到批評。正如Francesca Polletta所說，問題在於高爾缺少「講述令人信服的故事」的天賦，知識分子型的政策書呆子，不太會激發別人的情緒。Francesca Polletta, *It Was Like a Fever: Storytelling in Protest and Politics* (see chap. 26, n. 37).

2 Frank Lutz, *Words that Work: It's Not What You Say, It's What People Hear* (New York: Hyperion, 1997), 149-157.

3 http://www.informationclearinghouse.info/article4443.htm.

4 George Lakoff, *Don't Think of an Elephant!: Know Your Values and Frame the Debate* (White River Junction, VT: Chelsea Green Publishing Company, 2004).

5 George Lakoff, *Whose Freedom? The Battle Over America's Most Important Idea* (New York: Farrar, Straus & Giroux, 2006).

6 Drew Westen, *The Political Brain* (New York: Public Affairs, 2007), 99-100, 138, 147, 346.

7 Steven Pinker, "Block That Metaphor!," *The New Republic*, October 9, 2006.

8 Lutz, *Words that Work*, 3. 和許多其他能幹的政治宣講者一樣，他重溫了歐威爾一九四六年所寫的〈政治與英語語言〉（Politics and the English Language）一文，這篇文章強調了語言平實、精鍊，避免矯飾、空洞、使用外來詞和晦澀難懂的重要性。參見http://www.orwell.ru/library/essays/politics/english/e_polit/。

9 Donald R. Kinder, "Communication and Politics in the Age of Information," in David O. Sears, Leonie Huddy, and Robert Jervis, eds., *Oxford Handbook of Political Psychology* (Oxford: Oxford University Press, 2003), 372, 374-375.

10 Norman Mailer, *Miami and the Siege of Chicago: An Informal History of the Republican and Democratic Conventions of 1968* (New York: World Publishing Company, 1968), 51.

11 Jill Lepore, "The Lie Factory: How Politics Became a Business," *The New Yorker*, September 24, 2012.

12 Joseph Napolitan, *The Election Game and How to Win It* (New York: Doubleday, 1972); Larry Sabato, *The Rise of Political Consultants: New Ways of Winning Elections* (New York: Basic Books, 1981).

13 Dennis Johnson, *No Place for Amateurs: How Political Consultants Are Reshaping American Democracy* (New York: Routledge, 2011), xiii.

14 James Thurber, "Introduction to the Study of Campaign Consultants," in James Thurber, ed., *Campaign Warriors: The Role of Political Consultants in Elections* (Washington, DC: Brookings Institution, 2000), 2.

15 Dan Nimmo, *The Political Persuaders: The Techniques of Modern Election Campaigns* (New York: Prentice Hall, 1970), 41.

16 James Perry, *The New Politics: The Expanding Technology of Political Manipulation* (London: Weidenfeld and Nicolson, 1968).

17 對這條廣告及其影響的最初討論見於Robert Mann, *Daisy Petals and Mushroom Clouds: LBJ, Barry Goldwater, and the Ad That Changed American Politics* (Baton Rouge: Louisiana State University Press, 2011).

18 Joe McGinniss, *Selling of the President* (London: Penguin, 1970), 76; Kerwin Swint, *Dark Genius: The Influential Career of Legendary Political Operative and Fox News Founder Roger Ailes* (New York: Union Square Press, 2008).

19 Richard Whalen, *Catch the Falling Flag* (New York: Houghton Mifflin, 1972), 135.

20 James Boyd, "Nixon's Southern Strategy: It's All in the Charts," *New York Times*, May 17, 1970.

21 菲利普斯最終轉而反對他曾推崇的保守主義政治，並寫下了〈錯誤的共和黨多數派〉（Erring Republican Majority）一文。他開始變得左傾，例證可參見Kevin Phillips, *American Theocracy: The Peril and Politics of Radical Religion, Oil, and Borrowed Money in the 21st Century* (New York: Viking, 2006)。

22 Nelson Polsby, "An Emerging Republican Majority?" *National Affairs*, Fall 1969.

23 Richard M. Scammon and Ben J. Wattenberg, *The Real Majority* (New York: Coward McCann, 1970).

24 Lou Cannon, *President Reagan: The Role of a Lifetime* (New York: PublicAffairs, 2000), 21; Ewen, *PR! A Social History of Spin* (see chap. 2, n. 28), 396.

25 Perry, *The New Politics*, 16, 21-31. 他於一九六六年聘用了曾為納爾遜・洛克菲勒工作的Spencer和Roberts來對付巴瑞・高華德，而且之後還說他將來會一直使用「專業經理人」。
26 William Rusher, *Making of the New Majority Party* (Lanham, MD: Sheed and Ward, 1975). Rusher一直支持出現一個新的保守主義政黨，但他的觀點卻幫了共和黨內的反叛力量。
27 Kiron K. Skinner, Serhiy Kudelia, Bruce Bueno de Mesquita, and Condoleezza Rice, *The Strategy of Campaigning: Lessons from Ronald Reagan and Boris Yeltsin* (Ann Arbor: University of Michigan Press, 2007), 132-133.
28 David Domke and Kevin Coe, *The God Strategy: How Religion Became a Political Weapon in America* (Oxford: Oxford University Press, 2008), 16-17, 101.
29 John Brady, *Bad Boy: The Life and Politics of Lee Atwater* (New York: Addison-Wesley, 1996), 34-35, 70.
30 Richard Fly, "The Guerrilla Fighter in Bush's War Room," *Business Week*, June 6, 1988.
31 到艾華特去世時，只有第一卷*The Years of Lyndon Johnson: The Path to Power* (New York: Alfred Knopf, 1982) 已經出版。卡羅現在已經寫到了第四卷。艾華特絕不是唯一一個讚賞卡羅的政治戰略家。
32 John Pitney, Jr. , *The Art of Political Warfare* (Norman: University of Oklahoma Press, 2000), 12-15.
33 Mary Matalin, James Carville, and Peter Knobler, *All's Fair: Love, War and Running for President* (New York: Random House, 1995), 54.
34 Brady, *Bad Boy*,56.
35 Matalin, Carville, and Knobler, *All's Fair*, 48.
36 Brady, *Bad Boy*, 117-118.
37 同上，136.
38 Sidney Blumenthal, *Pledging Allegiance: The Last Campaign of the Cold War* (New York: Harper Collins, 1990), 307-308.
39 Eric Benson,"Dukakis's Regret," *New York Times*, June 17, 2012.
40 Sidney Blumenthal, *The Permanent Campaign: Inside the World of Elite Political Operatives* (New York: Beacon Press, 1980).
41 Matalin, Carville, and Knobler, *All's Fair*, 186, 263, 242, 208, 225.
42 這是昆圖斯・圖里烏斯・西塞羅寫給他的哥哥馬可斯・西塞羅的競選指南，後者曾於西元前六四年競選古羅馬執政官。James Carville, "Campaign Tips from Cicero: The Art of Palitics from the Tiber to the Potomac," *Foreign Affairs*, May/June 2012.
43 James Carville and Paul Begala, *Buck Up, Suck Up…And Come Back When You Foul Up* (New York: Simon & Schuster, 2002), 50.
44 同上，108, 65.
45 關於對否定式競選的辯護，參見Frank Rich, "Nuke' Em," *New York Times*, June 17, 2012。
46 Kim Leslie Fridkin and Patrick J. Kenney, "Do Negative Messages Work?: The Impact of Negativity on Citizens' Evaluations of Candidates," *American Politics Research* 32 (2004): 570.
47 一九九二年時的一個複雜因素是羅斯・裴洛（Ross Perot）作為獨立總統候選人的參選。他的競選活動儘管缺少章法，但還是成功獲得了將近二〇%的選票。雖然看起來他好像平均分走了老布希和柯林頓的票數，但總的來說對老布希的傷害更大。
48 Domke and Coe, *The God Strategy*, 117.
49 此言論成為頭條新聞："Pat Robertson Says Feminists Want to Kill Kids, Be Witches," 同上，133。
50 Domke and Coe, *The God Strategy*, 29.
51 James McLeod, "The Sociodrama of Presidential Politics: Rhetoric, Ritual, and Power in the Era of Teledemocracy," *American Anthropologist*, New Series 10, no. 2 (June 1999): 359-373.一九九二年六月發生的一段親民小插曲並沒有幫上奎爾什麼忙，當時他想為一個小學生糾正拼寫錯誤，結果自己卻出了洋相，誤將「potato」（馬鈴薯）拼成「potatoe」。
52 David Paul Kuhn, "Obama Models Campaign on Reagan Revolt," *Politico*, July 24, 2007.
53 David Plouffe, *The Audacity to Win:The Inside Story and Lessons of Barack Obama's Historic Victory* (New York: Viking, 2009), 236-238, 378-379. 有關競選活動的完整記錄，參見John Heilemann and Mark

Halperin, *Game Change* (New York: Harper Collins, 2010)。
54 John B. Judis and Ruy Teixeira, *The Emerging Democratic Majority* (New York: Lisa Drew, 2002).
55 Peter Slevin, "For Clinton and Obama, a Common Ideological Touchstone," *Washington Post*, March 25, 2007.
56 她引用的是"Plato on the Barricades," *The Economist*, May 13-19, 1967, 14. 這篇題為"THERE IS ONLY THE FIGHT...An Analysis of the Alinsky Model"的論文。二〇〇八年時，主要在右翼部落客圈流傳。參見http://www.gopublius.com/HCT/HillaryClintonThesis.pdf。

第二十八章 經理階層的崛起

1 Paul Uselding, "Management Thought and Education in America: A Centenary Appraisal," in Jeremy Atack, ed., *Business and Economic History*, Second Series 10 (Urbana: University of Illinois, 1981), 16.
2 Matthew Stewart, *The Management Myth: Why the Experts Keep Getting It Wrong* (New York: W. W. Norton, 2009), 41. 亦可參見Jill Lepore, "Not So Fast: Scientific Management Started as a Way to Work. How Did It Become a Way of Life?" *The New Yorker*, October 12, 2009。
3 Frederick W. Taylor, *Principles of Scientific Management* (Digireads.com: 2008), 14. 初版於一九一一年。
4 Charles D. Wrege and Amadeo G. Perroni, "Taylor's Pig-Tale: A Historical Analysis of Frederick W. Taylor's Pig-Iron Experiments," *Academy of Management Journal* 17, no. 1 (1974): 26.
5 Jill R. Hough and Margaret A. White, "Using Stories to Create Change: The Object Lesson of Frederick Taylor's 'Pig-Tale,'" *Journal of Management* 27 (2001): 585-601.
6 Robert Kanigel, *The One Best Way: Frederick Winslow Taylor and the Enigma of Efficiency* (New York: Viking Penguin, 1999); Daniel Nelson, "Scientific Management, Systematic Management, and Labor, 1880-1915," *The Business History Review* 48, no. 4 (Winter 1974): 479-500. See chapter on Taylor in A. Tillett, T. Kempner, and G. Wills, eds., *Management Thinkers* (London: Penguin, 1970).
7 Judith A. Merkle, *Management and Ideology: The Legacy of the International Scientific Movement* (Berkeley: University of California Press, 1980), 44-45.
8 Peter Drucker, *The Concept of the Corporation,* 3rd edn. (New York: Transaction, 1993), 242.
9 Oscar Kraines, "Brandeis' Philosophy of Scientific Management," *The Western Political Quarterly* 13, no. 1 (March 1960): 201.
10 Kanigel, *The One Best Way*, 505.
11 V. I. Lenin, "The Immediate Tasks of the Soviet Government," *Pravda*, April 28, 1918. See http://www.marxists.org/archive/lenin/works/1918/mar/x03.htm.
12 Merkle, *Management and Ideology*, 132. 亦可參見Daniel A. Wren and Arthur G. Bedeian, "The Taylorization of Lenin: Rhetoric or Reality?" *International Journal of Social Economics* 31, no. 3 (2004): 287-299.
13 Mary Parker Follett, *The New State* (New York: Longmans, 1918), 引自Ellen S. O'Connor, "Integrating Follett: History, Philosophy and Management," *Journal of Management History* 6, no. 4 (2000): 181.
14 Peter Miller and Ted O'Leary, "Hierarchies and American Ideals, 1900-1940," *Academy of Management Review* 14, no. 2 (April 1989): 250-265.
15 Pauline Graham, ed., *Mary Parker Follett: Prophet of Management* (Washington, DC: Beard Books, 2003).
16 Mary Parker Follett, *The New State: Group Organization—The Solution of Popular Government* (New York: Longmans Green, 1918), 3.
17 Irving L. Janis, *Groupthink: Psychological Studies of Policy Decisions and Fiascos* (Andover, UK: Cengage Learning, 1982).
18 摘自Ellen S. O'Connor, "The Politics of Management Thought: A Case Study of the Harvard Business School and the Human Relations School," *Academy of Management Review* 24, no. 1 (1999): 125-128。
19 O'Connor, "The Politics of Management Thought," 124-125.
20 Elton Mayo, *The Human Problems of an Industrial Civilization* (New York: MacMillan ,1933) and Roethlisberger and Dickson, *Management and the Worker* (Cambridge, MA: Harvard University Press, 1939); Richard Gillespie, *Manufacturing Knowledge: A History of the Hawthorne Eexperiments* (Cambridge, UK: Cambridge University Press, 1991); R. H. Franke and J. D. Kaul, "The Hawthorne Experiments: First

Statistical Interpretation," *American Sociological Review* 43 (1978): 623-643；Stephen R. G. Jones, "Was There a Hawthorne Effect?" *The American Journal of Sociology* 98, no. 3 (November 1992): 451-468.

21 關於梅約的生平，參見Richard C. S. Trahair, *Elton Mayo: The Humanist Temper* (New York: Transaction Publishers, 1984)。特別有意思的是Abraham Zaleznik所寫的充滿詛咒的前言，他在梅約正要離開哈佛大學的時候加入了該校的人際關係研究小組。

22 Barbara Heyl, "The Harvard 'Pareto Circle,'" *Journal of the History of the Behavioral Sciences* 4 (1968): 316-334; Robert T. Keller, "The Harvard 'Pareto Circle' and the Historical Development of Organization Theory," *Journal of Management* 10 (1984): 193.

23 Chester Irving Barnard, *The Functions of the Executive* (Cambridge, MA: Harvard University Press, 1938), 294-295.

24 Peter Miller and Ted O'Leary, "Hierarchies and American Ideals, 1900-1940," *Academy of Management Review* 14, no. 2 (April 1989): 250-265; William G. Scott, "Barnard on the Nature of Elitist Responsibility," *Public Administration Review* 42, no. 3 (May-June 1982): 197-201.

25 Scott, "Barnard on the Nature of Elitist Responsibility," 279.

26 Barnard, *The Functions of the Executive*, 71.

27 James Hoopes, "Managing a Riot: Chester Barnard and Social Unrest," *Management Decision* 40 (2002): 10.

第二十九章 企業的天職

1 本書作者特別參考了Ron Chernow, *Titan: The Life of John D. Rockefeller, Sr.* (New York: Little, Brown & Co., 1998)和Daniel Yergin, *The Prize: The Epic Quest for Oil, Money & Power* (New York: The Free Press, 1992).

2 Chernow, *Titan*, 148-150.

3 Allan Nevins, *John D. Rockefeller: The Heroic Age of American Enterprise,* 2 vols. (New York: Charles Scribner's Sons, 1940).

4 同上，433.

5 Richard Hofstadter, *The Age of Reform* (New York: Vintage, 1955), 216-217.

6 由她的報導文章編纂而成的書籍至今仍在出版：Ida Tarbell, *The History of the Standard Oil Company* (New York: Buccaneer Books, 1987); Steven Weinberg, *Taking on the Trust: The Epic Battle of Ida Tarbell and John D. Rockefeller* (New York: W. W. Norton, 2008).

7 Yergin, *The Prize*, 93.

8 同上，26.

9 Chernow, *Titan*, 230.

10 Steve Watts, *The People's Tycoon: Henry Ford and the American Century* (New York: Vintage Books, 2006), 16; Henry Ford, *My Life and Work* (New York: Classic Books, 2009; first published 1922).

11 引自Watts, *The People's Tycoon*, 190。

12 Richard Tedlow, "The Struggle for Dominance in the Automobile Market: The Early Years of Ford and General Motors," *Business and Economic History Second Series*, 17 (1988): 49-62.

13 Watts, *The People's Tycoon*, 456, 480.

14 David Farber, *Alfred P. Sloan and the Triumph of General Motors* (Chicago: University of Chicago Press, 2002), 41.

15 Alfred Sloan, *My Years with General Motors* (New York: Crown Publishing, 1990), 47, 52, 53-54.

16 Farber, *Alfred P. Sloan*, 50.

17 Sloan, *My Years with General Motors*, 71.

18 同上，76. 還可參見John MacDonald, *The Game of Business* (New York: Doubleday: 1975), Chapter 3.

19 Sloan, *My Years with General Motors*, 186-187.

20 同上，195-196.

21 Sidney Fine, "The General Motors Sit-Down Strike: A Re-examination," *The American Historical Review* 70, no. 3, April 1965, 691-713.

22 Adolf Berle and Gardiner Means, *The Modern Corporation and Private Property* (New York: Harcourt, Brace and World, 1967), 46, 313.

第三十章 管理策略

1 索羅更是促成了兩部小說的問世，一部是由他前妻Tess Slesinger創作的*The Unpossessed*，另一部是James T. Farrell死後出版的*Sam Holman*，講的是一九三〇年代的政治風雲，把天才變成庸才的故事。麥克唐納以Holman（索羅）最親密朋友的形象出現在小說中，是個有著懷疑態度和道德心的人。
2 Amitabh Pal，約翰．肯尼斯．高伯瑞訪談錄，*The Progressive*, October 2000，參見http://www.progressive.org/mag_amitpalgalbraith.
3 Alfred Chandler, *The Visible Hand* (Harvard, MA: Belknap Press, 1977), 1.
4 Galbraith, *The New Industrial State*, 2nd edn. (Princeton, NJ: Princeton University Press, 2007), 59, 42.
5 Drucker, *The Concept of the Corporation*, see Chapter 28, n. 8.
6 同上，Introduction.
7 Peter Drucker, *The Practice of Management* (Amsterdam: Elsevier, 1954), 3, 245-247.
8 同上，11.
9 同上，177, 參見他在其自傳中的言論，Peter Drucker, *Adventures of a Bystander* (New York: Transaction Publishers, 1994).
10 這番話出現在該書一九八三年版的附錄中，而且在他為斯隆著作*My Years with General Motors*一九九〇年版所寫的序言中再次出現。他的自傳中也有這段話。
11 Christopher D. McKenna, "Writing the Ghost-Writer Back In: Alfred Sloan, Alfred Chandler, John McDonald and the Intellectual Origins of Corporate Strategy," *Management & Organizational History* 1, no. 2 (May 2006): 107-126.
12 Jon McDonald and Dan Seligman, *A Ghost's Memoir: The Making of Alfred P. Sloan's My Years with General Motors* (Boston: MIT Press, 2003), 16.
13 律師們擔心書中提到的斯隆早期計畫會招致福特公司的挑戰。最初計畫中有段話稱，通用公司不尋求壟斷，這可能會被解讀為承認壟斷是個選項。
14 Edith Penrose, *The Theory of the Growth of the Firm* (New York: Oxford University Press, 1959). 她在一九九五年曾說過，錢德勒的「分析架構和我的一樣」(第三版前言)。John Kay, *Foundations of Corporate Success: How Business Strategies Add Value* (Oxford: Oxford University Press, 1993), 335，強調了潘洛斯的奠基性作用。
15 Alfed Chandler, "Introduction," in 1990 edition of *Strategy and Structure* (Cambridge, MA: MIT Press, 1990), v. 一九五六年，錢德勒首次就這個話題發表著述時，他曾把他現在所謂的策略稱作長期政策。
16 Chandler, "Introduction," *Strategy and Structure*, 13.
17 錢德勒注意到了關於同一主題的其他例子，比如杜邦的例子。Alfred D. Chandler and Stephen Salsbury, *Pierre S. du Pont and the Making of the Modern Corporation* (New York: Harper & Row, 1971).
18 Chandler, *Strategy and Structure*, 309. Robert F. Freeland, "The Myth of the M-Form? Governance, Consent, and Organizational Change," *The American Journal of Sociology* 102 (1996): 483-526; Robert F. Freeland, "When Organizational Messiness Works," *Harvard Business Review* 80 (May 2002): 24-25.
19 Freeland, "The Myth of the M-Form," 516.
20 Neil Fligstein, "The Spread of the Multidivisional Form Among Large Firms, 1919-1979," *American Sociological Review* 50 (1985): 380.
21 McKenna, "Writing the Ghost-Writer Back In." 錢德勒所研究的其他大公司如IBM和AT&T，想必也都阻止了大量關於反托拉斯法對公司結構影響的研究。
22 Edward D. Berkowitz and Kim McQuaid, *Creating the Welfare State:The Political Economy of Twentieth Century Reform* (Lawrence, KS: Praeger, 1992), 233-234. 引自Richard R. John, "Elaborations, Revisions, Dissents: Alfred D. Chandler, Jr.'s, 'The Visible Hand' after Twenty Years," *The Business History Review* 71, no. 2 (Summer 1997): 190. Sanford M. Jacoby, *Employing Bureaucracy: Managers, Unions, and the Transformation of Work in American Industry, 1900-1945* (New York: Columbia University Press, 1985), 8. John, "Elaborations, Revisions, Dissents," 190.

23 Louis Galambos, "What Makes Us Think We Can Put Business Back into American History?" *Business and Economic History* 21 (1992): 1-11.
24 John Micklethwait and Adrian Wooldridge, *The Witch Doctors: Making Sense of the Management Gurus* (New York: Random House, 1968), 106.
25 參見一九八六年版*Managing for Results*的前言。
26 Stewart, *The Management Myth*, see Chapter 28, n. 2, 153.
27 Walter Kiechel III, *The Lords of Strategy: The Secret Intellectual History of the New Corporate World* (Boston: The Harvard Business Press, 2010), xi-xii, 4.
28 Kenneth Andrews, *The Concept of Corporate Strategy* (Homewood, IL: R. D. Irwin, 1971), 29.
29 Henry Mitzberg, Bruce Ahlstrand, and Joseph Lampel, *Strategy Safari: The Complete Guide Through the Wilds of Strategic Management* (New York: The Free Press, 1998). 還可參見相關作品*Strategy Bites Back: It Is Far More, and Less, Than You Ever Imagined* (New York: Prentice Hall, 2005)。
30 "The Guru: Igor Ansoff," *The Economist*, July 18, 2008; Igor Ansoff, *Corporate Strategy: An Analytic Approach to Business Policy for Growth and Expansion* (New York: McGraw-Hill, 1965).
31 Igor Ansoff, *Corporate Strategy* (London: McGraw-Hill, 1965), 120.
32 Stewart, *The Management Myth*, 157-158.
33 Kiechel, *The Lords of Strategy*, 26-27.
34 John A. Byrne, *The Whiz Kids: Ten Founding Fathers of American Business—And the Legacy They Left Us* (New York: Doubleday, 1993).
35 Samuel Huntington, *The Common Defense: Strategic Programs in National Politics* (New York: Columbia University Press, 1961).
36 Mintzberg et al., *Strategy Safari*, 65.
37 Friedrich Hayek, "The Use of Knowledge in Society," *American Economic Review* 35, no. 4 (1945): 519-530.
38 Aaron Wildavsky, "Does Planning Work?" *The National Interest*, Summer 1971, No. 24, 101. 亦可參考他的 "If Planning Is Everything Maybe It's Nothing," *Policy Sciences* 4 (1973): 127-153.
39 引自Mitzberg et al., *Strategy Safari*, 65.
40 Jack Welch, with John Byrne, *Jack: Straight from the Gut* (New York: Grand Central Publishing, 2003), 448. 這封信由Kevin Peppard所寫，見於*Fortune Magazine*, November 30, 1981, p. 17。還可參見*Thomas O'Boyle, At Any Cost: Jack Welch, General Electric, and the Pursuit of Profit*的第三章 (New York: Vintage, 1999)。
41 Henry Mintzberg, *The Rise and Fall of Strategic Planning* (London: Prentice-Hall, 1994).
42 Igor Ansoff, "Critique of Henry Mintzberg's 'The Design School: Reconsidering the Basic Premises of Strategic Management,'" *Strategic Management Journal* 12, no.6 (September 1991): 449-461.

第三十一章 商場如戰場

1 Albert Madansky, "Is War a Business Paradigm? A Literature Review," *The Journal of Private Equity* 8 (Summer 2005): 7-12.
2 Wess Roberts, *Leadership Secrets of Attila the Hun* (New York: Grand Central Publishing, 1989).
3 Dennis Laurie, *From Battlefield to Boardroom: Winning Management Strategies in Today's Global Business* (New York: Palgrave, 2001), 235.
4 Douglas Ramsey, *Corporate Warriors* (New York: Houghton Mifflin, 1987).
5 Aric Rindfleisch, "Marketing as Warfare: Reassessing a Dominant Metaphor—Questioning Military Metaphors' Centrality in Marketing Parlance," *Business Horizons*, September-October, 1996. 雖然有《孫子兵法》的結論支撐，但仍有人對此提出質疑，參見John Kay, "Managers from Mars," *Financial Times*, August 4, 1999。
6 關於BCG參見pp. 519。
7 Bruce Henderson, *Henderson on Corporate Strategy* (New York: HarperCollins, 1979), 9-10, 27.
8 Philip Kotler and Ravi Singh, "Marketing Warfare in the 1980s," *Journal of Business Strategy* (Winter 1981): 30-41. 這方面研究工作被認為肇端於Alfred R. Oxenfeldt and William L. Moore, "Customer or Competitor: Which Guideline for Marketing?" *Management Review* (August 1978): 43-38.

9 Al Ries and Jack Trout, *Marketing Warfare* (New York: Plume, 1986); Robert Duro and Bjorn Sandstrom, *The Basic Principles of Marketing Warfare* (Chichester, UK: John Wiley & Sons, Inc., 1987); Gerald A. Michaelson, *Winning the Marketing War* (Lanham, MD: Abt Books, 1987).

10 除《孫子兵法》和其他中國戰略大師的著作之外，還可參見馬丹斯基收集整理的書籍，包括Foo Check Teck and Peter Hugh Grinyer, *Organizing Strategy: Sun Tzu Business Warcraft* (Butterworth: Heinemann Asia,1994); Donald Krause, *The Art of War for Executives* (New York: Berkley Publishing Group, 1995); Gary Gagliardi, *The Art of War Plus The Art of Sales* (Shoreline, WA: Clearbridge Publishing, 1999); Gerald A Michaelson, *Sun Tzu: The Art of War for Managers: 50 Strategic Rules* (Avon, MA: Adams Media Corporation, 2001)。

11 Episodes: "Big Girls Don't Cry" and "He Is Risen." Available at http://www.hbo.com/the-sopranos/episodes/index.html.

12 Richard Greene and Peter Vernezze, eds., *The Sopranos and Philosophy: I Kill Therefore I Am* (Chicago: Open Court, 2004). 在其中一集裡，Soprano的一個副手Paulie 'Walnuts' Gualtieri告訴他"Sun-Tuh-Zoo"曾說：「好的領袖都是仁慈的，不在乎名聲（將者，智信仁勇嚴也）。」他解釋說，"Sun-Tuh-Zoo"是「中國的馬基維利王子」。這時他的同事Silvio Dante糾正道:「Tzu，Tzu！Sun Tzu（子，子！孫子——嘲笑他的發音不對）你這個大傻瓜！」在下一集裡，蹲了一陣監獄後想東山再起的Paulie在開車去他姑媽家附近的路上聽著《孫子兵法》的錄音帶。就在聽到「攻其無備，出其不意」的時候，他無意中發現兩個兄弟正在他們剛剛從一個朋友手裡搶走的地盤上修剪樹枝。他的做法和兄弟們使用的手段差不多：以武力相威脅。在他們拒絕交還地盤後，他用鐵鏟砸一個兄弟的腦袋，致使他鬆掉了綁在樹上另一個兄弟身上的繩子，後者隨即栽下樹來。但這可不是《孫子兵法》！（第五集）

13 Marc R. McNeilly, *Sun Tzu and the Art of Business* (New York: Oxford University Press, 2000).

14 Khoo Kheng-Ho, *Applying Sun Tzu's Art of War in Managing Your Marriage* (Malaysia: Pelanduk, 2002).

15 William Scott Wilson, *The Lone Samurai: The Life of Miyamoto Musashi* (New York: Kodansha International, 2004), 220; Miyamoto Musashi, *The Book of Five Rings: A Classic Text on the Japanese Way of the Sword,* translated by Thomas Cleary (Boston: Shambhala Publications, 2005).

16 Thomas A. Green, ed., *Martial Arts of the World: An Encyclopedia* (Santa Barbara, CA: ABC-CLIO, 2001).

17 George Stalk, Jr., "Time—The Next Source of Competitive Advantage," *Harvard Business Review* 1 (August 1988): 41-51; George Stalk and Tom Hout, *Competing Against Time: How Time-Based Competition Is Reshaping Global Markets* (New York: The Free Press, 1990).

18 兩個還同時出現在Chet Richards, *Certain to Win: The Strategy of John Boyd as Applied to Business* (Philadelphia: Xlibris, 2004)。

19 後來出版的一本書裡談到透過釋放出「大規模和壓倒性的力量」、威脅競爭對手的「賺錢買賣」以及誘使他們退卻等手段，征服而不是智取他們。這不是為心軟的人準備的手段。據他後來說，他思想中的「共同主題」是「讓競爭對手對所發生的事情驚惶失措，從而為自己取得優勢」。George Stalk and Rob Lachenauer Hardball, *Are You Playing to Play or Playing to Win?* (Cambridge, MA: Harvard Business School Press, 2004); Jennifer Reingold, "The 10 Lives of George Stalk," Fast Company.com, December 19, 2007, http://www.fastcompany.com/magazine/91/open_stalk.html.

第三十二章 經濟學的興起

1 Mirowski, *Machine Dreams*, 12-17 (see chap.12, n. 11). "Cyborg"這個詞直到一九六〇年代才開始使用，專指具備科技能力高超的人。

2 Duncan Luce and Howard Raiffa, *Games and Decisions: Introduction and Critical Survey* (New York: John Wiley & Sons, 1957), 10.

3 同上，18.

4 Sylvia Nasar, *A Beautiful Mind* (New York: Simon & Schuster, 1988).

5 John F. Nash, Jr., *Essays on Game Theory*, with an introduction by K. Binmore (Cheltenham, UK: Edward Elgar, 1996).

6 Roger B. Myerson, "Nash Equilibrium and the History of Economic Theory," *Journal of Economic Literature* 37 (1999): 1067.

7 Mirowski, *Machine Dreams*, 369.
8 Richard Zeckhauser, "Distinguished Fellow: Reflections on Thomas Schelling," *The Journal of Economic Perspectives* 3, no. 2(Spring 1989): 159.
9 Milton Friedman, *Price Theory: A Provisional Text*, revised edn. (Chicago: Aldine, 1966), 37.
10 引自Rakesh Khurana, *From Higher Aims to Higher Hands: The Social Transformation of American Business Schools and the Unfulfilled Promise of Management as a Profession* (Princeton, NJ: Princeton University Press, 2007), 239-240。
11 同上，292, 307.
12 同上，272.
13 同上，253-254, 275, 268-269, 331.
14 Pankat Ghemawat, "Competition and Business Strategy in Historical Perspective," *The Business History Review* 76, no. 1(Spring 2002): 37-74, 44-45.
15 Interview with Seymour Tilles, October 24, 1996.
16 John A. Seeger, "Reversing the Images of BCG's Growth/Share Matrix," *Strategic Management Journal* 5 (1984): 93-97.
17 Herbert A. Simon. "From Substantive to Procedural Rationality," in Spiro J. Latsis, ed., *Method and Appraisal in Economics* (Cambridge, UK: Cambridge University Press, 1976), 140.
18 Michael Porter, *Competitive Strategy Techniques for Analyzing Industries and Competitors* (New York: The Free Press, 1980).
19 Porter, *Competitive Strategy*, 3.
20 Mitzberg et al., *Strategy Safari*, 113 (see chap. 30, n. 29).
21 Porter, *Competitive Strategy*, 53, 86.
22 Porter, *Competitive Advantage*.
23 Michael Porter, Nicholas Argyres, and Anita M. McGahan, "An Interview with Michael Porter," *The Academy of Management Executive* (1993-2005)16, no. 2 (May 2002): 43-52.
24 Vance H. Fried and Benjamin M. Oviatt, "Michael Porter's Missing Chapter: The Risk of Antitrust Violations," *Academy of Management Executive* 3, no. 1 (1989): 49-56.
25 Adam J. Brandenburger and Barry J. Nalebuff, *Co-Opetition* (New York: Doubleday, 1996).
26 As demonstrated by Wikipedia: http://en.wikipedia.org/wiki/Coopetition.
27 Stewart, *The Management Myth*, 214-215.

第三十三章 紅皇后與藍海

1 Kathleen Eisenhardt, "Agency Theory:An Assessment and Review," *Academy of Management Review* 14, no. 1 (1989): 57-74.
2 Justin Fox, *The Myth of the Rational Market: A History of Risk, Reward, and Delusion on Wall Street* (New York: Harper, 2009), 159-162.
3 Michael C. Jensen and William H. Meckling, "Theory of the Firm: Managerial Behavior, Agency Costs and Ownership Structure," *Journal of Financial Economics* 3 (1976): 302-360.
4 Michael C. Jensen, "Organization Theory and Methodology," *The Accounting Review* 58, no. 2 (April 1983): 319-339.
5 Jensen, "Takeovers: Folklore and Science," *Harvard Business Review* (November-December 1984), 109-121.
6 引自Fox, *The Myth of the Rational Market*, 274.
7 Paul M. Hirsch, Ray Friedman, and Mitchell P. Koza, "Collaboration or Paradigm Shift?: Caveat Emptor and the Risk of Romance with Economic Models for Strategy and Policy Research," *Organization Science* 1, no. 1 (1990): 87-97.
8 Robert Hayes and William J. Abernathy, "Managing Our Way to Economic Decline," *Harvard Business Review* (July 1980), 67-77.
9 Franklin Fisher, "Games Economists Play: A Noncooperative View," *RAND Journal of Economics* 20, no. 1 (Spring 1989): 113.

10 Carl Shapiro, "The Theory of Business Strategy," *RAND Journal of Economics* 20, no.1 (Spring 1989): 125-137.
11 Richard P. Rumelt, Dan Schendel, and David J. Teece, "Strategic Management and Economics," *Strategic Management Journal* 12 (Winter 1991): 5-29.
12 Garth Saloner, "Modeling, Game Theory, and Strategic Management," *Strategic Management Journal* 12 (Winter 1991):119-136. 亦可參見Colin F. Camerer, "Does Strategy Research Need Game Theory?" *Strategic Management Journal* 12 (Winter 1991): 137-152。
13 Richard L. Daft and Arie Y. Lewin, "Can Organization Studies Begin to Break Out of the Normal Science Straitjacket? An Editorial Essay," *Organization Science* 1, no. 1(1990): 1-9; Richard A. Bettis, "Strategic Management and the Straightjacket: An Editorial Essay," *Organization Science* 2, no. 3 (August 1991): 315-319.
14 Sumantra Ghoshal, "Bad Management Theories Are Destroying Good Management Practices," *Academy of Management Learning and Education* 4, no. 1 (2005): 85.
15 Timothy Clark and Graeme Salaman, "Telling Tales:Management Gurus' Narratives and the Construction of Managerial Identity," *Journal of Management Studies* 3, no. 2(1998):157. 亦可參見T. Clark and G. Salaman, "The Management Guru as Organizational Witchdoctor," *Organization* 3, no. 1 (1996): 85-107.
16 James Champy, *Reengineering Management:The Mandate for New Leadership* (London: HarperBusiness, 1995), 7.
17 Michael Hammer and James Champy, *Reengineering the Corporation: A Manifesto for Business Revolution* (London: HarperBusiness, 1993), 49.
18 Peter Case, "Remember Re-Engineering? The Rhetorical Appeal of a Managerial Salvation Device," *Journal of Management Studies* 35, no. 4 (July 1991): 419-441.
19 Michael Hammer, "Reengineering Work: Don't Automate, Obliterate," *Harvard Business Review*, July/August 1990, 104.
20 Thomas Davenport and James Short, "The New Industrial Engineering: Information Technology and Business Process Redesign," *Sloan Management Review*, Summer 1990; Keith Grint, "Reengineering History: Social Resonances and Business Process Reengineering," *Organization* 1, no. 1 (1994): 179-201; Keith Grint and P. Case, "The Violent Rhetoric of Re-Engineering: Management Consultancy on the Offensive," *Journal of Management Studies* 6, no.5 (1998): 557-577.
21 Bradley G. Jackson, "Re-Engineering the Sense of Self: The Manager and the Management Guru," *Journal of Management Studies* 33, no. 5 (September 1996): 571-590.
22 Hammer and Champy, *Reengineering the Corporation: A Manifesto for Business Revolution*. 亦可參見John Micklethwait and Adrian Wooldridge, *The Witch Doctors: Making Sense of the Management Gurus*。
23 Iain L. Mangham, "Managing as a Performing Art," *British Journal of Management* 1 (1990): 105-115.
24 Michael Hammer and Steven Stanton, *The Reengineering Revolution: The Handbook* (London: HarperCollins, 1995), 30, 52.
25 Michael Hammer, *Beyond Reengineering: How the Process-Centered Organization Is Changing Our Work and Our Lives* (London: HarperCollins, 1996), 321.
26 Champy, *Reengineering Management*, 204.
27 同上，122.
28 Willy Stern, "Did Dirty Tricks Create a Best-Seller?" *Business Week*, August 7, 1995; Micklethwait and Wooldridge, *The Witch Doctors*, 23-25; Kiechel, *The Lords of Strategy*, 24 (see chap. 30,n. 27). Timothy Clark and David Greatbatch, "Management Fashion as Image-Spectacle: The Production of Best-Selling Management Books," *Management Communication Quarterly* 17, no. 3 (February 2004): 396-424.
29 Michael Porter, "What Is Strategy?" *Harvard Business Review*, November-December 1996, 60-78.
30 Leigh Van Valen, "A New Evolutionary Law," *Evolutionary Theory* I (1973): 20.
31 Ghemawat, "Competition and Business Strategy in Historical Perspective," 64.
32 Chan W. Kim and Renee Mauborgne, *Blue Ocean Strategy: How to Create Uncontested Market Space* (Boston: Harvard Business School Press, 2005), 6-7.
33 同上，209-221.

34 Chan W. Kim and Renee Mauborgne, "How Strategy Shapes Structure," *Harvard Business Review* (September 2009), 73-80.

35 Eric D. Beinhocker, "Strategy at the Edge of Chaos," *McKinsey Quarterly* (Winter 1997), 25-39.

第三十四章 社會學的挑戰

1 James A. C. Brown, *The Social Psychology of Industry* (London: Penguin Books, 1954).

2 Douglas McGregor. *The Human Side of Enterprise* (New York: McGraw-Hill, 1960). 亦可參見Gary Heil, Warren Bennis, and Deborah C. Stephens, *Douglas McGregor Revisited: Managing the Human Side of the Enterprise* (New York: Wiley, 2000).

3 引自David Jacobs, "Book Review Essay: Douglas McGregor? The Human Side of Enterprise in Peril," *Academy of Management Review* 29, no. 2 (2004): 293-311.

4 在本書第三十七章有進一步討論。

5 Karl Weick, *The Social Psychology of Organizing* (New York: McGraw Hill, 1979), 91.

6 Tom Peters, Bob Waterman, and Julian Phillips, "Structure Is Not Organization," *Business Horizons*, June 1980. Peters的表述出自Tom Peters, "A Brief History of the 7-S('McKinsey 7-S')Model," January 2011, available at http://www.tompeters.com/dispatches/012016.php.

7 Richard T. Pascale and Anthony Athos, *The Art of Japanese Management: Applications for American Executives* (New York: Simon & Schuster, 1981).

8 Kenichi Ohmae,*The Mind of the Strategist: The Art of Japanese Business* (New York: McGraw-Hill, 1982).

9 書名最初本打算叫作The Secrets of Excellence（卓越的奧祕），但麥肯錫公司擔心這會讓人以為他們在透露客戶的機密。

10 Tom Peters and Robert Waterman, *In Search of Excellence: Lessons from America's Best Run Companies* (New York: HarperCollins, 1982).

11 Tom Peters, "Tom Peters's True Confessions," *Fast Company.com*, November 30, 2001, http://www.fastcompany.com/magazine/53/peters.html. 關於Tom Peters，參見Stuart Crainer,*The Tom Peters Phenomenon: Corporate Man to Corporate Skink* (Oxford: Capstone, 1997)。

12 Peters and Waterman, *In Search of Excellence*, 29.

13 D. Colville, Robert H. Waterman, and Karl E. Weick, "Organization and the Search for Excellence: Making Sense of the Times in Theory and Practice," *Organization* 6,no. 1 (February 1999): 129-148.

14 Daniel Carroll, "A Disappointing Search for Excellence," *Harvard Business Review*, November-December 1983, 78-88.

15 "Oops. Who's Excellent Now?" *Business Week*, November 5, 1984. 這本書裡確實提到「卓越公司中的大多數不會永遠保持上升勢頭」(pp. 109-10)，但有一些公司確實表現出了驚人的韌性。

16 Tom Peters, *Liberation Management: Necessary Disorganization for the Nanosecond Nineties* (New York: A. A. Knopf, 1992).

17 Tom Peters, *Re-Imagine! Business Excellence in a Disruptive Age* (New York: DK Publishing, 2003), 203.

18 "Guru:Tom Peters," *The Economist*, March 5, 2009. Tom Peters with N. Austin, *A Passion for Excellence: The Leadership Difference* (London: Collins,1985); *Thriving on Chaos: Handbook for a Management Revolution* (New York: Alfred A. Knopf, 1987).

19 Stewart, *The Management Myth*, 234.

20 "Peter Drucker, the Man Who Changed the World," *Business Review Weekly*, September 15, 1997, 49.

21 C. K. Prahalad and G. Hamel, "Strategic Intent," *Harvard Business Review* (May-June 1989), 63-76.

22 C. K. Prahalad and G. Hamel, "The Core Competence of the Corporation," *Harvard Business Review* (May-June 1990), 79-91.

23 C. K. Prahalad and G. Hamel, "Strategy as a Field of Study: Why Search for a New Paradigm?" *Strategic Management Journal* 15, issue supplement S2 (Summer 1994): 5-16.

24 Gary Hamel, "Strategy as Revolution," *Harvard Business Review* (July-August 1996), 69.

25 同上，78.

26 Gary Hamel, *Leading the Revolution: How to Thrive in Turbulent Times by Making Innovation a Way of Life* (Cambridge, MA: Harvard Business School Press, 2000).

27 明茲伯格多少有點幸災樂禍地將韓默爾對安隆董事長Kenneth Lay所做的令人尷尬的採訪收進了*Strategy Bites Back*。

28 韓默爾不是唯一一個認定安隆公司是未來企業典範的作者。*The Financial Times*於二〇〇一年十二月四日評論：「不同古魯們的書都對這家公司另眼相看，把它樹立為有效管理的榜樣，認為它將『引領革命』（LEADING THE REVOLUTION, Gary Hamel, 2000），落實『創造性破壞』（CREATIVE DESTRUCTION, Richard Foster and Sarah Kaplan, 2001），想出『規則簡單的戰略』（STRATEGY THROUGH SIMPLE RULES, Kathy Eisenhardt and Donald Sull, 2001），打贏『人才爭奪戰』（WAR FOR TALENT, Ed Michaels, 1998），並且指明『通往新經濟之路』（ROAD TO THE NEXT ECONOMY, James Critin, 原定發表於二〇〇二年二月，現在看到的可能是修改過的。」

29 Gary Hamel, *The Future of Management* (Cambridge, MA: Harvard Business School Press, 2007), 14.

30 同上，62.

31 Gary Hamel, *What Matters Now: How to Win in a World of Relentless Change, Ferocious Competition, and Unstoppable Innovation* (San Francisco: Jossey-Bass, 2012).

32 Scott Adams, *The Dilbert Principle* (New York: HarperCollins, 1996), 153, 296. 描述該策略的連環漫畫可參見http://www.dilbert.com/strips/.

第三十五章 計畫型策略或應變型策略

1 Henry Mintzberg and James A. Waters, "Of Strategies, Deliberate and Emergent," *Strategic Management Journal* 6, no. 3 (July-September 1985): 257-272.

2 Ed Catmull, "How Pixar Fosters Collective Creativity," *Harvard Business Review*, September 2008.

3 Henry Mintzberg, "Rebuilding Companies as Communities," *Harvard Business Review*, July-August 2009, 140-143.

4 Peter Senge, *The Fifth Discipline: The Art and Practice of the Learning Organization* (New York: Doubleday, 1990).

5 Daniel Quinn Mills and Bruce Friesen, "The Learning Organization," *European Management Journal* 10, no. 2 (June 1992): 146-156.

6 Charles Handy, "Managing the Dream," in S.Chawla and J. Renesch, eds., *Learning Organizations* (Portland, OR: Productivity Press,1995), 46. 引自Michaela Driver, "The Learning Organization: Foucauldian Gloom or Utopian Sunshine?" *Human Relations* 55(2002):33-53.

7 Robert C. H. Chia and Robin Holt, *Strategy Without Design: The Silent Efficacy of Indirect Action* (Cambridge: Cambridge University Press, 2009), 203.

8 雖然有李德・哈特（間接方法的倡導者）和魯瓦克（將戰略視為矛盾體）幫忙，而且兩人都明確反對採用直接、正面的方法，但他們都不認為軍事勝利能靠毫無目的性的行動實現，因為他們很清楚，一支軍隊中的每個個體在身處險境時的表現（行動沒有任何方向、可能會投降，也可能會開小差）。在戰爭中運用間接戰略，需要富於想像力的領導藝術，以及在實施可能具有很大風險的迂迴作戰之前，先能認清敵人意圖的能力。

9 Chia and Holt, *Strategy Without Design*, xi.

10 Jeffrey Pfeffer, *Managing with Power: Politics and Influence in Organizations* (Boston: Harvard Business School Press, 1992). 他將權力定義為「影響行為、改變事件進程、克服阻力以及讓人們做他們不會做的事的潛在能力」，第30頁。

11 Jeffrey Pfeffer, *Power: Why Some People Have It—and Others Don't* (New York: HarperCollins, 2010), 11.對組織政治的最好且最有趣的理解指南是F. M. Cornford, *Microcosmographia Academica: Being a Guide for the Young Academic Politician* (London: Bowes & Bowes,1908).

12 Helen Armstrong, "The Learning Organization: Changed Means to an Unchanged End," *Organization* 7, no. 2 (2000): 355-361.

13 John Coopey, "The Learning Organization, Power, Politics and Ideology," *Management Learning* 26, no. 2 (1995): 193-214.

14 David Knights and Glenn Morgan "Corporate Strategy, Organizations, and Subjectivity: A Critique," *Organization Studies* 12, no. 2 (1991): 251.

15 Stewart Clegg , Chris Carter, and Martin Kornberger, "Get Up, I Feel Like Being a Strategy Machine," *European Management Review* 1, no. 1 (2004): 21-28.

16 Stephen Cummings and David Wilson, eds., *Images of Strategy* (Oxford: Blackwell, 2003), 3. 他們認為：「一套好的策略，無論直白還是含蓄，都應該能為公司確定方向並賦予它活力。」第2頁。

17 Peter Franklin, "Thinking of Strategy in a Postmodern Way: Towards an Agreed Paradigm," Parts 1 and 2, *Strategic Change* 7 (September-October 1998), 313-332 and (December 1998), 437-448.

18 Donald Hambrick and James Fredericksson, "Are You Sure You Have a Strategy?" *Academy of Management Executive* 15, no. 4 (November 2001): 49.

19 John Kay, *The Hare & The Tortoise: An Informal Guide to Business Strategy* (London: The Erasmus Press 2006), 31.

20 "Instant Coffee as Management Theory," *Economist* 25 (January 1997): 57.

21 Eric Abrahamson, "Management Fashion," *Academy of Management Review* 21, no. 1 (1996): 254-285.

22 Jane Whitney Gibson and Dana V. Tesone, "Management Fads: Emergence, Evolution, and Implications for Managers," *The Academy of Management Executive* 15, no. 4 (2001): 122-133.

23 「呆伯特」中有個例子：在主管得知他可以透過統計回頭客的數量來衡量自己的業績後，他驕傲地上報稱：「每名顧客基本上都會在購買第一件商品後的三個月內購買第二件！」當被問到他是否「算上了保固更換的數量」時，他又回答說，「呃，那麼說來，我們看起來沒那麼好。」Adams, *The Dilbert Principle*, 158.

24 R. S. Kaplan and D. P. Norton, "The Balanced Scorecard: Measures that Drive Performance," *Harvard Business Review* 70 (Jan-Feb 1992): 71-79, and "Putting the Balanced Scorecard to Work," *Harvard Business Review* 71 (Sep-Oct 1993): 134-147. Stephen Bungay, *The Art of Action: How Leaders Close the Gaps Between Plans, Actions and Results* (London: Nicholas Brealey ,2011), 207-214.

25 Paula Phillips Carson, Patricia A. Lanier, Kerry David Carson, and Brandi N. Guidry, "Clearing a Path Through the Management Fashion Jungle: Some Preliminary Trailblazing," *The Academy of Management Journal* 43, no. 6 (December 2000): 1143-1158.

26 Barry M. Staw and Lisa D. Epstein, "What Bandwagons Bring: Effects of Popular Management Techniques on Corporate Performance, Reputation, and CEO Pay," *Administrative Science Quarterly* 45, no. 3 (September 2000): 523-556.

27 Keith Grint, "Reengineering History," 193 (see chap. 33, n. 20)。

28 Guillermo Armando Ronda-Pupo and Luis Angel Guerras-Martin, "Dynamics of the Evolution of the Strategy Concept 1992-2008: A Co-Word Analysis," *Strategic Management Journal* 33(2011): 162-188. 他們的一致定義是：「在公司與其所處環境關係的動態變化中，為實現公司目標和（或）透過合理利用資源提高績效而採取的必要行動。」目前，這個定義還沒有流行起來。

29 Damon Golskorkhi, Linda Rouleau, David Seidl, and Erro Vaara, eds., "Introduction: What Is Strategy as Practice?" *Cambridge Handbook of Strategy as Practice* (Cambridge, UK: Cambridge University Press, 2010), 13.

30 Paula Jarzabkowski, Julia Balogun, and David See, "Strategizing: The Challenge of a Practice Perspective," *Human Relations* 60, no. 5 (2007): 5-27. 公允地說，這個詞至少自一九七〇年代起就已經存在了。

31 Richard Whittington, "Completing the Practice Turn in Strategy Research," *Organization Studies* 27, no. 5 (May 2006): 613-634.（注意頭韻、雙聲的妙處。）

32 Ian I. Mitroff and Ralph H. Kilmann, "Stories Managers Tell: A New Tool for Organizational Problem Solving," *Management Review* 64, no. 7 (July 1975): 18-28；Gordon Shaw, Robert Brown, and Philip Bromiley, "Strategic Stories: How 3M Is Rewriting Business Planning," *Harvard Business Review* (May-June 1998), 41-48.

33 Jay A. Conger, "The Necessary Art of Persuasion," *Harvard Business Review* (May-June 1998), 85-95.

34 Lucy Kellaway, *Sense and Nonsense in the Office* (London: Financial Times: Prentice Hall, 2000), 19.

35 Karl E. Weick, *Sensemaking in Organizations* (Thousand Oaks, CA: Sage, 1995), 129.

36 Valérie-Inès de la Ville and Elèonore Mounand, "A Narrative Approach to Strategy as Practice: Strategy Making from Texts and Narratives," in Golskorkhi, Rouleau, Seidl, and Vaara, eds., *Cambridge Handbook of Strategy as Practice*, 13.

37 David M. Boje, "Stories of the Storytelling Organization: A Postmodern Analysis of Disney as 'Tamara-Land,'" *Academy of Management Journal* 38, no. 4 (August 1995): 997-1035.

38 Karl E. Weick, *Making Sense of the Organization* (Oxford: Blackwell, 2001), 344-345. 此事在他開始於一九八二年的研究中出現過多個版本。

39 Mintzberg et al., *Strategy Safari*, 160 (see chap. 30, n. 29).

40 這招致了人們對剽竊行為的指責。Thomas Basbøll and Henrik Graham, "Substitutes for Strategy Research: Notes on the Source of Karl Weick's Anecdote of the Young Lieutenant and the Map of the Pyrenees," *Ephemera: Theory & Politics in Organization* 6, no. 2 (2006): 194-204.

41 Richard T. Pascale,"Perspectives on Strategy: The Real Story Behind Honda's Success," *California Management Review* 26 (1984): 47-72. *The California Management Review* 38, no. 4 (1996). 為了討論此事的意義，曾舉辦了一場論壇，成果包括：Michael Goold(author of the original BCG report), "Learning, Planning, and Strategy: Extra Time"; Richard T. Pascale, "Reflections on Honda"; Richard P. Rumelt, "The Many Faces of Honda"; and Henry Mintzberg, "Introduction" and "Reply to Michael Goold." 帕斯卡爾對英國政府委託波士頓顧問公司（BCG）完成的一份報告提出質疑，該報告分析了曾經占據市場主導地位的英國摩托車產業急速衰落的原因。BCG將其歸咎於「片面追求短期利潤」，同時闡釋了日本成功培育出巨大的小型摩托車國內市場的經驗。這意味著成本要低，所以當他們決定出口小型摩托車時，只適合生產大型摩托車的英國公司根本無力與之競爭。本田實現了驚人的規模經濟：每名工人每年生產大約兩百輛摩托車，相較之下，英國只有十四輛。Boston Consulting Group *Strategy Alternatives for the British Motorcycle Industry*, 2 vols.(London: Her Majesty's Stationery Office, 1975).

42 Henry Mintzberg, "Crafting Strategy," *Harvard Business Review* (July-August 1987), 70.

43 Andrew Mair, "Learning from Japan:Interpretations of Honda Motors by Strategic Management Theorists," *Nissan Occasional Paper Series* No. 29, 1999, available at http://www.nissan.ox.ac.uk/_data/assets/pdf_file/0013/11812/NOPS29.pdf.較短的版本見於 Andrew Mair, "Learning from Honda," *Journal of Management Studies* 36, no.1 (January 1999): 25-44.

44 Jeffrey Alexander, *Japan's Motorcycle Wars: An Industry History* (Vancouver: UBC Press, 2008).

45 Mair, "Learning from Japan," 29-30.對這場辯論的回顧見於Christopher D. McKenna, "Mementos: Looking Backwards at the Honda Motorcycle Case, 2003-1973," in Sally Clarke, Naomi R. Lamoreaux, and Steven Usselman, eds., *The Challenge of Remaining Innovative: Lessons from Twentieth Century American Business* (Palo Alto: Stanford University Press, 2008).

46 Phil Rosenzweig, *The Halo Effect* (New York: The Free Press, 2007).

47 John Kay, *The Hare & The Tortoise*, 33, 70, 158, 160.

48 Stephen Bungay, *The Art of Action: How Leaders Close the Gap Between Plans, Actions and Results* (London: Nicholas Brealey, 2011).

49 A. G. Laffley and Roger Martin, *Playing to Win: How Strategy Really Works* (Cambridge, MA: Harvard Business Review Press, 2013), 214-215.

50 Richard Rumelt, *Good Strategy, Bad Strategy: The Difference and Why It Matters* (London: Profile Books, 2011), 77, 106, 111.

51 同上，32。「沒有價值的東西」涉及了為提高淺顯道理的重要性，用一些新詞對其所做的無聊重述，或是對深刻事物的晦澀解釋。它反映了一種把每個具有肯定含義的抽象名詞串在一起的癖好。魯梅特對學術界提出批評，因為學術作者常常透過玩弄抽象概念讓自己顯得比實際更聰明，而且這些概念可能需要不斷用實例加以解讀。

52 同上，58.

第三十六章 理性選擇的極限

1 引自Paul Hirsch, Stuart Michaels, and Ray Friedman, "'Dirty Hands' versus 'Clean Models': Is Sociology in Danger of Being Seduced by Economics," *Theory and Society* 16 (1987): 325.

2 Emily Hauptmann, "The Ford Foundation and the Rise of Behavioralism in Political Science," *Journal of the History of the Behavioral Sciences* 48, no. 2 (2012): 154-173.
3 S. M. Amadae, *Rationalising Capitalist Democracy: The Cold War Origins of Rational Choice Liberalism* (Chicago: University of Chicago Press, 2003), 3.
4 Martin Hollis and Robert Sugden, "Rationality in Action," *Mind* 102, no.405 (January 1993): 2.
5 Richard Swedberg, "Sociology and Game Theory: Contemporary and Historical Perspectives," *Theory and Society* 30 (2001): 320.
6 William Riker, "The Entry of Game Theory into Political Science," in Roy Weintraub, ed., *Toward a History of Game Theory*, 208-210 (see chap. 12, n. 19).
7 S. M. Amadae and Bruce Bueno de Mesquita, "The Rochester School: The Origins of Positive Political Theory," *Annual Review of Political Science* 2 (1999): 276.
8 同上，282, 291.
9 參見Ronald Terchek, "Positive Political Theory and Heresthetics: The Axioms and Assumptions of William Riker," *The Political Science Reviewer*, 1984, 62. 關於威廉・瑞克還可參見Albert Weale, "Social Choice versus Populism? An Interpretation of Riker's Political Theory," *British Journal of Political Science* 14, no. 3 (July 1984): 369-385; Iain McLean, "William H. Riker and the Invention of Heresthetic(s)," *British Journal of Political Science* 32, no. 3 (July 2002): 535-558.
10 Jonathan Cohn, "The Revenge of the Nerds: Irrational Exuberance: When Did Political Science Forget About Politics," *New Republic*, October 15, 1999.
11 William Riker and Peter Ordeshook, *An Introduction to Positive Political Theory* (Englewood Cliffs: Prentice-Hall, 1973), 24.
12 Richard Langlois, "Strategy as Economics versus Economics as Strategy," *Managerial and Decision Economics* 24, no. 4 (June-July 2003): 287.
13 Donald P. Green and Ian Shapiro, *Pathologies of Rational Choice Theory: A Critique of Applications in Political Science*(New Haven, CT: Yale University Press, 1996), X. 對它的反駁見於Jeffery Friedman, ed., "Rational Choice Theory and Politics," *Critical Review* 9, no. 1-2 (1995).
14 Stephen Walt, "Rigor or Rigor Mortis? Rational Choice and Security Studies," *International Security* 23, no. 4(Spring 1999): 8.
15 Dennis Chong，引自Cohn, *The Revenge of the Nerds*。
16 William A. Gamson, "A Theory of Coalition Formation," *American Sociological Review* 26, no.3 (June 1961): 373-382.
17 William Riker, *The Theory of Political Coalitions* (New Haven, CT: Yale University Press, 1963).
18 William Riker, "Coalitions. I. The Study of Coalitions," in David L. Sills, ed., *International Encyclopedia of the Social Sciences*, vol. 2 (New York: The Macmillan Company, 1968), 527. 引自Swedberg, *Sociology and Game Theory*, 328。
19 Riker, *Theory of Political Coalitions*, 22.
20 Mancur Olson, *The Logic of Collective Action: Public Goods and the Theory of Groups* (Cambridge, MA: Harvard University Press, 1965); Iain McLean, "Review Article: The Divided Legacy of Mancur Olson," *British Journal of Political Science* 30, no. 4 (October 2000), 651-668.
21 Mancur Olson and Richard Zeckhauser, "An Economic Theory of Alliances," *The Review of Economics and Statistics* 48, no. 3 (August 1966): 266-279.
22 Avinash K. Dixit and Barry J. Nalebuff, *The Art of Strategy: A Game Theorist's Guide to Success in Business and Life* (New York: W. W. Norton, 2008), x.
23 Anatol Rapoport, *Strategy and Conscience* (New York: Harper & Row,1964).有關謝林的回應，請參見他的評論：*The American Economic Review*, LV (December 1964), 1082-1088.
24 Robert Axelrod, *The Evolution of Cooperation* (New York: Basic Books, 1984), 177.這段插曲見於Mirowski, *Machine Dreams*, see Chapter 12, n. 11, 484-487.
25 Dennis Chong, *Collective Action and the Civil Rights Movement* (Chicago: University of Chicago Press,

1991), 231-237.

26 Robert Jervis, "Realism, Game Theory and Cooperation," *World Politics* 40, no. 3 (April 1988): 319. 亦可參見Robert Jervis, "Rational Deterrence: Theory and Evidence," *World Politics* 41, no. 2 (January 1989): 183-207。

27 Herbert Simon, "Human Nature in Politics, The Dialogue of Psychology with Political Science," *American Political Science Review* 79, no. 2 (June 1985): 302.

28 Albert Weale, "Social Choice versus Populism?", 379.

29 William H. Riker, "The Heresthetics of Constitution-Making: The Presidency in 1787, with Comments on Determinism and Rational Choice," *The American Political Science Review* 78, no. 1(March 1984): 1-16.

30 Simon, "Human Nature in Politics," 302.

31 Amadae and Bueno de Mesquita, "The Rochester School."

32 William Riker, *The Art of Political Manipulation* (New Haven, CT: Yale University Press, 1986), ix.

33 William Riker, *The Strategy of Rhetoric* (New Haven, CT: Yale University Press, 1996), 4.

第三十七章 超越理性選擇

1 引自Martin Hollis and Robert Sugden, "Rationality in Action," *Mind* 102, no. 405 (January 1993): 3。

2 Anthony Downs, *An Economic Theory of Democracy* (New York: Harper & Row, 1957), 5.

3 Riker, *The Theory of Political Coalitions*, 20(see chap. 36, n. 17).

4 參見pp. 153-154。

5 Brian Forst and Judith Lucianovic, "The Prisoner's Dilemma: Theory and Reality," *Journal of Criminal Justice* 5 (1977): 55-64.

6 例如，奈勒波夫和布蘭登伯格承認，「簡單的教科書提供的只是對『理性人』的看法，不能恰當地應用於混亂無常的真實商業世界。但這是教科書本身的問題」。奈勒巴夫和布蘭登伯格認為，一個理性的人會依靠他的感性認識「盡他所能把事情做好」，這種感性認識取決於可用資訊的數量以及他對各種結果的估計。也就是說，要記著從多重視角來看一場賽局。他們的結論就是，「對於我們而言，人們是否理性，在很大程度上是個無關緊要的問題」。本書提供了一些讓人耳目一新的內容。這本書據稱代表了面向更廣大商業讀者的賽局理論，它明白地迴避了影響其分析方法並可能限制其應用範圍的基本概念性問題。Nalebuff and Brandenburger, *Co-Opetition*, 56-58.

7 Introduction in Jon Elster, ed., *Rational Choice* (New York: New York University Press, 1986), 16. Green and Shapiro, *Pathologies of Rational Choice Theory*, 20 (see chap. 36, n. 13). 引用埃爾斯特的觀點證明了嚴格的標準給研究者帶來的負擔。埃爾斯特是一位理性選擇理論的早期倡導者，但後來魅力不再。

8 關於個人在運用形式推理和理解統計方法方面的無能為力，參見John Conlisk, "Why Bounded Rationality?" *Journal of Economic Literature* 34, no. 2 (June 1996):670.

9 Faruk Gul and Wolfgang Pesendorfer, "The Case for Mindless Economics," in A. Caplin and A. Shotter, eds., *Foundations of Positive and Normative Economics* (Oxford: Oxford University Press, 2008).

10 Khurana, *From Higher Aims to Higher Hands*, see Chapter 32, n. 10, 284-285.

11 Herbert A. Simon, "A Behavioral Model of Rational Choice," *Quarterly Journal of Economics* 69, no. 1 (February 1955): 99-118. 亦可參見"Information Processing Models of Cognition," *Annual Review of Psychology* 30, no. 3 (February 1979): 363-396. Herbert A. Simon and William G. Chase, "Skill in Chess," *American Scientist* 61, no. 4 (July 1973): 394-403。

12 Amos Tversky and Daniel Kahneman, "Judgment Under Uncertainty: Heuristics and Biases," *Science* 185, no. 4157 (September 1974): 1124. 亦可參見Daniel Kahneman, "A Perspective on Judgment and Choice: Mapping Bounded Rationality," *American Psychologist* 56, no. 9 (September 2003): 697-720。

13 "IRRATIONALITY: Rethinking thinking," *The Economist*, December 16, 1999, available at http://www.economist.com/node/268946.

14. Amos Tversky and Daniel Kahneman, "The Framing of Decisions and the Psychology of Choice," *Science* 211, no. 4481 (1981): 453-458; "Rational Choice and the Framing of Decisions," *Journal of Business* 59, no. 4, Part 2 (October 1986): S251-S278.

15 Richard H. Thaler, "Toward a Positive Theory of Consumer Choice," *Journal of Economic Behavior and Organization* 1, no. 1 (March 1980): 36-90; "Mental Accounting and Consumer Choice," *Marketing Science* 4, no. 3 (Summer 1985): 199-214.

16 Joseph Henrich, Steven J. Heine, and Ara Norenzayan, "The Weirdest People in the World?" *Behavioral and Brain Sciences*, 2010, 1-75.

17 Chris D. Frith and Tania Singer, "The Role of Social Cognition in Decision Making," *Philosophical Transactions of the Royal Society* 363, no. 1511 (December 2008): 3875-3886；Colin Camerer and Richard H. Thaler, "Ultimatums, Dictators and Manners," *Journal of Economic Perspectives* 9, no. 2: 209-219; A. G. Sanfey, J. K. Rilling, J. A. Aronson, L. E. Nystrom, and J. D. Cohen, "The Neural Basis of Economic Decisionmaking in the Ultimatum Game," *Science* 300, no. 5626 (2003): 1755-1758. 有關調查參見Angela A. Stanton, *Evolving Economics: Synthesis*, April 26, 2006, Munich Personal RePEc Archive, Paper No. 767, posted November 7, 2007, available at http://mpra.ub.uni-muenchen.de/767/.

18 Robert Forsythe, Joel L. Horowitz, N. E. Savin, and Martin Sefton, "Fairness in Simple Bargaining Experiments," *Game Economics Behavior* 6 (1994): 347-369.

19 Elizabeth Hoffman, Kevin McCabe, and Vernon L. Smith, "Social Distance and Other-Regarding Behavior in Dictator Games," *American Economic Review* 86, no.3 (June 1996): 653-660.

20 Joseph Patrick Henrich et al., "'Economic Man' in Cross-Cultural Perspective: Behavioral Experiments in 15 Small-Scale Societies," *Behavioral Brain Science* 28 (2005): 813.

21 Stanton, *Evolving Economics*,10.

22 Martin A. Nowak and Karl Sigmund, "The Dynamics of Indirect Reciprocity," *Journal of Theoretical Biology* 194 (1998): 561-574.

23 利他懲罰已經被證明在維護群體合作方面發揮了至關重要的作用。參見Herbert Gintis, "Strong Reciprocity and Human Sociality," *Journal of Theoretical Biology* 206, no. 2 (September 2000): 169-179.

24 Mauricio R. Delgado, "Reward-Related Responses in the Human Striatum," *Annals of the New York Academy of Sciences* 1104 (May 2007): 70-88.

25 Fabrizio Ferraro, Jeffrey Pfeffer, and Robert I. Sutton, "Economics, Language and Assumptions: How Theories Can Become Self-Fulfilling," *The Academy of Management Review* 30, no. 1 (January 2005):14-16; Gerald Marwell and Ruth E. Ames, "Economists Free Ride, Does Anyone Else? Experiments on the Provision of Public Goods," *Journal of Public Economics* 15 (1981): 295-310.

26 Dale T. Miller, "The Norm of Self-Interest," *American Psychologist* 54, no. 12 (December 1999): 1055, 引自Ferraro et al., "Economics, Language and Assumptions," 14。

27 "Economics Focus: To Have and to Hold," *The Economist*, August 28, 2003, available at http://www.economist.com/node/2021010.

28 Alan G. Sanfey, "Social Decision-Making: Insights from Game Theory and Neuroscience," *Science* 318 (2007): 598.

29 參見Guido Möllering, "Inviting or Avoiding Deception Through Trust: Conceptual Exploration of an Ambivalent Relationship," *MPIfG Working Paper* 08/1, 2008, 6。

30 Rachel Croson, "Deception in Economics Experiments," in Caroline Gerschlager, ed., *Deception in Markets: An Economic Analysis* (London: Macmillan, 2005), 113.

31 Erving Goffman, *The Presentation of Self in Everyday Life* (New York: Doubleday, 1959), 83-84. 研究騙術的學者曾試圖恢復使用一個古老的詞paltering，其含義是敷衍了事或誤導他人，以「捏造、扭曲、掩蓋、竄改、引伸、歪曲、誇大、誤傳、粉飾和選擇性報告」等手法，造成人的錯覺。Frederick Schauer and Richard Zeckhauser, "Paltering," in Brooke Harrington, ed., *Deception: From Ancient Empires to Internet Dating* (Stanford: Stanford University Press, 2009), 39.

32 Uta Frith and Christopher D. Frith, "Development and Neurophysiology of Mentalizing," *Philosophical Transactions of the Royal Society, London* 358, no. 1431 (March 2003): 459-473. 研究發現，一個人對他人痛苦的反應和對自身痛苦的反應產生於其大腦的同一個區域。但一個人自身的痛苦會促使其採取某些應對措施，而且這需要啟動大腦的其他部分。它也許是進化過程的遺產，即透過審視他人，可以發現有關自身感受的重要線索。面對他人時，自身會意識到即將發生的危險。T. Singer, B. Seymour, J. O'Doherty, H. Kaube, R. J. Dolan, and C. D. Frith, "Empathy for Pain Involves the Affective but Not Sensory Components of Pain," *Science* 303, no. 5661 (February 2004): 1157-1162; Vittorio Gallese, "The Manifold Nature of Interpersonal Relations: The Quest for a Common Mechanism," *Philosophical Transactions of the Royal Society, London* 358, no. 1431 (March 2003): 517; Stephany D. Preston and Frank B. M. de-Waal, "Empathy: the Ultimate and Proximate Bases," *Behavioral and Brain Sciences* 25 (2002): 1.

33 R. P. Abelson, "Are Attitudes Necessary?" in B. T. King and E. McGinnies, eds., *Attitudes, Conflict, and Social Change* (New York: Academic Press, 1972), 19-32. 引自Ira J. Roseman and Stephen J. Read, "Psychologist at Play: Robert P. Abelson's Life and Contributions to Psychological Science," *Perspectives on Psychological Science* 2, no. 1 (2007): 86-97。

34 R. C. Schank and R. P. Abelson, *Scripts, Plans, Goals and Understanding: An Inquiry into Human Knowledge Structures* (Hillsdale, NJ: Erlbaum, 1977).

35 R. P. Abelson, "Script Processing in Attitude Formation and Decision-making," in J. S. Carroll and J. W. Payne, eds, *Cognition and Social Behavior* (Hillsdale, NJ: Erlbaum, 1976).

36 M. Lyons, T. Caldwell, and S. Shultz, "Mind-Reading and Manipulation—Is Machiavellianism Related to Theory of Mind?" *Journal of Evolutionary Psychology* 8, no. 3 (September 2010): 261-274.

37 Mirowski, *Machine Dreams*, 424.

38 Alan Sanfey, "Social Decision-Making: Insights from Game Theory and Neuroscience," *Science* 318, no. 5850 (October 2007): 598-602.

39 Stephen Walt, "Rigor or Rigor Mortis?" (see chap. 36, n. 14).

40 Jonah Lehrer, *How We Decide* (New York: Houghton Mifflin Harcourt, 2009), 227.

41 George E. Marcus, "The Psychology of Emotion and Passion," in David O. Sears, Leonie Huddy, and Robert Jervis, eds., *Oxford Handbook of Political Psychology* (Oxford: Oxford University Press, 2003), 182-221.

42 系統一和系統二的名稱出自 Keith Stanovich and Richard West, "Individual Differences in Reasoning:Implications for the Rationality Debate," *Behavioral and Brain Sciences* 23 (2000): 645-665. 丹尼爾・康納曼曾在他的著作《快思慢想》（*Thinking Fast and Slow,* London: Penguin Books, 2011）中推介這個術語。J. St. B.T. Evans, "In Two Minds: Dual-Process Accounts of Reasoning," *Trends in Cognition Science* 7, no. 10 (October 2003): 454-459; "Dual-Processing Accounts of Reasoning, Judgment and Social Cognition," *The Annual Review of Psychology* 59 (January 2008): 255-278.

43 Andreas Glöckner and Cilia Witteman, "Beyond Dual-Process Models: A Categorisation of Processes Underlying Intuitive Judgement and Decision Making," *Thinking & Reasoning* 16, no. 1 (2009): 1-25.

44 Daniel Kahneman, *Thinking Fast and Slow*, 42.

45 Alan G. Sanfey et al., "Social Decision-Making," 598-602.

46 Colin F. Camerer and Robin M. Hogarth, "The Effect of Financial Incentives," *Journal of Risk and Uncertainty* 19, no. 1-3 (December 1999): 7-42.

47 Jennifer S. Lerner and Philip E. Tetlock, "Accounting for the Effects of Accountability," *Psychological Bulletin* 125, no. 2 (March 1999): 255-275.

48 Daniel Kahneman, Peter P. Wakker, and Rakesh Sarin, "Back to Bentham? Explorations of Experienced Utility," *The Quarterly Journal of Economics* 112, no. 2 (May 1997): 375-405; Daniel Kahneman, "A Psychological Perspective on Economics," *American Economic Review: Papers and Proceedings* 93, no. 2 (May 2003): 162-168.

49 J. K. Rilling, A. L. Glenn, M. R. Jairam, G. Pagnoni, D. R. Goldsmith, H. A. Elfenbein, and S. O. Lilienfeld, "Neural Correlates of Social Cooperation and Noncooperation as a Function of Psychopathy," *Biological Psychiatry* 61 (2007): 1260-1271.

50 Philip Tetlcok, *Expert Political Judgement* (Princeton, NJ: Princeton University Press, 2006), 23.

51 Alan N. Hampton, Peter Bossaerts, and John P. O'Doherty, "Neural Correlates of Mentalizing-Related Computations During Strategic Interactions in Humans," *The National Academy of Sciences of the USA* 105, no. 18 (May 6, 2008): 6741-6746; Sanfey et al., *Social Decision-Making*,598.

52 David Sally, "Dressing the Mind Properly for the Game," *Philosophical Transactions of the Royal Society London B* 358, no. 1431 (March 2003): 583-592.

第三十八章 故事和劇本

1 Charles Lindblom, "The Science of 'Muddling Through,'" *Public Administration Review* 19, no. 2 (Spring 1959): 79-88.
2 Gordon Wood, "History Lessons," *New York Review of Books*, March 29, 1984, p. 8 (Review of Barbara Tuchman's *March of Folly*).
3 一九五七年十一月十四日在華盛頓特區國防行政準備會議（National Defense Executive Reserve Conference）上的演講，參見*Public Papers of the Presidents of the United States, Dwight D. Eisenhower, 1957* (National Archives and Records Service, Government Printing Office), p. 818. 他當時提到，「所謂『緊急事態』就是意想不到的事態，所以它不會按照你規畫的方式發生」。
4 Hew Strachan, "The Lost Meaning of Strategy," *Survival* 47, no. 3(2005): 34.
5 Timothy Crawford, "Preventing Enemy Coalitions: How Wedge Strategies Shape Power Politics," *International Security* 35, no. 4(Spring 2011): 189.
6 Jon T. Sumida, "The Clausewitz Problem," *Army History* (Fall 2009), 17-21.
7 Isaiah Berlin, "On Political Judgment," *New York Review of Books* (October 3, 1996).
8 Bruce Kuklick,*Blind Oracles: Intellectuals and War from Kennan to Kissinger* (Princeton, NJ: Princeton University Press, 2006), 16.
9 Hannah Arendt,*The Human Condition*, 2nd revised edition (Chicago: University of Chicago Press, 1999), 200. 初版於一九五八年。
10 Steven Lukes, *Power: A Radical View* (London: Macmillan, 1974).
11 Charles Tilly, "The Trouble with Stories," in *Stories, Identities, and Social Change* (New York: Rowman & Littlefield, 2002), 25-42.
12 Naomi Lamoreaux, "Reframing the Past: Thoughts About Business Leadership and Decision Making Under Certainty," *Enterprise and Society* 2 (December 2001): 632-659.
13 Daniel M. G. Raff, "How to Do Things with Time," *Enterprise and Society* 14, no. 3 (forthcoming, September 2013).
14 Daniel Kahneman, *Thinking Fast and Slow*, 199, 200-201, 206, 259 (see chap. 38, n. 44).
15 Nassim Taleb, *The Black Swan: The Impact of the Highly Improbable* (New York: Random House, 2007), 8.
16 Joseph Davis, ed., *Stories of Change: Narrative and Social Movements* (New York: State University of New York Press, 2002).
17 Francesca Polletta, *It Was Like a Fever*, see Chapter 27, n. 1, 166.
18 Joseph Davis, ed., *Stories of Change: Narrative and Social Movements* (New York: State University of New York Press, 2002).
19 Dennis Gioia and Peter P. Poole, "Scripts in Organizational Behavior," *Academy of Management Review* 9, no. 3(1984): 449-459; Ian Donald and David Canter, "Intentionality and Fatality During the King's Cross Underground Fire," *European Journal of Social Psychology* 22 (1992): 203-218.
20 R. P. Abelson, "Psychological Status of the Script Concept," *American Psychologist* 36 (1981): 715-729.
21 Avner Offer, "Going to War in 1914: A Matter of Honor?" *Politics and Society* 23, no. 2(1995): 213-241. Richard Herrmann和Michael Fischerkeller也在他們的文章"Beyond the Enemy Image and Spiral Model: Cognitive-Strategic Research After the Cold War," *International Organization* 49, no. 3 (Summer 1995): 415-450，其中引入了「戰略劇本」的觀點。但它們的使用不同於被視為「提供組織全部外交政策行為手段的假設結構」的劇本。另一種方法參見James C. Scott, *Domination and the Arts of Resistance: Hidden Transcripts* (New Haven, CT: Yale University Press, 1992)。Scott描述了次級群體如何透過祕密發展「隱蔽文本」評論方式，來評判優勢群體主推的「公開文本」。由此，他採用關於典範、做事規則、神話乃至虛假意識的常見論點，透過暗示次級群體並不那麼好騙，而提出質疑。
22 Jerome Bruner, "The Narrative Construction of Reality," *Critical Inquiry*, 1991, 4-5, 34.

23 Christopher Fenton and Ann Langley, "Strategy as Practice and the Narrative Turn," *Organization Studies* 32, no. 9 (2011): 1171-1196; G. Shaw, R. Brown, and P. Bromiley, "Strategic Stories: How 3M Is Rewriting Business Planning," *Harvard Business Review* (May-June 1998), 41-50.

24 Valérie-Inès de la Ville and Elèonore Mounand, "A Narrative Approach to Strategy as Practice: Strategy-making from Texts and Narratives," in Damon Golskorkhi, et al. eds., *Cambridge Handbook of Strategy as Practice* (chap. 35, n. 29), 13.

25 David Barry and Michael Elmes, "Strategy Retold: Toward a Narrative View of Strategic Discourse," *The Academy of Management Review* 22, no. 2(April 1997): 437, 430, 432-433.

26 Robert McKee, *Story, Substance, Structure, Style, and the Principles of Screenwriting* (London: Methuen, 1997).

27 Aristotle, *Poetics*, http://classics.mit.edu/Aristotle/poetics.html.

28 Laton McCartney, *The Teapot Dome Scandal: How Big Oil Bought the Harding White House and Tried to Steal the Country* (New York: Random House, 2008).

29 雖然他是公開支持羅斯福及其新政的首位參議員，但讓他出名的卻另有其事。到一九三九年，他已經被看作一名充滿鬥志的孤立主義者，而且公然指責好萊塢的猶太勢力利用電影的影響力挑動人們的好戰熱情。他在珍珠港事件發生幾星期前還否認日本的敵對意圖。這一背景使他後來有了一個文學化身，成了Philip Roth的小說*The Plot Against America* (New York:Random House, 2004)中查爾斯・林德伯格（Charles Lindbergh）的副總統。

30 Michael Kazin, *American Dreamers* (see chap. 25, n. 51), 187; Charles Lindblom and John A. Hall, "Frank Capra Meets John Doe: Anti-politics in American National Identity," in Mette Hjort and Scott Mackenzie, eds., *Cinema and Nation* (New York: Routledge, 2000). 亦可參見Joseph McBride, *Frank Capra* (Jackson: University Press of Mississippi, 2011)。

31 這個為維護電影特有道德標準而成立的自律性機構針對的主要是電影中的性行為，但布林還對電影實施政治審查，例如反納粹題材電影至少在一九三八年以前是禁止拍攝的。

32 Richard Maltby, *Hollywood Cinema* (Oxford: Blackwell, 2003), 278-279.

33 Eric Smoodin, "'Compulsory' Viewing for Every Citizen: Mr. Smith and the Rhetoric of Reception," *Cinema Journal* 35, no. 2 (Winter 1996): 3-23.

34 Frances Fitzgerald, *Way Out There in the Blue: Reagan, Star Wars and the End of the Cold War* (New York: Simon & Schuster, 2000), 27-37.

35 最初的劇本可參見 http://www.dailyscript.com/scripts/MrSmithGoesToWashington.txt.

36 Michael P. Rogin and Kathleen Moran, "Mr. Capra Goes to Washington," *Representations*, no.84 (Autumn 2003): 213-248.

37 Christopher Booker, *The Seven Basic Plots: Why We Tell Stories* (New York: Continuum, 2004).

戰略大歷史

作者　勞倫斯・佛里德曼Lawrence Freedman
譯者　王堅、馬娟娟
商周集團執行長　郭奕伶
視覺顧問　陳栩椿
商業周刊出版部
總編輯　余幸娟
責任編輯　林雲
封面設計　Bert
內頁排版　林婕瀅
出版發行　城邦文化事業股份有限公司-商業周刊
地址　104473台北市中山區民生東路二段141號4樓
電話：（02）2505-6789 傳真：（02）2503-6399
讀者服務專線　（02）2510-8888
商周集團網站服務信箱　mailbox@bwnet.com.tw
劃撥帳號　50003033
戶名　英屬蓋曼群島商家庭傳媒股份有限公司城邦分公司
網站　www.businessweekly.com.tw
香港發行所　城邦（香港）出版集團有限公司
香港灣仔駱克道193號東超商業中心1樓
電話：（852）25086231傳真：（852）25789337
E-mail：hkcite@biznetvigator.com
製版印刷　中原造像股份有限公司
總經銷　聯合發行股份有限公司 電話：（02）2917-8022
初版1刷　2020年 4 月
初版8刷　2022年12月
定價　台幣800元
ISBN　978-986-5519-08-7（平裝）

國家圖書館出版品預行編目資料

戰略大歷史/ 勞倫斯.佛里德曼(Lawrence Freedman)著；王堅, 馬娟娟譯. -- 初版. -- 臺北市：城邦商業周刊, 2020.04
面；　公分.
譯自：Strategy : a history
ISBN 978-986-5519-08-7（平裝）
1.戰史　2.戰略　3.世界史
592.91　　109005078

藍學堂

學習・奇趣・輕鬆讀